U0344746

Linden's Handbook of
Batteries
电池手册

【原著第四版】
Fourth Edition

〔美〕 托马斯 B. 雷迪（Thomas B. Reddy） 主编

〔美〕 戴维·林登（David Linden） （名誉主编）

汪继强 刘兴江 等译

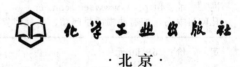
化学工业出版社
·北京·

《电池手册》是由美国一大批知名电池专家撰写的电池专著，先后已经出版了第一版至第三版和目前最新的第四版。第四版《电池手册》为适应电池技术发展和电动车及大规模储能等新的应用需求，在对传统电池体系部分全面进行修订的基础上，新增和补充了锂离子电池、燃料电池和电化学电容器、动力电池、储能电池、消费电子产品的电池选择、生物医学用电池、军用贮备电池、数学模型、故障分析等内容，列举了各种电池新产品、相关性能及应用情况。

　　第四版《电池手册》共分 5 个部分，共 39 章。全书不仅覆盖了前三版内容，而且介绍了最新电池技术。本手册具有内容丰富、新颖性和实用强的特点。本书可以作为我国从事电池研究、生产和使用的广大科技人员、工程技术人员极具价值的参考书和工具书，同时也可作为各类中、高等院校及电化学及新能源材料专业师生的有益参考书。

图书在版编目 (CIP) 数据

电池手册：第 4 版/[美] 雷迪 (Reddy, T. B.) 主编；
汪继强等译．—北京：化学工业出版社，2013.3 (2023.3 重印)
书名原文：Linden's Handbook of Batteries
ISBN 978-7-122-16437-7

Ⅰ．①电…　Ⅱ．①雷…②汪…　Ⅲ．①电池-手册
Ⅳ．①TM911-62

中国版本图书馆 CIP 数据核字 (2013) 第 018245 号

Linden's Handbook of Batteries, Fourth Edition/Edited by Thomas B Reddy
ISBN 978-0-07-162421-3

Copyright © 2011 by McGraw-Hill Companies, Inc.

All Rights reserved. No part of this publication may be reproduced or transmitted in any form or by any means, electronic or mechanical, including without limitation photocopying, recording, taping, or any database, information or retrieval system, without the prior written permission of the publisher.

This authorized Chinese translation edition is jointly published by McGraw-Hill Education (Asia) and Chemical Industry Press. This edition is authorized for sale in the People's Republic of China only, excluding Hong Kong, Macao SAR and Taiwan.

Copyright © 2013 by McGraw-Hill Education (Asia) and Chemical Industry Press.

版权所有。未经出版人事先书面许可，对本出版物的任何部分不得以任何方式或途径复制或传播，包括但不限于复印、录制、录音，或通过任何数据库、信息或可检索的系统。

本授权中文简体字翻译版由麦格劳-希尔（亚洲）教育出版公司和化学工业出版社合作出版。此版本经授权仅限在中华人民共和国境内（不包括香港特别行政区、澳门特别行政区和台湾省）销售。

版权 © 2013 由麦格劳-希尔（亚洲）教育出版公司与化学工业出版社所有。

本书封面贴有 McGraw-Hill 公司防伪标签，无标签者不得销售。
北京市版权局著作权合同登记号：01-2011-3703

责任编辑：朱　彤	文字编辑：颜克俭
责任校对：宋　玮	装帧设计：刘丽华

出版发行：化学工业出版社（北京市东城区青年湖南街 13 号　邮政编码 100011）
印　　装：北京虎彩文化传播有限公司
787mm×1092mm　1/16　印张 69½　字数 1814 千字　2023 年 3 月北京第 1 版第 6 次印刷

购书咨询：010-64518888　　　　　售后服务：010-64518899
网　　址：http://www.cip.com.cn
凡购买本书，如有缺损质量问题，本社销售中心负责调换。

定　　价：368.00 元　　　　　　　　　　　　　　　　版权所有　违者必究

前 言

在 21 世纪的最初十年，我们看到在全世界范围内，电池工业对社会经济和技术的重要性已经发生了巨大飞跃。这个变化使得《电池手册》需要有一个全新的版本——第 4 版，以便能涵盖不断涌现的电池体系及其应用等新信息。为了读者能更方便快捷地查找到相关技术及应用的内容，在新版中增加了许多新的章节，同时也对一些章节进行了合并。更新了燃料电池方面的内容，新增加了在混合动力系统中非常重要的电化学电容器章节，以及在电池技术中重要性不断提高的电池模型章节。本手册另一个新的特点是有一个专门的电池电解质章节，它对在单独的各类电池体系章节中出现的相关内容进行了总结和扩展。

在原电池领域，出现了如数码相机等需要高功率的应用场合，为了满足这一需求，推动了碱锰电池的发展。同样，为了满足这些高功率的需要，人们设计开发了阴极材料为 MnO_2 和 $NiOOH$ 复合物的羟基氧化镍电池。在过去的十年中，Li-FeS$_2$ 电池由于其容量得到提高，因此已成为高功率用锂原电池的领头羊，在某些场合取代 Li- MnO_2 电池。

锂离子电池能量密度和比能量的提高，极大地促进了笔记本电脑或计算机、智能手机和电子书刊等消费电子市场的爆炸性发展。典型的商品化 18650 电池，采用 $LiCoO_2$/石墨体系，目前容量已达到 2.55A·h，能量密度为 570W·h/L，比能量为 200W·h/kg。新型 18650 电池则能达到 640W·h/L 和 240W·h/kg，它的负极是以合金代替传统的石墨碳材料，它的性能还能进一步提高。在完全更新和极大扩展的第 26 章"锂离子蓄电池"中详细描述了以上这些进展。新增加的第 32 章"消费电子产品的电池选择"详细介绍电子产品制造商在其产品应用中如何选择电池体系的过程。

以上这些进展也为混合电动汽车（HEVs）、插电式混合动力车（PHEVs）和电动汽车（EVs）带来新的推进系统。自从 20 世纪 90 年代后期，Ni-MH 电池就是 HEVs 选择的电池系统，并且性能也很好。锂离子电池由于功率特性的提高，因此在 HEVs 上对 Ni-MH 电池提出挑战。此外，锂离子电池还被选用在"Chevy Volt PHEV"和"Nissan Leaf EV"上，这两款电动车在不久的将来就会进入市场。锂离子电池还被选为其他新研制电动车电池体系。同时，在铅酸电池的新设计比如超级蓄电池（Ultrabattery™）中，Pb 负极中含有碳，它能提供电容效应，可以减小负极的硫酸盐化。这就允许在微混合电动车中使用这种蓄电池，当汽车在空挡期间使发动机熄灭，以便减少尾气排放，当需要时再由蓄电池重新启动。在新的第 29 章"电动车电池"中详细介绍了所有这些新进展。

在新的第 30 章中介绍了储能电池，它对第 3 版中相关几个章节的内容进行了合并和更新。美国能源部近期信息表明：锂离子电池可能是将来能源贮存和电源调节用蓄电池的选择。

同样，本手册增加了新的一章"生物医学用电池"，它对第 3 版中相关的内容进行了合并和更新；并且为了满足应用需求，本手册把更多的重点放在了终端应用和电池的选择上。

第 4 版的另一个特征是把第 3 版中两章或更多章的内容合并成了新的一章，这样能为读者在查阅近似用途的电池或其系统时提供更方便的途径。删减了原来的第 4 部分"贮备电池"，在新的第 4 部分"特殊电池体系"中包含了贮备系统。在合并的章节中有一个新的第 13 章"扣式电池"，它合并了 Ag-Zn 和 Zn-空气扣式电池的内容，因为这些电池在尺寸和应用上都有相似性。原来有关 Ni-MH 蓄电池的两章现在合并成了新的第 22 章，因为在新的第 29 章中包含了这种蓄电池在车辆上的应用。这些合并的章节详细介绍了上述技术的进展情况，以及消费品用能量型电池和 HEVs 用功率型电池的进展情况；其中消费品用预充电电池的设计是主要的进步。

本手册还包含了关于军用和空间用电池新的两章。首先，原来关于水激活镁电池和 Zn-AgO 贮备电池的两章现合并成新的第 34 章"水激活镁电池及锌银贮备电池"；其次，以前关于军事应用的两章——"常温锂贮备电池"和"旋转贮备电池"现也被合并成新的第 35 章"军用贮备电池"。

伴随着消费电子产品中高能电池大量应用，现场故障变得更为普遍。因此，本手册的另一个新特征就是在电池技术中新增加了附录 H "电池失效分析方法"。

最后，我要感谢为完成本手册付出时间和精力的 60 多位合作者。如果没有他们，就不会有今天的这本手册。感谢 Lois Kisch 女士打字工作的帮助。我要对在本手册准备期间提供帮助的 Drs. Dan Doughty，H. Frank Gibbard，Mark Salomon 和 George Blomgren 一并表示感激；我要衷心感谢 McGraw-Hill Professional Book Group 的执行编辑 Stephen S. Chapman 先生在本手册策划和准备期间提供的建议；还要对 Glyph International 团队的 David Fogarty 先生和他的同事们在本手册编写期间所做的贡献表示感谢！

本手册的工作是由 David Linden 先生发起的，他是第 1 版和第 2 版的主编。应他的邀请，我担任了第 3 版的合著者。David 先生去世后，我继续完成了第 4 版的工作，真心希望本手册能达到前面几个版本的水平。

托马斯 B. 雷登（**Thomas B. Reddy**）

译者前言

第四版《电池手册》（Handbook of Batteries）是由 Thomas B. Reddy 主编，组织美国一批电池专家撰写的最新电池专著。新版《电池手册》适应电池技术发展和电动车及大规模储能等新的应用需求，在对传统电池体系部分全面进行修订的基础上，新增和补充锂离子电池、燃料电池和电化学电容器、动力电池、储能电池、消费电子产品的电池选择、生物医学用电池、军用贮备电池、数学模型、故障分析等内容，列举了各种电池新产品、相关性能及应用情况。本版手册同时也为纪念 David Linden（1923～2008）对本书及电池技术的杰出贡献而再版发行。

第四版《电池手册》分为 5 个部分，共 39 章，不仅覆盖了前三版的内容，而且介绍最新电池技术，具有内容丰富、新颖性和实用强的特点。相信本书可以成为我国从事电池研究、生产和使用的各类科技与专业人员的一本极具价值的参考书和工具书。同时也可以作为各类中、高等院校及电化学和电池专业师生的有益参考书。

中国电子科技集团公司第十八研究所作为全国最大的电池专业研究所承担了本书的翻译工作。参加该书翻译和审校的专家与科技人员有：汪继强、刘兴江、胡树清、刘浩杰、王松蕊、余劲鹏、杨同欢、葛智元、任丽彬、吴彩霞、汪燕、种晋等。同时，中国电子科技集团公司第十八研究所的相关领导和部门对该书的编撰与出版提供了许多支持和帮助。

在此我们谨向参与本书翻译和相关工作的专家和科技人员表示衷心感谢；向支持本项工作的领导和同事表示衷心感谢。

由于译者水平与时间所限，此书难免有不当之处，欢迎读者批评指正。

刘兴江
汪继强
2013 年 2 月

目 录

第 1 部分　工作原理

第3章

影响电池性能的因素

41

第4章

电池标准

57

第5章
电池组设计
76

第6章
电池数学模型
94

第7章
电解质　　　　　　　　　　　　　　　　　　　　　　　　　　　　**116**

第 2 部分　原电池

第8章
原电池概论　　　　　　　　　　　　　　　　　　　　　　　　　**128**

第13章
锌/氧化银电池和锌/空气电池   **206**

第14章
锂原电池   **235**

第3部分　蓄电池

第15章
蓄电池导论
308

第16章
铅酸电池
324

第17章
阀控铅酸电池 · 390

第18章
铁电极电池 · 419

第22章
金属氢化物/镍电池

499

第23章
锌/镍电池
540

第26章

锂离子电池 ——————————————————————— **609**

第4部分　特殊电池体系

第29章
电动汽车和混合电动车用电池 **718**

第30章
储能电池 **758**

第32章
消费电子产品的电池选择

第33章
金属/空气电池

第34章
水激活镁电池及锌/银贮备电池

第35章
军用贮备电池   **919**

第36章
热电池   **941**

第5部分　燃料电池与电化学电容器

第37章
燃料电池导论

第38章
小型燃料电池

第39章
电化学电容器

第 6 部分　附录

第1章

基础知识

David Ditzen， Thomas B. Reddy

第 · 1 · 部 · 分

工 作 原 理

第**1**章

基本概念

David Linden，Thomas B. Reddy

1.1 电池和电池组的组成

电池是通过电化学氧化还原反应将活性材料内储存的化学能直接转换成电能的装置。对蓄电池体系，电池通过放电过程的反向来充电。这一反应包含着电池通过电路从一种电极材料转移到另一种电极材料。与此不同，非电化学氧化还原反应，如金属的生锈和燃烧反应，直接发生电子的转移，则仅产生热效应。当电池将化学能转换成电能时，与内燃机或热机不同，可以避开由热力学第二定律中"卡诺循环"的限制，因而电池能够具有高的能量转换效率。

尽管术语"Battery"一词常用，但基本的电化学单位应为"Cell"，即单体电池。Battery常用作电池组，它是由一个或以上单体电池组成；并且是根据输出的电压和容量要求，将一定数量单体电池以串联或并联，或串并联的形式连接成实用的电池组。

单体电池由三个主要成分构成。

(1) 负极（或阳极）　系还原或燃料极，它将电子传给外电路，自身则通过电化学反应被氧化。

(2) 正极（或阴极）　系氧化电极，它从外电路接受电子，通过电化学反应被还原。

(3) 电解质　系离子导体，它在电池内正、负极之间通过诸如离子移动，实现电荷的转移，因此它是转移的媒介。典型的电解质是将盐、酸或碱溶解在水或其他溶剂中，以提供离子电导。但也有些电池使用固体电解质，即这类固体材料在电池工作温度下是一种离子导体。

采用质量轻、电压和比容量都高的正极和负极材料是理想的材料组合（见1.4节）。但是，由于与电池其他组分可能发生反应或极化较大或难于处理或成本高以及其他方面的缺陷，使这样的组合并不总是实际可行的。

实际上，应选择具有如下性质的负极：它是有效的还原剂、输出比容量高、电子导电性良好、稳定性好、容易制备和成本低等。氢是有吸引力的负极材料，但很明显它必须借助某种方法贮存，因而降低了它的有效电化学当量。氢在金属氢化物负极中是活性材料（见第 22 章）。实际上，电池中多采用金属为负极材料，而在综合性质最优异的金属负极材料之中，金属锌是占优势地位的负极材料。锂是最轻的活泼金属，具有高的电化学当量，由于已研制出适用的电解质和适当的电池设计，使锂的活性得到有效控制，锂已经成为非常具有吸引力的负极。另外，开发的嵌入式电极、锂化碳材料在锂离子电池技术中有广泛用途，锂合金作为锂离子电池的负极材料也在不断扩展其应用。

正极应是有效的氧化剂，但与电解质接触时应稳定并具有适用的工作电压。氧气实际上可以直接从环境空气中引入电池中，如锌/空气电池那样的工作模式。然而目前大多数普通正极材料均为金属的氧化物。其他正极材料，如卤素气体、卤氧化物、硫及其氧化物等，则应用于特殊电池体系中。

电解质必须显示良好的离子导电性，但不应具有电子导电性，否则将造成电池内部短路。此外，它还应具备一系列其他重要特性，如不与电极材料发生反应；其性能随温度变化较小；在处理过程中安全与成本低等。电池中使用的大多数电解质均为水溶液，但也有例外，如在热电池和锂负极电池中则分别采用熔融盐和其他非水电解质，以避免负极与电解质发生反应。

在实际电池中，负极和正极应是绝缘隔开的，以避免内部短路，但其四周应由电解质所环绕。在实际电池设计中常采用隔膜材料把负极和正极分开，该隔膜应能使电解质穿透，保持期望的离子电导。在某些情况下，电解质应固定不流动，以保证电池不会泄漏。电极中也可以采用导电栅网结构或添加导电物质以减小内阻。

电池本身可以制成各种形状和结构，如圆柱形、扣式、扁平和方形。电池组件的设计应适应特殊电池的形状。电池用各种不同的方式进行密封以防止漏液和干涸。有的电池装有放气装置或其他措施以确保电池内产生的气体能释放出去。最后要选用合适的壳体或容器以及相应标签和极柱结构，以便完成完整的单体电池或电池组的装配。

1.2 电池和电池组的分类

按可否再充电分类，电池和电池组分为原电池（不可再充）和蓄电池（二次电池或可再充电电池）。在该分类范围内，还可对特殊设计或不同结构作进一步分类和标识。对各种不同电化学体系的电池和电池组来说，本手册所采用的分类叙述如下。

1.2.1 原电池和原电池组

原电池（或一次电池）不易用电学方法进行再充电，因此，只能被放电一次就应废弃。采用吸收剂或隔膜吸收电解质（不存在自由电解质）的原电池多数被称为"干电池"。

原电池组是一种方便的、通常也相对便宜的、质量轻的组合电源，用于便携式电子装置和电器装置、照明、照相器材、玩具、记忆贮存器以及无市电供给的许多其他应用场合。原电池组的共同优点是贮存寿命长、在低到中等放电率下放电时比能量高、很少需要维护、使用简单方便。虽然大容量原电池组用于军用、信号和备用电源等，但是绝大多数原电池组都是普通的单个圆柱形和扁平扣式单体电池或使用这些单体电池组合起来的电池组。

1.2.2 蓄电池和蓄电池组

蓄电池（或二次电池）在放电之后可以用与放电电流方向相反的电流通过电池，使电池再充电恢复到原来状态。蓄电池是一种电能贮存装置，因而又称为"储能电池"或可再充电电池。

蓄电池的应用可以分成两大类。

（1）蓄电池作为能量贮存装置，通常把它接向主电源并用主电源充电，一旦需要时，该电池就将其贮存的能量提供给负载。作为这类电池使用的例子很多，如汽车和宇航系统、应急系统和备用电源、混合动力车以及电力系统负荷调节所用的固定式能量贮存系统等。

（2）蓄电池基本上就像原电池那样使用或放电，不同之处是在使用完了之后不必废弃掉，而是通过再充电重新获得使用。蓄电池就以这种方式应用在便携式用电设备、电动工具和电动车辆中，其费用比较节省（因为蓄电池可再充电而不是把它更换掉）。它也应用在需要功率输出超出原电池能力的场合。纯电动车（EVs）和插电式混合电动车（PHEV）也属于这个应用范围。

蓄电池除了可再充电外，还具有高比功率、高放电率、放电曲线平滑和低温性能好等特点。但是，比能量通常低于原电池，荷电保持能力也比多数原电池差，尽管蓄电池贮存所损失的容量可用充电方法恢复。

某些称为"机械再充电方式的电池"是通过更换放完电或报废了的电极使其达到"再充电"，通常是采用一个新金属负极更换已耗尽的金属负极，一些金属/空气电池（见第 33 章）就是这类电池的代表。

1.2.3 贮备电池

在这类原电池中，其关键组分在电池活化之前与电池的其余部分隔开，由此电池中的化学衰变反应或自放电基本上被阻止，因而该类电池能长时间贮存。通常电解质是被分开放置的组分，而在诸如热电池那样的贮备电池中，使用的固体盐虽然与电极直接接触，但这种电解质盐在被加热熔化之前是不导电的，因此电池是非活化的。一旦熔化，固体盐类电解质才具有导电性，从而使电池活化进入工作状态。

贮备电池设计用来满足贮存时间极长或贮存环境恶劣的要求，而按同样性能进行设计的普通电池满足不了这样的贮存要求。这些电池主要用于在相当短时间内需要提供高功率的场合，如导弹、鱼雷以及其他武器系统（见第 34～36 章）。

1.2.4 燃料电池

燃料电池是一种不受热机卡诺循环限制将化学能直接转换成电能的原电池，它的工作原理和电池一致，只是活性材料不是构成电池的一部分，而是按功率要求从外部供给。显然，在普通电池中，一旦活性反应物消耗完电池就停止供电。而在燃料电池中却不同，只要反应物质能够从外部源源不断供应和内部电极及其他成分不发生变化，电池就能连续供电。

燃料电池的电极材料是惰性的，在电池反应过程中不被消耗，但它具有催化特性，能增强活性反应物的电化学还原和电化学氧化。

燃料电池中负极材料或燃料通常是注入负极（或阳极）的气态或液态物质［与通常用在电池中的金属负极（或阳极）相比较］，由于这些燃料与普通热机使用的燃料基本类同，所以"燃料电池"的名称因此而流行。氧或空气是氧化剂并供给燃料电池的正极（或阴极）。

人们对燃料电池的兴趣已有 160 多年的历史，与传统的热机相比，它具有更高的效率和较少的污染，因为它用氢和碳或化石燃料发电。燃料电池典型的应用实例是氢/氧燃料电池，使用低温燃料在宇宙飞船上已有 50 多年历史。燃料电池在陆地上的应用进展缓慢，但最近由于空气自呼吸式系统的进展，重新为燃料电池赋予活力，这些氢/空气燃料电池体系可能用在包括市政电源、调节电网负载平衡、分散或现场发电以及电动车辆。

燃料电池技术可以分成两类。

（1）直接燃料电池　其中燃料如氢气、甲醇和水合肼等直接参与反应。

（2）间接燃料电池　首先通过重整将诸如天然气或其他化石燃料转换成富氢的气体，然后提供给燃料电池。

按照燃料、氧化剂、电解质的类型、工作温度和应用等的不同，燃料电池可采取多种构造形式。

近来，燃料电池技术呈现用作移动电源的趋势，而这些原本是电池的应用领域，并且功率水平从不到 1W 到约 1000W，由此就会使电池和燃料电池的界限变得模糊起来。金属/空气电池（见第 33 章），尤其是实施金属周期更换的电池，人们已经将此处的金属看成为"燃料电池"中的燃料，称其为金属/空气燃料电池。类似地，正在开发的小型燃料电池，需要加燃料时只需更换一瓶燃料即可，由此也可看成为"电池"。另外，直接甲醇燃料电池（DMFC）也是消费电子产品电源的有力竞争者。

第 37 章介绍了燃料电池，小型到中型燃料电池都可以作为便携式电器和其他用途的电源，这些便携式装置将在第 38 章进行讨论。至于大型燃料电池应用于电动车、公共设施电源等方面的信息，读者可参考附录 F 目录中列出的参考文献。

1.3 电池工作

1.3.1 放电

图 1.1 简要表示出电池放电时的工作过程。当将电池接向外部负载时，电子从负极（或阳极）经过外部负载流向正极（或阴极）。此时负极（或阳极）被氧化，正极（或阴极）接受电子而被还原。在电解质中依靠阴离子（负离子）和阳离子（正离子）分别移向负极和正极使整个电路连通起来。

假设负极为金属、正极为氯气（Cl_2），其放电反应式可写成下式。

负极上，阳极氧化反应，失去电子：

$$Zn \longrightarrow Zn^{2+} + 2e$$

正极上，阴极还原反应，得到电子：

$$Cl_2 + 2e \longrightarrow 2Cl^-$$

放电总反应：

$$Zn + Cl_2 \longrightarrow Zn^{2+} + 2Cl^- (ZnCl_2)$$

1.3.2 充电

可再充电电池或蓄电池在充电时，电流流动方向与放电时相反。正极发生氧化，负极发生还原，图 1.2 表示出了这个过程。因为根据定义，负极（或阳极）是发生氧化，正极（或阴极）是发生还原的电极，因此，在充电时电池的正极是阳极，而电池的负极是阴极。

电池充电时电化学工作过程，以 Zn/Cl_2 电池为例，充电反应式可写成下式。

负极上，阴极还原反应，得到电子：

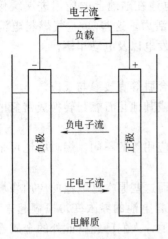

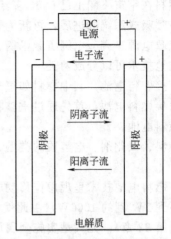

图 1.1 电池电化学工作原理（放电）　　图 1.2 电池电化学工作原理图（充电）

$$Zn^{2+} + 2e \longrightarrow Zn$$

正极上，阳极氧化反应，失去电子：

$$2Cl^- \longrightarrow Cl_2 + 2e$$

电池充电总反应：

$$Zn^{2+} + 2Cl^- \longrightarrow Zn + Cl_2$$

1.3.3 具体实例：镉/镍电池

电池中产生电的过程不是释放电子就是消耗电子的化学反应，这一过程进行到直至电极反应结束。用镉/镍电池反应的具体例子来说明，在负极（或阳极）上，放电反应过程伴随着金属镉氧化成氢氧化镉，并释放出两个电子：

$$Cd + 2OH^- \longrightarrow Cd(OH)_2 + 2e$$

在正极（或阴极）上，氧化镍（更精确说为羟基氧化镍 $NiOOH$）接受电子还原成氢氧化镍：

$$NiOOH + H_2O + e \longrightarrow OH^- + Ni(OH)_2$$

当这两个"半电池"反应进行时（将两个电极与外部放电线路相连），则电池总反应就使负极上金属镉变成氧化镉，正极上高价氢氧化镍还原为氢氧化镍：

$$Cd + 2NiOOH + 2H_2O \longrightarrow Cd(OH)_2 + 2Ni(OH)_2$$

这是放电过程，如果是原电池的一个反应过程，那么放电终了时就意味电池已耗尽，应该予以废弃。但是镉/镍电池属蓄电池（可再充电）体系，在再充电时，负极发生如下反应：

$$Cd(OH)_2 + 2e \longrightarrow Cd + 2OH^-$$

在正极上发生如下相应的反应：

$$Ni(OH)_2 + OH^- \longrightarrow NiOOH + H_2O + e$$

充电之后蓄电池恢复到它原来的化学状态，由此又可以进行放电使用。这就是典型蓄电池的充放电工作基本原理。

1.3.4 燃料电池

可用氢/氧燃料电池来说明典型的燃料电池反应。在该装置中，氢在负极上受到铂或铂合金电催化而被氧化，同时氧在正极上被还原，同样铂或铂合金也作为氧还原的电催化剂。简化了的负极反应为：

$$2H_2 \longrightarrow 4H^+ + 4e$$

同时正极反应为：

$$O_2 + 4H^+ + 4e \longrightarrow 2H_2O$$

总电池反应则是氧与氢结合生成水的反应：

$$2H_2 + O_2 \longrightarrow 2H_2O$$

1.4　电池的理论电压、容量和能量

电池的理论电压和容量与负极材料和正极材料有关（详细请看第 2 章电化学理论）。

1.4.1　自由能

每当反应发生时，该系统的自由能就会减少，并可表示为：

$$\Delta G^\ominus = -nFE^\ominus$$

式中　F——法拉第常数；

　　　n——化学计量反应式中的电子数目；

　　　$E^\ominus$——标准电位，V。

1.4.2　理论电压

电池的标准电压由其活性物质所确定，并可从自由能数据来计算，或者通过实验来获得。表 1.1 给出了在标准条件下电极电位（还原电位）一览表。附录 B 给出了更为全面的电极电位一览表。

某一电池的标称电压可以根据标准电极电位按如下公式加以计算（氧化电位为其还原电位的负值）：

$$负极氧化电位 + 正极还原电位 = 标准电池电压$$

例如，在反应 $Zn + Cl_2 \longrightarrow ZnCl_2$ 中，标准电池电压是：

$$Zn \longrightarrow Zn^{2+} + 2e \qquad\qquad -(-0.76V)$$
$$Cl_2 \longrightarrow 2Cl^- - 2e \qquad\qquad \underline{\qquad 1.36V \qquad}$$
$$E^\ominus = 2.12V$$

电池电压也与其他因素有关，其中正如能斯特（Nernst）方程式所表示的那样，浓度和温度都会影响到电池电压的数值（详细请看第 2 章）。

1.4.3　理论容量

电池的理论容量（库伦）由电池中的活性物质量决定，以电化学反应中的总电量来表示，并采用 C 或 A·h 为单位。电池的"安时容量"与从活性物质中所获得电量直接有关。理论上 1 克当量物质将放出 96.847C 或 26.8A·h 电量（1 克当量是以克计的活性物质的原子量或分子量除以包含在反应中的电子数），典型物质的电化学当量列于表 1.1 和附录 C 中。

不同电池体系的理论容量只与参加电化学反应的活性物质有关，因此可以按反应物的电化当量来计算。由此 Zn/Cl_2 的电池体系的理论比容量应为 0.394A·h/g，即：

$$Zn \qquad\qquad + \qquad Cl_2 \longrightarrow \qquad ZnlCl_2$$
$$(0.82A·h/g) \qquad (0.76A·h/g)$$
$$1.22g/(A·h) \quad + \quad 1.32g/(A·h) \quad = \quad 2.54g/(A·h) \ 或 \ 0.394A·h/g$$

表 1.1 电极材料特性①

材料	相对原子质量或相对分子质量	25℃时的标准还原电势/V	价态	熔点/℃	密度/(g/cm³)	电化学当量		
						A·h/g	g/(A·h)	A·h/cm³
负极材料								
H₂	2.01	0	2	—	—	26.59	0.037	—
		−0.83②						
Li	6.94	−3.01	1	180	0.54	3.86	0.259	2.06
Na	23.0	−2.71	1	98	0.97	1.16	0.858	1.14
Mg	24.3	−2.38	2	650	1.74	2.20	0.454	3.8
		−2.69②						
Al	26.9	−1.66	3	659	2.69	2.98	0.335	8.1
Ca	40.1	−2.84	2	851	1.54	1.34	0.748	2.06
		−2.35②						
Fe	55.8	−0.44	2	1528	7.85	0.96	1.04	7.5
		−0.88②						
Zn	65.4	−0.76	2	419	7.14	0.82	1.22	5.8
		−1.25②						
Cd	112.4	−0.40	2	321	8.65	0.48	2.10	4.1
		−0.81②						
Pb	207.2	−0.13	2	327	11.34	0.26	3.87	2.9
(Li)C₆④	72.06	约−2.8	1		2.25	0.372	2.69	0.837
MH⑤		−0.83②	2			0.305	3.28	—
CH₃OH	32.04	—	6			5.02	0.20	—
正极材料								
CuF₂	101.5	3.55	2			0.528	1.89	
O₂	32.0	1.23	4	—	—	3.35	0.30	
		0.40②						
Cl₂	71.0	1.36	2	—	—	0.756	1.32	
SO₂	64.0	—	1	—	—	0.419	2.38	
MnO₂	86.9	1.28③	1	—	5.0	0.308	3.24	1.54
NiOOH	91.7	0.49②	1	—	7.4	0.292	3.42	2.16
CuCl	99.0	0.14	1	—	3.5	0.270	3.69	0.95
FeS₂	119.9	—	4	—	—	0.89	1.12	4.35
AgO	123.8	0.57②	2	—	7.4	0.432	2.31	3.20
Br₂	159.8	1.07	2	—	—	0.335	2.98	
HgO	216.6	0.10②	2		11.1	0.247	4.05	2.74
Ag₂O	231.7	0.35②	2		7.1	0.231	4.33	1.64
PbO₂	239.2	1.69	2	—	9.4	0.224	4.45	2.11
LiFePO₄	163.8	约0.42	1		3.44	0.160	6.25	0.554
LiMn₂O₄(尖晶石)	148.8	约1.2	1		4.1	0.120	8.33	0.492
LiₓCoO₂	98	约1.25	0.5		5.05	0.155	6.45	0.782
I₂	253.8	0.54	2	—	4.94	0.211	4.73	1.04

① 可以参见附录 B 和附录 C。

② 基本电解质；酸性、非水性和其他电解质。

③ 基于表中所列的密度值。

④ 计算只基于碳的质量。

⑤ 基于 AB₅ 型合金。

表 1.2　主要电池体系的理论和实际的电压、容量和比能量

电池类型	负极	正极	反应机理	理论值[1]				标称电压/V	实际电池[2]	
				电压/V	每安时质量/[g/(A·h)]	质量比容量/(A·h)/kg	质量比能量/(W·h)/kg		质量比能量/(W·h)/kg	体积比能量/(W·h)/L
原电池										
锌/二氧化锰	Zn	MnO$_2$	Zn+2MnO$_2$ $\longrightarrow$ ZnO·Mn$_2$O$_3$	1.6	4.46	224	358	1.5	85[15]	165[15]
镁/二氧化锰	Mg	MnO$_2$	Mg+2MnO$_2$+H$_2$O $\longrightarrow$ Mn$_2$O$_3$+Mg(OH)$_2$	2.8	3.69	271	759	1.7	100[16]	195[16]
碱性二氧化锰	Zn	MnO$_2$	Zn+2MnO$_2$ $\longrightarrow$ ZnO+Mn$_2$O$_3$	1.5	4.46	224	358	1.5	154[16]	461[16]
锌/汞	Zn	HgO	Zn+HgO $\longrightarrow$ ZnO+Hg	1.34	5.27	190	255	1.35	100[18]	470[18]
镉/汞	Cd	HgO	Cd+HgO+H$_2$O $\longrightarrow$ Cd(OH)$_2$+Hg	0.91	6.15	163	148	0.9	55[18]	230[18]
锌/氧化银	Zn	Ag$_2$O	Zn+Ag$_2$O+H$_2$O $\longrightarrow$ Zn(OH)$_2$+2Ag	1.6	5.55	180	288	1.6	135[18]	525[18]
锌/氧	Zn	O$_2$	Zn+$\frac{1}{2}$O$_2$ $\longrightarrow$ ZnO	1.65	1.52	658	1085	—	—	—
锌/空气	Zn	环境空气	Zn+$\left(\frac{1}{2}$O$_2\right)$ $\longrightarrow$ ZnO	1.65	1.22	820	1353	1.5	415[18]	1350[18]
锂/亚硫酰氯	Li	SOCl$_2$	4Li+2SOCl$_2$ $\longrightarrow$ 4LiCl+S+SO$_2$	3.65	3.25	403	1471	3.6	590[16]	1100[16]
锂/二氧化硫	Li	SO$_2$	2Li+2SO$_2$ $\longrightarrow$ Li$_2$S$_2$O$_4$	3.1	2.64	379	1175	3.0	260[18]	415[18]
锂/二氧化锰	Li	MnO$_2$	Li+Mn^{IV}O$_2$ $\longrightarrow$ Mn^{IV}O$_2$(Li$^+$)	3.5	3.50	286	1001	3.0	260[18]	546[18]
锂/二硫化铁	Li	FeS$_2$	4Li+FeS$_2$ $\longrightarrow$ 2Li$_2$S+Fe	1.8	1.38	726	1307	1.5	310[18]	560[18]
锂/氟化碳	Li	CF$_x$	xLi+CF$_x$ $\longrightarrow$ xLiF+xC	3.1	1.42	706	2189	3.0	360[18]	540[18]
锂/碘[9]	Li	I$_2$(P2VP)	Li+$\frac{1}{2}$I$_2$ $\longrightarrow$ LiI	2.8	4.99	200	560	2.8	245	900
贮备电池										
镁/氯化亚铜	Mg	CuCl	Mg+Cu$_2$Cl$_2$ $\longrightarrow$ MgCl$_2$+2Cu	1.6	4.14	241	386	1.3	60[19]	80[19]
锌/氧化银	Zn	AgO	Zn+AgO+H$_2$O $\longrightarrow$ Zn(OH)$_2$+Hg	1.81	3.53	283	512	1.2	30[19]	75[19]
热电池[1]	Li	FeS$_2$	参见36.3.1节内容	1.6~2.1	1.38	726	1307	1.6~2.1	40[19]	100[19]
二次电池										
铅酸	Pb	PbO$_2$	Pb+PbO$_2$+2H$_2$SO$_4$ $\longrightarrow$ 2PbSO$_4$+2H$_2$O	2.1	8.32	120	252	2.0	35	70[12]
爱迪生	Fe	Ni氧化物	Fe+2NiOOH+2H$_2$O $\longrightarrow$ 2Ni(OH)$_2$+Fe(OH)$_2$	1.4	4.46	224	314	1.2	30	55[12]
镉/镍	Cd	Ni氧化物	Cd+2NiOOH+2H$_2$O $\longrightarrow$ 2Ni(OH)$_2$+Cd(OH)$_2$	1.35	5.52	181	244	1.2	40	135[17]
锌/镍	Zn	Ni氧化物	Zn+2NiOOH+2H$_2$O $\longrightarrow$ 2Ni(OH)$_2$+Zn(OH)$_2$	1.73	4.64	215	372	1.6	90	185
氢/镍	H$_2$	Ni氧化物	H$_2$+2NiOOH $\longrightarrow$ 2Ni(OH)$_2$	1.5	3.46	289	434	1.2	55	60
金属氢化物/镍	MH[13]	Ni氧化物	MH+NiOOH $\longrightarrow$ M+Ni(OH)$_2$	1.35	5.63	178	240	1.2	100	235[17]
锌/氧化银	Zn	AgO	Zn+AgO+H$_2$O $\longrightarrow$ Zn(OH)$_2$+Ag	1.85	3.53	283	524	1.5	105	180[12]

续表

电池类型	负极	正极	反应机理	理论值[1]				实际电池[2]		
				电压/V	每安时质量/[g/(A·h)]	质量比容量/(A·h)/kg	质量比能量/(W·h)/kg	标称电压/V	质量比能量/(W·h)/kg	体积比能量/(W·h/L)
二次电池										
镉/银	Cd	AgO	$Cd+AgO+H_2O \longrightarrow Cd(OH)_2+Ag$	1.4	4.41	227	318	1.1	70	120[12]
锌/氯	Zn	Cl_2	$Zn+Cl_2 \longrightarrow ZnCl_2$	2.12	2.54	394	835	—	—	—
锌/溴	Zn	Br_2	$Zn+Br_2 \longrightarrow ZnBr_2$	1.85	4.17	309	572	1.6	70	60
锂离子	Li_xC_6	$Li_{(1-x)}CoO_2$	$Li_xC_6+Li_{(1-x)}CoO_2 \longrightarrow LiCoO_2+C_6$	4.1	9.14	109	448	3.8	200	570[7]
锂/二氧化锰	Li	MnO_2	$Li+Mn^{IV}O_2 \longrightarrow Mn^{IV}O_2(Li^+)$	3.5	3.50	286	1001	3.0	120	265
锂/二硫化铁[4]	Li(Al)	FeS_2	$2Li(Al)+FeS_2 \longrightarrow Li_2FeS_2+2Al$	1.73	3.50	285	493	1.7	180[13]	350[13]
钠/硫[4]	Na	S	$2Na+3S \longrightarrow Na_2S_3$	2.1	2.65	377	792	2.0	170[13]	345[13]
钠/氯化镍[4]	Na	$NiCl_2$	$2Na+NiCl_2 \longrightarrow 2NaCl+Ni$	2.58	3.28	305	787	2.6	115[13]	190[13]
燃料电池										
氢/氧	H_2	O_2	$H_2+\frac{1}{2}O_2 \longrightarrow H_2O$	1.23	0.336	2975	3660			
氢/空气	H_2	环境空气	$H_2+(\frac{1}{2}O_2) \longrightarrow H_2O$	1.23	0.037	26587	32702			
甲醇/氧	CH_3OH	O_2	$CH_3OH+\frac{3}{2}O_2 \longrightarrow CO_2+2H_2O$	1.24	0.50	2000	2480	—	—	—
甲醇/空气	CH_3OH	环境空气	$CH_3OH+(\frac{3}{2}O_2) \longrightarrow CO_2+2H_2O$	1.24	0.20	5020	6225	—	—	—

① 计算只基于负极和正极活性物质，包括氧气，但不包括空气（电解质不包括在内）。

② 这些数值是基于已鉴定单个电池设计的单个电池组，在针对体积比能量的最佳放电倍率下放电，采用中点电压计算得到的。更详细的数据在各电池系统的章节中给出。

③ MH 为金属氢化物，基于 AB_5 型合金。

④ 高温电池。

⑤ 固体电解质电池 [Li/I_2(P2VP)]。

⑥ 碳包式圆柱形电池。

⑦ 卷绕式圆柱形电池。

⑧ 扣式电池。

⑨ 水激活电池。

⑩ 2～10min 自动激活电池。

⑪ 锂负极电池。

⑫ 方形电池。

⑬ 数值基于电池性能，可参照各相关的章节内容。

类似地，基于体积的 A·h 容量可以用表 1.1 列出的 A·h/cm³ 数据进行计算。

一些主要电化学体系的理论电压和容量列于表 1.2 中，这些理论值仅仅考虑了正、负极活性材料，计算时没有考虑电池中的水、电解质和其他材料。

1.4.4　理论能量

同时考虑电压和电量，电池的容量也可以以能量（W·h）来计算。理论能量值是一特定电化学体系提供的最大值：

$$瓦时(W·h)＝电压(V)×安时(A·h)$$

例如在 Zn/Cl_2 电池中，如果标准电动势取 2.12V，那么每克活性物质的理论瓦时容量（理论质量比能量）即为：

$$质量比能量（W·h/g）＝2.12V×0.394A·h/g＝0.835W·h/g 或 835W·h/kg。$$

表 1.2 也列出了各种电化学体系的理论比能量。

1.5　实际电池组的比能量和体积比能量

1.4 节讨论了单体电池和电池组的理论电性能。概括地说，使用什么类型的活性物质（它决定电池电压）及其数量（它决定了安培小时容量）决定了电化学体系能产生的最大能量。但实际电池输出的能量仅为理论能量的一部分。正如图 1.3 所示，电池中电解质和非活性组分（容器、隔膜、电极中的非活性物质）等占了整个电池质量和体积的一部分。另一个影响因素是电池既不是按理论电压放电（因而平均电压降低），也不能完全放电至零伏（因而减少了安培小时数）（参见 3.2.1 节）。再者，实际电池中活性物质往往不是严格按化学计量比匹配，一个电极中多余的活性物质降低了电池的比能量。

图 1.3　电池的零部件

图 1.4 给出了一些常用电池的比能量，包括：

① 理论比能量（仅考虑正、负极活性物质）；

② 实际电池的理论比能量（将电解质和非活性组分计算在内）；

③ 20℃最佳放电条件下这些电池的实际比能量。

从这些数据可以看出：

① 考虑电池中所有材料的质量，理论体积比能量几乎降低了 50%；

② 即使是在接近最佳条件下放电，电池实际输出的能量也仅为上述降低值后的 50%～75%。

最近发展的"袋装电池"使用碾压膜作为包装材料，明显降低了壳体材料在体积和重量上的消耗（参见第 26 章、第 27 章）。

因此，实际应用中在接近最佳放电条件下，电池仅能输出活性物质理论能量的 25%～35%。第 3 章中给出了电池在苛刻条件下使用时的性能。

表 1.2 再一次列出了这些数据，除理论值外，还列出了每一种实际电池的真实性能特征，而这些数据都是在接近最佳放电条件下得出的。

几种主要原电池和蓄电池的质量比能量和体积比能量数据分别参见图 1.5（a）和图 1.5（b）。在这些图中，用一个区域范围来表示贮能的能力，而不是用某一个最佳值，以此说明

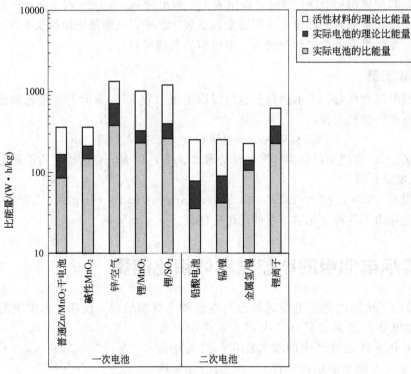

图 1.4 各电化学体系电池的理论比能量和实际得到的比能量

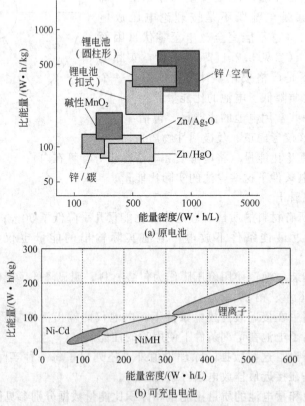

(a) 原电池

(b) 可充电电池

图 1.5 不同电化学体系电池的能量储备能力对比

电池系统在不同使用条件可以展现不同的性能。

实际上，正如第 3 章详细讨论的那样，在更苛刻的使用条件下电池可能输出甚至更少的电能。

1.6　质量比能量和体积比能量上限

如图 1.6 所示，通过对特定电化学系统的持续改进和发展新的电池化学体系，近年来电池技术已经取得了诸多进展。但电池技术的发展速度还是跟不上电子技术的发展速度，这就是摩尔定律所预见的现象，即每 18 个月电子技术进步引起的性能提高能够翻一番。与电子技术完全不同，电池输出电能时要消耗材料，并且如 1.4 节和 1.5 节讨论的那样，所用材料的电化学输出电能存在理论极限。由于实用电池中的活性材料绝大多数都已被研究过，并且未被开发的材料变得愈来愈少，因而可以认为这些材料输出的电能正接近其理论的上限。

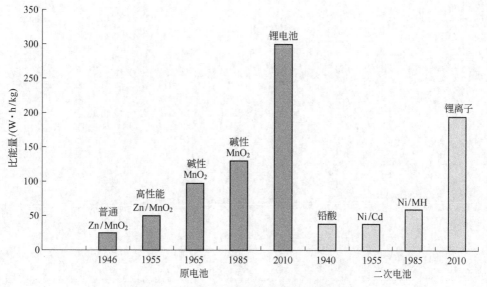

图 1.6　便携式应用系统使用电池的性能进步

如表 1.2 和手册中的其他表所示，除了正极活性物质的质量可以忽略不计算的体系外，如室温空气体系和氢/氧燃料电池，理论体积比能量值还没有超过 1500W·h/kg，事实上多数体积比能量值比表中列出的还要低。即使像氢/空气和液态燃料电池体系，也必须至少包括盛装原料的合适容器的质量和体积。

表 1.2 同时也给出了这些电化学体系电池所能输出的比能量，这都是基于在实际放电过程中优化参数后得到的，实际质量比能量都不超过 600W·h/kg，即使空气自呼吸系统也超不过此数值。类似的，体积比能量也超不过 1300W·h/L。值得注意的是蓄电池的这些比特性要比原电池的低很多，部分原因是由于蓄电池所用的材料需要考虑可充电性和循环性。

最近，锂空气电池引起人们的兴趣，它的理论质量比能量高达 11000W·h/kg，作为可充电系统可以应用于电动车中。目前，其质量比能量达到 800W·h/kg（见第 33 章）。

意识到这些局限性后，才有可能探索新的电池体系，而将来发展出具有更高的比能量并能满足商业应用要求的新的电池体系变得越来越困难，当然，新体系必须具有材料易获得、成本可接收、安全和环境友好等特点。

电池的研发需要集中在降低非活性物质和活性物质的比例上，以增加比能量、增加能量转化率和再充电能力，并在更加严格的使用条件下最大程度地提高电池的性能和提高安全性和环境适应性。燃料电池提供了驱动电动汽车的机会，以替代内燃机，并供公用电力使用，也为较大的便携设备供电提供更多应用（见第 38 章）。然而，与现有电池体系相比，研发小型便携设备使用的燃料电池将会是巨大挑战（见第 37 章）。

参 考 文 献

1. D. Linden and T. B. Reddy, *Battery Power and Products Technology*, vol. 5, no. 2, pp. 10-12, March/April 2008.

2. M. Winter and R. Brodd, *Chemical Reviews*, vol. 104, 4245-4270, 2004.

第 2 章

电化学原理和反应

Mark Salomon

2.1 引言

　　电池和燃料电池是指通过电极上发生的电化学氧化与还原反应将化学能转变成电能的电化学装置。电池由负极（或阳极）和正极（或阴极）构成，放电时负极（或阳极）发生的是氧化反应，正极（或阴极）发生的是还原反应，而离子通过电解质传输。

　　正如方程式(2.5)及2.2节所讨论的那样，电极上化学物质反应输出的最大电能由两电化学反应电对的吉布斯自由能变化 ΔG 决定。

　　理想的情况是放电时所有这些能量都转变成有用的电能。然而，当负载电流通过电极并伴随着电化学反应时，因极化引起的能量损失不可避免。这些损失包括：活化极化，它驱动电极界面的电化学反应；浓差极化，它产生于反应物和产物在电解质本体和电极/电解质界面的浓度差，是质量传输速率控制的结果。

　　这些极化造成了部分能量损失并以废热的形式放出，因而电极内贮存的理论能量并不能都转化成有用的电能。

　　原理上，假如知道了一些电化学参数和质量传输条件，活化极化和浓差极化都可根据本章后面章节描述的理论方程进行计算。然而，由于电极物理结构本身的复杂性，实际上两者很难确定。正如2.5节所叙述的，多数化学电池和燃料电池的电极都是由活性物质、黏结剂、性能改善添加剂和导电剂组成的复合体，并且是具有一定厚度的多孔结构。因此，需要采用复杂的数学模型借助计算机来算出极化参数。

　　另一个影响电池性能或倍率特性的重要因素是电池内阻，它会在电池工作时产生电压降，并以废热的形式消耗部分有用能。由内阻引起的电压降低通常称为"欧姆压降"或 IR 降，它和系统中通过的电流成正比。一个电池的总内阻包括电解质的离子电阻（含隔膜和多孔电极）和电子电阻（包括活性物质、集流体、导电极耳以及活性物质/集流体之间的接触电阻）。这些电阻本质上具有欧姆特性，遵守电流与电压呈线形变化的欧姆定律。

　　当连接一个外部负载 R，电池电压 E 可以表示为：

$$E = E_0 - [(\eta_{ct})_a + (\eta_c)_a] - [(\eta_{ct})_c + (\eta_c)_c] - IR_i = IR \qquad (2.1)$$

式中　　　E_0——电池的电动势或开路电位；

$(\eta_{ct})_a$，$(\eta_{ct})_c$——负极（或阳极）和正极（或阴极）的活化极化或电荷转移过电位；

$(\eta_c)_a$，$(\eta_c)_c$——负极（或阳极）和正极（或阴极）的浓差极化过电位；

I——有负载时电池的工作电流；

R_i——电池内阻。

如式（2.1）所示，电池的有效输出电压因极化和内阻而降低，只有在很低的工作电流下极化和内阻很小时，电池工作电压才接近开路电压，输出能量才接近理论能量。图2.1显示出了电池极化和放电电流之间的关系。

尽管化学电池或燃料电池输出的能量依赖于电极上发生的电化学反应，但电荷转移反应的程度、扩散速率、能量损失的幅度受很多因素的影响。这些因素包括：电极配方和设计、电解质电导率、隔膜材料特性和其他因素。为获得高的工作效率并使能量损失最小，在设计化学电池和燃料电池时必须按照电化学基本原理，遵循一些基本规律，包括以下内容。

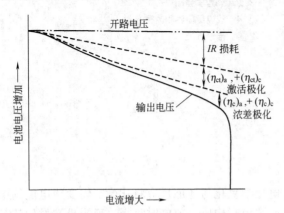

图 2.1　电池的极化与放电电流的关系

（1）电解质导电性尽量高，保证电池工作时电阻极化不会太大。表2.1给出了电池中多种电解质体系的电导率。化学电池通常按特定的放电率来设计，电流从几微安到几百安培。一旦电解质确定，则要通过设计具有高表面积的电极和使用薄的隔膜以减少电解质的 IR 降，由此来改善倍率特性，典型的设计是卷绕式电极。

（2）电解质盐和溶剂应具有化学稳定性，避免它们和正负极直接起化学反应。

（3）正、负极的反应速率尽量快，确保活化或电荷转移极化不至于过高而导致电池不能工作；通常将电极设计成多孔结构来降低此类极化。多孔电极可以使给定几何尺寸的电极具有高的反应面积，从而在一定工作电流下降低电极电流密度。

表 2.1　在室温下多种电解质体系的电导率

电解质体系	电导率/(S/cm)	电解质体系	电导率/(S/cm)
水溶液电解质体系	$0.1 \sim 0.55$	离子液体	$10^{-4} \sim 10^{-2}$
熔融盐电解质体系	约 10^{-1}	聚合物电解质	$10^{-7} \sim 10^{-3}$
无机电解质体系	$10^{-2} \sim 10^{-1}$	无机固体电解质	$10^{-8} \sim 10^{-5}$
有机电解质体系	$10^{-1} \sim 10^{-2}$		

（4）大多数化学电池和燃料电池系统中，部分或全部反应物都由电极处供给，部分或全部反应产物需要从电极表面扩散离开。因此，电池必须有足够的电解质来促进质量传输，避免引起严重的浓差极化。电极具有适当的孔率和孔径，隔膜具有合适的结构和足够的厚度以及电解质中反应物具有足够的浓度等对保证电池正常运行非常重要。电池正常运行中应避免质量传输的限制。

（5）集流体或衬底材料应与电极材料和电解质相容，不会被腐蚀。集流体的设计应使电流均匀分布和接触电阻低，以便减少电池工作中的电极极化。

（6）对蓄电池而言，充放电过程中期望反应产物留在电极表面来促进可逆反应的发生。在电解液中电化学反应物质需要保持机械稳定性和化学稳定性。

通常情况下，本章所叙述的基本原理和各种电化学技术都能用于研究电池和燃料电池中的所有重要电化学问题，包括电极反应速率、中间反应步骤的确立、电解质的稳定性、集流体、电极材料、质量传输条件、极限电流值、电极表面钝化膜的形成、电极或电池的阻抗特性和速率控制反应物粒子的存在等。

2.2　热力学基础

在电池中，反应基本上是发生在两个区域或两个部位上，这些反应部位就是电极界面。一般来说，在一个电极上的反应（正向还原）可表示为：

$$aA + ne \Longrightarrow cC \tag{2.2}$$

式中，a 摩尔的 A 得到 n 个电子，形成 c 摩尔的 C。在另一个电极上的反应（正向氧化）可表示为：

$$bB \Longrightarrow dD + ne \tag{2.3}$$

电池总反应可通过两个半电池反应相加而得：

$$aA + bB \Longrightarrow cC + dD \tag{2.4}$$

该反应的标准自由能的变化 $\Delta G^{\ominus}$ 可用式（2.5）表示：

$$\Delta G^{\ominus} = -nFE^{\ominus} \tag{2.5}$$

式中，F 通称为法拉第常数（96487C），$E^{\ominus}$ 是该反应的标准电极电位。表 2.2 和附录 B 中给出了一些可选择电极材料的标准电位。

表 2.2　25℃ 电极反应的标准电位

电极反应	$E^{\ominus}/V$	电极反应	$E^{\ominus}/V$
$Li^+ + e \Longrightarrow Li$	-3.045	$CuCl + e \Longrightarrow Cu + Cl^-$	0.121
$K^+ + e \Longrightarrow K$	-2.925	$AgCl + e \Longrightarrow Ag + Cl^-$	0.2223
$Na^+ + e \Longrightarrow Na$	-2.714	$AgCl + e \Longrightarrow Ag + Cl^-$（海水，pH 为 8.2）	0.2476
$Al^{3+} + 3e \Longrightarrow Al$	-1.67	$Hg_2Cl_2 + 2e \Longrightarrow 2Hg + 2Cl^-$	0.2682
$H_2O + e \Longrightarrow \frac{1}{2}H_2 + OH^-$	0.8277	$Hg_2Cl_2 + 2e \Longrightarrow 2Hg + 2Cl^-$ [标准 KCl(SCE)]	0.2412
$H_2O + e \Longrightarrow \frac{1}{2}H_2 + OH^-$（海水，pH 为 8.2）	0.5325	$O_2 + 2H_2O + 4e \Longrightarrow 4OH^-$	0.401
$Ni(OH)_2 + 2e \Longrightarrow Ni + 2OH^-$	-0.72	$Cu^{2+} + Cl^- + e \Longrightarrow CuCl$	0.559
$O_2 + H^+ + e \Longrightarrow HO_2$	-0.046	$O_2 + 4H^+ + 4e \Longrightarrow 2H_2O$（纯水，pH 为 7）	0.815
$2H^+ + 2e \Longrightarrow H_2$	0.000	$O_2 + 4H^+ + 4e \Longrightarrow 2H_2O$	1.229
$HgO + H_2O + 2e \Longrightarrow Hg + 2OH^-$	0.0977	$Cl_2 + 2e \Longrightarrow 2Cl^-$	1.358

当条件与标准状态不同时，电池电压 E 可由 Nernst 公式得到：

$$E = E^{\ominus} - \frac{RT}{nF} \ln \frac{a_C^c a_D^d}{a_A^a a_B^b} \tag{2.6}$$

式中　a_i——相应粒子的活度；

R——气体常数，8.314J/(K·mol)；

T——开尔文绝对温度。

电池反应的标准自由能变化 ΔG 是电池向外电路提供电能的驱动力。顺便提及，测量电动势也可得到反应的自由能变、熵变及焓变数据以及活度系数、平衡常数和溶度积等数据。

单电极（绝对）电位的直接测量实际上是不可能的[1]，为了度量半电池电位或标准电位，必须确立一个参考"零"电位，以此为参考点测得单个电极的电位。按照惯例，H_2/H^+（水溶液）反应的标准电位被视为"零"，所有标准电极电位都相对该电位。表 2.2 和附录 B 给出了一些负极（或阳极）和正极（或阴极）材料的标准电位。

2.3 电极过程

电极上的反应以化学的和电的两方面的变化为特征，属于异相反应类型。电极反应可以如金属离子还原生成金属原子，并进入电极表面或结构内部那样简单，然而这仅仅是表面上的简单，实际上，整个反应的机理可能相当复杂，而且常常包括很多步骤。电活性粒子必须在电子传递步骤之前通过迁移或扩散传送到电极表面，同时在电子传递步骤之前或之后，都可能包括电活性粒子在电极表面的吸附步骤。而化学反应也可能包含在整个电极反应过程中。与任何反应一样，电化学反应的总速率是由整个反应过程中最慢的步骤决定的。

在上述 2.2 节中给出的电化学过程的热力学处理描述了系统的平衡条件，并没有涉及非平衡条件下的情况，如由于电极极化（过电位）引起的电流对电化学反应的影响等。诸多电化学体系的电流与电位特性的实验表明，电流和加在电极对上的电压之间呈现指数关系。这种关系式称为塔菲尔（Tafel）公式：

$$\eta = a \pm b \lg i \tag{2.7}$$

式中　η——过电位；

i——电流；

a，b——常数。

一般可把常数 b 称为 Tafel 斜率。Tafel 关系式对许多电化学体系在很宽广的过电位范围内均适用。但在低的过电位情况下，这种关系不成立，并导致 η 和 $\lg i$ 的关系曲线出现偏离，如图 2.2 所示。

Tafel 公式与许多试验规律很好地吻合，激励了人们对电极过程动力学理论的探索。但是 Tafel 关系式仅适用于高过电位范围，可能该表达式不适用于近于平衡状态的条件，而仅用来表示单向过程的电流-电位相互关系。在氧化过程中，这意味着还原过程的影响是可以忽略的。我们把式(2.7)重新排列成下列指数形式：

$$i = \exp\left(\pm \frac{a}{b}\right) \exp \frac{\eta}{b} \tag{2.8}$$

一般的情况是，电还原过程的正向和逆向两个反应都必须考虑，如图 2.3 所示，电化学反应可简化为：

$$O + ne \Longleftrightarrow R \tag{2.9}$$

式中　O——氧化态粒子；

R——还原态粒子；

n——电极反应过程所涉及的电子数。

正向和逆向反应可分别用异相速率常数 k_f 和 k_b 来描述。正向和逆向反应速率可由产物

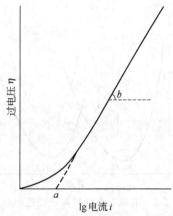

图 2.2　图解塔菲尔图给出了在低
的过电位下的参数 a 和 b

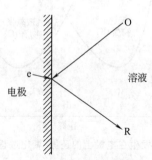

图 2.3　简单图解电极上
发生的还原过程

的速率常数与该产物在电极表面相应浓度的乘积来表示。如同后面所指出的那样，电极表面上的电活性粒子的浓度常数与溶液本体浓度不同。正向反应速率是 $k_f C_O$，逆向反应速率是 $k_b C_R$。为了方便起见，这些速率常常分别用正向反应和逆向反应电流 i_f 和 i_b 表示：

$$i_f = nFAk_f C_O \tag{2.10}$$

$$i_b = nFAk_b C_R \tag{2.11}$$

式中　A——电极面积；

　　　F——法拉第常数。

所建立起来的这些表达式仅仅是将物质作用定律应用于正、逆向电极过程的结果。在此过程中，电子的作用可以由假设速率常数的大小取决于电极电位而得到确定。速率常数和电极电位的关系一般可描述为：降低电极电位 E 会促进正向还原反应而抑制逆向氧化反应的进行，相当于分别增加和降低正、负极反应的活化能，反之亦然。而通常施加在电极上的还原电位 E 只有一部分 αE（$\alpha < 1$，称为传递系数）被用来驱动还原过程，而 $(1-\alpha)E$ 被用来驱动氧化过程，它是促成氧化过程更为困难的因素（电位降低增加了氧化反应的活化能，译者注）。数学上，这些依赖于电位的速率常数可用下式表示：

$$k_f = k_f^{\ominus} \exp \frac{-\alpha nFE}{RT} \tag{2.12}$$

$$k_b = k_b^{\ominus} \exp \frac{(1-\alpha)nFE}{RT} \tag{2.13}$$

式中，α 被称为传递系数；E 是相对于适当参考电极的电极电位。

对于传递系数 α（在某些文章中表示为对称因子 β）的物理意义在这里用动力学术语做进一步的解释是适当的，因为在动力学推导中它的意义是明确的[2]。给电极施加一个偏离平衡电位的电压时，只有施加电能的一部分 $-\alpha nEF$ 被用来于驱动电化学反应，分数 α 称为传递系数。为了弄懂传递系数 α 的作用，必须阐明还原和氧化过程的能量变化图。图 2.4 表示出氧化态粒子接近电极表面时的一个近似的势能曲线（Morse 曲线）和生成的还原态粒子的势能曲线。为了方便起见，把固体电极上的氢离子还原作为典型的电还原例子。根据 Horiuti 和 Polanyi[3] 理论，氢离子的还原势能图可用图 2.5 表示，图中氧化态粒子 O 是水合氢离子，还原态粒子 R 是连在金属（电极）表面上的氢原子。改变电极电位 E 的作用是将氢离子 Morse 曲线的势能升高。两个 Morse 曲线的交点形成一能垒，其高度为 αE。如果两条 Morse 曲线交点处的斜率分别接近一常数，那么 α 就可由两条 Morse 曲线交点处的斜率比来

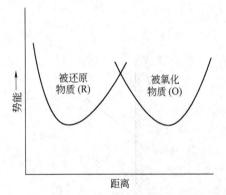

图 2.4 发生在电极上的还原-氧化过程的位能图

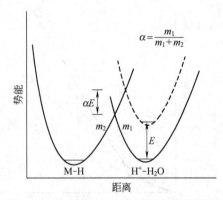

图 2.5 电极上水合氢离子的还原位能图

确定:

$$\alpha = \frac{m_1}{m_1 + m_2} \tag{2.14}$$

式中, m_1 和 m_2 分别是水合氢离子和氢原子势能曲线的斜率。

这种传递系数理论还存在某些不足之处, 如假定了 α 是常数, 且与 E 无关, 目前还没有数据证实或反驳这种设想。其他主要的缺点是这一概念被用来阐述多种不同的粒子, 如: ①在惰性电极上的氧化还原变化 (Hg 上的 Fe^{2+}/Fe^{3+}); ②溶于不同相中的反应物和生成物 [$Cd^{2+}/Cd(Hg)$]; ③电沉积过程 (Cu^{2+}/Cu)。尽管存在着这些不足之处, 在许多情况下该理论的概念和应用还是合理的, 目前它对电极过程的理解和阐述是最恰当的。一些 α 值的实例列于表 2.3[4]。

表 2.3 可选择体系在 25℃ 下传递系数 α 的数值

电极反应	金 属	电极反应物质	α
$H^+ + e \rightleftharpoons \frac{1}{2}H_2$	Pt(光滑)	$1.0\,mol/dm^3$ HCl	2.0
$H^+ + e \rightleftharpoons \frac{1}{2}H_2$	Ni	$0.12\,mol/dm^3$ NaOH	0.58
$H^+ + e \rightleftharpoons \frac{1}{2}H_2$	Hg	$10.0\,mol/dm^3$ HCl	0.61
$O_2 + 4H^+ + 4e \rightleftharpoons 2H_2O$	Pt	$0.1\,mol/dm^3$ H_2SO_4	0.49
$O_2 + 2H_2O + 4e \rightleftharpoons 4OH^-$	Pt	$0.1\,mol/dm^3$ NaOH	1.0
$Cd^{2+} + 2e \rightleftharpoons Cd$	Cd/Hg	$10^{-3}\,mol/dm^3$ $Cd(NO_3)_2$ 在 $1\,mol/dm^3$ KNO_3	5.0
$Cu^{2+} + 2e \rightleftharpoons Cu$	Cu	$1\,mol/dm^3$ $CuSO_4$	0.5

根据式(2.12) 和式(2.13), 可以导出有助于评价和阐述电化学体系的参数。式(2.12) 和式(2.13) 与用于平衡态的 Nernst 公式 [式(2.6)] 和用于单向过程的 Tafel 关系式 [式 (2.7)] 是一致的。在平衡状态下, 正向电流和逆向电流都存在, 但由于系统是平衡的, 因此两者是相等的, 没有净电流通过:

$$i_f = i_b = i_0 \tag{2.15}$$

式中, i_0 是交换电流。按照式(2.10)~式(2.13) 和式(2.15), 可以导出下列关系式:

$$C_0 k_f^0 \exp\frac{-\alpha nFE}{RT} = C_R k_b^0 \exp\frac{(1-\alpha)nFE_e}{RT} \tag{2.16}$$

式中，E_e 是平衡电势。

重新排列后为：

$$E_e = \frac{RT}{nF}\ln\frac{k_f^0}{k_b^0} + \frac{RT}{nF}\ln\frac{C_O}{C_R} \tag{2.17}$$

根据该公式我们可给出标准电位 $E_C^\ominus$ 的定义，式中使用的是浓度而不是活度：

$$E_C^\ominus = \frac{RT}{nF}\ln\frac{k_f^\ominus}{k_b^\ominus} \tag{2.18}$$

为了方便起见，常将标准电位作为可逆体系电位标度的参考点。结合式(2.17) 和式(2.18)，我们可证明下列表达式与 Nernst 公式完全一致，除了式中使用的是浓度而不是活度：

$$E_e = E_C^\ominus + \frac{RT}{nF}\ln\frac{C_O}{C_R} \tag{2.19}$$

结合式(2.10) 和式(2.12)，平衡条件下有：

$$i_0 = i_f = nFAC_Ok_f^0\exp\frac{-\alpha nFE_e}{RT} \tag{2.20}$$

式(2.15) 所定义的交换电流对电池界的研究人员是一个有重要意义的参数，结合式(2.10)、式(2.12)、式(2.17) 和式(2.20)，引入速率参数 k 可得：

$$i_0 = nFAkC_O^{(1-\alpha)}C_R^\alpha \tag{2.21}$$

交换电流 i_0 是在整体无净变化的任何平衡电位下，氧化态和还原态物质之间电荷交换速率的一种度量单位。然而速率常数 k 是在一特定电位下，即该体系标准电位下定义的。但它本身还不足以表征该体系，必须要知道传递系数的值。然而，式(2.21) 可以用来阐明电极反应的机理。在氧化态或还原态粒子浓度一定时，分别测量交换电流密度随还原态和氧化态粒子浓度的变化，就可确定传递系数的值。图 2.6 示意了正向和逆向电流与过电位的关系，$\eta = E - E_e$，图中净电流是正向电流、逆向电流的代数和。

如净电流不为零，即电压偏离平衡电位足够远时，净电流接近正向电流（或对阳极过电位而言就是逆向净电流）。此时有：

$$i = nFAkC_O\exp\frac{-\alpha nF\eta}{RT} \tag{2.22}$$

当 $\eta = 0$，$i = i_0$ 时，有：

$$i = i_0\exp\frac{-\alpha nF\eta}{RT} \tag{2.23}$$

和

$$\eta = \frac{RT}{\alpha nF}\ln i_0 - \frac{RT}{\alpha nF}\ln i \tag{2.24}$$

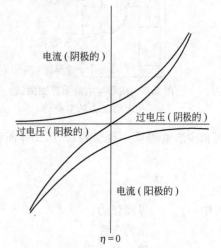

图 2.6　过电位和电流之间的关系

该公式即是前面已介绍过的 Tafel 方程式(2.7) 的一般形式。现在可以看出，这种动力学的分析与 Nernst 公式 [式(2.19)，用于平衡态] 和 Tafel 关系式 [式(2.7)，用于单向过程] 是完全一致的。为了以最有用的形式表示出这种动力学分析，将它转变成净电流形式是合适的，将

$$i = i_f - i_b \tag{2.25}$$

代入式(2.10)、式(2.13) 式(2.18)，可得：

$$i = nFAk \left[C_O \exp \frac{-\alpha nFE_C^0}{RT} - C_R \exp \frac{(1-\alpha)nFE_C^0}{RT} \right] \tag{2.26}$$

当该公式付诸于实用时，必须记住 C_O 和 C_R 是电极的表面浓度或者是有效浓度，它们未必与本体浓度相同。界面上的浓度常常（而且总是）随着表面和主体浓度之间的电位的不同而改变。电极与电解质界面间电位差的影响将在下一节中进行讨论。

2.4 双电层电容和离子吸附

当一个电极（金属表面）浸在电解质中，金属表面上的电荷吸引溶液中带有相反电荷的离子并使溶剂偶极子取向排列。金属和电解质中各自存在一电荷层，这种电荷的分层分布就是通常所说的"双电层"[5]。实验上，双电层效应在所谓"电毛细"现象中得到了证实。人们对该现象已经研究了许多年，并且存在着电极/电解质间界面上的表面张力与双电层结构间的热力学关系。一般来讲，这些测量中使用的金属是汞，因为它是唯一找得到的在室温下为液态的金属〔尽管某些研究工作在高温下使用了镓、伍兹（Woods）合金和铅〕。

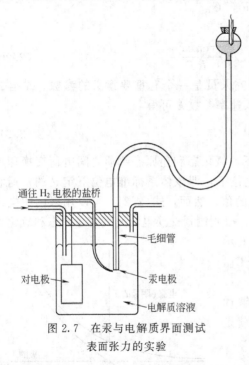

汞和电解质间交界面的表面张力可用一种简单的仪器来测定。所应具备的条件包括：①可极化的汞与溶液界面；②作为参考电位的非极化界面；③电位可调的外电源；④测量汞与电解质界面张力的装置。可满足上述要求的实验装置如图 2.7 所示。界面张力的测量可通过提高汞的位置"高度"，以便向汞/电解质界面施加压力来进行。在界面上界面张力/汞柱产生的压力达到平衡，如图 2.8 所示，如果毛细管壁上的接触角是零（这种情况对于净洁表面和净洁电解质是典型的），那么界面张力就可以通过简单的数学运算表示出来：

图 2.7 在汞与电解质界面测试
表面张力的实验

（图中标注：通往 H_2 电极的盐桥；毛细管；对电极；汞电极；电解质溶液）

$$\gamma = \frac{h\rho g r}{2} \tag{2.27}$$

式中 γ —— 界面张力；

ρ —— 汞的密度；

g —— 重力加速率；

r —— 毛细管的半径；

h —— 毛细管内汞柱的高度。

典型电解质中测得的特征电毛细曲线如图 2.9 所示。通过这些测量和更精密的交流阻抗电桥测量，确定了双电层结构的存在[5]。

考察一个在电解质水溶液中带有负电荷的电极，假设在该电位下没有电化学电荷转移反应发生。为了简单和清楚起见，双电层的不同特点将分别阐述。这里以水为讨论对象，水分子的取向如图 2.10 所示。该图显示了水偶极子的取向排列，大多数用其正端（箭头）指向

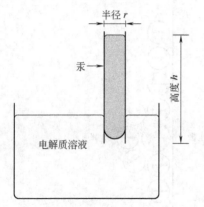

图 2.8　浸入电解质溶液后，毛细管中
的汞-电解质界面闭合

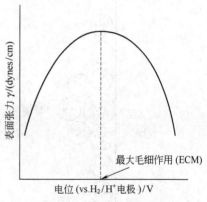

图 2.9　电毛细作用曲线

电极表面。因为双电层与本体溶液中的水分子是处于动态平衡的体系，因此，该图仅是一张水分子层结构的"快照"。因为这种表示是一种统计方法，所以不是所有偶极子均以相同方向取向。与受偶极子与电极间相互作用的影响相比，某些偶极子更易受偶极子与偶极子间相互作用的影响。

　　其次，考虑一个阳离子是如何到达双电层附近。不管双电层的定向效应如何，大多数阳离子被水偶极子强烈溶剂化，在阳离子周围形成偶极水分子的包覆层。除少数例外情况，阳离子不是直接地到达电极表面，而是仍然留在第一层溶剂分子的外面，且保持着外面的水分子包覆层。图 2.11 示出了阳离子在双电层中排列的一个典型例子，这也是阳离子在双电层中最可能的排列方式，这一图像的确立部分来自于混合电解质中交流阻抗测试结果，但主要是从离子到达电极表面过程中自由能的计算得到的。考虑水与电极、离子与电极和离子与水的相互作用，阳离子达到电极表面的自由能强烈地受阳离子水合作用的影响。一般结果为：像 Cs^+ 这种具有很大半径（因而水合能低）的阳离子能接触/吸附在电极表面；但对大多数阳离子接触/吸附自由能的变化大于零，因此与接触/吸附机理相抵触[6]。图 2.12 给出了Cs^+ 接触/吸附在电极表面的一个例子。

　　因为阴离子带负电荷，可以预见阴离子在电极表面的接触吸附将不会发生。但在分析阴

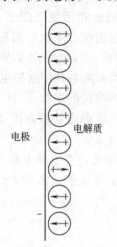

图 2.10　在负电性电极双
电层中水分子的取向

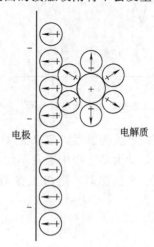

图 2.11　典型阳离子处
在双电层中

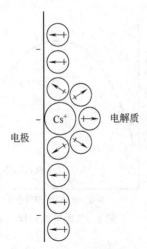

图 2.12 Cs⁺ 在电极表面
的接触吸附

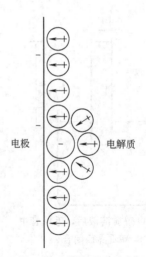

图 2.13 阴离子在电极
表面的接触吸附

离子体系自由能变化时发现，阴离子倾向于和电极接触因为过程净自由能的变化为负。从计算和实验测量两方面都发现阴离子接触吸附是相对普遍的。图 2.13 示出了阴离子在电极上吸附的一般情况。也有这种吸附类型例外的情况，如计算发现氟离子接触吸附的自由能变化为正，接触吸附不太可能发生，这一结论也得到了实验测量的证实。利用氟离子的这一特性，用 NaF 作支持电解质来评估表面活性粒子的吸附特性可以避免支持电解质吸附的影响。将双电层（或紧密层）向电解质本体延伸可以连续重复研究这种双电层的影响，不过影响幅度要较紧密层小。这种紧密双电层向溶液本体的"延伸"成为 Gouy-Chapman 扩散双电层[5]。当支持电解质浓度低或为零时，该扩散层对电极动力学和电极表面电活性粒子浓度的影响是明显的。建立双电层效应和各种类型的离子接触吸附效应的最终后果是直接影响电极表面电活性粒子的真实浓度，并间接改变电子转移位置的电位梯度，适当的时候综合考虑双电层的影响是很重要的。

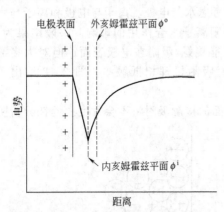

图 2.14 正电性电极上的电位分布

电极附近电位的分布示意于图 2.14 中，含有接触吸附离子和最里层水分子的平面称为内亥姆霍兹（Helmholtz）平面，其电位定义为以本体溶液的电位为参考零点而相对本体溶液的电位 ϕ^i。通过没有接触吸附但有溶剂化的水分子外壳包围且靠近电极的那些离子的平面称为外赫姆霍兹平面，其电位仍以本体溶液电位为参考，定义为 ϕ^o。有些教材中 ϕ^i 写为 ϕ^1，ϕ^o 写为 ϕ^2。

前已提及，动力学方程中通常不使用电活性粒子的本体浓度，双电层中和本体溶液中的粒子能态不同。平衡态时，电极上参与电荷转移过程的离子或粒子的浓度 C^e 和本体浓度 C^B 的关系为：

$$C^e = C^B \exp \frac{-zF\phi^e}{RT} \qquad (2.28)$$

式中　z——离子电荷；

　　　ϕ^e——离电极最近离子的电位。

必须记住：很多粒子离电极最近的平面为外赫姆霍兹平面，因此 ϕ^e 通常等于 ϕ^o；但有些特例，离电极最近平面为内赫姆霍兹平面，此时 ϕ^e 等于 ϕ^i。ϕ^e 究竟采用什么值需要进行判断。

有效驱动电极反应的电位是电极电位与最靠近电极粒子之间的电位差，假设 E 为电极电位，反应的驱动力为 $E - \phi^e$，用这一关系结合式（2.26）和式（2.28），有：

$$\frac{i}{nFAk} = C_O \exp \frac{-z_O F \phi^e}{RT} \exp \frac{-\alpha n F (E - \phi^e)}{RT} - C_R \exp \frac{-z_R F \phi^e}{RT} \exp \frac{(1-\alpha) n F (E - \phi^e)}{RT}$$

$$(2.29)$$

式中，z_O 和 z_R 分别是氧化态和还原态粒子的电荷（带符号），重新整理式（2.28）并用

$$z_O - n = z_R \tag{2.30}$$

代入式（2.29）得到：

$$\frac{i}{nFAk} = \exp \frac{(\alpha n - z_O) F \phi^e}{RT} \left[C_O \exp \frac{-\alpha n F E}{RT} - C_R \exp \frac{(1-\alpha) n F E}{RT} \right] \tag{2.31}$$

实验中，用式（2.26）可以得到没有考虑双电层影响的表观速率常数 k_{app}。考虑最近粒子平面的影响，有：

$$k_{app} = k \exp \frac{(\alpha n - z_O) F \phi^e}{RT} \tag{2.32}$$

同样，交换电流为：

$$(i_0)_{app} = i_0 \exp \frac{(\alpha n - z_O) F \phi^e}{RT} \tag{2.33}$$

对速率常数和交换电流进行校正并不是不重要的，Bauer[7] 中给出了几个计算实例。表观和真实速率常数可以相差两个数量级。校正的幅度与粒子的电毛细作用大小和电极上反应的电位差的区别大小有关；电位差愈大，对交换电流或速率常数的校正就愈大。

2.5 电极表面的物质传输

我们已对电化学过程热力学，电极过程动力学和双电层对动力学参数的影响作了研究。了解这些关系是研究人员掌握全部电池相关技术的一个重要组成部分。另一项对电池研究有重要影响的内容是对电极表面物质往返传输过程的研究。

电极表面上物质的往返传输一般包括三个过程：①对流和搅拌；②在电位梯度下的电迁移；③在浓度梯度下的扩散。第一个过程很容易用数学或实验方法处理。如果需要搅拌，可以建立起一个流动体系。而如果实验要求必须完全处于滞流条件，则可以通过加强精心设计来保证。在大多数情况下，如果搅拌和对流存在或者被使用，可以用数学方法来处理它们。

若已知迁移数和迁移电流，传质过程中的电迁移部分也可以用实验方法来处理（可以减小到接近零或在特殊情况下偶尔增加），并可用数学式来描述。电活性粒子在电位梯度下的电迁移可通过添加过量的惰性"支持电解质"使其减少至零，支持电解质能有效将电位梯度减少至零，从而消除了引起电迁移的电场，电迁移的增强比较困难。若需要的话则要增强电场，以便增强带电粒子的运动。从电极的几何结构设计上通过改变电极曲率可以使电迁移略有加强。凸面上的电场较平面或凹面上的要大，因此，在弯曲凸面上粒子的电迁移作用就增强。

第三个过程，即浓度梯度的扩散在这三个过程中最为重要，它一般也是电池中最主要的

一种传质方式。可用 Fick[8] 基本方程对扩散进行分析，该方程定义了在距离 x 和时间 t 时物质穿过一个平面的流量。该流量与浓度梯度成正比，可用下列表达式表示：

$$q = D \frac{\delta C}{\delta x} \tag{2.34}$$

式中　q——流量；
　　　D——扩散系数；
　　　C——浓度。
浓度随时间的变化率可用式（2.35）定义：

$$\frac{\delta C}{\delta t} = D \frac{\delta^2 C}{\delta x^2} \tag{2.35}$$

该表达式称为 Fick 第二扩散定律。在解式（2.34）和式（2.35）时要求使用边界条件。边界条件可根据电极所期望的"放电方式"来确定，也可以采用相关电化学技术施加的边界条件[9]。若干种电化学技术将在 2.6 节中讨论。

对于在电池技术中的直接应用，物质传递的三种模式具有重要意义。对流和搅拌过程可促使电活性物质流向反应区。在电池中使用搅拌和对流过程的例证有循环式锌/空气电池体系、振动的锌电极和锌-水合氯（$Cl_2 \cdot 8H_2O$）电池。在某些先进的铅酸电池中，酸的循环可提高电池极板中活性物质的利用率。在某些情况下，电迁移效应对电池性能是不利的，特别是凸点周围区域的增强电场（电位梯度）所引起的电迁移效应尤其如此。在这些区域电迁移的增强易于引起枝晶的形成，最终导致短路或电池失效。

2.5.1 浓差极化

在大多数电池中，扩散是典型的传质过程，为维持电流流动需要物质往返于反应区的传递过程。扩散过程的加强和改进是研究改进电池特性参数所应遵循的一个正确方向。式（2.34）可以用一个近似的但更实用的形式表示，记为 $i = nFq$，式中 q 是通过单位面积平面的流量。因此有：

$$i = nF \frac{DA(C_B - C_E)}{\delta} \tag{2.36}$$

式中，其他参数同前；C_B 是电活性粒子的主体浓度；C_E 是电极表面浓度；A 是电极面积；δ 是边界层厚度，即浓度梯度的变化主要集中在这个电极表面层内（图 2.15）。

当 $C_E = 0$ 时，该表达式定义了在所给定的一系列条件下溶液所能维持的最大扩散电流：

$$i_L = nF \frac{DAC_B}{\delta_L} \tag{2.37}$$

式中，δ_L 为极限条件下边界层厚度。它告诉我们，如果要增加 i_L，必须增加本体浓度、电极面积或增大扩散系数。在设计电池时，重要的是要了解该表达式的实质。一些特殊情况下可应用式（2.36）作出迅速分析，例如可用来预测新型电池的放电率和比功率等参数。

假定扩散边界层的厚度不随浓度变化显著改变，则 $\delta_L = \delta$，式（2.36）可以重新写为：

$$i = \left(1 - \frac{C_E}{C_B}\right) i_L \tag{2.38}$$

电极表面与本体溶液的浓度差产生了浓差极化，

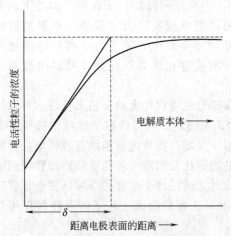

图 2.15　电极表面的边界层厚度

根据 Nernst 方程，扩散层内浓度变化产生的浓差极化或浓差过电位，η_c，可以重写为：

$$\eta_c = \frac{RT}{nF} \ln \frac{C_B}{C_E} \tag{2.39}$$

结合式（2.38）得到：

$$\eta_c = \frac{RT}{nF} \ln \left(\frac{i_L}{i_L - i} \right) \tag{2.40}$$

该式是由扩散引起的浓差极化和传质电流之间的关系，式（2.40）表示当 i 接近极限电流 i_L，理论上过电位应变成无穷大。然而，如图 2.16 所示，实际过程中当电位增加至某一数值时，会发生另一个电化学反应。图 2.17 是基于式（2.40），当 $n=2$ 和 25℃下，浓差过电位与 i/i_L 的函数关系。

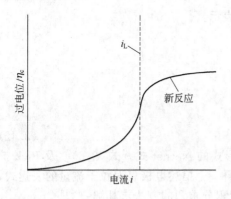

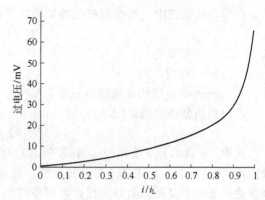

图 2.16 过电位 η_c 与电流 i 的关系图   图 2.17 在 25℃下，当 $n=2$ 时，浓差过电位与 i/i_L 的关系 [基于式(2.40)]

2.5.2 多孔电极

电化学反应是发生在电极/溶液交界面上的异相反应，燃料电池中反应物是从电解质相进入催化电极表面。化学电池中，电极通常是由活性反应物、黏结剂和导电添加剂组成的复合电极。为减少电极表面因活化极化和浓差极化引起的能量损失，并提高电极效率或利用率，一般都倾向采用有效表面积大的电极。多孔电极设计可以做到这一点，多孔电极单位体积的交界面面积可以比平板电极高几个数量级（如 $10^4 cm^{-1}$）。

多孔电极是由多孔固态基体和孔洞组成，电解质进入多孔基体的孔道后，与界面发生的电化学反应所伴随的传质条件变得非常复杂。在电池运行的某一给定时间，孔内的反应速率随着位置不同而变化很大；同时电流密度的分布也依赖于物理结构（如曲率、孔径）、固态基体和电解质的电导率和电化学过程的动力学参数。Newman 详细阐述了这种复杂多孔电极的处理方法[10]。

2.6 电分析技术

许多稳态和脉冲电分析技术均可用于测定电化学参数，并可作为辅助手段用于改进现有电池体系和评价新型候选电池的电对体系[11]。下面对相关的几种方法做出说明。

2.6.1 循环伏安法

在电分析技术中，循环伏安法（众所周知的线性扫描伏安法）可能是电化学工作者目前较普遍使用的一种方法，各种形式的循环伏安法均可追溯到 Matheson、Nidols[12] 和 Randles[13] 的早期研究工作。本质上，该方法是将一个线性变化电压（等斜率电压）施加在一个电极上。扫描区域可控制在适当静置电位的 ±3V 内，大多数电极反应都发生在这个电位区域内。已商品化的试验装置可提供的电位扫描区域为 ±5V。

在阐述循环伏安法的原理时，为方便起见，让我们重新描述一下氧化态粒子 O 的可逆还原反应式(2.9)：

$$O + ne \Longleftrightarrow R$$

式中　O——氧化态粒子；

　　　R——还原态粒子；

　　　n——电极反应过程所涉及的电子数。

在循环伏安法中，起始扫描电位可用式(2.41) 表示：

$$E = E_i - \nu t \tag{2.41}$$

式中　E_i——起始电位；

　　　t——时间；

　　　ν——电位变化率或扫描速率，V/s。

反向扫描循环可用式(2.42) 定义：

$$E = E_i + \nu' t \tag{2.42}$$

式中，ν' 常常与 ν 值相同。将式(2.42) 与适当形式的 Nernst 式［式(2.6)］及 Fick 扩散定律［式(2.34) 和式(2.35)］相结合，就可以获得一个描述电极表面粒子流量的表达式，该表达式是一个复杂的微分方程，可用连续小步进行积分求和的方法求其解[14~16]。

如所施加的电压接近该电极过程的可逆电位时，有一小电流通过，接着迅速增大，但伴随着反应物的耗尽，电流在电位稍高于标准电位处变成某一有限数值。反应物的耗尽建立起向溶液延伸的浓度分布，如图 2.18 所示。当浓度分布延伸到溶液中时，电极表面上的扩散传质速率减少，同时伴随可观察到电流的减小。从而可见到电流经过一个意义明确的最大值，如图 2.19 所示。可逆还原的峰值电流［式(2.9)］定义为：

$$i_p = \frac{0.447 F^{3/2} A n^{3/2} D^{1/2} C_0 \nu^{1/2}}{R^{1/2} T^{1/2}} \tag{2.43}$$

式中　i_p——峰电流；

　　　A——电极面积；其他符号同前。

请注意，常数值与文献中的报道往往有微小差别。正如前面提到的，这是因为峰电流高度是用数值分析方法计算得到的。

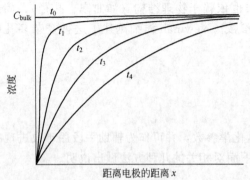

图 2.18　采用循环伏安法时还原离子的
浓度曲线（$t_4 > t_0$）

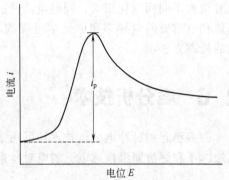

图 2.19　电活化粒子在可逆还原反应中的
循环伏安法峰值电流

　　注意峰电流值的解释，在讨论双电层电容对电极动力学的影响时我们要记住电极/电解质界面的电容效应，结果"真实"电极电位因电容效应和溶液欧姆电阻而改变。考虑到这两方面的影响，式(2.41) 改写为式(2.44)：

$$E = E_i - \nu t + r\ (i_f + i_c) \tag{2.44}$$

式中　r——电池内阻；

　　　i_f——法拉第电流；

　　　i_c——电容电流。

　　当电位扫描速率很小，如低于 1mV/s，电容效应很小，大多数情况下可以忽略。当扫描速率较大时，i_p 需按 Nicholson 和 Shain[17] 描述的方法校正。通过仔细设计电池结构和在电子测试仪器中加入正反馈线路，可以对溶液欧姆降进行充分校正。

　　循环伏安法可以得到电极过程的定性和定量信息，式(2.9) 表示的受扩散控制的可逆反应出现一对接近对称的电流峰，如图 2.20 所示。峰电位差表示为：

$$\Delta E = \frac{2.3RT}{nF} \tag{2.45}$$

该电位差值和扫描速率无关。对电沉积不溶性薄膜且该薄膜在随后进行可逆氧化的情况，如果过程不受扩散控制，ΔE 值将远远小于式(2.45) 给出的值，如图 2.21 所示。对该体系，理想的情况是 ΔE 值接近零。对准可逆过程，电流峰将区分得更开，峰值处的峰形状较圆，如图 2.22 所示，且峰电位与扫描速率有关，ΔE 值大于式(2.45) 给出的值。

　　对完全不可逆电极过程，只出现一个峰，如图 2.23 所示，峰的位置与扫描速率有关。

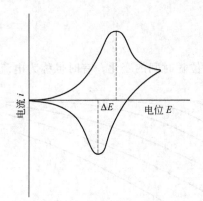

图 2.20　可逆扩散过程控制的
循环伏安曲线

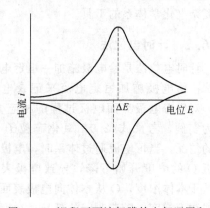

图 2.21　沉积不可溶解膜的电解还原和
再氧化时的循环伏安曲线

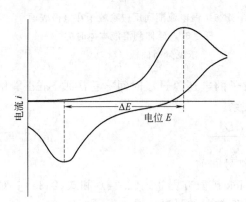

图 2.22　准可逆过程的循环伏安曲线

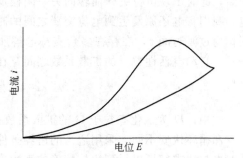

图 2.23　不可逆过程的循环伏安曲线

对逆反应可忽略的不可逆电荷传递过程，根据电流峰的位置与峰电位的函数关系式(2.46)可以确定速率常数和传递系数：

$$i_p = 0.22nFC_O k_{app} \exp\left[-\alpha\frac{nF}{RT}(E_m - E^{\ominus})\right] \tag{2.46}$$

式中，E_m 为峰电位，其他符号同前。在不同浓度中实验，用 E_m 对 $\ln i_p$ 作图可得一直线，从斜率和截距能分别求得传递系数 α 和表观速率常数 k_{app}。尽管采用回归计算分析 E_m 和扫描速率 υ 的函数关系一样得出 α 和 k_{app}，但从式(2.46)去分析要方便得多。

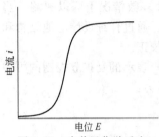

图 2.24　由前置化学反应控制的物质电解还原过程的循环伏安曲线

对更复杂的电极过程，循环伏安曲线分析起来要复杂得多。一个典型的事例是粒子的电还原由前置化学反应控制，图 2.24 示出了该过程的循环伏安图。粒子在电极表面以恒定速率生成，如果非活性组分的扩散速率比它向活性组分转变的速率快，它就不能在电极表面消耗掉，"峰"电流因而与电位无关。

电化学体系的循环伏安曲线常常比这里展示的图形要复杂得多，要确定峰归属的粒子和过程往往需要更多的分析和细致的工作。尽管有这些小缺点，循环伏安法仍是一种用途广泛、相对灵敏且适合电池技术开发的电分析方法。该技术能确定可逆电对（对蓄电池是所希望的），并且提供了一种测量电极过程速率常数和传递系数的方法（对电池开发来讲，具有大速率常数的电极过程更受关注），它能提供一种帮助揭示复杂电化学体系的工具。

2.6.2　计时电位法

计时电位法是给电极施加一恒定电流，研究电极电位随时间的变化，有时也称为电流伏安法。给电极施加恒定电流来记录电位响应，对应着电极界面电极过程的相应变化。作为实例，考虑式(2.9)氧化态粒子 O 还原的情况，当恒电流通过体系时，电极表面附近 O 的浓度开始下降，导致电极表面浓度低于本体浓度，O 从本体向电极表面扩散形成浓度梯度，随着时间的延长，浓度梯度向本体溶液延伸，如图 2.25 所示。在某一时刻（图 2.25 中的 t_6）电极表面 O 的浓度将为零，电极过程因得不到 O 的电还原而中断，此时出现电位突跃而转向另一阴极反应。我们将电还原发生到电位突跃之间的时

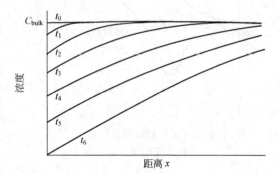

图 2.25　恒电流期间反应物粒子在电极表面耗尽时，延伸到溶液本体时的浓度分布曲线（$t_6 > t_0$）

间称为过渡时间 τ，在存在多余支持电解质时，粒子的电还原过渡时间 τ 首次被 Sand 量化表示，它和电活性粒子的扩散系数之间存在如下关系：

$$\tau^{1/2} = \frac{\pi^{1/2}nFC_O D^{1/2}}{2i} \tag{2.47}$$

式中，D 为氧化态粒子 O 的扩散系数；其他符号同前。

和循环伏安不同，采用适当的边界条件，用 Fick 扩散方程［式(2.34) 和式(2.35)］对计时电位法求解可以得到比较精确的表达式。电活性粒子的可逆还原过程［式(2.9)］，在 O

和 R 自由往返电极表面的情况下（包括 R 扩散到汞电极的情况），Delahay[19]得出了如下电位-时间表达式：

$$E = E_{\tau/4} + \frac{RT}{nF} \ln \frac{\tau^{1/2} - t^{1/2}}{t^{1/2}} \qquad (2.48)$$

式中，$E_{\tau/4}$ 是过渡时间的 1/4 时的电位（和汞电极中极谱半波电位相同），t 是零到过渡时间内的任一时间，该表达式的图形如图 2.26 所示。

对一个速率控制步骤的不可逆过程[20]，相应的表达式为：

$$E = \frac{RT}{\alpha n_a F} \ln \frac{nFC_O k_{app}}{i} + \frac{RT}{\alpha n_a F} \ln \left[1 - \left(\frac{t}{\tau} \right)^{1/2} \right] \qquad (2.49)$$

式中，k_{app} 为表观速率常数；n_a 是速率控制步骤中涉及的电子数（通常也是总反应的电子数 n）；其他符号具有通常意义。用时间的对数项和电位作图，可以得到传递系数和表观速率常数。

在实际体系中，计时电位法电位的形状通常不理想，根据计时电位曲线的变化，采用构造技术帮助确立过渡时间，如图 2.27 所示，电位 $E_{\tau/4}$ 处的时间为过渡时间。

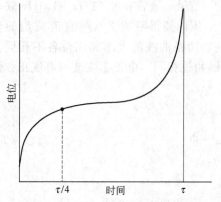

图 2.26 在恒电流下，电活化粒子在
可逆还原反应中的电位图

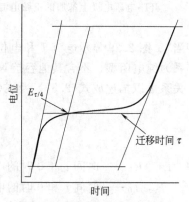

图 2.27 计时电位图迁移时间 τ
的建立过程

要研究两个或多个独立反应，就必须使它们之间的电位分得足够开，才可能单独确定每一个反应的过渡时间，这种情况显然要比循环伏安法稍微复杂些。对第 n 个粒子还原的过渡时间分析有[21,22]：

$$(\tau_1 + \tau_2 + \cdots + \tau_n)^{1/2} - (\tau_1 + \tau_2 + \cdots + \tau_{n-1})^{1/2}$$
$$= \frac{\pi^{1/2} nFD_n^{1/2} C_n}{2i} \qquad (2.50)$$

可以看出，该公式是很烦琐的。

该技术的一个优点是可以方便评估高阻抗体系，图形可以很方便地分段显示出 IR 组分、双电层充电过程和法拉第过程的起始位置。图 2.28 示出了高电阻溶液的计时电位曲线，可以看出以上不同特征过程对应的区间。假如溶液中没有多余的支持电解质来抑制电迁移电流，则可以用电活性粒子的传输数来表示电还原过程的过渡时间[23,24]：

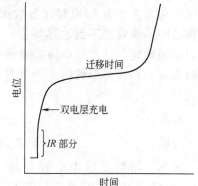

图 2.28 具有明显电阻值的
计时电位图系统

$$\tau^{1/2} = \frac{\pi^{1/2} nFD_s^{1/2} C_O}{2i(1-t_0)} \tag{2.51}$$

式中，D_s 为盐（不是离子）的扩散系数，t_0 为电活性粒子的传输数。因很多电池体系中没有支持电解质，该式是很实用的。

2.6.3 电化学阻抗谱法

前面叙述的两种电分析方法，一种是测量当对电极施加扫描电位时的电流变化，另一种

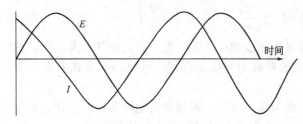

图 2.29 在处于特定直流电位或
开路电压电极上施加的正弦电流和电位波

是测量施加一个恒定电流时的电位变化，这些电响应皆归因于电极与电解质交界面处的阻抗变化。研究电极过程更直接的方法是用电化学阻抗谱（EIS）测量电极的电阻变化。交流阻抗法是在直流电位或开路电压的基础上叠加一个 $5 \sim 10mV$ 的交流电压微扰信号，通常在 $0.01Hz \sim 1MHz$ 频率范围内测得阻抗 Z（与直流测量的电阻

R 相当）。图 2.29 显示电流 I 和电位 E 的正弦曲线，两条曲线的大小和相位各不相同。如果体系为纯电阻型、不含其他容抗等元素则两条曲线相位相同。电位正弦波与电流正弦波的相互关系可以描述成式（2.52）及式（2.53）。

$$E_t = E_0 \sin(\omega t) \tag{2.52}$$

$$I_t = I_0 \sin(\omega t + \Phi) \tag{2.53}$$

式中 E_t，E_0——时间 t 和 0 时的电位；

　　I_t，I_0——时间 t 和 0 时的电流；

　　ω——相位角/s 时的角频率（等于 $2\pi f$，f 单位为 Hz）。

根据欧拉方程得三角函数与复数函数的关系，系统的阻抗可用以下复数关系表示[25,26]：

$$Z(\omega) = E/I = Z_0 \exp(j\Phi) = Z_0(\cos\Phi + \sin\Phi) \tag{2.54}$$

此处 $j = (-1)^{1/2}$。$Z(\omega)$ 包括实部 Z_i 和虚部 Z_r。Z_i 对 Z_r 作图得到一个半圆称为"Nyquist"图。没有容抗和感抗元素的情况下，只有电阻的"Nyquist"图是垂直于实轴的一条直线，与实轴的焦点值即为电阻值。电池电极的交流阻抗响应图用一个复数体系来表征，包含多个电极-电解质参数如电解质电阻、动力学（电荷传递）及电容，在该电化学体系中通常观察不到电感特征。为了将电极与电解质界面处的阻抗和电化学参数相关联，必须确定一个等效电路来表示该界面的动力学特征。这个模型是有多个阻抗元件串并联而成。如果是单纯的 n 个元件串联，则总阻抗表示为式（2.55），如果是并联则表示为式（2.56）。

串联：　　　　$Z_总 = Z_1 + Z_2 + Z_3 + \cdots + Z_n \tag{2.55}$

并联：　　　　$1/Z_总 = 1/Z_1 + 1/Z_2 + 1/Z_3 + \cdots + 1/Z_n \tag{2.56}$

表 2.4 归纳了模型中存在的一些典型电化学元件。后面将对所有电化学过程的"Nyquist"图的等效电路进行描述。

在后面所有的等效电路和 Nyquist 图中，双电层电容 C 用来表示纯电容器（理想状态）。但对于实际的电化学体系由于电极表面的不均匀性及法拉第电流（类似电容器漏电流）的存

在，双电层行为很少为理想电容器，因而使用恒定相元件（CPE）来表示。

$$Z = 1/Q(j\omega)^{\alpha} \tag{2.57}$$

式中，α 是矫正参数（见表 2.4）。当 $\alpha=1$ 时，CPE 是一个理想电容器 $Q=C$；$\alpha=0$ 时，CPE 等效于一个纯电阻。如表 2.4 所示，Warburg 阻抗可以根据有限扩散和无限扩散两种方法求解，对于无限扩散层法，Warburg 阻抗包含了扩散物种的扩算层厚度 δ 和扩散系数 D 两个方面。

表 2.4　等效电路元件

电路元件	阻　　抗
电阻，R	R
电容，C	$1/Cj\omega$
恒定相元件，Q(CPE)	$1/Q(j\omega)^{\alpha}$
Warburg 阻抗，W（无限扩散）	$1/Y(j\omega)^{1/2}$
Warburg 阻抗，W（有限扩散）	$\tan[\delta D^{-1/2}(j\omega)^{-1/2}]/\gamma(j\omega)^{1/2}$
电感，L	$j\omega L$

当考虑单电极（使用三电极电化学池测试，含工作电极、参比电极及对电极）的电极-电解质界面模型，通过 EIS 分析拟合确定包括 R、C、Q、Y、L 和 α 等各参数时，模型的选择非常重要。如图 2.30 所示，电极电解质界面的基本模拟电路模型由 Randles[27] 提出，而其最基本的 Nyquist 图如图 2.31 所示。此处 R_s 是电解液阻抗，C_{dl} 是双电层电容，R_{ct} 是电荷传递阻抗，可以用于计算得到交换电流密度[25,26]。如果体系是扩散控制，等效电路可以表示为图 2.32，加入了与反应阻抗 R_{ct} 串联的 Warburg 阻抗，相对应的 Nyquist 图如图 2.33 所示，Warburg 阻抗特性显现在低频、是呈 45°的直线。

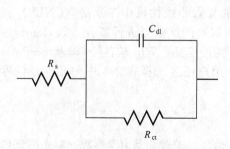

图 2.30　电极/电解质界面的
Randles 等效电路图

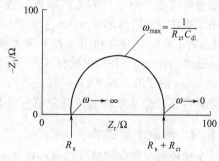

图 2.31　图 2.30 中 Randles 等效电路
的 Nyquist 图

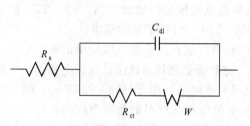

图 2.32　包含 Warburg 阻抗的电极/电解质
界面的 Randles 等效的电路

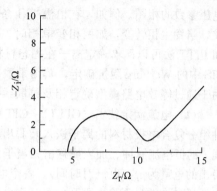

图 2.33　图 2.32 中 Randles 等效
电路 Nyquist 图

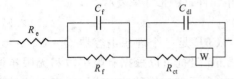

图 2.34 包含 SEI 膜的电极等效电路

最后，为进一步说明电极过程的阻抗响应，考虑锂离子电池中的金属锂或 LiC_6 阳极，该阳极与电解质反应生成固体电解质界面（SEI）。其等效电路如图 2.34 所示，其中 C_f 和 R_f 分别表示 SEI 膜的电容和阻抗。该电极的 Nyquist 图谱显示了两个时间常数截然不同的两个半圆，或如图 2.35 所示的两个交叉的半圆。

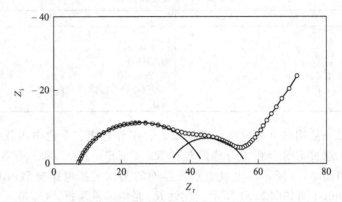

图 2.35 等效电路的 Nyquist 响应示意

确定给定系统的参数值首先需要为电极/电解质界面创建一个合理的模型。模型可以是电阻或表 2.4 中给出的任何电路元件的串并联。然后对各个测试数据（频率、Z_r、Z_i，特别是各电位或开路电压的测试数据）进行去卷积处理，通常也采用 Boukamp 提出的非线性最小二乘法（NLLSQ）[28,29] 或 J. R. Macdonald 提出的复数非线性最小二乘法（CNLS）程序 LEVMW[30]。现在也有一些非常方便的商用软件可以对测试数据进行拟合，如 Gamry's Echem Analytical EIS300 软件[31]、普林斯顿应用研究的 ZSim Win 软件[32] 以及 Scribner Associates 的 ZPlot 和 ZView 软件[33]。这些软件允许用户任意选择表 2.4 中的元件设计等效电路模型并自动处理确定其数值并进行误差分析。

2.6.4 间歇滴定技术

上述稳态电化学测试可提供一些基本信息包括可变浓度、扩散和动力学参数。暂态测试如电流滴定技术（GITT）[34] 和电位滴定技术（PITT）[35] 可以更直接确定单电极和多电极（如合金及锂离子嵌入材料）动力学和热力学参数的方法。两种方法均可以确定电极材料有关容量和电压参数的相图。例如，在恒温恒压条件下的两相平衡电极材料的电位将不依赖于材料的组成。当发生相转变，如两相变单相时，其电极电位将发生变化并是组分的函数。另外，GITT 和 PITT 法可以简单确定离子在固态材料各相中的迁移扩散系数。固相扩散系数可以通过上述 EIS 中的 Warburg 阻抗确定，其结果取决于采用的等效电路模型。因此，GITT 和 PITT 法有助于通过等效电路模型确定相及扩散系数。以下介绍 GITT 和 PITT 法的精华。

（1）电流滴定技术（GITT） GITT 法是一种计时电位法，该方法可以简单地确定至少两种组分复合电极材料的离子嵌入及脱出的扩散系数。这种暂态测试方法是在电极上施加一个时间 t 的恒电流脉冲、加入或移出相当于总容量 2%～5% 的电量（如 Li_xCoO_2 中的 x），插入或脱出的电量为 it（电流对时间）。各个电流阶跃的总电量控制在材料的稳态范围内，每个电流阶跃后允许歇息至稳态再开始下一个电流脉冲，图 2.36 描述了一个 GITT 单脉冲。

Plichta 等测试了 Li_xCoO_2 中 x 从 0.2 到 1.0 时的 GITT 法确定相转换过程[36]，其结果

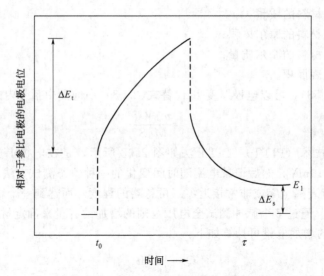

图 2.36 典型的 GITT 恒电流单脉冲

τ 为阶跃 t_0 至恒电流脉冲后某点的时间；ΔE_t 为脉冲过程中的暂态电压变化（不包含 IR 降）；

ΔE_s 为稳态电压变化（OCV）；E_1 为嵌入或脱出反应后的新的 OCV（对于两相材料 E_1 是不变的）

如图 2.37 所示，可清楚地看到它包含了三个相。

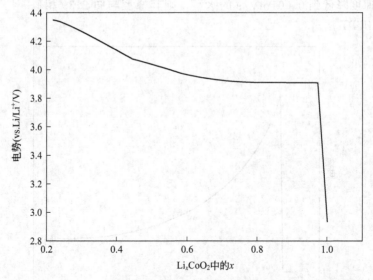

图 2.37 Li_xCoO_2 电位与 x 的关系图（基于参考文献 [36] 的数据）

图 2.37 中 $x = 0.2 \sim 0.6$，为单相区、OCV 随 Li_xCoO_2 中 x 的变化发生变化；约从 $x = 0.6$ 开始到 0.9，OCV 基本不依赖于 x 的变化，表明 Li_xCoO_2 处在两相共存区；最后 x 从 0.9 到 1、OCV 急速降低，表明 Li_xCoO_2 变成单相区。尽管电压与容量的关系由于作者不同而略有差别，但采用 GITT 可以很清楚地证明各个相区。而采用后续的 PITT 法可以准确确定相转换的电压。基于各种嵌入材料的倍率性能和各相的稳定容量来设计电池是各开发商所感兴趣的，但嵌入离子的扩散速率对电池特别是高充放倍率性能很重要。化学扩散系数 D 可以按式（2.58）简单计算[34]。

$$D = \frac{4}{\pi\tau}\left(\frac{m_b V_m}{M_b S}\right)^2 \left(\frac{\Delta E_s}{\Delta E_t}\right)^2 \tag{2.58}$$

式中 m_b ——活性材料的质量；

  V_m ——活性材料的摩尔体积；

  M_b ——活性材料的摩尔质量；

  S ——电极表面积。

为了简化式(2.58)，可以电极厚度 L 代替式(2.58)中前面中括号内的表示式，即：

$$L = \frac{m_b V_M}{M_b S} \tag{2.59}$$

（2）电位滴定技术（PITT） PITT 法如图 2.38 所示，是在电极上施加一个小幅电压阶跃，典型值约为 10mV，然后记录电流随时间变化的一种暂态测试方法。起始的平衡电压为 E_0，阶跃后电流衰降至零或非常接近零（可忽略的程度）而达到一个新的电位 E_1，测试计算增长的电荷 Q。通过多个脉冲测试全电压范围的增加的容量来确定材料的相。记录总电流 I，而每个脉冲的增加电量可计算如下：

$$Q = \int_0^t I \, dt \tag{2.60}$$

将休止电位（OCV）对电极材料组分作图则可表现如图 2.37 的材料相图。电量 Q 与电位 E 微分 Q/E 对电位 E 作图，可以得到一尖峰，其峰值电位对应于材料的相转换。图 2.39 给出了以 Li_xCoO_2 为例的测试结果[36]，该结果从本质上印证了 2.6.1 节的循环伏安结果，但又有重要的差别。本方法测得的各相变峰如图 2.39 所示，其比循环伏安快速扫描峰更锐利。如果扫描速度降低到 0.001mV/s 的水平，则其峰型与图 2.39 相似[37]。但由于电流太小而精度不如 PITT 法。

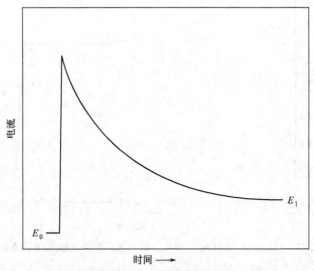

图 2.38 典型 PITT 恒电位单脉冲相应示意图

PITT 法与 GITT 法同样，可以确定受主材料的离子嵌入、脱出的化学扩散系数。两种方法都是基于电极厚度 L ［式(2.59)］和脉冲后达到平衡电位所需要的时间 t 而进行的，其计算式如式(2.61)、式(2.62)所示[36]。

假设 $$t \ll L^2/D, \ I(t) = \frac{QD^{1/2}}{L\pi^{1/2}} \left(\frac{1}{t^{1/2}} \right) \tag{2.61}$$

如果 $$t \gg L^2/D, \ I(t) = \frac{2QD}{L^2} \exp\left(\frac{-\pi^2 Dt}{4L^2} \right) \tag{2.62}$$

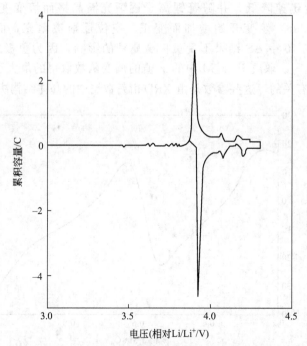

图 2.39 $Li_x CoO_2$ 的电量 Q 的微分与电位 E 的关系

化学扩散系数可以在电压阶跃后很短时间内,通过电流 I 对 $t^{1/2}$ 曲线的斜率计算得到 [式 (2.61)]。长时间的情况下,可以将电流的对数与时间 t 作图,从其斜率计算得到 [式(2.62)][34]。

2.6.5 相图的热力学分析

吉布斯自由能、熵、焓对电池设计及电池模型很重要,这在第 5 章和第 6 章中会进行详细的讨论。这些状态函数对开发合金电极,如 LiSb、LiAl 等合金体系和宽温度范围参比电极具有非常重要的意义[35,38]。通过熵变和焓变与组分的关系相图对 GITT 法或 PITT 法测试结果进行补充完善。熵变与离子嵌入到材料晶格引起的无序化有关,而焓变与嵌入离子和受主材料键的强度等相关[39~42]。例如,Li 离子的插入或脱出材料,$Li_x M$(M 为碳或石墨,LiC_6)或金属氧化物 $Li_x CoO_2$。电极反应通常可以表述如下:

$$M + xLi^+ + xe^- \rightleftharpoons Li_x M \tag{2.63}$$

吉布斯自由能作为锂含量 x 的函数,与 OCV 和其状态函数的关系如式(2.64):

$$\Delta G(x) = -FE(x) = \Delta H(x) - T\Delta S(x) \tag{2.64}$$

式中:

$$\Delta S(x) = F\left(\frac{\delta E}{\delta T}\right)_x \tag{2.65}$$

$$\Delta H(x) = -FE(x) + TF\left(\frac{\delta E}{\delta T}\right)_x \tag{2.66}$$

Thomas 等和 Yazami 等详细研究了 $Li/Li_x Mn_2 O_4$ 相行为的熵变和焓变[40]。他们采用金属锂负极和化学计量比正极材料的半电池,研究了 OCV 随组分 x 及温度的变化。OCV 的电位函数图清楚地表现出两个平台,表明存在两个不同的双相区域。第一个向双相区转变的成分点是在 $x=0.2$ 附近,在 $x=0.3\sim0.5$ 范围观察到第一个平台;第二个平台是在 $x=0.6\sim0.9$ 范围,随后第三个区域内 OCV 突降,直到 $x=1$。按式(2.65)计算熵变,其结果如图 2.40 所示,熵变随组分变化显著。x 值到 0.25 前晶格较空,熵变值为正。随着锂离子嵌入到受主氧化物材料，熵变迅速降低，并随着锂离子逐渐充满晶格而熵变变为负值。第二个区域是在 $x=0.55\sim0.95$，熵变开始增加而变正、空位逐渐被填充，而随后又转向负值，空位完全填满。图 2.40 中 ΔS 结果不受负极金属锂的影响，因为负极的锂原子在任何价态下都处于相同的环境[41]。取决于 $Li_x M$ 中的 x 值的熵变函数取得的最大正值是与不同相中的较高扩散系数和间隙有关的，这些参数是由 XRD 衍射数据中的晶体结构决定的[39]。

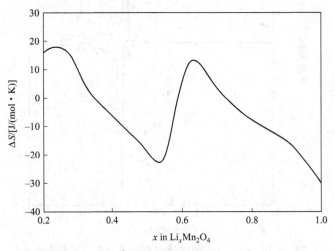

图 2.40　Li 嵌入 $Li_x Mn_2 O_4$ 相的熵变（参考文献 [42]）

2.6.6　电极

几种电分析技术在前面几节中已作讨论，但是关于各种测量方法所用的电极和电极形状讲述很少，这一节将主要讨论电极和电极体系。包含一个正极（阴极）和一个负极（阳极）的基本双电极电池常被用于研究电池特性、确定吉布斯自由能、能量密度和比能量。通过循环伏安和暂态法研究特定电极的特性使用三电极体系最为理想。图 2.41 给出了三电极体系的基本构成，它包括被研究电极（工作电极）、对电极和参比电极。

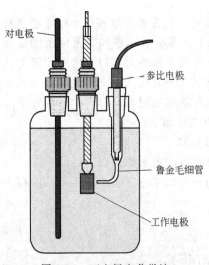

图 2.41　三电极电化学池

对电极通过电源或恒电位仪与工作电极相配，可以精确控制电流或电极电位。如果对电极上的反应产物影响工作电极的运行。两电极必须用烧结玻璃片或其他多孔介质分开，这些介质允许离子传导，但阻止对电极和工作电极周围的电解质混合。工作电极的电位通过非极化的参比电极进行监控，图 2.41 中的鲁金毛细管可以减少电流通过工作电极和对电极时极化所造成的 IR 降。使用鲁金毛细管的体系中，参比电极可以如图 2.41 中放置。鲁金毛细管中的电解质可与电化学池相同，也可以使用含有更利于建立参比电极稳定平衡电位的、不同于电化学池的电解质。对于水溶液体系，典型的常用参比电极体系有 $Ag/AgCl$、$Hg/Hg_2 Cl_2$、Hg/HgO 等，对于参比电极更详细的论述，读者可以参考 Ives、Janz[43] 和 Bard[44] 的文章。

对于非水体系，读者请参照先进电化学及电化学工程第 7 卷[45]。在研究锂电池、锂离子电池时，理想的参比电极是金属锂。但金属锂参比电极未必适用于所有锂电池的研究，特别是在金属锂不稳定的电解质中，如某些离子液体或超过锂熔点的高温测试。对于后一种情况，可以采用更高熔点的锂合金如 LiAl 合金[35,38]。前一种情况可以使用准参比电极。把金属丝（Al、Pt、Ag 等）浸到电解质中形成的准参比电极一般用于和金属 Li 发生反应的电解质中。尽管准参比电极可以提供一个恒定电位，但没有任何热力学意义。除金属丝参比电极外，另一类和金属锂相关的，可以提供热力学稳定的参比电极是金属氧化物，例如 $Li_4Ti_5O_{12}$ 可提供一个相对 Li/Li^+ 为 1.55V 的可逆电位[46]。

参 考 文 献

1. J. O'M. Bockris and A. K. N. Reddy, *Modern Electrochemistry*, vol. 2, Plenum, New York, 1970, p. 644.

2. H. H. Bauer, *J Electroanal. Chem.* 16：419 (1968).

3. J. Horiuti and M. Polanyi, *Acta Physicochim. U. S. S. R.* 2：505 (1935).

4. J. O'M. Bockris and A. K. N. Reddy, op. cit., p. 918; see also J. O'M. Bockris, "Electrode Kinetics" in *Modern Aspects of Electrochemistry*, J. O'M. Bockris and B. E. Conway, eds., Butterworths, London, 1954, Chap. 2.

5. P. Delahay, *Double Layer and Electrode Kinetics*, Interscience, New York, 1965.

6. J. O'M. Bockris and A. K. N. Reddy, op. cit., p. 742.

7. H. H. Bauer, *Electrodics*, Wiley, New York, 1972, p. 54, table 3.2.

8. A. Fick, *Ann. Phvs.* 94：59 (1855).

9. P. Delahay, *New Instrumental Methods in Electrochemistry*, Interscience, New York, 1954.

10. J. S. Newman, *Electrochemical Systems*, 2d ed., Prentice Hall, Englewood Cliffs, NJ, 1991.

11. E. B. Yeager and J. Kuta, "Techniques for the Study of Electrode Processes," in *Physical Chemistry*, vol. IXA; E-lectrochemistry, Academic, New York, 1970, p. 346.

12. L. A. Matheson and N. Nichols, *J. Electrochem. Soc.* 73：193 (1938).

13. J. E. B. Randles, *Trans. Faraday Soc.* 44：327 (1948).

14. A. Sevcik, *Coll. Czech. Chem. Comm.* 13：349 (1948).

15. T. Berzins and P. Delahay, *J. Am. Chem.* Soc. 75：555 (1953).

16. P. Delahay, *J. Am. Chem. Soc.* 75：1190 (1953).

17. R. S. Nicholson and I. Shain, *Anal. Chem.* 36：706 (1964).

18. H. I. S. Sand, *Phil. Mag.* 1：45 (1901).

19. P. Delahay, *New Instrumental Methods in Electrochemistry*, op. cit.

20. P. Delahay and T. Berzins, *J. Am. Chem. Soc.* 75：2486 (1953).

21. C. N. Reilley, G. W. Everett, and R. H. Johns, *Anal. Chem.* 27：483 (1955).

22. T. Kambara and L. Tachi, *J. Phys. Chem.* 61：405 (1957).

23. M. D. Morris and J. J. Lingane, *J. Electroanal. Chem.* 6：300 (1963).

24. J. Broadhead and G. J. Hills, *J. Electroanal. Chem.* 13：354 (1967).

25. J. R. MacDonald, *Impedance Spectroscopy*, *Emphasizing Solid Materials and Systems*, Wiley, New York, 1987, pp. 154-155.

26. M. E. Orazem and B. Tribollet, *Electrochemical Impedance Spectroscopy*, ECS Series of Texts and Monographs, Wiley-Blackwell, (Oct. 2008).

27. J. E. B. Randles, *Disc. Faraday Soc.* 1：11 (1947).

28. B. A. Boukamp, *Solid State Ionics*, 18：136 (1986).

29. B. A. Boukamp, *Solid State Ionics*, 20：31 (1986).

30. http://www.jrossmacdonald.com

31. http:/www.Gamry.com

32. http://www.princetonappliedresearch.com

33. http://www.scribner.com

34. W. Weppner and R. A. Huggins, *J. Electrochem. Soc.*, 124：1569 (1977).

35. C. John Wen, B. A. Boukamp, and R. A. Huggins, *J. Electrochem. Soc.*, 126：2558 (1979).

36. E. Plichta, S. Slane, M. Uchiyami, M. Salomon, D. Chua, W. B. Ebner, and H.-p. Lin, *J. Electrochem. Soc.*, 137：1865 (1989).

37. K. West, B. Zachau-Christiansen, and T. Jacobsen, *Electrochim. Acta*, 28: 1829 (1983).

38. N. P. Yao, L. A. Heredy, and R. C. Saunders, *J. Electrochem. Soc.*, 118: 1039 (1971).

39. S. Bach, J. P. Pereira-Ramos, N. Baffier, and R. Messina, *J. Electrochem. Soc.*, 137: 1042 (1990).

40. K. E. Thomas, C. Bogatu, and J. Newman, *J. Electrochem. Soc.*, 148: A570 (2001).

41. Y. F. Reynier, R. Yazami, and B. Fultz, *J. Electrochem. Soc.*, 151: A422 (2004).

42. R. Yazami, Y. Reynier, and B. Fultz, *ECS Transactions*, 1 (26): 87 (2006).

43. D. J. G. Ives and G. J. Janz, *Reference Electrodes, Theory and Practice*, Academic, New York, 1961.

44. A. J. Bard, R. Parsons, and J. Jordan, *Standard Potentials in Aqueous Solutions*, Marcel Dekker, New York, 1985.

45. J. N. Butler, "Reference Electrodes in Aprotic Organic Solvents," in *Advances in Electrochemistry and Electrochemical Engineering*, P. Delahay, ed., vol. 7 (1970), pp. 77-175.

46. K. M. Colbow, J. R. Dahn, and R. R. Haering, *J. Power Sources*, 26: 397 (1989).

General

J. O'M. Bockris and A. K. N. Reddy, *Modern Electrochemistry*, vols. 1 and 2, Plenum, New York, 1970.

B. E. Conway, *Theory and Principles of Electrode Processes*, Ronald Press, New York, 1965.

E. Gileadi, E. Kirowa-Eisner, and J. Penciner, *Interfacial Electrochemistry*, Addison-Wesley, Reading, MA, 1975.

A. J. Bard and L. R. Faulkner, *Electrochemical Methods: Fundamentals and Applications*, John Wiley, New York, 1980.

C. A. Vincent and B. Scrosati, *Modern Batteries*, 2nd ed. Butterworth-Heinemann, Oxford, 1997.

Transfer Coefficient

B. E. Conway, *Theory and Principles of Electrode Processes*, Ronald Press, New York, 1965.

H. H. Bauer, *J. Electroanal. Chem.* 16: 419 (1968).

J. O'M. Bockris and A. K. N. Reddy, *Modern Electrochemistry*, vol. 2, Plenum, New York, 1970.

Electrical Double Layer

V. S. Bogotsky, *Fundamentals of Electrochemistry*, 2nd ed. Wiley-Interscience, New York, 2005.

P. Delahay, *Double Layer and Electrode Kinetics*, Interscience, New York, 1965.

R. Parsons, "Equilibrium Properties of Electrified Interphases" in *Modern Aspects of Electrochemistry*, J. O' M. Bockris and B. E. Conway, eds., vol. 1, Butterworths, London, 1954, pp. 103-179.

Electrochemical Techniques

P. Delahay, *New Instrumental Methods in Electrochemistry*, Interscience, New York, 1954.

E. B. Yeager and J. Kuta, "Techniques for the Study of Electrode Processes," in *Physical Chemistry*, vol. IXA: *Electrochemistry*, Academic, New York, 1970.

D. T. Sawyer, A. Sobkowiak, and J. L. Roberts, *Experimental Electrochemistry for Chemists*, 2nd ed., Wiley, New York, 1995.

Reference Electrodes

D. J. G. Ives and G. J. Janz: *Reference Electrodes, Theory and Practice*, Academic, New York, 1961.

J. N. Butler, "Reference Electrodes in Aprotic Organic Solvents," in *Advances in Electrochemistry and Electrochemical Engineering*, P. Delahay, ed., vol. 7 (1970), pp. 77-175.

A. J. Bard, R. Parsons, and J. Jordan, *Standard Potentials in Aqueous Solutions*, Marcel Dekker, New York, 1985.

Electrochemistry of the Elements

A. J. Bard (ed.), *Encyclopedia of Electrochemistry of the Elements*, vols. I - XIII, Marcel Dekker, New York, 1979.

Organic Electrode Reactions

L. Meites and P. Zuman, *Electrochemical Data*, Wiley, New York, 1974.

AC Impedance Techniques

E. Barsoukov and J. R. Macdonald, *Impedance Spectroscopy: Theory, Experiment and Applications*, Wiley-Interscience, New York, 2005.

Gamry Application Note, *Basics of Electrochemical Impedance Spectroscopy*, http://www. Gamry. com

G. Gabrielli, *Identification of Electrochemical Processes by Frequency Response Analysis*, Tech. Rep. 004/83, Solartron Instruments, Billerica, MA, 1984.

第3章

影响电池性能的因素

David Linden

3.1 概述

许多电池系统的比能量列于表1.2，这些值都是在最佳设计和放电条件下得到的。尽管这些值对表征每一种电池体系的能量输出有帮助，但在实际使用条件下电池的性能会有很大差别，特别是在更严格的条件下放电时更是如此。在做最后的比较或判断之前，应获得电池在特定条件下的性能。

3.2 影响电池性能的因素

影响电池的工作特性，包括容量、能量输出等性能的因素很多。本节将对这些影响电池性能的因素进行讨论。但是要特别注意，这些因素间还存在很多可能的相互作用。而且，这些影响仅仅是以一般性的结论提出，在更严格的工作条件下每一因素影响的程度会更大。例如，贮存对电池的影响，不仅存在高温和长时间贮存对电池性能的影响，而且有在贮存后更苛刻条件放电对电池性能的影响。在贮存相同时间后，用大负载比用小负载观察到的电池容量损失更大（和新电池比较）；类似地，低温放电（和常温放电比较），大负载比小负载和中等负载放电下的容量损失更大。因为这些因素对电池性能的影响，电池使用规范和标准中通常列出了基于标准的特定测试或工作条件。

此外也应注意，对给定电池，不同设计、不同制造商或是同一种电池的不同型号（如标准、高功率或特殊用途），性能都会有差别。即使是同一批次电池或批次与批次之间，也会由于制造工艺间的固有差别使电池性能存在差别，差别的程度依赖于制造过程控制及电池的使用情况。要获得电池的特定性能，应参考制造商提供的数据。

3.2.1 电压水准

大量文献对单体电池或电池组的电压进行如下解释。

① 理论电压与正负极材料、电解质的组成和温度（通常指25℃）密切相关。

② 开路电压是指没有负载时的电压，通常是理论电压的近似值。

③ 闭路电压是指有负载条件下的电压。

④ 额定电压是通常认定的电池典型的工作电压，例如锌/二氧化锰电池的额定电压是1.5V。

⑤ 工作电压是加负载时电池的实际工作电压，总比开路电压低。

⑥ 平均电压是放电电压的平均值。

⑦ 中点电压是单体或电池组放电期间的电压中间值。

⑧ 终点或终止电压是指放电结束时的电压，通常在此电压以上，单体或电池组放出大多数容量。终点电压也与应用条件有关。

以常用的铅酸电池为例，理论电压和开路电压为2.1V，额定电压为2.0V，工作电压在1.8～2.0V之间，按中等和小电流放电规定的终止电压为1.75V，引擎启动负载的终止电压为1.5V。在充电时，电池电压在2.3～2.8V之间。

电池放电时，其电压比理论电压低。这种由 IR 损失引起的电压降低应归因于放电期间活性物质的电阻和极化，见图3.1。在理想情况下，电池按理论电压放电至活性物质殆尽，其容量得到充分利用，然后电压下降到零。在实际条件下，放电曲线与图3.1中表示出的另两条曲线相类似。加负载放电时，开始电压比理论电压低，这是因为电池内阻产生的 IR 降以及两电极上产生的极化造成的。由于放电产物、活性和浓度极化以及其他因素的积累，导致电池阻抗增加，放电时电压降低。曲线2和曲线1类似，但和曲线1相比，它表示电池内阻更高或者处于较高的放电率下，也可能两者都是。当电池阻抗或放电电流增加时，放电电压下降，并呈现一个较倾斜的放电曲线。

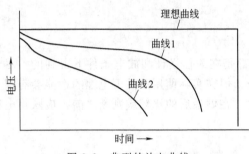

图 3.1　典型的放电曲线

由于以下原因，电池实际输出的比能量比活性材料的理论比能量低：

① 放电时平均电压比理论电压低；

② 由于电池不会放电至0V，所以不是所有的安时容量都能被利用。

由于比能量等于：

$$W \cdot h/g = V \times A \cdot h/g$$

因此，当电压和安时容量都低于理论值时，其输出比能量就会比理论值低。

放电曲线的形状随着电化学体系、结构特性和其他放电条件的变化而改变。典型放电曲线如图3.2所示。平坦放电曲线（曲线1）表示活性物质反应接近耗尽前，反应物和反应生成物的变化影响最小的典型曲线；平台曲线（曲线2）是典型的两步放电曲线，即表示活性物质反应机理和电位变化；倾斜放电曲线（曲线3）表示放电期间，活性物质的组成、反应物、内阻等变化对放电曲线形状的影响。

在分别论及每一个电池体系时，每一章都给出了与这些曲线和其他曲线形状吻合的特例。

3.2.2　放电电流

当电池放电电流增加时，IR 降和极化影响增加，放电电压下降，电池的工作时间减少。图3.3

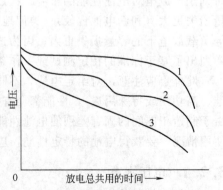

图 3.2　电池放电特性-电压曲线
1—平坦放电曲线；2—平台曲线；
3—倾斜放电曲线

(a) 给出了电流变化时典型的放电曲线。当以极低的电流放电时（曲线 2），电池可以在接近理论放电电压的情况下，放出近似理论容量的可用容量。然而，放电周期过长，放电时化学衰变可能造成容量减少（见 3.2.12 节）。随电流增加（曲线 3～5），放电电压减低，放电曲线变得愈发倾斜，工作时间以及输出的安时容量或库仑容量也相应减少。

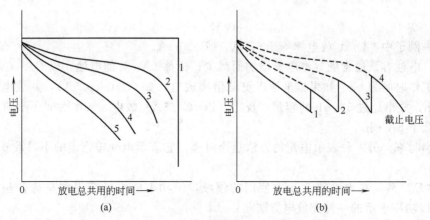

图 3.3　（a）电池放电时的电压特性曲线；
（b）电池在放电过程中从高倍率放电到低倍率放电时的特征曲线
1～5——在不同负载电流下的输出电压曲线

　　在给定放电电流下电池已达到某一特定电压（如终止电压），此时，如果将放电率降低，电池能够继续使用，其电压会升高，电池可以放出更多额外的容量或得到更长的使用寿命，直到更轻负载下放电至终止电压。例如，一个在闪光照相机内使用完的电池（大电流下应用），能再次被用在放电率很低的石英钟上。这一方法可以用来确定电池在不同放电负载下的工作寿命。如图 3.3（b）所示，首先以高放电率将电池放电至给定终点电压，然后将放电率降低至紧邻的更低放电率，此时电压升高，电池再放电至另一终止电压。如此反复，每一放电率下的使用寿命都可以确定，但得不到完整的像虚线那样的放电曲线。有些情况下，每次放电之间，在以更低速率放电之前，需要一段时间间隔使电池达到平衡。

　　（1）"C"倍率[1]　表示电池放电电流/充电电流的方法是倍率 C，表示为：

$$I = M \times C_n$$

式中　I——放电电流，A；

　　　C——电池容量额定值，用安培小时表示，A·h；

　　　n——放出标称容量的小时数；

　　　M——C 的倍数或其分数。

　　例如，标称容量为 5A·h 的电池以 0.1C 或 C/10 率放电，电流为 0.5A。反之，一只容

　　[1] 一般来说，碱性二次电池的使用者和制造商在描述电池的充放电电流时，使用容量倍率。例如，用 200mA 的电流为 1000mA 的电池充电可以描述为 C/5 或 0.2C（在欧洲习惯为 C/5A 或 0.2CA）。容量倍率的定义可能引起在单位规定上的混乱，即：容量倍率应该呈现为容量电位安时或电流单位安。对此，国际电化学委员会（IEC）SC-21A 分会发表了"关于碱性二次电池标准（IEC 61434）电流名称的指导"；其中对于容量倍率给出了一个新的表述公式，容量倍率电流（I）可以用下面的公式描述：

$$I_t(A) = C_n(A·h)/1(h)$$

　　式中，I 表达为安；C_n 为制造厂表准的额定容量的倍数；n 为容量倍率中的小时数。

　　例如：在 5 小时放电率 $[C_5(A·h)]$ 下额定容量为 5A·h 电池的 $0.1I_t$（A）放电电流为 0.5A 或 500 mA。

　　在本手册中将使用正文中提到的容量倍率规定，而不是脚注中的。

量为 250mA·h 的电池以 50mA 放电，放电倍率为 0.2C 或 C/5，计算如下：

$$M = \frac{I}{C_n} = \frac{0.050}{0.250} = 0.2$$

为了进一步弄清楚这一专业术语体系，对一只 5A·h 以 5h 放电的电池，C/10 放电率写为：

$$0.1C_5$$

在这一例子中，C/10 放电率等于 0.5A，或 500mA。

应注意电池容量通常随放电电流增加而减少，标称 5A·h 的电池，以 C/5（或 1A）放电时，其工作时间为 5h。如果该电池以更低倍率放电，如 C/10（0.5A），其放电时间可能会超过 10h，放出超过 5A·h 的容量。反之，以 1C（5A）放电，放电时间还不到 1h，输出的容量也低于 5A·h。

（2）小时率　另一种表示电流的方法是小时率，它表示电池按指定的小时数放完电所需要的电流。

（3）"E" 率　在电池作为动力使用的领域，恒功率放电已变得愈来愈普遍，类似于 "C" 率，以功率表示的一种充放电方法是：

$$P = M \times E_n$$

式中　P——功率，W；

　　　E——以 W·h 表示的电池标称能量值；

　　　n——时间，以小时计，在该时间内电池放出标称能量；

　　　M——E 的倍数或某一分数。

例如，标称 1200mW·h，$0.5E_5$ 或 $E_5/2$ 的电池，以 0.2E 或 E/5 率放电的功率水平是 600mW。

3.2.3　放电模式

在其他因素中，电池的放电模式（恒电流、恒电阻、恒功率）对电池性能有重要影响。由于这一原因，建议电池测试或评估中采用的放电模式和实际应用相同。

当电池放电到某一指定点（以相同放电电流、相同温度下放电到相同的闭路电压），不考虑放电的方式，都能给负载输出相同的安时数。然而，由于放电期间放电电流依赖于放电模式，放电至同一电位的使用时间或"放电小时"（这是电池性能的常用量度）仍会不同。

电池放电的三种基本模式如下所述。

① 恒电阻　设备负载的电阻在放电时保持不变（放电时电流的降低和电压的降低成正比）。

② 恒电流　放电期间电流不变。

③ 恒功率　放电时电流随电池电压的降低而增加，以保持一个恒定的输出功率水平（功率等于电流与电压的乘积）。

三种不同条件下放电模式对电池性能的影响在图 3.4～图 3.6 中给出。

（1）第一种情况　放电开始每种放电模式都具有相同的负载电阻　图 3.4 中，放电开始时调节电阻使放电电流和功率在三种模式下都相同。图 3.4（b）给出了相应的放电曲线，放电过程中电压下降，在恒电阻放电情况下，电流按欧姆定律反映了电池电压的下降：

$$I = V/R$$

这反映在图 3.4（a）中。

恒流放电时，电流在整个放电过程中保持不变，然而放电时间或使用寿命要比恒电阻时要短，这是由于其平均放电电压较高造成的。最后，在恒功率放电模式下电流随放电电压的

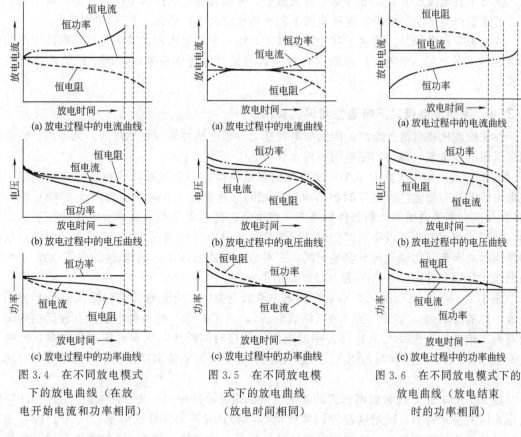

图 3.4　在不同放电模式
下的放电曲线（在放
电开始电流和功率相同）

图 3.5　在不同放电模
式下的放电曲线
（放电时间相同）

图 3.6　在不同放电模式下的
放电曲线（放电结束
时的功率相同）

降低而增加，遵循下列关系：

$$I = P/V$$

此时平均放电电流更高，放电时间更短。

图 3.4（c）为每一种放电模式的功率水平。

（2）第二种情况　每一种放电模式的"放电小时数"都相同　图 3.5 显示的关系相同，但调节各自的放电电阻使三种放电模式具有相同的放电时间或"使用时间"（到达一给定终点电位）。像预期的那样，放电曲线随放电模式而变化。

（3）第三种情况　放电终了，每一种放电模式具有同样的功率水平　从应用的角度，最理想的情况是假设在放电终点，三种工作模式的功率都相同（图 3.6），电器或电子设备要求输入功率最小，电池以额定模式工作。每种情况下，调节放电电阻使得到达放电终点（当电池到达终止电压时）时，所有放电模式的功率输出相同，且保证设备正常运行。放电时，根据放电模式的不同，放电期间输出功率达到或超过设备要求的水平，直到电池达到终止电压。

恒电阻放电模式时，放电电流随着电池电压下降而下降，见图 3.6（a）。功率，$I \times V$ 或 V^2/R，按照电压的平方，下降速度更快［见图 3.6（c）］。在这种放电模式下，为确保终止电压时仍有需要的功率输出，放电初期的电流和功率水平应超过需要的最小值。电池以比需要的更高的电流放电，容量很快会放完，导致电池寿命缩短。

恒流放电模式下，电流维持在这样一个水平上：达到终止电位时的功率输出等于满足设备性能需要的水平。因而，放电电流和功率输出比恒电阻模式低，电池通过的平均电流低，放电时间或使用寿命要长。

恒功率放电模式时，放电开始时电流最低，并随着电池电压的下降而升高，这是为了维持设备需要的恒定功率输出。这种模式下的平均电流最小，因此，其工作时间最长。

这里需要注意的是，相对于其他放电模式，恒功率放电模式优势的程度是取决于电池放电特性的。对于在一个宽电压范围内释放全部容量的电池体系来说，这个优势的程度更加显著。

3.2.4　不同放电模式下电池性能评估实例

在评价或比较电池性能时，因为放电模式会导致电池性能（使用时间）的差别，评价或测试采用的放电模式应与实际应用一样，如图 3.7 所示。

图 3.7（a）给出了典型 AA 一次电池的放电特性，调节三种放电模式的放电电阻，以使电池放电到一给定终点电压时的放电时间相同（这里为 1.0V），这与图 3.5（b）的条件相同。（这一例子说明的负载条件相当于平均电流时的电阻负载，尽管并不完全正确，但作为一种经济测试方法可以用来评价恒流或恒功率放电应用的情况）。尽管到达给定终点电压的使用时间因负载的预先调节明显相同，三种放电模式的放电，电流-时间曲线以及功率-时间曲线〔分别参看图 3.5（a）和（c）〕差别很大。

图 3.7（b）给出和图 3.7（a）一样的三种放电类型，但电池具有和图 3.7（a）使用的电池一样的安培-小时容量（到 1.0V 终点电压），图 3.7（b）给出的电池具有较低的内阻和较高的工作电压。比较图 3.7（b）中的电压对放电时间曲线，尽管电压水平较高，恒电阻放电至 1.0V 的放电小时数与图 3.7（a）相同。而恒流放电特别是恒功率放电时使用时间要长得多。

图 3.7（a）中，三种放电模式的放电电阻都是精心选择的。为了使电池放电至 1.0V 时给出相同的使用时间，采用这些相同的放电电阻和具有不同特性的电池，图 3.7（b）给出了三种放电模式下得到的不同使用时间和性能关系。达到指定的 1.0V 终点电压时，用恒功率放电模式得到最长的使用时间，恒电阻放电模式的使用时间最短，而恒电流放电时使用时间处于其中。这清楚说明：实际测试的性能以使用时间表示时，如果测试的放电模式和应用条件不同，会得到错误的结果。

电池性能和电池设计、性能特征有关，设计和特征明显不同的电池，测试时得到的性能差别很大，如图 3.7（a）和图 3.7（b）所示。设计和特征相似的电池，无论何种模式下放电，性能差别不会很大，也不会出现明显不同。这种微小的差别，不会造成错误的假设，即使采用和应用条件不同的放电方式测试也将会得出精确的结果。

图 3.7（c）给出了比图 3.7（a）容量和内阻稍高一点的电池的放电特征，尽管差别小，对两图进行仔细比较，不同放电模式放电至 1.0V 终点电压时，确实看到了不同的放电时间。将图 3.7（c）和图 3.7（a）比较，恒功率模式下得到的放电时间要稍微下降，而在恒电流和恒电阻放电时，放电时间稍微增加。

也应注意终点电位的影响。例如在确定电阻值时，1.0V 被用于终点电位，比较时也应用该值。假如放电到更低的终点电位，恒电阻放电使用时间会比其他模式长，因为放电过程中电流和功率水平都要低。

3.2.5　放电期间电池的温度

电池放电时的温度对其使用寿命（容量）和电压特性有明显影响，这是由于低温下化学活性降低、电池内阻增加。参见图 3.8 例证，该图表示相同电流的放电曲线，但按 T_1 到 T_4 的顺序温度逐渐增加，T_4 表示正常室温放电，放电温度的下降会导致容量减少和放电曲线

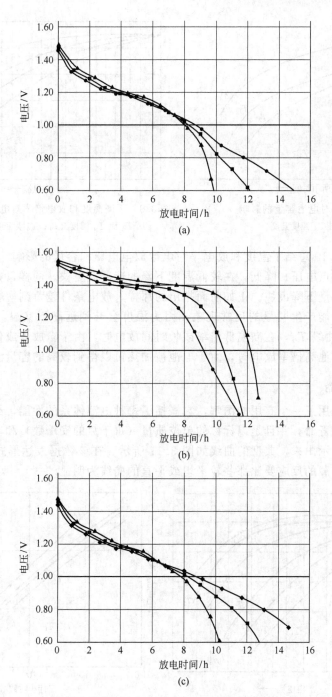

图 3.7　AA 型原电池分别在恒电阻、恒电流和恒定功率下的放电曲线
参见 3.2.4 节详细论述内容
（—●— 5.9Ω；—■— 200mA；—▲— 235mW）

斜率增大。比特性和放电曲线随电池体系、设计和放电率的变化而变化，但一般在 20～40℃之间可获得最好的特性。在较高温度下，电池内阻降低，放电电压增加，容量和能量输出通常也增加。但是，高温放电时，化学活性增加速率快到足以产生净容量损失（自放电现象）；同样，影响的程度依赖于电池体系、设计和温度。

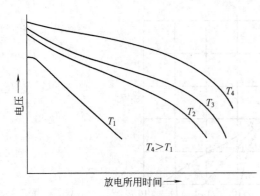

图 3.8　温度对电池容量的影响
（从 T_1 到 T_4 温度升高）

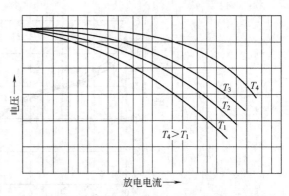

图 3.9　不同温度和放电倍率对电池平均电压的影响
（从 T_1 到 T_4 温度升高；T_4 为正常室内环境温度）

图 3.9 和图 3.10 总结了温度和放电率对电池放电电压和容量的影响。当放电率增加时，电池电压（例如中点电压）降低，在较低温度下降的速度会更快。同样，在温度降低时增加放电负载，电池容量下降最快。正如前面指出的那样，放电条件越苛刻，容量损失越大。然而，高倍率放电可能产生明显的反常现象，因为温度会升到远高于室温，表现出温度的影响。图 3.10 中的曲线 T_6，在高温低倍率或长时间放电时，由于自放电或化学衰变导致容量损失。这也表明电池高倍率放电时，由于电池被加热可以得到较高的容量。

3.2.6　使用寿命

在本手册中采用了一个有用的图解，它概括了每种电池体系的性能，给出了各种放电负载和温度下的使用寿命，并且是以标称的单位质量（每千克的安培数）和单位体积（每升的安培数）下的值表示出来，典型的曲线如图 3.11 所示。在该数据表达形式中，斜率最大的曲线对增加放电负载的反应要比那些较平坦或平直的曲线为明显。

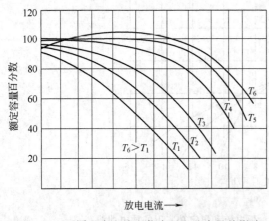

图 3.10　不同温度和放电倍率对电池容量的影响
（从 T_1 到 T_6 温度升高；T_4 为正常室内环境温度）

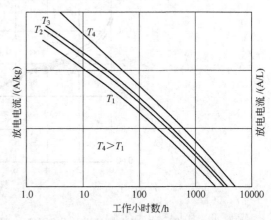

图 3.11　电池在不同负载和温度下的使用寿命
（双对数曲线，从 T_1 到 T_4 温度升高）

这种类型的数据可以用来估计给定电池或电池组在特定条件下的近似使用寿命，或者估计满足给定要求下所需电池或电池组的质量和尺寸。鉴于双对数图中这些曲线的线性关系，提出了数学关系来估算不确定条件下的电池性能。相应的 Peukert 方程为：

$$I^n t = C$$

或

$$n \lg I + \lg t = \lg C$$

式中，I 为放电率；t 为对应的放电时间。该方程被用来描述电池的性能，n 值是直线的斜率。这些曲线是放电负载与放电时间的 lg-lg 对数线性关系，但是由于电池不能承受过高的放电倍率以及在较低放电率下自放电的影响，在两端都显示出逐渐减低的态势。应用该图解对一个特殊的例子进行更为详细的说明示于图 14.13。也提出了其他一些数学关系用于描述电池的性能和解释曲线的非线性原因[1]。

其他类型图解用于显示出相近的数据。Ragone 图给出了电池的比能量或能量密度与其比功率或功率密度的双对数进制的关系曲线，这类图解有效地显示出放电负载（此处即是功率）对电池可以输出能量的影响。图 32.2 给出了两个一次电池体系的比功率（W/kg）和比能量（W·h/kg）对数 Ragone 图。图 32.5 给出了二次电池的 Ragone 图。在某些情况下，Ragone 图呈现对数线性。

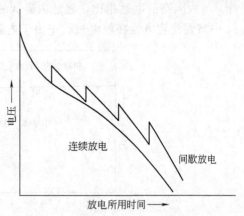

3.2.7　放电类型

当一个电池放电后处于搁置期间，会发生一定程度的化学与物理变化，从而导致电池电压恢复。由此使在大负载期间已经下降的电池电压在搁置期后又升高，并且给出类似锯齿形的放电曲线，如图 3.12 所示。这样势必延长电池的使用寿命。然而在长时间放电期间，容量

图 3.12　间隙放电对电池容量的影响

可能因为自放电缘故而有损失（见 3.2.12 节）。这种因间隙放电而得到的改进一般在大电流放电后格外明显（由于电池有机会从极化效应中得到恢复，而且在重负载下这一现象更加显著）。除了电流外，恢复程度还与许多其他因素有关，譬如特定的电池体系和结构特征、放电温度、终止电压以及恢复时间的长短。

放电负载和间隙程度对容量的相互影响表示在图 3.12 中，可以看出电池性能作为循环工作制度的函数，其在低放电率与高放电率条件下显示出明显差别。同样，电池性能表现与放电率紧密相关，这意味着在不同循环工作模式下，电池性能也不相同。

3.2.8　电池循环工作制度

另一个考虑是电池在放电过程中电流改变时的电池电压相应变化关系，譬如在操作无线电收发报机时将负载从接受模式转变为发送模式。图 3.13 说明了无线电收发报机的典型放

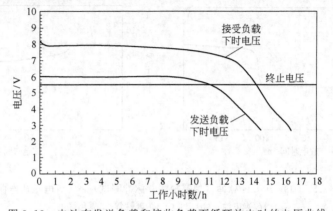

图 3.13　电池在发送负载和接收负载下循环放电时的电压曲线

电曲线。在接受模式电池以低电流放电，而在发送模式电池以高电流放电。注意电池的使用寿命以电池在高电流下工作至终止电压的寿命为准。平均电流方式不可以用来确定使用寿命。电池在两种或更多负载下工作是大多数电子装置的典型情况，这是装置在使用时需要运行不同功能的相应要求。

另一个例子是在低背景电流下周期性叠加高脉冲电流的情况，譬如背景照明在 LCD 手表上的应用；烟雾探测器工作中的可听得见的故障脉冲信号以及在使用手机和计算机期间的高倍率脉冲。一个典型的脉冲放电曲线表示在图 3.14 中。电压下降的程度要取决于电池的设计，与内阻高的电池相比，显然内阻低的电池在放电负载变化时的电压降变化较小。在图 3.14 中需要注意电池在放电过程中由于内阻上升引起的放电电压范围的变宽。

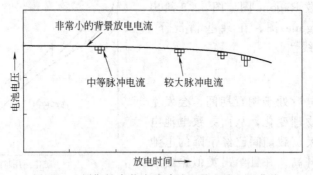

图 3.14　周期性高倍率脉冲放电的电池电压曲线

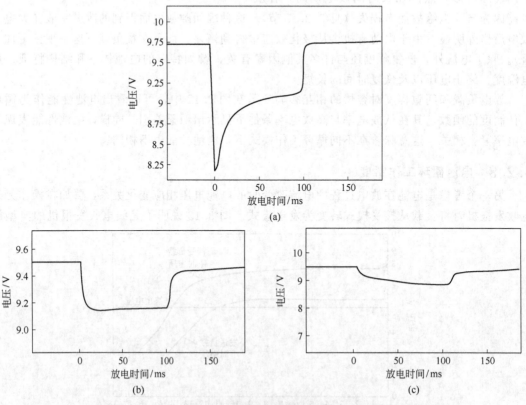

图 3.15　加载 100ms 脉冲（烟雾探测器脉冲测试）的 9V 电池放电曲线
（a）锌/碳电池；（b）和（c）为碱性锌/二氧化锰电池

脉冲的形状可以随脉冲与电池的特征而变化，图 3.15 显示了 9V 原电池用于烟雾探测器提供 100ms 故障脉冲信号的特征。曲线（a）是一个锌/二氧化锰电池的电压响应特征曲线，起始电压急剧下降，然后逐渐恢复；曲线（b）和（c）是碱性锌/二氧化锰电池典型的电压响应特征曲线，起始电池电压下跌，随后或维持在一个较低的值或随脉冲放电继续进行而缓慢下降。

对那些电极上具有保护膜或钝化膜的电池，图 3.15（a）也是典型的响应曲线，显然当放电进行过程（见 3.2.12 节电压滞后）膜破裂后，电压开始恢复。但是电池的特性是与电池的化学体系、设计、放电状态以及其他因素有关，这些因素关联着电池在脉冲时和脉冲间歇的电池内阻。

电池在脉冲条件下的性能可以由脉冲的输出功率与负载电压的关系来进行表征，这种测量方法是通过测量电池对负载电路输出开路短路间[2]转换的短脉冲进行的。峰值功率是当外电路电阻与电池内阻相等时负载上测得的功率，图 3.16 是一个未放电碱性锌/二氧化锰电池（AA 型），在 0.1s 和 1s 恒电压脉冲放电末的脉冲特性的功率与负载的关系曲线。在较长脉冲下输出的功率值较低，表明随脉冲持续时间加长而电压降增大。

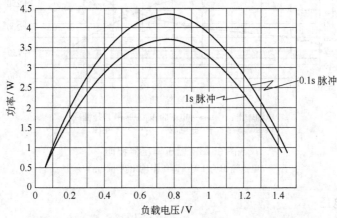

图 3.16　AA 型碱性锌/二氧化锰电池在恒电压脉冲末期时
的功率与负载电压的关系曲线[2]

3.2.9　电压稳定性

用电装置对稳定电压的要求对电池容量和使用寿命的影响是极其重要的。由各种放电曲线可观察到，设计能在最低终止电压和最宽的电压区间正常工作的用电装置，可得到最大的容量和最长的使用寿命。同时，用电装置上限的电压也应该加以确定，以便充分利用电池的全部优点特性。

图 3.17 比较了两种电池的典型放电曲线：曲线 1 表示电池有平坦的放电曲线；而曲线 2 表示电池具有倾斜的放电曲线。在某些应用中，用电装置不能承受宽的电压范围，并常有一定的限制，例如限制于 −15% 的水平，由此具有平坦放电曲线的电池可以提供更长的使用时间。另外，如果电池可以放电至更低的终止电压，

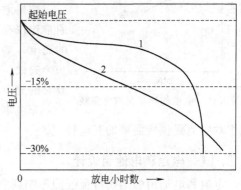

图 3.17　平稳的放电曲线 1 和斜坡式
放电曲线 2 对比

具有倾斜放电曲线的电池的使用时间也相应变长，而且可能超过具有平坦电压的电池。

将多电池串联成电池组放电到过低的终止电压时，有可能引起电池安全问题。这是因为在该情况下，可能将电池组中性能最差的电池强迫放电到反极状态。对有些电池而言这可能引起其泄漏和破裂。

在应用中，若允许使用电压范围很窄，那么对电池的选择只能局限在放电曲线平坦的类型。另一个选择则是使用电压调节器来将电池变化的输出电压转换为恒定的输出电压，以便与用电装置要求相一致。采用这种方式，电池的全部容量都可以得到利用，但电压调节器工作效率较，而且有明显能量损失。图3.18说明了电池和电压调节器输出的电压和电流曲线，从电池向调节器输入的恒定功率为1W，此时电池电压降低则电流增大。调节器的转换效率可以达到84%，而从调节器的输出是恒定的预置值6V和140mA（恒定功率为840mW）。

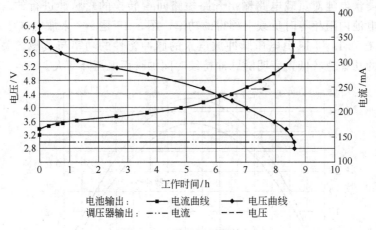

图 3.18　电压调压器特征
（电池输出为1W；调压器输出为840mW）

3.2.10　充电电压

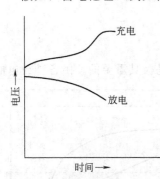

图 3.19　电池的典型充放电曲线

假如，蓄电池组（例如作备用电源）与永久性与工作线路连接的另一电源组合在一起工作，则必须考虑充电时蓄电池和设备对充电电压允许的承受范围。图3.19显示出这种电池的充电和放电特征，显然充电时的特性电压和电压曲线取决于诸如电池体系、充电倍率、温度等因素。

如果原电池在类似的电路中使用（例如作为备用电池），通常建议在电路中采用一个隔离或保护二极管防止对原电池的充电，如图3.20所示。一般采用两个二极管，防止其中一个失效。在图3.20（b）中的电阻用于限制一旦二极管失效时的充电电流。

充电电源必须也设计成输出电流可调节式，以便在充电过程对电池提供所需要的充电控制。

3.2.11　电池和电池组设计

电池和电池组的结构特征强烈影响到它们的性能特征。

（1）电极设计　举例而言，为了设计达到最佳使用寿命或在相对低或中等放电负载下具有最佳容量而设计的电池，应包含最大量的活性物质。在另一种极端情况，要使电池能够大

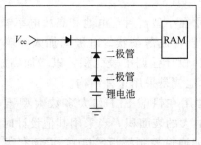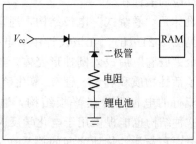

(a) 使用了 2 个二极管　　　　　(b) 使用了二极管和电阻器

图 3.20　存储器备用电池保护电路

电流放电，必须设计有大面积电极或大反应表面，并以此来降低电池的内阻和提高电流密度（安培/电极表面积），通常这要牺牲容量和使用寿命。

例如，在圆柱形电池中采用了两种设计。一种是众所周知的碳包式结构，通常使用在锌/二氧化锰电池和一些碱性锌/二氧化锰电池中。在该电池中，两个电极成型为两个致密的圆柱体，见图 3.21（a）。这种设计使可以装入圆形壳体内的活性物质达到了最大量，但是牺

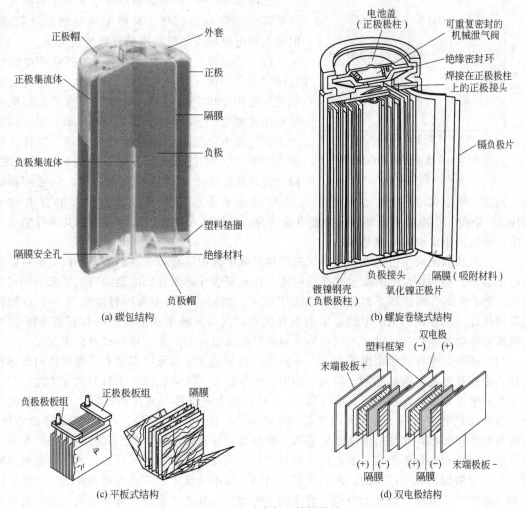

图 3.21　电池内部的结构设计

牲了电化学反应的表面积。

第二种设计是"卷绕式"电极结构，通常用在小型密封蓄电池和高放电率锂原电池与锂蓄电池中，见图 3.21 (b)。在该设计中，电极制备成薄条状，电极间加入隔膜后一起卷起来，形成一个"胶卷"后放入圆柱形壳体。这种设计强调了表面积，以增加高放电率性能，但是却牺牲了活性物质和容量。锂/二氧化硫电池就是采用这种结构。

另一种流行的电极设计是平板结构，通常用在铅酸 SLI 和大多数大型蓄电池，见图 3.21 (c)，这种结构也能提供用于电化学反应的大的表面积。当采用其他设计时，制造商都是可以控制表面积与活性物质之间的关系（例如通过控制极板厚度），以便获得所期望的性能特征。

对这种设计进行了一种改进，图 3.21 (d) 中的双极型极板对此做了说明，设计中正、负电极层是制备在一个电导体的正反两面上。该导体是对离子不可透过的材料，同时作为电池间的连接体。

大多数电池的化学体系都可能采用不同的电极设计，而且实际上一些已经被制造商制备成不同的构型。制造商选择化学体系，并通过设计使其性能最佳化，以满足他们关心的特定应用和市场需求。

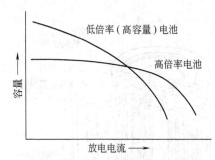

图 3.22　高倍率放电和低倍率放电电池性能对比

在图 3.22 中，一种高倍率电池与采用相同化学体系容量型的电池相比：高倍率电池的容量较低，但是在放电倍率增加时获得的性能变化更小。

(2) 混合设计　采用高能电源与高倍率电源结合的"混合"设计现在变得十分流行。这些混合体系满足应用比单个电源更加有效（如有更高的比能量和能量密度）。高能量电源是基本电源，但可以给一个高倍率电池充电。高倍率电池能够处理任何峰值功率要求，而主电源却不能有效满足上述要求。混合设计正在考虑在多种用途中应用，包括将高能量、低放电率金属/空气电池或燃料电池与高倍率蓄电池结合起来应用；混合电动车（HEV）采用一个高效率引擎与一个蓄电池结合，电池用来启动、加速和满足其他峰值功率要求，通过再生制动为电池充电。

(3) 形状和结构　由于电池的形状或结构影响电池内阻和散热的因素，所以其也将影响到电池容量。例如长且细的碳包式结构电池，比相同设计的矮胖型电池的内阻要低，并且按体积比例，尤其在高倍率下的性能可以优于后者。例如一个 AA 型碳包电池与一个 D 型碳包电池相比，按照比例 AA 电池显示出更加优越的高倍率放电性能。同时具有高面积-体积比例或者在电池内部有可以从内部将热传导到外面的组分的电池，散热也将会更好。

(4) 体积效率与能量密度的关系　电池或电池组的尺寸和形状以及有效地使用内部体积的能力影响到电池的输出能量。当电池容器、密封件等"死体积"所占百分数变大时，对于较小型的电池而言，体积能量密度（W·h/L）将随着电池体积减少而降低。这种关系相应地对几种扣式电池进行了验证，结果说明在图 3.23 中。电池的形状（比如宽或窄的直径）可能影响体积效率，这是由于电池的形状与密封和电池其他结构材料引起的空间损失有关。

(5) 尺寸对容量的影响　电池尺寸通过电流密度的作用影响电压特性，给定电流有可能对小型电池来说负载是过高的，由此得到了与图 3.3 曲线 4 或 5 相类似的曲线。但是这对大型电池来说，也许只是轻度负载，而得到了类似于图 3.3 中曲线 2 或 3 曲线。通常增加电池尺寸（或电池并联）时若使电流密度得以降低，就可能会引起使用寿命成比例地增长。因此放电电流的绝对值并不是关键影响因素，而是当其与电池尺寸联系在一起时，即电流密度才是显著的影响因素。

与此相关，在设计多电池串联电池组时，可以选择应用较低电压的设计替代高电压设计，即可采用数量少但尺寸大的电池，然后通过电压转换器达到所需要输出的高电压。显然，这种设计应该得到考虑。这里有一个重要的因素值得考虑，即权衡采用更高效率的大尺寸电池与电压转换器的能量损失之间的相对优势。此外，系统的可靠性可以通过使用电池的数量减少得到提高。但是在做出选择决定时必须充分考虑所有合理的因素，包括电池和电池组设计、结构等以及装置功率要求的影响。

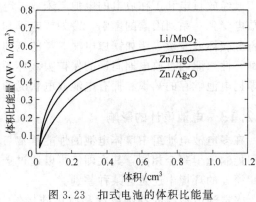

图 3.23 扣式电池的体积比能量
与电池体积的关系[3]

3.2.12 电池老化与贮存条件

电池是一种易损产品，并且在贮存期间产生由于化学反应而出现容量衰退。设计、电化学体系、温度和贮存期的长短都是影响电池自放电或荷电保持的因素；而且贮存后的放电形式也将影响到电池的贮存寿命，通常放电条件越严酷，贮存后的荷电保持百分数（比较贮存前后的性能而得）降得越低。几种电池体系在不同温度下的自放电特性如图 32.11 所示，同时在相应电池的章节中给予了介绍。将电池贮存在降低的温度，如冷冻或低温下，其自放电会以较低的速率进行，由此可以延长电池的贮存寿命。这一方法曾被推荐用于一些电池体系，但冷冻贮存后的电池在放电前应该先热起来，以便放出其最大容量。

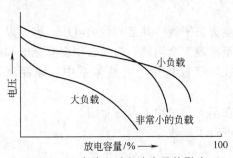

图 3.24 自放电对电池容量的影响

自放电也可能成为放电期间的一个重要因素，尤其是在长时间放电期间，它可能引起容量的降低，这种影响在图 3.10 和图 3.24 中给予了说明。一般在轻负载下比在重负载下放电时能获得更多容量，然而在极其轻负载下的长时间放电时，由于自放电使电池放出的容量降低。

有一些电池体系在贮存期间会在一个或两个电极表面形成保护膜或钝化膜，这些表面膜可以极大地改善电池贮存寿命。但是当电池贮存后放电时，由于这些表面膜的电阻特性使起始电压可能较低，一直到这些表面膜破裂或依靠电化学反应去钝化后，电压才得以恢复。这就是众所周知的"电压滞后"现象，并且在图 3.25 中予以描述。电压滞后的程度依赖于贮存时间的长短和贮存温度的高低，贮存时间越长和贮存温度越高，电压滞后越严重；同时电压滞后也随着放电电流提高和放电温度降低而加剧。

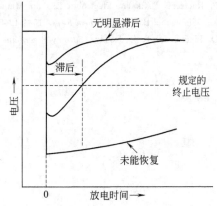

图 3.25 电压滞后现象

已经放过电和正在放电的电池与未放过电电池贮存后的自放电特性是不同的，这是由于自放电受到一系列因素的影响，譬如放电率和温度、放电产物的积累、放电深度以及保护膜的部分破坏或变形。诸如镁原电池一类的电池（第 10 章）一旦放电就可能失去其好的贮存寿命特性，原因是放电期间镁的保护膜破坏了。由此为了在这些条件预测电池的性能，就必须掌握电池贮存的知识和拥有电池放电状况的历史记录。

3.2.13　电池设计的影响

在多电池电池组中单体电池的性能常常与单个单体电池的性能是不尽相同的。首先电池不可能制造得完全相同，其次即使可以通过选择来实现"平衡"，但是它们中的每一个在电池组所处的环境中还是有某种差别。

多电池电池组的特殊设计和所用的构件（譬如包装技术、单体电池间的空间、容器材料、绝缘、封装化合物、熔断丝和其他电子控制器件等）若对单个电池的环境和温度产生影响，则势必也将影响到电池组的性能。显然，如果电池组的质量比能量和体积比能量比单体电池低，那就说明电池组材料增加了尺寸和质量。由此当对比能量进行比较时，除了要知道这些值测定的条件（放电率、温度等），同时应该清楚这些值是相应单体电池或单个单体电池的组合电池，还是相应多电池组合电池的。通常作为在本手册的情况，除非有另外说明，一般都基于单个单体电池的电池组。

在电池组设计中保留电池中逸出的热可以改善电池的低温性能，但另一方面过量热积聚则会损害电池的性能、寿命与安全。电池组设计中应该尽可能地考虑到热设计问题，使电池内部维持均匀的温度，并避免出现"热点"。

在蓄电池情况，循环会引起电池组中的个别电池失去平衡，并且它们的电压、容量以及其他性能变得明显不同。这可能导致性能很差，甚至出现安全问题，为此必须要有充电和放电终止的控制以防止出现安全等问题。电池平衡技术已经应用于一些体系中，如锂离子电池。

电池设计的影响和对电池进行有效设计的推荐在第 5 章中给予专题介绍。

一些最近的论文对电池目前的状态及发展预测进行了综述[4,5]。

参 考 文 献

1. R. Selim and P. Bro, "Performance Domain Analysis of Primary Batteries", *Electrochemical Technology*, J. *Electrochem. Soc.* 118 (5)：829 (1971).

2. D. I. Pomerantz,"The Characterization of High Rate Batteries", *IEEE Transactions Electronics*, 36 (4)：954 (1990).

3. P. Ruetschi, "Alkaline Electrolyte-Lithium Miniature Primary Batteries", *J. Power Sources*, 7 (1982).

4. M. Winter and B. Brodd, *Chem Revs.* 104：4245-4270 (2004).

5. D. Linden and T. B. Reddy, *Battery Power and Products Technology*, 5 (2) (March/April 2008).

第**4**章

电池标准

Steven Wicelinski

4.1 概述

  电池的标准化开始于 1912 年，当时美国电化学协会推荐了一种测试干电池的标准方法。这最终形成了第一份国家出版物，并于 1919 年作为国家标准署通知的附件发行。这个电化学协会后来发展为美国国家标准化组织（ANSI）便携式电池和电池组质量鉴定标准委员会 C18。自此，其他专业协会也开始制定相关的电池标准，许多国际标准、国家标准、军用标准和联邦组织标准得以发行。制造商联合会、商业联合会和个体制造者也出版标准。由 Underwriters 实验室（UL）、国际电工委员会（IEC）和其他与电池使用相关的组织出版的相关应用标准受到广泛关注。

表 4.1(a)　国际标准（IEC——国际电工委员会）

出版物	名　　称	电化学体系
IEC 60086-1， IEC 60086-2	原电池：第一部分总则，第二部分详细规范	锌-碳（锌锰干电池）
		锌/空气
		碱性二氧化锰
		氢氧化镍
		氧化银
		锂/氟化碳
		锂/二氧化锰
		锂/氧化铬
		锂/亚硫酰氯
IEC 60086-3 IEC 60095	手表电池 铅酸启动电池	铅酸

出版物	名　　称	电化学体系
IEC 60254	铅酸牵引电池	铅酸
IEC 61951-1	便携式密封单体蓄电池:第一部分:镉镍蓄电池	镉镍
IEC61960	便携锂二次电池单体及组合	锂离子电池
IEC 60622	密封镉镍方形单体蓄电池	镉镍
IEC 60623	开口镉镍方形单体蓄电池	镉镍
IEC 60952	航空电池	镉镍 铅酸
IEC 60896	固定式铅酸电池	铅酸
IEC 61056	通用型铅酸电池和电池组	铅酸
IEC 61427	光伏系统用二次电池单体及组合	
IEC 61951-2	便携式密封二次电池单体:第二部分:镍-金属氢化物	金属氢化物-镍
IEC 61959	便携式密封二次电池单体及组合机械测试	

注:IEC安全标准见表4.11(a)。

　　表4.1（a）～表4.1（d）列出了广泛使用的电池标准,表4.11列出了电池安全性和电池型号的标准。

表 4.1(b)　国家标准（ANSI——美国国家标准化组织）

出版物	名　　称	电化学体系
ANSI C18.1M,Part 1	水溶液便携式原电池和电池组标准	锌-碳(锌锰干电池) 碱性二氧化锰 氧化银 锌/空气
ANSI C18.2M,Part 1	便携式蓄电池和电池组标准	镉镍 金属氢化物-镍 锂离子
ANSI C18.3M,Part 1	便携式锂原电池和电池组标准	锂/氟化碳 锂/二氧化锰

注:ANSI安全标准见表4.11(a)。

表 4.1(c)　美国军用标准（MIL）

出版物	名　　称	电化学体系
MIL-B-18	原电池	锌-碳(锌锰干电池)
MIL-B-8565	航空电池	各种
MIL-B-11188	汽车电池	铅酸
MIL-B-49030	碱性干电池(原电池)	碱性二氧化锰
MIL-B-55252	镁电池	镁
MIL-B-49436	密封镉镍蓄电池	镉镍
MIL-B-49450	开口航空电池	镉镍
MIL-B-49458	原电池	锂/二氧化锰
MIL-B-49461	原电池	锂/亚硫酰氯
MIL-B-55130	密封镉镍蓄电池	镉镍
MIL-B-81757	航空电池	镉镍
MIL-PRF-49471	高性能原电池	各种

表 4.1(d) 制造商和专业联合会

出版物	名 称	电化学体系
汽车工程师协会		
SAE AS 8033	航空电池	镉镍
SAE J 537	储备电池	铅酸
国际电池理事会	电池替换数据手册	铅酸

4.2 国际标准

国际标准的重要地位愈发突出，欧共体（现欧盟的前身）的建立和 1979 年达成的贸易技术壁垒协议进一步加速了这一趋势。后者要求在国际贸易中使用国际标准。

国际电工委员会（IEC）专门负责电力、电子和相关技术领域标准化工作的组织。其首要任务是促进电工标准化和相关领域的国际合作。该组织成立于 1906 年，共有 70 个国家委员会，代表了超过全世界 80％的人口和 95％的电子产品和消费品。国际标准化组织（ISO）专门负责电子领域以外的国际标准。IEC 和 ISO 正逐渐采用相同的发展和文件程序，使这两个国际组织之间建立更加紧密的联系。

美国国家标准化组织（ANSI）代表美国国家委员会（USNC），是美国在 IEC 中的唯一代表，这个委员会协调 IEC 在美国的所有活动。在一些新兴领域的标准制定方面，ANSI 负责与 CENELEC、PASC、CANENA、COPANT、ARSO 等其他国内外组织的协调。ANSI 本身不制定标准，但其通过在质量认证和资格认证机构间建立共识来推动标准的制定，这些标准以美国国家标准的形式出版［详见表 4.1（b）］。

为充分发挥作用，IEC 的目标是：

① 有效地满足市场全球化的要求；

② 确保标准的广泛使用和评价系统的一致性；

③ 在标准涵盖范围内，评估和提高产品的质量和服务；

④ 建立互换性条件；

⑤ 提高电子行业的生产效率；

⑥ 保证人身健康和安全；

⑦ 促进环境保护。

国际电池标准的目标是：

① 定义质量标准并提供评估指导方案；

② 确保不同制造商产品的电性能和物理性能的互换性；

③ 规范电池型号；

④ 提供安全问题的指导。

IEC 为标准文献的制定和出版提供赞助，由来自各成员国的专家组成的工作组进行标准的制定。在涉及标准的各方中，如消费者、用户、生产者、研究机构、政府、行业和专业人员等，专家代表了多数人的利益。在电池方面的 IEC 专家组有：TC21，蓄电池；TC35，原电池。

ANSI 指定委员会 C18 负责便携式电池和电池组的标准制定。

表 4.1（a）列出了原电池和蓄电池方面的 IEC 标准。许多国家都在使用 IEC 标准，通常通过两种途径：一是直接采用 IEC 标准作为本国的国家标准；二是将本国的国家标准向

IEC标准靠拢。表4.1（b）列出ANSI的电池标准。在可能的情况下，这两个标准化组织统一其各自标准中的要求。

4.3 标准概念

通过规定电池的物理参数，如尺寸、极性、端子、名称和标识，可以实现电池互换性。此外，电池的电性能参数，如寿命和容量，可以通过测试条件和方法加以描述和规定。

由于电池，特别是原电池固有的特性，使用时需要进行更换。用电设备的第三方最终用户经常更换电池，因此必须将电池的某些特性，如尺寸、形状、电压和端子用标准值描述，至少在这些参数上要做到合理的匹配，否则就不可能实现互换性。对这些指标提出明确的要求是为了能够适应用电接口，进行正确的接触，提供适当的电压。除了最终用户在更换电池时需要了解电池的信息外，原始设备制造商（OEM）的设计者为了设计的电池槽和电路能与最终用户购买的电池产品有较好的复合性，也必须需要可靠的电池参数信息。

4.4 IEC和ANSI命名法

遗憾的是表4.1中列出的各种标准没有采用相同的命名法，各个电池制造商使用的独立的命名法使这种情况变得更糟。然而，电池制造商间通常就此进行相互参照。

4.4.1 原电池

1992年建立的IEC原电池组命名法是以化学体系和电池组的形状和尺寸为基础的。用于表示单体电池电化学体系和类型的字母与电池组命名法中的相同，而用代表直径/高度的数字代替上面所说的任意的尺寸等级。第一个数字表示以毫米为单位的电池直径，第二个数字表示电池的高度（以mm的10倍为单位），如表4.2（a）中所示。表4.2（b）和表4.2（c）分别列出了代表电池形状和电化学体系的字母代码。作为对照，表4.2（c）中也列出了ANSI用于代表电化学体系的字母代码。在ANSI命名体系中不使用字母代码表示电池形状。

现存的电池的命名法由来已久，表4.3（a）列出了某些原电池和电池组的命名示例，表4.3（b）列出了原电池组的IEC命名法。

表4.2(a)　IEC原电池组命名体系示例

命名	单体电池数	体系代码 ［表4.2(c)］	形状 ［表4.2(b)］	直径/mm	高/mm	举　　例
CR2025	1	C	R	20	2.5	由表4.2(c)可知圆柱形单体电池的尺寸及电化学体系代码 C (Li/MnO_2)

表4.2(b)　IEC原电池组形状术语

字母代码	形　　状
R	圆柱形
P	非圆形
F	扁形（片状）
S	方形（或矩形）

表 4.2(c)　原电池电化学体系的字母代码

ANSI	IEC	负极	电解液	正极	标称电压/V
①	—	锌	氯化铵,氯化锌	二氧化锰	1.5
	A	锌	氯化铵,氯化锌	氧气(空气)	1.4
LB	B	锂	有机	氟化碳	3
LC	C	锂	有机	二氧化锰	3
	E	锂	非水无机	亚硫酰氯	3.6
LF	F	锂	有机	硫化铁	1.5
	G	锂	有机	氧化铜	1.5
A②	L	锌	碱金属氢氧化物	二氧化锰	1.5
Z③	P	锌	碱金属氢氧化物	氧气(空气)	1.4
SO④	S	锌	碱金属氢氧化物	氧化银	1.55

① 未标注锌/碳(锌锰干电池),C 工业锌/碳(锌锰干电池),CD 高能型工业锌/碳(锌锰干电池),D 高能型锌/碳(锌锰干电池),F 通用型锌/碳(锌锰干电池)。

② A 碱性,AC,工业碱性。

③ Z 锌/空气,ZD 高能型锌/空气。

④ SO 氧化银,N 氢氧化镍。

表 4.3(a)　典型圆柱形、扁形、方形电池或电池组的 IEC 命名①

IEC 命名	电池标称尺寸/mm					ANSI 命名	常用命名
	直径	高	长	宽	厚		
圆柱电池组							
R03	10.5	44.5			24		AAA
R1	12.0	30.2				—	N
R6	14.5	50.5			15		AA
R14	26.2	50.0			14		C
R20	34.2	61.5			13		D
R25	32.0	91.0			—		F
扁形电池							
F22			24	13.5	6.0		
方形电池组							
S4		125.0	57.0	57.0			

① 表中列出的型号只是部分示例,其中的尺寸仅用于区别各个型号,详细尺寸信息可参见 IEC 60086-2 中相关规格表。

表 4.3(b)　IEC 原电池组命名法的示例

IEC 命名	单体电池数	体系代码[表4.2(c)]	形状[表4.2(b)]	单体电池[表4.3(a)]	C,P,S,X,Y	并联组数	举例
R20	1	无	R	20	①		由一只 R20 电池构成的圆柱形电池组,电化学体系字母(未标注)参见表 4.2(c)
LR20	1	L	R	20	①		同上,只是电化学体系字母 L 参见表 4.2(c)
6F22	6	无	F	22	①		由 6 只扁形 F22 电池串联组成的电池组,电化学体系字母(未标注)参见表 4.2(c)
4LR25-2	4	L	R	25	①	2	由 R25 电池 4 串 2 并组成的电池组,电化学体系字母(未标注)参见表 4.2(c)
CR17345	1	C	R	见 4.4.1			由一只直径为 17mm、高度为 34.5mm 的电池构成的圆柱形电池组,电化学体系字母 C 参见表 4.2(c)

① 如果需要,字母 C,P 或 S 可以表示电池的不同性能,字母 X,Y 可以表示不同排列终端。

4.4.2 蓄电池

蓄电池的标准体系不如原电池的完善。绝大多数原电池应用于各种便携式用电设备，这些设备可由用户更换电池。因此，原电池标准要能保证电池的互换性，IEC 和 ANSI 多年来一直积极致力于制定这样的标准。

蓄电池的早期应用主要是大型电池，通常用于特殊用途和组合使用。大部分蓄电池是用作汽车启动、照明、点火（简称 SLI）的铅酸电池。这些标准由汽车工程师协会（SAE）、国际电池委员会（BCI）和日本蓄电池联合会制定。近一段时间来，便携式蓄电池得到了迅速发展，在许多应用中蓄电池的尺寸和原电池一样。在制定了便携式镉镍蓄电池的标准后，IEC 和 ANSI 又分别制定了便携式金属氢化物镍蓄电池和锂离子蓄电池的标准。表 4.1（a）和表 4.1（b）列出了现行有效的电池标准。

表 4.4（a）列出了 IEC 所设想的和 ANSI 已采用的代表蓄电池电化学体系的字母代码。IEC 关于金属氢化物镍蓄电池的命名法见表 4.4（b），在这一体系中，第一个字母表示电化学体系，第二个字母表示形状，第一个数字表示直径，第二个数字表示高度。另外，字母 L、M、H 用于将电池的放电倍率分为低、中、高。名称中最后一部分的两个字母用于表示不同的极端设置，比如 CF 表示无端子，HH 表示顶端为正极、外壳为负极，HB 表示两端分别为正、负极端子，详见表 4.4（b）。

表 4.4(a) 蓄电池电化学体系代码

ANSI	IEC[①]	负极	电解质	正极	标称电压/V
H	H	贮氢合金	碱金属氢氧化物	氧化镍	1.2
K	K	镉	碱金属氢氧化物	氧化镍	1.2
P	PB	铅	硫酸	二氧化铅	2
I	IC	碳	有机电解质	氧化钴锂	3.6
I	IN	碳	有机电解质	氧化镍锂	3.6
I	IM	碳	有机电解质	氧化锰锂	3.6

① 拟用于便携式电池。

表 4.4(b) IEC 关于可充电金属氢化物-镍单体电池和电池组的命名法

命名[①]	电化学体系代码 ［表 4.4(a)］	形状 ［表 4.2(b)］	直径 /mm	高 /mm	端子	示 例
HR15/51(R6)	H	R	14.5	50.5	CF	H 体系单体圆柱形电池,尺寸如表中所示,没有连接端子。

① 命名中的尺寸被表示为四舍五入后的整数，（ ）中的内容表明了可以与之互换的原电池。

来源：IEC 61951-2。

4.5 极端

极端是表征单体电池和电池组形状特点的另一个参数。显然，如果没有将电池的极端以及其他形状参数标准化，则电池将难以和用电设备上的电池槽相匹配。表 4.5 中列出了电池组中的几种极端设置方式。

在使用过程中，标准中使用统一的形状和尺寸命名法来明确极端的设置。这样的命名法明确了除电压外所有表示电池和电池组可互换性的物理参数。

表 4.5 电池组中的极端设置方式

电池帽和底座	以电池的圆柱面为极端,并与顶端绝缘
电池帽和外壳	圆柱面代表的极端是正极端的一个组成部分
螺纹形式	极端为螺栓,并配有一个绝缘的或金属的螺母
平面接触	金属片用于电接触
弹簧	以金属片或绕紧的导线作为极端
插座	由插头(无弹力的)和插座(有弹力的)组成的极端
导线	单股或多股的导线
弹簧夹	可以夹住导线的金属夹
触点	与电池端子接触的金属平面触点

4.6 电性能

根据最终产品的适用性和功能性要求,实际应用并不需要对电池的电性能指标做详细规定。为防止用电设备过压,应通过合理设计确保电池组提供适当的电压。具有相同电压不同容量的电池组可以互换使用,只是工作时间不同。通过应用测试或容量测试,标准中只引用并明确了最少的电性能指标。

(1) 应用测试 这是一种专门针对原电池电性能的首选测试方法。应用测试旨在模拟电池在特定使用条件下的实际情况。表 4.6 (a) 是典型的应用测试。

表 4.6(a) R20 型电池的应用测试示例

命名				R20P	R20S	LR20
电化学体系				锌/碳(锌锰干电池)(高功率)	锌/碳(锌锰干电池)(标准)	锌/二氧化锰
标称电压				1.5	1.5	1.5
应用	负载 1Ω	日工作时间	终止电压/V	最短平均工作时间[③]		
便携照明(1)	2.2	[①]	0.9	320min	100min	810min
磁带录音机	3.9	1h	0.9	11h	4h	11h
收音机	10	4h	0.9	32h	18h	81h
玩具	2.2	1h	0.8	5h	2h	15h
便携照明(2)	1.5	[②]	0.9	135min	32min	450min

① 每小时工作 4min,以每天使用 8h 计。

② 每 15min 工作 4min,以每天使用 8h 计。

③ 对 LR20 为便捷立体测试。

(2) 容量(能量输出)测试 容量测试通常用来确定电池在特定放电条件下能够输出的电荷数量。这种方法通常用作对蓄电池的测试,但在特定情况下也用于原电池的测试,比如当实际情况过于复杂而无法模拟或时间过长以至日常测试无法实现。表 4.6 (b) 列出了一些容量测试的示例。

表 4.6(b) 容量测试示例

命名	[参见表 4.3(b)]			SR54
电化学体系	[参见表 4.2(c)]			S
标称电压	[参见表 4.2(c)]			1.55
应用[①]	负载/kΩ	日工作时间	终止电压/V	最小平均工作时间
容量(额定)测试	15	24h	1.2	580h

① 这种电池用于手表,由于应用测试需要 2 年完成,所以采用了容量测试。

标准中的测试条件必须加以考虑，因此应明确下列影响因素：电池（电池组）温度；放电速率（或负载电阻）；放电终止条件（典型负载电压）；放电工作循环；如果需充电，充电速率、充电终止条件（时间或电池信息反馈）等其他充电条件；湿度等其他搁置条件也应加以考虑。

4.7 标识

除了前面讨论过的形式尺寸命名外，原电池和蓄电池的标识还应包括表4.7中给出的部分或全部信息。

表4.7 电池的标识信息

标识信息	原电池	小型原电池	圆形蓄电池
命名	×	×	×
生产日期或代码	×	××	
极性	×	×	×
标称电压	×	××	
制造商/供应商名称	×	××	×
充电速率/时间			×
额定容量			×

注：×表示在电池上；××表示在电池或包装上。

4.8 ANSI 和 IEC 标准的对照表

表4.8列出了一些常用的ANSI标准以及对应的国际标准。

表4.8(a) ANSI/IEC 原电池标准对照表

ANSI	IEC	ANSI	IEC
13A	LR20	1137SO	SR48
13AC	LR20	1138SO	SR54
—	—	1139SO	SR42
13CD	R20C	1158SO	SR58
13D	R20C	1160SO	SR55
—	—	1162SO	SR57
14A	LR14	1163SO	SR59
14AC	LR14	1164SO	SR59
—	—	1165SO	SR57
14CD	R14C	1166A	LR44
14D	R14C	1170SO	SR55
—	—	1175SO	SR60
15A	LR6	1179SO	SR41
15AC	LR6	—	—
15CD	R6C	1406SO	4SR44
15D	R6C	1412A	4LR61
15N	ZR6	1414A	4LR44
24A	LR03	1604	6F22
24AC	LR03	1604A	6LR61
24D	R03	1604AC	6LR61
24N	ZR03	1604C	6F22
908A	4LR25X	1604CD	6F22
910A	LR1	1604D	6F22
918A	4LR25-2	5018LC	CR17345
918D	4R25-2	5024LC	CR-P2
1107SO	SR44	5032LC	2CR5
1131SO	SR44	7000ZD	PR48
1133SO	SR43	7002ZD	PR41
1134SO	SR41	7003ZD	PR44
1135SO	SR41	7005ZD	PR70
1136SO	SR48	—	—

表 4.8（b）　ANSI/IEC 蓄电池标准对照

ANSI	IEC
1.2H1	HR03
1.2H2	HR6
1.2H3	HR14
1.2H4	HR20

4.9　IEC 标准圆形原电池

　　IEC 的原电池标准 IEC 60086-2 第十一版中列出了 100 多个型号电池的尺寸、极性、电压和电性能要求。镉镍蓄电池（电池组）标准 IEC 61951-1 第二版用表格的形式列出了 25 种尺寸电池的直径和高度。一些镉镍蓄电池和金属氢化物镍蓄电池组合成的电池组可以与常用型号的原电池互换，这些电池组的物理外形和尺寸与原电池相同，并具有相同的负荷电压。这些电池组除了要符合蓄电池的命名法外，还要符合相应原电池的尺寸规格，因此必须和为原电池制定的尺寸要求保持一致。表 4.9（a）中列出了圆形原电池的尺寸，表 4.9（b）列出了可以和原电池互换的部分金属氢化物-镍蓄电池。

　　除了在各种新旧版本的国家标准和国际标准中有众多命名法外，还有贸易组织的命名法。可以在销售资料和销售地点信息中找到这些标准的对照表。

表 4.9(a)　圆形原电池尺寸　　　　　　　　　　　　　单位：mm

IEC 名称	直　径		高　度	
	最大	最小	最大	最小
R03	10.5	9.5	44.5	43.3
R1	12.0	10.9	30.2	29.1
R6	14.5	13.5	50.5	49.2
R14	26.2	24.9	50.0	48.6
R20	34.2	32.3	61.5	59.5
R41	7.9	7.55	3.6	3.3
R42	11.6	11.25	3.6	3.3
R43	11.6	11.25	4.2	3.8
R44	11.6	11.25	5.4	5.0
R48	7.9	7.55	5.4	5.0
R54	11.6	11.25	3.05	2.75
R55	11.6	11.25	2.1	1.85
R56	11.6	11.25	2.6	2.3
R57	9.5	9.15	2.7	2.4
R58	7.9	7.55	2.1	1.85
R59	7.9	7.55	2.6	2.3
R60	6.8	6.5	2.15	1.9
R62	5.8	5.55	1.65	1.45
R63	5.8	5.55	2.15	1.9
R64	5.8	5.55	2.7	2.4
R65	6.8	6.6	1.65	1.45
R66	6.8	6.6	2.6	2.4
R67	7.9	7.65	1.65	1.45
R68	9.5	9.25	1.65	1.45
R69	9.5	9.25	2.1	1.85
R1220	12.5	12.2	2.0	1.8
R1620	16	15.7	2.0	1.8
R2016	20	19.7	1.6	1.4
R2025	20	19.7	2.5	2.2
R2032	20	19.7	3.2	2.9
R2320	23	22.6	2.0	1.8
R2430	24.5	24.2	3.0	2.7
R11108	11.6	11.4	10.8	10.4

表 4.9(b)　可与原电池互换的常用金属氢化物-镍蓄电池尺寸① 　　单位：mm

IEC 名称②	商品名称	ANSI 名称	直径		高度	
			最大	最小	最大	最小
HR03	AAA	1.2H1	10.5	9.5	44.5	43.3
HR6	AA	1.2H2	14.5	13.5	50.5	49.2
HR14	C	1.2H3	26.2	24.9	50.0	48.5
HR20	D	1.2H4	34.3	32.2	61.5	59.5

① 表 4.1（a）和表 4.1（b）中更详细列出了有关蓄电池的 IEC 和 ANSI 标准。

② 参见 IEC 标准 61951-2。

4.10　标准 SLI 和其他铅酸蓄电池

汽车行业和电池行业对 SLI 电池的尺寸都有标准化要求，代表汽车行业的是位于宾夕法尼亚州瓦伦德尔市的汽车工程师协会（SAE），代表电池行业的是位于伊利诺伊州芝加哥市的国际电池委员会（BCI）[1,2]。BCI 的命名法继承了其前任美国电池制造商联合会（AABM）所采用的标准，并且每年都进行更新。表 4.10 列出了 BCI 标准中涉及的标准 SLI 和其他铅酸蓄电池[3]。

表 4.10　标准 SLI 和其他铅酸蓄电池

BCI 编号，尺寸规格，额定值

BCI 编号	最大外形尺寸						组合图编号	性能	
	/mm			/in				低温启动性能 [0°F（−18℃）] /A	保留容量 [80°F（27℃）] /min
	L	W	H	L	W	H			
客车和照明商用电池 12V（6 个单体）									
21	208	173	222	$8\frac{3}{16}$	$6\frac{13}{16}$	$8\frac{3}{4}$	10	310～400	50～70
21R	208	173	222	$8\frac{3}{16}$	$6\frac{13}{16}$	$8\frac{3}{4}$	11	310～500	50～70
22F	241	175	211	$9\frac{1}{2}$	$6\frac{7}{8}$	$8\frac{5}{16}$	11F	220～425	45～90
22HF	241	175	229	$9\frac{1}{2}$	$6\frac{7}{8}$	9	11F	400	69
22NF	240	140	227	$9\frac{7}{16}$	$5\frac{1}{2}$	$8\frac{15}{16}$	11F	210～325	50～60
22R	229	175	211	9	$6\frac{7}{8}$	$8\frac{5}{16}$	11	290～350	45～90
24	260	173	225	$10\frac{1}{4}$	$6\frac{13}{16}$	$8\frac{7}{8}$	10	165～625	50～95
24F	273	173	229	$10\frac{3}{4}$	$6\frac{13}{16}$	9	11F	250～700	50～95
24H	260	173	238	$10\frac{1}{4}$	$6\frac{13}{16}$	$9\frac{3}{8}$	10	305～365	70～95
24R	260	173	229	$10\frac{1}{4}$	$6\frac{13}{16}$	9	11	440～475	70～95
24T	260	173	248	$10\frac{1}{4}$	$6\frac{13}{16}$	$9\frac{3}{4}$	10	370～385	110
25	230	175	225	$9\frac{1}{16}$	$6\frac{7}{8}$	$8\frac{7}{8}$	10	310～490	50～90
26	208	173	197	$6\frac{3}{16}$	$6\frac{13}{16}$	$7\frac{3}{4}$	10	310～440	50～80

BCI编号,尺寸规格,额定值									
BCI 编号	最大外形尺寸						组合图 编号	性能	
	/mm			/in				低温启动性能 [0℉(−18℃)] /A	保留容量 [80℉(27℃)] /min
	L	W	H	L	W	H			
客车和照明商用电池 12V(6 个单体)									
26R	208	173	197	$6\frac{3}{16}$	$6\frac{13}{16}$	$7\frac{3}{4}$	11	405～525	60～80
27	306	173	225	$12\frac{1}{16}$	$6\frac{13}{16}$	$8\frac{7}{8}$	10	270～810	102～140
27F	318	173	227	$12\frac{1}{2}$	$6\frac{13}{16}$	$8\frac{15}{16}$	11F	360～660	95～140
27H	298	173	235	$11\frac{3}{4}$	$6\frac{13}{16}$	$9\frac{1}{4}$	10	440	125
29NF	330	140	227	13	$5\frac{1}{2}$	$8\frac{16}{16}$	11F	330～350	95
27R	306	173	225	$12\frac{1}{16}$	$6\frac{13}{16}$	$8\frac{7}{8}$	11	270～700	102～140
33	338	173	238	$13\frac{5}{16}$	$6\frac{13}{16}$	$9\frac{3}{8}$	11F	1050	165
34	260	173	200	$10\frac{1}{4}$	$6\frac{13}{16}$	$7\frac{7}{8}$	10	375～770	100～110
34R	260	173	200	$10\frac{1}{4}$	$6\frac{13}{16}$	$7\frac{7}{8}$	11	675	110
35	230	175	225	$9\frac{1}{16}$	$6\frac{7}{8}$	$8\frac{7}{8}$	11	310～500	80～110
36R	263	183	206	$10\frac{3}{16}$	$7\frac{1}{4}$	$8\frac{1}{8}$	19	650	130
40R	278	175	175	$10\frac{15}{16}$	$6\frac{7}{8}$	$6\frac{7}{8}$	15	590～600	110～120
41	293	175	175	$11\frac{9}{16}$	$6\frac{7}{8}$	$6\frac{7}{8}$	15	235～650	65～95
42	242	175	175	$9\frac{1}{2}$	$6\frac{13}{16}$	$6\frac{13}{16}$	15	260～495	65～95
43	334	175	205	$13\frac{1}{8}$	$6\frac{7}{8}$	$8\frac{1}{16}$	15	375	115
45	240	140	227	$9\frac{7}{16}$	$5\frac{1}{2}$	$8\frac{15}{16}$	10F	250～470	60～80
46	273	173	229	$10\frac{3}{4}$	$6\frac{13}{16}$	9	10F	350～450	75～95
47	242	175	190	$9\frac{1}{2}$	$6\frac{7}{8}$	$7\frac{1}{2}$	24 (A,F)[①]	370～550	75～85
48	278	175	190	$12\frac{1}{16}$	$6\frac{7}{8}$	$7\frac{9}{16}$	24	450～695	85～95
49	353	175	190	$13\frac{7}{8}$	$6\frac{7}{8}$	$7\frac{9}{16}$	24	600～900	140～150
50	343	127	254	$13\frac{1}{2}$	5	10	10	400～600	85～100
51	238	129	223	$9\frac{3}{8}$	$5\frac{1}{16}$	$8\frac{13}{16}$	10	405～435	70
51R	238	129	223	$9\frac{3}{8}$	$5\frac{1}{16}$	$8\frac{13}{16}$	11	405～435	70
52	186	147	210	$7\frac{5}{16}$	$5\frac{13}{16}$	$8\frac{1}{4}$	10	405	70
53	330	119	210	13	$4\frac{11}{16}$	$8\frac{1}{4}$	14	280	40
54	186	154	212	$7\frac{5}{16}$	$6\frac{1}{16}$	$8\frac{3}{8}$	19	305～330	60

续表

BCI 编号,尺寸规格,额定值									
BCI 编号	最大外形尺寸						组合图编号	性能	
	/mm			/in				低温启动性能 [0°F(−18℃)] /A	保留容量 [80°F(27℃)] /min
	L	W	H	L	W	H			
客车和照明商用电池 12V(6 个单体)									
55	218	154	212	$8\frac{5}{8}$	$6\frac{1}{16}$	$8\frac{3}{8}$	19	370~450	75
56	254	154	212	10	$6\frac{1}{16}$	$8\frac{3}{8}$	19	450~505	90
57	205	183	177	$8\frac{1}{16}$	$7\frac{3}{16}$	$6\frac{15}{16}$	22	310	60
58	255	183	177	$10\frac{1}{16}$	$7\frac{3}{16}$	$6\frac{15}{16}$	26	380~540	75
58R	255	183	177	$10\frac{1}{16}$	$7\frac{3}{16}$	$6\frac{15}{16}$	19	540~580	75
59	255	193	196	$10\frac{1}{16}$	$7\frac{5}{8}$	$7\frac{3}{4}$	21	540~590	100
60	332	160	225	$13\frac{1}{16}$	$6\frac{5}{16}$	$8\frac{7}{8}$	12	305~385	65~115
61	192	162	225	$7\frac{9}{16}$	$6\frac{3}{8}$	$8\frac{7}{8}$	20	310	60
62	225	162	225	$8\frac{7}{8}$	$6\frac{3}{8}$	$8\frac{7}{8}$	20	380	75
63	258	162	225	$10\frac{3}{16}$	$6\frac{3}{8}$	$8\frac{7}{8}$	20	450	90
64	296	162	225	$11\frac{11}{16}$	$6\frac{3}{8}$	$8\frac{7}{8}$	20	475~535	105~120
65	306	192	192	$12\frac{1}{16}$	$7\frac{1}{2}$	$7\frac{9}{16}$	21	650~850	130~165
66	306	192	194	$12\frac{1}{16}$	$7\frac{9}{16}$	$7\frac{5}{8}$	13	650~750	130~140
70	208	180	186	$8\frac{3}{16}$	$7\frac{1}{16}$	$7\frac{5}{16}$	17	260~525	60~80
71	208	179	216	$8\frac{3}{16}$	$7\frac{1}{16}$	$8\frac{1}{2}$	17	275~430	75~90
72	230	179	210	$9\frac{1}{16}$	$7\frac{1}{16}$	$8\frac{1}{4}$	17	275~350	60~90
73	230	179	216	$9\frac{1}{16}$	$7\frac{1}{16}$	$8\frac{1}{2}$	17	430~475	80~115
74	260	184	222	$10\frac{1}{4}$	$7\frac{1}{4}$	$8\frac{3}{4}$	17	350~550	75~140
75	230	180	196[3]	$9\frac{1}{16}$	$7\frac{1}{16}$	$7\frac{11}{16}$[7]	17	430~690	90
76	334	179	216	$13\frac{1}{8}$	$7\frac{1}{16}$	$8\frac{1}{2}$	17	750~1075	150~175
78	260	180	186	$10\frac{1}{4}$	$7\frac{1}{16}$	$7\frac{5}{16}$	17	515~770	105~115
79	307	179	188	$12\frac{1}{16}$	$7\frac{1}{16}$	$7\frac{3}{8}$	35	770~840	140
85	230	173	203	$9\frac{1}{16}$	$6\frac{13}{16}$	8	11	430~630	90
86	230	173	203	$9\frac{1}{16}$	$6\frac{13}{16}$	8	10	430~640	90
90	242	175	175	$9\frac{1}{2}$	$6\frac{7}{8}$	$6\frac{7}{8}$	24	520~600	80
91	278	175	175	11	$6\frac{7}{8}$	$6\frac{7}{8}$	24	600	100
92	315	175	175	$12\frac{1}{2}$	$6\frac{7}{8}$	$6\frac{7}{8}$	24	650	130
93	353	175	175	$13\frac{7}{8}$	$6\frac{7}{8}$	$6\frac{7}{8}$	24	800	150

续表

BCI编号,尺寸规格,额定值									
BCI 编号	最大外形尺寸						组合图 编号	性能	
	/mm			/in				低温启动性能 $[0\,^\circ\mathrm{F}(-18\,^\circ\mathrm{C})]$ /A	保留容量 $[80\,^\circ\mathrm{F}(27\,^\circ\mathrm{C})]$ /min
	L	W	H	L	W	H			
客车和照明商用电池 12V(6个单体)									
94R	315	175	190	$12\frac{3}{8}$	$6\frac{7}{8}$	$7\frac{1}{2}$	24	640~765	135
95R	394	175	190	$15\frac{9}{16}$	$6\frac{7}{8}$	$7\frac{1}{2}$	24	850~950	190
96R	242	175	175	$9\frac{9}{16}$	$6\frac{13}{16}$	$6\frac{7}{8}$	15	590	95
97R	252	175	190	$9\frac{15}{16}$	$6\frac{7}{8}$	$7\frac{1}{2}$	15	557	90
98R	283	175	190	$11\frac{3}{16}$	$6\frac{7}{8}$	$7\frac{1}{2}$	15	620	120
99	207	175	175	$8\frac{3}{16}$	$6\frac{7}{8}$	$6\frac{7}{8}$	34	360	50
100	260	179	188	$10\frac{1}{4}$	7	$7\frac{5}{16}$	35	770	115
101	260	179	170	$10\frac{1}{4}$	7	$6\frac{11}{16}$	17	540	115
客车和照明商用电池 6V(3个单体)									
1	232	181	238	$9\frac{1}{8}$	$7\frac{1}{8}$	$9\frac{3}{8}$	2	400~545	105~165
2	264	181	238	$10\frac{3}{8}$	$7\frac{1}{8}$	$9\frac{3}{8}$	2	475~650	136~230
2E	492	105	232	$19\frac{7}{16}$	$4\frac{1}{8}$	$9\frac{1}{8}$	5	485	140
2N	254	141	227	10	$5\frac{9}{16}$	$8\frac{15}{16}$	1	450	135
17HF②,④	187	175	229	$7\frac{3}{8}$	$6\frac{7}{8}$	9	2B	—	—
高能商用电池 12V(6个单体)									
4D③	527	222	250	$20\frac{3}{4}$	$8\frac{3}{4}$	$9\frac{7}{16}$	8	490~1125	225~325
6D	527	254	260	$20\frac{3}{4}$	10	$10\frac{1}{4}$	8	750	310
8D③	527	283	250	$20\frac{3}{4}$	$11\frac{1}{8}$	$9\frac{7}{16}$	8	850~1250	235~465
28	261	173	240	$10\frac{5}{16}$	$6\frac{13}{16}$	$9\frac{7}{16}$	18	400~535	80~135
29H	334	171	232	$13\frac{1}{8}$	$6\frac{3}{4}$	$9\frac{1}{8}$	10	525~840	145
30H	343	173	235	$13\frac{1}{2}$	$6\frac{13}{16}$	$9\frac{1}{4}$	10	380~685	120~150
31A	330	173	240	13	$6\frac{13}{16}$	$9\frac{7}{16}$	18(A,T)①	455~950	100~200
高能商用电池 6V(3个单体)									
3	298	181	328	$11\frac{3}{4}$	$7\frac{1}{8}$	$9\frac{3}{8}$	2	525~660	210~230
4	334	181	328	$13\frac{1}{8}$	$7\frac{1}{8}$	$9\frac{3}{8}$	2	550~975	240~420
5D	349	181	238	$13\frac{3}{4}$	$7\frac{1}{8}$	$9\frac{3}{8}$	2	720~820	310~380
7D	413	181	238	$16\frac{1}{4}$	$7\frac{1}{8}$	$9\frac{3}{8}$	2	680~875	370~426
特种牵引电池 6V(3个单体)									
3EH	491	111	249	$19\frac{5}{16}$	$4\frac{3}{8}$	$9\frac{13}{16}$	5	740~850	220~340
4EH	491	127	249	$19\frac{5}{16}$	5	$9\frac{13}{16}$	5	850	340~420

续表

BCI编号,尺寸规格,额定值									
BCI 编号	最大外形尺寸						组合图 编号	性能	
	/mm			/in				低温启动性能 [0°F(-18℃)] /A	保留容量 [80°F(27℃)] /min
	L	W	H	L	W	H			
特种牵引电池12V(6个单体)									
3EE	491	111	225	$19\frac{5}{16}$	$4\frac{3}{8}$	$8\frac{7}{8}$	9	260~360	85~105
3ET	491	111	249	$19\frac{5}{16}$	$4\frac{3}{8}$	$9\frac{3}{16}$	9	355~425	130~135
4DLT	508	208	202	20	$8\frac{3}{16}$	$7\frac{15}{16}$	16L	650~820	200~290
12T	177	177	202	$7\frac{1}{16}$	$6\frac{15}{16}$	$7\frac{15}{16}$	10	460	160
16TF	421	181	283	$16\frac{9}{16}$	$7\frac{1}{8}$	$11\frac{1}{8}$	10F	600	240
17TF	433	177	202	$17\frac{1}{16}$	$6\frac{15}{16}$	$7\frac{15}{16}$	11L	510	145
通用电池12V(6个单体)									
U1	197	132	186	$7\frac{3}{4}$	$5\frac{3}{16}$	$7\frac{5}{16}$	10(X)①	120~375	23~40
U1R	197	132	186	$7\frac{3}{4}$	$5\frac{3}{16}$	$7\frac{5}{16}$	11(X)①	200~280	25~37
U2	160	132	181	$6\frac{5}{16}$	$5\frac{3}{16}$	$7\frac{1}{8}$	10(X)①	120	17
电动高尔夫球车电池6V(3个单体)									
GC2	264	183	290	$10\frac{3}{8}$	$7\frac{3}{16}$	$11\frac{7}{16}$	2	⑥	⑥
GC2H⑤	264	183	295	$10\frac{3}{8}$	$7\frac{3}{16}$	$11\frac{5}{8}$	2	⑥	⑥
电动高尔夫球车电池8V(4个单体)									
GC8	264	183	290	$10\frac{3}{8}$	$7\frac{3}{16}$	$11\frac{7}{16}$	31	—	—
商业电池(深循环)12V(6个单体)									
920	356	171	311	14	$6\frac{3}{4}$	$12\frac{1}{2}$	37	—	—
921	397	181	378	$15\frac{3}{4}$	$7\frac{1}{8}$	$14\frac{7}{8}$	37	—	—
海运/商业电池8V(4个单体)									
981	527	191	273	$20\frac{3}{4}$	$7\frac{1}{2}$	$10\frac{3}{4}$	8	—	—
982	546	191	267	$21\frac{1}{2}$	$7\frac{1}{2}$	$10\frac{1}{2}$	8	—	—
军用电池12V(6个单体)									
2H	260	135	227	$10\frac{1}{4}$	$5\frac{9}{16}$	$8\frac{15}{16}$	28		75
6T	286	267	230	$11\frac{1}{4}$	$10\frac{1}{2}$	$9\frac{1}{16}$	27	600~750	180~230

① 括号中的字母表示极端形式。

② 连杆形式——加大顶端尺寸防止脱落。

③ 用于长途汽车和公交巴士的电池应复合双重绝缘的等级。当双重绝缘用于其他类型的电池时,冷启动时其额定值应减小15%。

④ 虽然在表中没有列出,但是仍然在生产。

⑤ 特殊用途的电池没有在表中列出。

⑥ 容量测试在80°F(27℃)下进行,以75A放电至5.25V;对于这种电池,冷启动性能通常不作要求。

⑦ 电池最大高度尺寸包括了后加上盖的尺寸。平顶设计的高度(减去后加上盖)可以减小约3/8in(10mm)。

BCI 安装序号、电池层结构、固定器和极性

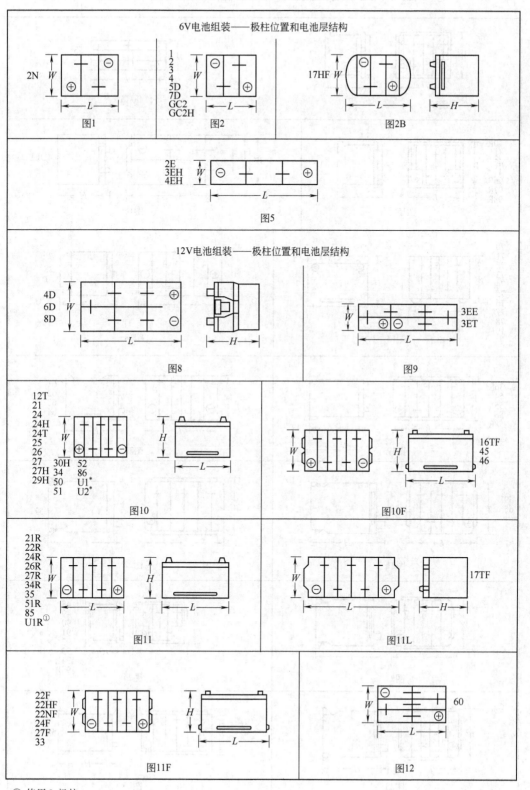

图1　图2　图2B

图5

图8　图9

图10　图10F

图11　图11L

图11F　图12

① 使用 L 极柱。

BCI安装序号、电池层结构、固定器和极性 12V电池组装——极柱位置和电池层结构

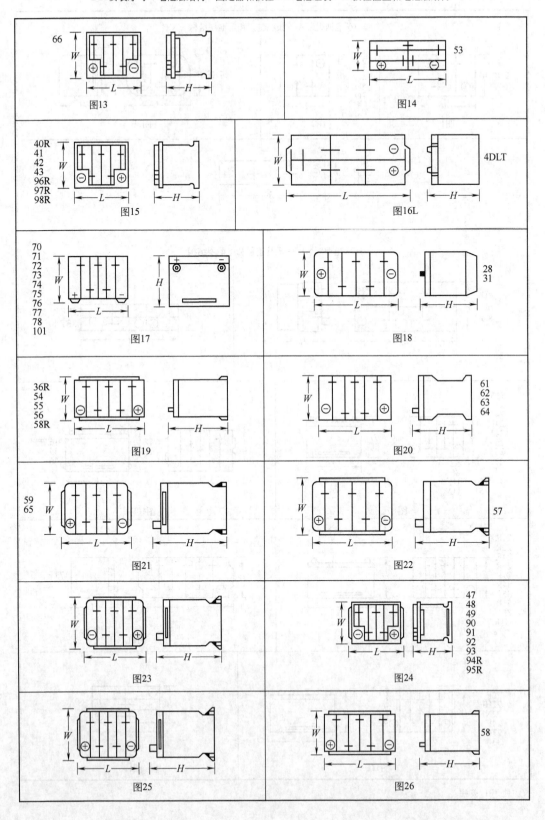

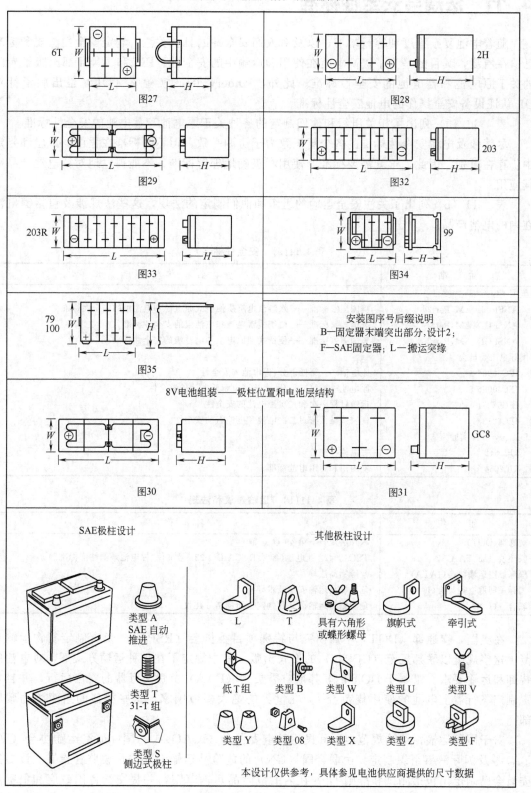

4. 11 法规与安全性标准

随着电池复杂程度和容量增加，以及对人们安全性的日益关注，制定安全性法规和标准已迫在眉睫，其目的是为了提高电池在使用和运输中的安全性。IEC 和 ANSI 都出版了专门的关于原电池和蓄电池的安全性标准。此外，Underwriters 实验室（UL）也出版了针对 UL 认证设备安全操作的电池安全性标准[4]。

表 4.11（a）列出了相关组织和他们制定的各种关于原电池和蓄电池的安全性标准。

尽管涉及电池安全性标准的各个组织致力于协调一致，但不同标准在程序、试验和判定中仍存在差别。因此，这就需要标准的使用者正确地理解标准，不能孤立地对待电池产品和其应用。

表 4.11（b）列出了关注安全运输的组织和他们制定的法规，这些法规涉及包括锂电池在内的电池产品。

表 4.11(a) 安全性标准

标　　准	名　　称
美国国家标准化组织	
ANSI C18.1M,Part2	美国国家标准——水溶液电解质便携式原电池和电池组的安全性标准
ANSI C18.2M,Part2	美国国家标准——便携式蓄电池和电池组的安全性标准
ANSI C18.3M,Part2	美国国家标准——便携式锂原电池和电池组的安全性标准
国际电工委员会	
IEC60086-4	原电池——第四部分:锂电池的安全性
IEC60086-5	原电池——第五部分:水溶液电解质电池的安全性
IEC62281	运输过程一次和二次锂电池的安全性
IEC62133	便携式碱性密封二次电池和电池组的安全性
Underwriters 实验室	
UL1642	锂电池标准
UL2054	室内用和商用电池标准

表 4.11(b) 运输建议和法规

组　　织	名　　称
交通部(DOT)	联邦法规——第 49 章 运输
联邦航空局(FAA)	TSO C042. 锂电池(参见 RTCA DO-227 号文件"锂电池最低性能标准")
国际航空运输协会(IATA)	危险物品法规
国际民间航空委员会(ICAO)	危险物品运输安全技术导则
联合国(UN)	危险物品运输测试和判定手册的指导建议

在美国，交通部（DOT）下属研究与特殊项目委员会（RSPA）[5]负责制定货物运输规范。这些规范以联邦规范（CFR49）的形式出版，其中规定了在各种运输方式下，对电池的装卸和运输要求。隶属于 DOT 的联邦航空委员会（FAA）负责飞行器的安全运行，并且负责制定飞行器上电池的使用规范[6,7]。在世界的绝大多数国家，这些类似的组织均为政府部门。

对于国际运输，运输规范由国际民用航空委员会（ICAO）[8]、国际航空运输协会（IA-TA）[9]及国际海事组织制定，由联合国（UN）的危险品运输专家委员会监督指导。该专家委员会已制定出包括测试和准则[10,11]在内的危险品运输草案，并提交给各国政府和负责制定各种产品运输规范相关的国际组织。现在，联合国的专家委员会正在制定新的锂原电池和蓄电池的运输规范。每个单体电池和电池组中的锂的含量或锂的等效组成将决定电池该采用何种特定的规定和规范进行包装、运输、标记及其他特殊规定。

上述标准、规范和指导性文件每年或定期进行修订，每份文件都应采用其最新版本。

注：在使用标准时，必须采用最新版的标准。由于标准定期进行修改，因此只有最新版标准才能提供可靠的强制性指标要求，包括电池尺寸、端子、标记、总体设计特点、电学性能测试条件、力学测试、测试程序、安全性、运输、贮存、使用及处理。

参 考 文 献

1. Society of Automotive Engineers，400 Commonwealth Drive，Warrendale，PA 15096，www. sae. org.

2. Battery Council International，401 North Michigan Ave. ，Chicago，IL 60611，www. batterycouncil. org.

3. Battery Council International，*Battery Replacement Data Book*.

4. Underwriters Laboratories，Inc. ，333 Pfingsten Road，Northbrook，IL 60062.

5. Department of Transportation，Office of Hazardous Materials Safety，Research and Special Programs Administration，400 Seventh St. ，SW，Washington，DC 20590.

6. Department of Transportation，Federal Aviation Administration，800 Independence Ave. ，SW，Washington，DC 20591.

7. RTCA，1828 L St. ，NW，Suite 805，Washington，DC 20036，info@rtca. org.

8. International Civil Aviation Organization，1000 Sherbrooke St. ，W. ，Montreal，Quebec，Canada.

9. International Air Transport Association，2000 Peel St. ，Montreal，Quebec，Canada.

10. United Nations，*Recommendation on the Transport of Dangerous Goods*，New York，NY，and Geneva，Switzerland.

11. United Nations，*Manual of Tests and Criteria*，New York，NY，and Geneva，Switzerland.

第 **5** 章

电池组设计

Daniel D. Friel

5.1 概述

合理的电池组设计及结构设计对确保电池组最佳、可靠和安全的工作是非常重要的。如果在电池组本身的设计、电池监测或保护装置或电子设备中以及在它如何设计到用电设备中能采取适当的预防措施，那么由电池组而引发的许多问题是可以避免的。

值得注意的是根据电池组中单体所处的特定环境，电池组中单体电池之间性能的差别可能是相当大的。制造厂提供的参数和数据仅能用于参考，因为使用这些参数来推断多单体电池组的性能不是总能叮行。单体电池均匀性、单体电池数量、串联或并联连接、电池组外壳材料和设计、充放电条件、温度等因素均影响着整组电池的性能。通常使用条件越严酷，问题就越突出，使用条件包括高倍率充电和放电、操作、超高温度以及其他能导致电池组内单体电池变化量增大的条件。更多的串并联组合对电池性能带来的挑战也是电池设计时必须考虑。

此外，计算质量比能量和体积比能量时，必须考虑电池组外壳体积和质量、电池组装配材料以及电池组内任何辅助器件，计算值会比在单体电池的性能或由 1 只单体电池组成的电池组的性能基础上的质量比能量和体积比能量有所减少。

随着电池技术的最新发展，另一个必须考虑的因素是将实验室数据放大的难度，即将小批量电池组（单只电池组成）得出的实验室数据放大至生产线制造的大批量单体电池制成的多单体电池组。

本章阐述了产品设计者应考虑的问题，以及向单体电池和电池组制造商咨询市场上销售的电池组的详细资料。

5.2 消除潜在安全问题的设计

电池组是能量的来源，在正常使用情况下能将自身的能源安全地传输出去，但在滥用情况下可能发生泄漏、破裂甚至爆炸。电池组的设计应包含保护装置和其他能阻止或至少能减小问题发生的特征。

最常见的电池组失效原因有以下几点：

（1）电池组短路；

（2）超高倍率放电或充电；

（3）低于单体电池最低推荐工作电压的过放电（即包括电压反向，或单体电池放电低于零）；

（4）对原电池充电；

（5）对二次电池充电时，充电控制不当；

（6）串联电池间的不均衡性。

这些条件可能引起单体电池内部压力增加，导致泄气装置动作，或电池组破裂，甚至爆炸。尽管很少发生，电池内短路可能会导致电池失效。电池失效可能是由于电池制造过程引入的杂质引起的。减少这些现象的发生有多种方法。另外，电池失效也可能发生在把单体电池组合成电池包的过程中，不好的电池连接点的焊接、电池端子间不正确的绝缘、不恰当的组合方式都可能造成电池失效。

使用高品质的单体电池并不能完全保证电池组装的安全性。电池包机械组合、内部保护装置、电子器件、连接、监测元件和包装外壳等所有因素都必须认真考虑。

5.2.1　对原电池充电

所有的大型原电池制造商均有警告：如果对原电池充电，原电池可能会泄漏或爆炸。正如 8.4 中所讨论的那样，一些原电池在受控条件下允许充电，但是由于存在潜在的危险，通常不推荐对原电池充电。

（1）**外部充电保护**　防止电池组被外接电源充电最简单的办法是在电池组中安装一个二极管，如图 5.1 所示。所选择的二极管额定电流必须超过设备的工作电流，额定电流值应最小为工作电流的 2 倍。二极管正向压降应尽可能低，肖特基二极管因正向压降为 0.5V 而被广泛使用。另外，选择二极管时要考虑反向电压。峰值反向电压（PIV）应至少为电池组电压的 2 倍。

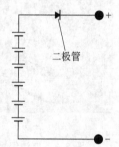

图 5.1　电池组回路中安装二极管以防止充电

（2）**电池组内部的充电保护**　当多单体串联电池块在电池组壳体内并联时，在串联电池块中出现 1 只缺陷单体电池或低容量单体电池时，如图 5.2（a），就可能发生充电现象，正常的串联电池块将对含有缺陷单体电池的串联电池块充电。这种情况充其量就是对好的串联电池块放电，但会导致差的串联电池块中的单体电池破裂。为避免上述情况发生，将二极管安装于每一个串联电路上，以阻止电池块对电池块充电，如图 5.2（b）。

每一个串联电池块上安装了二极管后，二极管将阻止包含有缺陷单体电池的串联电池块被充电。二极管应具备下述特性：

① 正向压降应尽可能低，可选取肖特基二极管；

② 峰值反向电压应为单路串联电池块电压的 2 倍；

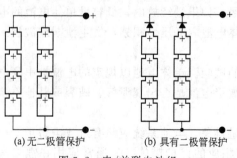

(a)无二极管保护　　(b)具有二极管保护

图 5.2　串/并联电池组

③ 二极管正向额定电流最小值应为：

$$I_{min} = \frac{I_{op}}{N} \times 2$$

式中　I_{op}——设备工作电流；

　　　N——电池块并联数。

5.2.2　防止电池组短路

当电池组外部极端发生短路时，电池组内化学能转化为热能。为避免短路，电池组正极极端和负极极端应当绝缘。有效防止短路的电池组设计如下。

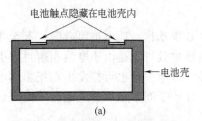

电池触点隐藏在电池壳内

电池壳

(a)

① 电池组极端应凹陷于电池壳内，如图5.3（a）。

② 如果采用连接器，电池组触点应采用内连接形式。连接器应两极分化，只允许正确的插入形式，如图5.3（b）。图中展示了通过叶片连接电池和其他信号源（如果使用）的多点连接器，这种连接器一般浇筑在电池壳内。

（1）短路保护　另外，加入电路中断措施也是必要的，下面介绍一些能够实现这一功能的装置。

① 保险丝或电路断路器。

② 温度调节器，当温度或电流达到预先设定的上限值，温度调节器使电池组电路断开。

③ 正温度系数（PTC）装置，在正常电流和温度下，该装置电阻非常低，当该装置发生过流或电池组温度增加时，其电阻骤增，从而限制了电流。一些单体电池制造商已经将该装置安装在单体电池内部，当采用具有内部保护功能的单体电池时，单体电池外部仍然推荐使用PTC（见5.5.1节）。PTC应根据电池组的工作电流和工作电压来选择。必须注意：PTC可能无法完全阻止电池和电池组内短路造成的放电，只是会使短路在较慢速率下进行。

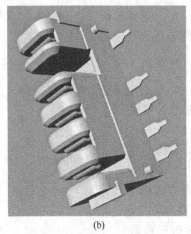

(b)

图5.3　电池组极端设计

（2）附加保护　除外部机械保护方法外，正确的电池组装对防止电池包内部短路也很重要（见5.4节）。

5.2.3　反极

由于制造过程的变化，电池组之间的容量也有差异。当给串联电池组放电时，串联电路中最差的单体电池容量将会先于其他单体而被耗尽。如果继续放电，低容量单体电池的电压将会达到零，继而反极，产生的热量最终引起单体电池内部压力积累，发生泄漏或破裂。有时候将该过程称为"强制放电"。

强制放电试验通常是测定电池经受反极能力的试验。单体电池以规定的电流被串联电池串中其他的单体电池或外接电源放电至低于零，测定电池是否出现泄气、破裂或其他不希望出现的安全性问题。

电池放电超过厂家规定操作范围的做法应尽量避免。电池系统应该有过放电警示。如果外部电路有可能造成过放电，电池组内部应该有相应的保护措施。这通常应用在锂二次电池中。

一些单体电池被设计成能够经受以规定的放电电流进行的强制放电，这些单体电池可能设计有内部保护，如保险丝或热切断装置。如果出现不安全因素，该内部保护会中断放电。

由于单体电池的容量在循环中会发生变化，因此单体电池的不均匀性会随着再次充电而加剧。为减少这种效应，可充电电池组至少应选用"匹配"的单体电池，即单体电池具有基本相同的容量。单体电池充放电循环至少一次，并应在同一等级中选取，通常认为容量偏差在3%范围内的单体电池是匹配的。近来先进的生产控制技术减少了单体电池的等级，一些制造商已经能达到一个等级的最佳目标，不再需要进行匹配，电池组公司的生产就变得很容易。

但是电池的不均衡性还是会在组装到电池包和使用晚期时出现。这些不均衡可能是由于不均匀的温度梯度造成的，温度的不均一会造成有的电池温度高于其他电池。温度不一致会造成电池自放电的不一致，导致电池的不均衡。如果电池不均衡发生在电池包内部，必须采取纠正措施以防止不均衡的扩大化。有些电化学体系可以通过低倍率过充电进行纠正，但有些电化学体系就必须通过电子器件进行纠正，如锂离子/锂聚合物电池。

(1) 防止电池组反极的设计　尽管采用了匹配的单体电池，其他的电池组设计或在使用中仍然会引起单体电池容量不均衡。多单体串联电池组中采用电压分接就是一个例子，此设计中单体电池放电不均匀。

许多早期的电池组设计时采用勒克朗谢型单体电池实现电压分接。电池组由30只单体电池串联（45V）组合，通常有3V、9V、13.5V等电压输出。放电时，低电压分接的单体电池可能发生泄漏，泄漏会引起腐蚀，但通常不破裂。随着高能量、密封单体电池的出现，发生泄漏的现象不再发生，但反极的单体电池可能会破裂或爆炸。为避免这类问题，电池组中每路电压输出应设计独立的电子装置。如可能，用电设备应设计为使用单路电压输入电源供电。DC-DC变换器能安全地实现多路电压输出，转换效率目前高达90%以上。

把原电池输出转化成系统可用电压的现代电子电路具有充电保护作用。图5.4给出了典型的可以实现单电池充电保护和防止损害的原电池用DC-DC转换器[3]。

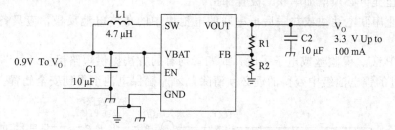

图 5.4　原电池使用的典型的 DC-DC 转换器[2]

(2) 并联二极管防止反极　一些电池组设计者，尤其是多单体锂原电池组的设计者，在每只单体电池并联时增加了二极管设计以防止反极。随着单体电压降至零然后反极，二极管将大部分流经单体电池的电流转向传导，由此利用二极管的特性限制了反极。

5.2.4　单体电池和电池组外部充电保护

许多电池组供电设备也可在交流电源（AC）条件下工作。这些设备包括用电池组和交流电同时供电的设备，以及在没有交流电或交流电源出现故障的情况下，电池作为备份电源对设备供电的设备。锂原电池和其他如碱性电池等电化学体系常常作为备用电源应用于电池组和交流电同时供电设备中。

当电池组作为主电源的后备（如记忆备份）电源时，必须防止主电源对原电池充电，典型的电路设计如图5.5。图5.5（a）是采用2只二极管提供保护的冗余设计，以防止其中一只二极管失效。如果二极管失效形成通路，就像图5.5（b）中使用电阻限制充电电流。此设计中二极管应具备低的正向压降以减少电池组电压损失，以及低的反向漏电流以减小充电电流。

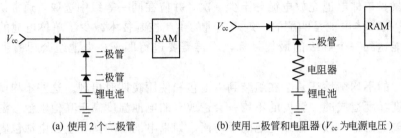

(a) 使用2个二极管　　　　　　(b) 使用二极管和电阻器（V_{cc}为电源电压）

图5.5　记忆备份电池组保护电路

5.2.5　设计锂原电池组需要考虑的特殊事项

锂原电池包含金属锂阳极（见第14章），由于该金属的活泼性，尤其在电池组采用多单体电池组合的情况下，设计和使用电池组时要予以特殊的预防措施。设计电池组时应采取下述特殊预防措施。

（1）当采用多单体电池组合时，根据电压和/或容量的使用要求，将单体电池点焊成组合电池块，因此如果要更换用过的单体电池，应防止使用者混用不同化学体系或容量的单体电池。

（2）电池组内部应安装热分离装置，以防止内部过多热量积累。目前生产的许多电池组中单体电池内都装有一个PTC或一个机械分离件，或两者兼有。设计多单体电池组时，单体电池外应安装额外的热保护装置。

（3）保护装置还有如下措施。

① 为防止充电必须增加串联二极管保护。

② 为防止串联电池块或并联后再串联的电池块中的单体电池反极，应具备电池旁路二极管保护。

③ 采用PTC、保险丝或电子手段，或三者均有的方法提供短路保护。

（4）用过的锂电池组中残留的锂必须清除，才能确保电池组得到安全处置。可将电池组

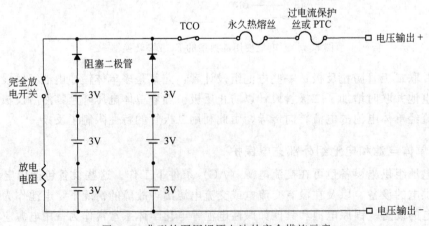

图5.6　典型的军用锂原电池的安全措施示意

与电阻负载连接，以使电池组在使用后放电完全。电阻负载应当选择放电电流低的，一般 5 天将电池组的初始容量放完。本措施主要用于军用锂原电池组。

图 5.6 给出了典型的军用锂原电池的安全措施示意。

5.3　分立电池组的安全措施

5.3.1　防止电池组插入错误的设计

当设计的产品采用的是单体电池组成的独立电池组时，电池组输出件必须给予特殊考虑。如果不能确保电池组正确放置，就可能导致一些电池组因插入错误而被充电，这将导致泄漏、泄气、破裂甚至爆炸。图 5.7 给出了圆柱形电池夹具和扣式电池夹具的概念，该夹具能防止电池组插入错误。图 5.8 给出了几种其他防止误安装的设计。

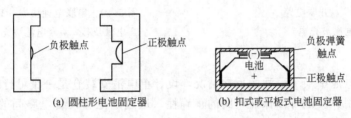

图 5.7　电池夹具

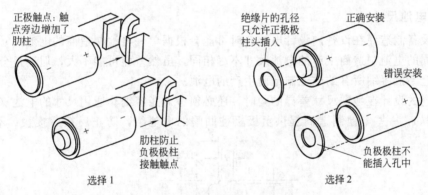

图 5.8　防止单体电池反接的电池组触点设计

电池组定位不当具有潜在的危险，通常采用下述两种电池组电路设计。

（1）串联/并联电池反接（图 5.9）　电路中 3 号电池反接，因此 1 号～3 号电池串联，给 4 号电池充电。如果可能的话，采用大电池串联可以避免这种情况。另外，正如 5.2.1 节讨论的那样，在每一串联电路上安装二极管将至少能够避免一个并联块给其他的并联块充电。

（2）多单体电池串联的电池组中单体电池反接（图 5.10）　图中 4 号电池反接，当电路闭合设备工作时，将被充电。电池组可能会根据电路中电流的大小发生泄漏或破裂。电流大小与负载、电池电压、反向电池和其他放电条件有关。

为减小电池组发生反接的可能性，设备上应明显标注电池组方向，并附有简单清晰的说明。避免将电池组安装在不可见的位置。最好的办法是使用前面讨论过的有方向或有极性的

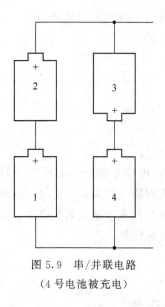

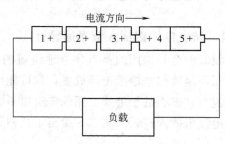

图 5.9　串/并联电路
（4 号电池被充电）

图 5.10　串联电池块中一只单体
电池反接（4 号电池被充电）

电池夹具。

　　为避免一串电池中某个电池的反接情况，设计单电池安装仓是一个可行的方法。这会增加设备附件的费用，但是可以保证电路的正确性（通过电池和设备电路间的物理接触）。当特定尺寸的原电池和二次电池都可以应用在设备中时，应该采用这种设计方法，如 AA 或 AAA 尺寸的碱性原电池、二次镍电池或锂原电池可以通用。

5.3.2　电池尺寸

　　有时设备制造商在设备内设计电池仓时可能会根据单一电池制造商的电池尺寸。令人遗憾的是不同的电池制造商生产的电池尺寸不尽相同，虽然差异可能不大，但还是会造成所设计的电池仓不能容纳所有的电池制造商生产的电池。

　　电池仓的设计在考虑尺寸差异的同时，还必须考虑能容纳非通用尺寸的电池（属于 IEC 标准）。例如，一些电池制造商提供负极极柱凹陷的电池组，防止反接后接触。不幸的是，

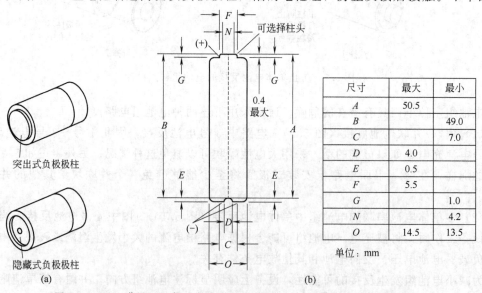

尺寸	最大	最小
A	50.5	
B		49.0
C		7.0
D	4.0	
E	0.5	
F	5.5	
G		1.0
N		4.2
O	14.5	13.5

单位：mm

图 5.11　（a）满足 IEC 标准的电池极柱类型；（b）IEC 标准中的典型尺寸

凹陷的负极极柱只与宽度小于电池极柱直径的接触片匹配。图 5.11 （a）给出了标准单体电池与极柱凹陷电池的尺寸差异。

电池仓不应根据单一电池制造商生产的电池设计（因为电池的尺寸或外形可能是唯一的），而应根据 IEC 标准设计，可容纳最大和最小尺寸。IEC 和 ANSI 标准（见第 4 章）提供了基本电池的尺寸，包括最大高度、最大直径、柱头直径、柱头高度和负极帽直径。最大值、最小值通常如图 5.11 （b）所规定。由于这些标准定期修订，所以应使用最新版本。

5.4　电池组构造

设计和制作电池组时，还应考虑下述构造特点：
① 单体电池间的连接；
② 单体电池封装（不能防止泄气阀开启）；
③ 电池壳结构和材料；
④ 极柱和触点材料。

5.4.1　单体电池间的连接

Leclanché 型单体电池采用锡焊法连接成电池组，将导线锡焊到负极锌壳和邻接的正极帽上，这种组合单体电池的有效方法目前仍在广泛使用。

其他大多数电池系统单体电池间的连接采用导电连接条点焊法。连接条材料多采用纯镍或镀镍钢。由于镍具有抗腐蚀、易点焊的优点，因此连接可靠持久。连接条材料的电阻必须与应用相匹配以减小电压损失，电阻可通过材料的电阻系数计算，电阻系数通常用毫欧·厘米表示。

$$电阻 = \frac{电阻率 \times 长度(cm)}{截面积(cm^2)}$$

镍和镀镍钢的电阻率为：

镍　　　　　　$6.84 \times 10^{-6} \Omega \cdot cm$

镀镍钢　　　　$10 \times 10^{-6} \Omega \cdot cm$

例如，尺寸为宽 0.635cm，厚 0.0127cm，长 2.54cm 的连接条电阻为：

镍　　　　$\dfrac{6.84 \times 10^{-6} \times 2.54}{0.635 \times 0.0127} = 2.15 \times 10^{-3}(\Omega)$

镀镍钢　　$\dfrac{10 \times 10^{-6} \times 2.54}{0.635 \times 0.0127} = 3.15 \times 10^{-3}(\Omega)$

很明显，同样尺寸的连接条，镀镍钢材料的电阻比镍材料高 50%。通常地，电路中的这种差异并不重要，选用镀镍钢是因为其成本低。

但是如果连接条作为防止高倍率放电的保险丝使用时，电阻值就非常重要。为满足如电动工具、电动车等高密度放电的要求，不能使用常用的电池保护设计（如 PTC）。但是为了防止电池短路或其他造成电池失效的损害，特别是巨大的电池并联时，连接条可以作为保险丝使用。这种保险丝连接可以防止邻近的并联电池向短路电池输入电流。

焊接方法选择电阻点焊。焊接时必须小心以防灼伤单体电池外壳，焊接温度过高会损坏电池内部零件甚至发生泄漏现象。通常采用 AC 点焊机或电容放电点焊机。

任何点焊的焊接表面都应清洁，这样可减小基材变色。每次连接时，至少应有两个焊点。检验点焊质量，可将两部分拉开，金属基体撕开后，焊点必须保持。至于连接条上的焊点直径，一般为连接条厚度的 3～4 倍，例如，厚度为 0.125mm 的连接条点焊后撕破处焊点直径为 0.375～0.5mm。将统计技术应用于点焊拉伸强度有助于生产过程的控制，但是检验过程还必须有对焊点直径的目视检验。图 5.12 给出了可能导致电池失效的失败的焊接图。

图 5.12 不良焊接例子[4]

除正确的焊接外，连接条必须保持洁净平整，避免焊点处的机械应力。连接条边缘要避免向电池方向弯曲。加压法是最少采用的电池连接方法。尽管这一技术用于不昂贵的电池组中，它会是有高可靠性要求的电池组失效的原因。这种连接方法在接触点处易腐蚀，另外间歇的冲击和振动会导致接触失效。

5.4.2 电池封装

大多数应用情况都是将单体电池严格地按排放位置安装于电池组内部，填充环氧树脂、泡沫材料、焦油或其他填充材料。包含在电池组内部的电子电路板也应该固定。泄气阀中的气体可能造成电路器件的短路，因此为了隔离泄气阀和电路，需要进行局部涂层。

填充材料时必须小心防止填充材料堵塞单体电池的泄气阀。通常的工艺是将单体电池以同一方向排列，填充材料低于单体电池的泄气阀，如图 5.13 所示。如果可能的话，可采用下面方法以保持单体电池在电池组内的稳定，该方法不使用填充材料，而是对电池组壳体精心设计，尽管该方法会增加初期加工成本，但可实现节省后续工作。图 5.13（c）给出了填充材料完全堵塞泄气阀的封装图示，这种封装具有很大的危险性[4]。

5.4.3 壳体设计

壳体设计应包括下述内容。

（1）壳体材料必须与选择的化学体系电池相匹配。例如，铝与碱性电解质反应必须进行保护处理，以防单体电池发生泄漏。

（2）按照最终要求可能会采用阻燃材料。加拿大标准协会——Underwriters 实验室以及其他的代理组织，会要求进行测试以满足安全性。

（3）电池组必须有足够的空间来允许单体电池泄放气体。密封电池要采用减压阀或通气机构。电池壳的大小必须考虑电池使用过程的膨胀。锂离子聚合物电池包或电池袋在电池使用过程可能膨胀，会增加最终电池壳的大小。

（4）设计时必须考虑有效的散热问题，以限制使用过程中尤其是充电过程中的温度升高。要尽量避免高温，因为高温降低充电效率、增加自放电、引起单体电池泄气，一般还会缩短电池组寿命。温度增加给电池组带来的危害大于其给不含外壳电池组或独立分开的单体电池带来的危害，因为电池组外壳往往会限制热量的散发。当电池组采用塑料外壳时，这个问题就更加突出。图 5.14 比较了有外壳和没有外壳的电池组温度升高的情况。注意：电池内部温度高于电池表面的测量温度，这会加大损害效果。

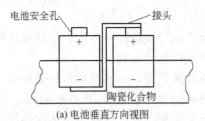

(a) 电池垂直方向视图

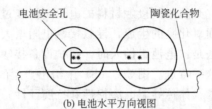

(b) 电池水平方向视图

(c) 封装较差的电池组

图 5.13　电池组封装技术

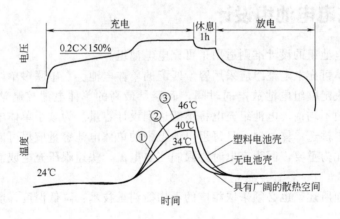

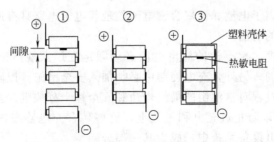

图 5.14　电池组充电过程中的温度上升特性

5.4.4 极柱和触点材料

选择极柱材料必须与电池组的环境条件相匹配，应选择非腐蚀性材料。为减小腐蚀，镍镉电池和镍金属氢化物电池用纯镍作为极柱。

触点材料选定时必须考虑许多因素，一些基本设计原则有：触点材料的正常压力要能保证电池组定位（甚至在设备跌落的情况下）、防止电流减弱以及任何因压力不足导致的不稳定情况；触点材料必须能够长期使用，就是说电池组多次插拔后，接触材料长期不变形；大电流条件下温度升高。因此，必须限制接触材料的电阻，温度过高会导致压力减轻，从而减小接触压力，同时也增进表面氧化膜的生成，导致接触电阻增大。

减小接触电阻的常用方法是：电池组插入时，擦拭设备接触表面和电池组接触表面。大多数笔记本电脑电池组具有这一特点。图 5.3（b）中给出典型的插入式电池连接器。

当基层材料不能满足要求（如传导率、磨损性和抗腐蚀性）时，应选择镀涂的方法来实现。金是一种理想的镀涂材料，因其能满足大多数要求，也可采用其他材料。表 5.1 列出不同接触材料的特性。

表 5.1 接触材料

镀金	所有环境条件下提供最可靠的金属与金属接触
（纯）镍	抗环境腐蚀性优异，排名第二且为仅低于镀金的接触材料；能拉伸或成形加工
复合镍不锈钢	性能与纯镍几乎一样，抗环境腐蚀性优异
镀镍不锈钢	是一种良好的接触材料；不锈钢因不断生成的钝化膜会起反作用，导致电接触性差，因此不推荐使用未镀涂的不锈钢
Inconel 合金	导电性、防腐蚀性好；如果制造商将接触件锡焊到电路上，除非采用助焊剂，否则焊接困难
镀镍冷轧钢	是最经济的接触材料；厚度为 $20\mu m$ 且连续、无孔的镀镍层较好

5.5 可充电电池组设计

所有关于原电池组的设计准则适用于可充电电池组。

另外，多单体可充电电池组应采用容量匹配的单体电池。在串联多单体电池组中，容量最低的单体电池决定整组电池放电的时间，而容量最高的单体电池控制整组电池的充电容量。如果单体电池不均衡，电池组充电将不能达到设计容量。为减小单体电池不匹配性，应从同一批次产品中挑选单体电池，且每组电池组中的单体电池容量应尽可能一致。这一点对于锂离子电池组尤为重要，因为充电时要限制充电电流，快速限压充电或涓流充电不可能均衡单体电池容量。

还有，如前面所述，也必须采取相应的不均衡纠正技术：降低温度梯度、限制充放电倍率的差异等。

目前可以应用于锂离子电池和锂聚合物电池的现代电子电路具有通过阻抗消耗或活性电荷转移使单体电池平衡的功能。

在低倍率放电时，锂二次电池的放电电压必须限定在厂家规定范围内，在高倍率放电时，较小的超出是允许的。另外，充电控制中必须加入安全措施，以防止因滥用充电而损坏电池组。正确控制充电过程对电池组的最终寿命和安全性十分关键。主要有下面两点考虑。

① 控制电压和电流以防止过充电和过放电。这些包含充电器在内的控制设计可以在电池包装中；也可以在用电设备系统中，成为其一部分。

② 温度测量，将温度维持在电池组制造商规定的范围内。

5.5.1 充电控制

大多数非锂系列电池的充电器包含电压和电流的控制。镍镉电池和镍金属氢化物电池可以在相当宽的输入电流范围内（输入电流范围从小于 $0.05C$ 到大于 $1.0C$）充电，充电控制程度随着充电倍率的增大而增大。简单、恒流控制电路适用于 $0.05C$ 充电的电池组，超过 $0.5C$ 就不能满足。电池组出现温度上升超出正常温度范围时，其内部安装的保护装置会停止充电。可以采用下述热装置。

（1）电热调节器　该装置是一种校准电阻器，其值与温度变化相反。标称电阻是 25℃下的电阻值，通常标称值为 $1k\Omega \sim 10k\Omega$。将电热调节器放置于电池组内部适当的位置，就可测量电池组的温度，如 T_{max}、T_{min}、$\Delta T / \Delta t$ 或其他充电控制用参数。另外，放电期间可以测定电池组温度。温度过高时，切断负载以降低电池组温度。通过温度测量也可以确定镍电池的全充电状态：镍电池在高倍率充电时，电池温度的变化速率可以指示充电终点[5]。

（2）温度调节装置（温度切断，TCO）　该装置在固定温度下工作，当电池组内部温度达到预设值，可切断充电（或放电）。TCO 通常可重新设定，与电池块串联连接。

（3）热熔丝　该装置用金属丝卷起与电池块串联连接，当电路达到预先设定的温度时，将电路打开。热熔丝作为热失控保护装置，通常设定开启温度大约在 $30 \sim 50℃$（高于电池组的最高工作温度），不可重新设定。

（4）正温度系数（PTC）装置　该装置可重新设定，与电池串联连接，当达到预先设定的温度时，其电阻将迅速升高，从而将电池组电流降低至可接受的水平。PTC 的特性曲线见图 5.15。在电流超过设计极限（如短路）时，PTC 动作，如同一只可重新设定熔丝；它对周围的高温也有反应，就像一只温度调节（TCO）装置。

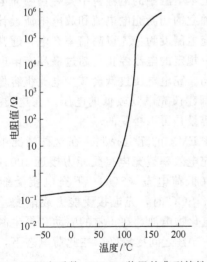

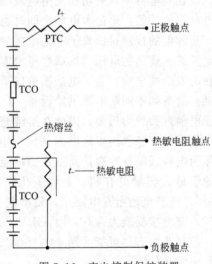

图 5.15　正温度系数（PTC）装置的典型特性曲线　　　图 5.16　充电控制保护装置

典型的镍电池组电路示意如图 5.16，图中指出这些保护装置的位置。这些热装置在电池组内的位置很重要，因为整组电池组中的温度可能会不均衡，所以合理的位置可确保它们及时地做出正确反应。这些电保护装置在电池组内的位置推荐参照图 5.17，也可根据特殊的电池组设计和应用进行摆放。

充电和充电控制的具体步骤详见论述可充电电池组的不同章节。对于锂二次电池，温度不能用于充电控制装置。另外，这类电池的热失控阈值很低，因此不能使用热熔丝、TCOs或 PTCs。对锂二次电池来说，电压是最好的充电控制机制。

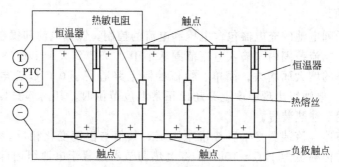

图 5.17 充电控制保护装置在电池组中的位置

5.5.2 放电/充电控制事例

采用电子线路在放电至接近规定的放电终止电压时切断放电电路，能够延长电池组使用寿命；放电终止电压过高将导致电池组容量大量损失；过低（低于电池安全终止电压）会导致电池组永久失效[6]。充电也是这样，在安全、不损害电池组的前提下，精确控制能够实现充电容量最大。

现在电池包或设备内都通过电子器件进行检测，保证制作条件没有超出规定。这些电子电路也可以提供有关电池安全性、可靠性、燃料测定、数据记录和长时间健康性的信息。手机、PDAs、MP3、数码相机等设备可以使用旁路检测系统和保护电路；笔记本电脑、电动工具等较大的设备可以采用电池组内部监控系统。

为保护电池而设计的充放电电流切断功能也可以分别布置在检测点位置。如电动工具中可以仅在充电器中具有切断充电电流功能，而笔记本电脑中的电池包中具有切断充电电流和放电电流的功能，笔记本电脑中同时也具有一套独立的切断充电电流和放电电流设计。

充放电的控制对锂离子电池组尤为重要。其充电制度为：先以高倍率充电，通常是恒流充电至某一规定的电压，然后恒压涓流充电至某一规定的电流停止。超过最高充电电压就是潜在的安全性危险，会对电池组造成不可逆的损伤。充电电压过低会减少电池组容量。但是在某些设备如不间断电源供给设备（UPS）中，都建议充电到较低的电压。在这类应用中，由于电池寿命更为重要，因此在持续充电中，低容量是可以接受的。

另一个有意思的事例讲的是混合电动汽车（HEV）的充电控制。在这种情况中，电池被作为电容或能量贮存器而不是提供能量，因此充电效率或充电接受能力接近100%比获得电池组最大容量更有利。金属氢化物镍电池组在低荷电态（SOC）下充电接受能力接近100%，随着电池组充电，尤其是荷电态高于80% SOC 时，充电接受能力逐渐变差（充满电时，充电接受能力为0）[4]。HEV采用镍金属氢化物电池，在正常的驱动和再生制动条件下，控制荷电态尽可能达到50% SOC，在30%~70%之间比较好。在此荷电态下，库仑效率是非常高的[5]。

其他有用信息也可以通过充放电电子电路进行检测和记录。这些数据可以用来进行授权返回分析，寿命预测、燃料测量以及其他更深入的应用。

5.5.3 锂离子电池

锂离子电池组充电和放电管理应采用特殊控制。控制电路主要考虑下面影响电池组寿命和安全性的因素。

（1）单体电池电压 时时监测电池组中每一只单体电池的电压。由于安全性原因，单体电池电压一般有两层检测设置。第二层检测一般针对过压检测，一旦发现过压就启动电流中的永久保险丝。根据采用的锂离子电池组的化学体系，充电上限电压按照制造商的规定，一般控制在 4.1～4.3V 之间。放电时，单体电池电压不应低于 2.5～2.7V。新型锂离子和锂聚合物电池的最高和最低电压呈现很大差异。磷酸盐系列的锂离子电池的最高电压在 3.8V 左右，最低电压在 2.0V。钛酸盐系列电池的电压更低，最高电压在 1.8～2.5V。在所有情况下，一般第一层对过压监控为 $\pm(25\sim50)\mathrm{mV}$，对低压监控为 $\pm(50\sim100)\mathrm{mV}$。

（2）温度控制　任何电池组体系，高温都会引起不可逆的损伤。对于锂离子和锂聚合物电池，高温可能改变电池的充放电机制。当温度超过阈值时，必须限制充电电流，电池制造商通常在电池温度过低时，对电池的放电电流进行限制[10]。一般情况下，电池组内部温度应低于 75℃，温度控制通常是在 70℃时关断，在 45～55℃间重新开启。温度超过 100℃会导致电池组永久损害，此时应采用永久型热熔丝，通常温度设定为 104℃，公差 ±5℃。锂二次电池的温度呈现非线性变化，比镍电池更难监控。电池内部温度很难检测，一旦发生温度骤升很难采取有效措施。锂二次电池的热失控在 130℃时就会发生。

（3）短路保护　正常情况下，电流限制包含在电池包或设备的保护电路中，通过串联非常敏感的小电阻实现对电池充放电电流的监控。这类保护电路必须可以连续操作，并能快速启动类似于 MOSFET 的设备切断电流。放电过程中的短路保护和充电时的过电流保护一般设计在锂二次电池包内部。PTC 或保险丝串联在电池组中作为备份保护，建议将 PTC 置于组合电池与输出之间，这样 PTC 将不会干扰电子控制电路检测上限或下限电压。但是，对于电动工具、电动车等高倍率用电设备，因为 PTC 不能承受短时间的峰值电流而无法使用。在这类设备中，电子监控数量成倍增加，不仅监控电流的大小，同时也监控大电流的持续时间。

5.6　电能管理和控制系统

20 世纪 90 年代中叶，可充电电池技术中重要的发展之一是引入了使用电子微处理器来优化电池性能、控制充电和放电、提高安全性、将电池信息提供给使用者。微处理器可装入电池（即所谓的智能电池）、充电器或用电器，使之成为一体。此后，这种智能电池变得更持久、更完整、更精确、更便宜。

尽管都可以成为智能电池，但是它们的智能化程度不同。稍后会详细介绍一些包含智能电池系统（SBS SMBus）的产品实例，其符合一系列协作运行规范[11,12]。

为了提高电池的性能、安全性和可靠性，所有尺寸的电池都可以使用电子控制。近几年发生的几次重大电池事故[13]，使二次电池包的正确设计和应用指导不断扩大。这些指导建议对具有特定安全要求的手机[14]、笔记本电脑[15]用电池采取电池使用全过程的电子监控。

电池包内的电子电路既具有简单的防止或降低滥用的保护功能，也具有持久测量、计算、通信功能。在笔记本电脑和手机等使用锂二次电池的设备中一般都含有这种电子控制电路，在手持无线电、电动工具和混合动力车中也使用这种电子控制电路。

在电池包、电池系统和充电器中，使用这种智能电子控制电路具有以下优点。

① 充电控制　电池电子控制电路能够监测电池组充电，控制充电速率和充电终止（如 t、V_{max}、$-\Delta V$、ΔT 以及 $\Delta T/\Delta t$）、停止充电或转换到低一级的充电速率或另一种充电方法。控制恒流转恒压充电，同时还可选择脉冲充电、"反作用"充电（充电期间一次短暂脉冲放电）或其他适当的控制方法，如在电池处于低容量或低温状态时进行小倍率充电。最

后，充电过程的过流、过压状态也被控制在电池允许范围内。充电控制可以设计在电池包内部，也可以设计在充电器中。

② 放电控制　放电控制也是用来控制如放电速率、放电终止电压（防止过放电）、单体电池均衡以及温度管理。放电控制可以监测单体电池和电池组整体在放电过程的电压和温度、控制改变放电电流并通知用电设备终止或减缓放电。通过电池包电流的监控，可以防止过流和短路对电池造成的伤害。放电控制可以设计在电池包内部，也可以在用电设备端通过 MOSFET 开关对电流进行控制。

③ 电池均衡　通过电池均衡可以保持串联电池电压的一致性，因而提高电池组的性能，保持电池的一致性可以提高电池包的可用容量，提高电池循环寿命。电池的不均衡会降低串联电池组的寿命，尤其是电压较高的电池串。即使在电池组装时所有电池都非常匹配。由于容量、自放电速率等微小差异也会造成电池使用过程的不均衡。在对电池均衡性要求较高的设备，如电动车、混合电动车中，较大电池系统中的温度梯度也会造成电池的不均衡。有些电化学体系通过过充电可以使电池重新达到均衡，但锂二次电池需要通过旁路均衡或荷电转移均衡等方法控制电池的均衡性[10]。

④ 通信　把电池信息传达到用户或用电设备中可以根据需求通过简单而持久的方法完成。基本检测数据如电压、温度、电流等，可以通过充电控制、放电控制或电池荷电状态计算（SOC）进行。如果电池包中包含计算电路板，可以把更多的计算信息传递到用户或用电设备中。在不同放电倍率、放电时间、温度、自放电、电池内阻、使用历史、充电倍率和充电时间等状态下电池的 SOC 状态可以用来预测电池的剩余电量。电池的 SOC 状态、剩余容量、运行时间等信息可以通过 LED 或 LCD 显示器展示。更详细的数据可以通过 I2C、SMBus 等标准通信接口传递到用电设备中。这些数据传递方法可以使更多、更详细的电池信息通过图解的形式转移到终端设备中，如笔记本电脑中。另外，当电池操作超过限定，充电器或用电设备必须对电池进行控制时可以通过单线数据传递（DQ-bus、HDQ 等）或简单的阈值信号传递。

⑤ 历史信息　收集整个电池寿命期间的电池数据可以用来研究电池的最佳操作制度。电池最初信息（制造信息、化学体系、构造）、电池历史信息、循环数等其他信息可以提供电池使用过程的总体状况。最高温度、温度时间、电压时间等类似的数据可以用于判断电池的老化状态。如果发生电池失效，这些数据保留下来可以为是否需要电池召回提供判断依据。

⑥ 专用化　电子监控电路的优势在于可以在电池体系允许的范围内满足电池制造商和终端设备的特定要求，这可以提高电池包精确性、安全性和可靠性和设备性能。现在智能电子电路既可以提供简单的保护电路和通信，也可以提供具有保护、计量、均衡、电流控制、历史信息收集、根据电池老化状态进行自适用调节等功能的持久整合电路。

设计智能电池要考虑几个主要方面因素[6]。

（1）测量和监控　电池的电子电路可以直接测量多个关于电池包基本信息的参数，如电池和电池包的电压、电流、温度和时间等。

这些参数的测量精度需要满足电池体系和应用的要求：准确的计量和充电控制需要精确的测量，而滥用防护需要的监控精度不高。对于剩余容量和运行时间的高可靠性计量，需要测量精度越高越好，这样才能更好制定电池控制规则，并对电池进行精确预测。

在某些情况下，电池不需要时时测量，仅需要简单监测，只在监测值（电压、电流）超过预定阈值时发出警示信号。简单的对比检测器可以用来保护电池在规定范围内运行。

联合使用特定的测量器件可以得到更多的信息。如在电池中同时使用 DC 电阻和阻抗可以得到电池的同步电流和电压。

电池组电压测量对充电控制（充电终止）来说就很关键，对某些电池系统而言，单体电压测量的精度至少要达到 0.05V。测量不准确会导致充不满电或过充电，充不满电导致电池组放电时间缩短，过充电会损坏电池组。对于锂离子电池组，过充电会有安全性问题。放电过程也同样，放电终止电压过早，会导致电池组放电时间缩短，过放电会损坏电池组。

测量电流误差不仅影响计算容量和 SOC 状态，而且影响充放电终止情况，因为终止电压根据电流不同而变化，尤其是在类似于电动工具等大电流放电设备中。测量的复杂性在于电流不是一个恒定值，尤其在多路功率输出模式放电和大电流毫秒级脉冲放电的情况下。

同样地，温度也是一个重要参数，因为电池性能主要由温度决定，暴露在高温下会对电池造成不可逆的损伤。电池包内的温度梯度会造成电池的不均衡性，从而影响电池的寿命。

选择符合应用要求的电子监控是关键。使用镍电池的电动工具只需要电池组的温度、电压监控，而使用锂二次电池的电动工具就需要单体电池的电压和有限的温度监控。

（2）计算　具有计算功能的电池包可以根据环境和使用状况进行调节，采用更安全的操作，实现最佳的电池性能。对计算功能的要求变化很大，可以是预定逻辑算法机制，也可以是考虑不同条件下多个条件变量的统一处理。

例如，锂二次电池一般具有预充电功能，当电池电压或温度低于设定阈值时，一个独立的充电电路开始工作，直到电池电压或温度升高到预设阈值以上。锂二次电池经常使用类似的充电条件。

为了得到电池荷电状态（SOC）、能量状态（电池提供大电流放电的能力）、健康状态（SOH）（电池循环寿命），需要更复杂精密的计算。尽管对某些电化学体系来说，通过监控电池开路电压可以得到比较有用的电池状态信息，但是大多数锂二次电池系统需要更复杂精密的计算。

计算测量数据所需要的运算法则的难易程度由用电设备的需求和电化学体系的性质决定。评估电池的未来性能需要根据已有的电池性质，如电池能量随放电负载和温度的变化、充电接受能力、自放电等。早期的电池电子电路中使用简单的参数线性模式，严重限制了电池性能的预测准确性。正如在这本手册中不同章节对电池性能的描述那样，电池性能是非线性的。例如，自放电是一个非常复杂的变化关系，至少受到温度、时间、荷电状态和其他因素影响。还有，尽管电池组采用相同的化学体系，但其性能会随设计、尺寸、制造商、年代等而变化，一个好的算法将这些关系用于控制，以保证电池安全、可靠地运行。

充分考虑计算变量的变化，如电池阻抗随电压、电流、温度的变化，可以通过精确控制使电池性能在实际应用中得到最大程度的发挥。把电池性能发挥到极致需要精确的测量和对电池性质和性能在各种实际应用条件下的预测。在重负载时，可以通过计算器实现这些功能，以得到最佳的电池性能。高能量电动工具和混合动力车通常需要这种复杂而精密的计算。

与监控和测量一样，符合电池系统和终端设备需要的计算对实现电池的最大性能、降低电池成本有非常重要的作用。

（3）通信　和测量精度的变化范围一样，通信的变化范围很大，可以是传递所有详细数据的总线，也可以是显示电池操作超过预定限制的"运行/停止"单线信号的传递。

电池包通过电压的在线测量描述电池温度的方法已经使用很多年了。利用负温度系数（NTC）的温度传感器，可以通过电压来描述电池的温度。NTC 热敏电阻固定在电池包上，并通过充电器进行监测。低电阻表示电池温度较高，反之亦然。镍电池体系通常利用这种方法，在温度突然上升时，确定充电截止。这类方法也可以用在其他满充电不出现温度变化的电池系统中，如锂二次电池系统一般通过简单仿造的产热点温度上升，确定电池充电结束。

当更多的信息需要在电池、充电器和用电设备间传递时可以使用数字接口，如 I2C、SPI、DQ/HDQ、1-金属栅、SMBus 等。这些都是标准的数据传递接口，具有较低的能量性质，适合电池数据的传递。这些电子和数据控制一般预先包装，可以直接在电池包、充电器和用电设备中。汽车电池系统由于数据量较大，一般使用串行通信网络（LIN）或控制器局域网（CAN）接口。

电池和充电器间时时传递的信息包括充电条件，如最大充电电流、最高电压，以及用于确定是否启动旁路独立充电的最高温度。在特定环境中，充电开始前的其他充电控制，如前面提到的预充电，也需要进行信息传递。

放电时，电池和终端设备间的信息传递可以实现设备的最长运行时间，同时避免过放电。例如，在笔记本电脑中，随着电池 SOC 状态的变化，使用不同的能量管理技术，进行硬盘和 DVD 播放器运转等负载较大的操作，可以通过延迟屏幕变暗或减低其他部分的功耗等方法减低笔记本电脑负载后进行。更智能的管理技术可以使笔记本电脑在电量充足时进行这类操作。

可以代替电池 SOC 状态并代表设备运行时间的消耗计量也可以进行传递。与带给终端设备更多有用的操作信息类似，一种用户友好操作也已形成。智能电池可以提供的信息很多，包括充放电剩余时间、可用循环数、剩余寿命等。在 HEV 中，能量状态对车辆控制系统非常重要：在高负载情况下，电池是否可以支撑到内燃机再次启动？如果不能，内燃机继续运行，直至电池容量达到较高能量状态。

在某些设备，数据连接的可靠性非常重要，既要保证数据阐述的准确性也要防止非法存取（许多电池系统在终端设备或充电器中，设有密码或口令回复以防止非法电池包的使用）。

（4）智能电池系统如下所述[11]。

主导电池供应商、笔记本电脑制造商和半导体制造商在 1995 年创造了正式的电池管理系统，使电池包、充电器和笔记本电脑间的电子接口标准化。这种智能电池管理系统（SBS，也称为 SMBus 系统）在笔记本电脑和其他便携式设备中广泛应用。电池包尺寸还没有标准化（尽管有一些标准尺寸电池存在，如 DR202），只有通信接口已经标准化。

系统管理总线（SMBus）规定了附加协议和 Philips 公司提出的电子器件必须的 I2C 顶端规格说明。附加协议包括过失检查机制、最低电压、时间和能量要求。典型的便携式电池系统为 SMBus V1.1，固定的非电池系统也可以采用 SMBus V2.0，如笔记本电脑中的背景灯管理器。

智能电池管理系统也包括电池、充电器和用电设备（如笔记本电脑）间数据内容和传递的规范。规范和智能电池充电器规范详细说明了各种设备对数据和对接的要求。SBS 智能电池提供 34 种测量和计算的数据值。用电设备或充电器可以根据这些数据提高电池的性能和能量管理。同样，在 SBS 平台中有三种水平的智能充电器可以选用。

智能电池接口是为了可以给能量管理和充电控制提供足够的信息。智能电池是配备了专门硬件的电池组或单体电池，可以向用电设备提供当下的电池状态、计算值和预测信息。如果电池不移出用电设备，电子器件不一定安装在智能电池内部。

许多半导体公司提供符合不同 SBS 标准的电池监测器、充电器或设备管理器。但是因为规范间具有少量不相容，所以必须对系统的组成部分进行测试。

参 考 文 献

1. Tyco Electronics, Battery Interconnection System Products Receptacle Assemblies, e. g. , part numbers 1-1123688-7 or

1-1437118-0.

2. TPS6107x Boost Converter datasheet，Texas Instruments，March 2009，www. ti. com.

3. Duracell Alkaline Technical Bulletin，www. Duracell. com/OEM.

4. From "The Dangers of Counterfeit Battery Packs" by Micro Power Electronics Inc. ，www. Micro-Power. com.

5. Duracell NiMH Technical Bulletin，www. Duracell. com/OEM.

6. Sec. 21. 4. 2 of this Handbook.

7. Sec. 26. 4 of this Handbook.

8. Sec. 21. 5 and 25. 5 of this Handbook.

9. Sec. 22. 11. 5 of this Handbook.

10. Datasheets for smart battery monitors, bq20z95, bq6400, bq78PL114, and bq77PL900. Texas Instruments, www. ti. com.

11. Smart Battery Data Specification，Rev. 1. 1，System Management Bus Specification，www. sbs-forum. org；Smart Battery System Implementers Forum，part of the System Management Interface Forum，Inc.

12. D. Friel，"How Smart Should a Battery Be，" *Battery Power Products and Technology*，March 1999.

13. "A Guide to the Safe Use of Secondary Lithium Ion Batteries in Notebook-type Personal Computers" and "Safe Use Manual for Lithium Ion Rechargeable Batteries in Notebook Computers," Japan Electronics and Information Technology Industries Association（JEITA），www. jeita. or. jp，and Battery Association of Japan（BAJ），www. baj. or. jp；April 2007.

14. IEEE ANSI STD. 1725（TM）-2006，"IEEE Standard for Rechargeable Batteries for Cellular Telephones，" IEEE，3 Park Avenue，New York，www. ieee. org.

15. IEEE Std. 1626（TM）-2008，"IEEE Standard for Rechargeable Batteries for Multi-Cell Mobile Computing Devices，" IEEE，3 Park Avenue，New York，www. ieee. org.

第 6 章

电池数学模型

Shriram Santhanagopalan，Ralph E. White

6.1 概述

电池的数学模拟是通过建立一个或一系列等式来描述电池性能的过程。例如，一个简单的等式模型可以用来预测电池放电电流和电池容量间的关系。通过一对电极对集流体间所发生的物理过程的等式可以发展建立更复杂的模型。例如，一维锂离子电池模型（从负极到正极）包括负极集流体（如铜箔）及碳材料涂覆的负极、隔膜、正极材料（如 $LiCoO_2$）涂覆的正极及正极集流体（如铝箔）。这样的模型建立在一对集流体间的一维空间和涂覆电极平面的二维空间的基础上。通过对集流体双面涂覆和实际电极的面积等方面的适当修正，该模型可以用来预测如锂离子电池卷绕芯的性能。具有额定电压和容量的，包含多个电极对电池的数学模型可以通过电池的内部和外部串联或并联实现。

数学模型的详细程度由其应用要求决定。例如，复杂的多电极对的三维模型（三维空间和时间）可以用来研究电极对和相应电池的热性质。本章将从介绍电池模型的发展开始。

电池模型的发展如下所述。

最早的电池数学模型只是简单的，几个测量参数间的经验关系式，例如电池的电压、总电阻、电解质密度、壳体内的压力或电池温度在不同操作条件下随电池剩余容量变化的关系式。这些模型直到今天仍在使用，其中最著名是 Peukert 关系式[1]。该关系式用来表述铅酸电池的放电容量随放电电流的变化过程，图 6.1 给出了 Peukert 关系式的预测结果和实际试验测试的电池容量间的对比。在电池工业中，这个简单的模型在不同设定状况下应用了几十年。

第二个例子是图 6.2 所示的可用于监测电池荷电状态（SOC）的经验关系式。该图给出了铅酸电池放电过程中可用容量（SOC，%）随电池内电解质相对密度的变化关系。在这种

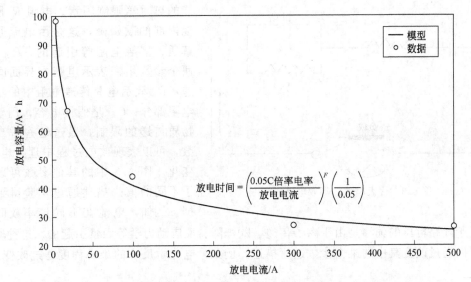

图 6.1 100A·h 铅酸电池的容量和放电倍率单间的关系和 Peukert 关系式，在 0.05C 倍率电流为 4.98A，Peukert 系数 F 为 1.3 时试验和数据符合程度

情况下，可以看到，电池可采用容量和测量电解质相对密度间的简单关系。在该章的后面部分，将会补充介绍电解质密度和电池性能间可以观察到的关系的有效性。

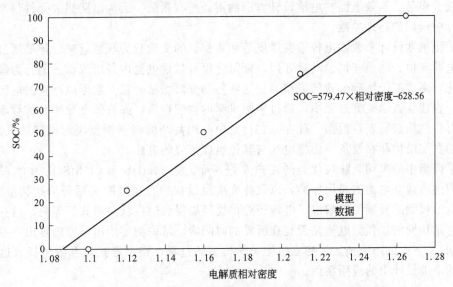

图 6.2 铅酸电池中电解质相对密度和电池荷电状态的线性关系

由于 Peukert 关系式的成功，人们开始研究哪些因素造成电池容量的衰减，为什么电池的放电倍率和容量间的关系符合图 6.1 中的 Peukert 关系式。和理论预测相比，早期对电池性能的理解局限在把电池功率损失的定量化和这些损失归因于电池的不同组成部分。对电池内部的理解局限在把造成功率损失的因素分类为电极引起、电解质引起等。

交流阻抗作为电化学测试手段出现于 20 世纪 70 年代[2,3]，在此基础上，发展出把电池作为由传统电子器件，如电阻和电容等组成的电路系统的概念，如图 6.3 所示。

图 6.3 给出了通常所用的代表单体电池的电路图。电池的行为可以通过图 6.3 中各电路组成元件的值进行解释。电压 V_0 用来表示电池的开路电压（OCV），可以解释为是电池性

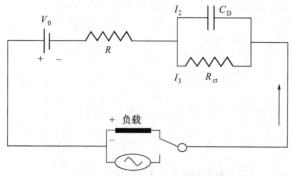

图 6.3　代表电池的等效电路图

能的热力学限制因素。电阻 R 是指电池内部的欧姆降，这是由电流通过电解质、接触电阻等引起的。R_{ct} 和 C_D 两个参数用来表示电荷在界面间的传递：R_{ct} 表示电荷传递电阻中的法拉第电阻部分；C_D 是假设电容，用于表述物质传递的限制。通过这些适当的参数，可以表现放电过程中理想电池 V_0 变化。图 6.3 中的其他参数可以被赋予不同的值来描述通过实验得到的数据。例如，电池在不同倍率放时，电压相对于开路电压的偏移是由于离子传递、欧姆降、反应动力学等因素引起的。这种非理想状态可以通过改变其中的某个参数进行描述。例如，电化学反应的难易程度通过改变 R_{ct} 的值实现。

虽然和前面所做的理论相比，只是把观察到的电池中各类变化从一个经验参数扩展到多个经验电路参数，但是通过等效电路图模拟电池是电池机理研究的重大一步。由于电池电压和电流间的关系可以表示成解析表达式，因而容易应用。因此，等效电路仍然在电池行业中应用，并且这种模型对计算机的要求很小，可以用来快速估测电池的荷电状态，并易于通过硬件实现。但是，等效电路在电池设计方面的用处是有限的。因为电路组成元件很难转化成电池设计中所用的物理参数。

为了把电池设计参数如电极涂覆厚度等和观察到的实验行为联系起来，需要通过一般定律（如电荷守恒、物质守恒、动量守恒、能量守恒）描述电池内各组成部分的行为随材料性质的变化，形成基于物理公式的模型。把这些各部分模型结合在一起形成严格的电池行为机理模型。在建立数学模型过程中，通过实际可测的物理性质；如有效电导率和扩散率，对复合电极材料性质进行宏观近似。现在，在行业中利用复杂的物理模型决定精确的设计测量，如电极的真实结构和在设备中连接电池与其他组成部分的电路。

数学模型中的单调乏味被优秀的用户友好界面，如 Matlab 和 COMSOL 多物理场软件排除。因此，建立电池的通用标准，以及标准决定过程中对模型的应用需求达到最高纪录。从而，电池模型的发展明显超出了电池行业单凭经验得到的经验关系式。但是，这些模型的主要目标是相同的：预测电池是否能在所需的时间内，从头到尾给出需要的输出（在功率或能量方面）。下面的小结描述了建立电池数学模型的过程、模型等式和参数选择及这些模型在理想的电池设计中的应用案例。

6.2　电池数学模型的建立

建立电池的数学模型包括：确定电池操作过程中的物理过程，以及各组分在这些过程的反应。利用不同模式下的材料普遍定律可以系统地描述电池各组分经历的各种物理过程。最简单的例子是电流通过铜导线这一过程的数学表达：当电流流出或供给电池时，不可避免地通过连接电极和外部负载（或电源）的接线柱和汇流条。该过程的数学表达的第一步是确定铜导线内发生的物理过程；电流通过导线，导线被加热——尤其是焊接节点——加热程度随着电流的增大而增大；第二步是确定可以量化这些现象的普遍定律；例如，通过铜导线的电流符合欧姆定律，导线上产生的电压降（V）由电流（I）和因该电流而出现的金属电阻决定。

$$V = IR \tag{6.1}$$

式中，R 表示为金属的电阻。式(6.1) 表明如果电阻 R 增大，通过给定电流产生的电压降增大，这和人们的观察一致。电池放电时，带有生锈插头（具有较低的电导率）电池的电压下降更快。该例子中第二个现象是焊接点的加热。电流引起的材料加热量最早由 Joule 通过下面的等式定量化：

$$\Delta H = I^2 Rt \tag{6.2}$$

式中，ΔH 为产生的热量；R 为焊接点的电阻（产热量是组成焊接点材料电导率的函数）；t 为电流通过焊接点的时间长度。因此人们可以用式(6.1) 和式(6.2) 恰当地表述电流通过导线时的物理现象；该例子中的数学模型由上述公式组成，这些公式适用于任何材料组成的导线。只要可以测定材料的电导率，并且所感兴趣的物理过程在这些定律的使用范围内，这个模型可以应用在很多方面。例如，人们可以在给定的放电倍率和时间长度时，根据产生热量的多少选择焊点的组成材料。或者，人们可以判断不损害焊接点的情况下可以安全通过的最大电流。该例中，电流强度和时间由电池的放电倍率和放电时间决定，这些变量由操作条件给出。变量 V 和 ΔH 是可以通过测量得到的物理量。另外，在不同的放电倍率和放电时间情况下，金属电导率是常数参数，是材料的本质特性。每个数学模型都由输入变量、测量变量和物理参数组成。

与上面类似，建立电池数学模型是建立操作过程中电池内部发生的物理现象的要素模型。数学模型的复杂程度取决于人们想表述的物理过程的数量和所要求的精确程度。例如，如果忽略焊接点的热效应，可以仅利用式(6.1) 适当描述电流通过汇流条的过程。另外，有些材料的电阻随着温度变化，如果希望更精确地描述该效应，需要附加的公式表述式(6.2) 中电阻参数 R 的变化。因此，一个有效的模型必须在数据设置的复杂程度和计算结果的预测精度之间建立平衡。下面的章节将描述建立这种模型可能用到的规律。最后，所有的公式结合起来研究电池的各组分间的相互影响和相互作用。根据模型的理解程度，通常可以分为经验模型和机理模型。

6.3 经验模型

经验模型通常采取表达式的形式描述。该表达式可以把操作条件参数，如放电倍率或电池负载等与测量参数，如电池温度或电压联系起来。这种表达式一般是通过先前的电池行为知识、实验或错误而获得。建立这类模型需要对电池内各种限定有基本理解。例如，图 6.3 中的等效电路图是用来表述 6.1.1 小结中讨论的几个因素造成的电池电压偏离开路电压这一现象的。电池模型的常见目标是预测电池电压和电池荷电状态（SOC）间的函数关系。本节将介绍如何为图 6.3 中的电路建立这种关系。

通过每一个电阻 R 和 R_{ct} 的电压降符合欧姆定律 [式(6.1)]。电容 C_D 的电量累积速率等于通过电容的电流强度。数学公式如下：

$$I_2 = \frac{dq}{dt} \tag{6.3}$$

Kirchoff 的串并联定律把电路中不同支路的电流和电压联系起来。该定律证明任何支路的电压是支路中各元件的电压降之和，汇于节点的各支路电流的代数和等于零。例如，图

6.3 中的总电流 I 分成支路电流 I_2 和 I_3。根据 Kirchoff 定律，可以得到：

$$I = I_2 + I_3 \tag{6.4}$$

各支路电压受到下面公式的约束：

$$V = V_0 + IR + I_3 R_{ct} \tag{6.5}$$

$$V = V_0 + IR + \frac{q}{C_d} \tag{6.6}$$

式 (6.3) 引入上面的式 (6.6) 进行重排可以得到应用电流 I 随时间的变化 $\dfrac{\mathrm{d}I}{\mathrm{d}t}$，和产生的电压降 $(V-V_0)$ 间的关系式：

$$R \frac{\mathrm{d}I}{\mathrm{d}t} + \frac{1}{C_D}\left(1 + \frac{R}{R_{ct}}\right)I = \frac{\mathrm{d}V}{\mathrm{d}t} + \frac{1}{R_{ct}C_D}(V - V_0) \tag{6.7}$$

式 (6.7) 包含了电池模型中每个元件的成分模型［式 (6.3) 引入式 (6.6)］。数学式 (6.7) 有

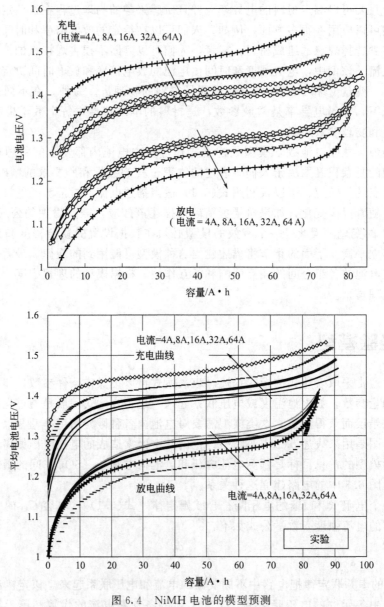

图 6.4　NiMH 电池的模型预测

标准的解决方案。在电流保持恒定时，可以用下面的数学形式表示[4]：

$$V = \frac{Q_0}{C_D} e^{-t/R_{ct}C_D} + V_0 + IR + IR_{ct}(1 - e^{-t/R_{ct}C_D}) \tag{6.8}$$

这个模型等式把电池电压 V 的变化和输出电流 I 的变化联系起来。参数 Q_0 是电池的总容量。充电或放电过程中电池容量的变化可以通过对经过电流的积分计算得到：

$$Q = Q_0 - \int_0^t I \, dt \tag{6.9}$$

可以通过调整等效电路中各元件的值，如 V_0、C_D、R、R_{ct}，就可以恰当表述关注的实验数据。

NiMH 电池中典型的各参数值在表 6.1 中给出。这些参数是通过和 10 只单体电池组成的 85A·h 电池在 64A 电流下充放电的实验数据对比得到。图 6.4 给出了不同倍率充放电时电池电压随容量的变化。同时给出了对比的实验数据。通过某个放电（或充电）数据提取的等效电路参数可以应用于计算大倍率范围内的结果。

表 6.1　NiMH 电池的等效电路参数[4]

参　数	放　电	充　电
$E_a/(\text{kcal/mol})$	6	6
$r_0/\text{m}\Omega$	1.45	2.70
$r_1/\text{m}\Omega$	—	−5.15
$r_2/\text{m}\Omega$	—	6.23
n_j（见 R_{ct} 表达式）	0	2
τ	24	
C_D/F	R_{ct}/τ	
$R/\text{m}\Omega$	0.786	
$R_{ct}/\text{m}\Omega$	$\left(\sum\limits_{j=0}^{nj} r_j (\text{SOC})^j\right)\exp(-E_a/RT) - R$	

根据图 6.3 中的经验等效电路得到的模型计算是上面图中的曲线，相对应的实验数据在下面的图中[4]。

对恒定功率负载的模拟可以通过把式(6.7) 中的电流（I）替换成 P/V 得到，P 是设定的负载功率。图 6.5 给出了利用相同的等效电路图得到的锂离子电池模拟结果和实验数据的对比，相关参数在表 6.2 中给出。

表 6.2　用于预测图 6.5 中锂离子电池的等效电路参数[5]

参　数	放　电	充　电
τ	5	5
C_D/F	12500	16667
$R/\text{m}\Omega$	1.637	1.637
$R_{ct}/\text{m}\Omega$	0.4	0.3

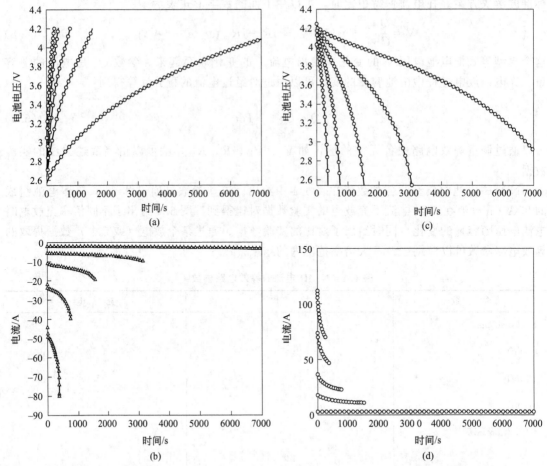

图 6.5　锂离子电池 0℃ 恒功率充放电的实验数据和等效电路模拟结果的对比[6]。

充放电功率依次为 10W，25W，50W，100W，200W，（a）恒功率充电过程中电池的电压；（b）对应于
图（a）的充电电流；因为在高倍率充电时电池电压快速上升，为了维持功率整个过程
中保持恒定，在充电末端电流逐渐变小；（c）恒功率放电过程中电池的电压；
（d）对应于图（c）的放电电流。图中符号代表实验数据，实线是模型预测结果

6.4　机理模型

　　电池的机理模型与电池特性相关，电池特性由组成材料物理性质决定。组成材料的物理性质通常可以通过独立的实验测定。

　　例如，通过铜汇流条的物理测量性质，描述电阻参数 R 可以建立式（6.1）表示的欧姆定律。既然这样，相关性质集中在金属的电导率（σ_c）、横截面积（A_c）和汇流条长度（L）。每个性质都是该汇流条的特性。电阻 R 可以通过这些参数如下描述：

$$R = \frac{L}{\sigma_c A_c} \tag{6.10}$$

因此式（6.1）可以被改写为：

$$V = I \frac{L}{\sigma_c A_c} \tag{6.11}$$

式(6.11) 可以应用于由任何已知电导率材料组成的、任何给定尺寸的导线，而式(6.1) 需要人们在每次汇流条替换时测定其电阻参数 R。通过机理模型，可以更好地识别符合应用要求的材料（如具有更高电导率的汇流条）。现在人们开始建立描述发生在电池中的其他物理过程的机理模型。在电池中最常发生的物理过程有：电解质中离子的移动，电极中电子的移动、化学和电化学反应。本书第 1 章的背景介绍中可以找到控制这些过程的基本公式。本节中，人们利用这些概念建立电池的机理模型。

6.4.1　电子电荷传递

电池的总电压（V）可以近似看成电极电压降、电解质电压降，和其他接触电阻电压降的总和。在本节中下角标 1 表示电极的性质/变量；下脚标 2 表示和电解质有关的变量。在上面的式(6.11) 中，已经考虑了电子通过金属导线引起的电压降。可以用一个等效公式来表示接触电阻。通过电极的电压降遵守欧姆定律：

$$\nabla \phi_{1,j} = -\frac{i_1}{\sigma_j^{\text{eff}}}, \qquad j = n \text{ 或 } p \tag{6.12}$$

式中，i_1 是单位面积上的电流（称为电流密度）；σ_j^{eff} 是电极材料的有效电导率（$j = n$ 表示负极或阳极，$j = p$ 表示正极或阴极）。

通常电池的电极由几种组分组成，如金属固溶体，或电极活性材料、黏结剂和其他组分。有效电导率用于矫正电极的附加组分。通常有效电导率可以表示为各组分电导率按电极组成比例的总和：

$$\sigma_j^{\text{eff}} = \sum_k x_k \sigma_k \tag{6.13}$$

式中，x_k 为独立组分 k 在电极中的比例；σ_k 是纯组分的电导率。或者，σ_j^{eff} 可以在电极装配好后直接测定。

6.4.2　离子电荷传递

电化学装置的独特之处在于电流通过离子进行传递。电流经过电极进行电化学反应，电荷从一个电极到另一个电极间的移动是靠离子的运动进行的。通过离子运动，迁移电荷比电子运动形成电流的机理更为复杂。通常，电解质中存在几种类型的离子。通过电解质法线方向上的单位面积总电流密度（i_2）是各种类型离子（k）电流密度的总和：

$$i_2 = \sum_k i_k \tag{6.14}$$

各类型离子（k）形成的电流密度与其流量成正比[7]：

$$i_k = F \sum_k N_k \tag{6.15}$$

式(6.15) 中的比例因子 F 是法拉第常数，表示每摩尔离子携带的电荷量。离子 k 的流量可以通过电解质中单位体积内离子 k 的数量（即离子 k 的浓度）和该离子的流速的乘积得到：

$$N_k = c_k v_k \tag{6.16}$$

电解质浓度可以定量测量；离子的流速正比于该离子的价态（z_k）和溶液中的电势梯度（$\nabla \phi_2$），电势梯度是离子移动的推动力。

$$v_k = -u_k F z_k \nabla \phi_2 \tag{6.17}$$

式(6.17) 中的比例系数被称为离子的迁移率（u_k），可以通过等效电导测量。负号表示离子从高电位向低电位方向移动。从式(6.14) 到式(6.17) 重排可以得到[7]：

$$i_2 = \left(F^2 \sum_k c_k u_k z_k \right) \nabla \phi_2 \tag{6.18}$$

式（6.18）和欧姆定律在形式上非常类似，电解质的电导率（κ）可以如下表示：

$$\kappa = \left(F^2 \sum_k c_k u_k z_k \right) \tag{6.19}$$

通过对比式（6.13）和式（6.19），可以和前面的小节中那样，把电解质的电导率和组成离子的性质联系在一起。因此，通过电解质的组成就可以模拟离子的移动；或者可以实验测量式（6.19）中的电导率（κ）。

推导式（6.18）的前提是忽略电池内存在的浓度梯度，假设电解质的浓度是均衡的。但是，这个假设可以通过在流量项中加入符合 Fick 扩散定律的浓度微分消除。式（6.16）变成：

$$N_k = c_k v_k - D_k \nabla c_k \tag{6.20}$$

式中，D_k 是离子 k 的扩散系数。在流体电池中，需要在式（6.20）中的 v_k 上增加对流速度。因此修正后的流量可以如下给出：

$$N_k = c_k (v_k + V) - D_k \nabla c_k \tag{6.21}$$

式中，V 是电解质的流速。合并式（6.17）和式（6.21）可以得到[7]：

$$N_k = -z_k u_k F c_k \nabla \phi - D_k \nabla c_k + c_k V \tag{6.22}$$

上面的公式表示了较稀电解质中的情况。考虑电解质中离子间相互作用和温度对电导率影响因素可以得到更复杂的模型[8]。

6.4.3　界面上电荷转移的驱动力

电池中电极活性组分把化学能转变为电能或把电能转变为化学能。法拉第定律决定了活性材料的最大电荷生成量。在平衡状态下（没有电流通过电池平面），开路电压是电荷移动的驱动力，它们之间的关系可以通过法拉第定律和系统的自由能表示[9]。

$$E^0 = -\frac{\Delta G}{nF} \tag{6.23}$$

负号表示放电过程中自由能减小。在实际中，化学能产生的电能由温度和活性材料物质种类的浓度决定。电池开路电压（E）相对于平衡状态下电压（E^0）随温度、浓度的变化可以通过 Nernst 等式表示：

$$E = E^0 + \frac{RT}{nF} \ln\left(\frac{c_{Oxd}}{c_{Red}} \right) \tag{6.24}$$

式中，c_{Oxd} 是电池中电极表面释放电子到外电路形成电流的活性物种的浓度；c_{Red} 是电极表面通过电解质移动到另一电极，完成整个电子回路的离子的浓度。在电池的开路电压和反应物种的表面浓度有关时，需要更复杂的模型进行表述[10]。

另外，可以通过经验表达式严格描述开路电压和表面浓度间的关系。尤其是应用在不符合能斯特公式行为的锂离子嵌入电极中。在这种情况下建立开路电压模型最常用的办法就是通过参比电极在小倍率充放电下测量单电极的电压。假设反应物的浓度在参比电池中是均衡的，并根据法拉第定律通过库仑电量计算获得。图 6.6 给出了这种测量的实例。

6.4.4　电荷传递速率

与任何化学反应一样，电荷传递速率由反应的发生速率决定。反应速率与反应电极界面 j 上的局域过电压相关，可以通过 Butler-Volmer 公式表述[7]：

$$i_j = i_{0,j} \left[\exp\left(\frac{\alpha_{a,j} n_j F \eta_{s,j}}{RT} \right) - \exp\left(\frac{-\alpha_{a,j} n_j F \eta_{s,j}}{RT} \right) \right] \tag{6.25}$$

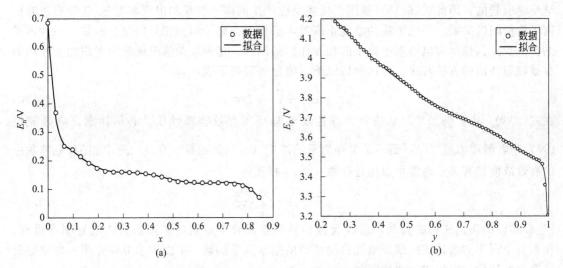

图 6.6　开路电压和嵌入电极中锂离子的化学计量数间的关系图
(a) 中间相炭微球（MCMB）负极材料的实验数据和拟合表达式；
(b) 镍钴氧（LiNiCoO₂）正极材料的结果[23]

式中，$i_{0,j}$ 是交换电流密度；通常该项和界面上反应物的浓度直接相关，可以用如下表示：

$$i_{0,j} = i_{0,j}^{\text{ref}} f(c, c_0) = i_{0,j}^{\text{ref}} \left(\frac{c}{c_{\text{ref}}}\right)^{\gamma} \left(\frac{c_s}{c_{s,\text{ref}}}\right)^{\delta} \tag{6.26}$$

参数 $i_{0,j}^{\text{ref}}$ 是类似于化学反应速率常数的电化学速率常数。f 是联系电解质和电极表面反应物浓度和交换电流密度的函数。上标 ref 表示在参比浓度状态下。参数 γ 和 δ 为该反应物的反应级数。除了与典型的化学反应速率方程的相似部分，Butler-Volmer 类型的反应还引入了决定电流密度的局域过电压 $\eta_{s,j}$ 的指数相，过电压是电极表面电压（$\phi_{1,s}$）和电解质界面电压（$\phi_{2,s}$）间的差值。

$$\eta_{s,j} = \phi_{1,s} - \phi_{2,s} \tag{6.27}$$

或者，过电压相可以通过从 $\eta_{s,j}$ 中减去电极 j 的参比电压进行表述，电极 j 的参比电压是指在开路电压 [见式(6.24) 中 E 相] 状态下横穿界面的电压差。

$$\eta_j = \eta_{s,j} - E_j \tag{6.28}$$

如果在 Butler-Volmer 公式 [式(6.25)] 中，用式(6.28) 中的 η_j 取代式(6.27) 中的 $\eta_{s,j}$，式(6.26) 中的浓度函数应该被修正到相应的式(6.24) 中的浓度相[7]。类似的，如果反应包含中间步骤，如吸附，需要对每一步建立相应的机理性速率表达式，并且最后的电荷转移反应的表达式通常以式(6.25) 的形式给出。

6.4.5　离子分布

式(6.24) 给出了电极-电解质界面上的反应物浓度和生成电流的推动力间的关系。所有的浓度相（c 和 c_s）都是反应界面浓度。但是，实际试验中，很难检测到电极表面的化学物质浓度。电极表面和电极固溶体主体的离子浓度间存在着物质平衡。物质平衡等式表明离子浓度随时间的变化和离子的流量一致[11]。

$$\frac{\partial c_k}{\partial t} = -\nabla(N_k) + R_k \tag{6.29}$$

物质平衡中用到的流量和定义电解质电导率 [式(6.22)] 中的流量是一致的。R_k 相是指消耗或生成该离子的反应 k 造成的浓度变化。在电极-电解质界面，离子浓度的变化是由电化学反应引起的，因此式(6.15)被用来描述反应产生的离子数量和出现在电极-电解质边界的离子数量间的关系。当电解质的浓度很高时，必须考虑离子间的相互作用。例如，一种离子的扩散受到其他所有电解质中离子的相互作用的制约。这种复杂情况通常用考虑相互作用的有效物理性质的方法解决。在这种情况下，流量可以如下表示：

$$\hat{N} = c(\hat{v} + \hat{V}) + \hat{D}\nabla c \tag{6.30}$$

在式(6.30)中，例如扩散系数等物理性质都解释为有效物理性质。必须注意，有效流量($\hat{N}$)是电解质浓度（c），而不是某种离子的浓度（c_k）的函数。现在，速率相$\hat{v}$和电解质中的有效浓度场有关，通常可以用迁移数（t_+^0）相表示：

$$c\,\hat{v} = (1 - t_+^0)\frac{i_2}{F} \tag{6.31}$$

式(6.30)的表达式中的参数，可以通过实验测量混合电解质的扩散系数或电导率等得到。在本节中列出的表达式组成了电池机理模型的基本数学框架。下面的小节将介绍一些这些公式在常见的化学电池中的使用实例。

6.5 钒酸银电池的动力学模型

钒酸银电池（见第 3 章）是医疗设备中常用的原电池。其阴极反应可以如下表示：[12]

$$\mathrm{Ag_2^+ V_4^{5+} O_{11}} + (x+y)\mathrm{Li^+} + (x+y)\mathrm{e^-} \longrightarrow \mathrm{Li_{x+y}^+ Ag_{2-x}^+ V_{4-y}^{5+} O_{11}} + x\,\mathrm{Ag^0} \tag{6.32}$$

为了便于理解，可以假定在阴极发生了两个电化学反应：

$$\mathrm{Ag_2^+ V_4^{5+} O_{11}} + x\mathrm{Li^+} + x\mathrm{e^-} \longrightarrow \mathrm{Li_x^+ Ag_{2-x}^+ V_4^{5+} O_{11}} + x\,\mathrm{Ag^0} \tag{6.33}$$

$$\mathrm{Ag_2^+ V_4^{5+} O_{11}} + y\mathrm{Li^+} + y\mathrm{e^-} \longrightarrow \mathrm{Li_y^+ Ag_2^+ V_{4-y}^{5+} O_{11}} \tag{6.34}$$

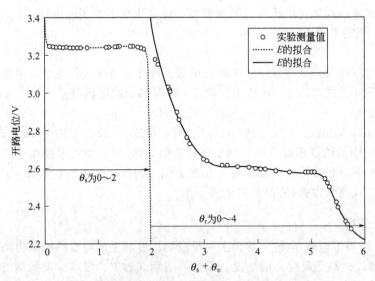

图 6.7 钒酸银阴极的开路电压（OCV）图

（利用经验表达式把电极的 OCV 和化学计量系数联系起来[12,13]）

第一个反应（6.33）对应于银的还原，第二个反应（6.34）对应于钒离子的还原。化学计量数 x 变化范围从 0 到 2，y 的变化范围从 0 到 4。电极化学组成和开路电压间的关系在图 6.7 中给出。

这种电池的简单机理模型可以忽略所有传输限制，如电解质的扩散。因为该电池的操作电流很小，传输限制不影响电池的性能。这样，电池完全处在动力学控制机制。因此式(6.29)中的物质平衡可以改写成流量为零的形式，反应速率等于电荷传递速率：

$$\frac{\partial \theta_j}{\partial t} = \frac{\partial (c_j/c_{max})}{\partial t} = -\frac{aV}{n_j F c_{max}} i_j \tag{6.35}$$

式中，下标 j 为 S 是指反应(6.33)；为 V 是指反应(6.34)。aV 相是指整个电极体积 V 中的发生反应的有效面积，取值为 $2.0 \times 10^4 cm^2/cm^3$。浓度的最大理论值($c_{max}$)等于 $124.35 mol/cm^3$。反应(6.33)和反应(6.34)的 Butler-Volmer 公式所需要的参数值都在表 6.3 中给出。电极的总电流密度是各反应产生的电流密度之和[见式(6.14)]。

$$i_2 = i_s + i_v \tag{6.36}$$

表 6.3　钒酸银电池模型中的参数[12]

参　数	银的还原反应	钒的还原反应
$i_{0,j}/(A/cm^2)$	$10^{-10}(2-\theta_s)^2$	10^{-8}
$\alpha_{a,j}$	0.5	0.5
$\alpha_{c,j}$	0.5	0.5
N_j	2	4
η_j/V	$E-E_s$	$E-E_v$

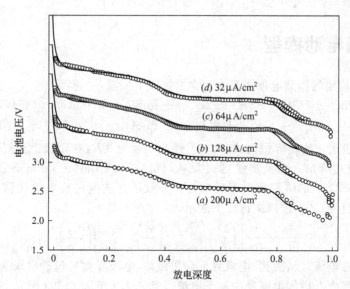

图 6.8　不同电流密度(i_2)下，通过式(6.36)模型预测的电池电压

(为了显示清楚，不同电流密度曲线的截止电压有 0.5V 的间距)

通过式(6.25)、式(6.35)和式(6.36)表述电池电压(E)和应用电流密度(i_2)间的关系。图 6.8 显示不同电流密度时，模型预测结果和实验数据非常吻合。

6.6　多孔电极模型

为了提高电解质和活性物质的接触面积，提高电极的有效利用率，很多电池的电极是多孔材料。多孔电极增加了电解质中的离子和电极的直接接触面积，促进电荷转移反应，同时，降低了电极内的电溶液电压降。多孔电极中离子传输物质平衡也大致符合式（6.29）。此时，浓度相为电解质所占的电极体积分数；因此引入了孔隙率（ε）相。为了模拟沿电极内曲折路径传输的限定，引入了类似于 6.4.5 小结中提到的有效物理性能。例如，多孔电极内的电解质有效电导率和结构效应有关[14]。

$$\kappa_{eff} = \varepsilon^b \hat{\kappa} \tag{6.37}$$

上标 b 为曲折系数，一般为经验相。在多孔电极中，反应分布在整个电极体积内。因此，离子流量和反应速率表现为电极体积内的平均值。因此，多孔电极的物质平衡变为[15]：

$$\frac{\partial(\varepsilon c)}{\partial t} = -\nabla \cdot (\overline{N}) + \overline{R} \tag{6.38}$$

式中 $\overline{N}$ 是体积平均流量，由如下公式给出：

$$\overline{N} = \frac{1}{V} \int_v \hat{N} dV \tag{6.39}$$

[式（6.30）给出了 $\hat{N}$ 的定义]。体积平均反应速率 $\overline{R}$ 可以用类似表达式计算。在 Butler-Volmer 公式中，电荷转移反应的电流密度全都表示为单位体积上的电流密度。

$$j = \frac{di_2}{dx} = i_{0,j} a \left[\exp\left(\frac{\alpha_{a,j} n_j F \eta_{s,j}}{RT} \right) - \exp\left(\frac{-\alpha_{a,j} n_j F \eta_{s,j}}{RT} \right) \right] \tag{6.40}$$

式中 a 是单位体积电极上的有效反应面积；下标 2 是指溶液相（如电解质）中的电流密度。

6.7　铅酸电池模型

Neguyen[16]构建的铅酸电池模型中包含发生以下反应：

$$PbO_2 + HSO_4^- + 3H^+ + 2e^- \longrightarrow PbSO_4 + 2H_2O \qquad （正极） \tag{6.41}$$

$$Pb + HSO_4^- \longrightarrow PbSO_4 + H^+ + 2e^- \qquad （负极） \tag{6.42}$$

在每一个电极上，物质守恒由式（6.38）给出。反应相 $\overline{R}_k$ 在正极上通过反应（6.41）的 Butler-Volmer 公式给出；在负极上通过反应（6.42）的 Butler-Volmer 公式给出。另外，反应产物（如 $PbSO_4$）的体积远大于反应物，导致了充放电过程电极孔隙率的变化。孔隙率的变化可以通过 Fraday 定律进行如下表示[17]：

$$\frac{\partial \varepsilon}{\partial t} = \frac{1}{n_{jF}} \left[\left(\frac{M}{\rho} \right)_{product} - \left(\frac{M}{\rho} \right)_{Reactant} \right] \left(\frac{di_j}{dx} \right) \tag{6.43}$$

通过电极的总电流（从隔膜/电极界面到集流体/电极界面）包括电极基体中的电子电流和充满整个电极厚度孔内的电解质中离子电流（见 6.4.1 节和 6.4.2 节）：

$$i_{tot} = i_1 + i_2 \tag{6.44}$$

通过电极基体的电流（i_1）由式（6.12）给出，通过电解质的电流（i_2）由式（6.18）经过式（6.37）对电导率的修正后给出。另外，浓度梯度对离子传输的影响通过迁移数进行修正。电解质相电流的最后表达式如下[16]：

$$i_2 = -\kappa_{eff} \left[\nabla \phi_2 + \frac{2RT}{F} (1 - 2t_+^0) \frac{\nabla c}{c} \right] \tag{6.45}$$

图 6.9 给出了整个电极厚度上的孔隙率分布图。在电极/隔膜界面上正负极的孔隙率都下降，这是由于沉积的 $PbSO_4$ 比活性材料占据更大体积造成的。由于负极反应物（金属铅）和产物（$PbSO_4$）的密度差别较大，因此负极孔隙率下降程度更大。电极表面堵塞直接限制了整

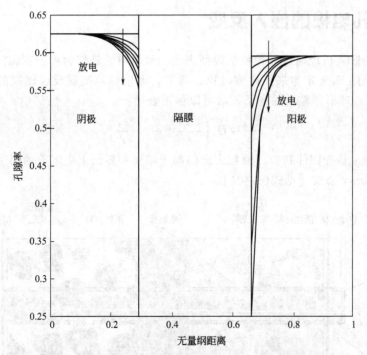

图 6.9 铅酸电池放电过程中，整个电极厚度上孔隙率分布随时间的变化

（在电极/隔膜界面上，正负极的孔隙率都下降，这是由产物 $PbSO_4$ 引起的[17]）

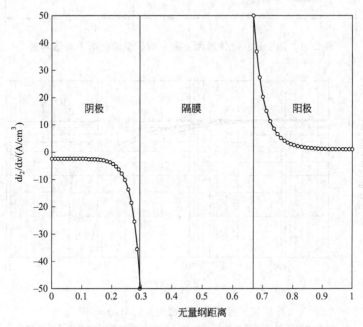

图 6.10 整个铅酸电池厚度内反应速率的变化 ［式(6.40)］

（生成的 $PbSO_4$ 造成电极表面阻塞，使电池内反应速率不均衡[17]）

个体积内的电极和电解质的接触。因而，反应分布非常不均衡，如图 6.10 所示。在集流体端的电极反应速率接近为零，导致电极的利用率很低。

6.8 多孔电极的嵌入反应

多孔电极的嵌入机理通过几种数学模型表达。最简单的是作为离子在固溶体内的扩散现象来考虑。可以用 Fick 定律来描述该过程。通常，电极颗粒被假设成规则的几何形状（见图 6.11）。例如，球形颗粒内的离子扩散可以如下表述：

$$\frac{\partial c_s}{\partial t} = D_s \left(\frac{\partial^2 c_s}{\partial r^2} + \frac{2}{r} \times \frac{\partial c_s}{\partial r} \right) \tag{6.46}$$

式中的角标 s 是指固体颗粒。颗粒表面的离子浓度和界面上电解质的离子浓度间的关系符合 Butler-Volmer 公式 [见式(6.40)]。

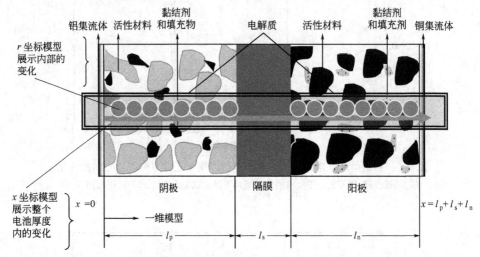

图 6.11　用于建立电池厚度上的一维模型的锂离子电池示意

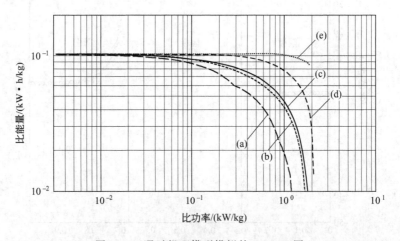

图 6.12　通过机理模型模拟的 Ragone 图

(a) 模型预测结果显示最初的设计在高功率应用时电池释放出很低的比能量；

(b) 提高阴极电极材料的电子电导率（如添加导电碳）电池性能有所提高；

(c) 进一步提高电子电导率，电池性能只有微弱的上升；(d) 提高阴极材料的固相扩算系数（如掺杂）放松扩散限制；(e) 减小颗粒尺寸到纳米级可以更好地降低固相材料的限制

图 6.12 总结了机理模型在电池设计中的应用。通过改变设计参数，如颗粒大小和材料性质，如电导率等，可以模拟几个考虑的实验方案。该模型可以用来确定影响电池高倍率性能的关键因素。

6.9 能量平衡

许多化学电池研究中更关注温度控制。在某些情况下，温度的反常会影响电池性能。另外一些情况可能和电池的安全操作有关。电池内产生的热量通常用能量平衡公式表示，该平衡公式描述了焦耳热、化学/电化学反应热等产生的热量和在电池操作环境下的热交换间的关系。材料的能量平衡公式通常如下式表示[11]：

$$\frac{\partial(\rho c_p T)}{\partial t} = \nabla \cdot (\lambda \nabla T) + q \tag{6.47}$$

式(6.47)的左边表示单位体积内能量产生或消耗速率。右边第一项表示符合 Fourier 定律的热传导。q 项表示电池操作过程中所发生的反应产生或消耗的热量。该项在电化学反应的典型表示如下[19]：

$$q = \frac{\partial i_2}{\partial x}\left[\phi_1 - \phi_2 - \left(E_j - T\frac{\partial E_j}{\partial T}\right)\right] - i_1\frac{\partial \phi_1}{\partial x} - i_2\frac{\partial \phi_2}{\partial x} \tag{6.48}$$

q 项中的第一项表示电荷转移反应产生的热量。第二项为电流通过固相基体产生的焦耳热，最后一项为电流通过电解质产生的热量。其他更复杂的，如不同相间热量的传导、辐射效应等可以通过在式(6.48)中加入这些现象的产热量进行处理。$T\dfrac{\partial E_j}{\partial T}$ 项和开路电压有关，对应于熵随温度的变化。通过测量不同温度下的开路电压可以计算该项的值。其他性质的改变如扩散系数、电导率随温度的变化通常可以用阿累尼乌斯公式近似表达：

$$\Phi = \Phi_{\text{ref}}\exp\left[-\frac{E_a}{R}\left(\frac{1}{T} - \frac{1}{T_{\text{ref}}}\right)\right] \tag{6.49}$$

公式中 Φ 可以代表参数 D_{ref}、κ_{ref}、D_s 等；Φ_{ref} 表示这些参数在参比温度 T_{ref} 下测得的数值，E_a 是活化能。

图 6.13 举例说明了采取不同程度的对流降温时，锂离子电池 $3C$ 放电性能的变化。在绝热条件下，电池温度的上升促进了反应速率，提高了电解质的传递性［式(6.49)］。该模型预测在没有冷却系统时，电池温度比理想等温条件下的温度高 $45℃$。其他两种情况显示合适的包装材料对提高基底快速降温的影响及增加的电池壳对流对降温效果的影响。包含电池壁热传的简单模型可以为设计有效的冷却系统提供重要的数据支撑，尤其是大容量电池。

另一个例子是 NiMH 电池。在 NiMH 电池中除基本的电化学反应外，与氧有关的反应也和热量的产生有关。基本电化学反应如下[20]。

正极电极：

$$\text{NiOOH} + \text{H}_2\text{O} \xrightarrow[\text{充电}]{\text{放电}} \text{Ni(OH)}_2 + \text{OH}^- \tag{6.50}$$

负极电极：

$$\text{MH} + \text{OH}^- \xrightarrow[\text{充电}]{\text{放电}} \text{H}_2\text{O} + \text{M} + \text{e}$$

另外，充电末端的未充分利用的电极会导致氧气的产生，进行如下的副反应：

$$2\text{OH}^- \longrightarrow \frac{1}{2}\text{O}_2 + \text{H}_2\text{O} + 2\text{e} \quad (\text{正极})$$

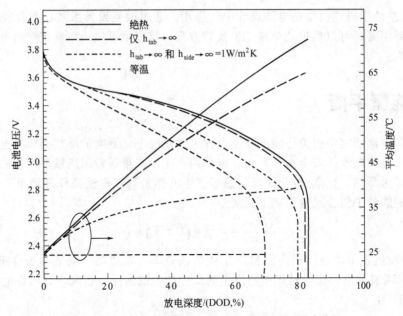

图 6.13　不同程度热交换时，电池性能的对比[19]

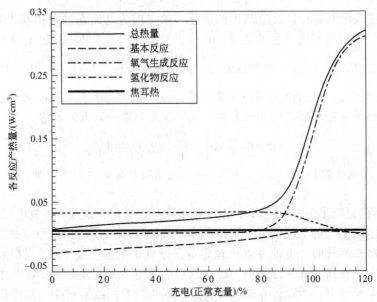

图 6.14　NiMH 电池中不同化学反应的产热量[20]

$$4MH + O_2 \longrightarrow 4M^+ 2H_2O \qquad （负极） \qquad (6.51)$$

同时发生在金属氢化物电极内的相变反应导致 β-MH 的形成：

$$(x-y)H + MH_y \longrightarrow MH_x \qquad (6.52)$$

反应（6.52）是化学反应，因此该反应产生的热量通过反应速率和反应焓计算得到。

　　上述各反应产生的热量和焦耳热相［见式(6.48)］在图 6.14 中进行了对比。该模型模拟了 NiMH 电池的 $1C$ 倍率充电过程。在充电开始阶段，MH 反应（6.52）产生的热量和基本反应的吸热量相平衡并且氧气生成反应还没有明显发生；因此，反应（6.51）产生的热量可以忽略。到达充电的末端，反应（6.50）焓的变化导致吸热量的变化。另外，过充导致氧气生成反应的进行。因此，在电池充电末端出现明显的产热量增加。

6. 10　电池容量衰减

电池数学模型的重要作用是对电池的未来性能提供一些深度理解。基于图 6.13 模拟结果设计的二次锂离子电池，通过提高温度可以得到几个循环内的更好性能；但是实验证明，该条件下长时间循环会导致电池性能的加速恶化。因此必须建立一个寿命模型来预测这种性能衰减现象。理解电池衰减机理是建立寿命预测模型最关键的步骤。例如，在镍基锂离子电池中，颗粒的表面氧化导致阴极附加内阻的产生；然而，在钴基电池中内阻的增加主要来自于高电压下材料的相变。类似的，锰离子的溶解是 $LiMn_2O_4$ 电池的循环容量降低的主要原因。通过物理模型预测电池寿命的另一个难点是确定模型中各参数值。物理模型中涉及的参数量远多于经验拟合。多数参数可以通过电池最初循环的操作条件和电池组分设计得到。检测几个循环过程的几个参数变化是比较麻烦的，尤其是与有些参数的变化和电池的操作条件或历史状态有关。

最简单的寿命预测模型是直线外推法。利用电池寿命对循环次数作图，通过线性回归得到直线的斜率和截距。当实验电池在温和的操作条件下（如较浅的放电深度）循环时，电池性能不会出现严重的衰减，直到结束。线性外推法是很好的预测电池寿命结束的方法。该方法的最大好处是简单易行。根据不同的操作条件，需要不同系列的参数来预测电池性能。例如，循环结束在不同放电深度电池的衰降速率不同——因而，每种情况的经验拟合系数不同。一些经验模型的预测结果在图 6.15 中给出。模型的准确程度由表达式中的函数相决定。复杂的多项式表达式可以提供更好的预测结果。非线性回归方法已经应用于商业电池包的预测中。该方法对电池寿命预测的成功完全依赖于对系统的先前了解。换句话说，曲线拟合法

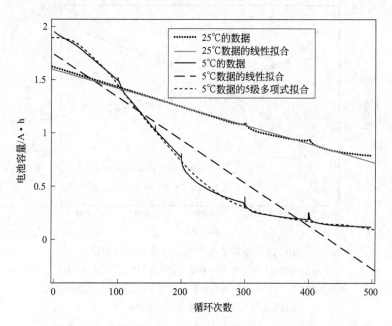

图 6.15　锂离子电池的容量和循环次数的经验拟合表达

［温和条件下（25℃循环）的线性拟合比苛刻条件下（5℃循环）的线性拟合
具有更高的符合度；25℃的线性预测模型和实验数据有很好的吻合度；
对于 5℃的数据，为了得到较好的吻合度，需要更复杂的表达式拟合
（该情况下为 5 级多项式）[24]］

更多应用在对电池操作方案的预测，而不是对电池在超出实验数据限定时的预测。这是任何经验模拟方法的缺点，但是并不妨碍曲线拟合法成为工业界最流行的方法。

另外一种方法是通过类似表 6.4 中的公式建立机理模型、周期性的调整参数，如扩散系数、交换电流密度，得到和实验性能符合较好的模拟预测[21]。该方法通常被称为半经验模型。图 6.16 举例说明了锂离子电池在循环 800 次后容量下降 30% 的模型中几个参数的变化。

表 6.4 多孔电极插入反应常用公式总结。相应的公式在文中出现时的编号在最后一列中给出[18]

变 量	公 式	文中序号
固相电势($\phi_{1,j}$)	$\nabla \phi_{1,j} = -\dfrac{i_1}{\sigma_j^{\text{eff}}}$	(6.12)
液相电势($\phi_{2,j}$)	$i_2 = -\kappa_{\text{eff}} \left[\nabla \phi_2 + \dfrac{2RT}{F}(1-2t_+^0)\dfrac{\nabla c}{c} \right]$	(6.45)
固相电流密度(i_{tot})	$i_{\text{tot}} = i_1 + i_2$	(6.44)
液相电流密度(i_2)	$\dfrac{di_2}{dx} = i_{0,j}a \left[\exp\left(\dfrac{\alpha_{a,j}n_j F \eta_{s,j}}{RT}\right) - \exp\left(\dfrac{-\alpha_{a,j}n_j F \eta_{s,j}}{RT}\right) \right]$	(6.40)
固相浓度(c_s)	$\dfrac{\partial c_s}{\partial t} = D_s \left(\dfrac{\partial^2 c_s}{\partial r^2} + \dfrac{2}{r}\dfrac{\partial c_s}{\partial r} \right)$	(6.46)
液相浓度(c_2)	$\varepsilon \dfrac{\partial(c)}{\partial t} = D_{\text{eff}}\dfrac{\partial^2 c}{\partial x^2} + \dfrac{(1-t_+)}{F}\dfrac{\partial i_2}{\partial x}$	(6.38)

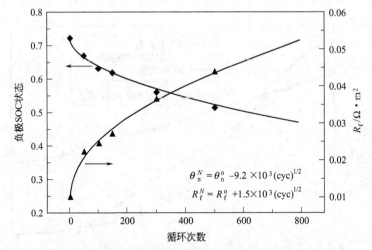

图 6.16 锂离子电池循环过程参数的变化

[半经验模型中负极电极开始放电时的 SOC 状态（θ_n^N）和形成
的阳极膜电阻（R_f^N）是可调整参数；这些参数值随循环次数的变化
通过拟合不同循环次数下的实验数据得到[21]]

第三种方法是建立衰减过程的机理模型。在多次循环中，考虑电化学反应消耗电池的部分容量。例如，通过充电过程中电解质反应造成的阳极颗粒表面膜的生成，模拟电阻 R_f^N 的增大[22]。因为这是牵扯到电解盐中 Li^+ 减少的电荷转移反应，Butler-Volmer 公式被假设成如下表达形式；

$$\frac{\mathrm{d}i_{side}}{\mathrm{d}x} = -i_{0,side}a\exp\left(-\frac{\alpha_{a,side}n_{side}F\eta_{side}}{RT}\right) \tag{6.53}$$

生成膜的引入使阳极颗粒表面出现一个附加电阻，造成阳极过电压的下降。

$$\eta_n = \phi_{1,s} - \phi_{2,s} - E_n - \frac{1}{a_n}\left(\frac{\partial i_2}{\partial x}\right)\left(\frac{\delta_{film}}{\kappa_{film}}\right)$$

$$\eta_{side} = \phi_{1,s} - \phi_{2,s} - E_{side} - \frac{1}{a_n}\left(\frac{\partial i_{side}}{\partial x}\right)\left(\frac{\delta_{film}}{\kappa_{film}}\right) \tag{6.54}$$

膜的厚度 δ_{film} 可以利用 Faraday 定律，通过容量损失计算得到：

$$\frac{\partial \delta_{film}}{\partial t} = -\frac{1}{Fa_n}\left(\frac{\partial i_{side}}{\partial x}\right)\left(\frac{M_{side}}{\rho_{side}}\right) \tag{6.55}$$

式中，M_{side} 和 ρ_{side} 分别表示副反应产物的分子量和生成膜的密度。

图 6.17 给出了通过机理模型预测的不同操作条件下阳极颗粒表面生成膜的厚度。在该模型预测最初几周循环中，表面膜快速生长，最后变平稳。充电截止电压（EOCV）越高，阳极在高还原电位下的时间越长。因此，在电池循环过程中，充电截止电压（EOCV）提高，表面膜的生长速率增快。在相同的操作条件时，电池在较高温度循环时，传输限制变小，每个循环所经历的时间变长。由于模型中表面膜的生长和电池充电时间的长度相关［见式(6.55)］，高温造成的充电时间增加，因此 40℃ 下循环的电池，在开始几周循环中生成的表面膜更厚，造成更多的容量损失。但是，在 300 次循环以后，生成膜造成的附加电阻抵消温度造成的充电时间增加。因此，在 25℃，高充电截止电压（EOCV）条件下循环的电池损失更多的容量。该结果表明，在较高温度下循环 300 次，电池可以设定在较高的充电截止电压（EOCV）（因此释放更多的容量），然而，如果需要较长的循环寿命，需要使用保守的充电截止电压（EOCV）。当只需要不同操作条件下的数据时，通过经验模型也可以得到类似的结论。但是，上述物理现象的理解只能通过机理模型得到。一旦副反应的速率常数和表面膜的电导率可以通过独立实验获得，衰减机理确定正确，该模型可以用于不同操作设定程序的电池设计。

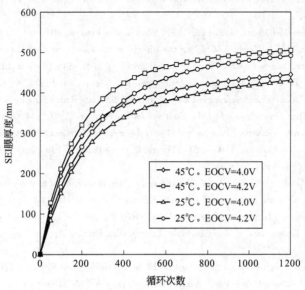

图 6.17　通过锂离子电池机理模型预测
的 SEI 膜厚度和循环次数的关系

6. 11 确定正确模型

最终用户可用的输入参数的限定和模型能提供的提高电池设计的洞察力之间的平衡关系是一个好的机理模型需要考虑的。机理模型的限定条件会增加建立和解析模型数学表达式的冗长，并增加模型所需要的参数数目。通常这些参数不能通过直接实验测量得到。另外，等效电路模拟只能对电池内发生的物理现象提供有限的理解。例如，高倍率放电时容量的下降可以通过图 6.3 中的双电层电容参数 C_D 模拟。但是不能确定该变化是由电极中离子的扩散系数造成的，还是由电解质电导率的下降引起的。因而，通过等效电路模型很难提高电池的设计；在该例中，不能确定是应该通过提高电极片的孔隙率来解决，还是应该通过改变电解质的组成来解决。

一般来说，在电池设计阶段需要对电解质电导率或电极孔隙率等参数进行有效调节。因此，机理模型在电池设计阶段是非常重要的。任何情况下，在使用模拟结果前，机理模型的假定必须经过小心求证。

参 考 文 献

1. Peukert，W.，Über die Abhängigkeit der Kapacität von der Entladestromstärcke bei Bleiakkumulatoren. *Elektrotechnische Zeitschrift*, 1897. 20.

2. Macdonald，D. D.，Reflections on the History of Electrochemical Impedance Spectroscopy, *Electrochimica Acta*, 2006. 51 (8-9)：p. 1376-1388.

3. De Levie，R.，Response of Porous and Rough Electrodes. *Advances in Electrochemistry and Electrochemical Engineering*, eds. P. Delahay and C. W. Tobias. Vol. 6. 1971，New York：John Wiley & Sons.

4. Verbrugge，M. W.，and R. S. Conell, Electrochemical and Thermal Characterization of Battery Modules Commensurate with Electric Vehicle Integration. *Journal of the Electrochemical Society*，2002. 149 (1)：p. A45-A53.

5. Bergeveld，H. J.，W. S. Krujit, and P. H. L. Notten, *Battery Management Systems：Design by Modeling*. Phillips Research Book Series, ed. M. A. Norwell. 1999，The Netherlands：Kluwer Academic Publications.

6. Verbrugge，M.，Adaptive Characterization and Modeling of Electrochemical Energy Storage Devices for Hybrid Electric Vehicle Applications. *Modern Aspects of Electrochemistry*, ed. M. Schlesinger. Vol. 43. 2008，New York：Springer-Verlag.

7. Newman，J.，*Electrochemical systems*，2nd ed. 1991，New York：Prentice Hall.

8. Lin C.，R. E. White and H. J. Ploehn, Modeling the Effects of Ion Association on Alternating Current Impedance of Solid Polymer Electrolytes. *Journal of the Electrochemical Society*，2002. 149 (7)：p. E242-E251.

9. McQuarrie，D.，and J. D. Simon, *Molecular Thermodynamics*. 1999，Sausalito，CA：University Science Books.

10. Ohzuku，T.，and A. Ueda, Phenomenological Expression of Solid-State Redox Potentials of $LiCoO_2$，$LiCo_{1/2}Ni_{1/2}O_2$ and $LiNiO_2$ Insertion Electrodes. *Journal of the Electrochemical Society*，1997. 144 (8)：p. 1780-2785.

11. Slattery，J. C.，*Advanced Transport Phenomena*. 1999，New York：Cambridge University Press.

12. Gomadam，P. M.，et al.，Modeling Li/CFx-SVO Hybrid-Cathode Batteries. *Journal of the Electrochemical Society*, 2007. 154 (11)：p. A1058-A1064.

13. Crespi，A. M.，P. M. Skarstad, and H. W. Zandbergen, Characterization of Silver Vanadium Oxide Cathode Material by High-Resolution Electron Microscopy. *Journal of Power Sources*，1995. 54 (1)：p. 68-71.

14. Whitaker，S.，Diffusion and Dispersion in Porous Media. *AIChE Journal*，1967. 13 (3)：p. 420-427.

15. Newman，J. and W. Tiedemann, Porous-Electrode Theory with Battery Applications. *AIChE Journal*，1975. 21 (1)：p. 25-41.

16. Nguyen，T. V.，*A Mathematical Model for a Parallel Plate Electrochemical Reactor*，CSTR，*and Associated Recirculation System*，Ph. D. Dissertation, 1985，College Park，Texas A & M University.

17. Nguyen，T. V.，R. E. White, and H. Gu, The Effects of Separator Design on the Discharge Performance of a Starved Lead-Acid Cell. *Journal of the Electrochemical Society*，1990. 137 (10)：p. 2998-3004.

18. Fuller，T. F.，M. Doyle，and J. Newman，Simulation and Optimization of the Dual Lithium-Ion Insertion Cell. *Journal of the Electrochemical Society*，1994. 141（1）：p. 1-10.

19. Gu，W.，and C. Y. Wang. Thermal and Electrochemical Coupled Modeling of a Lithium-Ion Cell in Lithium Batteries，in *Proceedings of the Electrochemical Society*，Vol. 99-25（1）. 2000，Pennington，NJ，Pelnum.

20. Wang，C. Y.，W. B. Gu，and B. Y. Liaw，Thermal-Electrochemical Modeling of Battery Systems，*Journal of the Electrochemical Society*，2000. 147（8）：p. 2910-2922.

21. Ramadass，P.，B. Haran，R. White，and B. N. Popov，Mathematical Modeling of the Capacity Fade of Li-Ion Cells. *Journal of Power Sources*，2003. 123（2）：p. 230-240.

22. Ramadass，P.，B. Haran，P. M. Gomadam，R. White，and B. N. Popov，Development of First Principles Capacity Fade Model for Li-Ion Cells. *Journal of the Electrochemical Society*，2004. 151（2）：p. A196-A203.

23. Qi Zhang and R. E. White，Capacity Fade Analysis of a Lithium-Ion Cell. *Journal of Power Sources*，2008. 179：p. 793-798.

24. Santhanagopalan，S.，J. Stockel，and R. E. White，Life Prediction for Lithium-Ion Batteries，in *Encyclopedia of Electrochemical Power Sources*，eds. J. Garche，C. Dyer，P. Moseley，Z. Ogumi，D. Rand，and B. Scrosati. Vol. 5，2009，p. 418-437，Amsterdam：Elsevier Publications.

第7章

电解质

George E. Blomgren

7.1 概述

本电池手册的过去几个版本没有安排电解质的章节。而各章中的不同种类电池需要了解系统的电化学行为，这一版在每章中包含了一些电解质的信息以描述各种电池的系统特性。本章考虑到电解质作为介于电极间的桥梁发挥着重要作用，试图拓宽电解质的范围。在电池中，每个电极的阻抗来源于电极-电解质界面，隔膜的阻抗来源于不包含双电层区域的电解质本身。根据能斯特方程，电极表面离子浓度影响电极极化。而电池在大电流工作时如果离子传质变成控制步骤，其阻抗将变得特别重要。

因为从 19 世纪到 20 世纪绝大部分电池采用的是水溶液电解质，所以讨论电解质在电池中的重要性是从各种水溶液电解质开始。为关注主要的电解质而在讨论时忽略了一些特殊电解质。

从 20 世纪 50 年代末期开始，新开发的一些电解质显示很好的对锂金属稳定性，从而为锂原电池的开发打开了一扇门，而在 1970 年终于开发成功锂原电池。当弄清楚金属锂二次电池主要安全问题后，1990 年采用锂化碳材料负极的锂离子电池问世，并诞生了锂离子蓄电池产业。本章将给出两类锂离子电池用电解质的概述。此外，还将讨论离子液体电解质。这类电解质具有低可燃性的特点，有助于提高安全性。

尽管液态电解质的金属锂二次电池没有取得成功，但使用锂离子导电的陶瓷或玻璃态固体电解质可以用在长寿命锂金属二次电池中，大部分是用在薄膜电池中（见第 27 章）。在无机固体电解质方面的一些新的工作为高容量锂电池的发展带来了希望。同样，固体聚合物电解质的一些新进展也很有趣，本章将介绍这些电解质。

7.2 水溶液电解质

根据 pH 值，水溶液电解质体系分为碱性、中性（或弱酸性）及强酸性电解质。碱性电解质通常碱性很强，其 pH 值接近 13；中性电解质通常含有强酸强碱盐；加入弱碱性添加剂可以降低 pH 值。例如，氯化锌是一种在勒克朗谢电池中重要的电解质组分，其在水介质中复杂的平衡使得溶液 pH 值趋于中性。同样，普遍存在的二氧化碳溶解在水溶液中将使 pH 值移向弱酸性。水溶液电解质的平衡电压窗口约为 1.2V（实际值取决于电解质浓度、温度及其他因子）。即使电极上有钝化膜，当阳极活性高于氢时将析出氢气，阴极活性高于氧时将析出氧气。所以，许多电解质在水介质中工作时必须面对阳极腐蚀和阴极析气两个问题，要求控制这些副反应。在蓄电池中要求更加严格，这是因为充电过程中阴阳两极的电位不断增加。

7.2.1　碱性电解质

　　碱性电解质广泛应用于各种原电池和蓄电池中。最常用的原电池是本手册第 11 章的碱性锌/二氧化锰电池。其他采用碱性电解质的原电池是各种纽扣电池如锌/氧化银电池、锌/空气电池（第 13 章）和纽扣式或圆柱形锌/氧化汞电池（第 12 章）。而采用碱性电解质的蓄电池包括金属氢化物/镍蓄电池（第 22 章），镉/镍蓄电池（第 19～21 章），锌/镍蓄电池（第 23 章）和镍/氢蓄电池（第 24 章）。

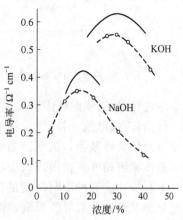

图 7.1　NaOH 和 KOH 水溶液的电导率

实线为 25℃，点线为 15℃[2]

　　因为高 pH 值可提高质子导电性，所以碱性电解质通常比中性电解质具有较高的电导率。例如，20%～40%的 NaOH 和 KOH 电解质是最普遍用于碱性电池的，其 pH 值接近 14。碱性电解质中的质子导电性被广泛研究了许多年。因为在相同浓度的条件下，KOH 具有比 NaOH 溶液更高的电导率和更低的共晶冰点，所以 KOH 优于 NaOH[1]。图 7.1 比较了在 15℃和 25℃时 KOH 和 NaOH 水溶液的电导率与质量百分比浓度的相互关系，可以清楚地看到在大部分浓度区域 KOH 水溶液的电导率比 NaOH 至少高出 40%[2]。图 7.2 显示了 ZnO 溶解对 KOH 和 NaOH 水溶液电导率的影响[3]。如反应式（7.1）所示，ZnO 溶解时从溶液中夺走了氢氧根，从而降低电解质的电导率。式中的 M 代表钠或钾元素。

　　A. 只含 KOH

1mol ZnO：4.33mol KOH

1mol ZnO：3.71mol KOH

1mol ZnO：3.37mol KOH

1mol ZnO：3.00mol KOH

　　B. 只含 NaOH

1mol ZnO：4.05mol NaOH

1mol ZnO：3.03mol NaOH

1mol ZnO：1.76mol NaOH

$$ZnO + 2MOH + H_2O \longrightarrow M_2Zn(OH)_4 \tag{7.1}$$

　　反应（7.1）对采用锌阳极的电池非常重要，这是因为锌的阳极反应生成的锌离子转化成了 $Zn(OH)_4^{2-}$，直至溶液饱和[4]。尽管含 ZnO 溶液经常发生过饱和，但最终生成固相 ZnO 或 $Zn(OH)_2$[5]。在放电初期的阳极区域电解质不断变化，直至含锌化合物开始沉淀为

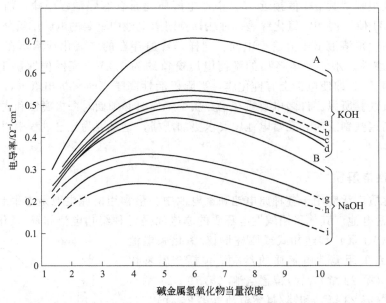

图 7.2 不同 ZnO 与碱金属氢氧化物比例的 NaOH 及 KOH 溶液在 30℃时的电导率[1]

止（不包括 ZnO 预饱和体系）。电解质中较高浓度的锌酸根离子对可充电的锌电极有重要影响，包括锌/镍电池、锌/氧化银电池以及锌锰电池等。在充电过程中，沉积锌主要来自电解质中可溶性含锌基团，沉积锌的形态取决于电流密度、锌浓度及其他因素。最理想的锌沉积是与基体紧密相连的镜面锌（层状）。但遗憾的是由于过电位关系的复杂性，而造成在不同条件下至少生成五种不同类型的沉积物[6]。这是由于其对杂质和基体的极度敏感，同时受到电化学及溶液参数等的影响。随着树枝状或苔藓状沉积物的生长，其将穿透隔膜造成电池短路而影响电池的循环寿命，所以在最广泛商品化的锌蓄电池中，均着重于采用 KOH 电解质的添加剂以改善沉积锌的形貌。

尽管早期的锌/空气、Zn/CuO 等湿式碱性电池采用的是液体电解质，但现在碱性原电池电解质中通常加入聚合物形成胶体。聚合物胶化剂必须是对碱稳定的，而最受欢迎的聚合物是羧甲基纤维素钠，多年前最早在锌汞原电池中使用了胶化剂使电解质从液态转换成干态，保持电解质形态稳定。这种材料还应用于其他碱性电池中，但其存在被高电位阴极氧化的问题。其他纤维素或淀粉衍生物、聚丙烯酸或者乙烯顺丁二酸酐共聚物被用在一些碱性电池中。制造商总是保守阳极胶体的商业秘密，本章不进行更多描述。采用胶化剂将降低电解质相的电导率，设计电池时必须考虑电解质导电路径不能太长。无汞技术是电池尤其是碱锰电池技术发展趋势，所以电解质纯度控制非常重要；否则杂质铁、氯离子等将加速腐蚀材料。当然所有的电池均要求材料具有比较好的纯度以避免上述杂质或其他杂质加速腐蚀速率。在许多碱性电池中加入 3 族和 5 族元素如 In、Bi 可以取代汞以降低有毒元素对环境的影响。此外，有机添加剂也具有防腐特性，包括作为电解质的添加剂。事实上，使用氧化汞的电池如高压稳定的 Zn/HgO 电池及 Cd/HgO 电池尽管维持了一些高端电子设备领域的应用，但由于使用了氧化汞而应用范围显著缩小。显而易见，工作电压约为 0.9V 的 Cd/HgO 电池体系是少有的电解质稳定水溶液电池的选择之一，但高温应用时锌阳极腐蚀严重，限制其高温应用。

对于蓄电池来说，碱性电解质非常重要，通常用于特定设计的湿电池中。充电时的过电位可使金属氧化物正极析出氧气，这对胶体电解质非常不利。例如，对于羟基氧化镍正极，为获得较长循环寿命，对在电解质中大部分有机化合物的使用是很慎重的。Zn/MnO_2 可充电池（参照第 28 章）是一个例外。该体系的循环寿命限制因素主要来自其他因素，而电解质胶化剂的氧化相对比较慢，并不是寿命限制因素。蓄电池的阳极胶体与一次碱性电池相似，添加剂也非常重要。氢氧化锂是镉/镍电池的通用添加剂，而当采用羟基氧化镍正极时，在电解质中有时也加入钴盐[7]。传统的锌/镍蓄电池在电解质中加过多种添加剂，主要目的是降低锌在碱性电解质中的溶解。如果不存在添加剂，则充电时形成锌枝晶会影响电池循环寿命，详见第 23 章。

7.2.2 中性电解质

采用中性或弱酸性电解质的电池主要是勒克朗谢电池或锌/二氧化锰电池。这种电池有两类：其一是采用氯化锌和氯化铵的水溶液也称为勒克朗谢电解质的电池；另一种是氯化锌电池，电解质是以氯化锌为主的水溶液，有时添加少量氯化铵。典型勒克朗谢电解质约含有 26% NH_4Cl、9% $ZnCl_2$ 和 65% 水。典型氯化锌电解质含有 30%～40% $ZnCl_2$ 和 60%～70% 水。电解质中常加入少量的添加剂，防止锌负极腐蚀，这些防腐剂基本上沉积在锌电极表面。含有 3.7mol/L 的 $ZnCl_2$ 电解质的最大电导率达到 0.107S/cm，电解质浓度变化对电导率的影响较小[8]。添加氯化铵可显著提高电导率。由于电池中通过加入淀粉等胶化剂而可以稳定电解质、抑制漏液和取向效应，电解质的实际电导率是经修正的。有关锌/二氧化锰电池的详细信息请参考第 9 章。

锌/溴二次电池为满足大范围储能应用而被开发出来，放电态时，其使用接近中性的溴化锌溶液。充电时，一个电极提供锌沉积的表面，当溴生成时，其溶解在电解质中。铵盐中的铵根离子的氮具有 4 个有机取代基，其通常会被加入到电解质中，与溴形成三溴化的离子，以降低溴的蒸气压。这个化学过程相当复杂，特别是如果加入氯，但由于很多添加剂的研究工作受到专利保护，所以其结果很难解释。另外一个储能的电池体系是使用中性电解质的多硫化物-溴电池。这个体系在正极一侧使用溴化钠电解质，在负极一侧使用多硫化钠电解质。同时，一般添加剂均有专利保护，对其分析困难。详细信息见第 30 章。

7.2.3 酸性电解质

这类电解质主要是硫酸，尽管它用于电池的历史很长，但现在还是主要用于铅酸电池、包括最新的碳/铅酸电池。这是一种最重要的电解质，因为它被广泛应用，对世界经济非常重要。铅酸电池于 1859 年由普兰特发明，使用的是稀硫酸。现在制备铅酸电池时在满充电状态下，硫酸的质量百分比浓度为 37%。与碱性电池相同，充放电过程中电解质参与反应，所以浓度是变化的。电极反应如下式所示。

正极：$PbSO_4 + 5H_2O \rightleftharpoons PbO_2 + 3H_3O^+ + HSO_4^- + 2e$ $E^0 = 1.685V$ (7.2)

负极：$PbSO_4 + 3H_3O^+ + 2e \rightleftharpoons Pb + HSO_4^- + H_2O$ $E^0 = -0.356V$ (7.3)

全电池：$2PbSO_4 + 4H_2O \rightleftharpoons Pb + PbO_2 + 2H_3O^+ + 2HSO_4^-$ $E^0 = -2.041V$ (7.4)

式中显示放电过程中有 2mol 的硫酸参加反应生成 2mol 的水。由于硫酸参与反应而大大增加电池的质量和体积，而且放电过程中电解质的浓度发生变化。有关铅酸电池的细节请参阅本手册的第 16 章和第 17 章。此处强调一点，就是浓度为 35% 的硫酸水溶液的室温电导率约为 800mS/cm，是室温下导电性最好的电解质之一。各自的电极反应如式(7.2) 和式(7.3) 所描述的，但由于满电状态两极分别有氧气 [式(7.2)] 和氢气 [式(7.3)] 析出，所以电位不稳定。当有气体析出时电池的衰降很快，这是铅酸电池的本质问题。产生的氧气可以与负极复合，产生的氢气虽然也可以与正极或氧气复合但非常慢，所以析氢将使电池内压不可逆地增加。在一些阀控铅酸电池（VRLA）的顶部加入了氢氧复合反应的催化剂，使它们再结合生成水。一些铅酸电池内没有催化剂，产生的气体只是靠阀简单排出，造成电池内水的缺失（硫酸溶液变浓，液面下降）对极板影响很大。在有火花存在或达到氢的爆炸极限（4%）放出的含氢气体将发生爆炸。

一些铅酸电池的演变如铅负极中加入活性炭将形成双电层与法拉第过程的复合，如果活性炭的比表面积很大则双电层电容也很大，从而提高铅负极的响应。电解质与常规铅酸电池相同，可参照第 16 章、第 17 章，在微混动力汽车上的应用请参照第 29 章。

硫酸也被应用与钒及其他氧化还原类型的电池。钒电池的电解质中含有不同价态钒离子，V^{2+}/V^{3+} 对在负极侧；V^{4+}/V^{5+} 在正极侧。简单的微孔隔膜用于隔开电极间的两种溶液，有时用离子选择性隔膜（质子导电）。因为两侧的溶液都含钒离子，除了能量效率低的缺点，没有什么特别的害处。当系统不进行充放电时，溶液抽到储罐中，工作时把溶液通过流道打到电极间。即使是这些电化学体系中，有一点必须注意的是充电时由于过电位电池会有气体产生（详见第 30 章）。

酸性电池也偶尔用一些其他酸，如 HBF_4 电解质用于铅/二氧化铅体系，不过由于现在没有生产而不做介绍。

7.3　非水电解质

本节分别介绍有机溶剂体系电解质、无机溶剂体系、离子液体、固体聚合物体系以及陶瓷/玻璃电解质。采用聚合物可以使电解质胶体化（主要用于有机溶剂），对基础电解质特性如电导率、扩散特性有一些影响，但不包括黏度。大部分现代电池中具有很小的对流，因此黏度对电池的特性影响很小。有机电解质被充分开发用于多种原电池和各种锂离子电池，无机溶剂电解质主要用于液态正极电池。其他类型的电解质还在开发阶段，仅进行简单介绍。

7.3.1　有机溶剂电解质

有机溶剂电解质的最大电化学应用就是在锂原电池和锂离子蓄电池领域。尽管锂原电池和二次电池均同样开始于 20 世纪 60 年代，但有机溶剂的成功应用于锂原电池比二次电池早了几十年。首先开发的技术是有机液体处理和提纯，主要是水分控制和其他杂质的去除，研发者花费 10 年以上的时间理解了把盐和溶剂中的杂质含量降低到 ppm（$\times 10^{-6}$）级的重要性。正极材料及其他电池组成部件通常含有大量必须去除的吸附水，参考文献 [9] 中比较好地描述了非水电化学体系研究的技术要求。提纯的盐和溶剂必须对正负极尤其是负极稳定，电化学窗口可采用导电金刚石、白金、玻璃碳电极通过循环伏安法来测试。需要特殊说明的是，这些负极方向（阴极方向）扫描与锂金属（或碳和石墨）差异很大，因为各自表面膜的形成过程特性不同。同样，在惰性基体上的阳极方向扫描发现盐和溶剂的影响很大，而大部分氧化机理的解释尚未形成定论[10]。

本版第 14 章对锂负极电池用电解质设定了一些规则，具体如下：

① 电解质必须是质子惰性，即使分子中含有氢原子，但没有活性的质子或活性的氢原子；

② 与锂（或在锂表面形成保护层，防止进一步反应）和正极材料的反应性必须低；

③ 具有良好的离子电导率；

④ 在一宽泛的温度范围内为液态；

⑤ 具有良好的物理特性，如低蒸气压、稳定、无毒、不燃。

对上述规则进一步延伸解释如下：第一条规则涉及已经讨论的电解质中水和其他杂质问题。因为任何质子酸（酸性物质）均可产生质子而穿过惰性膜与锂（或嵌锂的碳及锂合金）反应造成腐蚀，因此造成体系不稳定。氢在负极表面形成气泡的过程进一步破坏惰性膜。第二条规则对任何活泼金属负极都很关键，极性溶剂对负极金属是亚稳定状态。作者曾对溶剂进行过热动力学计算，表明即使是碳酸乙烯酯（EC）和碳酸丙烯酯（PC）与金属锂可以发生放热反应生成碳酸锂及烯烃[11]。对惰性膜（固体电解质界面，SEI）重要性的认识在《Lithium Batteries；Solid Electrolyte Interphase》[12]一书中及其他文献中进行了描述。在电解质中经常加入添加剂以改善 SEI 膜[13]。当然电解质与锂电池和锂离子电池阴极的反应也是电化学研究中关心的重要问题。再一次强调计算结果表明溶剂只是亚稳定的，反应机理尚不是很明确[11]。无论如何，根据溶剂与充电态正极材料的 DSC 测试结果，说明溶剂与强氧化剂的反应非常剧烈[14]。第三条规则关系到高能量密度（和高功率密度）电池在室温下可用电流输出。一般电导率要求至少在 3mS/cm 以上，而电导率越高则可以使用厚而短的电极。许多液态电解质的室温电导率超过了此值，后面将进行介绍。然而，具有令人满意的室温电导率的固体聚合物电解质的研发尚未成功。目前，最好的聚合物电解质的室温电导率是在 0.1mS/cm 数量级，但能够完全利用这些聚合物电解质材料的设计尚未完全开发成功。第四条规则也很重要，需要采用混合溶剂以满足高低温要求。满足高温或低温要求的特殊电解质往往其相对方向的性能不是很好。规则五有许多项，首先是关于无毒性要求，是指暴露在环境中电解质或其反应产物的无毒性。如经常使用的 LiAsF6 盐暴露在空气中经氧化转变成剧毒的氧化砷。低蒸气压特性可通过采用混合溶剂得以解决。如果某组分蒸气压高，通过调节混合溶剂组分抑制蒸气压，同时可能对电导率有提升和促进作用，并改善低温性能。LiPF6 盐是锂离子电池广泛应用的一种电解质盐，它在许多溶液中热力学不稳定、光化学不稳定，但在电池环境中它可以保持许多年不变。有机溶剂通常不具有不燃和阻燃的特性，但通过磷化和卤素（如氟）取代则可具备不燃或阻燃特性。该领域的研究很活跃，但非常合适的材料还没有发现。在其他工作中，一种阻燃化合物的混合物的研究很有可能成功[15]。

锂原电池大部分通用溶剂的特性在第 14 章进行描述。锂离子蓄电池的大部分通用溶剂在 26 章进行描述，其他信息可在第 27 章找到。更完整的溶剂信息请参照文献 [16]。早期的研究表明两种或更多种溶剂的混合物可以获得更佳特性组合。具有高介电常数高黏度的溶剂如碳酸丙烯酯（PC，介电常数＝64.4，黏度＝2.5cP）可以与具有低介电常数低黏度的溶剂如二甲氧基乙烷（介电常数＝7.2，黏度＝0.455cP）混合得到一种具有中间介电常数和中间黏度的混合溶剂而对锂盐具有非常好的溶解性。根据经典物理化学理论预测，理想的混合规则是溶剂中含有少量疏质子溶剂[17]。选择共溶剂时根据供体数及受体数来判断是非常有益的，而物理化学的离子络合理论对理解电解质的电导率和黏度则也有帮助[16]。

电解质盐的选择也非常重要，它影响电解液的热稳定性、电化学稳定性和电导率。并非众所周知的是，电解质的阳极窗口是由阴离子反应活性决定的，它可以催化溶液的氧化。所以阴离子在正极的单电子氧化生成中性自由基，并攻击溶剂分子引起链式反应。自由基复合导致链终止，但通常对电解质的破坏很大，其后果在后续循环中可得到证明。这些反应对可反复充电体系尤其重要[10]。盐在负极一侧也不稳定，例如四氯化铝阴离子可以与锂发生置换反应沉积出铝。电解质盐可影响 SEI 膜，如 LiBOB 可有助于石墨负极 SEI 膜性能的改善（请看第 26 章）。锂离子电池中盐对正极集流体的影响非常重要。由于集流体材料通常选用铝，所以盐的选择非常重要，特别是长时间工作的稳定性。一些盐可以在短时间内造成铝的点蚀，而只有少数盐如 LiPF6 和 LiBF4 对铝稳定[18]。盐与溶剂同样影响热稳定性，一个突出的热参量是 SEI 膜的溶解温度, 它对盐的种类非常敏感, 这在参考文献 [15] 中有详细讨论。可充电池对盐的选择非常敏感, 大部分情况下 $LiPF_6$ 是比较理想的选择。原电池用盐的选择比较宽, 部分原因是正极从来不充电, 因而集流体不必暴露在过高电位下。$LiCF_3SO_3$、$LiPF_6$、$LiBF_4$、$LiBr$、LiI、$LiN(CF_3SO_2)_2$ 和 $LiClO_4$ 均曾经用于锂原电池。在第 26 章 Dahn 和 Ehrlich 讨论各种盐在不同溶剂中的电导率, 必须强调的是有机溶剂电解质 (后面讨论的无机溶剂体系也同样) 的电导率比水溶液体系特别是质子导电的酸性和碱性水溶液体系至少低一个数量级。这对非水体系电池的设计有深刻影响。对于非水体系高功率电池, 电极必须更薄、相应电极面积更大、隔膜更薄, 使得其制造成本比水体系更高。无论如何, 因为非水体系电压或容量高, 使其单位能量成本得到一定缓解。

为提高锂离子电池的安全性、日常寿命及循环寿命, 开发了许多添加剂。除了阻燃剂通常在 5% 以上外, 通常添加剂的加入量比较少 (不高于电解质的 1%)。由于一般充放电循环前后未做化学分析, 添加剂的长期作用效果如何也没有描述, 因此其效果有待实验证明。本书第 26 章和文献 [15] 讨论了添加剂在电池中的应用。

7.3.2 无机溶剂电解质

液态阴极材料原电池使用纯无机溶剂, 具有很高的能量密度, 因为电解质充当双重作用, 其一为电解质、其二为阴极活性材料。尽管在专利中提出了许多其他溶剂, 但主要的液态阴极材料是亚硫酰氯 $SOCl_2$ 及硫酰氯 SO_2Cl_2。$BrCl$ 作为亚硫酰氯的添加剂、Cl_2 作为硫酰氯的添加剂对活性溶剂体系进行了进一步改性。添加剂的加入, 对电池的能量输出影响很小, 也对电池滥用起到抑制作用。通常添加剂对电池搁置寿命不利。令人有些惊异的是该类电解质的电导率相对较高 (1mol/L $LiAlCl_4$ 的亚硫酰氯溶液电导率为 14.6mS/cm; 硫酰氯为 7.4mS/cm), 因为这种溶剂的介电常数较低 (亚硫酰氯的介电常数为 9.25; 硫酰氯的介电常数为 9.15)[19]。尽管一些工作证明 $LiGaCl_4$ 对电导率有所提高并降低钝化程度, 但 $LiAlCl_4$ 还是受欢迎的盐。虽然这种氧化性的液体直接与金属锂接触而预测在此环境下将发生强烈反应而爆炸, 但令人吃惊的是该系统相当稳定。深入研究表明, 在锂的表面形成了致密的氯化锂保护膜而阻止反应的继续进行。虽然长期搁置后的电池在启动时电流响应滞后, 需要对保护膜有一些破坏才允许电流通过, 但无论如何该体系的搁置寿命很长 (好于许多有机体系电池)。该体系的详细描述请参照第 14 章及文献 [20, 21]。

锂/二氧化硫液态阴极电池在军队和工业上有很重要的用途, 其电解质相是有机溶剂和二氧化硫压缩相的混合物。由于乙腈对二氧化硫有很好的溶解性和稳定性, 而被用作有机溶剂。乙腈的介电常数适中 (35.95) 并且黏度非常低 (0.341cP), 与 1mol/L LiBr 盐按体积比 30/70 混合在室温的电导率可达 52mS/cm, 接近水溶液体系电导率。电导率与温度的关系可参阅第 14 章。对于卤氧化物液相阴极电池可在锂表面形成致密的保护层, 也只有此时可生成 $Li_2S_2O_4$。这种材料具有很低的电子电导率而且很致密, 放电时必须进行一些破坏才允许锂离子进入电解质。这种电池与卤氧化物电池相比具有较低的能量, 因为其电压低, 浓度小。它也含有高压的二氧化硫, 其沸点是 $-10℃$, 这种电解质允许 $LiSO_2$ 电池提供出色的低温特性甚至到 $-40℃$ 以下。

7.4 离子液体

离子液体以液态存在, 尽管具有复杂的多原子结构, 其首先需分离成离子。离子液体在

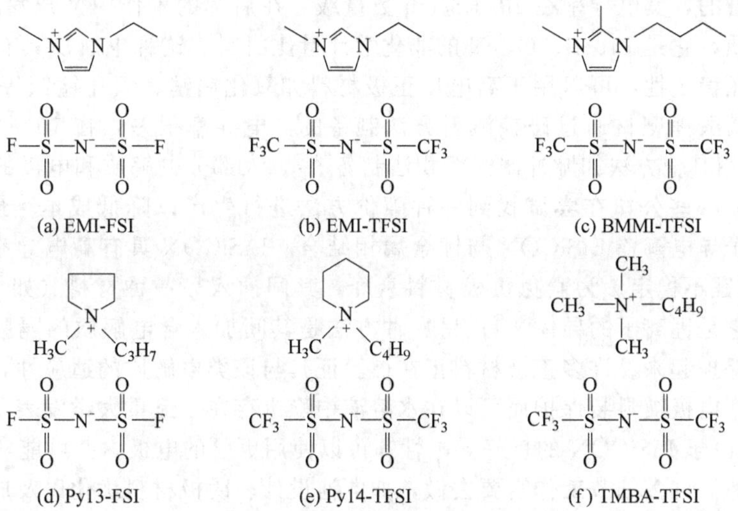

图 7.3 一些典型室温离子液体的分子式及结构

室温甚至更低的温度下呈液态，溶解锂盐至合适的浓度如 1mol/L。因为离子液体通常具有低蒸气压，具有阻燃特性。又因为它具有很高的离子浓度，尽管黏度很大，但电导率可与有机溶剂体系媲美。问题是由于离子液体黏度大，很难短时间内充满电池并浸润电极和隔膜。图 7.3 显示了离子液体的典型结构[22]。大部分离子液体的氧离子在比锂沉积或石墨嵌锂电位高的电位发生还原而难于进行电化学应用，而且通常这些离子液体形成的 SEI 膜不稳定，溶于离子液体。因此，锂沉积或嵌入效率很低，缩短了电池寿命。添加剂如 VC 有助于提高 SEI 膜质量和循环寿命，但与现行商品相比尚不充分。详细信息请参照文献 [23]。

7.5 固体聚合物电解质

在第 27 章讨论了采用固体聚合物电解质（SPE）的电池。初始阶段采用的电解质是由比较简单的聚合物聚氧乙烯和 LiClO_4 等盐构成。虽然没有溶剂，但令人吃惊的是聚合物可以溶解大量的盐，这是因为聚合物中的氧乙烯与盐中的锂离子具有很强的相互作用能量，阴离子与锂离子发生分离。但 SPE 在室温的电导率太低（10^{-7} S/cm 数量级）很难实际应用于电池。人们进行了各种努力去提高电导率，包括在聚合物溶入碳酸丙烯酯和碳酸乙烯酯等增塑剂以及异构化等主链修饰，但这些尝试在提高了电导率的同时也降低了聚合物的力学性能。现在虽然还没有找到比较现实的解决方案，研究者们还在继续努力。而令人鼓舞的是聚合物电解质可以用于金属锂体系获得高比能锂电池。聚合物电解质的一个新方向是不同类型的聚合物通过接枝反应得到一种新型聚合物，其中一种提供高电导率，另一种提供高强度。各种聚合物相结合的研究在不同研究小组展开以发现令人满意的复合效果[24~26]。

7.6 陶瓷/玻璃电解质

该类型的电解质最近主要被应用于薄膜电池（叠层厚度约 $10\mu m$）（第 27 章）。磷氧硫化物被用于 Li/TiS_2 等低电压体系，尽管没有液态电解质，它可以循环数千次[27]。短极间距离和阴极的良好扩散特性使得薄膜结构的该体系循环中容量损失很少。电解质相是通过射频磁控溅射法制备的，其电导率在 $10^{-3}\,S/cm$ 数量级。在后续的工作中又开发出了 LiPON 非晶态材料电解质，它是 Li、P、O、N 的非化学计量比材料。这种电解质具有比氧硫化物玻璃电解质高电压稳定性，可以用于高电压正极材料如氧化钴锂、氧化锰锂等。LiPON 是在氮气氛下采用磷酸锂靶材通过磁控溅射方法制备的，电导率很差，在 $10^{-5}\,S/cm$ 量级[28]。LiPON 还可以用其他方法如脉冲激光沉积法制备[29]。大部分电解质和电极的制备过程较慢而且设备昂贵。一些公司在尝试找到一种廉价方法进行生产以降低成本。最近，PolyPlus 公司使用锂离子导电陶瓷 LiSiCON 与锂金属相结合。LiSiCON 具有高电导率（1mS/cm 量级），但对金属锂不稳定。为避免负极材料衰降，其间插入另一种材料（如 Li_3N 晶体薄层电子绝缘体，它是锂离子的导体[30]；另一种方法是其间加入含电解质的隔膜[31]），目的是把金属锂封装保护起来。许多正极材料正在被验证其与该类电解质的适应性，包括水溶液空气电极。因为锂电极被封装保护而可以在水溶液中稳定存在。三重大学发表了一系列类似的研究成果[32]。由于 LiSiCON 的良好导电性，可以使用更厚的电极，并可能实现高容量、高能量密度的电池。许多细节工作需要去做，如电池设计、阴极材料优化以及成本。

参 考 文 献

1. E. A. Schumacher, *The Primary Battery*, *Vol.* 1, G. W. Heise and N. C. Cahoon Eds., John Wiley, New York, 1971, p. 179.

2. S. A. Megahed, J. Passaniti, and J. C. Springstead, *Handbook of Batteries*, 3rd Ed., D. Linden and T. B. Reddy, Eds., McGraw-Hill, New York, 2002, p. 12.9.

3. Schumacher, *The Primary Battery*, 1, p. 180.

4. K. J. Cain, C. A. Mendres, and V. A. Maroni, *J. Electrochem. Soc.* 134, 519 (1987) and references therein.

5. C. Debiemme-Chouvy, J. Vedel, M. Bellissent-Funel, and R. Cortes, *J. Electrochem. Soc.* 142, 1359 (1995) and references therein.

6. R. Y. Wang, D. W. Kirk, and G. X. Zhang, *J. Electrochem. Soc.* 153, C357 (2006).

7. F. Beck and P. Ruetschi, *Electrochim. Acta* 145, 2467 (2000).

8. B. K. Thomas and D. J. Fray, *J. Applied Electrochem.* 12, 1 (1982).

9. D. Aurbach and A. Zaban, Chap. 3 in *Nonaqueous Electrochemistry*, D. Aurbach, Ed., Marcel Dekker, Inc., New York, 1999, pp. 81-136.

10. D. Aurbach and Y. Gofer, Chap. 4, ibid., pp. 137-212.

11. G. E. Blomgren, Chap. 2 in *Lithium Batteries*, J. P. Gabano, Ed., Academic Press, New York, 1983, pp. 13-42.

12. P. B. Balbuena and Y. Wang, Eds., *Lithium Batteries: Solid Electrolyte Interphase*, Imperial College Press, London, 2004.

13. M. Winter, K.-C. Moeller, and J. O. Besenhard, Chap. 5 in *Lithium Batteries: Science and Technology*, G.-A. Nazri and G. Pistoia, Eds., Springer Science-Business Media, New York, 2009, pp. 144-194.

14. P. G. Balakrishnan, R. Ramesh, and T. P. Kumar, *J. Power Sources* 155, 401 (2006).

15. J-i. Yamaki, Chap. 5 in *Advances in Lithium-Ion Batteries*, W. A. van Schalkwijk and B. Scrosati, Eds., kluwer Academic/Plenum Publishers, New York, 2002, pp. 155-184.

16. G. E. Blomgren, Chap. 2 in *Nonaqueous Electrochemistry*, D. Aurbach, Ed., Marcel Dekker, Inc., New York, 1999, pp. 53-80.

17. G. E. Blomgren, *J. Power Sources* 14, 39 (1985).

18. S. S. Zhang and T. R. Jow, *J. Power Sources* 109, 458 (2002).

19. M. L. Kronenberg and G. E. Blomgren, Chap. 8 in *Comprehensive Treatise of Electrochemistry*, *Vol.* 3, J. O'M. Bockris, B. E. Conway, E. Yeager, and R. E. White, Eds., Plenum Press, New York, 1981, pp. 247-278.

20. E. Peled, Chap. 3 in *Lithium Batteries*, J-P. Gabano, Ed., Academic Press, New York, 1983, pp. 43-72.

21. C. R. Schlaikjer, Chap. 13, ibid., pp. 304-370.

22. A. Guerfi, M. Dontigny, P. Charest, M. Petitclerc, M. Lagacé, A. Vijh, and K. Zaghib, *J. Power Sources* 195,

845（2010）.

23. A. Webber and G. E. Blomgren，Chap. 6 in *Advances in Lithium-Ion Batteries*. W. A. van Schalkwijk and B. Scrosati，Eds.，Kluwer Academic/Plenum Publishers，New York，2002，pp. 185-232.

24. P. E. Trapa，Y-Y. Won，S. C. Mui，E. A. Olivetti，B. Huang，D. R. Sadoway，A. M. Mayes，and S. Dallek，*J. Electrochem. Soc.* 152，A1（2005）.

25. M. Singh，O. Odusanya，G. M. Wilmes，H. B. Etouni，E. D. Gomez，A. J. Patel，V. L. Chen，M. J. Park，P. Fragouli，H. Iatrou，N. Hadjichristidis，D. Cookson，and N. P. Balsara，*Macromolecules* 40，4578（2007）.

26. M. A. Meador，V. A. Cubon，D. A. Schelman，and W. R. Bennett，*Chem. Materials* 15，3018（2003）.

27. S. D. Jones and J. R. Akridge，*J. Power Sources* 44，505（1993）.

28. X. Yu，J. B. Bates，G. E. Jellison，Jr.，and F. X. Hart，*J. Electrochem. Soc.* 144，524（1997）.

29. S. Zhao，Z. Fu，and Q. Qin，*Thin Solid Films* 415，108（2002）.

30. S. J. Visco，Y. S. Nimon，B. D. Katz，and L. C. De Jonghe，U. S. Patent 7，491，458，Feb. 17，2009.

31. Ibid.，U. S. Patent 7，282，295，Oct. 16，2007.

32. T. Zhang，N. Imanishi，Y. shimonishi，A. Hirano，J. Xie，Y. Takeda，O. Yamamoto，and N. Sammes，*J. Electrochem. Soc.* 157，A214（2010）and references therein.

第·2·部·分

原 电 池

第 **8** 章

原电池概论

David Linden and Thomas B. Reddy

8.1 原电池的共性和应用

原电池是一种方便的电源，可用于便携式电气和电子装置、照明、照相设备、PDAs（个人信息助手）、通信设备、助听器、手表、玩具、存贮器备用电源以及其他各种用途的独立电源。原电池的主要优点是方便、简单、易于操作、几乎无需维护以及尺寸和形状可与用途相匹配。长贮存寿命、适当的比能量和比功率、高可靠性和低成本也是其共同优点。

原电池存在已有 100 多年了，但直到 1940 年，得到广泛应用的只有锌/碳电池（锌/二氧化锰干电池）一种。在第二次世界大战期间和战后时期，不仅锌/碳电池体系取得了长足进步，而且出现各种新型并具有优越性能的电池。电池质量比能量在不断提高，由早期锌锰干电池低于 50W·h/kg，提高至现在锂/空气电池和锌/空气电池的 500W·h/kg 以上。第二次世界大战时期，电池在适当温度下的贮存寿命只有一年。目前的传统电池的贮存寿命是 2～5 年，而新型锂电池的贮存寿命可达十年，并能在温度高达 70℃下贮存。电池低温工作已从 0℃延伸到 −40℃，比功率则显著成倍增大。原电池性能方面的相关进展表示在图 1.6 和图 8.1 中。

20 世纪 70～90 年代期间受到同时期快速发展的电子技术的激励、对小型电源的新要求以及出于对空间、军事和环境改善计划的支持，在电池领域有许多显著的进展。

在该期间，碱性锌/二氧化锰电池开始替代普通锌/碳电池（或勒克朗谢电池），在原电池中处于领导地位，并在美国市场占据主要份额。进一步对环境的关注则可实现消除大多数电池中的汞，并使电池性能未发生变化；同时也促使锌/氧化汞电池和镉/氧化汞电池的逐步退出，而在这些电池中，汞用于正极活性物质。幸运的是，锌/空气电池和锂电池非常适时地得到发展，并能够在许多应用中替代原先采用的"汞"电池。应该说，一系列锂电池的发展与上市则是这段期间的重大成就，在这些锂电池中是采用金属锂作为负极活性物质。这些锂电池可以输出的比能量至少是大多数传统水溶液原电池的 2 倍以上，并有极长的贮存寿命，由此显示了广泛的应用潜力，包括从用于存储器备用电源和照相机的扣式与圆柱形电池到用于导弹发射并备用电源的超大型电池。

　　原电池比能量提高的空间越来越窄，这是因为现有电池已经趋于成熟；同时由于缺乏新的和从未试验过的电池材料与化学体系，从而使新型高能量电池的进一步发展受到一定限制。但是电池的其他一些重要性能，如比功率、贮存寿命和安全性能仍在不断进步。用于便携式消费电子装置的高功率碱性锌/二氧化锰电池的发展、锌/空气电池性能的改善以及新型锂电池的问世，像具有 1.5V 放电平台的锂/二硫化铁电池体系，都可以作为近来这方面进展的实例。

　　原电池性能方面的改进提供了许多新的应用机会。能量密度和比能量的提高使得电池的尺寸和重量有了根本性减小。这种减小与电子技术的进步同步，使许多新型便携收音机、通信及电子器具实用化。比功率的提高则使得这类电池可以用于个人信息助手、收发报机、通信与数码相机以及其他高功率用途。而以前在这些应用场合都必须采用蓄电池或市电，但蓄电池却需要充电等繁琐的维护，因而远不如原电池使用方便。目前许多原电池都具有长贮存寿命，由此引出了一些新的应用，比如用在医疗电子器具、存储器备用电源及其他需长期工作的设备，还进一步提高相关设备的工作寿命和可靠性。

　　图 8.1 展示了原电池在 20 世纪里的发展情况。而目前的相关进展则在随后章节中介绍。

8.2　原电池的种类和特性

　　虽然有许多负极/正极的组合可用于构成原电池的体系（参见第 1 部分），但只有相当少的几种成功取得实用化。到目前为止，锌具有电化学特性好、电化学当量高、与水溶液电解质相容、贮存寿命长、成本低和易于获取等优点，已成为使用最为普遍的原电池负极材料。铝有较高的电化学电位和电化学当量，以及易于获取等优势，同样也是受到注目的负极材料。但由于其易于钝化和局限的电化学性能，它尚未能成功地发展成为实用的原电池体系。镁同样有着诱人的电性能和低成本，并已成功地用于原电池，特别是具有很高比能量和长贮存寿命的军用电池，但对这种电池的商业关注是有限的，在美国军备中的应用也停止了。通常，镁也用于贮备电池中的负极。近来，更多的关注则集中在所有金属中具有最高质量比能量和最高标准电位的金属锂。采用对锂稳定的多种不同的非水电解质和各种不同的正极材料，构成了一系列锂负极电池体系，为原电池领域的比能量和比功率性能提高提供了发展机遇。

　　不同类型原电池的典型特性和应用总括于表 8.1 中。

　　原电池的特性如下所述。

　　(1) 锌/碳电池（锌/二氧化锰干电池）　勒克朗谢电池或锌/碳电池因为成本低、性能好且具有即用性而得到广泛应用，实用化已超过 100 年，是应用最广的一种原电池。其单体电池和电池组拥有各种尺寸和特性以满足各种不同需求。在 1945～1965 年期间，通过采用新材料（如化学二氧化锰和电解二氧化锰

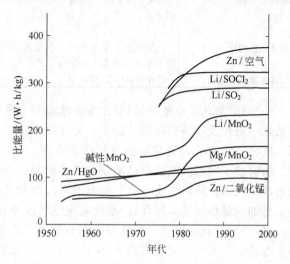

图 8.1　20 世纪原电池的发展
（在 20℃下连续放电；40～60h 倍率；AA 型或类似的电池型号）

及氯化锌电解质）和电池设计（如纸板电池）使得其容量和搁置性能得到显著提升。成本低廉是勒克朗谢电池的最大特点，这使它仍然有着极大吸引力。但是由于近年来新的高性能原电池的出现，除发展中国家外，该类型电池的市场占有率已显著降低。

（2）碱性锌/二氧化锰电池　在过去的 20 年期间，原电池市场的增加部分基本源自碱性锌/二氧化锰电池。因为该电池在更高电流和低温下的放电性能特别优异以及其具有更长的贮存寿命，使之成为电池的优选体系。虽然以只为单位计算，它比勒克朗谢电池贵得多，但对于那些需要高放电率或低温放电能力的应用，碱性电池的性能价格比远优于勒克朗谢电池，在这些场合下其性能要比勒克朗谢电池优越 2～10 倍。此外，由于该电池贮存寿命长，故其常被选用在间歇使用及无需维护与控制的贮存场合（例如手电筒照明和烟雾报警器等），一旦需要即能可靠工作。最近以来的技术进步使设计出的电池进一步提高高放电率性能，从而可以用于那些需要这种高功率特性的照相机和其他消费电子器具。市场竞争已导致该类电池价格明显下降。

表 8.1　原电池体系的主要特性和应用

体　系	特　性	应　用
锌/碳电池（勒克朗谢电池），锌/二氧化锰电池	普通，低成本原电池 可以选择各种尺寸；	手电筒、便携收音机、玩具、小装饰品、仪器
镁/二氧化锰电池（Mg/MnO_2）	高容量原电池；长贮存寿命	早期用于军用收发报机、飞行器应急发报机
锌/氧化汞电池（Zn/HgO）	按体积计为最高容量的传统电池；放电电压平稳；贮存寿命良好	助听器、医疗仪器（起搏器）、摄影、探测器、军用装备，但由于汞的环境污染问题目前被限制使用
镉/氧化汞电池（Cd/HgO）	长贮存寿命；高低温性能好，能量密度低	要求极端温度条件和长寿命的特殊应用；被限制使用
碱性锌/二氧化锰电池	最流行的通用型电池；低温性能和高放电率性能优良；成本低	最常用的一次电池；适用于各种便携式电池驱动设备
锌/氧化银电池（Zn/Ag_2O）	按质量计为最高容量的传统电池；放电电压平稳；贮存寿命良好；价格昂贵	助听器；照相机；电子表；导弹；水下和空间应用（大型）
锌/空气电池（Zn/O_2）	最高的能量密度；成本低；受环境条件限制大	特殊应用；助听器；传呼机；医疗仪器；军用电子设备
可溶解正极锂电池	能量密度高；贮存寿命长；工作温度范围广	凡要求高能量密度和长贮存寿命的场合，可涵盖由公用设施计量仪表到军用电源的各种应用
固体正极锂电池	能量密度高；放电率能力强和低温性能好；贮存寿命长；价格有竞争力	代替传统的扣式电池和圆柱形电池，例如数码相机
固体电解质锂电池	贮存寿命极长；低功率	医疗电子

（3）锌/氧化汞电池　锌/氧化汞电池是另一种重要的锌负极原电池体系。由于它具有良好的贮存寿命及较高的体积比能量，曾在第二次世界大战期间得到发展并应用于军事通信。第二次世界大战后，这种电池曾制作成小型扣式、扁平形或圆柱形，用于电子手表、计算器、助听器、照相及其他类似的要求高可靠和长寿命的小型电源的应用场合。然而由于汞带来的环境问题，同时也由于有其他电池可以取代之，譬如锌/空气和锂电池在许多设备中都显示更加优越的性能，因此锌/氧化汞电池已经停止使用。

（4）镉/氧化汞电池　镉代替锌作为负极（镉/氧化汞电池）虽使电压降低，但工作电压却极为稳定。其贮存寿命可达 10 年，并且高低温性能很好。由于电压较低，这种电池同尺寸下的输出能量（W·h）约为锌/氧化汞电池的 60%。同样由于该电池中的汞和镉都是有害物质，该电池的使用受到限制。

（5）**锌/氧化银电池**　锌/氧化银原电池在设计上与小型锌/氧化汞扣式电池相似，但是它有较高的比能量，低温工作性能较好，这些特性也使得该电池体系被有望用于助听器、照相器具和电子表等。然而由于它价格高以及其他代用电池的发展，使这种电池体系主要限制于扣式电池的应用，在这些应用中较高的价格是可以接受的。而大尺寸规格的电池则被用于有关军事装备中。

（6）**锌/空气电池**　锌/空气电池体系以其高比能量而著称，但在早期还只限于大型低功率电池在信号及导航设备中的应用。随着空气电极的改进，这种电池体系的高放电率性能得到提高，并使小型扣式电池广泛地应用于助听器，电子器具和类似的用途。由于无需正极活性物质，这些电池都显示出很高的比能量。然而，该体系的推广应用和对大型电池的开发却因遇到某些性能限制的难题〔对极端温度、湿度和其他环境因素（如碳酸化）过于敏感、活化后湿贮存寿命短和比功率低〕而放慢。即使如此，该体系的高比能量依然有着很大吸引力，目前还在有关武器装备中使用（见第 33 章）。

（7）**镁电池**　尽管镁有着诱人的电化学特性，但由于镁原电池在放电时产生氢气和部分放过电的电池贮存能力很差，故这种电池几乎没有商业价值。镁干电池已成功地用于军事通信设备，在这些应用中它显示出较高的比能量；同时在未放电状态和即使是在高温下贮存，也显示出长的贮存寿命。此外，镁也是贮备电池和金属空气电池中的一种常见的负极活性物质（见第 33 章和第 34 章）。

（8）**铝电池**　铝是另一种具有高理论比能量的诱人负极材料，但由于铝的极化和腐蚀等问题，阻止其发展成为商品电池。同样，它在许多应用中正在得到研究，其中发展贮备型或机械更换式电池是最有希望的（见第 10 章和第 34 章）。

（9）**锂电池**　锂负极电池是相对近期才发展起来的（1970 年以来）。锂电池的优点是比能量最高，工作温度范围宽广和贮存寿命长，并正在逐步地取代传统电池体系。然而除了照相机、医疗仪器、手表、存储器、军事装备和其他特殊应用外，由于其较高的价格，它并没有如早先预期的那样占领主要市场份额。

如同锌电池系列一样，现在已有一系列锂电池正在发展之中，其容量范围为 5mA·h～10000A·h。虽然采用的设计和化学组成也不同，但共同之处则是都使用金属锂作为负极。

锂原电池可以分成三类（见第 14 章）。最小的一种是低功率固体电池（见第 31 章），其贮存寿命极好，可用于诸如心脏起搏器。第二类是固体正极物质电池，其设计大多是扣式和小圆柱形。这些电池已开始代替常规的原电池用于手表、计算器、记忆电路、照相和通信器具以及其他类似用途等。在这些应用中，电池的高比能量和长贮存寿命是最重要的要求。第三类是可溶正极电池（使用液体正极物质），这种电池以圆柱形为典型结构，有些是扁圆盘形或在圆柱形壳体中使用平板极片。这些电池的容量可高达 35A·h，用于军事、工业用途、照明及其他装置。对这些应用来说，电池尺寸小、重量轻以及工作温度范围宽广是重要的。而在紧急备用电源或特殊军事装备中则使用大型锂电池。

（10）**固体电解质电池**　固体电解质电池与其他电池体系不同，它们依靠固体中的离子导电，而且这种固体是一种非电子导电的化合物。使用这些固体电解质电池的一般是低功率（μW）用电器具，但是这类电池贮存寿命特别长，并可在相当宽的工作温度范围，尤其是在高温下工作。这些电池可用于医疗电子器具、记忆电路以及其他需要长寿命、低功率电池的用途。最初的固体电解质电池使用银负极和碘化银固体电解质。而现在大多数这类电池中都使用锂作为负极，由此可以提供较高的电压和较高的比能量。目前仅在心脏起搏器中使用该类电池，其中固态碘化锂电解质则是在电池使用中现场生成。

8.3　原电池系列的工作特性比较

8.3.1　概述

　　各种原电池体系的定性特征概括于表 8.2 中。该表说明了锂负极电池的性能优势。然而由于传统原电池在许多消费应用中显示出低成本、易获得和可接受的性能，它们仍然占据了大部分市场。

　　主要原电池的性能在表 8.3 中列出，该表可用第一章的表 1.2 作为补充。第一章的表 1.2 列出了这些原电池体系的理论和实际的电性能。在图 1.4 中表示出各种电池体系理论和实际性能的比较，显然作为设计和放电要求的结果，在实际条件下一般只能获得大约25％～35％的理论容量。

表 8.2　原电池的定性比较[①]

化学体系	电压	质量比能量	功率密度	放电平台	低温使用	高温使用	贮存寿命	成本
锌/碳电池	5	4	4	4	5	6	8	1
碱性锌/二氧化锰电池	5	3	2	3	4	4	7	2
镁/二氧化锰电池	3	3	2	2	4	3	4	3
锌/氧化汞电池	5	3	2	2	5	3	4	5
镉/氧化汞电池	6	5	2	2	3	2	3	6
锌/氧化银电池	4	3	2	2	4	2	5	6
锌/空气电池	5	2	3	2	5	3	—	3
可溶解正极锂电池	1	1	1	1	1	2	1	5
固体正极锂电池	1	1	1	2	2	3	2	3

　　① 从1至8代表性能的依次降低。

表 8.3(a)　原电池的性能 1

体系	锌/碳 (勒克朗谢电池)	锌/碳 (氯化锌)	镁/二氧化锰	碱性锌/ 二氧化锰
化学物质				
负极	Zn	Zn	Mg	Zn
正极	MnO_2	MnO_2	MnO_2	MnO_2
电解质	NH_4Cl 和 $ZnCl_2$ 溶液	$ZnCl_2$ 溶液	$MgBr_2$ 或 $Mg(ClO_4)_2$ 溶液	KOH 溶液
单体电压/V[④]				
标称	1.5	1.5	1.6	1.5
开路	1.5～1.75	1.6	1.9～2.0	1.5～1.6
中点	1.25～1.1	1.25～1.1	1.8～1.6	1.23
终止	0.9	0.9	1.2	0.8
工作温度/℃	−5～45	−10～50	−40～60	−40～50
20℃下的比能量				
扣式电池				
质量比能量/(W·h/kg)				81
体积比能量/(W·h/L)				361
圆柱形电池				
质量比能量/(W·h/kg)	65	85	100	154
体积比能量/(W·h/L)	100	165	195	461
放电曲线特征(相对)	倾斜	倾斜	轻度倾斜	轻度倾斜
功率密度	低	低到中	适中	适中

续表

体系	锌/碳 (勒克朗谢电池)	锌/碳 (氯化锌)	镁/二氧化锰	碱性锌/ 二氧化锰
20℃下自放电率/(％/年)③	10	7	3	3
优势	成本最低;常规 条件下使用;具有 各种形状;易获得	成本低;性能 优于普通锌/ 二氧化锰电池	比锌/锰电池 容量高;贮存性能 好(未放电)	容量高;低温性 能、高放电率性能 好;成本低
限制	比能量低;低温性 能、高放电率性能差	产生气体多; 比高级碱性 电池性能差	放电时析气多(H₂); 电压滞后	电解质 可能渗漏
目前状态	大规模生产; 市场份额 正在丧失	大规模生产; 市场份额正在降低	NLA①	大规模生产;是 最流行的原电池
可提供的主要型号	圆柱形单体 和组合电池 (见表 9.9)	圆柱形单体 和组合电池 (见表 9.9)	以前可提供圆柱 形单体和组合电池 (见表 10.3)	扣式、圆柱形、 电池组(见表 11.8 和表 11.9)

① 已不再有商品提供。

② 见第 14 章其他锂原电池。

③ 自放电率通常随贮存时间降低。

④ 数据为 20℃下,最佳放电条件下取得,详细数据见各相应章节。

表 8.3(b)　原电池的性能 2

体　系	锌/氧化汞	镉/氧化汞	锌/氧化银
原理			
负极	Zn	Gd	Zn
正极	HgO	HgO	Ag₂O 或 AgO
电解质	KOH 或 NaOH 溶液	KOH 水溶液	KOH 或 NaOH 水溶液
单体电压/V④			
标称	1.35	0.9	1.5
开路	1.35	0.9	1.6
中点	1.3~1.2	0.85~0.75	1.6~1.5
终止	0.9	0.6	1.0
工作温度/℃	0~55	-55~80	0~55
20℃下的比能量			
扣式电池			
质量比能量/(W·h/kg)	100	55	135
体积比能量/(W·h/L)	470	230	530
圆柱形电池			
质量比能量/(W·h/kg)	105		
体积比能量/(W·h/L)	325		
放电曲线特征(相对)	平坦	平坦	平坦
功率密度	适中	适中	适中
20℃下自放电率/(％/年)③	4	3	6
优势	体积比能量高;放电平坦 电压稳定	高低温性能好; 贮存寿命长	能量高; 高倍率放电性能好
限制	昂贵;质量比能量一般 低温性能差	昂贵,体积比能量低	昂贵,但扣式电池应用的性能价格比高
目前状态	因汞的毒性, 退出市场	产量有限,因有毒除特殊 应用外,正在退出市场	处于生产中
可提供的主要型号	NLA①	NLA①	扣式电池(见表 13.3)

① 已不再有商品提供。

② 见第 14 章其他锂原电池。

③ 自放电率通常随贮存时间降低。

④ 数据为 20℃下,最佳放电条件下取得,详细数据见各相应章节。

表 8.3(c) 原电池的性能 3

系 统	锌/空气	锂/二氧化硫[2]	锂/亚硫酰氯[2]
原理			
负极	Zn	Li	Li
正极	O_2(空气)	SO_2	$SOCl_2$
电解质	KOH 溶液	有机溶剂的盐溶液	$SOCl_2/LiAlCl_4$
单体电压/V[4]			
标称	1.5	3.0	3.6
开路	1.45	3.1	3.65
中点	1.3~1.1	2.9~2.75	3.6~3.3
终止	0.9	2.0	3.0
工作温度/℃	0~50	−55~70	−60~85
20℃下的比能量			
扣式电池			
质量比能量/(W·h/kg)	415		
体积比能量/(W·h/L)	1350		
圆柱形电池			碳包式　卷绕式
质量比能量/(W·h/kg)	方形 500	260	590　495
体积比能量/(W·h/L)	方形 1250	415	1100　970
放电曲线特征(相对)	平坦	非常平坦	平坦
比能量	低	高	中等(依赖于具体设计)
20℃下的自放电率/(%/年)[3]	3(如密封式)	2	1~2
优势	体积比能量高;贮存寿命长(密封式)	比能量高;低温性能最好,高放电率性能好;贮存寿命长	比能量高;因具有保护性膜,贮存寿命长;
限制	受环境影响,富液、电液枯竭;输出功率较低	存在内部压力;有潜在的安全问题;含有毒成分;运输受管制	贮存后电压滞后
目前状态	中等规模生产,在助听器中使用	中等规模生产;主要用于军事	以各种尺寸设计生产,主要用于特殊用途
主要型号	(见表 13.5、表 13.6 和第 33 章)	圆柱形电池(见表 14.9 和表 14.10)	见 14.6 节和表 14.11~表 14.13

① 已不再有商品提供。
② 见第 14 章其他锂原电池。
③ 自放电率通常随贮存时间降低。
④ 数据为 20℃下,最佳放电条件下取得,详细数据见各相应章节。

表 8.3(d) 原电池的性能 4

体 系	锂/二氧化锰[2]	锂/硫化铁[2]	固体电池
原理			
负极	Li	Li	Li
正极	MnO_2	FeS_2	I_2(P2VP)
电解质	有机溶剂的盐溶液	有机溶剂的盐溶液	固体电解质
单体电压/V[4]			
标称	3.0	1.5	2.8
开路	3.3	1.8	2.8
中点	3.0~2.7	1.6~1.4	2.8~2.6
终止	2.0	1.0	2.0

续表

体　系	锂/二氧化锰[②]		锂/硫化铁[②]	固体电池
工作温度/℃	−20～55		−20～60	0～200
20℃下比能量				
扣式电池				
/(W·h/kg)	230			
/(W·h/L)	545			
圆柱形电池	碳包式	卷绕式		
质量比能量/(W·h/kg)	270	261	310	220～280
体积比能量/(W·h/L)	620	546	560	820～1030
放电曲线特征(相对)	平坦		开始平坦,然后上升	平缓(在低放电率下)
比能量	适中		中高	很低
20℃下自放电率/(%/年)[③]	1～2		1～2	<1
优势	比能量高;低温性能好、高放电率性能好;可以用来替换小型传统电池		高放电率性能好,可替换碱性锌/二氧化锰电池	贮存寿命极好(10～20 年);使用温度范围宽(达 200℃)
限制	一般仅限于小尺寸电池;大尺寸电池还在研发中;电池的运输受到管制		比碱性电池成本高	放电率极低;低温性能差
目前状态	产量不断增加		一般生产 AAA 和 AA 型号;9V 电池也能提供	为特殊用途生产
主要型号	扣式电池、小型圆柱形电池(见表 14.10,表 14.18～表 14.20)		圆柱形电池和9V 电池(见表 14.23)	(见 31.5 节)

① 已不再有商品提供。
② 见第 14 章其他锂一次电池。
③ 自放电率通常随贮存时间降低。
④ 数据为 20℃下,最佳放电条件下取得,详细数据见各相应章节。

　　应该指出,如第 1 章、第 3 章和第 32 章所讨论的那样,各种电池的性能及对它们做出的比较都是基于单体电池的数据,并做了相应的近似处理,而且这些电池基本上在相应自己的有利放电条件下取得的。然而一个电池体系的特殊性能既依赖于电池和电池组的设计,还与电池使用和放电的所有特殊条件有着密切的关系。

8.3.2　电压和放电曲线

　　图 8.2 比较了主要原电池的放电曲线。锌负极电池的放电电压一般约在 1.5～0.9V 之间;锂负极电池的电压与正极有关,通常较高,多数都为 3V 左右,终止电压约为 2.0V。镉/氧化汞电池的工作电压较低,为 0.9～0.6V;这些电池的放电曲线也显示出不同的特性。普通的锌/碳和碱性锌/二氧化锰电池显示出倾斜的放电曲线,Mg/MnO_2

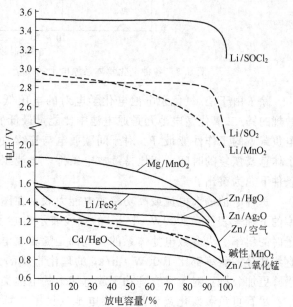

图 8.2　各电化学体系原电池以 30～100h 率放电时的性能曲线

和 Li/MnO_2 的放电曲线斜度要小一些（虽然 Li/MnO_2 电池在低率放电时的曲线较平坦），而其他多数电池的放电曲线都相对较平坦。

8.3.3　比能量和比功率

　　图 8.3 给出了 20℃下不同原电池体系以不同放电率放电时的质量比能量，也称为质量能量密度，该图表示出相应每种电池（标称到 1kg 电池质量）在以不同功率水平（放电电流×中点电压）放电至规定的终止电压时的工作时间。因此，电池质量比能量则可按下式进行计算：

$$质量比能量＝质量比功率×工作小时$$

或者

$$W \cdot h/kg＝W/kg×h＝\frac{A×V×h}{kg}$$

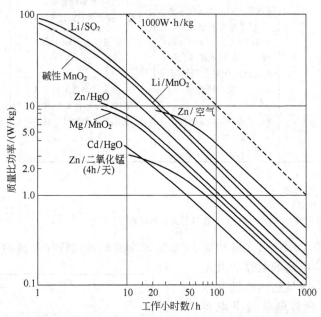

图 8.3　各种电化学体系原电池的质量比功率与工作时间的关系对比图

　　除了由于镉/氧化汞电池电化学电对的电压低，使其在低放电率时的比能量也最低外，常规的锌/二氧化锰电池乃是原电池中比能量最低的体系。实际上，锌/二氧化锰电池在低放电负载下的工作性能最好。对于间歇放电与连续放电相比，由于电池在放电间隔期间能有一个休息或恢复的时间，相比持续放电条件，电池工作寿命会有显著提高，这在高放电率放电条件下尤为突出。

　　每种电池的大电流或高功率放电能力表示在图 8.3 中，它是以高放电率下的放电曲线斜率的下降来表征。1000W·h/kg 的直线表示出在所有放电率下，电池能保持恒定容量或能量时的斜率。大多数电池体系的容量都是随着放电率的增加而降低，而且相应每条放电曲线直线部分的斜率都比 1000W·h/kg 的理论直线部分斜率低。此外，当放电率增加时，斜率下降更加急剧。对于具有高功率放电能力的电池类型，在更高放电率下才出现斜率的下降。

　　尽管重负载氯化锌型的锌/碳电池（见第 9 章）在较苛刻的放电条件下工作性能较好，但是锌/碳电池的总体性能是随着放电率的增加而迅速下降的。碱性锌/二氧化锰电池、锌/氧化汞电池、锌/氧化银电池以及镁/二氧化锰电池在 20℃下具有大体相同的比能量和性能。锌/空气电池体系在低放电率放电时，显示更高的比能量；但在高放电负载下，其比能量急剧下降，表明其比功率是很低的。锂电池具有高比能量的特点，部分原因归结为其较高的电池电压。以高放电率放电时能输出高容量，是 Li/SO_2 电池及某些其他锂电池的显著特点。

对于某些电池而言，尤其是扣式和小型电池，由于其质量是很不起眼的，因此体积比能量有时是比质量比能量更有用的参数。以 Zn/HgO 电池那样更致密的电池为例，若按体积为基准进行比较时，其相对地位就能提高，如图 8.9 所示。在单一电池体系的各章中给出了相应曲线，它们分别表示出每种电池体系以不同放电率和在不同温度下放电的工作时间。

8.3.4 有代表性的原电池的性能比较

图 8.4 给出了以典型的 IEC 标准 44 型的扣式电池为代表的多种原电池体系的性能比较。该数据是基于 20℃下、放电率为 $C/500$ 的额定容量。不同电池体系的性能都可以进行比较，但应该认识到电池制造商可以按照应用的需求和所占据特定市场的要求，设计和制造出同样尺寸、同一化学体系，但容量和其他性能不同的电池。

表 8.4 总结出不同原电池体系的几种圆柱形电池的性能，AA 型电池的放电曲线示于图 8.5，它们的 ANSI1604-9V 电池的放电曲线示于图 8.6。

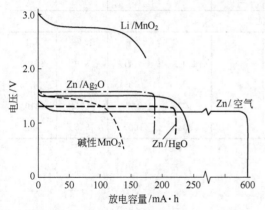

图 8.4 在 20℃下，尺寸为 Φ11.6mm× 5.4mm 的各种电化学体系原电池典型放电曲线（Li/MnO_2 电池为 1/3N 型）

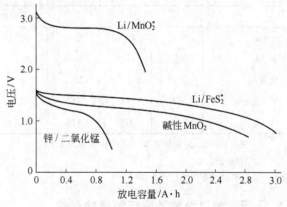

图 8.5 各电化学体系原电池典型放电曲线（AA 型电池，约 20mA 的放电率）（ * 为 2/3A 型电池）

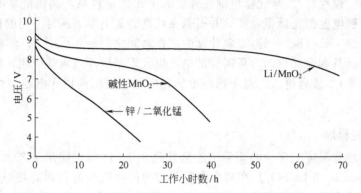

图 8.6 20℃、9V 的 ANSI1604 电池在 500Ω 负载下的放电曲线

表 8.4　圆柱形一次电池比较③

项　目	锌/碳 (标准型)	锌/碳 (重负载氯 化锌型)	碱性锌 /二氧化 锰①	锌/氧 化汞②	镁/二 氧化锰③	锂/二氧 化硫	锂/亚硫 酰氯(碳 包型)	锂/二氧 化锰(卷 绕型)	锂/二硫 化铁
工作电压/V	1.2	1.2	1.2	1.25	1.75	2.8	3.3	2.8	1.5
D 型电池单体									
A·h	4.5	7.0	18.5	14	7	7.75	19	11.1	
W·h	5.4	8.4	22.8	17.5	12.2	21.7	64.6	30.0	
质量/g	85	93	148	165	105	85	93	115	
W·h/g	65	90	154	105	115	255	695	261	
W·h/L	100	160	407	325	225	397	1235	546	
N 型电池									
A·h	0.40		1.0		0.5				
W·h	0.48		1.20	1.0	0.87				
质量/g	6.3		9.0	12	5.0				
W·h/g	75		133	85	170				
W·h/L	145		364	330	290				
AA 型电池									
A·h	0.8	1.05	2.80	2.5		0.95	2.4	1.4②	3.1
W·h	0.96	1.25	3.39	3.1		2.66	8.41	3.9	4.495
质量/g	14.7	15	23.0	30		15	18	17	14.5
W·h/g	65	84	147	103		177	467	235	310
W·h/L	125	162	418	400		334	1007	525	562

① 碱性 Zn/MnO_2 电池数据基于截止电压为 0.8V。

② 2/3A 型。

③ 这些电池有可能已不再供应。

8.3.5　放电负载及循环制度的影响

　　放电负载对电池容量的影响先前已表示于图 8.3。在图 8.7 中再一次就几种原电池系列进行说明。勒克朗谢锌/二氧化锰电池在轻放电负载下性能最好，但是其性能随着放电率的增加而迅速下降。碱性锌/二氧化锰电池在轻负载下比能量较高，其比能量不随放电率的增加而迅速下降。锂电池的比能量最高，并可以在较高的放电率下保持一定的比能量。对于较低的功率应用，锂∶锌（碱）∶锌/二氧化锰的工作时间比例是 4∶3∶1。然而如果是较重的负载，例如用于玩具和电动机动力所需的电源以及用于脉冲放电等应用，则工作时间比例就会扩大为 24∶8∶1 或者更大。对于那些重负载应用，选用高档次电池在性能和成本上都是可行的。

8.3.6　温度的影响

　　各种原电池在宽温度范围内的质量比能量见图 8.8，体积比能量见图 8.9。可溶正极锂电池体系（$Li/SOCl_2$ 和 Li/SO_2）在整个温度范围内的性能最好，而高功率 Li/SO_2 体系在非常低的温度下具有最好的容量保持能力。锌/空气电池体系在常温和轻负载下有较高的比能量。固体正极锂电池体系以 Li/MnO_2 体系为代表，它在较宽广的温度范围内有较好的工

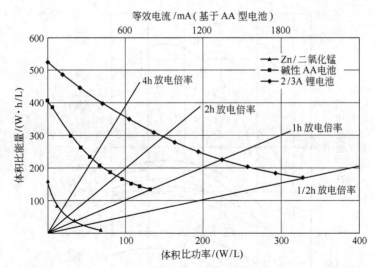

图 8.7 在 20℃下，各电化学体系原电池以不同放电率放电时的性能对比

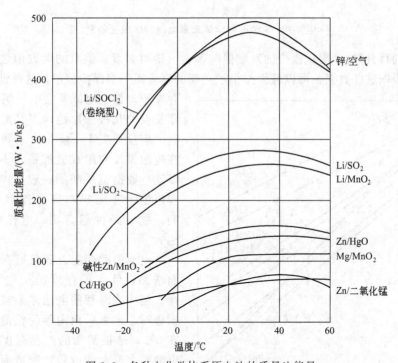

图 8.8 各种电化学体系原电池的质量比能量

作性能，比常规的锌负极体系优越。图 8.9 显示出当以体积为基准进行比较时，更致密与更重的电池体系相对而言地位有所提高。

  注意：如前面所述，这些数据是规范化的，并只代表每种电池体系在有利的放电条件下的数据。由于制造商、设计、尺寸大小、放电条件，截止电压以及其他因素影响，电池性能也具有多变性，因此它们可能不能用于特定条件。关于这些细节请参阅每一种电池体系的有关章节。

8.3.7 原电池的贮存寿命

  主要的原电池体系贮存寿命特性见图 8.10，该图给出了 20～70℃的容量损失率（按每

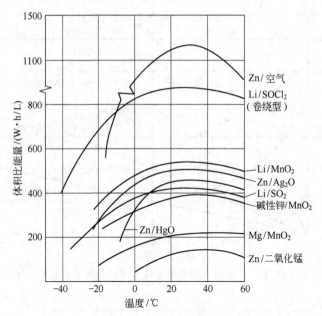

图 8.9 各种电化学体系原电池的体积比能量

年容量损失的百分数），容量损失的对数值与温度（绝对温度）倒数的对数值之间的关系大致呈直线。根据这些数据，可以假设整个贮存期的容量损失率保持恒定，这种情况不一定都

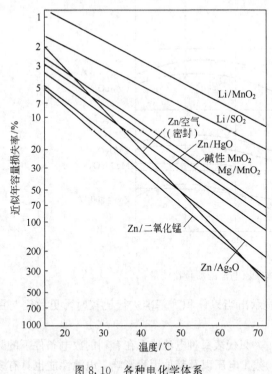

图 8.10 各种电化学体系
原电池的贮存特性

存在于多数电池体系之中。例如，在第 14 章提及的几种锂电池，当其贮存时间延长时，容量损失率下降。由于每种电池体系在电池设计和组成上都是各不相同的，所以这些数据也反映了一般规律。放电条件和电池大小同样对原电池贮存寿命有影响。放电条件越苛刻，电池的容量损失越大。

电池的贮存能力随着贮存温度的下降而增加，低温贮存可延长电池的贮存寿命。当冷冻对某些电池体系或设计会造成损害时，通常采用中等的低温贮存，比如在 0℃，是很常用的贮存温度。随着多数电池贮存寿命的改善，制造商不再推荐低温贮存。但建议室温贮存。以便保证避开高温贮存条件。

8.3.8 成本

该消费报告统计了数码相机等采用不同类型一次电池和二次电池的结果，比较了相关设备中各种原电池体系的有效成

本。而最近关于数码相机等用电池的统计结果于 2009 年 12 月发布，以后将定期不断更新数据（见第 32 章）。

8. 4　原电池的再充电

在实际应用中，需要尽量避免原电池再充电，因为此种电池不是设计用于再充电的。在多数情况下再充电是不可行的，这可能对电池有危险，因为电池是严实密封的，而且没有任何可使充电时产生的气体溢出部件。一旦排气就可能导致电池漏液、破裂或爆炸，甚至引发人身伤害、损坏机器或其他类似的伤害。因此，大多数原电池都贴有注意禁止再充电的标签。

在技术上，有一些原电池在谨慎的控制条件（通常是低的充电速率）下可以再充电几次。然而即使再充电成功，它们也不能输出全部容量，同时充电后容量保持能力很差。总的来说，原电池都是设计为不可再充电的，因此不要试图对任何原电池实施充电，除非进行这种尝试的人十分了解充电条件、设备和危险。

碱性锌/二氧化锰电池体系，已被设计成可再充电结构，这将在第 28 章予以介绍。

第9章

锌/碳电池

Brooke Schumm，Jr.

9.1 概述

锌/碳电池（锌/二氧化锰电池或锌锰干电池）已有一百多年的历史，其中勒克朗谢电池（Leclanché）和氯化锌电池是现在普及的两种体系。尽管在美国和欧洲的使用量已逐渐下降，但在世界范围内它们仍然是所有一次电池中保持最为广泛应用的体系。第三世界国家对诸如手电筒照明、袖珍收音机和其他中低电流的用途以及不需要高电流的用途情况，依然极大促进了锌/碳电池的采用。该电池对许多应用来说，具有价格低、随时可用及可以接受的性能等特点。

在世界范围内锌/碳电池工业继续增长，2015年全球电池市场预期达到750亿美元[1]。表9.1列出了2002年全球锌/碳电池及原电池市场的详细情况，预计亚太地区从2002～2012年将有很大变化。

据目前的估计，直到2012年，锌/碳电池的年增长率将继续保持在5%；而美国每年减少量曾经恒定在2%～5%，而且预料还将继续下去。属于第三世界的亚洲和东欧的市场则继续推动对较便宜的锌/碳电池的全球需求。例如，目前在中欧和东欧销售的原电池中，80%是锌/碳电池。即使在美国依然有大量应用，1998年该电池的总销售额也还达到了3.7亿美元[2,3]（见图9.1）。

随着新的、具有更高电流需求的玩具、照明和通信仪器进入消费市场，继续推动着不断增长的对碱性锌电池的需求。这使得碱性锌电池体系出现一个分支去设计出增加功率或重负载能力的碱性锌电池来满足这些应用。这些新的应用以及由于使用充电电池所带来的影响，将是进一步制约美国锌/碳电池销售的额外因素。

历史上，现代干电池的原型是锌/二氧化锰湿电池，它是由电报工程师 Georges-Lionel Leclanche 于1866年研制出来的。锌/二氧化锰湿电池是世界上第一种实用型电池，其设计适应于为电报局提供更可靠和容易维护的电源需求。该电池结构十分独特，采用单一的低腐

表 9.1　锌/碳电池市场状况

区域市场	2002 年一次电池市场 /百万美元	2002 年锌/碳电池电池市场 /百万美元	锌/碳电池占全球 电池市场比例/%
美国和加拿大	4.4	0.3	6.8
拉丁美洲	1.4	1.0	64.3
西欧	3.9	0.9	20.5
东欧	2.8	1.0	32.1
亚太	8.6	4.0	45.3
全球	21.1	7.2	34.5

注：来源于 Freedonia 组织，1999 电池市场研究。

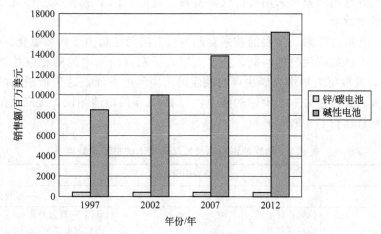

图 9.1　美国原电池销售[2]

蚀性氯化铵溶液作为电解质，替代当时使用的强矿物酸。

因此，电池在外电路接通之前是相对惰性的。该电池比较便宜、安全、易维护并有优异的贮存寿命，贮存后依然能提供适当的性能。这种电池由汞齐锌棒负极（或阳极）、氯化铵水溶液电解质和环绕着碳棒压实的二氧化锰正极（或阴极）所组成。二氧化锰正极由 1∶1 的二氧化锰和碳粉所组成。正极放入一个多孔罐中，然后将微孔罐随电解质和锌棒一同放入一方形玻璃容器中。后来在 1876 年 Leclanché 去掉了所必须的微孔罐，而将树脂（树胶）胶黏剂添加到二氧化锰混合物中，然后在 100℃温度下通过采用液压方法将其压成块状物。Leclanché 的发明形成了当今锌/碳电池的主要组成部件，确立了从"湿式"电池转换至"干式"电池的概念。

1888 年 Carl Gassner 博士设计出了第一只"干"电池。除了用于正极的氢氧化铁和二氧化锰以外，其余均与锌/碳电池相类似。干电池的概念则来自使电池不会破裂和漏液的愿望，由此 Gassner 设计的电池使用了不会破裂的由锌皮制成的杯状负极容器，替换原先的玻璃容器；然后通过采用含有熟石膏和氯化铵的糊状物使电解质得到固定；将圆柱块状正极混合物（称为碳包）用布包裹起来，并饱和了氯化锌-氯化铵电解质，这可以减少局部化学反应，从而使电池贮存寿命得以改善。后来，Gassner 进一步用面粉替代熟石膏作为电解质的胶凝剂，并在 1900 年巴黎的世界博览会上将这种电池作为小型手电筒电源进行了演示。这些技术进步曾经促进了锌/碳干电池的商品化和工业化生产，并导致了"干电池"小型电源的形成。

从 20 世纪初乃至整个世纪，小型电源工业完全是在适应电器和电子工业要求下向前发展的。20 世纪上半叶的一段时期，以电池作为电源的电话、电门铃、玩具、照明器具和许多其他应用增加了对"干电池"制造商的需求；而整个 20 世纪的中期，无线电广播和第二次世界大战军事应用的出现进一步显著增加需求。21 世纪后，由于手电筒照明、袖珍晶体管收音机、电子钟、照相机、电子玩具和其他适合用途等依然要求使用便宜的供电电池，因此使锌/碳干电池的需求得到维持。

锌/碳电池技术继续得到改进。在 20 世纪大部分时间内，该体系一直在完善中。由于比天然锰矿显示更高的容量和特别好的活性，电解和化学二氧化锰已经得到发展和应用。采用乙炔黑替代石墨不仅提供了更高导电性的正极结构，而且其更高的吸液性质使正极粉末的可加工性增强。因此，制造技术得到改进，使电池产品的生产成本得以降低。此外，更好地阐明反应机理，改进电池隔膜和采用可排气的密封设计等，以上所有改进都对当代锌/碳电池技术发展现状做出贡献。

自 20 世纪 60 年代以来，主要的技术发展主攻方向乃是致力于研制氯化锌体系。这一设计显著提高作为重负载应用时的性能，并大大超过了勒克朗谢电池的相应性能。从 20 世纪 80 年代到现在，发展努力集中在解决环境关注的污染问题方面，这包括了消除电池内的汞、镉和其他重金属。通过过去一个世纪的努力，与 1910 年的电池相比，提高后的锌/碳电池放电时间和贮存寿命延长了 400%[3~9]。

表 9.2　勒克朗谢电池与氯化锌电池的主要优缺点

标准勒克朗谢电池		
优点	缺点	一般评价
低成本	低体积比能量	低温下，搁置寿命长
每瓦时成本低	低温性能差	间歇放电容量高
形状、尺寸、电压、容量灵活设计	滥用条件下抗泄漏能力差	放电电流增加，容量降低
灵活配方	高倍率下效率低	电压缓慢降低，可用来预告寿命即将终止
使用广泛，易获得	搁置寿命比较差	
可靠性高	电压随放电下降	
标准氯化锌电池		
优点	缺点	一般评价
体积比能量较高		电压随放电下降
更好的低温性能	因为对氧气高度敏感，故需要良好的密封系统	抗冲击能力强
抗泄漏能力强		低或中等的初始成本
高放电负载下效率高		

大多数锌/碳电池的生产和电池组组装都是在美国以外进行的。制造商选择联合、搬迁设备到新厂址，以实现通过使用规模经济、廉价劳动力和廉价材料来降低成本。区域性的工厂正在成熟，它要好于本地的制造设施。这种情况是由于全球贸易条件的改善，许多地区已经减低了关税的结果。作为直接的好处是使电池成本一般能维持在稳定的水平，从而给全球提供了增加锌/碳电池贸易的机会。

锌/碳电池与其他类型原电池的优缺点的比较综述于表 9.2 中。更多常用原电池体系的比较在第 8 章中予以详细说明。

9.2　化学原理

锌/碳电池以锌为负极，二氧化锰为正极，氯化铵和/或氯化锌的水溶液为电解质。碳

（乙炔黑）与二氧化锰相混合以改善导电和保持水的能力。电池放电时，在锌被氧化的同时，二氧化锰被还原。简化的电池总反应是：

$$Zn + 2MnO_2 \longrightarrow ZnO \cdot Mn_2O_3$$

实际上，锌/碳电池的化学反应十分复杂，尽管它已存在 120 多年，但至今有关电极反应的细节仍存在争议[7]。一种化学再生反应[5]可能与放电反应同时进行。

由此可能出现几种中间状态，更精确地说使反应机理变得混乱。此外由于 MnO_2 是一种非化学计量氧化物，所以它的化学组成和化学性质十分复杂，可以更加精确地表示为 $MnO_{1.9}$。其化学反应的效率取决于诸如电解质的浓度、电池的几何形状、放电率、放电温度、放电深度、扩散速率以及采用 MnO_2 的类型等。更为全面的电池反应可描述如下[5]。

（1）氯化铵作为初始电解质的电池：

轻负载放电　$Zn + 2MnO_2 + 2NH_4Cl \longrightarrow 2MnOOH + Zn(NH_3)_2Cl_2$

重负载放电　$Zn + 2MnO_2 + NH_4Cl + H_2O \longrightarrow 2MnOOH + NH_3 + Zn(OH)Cl$

长时间间歇放电　$Zn + 6MnOOH \longrightarrow 2Mn_3O_4 + ZnO + 3H_2O$

（2）氯化锌作为电解质的电池❶：

轻负载或重负载放电　$Zn + 2MnO_2 + 2H_2O + ZnCl_2 \longrightarrow 2MnOOH + 2Zn(OH)Cl$

或者是　$4Zn + 8MnO_2 + 9H_2O + ZnCl_2 \longrightarrow 8MnOOH + ZnCl_2 \cdot 4ZnO \cdot 5H_2O$

长时间间歇放电　$Zn + 6MnOOH + 2Zn(OH)Cl \longrightarrow 2Mn_3O_4 + ZnCl_2 \cdot 2ZnO \cdot 4H_2O$

正如第一部分第 1 章所描述的那样，基于 Zn、MnO_2 和简化的电池反应计算，理论上这种电池的质量比容量可达 224A·h/kg。但在实际情况下，电解质、炭黑和水分都是电池不可省略的组成部分。如果这些材料均以常用量添加到上述"理论化"的电池中，则计算表明，此时电池的质量比容量只大约为 96A·h/kg。事实上这是通用型电池所具有的最高质量比容量，但却是某些大型电池在特定放电条件下，可以接近放出的质量比容量。实际使用时，考虑到电池组成和放电效率等所有因素，在间歇放电条件下，当负载非常小时，质量比容量可达 75A·h/kg，而负载大时仅为 35A·h/kg。

9.3　电池和电池组类型

在过去 120 多年的发展中，锌/碳电池在市场销售过程中，一直伴随着性能逐渐提高的变化。但是现在锌/碳电池似乎进入了转折阶段，虽然电器和电子工业的小型化使需求功率得以减小，但是它却被附加的新特性要求所抵消，譬如电动机驱动的小型光碟机或磁带录音机、照明装置中的卤素灯泡等。它们都增加了对能满足大电流负载的电池需求。基于这一理由和面临用于重负载的碱性电池竞争，许多制造商不再投资用于提高锌/碳电池技术。但是传统的采用淀粉浆糊隔膜的勒克朗谢电池正在逐步淘汰，进而由采用纸隔膜的氯化锌电池替代。这使活性物质的有效体积得到增加，从而提高电池容量。尽管制造商对此转换做出了极大努力，但是在第三世界国家仍然继续需求勒克朗谢电池，原因是它十分便宜。该市场阻止了电池由勒克朗谢型向氯化锌型的完全转型，似乎这种态势近期内还要继续下去。

在这一转折期间，锌/碳电池仍大体上可分成以下两种类型，即勒克朗谢型和氯化锌型。它们又可区分成普通型电池和高档型电池等级。其内部皆可采用糊膏式和纸板结构。

---

❶ 注意：2MnOOH 有时被写成 $Mn_2O_3 \cdot H_2O$，而 Mn_3O_4 被写成 $MnO \cdot Mn_2O_3$。同时，在延长放电时间条件下，MnOOH 相对于 Zn 的电化学放电不能提供有用的工作电压。

9.3.1 勒克郎谢电池

（1）普通型（一般应用型） 应用：低放电率间歇放电和低价格场合。传统的标准电池与 19 世纪末期问世的电池差异不是太大，它以锌为负极，氯化铵（NH_4Cl）和氯化锌一起为电解质的主要成分，浆糊为隔膜，天然二氧化锰矿（MnO_2）为正极。该型电池的配方和设计是花费最少的，因此被推荐作为一般目的使用，而在这些应用中价格是比优异的工作或性能更为重要的因素。

（2）工业重负载型 应用：中等至高放电率间歇放电和中低价格场合。工业重负载锌/碳电池已转换到氯化锌系统，然而也有一些这种电池仍然使用氯化铵和氯化锌（$ZnCl_2$）作为电解质，电解或化学合成二氧化锰（EMD 或 CMD）单独或与天然二氧化锰矿混合用于正极。隔膜可以是淀粉浆糊，但典型的是浆糊涂覆的纸板层。该型电池适用于重负载间歇放电、工业应用或中等负载连续放电应用。

9.3.2 氯化锌电池

（1）普通型 应用：低放电率间歇和连续放电以及低价格场合。这种电池在西方国家已经完全替代普通型勒克朗谢电池，它是一种纯"氯化锌"电池，并具有高档次电池的某些重负载特性。这类电池的电解质是氯化锌，但有些制造商也加入少量氯化铵，而正极采用了天然二氧化锰矿。该型电池的配方和设计可以与氯化铵型锌/二氧化锰普通型电池的价格相竞争。它们被推荐可用于一般目的应用，包括间歇和连续放电的场合，此时电池的价格是一个重要的考虑。这类电池很少出现泄漏的状况。

（2）工业重负载型 应用：低至中等电流连续放电与高放电率间歇放电及低至中等价格场合。该电池一般用于取代重负载型勒克朗谢电池，它是一种纯"氯化锌"电池，并具有高档次氯化锌电池的重负载特性。这类电池的电解质是氯化锌，但有些制造商也有加入少量氯化铵；正极采用了天然二氧化锰矿与电解二氧化锰混合物，隔膜是采用纸板层，其上涂覆了交联或改性的淀粉糊，使电解质的稳定性得到提高。该型电池的配方和设计可以与工业重负载型勒克朗谢电池的价格相竞争。它们被推荐用于重负荷应用的场合，而且应用中价格是重要的考虑之一。这种电池也显示出低的漏液特点。

（3）超重负载型 应用：中等至重负载连续放电与重负载间歇放电，并且比其他氯化锌电池价格高的场合。超重负载型电池是氯化锌电池系列的高档次产品，其电解质主要是氯化锌，或许也含有少量氯化铵，但其量一般不超过正极质量的 1％；正极活性物质单独使用电解二氧化锰（EMD）；隔膜是采用纸板层，其上涂覆了交联或改性的淀粉糊，使电解质的稳定性得到提高。现在许多制造商在几乎所有类型的锌/碳电池中都采用专有隔膜。该型电池被推荐用于需要优异性能的场合，同时可以接受高价格。这种电池的低温性能和防漏性能也有明显提高。

一般说来，锌/碳电池的品位或等级越高，其单位工作时间（分钟）费用越低。电池等级间的价格差别大约是 10％～25％，但电池的性能差别却往往可高达 30％～100％，其具体提高数值则依赖于等级选择和使用的负载情况。

9.4 结构

锌/碳电池具有多种尺寸和多种设计，但基本结构只有圆柱形和平板式两种。在两种结构中使用的是相似的化学体系和成分。

9.4.1　圆柱形电池结构

在普通勒克朗谢圆柱形电池（图 9.2 和图 9.3）中，锌筒起着容器和负极的双重作用，混有乙炔黑的二氧化锰用电解质润湿，然后经压制成碳包。插在碳包中间的碳棒起着正极集流体的作用，它保证碳包结构的强度。同时这种多孔体，既可允许电池中积聚起的气体逸出，又可防止电解质泄漏出来，隔膜将两个电极机械隔离开来，同时又提供离子（通过电解液介质）迁移的途径。隔膜可以是电解质浸湿的谷物浆糊（图 9.2），或者在纸板电池中（图 9.3）也可以是一种采用淀粉糊或聚合物涂覆的吸液牛皮纸。后者的使用使隔膜所占空间减薄，从而不仅使电池内阻降低，还使电池活性物质体积增加。单体电池可用金属、厚纸板、塑料或纸套管包封起来，既为了美观，同时又可以降低电解质通过壳体泄漏。

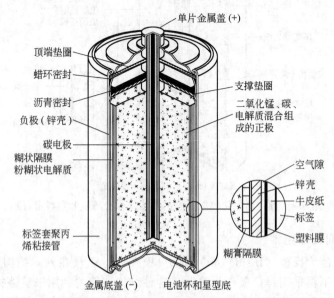

图 9.2　圆柱形勒克朗谢电池的剖视图（糊膏隔膜和沥青密封）

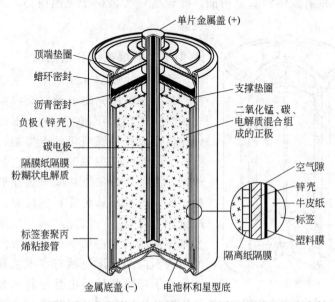

图 9.3　圆柱形勒克朗谢电池的剖视图（隔离纸隔膜和沥青密封）

　　氯化锌圆柱形电池（图 9.4）与圆柱形勒克朗谢电池不同，它通常有一个自动恢复功能的排气密封装置，作为集流体的碳棒是用蜡密封涂覆，以堵塞住所有排气通道（这些通道对勒克朗谢电池是必需的）。因此，排气只能限制于这个密封处的排气孔，既可以防止电池内部干涸，又可以限制贮存期间氧气进入电池。此外，由锌腐蚀产生的氢气也可以从电池内安全排出。总的来说，该电池的装配与最后成型过程类似于早先的圆柱形电池。

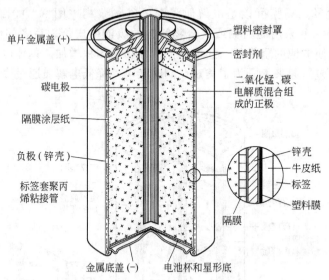

图 9.4　圆柱形氯化锌电池的剖视图（糊膏隔膜和塑料密封）

9.4.2　反极式圆柱形电池

　　另一圆柱形电池为反极（Inside-out）式（负极在内，正极在外）结构，如图 9.5 所示。在这类电池结构中不再采用锌负极作为容器。这种结构使锌的利用率显著提高，而防漏性能更好。但是自 20 世纪 60 年代以来就没有再生产。在该电池设计中，模塑成型的不透水惰性碳壁起着电池容器和集流体的双重功能。叶轮状锌负极位于电池内部，并被正极混合物所包围。

9.4.3　叠层电池和电池组

　　叠层电池如图 9.6 所示。在这种结构中，利用在锌片上涂覆填充碳的导电涂料或者是将锌片与填充碳涂料的薄膜压制在一起，形成一个双电极。这种涂覆可以提供锌负极的电接触，又使它与邻近的下一个电池的正极隔开，同时它起到正极集流体的作用，而且这种集流功能与圆柱形电池中的碳棒是相同的。当采用这种涂料方法时，在装配之前锌的涂覆面上必须有一层黏结剂，以便使涂覆表面与包裹单体电池的聚乙烯套形成有效的直接密封。该电池结构不像圆柱形电池有空气室和碳棒。采用导电性聚异丁烯膜替代导电性涂料和黏结剂，将它与锌片压制在一起常常可以改善与聚乙烯的密封性。然而这种膜往往比涂料和黏结剂设计要占据过多空间。

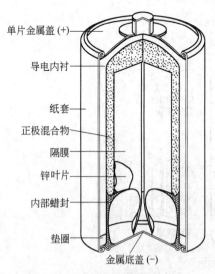

图 9.5　圆柱形氯化铵型电池的剖视图（反极式结构）

这些结构方法可以简便地用于装配多电池电池组。

由于包装和电接触达到最小化，叠层电池设计增大正极混合物的有效空间，提高比能量。另外，矩形结构在组合时减少了浪费的空间（事实上只应用于叠层电池）。由叠层电池组合的电池组，其体积比能量大约是圆柱形电池组的 2 倍。

利用金属条将组合电池的末端与电池组的接线端子连接起来（如 9V 收音机电池组）。电池堆装配的方向性只是对每个制造商的装配方法有重要性，而采用金属条则适用于各种装配模式。装配好的完整电池组通常用蜡或塑料包裹，一些制造商也在电池组浸蜡后，再套一个热缩性的塑料套。这可以使电池组具有良好的清洁度并提供附加的防漏保证。成本、易于装配和高效率通常可作为装配过程的指导原则。

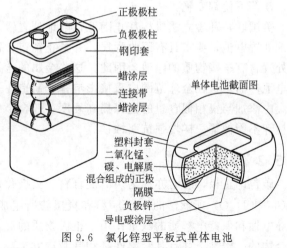

图 9.6　氯化锌型平板式单体电池和电池的剖视图

9.4.4　特殊设计

为特殊应用所作的一些设计目前尚在使用中，这些设计展示了可用于特殊用途和设计的创新水平。可参阅 9.7 节。

9.5　电池组成

9.5.1　锌

电池级锌纯度为 99.99%。但用来制造锌筒的锌合金却含有高达 0.3% 的镉和 0.6% 的铅。现代润滑和成型技术已经可以降低这些元素的含量，目前锌可形成含有 0.03%～0.06% 镉和 0.2%～0.4% 铅的合金。根据使用的成型方法，可以改变这些金属的含量。不溶于合金的铅对锌筒成型的性能有作用，不过含量过高会使锌变软。铅还可以提高氢气析出的过电位，如同汞一样，它能起到腐蚀抑制剂的作用。镉可以提高锌在常规干电池电解质中的耐腐蚀性和增加合金的足够强度。对于拉伸成型，锌筒其镉含量仅为 0.1% 或更少，这是因为含量过高会给拉伸造成困难。锌筒一般可用以下三种方法制备。

（1）先将锌轧成薄板，然后卷成圆柱形，并利用冲压成型的锌圆片为底，将两者焊在一起。除了最落后的装配厂外，这种方法已被淘汰。美国曾经于 20 世纪 80 年代在 6 号电池上使用过这种方法。

（2）锌通过直接拉伸成筒形，但使碾压的锌板成筒型要通过好几道工序。这种方法曾首先在美国干电池生产中得到采用，后来在美国海外干电池生产地也采用了这种方法。

（3）采用厚的圆饼状锌冲压成型，这是过去全球都使用，而当今依然选用的方法。该方法通过迫使锌在压力下流动，将锌由圆饼状转变成圆筒形。圆饼状锌可以通过熔融锌合金浇铸或由期望的合金锌板冲压而成。

应当注意金属杂质如铜、镍、铁和钴等均可引起锌在电池电解质中的腐蚀反应，所以必须予以避免，特别是不含汞的情况。另外，铁还可使锌变硬，使其加工变得困难。锡、砷、锑、镁等可使锌变脆[4,6]。

美国联邦环境立法机构禁止随意在陆地处置镉、汞泄漏超标的物质。某些州和市禁止在陆地处置电池，要求具有回收程序，并禁止销售含镉和汞的电池。某些欧洲国家也禁止销售和处置含有这些物质的电池。因此，这些金属的含量已经接近零值。因为要向美国和欧洲输入电池产品，这在全球范围内直接影响锌壳制造业。锰是令人满意的镉的替代品，并已经在合金中添加与镉相似含量的锰以提高硬度。锌合金中用锰代替镉后，其操作性是相当的。然而锰却不能像镉一样增强抗腐蚀性。

9.5.2 碳包

碳包即正极，有时亦称为炭黑混合料、去极化剂或正极。它由被电解质（NH_4Cl 和/或 $ZnCl_2$ 和 H_2O）所润湿的 MnO_2 粉和炭黑粉所组成。炭黑起着增加自身电阻很高的 MnO_2 的导电性和保持电解质的双重作用。正极物质的混合和成形工艺也是很重要的，决定了正极混合物的一致性；并且其紧凑性是和其制造方法联系在一起的。在氯化锌电池中这一点尤为重要，因为其正极中含有体积比为 $60\%\sim75\%$ 的液体组分。

在各种成形方法中，混合物挤出方式和压制注入方式是使用最广泛的。另一方面，还有很多技术可用于混合。最常用的方法是水泥式搅拌机和旋转研磨搅拌机。这两种方法适合在短时间内提供高产量混合物并能减小有损炭黑保液能力的剪切作用。碳包中 MnO_2 和炭黑的质量比通常为 $3:1$，有时也可高达 $11:1$。质量比为 $1:1$ 的碳包通常用于闪光灯电池，这种电池的高脉冲电流输出性能比其容量性能更为重要。

9.5.3 二氧化锰

干电池中所使用的二氧化锰一般可分为天然二氧化锰（NMD）、活化二氧化锰（AMD）、化学合成二氧化锰（CMD）和电解二氧化锰（EMD）。其中电解二氧化锰价格最贵，具有 γ 结构，可提高放电能力使电池输出更高的容量，因比它被用于重负载工业型电池中，正如图 9.7（a）、图 9.7（b）所表示的一样，电解二氧化锰比化学和天然二氧化锰的极化要小得多（如上面所提到的，加入 EMD 或 CMD 取代部分天然矿石，可以降低极化）。

天然锰矿中（在加蓬、巴西、希腊和墨西哥）最好的电池级二氧化锰含量为 $70\%\sim85\%$，而合成的二氧化锰（含量约为 $90\%\sim95\%$）一般可以提供的电极电位和容量与其二氧化锰含量成正比。二氧化锰的电位同时也受电解质 pH 值影响。材料的性能则取决于结晶状态、水合状态和二氧化锰的活性。带负载下的工作效率极大地依赖于电解质、隔膜特性、内阻和电池的总体结构[4,5]。

9.5.4 炭黑

炭黑是一种化学惰性材料，其主要作用是改善 MnO_2 的导电性。这是通过混合工序在二氧化锰粒子表面上包覆一层碳来实现的。另外，它还起着保持电解质并使碳包具有可压缩性和弹性的功能。

过去所使用的炭黑主要是石墨，目前在某种程度上它还在被使用。由于乙炔黑具有多方面的优良性能，因此目前在氯化铵型电池和氯化锌型电池中石墨都已被其所取代。乙炔黑的主要优点是它可使碳包有更大的保持电解质能力，在混合工序中一定要注意避免对乙炔黑的高强度剪切，以免降低其对电解质的保持能力。这一点对氯化锌型电池尤为重要，因为氯化

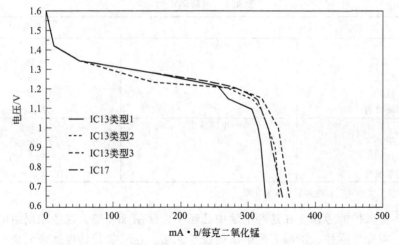

图 9.7(a)　Ore 电池样品特性（6.38％矿石，13mA/g）

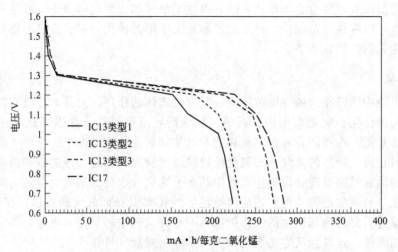

图 9.7(b)　Ore 电池样品特性（6.71％矿石，13mA/g）

锌型电池比氯化铵型电池需要含有更多的电解质。此外，当电池中含有乙炔黑时，一般可以表现出优越的间歇放电能力，这乃是大多数锌/碳电池都采用该电池的另一个理由。另一方面，使用石墨可提高电池的高脉冲电流和连续放电电流[4,9]。

9.5.5　电解质

一般的勒克朗谢电池均使用氯化铵和氯化锌的混合物为电解质，但以前者为主。$ZnCl_2$型锌/碳电池则仅使用 $ZnCl_2$，但可添加少量的 NH_4Cl 来保证高放电率性能。典型的锌/碳电池的电解质配方如表 9.3 所示。

通常，电解质中含有一些氧化锌，用于防止锌的过度腐蚀。

9.5.6　缓蚀剂

常见的锌缓蚀剂是汞或氯化汞，并与锌形成锌汞齐；铅和镉存留在锌合金中也可以对锌电极提供保护；铬酸钾或重铬酸钾在锌表面上形成氧化膜使其钝化而受到保护；而有机表面活性剂则从溶液中自动涂覆到锌表面上，由此可以提高电极表面的润湿，使电位分布均匀。阻蚀剂通常是电解质或纸基隔膜涂层的一部分。锌筒可以进行预处理，但通常不这样做。

表 9.3　电解质配方[①]

成　　分		质量/%
	电解质 I	
NH_4Cl		26.0
$ZnCl_2$		8.8
H_2O		65.2
锌缓蚀剂		0.25~1.0
	电解质 II	
$ZnCl_2$		15~40
H_2O		60~85
锌缓蚀剂		0.02~1.0

① 电解质 I 参见文献 [7]；电解质 II 参见文献 [5]。

出于对环境保护的考虑，在这些电池中已经不再使用汞和镉。这些限制给电池制造商带来诸如密封、搁置可靠性、泄漏等要解决的技术问题。这对氯化锌电池来说是严重的，因为低 pH 值的电解质会因为锌的溶解导致更多的氢气形成，由此可以用 Ga、In、Pb、Sn、Bi 来代替汞。它们或者以锌合金的形式，或者以盐的形式加入到电解质中。其他有机物如乙二醇和硅酸盐也可以提供一定保护。另外的限制是关于铅的使用，事实上已经更加严格，而且最终可能成为强制性实施的要求。

9.5.7　碳棒

圆柱形电池中的碳棒（插在碳包中间）起着集流体的作用。另外，在设有泄气阀的系统中还起泄气阀的作用。它通常由碳、石墨、黏结剂经压缩、挤出并烘干成型。按照这种设计，其电阻非常低。在用沥青密封的勒克朗谢电池和氯化锌型电池中，它可为在重负载放电或高温贮存时正极上产生的氢气和二氧化碳提供泄气通道。未经处理的碳棒是多孔的。所以它要用足够的油或蜡来处理，以阻止电池中的水分逸失（水分的逸失对电池的贮存寿命十分不利）及防止电解质的泄漏，但它还应保持足够的孔率以保证氢气的析出。在理想情况下，处理过的碳棒应只允许内部产生的气体析出而不允许大气中的氧进入电池内部，否则贮存期间会加速锌的腐蚀。这种泄气方法变数太多，不如密封泄气可靠[4,6]。

含可恢复式塑料泄气阀的氯化锌电池采用插入式非孔性电极。这使得内部气体只能从设计的气体通道泄出。这防止电池干枯，并限制在贮存时氧气进入电池。锌腐蚀产生的氢气可安全地排出。

9.5.8　隔膜

隔膜将锌（负极）和碳包（正极）机械地隔开，使其相互间保持电绝缘。但它允许电解质（即离子）借助于电解质进行传导。隔膜可分成两类：一类是凝胶化的浆糊；另一类是涂有谷物浆糊或其他凝胶剂。

第一类隔膜是先将浆糊加到锌筒中，然后接着将预先成型的碳包（带有碳棒）插入锌筒，迫使浆糊沿锌筒和碳包夹层间的锌筒内壁上升，在短时间内浆糊就发生凝聚或胶化。某些浆糊配方需分成两部分在低温下存放，这两部分一经混合必须立即使用，因为这种浆糊可在室温下胶化。另一种浆糊配方需要经高温（60~96℃）才能胶化。胶化的时间和温度决定于电解质的浓度。典型的浆糊电解质含有氯化锌、氯化铵、水并用淀粉和/或面粉作为凝胶剂。

第二类隔膜是一面或两面涂有谷物或其他凝胶剂的特殊纸板。将切成适当长度的纸板卷成圆筒状，加入纸底然后紧贴锌筒内壁放入锌筒。接着将称量好的炭黑混合粉倒入筒内压成碳包、或者将在模具内预先成型的碳包推入筒内。在碳棒插入碳包时，应对碳包施加压力使其紧贴纸板和碳棒。在加压过程中一些电解质从炭黑混合粉中释放出来被纸板所吸收，至此结束此道工序的操作。

由于浆糊隔离层比纸板层要厚些，所以纸板电池中 MnO_2 可多装填 10% 以上，相对容量也成比例增加[4,6,10]。

9.5.9 密封

用于掩盖活性组分的密封剂可以是沥青、石蜡、松香或塑料（聚丙烯或聚乙烯）。密封剂对于便携式电池来说十分重要。它可以阻止水分的蒸发以及防止氧气进入引起"空气线"腐蚀现象的发生[4,5]。

勒克朗谢电池通常采用热塑材料密封。这种方法便宜且易于实现。在锌筒中装入一个垫片，并置于正极碳包之上。这就在密封和碳包之间形成一个气室。将融化的沥青置于垫片上，并加热直至其流动到锌筒并与锌筒粘在一起。该方法的缺陷是它占用了本可用于活性物质的空间。另外，产生的气体容易破坏密封，并且不适用于高温下。

高级勒克朗谢电池和几乎所有的氯化锌电池都采用注射模塑法密封。这种密封将自身融入正极泄气密封的设计当中，并且更为可靠。模制的密封件机械地置于下面的锌筒上。很多制造商设计了密封锁定机构、容纳各种密封剂的空间和可重复使用的泄气阀。有一些可包裹住密封件防止从锌筒泄漏。在氯化锌系统中防止水分散失的同时，排出放电和贮存时产生的气体是十分重要的。这些气体的形成显著破坏隔膜表面层，并影响贮存后的电池性能。氯化锌电池结构中采用模制密封，获得好的贮存特性。

9.5.10 外套

电池的外套可以用各种材料来制备如金属、纸、塑料、聚酯薄膜、纸板或涂有沥青衬里的纸板或金属箔，这些材料可以单独使用也可复合使用。外套具有提高强度及保护、防漏、电绝缘、装饰和供贴厂家商标等多重作用。在很多制造商的设计中，外套是密封系统的一部分。它将密封件固定在适当的位置，提供一个泄气通道，或对密封件起支撑作用，使其在内部压力下弯曲。在反极结构中，外套紧密包裹着模具形成的碳-石蜡集流体（图9.5）。

9.5.11 端子

大多数电池的顶部和底部都覆盖有镀锡钢板（或黄铜）制成的端子（或极柱），从而实现了电池的封闭和电接触，并防止任何锌的暴露，从而也使外观美化。一些电池的底盖安置于锌筒上，另一些则固定在纸套上。电池的顶帽总是套在碳电极上。所有设计都考虑使接触电阻最小化的措施。

9.6 性能

9.6.1 电压

（1）开路电压 锌/碳电池的开路电压是由负极（或阳极）活性物质锌和正极（或阴极）活性物质二氧化锰的电位计算得来的。因为大多数锌/碳电池都采用相似的阳极合金，电池开路电压通常取决于正极所用的二氧化锰类型，或其混合物和电解质的 pH 值。EMD 所含二氧化锰比 NMD 要纯得多，而后者因含有相当多的 MnOOH 而电压较低。图9.8表示了含各种 NMD 和 EMD 比例的新勒克朗谢电池和氯化锌型电池的开路电压。

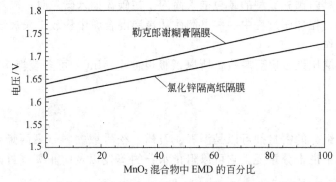

图 9.8　在电池中使用天然矿物和电解二氧化锰混合物时电池的开路电压曲线

（2）闭路电压　锌/碳电池的闭路电压（CCV）即工作电压是电池放电负载的函数。负载越重或放电电阻越小，闭路电压越低。D 型勒克郎谢电池和氯化锌电池的闭路电压与负载的关系如表 9.4 所示。

CCV 的精确值主要由电池内阻与电路阻抗即负载阻抗的比值所决定。事实上它正比于 R_1（$R_1＋R_{in}$）。这里 R_{in} 是电池内阻，R_1 是负载阻抗。另一个影响电池维持 CCV 能力的重要因素是电池部件的传质能力，即传输离子、固体产物、水进出反应中心的能力及电池的几何形状、温度、溶液体积、电极孔隙率和溶解的物质都对扩散系数有重要影响。同时，离子迁移率、高溶液体积较大、电极孔隙率高、表面积大等情况则会使传质能力加强。反之，离子迁移率低、溶液体积小、反应沉淀产物堵塞扩散通道而形成的壁垒都会削弱传质能力（在第 2 章中详细讨论）。另外，温度、使用期限、放电深度对迁移速率和内阻都有明显影响。

表 9.4　典型的 D 型锌/碳电池的闭路电压与负载的函数关系（20℃）

电压/V		负载电阻/Ω	初始电流/mA	
ZC	LC		ZC	LC
1.61	1.56	∞	0	0
1.59	1.52	100	16	15
1.57	1.51	50	31	30
1.54	1.49	25	62	60
1.48	1.47	10	148	147
1.45	1.37	4	362	343
1.43	1.27	2	715	635

注：ZC 代表氯化锌电池；LC 代表勒克朗谢电池。

在锌/碳电池放电时，CCV 下降明显，但 OCV 的变化要小一些。OCV 的降低是由于活性物质的减少和放电产物 MnOOH 的增加造成的。CCV 的降低是电阻增加和传质能力降低的结果。放电曲线是用 CCV 随时间的变化曲线来表示。它既不平稳也不是线性下降而是具有单或双 S 形的特征。如图 9.9 所示。图 9.10 展示了 D 型勒克朗谢电池和 D 型氯化锌型电池的典型放电曲线。

（3）终止电压　终止电压即截止电压（COV）。它的定义是在某一特定应用条件下，当放电曲线低于此点时，电池所释放出的能量就不能再被利用。1.5V 的电池用于手电照明时，其典型终止电压可定为 0.9V。某些收音机装置允许电池电压降到 0.75V 或更低些。而另一些电子装置只允许电压降到 1.2V。很显然，当使用电池的装置仍能工作的情况下允许电压下降越低，电池所释放出的总能量就越多。较低的电压会影响某些应用，如手电筒变暗收音机音量变小。仅能在某一狭小电压范围内工作的装置最好选用放电曲线平稳的电池。尽

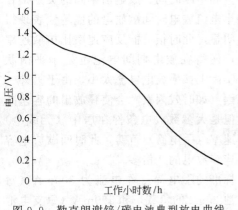

图 9.9　勒克朗谢锌/碳电池典型放电曲线

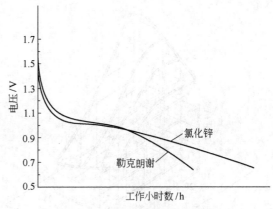

图 9.10　勒克朗谢电池和氯化锌
电池放电电压曲线对比

管连续下降的 CCV 在某些应用场合下是一种缺点，但对于电池的寿命终止需要明显的警告时——如用在手电筒照明时——这种性能却是十分受欢迎的。

9.6.2　放电特性

勒克朗谢和氯化锌型电池都能在特定应用中显示良好的性能，但在其他应用中显示差的性能。影响电池放电性能有许多因素（参见第 3 章）。因此，有必要评估应用的特点（放电条件、成本、重量等）以便对电池恰当选择。许多制造商为此目的提供大量数据。

通用型 D 型电池的典型放电曲线（2h/天，20℃）如图 9.11 所示。这些曲线的特点是曲线倾斜，放电电压随电流的增加而显著下降。氯化锌结构的电池电压较高，在大电流下工作时间更长。在 50mA 电流下，两种构造的电池性能相似。这是由于大多数锌/碳电池是正极限制，在低倍率下二氧化锰耗尽的结果。

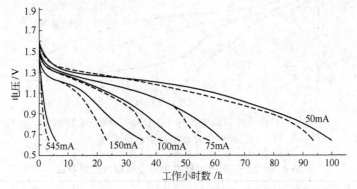

图 9.11　在 20℃每天放电 2h 时，D 型勒克朗谢型电池
和氯化锌电池的典型放电曲线
（实线代表氯化锌型池；虚线代表勒克朗谢电池）

9.6.3　间歇放电的影响

锌/碳电池的性能对放电制度极为敏感，间歇放电条件下电池的性能常都很好，这是因为：①休息期给电池提供性能恢复的机会；②迁移现象使反应物再分配[5]。

氯化锌电池可以支撑重负载放电，适应于较长的放电循环的间隙放电。这种体系由于传递机理的改良可以支撑更重的负载，并使反应产物重新分布。图 9.12 给出了普通 D 型电池

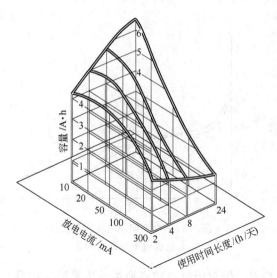

图 9.12 在 20℃时，D 型锌/碳电池的
性能（容量计算至放电 0.9V 止）
与放电率、负载制度等的关系

的容量和中断时间、放电倍率间的关系。在极端小电流放电时间歇放电的优越性表现得并不明显，此时很可能反应速率比扩散速率更慢，使得在放电期间电池也处于平衡状态。实际上如果放电电流太小，由于另外一些原因（如时效因素）会使释放出的容量减小。但是大多数放电条件在居中（无线电）和高速率（手电筒）范畴，此时间歇放电容量是连续放电的 3 倍多。

标准的手电筒工作电流为 300mA（每支电池 3.9Ω 的负载）和 500mA（每支电池 2.2Ω 的负载）。这分别相当于 2 只电池的手电筒使用 PR2 和 PR6 灯泡，或分别相当于 3 只电池的手电筒使用 PR3 和 PR7 灯泡。图 9.13 和图 9.14 清楚地表现出间歇放电的优越性，这里用 4 种不同的放电制度对通用型 D 型电池进行了比较，4 种放电制度分别为：连放、轻负载工业手电照明、重负载工业手电照明、1h/天模拟录音机测试。表 9.5 列出了目前用来评估两种电池的 ANSI 应用测试。

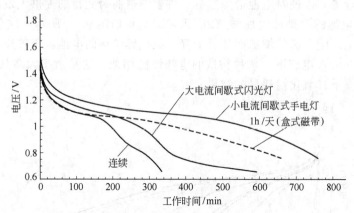

图 9.13 在不同的放电条件下，D 型锌/碳电池在 20℃
以 3.9Ω 负载放电时的性能曲线

表 9.5 ANSI 电池规格书中规定的标准应用测试

典型使用或测试	放 电 制 度
脉冲测试(照相)	每分钟开 15s,每天 24h
便携照明(GPI)	每天开 5min
便携照明(LIP)	每小时开 4min,每天 8h
便携照明(LANTERN)	每小时开 0.5h,每天 8h
晶体管收音机	每天开 4h
晶体管收音机(小型 9V)	每天开 2h
个人磁带收录机	每天开 1h
玩具和电动机	每天开 1h
计算器	每天开 0.5h
助听器	每天开 12h
电子设备	每天开 24h

来源：ANSI C18.1M-2009[11]。

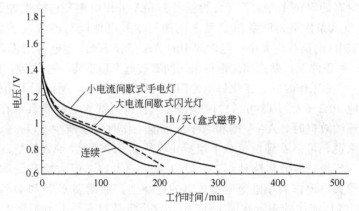

图 9.14　在不同的放电条件下，D 型锌/碳电池在 20℃以
2.2Ω 负载放电时的性能曲线

9.6.4　放电曲线比较——高负载下尺寸对氯化锌电池的影响

不同尺寸 AAA、AA、C 和 D 型（见表 9.9 中的电池尺寸）电池性能在图 9.15 和图 9.16 中给出。从 AAA 型到 D 型，电池中含有的活性物质（锌和二氧化锰）逐渐增加，尺寸逐渐增大；尺寸增加使电极表面积相应增大，因此在相同放电负载时电压维持在较高水平。

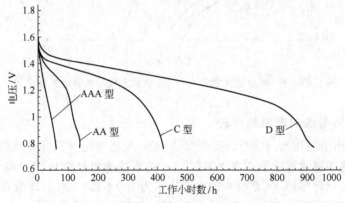

图 9.15　在 20℃锌/碳电池以 150Ω 放电时的性能

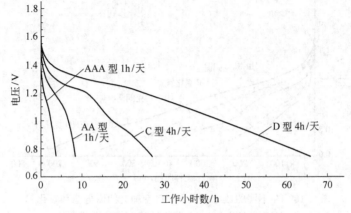

图 9.16　20℃时锌/碳电池在各种模拟盒式磁带录音机
应用条件下的放电曲线（10Ω 间歇式负载）

20℃时，相对高的阻抗 150Ω 下（大约相当 10mA 工作电流）连放性能的比较表示在图 9.15 中。在这种负载条件下，D 型和 C 型电池的间歇放电性能与连放差不多，这是因为对这两种电池来说 150Ω 的负载均太小。但对较小的 AA 型和 AAA 型电池来说，150Ω 的负载又显得大了些。在这种条件下，勒克朗谢电池采用间歇放电可以获得一些优势，因为这有助于消除反应产物壁垒，增加工作时间。氯化锌电池因为传质特性较好，所以看不出什么效果。

上述四种电池 10Ω（大约 150mA）模拟磁带录音机间歇放电性能表示在图 9.16 中。当在该负载下采用连续放电时，AAA 型和 AA 型电池工作时间会减少 30%。

对两种电池来说，可以看到低负载下当截止电压为 0.9V 时，AAA 型、AA 型、C 型和 D 型电池的相对（容量）性能粗略地可表示为 1∶2∶8∶16，但大负载下则为 1∶2∶12∶24，这证明了用较大电池作为小电流密度放电的优越性。通用型 C 型和 D 型电池在 300mA（3.9Ω）高负载下的性能比较表示在图 9.17 中，这个负载对 6 号电池不算太大。

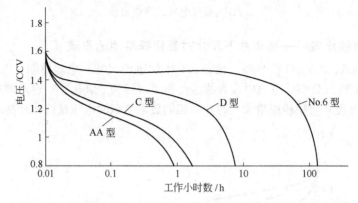

图 9.17　锌/碳电池在 20℃以 3.9Ω 负载连续放电时的性能曲线

9.6.5　不同电池等级放电曲线比较

图 9.18 表示出了通用型（GP）、高能型（HD）及超高能（EHD）D 型（按第 8.3 节定义）勒克朗谢电池和氯化锌电池以 2.2Ω 在 20℃的连续放电性能比较。终止电压 0.9V 时，勒克朗谢电池和氯化锌电池（GP 型）的性能比率为 1.0∶1.3。对 HD 型为 1.0∶1.5。勒克朗谢电池（LC）和氯化锌电池（ZC）的 GP、HD 和 EHD 电池之间的比较为（LC，GP）∶

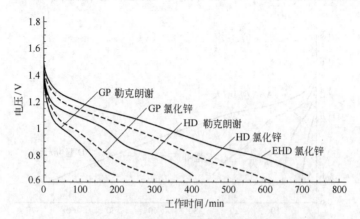

图 9.18　在不同的放电条件下，D 型勒克朗谢电池和氯化锌
电池在 20℃以 2.2Ω 负载连续放电时的性能曲线
（GP：一般应用；HD：大负载应用；EHD：特别大的大负载应用）

$(ZC,GP):(LC,HD):(ZC,HD):(ZC,EHD)=1:1.3:2.2:3.4:4.4$。

图9.19给出了相同电池等级按ANSI轻负载间歇放电手电筒测试（LIF）采用2.2Ω负载时的比较结果。在这种制度下，0.9V终止电压时，GP性能比率为1:1，HD为1:1.3，$(LC,GP):(ZC,GP):(LC,HD):(ZC,HD):(ZC,EHD)=1:1:1.7:2.1:2.9$。采用间歇放电给出电池一个恢复期，提升了电池性能使电池差别减小。

图9.20给出了相同等级电池轻负载3.9Ω，连续放电的结果。比率为GP1:1.3，HD1:1.4，对所有级别为1:1.3:2.0:2.8:3.5（终压为0.9V）。差别比用2.2Ω放电时小，放电电压较高。可见小电流时反应速率较慢。3.9Ω、每天1h的模拟磁带录音机间歇放电表示在图9.21。性能比率降为1:1.1:1.5:2.4:2.7。这反映出工作时间增加，不同等级之间更紧凑。

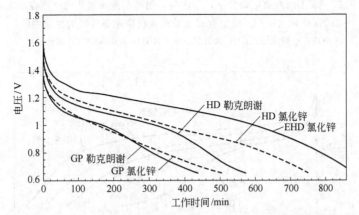

图9.19　在ANSI LIF测试中（4min/h，8h/d），D型勒克朗谢电池和
氯化锌电池在20℃以2.2Ω负载放电时的性能曲线
（GP：一般应用；HD：大负载应用；EHD：特别大的大负载应用）

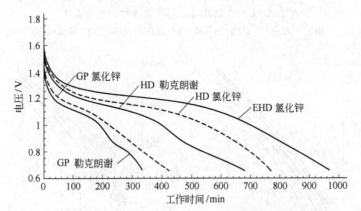

图9.20　在不同的放电条件下，D型勒克朗谢电池和氯化锌
电池在20℃以3.9Ω负载连续放电时的性能曲线
（GP：一般应用；HD：大负载应用；EHD：特别大的大负载应用）

图9.22比较了连续放电4h，间歇20h时24Ω负载放电性能。这是模拟ANSI中收音机和电子设备中的电池测试。在这种更轻度的放电中，性能比率更接近：0.9V终止时，比率为1:1.4:1.6:1.9:2.0。

连续放电倾向于增加相同型号、不同等级电池之间的差别。连续放电时，勒克朗谢电池和氯化锌电池之间的差别也变得明显。间歇放电倾向于减小电池类型和型号之间的差别。相

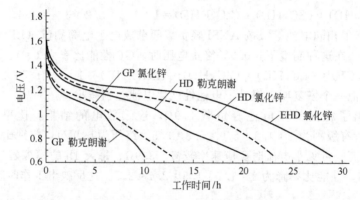

图 9.21 在不同的放电条件下，D 型勒克朗谢电池和氯化锌电池在 20℃以
3.9Ω 负载（1h/d）模拟盒式磁带录音机应用条件时的性能曲线
（GP：一般应用；HD：大负载应用；EHD：特别大的大负载应用）

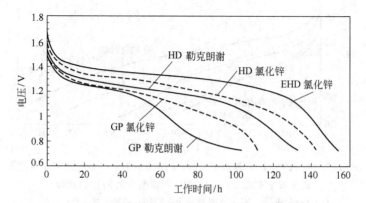

图 9.22 在不同的放电条件下，D 型勒克朗谢电池和氯化锌电池
在 20℃以 24Ω 负载（4h/d）放电时的性能曲线
（GP：一般应用；HD：大负载应用；EHD：特别大的大负载应用）

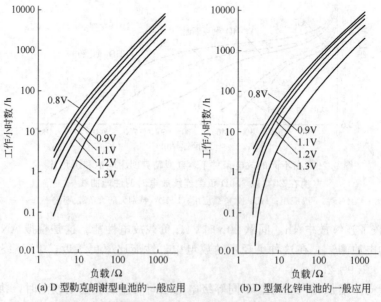

(a) D 型勒克朗谢型电池的一般应用   (b) D 型氯化锌电池的一般应用

图 9.23 在 20℃的不同负载下放电至不同截止电压时电池的工作时间

似、较大的放电电流倾向于增加差异。

图 9.23（a）汇总了通用型勒克朗谢 D 型电池连续放电至不同终止电压时的性能。针对氯化锌电池同样的测试展示在图 9.23（b）中。图 9.24（a）和图 9.24（b）展示了 HD 级 D 型电池相同的性能关系，而图 9.25 对应氯化锌 EHD 级电池。

不同制造商相同等级的电池性能差别展示在图 9.26 中。0.9V 终压时最好和最差的电池差距约为 25%。

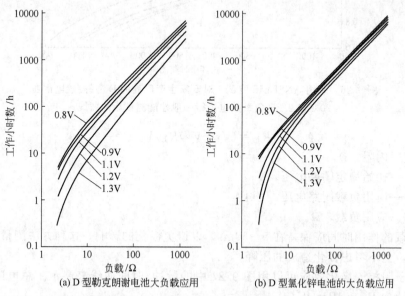

(a) D 型勒克朗谢电池大负载应用　　(b) D 型氯化锌电池的大负载应用

图 9.24　在 20℃ 的不同负载下连续放电至不同截止电压时电池的工作时间

9.6.6　内阻

内阻 R_{in} 定义为阻止电流在电池内部流动的阻力，即电池组件电子电阻和离子阻抗之和。电阻包括构造材料的电阻：金属盖、碳棒、导电正极部件等。离子阻抗包括电池内部离子涉及的因素；这包括电解质导电性、离子迁移性、电极孔率、电极表面积、二次反应等。这些都影响离子阻抗。这些因素统称为极化。其他影响因素包括电池尺寸、构造、温度、年限、放电深度。

（1）电子电阻　通过测量 OCV 和极低电阻的峰值电流可以得到内部电子电阻的近似值。安培计的电阻应极低，以使电路总电阻不超过 0.01Ω，并且不超过电池电阻的 10%。内部电子电阻可表达为：

$$R_{in} = OCV/I$$

式中　R_{in}——内部阻抗，Ω；

OCV——开路电压；

I——峰值电流，A。

用压降法可获得更为精确的结果。在这种方法中，先加载一个小初始负载来稳定电压，再加载一个与应用负载相似的负载。内阻由下式计算：

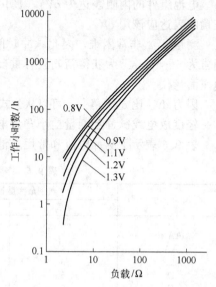

图 9.25　在 20℃ 的不同负载下连续放电至不同截止电压时电池的工作时间
（D 型氯化锌电池在特别的大负载下应用）

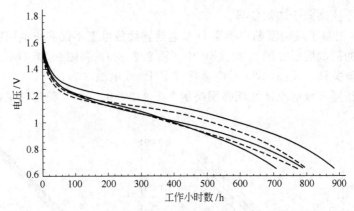

图 9.26 采用 ANSI LIF 测试，对 5 家生产厂商的 D 型锌/碳电池在 20℃以 2.2Ω 负载放电进行一般性能测试后的曲线

$$R_{in} = (V_1 - V_2) R_L / V_2$$

式中 R_{in}——内阻，Ω；

V_1——初始稳定闭路电压，V；

V_2——应用负载闭路电压，VO；

R_L——应用负载，Ω。

应用负载的作用时间应保持在 5～50ms，以避免极化的影响。这种方法测量因电子电阻造成的压降，但不考虑极化造成的压降。

（2）离子阻抗 极化效应可以用图 9.27 中的脉冲/时间曲线来展示。总电阻（R_T）用欧姆定律表达为 $R_T = dR = dV/dI$

也等于 $(V_1 - V_2)/(I_1 - I_2)$

式中，V_1，I_1 为脉冲前电压和电流；V_2，I_2 为脉冲结束前电压和电流；dV_3 为表现出的总压降。

电池组件的内阻表达为 dV_1，极化效应为 dV_2，因为有些能量被脉冲带走，电池内阻更正确的表达应该用 dV_4。

测量 dV_4 非常困难，因此脉冲时间（dt）要最小化以减小极化压降（dV_2），极化时间通常为 5～50ms。为获得精确且有重现性的结果，推荐持续时间恒定，并使用可保持读数的电压测量仪。

因为 dV_2 比 dV_1 稍大，可以从公式 $R_T = R_{ir} + R_p$ 看出极化阻抗 R_p 比电池内阻 R_{ir} 稍大。轻度放电或脉冲和测量前小背景电阻可以获得一致的测量。

表 9.6 表示了脉冲电流和常用电池内阻的一般关系。

表 9.6 各种尺寸电池的脉冲电流和内阻

尺　寸	典型最大脉冲电流/A		近似内阻/Ω	
	LC	ZC	LC	ZC
N	2.5	—	0.6	—
AAA	3	4	0.4	0.35
AA	4	5	0.30	0.28
C	5	7	0.39	0.23
D	6	9	0.27	0.18
F	9	11	0.17	0.13
9V	0.6	0.8	5	4.5

注：1. LC 代表勒克朗谢电池；ZC 代表氯化锌电池。

2. 来源 Eveready 电池工业[12]。

锌/碳电池间歇放电比连续放电表现好，这在很大程度上是由于消除了极化的影响。影响极化的因素本节前面已有所介绍。放电之间暂停使锌表面去极化，如阳极表面浓差极化的消除。在大电流长时间放电时这种效应更明显。氯化锌电池的内阻稍小于勒克朗谢电池。这导致相同尺寸时氯化锌电池压降较小。

锌/碳电池内阻随放电深度增加而升高。有些应用利用这一特性来提示接近电池寿命终点（如在烟雾探测器中）。图 9.28 表示了 9V 勒克朗谢电池内阻与放电深度的相对关系。

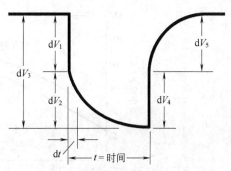

图 9.27　脉冲电压曲线和时间关系图
（图解出了计算电池内阻的极化电压）

内阻升高的一个原因是正极放电反应。多孔正极逐渐被反应产物堵塞。勒克朗谢电池中是二铵氯化锌晶体，在氯化锌电池中是氯氧化锌晶体。二氧化锰的导电性也降低。

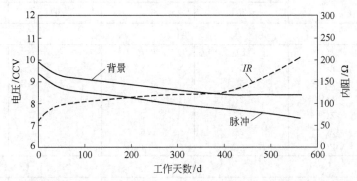

图 9.28　在烟雾探测器上测试 9V 电池组在放电过程中的电压与内阻
（连续放电的背景负载为 620000Ω；脉冲负载及工作条件为 1500Ω×10ms/40s）

9.6.7　温度的影响

锌/碳电池最好工作在 20～30℃ 的常温下，随工作温度升高电池释放出的能量增大，但长期处于高温（超过 50℃）下将引起电池迅速恶化。锌/碳电池的容量随温度降低而迅速下降，0℃ 时只能放出 65% 的容量，在 −20℃ 以下就基本不能工作。氯化锌电池有 15% 的提高即在 0℃ 可放出 80% 常温容量。这种影响在较大负载下更为明显。在低温下，小电流比大电流放出更多的容量（排除大电流放电时对电池加热的有利影响）。

图 9.29 表示出温度对通用型（勒克朗谢）和超高性能型（氯化锌型）锌/碳电池性能的影响。在 −20℃ 时，氯化锌电解质（25%～30%ZnCl$_2$）半凝固，−25℃ 时结冰。在这种情况下，不难理解性能会下降。这些数据是在手电筒负载下（对 D 型电池来说为 300mA）获得的，在更低的电流下所获得的容量可更高些。在不同温度下，通用型 D 电池的典型放电曲线如图 9.29 所示。这种 D 型电池在不同温度下的附加特性如表 9.7 所示。

特种低温电池使用了低冰点电解质，并从设计上使电池内阻降至最低。但由于综合性能更优越的其他类型的一次电池的应用，这种电池实际上并没有得到推广。为了在低温条件下更好地工作，采用某些适当的方法将勒克朗谢电池进行保温。背心式电池组穿在使用者的衣服内，用人体热量使它维持在满意的工作温度下，这是军队曾经采用过的在低温下工作的方法。加入其他盐和刺梧桐树胶可以提高电池的低温性能，但是高温（>40℃）贮存寿命降低。

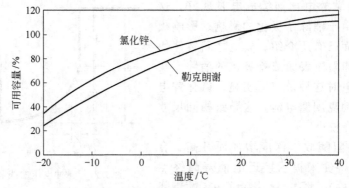

图 9.29 在广播等中等应用电流下，电池可提供容量与温度的关系

表 9.7 温度对内阻的影响

电池尺寸	系统	内阻/Ω			
		−20℃	0℃	20℃	45℃
单体					
AAA	ZC	10	0.7	0.6	0.5
AA	LC	5	0.8	0.5	0.4
AA	ZC	5	0.8	0.5	0.4
C	LC		0.8	0.5	0.4
C	ZC	3	0.5	0.4	0.3
D	LC	2	0.6	0.5	0.4
D	ZC	2	0.4	0.3	0.2
叠层电池					
9V	LC	100	45.0	35.0	30.0
9V	ZC	100	45.0	35.0	30.0
信号电池					
6V	LC	10	1.0	0.9	0.7
6V	ZC	10	1.0	0.8	0.7

注：1. LC 代表勒克朗谢电池；ZC 代表氯化锌电池。

2. 来源 Eveready 电池工程 [12]。

9.6.8 使用寿命

图 9.30 和图 9.31 是不同负载和不同温度下勒克朗谢电池以单位质量和单位体积为基准的使用寿命。这些曲线是根据通用型电池在若干不同放电方法下的平均放电电流的性能给出。这些数据可用来估计某一给定电池在特定放电条件下的使用寿命，也可用来估计为满足某一特殊装置要求所应配备电池的体积和质量。

制造厂家的商品目录中应该考虑到许多电池配方和放电条件下的特殊性能数据。表 9.8 表示出厂家所给出的两种配方的 AA 型电池的典型性能数据。

9.6.9 贮存寿命

锌/碳电池在搁置期间容量逐渐下降。恶化的原因可以认为是由于锌腐蚀、化学副反应和水分损失所引起，部分放电的电池比完全未放电的恶化得更严重。恶化的速率与贮存温度有关，高温可加速容量损失，低温可延长电池的贮存寿命。图 9.32 表示出在 40℃、20℃ 和 0℃ 下贮存后的容量保持能力。氯化锌电池容量保持能力比勒克朗谢电强，这是由于隔膜

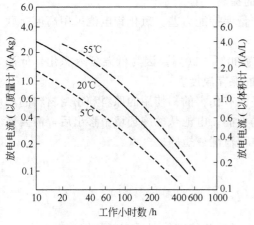

图 9.30 在 20℃以 2h/d 的方式放电至电池电压为 0.9V 时，锌/碳电池的工作时间曲线

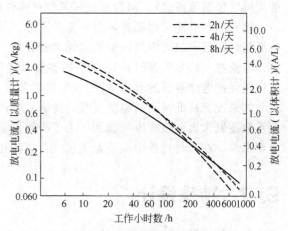

图 9.31 在 20℃以间歇式的方式放电至电池电压为 0.9V 时，锌/碳电池的工作时间曲线

表 9.8 AA 型锌/碳电池制造商数据

制度	1.2V 时电流 /mA	负载 /Ω	终点电压/V					
			1.3	1.2	1.1	1.0	0.9	0.8
Eveready No.1015 通用电池								
			小时					
4h/d	28	43	2	5	12	20	24	27
1h/d	120	10	0.1	0.4	1.2	2.6	3.9	4.5
1h/d	308	3.9	0.09	0.2	0.4	0.7	0.9	1.0
每天每分钟 15s(脉冲)	667	1.8	脉冲					
			6	14	30	51	68	73
Eveready No.1215 超高能电池								
			小时					
4h/d	28	43	4	10	21	31	36	39
1h/d	120	10	0.2	0.4	2.5	5.2	6.4	7.0
1h/d	308	3.9	0.1	0.3	0.5	1.2	1.7	1.9
每天每分钟 15s(脉冲)	667	1.8	脉冲					
			7	14	30	89	139	160

注：来源于 Eveready 电池工程[12]。

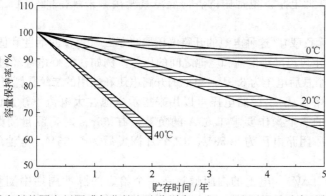

图 9.32 塑料密封的隔离纸隔膜氯化锌电池分别在 40℃、20℃和 0℃贮存后的容量保持率

的改善（包覆纸隔膜）、密封系统和其他材料性能的提高。

勒克朗谢电池采用沥青密封和浆状隔膜，故容量保持能力差。氯化锌电池采用高度交联的淀粉包覆纸隔膜聚丙烯或聚乙烯模封则较好。

电池在 $-20℃$ 贮存时，10 年后的容量保持率为 $80\%\sim90\%$。因为低温延迟恶化，低温贮存是保持电池容量的有用方法。$0℃$ 是非常有效的保存温度。

如果没有从低温到高温的反复，冷冻对电池是没有伤害的；使用的原料和密封材料的膨胀系数差别太大会造成电池破裂。为了得到满意的性能，电池从冷冻环境中移出后，需要恢复到室温。在回暖过程中应该避免湿气，以防止电池泄漏或短路。

9.7　特殊设计

一些特殊设计的锌/碳电池可以提高电池某一方面的独特性能以适应新的用途。

扁平式锌/二氧化锰 P-80 电池如下所述。

在 20 世纪 70 年代初，Polaroid 发明了一种立即成像系统，SX-70。在该系统中最主要的革新是电池包含在胶卷盒中，而不是在照相机中。电池为盒中的胶片提供足够能量。摄影师不必关心电池的新旧，因为电池是和胶卷在一起的。

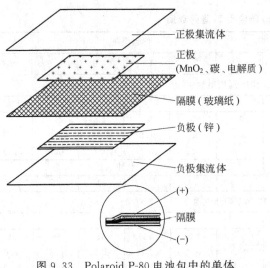

图 9.33　Polaroid P-80 电池包中的单体
电池分解图

图中标注：
正极集流体
正极（MnO₂、碳、电解质）
隔膜（玻璃纸）
负极（锌）
负极集流体
(+)
隔膜
(-)

（1）电池结构　P-80 电池与勒克朗谢电池化学原理非常相似，只是形状特殊。图 9.33 详细描述了一个 1.5V 的单体。电极区域大约 $5.1cm\times5.1cm$。锌阳极覆盖在一个导电聚乙烯网上。

二氧化锰与含电解质盐的浆混合。电解质主要是氯化锌和一些氯化铵。阴阳极被一层薄的赛璐玢膜隔开：一只成品 6V 电池含有 4 个单体。4 个分立的单体以聚乙烯支架和铝集流板彼此连接在一起。一种特殊的导电涂覆层使铝和塑料材料粘在一起。

（2）电池参数　扁平电池的关键参数和圆柱形电池相似。采用扁平设计，采取这种几何结构的初衷是为了降低电阻。电池中的各薄层需紧密接触来维持低电阻，涉及气体产生的反应一定要最小化。

① 开路电压（无负载）　这种电池的开路电压取决于二氧化锰的活性和体系的 pH 值。将正极浆的 pH 值调为恒定可以减小电池和电池之间的压差。例如，P-80 电池经过这样的调整后，56 天电压为 6.4V，12 个月后电压为 6.3V。电池的开路电压和使用的二氧化锰有关。

② 闭路电压（带负载）　闭路电压可以用来指示电池在大电流下输出能量的能力。在 P-80 电池中，照相机的一个操作要求 1.63A 的负载。在 55ms 时，测量闭路电压以最小化极化作用。56 天搁置后闭路电压为 5.58V，12 个月搁置后为 5.35V。电池的闭路电压和使用的二氧化锰有关。

③ 内阻和压降（ΔV）　电池的内阻通过在一个给定的脉冲周期中测量压降来得到。主要影响压降的因素是锌的表面活性。锌表面活性受锌粒径和氢气量的影响。负载若持续一段

时间，如给照相机快门电路充电，极化作用将出现。总的阻抗是两部分之和，即电池内阻和极化内阻。后者对时间是敏感的。为了减小极化内阻，测量 ΔV 的脉冲周期要尽量缩短。

56 天的数据是受关注的。这是电池装入胶卷盒的标称时限。在此刻，所有的电池都要测量电性能，有缺陷的电池将被筛除。

总电阻可表达为：
$$R_t = R_i + R_p$$

式中　R_t——总电阻，Ω；

　　　R_p——极化内阻，Ω。

对 P-80 电池，R_i 为 0.5Ω，R_p 为 0.12Ω。

④ 容量　容量模拟器模拟测试给照相机充电的能量。每个脉冲含有一个开路休息阶段，一个 2A 负载的脉冲，相当于 $50W \cdot s$ 的脉冲。这样的 $50W \cdot s$ 的循环一直持续到终止电压 $3.7V$。

在 $50W \cdot s$ 负载持续的时间内会出现极化压降。每个循环输出 $50W \cdot s$ 所用的时间随电池的使用而延长。每循环之间间歇 30s。最初压降是恒定的，但接近终点时电阻增大，该测试一直持续到 $3.7V$。

图 9.34 给出各种放电负载下的电压曲线。图 9.35 展示容量对倍率的敏感性。

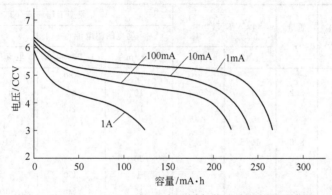

图 9.34　Polaroid P-80 电池在不同负载下放电的电压曲线

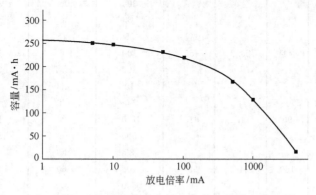

图 9.35　Polaroid P-80 电池的容量与放电倍率的关系（放电至 $3.0V$ 止）

9.8　单体及组合电池的型号及尺寸

为满足不同装置的需要，利用不同配方已制成各种尺寸的锌/碳电池。单体电池及组合电池按照特定放电条件下容量输出能力可分为"工业型"、"通用型"、"高性能型"、"照相机闪光灯型"等不同等级,并区分为勒克朗谢电池和氯化锌电池。

表 9.9 列出了最普遍的各种电池的尺寸,并对不同负载下典型的间歇放电(2 h/d)工作时间做了估计,但它不包括"玩具"型电池的连放试验。电池在若干间歇放电条件下的性能如表 9.10 所示。

AA 型电池已经成为最主要的产品,广泛用于笔形电筒、闪光灯和其他用电器上。更小一些的 AAA 电池用在遥控器和其他小型用电器上。C 型、D 型主要用于闪光灯。F 型通常组合成电池组用于手提灯和其他需要这些大型电池的应用场合。叠层电池用于电池组合,如 9V 电池用于烟雾探测器和用电器。

表 9.11 给出了某些商品化的主要锌/碳电池的组合电池。这些组合电池的性能可利用 IEC 所指定的测定整组电池的方法来估计(如 NEDA6、IEC4R25 组合电池就是由 4 个 F 型电池串联组成)。表 9.12 给出了各制造厂所生产的锌/碳电池单体及组合电池的相互参照。考虑到各种锌/碳电池的配方不同,所以应根据制造厂的产品样本查找特殊的性能数据。

表 9.9 锌/碳电池特性

型号	IEC	ANSI,NEDA	质量/g	最大尺寸/mm		典型工作环境/(2h/d[①])			
						勒克朗谢电池		氯化锌电池	
				直径	高度	电流/mA	工作时间/h	电流/mA	工作时间/h
N	R1	910	6.2	12	30.2	1	480		
						10	45		
						15	20		
AAA	R03	24	8.5	10.5	44.5	1	—	1	520
						10	—	10	55
						20	—	20	26
AA	R6	15	15	14.5	50.5	1	950	1	1200
						10	80	10	110
						100	4	100	8
						300	0.6	300	1
C	R14	14	41	26.2	50	5	380	5	800
						25	75	20	150
						100	6	100	20
						300	1.7	300	5.5
D	R20	13	90	34.2	61.5	10	400	10	700
						50	70	50	135
						100	25	100	55
						500	3	500	6
F	R25	60	160	34[②]	92[②]	25	300	25	400
						100	60	100	85
						500	5.5	500	9
G	R26	—	180	32	105[②]	—			
No.6	R40	905	900	67	170.7	5	8000		
						50	700		
						100	350		
						500	70		

① 工作至 0.9V 终止电压的典型值。

② 典型值。

表 9.10　锌/碳电池和碱性二氧化锰电池的 ANSI 标准

尺寸	使用	负载阻值 /Ω	制度	终止电压 /V	规格要求	
					锌/碳电池 初始①	碱性二氧化锰电池 初始①
N					910D	910A
	便携灯具	5.1	5min/d	0.9	不适用	100min
	传呼机	10.0	5s/h	0.9	不适用	888h
	然后	3000.0	3595s/h			
AAA					24D	24A
	脉冲测试	3.6	15s/min,24h/d	0.9	150 脉冲	450 脉冲
	便携灯具	5.1	4min/h,8h/d	0.9	48.0min	130.0min
	录音机	10.0	1h/d	0.9	1.5h	5.5h
	收音机	75.0	4h/d	0.9	24.0h	48.0h
AA					15D	15A
	脉冲测试	1.8	15 s/min,24h/d	0.9	150 脉冲	450 脉冲
	电动机/玩具	3.9	1h/d	0.8	1.2h	5h
	录音机	10.0	1h/d	0.9	5.0h	13.5h
	收音机	43.0	4h/d	0.9	27.0h	60.0h
C					14D	14A
	便携灯具	3.9	4min/h,8h/d	0.9	350min	830min
	玩具	3.9	1h/d	0.8	5.5h	14.5h
	录音机	6.8	1h/d	0.9	10.0h	24.0h
	收音机	20.0	4h/d	0.9	30h	60.0h
D					13D	13A
	便携灯具	1.5	4min/15min,8h/d	0.9	150min	540min
	便携灯具	2.2	4min/h,8h/d	0.9	120min	950min
	电动机/玩具	2.2	1h/d	0.8	5.5h	17.5h
	录音机	3.9	1h/d	0.9	10h	26.0h
	收音机	10.0	4h/d	0.9	33h	90.0h
9 V					1604D	1604A
	计算器	180	30min/d	4.8	380min	630min
	玩具	270	1h/d	5.4	7h	14h
	收音机	620	2h/d	5.4	23h	38h
	电子	1300	24h/d	6.0	不适用	不适用
	烟雾探测器		处于研究中			
6 V					908D	908A
	便携灯	3.9	4min/h,8h/d	3.6	5h	21h
	便携灯	3.9	1h/d	3.6	50h	80h
	路障	6.8	1h/d	3.6	165h	300h

① 贮存 12 个月后的性能要求：锌/碳电池，初始要求的 80%；碱性二氧化锰电池，初始要求的 90%。

注：来源于 ANSI C18.1M-2009（参考文献 [11]）。

表 9.11　锌/碳电池 ANSI/NEDA 尺寸　　　　　单位：mm

ANSI	IEC	直径		总高		长度		宽度	
		最大	最小	最大	最小	最大	最小	最大	最小
13C	R20S	34.2	32.3	61.5	59.5				
13CD	R20C	34.2	32.3	61.5	59.5				
13D	R20C	34.2	32.3	61.5	59.5				
13F	R20S	34.2	32.3	61.5	59.5				
14C	R14S	26.2	24.9	50.0	48.5				

ANSI	IEC	直径		总高		长度		宽度	
		最大	最小	最大	最小	最大	最小	最大	最小
14CD	R14C	26.2	24.9	50.0	48.5				
14D	R14C	26.2	24.9	50.0	48.5				
14F	R14S	26.2	24.9	50.0	48.5				
15C	R6S	14.5	13.5	0.5	49.2				
15CD	R6C	14.5	13.5	50.5	49.2				
15D	R6C	14.5	13.5	50.5	49.2				
15F	R6S	14.5	13.5	50.5	49.2				
24D	R03	10.5	9.5	44.5	43.3				
903	—			163.5	158.8	185.7	181.0	103.2	100.0
904	—			163.5	158.8	217.9	214.7	103.2	100.0
908	4R25X			115.0	107.0	68.2	65.0	68.2	65.0
908C	4R25X			115.0	107.0	68.2	65.0	68.2	65.0
908CD	4R25X			115.0	107.0	68.2	65.0	68.2	65.0
908D	4R25X			115.0	107.0	68.2	65.0	68.2	65.0
915	4R25Y			112.0	107.0	68.2	65.0	68.2	65.0
915C	4R25Y			112.0	107.0	68.2	65.0	68.2	65.0
915D	4R25Y			112.0	107.0	68.2	65.0	68.2	65.0
918	4R25-2			127.0	—	136.5	132.5	73.0	69.0
918D	4R25-2			127.0	—	136.5	132.5	73.0	69.0
926	—			125.4	122.2	136.5	132.5	73.0	69.0
1604	6F22			48.5	46.5	26.5	24.5	17.5	15.5
1604C	6F22			48.5	46.5	26.5	24.5	17.5	15.5
1604CD	6F22			48.5	46.5	26.5	24.5	17.5	15.5
1604D	6F22			48.5	46.5	26.5	24.5	17.5	15.5

来源：ANSI C18.1M-2009[11]。

表 9.12　锌/碳电池横向对照

ANSI	IEC	Duracell	Eveready	RayOVac	Panasonic	Toshiba	Varta	Military
13C	R20	M13SHD	EV50	GP-D	—	—	—	—
13CD	R20	M13SHD	EV150	HD-D	UM1D	—	—	—
13D	R20	M13SHD	1250	6D	UM1N	R20U	3020	—
13F	R20	—	950	2D	UM1	R20S	2020	BA-30/U
14C	R14	M14SHD	EV35	GP-C	—	—	—	—
14CD	R14	M14SHD	EV135	HD-C	UM2D	—	—	—
14D	R14	—	1235	4C	UM2N	R14U	3014	—
14F	R14	—	935	1C	UM2	R14S	2014	BA-42/U
15C	R6	M15SHD	EV15	GP-AA	—	—	—	—
15CD	R6	M15SHD	EV115	HD-AA	UM3D	—	—	—
15D	R6	M15SHD	1215	5AA	UM3N	R6U	3006	—
15F	R6	—	1015	7AA	UM3	R6S	2006	BA-58/U
24D	R03		1212		UM4N			
24F	R03	—	—	—	—	—	—	—
210	20F20	—	413	—	—	—	—	BA-305/U
215	15F20	—	412	—	15	—	V72PX	BA-261/U
220	10F15	—	504	—	W10E	—	V74PX	BA-332/U
221	15F15	—	505	—	MV15E	—	—	—
900	R25-4	—	735	900	—	—	—	—
903	5R25-4	—	715	903	—	—	—	BA-804/U

续表

ANSI	IEC	Duracell	Eveready	RayOVac	Panasonic	Toshiba	Varta	Military
904	6R25-4	—	716	904	—	—	—	BA-207/U
905	R40	—	EV6		—	—		BA-23
906	R40	—	EV6	—	—	—		BA-23
907	4R25-4	—	1461	641	—	—		BA-429/U
908	4R25	M908	509	941	4F	—	—	BA-200/U
908C	4R25	M908SHD	EV90	GP-6V	—	—	430	—
908CD	4R25	M908SHD	EV90HP	—	—	—	431	
908D	4R25	M908SHD	1209	944	—	—	430	
915	4R25	M915	510S	942	—	—	—	BA-803/U
915C	4R25	M915SHD	EV10S	—	—	—	—	
915D	4R25	M915SHD	—	945	—	—	—	
918	4R25-2	—	731	918	—	—		
918C	4R25-2	—	EV31	—	—	—		
918D	4R25-2	—	1231	928	—	—		
922	—	—	1463	922	—	—		
926	8R25-2	—	732	926	—	—		
1604	6F22	—	216	1604	006P	—	2022	BA-90/U
1604C	6F22	M9VSHD	EV22	GP-9V	—	—		
1604CD	6F22	M9VSHD	EV122	HD-9V	006PD	—		
1604D	6F22	M9VSHD	1222	D1604	006PN	6F22U	3022	

注：来源于制造商手册。

参 考 文 献

1. Frost and Sullivan Inc. , Global Battery Market, New York, 2009.
   V. Sapru "Analyzing the Global Battery Market," *Battery Power*, 14 (4) (2010).

2. The Freedonia Group, Inc. , Industry Study ♯1193, Primary and Secondary Batteries, Cleveland, Ohio, December 1999. I. Buchmann, Battery University. com, after Freedonia (2005) and the Freedonia Group, Inc.

3. Samuel Rubin, *The Evolution of Electric Batteries in Response to Industrial Needs*, Chap. 5, Dorrance, Philadelphia, 1978.

4. George Vinal, *Primary Batteries*, Wiley, New York, 1950.

5. N. C. Cahoon, in N. C. Cahoon and G. W. Heise (Eds.), *The Primary Battery*, Vol. 2, Chap. 1, Wiley, New York, 1976.

6. Richard Huber, in K. V. Kordesh (Ed.), *Batteries*, Vol. 1, Chap. 1, Decker, New York, 1974.

7. D. Glover, A. Kozawa, and B. Schumm, Jr., (Eds.), *Handbook of Manganese Dioxides*, *Battery Grade*, International Battery Material Association (IBA, Inc.), IC Sample Office, 1989.

8. R. J. Brodd, A. Kozawa, and K. V. Kordesh "Primary Batteries 1951-1976," *J. Electrochem. Soc.* 125 (7) (1978),

9. B Schumm, Jr., in *Modern Battery Technology*, C. D. S. Tuck (Ed.), Ellis Horwood, Ltd., London, 1991, pp. 87-111.

10. C. L. Mantell, *Batteries and Energy Systems*, 2d ed., McGraw-Hill, New York, 1983.

11. "American National Standards Specification for Dry Cells and Batteries," ANSI C18. 1M-2009, American National Standards Institute, Inc., 2009.

12. Eveready Battery Engineering Data；information is available at www. Energizer. com；technical information website. These data are frequently updated and current.

13. M. Dentch and A. Hillier, Polaroid Corp. , *Progress in Batteries and Solar Cells*, Vol. 9 (1990).

第 10 章

镁电池和铝电池

Patrick J. Spellman

10.1 概述

镁和铝都是极有吸引力的一次电池负极材料。正如第 1 章表 1.1 所示❶，它们具有较高的标准电位。较低的原子量和多价态导致其有较高的质量和体积比电化学当量。此外，镁和铝储量丰富，相对来说价格也偏低。

镁已成功地用于镁/二氧化锰（Mg/MnO_2）电池。这种电池与锌/碳（二氧化锰）电池相比显示两个主要优点。即它有比同体积锌/碳电池大一倍的容量和极好的容量保持能力，即使高温贮存时亦是如此（表 10.1），优良的贮存性能是由于镁负极表面形成一层保护膜所致。

表 10.1 镁电池的主要优缺点

优 点	缺 点
好的容量保持能力，即使在高温下贮存	激活滞后（电压滞后）
是相应勒克朗谢电池容量的 2 倍	放电时产生氢气
电压高于锌/碳电池	使用中产生热量
成本有竞争性	部分放电后贮存性能差

镁电池的缺点主要是它的"电压滞后"，并且放电期间一旦镁负极保护膜遭到破坏，就要同时发生腐蚀反应及氢气和热量的生成。另外，部分放电后的镁电池，会使其失去良好的贮存性能，因此它不宜长期间歇放电使用。由于以上原因，活性镁电池（非贮备型）已成功地用于军事装备如无线电收发机和应急（即备用）装置中，但至今还没有大量商品化。

此外，在美国军事装备中镁电池的应用已经停止，因为新升级的军事装备需要具有更高倍率工作能力电源，而镁电池无法满足要求。现在大量应用锂原电池和锂离子电池。

---

❶ 镁和铝作为贮备和机械可充式电池的内容在第 34 章和第 33 章有所介绍。

铝尽管有着潜在的优点，但至今还没有成功地用于一次电池。与镁类似，铝表面上形成一层保护膜，这层保护膜不利于电池性能的发挥，结果使得电池电压明显低于其理论值，同时使得部分放电或贮存过的电池有明显的电压滞后现象。尽管保护膜可用适当的电解质或汞齐的方法消除，但后果却是腐蚀受到加速，贮存寿命变差。但铝作为负极已成功地用在铝空气电池中（见第 33 章）。

10. 2　化学原理

镁一次电池利用镁合金为负极板，混有乙炔黑的二氧化锰为正极（乙炔黑用于改善二氧化锰的导电性），高氯酸镁水溶液（pH 值约为 8.5）为电解质，铬酸钡和铬酸锂为缓蚀剂，氢氧化镁作为缓冲剂添加到电解质中以提高电池的贮存性能。含水量至关重要，因为放电期间水参与电池的负极反应，并被消耗掉[1]。

镁/二氧化锰电池的放电反应为：

负极
$$Mg + 2OH^- \Longrightarrow Mg(OH)_2 + 2e$$

正极
$$2MnO_2 + H_2O + 2e \Longrightarrow Mn_2O_3 + 2OH^-$$

总反应
$$Mg + 2MnO_2 + H_2O \Longrightarrow Mn_2O_3 + Mg(OH)_2$$

单体电池的理论电压高于 2.8V，但实际上达不到。所能得到的电压要比理论值低 1.1V 左右，电池的实际开路电压约为 1.9~2.0V，但这仍比锌/碳电池要高。

在中性或碱性电解液中，镁的电位是混合电位，由镁的阳极氧化和阴极析氢决定。这两种反应的动力学都会受到钝化膜的性质影响而强烈改变。这种钝化膜的性质则是与化成老化历程、先前的阳极反应（阴极限制）、电解质环境和镁合金添加剂有直接关系。显然充分评价镁电极的关键是了解 $Mg(OH)_2$ 膜[2]。包括了解影响其形成和溶解的因素以及膜的物理化学特性。

在贮存条件下一般镁的腐蚀极其轻微，这是因为镁表面形成的 $Mg(OH)_2$ 膜起到了良好的保护作用，用铬酸盐缓蚀剂处理会加强这种防护作用。这种紧密结合的钝化的氧化物或氢氧化物在电极表面形成的结果，使镁成为在实用水溶液原电池中具有最理想电活性的金属。但当保护膜一旦破裂或放电期间被消除后，就会有腐蚀反应发生，且同时伴有氢气生成：

$$Mg + 2H_2O \longrightarrow Mg(OH)_2 + H_2$$

在镁的阳极氧化过程中，随着电流密度的加大，由于钝化膜被破坏，在裸露出的镁表面暴露了更多的（阴极）位置，从而使析氢速率增加。这种现象通常称为"负差效应"。事实上，可以测到的镁的阳极氧化速率仅发生在裸露的金属表面上。镁盐通常表现出低水平的阴离子电导，从理论上可以提出这样一个机理：即 OH^- 穿过膜到达镁-膜界面上形成 $Mg(OH)_2$。实际上这种反应发生速率不是足够快，从所有可能的机理来看，取代上述反应的是一旦阳极电流流过，便会导致膜的破裂[3]。已经提出了这种钝化膜破坏的理论模型[4~7]。该模型成功地包括了依次发生的在金属-膜界面上发生的金属溶解、膜扩展、膜脱落这些过程。这种无用的反应引起了很大问题，这不仅是因为需要设法排出电池内部的氢气以防积累，而且是因为它消耗水（水含量对电池的正常工作至关重要），产生热量，降低了负极效率。

在典型连续放电条件下镁负极的效率约为 60%~70%。镁合金的组成、电池部件、放电速率和温度都对镁负极的效率产生影响。以小电流和间歇放电时，镁负极效率会下降到40%~50% 或更低。同时，随温度的降低，镁负极效率进一步下降。

镁电池放电期间，尤其大电流放电时有大量的热生成，这是由于腐蚀反应是放热的［每摩尔镁可放出大约 82kcal（343kJ）热量］及理论电压和实际工作电压间之差引起的（IR）损耗所致。正确的电池设计应允许热量散失，以避免电池过热而缩短电池寿命。但另一方面若在低环境温度下工作时，这些热量的产生则有利于维持电池在较高的、更有效的温度下工作。

显然钝化膜导致电压滞后的产生。电压滞后是指当电池加上负载后，电池达到适当输出电压的时间存在一个滞后。事实上随着电流的流动，金属表面的保护膜发生剥落并将裸金属暴露到电解质时，即可输出正常的电压（图 10.1）。当电流中断后，保护膜重新生成，但已不会达到原始的程度。这就是镁和铝电池在小电流和间歇放电时存在的显著缺点[3]。正如图 10.2 所示，滞后时间一般不超过 1s，但在低温下放电或经过长时间高温贮存后滞后时间也可能延长（达到 1min 或更长）。

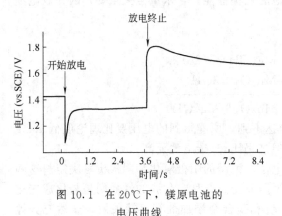

图 10.1　在 20℃下，镁原电池的
电压曲线

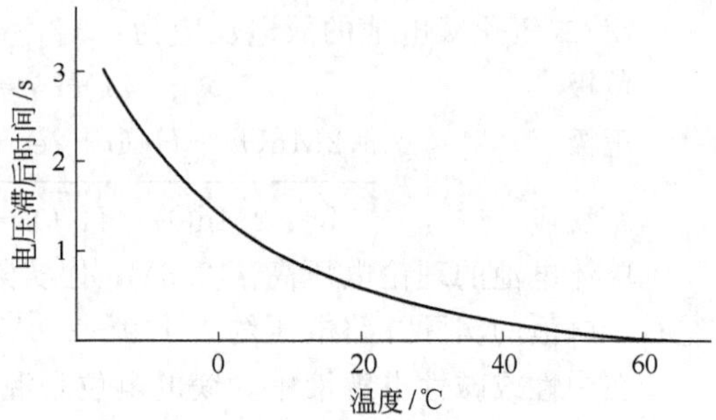

图 10.2　Mg/MnO_2 电池的电压滞后
与温度的关系

铝负极反应为：

$$Al \longrightarrow Al^{3+} + 3e$$

所确定的反应标准电极电位为 −1.7V。即以铝为负极的电池电压应比相应以锌为负极板的电压高 0.9V。但是实际上这个电位也不能得到，铝/二氧化锰电池的电压仅比锌电池高 0.1～0.2V。由于铝负极氧化膜所带来的一系列问题，诸如一旦膜破裂时，铝负极就会严重地被腐蚀；电压滞后以及铝趋向于不均匀腐蚀等，所以至今铝/二氧化锰电池仍处于实验阶段。实验电池是由双层铝负极（可使由壳子穿孔造成的过早失效减至最小）、氯化铝或氯化铬电解质以及与普通锌锰电池相类似的二氧化锰-乙炔黑正极所组成。反应机理可表示为：

$$Al + 3MnO_2 + 3H_2O \longrightarrow 3MnO \cdot OH + Al(OH)_3$$

10.3　镁/二氧化锰电池结构

镁/二氧化锰（非贮备式）一次电池一般为圆柱形。

10.3.1　标准结构

这种结构的镁电池与圆柱形锌碳电池类似。典型的电池剖视图如图 10.3 所示。含有少量铝和锌的镁合金筒取代锌筒，正极由二氧化锰、乙炔黑（主要起导电和保水作用）、铬酸钡（抑制剂）和氢氧化镁（作为 pH 缓冲剂）的混合物挤压成型。电解质为带有铬酸锂的高氯酸镁水溶液。碳棒为正极的集流体。隔膜为有吸液性的牛皮纸，与纸板锌电池相同。镁电

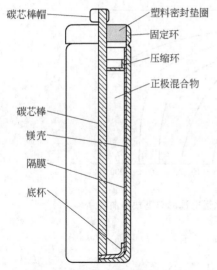

图 10.3　圆柱形镁原电池结构

碳芯棒帽
塑料密封垫圈
固定环
压缩环
正极混合物
碳芯棒
镁壳
隔膜
底杯

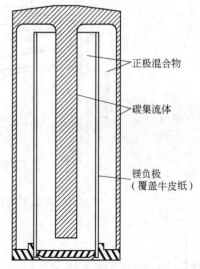

图 10.4　内-外"碳包"式结构的镁原电池

正极混合物
碳集流体
镁负极
（覆盖牛皮纸）

池的密封至关重要，因为它必须保证贮存期间不损失水分，同时又应能为放电期间由于腐蚀反应所产生的氢气提供通路。利用机械阀门已实现这一目的：将带有小孔的塑料密封顶盖置于一固定环中，当固定环受压变形后就可使过量的气体排放出来[8]。

10.3.2　内-外"反极"式结构

　　一种内-外"反极"式结构（Inside-out Construction）（图 10.4）的设计基础是高导电性碳结构，这种结构是可以通过模压直接得到复杂的形状。以杯形的碳杯状形成的碳结构可以作为电池的容器；而一只实体的中心碳棒插入其中，并结合形成一个整体以缩短电流路径。碳杯有足够的强度、均匀性且对液体和气体的不渗透性以及对电解质的抗腐蚀性。这种电池是由碳杯、圆柱形镁负极、纸基隔膜、二氧化锰、乙炔黑的正极混合物及带有阻蚀剂的溴化镁或高氯酸镁电解质水溶液所组成。正极混合物充填在负极两侧的空间，并与负极内外两侧表面、中心碳棒以及碳杯内表面有着优良的接触，由此该结构提供了大的电极表面积。外部接触可利用两个金属端片来实现。正极端子在加工过程中被粘接在碳杯底部。与负极接触的负极端子与塑料环构成绝缘套并将碳杯的开口端封闭。最后完整的单体电池用一个卷筒状的镀锡钢外套通过卷边封装起来[9~11]。

10.4　镁/二氧化锰电池的工作特性

10.4.1　放电性能

　　圆柱形镁/二氧化锰一次电池典型放电曲线如图 10.5 所示。镁电池放电曲线一般较锌碳电池平稳，且对放电速率的变化较少敏感，平均放电电压为 1.6~1.8V，约比锌/碳电池高 0.4~0.5V，典型的终止电压为 1.2V。图 10.6~图 10.8 和表 10.2 表示了"1LM"圆柱形镁电池的连续放电和间歇放电特性，放电条件为：20℃下恒阻放电。

　　图 10.6 总结了镁电池恒阻负载连续放电至 1.1V 的性能。

　　图 10.7 表示了电池以连续恒流放电至不同终止电压时，电流与放电安时容量之间的关系。表 10.2 汇总了间歇放电性能。低倍率长期放电时性能的降低归因于镁负极和电池电解

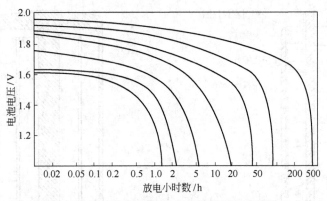

图 10.5　在20℃时圆柱形镁/二氧化锰电池的典型放电曲线

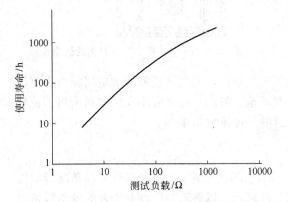

图 10.6　在室温下，1LM 的工作时间
（放电至 1.1V）与试验负载的关系

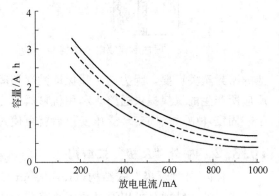

图 10.7　"1LM"型镁/二氧化锰电池的工作
时间（容量，A·h）与恒电流放电电流的关系

（—·—　放电至 1.4V；　———　放电至 1.2V；

———　放电至 1.0V）

表 10.2　1LM 型电池连续和间歇放电性能（以小时计）

放电类型	终止电压	
	1.1V	0.8V
4Ω 连续	8.9	9.9
4Ω,LIFT[①]	10.7	11.6
4Ω,HIFT[②]	11	12
4Ω,30min/h,8h/d	9.72	10.60
25Ω 恒阻		
（连续）	100	104
（4h/d）	84.2	88.4
500Ω 恒阻		
（连续）	1265	1312
（4h/d）	752	776

① 轻型工业闪光灯测试 4min/h，8h/d。

② 重型工业闪光灯测试 4min/15min，8h/d。

注：来源于 Rayovac 公司。

质之间的腐蚀反应。该反应伴随着氢气的
析出和水的还原，导致了电池效率的降低。
这一现象在图 10.8 有所展示。该图汇总了
1LM 型电池连续放电至 0.8V 时的输出容
量。容量损失在低倍率（高电阻）放电时
是明显的。

镁原电池的低温性能也较锌/碳电池优
越，可在 −20℃ 或更低的温度下工作。图
10.9 给出了在不同温度下，镁电池以 20h
率放电时的放电性能。镁电池的低温性能
受到放电期间产生的热量影响，同时也与
放电速率、电池体积、电池形状及其他因

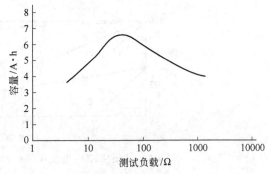

图 10.8 1LM 型电池的工作时间（容量计算至
放电 0.8V 时止）与测试负载的关系

素有关。如果需要更精确的性能数据应进行实效放电试验。

长时间以小电流连续放电可导致镁电池破裂，这主要是当氢氧化镁生成时，其占据
了镁的大约 1~1.5 倍的体积。镁的膨胀并施压压向在放电期间由于失水而已相当硬化的
正极混合物。电池壳体破裂后，由于扩散进去的空气可参与电极反应，所以可使电池电
压上升约 0.1V，也可使容量有所增加。

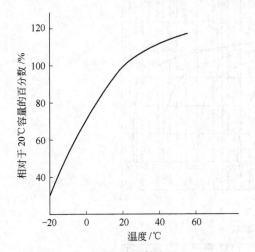

图 10.9 在不同温度下圆柱形 Mg/MnO_2
电池的放电性能

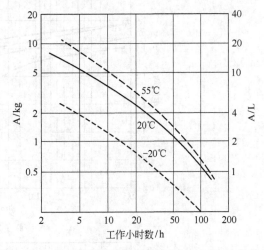

图 10.10 在不同温度下圆柱形 Mg/MnO_2 电池以
不同放电率放电的工作时间
（放电至单体电池电压 1.2V 止）

在不同温度下，镁/二氧化锰一次电池以不同放电率放电的使用寿命综述在图 10.10 中
[已规范成单位质量（kg）和单位体积（L）]。这些数据是建立在 60A·h/kg 和 120A·h/L
的额定性能基础之上。

10.4.2 贮存寿命

不同贮存温度下镁/二氧化锰一次电池的贮存寿命如图 10.11 所示。同时与锌/碳
电池的贮存寿命进行比较，可以看到镁电池有良好的贮存寿命。这种电池在 20℃ 下贮
存 5 年或更长些时间总容量损失仅为 10%~20%。55℃ 高温贮存容量损失也仅为
20%/年。

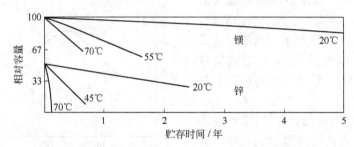

图 10.11 Mg/MnO$_2$ 电池和 Zn/MnO$_2$ 电池贮存后的工作时间对比

10.4.3 内-外"反极"式电池

在 20℃和－20℃下圆柱形内-外"反极"结构镁电池的放电曲线如图 10.12 所示。这种结构的电池大电流放电及低温性能较常规结构好。甚至在－40℃下这类电池仍可工作，尽管温度越低，放电电流越小。这类电池的特征是放电曲线特别平稳。此外，这类电池小电流连放性能及重现性良好，因为在这种条件下不存在壳体破裂问题。D 型镁/二氧化锰电池在 270μA 下已连续放电 2.5 年（20℃）。

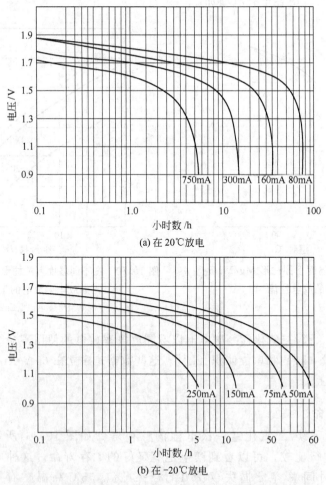

图 10.12 内-外"反极"式 D 型镁原电池的典型放电曲线

10.4.4 电池设计

因为放电时电池有热量生成，因此该结构对镁/二氧化锰电池的性能影响显著。正如第 10.2 节所讨论，正确的电池设计必须允许生成的热量散失，以防电池过热、过早干涸及性能降低——或利用这些热量来改善处于低温下的性能。在某些低温应用中，采取防止热量散失的隔热措施是有益的。对各种可能设计及各种可能工作条件下的精确性能数据，应进行实际放电试验。

电池组及用电装置的设计也必须考虑到放电期间电池析氢这个问题，氢气必须释放出来以免积累，因为空气中含量超过 4.1% 就能燃烧，超过 18% 就会发生爆炸。

10.5 镁/二氧化锰电池的尺寸和类型

现已生产的各种通用 ANSI 标准型圆柱形镁/二氧化锰电池如表 10.3 所述。这些电池多数用于军用无线电收发报机，以 1LM 型为主。但目前已不再实现商品化，并且反极结构电池已不再生产。

表 10.3 圆柱形镁原电池

电池型号	直径 /mm	高度 /mm	质量 /g	容量/A·h[①]	
				传统结构[②]	"反极"结构[③]
N	11.0	31.0	5	0.5	
B	19.2	53.0	26.5	2.0	
C	25.4	49.7	45	—	3.0
1LM	22.8	84.2	59	4.5	
D	33.6	60.5	105		7.0
FD	41.7	49.1	125		8.0
No.6	63.5	159.0	1000		65

① 50h 放电倍率。
② 制造商：Rayovac 公司。
③ 制造商：ACR 电子公司，Hollywood，Fl（已不再生产）。

10.6 其他类型镁电池

利用其他正极材料所研制成的其他结构的镁原电池也均未实现商品化。用塑料膜包封的扁平电池早已完成设计，但从未作为商品出售。

人们对有机去极化剂间二硝基苯（m-DNB）取代二氧化锰表现出极大兴趣，因为随着 m-DNB 完全还原成间苯二胺，可释放出很高的容量（2A·h/g）。这种电池的实际开路电压较低（约 1.1~1.2V/单体），但它比 MnO_2 类电池工作电压平稳，安时容量大，瓦时容量与镁/二氧化锰电池差不多。m-DNB 电池低温及大电流放电性能较差。这种电池也没有进入商品阶段。

镁/空气电池也进行过研究，电压较锌/空气电池的电压高（见第 33 章）。这种电池也没有实现商品化。在贮备电池中镁还是一种非常有用的负极材料，镁在这类电池中的应用请参阅本书第 34 章。

尽管镁二次电池还没有商业化，但正处于开发过程中[14,15]。一种研究是采用纯镁金属作为负极，电解质采用四氢呋喃（THF）溶剂和 Mg（butylAlCl$_3$）$_2$ 盐，正极采用镁嵌入化合物如 Mg$_x$Mo$_6$S$_8$（$x=0\sim2$）。该电池体系理论质量比容量为 122mA·h/g（基于阴极计算），工作电压 1.1V，可以充电上千次而很少衰降。其质量比能量超过铅酸电池和镉/镍电池（约 60W·h/kg）[16,17]。但现阶段的结果表明其倍率性能较低，不过可以考虑应用在负载平衡和太阳能储能等领域[18]。

另一种尝试是采用纯镁负极，采用合适的有机电解质（如 1mol/L 的 C$_2$H$_5$MgF 的二乙基乙醚溶液）、AgO 等镁离子易嵌入正极[19]。该体系质量比容量达到 420mA·h/g。1mA（0.42mA/cm^2 正极）在 1$\sim$3V 电压范围充放电循环 50 周后的容量保持率高于 90%。

10.7　铝原电池

铝二氧化锰原电池或干电池的实验主要集中在 D 型圆柱形电池上，这种电池的结构与镁/二氧化锰电池类似（图 10.3）。最成功的负极是由两种不同铝合金的双金属片构成，内层铝合金片较厚，有较高的电化学活性，万一内层发生点蚀，外层仍可保持完整。正极碳包由被电解质浸湿的二氧化锰和乙炔黑组成。含有铬酸盐阻蚀剂的氯化铝或氯化铬水溶液是最令人满意的电解质。

活性铝原电池至今未有商品供应。实验铝电池所提供的能量较锌电池高。但其商品化却受到负极腐蚀（它可引起间歇放电、小电流连续放电和不均匀贮存寿命等一系列问题）和电压滞后等问题的阻碍。铝/空气电池部分将在第 33 章介绍。

参 考 文 献

1. J. L. Robinson, "Magnesium Cells," in N. C. Cahoon and G. W. Heise (eds.), *The Primary Battery*, Vol. 2, Wiley-Interscience, New York, 1976, Chap. 2.

2. G. R. Hoey and M. Cohen, "Corrosion of Anodically and Cathodically Polarized Magnesium in Aqueous Media," *J. Electrochem. Soc.* 105：245 (1958).

3. J. E. Oxley, R. J. Ekern, K. L. Dittberner, P. J. Spellman, and D. M. Larsen, "Magnesium Dry Cells," in *Proc. 35th Power Sources Symp.*, IEEE, New York, 1992, p. 18-21.

4. B. V. Ratnakumar and S. Sathyanarayana, "The Delayed Action of Magnesium Anodes in Primary Batteries. Part Ⅰ：Experimental Studies," *J. Power Sources* 10：219 (1983).

5. S. Sathyanarayana and B. V. Ratnakumar, "The Delayed Action of Magnesium Anodes in Primary Batteries. Part Ⅱ：Theoretical Studies," *J. Power Sources* 10：243 (1983).

6. S. R. Narayanan and S. Sathyanarayana, "Electrochemical Determination of the Anode Film Resistance and Double Layer Capacitance in Magnesium-Manganese Dioxide Cells," *J. Power Sources* 15：27 (1985).

7. B. V. Ratnakumar, "Passive Films on Magnesium Anodes in Primary Batteries," *J. Appl. Electrochem.* 18：268 (1988).

8. D. B. Wood, "Magnesium Batteries," in K. V. Kordesch (ed.), *Batteries*, Vol. 1：*Manganese Dioxide*, Marcel Dekker, New York, 1974, Chap. 4.

9. R. R. Balaguer and F. P. Schiro, "New Magnesium Dry Battery Structure," in *Proc. 20th Power Sources Symp.*, Atlantic City, NJ, 1966, p. 90.

10. R. R. Balaguer, "Low Temperature Battery (New Magnesium Anode Structure)," Report：ECOM-03369-F, 1966.

11. R. R. Balaguer, "Method of Forming a Battery Cup," U. S. Patent 3，405，013, 1968.

12. D. M. Larsen, K. L. Dittberner, R. J. Ekern, P. J. Spellman, and J. E. Oxley, "Magnesium Battery Characterization," in *Proc. 35th Power Sources Symp.*, IEEE, New York, 1992, p. 22.

13. L. Jarvis, "Low Cost, Improved Magnesium Battery, in *Proc. 35th Power Sources Symp.*, New York, 1992, p. 26.

14. P. Novak，R. Imhof，and O. Haas，"Magnesium Insertion Electrodes for Rechargeable Nonaqueous Batteries—a Competitive Alternative to Lithium?" *Electrochimica Acta* 45，(September 1999).

15. D. Aurbach，Y. Gofer，Z. Lu，A. Schechter，O. Chusid，H. Gizbar，Y. Cohen，V. Ashkenazi，M. Moshkovich，R. Turgeman，and E. Levi，"A Short Review on the Comparison between Li Battery Systems and Rechargeable Magnesium Battery Technology," *J. Power Sources* 97-98：119 (July 2001).

16. D. Aurbach，Y. Gofer，A. Schechter，L. Zhohdghua，and C. Gizbar，"High Energy，Rechargeable Electrochemical Cells with Nonaqueous Electrolytes," U. S. Patent 6，316，141，November 13，2001.

17. N. Amir，Y. Vestfrid，O. Chusid，Y. Gofer，and D. Aurbach，"Progress in Nonaqueous Magnesium Electrochemistry," *J. Power Sources* 174：1234-1240 (December 2007).

18. D Aurbach，"Advances in R & D of Electrolyte Solutions for Recharging Batteries," Twenty-Sixth International Battery Seminar，Fort Lauderdale，FL，March 2009.

19. S. Ito，O. Yamamoto，T. Kanbara，and H. Matsuda，"Nonaqueous Electrolyte Secondary Battery with an Organic Magnesium Electrolyte Compund," U. S. Patent 6，713，213 B2，March 30，2004.

第11章

碱性二氧化锰电池

John C. Nardi and Ralph J. Brodd

11.1 概述

原电池即只使用一次就被废弃的电池，其中碱性电池已成为便携式装置的主导电池系统。随着便携式装置市场的持续增长，电池系统的市场份额也在不断增加。碱性电池已成为美国乃至多数发达国家的首选电池。碱性电池于 1959 年进入商业应用领域，一般是以基本用途或碱性电解质命名。直到 20 世纪 80 年代，碱性电池才被广泛认为性能优于碳锌原电池。每日电池公司（即 Energizer®）的员工 Karl Kordesch 和 Lew Urry 领导的研究小组被认为是圆柱形电池的发明者，Lew Urry 则申请了专利。由于圆柱形电池给社会所带来的重要贡献，Lew Urry 的样品电池被放置在美国史密森国家历史博物馆，与爱迪生发明的灯泡同在一个房间。

在较高能耗装置中，如电子玩具、CD 播放器、相机和遥控装置等，碱性电池的卓越性能被体现得淋漓尽致，其优势罗列在表 11.1 中。不过这些优势最终都导致产品成本的上涨，比锌/碳电池成本更高。

表 11.1 碱性二氧化锰电池的主要优点（与锌/碳电池相比较）

优 点	优 点
较高的能量密度	低内阻
更好的倍率性能	长搁置寿命
更高的容量	抗泄漏
卓越的低温性能	

碱性电池也称为碱性二氧化锰或锌/二氧化锰电池（$Zn/KOH/MnO_2$），它有两种不同的制造形式，分别为圆柱形和小型扣式。另外，多个碱性单体电池通过组合可形成 9V 电池组。2008 年，全球市场对碱性二氧化锰电池的需求额为 120 亿美元。未来几年，其需求还将持续增加，这主要是因为人们对电池驱动装置的需求在不断增加，尤其是对更小、更薄和

更轻便装置的需求在增加。另外，主要的电池公司如 Energizer®、Duracell® 和美国 Ray-ovac® 都开发出了一种新的产品形式，其属于碱性原电池范畴，但所储能量更多，更适用于高科技产品。一些公司还根据经济性或价格推出品牌碱性电池。碱性电池主要用于工作周期长，具有中低能耗的装置。这些装置包括收音机、远程控制和钟表。图 11.1 表示出中低端倍率性能碱锰电池的发展。

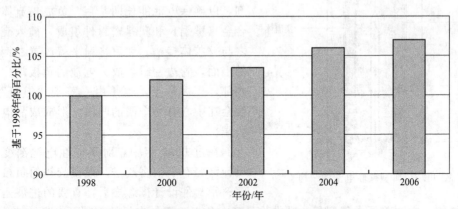

图 11.1　中低端碱性二氧化锰电池倍率性能的发展

标准碱性电池的应用领域最广泛，包括相机闪光灯、游戏机、CD、录音机、照明、玩具、遥控器、钟表等。最后，高品质的电池还用在高技术装置上，如数码相机、闪光灯、游戏机、CD 和录音机。

不过，近年来，碱性电池系统在驱动便携式装置方面有了新的主要竞争对手，包括 2005 年 Panasonic® 公司发布的 Oxyride 电池及 Duracell® 公司发布的 Powerpix 电池。这两种电池都是向正极中加入羟基氧化镍。这两种电池宣称放电时间是典型碱性电池的 2 倍，可为高用电设备提供足够的能量。有关细节将在后续章节中讨论。另外，原电池的需求也受到蓄电池的竞争，如金属氢化物/镍蓄电池；而且，1.5V 锂原电池据称放电时间是常规碱性电池的 7 倍。

由于采用了改良材料、设计和化学体系，所以电池的性能在逐步改善（图 11.2），这也使得电池的销售额猛增（图 11.1）。电池制造商也对不断出现的新型便携式设备的用电需求做出响应，如提高功率和恒流放电需求。与锌/碳电池相比，碱性电池具有"反极"和顶底

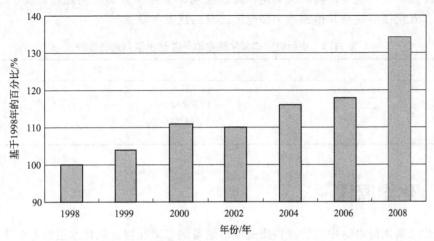

图 11.2　高端碱性二氧化锰电池性能的沿革

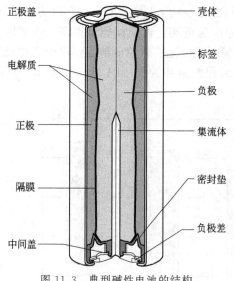

正极盖　　　　　　　　壳体

　　　　　　　　　　　标签

电解质　　　　　　　　负极

正极　　　　　　　　　集流体

隔膜　　　　　　　　　密封垫

中间盖　　　　　　　　负极差

图 11.3　典型碱性电池的结构

倒转的结构特点，如图 11.3。电解二氧化锰、石墨的正极混合物和氢氧化钾水溶液模压入钢壳中（钢壳的底部在剖面图的上面），再插入纸隔膜网袋或两条带状物，然后将含锌粉的氢氧化钾胶体装入网袋中。电解质中还含有防止锌腐蚀的抑制剂，以确保电池能长期贮存。负极集流体由铜锌合金（黄铜）和塑料密封件组成，插入壳体，使之与锌胶体接触。然后将扁平盖放置在钢壳开口的上面，卷边密封，成为电池的负极端。钢壳的底部，正极触点，也是由一盖子"担当"，有时候会在中心有一个浅的凹槽，形成成品电池的正极端。

　　在过去 50 年中，对于碱性电池演变，电池设计已经有了很多改进。继凝胶锌粉负极和排气塑料密封件设计概念之后，首要的进展是端面金属焊缝精修，它改善了内部容积。其次是发现在负极中添加有机抑制剂可以降低锌负极中杂质或污染物导致的析气（因为析气最终会导致电池膨胀或泄漏）。另外的重要进展是引入塑料条，并与更低的型材密封，这会进一步提高电池的内部容积，增加活性物质的添加量，从而使放电容量更高。在 19 世纪 80 年代，碱性电池最重要的进展是负极中汞的添加量越来越少。最早的碱性电池在负极中会含有 6％的汞，但是随着正极的发展，正极中的杂质越来越少，制造工艺也越来越好，添加汞的量已逐渐降至零。由于电池使用后会被处理掉，而其中的汞会对全球环境造成严重影响，所以去除汞正是基于这种考虑。现在，多数国家已经禁止使用含汞电池。碱性二氧化锰电池在材料和结构上的改进使得其比能量输出比刚面市时提高了 60％～70％。这也促使碱性电池能跟上消费者对更小和能量需求更高设备的要求。通过主要电池制造商的持续不断努力也进一步促进技术进步，从而确立其在市场上的领导地位。

　　如上所述，小型碱性电池与圆柱形电池一样，具有相同的锌、碱性电解质、二氧化锰构造，可与其他小型电池体系竞争，如氧化银电池、锌/空气电池和锂系电池。不过小型碱性电池主要用在手表、助听器和特制品中。该电池由一种浅的钢壳组成，其中含有正极材料，并用于正极接触点，包含锌粉的氢氧化钾凝胶覆铜钢盖片作为负极接触点。表 11.2 列出了小型碱性二氧化锰电池与其他锂系小型电池比较的优点与缺点。

表 11.2　小型碱性二氧化锰电池与其他小型电池的比较

优　　点	缺　　点
成本低	放电速度慢
内阻低	能量密度低
低温性能好	贮存寿命较短
抗泄漏	

11. 2　化学原理

　　在碱性二氧化锰电池中的活性物质是电解制备的二氧化锰、碱性水溶液电解质和粉末状金属锌。由于电解二氧化锰或 EMD 具有较高的锰含量、较高的活性和较高的纯度，因此用

它替代了原先使用的化学二氧化锰或天
然锰矿。电解质是高浓度的碱溶液，一
般 KOH 含量在 35%～52% 之间，具有
高电导率，使各种用途和贮存条件下
的密封碱性电池具有较低的析气率。采
用粉末状的锌使负极具有大的表面积，
适应了高放电率的要求（降低电流密
度），同时使负极上的固相与液相分布
更加均匀（降低反应物质和产物的质量
迁移极化）。

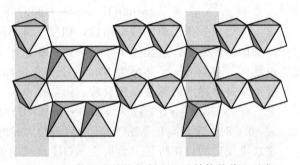

图 11.4　软锰矿结构与斜方锰矿结构的共生示意

放电时，二氧化锰正极在浓碱溶液中首先经历一个单电子还原，生成发生膨胀和晶格畸
变的 MnOOH：

$$MnO_2 + H_2O + e \longrightarrow MnOOH + OH \tag{11.1}$$

MnOOH 产物与反应物形成了一种固熔体，使放电曲线斜率增高[1]。在 MnO₂ 诸多结
构形式中，只有 γ-MnO₂ 倾向于不受反应物堵塞反应表面，因此用于正极材料显示好的特
性。二氧化锰至少有 9 种结晶结构，γ-MnO₂ 是自然存在的，而 β-MnO₂ 或软锰矿及斜方锰
矿为共生体。在碱性电池中发现的正是这种结构杂乱的 MnO₂。如图 11.4 所示，1×1 隧道
结构与 1×2 隧道结构相结合形成了斜方锰矿结构[2]。表 11.3 显示了各种结构的二氧化
锰[3]。

表 11.3　不同结构的二氧化锰

矿名称	空间群	Z	a/Å	b/Å	c/Å	β, γ/(°)	参考文献
软锰矿(β)	P4₂/mnm	2	4.398	—	2.873	90	Baur, 1976
斜方矿	Phnm	4	4.533	9.27	2.866	90	Byström, 1949
六方锰矿(γ)	[intergrowth]	4	4.45	9.305	2.85	90	De Wolff, 1959
水钠锰矿	P ml	1	2.84	—	7.27	120	Giovanoli et al., 1970
ε-MnO₂	P6₃/mmc	1	2.80	—	4.45	120	De Wolff et al., 1978
尖晶石(λ)	Fd3m	16	8.029	—	—	90	Mosbah et al., 1983
锰钡矿(α)	I2/m	2	10.026	2.8782	9.729	91.03	Post et al., 1982
硬锰矿	C2/m	2	13.929	2.8459	9.678	92.39	Turner and Post, 1988
钡镁锰矿	P2/m	8	9.764	2.8416	9.551	94.06	Post and Bish, 1988
水锰矿(γ)	B2₁/d	8	8.88	5.25	5.71	90	Dachs, 1963, 1973
斜方水锰矿(α)	Pbnm	4	4.560	10.7	2.87	90	Glasser and Ingram, 1968
杂斜方锰矿	[Pbnm]	4	4.7	9.531	2.864	90	JCPDS 42-1316
六方水锰矿(β)	Pml	1	3.32	—	4.71	120	Feitnecht et al., 1962
羟锰矿	Pml	1	3.322	—	4.734	120	Christensen, 1965

在生成 MnOOH 时，正极体积膨胀了约 17%。根据放电条件和程度，MnOOH 也可能
发生某些不期望的化学负反应。当锌酸盐存在时，MnOOH 通过与溶解 Mn（Ⅲ）的平衡，
可以形成锌锰矿络合物 ZnMn₂O₄。尽管锌锰矿络合物是电活性的，但却不能像 MnOOH 一
样容易放电，因此电池内阻增大。此外，MnOOH/MnO₂ 固溶体可以再结晶成非活性形式，
使电池在特定的缓慢放电条件下电压显著降低[4]。

总体来看，多半 MnO₂ 放电反应是简单的质子-电子嵌入反应，除了晶格膨胀和畸变并
没有结构变化。1 个电子放电末期，由于放电条件的不同，中间产物形成可溶性的 Mn³⁺。

在较低电压下放电，MnOOH 可进一步按下式进行放电：

$$3MnOOH + e \longrightarrow Mn_2O_3 + OH^- + H_2O \qquad (11.2)$$

该反应形成一条平坦的放电曲线，但仅在低倍率放电条件下出现。这一反应并不使正极产生附加的体积变化，然而这一步骤只能提供基于 MnO_2 第一个反应输出容量的 1/3。在深度放电期间，可能进一步还原为 $Mn(OH)_2$，但却很少出现。

接下来是更详细的碱性正极反应：

$$MnO_2 + xH_2O + xe \longrightarrow MnOOH_x + xOH^- \qquad (0 < x < 0.6) \qquad (11.3)$$

$x > 0.6$ 时，生成对应 $MnOOH$ 的可溶性 Mn^{3+}、$Mn(OH)_2$、Mn_3O_4 及 $ZnMn_2O_4$。

在放电反应的最初阶段，负极在 KOH 溶液中的放电反应会产生可溶性锌酸根离子，其可在隔膜和正极中发现：

$$Zn + 4OH^- \longrightarrow Zn(OH)_4^{2-} + 2e \qquad (11.4)$$

当放电反应进行到某一时刻时，电解质中的锌酸根离子就会达到饱和，此时反应产物就转化成 $Zn(OH)_2$。而上述转折点的确立则取决于负极的初始组成、放电的速率与深度。若负极是处于水干涸的环境，氢氧化锌就脱水生成 ZnO，其反应按下述步骤进行：

$$Zn + 2OH^- \longrightarrow Zn(OH)_2 + 2e \qquad (11.5)$$

$$Zn(OH)_2 \longrightarrow ZnO + H_2O \qquad (11.6)$$

因为式(11.5)、式(11.6) 的反应标准电位非常接近，所以不能简单地从放电曲线确定各种锌放电产物。但在高倍率放电、低温及电解质电导率差的条件下将生成大量氧化物使锌电极钝化并影响锌放电。为避免电池内阻由于锌负极钝化而升高，锌负极通常采用具有高比表面积的锌。

1 个电子连续放电的电池总反应为：

$$2MnO_2 + Zn + 2H_2O \longrightarrow 2MnOOH + Zn(OH)_2 \qquad (11.7)$$

由于水在反应 (11.7) 中是反应物质，因此水在电池中的量是非常重要的，尤其对于高倍率放电应用。因此，电池中总水量的管理是重要的变量，电池制造商必须加以控制，这样才能在更广泛的放电条件下使电池具有优良的性能。有些制造商会向电池中加入添加剂，如 TiO_2 和 $BaSO_4$，目的是可以更好地控制这一重要特性。另外，许多不同形态的 ZnO 会影响负极的性能。

相反，当以小或间歇电流放电达到按每摩尔 1.33 电子时的总电池反应可以写为：

$$3MnO_2 + 2Zn \longrightarrow Mn_3O_4 + 2ZnO \qquad (11.8)$$

上述反应式明确暗示出在这些条件下，不存在需要水管理的问题。

未放电的碱性电池的开路电压一般在 1.55～1.65V，其具体数值取决于正极材料的纯度与活性以及负极中 ZnO 的含量与电池的贮存温度。

在碱性条件下，锌可以还原水产生氢气。锌在碱性电池中的腐蚀析气反应很严重，将引起电池容量的降低。析氢反应可以在电池使用前的长期贮存期间发生，也可以在部分放电以后发生；后者的析气程度则与放电率、放电的深度以及贮存温度有关。这除了会在电池内引起压力升高而导致电池鼓胀甚至漏液外，生成的 H_2 引起二氧化锰还原，而进一步降低电池的可用容量。

纯锌上的析气速度是非常低的，但是微量重金属杂质的存在会起到阴极区域的作用，极大加快氢气逸出的速度。可以采取几种可能措施来降低这种析气反应，包括：锌负极合金化；降低电池组成中杂质含量水平；负极中加入氧化锌；在负极中加入无机缓蚀剂（如某种金属氧化物）或者使用有机缓蚀剂（通常是端基取代聚乙二醇，PEG）。汞是最好的缓蚀剂，但由于其毒性，而在碱性电池中禁用。

锌负极合金化既可以抑制析氢又可以提高电池性能，主要合金化元素包括铅、铋、铊、铟。加入量将根据电池性能要求通过实验确定。

如上所述，锌负极中杂质含量越低越好，而杂质来源于环境和加工过程，其杂质含量水平取决于锌粉加工工艺。

另一个重要因素是在碱性溶液中锌和其离子之间的动态平衡，所以在开路情况下锌是不断溶解和不断再沉积的。通过 SEM 观察，可以发现在放电态的多孔锌负极上存在两种类型的锌氧化物。这两种不同类型的氧化锌形貌取决于放电条件如电流密度。大部分锌放电后，锌粒的核为未放电的锌，表面为覆盖两种氧化锌。低倍率放电时，ZnO 均匀分布于负极；高倍率放电时，ZnO 主要在接近隔膜处生成[5,6]。

11. 3　电池组成和材料

11. 3. 1　正极的组成

典型的碱性电池的正极组分和每一组分的作用见表 11.4。正极是由二氧化锰和碳（一般是石墨）的混合物、黏合剂（一般为硅酸盐水泥或聚合物）和电解质组成。

（1）二氧化锰　二氧化锰是电池的正极或一种氧化剂成分。二氧化锰必须是高度活性和非常纯的，因为它从根本上决定了电池的 OCV 和放电曲线的形状。

制备高品质的电解二氧化锰（EMD）需要多个步骤。假若以天然二氧化锰矿石作为原材料，则首先要将矿石还原为锰氧化物，再溶解于硫酸形成含锰离子的溶液。然后要通过处理除去溶液中的各种有害杂质（如 Fe、Cu、Co、Ni、Mo、Cr），即可注入电解槽进行电解。多数 EMD 制造商的电解槽由钛负极和铜正极组成。不过，过去也有使用铅和石墨正极的。通过反应，固态 MnO_2 沉积在负极上，反应式如下：

$$Mn^{2+} + 2H_2O \longrightarrow MnO_2 + 4H^+ + 2e \tag{11.9}$$

依反应（11.10）可以看出，氢气在正极上形成：

$$2H^+ + 2e \longrightarrow H_2 \uparrow \tag{11.10}$$

EMD 电沉积的总反应由此表示为：

$$MnSO_4 + 2H_2O \longrightarrow MnO_2 + H_2SO_4 + H_2 \tag{11.11}$$

电沉积用于碱性电池的 EMD 时需要控制槽温、电流密度和组分。当从阳极上取下 EMD 后，需要对 EMD 进行粉碎、洗涤、成型和干燥。每个电池制造商对 EMD 特性均有其独特的技术要求，不是一种 EMD 就可以满足所有电池要求。

典型 EMD 的分析结果见表 11.5。极低的重金属杂质水平使得锌负极的析气量降至最低，否则如果这些杂质存在于正极中，就能迁移到负极，从而引起析气。其他类型的杂质也很重要，其允许存在的范围也列于表中，只有在其范围内才能制造出能满足碱性电池使用的 EMD。

另一个 EMD 特性是表面积和硬度。孔隙率和粒径分布决定了 EMD 的表面积，从而决定正极电流密度，这对高倍率放电用途特别重要。EMD 通常是一种非常硬的材料，而硬度直接影响 EMD 的磨碎以及正极混合及模压设备的磨损。设备、工具的磨损可引入铁杂质到 EMD 中，并增加电池制备全过程成本。

（2）碳　由于未放电合部分放电的 EMD 导电性不良，所以碳特别是石墨用在正极中提供电子导电性。添加石墨可以提高正极导电性，使得电流分布更好并降低电流密度。但必须优化碳与 EMD 比例，保证电极导电性和容量之平衡。过去数年中，碱性电池用碳添加剂技术发生许多变化。天然石墨、合成石墨以及乙炔黑、以及最近的膨胀石墨均被尝试用于提高

表 11.4　典型碱性电池正极的化学组分

成　　分	正极的含量/%	功　　能
二氧化锰	80～90	反应物
碳	2～10	电子导电剂
KOH	7～10	离子导电剂
黏结剂	0～1	正极成型

表 11.5　电解二氧化锰（EMD）样品的典型化学成分

成　　分	典型值[①]	成　　分	典型值[①]
MnO_2 含量	91.0%	Ti	$<5\times10^{-6}$
Mn	60.0%	Cr	$<7\times10^{-6}$
过氧化物	95.0%	Ni	$<4\times10^{-6}$
H_2O,120℃	<1.5%	Co	$<2\times10^{-6}$
H_2O,120～400℃	>3.0%	Cu	$<4\times10^{-6}$
真实密度	4.45g/cm³	V	$<2\times10^{-6}$
K	$<300\times10^{-6}$	Mo	$<1\times10^{-6}$
Na	$<4000\times10^{-6}$	As	$<1\times10^{-6}$
Mg	$<500\times10^{-6}$	Sb	$<1\times10^{-6}$
Fe	$<100\times10^{-6}$	Pb	$<100\times10^{-6}$
C	0.07%	SO_4^{2-}	≤0.85%

① 基于典型碱性电池用 EMD 样品的分析。

正极的导电性。但无论用何种碳导电材料均必须是高纯，以免在电池中引入更多杂质。膨胀石墨是一种很好的选择，它保持了良好的导电性，并可以降低在正极中的添加量[7]。膨胀石墨具有良好的吸液特性，并可以通过优化粒径从而满足正极制备要求。

（3）其他成分　KOH 和水用于制备正极电解质，它在制备正极膏时被加入到混合物中。这有利于正极混合物的制备操作和成型。其他材料如黏结剂、添加剂的使用取决于电池制造商的工艺。最终目标是生产一种致密、稳定的正极，具有良好的电子和离子导电性，满足电池在宽温区高、低倍率连续及间歇放电等条件下的使用要求。

11.3.2　负极的组成

负极是一系列成分的混合物，能使电池具有良好的性能，并易于制造。典型碱性电池的负极组分见表 11.6。

表 11.6　典型碱性电池负极的组成

成　　分	范围/%	作　　用	成　　分	范围/%	作　　用
锌粉	60～70	负极材料	ZnO	0～2	析气抑制剂,锌沉积剂
25%～50%KOH 水溶液	25～35	离子导体	表面活性剂/缓蚀剂	0～0.1	析气抑制剂,改善性能
胶黏剂	0.4～1.0	控制黏度			

（1）锌粉　锌是碱性电池负极的电化学活性组分。用于碱性电池的纯锌粉既可以由蒸馏得到热分解锌粉，也可以由水溶液中电沉积获得电解锌粉。可以通过压缩空气喷射使熔融金属蒸气原子化制得，可以转化成电池级的粉体材料，其形状范围由"土豆状"到"哑铃状"，并可以优化工艺控制尺寸和形状，满足不同性能和成本要求。典型的电池级锌粉尺寸范围由 $20\sim500\mu m$，呈对数函数形式分布。要不是普遍需要加入合金化材料外，电池级锌负极的纯度是非常高的。合金化材料包括用于抑制析气或改善汞分布的金属合金化添加物，如铟、铅、铋和铝。因为汞被禁用，而使得其他合金化元素添加剂变得非常重要。表 11.7 列出了

典型电池级锌粉分析结果，杂质的含量很低。

表 11.7　典型电池级锌粉杂质分析　　　　　　单位：×10⁻⁶

元素	典型含量水平①	元素	典型含量水平①
Ag	1.56	Fe	4.0
Al	0.14	Ni	0.20
As	0.010	Mg	0.030
Ca	0.20	Mo	0.035
Cd	4.2	Sb	0.090
Co	0.050	Si	0.20
Cu	1.5	Sn	0.10
Cr	0.10	V	0.001

① 基于对典型碱性电池用锌粉的分析。

（2）凝胶负极　负极凝胶的作用是使锌粉均匀分散并彼此接触。淀粉或纤维素衍生物、聚丙烯酸酯类或乙烯-顺丁烯二酸酐共聚物可以应用作为凝胶剂。通用凝胶化材料包括纤维素钠或丙烯酸共聚物的钠盐。负极空腔内既可充满完全均匀混合锌粉和其他添加剂，这些材料必须是高纯度的以降低析气，特别是必须注意减少碳酸盐、氯化物和铁的污染。胶化剂的体积可以根据需要进行调整，其加入量下限是维持负极良好的电子导电性；上限是防止反应产物堆积而使未放电的锌钝化，并保障负极具有良好的离子扩散。最近的专利建议使用交联聚合物-聚苯乙烯羟基三甲胺[9]。采用该胶化剂可提高电池高倍率放电性能。

（3）负极集流体　碱性电池中的负极集流体材料通常是棒状或条状的铜锌合金（黄铜），但也采用硅青铜。过去集流体设计成细条状，现在设计成针状或钉子状。集流体元件还包括密封垫和盖子。集流体插入负极胶体中后，其表面迅速形成锌层，它是由上述负极电镀反应形成。这可以保证集流体与负极胶体的电子接触并抑制析气。为保证黄铜表面迅速镀锌，黄铜表面可进行特殊的清洁处理或表面涂覆。镀铟的黄铜集流体已经申请专利，其镀层厚度在 0.1～10μm[10]。表面镀层显著抑制析气量，特别是对于无汞负极，预镀层更重要。

（4）隔膜　用于碱性二氧化锰电池的隔膜应具备特殊的性质：包括材料应是离子导电而电子绝缘的；在浓碱溶液中和同时有氧化与还原两种条件并存下化学稳定；本身强度高、柔软性和均匀性好；不含杂质以及能快速吸液。满足这些要求的材料可以是编织或键合，但多数是非编织或毡类结构。实际上，最常用的材料是纤维状的再生纤维素、乙烯基聚合物、聚烯烃或其组合。此外，诸如凝胶、无机物和辐射接枝隔膜已经得到试用，但未进入大量实际应用。纤维素膜如赛璐玢也在使用，特别是用于负极可能产生锌枝晶的场合。最近的专利建议使用增强型隔膜，它可以经受电池跌落电极碎片颗粒的压力[11]。

（5）壳体、密封和成品　与普通锌二氧化锰电池不同，圆柱碱性二氧化锰电池的壳体在电池放电时不是活性物质，而纯粹是惰性的容器，但它可以保持与内部产生能量材料的电接触。这种壳体一般用低碳钢制成，其厚度选择既没有占去过量空间，又足以提供合适的强度。它是将薄板材料通过深度拉伸制造出来，并且必须具有高的质量[12]。

钢壳必须是高纯的，其内表面与正极相接触，要使电池放电良好，这种接触必须保持得非常好。有时将钢壳的内表面进行处理以改善其接触。也有一些情况钢是镀了镍，而另一种选择是在表面涂覆含碳的导电层，这可以满足高倍率放电应用的需要。

密封可采用典型的尼龙或聚丙烯等材料，它们与负极集流金属部件组合，成为密封组件。它使电池实现电池壳体的封闭，以防止电解质由电池中泄漏和提供正极集流体（电池壳）与负极集流体之间的绝缘。

圆柱碱性电池有一些额外部件，它们都涉及电池的最后成型。通常在正负极的每一端都有金属件用于电接触。整个电池可以有一个金属外壳，上面印有标签。在许多近来的设计中，成型电池只使用薄的塑料外壳或印制的标签。在新近的电池中，使用薄型塑料可以使电池壳体直径稍微加大一些，从而明显增加电池容量。

（6）小型电池　小型碱性二氧化锰电池组装与圆柱形电池相同，只是尺寸小。壳体含有成型的正极片，其壳体（容器与正极集流体）由低碳钢制成，内外表面皆镀有镍。有些甚至设计成三层金属。密封件是薄的塑料垫圈，隔膜是典型的无纺材料；负极杯含有负极胶体，压入密封圈内制成电池，外壳上有制造商的标识和电池尺寸型号。

11.4　结构

11.4.1　圆柱结构

图 11.3 是典型的碱性电池剖面图，其代表目前生产的大多数碱性电池。图 11.5 介绍了装配该型电池的一种方法。圆柱形钢制壳体既用于电池的容器，也作为正极的集流体。根据电池制造设备的结构，正极混料可通过两种方式加入到电池壳中：一种方法是将规定量的二氧化锰、炭黑和其他添加剂混合压制，装入电池壳中；然后，正极直接压制入电池壳。

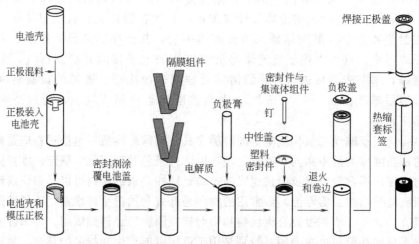

图 11.5　AA 型圆柱形碱性二氧化锰电池的组装过程

正极是将石墨和炭黑相混合的二氧化锰以及其他可能的添加剂压制成型，在壳体中形成的一个与壳体内表面紧密接触的中空圆柱体。正极可以直接在电池中模压成型，也可以先在电池外将正极材料压制成环，然后放置到电池壳体内。在正极中空体内放置多层隔膜，而在隔膜中间便是负极，其中有金属集流体与其接触，该集流体穿过塑料密封件与电池负极端子相连。电池顶部和底部分别有金属帽，本体还有金属或塑料的外壳。顶帽和底帽具有双重功能，除了有装潢与防腐作用外，也提供作为电池的极性使用。由于碱性二氧化锰圆柱形电池是直接用于替代普通锌/二氧化锰电池，因此上述设计是必要的。普通锌/二氧化锰电池的负极端（锌筒）是平坦的，而正极端子是一个突出的小帽，它套在作为集流体的碳棒顶部。圆柱形碱性二氧化锰电池与普通锌/二氧化锰电池不同，它采用了反极式结构，内部的电池容器是作为正极集流体，而负极集流体需从密封件中央引出。因此，要使其外部形式与普通锌/二氧化锰电池相似，圆柱形碱性电池也必须采用平坦的金属底盖与负极集流端子相接触，而采用如同普通锌/二氧化锰电池正极突起的底部小帽与壳体底部接触（某些制造商在壳体上冲压一个突起，从而无需底部小帽）。

图 11.6 显示了典型碱锰电池正极的装配过程，压制的正极环插入罐中、压入槽内，再按常规方法封装。

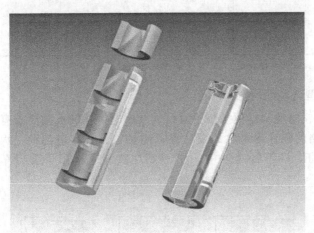

图 11.6   四个正极环插入罐中并进行封装的示意

最近，为提高碱性电池的倍率性能，一种发明是关于新型正负极。该发明包含使用锌带，提高电池的高倍率放电性能[13]。另一个发明是采用具有突起或正弦波形状设计的正极[14]，以增大正极的面积、降低电流密度，从而提高倍率性能。另一项专利技术是关于二氧化锰本身的改进，即采用比表面积超过 $8m^2/g$ 的具有微孔的二氧化锰，其 BET 比表面积达到 $20\sim31m^2/g$[15]。

11.4.2   小型电池结构

图 11.7 表示出小型碱性二氧化锰电池的结构，它基本上与其他圆柱形碱性电池的结构相同。通常正极片在下壳中，负极混合物在上盖中，两者之间有一层或多层圆盘状隔膜以及处于上盖与下壳之间并被两者压缩防止电池泄漏的塑料密封件。

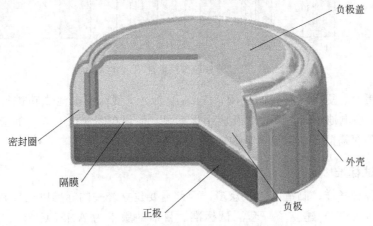

图 11.7   扣式碱性二氧化锰电池截面图

有五种常用的小型碱性电池，其尺寸列于表 11.8 中。

表 11.8　小型碱性电池的尺寸　　　　　　　　　　　单位：mm

型号	电压	A/B		M	N	Φ	
		最大	最小	最小	最小	最大	最小
LR41	1.5	3.6	3.3	3.0	3.8	7.9	7.55
LR55	1.5	2.1	1.85	3.8	3.8	11.6	11.25
LR54	1.5	3.05	2.75	3.8	3.8	11.6	11.25
LR43	1.5	4.2	3.8	3.8	3.8	11.6	11.25
LR44	1.5	5.4	5.0	3.8	3.8	11.6	11.25

注：A/B 为电池高度；M 为平板负极直径；N 为平板正极直径；$Φ$ 为电池直径。

11.4.3　电池的型号和尺寸

碱性锌/二氧化锰电池根据便携装置对尺寸及放电特性的不同要求有多种规格，图 11.8 表示出不同尺寸规格的圆柱形碱性二氧化锰原电池。圆柱形电池型号大部分与其他电池相同，但也有 A、B、F、G 等特殊规格。如 B 型在欧洲通常用于自行车灯，F 型用于灯塔电池。

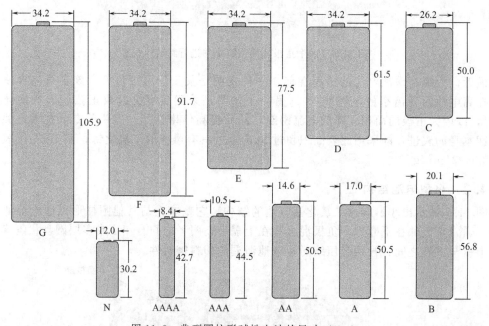

图 11.8　典型圆柱形碱性电池的尺寸（mm）

考虑到其更小、更薄、更轻的应用，AAAA（4A）型碱性电池成功进行了商业化。它比 AA 和 AAA 型电池更薄，开始时其应用很有限，但现在在便携电子中的应用很普遍，包括蓝牙装置、闪存播放器、遥控器、防噪声耳机等。

11.4.4　测试标准

电池尺寸各种各样、制造商为数众多，因此需要建立统一的标准以比较和选用。美国国家标准研究所（ANSI）建立了一套测试标准。目前的版本为 ANSI C18.1M 第一部-2008，名称为便携式水溶液体系原电池单体及组合美国国家标准-总论和规格。单体标准化历史简要介绍请参考文献［16］。电池尺寸可分为 D、C、AA、AAA、AAAA 等，电池制造商也根据需要采用一些特殊的规格，具体请参照网站资料[17]。IEC 和 ANSI 也有另外一套定义标准。表 11.9 列举了圆柱形碱性电池的一些参数及测试条件。

表 11.9　圆柱形碱性电池的设计及典型 ANSI 测试条件

尺寸	IEC设计	ANSI设计	测试	负载	循环	终止电压/V	最小平均工作时间
A	LR20	13A	便携式立体声	600Ω	2h 开始,22h 结束	0.9	11h
			便携式照明	2.2Ω	4min 开始,56min 结束	0.9	15.8h
					8h 开始,16h 结束周期		
			玩具	2.2Ω	1h 开始,23h 结束		17.5h
			收音机	10Ω	4h 开始,20h 结束	0.9	90h
A	LR14	14A	便携立体声	400mA	2h 开始,22h 结束	0.9	8h
			便携式照明	3.9Ω	4min 开始,56min 结束	0.9	13.8h
					8h 开始,16h 结束周期		
			玩具	3.9Ω	1h 开始,23h 结束	0.8	14.5
			收音机	20Ω	4h 开始,20h 结束	0.9	85h
AA	LR6	15A	数码相机	1500mW,650mW	一级负载持续 2s 后二级负载持续 28s5min 开始,55min 结束	1.05	50 脉冲
			蓝牙	500mA	2min 开始,13min 结束;24h	0.8	2.5h
			CD	250mA	1h 开始,23h 结束	0.9	6h
			玩具	3.9Ω	1h 开始,23h 结束	0.8	5h
			遥控器	24Ω	15s 开始,45s 结束;8h 开始,16h 结束	1.0	33h
			收音机/钟表	43Ω	4h 开始,20h 结束	0.9	60h
AAA	LR03	24A	闪光灯	600mA	10s 开始,50s 结束1h 开始,23h 结束	0.9	170 脉冲
			便携式照明	5.1Ω	4min 开始,56min 结束8h 开始,16h 结束周期	0.9	2.2h
			数码产品	100mA	1h 开始,23h 结束	0.9	7.5h
			遥控器	24Ω	15s 开始,45s 结束8h 开始,16h 结束	1.0	14.5h
AAAA	LR8	25A	照明	5.1Ω	5min 开始,23h 55min 结束	0.9	1.3h
			激光笔	75Ω	1h 开始,23h 结束	1.1	22h
A	LR1	910A	便携式照明	5.1Ω	5min 开始,23h 55min 结束	0.9	1.6h
			寻呼机	10 后3KΩ	一级负载持续 5s 后二级负载持续 3595s;24h	0.9	888h

11.4.5　电池漏液

商品碱性电池采用聚合物对壳体和上盖集流体进行密封。漏液的机理有两种：①制造商的设计与制造缺陷而发生非电化学式漏液，其可能发生在每个电极；②电化学相关漏液，发生在负极。

大部分制造商采用沥青、聚酰亚胺等活性表面涂层对密封面表面进行平滑处理以提高密封性，并要求压紧过程不能超过垫圈的弹性极限。而电池设计、垫圈的材料选择及加工过程对是否漏液发挥重要作用，而密封垫圈材料的选择、负极胶化剂对密封圈的影响很大。

电化学漏液只发生在负极，即负极封口及极柱的爬碱现象。如图 11.9 所示，氧气进入

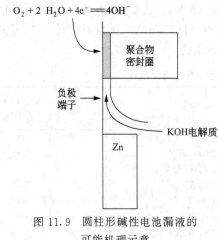

$$O_2 + 2\,H_2O + 4e^- = 4OH^-$$

聚合物
密封圈

负极
端子

KOH电解质

Zn

图 11.9 圆柱形碱性电池漏液的
可能机理示意

到密封处在空气/电解质界面还原成 OH^-，增加密封处的 OH^- 浓度，氧气与锌负极的反应也产生同样效果。由于电解质浓度的不同，造成密封处与电池内电解质渗透压的不同，这种渗透压可达到几个大气压而引起电池内电解质的上升。垫圈材料如尼龙具有很高的吸水性，可传输水到密封面，而聚乙烯-乙腈材料具有较慢的水传输性。锌电极中的胶化剂也可以增加润湿性，对水输运到反应区具有推动作用。因此，碱性电池贮存在干燥的氮气环境比抛光罐壁更有效。

湿润环境将加速氧气在罐壁与密封垫区域的还原反应而生成 OH^-，产生浓度差而导致渗透压的不同，从而引起电解质的漏液并与空气中的 CO_2 反应生成白色 K_2CO_3 沉积物，这就是观察到的爬碱现象[18,19]。

11.5 EVOLTA™和 OXYRIDE™电池

电池行业的竞争是非常激烈的。碱性电池制造商对电池技术的改进主要集中在提升活性材料的性能、增加内部体积和降低内阻。因为电池外部尺寸多年都未发生变化，所以在安时容量、较长贮存寿命和高倍率放电方面的改善并未被注意到，特别是不同的碱性电池几乎没有被提及。但是松下公司在 2004 年首先在日本市场推出了 OXYRIDE™电池，其性能较传统碱性电池有惊人的提高，主要应用在高功率用途。松下公司宣称采用超细石墨粉与二氧化锰正极材料进行高密度填充，并通过在正极中加入羟基氧化镍，提高工作电压。这类电池也采用电解液的真空注液技术，提高电池的耐久性。类似的电池化学也应用在 Duracell 公司的 PowerPix™产品上。这些电池主要用于对功率输出要求较高的数码产品上，但与传统碱性电池相比，其成本更高些。该类新型电池的开路电压是 1.7V（传统碱性电池的电压为1.6～1.65V）。当然高电压电池的应用会带来一些问题，尤其是多节电池串联的照明装置及无电压调制功能的用途。

松下公司在 2008 年分别于 4 月在日本、5 月在美国推出了 AA 尺寸的 EVOLTA™电池，并首次取得了电池领域的吉尼斯世界纪录，该类碱性电池具有最长的工作时间和长达 10 年的贮存寿命。该技术的核心是在正极中加入了羟基氧化钛，并采用薄罐、薄层密封、增长的集流体。有关细节请访问松下公司网站[17]。

参 考 文 献

1. A. Kozawa and R. A. Powers, *J. Chem. Educ.* 49, 587, 1972.
2. R. Burns and V. Burns, *Manganese Dioxide Symposium*, Vol. 1, Cleveland, p. 306, 1975.
3. Y. Chabre and J. Pannetier, *Prog. Solid St. Chem.* 23, 12, 1995.
4. D. M. Holton, et al., in *Proc. 14th International Power Sources Symposium*, Brighton, England, Pergamon, NY, 1984.
5. Q. C. Horn and Y. Shao-Horn, *J. Electrochem. Soc.*, 150 (5), A652, 2003.
6. R. W. Powers and M. Brieter, *J. Electrochem. Soc.*, 116, 1652, 1952.
7. J. C. Nardi, U. S. Patent 6, 828, 064, Dec. 7, 2004.
8. D. Fan, U. S. Patent 7, 364, 819, April 29, 2008.

9. C. Robert，U. S. Patent 6，916，577，July 14，2005.

10. D. Mihara，U. S. Patent 5，622，612，April 22，1997.

11. R. Janmey，U. S. Patent 6，828，061，Dec. 7，2004.

12. R. Ray，U. S. Patent 6，855，454，Feb. 15，2005.

13. N. C. Tang，U. S. Patent 6，221，527，April 24，2001.

14. P . J. Slezak，U. S. Patent 6，869，727，March 22，2005.

15. S. Davis，U. S. Patent 6，863，876，March 8，2005.

16. ANSIC18 Committee Doc. 18/382/DOC/，Nov. 21，2002.

17. www. energizer. com；www. duracell. com；www. rayovac. com；www. sanyo. com；www. panasonic. com；www. varta. com.

18. M. N. Hull and H. I. James，*J. Electrochem. Soc.*，124，332，1977.

19. S. M. Davis and M. N. Hull，*J. Electrochem. Soc.*，125，1918，1978.

第12章

氧化汞电池

Nathan D. （Ned） Isaacs

12.1 概述

碱性锌/氧化汞电池以其单位体积容量高、电压输出平稳和贮存特性好而知名。人们对该体系的了解已有一个多世纪，但是直到第二次世界大战，Samuel Ruben 才针对热带气候条件能够贮存且具有高的容量-体积比例的要求，发展出实用的锌/氧化汞电池[1,2]。

从那时候起，锌/氧化汞电池已经使用在许多场合，它们需要稳定的电压、长贮存寿命或高的容量-体积比例。该电池体系的这些特性在诸如助听器、手表、照相机、某些早期的心脏起搏器和小型电子器具中得到了广泛应用，并显示出特别的优越性。该电池也被用于电压参考源和在电器和电子装置中作为电源，比如声呐、应急标志灯、救援收发报机、收音机和救生装置等。然而由于氧化汞电池体系过高的价格，这些应用并没有广泛推广，只限于军事和特殊用途。

由于在宽广温度范围内，镉在苛性碱溶液中都有低的溶解度，因此采用镉取代锌可以得到非常稳定的电池，其贮存寿命和在极端温度下的性能十分优异。然而其材料费高，而电池电压低于1V，使镉/氧化汞电池的应用程度更低。只是需要该体系特别性能的一些特殊用途，这包括天然气和石油钻井、发动机和其他热源遥测装置、报警系统以及用于操作遥控装置，如数据监测、救生浮标、气象站和应急装置等[3]。

在过去几年，氧化汞电池的市场已经几乎全部消失，主要原因是汞和镉带来的环境问题，现在几乎没有再生产。它们已经从国际电工技术委员会（IEC）和美国国家标准研究院（ANSI）的标准中除名。在其他应用中，已采用碱性二氧化锰电池、锌/空气电池和锂电池来取代它们。

这两种电池的主要特性概括在表12.1中。

表 12.1　锌/氧化汞电池和镉/氧化汞电池的特性

优　点	缺　点
锌/氧化汞电池	
高的体积比能量,达到 450W·h/L	电池昂贵,广泛应用的都是微型电池,只有在特种用途时才有大尺寸电池
在不利的贮存环境下具有较长的贮存寿命	
具有较宽的电流输出范围,因此在大容量输出时不需要恢复时间	经过长期贮存后,电池中的电解质可从密封处渗出,明显地在密封环上沉积出白色的碳酸盐
高的电化学效率	
高的抗冲击、加速度和振动性能	适中的质量比能量
具有很平稳的开路电压,1.35V	低温性能很差
在各种输出电流下都具有平稳的放电曲线	大量废弃电池引起环境问题
镉/氧化汞电池	
在不利的贮存环境下具有较长的贮存寿命	由于镉的成本很高,因此造价比锌/氧化汞电池昂贵得多
在各种输出电流下都具有平稳的放电曲线	体系的输出电压较低(0.90V 的开路电压)
能在较宽广的温度范围内工作,即使在极端高低温下也能工作	适中的体积比能量
产生的气体的量很少,因此可以严格密封	大量的废弃电池引起环境问题,因为镉和汞都有毒

12.2　化学原理

一般可以接受的锌/氧化汞电池的基本电池反应为:

$$Zn + HgO \longrightarrow ZnO + Hg$$

总反应的 $\Delta G^{\ominus} = 259.7kJ$。比热力学值在 25℃时给出的 $E^{\ominus}$ 为 1.35V,这与工业电池的开路电压为 1.34~1.36V 观察值很符合[4]。从基本反应的方程式可以计算出 1g 锌提供 819mA·h 的容量,1g 氧化汞提供 247mA·h 的容量。

几种锌/氧化汞电池的开路电压在 1.40~1.55V 之间。在正极中含有少量二氧化锰的电池用于电压稳定性不很重要的地方。

镉/氧化汞电池的基本反应为:

$$Cd + HgO + H_2O \longrightarrow Cd(OH)_2 + Hg$$

总反应的 $\Delta G^{\ominus} = -174.8kJ$。此热力学值在 25℃时给出的 $E^{\ominus}$ 为 0.91V,这与电池的开路电压 0.89~0.93V 的观测值极为一致。从基本反应可以计算出 1g 镉提供 477mA·h 的容量。

12.3　电池组成

12.3.1　电解质

锌/氧化汞电池采用两种碱性电解质。一种是氢氧化钾水溶液,另一种是氢氧化钠水溶液。两种碱均易溶于水,一般采用高浓度的碱溶液;溶液中还溶解不同数量的氧化锌以抑制氢气的产生。

氢氧化钾电解质通常含有 30%~45%(质量)KOH。氢氧化钾比氢氧化钠用得更广泛。因为其温度范围较宽,并具有保持大电流放电的能力。对于低温工作,氢氧化钾和氧化钠两种含量均降低,这将使电池在较高温度下,因为产生氢气而引起某些不稳定。

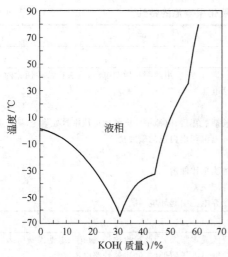

图 12.1 苛性钾溶液的凝固点曲线

对同样浓度范围制备氢氧化钠的电解质，其后用于不要求低温工作和（或）大电流放电的电池中。这些电解质适用于放电时间长的电池，因为可以减少长期贮存时电解质从电池密封处泄漏的趋势。

在镉/氧化汞电池中，通常只用以钾为基础的碱性电解质。因为镉在所有浓度的氢氧化钾水浴液中，实际上不溶解，此种电解质最适宜于低温工作。

氢氧化钾溶液的冰点曲线示于图 12.1，从图 12.1 中可以看出，具有冰点低于 $-60℃$ 的共晶物是 31%（质量）KOH，这是一种最常用的电解质。在某些情况下，将质量百分比小的氢氧化铯加入电解质中，使电池的低温工作效率得到改进。

12.3.2 锌负极

碱性电解质在电池反应中作为离子载体。锌负极上的反应可以写成：

$$Zn + 4OH^- \longrightarrow Zn(OH)_4^{2-} + 2e$$

$$Zn(OH)_4^{2-} \longrightarrow ZnO + 2OH^- + H_2O$$

这些反应意味着锌电极溶解伴随着氧化锌从电解质结晶。这种反应机理一旦被认识，负极反应便可以简化成：

$$Zn + 2OH^- \longrightarrow ZnO + H_2O + 2e$$

开路时锌电极在碱溶液中直接溶解，被电解质中溶解的氧化锌和电极中的锌的汞齐化减至最低限度，锌电极所用汞的范围通常在 5%～15%（质量），应该特别注意锌中杂质含量，尽管上面已指出了预防措施，但电极中少量阴极杂质仍可以促进产生氢气的反应[5,6]。

12.3.3 镉负极

负极反应为：

$$Cd + 2OH^- \longrightarrow Cd(OH)_2 + 2e$$

这意味着放电时水从电解质中移去，电池需要足够数量的电解质，并且电解质的含水百分率要高。镉在电解质中具有高的氢过电位，同时由于它的电极电位比锌的正电性约高 $400mV$，所以既不需要，也不希望采用汞齐化。

一般方法生产的金属镉粉不适用于作为电极活性物质。可用以下几种方法制造活性镉负极：电沉积负极；用特殊的工艺方法电沉积粉末，再压制成片；用特殊的工艺方法沉淀低镍合金和压制成片。不同厂家采用所有这些方法已制造出具有各种性能参数的电池[7]。

12.3.4 氧化汞正极

正极总反应可以写成：

$$HgO + H_2O + 2e \longrightarrow Hg + 2(OH)^-$$

氧化汞在碱性电解质中是稳定的，且溶解度极低，它也是一种非导电体，需要石墨作为导电基体。当进行放电时，正极的欧姆电阻下降，石墨促使防止汞滴的大块聚集。已用于防止汞聚集的其他几种添加剂包括：使电池电压升高到 1.4～1.55V 的二氧化锰，低价氧化锰以及与正极产物形成固相汞齐的银粉。

石墨含量通常为 3％～10％。二氧化锰含量为 2％～30％。银粉只用于作为特殊用途的电池，因为考虑到成本，但可以达到正极质量的 20％。另外，必须特别注意，应将高纯度材料用于正极。微量杂质溶于电解质易向负极迁移，促使氢气析出。正极中经常保持 5％～10％过量的氧化汞，使电池"平衡"，并防止放电结束时正极产生氢气。

12.3.5　结构材料

锌/氧化汞电池的构造材料，不仅受到其耐强碱不断接触能力的限制，而且还受到与电极活性物质的电化学适应性的限制。就电池的外部触点而言，制作的材料取决于抗腐蚀性以及与设备界面在电化锈蚀方面的相容性。在某种程度上，还决定于装饰外表。为了简化设计，许多电池的外部正极柱和内部正极触点两者都采用相同材料。金属零件多半是一种均质的电镀金属或包覆金属。绝缘零件可能是注塑、压制或连续自动模塑的聚合物或橡胶。

除了负极触点以外，镉/氧化汞电池所用材料一般与锌/氧化汞电池相同。然而由于较宽的贮存范围和应用最多的工作条件，所以不应该采用纤维素以及其衍生物，还应避免采用熔点低的聚合物。在电池负极通常采用镍，正极也同样适用。

12.4　结构

氧化汞电池以三种基本结构生产：扣式、扁平形和圆柱形。在每一种结构的电池中，有几种不同的设计。

12.4.1　扣式电池结构

扣式锌/氧化汞电池的结构示于图 12.2。电池盖的内面是铜、或铜合金，外面是镍或不锈钢。这个零件也可镀金，但取决于用途。在盖的里面是汞齐化锌粉分散物（"凝胶负极"），并用尼龙垫圈使盖和外壳绝缘。整个盖/垫圈/负极组合件压至含有大部分电解质的吸收体上，其余电解质分散在负极和正极中。吸收体下面是一种防止正极活性物质迁移到负极的可渗透的阻挡层。氧化汞和石墨混合物正极固定在电池壳内，镀镍的支撑环防止阴板物质在电池放电时崩塌。电池壳为镀镍钢，整个单体电池是将电池外壳的顶边卷弯，紧密地压在

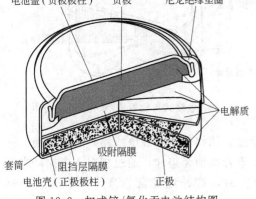

图 12.2　扣式锌/氧化汞电池结构图

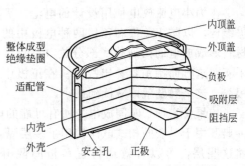

图 12.3　平板式锌/氧化汞电池结构

一起。

镉/氧化汞扣式电池采用了类似结构。

12.4.2　平板式电池结构

另一种形状的大型锌/氧化汞电池示于图 12.3。在这些电池中，锌粉被汞齐化并压成片，片的孔率足以使电解质浸满。采用双层盖，用完整的模压聚合物作为释放过量气体压力的保护装置和防漏的保持结构。外盖为镀镍钢，内盖也是镀镍钢，但在里面镀锡。这种电池还采用了两个镀镍钢壳、两个壳体之间有拾液管；将装配好的盖和垫圈紧压于内壳，并将外壳顶边卷弯产生密封效果。外壳上有穿透的排气孔。如果在电池内产生气体，可以从内壳和外壳之间逸出，夹带的电解质被拾液管中的纸所吸收。

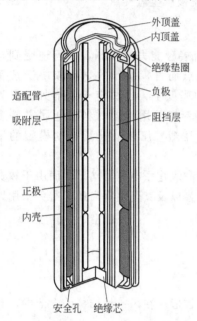

图 12.4　圆柱形锌/氧化汞电池结构

12.4.3　圆柱形电池结构

尺寸较大的圆柱形锌/氧化汞电池由环形压制件组成，如图 12.4 所示。负极片极坚固，用氯丁橡胶绝缘嵌片压紧在电池盖上。圆柱形电池的一些变化是采用分散性负极，与分散负极相接触的是焊到内盖上的一个铁钉或是从底部绝缘片伸到盖上的弹簧。

12.4.4　卷绕式负极电池结构

在低温下工作性能良好的锌/氧化汞电池采用的另一设计是卷绕式或胶卷式结构，如图 12.5 所示。该电池的结构与图 12.3 所示的扁平形电池结构相类似，但是负极和吸收片已由卷绕式负极所代替，卷绕式负极由与吸液纸带交错的波纹长锌条组成。纸的边缘在一端伸出而锌条在另一端伸出，这样就提供表面积大的负极；负极卷放置在塑料套内，锌在电池内汞齐化。纸在电解质中膨胀，形成一种紧密的结构；在电池装配阶段，将此结构在锌边与电池盖接触的情况下压入电池。

电解质的成分可以调整到适合低温工作，也可以调整到适合高温下长时间贮存，或介于两者之间。经过仔细地调整负极几何结构，电池性能可达到最佳化。

12.4.5　低电流放电电池结构

作为小电流放电使用设计的电池，需要改进结构，以防止负极和正极两种电极中的导电材料形成放电的内通路。部分放电以后，金属汞滴在这方面特别容易出故障。在正极中采用银粉，这个问题就可减低到最小。

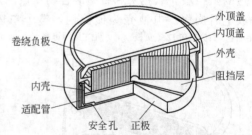

图 12.5　卷绕式负极的锌/氧化汞电池结构

如果要实现长时间放电，所有可能的电路（通过它使物质形成导电线路）必须截断。一种典型用于手表的扣式电池使用了多层隔膜和一个聚合物绝缘垫片，通过相对于支撑环来压缩这些层，可以有效地将正负极间隔开并实施密封，这种电池能以 1～2 年的放电率放电[8]。

12.5　锌/氧化汞电池的工作特性

12.5.1　电压

　　锌/氧化汞电池的开路电压为 1.35V。在开路或无负荷情况下，其电压稳定性优良，这些电池已广泛用于参比电压。无负荷电压与时间和温度的关系是非线性的，相关电压-时间曲线示于图 12.6 中。无负荷电压在几年内将保持在其初值的 1% 以内，相关电压-温度曲线示于图 12.7 中。其温度的稳定性甚至比时间的稳定性更好，在温度 $-20\sim50℃$ 范围内，总的无负载电压变化范围在 2.5mV 左右。

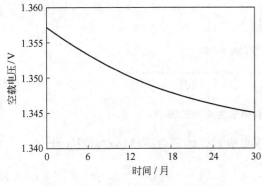

图 12.6　在 20℃ 下锌/氧化汞电池的
空载电压与时间的关系曲线

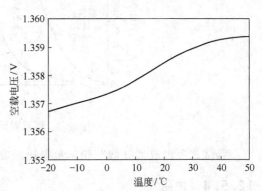

图 12.7　锌/氧化汞电池的空载电压
与温度的关系曲线

12.5.2　放电性能

　　在图 12.8 中所示为压成式粉末负极电池在 20℃ 下的放电曲线。终止电压一般考虑为 0.9V，但以较大电流放电时的电池可以低于这个电压。当小电流放电时，放电曲线非常平坦，且曲线几乎成"方形"。

　　对于锌/氧化汞电池不论是以连续放电，还是以间歇放电，其容量或寿命大致相同。

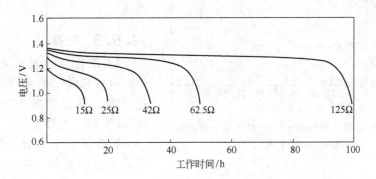

图 12.8　在 20℃ 时，1000mA·h 锌/氧化汞电池的放电曲线

　　在超负荷条件下，经过采用"停放"时间，可以使有效容量得到很大改变，大大增加使用寿命。

　　设计电池用于以低倍率放电时不会遇到问题，除非在以小电流为基础连续放电时又施加大电流脉冲放电，这就必须通过特殊设计来解决这个问题。

12.5.3　温度的影响

锌/氧化汞电池最适宜在温度为 15～45℃ 的常温和高温下使用。如果放电时间相对短，也有可能在高达 70 ℃ 的温度下放电。锌/氧化汞电池通常不能在低温下较好地工作。在 0℃ 以下，放电效率差，除非以小电流放电。图 12.9 表示在正常放电电流时温度对两种锌/氧化汞电池性能的影响。

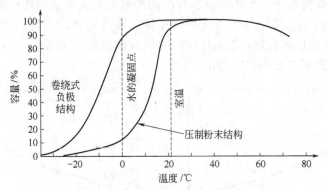

图 12.9　温度对锌/氧化汞电池性能的影响

卷绕式负极或"分散"粉末负极比压成式粉末负极较好地适合高倍率和低温工作。

12.5.4　内阻

扣式锌/氧化汞电池用于助听设备，通常以 1kHz 频率测定其内阻[9]。

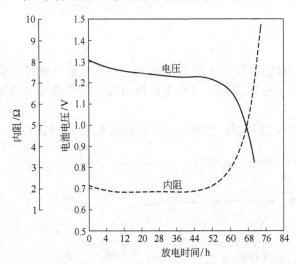

图 12.10　在 20℃ 时，350mA·h 锌/氧化汞电池的内阻
（1kHz，250Ω 负载）

电阻曲线几乎是放电电压曲线的反映图像，在放电寿命终了时，内阻曲线非常陡峭地上升，如图 12.10 所示。获得的内阻值在某种程度上与频率有关，特别是高于 1MHz 时，因此应规定固定的频率。图 12.11 表示处在无负荷条件下，频率与内阻的关系曲线。

12.5.5　贮存

锌/氧化汞电池具有良好贮存性能。一般来说，在 20 ℃ 时贮存时间超过 2 年，其容量损失为 10%～20%；在 45 ℃ 时，贮存 1 年，容量损失约为 20%。在低温下贮存，如 -20 ℃ 以下与其他电池系列一样，可以增加其贮存寿命。

贮存能力取决于放电负荷以及电池的结构。贮存时电池的失效，通常是由于单体电池内的纤维素化合物破裂所致；这首先导致负极上对电流密度的限制减小；进一步破裂使电路以小电流放电并由于自放电而使容量损耗；最终产生完全自放电，但是这些过程发生在温度 20℃ 或低于 20℃，需要花费若干年。

长贮存寿命乃是氧化汞电池体系的能力所在。举例而言，采用非纤维素隔膜的卷绕式结

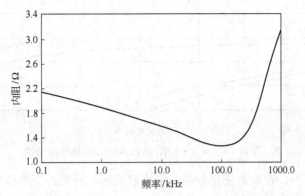

图 12.11　在 20℃时，210mA·h 锌/氧化汞电池的内阻随频率的变化

构电池贮存时间超过 6 年，其损失只有 15％。对长寿命电池设计的电池，由于氧化汞从正极溶解到溶液中，然后迁移到负极乃成为电池容量损失的重要因素。

12.5.6　使用寿命

图 12.12 和图 12.13 综合了按质量和体积计算的镉/氧化汞电池在各种不同温度和负荷下的性能。可以根据所采用的分散性负极电池性能为基础，这些数据可以用来估计锌/氧化汞电池的性能。

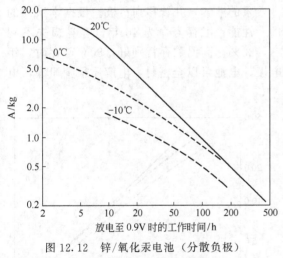

图 12.12　锌/氧化汞电池（分散负极）基于质量时的工作时间

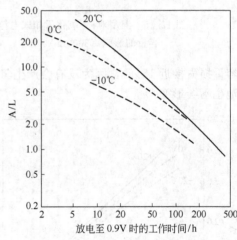

图 12.13　锌/氧化汞电池（分散负极）基于体积时的工作时间

12.6　镉/氧化汞电池的工作特性

12.6.1　放电

镉/氧化汞电池最好的特性是其具有在较宽温度下工作的能力。一般的工作温度范围在 -55~80℃，但是由于电池具有低析气率和热稳定性，经特殊设计，已达到 180 ℃的工作温度。

图 12.14 表示在 20℃下典型的扣式电池（500mA·h 型）的放电曲线。这些电池的特性是电压极为稳定和放电曲线平坦，但是工作电压较低（开路电压只有 0.9V）。图 12.15 表示在各种不同的放电负荷下，温度对容量的影响。在低温时，可以得到较高的相对于 20℃容

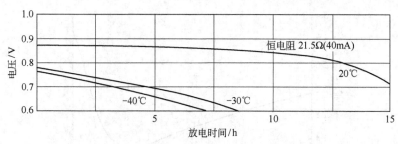

图 12.14 500mA·h 镉/氧化汞扣式电池放电性能

量的容量保持率。虽然，在电流密度较高和温度较低时，降低终止电压可以获得较多的使用时间，但终止电压通常取 0.6V。

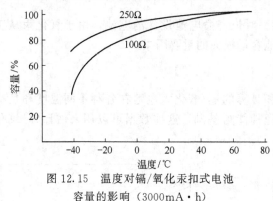

图 12.15 温度对镉/氧化汞扣式电池
容量的影响（3000mA·h）

图 12.16 和图 12.17 综合了以基于质量和体积的镉/氧化汞电池的性能，数据取自典型的扣式电池性能。

12.6.2 贮存

在温度范围 -55～80℃ 中贮存寿命非常好。如果设计了阻挡-吸收系统以承受高温下贮存，自放电的主要原因就是氧化汞的溶解，并转移到负极。根据本系列的性能，贮存寿命为 10 年，容量损失不到 20%。高温贮存特别好（80℃贮存时，年

容量损失接近 15%），因为没有会产生氢气的电极，电池可以全密封，电解质很少泄漏，电池也不会形变[8]。

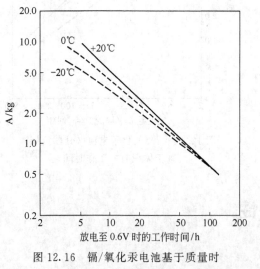

图 12.16 镉/氧化汞电池基于质量时
的工作时间

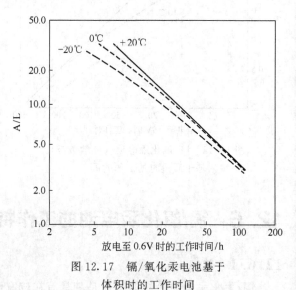

图 12.17 镉/氧化汞电池基于
体积时的工作时间

参 考 文 献

1. C. L. Clarke, U. S. Patent 298, 175 (1884).
2. S. Ruben, "Balanced Alkaline Dry Cells," *Proc. Electrochem. Soc. Gen. Meeting*, Boston, Oct. 1947.

3. B. Berguss, "Cadmium-Mercuric Oxide Alkaline Cell," *Proc. Electrochem. Soc. Meeting*, Chicago, Oct. 1965.

4. P. Ruetschi, "The Electrochemical Reactions in Mercuric Oxide-Zinc Cell," in D. H. Collins (ed.), *Power Sources*, vol. 4, Oriel Press, Newcastle-upon-Tyne, England, 1973, p. 381.

5. D. P. Gregory, P. C. Jones, and D. P. Redfearn, "The Corrosion of Zinc Anodes in Aqueous Alkaline Electrolytes," *J. Electrochem. Soc.* **119**: 1288 (1972).

6. T. P. Dirkse, "Passivation Studies on the Zinc Electrode," in D. H. Collins (ed.), *Power Sources*, vol. 3, Oriel Press, Newcastle-upon-Tyne, England, 1971, p. 485.

7. D. Weiss and G. Pearlman, "Characteristics of Prismatic and Button Mercuric Oxide-Cadmium Cells," *Proc. Electrochem. Soc. Meeting*, New York, Oct. 1974.

8. P. Ruetschi, "Longest Life Alkaline Primary Cells," in J. Thompson (ed.), *Power Sources*, vol. 7, Academic, London, 1979, p. 533.

9. S. A. G. Karunathilaka, N. A. Hampson, T. P. Haas, R. Leek, and T. J. Sinclair. "The Impedance of the Alkaline Zinc-Mercuric Oxide Cell. I. Behaviour and Interpretation of Impedance Spectra." *J. Appl. Electrochem.* **11** (1981).

第 13 章

锌/氧化银电池和锌/空气电池

Joseph Passaniti，Denis Carpenter，and Rodney McKenzie

13.1 锌/氧化银电池

13.1.1 概述

锌/氧化银原电池体系（锌/碱性电解质与氧化银）的体积比能量是所有电池系列中最高的。由此制备成小而薄的"扣式"电池其使用效果十分理想。一价氧化银电池放电时的电压十分平坦，而且无论在高或低放电率下电压都非常稳定。该电池具有良好的贮存性能，室温下贮存 1 年后可保持初始容量的 95% 以上。它也具有良好的低温放电能力，0℃ 下可以放出电池标称容量的大约 70%，−20℃ 下还可达到标称容量的 35%。由于具有这些优点，锌/氧化银电池在小型电子和电器产品上得到广泛应用，如手表、计算器、助听器、血糖仪、照相机和其他用途等。这些器具需要容量高、工作寿命长并且放电可以在一个恒定电压下进行的小而薄的电池。由于银的价格高，因此采用这一体系的大尺寸电池却受到了限制。

锌/氧化银原电池主要有扣式电池结构产品，其容量范围为 5~250mA·h，而且该电化学体系的大多数产品目前都是使用一价氧化银（Ag_2O）制备的。

与一价氧化银相比较，二价氧化银（AgO）具有更高的理论比容量，因而同尺寸电池比一价氧化银电池能多输出约 40% 的容量。但是它显示出两段电压曲线和在碱溶液中极不稳定的缺点。若采用二价氧化银，可使相同质量的银得到更长的工作时间，由此显示出其性能价格比高的优势，这促使它在 10 年或更早时间已进入了有限的商业应用。它们被标志为"Ditronic"或"Ploumbate"电池，并采用重金属元素稳定二价氧化物的反应性。然而 20 世纪 90 年代以来，由于环境要求而出台的强制性限制了对这些金属的使用，使这些电池不得不退出市场。尽管如此，作为参考资料和考虑到氧化银电池未来的可能应用，本章中对二价氧化银的使用也提供相应信息。

锌/氧化银电池的主要优缺点总结在表 13.1 中。

13.1.2 化学原理与组成

锌/氧化银原电池由三种组分构成：粉末状金属锌负极、由氧化银压制成型的正极和溶

表 13.1 锌/氧化银电池的主要优缺点

优 点	缺 点	优 点	缺 点
体积比能量高 电压精度高和高放电率能力强 放电曲线平坦,可作为参比电压 低温放电性能优良	由于成本较高,仅限于扣式电池和其他微型电池	泄漏和盐渍可以忽略 抗冲击和抗振动性能良好 贮存性能优异	由于成本较高,仅限于扣式电池和其他微型电池

有锌酸盐的氢氧化钾或氢氧化钠水溶液电解质。活性组分是装配在负极帽和正极壳体内,它们之间有一隔膜分开,并用塑料垫圈密封。

锌/一价氧化银电池的总电化学反应为:

$$Zn + Ag_2O \longrightarrow 2Ag + ZnO \quad (1.59V)$$

锌/二价氧化银电池的电化学总反应分两步进行,如下所示:

过程 1 $\qquad Zn + AgO \longrightarrow Ag_2O + ZnO \quad (1.86V)$

过程 2 $\qquad Zn + Ag_2O \longrightarrow 2Ag + ZnO \quad (1.59V)$

(1) 锌负极 由于锌具有高的半电池电位、低的极化和高的极限电流(在一个浇铸电极上可达到 $40mA/cm^2$),它在碱溶液电池中作为负极。其电化学当量相当低,使其显示高的理论比容量,达 $820mA \cdot h/g$。锌的极化低可使其得到高的放电效率,达到 $85\% \sim 90\%$(实际容量与理论容量之比)。锌的钝度非常重要,因为锌在碱溶液中热力学上是不稳定的,可将水还原为氢气:

$$Zn + H_2O \longrightarrow ZnO + H_2$$

已知含有铜、铁、锑、砷或锡的锌合金是增加锌的腐蚀速率,而含镉、铝或铅的锌合金则降低腐蚀速率[1,2]。如果电池内产生的气体压力足够大,则电池会漏液甚至会破裂。在商品电池中,将高表面积锌粉与少量汞形成汞齐化(含汞 $3\% \sim 6\%$),从而使腐蚀速率达到可承受的限制范围。

锌在负极上的氧化是一个复杂现象,一般比较认可的负极反应如下[3,4]:

$$Zn + 2OH^- \longrightarrow Zn(OH)_2 + 2e \qquad E^\ominus = +1.249V$$

$$Zn + 4OH^- \longrightarrow ZnO_2^{2-} + 2H_2O + 2e \qquad E^\ominus = +1.215V$$

电解质胶凝剂如聚丙烯、聚丙烯酸钠或钾、羧甲基纤维素钠或不同种类胶凝剂一般用于与锌粉混合,以改善放电时的电解质易接近性。

(2) 氧化银正极 氧化银可以制备成三种价态[2]:一价(Ag_2O)、二价(AgO)和三价(Ag_2O_3)。其中,三价氧化银是非常不稳定的,在电池中未得到应用;二价形式曾经在扣式电池中采用,它一般要与其他金属氧化物混合使用。而一价氧化银在各种条件下最稳定,已得到商业上最广泛应用。

一价氧化银是一种导电性很差的材料。如果不加导电添加剂,一价氧化银正极会显示非常高的电池内阻和不可接受的、低的闭路电压(CCV)。为了提高初始 CCV,一价氧化银一般要与 $1\% \sim 5\%$ 石墨粉混合。然而当正极继续放电时,通过反应产生的银可以帮助维持电池低的内阻和高的闭路电压:

$$Ag_2O + H_2O + 2e \longrightarrow 2Ag + 2OH^- \qquad E^\ominus = +0.342V$$

理论上一价氧化银质量比容量为 $231mA \cdot h/g$,体积比容量为 $1640mA \cdot h/L$。由于氧化银里添加石墨会使填充密度和氧化银含量皆降低,使正极实际容量下降。

与其他价态氧化银相比,一价氧化银在碱性溶液中对分解是稳定的。但当石墨将杂质引进入正极时,某些分解成金属银的反应可能发生。其分解速度取决于石墨来源、在正极中石墨的含量和电池贮存的温度。石墨中杂质含量越高,电池贮存温度越高,氧化银分解速度越快[5]。

为了降低银在电池中的用量或改变放电曲线的形状，可以在一价氧化银正极混合物中加入其他正极活性添加剂，通常的加入物之一是二氧化锰（MnO_2）。随着二氧化锰的含量增加，电压曲线也发生变化，即由放电过程电压恒定改变为随正极接近耗尽而逐渐降低（图13.1）。这种电压逐渐降低可以作为电池接近寿命终止时，氧化银耗尽的标志。

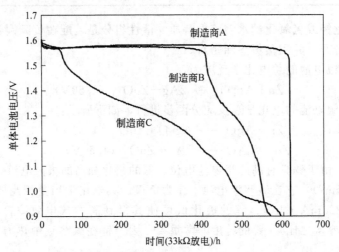

图 13.1　三种不同厂商的锌/氧化银 377 电池的电压曲线
（为降低成本，采用低成本的 MnO_2 不同程度地取代氧化银；放电电阻为 33kΩ，21℃）

另外一种添加剂镍酸银（$AgNiO_2$）具有多重功能。镍酸银可在热碱溶液中将一价氧化银与羟基氧化镍反应制得。

$$Ag_2O + 2NiOOH \longrightarrow 2AgNiO_2 + H_2O$$

镍酸银具有石墨一样的优良导电性，并且正极活性材料与 MnO_2 类似，质量比容量为 263mA·h/g，高于 Ag_2O，具有对锌 1.5V 的电压（如图 13.2、图 13.3）。它可以取代石墨并部分取代一价氧化银，以降低电池成本。

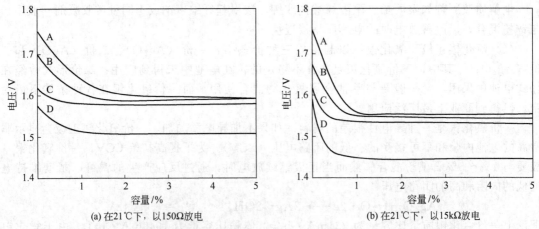

图 13.2　不同锌/氧化银电化学体系的电压，为 7.8mm×3.6mm 的扣式电池
A—Zn-"双处理" AgO；B—Zn-Ag_2O；C—Zn-AgO/高铅酸银；D—Zn-$AgNiO_2$

虽然二价氧化银比一价氧化银有较高的理论容量（质量比容量为 432mA·h/g 或体积比容量为 3200mA·h/L），但二价形式在扣式电池中的使用却已经受到限制，并且不再在市

场上销售[2,8]。这主要是由于其在碱溶液中的不稳定性和显示两个阶段放电（如图 13.2）的事实。

二价氧化银在碱溶液中不稳定，可分解为一价氧化银和氧气：

$$4AgO \longrightarrow 2Ag_2O + O_2$$

这种不稳定性可以通过添加铅或镉的化合物[9~12]或者金到二价氧化银中[13]。

锌/二价氧化银电池显示的为两阶段放电曲线。第一阶段曲线在 1.8V 处发生，相应于 AgO 到 Ag_2O 的还原：

$$2AgO + H_2O + 2e \longrightarrow Ag_2O + 2OH^- \qquad E^\ominus = +0.607V$$

当放电继续时，电压降至 1.6V，相应于 Ag_2O 到 Ag 的还原：

$$Ag_2O + H_2O + 2e \longrightarrow 2Ag + 2OH^- \qquad E^\ominus = +0.342V$$

由此，Zn/AgO 电池的总电化学反应为：

$$Zn + AgO \longrightarrow Ag + ZnO$$

两阶段放电对许多电子装置的应用是不现实的，这些应用都要求高的电压精度。

为了消除两阶段放电，可以有好几种方法予以解决[11,14~16]。有一种先前通常采用的方法表示于图 13.4。它是通过用轻度还原剂如甲醇处理 AgO 的压制电极片，通过这一处理形成了围绕 AgO 核心的 Ag_2O 的外层，将这种处理电极片装入电池壳体，然后再与更强的还原剂如肼反应，由此在电极片表面形成还原银的薄层。由这种方法制备的正极只有金属银和 Ag_2O 与正极端接触，Ag_2O 层使 AgO 电极的电位升高，此时薄的金属银层间降低电池内阻，尽管

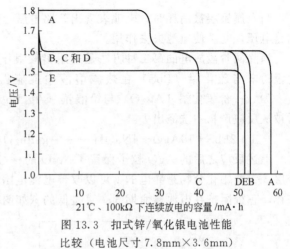

图 13.3　扣式锌/氧化银电池性能
比较（电池尺寸 7.8mm×3.6mm）
A—Zn/AgO；B—双处理方法；C—Zn/Ag_2O；
D—Zn/高铅酸银；E—Zn/AgNiO₂

Ag_2O 是电阻性的。在使用时，只观察到一价氧化银的电压，而电池输出相应二价氧化银的更大容量。即使采用表面处理，电池工作时间仅比相同银用量的一价氧化银标准电池增长了 20%～40%。

采用这种"双重处理"过程生产的电池称之为 Ditronic™ 电池，图 13.3 显示出 Ditronic™ 设计为扣式电池带来的好处。当放电电压相同时，材料经过处理的电池比传统一价氧化银电池的容量增加了 30%。而未采用材料处理手段的 AgO 电池明显出现两阶段放电。

这种"双重处理"方法也有缺点，即对它的处理过程控制十分关键，因为这一控制过程直接决定电池的贮存寿命。将外表面仅仅还原到一价氧化银或仅仅还原到金属银，并不会成为双重处理过程（图 13.4）的缺点；而且如果表面复合层不够厚（表 13.2）时，也是如此。贮存期间，电池实际上出现"电压上升"和"电阻增加"现象，这相应于银层被二价氧化银

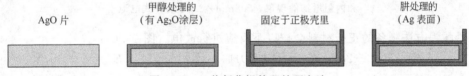

图 13.4　二价氧化银的双处理方法

缓慢地氧化成不导电的一价氧化银：

$$Ag + AgO \longrightarrow Ag_2O$$

表 13.2 二价氧化银的"双重处理"方法——表面覆盖层厚度的影响

环绕电极片的 Ag_2O 厚度/mm	固化表面 Ag 的厚度/mm	正极最后质量比容量 /(mA·h/g)	各月的电压水平/V		
			1 个月	3 个月	6 个月
0.2	0.12	372	1.73	1.77	1.80
0.6	0.12	360	1.61	1.63	1.71
1.0	0.12	326	1.60	1.59	1.59
0.2	0.24	360	1.60	1.59	1.59
0.6	0.24	348	1.60	1.59	1.59
1.0	0.24	315	1.60	1.59	1.59

当金属银层被消耗时，电池表现出开路电压上升；而内阻增加，高的内阻可以产生低的闭路电压，甚至使电池失去作用。

消除两阶段放电的第二种方法是采用铅酸银作为添加材料[17]。这种材料由过量二价氧化银粉末与硫化铅（PbS）在热碱溶液中反应得到，反应产物是一种剩余二价氧化银（AgO）、一价氧化银（Ag_2O）与铅酸银（$Ag_5Pb_2O_6$）的混合物。硫是氧化到硫酸盐，然后被从反应产物中洗涤出去：

$$2PbS + 19AgO + 4NaOH \longrightarrow Ag_5Pb_2O_6 + 7Ag_2O + 2Na_2SO_4 + 2H_2O$$

上述反应之后的 AgO 粒子保留了 AgO 的核心，但是有了一价氧化银和铅酸银的覆盖外层。铅酸银化合物是导电的，可以改善电池电阻。当铅酸银没有被 AgO 氧化时，如同银一样，正极阻抗在电池寿命期间一直是低的（如图 13.5）。

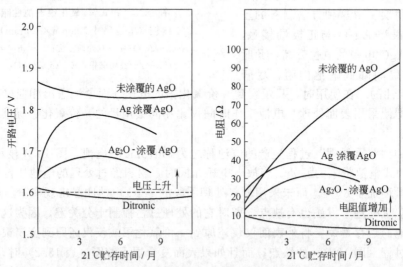

图 13.5 在 21℃下，Zn/AgO 电池贮存 1 年后的电压上升
和内阻增加的现象，7.8mm×3.6mm 扣式电池

由铅酸银方法制备的正极材料会按以下反应进行放电（图 13.6）：

$$2AgO + H_2O + 2e \longrightarrow Ag_2O + 2OH^- \qquad E^{\ominus} = +0.607V$$

$$Ag_2O + H_2O + 2e \longrightarrow 2Ag + 2OH^- \qquad E^{\ominus} = +0.342V$$

$$Ag_5Pb_2O_6+4H_2O+8e \longrightarrow 5Ag+2PbO+8OH^- \qquad\qquad E^\ominus=+0.2V$$

$$PbO+H_2O+2e \longrightarrow Pb+2OH^- \qquad\qquad E^\ominus=-0.580V$$

必须注意不是所有这些放电阶段都能在使用铅酸银的电池中观察到（图 13.3），同时发现这些电池的开路电压（OCV）稳定在大约 1.75V。然而一旦将电池放电，电压立即迅速降至一价氧化银的 1.6V 左右，明显消除 AgO 的电压平台（图 13.2）。当扣式电池是负极限制时，在 $Ag_5Pb_2O_6$ 和 PbO 还原之前，可以发生负极的耗尽。

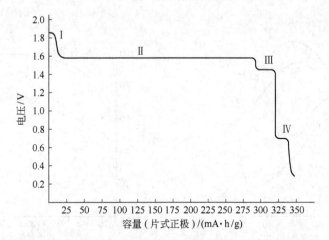

图 13.6　正极限制的锌/铅酸银体系的放电曲线

在一个充满电解质的烧杯电池中，以 300Ω 连续放电，温度为 21℃，

正极片质量为 0.12g，反应为：

反应 I（1.8V）：$2AgO+H_2O+2e \longrightarrow Ag_2O+2OH^-$；

反应 II（1.6V）：$Ag_2O+H_2O+2e \longrightarrow 2Ag+2OH^-$；

反应 III（1.4V）：$Ag_5Pb_2O_6+4H_2O+8e \longrightarrow 5Ag+2PbO+8OH^-$；

反应 IV（0.7V）：$PbO+H_2O+2e \longrightarrow Pb+2OH^-$

铅酸银方法比双重处理方法的优越之处在于处理程序简单，能保持一价氧化银的容量，由铅酸银反应（8% 硫化铅）得到的产品可以达到质量比容量 345～360mA·h/g。

铅酸银方法的缺点是在扣式电池中含有少量铅，按电池质量比为 1%～4%。一种替代的方法是在材料制备反应中，采用硫化铋取代硫化铅。反应产物具有铅酸银材料的优点，但不含有害物质铅。铋是无害的物质，它常用在药品和食品的应用中，它们既可用于人体内部，也可用于人体外部。

硫化铋与二价氧化银的反应产物确信为铋酸银（$AgBiO_3$）：

$$Bi_2O_3+28AgO+6NaOH \longrightarrow 2AgBiO_3+13Ag_2O+3Na_2SO_4+3H_2O$$

如铅酸银化合物一样，铋酸银化合物是导电性的，并且是正极活性的。反应中产生的一价氧化银涂覆在二价氧化银的颗粒上，因此导电的铋酸银降低了电池的内阻，使电池保持高的工作电压。铋酸银在碱溶液中相对锌的工作电压为 1.5V，因此负极限制的扣式电池只观察到一价氧化银的电压。

与一价氧化银体系不同，诸如石墨、二氧化锰等添加剂不可加入二价氧化银体系。因为石墨可以促使二价氧化银分解到一价氧化银和银，而二氧化锰则直接被氧化银氧化到可溶于碱的锰酸盐化合物。

（3）电解质　以 20%～45% 氢氧化钾（KOH）或氢氧化钠（NaOH）水溶液作为电解质，氧化锌（ZnO）溶于电解质形成锌酸盐，可以帮助控制气体析出。氧化锌的浓度可以在百分之几到饱和溶液范围内变化。

　　扣式电池一般倾向采用氢氧化钾（KOH）电解质，其具有更高的电导率，使电池可以在较宽广的电流要求范围内放电（图 13.7）；氢氧化钠电解质则主要用于长工作寿命，而不需要高倍率放电的电池（图 13.8）。因为氢氧化钠电解质盐析或爬碱发生率较低，所以长期使用的电池使用它作为电解质更合适。然而，通过采用较好的密封技术、密封垫材料和电池盖材料的处理，已逐渐改善氢氧化钾电解质的氧化银扣式电池防盐析、防爬碱的性能。

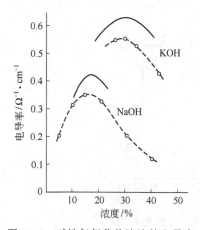

图 13.7　碱性氢氧化物溶液的电导率
实线代表 25℃[5]；虚线代表 15℃

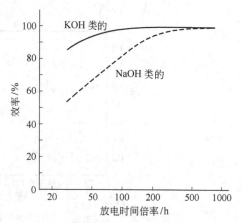

图 13.8　在 20℃下，锌氧化银扣式电池放电
效率与放电倍率的关系[6]

　　（4）隔离层和隔膜　在扣式电池中，负极和银正极之间必须有一层占有很小体积的隔离层将其严格隔开，该隔离层失效可能导致电池的内短路失效。氧化银电池对这种隔离层的性能要求是：可透过水和氢氧根离子；在强碱性溶液中稳定；不被固体氧化银或溶解的银离子所氧化；阻止溶解的银离子向负极的迁移。

　　由于氧化银在碱溶液略微溶解，因此 Andre[22] 1944 年提出玻璃纸作为隔离层之前，基本尚未涉及锌氧化银电池的研究工作。玻璃纸隔离层可以将银离子还原到不溶解的金属银，从而阻挡其达到负极的迁移过程。但是玻璃纸隔离层在长寿命电池的工作过程中，要受到氧化和破坏而失效。

　　目前已有许多折叠膜可以采用，通常的替代隔离层有放射线处理的聚乙烯接枝丙烯酸膜[23,24]。接枝可以使隔离层对电解质有润湿性和透过性，研究表明较低电阻率的聚乙烯隔离层膜适用于高倍率 KOH 电池中；而较高电阻率的聚乙烯隔离层膜适用于低倍率 NaOH 电池中。玻璃纸作为一种牺牲隔离层可以和接枝聚乙烯膜共同使用。聚乙烯膜两面用玻璃纸隔膜叠合在一起，可以增强阻止银迁移的作用。

　　隔膜通常是与隔离膜层一起使用的，可以用来保护隔离层。它一般放置在原先隔离层和负极室之间，可以同时在电池制造期间和电池性能方面显示多重功能。用在锌/银电池中的这类隔膜一般有纤维编织或纤维非编织聚合物材料，譬如聚乙烯醇（PVA）。隔膜的纤维性质使其具有稳定性和强度，可以防止较更加易碎的隔离层在电池封口时受压而失效；同时可以防止锌粒子通过膜本身的穿透。这类隔膜也起到控制隔离层尺寸应力的作用。这种应力通常是由玻璃纸初始卷绕或与聚乙烯隔膜折叠时形成的。当隔离层中的湿度降低时，这种应力就要释放出来。由于隔离层发生膨胀可以形成间隙，会引起银向负极的迁移，加入纤维类隔膜就可以防止这些间隙的形成。

13.1.3　电池结构

典型锌/氧化银扣式电池的剖面如图 13.9。

锌/氧化银扣式电池通常设计为负极限制型，正极容量一般比负极容量多出 5%～10%。如果电池是正极限制型的，锌-镍或锌-铁电对可能在负极上形成，正极上就可能产生氢气。

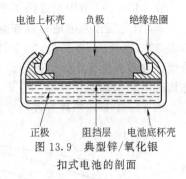

图 13.9　典型锌/氧化银扣式电池的剖面

锌/氧化银电池的正极材料通常由一价氧化银（Ag_2O）和 1%～5%的石墨混合组成，石墨用于提高导电性。Ag_2O 中也可以含有二氧化锰（MnO_2）或高价氢氧化镍银（$AgNiNO_2$）作为正极填充剂。正极物质中有时也采用一定比例的二价氧化银和一价氧化银的混合物，其中含有铅酸银（$Ag_5Pb_2O_6$）或金属银，以降低 AgO 正极的电压和电池内阻。但是在商品电池中已不再使用。还可以向混合物中加入少量聚四氟乙烯（Teflon™）作为胶黏剂，它能使压片变得容易。

负极是一种高表面积、汞齐化的凝胶状金属锌粉，它置于顶盖的有效体积内，该顶盖用于电池负极的外部端子。顶盖是由三层金属组成的片材冲压成型，其外表面是镍覆于钢上形成的保护层，与锌直接接触的内表面是高纯铜或锡。正极片直接压到正极壳体内。该壳体由镀镍钢带成型而得，它也作为电池正极的端子。为了将正负极隔开，采用一片玻璃纸或接枝聚乙烯膜隔离层圆片放置在压实的正极上。整个体系都被氢氧化钾或氢氧化钠电解质润湿。

用密封绝缘垫圈使电池实现密封，防止电解质泄漏，并实现电池盖与电池壳体间的绝缘。绝缘垫圈可用一些弹性适宜的耐腐蚀材料，如尼龙制成。密封也可以通过采用密封剂涂覆在绝缘垫圈上而得到改善，可以采用的密封剂有聚酰胺（polyamide）或沥青（bitumen），它们能防止电解质从密封表面泄漏。

13.1.4　工作特性

（1）开路电压　锌氧化银电池的开路电压约为 1.6V，并取决于电解质浓度、电解质中锌酸盐含量和温度而略有变化（1.595～1.605V）[25]。制造过程中由于二氧化碳与氧化银反应生成碳酸银，可以使开路电压升高到 1.65V。但是这种电压升高只是暂时的，一旦装入手表使用时，数秒钟内电压即迅速下降至 1.58V 的工作电压水平。放电深度对一价氧化银电池的开路电压几乎没有影响，部分使用过的电池有如新电池一样的开路电压。

锌/二价氧化银电池的开路电压依赖于 Ag 与 Ag_2O 及 AgO 在正极中的比例，其数值在 1.58～1.86V 之间变化。当 Ag_2O 与 AgO 在正极中的比例较大或有金属银存在时，这一开路电压就会降低。在部分使用过的电池中，由于比新电池中有更多的 Ag_2O 和金属银，因此显示较低的开路电压。

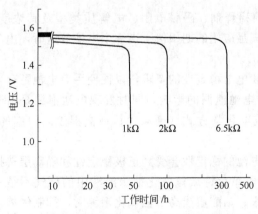

图 13.10　锌/氧化银电池在 20℃的典型放电曲线
（尺寸为 11.6mm×3.0mm）

（2）放电特性　图 13.10 显示出 11.6mm×3.0mm 尺寸的一价锌/氧化银扣式电池以恒

电阻放电时的典型放电曲线。这些都是典型的电压曲线，其他尺寸电池的电压特性是十分类似。电池的工作寿命极大地依赖于电池尺寸和使用的负荷大小。

在13.2.2一节中也介绍了不同类型锌/氧化银电池的放电特性。

锌/氧化银扣式电池可以在宽广的温度范围内工作。在中等负载下，0℃时电池可以放出常温20℃容量的70%；-20℃时则可得到常温20℃容量的35%；但在重负载下容量损失会更大。在较高温度下，电池容量趋于加速衰减。但当温度高达60℃时，却可以经受几天工作而无严重的影响。

图13.11显示出代表性尺寸锌/氧化银电池在不同负载与温度下的初始闭路电压。

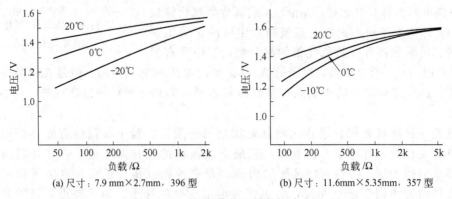

(a) 尺寸：7.9mm×2.7mm，396型　　　　(b) 尺寸：11.6mm×5.35mm，357型

图13.11　锌/氧化银电池的闭路电压

图13.12显示出采用氢氧化钠与氢氧化钾作为电解质的处理二价氧化银电池的脉冲放电特性。低倍率电池比较适用于模拟式手表（2000Ω，7.8ms/s），它甚至可以在-10℃环境下工作；高倍率电池较适用于有背光照明的LCD手表（100Ω，2s/h～8h/d）。对连续照相机的电子快门机构、有背光照明的LCD手表以及某些模拟式手表等应用，除了要求低的背景电流外，还要求能提供短时间大电流脉冲。在这些情况下，脉冲工作末期的最低电压必须满足保证装置功能的要求。

这两种类型电池的制造商没有用工作寿命试验来区分它们。事实上在低于500小时率的条件下，获得的容量是接近的。工业界常采用脉冲闭路电压来区分高倍率与低倍率类型。不同的制造商测试闭路电压时，采用了不同负载、不同闭路时间长短和不同的最低电压值。

锌/氧化银电池的内阻主要取决于正极中的稀释剂、隔膜电阻、电解质类型及其浓度。这些因素受到了电池制造商的优化，以获得可满足应用的期望值。当一个电池放电时，内阻将因氧化银还原成导电性的银而降低（图13.13）。

（3）贮存寿命　曾经提出了改进密封技术和电池稳定性的要求，以便使手表电池贮存寿命能延长到5年。Hull[26]报道了温度与湿度对电池泄漏的影响，同时发现电池泄漏是由于机械方式（密封不适当，密封处的纤维刮伤）或电化学方式（高氧含量或高湿度）引起的。当今设计的电池已经可以工作5年而不会漏液。

在高温贮存或延长室温下的贮存后，这些电池的稳定性会受到正极稳定性和隔离层选择的影响。采用一价氧化银正极时，在74℃下的氢氧化钾或氢氧化钠水溶液中的析气不是一个问题；然而采用改进的正极，譬如二价氧化银、铅酸银或高价氢氧化银镍时，抑制气体是需要的。曾经发现CdS、HgS、SnS$_2$或WS$_2$减低氧气的析出，而BaS、NiS、MnS或CuS增大由AgO[11]中氧气的析出。

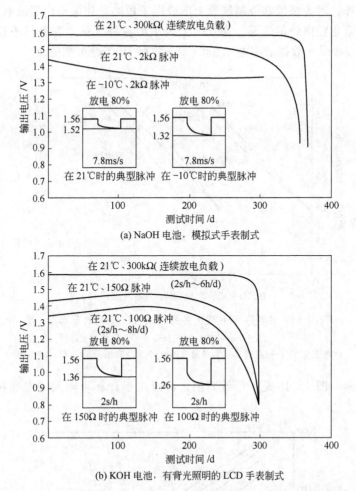

(a) NaOH 电池，模拟式手表制式

(b) KOH 电池，有背光照明的 LCD 手表制式

图 13.12 采用 NaOH 和 KOH 电解质的锌/氧化银电池的闭路电压曲线

(尺寸：7.8mm×3.6mm)

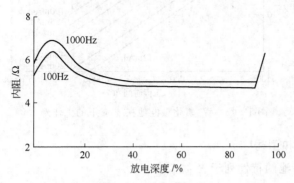

图 13.13 100Hz 和 1000 Hz 下测得的锌/氧化银电池放电过程的内阻

(尺寸：11.6mm×5.35mm)

这些电池贮存中的失效是与所选的隔离层紧密相关的。玻璃纸膜在 Zn/Ag$_2$O 电池中使用了许多年，但是由于大量银迁移，使其在 Zn/AgO 电池中却很不成功。虽然报道 Ag$_2$O 和 AgO 在碱中溶解度基本相同（$4.4×10^{-4}$ mol/L），但 AgO 分解到 Ag$_2$O 可以自发进行。因此，使用 AgO 比使用 Ag$_2$O 的银迁移要大得多。少量溶解的银到达锌电极可加速腐蚀和

氢气的析出。此外，因为银镀在隔离层膜上形成电子短路，使电池内部放电。多层高性能复合隔膜已经用于阻止银向锌的迁移。图13.14表示出各种低倍率和高倍率锌-氧化银体系贮存特性的Arrhenius图。数据表明电池在21℃下贮存10年是可能的。

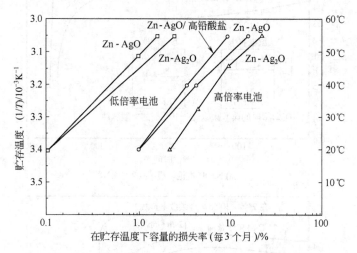

图 13.14　各种锌-氧化银体系的 Arrhenius（阿仑尼乌斯）图

尺寸：11.6mm×5.35mm，21℃、6500Ω负载下连续

放电至0.9V；预期到10%容量损失的时间：□>10年；○>5年；△>3年

（4）使用寿命　图13.15是一张计算图，可以用于计算不同尺寸电池在20℃和不同电流下的工作寿命。

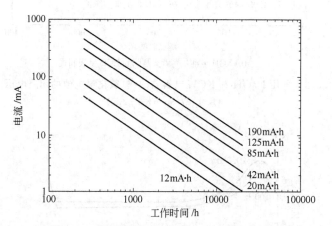

图 13.15　锌/氧化银电池在20℃下的工作寿命

13.1.5　电池尺寸和型号

锌/氧化银扣式电池的特性列于表13.3。

表 13.3　商品锌/氧化银电池的特性

Rayovac 编号	ANSI[①]	IEC[②]	电流	额定负载 /kΩ	标称容量 /mA·h	近似体积 /cm³	最大尺寸（直径×高度） /mm	近似质量 /g
376	1196SO	SR626	高	47	26	0.09	6.8×2.6	0.40
361	1173SO	SR58	高	30	22	0.10	7.9×2.1	0.44
396	1163SO	SR59	高	45	35	0.13	7.9×2.7	0.56

续表

Rayovac 编号	ANSI[①]	IEC[②]	电 流	额定负载 /kΩ	标称容量 /mA·h	近似体积 /cm³	最大尺寸 （直径×高度） /mm	近似质量 /g
392[②]	1135SO	SR41	高	15	35	0.17	7.8×3.6	0.61
393	1137SO	SR48	高	15	90	0.26	7.8×5.4	1.04
370	1188SO	SR69	高	45	35	0.15	9.5×2.1	0.60
399	1165SO	SR57	高	20	53	0.19	9.5×2.7	0.79
391	1160SO	SR55	高	15	43	0.22	11.6×2.1	0.83
389	1138SO	SR54	高	15	85	0.32	11.6×3.0	1.21
386	1133SO	SF43	高	6.5	120	0.44	11.6×4.2	1.56
357	1131SO	SR44	高	6.5	190	0.57	11.6×5.35	2.22
357XP	1184SO	SR44	非常高	0.62	190	0.57	11.6×5.35	2.22
337	NA	SR416	低	100	8.3	0.02	4.8×1.65	0.13
335	1193SO	SR512	低	150	6	0.03	5.8×1.25	0.13
317	1185SO	NA	低	70	11	0.04	5.8×1.65	0.18
379	1191SO	NA	低	70	14	0.06	5.8×2.15	0.23
319	1186SO	NA	低	70	16	0.07	5.8×2.7	0.26
321	1174SO	SR65	低	70	14	0.06	6.8×1.65	0.24
364	1175SO	SR60	低	70	19	0.08	6.8×2.15	0.33
377	1176SO	SR66	低	45	26	0.09	6.8×2.6	0.40
346	1164SO	SR721	低	100	9.5	0.06	7.9×1.25	0.23
341	1192SO	SR714	低	68	13	0.07	7.9×1.45	0.30
315	1187SO	SR67	低	70	16	0.08	7.9×1.65	0.32
362	1158SO	SR58	低	70	22	0.10	7.9×2.1	0.44
397	1164SO	SR59	低	45	35	0.13	7.9×2.7	0.56
329	NA	NA	低	20	36	0.15	7.9×3.1	0.60
384[③]	1134SO	SR41	低	15	35	0.17	7.8×3.6	0.61
373	1172SO	SR68	低	45	24	0.12	9.5×1.65	0.44
371	1171SO	SR69	低	45	35	0.15	9.5×2.1	0.61
395	1162SO	SR57	低	20	53	0.19	9.5×2.7	0.81
394	1161SO	SR45	低	15	64	0.26	9.5×3.6	0.96
366	1177SO	SR1116	低	30	30	0.17	11.6×1.65	0.70
381	1170SO	SR55	低	20	43	0.22	11.6×2.1	0.80
390	1159SO	SR54	低	15	85	0.32	11.6×3.0	1.21
344	1139SO	SR42	低	15	105	0.38	11.6×3.6	1.35
301	1132SO	SR43	低	6.8	110	0.44	11.6×4.2	1.68

① ANSI 为美国国家标准委员会。

② IEC 为国际电工技术委员会。

③ 可获得 Ag_2O/MnO_2 混合正极。

13.2 锌/空气电池

13.2.1 概述

锌/空气电池直接使用空气中的氧气参与产生电能的电化学反应。当电池对空气开放时，氧气扩散到电池里并且被用于正极反应的活性物质。空气是穿过正极到达与电解质相接触的正极活性表面，在该活性表面上空气正极催化剂可以促进氧气在碱性水溶液中的反应，并且本身不会消耗或变化。因为一种活性物质是在电池外面，所以电池内的体积大部分可用于放置另一种活性物质（锌），由此按体积为基准，锌/空气电池具有非常高的比能量。

对于许多应用来说，在原电池系列中锌/空气电池能输出最高的实际比能量。此外，还有放电电压平稳、贮存寿命长、安全和对环境无影响以及能量成本低等优点。因为电池是对大气环境开放的，所以限制锌/空气电池技术普遍应用的一个因素乃是环境的影响问题，即在受环境影响小的工作寿命和环境影响大的最大功率输出能力之间的权衡。这种类型电池的主要优、缺点概括于表 13.4 中。

表 13.4 锌/空气（扣式）电池的主要优、缺点

优 点	缺 点
比能量高	受环境条件控制：
放电电压平稳	一旦打开空气口，"干涸"限制贮存寿命，"淹没"限制功率输出
贮存寿命长（密封情况下）	
无环境问题	活化后寿命短
成本低	
在工作范围内,容量不受负荷和温度的影响	

早在 19 世纪初叶，就已经发现空气中的氧气在电化学体系中有去极剂的效能，可是直到 1878 年才设计出一个电池，在该电池中用多孔镀铂碳/空气电极替代著名的普通锌/二氧化锰电池中的二氧化锰电极。一直到 20 世纪 30 年代前，技术的限制曾长期阻碍锌/空气电池的商品化进程。1932 年 Heise 和 Schumacher 设计了碱性电解液的锌/空气电池，该电池采用蜡浸渍的多孔碳空气正极，以防止碳/空气正极孔隙中充满液体。现在的大型工业用锌/空气电池几乎未加改变地采用这种设计来制造，它们以输出很高的比能量而闻名，但功率输出能力却很低。由此，常用于铁路遥控信号设备和助航设备的电源。但由于电流输出小和体积大，阻碍了其进一步扩大应用。

现在的锌/空气扣式电池采用了效率高的薄型空气正极，其技术来自对燃料电池的研究，并且通过一种聚合物氟碳化合物的发现使其成为可能。这些材料将独特的表面性质、疏水性和气孔率集合在一起，使得采用聚四氟乙烯黏结催化剂结构[27]和疏水正极混合物研制而成的高性能薄型气体电极成为可能[2]。同时，在 20 世纪 70 代初期已研究出这种混合物的一种连续制造工艺。

这一技术的最初应用曾努力集中于便携式军事用途，在进一步发展中则转向商业化消费用途，由此导致小型电池的开发，并成为当今一种主要的产品。锌/空气电池最成功的应用乃是医疗和通信方面的用途，锌/空气电池现在是用于耳聋助听器的主导电源；在医院里，9V 锌/空气电池组用于心脏搏动遥测仪的电源，该仪器用于对病人的连续监视；另一种锌/空气电池组则用于骨骼刺激生长仪的电源。该仪器可帮助断裂的骨头愈合。在通信领域，锌/空气电池可用于通信接受，如传呼机、电子邮件装置和无线电报装置。近来，硬币式锌/空气电池也用于使用"蓝牙"的无线头戴受话器，蓝牙是一种低功率无线电子装置。用于手机和笔记本计算机的较大尺寸锌/空气电池正在研制中。大型锌/空气电池可用于军队（见第 33 章）。

13. 2. 2 化学原理

较为熟悉的碱性原电池体系有锌/二氧化锰、锌/氧化汞和锌/氧化银电池。这些电池一般使用质量分数为 25%～40% 的氢氧化钾或氢氧化钠作为电解质，电解质主要起离子导体的作用，在放电过程中不会消耗。

使用碱性电解质溶液的锌、氧气电极对，只要增加存在的锌量就会增大电池容量。氧气从环境中的空气供给，需要时扩散到电池里，空气正极本身只作为反应场所而不会消耗，并

且在电池放电过程中，它的实际尺寸和电化学性质保持不变，因此理论上空气正极有无限的使用寿命。然而实际上空气正极的反应是复杂的，一般电池反应简化可表示如下：

负极
$$Zn \longrightarrow Zn^{2+} + 2e$$
$$Zn + 2OH^- \longrightarrow Zn(OH)_2 + 2e$$
$$Zn(OH)_2 \longrightarrow ZnO + H_2O$$

正极
$$O_2 + 2H_2O + 4e \longrightarrow 4OH^-$$

化学反应体系有一个速率限制反应，该反应步骤影响整个体系的反应动力学和相应性能。在这个反应中是氧气的还原过程，会发生预氧化过程，形成（O_2H^-）。

过程 1：
$$O_2 + H_2O + 2e \longrightarrow O_2H^- + OH^-$$

过程 2：
$$O_2H^- \longrightarrow OH^- + 1/2O_2$$

过氧化物分解成为氧化氢和氧气的过程是整个反应的速率控制步骤。为了加速过氧化物的还原和整个反应的速率，在空气正极中使用催化剂来提升过程 2 的反应速率。这些催化剂是典型的金属化合物或配合物，例如元素银、氧化钴、贵金属和它们的化合物及混合金属化合物，包括了稀土金属、过渡金属有机大环化合物、尖晶石、二氧化锰、酞花菁和钙钛矿等[28~30]。

13.2.3 结构

当今小型锌/空气电池存在许多类型，它们在由扣式电池到硬币式电池的范畴内，部分锌/空气电池也制成圆柱形和方形。但容量增大后，大型锌/空气电池对水分的敏感性变成重大问题。

锌/空气电池的结构特点十分类似于其他商品锌扣式电池。锌负极材料一般是用电解质混合的疏松粉末，并且有时候用胶凝剂来固定混合物，以保证适量电解质与锌颗粒之间的接触。在内部粒子之间保持较好的接触，并使负极部分形成较低的电阻方面，对锌粒子的形状或表面形貌起到重要作用。锌粒子具有高的表面积会倾向得到更好的性能。

一种典型锌/空气扣式电池的典型代表示意图表示于图 13.16，并有金属氧气化物电池图作为比较。锌/空气电池比能量高的原因可以通过比较正极空间体积的图像加以说明。锌/空气电池使用很薄的正极（厚度约 5mm），允许负极空间的锌用量相当于锌/氧化汞电池锌用量的两倍。因为空气正极理论上有无限的寿命，所以电池的电容量只是由负极容量决定，结果比能量至少增加一倍。装有正、负极活性物质的外壳也作为电池端子，上下两个壳体之间用塑料（绝缘垫）绝缘。一种典型锌/空气扣式电池的切开观察图示于图 13.17。

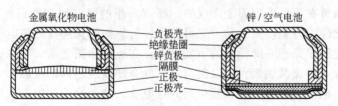

图 13.16　扣式金属氧化物电池和锌/空气电池截面

必须留出负极内部有效总体积中的一部分来容纳电池放电过程中锌转变成氧化锌时发生的膨胀。在工作条件下，这个空间也提供附加的电池孔隙以容纳产生的水量，称为负极自由体积，一般是负极空间总体积的 15%～20%。

图 13.18 示出锌/空气电池正极部分的放大剖面图。正极结构中包括隔膜、催化层、金属网、疏水膜、扩散膜和空气分散层。其中，电极的催化层中包含碳与锰的氧化物混合所形

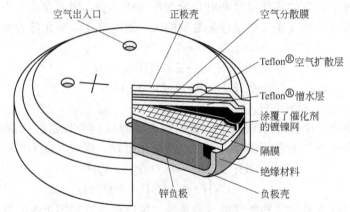

图 13.17 扣式锌/空气电池

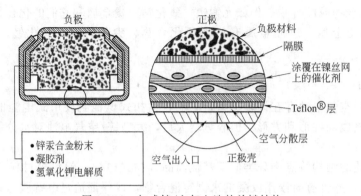

图 13.18 扣式锌/空气电池的关键结构

成的导电介质；电极通过加入分散得很细的聚四氟乙烯微粒而产生疏水性；金属网构成结构支架并且作为集流体；疏水膜保持空气和电解液之间的界面，能使气体透过和防止水的进入；扩散膜调节空气扩散速度（如果用气孔调节气体扩散，就不使用该膜）；空气分散层可以把氧气均匀地分散到正极表面[31,32]。

随着技术的进步，空气电极引进了双层结构而得到改进，这种结构中的第一层是在集流网上涂覆一层低表面积碳与聚四氟乙烯颗粒的混合物，以形成具有与集流网电接触良好的正极疏水层；第二层是在电池中与电解液接触的一面，它是用高表面积炭黑、聚四氟乙烯粉末和催化剂混合物涂覆在第一层表面上形成的。高表面积的第二层能够促使电解质通道增加，从而使氧气的催化性能得到增强。第一层可以促进与集流网保持良好的电接触，提供更好的疏水界面，防止电解质穿透并降低水的蒸发损失。在正极涂覆之前，有些制造商还对集流网进行表面粗化处理，增加其表面积，以便与正极混合物实现更好的接触。

下一层则是由电解质浸湿的碳和催化剂的导电混合物。这为氧附着在活性位点上提供了一定环境，从而使电解质中产出氢氧根的电化学反应能够进行，进而消耗电解质中的水。其中，需要有一个电子源来维持此反应的顺利进行。这些电子自外接回路引入，并由负极中锌的电势所驱动。电流的电子路径是经过集流体的，而集流体通常为导线网状屏或膨胀金属层压入正极活性材料中。在大部分纽扣或硬币电池中，集流体是从大片中切下来的小圆盘，而这些小圆盘能够与正极罐的内径很好匹配。

空气是通过在罐的平底处钻出的进气孔来进入正极的。空气的进入通过进气孔的大小和数量来控制，另外还与 PTFE 薄膜的多孔程度有关。这些薄膜与正极材料相邻，在部件的生产过程中经过了阻隔或压缩处理。根据电池的用途以及电流的需要，进气口的尺寸常数、数量以及正极的倍率性能可能为了满足应用都要进行相应增加或减小。

在正极结构的负极一侧是可被电解质浸湿的隔膜/屏障层，但是可以阻止锌或氧化锌直接接触正极。如果这种情况发生，那么将会形成直接的电子路径，从而会自放电。隔膜通常为多孔的聚合物膜，这些聚合物膜不会在强碱的环境下破裂，并在放电过程中为良好离子导体。这些隔膜一般为非纺织类的纤维素膜，对电解质有很强的吸收性并能阻止枝晶短路。如果隔膜/屏障层系统与电池的导电性相互干预，那么倍率性能、电池容量或两者兼有将会受到可逆影响。

纽扣电池的负极端容纳所有的锌以及大部分电解质。由于疏水层的所用，只有一小部分的电解质会渗到正极。为了给负极生长提供余地，不可能在开始就装满负极端。锌金属的密度大约 7.14g/mL，而氧化锌的密度大约 5.47g/mL。锌金属变成氧化锌以 1.25 的因子进行质量变化，相应的体积增加源于密度减小 1.63g/mL。在开始向电池中装负极材料时，必须事先考虑生长的空间。在平衡条件下，在充电过程中，电解质的质量不会变化，从而在电池充电结束后，电解质所占的体积实质上和开始组装时没有什么变化。

高纯锌是负极的活性组分。它通常以完全分离、雾化颗粒的形式来分布。在一些实例中，锌合金化可降低金属的催化腐蚀趋势。历史上讲，在所有的纽扣电池中，同样用少量的汞（每只电池小于 25mg）进行汞齐化来减小氢的过电位，这主要由于痕量金属阻隔了锌在固化作用（发生在锌原子化过程中）时的颗粒界面。汞倾向于在颗粒界面富集。由于汞不溶于氧化锌，因而其趋向富集于残留的锌中，从而最终以液态金属的液珠形式释放，并悬浮于已放完电的负极中。2011 年引入的零汞锌/空气电池，在大部分商品电池中将降低汞的应用至最低。

锌/空气电池的电解质通常为浓度 30% 的 KOH 水溶液，电解质具有高电导率并能快速浸润正极，可以快速提供与锌负极及正极活性点的良好离子接触。室温下电解质的水蒸气平衡湿度为 50%。如果水流失过快将影响锌/空气电池的性能，在负极中的干燥条件会加速部分放电负极提前凝固，通常会增加电池内部阻抗。

对于锌/空气电池，有四个主要电测试结果：开路电压，闭路或工作电压，内部电池阻抗，极限电流。

第一和第二结果很容易测量。开路电压代表驱动电流流动的电势，而商品锌/空气电池一般为 1.4~1.5V。闭路电压是加载一定负荷的情况下，电池所能维持的实际电压。其测量需要电流流过测量回路或流过被测试的实际装置。输出的功率为电压乘以电流；而对于扣式锌/空气电池，功率一般在几毫瓦之间。

电池的内部阻抗一般利用 LCR 表进行测量，这能说明电阻、电容和电感的交流分量。对于新的锌/空气纽扣电池，当任何一个量进入低频，阻抗就会上升。当电池放电时，阻抗下降；直到放电结束（当最后的锌转化成氧化锌时，放电结束），阻抗一直保持很低值，锌/空气电池中最有动力并且可能令人感兴趣的电性能为极限电流，之所以这样命名是因为当增加外电路负荷量时，就会发生此情况，即电池达到这样一个点，电流不会有相应增加；而电池电压骤减。在极限电流之下，电池并不是内速率控制；而是外电路限制电子的流动。在极限电流时，存在一个被极限化的速率控制过程。在放电之初，新电池的速率控制步骤一般为氧气于正极中的扩散、PTFE 扩散速率或罐中进气孔的构造。随着放电的继续进行，负极活性电极区域（金属锌表面）减小从而成为速率控制步骤。

13.2.4　工作特性

(1) 电池尺寸　现有的纽扣和硬币式锌/空气电池有许多不同的尺寸型号，其容量在

35～1000mA·h。表 13.5 列出了现有纽扣和硬币式锌/空气电池的物理与电特征。纽扣电池主要用于助听设备，而硬币电池则用于寻呼装置。随着耳蜗植入物的发展，人们设计出一种特高功率的 PR44（675 耳蜗）用于此类应用。

表 13.5　纽扣和硬币式锌/空气电池特征。

类型	IEC 型号	ANSI 型号	最大高度/mm	最大直径/mm	质量/g	标准电流/mA	高功率电流/mA	标称容量/mA
5	—	—	2.15	5.8	0.2	0.4	—	33
10	PR70	7005ZD	3.6	5.8	0.3	0.7	1.0	75～105
312	PR41	7002ZD	3.6	7.9	0.5	1.2	2.0	145～180
13	PR48	7000ZD	5.4	7.9	0.8	2.0	3.0	265～310
675	PR44	7003ZD	5.4	11.6	1.8	5.0	8.0	600～650
675 耳蜗	—	—	5.4	11.6	1.8	10	20	550～570
2330	—	—	3.0	23.2	4	4.0	—	950

对于用于助听设备的锌/空气电池，在过去的几年里通过不断提高和完善来满足精密设备和使用者的需求。随着 20 世纪 90 年代后期电子助听设备的出现，电池设计则趋向于适应高电流和脉冲需求。现在用于助听的锌/空气电池提供的容量能达到 20 世纪 70 年代后期最初设计的 2 倍。

这些改善是在不超过标准电池外径的情况下，通过对内负极体积最优化来实现的[33,34]。在不减少内空余体积（空余体积是为锌金属转化为氧化锌的过程中的体积膨胀提供余地）的情况下，使锌的含量最大化。如果空余的内体积不充分，电池会过度膨胀、漏液或者过早损坏。

最近，锌/空气方形电池提供了 OEM 应用。棱形电池只有 5mm 厚度，而方形结构能用于多种应用中。这些电池的持续时间比同样体积的碱电池长 3 倍。由于使用了锌/空气电池，这些应用需要快速消耗能量来显示其全容量优势。表 13.6 总结了这些棱形电池的特点。

表 13.6　棱形电池的特点

尺寸	PP425	PP355	PP255
长度/mm	36.0	32.2	22.6
宽度/mm	22.0	14.7	10.3
厚度/mm	5.0	5.0	5.0
体积/cm³	3.96	2.37	1.16
质量/g	11.7	6.8	3.4
连续倍率能力/mW	<200	<100	<50
额定容量/mA·h	3600	1800	720

（2）电压　锌/空气电池的额定开路电压为 1.4V。该值随生产厂家的不同而变化，这是由于负极和正极的化学组成有区别。一般来说，开路电压值在 1.4～1.5V 的范围内变化。在 20℃ 下，初始闭路电压随着放电负荷变化而在 1.15～1.35V 之间波动。其放电相对平稳，一般的终止电压降低到 0.9～1.1V 之间。

为了保证电池的"鲜度"和长的贮存寿命，锌/空气电池的空气孔用带状标签封住。这种标签是用来减弱空气的进入而达到降低开路电压（OCV）的程度。该低标签电压可以用来帮助确定电池上的带状标签是否接地合适。

如果电池标签不合适，能够接触过量的空气，OCV 则高于 4.0V。如果锌/空气电池在不贴标的情况下放置 2h，OCV 将同样如此。如果这些情况在贮存的过程中发生，电池可能会变干而在使用时不能工作。

带状标签不会使电池的电压过低，这一点很重要。一只 OCV 低于 1.0V 的贴标电池可能在贴标签后电压不会升高得足够快，这样不能恰当地启动电池所供能的设备。

图 13.19 说明了电池在初始标签电压的基础上，达到功能电压所需要的时间。标签电压越低，达到功能电压所需的时间越长。升压时间受空气电极的化学组成、电池极限电流或空气孔洞设计的影响。

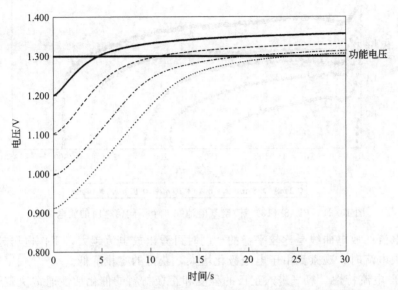

图 13.19　选择不同标签 OCV 的锌/空气电池的典型上升时间

（3）体积比能量　在所有的一次纽扣或硬币电池化学系统中，锌/空气电池具有最高的体积比能量。一般助听电池的体积比能量从 PR70（尺寸 10）的 1300W·h/L 到 PR44（尺寸 675）的 1400W·h/L 之间变化。

（4）电池内部阻抗　PR48（13）扣式电池的放电水平及信号频率的影响如图 13.20 所示。新电池在低频段具有最高的阻抗，低频阻抗随放电深度而降低。

（5）放电特性　锌/空气扣式电池在 20℃的一组典型放电特性曲线如图 13.21，可以看

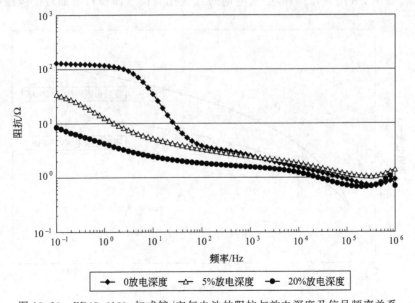

图 13.20　PR48（13）扣式锌/空气电池的阻抗与放电深度及信号频率关系

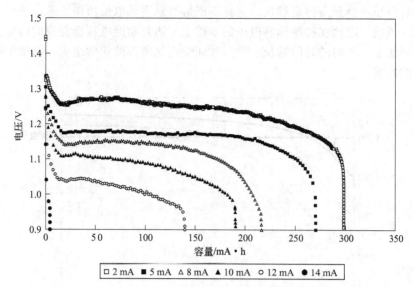

图 13.21　PR48（13）锌/空气电池在 6 个不同倍率时的放电曲线

出中低放电电流的放电曲线是比较平稳的。同时可看出放电电流越大，工作电压越低；在放电电流接近极限电流时，观察到由于电池极化增大，获得的容量降低。

（6）电压-电流特性　氧气进入正极的程度和正极材料的催化活性通常决定了锌/空气电池的电压-电流关系，氧气的进入则由空气进入电池的程度确定。空气进入电池越多，电池输出功率越大。氧气进入量的提高可通过提高电池壳上空气进入孔的数量和尺寸来实现。如果保持空气进入孔的尺寸为恒定值，电池输出功率能力的提高可通过提升正极的极限电流来实现。为降低水蒸气迁移有害作用，空气进入需要保持很好平衡[36,37]。在较低相对湿度环境下，水蒸气的快速流失将加速电池干涸，而降低电池容量。在高湿度环境下水蒸气将快速占满锌电极放电膨胀的空间而引起电池鼓胀甚至漏液，同样降低电池容量。了解锌/空气电池的最大电流应用要求，对减少水蒸气传质的有害作用非常重要。

图 13.22 表示 PR48（13）锌/空气电池的总气孔周长（面积）增加对正极极限电流的影

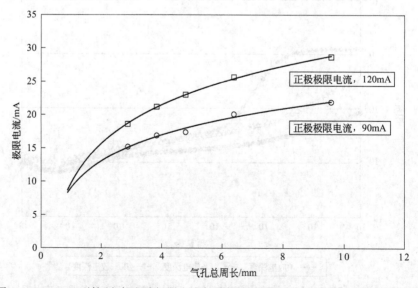

图 13.22　PR48 型锌/空气电池极限电流与进气孔总周长及正极极限电流的相互关系

响。极限电流是锌/空气电池或其正极在相应条件下能输出的最大电流。极限电流可由试验加以确定，即试验开始后，使电池恒定电压极化达到 0.9V 时，在 1～5min 内测量到最大输出电流，即为极限电流。

因为极限电流是测量空气进入量的极限值，此法也可以用于确定水蒸气传质速率（图13.23）。因为电池质量损失的主要因素是电解质的挥发，所以水蒸气传质速率与电池在一定湿度环境下的极限电流直接相关。

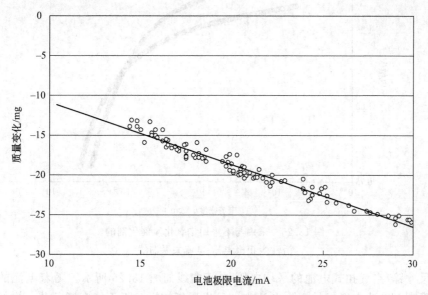

图 13.23　PR48 型锌/空气电池在 20％相对湿度、
20℃放置 6d 后的质量损失与极限电流的相互关系

图 13.24 显示电池极限电流与水蒸气包括在高相对湿度条件下传质速率的相互关系。高极限电流将提高水蒸气传质速率并使电池质量增加。

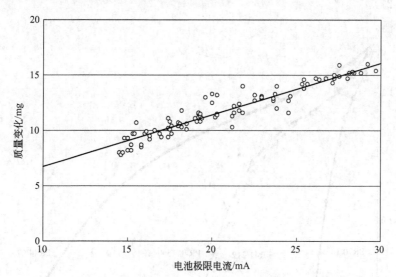

图 13.24　PR48 型锌/空气电池在 80％相对湿度、20℃放置
6d 后的质量增加与极限电流的相互关系

锌/空气电池的最大功率输出可以通过增加正极的催化活性来提高。催化剂通常混入碳中[38,39]。各种形式的 MnO_x 被用于锌/空气电池正极的典型催化剂。图 13.25 比较了采用与不采用二氧化锰催化剂的活性炭正极的塔菲尔曲线。可以看出采用催化剂的正极显示出高工作电压。

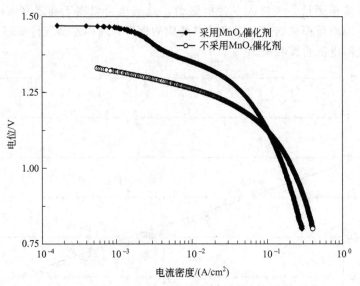

图 13.25　采用与不采用二氧化锰催化剂的
活性炭正极电压-电流关系曲线

各种尺寸锌/空气扣式电池的平均电压-电流曲线如图 13.26 所示。随着电流的上升，平均电压下降直至电池中氧气枯竭。电池中一旦出现氧枯竭，将不能支撑负载。增加电池尺寸将提高锌/空气电池的恒电流工作能力。

（7）脉冲负荷性能　锌/空气电池能经受比极限电流大得多的脉冲电流（I_L），电流值取决于脉冲种类。这种能力是当负荷低于极限电流时，电池内部有一定量的氧气贮存而产生的（如图 13.27）。

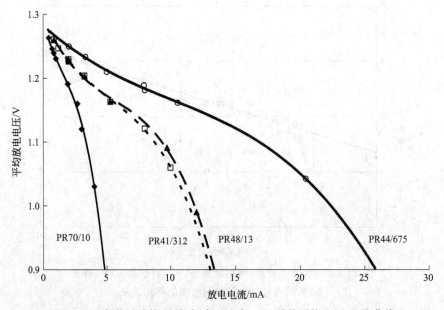

图 13.26　各种尺寸锌/空气扣式电池在 20℃时的平均电压-电流曲线

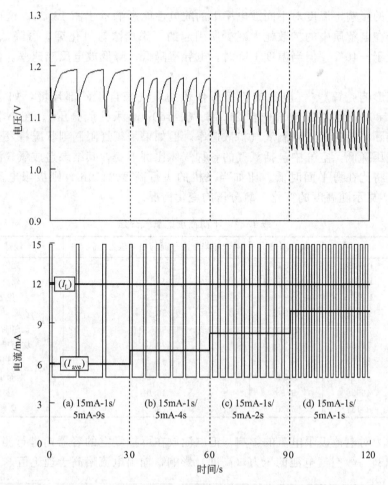

图 13.27　PR41（312）锌/空气电池脉冲放电 20mA·h 后的脉冲负载特性

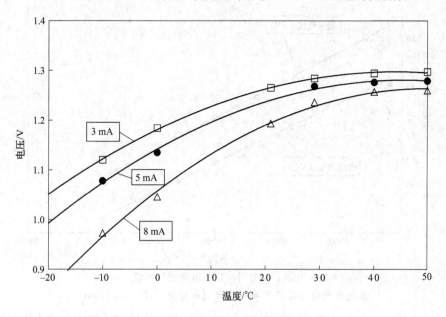

图 13.28　PR44 型（675）锌/空气电池放电电压水平
与温度及放电电流的关系

（8）温度的影响　温度对不同放电率下的放电性能影响示于图 13.28，这种性能的下降主要是由离子在电解质中的扩散能力减少所引起的。添加浓氢氧化钾，可降低锌/空气电池冰点，以至低于－40℃。但当温度下降时，电导率降低，降低放电反应速率。低温只能在低放电倍率工作。

（9）高度影响　锌/空气电池的正极所依赖的氧气来自于外部环境，如空气中的氧气（海平面压力 760mm 汞柱或空气中含 21％氧气、160mm 汞柱氧分压）。在小电流应用情况下，放电时实际消耗的氧气限制氧气扩散速率，但如果是氧气限制则状况将发生变化。随着高度提升，气压降低，空气中包括氧气的各种气体比例不变，其结果造成氧气浓度下降而电池的极限电流将比在海平面时低。比如当飞机的飞行高度 2400m，则极限电流将至少降低25％。表 13.7 显示随高度的变化，氧分压的变化情况。

表 13.7　不同高度的氧气分压

高度/m	气压/Pa	氧分压/Pa	相当于海平面的相对压力/%	地球上的位置
－450	106924	22398	105.5	死海,以色列
－150	103191	21665	101.8	死谷,加拿大
0	101325	21332	100.0	伦敦,英国
150	99458	20892	98.2	蒙马特,法国
300	97725	20518	96.4	瓦尔斯堡山,荷兰
600	94259	19785	93.0	坎布里亚郡,英国
1500	84393	17705	83.2	丹佛,美国
3000	69727	14639	77.2	瀑布山,加拿大
6000	46529	9786	46.0	麦金利峰
9000	30131	6330	29.8	珠穆朗玛峰

为模拟压力对电池极限电流的影响，把电池放在可抽真空的容器内进行测试。图 13.29 显示 PR48（13）锌/空气电池的压力（高度）影响，输出电流略高于理论值。

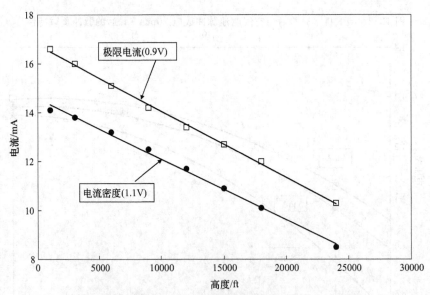

图 13.29　PR48（13）锌/空气电池极限电流（0.9V）
及电流密度（1.1V）随等高压力的变化（1ft＝0.3048m）

（10）贮存寿命　在贮存和工作期间影响锌/空气电池的使用容量存在四个主要机理。第一个机理是锌的自放电（腐蚀），这是一个内部反应。其他三个机理是由气体迁移引起的。

气体迁移机理包括锌正极的直接氧化作用、电解质的碳酸化作用和电解质水分的增加或减少。

在贮存期间锌/空气电池的气孔可以密封起来，以防止气体迁移引起的衰降。密封电池用的典型材料是聚酯胶带。注意不同于普通电池，在贮存期间锌/空气电池的反应物之一的氧气被隔离在电池外。该特点给予锌/空气电池极好的贮存寿命和特性。

影响锌/空气电池贮存寿命的主要机理是自放电反应。锌在碱性溶液里（电解质）呈热力学不稳定状态，并且发生反应形成氧化锌（放电的锌）和氢气（在锌/空气电池中反应中所产生的氢气能够通过封口胶带排出，防止产生压力；这对锌/空气电池来说是另外一个优点，因为这种压力可以造成普通电池变形）。向锌中加入添加剂，如汞可以限制自放电反应。但考虑到环境因素，不在负极中使用汞，通过新的添加剂控制自放电。

PR41（13）和 PR48（13）的容量保持率如图 13.30 所示。在低倍率条件下，每年产生的平均容量损失小于 3%。如果提高放电倍率 2～3 倍，则每年容量损失率将达 7%～8%。控制自放电将与放电电压平台相互矛盾，需要平衡把握。

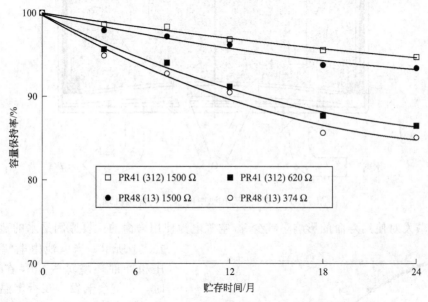

图 13.30　PR41（312）在不同放电倍率条件下的容量保持率

高温会显著增大自放电反应速度，可以用于电池加速实验，并测试添加剂对自放电的作用。

(11) 影响使用寿命的因素　锌/空气电池一般都暴露于大气中，即使有标签用来限制气体向电池中传输时，情况也是如此。外界环境能对电池产生直接影响的因素就是相对湿度。虽然人们一般很少关注其他因素，但是也被很好地记录了下来，其中包括电解质的碳酸化、直接氧化、在高海拔使用时对倍率性能的影响。在耳蜗方面的应用（锌/空气电池最常见用途），上述这些影响很难去评估。

① 电解质的碳酸化　虽然碱性电解质对二氧化碳有较大的溶解度，但是大部分电池在被拆掉标签暴露于空气中以后，其使用时间在几个星期以内。所以碳酸化并不是电池使用中的问题。极小负载下用完或间歇工作都会使其使用时间超过 1 个月。这就对锌/空气电池的使用寿命提出了挑战。首先是相对湿度，其次就是靠近电极空气扩散膜的电解质中可能形成碳酸盐晶体。如果此情况发生，那么晶体会直接使电解质泄漏。

② **直接氧化** 只要标签没被揭开并能恰当地限制氧气与电池接触，直接氧化就不是影响锌/空气电池中锌消耗的重要因素。任何碱性锌电池都需要氧气使锌放电，然后电子会通过外电路流回正极端。当氢氧根与锌相互作用生成氢氧锌，并最终转化成 ZnO 时，电池将会进行正常的放电。电解质对于锌、氧化锌、锌的氢氧化物有很好的溶解性。氧气同样溶解于 KOH 电解质，引发一种氧化金属锌的另外存在方式。氧气来自电极气体扩散层的气-液界面。

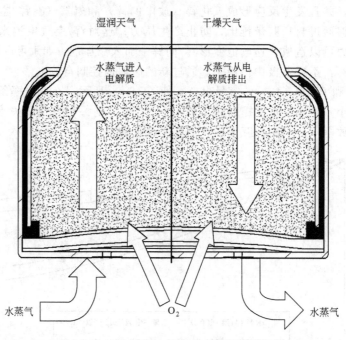

图 13.31 锌/空气电池中的水蒸气传质机理

③ **水蒸发对使用寿命的影响** 减少锌/空气电池使用寿命的主要原因是水的蒸发。如图 13.31 所示，当电池内电解质的蒸气压和外部环境蒸气压存在部分差异时，水就会蒸发。在指定温度下，电池内蒸气压取决于电池的电解质。如果外界的湿度低于电池内的湿度（干燥的天气里），那么电池就会失去水。如果外界的湿度高于电池内的湿度（湿润的天气里），那么电池就会得到水。过量的水流失会使电解质变浓，从而增加电池的阻抗并加速碳酸化。最终，水流失会使电池干到能直接氧化的程度。过量的水稀释了电池电解质，从而降低导电性。多余的水蒸发到电池中以后，会淹没正极并会填满，而为氧化锌膨胀提供空余空间，最终会引发倍率性能的降低及电池膨胀或漏液。

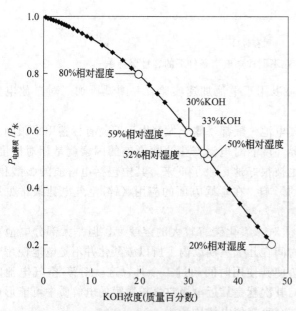

图 13.32 密闭容器中相对湿度与 KOH 浓度的关系

图 13.32 表示室温下 KOH 浓度与相对湿度的关系。基于电池设计要求，理想的电解质浓度可以变化的范围为 25%～40%（质量）。在指定温度下，降低电解质的浓度将会提高电池内部的相对湿度。降低电解质浓度，将会减缓在高湿度环境下的水挥发速率，但是会加快在低相对湿度环境中的挥发速率。如果电解质的浓度升高，则水的蒸发存在与之相反的情况。

为了设计合适的锌/空气电池，则需要对电池计划应用有充分的理解：了解应用中的倍率要求、功能电压以及使用环境以后，可以进行一定权衡，即在指定的条件下，对电池的性能进行优化。

水蒸气传输的效应以下面的评估进行说明。表 13.8 对三种商品 P41（312）锌/空气电池（一般用于助听设备）的平均极限电流和敞开-静止的质量变化进行了比较。那些揭开密封标签的电池开始先被称量而后放置在三种不同相对湿度（20℃下）的环境中。7d 后，再次称量电池并得到电池的质量变化。如图 13.31 所示，人们认为电池质量的变化源于与环境间的水蒸气交换。

表 13.8　三种商品 P41（312）锌/空气电池在不同相对湿度下（20℃下）敞开静置 7d 后的平均质量变化

设计	电池极限电流/mA	电池质量变化/mg			
		20%相对湿度	50%相对湿度	80%相对湿度	总范围
A	7.5	−7.3	0	5.8	13.1
B	10.4	−10.4	−1.9	6.7	17.1
C	13.9	−11.7	−1.4	9.7	23.6

具有最低平均极限电流的设计 A 在 7d 后质量变化总范围最小；设计 C 相对于设计 A 来说，平均极限电流提高 85%，总质量变化增加 80%。图 13.33 比较了在不同相对湿度环境中，每周三只设计的平均电池质量变化。该图说明了设计与相对湿度环境是如何对应的。设计 A 在 50%相对湿度下就不会有质量变化，而设计 B 则在 55%～60% 之间。如果设计 A 与设计 B 具有相同的极限电流，那么设计 A 在低相对湿度环境中存在较小的质量变化，而在

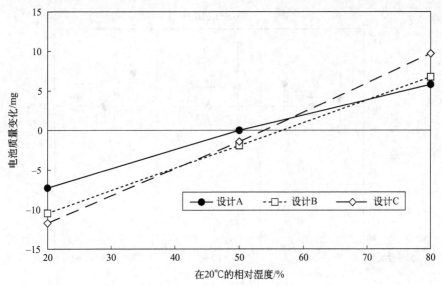

图 13.33　三种不同 PR41（312）锌/空气电池分别在 20%、50%、80%相对湿度下放置 7d 后电池质量变化

高相对湿度环境中具有较大的质量变化。

开始时，在不同相对湿度下有三种设计是连接到两个测试负载上。第一项评估是在 1500Ω 的负载上进行每天 12h 的小功率测试。在 50％ 的相对湿度下，一般的持续时间为 16～18d。图 13.33 比较了在相对湿度为 20％ 和 50％ 测试环境中三种设计的性能。为了归一化不同容量，每个容量测试的结果都绘在图 13.34 中。另外，每个设计的平均 1500Ω、12h/d 的测试结果，相对于 50％ 相对湿度测试结果的百分比同样绘于其中。

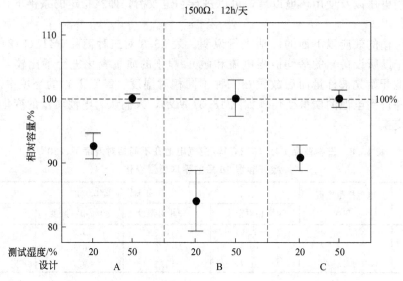

图 13.34 以相对湿度 50％、20℃、1500Ω 每天 12h 放电
的容量保持率为基准，在 20％ 相对湿度下的测试结果

第二项评估为在 620Ω 负载上进行每天 16h 的中等功率测试。在 50％ 的相对湿度下，一般的持续时间为 5～6d。图 13.35 比较了三种不同设计电池在 20％、50％ 及 80％ 相对湿度下测试结果。为规范比较标准，不同设计电池的相对容量保持率测试结果如图 13.36 所示。

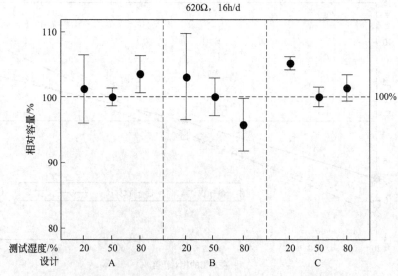

图 13.35 以相对湿度 50％、20℃、620Ω 每天 16h 放电的容量
保持率为基准，在 20％、80％ 相对湿度下的测试结果

各自的比较标准是在 50％相对湿度、620Ω、16h/d 的放电结果。

在短期 620Ω 测试中，各种设计的电池高、低相对湿度的容量保持率损失不大。但是，随着时间延长到 16～18d，在 20％相对湿度的性能衰减很大。B 设计电池具有中等的极限电流范围较高的内部湿度，较低湿度条件下的性能衰减为 15％。

从图 13.36 结果可知，设计 C 电池在 20％湿度条件下的性能损失最大。此时，电池减重 11.7mg，相对容量保持率只有 65％。具有最小的极限电流的 A 设计电池的性能保持最好，相对容量保持率提高到 85％，优于其他设计。因为其限制水蒸气传质。

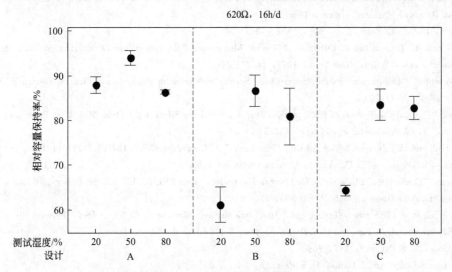

图 13.36 不同设计锌/空气电池在不同湿度条件下开口 7d
后的相对容量保持率，测试条件为 20℃、620Ω 负载

参 考 文 献

1. F. Kober and H. West，"The Anodic Oxidation of Zinc in Alkaline Solutions," Extended Abstracts，The Electrochemical Society，Battery Division 12，66-69（1967）.

2. A. Fleischer and J. Lander（eds.），*Zinc-Silver Oxide Batteries*，Wiley，New York，1971.

3. W. M. Latimer，*Oxidation Potentials*，Prentice Hall，Englewood Cliffs，NJ，1952.

4. D. R. Lide（editor-in-chief），*Handbook of Chemistry and Physics*，73rd ed.，CRC Press，Boca Raton，FL，1992.

5. A. Shimizu and Y. Uetani，"The Institute of Electronics and Communication Engineers of Japan," Tech. Paper CPM79-55，1979.

6. T. Nagaura and T. Aita，U. S. Patent 4,370,395（1981）.

7. T. Nagaura，"New Material AgNiO₂ for Miniature Alkaline Batteries," *Progress in Batteries and Solar Cells* 4：105-107 （1982）.

8. E. A. Megahed，"Small Batteries for Conventional and Specialized Applications," *The Power Electronics Show and Conference*，San Jose，CA，pp. 261-272（1986）.

9. B. C. Cahan，U. S. Patent 3，017，448（1959）.

10. P. Ruetschi，in *Zinc-Silver Oxide Batteries*，A. Fleischer and J. J. Lander，eds.，Wiley，New York，p. 117 （1971）.

11. E. A. Megahed and C. R. Buelow，U. S. Patent 4，078，127（1978）.

12. A. Tvarusko，*J. Electrochem. Soc.* **116**：1070A（1969）.

13. S. M. Davis，U. S. Patent 3，853，623（1974）.

14. E. A. Megahed，C. R. Buelow，and P. J. Spellman，U. S. Patent 4，009，056（1977）.

15. E. A. Megahed and D. C. Davig，"Long Life Divalent Silver Oxide-Zinc Primary Cells for Electronic Applications," *in*

　　Power Sources, Vol. 8, Academic, London, 1981.

16. E. A. Megahed and D. C. Davig, "Rayovac's Divalent Silver Oxide-Zinc Batteries," *Progress in Batteries and Solar Cells*. **4**: 83-86 (1982).

17. E. A. Megahed and A. K. Fung, U. S. Patent 4, 835, 077 (1989).

18. J. L. Passaniti, E. A., Megahed, and N. Zreiba, U. S. Patent 5, 389, 469 (1994).

19. "Bismuth," in *Minerals, Facts, and Problems*, Bureau of Mines Bulletin 675, U. S. Department of the Interior (1985).

20. E. J. Rubin and R. Babaoian, "A Correlation of the Solution Properties and the Electrochemical Behavior of the Nickel Hydroxide Electrode in Binary Aqueous Alkali Hydroxides," *J. Electrochem. Soc*. **118**: 428 (1971).

21. "Kagaku Benran," Maruzen, Tokyo, 1966.

22. H. André, *Bull. Soc. Franc. Elect*. **6**: 1, 132 (1941).

23. V. D'Agostino, J. Lee, and G. Orban, "Grafted Membranes," in *Zinc-Silver Oxide Batteries*, A. Fleischer and J. J. Lander, eds., Wiley, New York, 1971, pp. 271-281.

24. R. Thornton, "Diffusion of Soluble Silver-Oxide Species in Membrane Separators," General Electric Final Report, Schenectady, NY (1973).

25. S. Hills, "Thermal Coefficients of EMF of the Silver (I) and the Silver (II) Oxide-Zinc-45% Potassium Hydroxide Systems," *J. Electrochem. Soc*. **108**: 810 (1961).

26. M. N. Hull and H. I. James, "Why Alkaline Cells Leak," *J. Electrochem. Soc*. **124**: 332-339 (1977).

27. J. Oltman, R. Dopp, and D. Carpenter, U. S. Patent 4, 649, 090.

28. E. Yeager, "Electrochemical Catalysis for Oxygen Electrodes," Rep. LBL-25817, Lawrence Berkeley Lab., CA 1988.

29. C. Warde and A. D. Glasser, U. S. Patent 3935027.

30. B. Szczesniak et al., Abstract Number 280, *Joint International Meeting of ECS and ISE*, Paris, 1997.

31. G. W. Elmore and H. A. Tanner, U. S. Patent 3, 419, 900.

32. A. M. Moos, U. S. Patent 3, 267, 909.

33. J. Oltman, B. Dopp, and J. Burns, U. S. Patent 5, 567, 538.

34. J. Oltman, U. S. Patent 6, 245, 452 B1.

35. Energizer Zinc Air Prismatic Handbook, www/energizer. com, Winter 2009.

36. A. Ohta, A. Hanafusa, H. Yoshizawa, and Z. Ogumi, "Design of Air Holes on Button Type Zinc-Air Batteries. I. New Evaluation Method of Both Water Vapor and Oxygen Premeabilities," *Denki Kagaku* (*Electrochemistry*), Vol. 65, No. 5, 1997.

37. A. Ohta, H. Yoshizawa, A. Hanafusa, and Z. Ogumi, "Design of Air Holes on Button Type Zinc-Air Batteries. II. Simulation of Gas Flow Though Air Holes," *Denki Kagaku* (*Electrochemistry*), Vol. 66, No. 4, 1998.

38. J. Passanti and R. Dopp, U. S. Patent 5, 308, 711.

39. A. Ohta, Y. Morita et al., "Manganese Oxide as a Catalyst for Zinc-Air Cells", *Proc. Battery Material Symp*., 1985.

参　考　书　目

　　Steven F. Bender, John W. Cretzmeyer, and Terrence F. Riese, "Zinc/Air Batteries-Button Configuration," *Handbook of Batteries*, 3rd ed., McGraw-Hill Companies, New York, 2002, Chapter 13.

第 **14** 章

锂原电池

Thomas B. Reddy

14.1 概述

由于金属锂的质量轻、电压高（指与适当正极配对的特征，译者注）且电化学当量和导电性高，所以将其作为电池的负极活性物质颇具吸引力。由于上述优越的特性，在 20 世纪最后 30 年期间，在对高性能原电池和蓄电池研制中，采用锂的体系曾独占鳌头（可参阅论述蓄电池部分的第 26 章和第 27 章）[1]。

高比能量电池体系的研制工作始于 20 世纪 60 年代，并都集中在采用锂作为负极的非水电池体系方面。20 世纪 70 年代初期，锂电池首先有针对性地用于军事用途。但是，当适当结构设计和配方及相应的安全问题都得到进一步解决之前，它们的应用还是受到了限制。最近，已经有了采用不同化学配方、具有不同尺寸和外形设计的锂原电池和电池组，其尺寸范围从不到 5mA·h 至 10000A·h；外形尺寸范围从用于存储器和便携式设备电源的小型扣式电池和圆柱形电池，到用于导弹发射井备用和应急电源的大型方形电池。

由于锂电池具有优良性能和特点，其应用范围越来越大，其中包括照相机、存储器备用电源、安全器具、计算器、手表等。然而，由于其初始成本较高和人们对安全的担忧，以及随着其他竞争体系的技术进步，其中特别是碱性二氧化锰电池的价格趋于合理，致使锂电池并没有达到原先预期的市场占有率。2009 年世界范围内锂电池的销售额估算达到了 13 亿美元[2]。

14.1.1 锂电池的优点

锂作为负极的原电池在诸多方面都优越于传统电池组，其中包括以下几点。

① 电压高　与大多数原电池的电压为 1.5V 相比，采用适当正极活性物质的锂电池电压高达 4V。显然由于单体电池电压较高，通常可使电池组中的单体电池数量至少减少 1/2。

② 比能量高　锂电池的输出比能量（超过 870W·h/kg 和 1180W·h/L）比传统的锌负极电池高 2～5 倍或更多。

③ 工作温度范围宽广　许多锂电池能在 −40～70℃ 温度范围内工作，有些甚至可在 150℃ 下工作，而另外一些可在更低的温度 −80℃ 下工作。

④ 比功率高　一些特别设计的锂电池能够在大电流和高功率放电条件下输出其能量。

⑤ 平稳的放电性能　许多锂电池都具有典型的平坦放电曲线（在放电过程的大部分时间内电压和电阻保持不变）。

⑥ 贮存寿命长　锂电池有长的贮存寿命，即使在高温下也能长期贮存。在室温下贮存达到 10 年的寿命数据已经获得，而在 70℃ 下贮存 1 年的结果也已经获得。从可靠性分析出发，可以预计其贮存寿命能达到 20 年。

在 8.3 节中已对几种型号的锂电池与传统原电池和蓄电池进行性能与优点比较。图 8.2～图 8.10 是将锂电池与其他各种不同原电池进行比较。在 20℃ 下，只有锌/空气电池、锌/氧化汞电池和锌/氧化银电池具有接近锂电池的高比能量特征。但是，锌/空气电池对大气条件十分敏感，而其他任何一种电池在质量比能量和低温性能方面，都无法与锂电池相比。

14.1.2　锂原电池的分类

由于锂在水溶液中的反应性，锂电池一般都选择非水溶剂用于配制电解质。代表性的有机溶剂有乙腈、碳酸丙烯酯和乙二醇二甲醚；无机溶剂有亚硫酰氯。为了使电解质具有要求的导电性，必须添加溶解于溶剂的溶质（在其他原电池和储备锂电池中也采用固态和熔融盐电解质，参见第 27 章、第 31 章、第 33 章和第 36 章）。有许多不同的材料可用于正极活性物质，其中目前普遍采用的有二氧化硫、亚硫酰氯、二氧化锰、二硫化铁和一氟化碳。因此，"锂电池"这一专有名词可以适用于许多不同类型或不同化学配方的电池，但这些电池都是采用锂作为负极，只是正极活性物质、电解质、化学配方、结构以及物理和力学性能上各不相同。

根据电解质（或溶剂）的类型和所采用的正极活性物质，锂原电池可以分成以下几种类型，表 14.1 列出了对所使用（包括曾经使用和将考虑使用）材料进行的电池分类以及它们的主要性能。

表 14.1　锂原电池的分类[①]

电池分类	典型电解质	功率能力	型号/A·h	工作温度范围/℃	贮存时间/年	典型正极材料	标称电压/V	关键特征
可溶性正极（液体或气体）	有机或无机（含溶质）	中等至高功率/W	0.5～10000	−80～+70	5～20	SO_2 $SOCl_2$ SO_2Cl_2	3.0 3.6 3.9	高能、高功率输出，可用于低温环境，有长贮存寿命
固体正极	有机（含溶质）	小功率至中等功率/(mW～W)	0.03～1200	−40～+50	5～8	V_2O_5 $AgV_2O_{5.5}$ MnO_2 CFx CuS FeS_2 FeS	3.3 3.2 3.0 2.6 1.7 1.5 1.5 1.5	功率适中时可高能量输出，电池内部不产生压力
固体电解质（参见第 31 章）	固体	低功率/μW	0.003～2.4	0～100	10～25	$PbI_2/PbS/Pb$ $I_2/(P_2VP)$	1.9 2.8	优良的贮存性能，固体体系无泄漏，长时间微安级放电

① 储备电池内容参见第 35 章。

（1）**可溶正极电池**　这类电池采用液体或气体正极材料，例如二氧化硫或亚硫酰氯，它们可溶于电解质，或作为电解质溶剂。电池的工作取决于锂负极表面保护层的形成。该表面保护层是由锂表面和正极活性物质之间的反应所产生。该表面保护层能够阻止正、负极间的进一步化学反应（自放电），至少可将它们的反应速率降至极低。这类电池可制成各种不同的外形和结构（如高放电率和低放电率结构），而且容量范围极其宽广。一般可以制造成最大容量为 35A·h 的较小尺寸圆柱形电池，其中低放电率电池采用碳包式结构，而高放电率电池采用卷绕式（胶卷）结构。一般大型电池则采用平行极板结构的方形壳体，其容量可高达 10000A·h。扁平形或"薄饼形"结构也已设计成功。这些可溶正极锂电池既能用于低放电率放电，也能用于高放电率放电。采用大的电极表面积的高放电率设计时，显示出其高比功率特征，它能以比任何原电池的输出电流密度都要高的电流密度进行放电。

（2）**固体正极电池**　第二类锂负极原电池不是采用可溶气体或液体物质，而是采用固体物质作为正极。由于正极活性物质是固体，电池内部一般无压力形成，从而显示不必实施气密性密封的优点，但它却不具备可溶正极电池的高放电率性能。这些电池一般作为低放电率直至中放电率应用，例如存储器备用电源、安全防护设备、便携式电子器具、数码相机、手表和计算器以及小型照明灯等。扣式、扁形和圆柱形电池适合低放电率和中等放电率的应用。正如表 14.1 列出，在锂原电池中大量采用各种不同的固体正极。固体正极电池的放电不如可溶正极电池那样平稳，但以低放电率放电时，其容量（体积比能量）可高于锂/二氧化硫电池的容量。

（3）**固体电解质电池**　这些电池公认有极其长的贮存寿命，贮存时间可超过 20 年，但只能以微安级的极低放电率放电。这些电池可应用于存储器备用电源、心脏起搏器以及类似要求小电流、长寿命的设备（见第 31 章）。

在图 14.1 中，绘出了上述三种类型锂电池尺寸或容量大小（直到 30A·h）相应于典型放电电流水平的关系图形，并且也表示出每一类电池使用锂的近似质量。

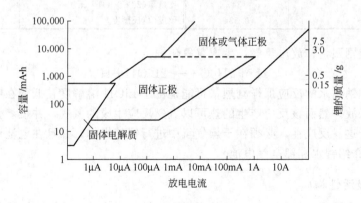

图 14.1　锂原电池的分类

14.2　化学原理

14.2.1　锂

高性能（高比能量和高能量密度）电池对电极活性物质的主要要求是高的电化学当量

（一定物质质量具有高的容量输出）和高的电极电位。根据表 14.2 列出用于电池负极的金属的性能。显然锂是突出的负极候选材料，它的标准电位和电化学当量是诸金属中最高的。由于高的电极电位，从而使其理论质量比能量优于其他体系，而仅仅在体积比能量（W·h/L）上低于铝和镁。可是，由于铝的电化学性能很差，除了在贮备电池中的应用外，至今尚未能成功地用于实用电池的负极活性物质；而镁的实际工作电压是很低的。另外，与其他碱金属相比，由于锂具有优异的力学性能和较低的反应活性而受到了优先选用。由于钙的熔点较高（钙为 838℃，锂为 180.5℃），对用钙代替锂作为负极也曾进行过研究。但截至目前，用钙作为负极的电池产品还没有面世。

表 14.2　负极材料的性能

材料	相对原子质量	25℃的标准电位/V	密度/(g/cm³)	熔点/℃	化合价变化	电化学当量		
						A·h/g	g/(A·h)	A·h/cm³
Li	6.94	−3.05	0.534	180	1	3.86	0.259	2.08
Na	23.0	−2.7	0.97	97.8	1	1.16	0.858	1.12
Mg	24.3	−2.4	1.74	650	2	2.20	0.454	3.8
Al	26.9	−1.7	2.7	659	3	2.98	0.335	8.1
Ca	40.1	−2.87	1.54	851	2	1.34	0.748	2.06
Fe	55.8	−0.44	7.85	1528	2	0.96	1.04	7.5
Zn	65.4	−0.76	7.1	419	2	0.82	1.22	5.8
Cd	112	−0.40	8.65	321	2	0.48	2.10	4.1
Pb	207	−0.13	11.3	327	2	0.26	3.87	2.9

锂是碱金属中的一种，并且是所有金属元素中最轻的，其相对密度约为水的一半。锂在刚制备出来或刚被切开时，具有白银的光泽和颜色，但在湿空气中很快失去光泽。它柔软而且具有良好的延展性，易于挤压成薄带，并且是电的良导体。表 14.3 列出了锂的一些物理性质[3,4]。

表 14.3　锂的物理性质

熔点/℃	180.5	比热容(25℃)/(cal/g)	0.852
沸点/℃	1347	比电阻(20℃)/(Ω·cm)	9.35×10^6
密度(25℃)/(g/cm³)	0.534	硬度(莫氏硬度)	0.6

锂与水反应剧烈，释放出氢气，生成氢氧化锂：

$$2Li + 2H_2O \longrightarrow 2LiOH + H_2$$

该反应不如钠与水的反应那样剧烈，可能是由于 LiOH 溶解度较低和在某些情况下附着在金属表面的缘故。然而该反应产生的热可以点燃反应生成的氢气，并接着使金属锂也燃烧起来。同时由于这一反应性，必须在干燥气氛中进行锂的操作，并且在电池中采用非水电解质（第 38 章里介绍锂水和锂空气电池）。

14.2.2　正极活性物质

已经发现许多可用于锂原电池正极的无机和有机材料[1,5]，对能够与锂配对构成高性能电池的正极材料有一系列重要要求，其中包括电池电压高、比能量高以及与电解质有相容性（即在电解质中基本上不起反应或不溶解）。一般期望正极材料是导电的，然而这种正极材料几乎不存在，因此通常要将固体正极活性物质与导电材料譬如碳混合使用，然后涂覆到导电骨架上以提供所需的导电性。如果正极反应产物是一种金属和一种可溶的盐（金属阳离子盐），这一特性可以改善放电时的正极导电性。此外，还希望正极活性物质价格低廉、易获得（非稀有材料）以及具有适宜的性质，如无毒性和不易燃等。表 14.4 列出已经研究过

表 14.4 锂原电池中使用的正极材料

正极材料	相对分子质量	化合价变化	密度 /(g/cm³)	理论容量（只计算正极材料）			电池反应机理（和锂反应）	电池的理论特性	
				/(A·h/g)	/(A·h/cm³)	/[g/(A·h)]		电压 /V	质量比能量 /(W·h/kg)
SO_2	64	1	1.37	0.419	—	2.39	$2Li+2SO_2 \longrightarrow 2Li_2S_2O_4$	3.1	1170
$SOCl_2$	119	2	1.63	0.450	—	2.22	$4Li+2SOCl_2 \longrightarrow 4LiCl+S+SO_2$	3.65	1470
SO_2Cl_2	135	2	1.66	0.397	—	2.52	$2Li+SO_2Cl_2 \longrightarrow 2LiCl+SO_2$	3.91	1405
Bi_2O_3	466	6	8.5	0.35	2.97	2.86	$6Li+Bi_2O_3 \longrightarrow 3Li_2O+2Bi$	2.0	640
$Bi_2Pb_2O_5$	912	10	9.0	0.29	2.64	2.41	$10Li+Bi_2Pb_2O_5 \longrightarrow 5Li_2O+2Bi+2Pb$	2.0	544
$(CF)_x$	31	1	2.7	0.86	2.32	1.16	$nLi+(CF)_n \longrightarrow nLiF+nC$	3.1	2180
$CuCl_2$	134.5	2	3.1	0.40	1.22	2.50	$2Li+CuCl_2 \longrightarrow 2LiCl+Cu$	3.1	1125
CuF_2	101.6	2	2.9	0.53	1.52	1.87	$2Li+CuF_2 \longrightarrow 2LiF+Cu$	3.54	1650
CuO	79.6	2	6.4	0.67	4.26	1.49	$2Li+CuO \longrightarrow Li_2O+Cu$	2.24	1280
$Cu_4O(PO_4)_2$	458.3	8	—	0.468	—	2.1	$8Li+Cu_4O(PO_4)_2 \longrightarrow Li_2O+2Li_3PO_4+Cu$	2.7	—
CuS	95.6	2	4.6	0.56	2.57	1.79	$2Li+CuS \longrightarrow Li_2S+Cu$	2.15	1050
FeS	87.9	2	4.8	0.61	2.95	1.64	$2Li+FeS \longrightarrow Li_2S+Fe$	1.75	920
FeS_2	119.9	4	4.9	0.89	4.35	1.12	$4Li+FeS_2 \longrightarrow 2Li_2S+Fe$	1.8	1304
MnO_2	86.9	1	5.0	0.31	1.54	3.22	$Li+Mn^{IV}O_2 \longrightarrow Mn^{III}O_2(Li^V)$	3.5	1005
MoO_3	143	1	4.5	0.19	0.84	5.26	$2Li+MoO_3 \longrightarrow Li_2O+Mo_2O_5$	2.9	525
Ni_3S_2	240	4	—	0.47	—	2.12	$4Li+Ni_3S_2 \longrightarrow 2Li_2S+3Ni$	1.8	755
$AgCl$	143.3	1	5.6	0.19	1.04	5.26	$Li+AgCl \longrightarrow LiCl+Ag$	3.267	583
Ag_2CrO_4	331.8	2	5.6	0.16	0.90	6.25	$2Li+Ag_2CrO_4 \longrightarrow Li_2CrO_4+2Ag$	3.35	515
$AgV_2O_{5.5}$ [①]	297.7	3.5	—	0.282	—	—	$3.5Li+AgV_2O_{5.5} \longrightarrow Li_{3.5}AgV_2O_{5.5}$	3.24	655
V_2O_5	181.9	1	3.6	0.15	0.53	6.66	$Li+V_2O_5 \longrightarrow LiV_2O_5$	3.4	490

① 多步骤放电；参见参考文献 [11]（实验时放电至 1.5V 止）。

的可作为锂原电池的正极材料，同时给出这些材料与锂负极配对电池的反应机理以及电池的理论电压和容量。

14.2.3 电解质

由于锂在水溶液中的反应性，因此要求锂负极电池一般必须采用非水电解质[5]。极性有机液体是现有锂原电池最通用的电解质溶剂，但亚硫酰氯（$SOCl_2$）和硫酰氯（SO_2Cl_2）电池例外。在这两种电池中，上述无机化合物既是溶剂，又是正极活性物质。电解质最重要的性能为：

① 必须对质子呈惰性，即不存在反应性的质子或氢原子，尽管氢原子可能存在于分子中；
② 必须不与锂（或者在锂表面上生成保护层，可防止进一步反应）和正极发生反应；
③ 必须有优异的离子电导率；
④ 应在一个宽广的温度范围内保持液态；
⑤ 应具有适宜的性质，如低蒸气压、高稳定性、无毒性和不易燃性。

表 14.5 列出了锂电池常用的有机溶剂。它们往往是两种或三种混合使用。这些有机电解质以及亚硫酰氯（熔点 −105℃，沸点 78.8℃）和硫酰氯（熔点 −54℃，沸点 69.1℃）的冰点都较低。在宽广的温度范围内都呈液态，这一性质使电池能在宽广的温度范围内，尤其是能在低温下工作。

表 14.5 锂原电池用有机电解质溶剂的性能

溶 剂	结 构	沸点 (10^5 Pa) /℃	熔点 /℃	闪点 /℃	密度 (25℃) /(g/cm³)	用 1mol $LiClO_4$ 时的电导率 /(S/cm)
乙腈（AN）	$H_3C{-}C{\equiv}N$	81	−45	5	0.78	3.6×10^{-2}
γ-丁内酯（BL）		204	−44	99	1.1	1.1×10^{-2}
二甲亚砜（DMSO）	$H_3C{-}S{-}CH_3$	189	18.5	95	1.1	1.4×10^{-2}
亚硫酸二甲酯（DMSI）		126	−141		1.2	
1,2-二甲氧基乙烷（DME）		83	−60	1	0.87	
二噁戊烷（1,3-D）		75	−26	2	1.07	
甲酸甲酯（MF）		32	−100	−19	0.98	3.2×10^{-2}
碳酸丙烯（PC）		242	−49	135	1.2	7.3×10^{-3}
四氢呋喃（THF）		65	−109	−15	0.89	

美国喷气动力试验室（Pasadena，加利福尼亚州）已经评估了多种类型的锂原电池，以确定它们在 $-80℃$ 下和更低的温度环境下操作星际探测器的能力[6]；还对单个电池进行了放电试验和阻抗谱测试的评估。在 5 种电池体系（$Li/SOCl_2$、Li/SO_2、Li/MnO_2、Li/BCX 和 Li/CF_x）中，发现只有锂/亚硫酰氯电池和锂/二氧化硫电池能在 $-80℃$ 下提供最好的性能。将电解质盐的含量降低到约 0.5mol 时，发现可以改善这些电池在非常低温度下工作的性能。以 D 型 $Li/SOCl_2$ 电池为例，将 $LiAlCl_4$ 由 1.5mol 减至 0.5mol 时，则可使电池在 $-85℃$ 下以基准负载 118Ω 和 5.1Ω 脉冲 1min 放电时的容量提升 60%。

锂盐，诸如 $LiClO_4$、$LiBr$、$LiCF_3SO_3$、LiI 和 $LiAlCl_4$ 是提供离子传导最常用的电解质溶质；溶质必须能够形成一种不与电极活性物质反应的稳定电解质。它必须可溶于有机溶剂并离解形成导电电解质。室温下，采用 1mol 溶质通常可获得最大的电导率，但这些电解质的电导率一般大约只有水溶液电解质的 1/10。为了适应这一低的电导率，通常采用缩小电极间距和精心设计电池结构方式，以便把电阻降到最小，使电池提供高的输出比功率。

14.2.4 电池电极对和反应机理

各种锂原电池总放电反应机理见表 14.4，此表同时也列出了每种电池的理论电压。锂负极的放电机理是锂被氧化生成锂离子（Li^+），并释放出一个电子：

$$Li \longrightarrow Li^+ + e$$

电子通过外部电路移动到正极，在正极上该电子与正极活性物质反应，使正极活性物质被还原。同时，小（半径为 0.06nm）而且能在液态和固态两种电解质中运动的 Li^+ 通过电解质迁移到正极，并在正极上反应生成一种锂化合物。

在论述相应电池的各节中，对各种不同锂原电池的反应机理均进行更为详尽的叙述[1,7]。

14.3 锂原电池的特性

14.3.1 设计和工作特性概述

表 14.6 中介绍了目前生产或先前研制的主要锂原电池及其结构特点、主要电性能和相关尺寸。电池类型、相应的尺寸和某些性能有可能发生变更，这将取决于设计、标准化和市场的发展需求。各种特别的性能数据必须从各制造厂家获得。这些体系在理论条件下的工作特性如表 14.4 所列。在 8.3 节中对锂电池与相近尺寸型号的传统原电池进行性能比较，这些电池更加详细的特性则将在 14.5 节～14.11 节和 31.5.4 节中予以介绍。

14.3.2 可溶性正极的锂原电池

可溶性正极的锂原电池有两类（表 14.1）：一类采用可溶解在有机电解质中的 SO_2 作为正极活性物质；第二类则采用无机溶剂，诸如 $SOCl_2$ 和 SO_2Cl_2 等，它们既用来作为正极活性物质，又用来作为电解质溶剂。这些物质在锂表面上恰好能形成钝化层或保护膜，由此可以防止进一步反应。即使正极活性物质与锂负极接触，该保护膜也能阻止自放电反应发生，这些电池贮存寿命很长。不过保护膜会引起电压滞后，当接通放电负载时，由于需要一段延时才能使保护膜穿透或破裂，从而使电池电压达到要求的工作电压值。这些锂电池具有很高的比能量，并且采用适当的结构设计，例如使用大表面积电极，则能在高比功率输出的同时，得到高比能量。

表 14.6　锂原电池的特性

可溶性正极电池

体系	正极	溶剂	溶质	隔膜	结构	标称电压	20℃时的工作电压①	质量比能量② /(W·h/kg)	体积比能量② /(W·h/L)	比功率	放电曲线	可提供的型号
Li/SO₂	SO₂ 在有碳和黏结剂的铝箔网上	AN	LiBr	微孔聚丙烯	卷绕式"胶卷"圆柱形结构；玻璃金属密封	3.0	2.9~2.7	260	415	高	非常平	圆柱形电池超过 34A·h
Li/SOCl₂ 低放电率	SOCl₂ 在有碳和黏结剂的 Ni 或不锈钢网上	SOCl₂	LiAlCl₄	非编织玻璃丝布	片式结构	3.6	3.6~3.4	275	630	低	平	0.4~1.7A·h
					圆柱形"碳"包"结构	3.6	3.5~3.3	590	1100	中等	平	圆柱形电池 1.2~35A·h
Li/SOCl₂ 大容量					平板电极的方形电池	3.6	3.5~3.3	480	950	中等	平	12~10000A·h
Li/SOCl₂ 高放电率					卷绕式"胶卷"圆柱形结构或平板	3.6	3.5~3.2	495	970	中等至高	平	圆柱：1.2~14A·h；平板：达到 2300A·h
Li/SO₂Cl₂	SO₂Cl₂ 在有碳和黏结剂的不锈钢网上	有卤素添加剂的 SOCl₂	LiAlCl₄	玻璃毡	卷绕式"胶卷"圆柱形结构	3.9	3.8~3.3	485	1070	中等	平	2~30A·h
Li/SO₂Cl₂	SO₂Cl₂ 在有碳和黏结剂的不锈钢网上	SO₂Cl₂（某些有添加剂）	LiAlCl₄	玻璃	卷绕式"胶卷"圆柱形结构；玻璃金属密封	3.95	3.5~3.1	480	1040	中等至高	平	7~30A·h

续表

固体正极电池

体系	正极	电解质 溶剂	电解质 溶质	隔膜	结构	标称电压	20℃时的工作电压① /V	质量比能量② /(W·h/kg)	体积比能量② /(W·h/L)	比功率	放电曲线	可提供的型号
Li/(CF)x	在镍集流片上含有碳和黏结剂的CFx	PC+DME或 BL	LiBF4或 LiAsF6	聚丙烯	硬币式结构,卷绕式密封	3.0	2.7~2.5	215	550	低至中等	中等平坦	硬币式电池为500mA·h
					针形结构					低	驼峰式的	小圆柱形 25~50mA·h
					卷绕式"胶卷"圆柱形结构;卷边密封			350(商品)	560			圆柱形电池达5A·h(商品)
					卷绕式"胶卷"圆柱形结构;卷边玻璃金属或卷玻璃密封			800(军用)	1160			圆柱形电池达1200A·h(军用)
					平板方形			440(生物医学用)	900			方形电池达40A·h
Li/CuO	把CuO压在电池壳体内	1,3-D	LiClO4	非编织玻璃丝布	内外式"碳包"圆柱形结构;卷"胶卷"圆柱形结构	1.5	1.5~1.4	280	650	低	开始有大的电压降,然后趋于平缓	圆柱形电池 500~3500mA·h
Li/FeS2	FeS2	1-3D+DME	LiI	微孔聚乙烯	卷绕式"胶卷"圆柱形结构;卷边密封	1.5	1.6~1.4	310	562	中等至高	开始有大的电压降,然后趋于平缓	AA型和AAA型电池达 3.1A·h
Li/MnO2	在支撑网栅上含有碳和黏结剂的MnO2	PC+DME	锂盐	聚丙烯	平板电极的硬币式结构	3.0	3.0~2.7	230	545	低至中等	中等平坦	硬币式电池为 65~1000mA·h
		有机溶剂	锂盐	聚丙烯	卷绕式"胶卷"圆柱形结构;卷边密封或全密封	3.0	2.8~2.5	261	546	中等至高	中等平坦	典型的为2/3A型圆柱形电池;更大的电池可达33A·h
		有机溶剂	锂盐	聚丙烯	"碳包"圆柱形结构	3.0	3.0~2.8	270	620	低至中等	中等平坦	圆柱形电池达 2.5A·h
Li/AgV4O11、AgV2O5.5	AgV4O11、AgV2O5.5、石墨和碳	PC、DME	LiAsF6	微孔聚丙烯	圆柱形和D型截面结构	3.2	3.2~1.5	270	780	低至中等	中等平坦	为医疗植入设计的特殊形状、尺寸

① 工作电压指在合适的负载下的典型放电电压。工作电压是在20℃时、在合适的负载下放电获得的。参见文章相关章节内容。
② 体积比能量是在20℃时、在合适的负载下放电获得的。参见文章相关章节内容。

该类锂电池一般要求是气密式密封。二氧化硫在 20℃ 下为气体（沸点为 -10℃），而未放电的电池在 20℃ 下的内部压力为 (3～4)×10⁵Pa。氯氧化物在 20℃ 下为液体，但是 $SOCl_2$ 和 SO_2Cl_2 的沸点分别为 78.8℃ 和 69.1℃，它们在高的工作温度下，也能产生显著的压力。另外，在氯氧化物电池中，SO_2 为放电产物时，电池在放电过程中内压会有所增加。

锂/二氧化硫（Li/SO_2）电池是这类锂原电池中最先进的电池，一般制成圆柱形，容量可以达到大约 34A·h。它们以具有高比功率（大约是锂原电池中最高的）、高比能量和良好的低温性能而著称。它们可用于要求具有上述电池特性的军事、特殊工业、空间和商业用途。

锂/亚硫酰氯（$Li/SOCl_2$）电池是所有实际使用电池中比能量最高的一种电池。图 8.8 和图 8.9 分别介绍了 $Li/SOCl_2$ 电池在宽广的温度范围内以中等放电率放电时的诸多特征。图 14.2 把 $Li/SOCl_2$ 电池和 Li/SO_2 电池的放电曲线进行比较。在 20℃ 下，以中等放电率放电，$Li/SOCl_2$ 电池的工作电压较高，使用寿命大约是锂/二氧化硫电池的 1.5 倍。但是，Li/SO_2 电池低温性能和高放电率放电性能更好，而且贮存以后电压滞后较小。$Li/SOCl_2$ 电池已有各种尺寸型号和不同结构形式，小到 1A·h 以下的扣式和圆柱形电池，大到 10000A·h 的方形电池。低放电率电池已成功地使用多年，而高放电率电池则专门应用于特殊用途。

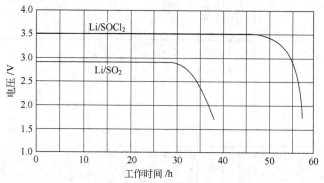

图 14.2　在 20℃、以 100mA 放电时，C 型 Li/SO_2
和 $Li/SOCl_2$ 电池性能对比

由于锂/硫酰氯（Li/SO_2Cl_2）电池的电压（开路电压 3.9V）和比能量更高，因此具有发展的潜在优势。为了使这一电化学体系全部能力得到实际发挥，已经对正极的合适配方和

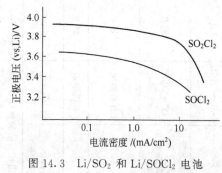

图 14.3　Li/SO_2 和 $Li/SOCl_2$ 电池
正极极化曲线对比[8]

电池设计进行了研究。图 14.3 展示 Li/SO_2 和 $Li/SOCl_2$ 电池的正极极化趋势的比较，卤素添加剂已经作为改善性能的手段。同时，卤素添加剂也在一些 $SOCl_2$ 电池中得到应用。

钙用来代替 $Li/SOCl_2$ 电池中锂作为负极也得到分析与研究。因为在任何条件下，电池内部都不可能达到钙的熔点温度 838℃，因此一般预期用钙作为负极的电池能安全工作。虽然钙亚硫酰氯（$Ca/SOCl_2$，开路电压为 3.25V）电池的放电电压比 $Li/SOCl_2$ 电池约低 0.4V，但它的放电曲线也相当平稳，并且同体积放出的容量相同，贮存寿命性能也与锂负极电池类似[9,10]。然而钙的加工性比锂要难得多，而且更易于钝化。因此，现在还没有钙亚硫酰氯电池上市。

14.3.3　固体正极锂原电池

锂/固体正极电池一般作为低到中等放电率放电使用，并且根据特定的电化学电池体系，主要为容量范围从 $30mA \cdot h$ 至大约 $5A \cdot h$ 的小型扁平式和圆柱形电池。更大尺寸的圆柱形和方形结构电池已开始生产。在第 8 章中对固体正极锂电池和传统电池的性能进行了比较。

采用固体正极锂电池和可溶正极锂电池相比，前者电池内不产生压力，故显示出不必采用气密式密封的优点。采用对塑料圈的机械卷边密封能满足大多数应用。在轻度放电负载下，某些固体正极电池的能量密度能与可溶正极电池相比拟，并且在较小型电池中甚至更大。但与可溶正极电池相比较也有不足之处。这类电池显示出放电率较低、低温性能差和放电曲线较倾斜。

为了提高这些电池的高放电率性能和补偿有机电解质较低电导率的缺陷，通常采用增加电极面积的结构设计，如采用大直径的硬币式电池代替扣式电池或对圆柱形电池采用卷绕式结构等。

有许多不同的正极材料可用于固体正极锂电池。这些材料列入表 14.4 和表 14.6 中。这两张表介绍了有关这些电池的理论与实际性能数据，而在表 14.7 中则对各种固体正极锂电池的主要性能进行比较。可以看出，许多电池性能都比较接近，例如高比能和优异的贮存寿命。而其中一个重要的特征是多种不同正极所制得的电池都具有 3V 电压。这些材料中的一部分主要用于扣式或钱币形电池中，而另一部分，如二氧化锰正极已经用于钱币形、圆柱形和方形电池，并且既有高放电率（卷绕式结构），也有低放电率（碳包式结构）两类设计。

表 14.7　典型的锂/固体正极电池的特性

电池类型	工作电压/V	性　　能
Li/MnO_2	3.0	质量与体积比能量高和工作温度范围宽广（$-40 \sim 85 \, ^\circ\mathrm{C}$）；具有以较高放电率放电的能力；电压滞后极小；成本较低；适合制成扁平（钱币）和圆柱形电池（高与低放电率）
Li/CF_x	2.8	理论质量比能量最高；具有低到中等放电率的能力；工作温度范围宽广（$-20 \sim 85 \, ^\circ\mathrm{C}$）；平坦的放电曲线；适合制成扁平（扣式）电池、方形和圆柱形电池
Li/CuO	1.5	理论体积比容量（$A \cdot h/L$）最高；优异的贮存性能；具有低到中等放电率的能力；工作温度可高达 $125 \sim 150 \, ^\circ\mathrm{C}$；无明显电压滞后；可替换碱性锌/二氧化锰电池，但目前已不生产
Li/FeS_2	1.5	直接作为锌/碳电池和锌/二氧化锰电池的替代产品；比传统电池功率输出能力高，低温性能和贮存性能更好；目前商品 AA 型电池和 AAA 型电池可以直接替代碱性锌/二氧化锰电池；在数码相机领域需求广阔
$Li/Ag_2V_2O_{5.5}$	3.2	在多步骤放电情况下可显示质量与体积比能量高的特点；具有较高的放电率能力；用于植入式或其他医疗器具（参见 31.5.4 节）
Li/V_2O_5	3.3	体积比能量高；两阶段放电；主要用于贮备电池（见第 35 章）

虽然一系列不同的固体正极材料得到了发展，甚至已应用于制造电池，但近来却显示出生产中所采用正极材料种类呈减少的趋势。锂/二氧化锰（Li/MnO_2）电池是首先用于商品的电池，而且是目前依然用得最为普遍的一种固体正极电池。它比较便宜，具有很长的贮存寿命，良好的高放电率能力和较好的低温性能，并适合制成扣式和圆柱形电池。锂/氟化碳（Li/CF_x）电池是另一种较早用于商品的固体正极电池，而且由于其理论比容量在固体正极电池中最高且放电平台平坦，因而颇具吸引力。它也可制成扣式、圆柱形和方形电池结构。聚氟化碳较高的成本已经影响该电池的商业潜力，但是它在生物医疗、军事和空间等对价格限制较小的领域中得到了使用，而且目前它在数码相机中需求广阔。

锂/五氧化二钒（Li/V_2O_5）电池具有高体积比能量，但放电曲线有两个平台；它主要适用于贮备电池（第 35 章）。锂/银钒氧化物（$Li/AgV_2O_{5.5}$）电池应用于医疗用途，例如心脏起搏器。这种用途要求电池有相当于高放电率的脉冲负载能力[11]。其他一些固体正极锂电池工作在 1.5V 电压区间，可以替代传统的 1.5V 扣式或圆柱形电池。锂/氧化铜（Li/CuO）电池以高比能量著称，与同类传统圆柱形电池相比，显示出高容量或轻的质量，同时

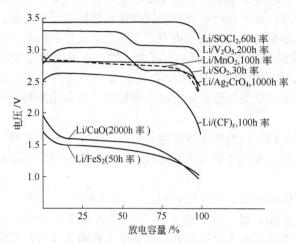

图 14.4　锂/固体正极电池的典型放电曲线

具有优异的高温性能和在严苛的环境条件下的长贮存寿命。目前该类电池还没有产品面世。锂/硫化铁（Li/FeS₂）电池有着与传统原电池相类似的优异性能，同时还具有高放电率的优势。过去只有扣式电池结构，但现在已经有了高放电率圆柱形 AA 型电池和 AAA 型商品电池，用于取代传统的碱性锌/二氧化锰电池。

在表 14.1 和表 14.4 中的其他固体正极体系现在已经基本无商业应用。

图 14.4 显示出主要锂/固体正极电池典型的放电曲线。图中也绘出 Li/SO₂ 和 Li/SOCl₂ 较平稳的放电曲线，用于进行比较。

在 8.3 节中对采用几种不同固体正极的扣式电池以低放电率放电和采用几种不同固体正极的圆柱形电池以较高放电率放电的性能比较进行介绍。在扣式电池中，锂电池的质量比能量（W·h/kg）比许多传统电池都高。虽然这一优点对于这些小型电池似乎不那么重要，但锂电池还具有成本较低（尤其在与银电池相比时），贮存寿命较长的优点。此外，由于汞和镉是有害物质，使过去曾在市场上占主导地位的锌/氧化汞电池和镉/氧化汞电池退出市场。

就较大的圆柱形电池（如表 8.5）而言，锂电池在体积比能量与质量比能量两方面的优势特别显现。采用合适结构的电池，在较高放电电流负载下的这一优势就显得更为突出。图 8.3 则进一步对固体正极锂电池和可溶正极锂电池以及与水溶液电池的性能进行比较。

由于每一种电池的相关性能随其放电条件而变化，因此通过上述各种比较以确认应用时的特殊放电条件就显得尤为重要。以图 14.5 为例，专门设计的锂/氧化铜（Li/CuO）电池用于低放电率放电时，显示了最佳性能，但当用高放电率放电时输出则显著下降。同样专门设计用于高放电率放电的卷绕式锂/二氧化锰电

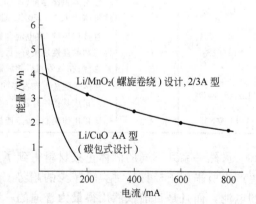

图 14.5　在 20℃下，Li/CuO 和 Li/MnO₂ 电池性能的比较

池，当其在低放电率放电时则输出较低能量，但随放电率提高可维持其原有特性。每一种电池体系在不同条件下的性能将在各相应章节中予以介绍。

因此，锂电池与传统电池相比，究竟选用何者，则需要在"大多数传统电池生产成本较低"、"锂电池性能优越"和"特殊用途的关键要求"三者之间作出综合权衡。

14.4 锂电池的安全和操作

14.4.1 影响到安全和操作的因素

锂电池和锂电池组的设计和使用必须慎重，如同大多数电池体系一样，如果使用不适当，则会出现危险。因此，必须采取预防措施避免机械和电滥用，以保证安全和可靠工作。同时由于锂电池的某些成分是有毒甚至是易燃的[12]，因此安全性对锂电池显得格外重要。此外，由于锂熔点较低（180.5℃），因此必须避免电池内部出现高温。

由于锂电池的化学配方、结构、型号等各不相同，对不同电池和电池组的使用及操作方法也就不尽相同，并取决于下列诸因素。

（1）电化学体系　特定的化学性质和电池部件影响到电池工作的安全。

（2）电池和电池组的尺寸和容量　电池尺寸和电池组中单体电池的数目与安全有直接关系。小尺寸电池和其电池组所包含的材料较少，由此所包含的总能量也较小，因此它比同结构和同化学配方的较大尺寸电池安全。

（3）采用锂的量　采用锂的量越少，意味着电池能量越小，电池也就越安全。

（4）电池设计　与限制放电率的低功率设计相比，在具有高放电率能力的设计中，由于采用了使电池"平衡"的化学配方和其他特点，所以会影响电池性能和工作特征。

（5）安全装置　电池和电池组本身的安全装置将明显影响操作方法。这些装置包括：防止电池内部产生过高压力的电池排气部件；防止温度过高的热切断装置；电路保险丝、PTC器件以及二极管保护器件。电池的完整性必须得到保持以有效维持电池所含组分，因此要根据不同的电化学体系，将电池制备成气密性密封或机械卷边密封形式。

（6）电池和电池组容器　设计电池和电池组容器必须满足其使用的机械与环境条件要求。即使电池在工作和操作中要遇到高冲击、强振动、极端温度或其他严苛条件，也必须保证其完整一体性。为此电池容器应该选择即使在火中也不会燃烧或燃烧产物无毒性的材料。容器设计应该最有利于放电时产生热的分散以及可以释放电池一旦排气时的压力。

14.4.2 需要考虑的安全事项

表14.8列出了锂原电池使用期间可能出现的使用和操作情况，并附有相关正确操作的建议。特种电池的情况将在本章的其他一些小节中介绍；对于各种电池更详细的性能数据请向制造厂家咨询，有关材料的安全数据也将能获得。

（1）高放电率放电或短路　对小容量电池或者设计低放电率放电的电池，可以自行限制。因此，温度的轻微升高也不会带来安全问题。较大的电池和/或高放电率电池，如果短路或以过高放电率工作，会产生高的内部温度。一般要求这些电池必须具有安全排气机构，以避免更严重的危害。这样的电池或电池组应采用保险丝保护（用于限制放电电流）。同时，还应采用热熔断器或热开关以限制最大温升值。正温度系数（PTC）器件可应用于电池和电池组中，并为其提供这种保护。

（2）强制放电或电压反极　电压反极可发生在多个电池串联的电池中。当正常工作的电池可以迫使零伏以下的坏电池放电时，电压就会出现反极，甚至电池组放电电压趋向零伏。在某种锂电池中，这种强制放电可导致电池排气或电池破裂的严重后果。可以采取的预防措施包括：采用电压切断电路以防止电池组达到过低的电压；采用低电压电池组（因为只有几个电池串联的电池组，不太可能发生这种电压反极现象）并限制放电电流。因为强制放电的效应对高放电率放电来说比较明显。同时，对已研制出特定结构的电池，例如 Li/SO_2 "平衡"

表 14.8 锂原电池组使用和操作注意事项

滥用条件	矫正过程
高放电率放电或短路	小容量或低放电率电池可以自行限制
	电极熔化，热保护
	限制电流；正确应用电池
强制放电（电压反极）	切断电压
	使用低电压电池
	限制电流
	特殊设计（如"平衡"电池）
	与单体电池并联二极管
充电	禁止充电
	用二极管保护或限制充电电流
过热	限制电流
	熔断器、热开关、PTC 装置
	正确设计电池
	不要焚烧
物理滥用	避免打开、刺穿或损伤单体电池
	正确维护电池

电池（见 14.5 节），该电池可以经受住这种放电条件。同时，负极的集流体既用于保持锂电极的完整性，也可以提供内部短路机构，以限制电池反极时的电压。

（3）充电 锂原电池也像其他原电池那样，是不可再充电的。如果充电，就会排气或爆炸。并联连接或可能接入充电电源的电池（例如在以电池组为备用电源的 CMOS 记忆保存电路中）应有二极管保护以防止充电（见第 5 章）。

（4）过热 正如上面讨论的那样，应避免电池和电池组的过热。这可以在电池组中通过限制放电电流，采用安全装置（诸如熔断装置和热开关装置）和设计散热措施来实现。

（5）焚烧 锂电池不是采用气密式密封，就是采用机械卷边密封，在无适当保护条件下不应焚烧这些电池，否则在高温下会破裂或爆炸。

目前，对于锂电池组的运输和装船以及锂电池组的使用、贮存和操作的特殊程序和方法都已作出了推荐[13,14]。对于某些锂电池的抛弃也作出规定。这些规定的最近发展情况可以参阅最新的程序文件（详情参见 4.10 节）。美国联邦航空局已经采用了序号为 TSO-C142-锂电池的技术标准，来管理锂原电池在商用飞机上的使用和放置[15]。美国的 DOT、IATA、ICAO 和其他政府机构也颁布相关规定管理锂原电池的船运环节。

14.5 锂/二氧化硫电池

锂/二氧化硫（Li/SO$_2$）体系是锂原电池中较为先进的一种，它主要用于军事及某些工业和宇航用途。这种电池的质量与体积比能量分别高达 300W·h/kg 和 415W·h/L。Li/SO$_2$ 电池尤其是以具有大电流放电的能力或高功率特性及其卓越的低温性能与长贮存寿命而知名。

14.5.1 化学原理

Li/SO$_2$ 电池采用锂作为负极，采用多孔碳作为正极载体和二氧化硫作为正极活性物质。电池反应机理如下：

$$2Li + 2SO_2 \longrightarrow Li_2S_2O_4 \downarrow （连二亚硫酸锂）$$

由于锂容易和水反应，所以采用由二氧化硫和有机溶剂，典型材料如乙腈与可溶解的溴化锂组成的非水电解质。这种电解质的电导率较高，随着温度下降，电导率只有中等程度下降（图 14.6），由此为该电池优良的高放电率和低温性能提供基础。在电解质中有约 70% 质量的 SO_2 去极剂，由于液态 SO_2 存在蒸气压力，20℃下在尚未放电的电池中可引起的内压为（3～4）× $10^5 Pa$。图 14.7 表示出不同温度下的 SO_2 蒸气压力。这种电池的机械部分设计，可以保证维持在上述压力下安全而不发生泄漏；但一旦温度过高造成电池内部高的压力时，电池应能安全地排出电解质。

在放电期间，SO_2 得到利用，电池压力随之下降。在锂化学计量限制的电极设计中，一种情况是当可用的锂全部用完，放电随之终止。另一种情况是由于放电产物沉积使正极堵塞时（正极限制）放电终止。现在的典型设计采用正极限制，甚至于放电终止时仍然有部分锂剩余。由于锂和 SO_2 起始反应在负极上形成一层连二亚硫酸锂保护膜，它可以阻止电池贮存期间的进一步反应和容量损失，因此 Li/SO_2 电池显示长的贮存寿命。

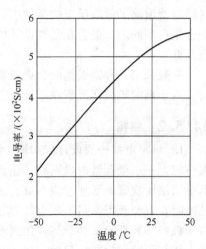

图 14.6　乙腈-溴化锂-二氧化硫（70% SO_2）电解质的电导率

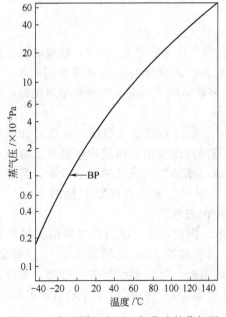

图 14.7　在不同温度下二氧化硫的蒸气压

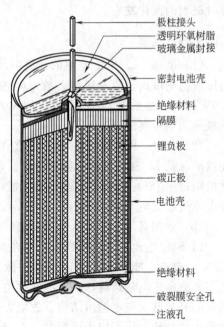

图 14.8　锂/二氧化硫电池

目前大多数 Li/SO_2 电池都设计成组分"平衡"型，其中锂与二氧化硫的化学计量比为：$n(Li) : n(SO_2) = (0.9～1.05) : 1$。由于在早先的电池结构中，锂与二氧化硫之比为 1.5 : 1，在缺少 SO_2 的情况下进行深度放电或强制放电时，由锂（电压反极期间会在正极上沉积）和乙腈之间的放热反应所引起的高温，会使电池排气或破裂乃至着火。通过这一反应，还会产生氰化锂、甲烷和其他有机产物。在"平衡"设计的电池中，负极像正极一样几乎同时受残余量 SO_2 和钝化的保护。由于还有一定量可起保护作用的 SO_2 保留在电解质中，这样也就消除了危险反应的条件[16]。在反极时，平衡电池较高的负极电压，对于二极管保护也是有利的。二极管在某些设计中用来使通过电池的电流旁路以及使反极时的严重影响降至最低。

一般采用一种镶嵌铜的金属条集流体，同样可以维持负极的一体化；同时一旦发生反极时，由于铜的扩散和沉积在正极上，就构成电阻桥，从而使电池发生内部连通短路。

14.5.2 结构

Li/SO_2 电池一般设计成如图 14.8 那样的圆柱形构造。电极采用卷绕式结构，它是把金属锂箔，一层微孔聚丙烯隔膜、正极（聚四氟乙烯和炭黑的混合物压在铝拉网骨架上形成）和第二层隔膜螺旋形地卷绕而成。这种电池结构设计可以使锂电极具有高的表面积和低的电池内阻，以便获得高倍率放电能力和低温工作能力。然后将卷绕极组插入镀镍钢外壳内，再将正极极耳和负极极耳分别焊接到玻璃/金属绝缘子的中央棒及电池内壁上，以实现电连接。将壳体与顶盖焊接在一起后，注入含有去极剂 SO_2 的电解质。当内部压力达到过大值，即达到典型值 2.41MPa 时，安全阀会打开排气。这种高的内部压力是由诸如过热或短路等不适当的滥用而引起的，排气可以防止电池本身的破裂或爆炸。安全阀大约在 95℃ 时打开，该温度已大大超过电池工作和贮存的上限温度，安全释放过高的内部压力就可以防止电池本身可能的破裂。更为详细的结构说明已在早先介绍过[16]，十分重要的是要采用一种耐腐蚀玻璃或用保护性涂层涂覆玻璃，以防止在电池壳体与玻璃-金属绝缘子中央棒之间存在电位差时玻璃的锂化发生。

14.5.3 性能

（1）电压 Li/SO_2 电池的开路电压为 2.95V，标称电压通常指定为 3V，放电时的工作电压数值则取决于放电速率、放电时的温度和荷电状态。其典型的工作电压范围在 2.7～2.9V 之间（参见图 14.9，图 14.10 和图 14.12）。大多数情况下，电池容量耗尽时的终止电压或截止电压典型值为 2V。

（2）放电 图 14.9(a) 给出了在 20℃ 下 Li/SO_2 电池的典型放电曲线。电压高和放电曲线平稳是 Li/SO_2 电池的突出特点。能够在较宽广范围内改变电流值或功率值可以有效地放电则是 Li/SO_2 电池另一独特的性能，它既能以高放电率短时间或脉冲负载放电，又可以小电流连续放电 5 年或更长。在长期放电时，电池至少可以放出其额定容量的 90%。图 14.9(b) 示出高放电率 D 型电池以 $4C$ 率高达 3A 放电的放电曲线。

Li/SO_2 电池能够以较高放电率在脉冲负载下放电。例如，设计成高放电率结构的 D 型 Li/SO_2 电池，能够以高达 37.5A 的脉冲电流放电，提供高达 59W 的输出功率[17]。可是，对于高放电率电池结构，当电池在放电率大于 2h 率放电时，有可能引起电池过热。实际上热量的升高状况与电池组结构、放电方式、温度和电压等有关。正如 14.4 节所讨论的那样，电池组的结构和使用应予以控制，以避免电池过热。

近来的研究[17]表明，Li/SO_2 电池的高放电率脉冲输出能力可以通过改变电池设计加以提高。通过增加正负极的极耳数量（1～3）、采用正极混合物的最佳组成以及减小电极的长、宽比例，都可以降低高放电率 10s 脉冲放电时的极化。采用两个极耳和最佳正极混合物组分的 D 型和薄 D 型（直径 1.1in×高度 2.20in）电池，在 50A、10s 脉冲电流下，可以分别提供 99W 和 97W 输出功率；而且在美国海军应用中，采用了由 74 个 4/5C 单体电池构成的110V 体积紧凑型电池组，虽然其单体电池即使没有多极耳，但由于使用了最佳组分的正极混合物，同样使这种电池组能够提供高达 5500W、10s 的脉冲。

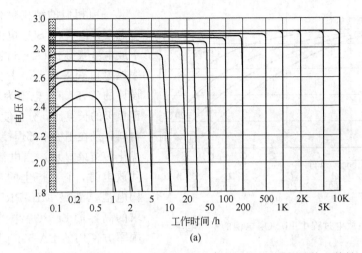

图 14.9 (a) 在 20℃、以不同负载放电时 Li/SO$_2$ 电池的放电特性

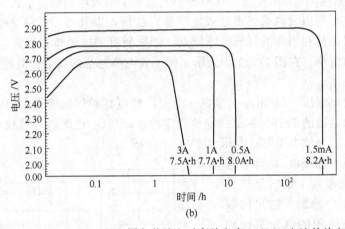

图 14.9 (b) 23℃、以不同负载放电时高放电率 Li/SO$_2$ 电池的放电特性

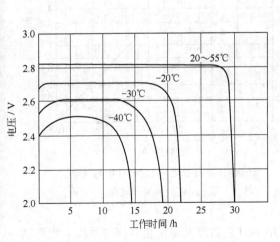

图 14.10 在不同温度下，以 $C/30$ 放电率放电时，Li/SO$_2$ 电池的放电特性

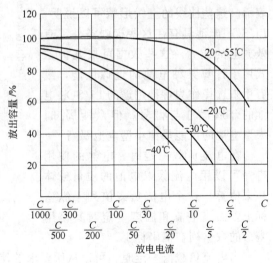

图 14.11 在不同温度和负载下 Li/SO$_2$ 电池的放电性能

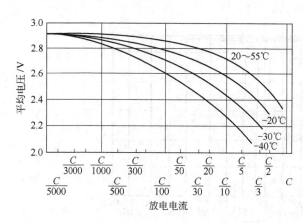

图 14.12　在放电过程中 Li/SO$_2$ 电池的平均电压

一项相似的结构优化研究表明：在室温下，D 型 Li/SO$_2$ 电池以 250mA 速率下放电可获得 9.1A·h 的容量；以 2A 速率放电可获得 8.8A·h 的容量。以标准设计的 7.75A·h 电池为基准，通过改变正负极的长宽比，分别使用三种不同的碳材料，且在正极中部焊接极耳来进行对比优化。结果显示，当电池在 2.0～0.0V 间放电时，它所产生的热量小于标准结构电池。满足 MIL-PRF-49471 标准要求的高容量 Li/SO$_2$ 电池，被组装成美国军方使用的 BA-5590 型电池。

（3）温度的影响　Li/SO$_2$ 电池以在 −40～55℃ 的宽广温度范围内工作而著称。图 14.10 是一只标准放电率 Li/SO$_2$ 电池在各种不同温度下的放电曲线。这再次显示出 Li/SO$_2$ 电池在宽广的温度范围内放电曲线平稳或电压稳定性好，以及与 20℃ 下的性能相比，在极端温度下仍然可以保持相当高的百分比等特点。如同所有的电池体系一样，Li/SO$_2$ 电池的相对性能取决于放电率。在图 14.11 中表示出标准放电率电池的放电性能与放电负载以及与放电温度的函数关系。

（4）内阻和放电电压　Li/SO$_2$ 电池在一个宽广放电负载和温度范围内，具有较低的内阻（大约为传统原电池的 1/10）和好的电压稳定性。Li/SO$_2$ 电池以各种放电率和在不同温度下放电的平均电压（放电至终止电压为 2V）示于图 14.12。

（5）工作寿命　Li/SO$_2$ 电池以各种放电率和在不同温度下的容量或工作寿命在图 14.13 中给出。给出的数据是以 1kg 或 1L 体积的电池来标称的，并以不同放电率下的工作小时来表示。这些曲线的直线形状可以说明，Li/SO$_2$ 电池具有在这些极限条件下有效放电的能力。这些数据可按几种方式用于计算某种电池的近似性能，或者用来选择作为特种用途的 Li/SO$_2$ 电池的合适尺寸与型号。但众所周知，大型电池的比能量比小型电池要高。

在电流负载一定时，电池的使用寿命可以用电流除以电池的质量或体积来估算。这个电流负载值列于纵坐标上，而当电流和温度一定时其使用寿命的数据列在横坐标上。

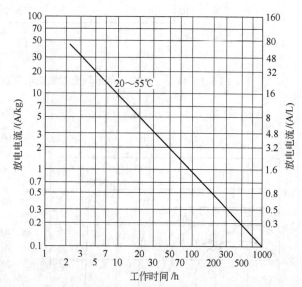

图 14.13　高放电率 Li/SO$_2$ 电池放电至 2.0V 时的工作时间

当电流负载值一定时，可以从所要求的使用小时数和放电温度相对应的曲线上找到某一个点，以此来估算当放出所要求的使用小时数。相应电池应有的质量或者体积，可以用确定的电流值除以纵坐标的 A/kg 值或 A/L 值计算出来。

(6) 贮存寿命　Li/SO$_2$ 电池以其卓越的贮存性能而著称，甚至可在高达 70℃ 的温度下贮存。大多数原电池在贮存不用时，由于负极腐蚀、副化学反应或水分损失，其容量都要受到损失。除去镁电池之外，大多数传统原电池都经受不住 50℃ 以上的温度。所以，如果长期贮存，应予以冷藏。可是，Li/SO$_2$ 电池是气密性密封，而且在其贮存期间受到负极上所形成的膜保护，所以贮存期间容量损失甚微。当然，如果电池在已经放了一部分电后再贮存，则自放电速率将会增大。

近来的数据[18] 表明，由 10 只 Li/SO$_2$ 单体电池串联构成的 BA-5590 电池组贮存 2 年后，以 2A 分别在 21℃ 和 −30℃ 下放电，在较高温度下显示 6.5％ 容量损失，而在较低温度下显示无容量损失。由 5 只小 D 型电池串联而成的 BA-5598 电池组贮存 14 年后的数据也已获得。当在室温和 2A 下放电时，其容量损失仅为 8％，但在低温下却事实上无容量损失。在以上两种情况下，贮存后的电池工作电压都下降。采用多个电池组在环境温度下贮存，它们分别贮存 4 年、6 年和 14 年所获得的数据在图 14.14 示出。贮存头两年后的容量损失大约每年 3％；但是衰减率随后显著降低。电池的高温贮存曾经在 70℃ 和 85℃ 下进行，如图 14.15 所示。在 70℃ 高温下贮存 1 个月后，电池容量保持在 92％；而贮存 5 个月后，其容量还可保持在 77％。即使在 85℃ 高温下贮存 1 个月后，电池容量也可保持在 82％。该项研究得出以下结论：采用高温加速老化试验，对电池长期贮存效果并不明显。

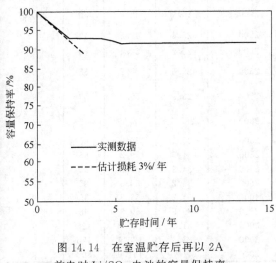

图 14.14　在室温贮存后再以 2A
放电时 Li/SO$_2$ 电池的容量保持率

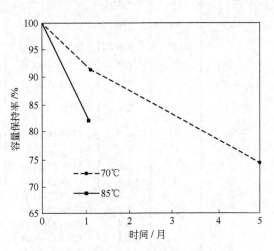

图 14.15　贮存时间和温度对 Li/SO$_2$
电池容量的影响

(7) 电压滞后　在高温下长期贮存以后，对 Li/SO$_2$ 电池进行放电，尤其是以大电流和低温放电时，将使达到其标称工作电压出现滞后现象。这种启动滞后或称为电压滞后的现象是由锂负极上所形成的保护膜（这种特性使 Li/SO$_2$ 电池具有卓越的贮存寿命）所引起的。一只电池具体的滞后时间不可能准确预测，因为它取决于电池的新旧、电池特有的结构和部件、贮存的时间和温度、放电的电流以及温度等。一般来说，电池在 −20℃ 以上的温度下以中等放电率到低放电率放电时，电压滞后甚微或不存在。即使是在 70℃ 下贮存 1 年以后的电池，在 20℃ 下放电也没有明显的滞后现象。电池在 70℃ 下贮存 8 周后，在 −30℃ 以小于 40h 率的电流放电，滞后时间小于 200ms。但以较高放电率放电时，电压滞后时间随电池贮存温度和时间的增加而增加。例如，在以 2h 率放电时，在 70℃ 下贮存 8 周后的电池，其最长的启动时间大约为 80s；贮存 2 周后的电池，其最长的启动时间为 7s[20]。因为滞后现象只出现在长期贮存以后的电池上，因此也提出了一系列有针对性的消除方法，其中一个途径是通过对贮存后的电池进行预处理来消除，即用较高的放电率对电池进行短期放电至其达到工作电压为止。

14.5.4 电池型号和尺寸

Li/SO_2 电池可制成许多型号的圆柱形电池，其容量范围可在 34A·h 之内。一些电池是根据 ANSI（美国全国标准协会）标准，采用现行传统锌原电池的尺寸制造的。这些单体电池在尺寸上可互换，但在电学参数上则不能互换，因为锂电池的电压较高（锂电池 3V，传统锌电池仅 1.5V）。表 14.9 列出了目前通用的 Li/SO_2 电池的一些型号及其尺寸和额定容量。

表 14.9 典型圆柱形锂/二氧化硫电池

尺寸	开路电压/V	标称电压/V	标称容量/mA·h	推荐最大持续放电电流/mA	最大外径/mm	最大高度/mm	质量/g	运输等级/级
$\frac{1}{2}$AA	3	2.8	450(50mA)	250	14.2	27.9	8	无限制
AA	3	2.8	950(80mA)	500	14.2	50.3	15	无限制
$\frac{2}{3}$A	3	2.8	800(80mA)	750	16.3	34.5	12	无限制
"长"A	3	2.8	1700(80mA)	1500	16.3	57.7	18	无限制
$\frac{1}{3}$C	3	2.9	860(80mA)	1000	25.9	20.3	18	无限制
$\frac{2}{3}$C	3	2.8	2200(650mA)	2000	25.9	35.9	30	无限制
C	3	2.8	3200(1000mA)	2500	25.6	49.5	47	9
C	3	2.8	3750(250mA)	2500	25.9	50.4	40	9
$\frac{5}{4}$C	3	2.8	5000(200mA)	2500	25.6	60.2	58	9
$\frac{5}{4}$C	3	2.8	5000(200mA)	2500	25.9	59.3	53	9
$\frac{2}{3}$"薄"D	3	2.8	3500(120mA)	2000	28.95	42.29	40	9
"薄"D	3	2.8	5750(200mA)	2500	29.1	59.9	63	9
D	3	2.8	7750(250mA)	2500	34.5	59.8	85	9
D	3	2.8	7750(250mA)	2500	34.2	59.3	85	9
D	3	2.8	9200(250mA)	2500	34.2	59.3	85	9
D	3	2.8	7500(250mA)	4000	34.2	59.3	85	9
"扁"D	3	2.8	8000(270mA)	2500	39.5	50.3	96	9
F	3	2.8	11500(1000mA)	3000	31.9	100.3	125	9
DD	3	2.8	16500(500mA)	3000	33.3	120.6	175	9
"长扁 DD"	3	2.8	34000(1000mA)	3000	41.7	141.0	300	9

注：1. 数据来源 SAFT 电池。

2. 电池在 95℃ 以下不会泄露，大部分电池被 UL 认证。

3. 电池的工作温度范围：-60～70℃。

14.5.5 Li/SO_2 电池和电池组的安全使用及操作事项

Li/SO_2 电池是按高性能体系要求进行设计的，它能在高放电率放电时输出高的容量，因此，不允许机械滥用或电滥用。不应忽视电池的安全特征，使用时必须遵循生产厂家的技术说明。

滥用条件可能对 Li/SO_2 电池的性能造成严重的不利影响，并导致电池排气、破裂、爆炸或着火。有关的预防措施在 14.4 节中进行讨论。

Li/SO_2 电池中具有压力，并且含有毒或易燃物质。正确的电池结构应是全密封的，因此不存在漏液或出气；而且电池带有安全阀，如果电池的温度和压力过高，安全阀可泄压，以防止爆炸条件的形成。

Li/SO_2 电池可以输出很大的电流。但由于连续的大电流放电和内部短路可使电池内部产生高温，因此电池组中应采用电保险丝和热切断器保护。对 Li/SO_2 电池进行充电会导致电池排气、破裂或甚至爆炸，所以不能进行任何充电尝试。将单体电池或电池组并联应由二极管保护，以防止一组电池向另一组电池充电。Li/SO_2 "平衡"设计的电池可以适应强制放电或电池反极的情况，使电池在规定的范围内安全工作，但在任何应用中不允许超过设计极限。采用 Li/SO_2 电池设计合适的电池组，应遵循以下准则：

①　采用电保险丝和/或电流限制器件，以防止大电流或短路；

②　如果电池组是并联或者与一个可能的充电电源相连接，要用二极管保护；

③　通过适当的散热措施和热切断器件的保护，将热量的集聚减少到最低限度；

④　电池组装配不得抑制电池安全阀的动作；

⑤　在电池组结构中不要采用易燃材料；

⑥　要考虑电池一旦排气时的气体释放措施；

⑦　装有电阻和开关，用于正常放电结束后使电池继续放电至活性物质消耗殆尽；

⑧　在特定情况下，将一只二极管并联到电池上，以限制电池反极时的电压偏移。

目前，同其他锂原电池一样，Li/SO_2 电池的运输、装船和抛弃已有专门程序和方法[12~15]。对使用、贮存和操作这些电池的方法也进行推荐。对于这些规定的最新变更情况请查阅有关最新发行物。

14.5.6　应用

Li/SO_2 电池极具吸引力的性能和高的能量输出，能在宽广的温度范围、宽广的放电负载范围和宽广的贮存条件下工作，使得它的应用与日俱增；而在此之前，这些要求都超出原电池的应用能力。

由于 Li/SO_2 电池具有质量轻和工作温度范围宽广的优点，所以它主要应用在军事装备上，如夜视装备、无线电收发机和便携式监视装置。表 14.10 列出了大多是普通型军用 Li/SO_2 电池组的特性和用途。它们被制备成各种产品，以满足 MIL-PRF-49471 B（CR）和某些装备的特殊需求。其他军事应用，如声呐浮标和炮弹，要求具有长的贮存寿命，而 Li/SO_2 原电池能够代替早期使用的贮备电池用于这些军事装备上。类似工业应用正在发展，尤其可以代替蓄电池，取消再充电。消费应用至今尚受限制，因为装船和运输受到限制，同时关注到电池的危险组分[21]。

表 14.10　美国军用锂原电池（MIL-PRF-49471[①]）

锂二氧化硫电池					
电池型号	开路电压（串联/并联）/V	标称电压（串联/并联）/V	标称能量[②]/W·h	质量/g	典型应用
BA-5093/U	27	23.4	77.2	635	呼吸保护器
BA-5557A/U	30/15	16/13	54	410	数字信息化设备
BA-5588A/U	15	13	35	290	PRC-68 和 PRC-126 雷达；呼吸保护器
BA-5590A/U[③]	30/15	26/13	185	1021	SINCGARS 无线电台；化学试剂探测器；卫星信号接收机；电子对抗设备；扬声器；搜索仪；雷达干扰器
BA-5590B/U[③]	30/15	26/13	185	1021	与 PB-5590A/U 的应用范围一样
BA-5598A/U	15	13	87	650	PRC-77 雷达；方位搜索器；传感器
BA-5599A/U	9	7.8	50	450	测试设备；传感器

	锂二氧化锰电池				
电池型号	开路电压 （串联/并联） /V	标称电压 （串联/并联） /V	标称能量[②] /W·h	质量 /g	典型应用
BA-5312/U	13.2	10.8	41	275	PRC-112G 雷达
BA-5347U	6.6	5.4	40	290	热武器观测器；测试设备
BA-5360/U	9.9	8.1	65	320	数字通信设备
BA-5367/U	3.3	2.7	3.25	20	夜视设备
BA-5368/U	13.2	10.8	12	140	PRC-90 雷达
BA-5372/U	6.6	5.4	2.3	20	存储器；编码器
BA-5380/U	6.6	5.4	45	230	地面导航仪；化学试剂监控器；呼吸保护器
BA-5388/U	16.5	13.5	49	500	PRC-68 和 PRC-126 雷达；呼吸保护器
BA-5390/U[③]	33/16.5	27/13.5	250	1350	SINCGARS 雷达；化学试剂监控器；电子对抗设备，扬声器；搜索仪；雷达干扰器
BA-5390/U[③]	33/16.5	27/13.5	250	1350	与 BA-5390/U 的应用范围一样

① MIL-PRF-49471 将在 DOD 采购中被 MIL-PRF-32271 取代。

② 标称能量在 (25±10)℃[(77±18)°F] 范围内测定。

③ BA-5590A/U 和 BA-5390A/U 型号电池内置荷电状态显示器；BA-5590B/U 和 BA-5390A/U 则没有。

14.6 锂/亚硫酰氯电池

锂/亚硫酰氯（$Li/SOCl_2$）电池是实际应用电池系列中电池电压（标称电压为 3.6 V）和比能量最高的一种电池。其比能量可达 590W·h/kg 和 1100W·h/L。这一最高的比能量值是由低放电率型电池获得的。图 8.8、图 8.9 和图 14.2 说明了 $Li/SOCl_2$ 电池的一些优越性能。

$Li/SOCl_2$ 电池被制成各种各样的尺寸和结构，容量范围从低至 420mA·h 的圆柱形碳包式和卷绕至电极结构的薄片或扣式电池，到高达 10000A·h 的方形电池以及许多可满足特殊要求的特殊尺寸和结构的电池。亚硫酰氯体系原本存在安全与电压滞后问题，其中安全问题特别容易在高放电率放电和过放电时发生，而电池经高温贮存后继续在低温放电时，则明显出现电压滞后现象[22]。

低放电率商品化电池已成功使用了很多年，主要用于存储器备用电源和其他要求长工作寿命的用途，例如射频转发器等。大型方形电池作为应急备用电源已经用于军事用途。而中、高放电率电池也已经发展用于各种电器与电子装置的电源，在其中一些电池所采用的亚硫酰氯和其他卤氧化物电解质中，通常加入添加剂，以提高应用中电池的特定性能。相关情况在 14.7 节中说明。

14.6.1 化学原理

$Li/SOCl_2$ 电池由锂负极，多孔碳正极和一种非水的 $SOCl_2$：$LiAlCl_4$ 电解质组成。其他电解质盐，如 $LiGaCl_4$，已经用于某些具有特殊用途的 $Li/SOCl_2$ 电池。亚硫酰氯既是电解质，又是活性正极活性物质。不过，电解质组分和正极活性材料性能之间并不一致，还有巨大差异。负极、正极和 $SOCl_2$ 的密度取决于制造商以及期望电池所获得的性能等不同而定。在相对负极安全设计与正极安全设计中存在着明显不同的观点[23]。有些电池中采用了超过一种成分的电解质添加剂。其中包括催化剂、金属粉末或其他一些物质已被应用在碳正极或电解质中，以提高电池的性能。一般公认的总反应机理为：

$$4Li + 2SOCl_2 \longrightarrow 4LiCl\downarrow + S + SO_2$$

硫和二氧化硫溶解在过量的亚硫酰氯电解质中，而且在放电期间，由于产生二氧化硫，会有一定程度的压力产生。可是，氯化锂是不溶的，当它形成时，便会沉积在多孔炭黑正极上。在大多数电池结构中及在某些放电条件下，这种正极的堵塞是电池工作时间或容量受限制的因素。硫作为放电产物的形成也会出现一个问题，因为硫可能与锂反应，这一反应可导致热失控。

在贮存期间，锂负极一经与电解质接触，就与亚硫酰氯电解质反应生成 LiCl，锂负极即受到在其上面形成的 LiCl 膜保护。这一钝化膜有益于电池的贮存寿命，但在放电开始时会引起电压滞后。在高温下长期贮存后的电池，在低温下放电，其电压滞后现象尤其明显。当电池中有极低量的铁和水蒸气存在时，会导致 HCl 生成，恶化电池的极化效应。对上述副反应产物做特殊处理或在电解液中引入添加剂能消除，至少降低电池的电压滞后效应。

亚硫酰氯低的冰点（−110℃以下）及其高的沸点（78.8℃）使得电池能够在宽广的温度范围内工作。随着温度的下降，电解质的电导率只有轻微地减小。Li/SOCl₂ 电池的某些组分是有毒和易燃的，因此应避免损坏电池外壳或将排气阀已打开的电池与电池组分暴露到空气中。

14.6.2　碳包式圆柱形电池

Li/SOCl₂ 碳包式电池被制作成圆柱形，绝大部分设计尺寸符合 ANSI 标准。这些电池是为低、中放电率放电设计的，不得高于 $C/50$ 率放电，它们具有高比能量。例如，D 型电池以 3.4V 的电压可释放出 19.0A·h 的容量。与此相比，传统锌/碱性二氧化锰电池以 1.5V 的电压只能释放出 15A·h 的容量（参见表 8.5 和表 14.11）。

表 14.11　碳包式 Li/SOCl₂ 圆柱形和薄饼状电池性能

项　目	1/2AA	AA	C	1/10D	1/6D	D	DD
额定容量/A·h	1.2	2.4	8.5	1	1.7	19	35
额定电压/V	3.6	3.6	3.6	3.6	3.6	3.6	3.6
最大尺寸							
直径/mm	14.5	14.5	26.2	32.9	32.9	32.9	32.9
高度/mm	25.1	50.5	50	6.5	10.2	61.5	124.5
体积/cm³	4.16	8.34	27.0	5.2	8.2	52.3	105.8
质量/g	9.6	18	49.5	16.2	21	93	190
连续放电时的最大电流/mA	20	60	75	10	10	100	450
质量比能量/(W·h/kg)	438	467	610	216	283	695	645
体积比能量/(W·h/L)	1010	1007	1117	673	726	1235	1158

注：工作温度范围为−55～85℃。

（1）结构　图 14.16 为碳包式 Li/SOCl₂ 圆柱形电池的结构特征。负极由锂箔制成，靠在不锈钢或镀镍钢外壳的内壁上；隔膜由非编织玻璃丝布制成；正极由聚四氟乙烯粘接的炭黑组成，呈圆柱状，有极高的孔隙率，并占据电池的大部分体积。正极中的集流体，对于大尺寸电池是金属圆筒；对于小尺寸电池则是金属销。而后者没有环形腔体。

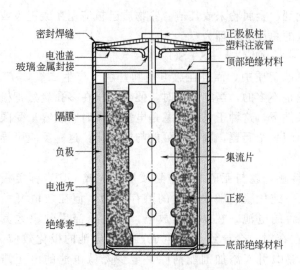

图 14.16 碳包式 Li/SOCl₂ 电池截面图[24]

（2）性能 Li/SOCl₂ 电池的开路电压为 3.65V。典型的工作电压范围在 3.3～3.6V 之间（终止电压 3V）。图 14.17(a) 给出了 D 型 Li/SOCl₂ 电池的典型放电曲线，其在较宽广的温度范围内和低至中等放电率下放电。Li/SOCl₂ 电池都具有平坦的放电曲线和优良性能。图 14.17(b) 给出了 D 型 Li/SOCl₂ 电池在不同电流和温度下的工作曲线。图 14.18 给出了温度范围在 −40～80℃ 时容量与电流的关系曲线。Li/SOCl₂ 电池能在极高的温度下很好地工作。在 145℃ 下（图 14.19），电池以高放电率放电时，可放出其大部分的容量；而以低放电率放电（放电 20 天）可放出超

过 70% 的容量[25]。Li/SOCl₂ 电池堆可以在石油探测等温度不超过 150℃，但受到高冲击和振动的情况下使用。

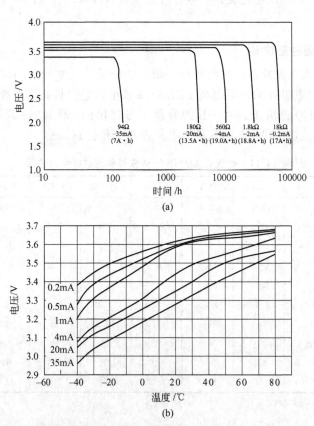

图 14.17 (a) 25℃时，D 型、碳包式圆柱形高容量 Li/SOCl₂ 电池的放电特性；
(b) 在不同放电率下，温度对该电池工作电压的影响[24]

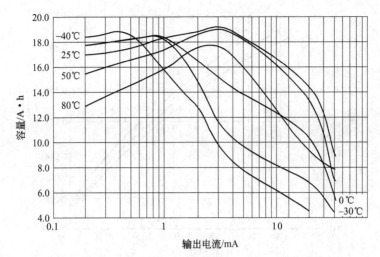

图 14.18　在不同温度下 D 型、碳包式圆柱形高容量
电池放电特性与输出电流的关系曲线[23,24]

图 14.20 表示 AA 型电池在 25℃下以低放电率连续放电的性能。在小电流下放电，电压曲线非常平坦，但由于方形电池的自放电，当电流低于 1000h 率时，放电容量也低于 2.4A·h。

图 14.21 概括碳包式 Li/SOCl$_2$ 电池在各种不同放电电流和各种不同放电温度下的容量或使用寿命，电池是以 1kg 和 1L 作为基准的。

锂负极与电解质接触时，可以在锂表面形成一层 LiCl 保护膜，使得锂负极变得稳定起来，这乃是 Li/SOCl$_2$ 电池贮存寿命长的根本原因。电池其他组分的稳定性也是贮存寿命长的重要因素。例如，电池外壳和盖子是通过锂得到正极保护的，而碳、不锈钢集流网以及玻璃材料隔膜在电解质中都是惰性的。图 14.22 表示电池

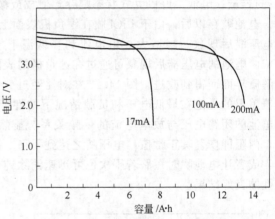

图 14.19　145℃时 D 型、碳包式
圆柱形 Li/SOCl$_2$ 电池放电特性[24,25]

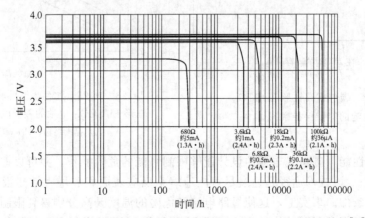

图 14.20　25℃时 AA 型、碳包式圆柱形高容量 Li/SOCl$_2$ 电池放电特性[24]

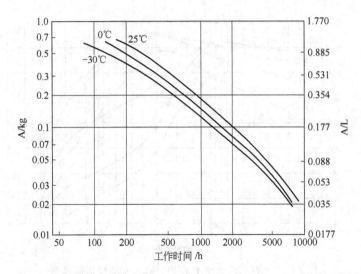

图 14.21　碳包式圆柱形高容量 Li/SOCl$_2$ 电池放电至 2.0V 时的工作时间

在 20℃下贮存 3 年后的容量损失，每年大约损失 1%～2%。在 70℃下贮存，每年大约损失 5%的容量。电池最好以立式状态贮存，侧放或颠倒贮存会引起容量损失。

电池贮存以后，由于 LiCl 膜在锂负极表面上形成，Li/SOCl$_2$ 电池达到其工作电压会出现电压滞后现象。当增大放电电流和在低温下放电时，这种电压滞后现象越发明显。Li/SOCl$_2$ 电池的电压滞后现象可通过在锂负极的表面原位生成一层离子导体，即形成一层固体电解质界面而得到改进。图 14.23 在对比经过 2 年贮存后具有标准结构的电池和经过原位生成覆盖层的电池在最低电压和负载情况下的性能，其结果给出在 25℃下贮存 2 年后的 AA 型电池的闭路电压与放电电流的依赖关系。显然一旦放电开始，负极表面钝化膜就渐渐消除，内阻即恢复其正常值，电压随之达到平稳。用大电流短暂脉冲放电可大大加速消除钝化膜，或者让电池瞬时短路若干次也可迅速消除钝化膜。当使用电流脉冲时，常常能产生可重现性的良好结果。

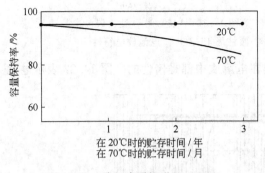

图 14.22　碳包式圆柱形 Li/SOCl$_2$
电池的容量保持率[24]

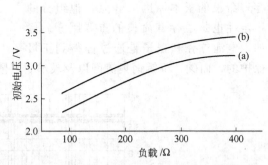

图 14.23　在 25℃贮存 2 年后，AA 型、碳包式圆柱形 Li/SOCl$_2$ 电池的最低电压与负载的关系
（a）标准结构；（b）增加锂负极

（3）特殊性能　碳包式电池的设计能够限制可能的危险操作，并可以取消安全阀（在某些结构设计中）。该技术途径是通过尽可能地缩小反应表面积和增大散热设计，限制电池达到危险的工作条件。事实上，这使短路电流和危险的温度升高分别得到限制。这种电池也是正极限制，采用正极限制结构的 Li/SOCl$_2$ 电池比负极限制的电池要安全[26]。据报道，这些

电池在一定条件下能经受得住短路、强制放电和充电而无危险[24,25,27]。电池不应放在靠近火的地方，或不应长期暴露在高于180℃的温度下，因为它们会爆炸。

（4）电池的尺寸型号　包括特种电池和电池组外形在内，碳包式 $Li/SOCl_2$ 电池都是按 ANSI 标准尺寸制造。尽管这些电池中有一部分能与传统锌系列电池在尺寸上能互换，但由于锂电池电压较高，在电特性上则不能互换。

表 14.11 概括一些典型的碳包式电池产品的性能。由于制造商的不同，电池的性能会有差异。建议大家向制造商咨询相关产品数据和其他电池的产品特性。

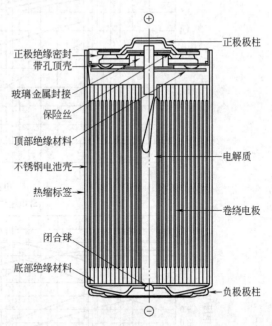

图 14.24　锂/亚硫酰氯卷绕式电极电池剖视图

14.6.3　螺旋卷绕式圆柱形电池

使用螺旋卷绕式（以下简称卷绕式）电极结构设计的中等至高放电率 $Li/SOCl_2$ 电池可在市场获得。这些电池主要是为了满足军用目的而设计，比如有大电流输出和低温工作等场合。某些具有同样使用要求的工业领域也在使用这类电池。

图 14.24 给出该类电池的典型结构。电池壳是由不锈钢做成；正极极柱使用耐腐蚀的玻璃金属封接引流柱；电池盖用激光封接或焊接以保证气密性。安全装置，例如泄漏孔、熔断丝或者 PTC 装置等都安装在电池内部以保护电池在有内部高气压和外短路时电池结构的安全。

图 14.25 给出了 D 型电池的放电曲线。它表明相对于碳包式电极（参见图 14.17），该型号电池在中等电流下其性能更好一些。图 14.26 汇总 D 型电池的性能特征，给出在不同温度下电池电压和容量与电流的关系。

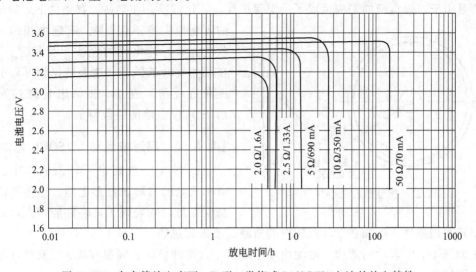

图 14.25　在中等放电率下，D 型、卷绕式 $Li/SOCl_2$ 电池的放电特性

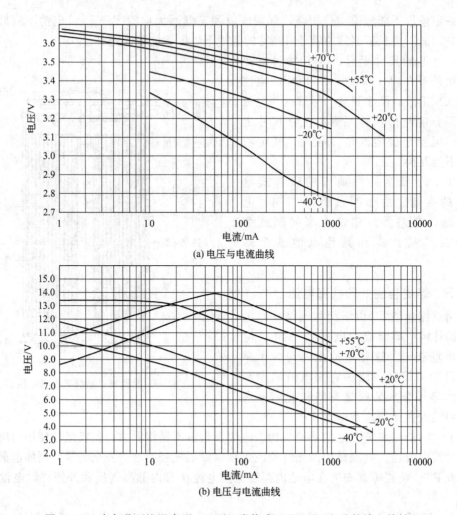

(a) 电压与电流曲线

(b) 电压与电流曲线

图 14.26　在各种环境温度下，D 型、卷绕式 Li/SOCl$_2$ 电池的放电特性

　　和其他 Li/SOCl$_2$ 电池一样，在较宽广的温度范围内这些电池也具有良好的贮存特性，这主要是由于在锂负极的表面生成了一层保护性的氯化锂膜。在某些贮存条件下，每年电池

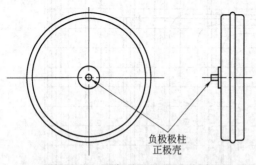

图 14.27　圆盘形 Li/SOCl$_2$ 电池

的容量损失率不到 3％。有理由相信，在这些电池里，钝化膜的性质十分稳定。然而，在某些放电条件下，这层钝化膜可以引起电压滞后现象。表 14.12 给出卷绕式圆柱形 Li/SOCl$_2$ 电池的性能特征。

14. 6. 4　扁形或盘形 Li/SOCl$_2$ 电池

　　Li/SOCl$_2$ 系列也可以制成以中、高放电率放电的扁形或盘形电池。这些电池为气密性密封，并兼顾了许多性能特点，以便安全应用于滥用条件，例如在设计范围内的短路、反极和过热。

　　正如图 14.27 表示的那样，电池由单个或多个盘形锂负极、隔膜和碳正极封装在不锈钢外壳内而组成，外壳包括一个陶瓷密封的负极引线，将正、负极端子隔离[28]。

表 14.12　卷绕式圆柱形 Li/SOCl₂ 电池的性能特征

型号	1/3C	C	C(轻)	D	D	D
在20℃时的额定容量/A·h	1.2	5.8	3.6	13.0	12.0	14.0
额定电流/mA	10	15	15	15	50	300
标称电压	3.6	3.6	3.6	3.6	3.6	3.6
尺寸(最大)						
直径/mm	26.2	26.0	26.0	33.4	33.4	32.05
高度/mm	18.6	50.4	50.4	61.6	61.6	61.7
连续使用时的最大电流/mA	0.4	1.3	1.3	1.8	1.0	无限制
质量/g	24	51	51	100	100	104.5
工作温度范围/℃	-60/+85	-60/+85	-60/+85	-60/+85	-60/+120	-40/+150
运输	无限制	9级	无限制	9级	9级	9级

注：1. 出自 SAFT America, Inc。

2. 电池开路电压 3.67V。

Li/SOCl₂ 电池最开始由 Altus 公司开发，有小型和大型尺寸的电池产品。而目前仅加利福尼亚州 Santa Clara 的 HED 电池公司为美国海军生产大型的电池。这些电池的性能列于表 14.13 中。图 14.28 给出了大型电池的放电曲线。一般来说，这些电池具有高比能量、平稳的放电曲线和在 -40~70℃ 温度范围内工作的能力。在 20℃、45℃ 和 70℃ 下分别贮存 5 年、6 个月和 1 个月后，电池可保持其容量的 90%。

表 14.13　目前圆盘形 Li/SOCl₂ 电池产品的性能

标称容量 /A·h	直径 /mm	高度 /mm	质量 /g	测试电流 /A	平均电压 /V	实际容量 /A·h	质量比能量 /(W·h/kg)	体积比能量 /(W·h/L)
1200	20.32	12.7	7.63	20	3.34	1700	510	947
2400	40.64	5.84	15.1	8	3.42	2300	523	1043
2400	40.64	5.84	15.1	50	3.28	2000	434	871

注：出自 HET Battery Corp。

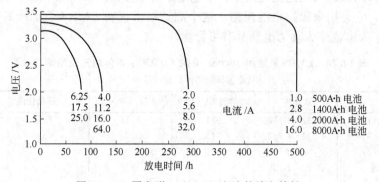

图 14.28　圆盘形 Li/SOCl₂ 电池的放电特性

（大容量电池，典型工作温度范围为 0~25℃，放电至 2.5V 止）

这类电池设计的特点如下。

① 短路保护　内连接的保险丝结构，在大电流时使电路断开。

② 反极电压化学转换器　在电池反极时，允许电池经受 100% 的容量倒转，电流高至 10h 率，电池无泄漏或压力升高。

③ 防钝化（锂负极预涂层）　通过延缓 LiCl 膜的生长来减少电压滞后；大型电池贮存 2 年后在 20s 内达到工作电压。

④ 自动排气 陶瓷密封被设计成在电池达到预定压力时排气[28]。

这些电池主要以含有多节单体电池的电池组应用于海军装备。

最近研究[29,30]主要集中于为美国海军的长距离水雷侦测系统（LMRS）开发的 1000A·h 和 1200A·h 的电池。这主要以缩小了比例的 2350A·h 电池为原形设计。该电池在 $C/40$ 放电率下电性能优良，并能提供 2.3W/kg 的比功率。1000A·h 和 1200A·h 电池的直径都为 20.3cm，并在盘片的中央有环形腔体。1000A·h 电池组的高度为 9.53cm；1200A·h 电池的高度为 12.07cm。两个电池的设计都应用了能输出 60A 电流的陶瓷金属密封绝缘子，同时都采用碳正极容量限制和 $Li/SOCl_2$ 容量比率平衡的设计。1000A·h 电池组曾经进行单独测试，在单体电池间加有 0.5cm 绝缘层构成的 4 个和 12 个电池的电池组，并用一根圆棒在 1.59cm 厚的铝端板间将电池组压紧。含有 12 节电池的电池组由 3 个 4 节电池堆构成，其直径为 45.3cm，这一设计恰好可放入 LMRS 系统的电池空间内。表 14.14 给出了电池的测试数据。基于这些测试数据，由 30 个单体电池组成的质量约为 205kg 的电池组估计在 100V、5kW 的功率下可以输出 100kW·h 的能量。因此，通过增加电池的高度[30]来使电池组的容量增加到 1200A·h。这些电池都必须通过由 NAVSEA INST 9310.1B（1992 年 6 月 13 日）和美国海军技术目录 S9310-AQ-SAF-010 规定的一系列安全性能测试。1200A·h 电池需要通过间断短路和长时间短路测试，强制放电至电压反极，进行充电耐受能力、高温放电以及在低温（0℃）放电后再暴露到高温下等测试。在这些测试中既没有出现单体电池泄漏、电池壳开裂等现象，也没有出现内短路或潜在的其他危险征兆。电流脉冲和持续的软短路产生明显的热量和压力，但这都在电池可以安全工作的范围之内。在持续电流超过 110A 时，正极明显地快速堵塞，使容量受到限制。在 0℃ 以 40A 放电后电池放出的热量可以使其温度快速加热到 75℃，这是由负极的重新钝化过程被加速所导致的。随后在 55℃ 时的短路现象则证明这种假设。这种现象表明按上述过程放电后可能导致热失控。在模拟 LMRS 系统结构的情况下，电池组在 55℃ 以 40A 电流可以安全放电，这表明在不配置冷却系统的情况下，电池还可以继续安全地多工作一段时间。而电池的耐过充能力则与二极管的失效直接相关。强制反极测试表明在这些应用条件下电池组有适度的承受能力。在负极极柱的组合件中设计熔断丝，它是用来保护电池短路。这个测试结果说明 LMRS 系统和其他水下兵器中选用 $Li/SOCl_2$ 大电池作为动力电池具有可行性。

表 14.14 LMRS 系统用 1000A·h 的 $Li/SOCl_2$ 单体电池及电池组性能

（测试后把测试的单体数在括号内标出）

结构	放电率	容量/A·h	能量/kW·h	质量比能量/(W·h/kg)
1 个单体电池(1)	$C/22 \sim C/67$	931	3.12	108
1 个单体电池(5)	$C/25 \sim C/67$	913	3.00	105
1 个单体电池(2)	$C/40$	927	3.09	111
4 个单体电池	$C/25 \sim C/50$	1053	3.58	125
4 个单体电池	$C/40$	1075	3.67	126
4 个单体电池	$C/60$	1004	3.41	119
12 个单体电池	$C/20 \sim C/40$	896	3.03	106
12 个单体电池	$C/20 \sim C/40$	1016	3.44	121

14.6.5 大型方形 $Li/SOCl_2$ 电池

大尺寸、高容量 $Li/SOCl_2$ 电池主要是为独立于商业供电的军用备用电源以及为军用装备充电等而专门研制的[31~33]。它们的外形基本上都被设计成方形，如图 14.29 所示。锂负极和聚四氟乙烯粘接的碳电极被制造成方形平板，该平板电极用板栅结构支撑，并用非编织

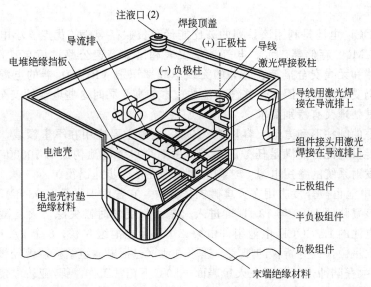

图 14.29　10000A·h Li/SOCl₂ 电池剖视图[33]

玻璃丝布隔膜隔开，最后被装进气密性密封的不锈钢壳体中。极柱通过玻璃金属封接引到电池外面或者使用单极柱并把其与带正电的壳体绝缘分开。电池通过注液孔把电解质注入单体电池中。

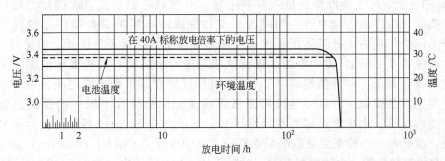

图 14.30　10000A·h Li/SOCl₂ 电池的放电曲线

表 14.15 总结了几种大容量方形电池的特性，这些电池都具有非常高的能量密度。这些基本上都是在相当低的放电率（200～300h 放电率）下连续放电获得的数据，但都具备叠加高负载放电的能力。图 14.30 给出典型的放电曲线。它的电压曲线很平坦。在该放电负载下，电池温度只略高于环境温度。在放电过程中，有轻微的压力积累现象出现，在放电末期其数值达到了 2×10^5 Pa。图 14.31 给出了高放电率脉冲放电的曲线。2000A·h 的大容量 Li/SOCl₂ 电池以 5A 负载连续放电，然后每天加载一个宽度为 16s 的 40A 脉冲。在整个放电过程中获得了较平坦的放电曲线，而只在脉冲的时候电压略有下降。电池组可以在 -40～50℃ 的温度范围内工作；贮存时的容量损失估计为 1％/年[33]。尽管这些电池已不再使用，但依然是所有锂电池中能量最高的。

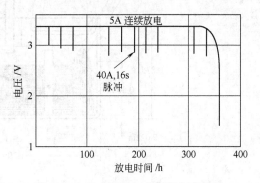

图 14.31　2000A·h 大容量 Li/SOCl₂
电池的放电曲线

14.6.6　应用

应用 $Li/SOCl_2$ 电池是利用该系列的高比能量和长贮存寿命的优点。小电流放电的圆柱形电池可作为 CMOS 存储器、水、电等计量仪表和诸如高速公路过境自动电子交费系统、程序逻辑控制器和无线安全报警系统等的无线电频率识别（RFID）器的电源。在一般消费市场上的应用仍受到限制，因为这些锂电池的成本较高，同时这些电池的安全性依然受到特别关注，而对其处理又有特别要求。

更高放电率的圆柱形和方形大容量 $Li/SOCl_2$ 电池主要应用在军事领域，在那些应用中往往需要高比能量电源方能满足任务的需求。由 9 个单体电池构成的 10000A·h 电池组曾主要用于导弹发射系统的备用电源。这些电池组现在正逐步地退役。

$Li/SOCl_2$ 电池也被开发应用在火星微探任务中，它曾用于火星 1998 年登陆计划的有效载荷电源。但该登陆器 1999 年 12 月[34]进入火星大气层的时候失踪。火星微探针电源使用了有 4 个单体电池的 $Li/SOCl_2$ 电池组并由第二个冗余电池组并联；8 个 2A·h 的单体电池被单层平铺在火星微探针分析仪的船尾。锂原电池（包括电池组结构）曾经被设计能完全承受 80000g 的最大登陆冲击，并可在火星表面－80℃下正常工作。锂/亚硫酰氯原电池被选用作为微探测器电源，主要基于其高比能量和诱人的低温性能。平行电极板设计曾作为最佳电极结构予以采纳，这种结构确保电池在遭遇高度碰撞期间不会短路。2A·h 火星电池的最终截面结构如图 14.32 所示，该剖面图示出平行板电极的安置方式。该电池的正极是由聚四氟乙烯粘接碳电极片冲制而成的，附着在上述电极上的集流体为镍盘，然后并联起来。10 个全尺寸盘形负极也并联在一起，并且将它们与壳、盖进行绝缘隔开。采用装配支架实现组件的边缘对齐，同时分别支撑完成对电堆的装配操作，包括将正极连接到盖子上的操作和将负极基体极耳连接到玻璃金属密封绝缘子负极针上的操作。D 型尺寸壳体的高度是 2.22cm。盖子曾经在进行试验后进行重新设计，使玻璃绝缘子受碰撞时的破裂概率降到最低。一种氟塑料（Tefser）垫片放置在盖子和电堆之间，以有利于在基体极耳连接期间的操作；并且一旦采用氩弧焊将盖子焊到壳体上时，能提供正极与隔膜间适当程度的压缩。火星电池需要在低温－80℃下放出 0.55A·h 容量。在本研究工作的开始阶段，就研制出一种低温亚硫酰氯电解质，其中含有 0.5mol/L 的 $LiGaCl_4$ 添加剂。由于这一研究成果的应用，电池能在低温－80℃下以 1A 电流放电，如图 14.33 所示。该电池在极低温度下提供 0.70A·h 容量。同时对承受 8000g 的碰撞能力进行了演示试验。演示试

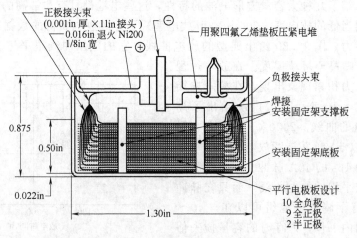

图 14.32　2A·h 单体电池设计的垂直剖面图

（1in＝25.4mm）

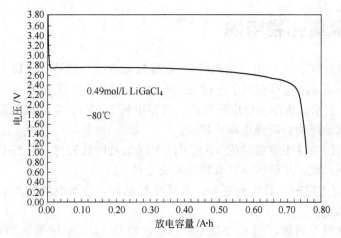

图 14.33　火星微探针电池在 $-80\,℃$ 时以 1A 电流放电的容量

验是用空气炮在低温 $-40\,℃$ 下将其投到结冻的沙漠中，然后在 $-60\,℃$ 环境箱体内进行模拟任务的放电。按照任务要求，电池组必须提供使电钻工作的电能，取到表层土壤中的样芯用于分析水的存在。此外，对 20min 水试验的功率要求曾经由 2.5W 增至大约 6W，而且还要在 $-60\,℃$ 和 $-80\,℃$ 都能提供遥测所需增加的功率（表 14.15）。低温总容量和主要工作任务列在表 14.16 中。可以看出电钻工作要求的起始电流为 1A，启动时间仅 25ms；接着在整个任务期间电流减至 $75\sim85$ mA 范围；土壤样品加热操作需要 20min，功率超过 6W；高电流发射机开始要求 10.4W（9.7V），但该功率在 9min 后逐渐降至终止点时的 6.4W（7.6V）。由此得到电池的低温总容量为 0.724 A·h。虽然微探测器的运行结果仍然是未知的，但是这个计划扩展锂/亚硫酰氯电池的技术状态，使其能演示出承受 80000g 的碰撞后，在 $-80\,℃$ 下的工作能力。

表 14.15　大型方形 $Li/SOCl_2$ 电池特性

容量 /A·h	高度 /mm	长度 /mm	宽广度 /mm	质量 /kg	质量比能量 /(W·h/kg)	体积比能量 /(W·h/L)
2000	448	316	53	15	460	910
10000	448	316	255	71	480	950
16500	387	387	387	113	495	970

表 14.16　对火星探测器电池进行空气炮试验的结果

电池碰撞后的放电结果	
按要求工作制度放电	0.515A·h
$-80\,℃$ 下额外输出	0.157A·h
总输出	0.724A·h
主要工作任务	
校正，9Ω，$-60\,℃$	9.5V
电钻，136Ω，$-60\,℃$	11.7V
H_2O 分析，16Ω，$-60\,℃$	10.5V
高强度 X 射线发射，9Ω，$-60\,℃$	9.7V
X 射线发射，59Ω，$-80\,℃$	7.6V

14.7 锂/氯氧化物电池

锂/硫酰氯（Li/SO$_2$Cl$_2$）电池是除锂/亚硫酰氯电池以外的另一种属于锂原电池的氯氧化物电池。Li/SO$_2$Cl$_2$ 电池存在三个超过 Li/SOCl$_2$ 电池的潜在优势。

① 如图 14.3 所示，由于工作电压较高（开路电压 3.9V），使其比能量更高。放电期间形成的固体产物（该产物会堵塞正极）较少。

② 在 Li/SOCl$_2$ 电池中生成的硫（S）可能引起电池的热失控，而在 Li/SO$_2$Cl$_2$ 电池放电过程中却不会形成硫，故该体系具有较好的安全性。

③ 由于放电时生成的二氧化硫更多，其导电性更高，使该电池的大电流放电时输出的容量高于亚硫酰氯电池。

但是由于存在以下问题，使 Li/SO$_2$Cl$_2$ 体系没有像 Li/SOCl$_2$ 系统那样得到广泛应用：电池电压对温度变化十分敏感；自放电率高；在低温下只有低放电率能力。

另一种类型的锂/氯氧化物电池是在 SOCl$_2$ 电解质和 SO$_2$Cl$_2$ 电解质中采用卤素添加剂。这些添加剂可提高电池电压（Li/BrCl 在 SOCl$_2$ 体系中提高到 3.9V；Li/Cl$_2$ 在 SO$_2$Cl$_2$ 体系中提高到 3.95V），由此使比能量高达 1070W·h/L 和 485W·h/kg，而且在滥用状况下能使电池安全系数提高。

14.7.1 锂/硫酰氯电池

锂/硫酰氯（Li/SO$_2$Cl$_2$）电池与亚硫酰氯电池相似，采用锂负极、碳正极和 LiALCl$_4$ 溶于 SO$_2$Cl$_2$ 中作为电解质。而 SO$_2$Cl$_2$ 同时又是去极化剂，其放电机理为：

负极 $Li \longrightarrow Li^+ + e$

正极 $SO_2Cl_2 + 2e \longrightarrow 2Cl^- + SO_2$

总反应 $2Li + SO_2Cl_2 \longrightarrow 2LiCl + SO_2$

其开路电压为 3.909V。

圆柱形卷绕式 Li/SO$_2$Cl$_2$ 电池曾经得到开发，但由于存在性能与贮存的限制，却从未进入商业应用。圆柱形碳包式 Li/SO$_2$Cl$_2$ 电池，采用 SO$_2$Cl$_2$/LiAlCl$_4$ 电解质和类似图 14.16 说明的结构，也显示出电压随温度发生变化和贮存时出现降低的特征。这可能与电解质中存在氯有关；而氯是通过硫酰氯分解成 Cl$_2$ 和 SO$_2$ 时形成的。当加入添加剂有可能改善这种情况。采用改进的电解质后，与同类亚硫酰氯电池相比[35]，这种碳包式电池在中等放电电流下给出了更高的容量。该体系也用于贮备式电池（参见第 35 章）[36]。

14.7.2 卤素添加剂锂/氯氧化物电池

另一种锂/氯氧化物电池的衍生体系包括在 SOCl$_2$ 和 SO$_2$Cl$_2$ 电解质中采用卤素添加剂来提高电池性能，这些添加剂可以导致：提高电池电压，BrCl 在 SOCl$_2$ 体系中（BCX）提高到 3.9V；Cl$_2$ 在 SO$_2$Cl$_2$ 体系中（CSC）提高到 3.95V；提高比能量，可使 CSC 体系的体积比能量提高到 1054W·h/L，质量比能量提高到 486W·h/kg。

采用添加剂的锂/氯氧化物电池成为原电池中输出比能量最高的一种，它可以在宽广的温度范围内工作，包括高温工作，并且有优良的贮存寿命。相关产品可以用在一些特殊用途，如海洋测量与空间应用、存储器备用电源以及其他通信和电子装备电源等。

锂/氯氧化物电池设计为全密封、卷绕式电极圆柱形结构，尺寸范围从 AA 至 DD，容量最高达 30A·h 是适合的。设计含 0.5g 锂的扁平形状电池对这些体系也是适合的。图

14.34 显示出一种典型电池的剖面图，而表 14.17 列出不同的锂/氯氧化物电池产品及其关键特性。有两种含有卤素添加剂的锂/氯氧化物电池已经得到发展，具体介绍如下。

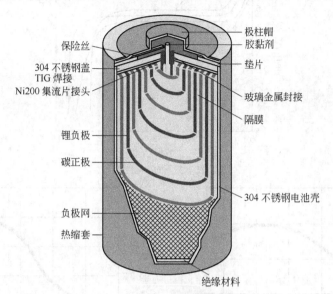

图 14.34 锂/氯氧化物电池截面

表 14.17 典型的含卤素添加剂的氯氧化物电池

电池体系	BrCl-SOCl₂				Cl₂-SO₂Cl₂		
电池型号	AA	C	D	DD	C	D	DD
电压/V							
开路电压/V		3.9				3.9	
平均工作电压/V		3.4				3.3~3.5	
标称容量(100h率)/A·h	2.0	7.0	15.0	30.0	7.0	15.0	30.0
尺寸							
直径/mm	13.7	25.6	33.5	33.5	25.6	33.5	33.5
高度/mm	49.2	48.4	59.3	111.5	48.4	59.3	111.4
体积/mm	7.25	24.9	52.3	98.3	24.9	52.3	98.2
质量/g	16	55	115	216	52	16	213
最大电流能力/mA	100	500	1000	3000	1000	2000	4000
比能量(100h率)							
质量比能量/(W·h/kg)	453	445	433	486	478	452	486
体积比能量/(W·h/L)	965	984	975	1068	998	990	1054
操作温度范围/℃		−55~85				−20~93	

注：所有型号电池在 25℃ 时，自放电率为 3%/年。

（1）添加 BrCl 的 Li/SOCl₂ 电池（BCX）　这种电池的开路电压为 3.9V，在 20℃ 下以低电流放电所达到的体积比能量为 1070W·h/L。BrCl 作为添加剂用来强化电池的性能。这种电池的制造是把锂负极、碳正极和两层非编织玻璃隔膜卷绕成圆柱形状，然后将其装在带有玻璃金属绝缘子的全密封外壳内。D 型电池在不同温度下以不同放电率放电的曲线示于图 14.35。它的放电曲线比较平稳，工作电压大约为 3.5V。该电池能够在 −55~72℃ 的温度范围内以较高的性能放电。它在 25℃ 条件下贮存的容量损失率为 3%/年。该电池在贮存过程中的容量损失比单纯亚硫酰氯的体系高。

加入去极剂中的 BrCl 还可以阻止放电产物硫的形成，至少在放电早期阶段是这样，这

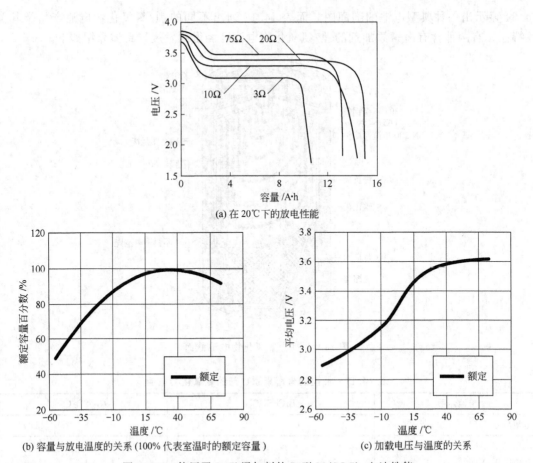

(a) 在 20℃下的放电性能

(b) 容量与放电温度的关系 (100% 代表室温时的额定容量)

(c) 加载电压与温度的关系

图 14.35　使用了 BrCl 添加剂的 D 型 Li/SOCl₂ 电池性能

样可把 Li/SOCl₂ 电池因硫或放电中间产物所引起的危险降至最低程度。因此，这些电池可耐滥用试验所经受的短路、强制放电和暴露到高温环境[37]。

(2) 添加 Cl₂ 的 Li/SO₂Cl₂ 电池（CSC）　这种电池在 20℃下的开路电压为 3.9V，并且其体积比能量也可达 1050W·h/L。添加剂的使用可减轻锂/氯氧化物电池的电压滞后，

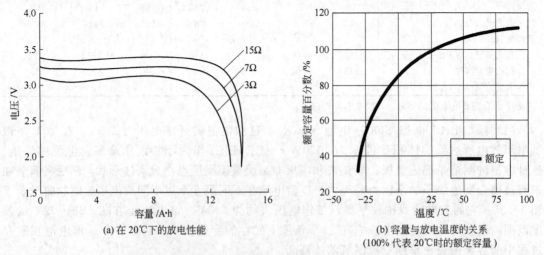

(a) 在 20℃下的放电性能

(b) 容量与放电温度的关系
(100% 代表 20℃时的额定容量)

图 14.36　使用了 Cl₂ 添加剂的 D 型 Li/SOCl₂ 电池性能

其典型的工作温度范围一般是－20～93℃。圆柱形电池可设计成与图 14.34 所示相同的结构。

这种电池典型的性能特征表示于图 14.36，当进行滥用实验时，其耐受能力与 Li/BrCl-SOCl₂ 电池相似。它在 25℃条件下贮存的容量损失率为 3％/年。

另一项研究[38]对电池贮存 6 年的环境温度影响做出评估。其电压稳定性、容量保持率、自放电和电压滞后间的相互关系也已经得到研究，可向信息发布单位进行咨询后得到详细数据。

14.8　锂/二氧化锰电池

锂/二氧化锰（Li/MnO₂）电池是第一种商品化的锂/固体正极体系电池，也是当今最广泛应用的锂原电池。它可以有多种结构形式，包括扣式、碳包式、卷绕圆柱式和方形多电池组合体。同时，电池可以设计为低电流、中电流和较高电流应用。在一般可以采购到的商品电池容量范围内，其最大容量为 11.1A·h。更大尺寸电池也能制造并用于特殊用途，而且也已引入到商品系列中。该电池体系性能十分优异，具有如电池电压高（标称电压 3V）且可根据相关要求进行设计；电池的质量比能量可达到 280W·h/kg，体积比能量可达到 588W·h/L；在宽广的温度范围内性能良好、贮存寿命长，而即使在较高的温度下也十分稳定以及价格低等。

Li/MnO₂ 电池当今正广泛应用于各种用途，诸如长期放置的存储器备用电源、安全与防护装置、照相机、许多消费品以及在军事电子装备中的应用等。自从它进入市场以来始终保持良好的安全记录。

Li/MnO₂ 电池与第 8.3 节介绍的汞电池、锌/氧化银电池、锌系列电池相比较，具有更高的输出能量。

14.8.1　化学原理

Li/MnO₂ 电池采用锂为负极，采用含有锂盐的混合有机溶剂作为电解质，如丙烯碳酸酯和 1,2-二甲氧基乙烷混合有机溶剂，用经过专门热处理的 MnO₂ 作为具有活性的正极活性物质。电池的反应如下：

负极　　　　　　　　$x\mathrm{Li} \longrightarrow x\mathrm{Li}^+ + x\mathrm{e}$

正极　　　$\mathrm{Mn}^{Ⅳ}\mathrm{O}_2 + x\mathrm{Li}^+ + x\mathrm{e} \longrightarrow \mathrm{Li}_x\mathrm{Mn}^{Ⅲ}\mathrm{O}_2$

总反应　　　$x\mathrm{Li} + \mathrm{Mn}^{Ⅳ}\mathrm{O}_2 \longrightarrow \mathrm{Li}_x\mathrm{Mn}^{Ⅲ}\mathrm{O}_2$

作为嵌入化合物，锂的嵌入使二氧化锰从四价还原成三价，同时当 Li⁺ 进入 MnO₂ 晶格时便形成 $\mathrm{Li}_x\mathrm{Mn}^{Ⅲ}\mathrm{O}_2$ 固溶体[1,39]。

电池总反应的理论电压大约是 3.5V，但新电池的典型开路电压值为 3.3V。电池一般要预放电到较低的开路电压，以降低电池体系内部腐蚀现象的发生。

14.8.2　结构

Li/MnO₂ 电化学体系可以按不同设计和结构来制造，以满足不同用途对小型化、轻质化移动电源的多方面要求。

（1）扣式电池　图 14.37 示出一个典型扣式电池的剖面图，二氧化锰片正对着锂圆盘负极，中间用非编织聚丙烯隔膜隔开，隔膜浸满电解质。电池采用卷边压缩密封。电池壳体用于正极端子，而盖子用于负极端子。

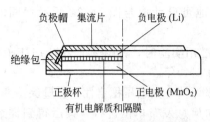

负极帽　集流片　　负电极 (Li)

绝缘包

正极杯　　　　正电极 (MnO₂)
有机电解质和隔膜

图 14.37　扣式 Li/MnO₂ 电池的剖面

（2）圆柱形碳包型式电池　碳包式电池是两种圆柱形 Li/MnO₂ 电池中的一种。它由于采用厚的电极和最大量的活性物质，使电池具有最大的比能量。但是由于限制电极表面积，从而也限制电池的放电电流能力，使其只能用于小电流用途（如图 14.38）。

其典型电池的剖面图示于图 14.39。该图示出电池中央是锂负极，环绕在其外面的是二氧化锰正极，两个电极之间由浸满电解质的聚丙烯隔膜隔开。电池盖上有一个安全阀，一旦出现机械或电滥用事件可以释放电池内的压力。除了卷边密封电池外，还可以制成焊接式全密封电池，这些电池具有 10 年贮存寿命，因而可以用于存储器备用电源和其他低电流设备的电源。

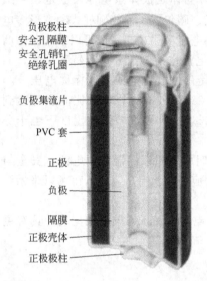

负极极柱
安全孔隔膜
安全孔销钉
绝缘孔圈

负极集流片

PVC 套

正极

负极

隔膜

正极壳体

正极极柱

图 14.38　碳包式 Li/MnO₂ 电池的剖面

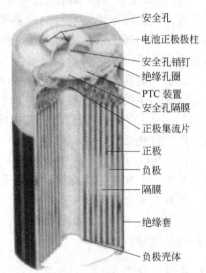

安全孔
电池正极极柱

安全孔销钉
绝缘孔圈
PTC 装置
安全孔隔膜
正极集流片

正极

负极

隔膜

绝缘套

负极壳体

图 14.39　采用卷绕式电极 Li/MnO₂
电池的剖面

（3）圆柱形卷绕式 Li/MnO₂ 电池　卷绕式电池的结构说明于图 14.39，这种设计专门用于高电流脉冲应用和连续适中电流放电的场合。锂负极和正极（在导电网上的薄型、涂膏式电极）与配置在两个电极间的微孔聚丙烯隔膜一起卷绕成"胶卷"状结构。采用该设计使电极表面积增大，从而提高电池的大电流放电能力。

大电流卷绕结构电池带有一个安全阀，可以在电池遇到滥用事件时释放压力。许多这种电池也装有可恢复的正温度系数（PTC）器件，能够限制电流和防止因短路造成的电池过热（参见 14.8.5 节）。一些生产厂家采用激光焊接式密封的方式制造电池。

（4）9V 电池组　Li/MnO₂ 体系也已经设计成 9V 电池组，其容量为 1200mA·h，该结构符合 ANSI1604 标准，可以与同尺寸传统碱性锌电池进行互换。该电池组由三号方形单体电池构成，电极设计充分利用内部空间。如图 14.40 所示，电池组外壳采用一个超声波焊接密封的塑料盒。

（5）箔型电池　另一种电池设计概念是采用轻型电池包装，使电池质量和成本降低。其中一种途径是使用热封装薄膜包装的方形电池结构取代金属壳体包装。另外，容量为 16A·h 的电池设计说明被展示于图 14.41。电池包含 10 个负极和 11 个正极，以平行方式排列[40]。

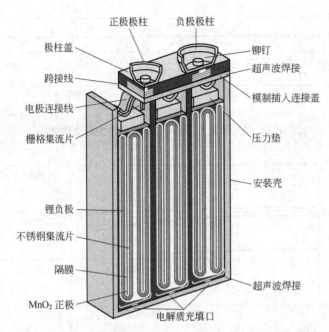

图 14.40　三个单体电池构成的 9V Li/MnO₂ 电池组的剖面

14.8.3　性能

（1）电压　Li/MnO₂ 电池在预放电后的开路电压一般为 3.1～3.3V，标称电压为
3.0V。在放电期间，电池的工作电压在大约
3.1～2.0V 范围，具体数值取决于电池设计、
荷电状态以及其他放电条件。除了在大电流和
低温下放电时的终止电压可以规定较低外，电
池大部分容量放出时的终止电压取 2.0V。

（2）扣式电池的放电特性　扣式 Li/
MnO₂ 电池的典型放电曲线示于图 14.42。可
以看出在整个放电过程中，电池以低到中等放
电电流放电时的放电曲线相当平稳，直到快放
完电时才逐渐降低。这种逐步降低的电压特征
可以作为荷电状态指示，表明电池接近了使用
寿命的终点。

某些应用（例如发光二极管手表的背光
灯）要求在低的基本电流下，叠加一个高电流
脉冲，在这些条件下的电池性能如图 14.43
所示。

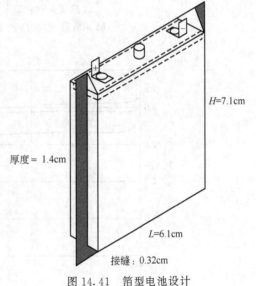

图 14.41　箔型电池设计

扣式 Li/MnO₂ 电池能在约 −20～70℃ 的宽广温度区间内工作，如图 14.14 所示。

图 14.45 展示该类电池在不同负载和温度下工作时的放电曲线和放电容量。

（3）圆柱形碳包式结构电池的放电特性　圆柱形碳包式结构 Li/MnO₂ 电池的典型放电
曲线示于图 14.46。这些碳包电极结构电池是设计用于低至中等放电电流应用，在这种放电
电流下，它能比同尺寸卷绕电极结构电池输出更高的容量（参见表 14.18）。在这些低电流

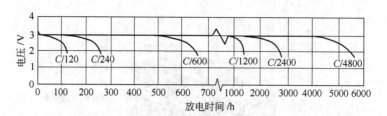

图 14.42　扣式 Li/MnO₂ 电池的典型放电曲线

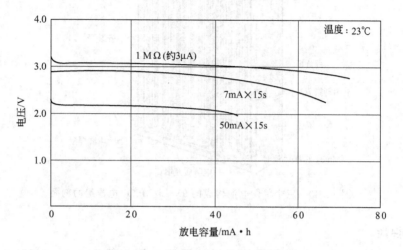

图 14.43　在 23℃下，80mA · h 扣式 Li/MnO₂ 电池的脉冲放电特性

（测试条件：连续负载—1MΩ 约 3μA；

脉冲负载—500Ω 约 7mA×5s 和 50mA×15s）

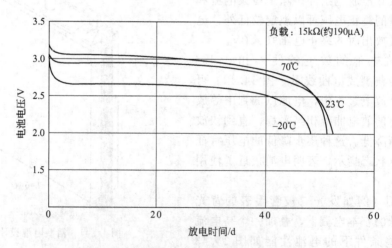

图 14.44　扣式 Li/MnO₂ 电池（230mA · h）

在不同温度下的典型放电曲线

下放电过程的大部分时间内，电池的放电曲线都十分平坦，只是到接近寿命终止时才逐渐下降。在低的基本工作电流上叠加高脉冲负载时的影响示于图 14.47。

圆柱形碳包式 Li/MnO₂ 电池在温度−20～60℃区间内的性能示于图 14.48，显然与扣式电池一样，圆柱形碳包式电池在低温下仅限于以更低的电流放电。

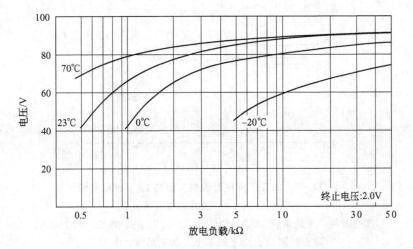

图 14.45　扣式 Li/MnO_2 电池（80mA·h）在不同温度和负载下的输出容量

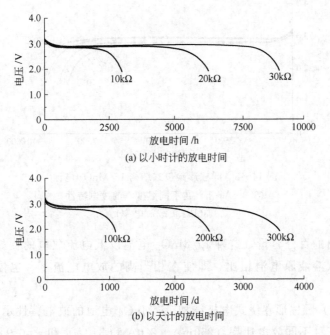

(a) 以小时计的放电时间

(b) 以天计的放电时间

图 14.46　20℃下圆柱形碳包式结构 Li/MnO_2 电池
（850mA·h尺寸）的放电特性

（4）圆柱形卷绕式结构电池的放电特性　圆柱形卷绕式结构 Li/MnO_2 电池在各种恒流放电负载和不同温度下的典型放电曲线示于图 14.49。这些电池是设计用于相当高放电电流与低温下的应用，在这些条件下放电过程的大部分时间内，电池的放电曲线都十分平坦。该电池在不同负载和温度下工作时的中点电压绘于图 14.50 中。

电池在恒定功率下的放电特性示于图 14.51，数据是以 E 电流表示，它是采用计算 C 电流类似的方式进行计算，但以标称 W·h 容量为基准。例如，E/5 表示一个电池能达到标称值 4W·h 的放电电流是 800mW。

圆柱形卷绕式结构 Li/MnO_2 电池在不同负载与不同温度下的放电特性表示于图 14.52。其中图 14.52(a) 显示出在恒电阻负载下输出的百分容量，而图 14.52(b) 是在

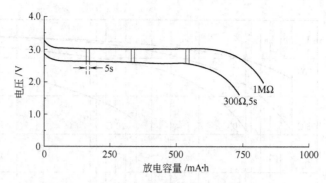

图 14.47　20℃下圆柱形碳包式结构 Li/MnO₂ 电池
（850mA·h）的脉充放电特性

（实验条件：连续负载 1MΩ，约 2.9μA；脉充负载 300Ω，约 10mA；
脉充时间 5s；脉充数 3 个；脉充间隔时间 3h）

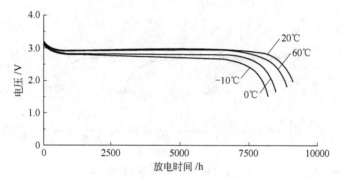

图 14.48　圆柱形碳包式结构 Li/MnO₂ 电池
（850mA·h）在不同温度下的放电特性
（30kΩ 负载放电率）

恒电流负载下输出的百分容量。这种 Li/MnO₂ 电池以低电流放电的良好性能是十分明显的，同时与传统水溶液原电池相比，即使在相当高的放电电流下，也依然能输出更高的容量百分数。

　　大型（D 尺寸）圆柱形卷绕式电极结构 Li/MnO₂ 电池的放电特性示于图 14.53。它展示了该种电池在三种不同放电速率（250mA、2.0A 和 3.0A）和－40～72℃温度范围内的放电曲线。放电特性表明该种电池在较低温度下放电性能明显降低。

　　（5）3 单体 9V Li/MnO₂ 电池组的放电特性　图 8.6 显示出 9V 1.2A·h Li/MnO₂ 电池组的基本性能。在－20～23℃的温度范围内，以 900Ω 负载放电的典型放电曲线示于图 14.54（a），其在室温下，以 60～900Ω 负载放电的容量变化则示于图 14.54（b）。与碱性锌电池和锌/碳电池相比，锂电池具有更高的电压和更长的放电时间，如图 8.6 所示。

　　（6）内阻　与大多数电池体系一样，Li/MnO₂ 电池的内阻除了与化学组成有关外，还取决于电池的尺寸、结构、电极和隔膜等。由于有机溶剂电解质体系的电导率比水溶液电解质低，因此 Li/MnO₂ 电池的内阻要比相同尺寸和结构的传统电池高。这样，电池应采用增加电极面积和缩小电极间距的设计与相应措施。例如，扣式扁形电池和卷绕式圆柱形电池的设计就是基于这一思路。另外，因为有机溶剂的电导率对温度的变化不如水作为溶剂敏感，

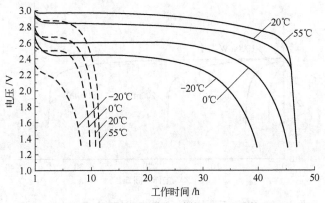

(a) 以 30mA 和 125mA 放电（虚线 125mA；实线 30mA）

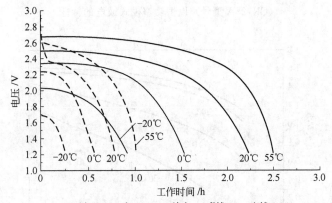

(b) 以 500mA 和 1000mA 放电，（虚线 1A；实线 0.5A）

图 14.49 圆柱形（卷绕电极结构）Li/MnO$_2$ 电池
（CR123A 型号）的放电特性

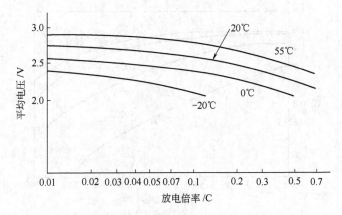

图 14.50 圆柱（卷绕电极结构）Li/MnO$_2$ 电池
在放电期间的中点电压；终止电压 2V

使锂电池在低温下能更有效地工作。

图 14.55 展示了额定容量 280mA·h 扣式电池在 20℃ 以低电流放电期间的内阻变化。事实上电池内阻变化乃是电压曲线图的写照。内阻在放电的大部分时间内都维持恒定，而在接近寿命终点时升高。

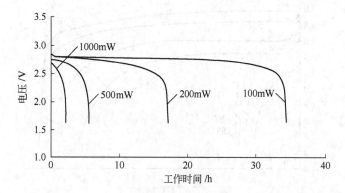

图 14.51 20℃下圆柱形（卷绕电极结构）Li/MnO$_2$ 电池
（CR123A 型号）以恒功率模式放电的特性

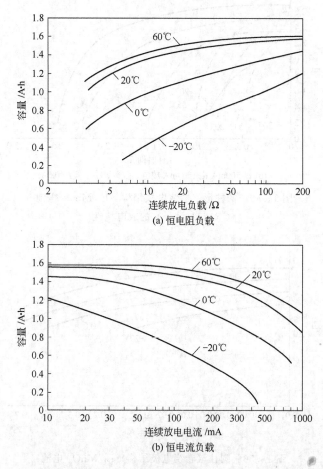

图 14.52 圆柱形（卷绕电极结构）Li/MnO$_2$ 电池（CR123A 型号）
放电特性的概括；放电容量与放电负载的关系，放电至 2.0V

（7）使用寿命 以 1g 和 1cm^3 作为标准规格的各种型号锂/二氧化锰电池，在不同温度下以不同电流放电的容量或使用寿命在图 14.56 中进行了总结。这些数据可以用来对给定电池的性能进行近似估计，或者用来确定一种特殊应用电池的尺寸和质量。

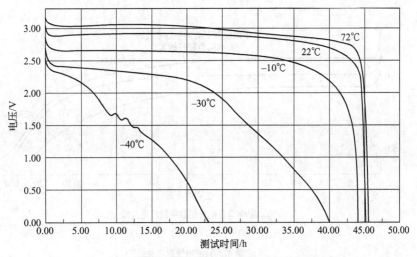

(a) 在5种不同温度下以250mA电流速率放电的放电曲线

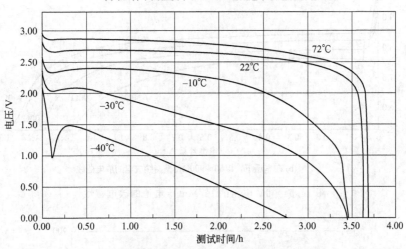

(b) 在5种不同温度下以2A电流速率放电的放电曲线

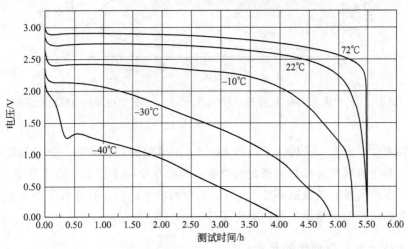

(c) 在5种不同温度下以3A电流速率放电的放电曲线

图 14.53　D 型卷绕式 Li/MnO₂ 电池的放电特性

5 种不同温度分别是＋72℃、＋22℃、－10℃、－30℃和－40℃

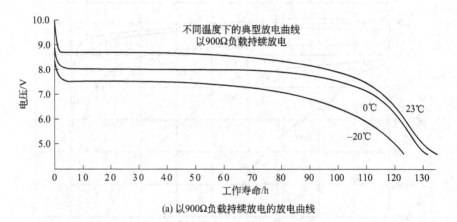

(a) 以900Ω负载持续放电的放电曲线

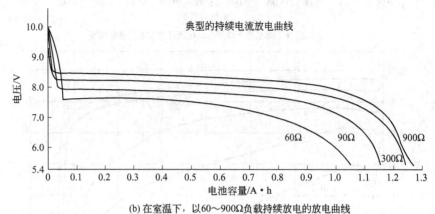

(b) 在室温下，以60～900Ω负载持续放电的放电曲线

图 14.54　9V 电压的 Li/MnO_2 电池的放电特性

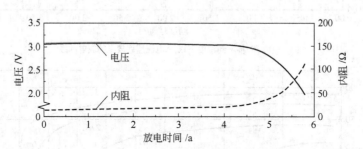

图 14.55　扣式 Li/MnO_2 电池（280mA·h尺寸）放电过程的内阻变化曲线

（5μA，20℃）

（8）贮存寿命　图 14.57 展示了两种 Li/MnO_2 电池的贮存性能。该电池体系所有结构都十分稳定，对于机械密封和激光密封的电池，其贮存期间年容量衰减率低于 0.5％。扣式电池在室温贮存期间年容量衰减率低于 1％。贮存后的电池除了在低温下高电流放电外，在大多数放电起始阶段没有显示明显的电压滞后。

14.8.4　单体电池和电池组的尺寸

目前已有的 Li/MnO_2 电池产品，其容量包括从 30～11000mA·h 的各种扁平形和圆柱形电池。它们中一些产品的物理和电化学性能被列于表 14.18 中。

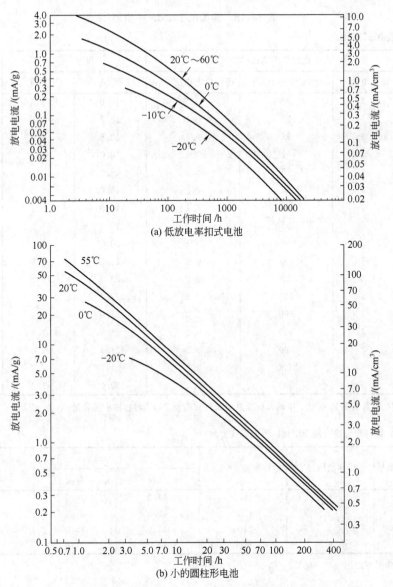

(a) 低放电率扣式电池

(b) 小的圆柱形电池

图 14.56　放电至 2.0V 时 Li/MnO₂ 电池的工作寿命

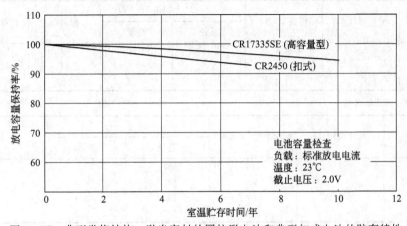

图 14.57　典型卷绕结构、激光密封的圆柱形电池和典型扣式电池的贮存特性

表 14.18　典型的 Li/MnO₂ 电池

(a) 低倍率电流扣式电池

型号	电化学性能(20℃)			尺寸/mm		质量/g
	标称电压/V	标称容量①/mA·h	持续放电电流/mA	直径	高度	
CR 1025	3	30	0.1	10.0	2.5	0.7
CR 1216	3	25	0.1	12.5	1.6	0.7
CR 1220	3	35	0.1	12.5	2.0	1.2
CR 1612	3	41	0.1	16.0	1.2	0.8
CR 1616	3	55	0.1	16.0	1.6	1.2
CR 1620	3	75	0.1	16.0	2.0	1.3
CR 1632	3	140	0.1	16.0	3.2	1.8
CR 2012	3	55	0.1	20.0	1.2	1.4
CR 2016	3	90	0.1	20.0	1.6	1.6
CR 2025	3	165	0.2	20.0	2.5	2.3
CR 2032	3	225	0.2	20.0	3.2	2.9
CR 2330	3	265	0.2	23.0	3.0	3.8
CR 2354	3	560	0.2	23.0	5.4	5.8
CR 2412	3	100	0.2	24.5	1.2	2.0
CR 2450	3	620	0.2	24.5	5.0	6.3
CR 2477	3	1000	0.2	24.5	7.7	10.5
CR 3032	3	500	0.2	30.0	3.2	6.8

① 表中提到的标称容量是 20℃下电池以标准放电条件放电至 2.0V 时所输出的容量。

(b) 特殊大功率，圆柱形电池（螺旋结构，激光焊接密封）

国际标准(IEC)型号	标称电压/V	标称容量/mA·h	尺寸/mm		质量/g
			直径	高度	
CR17335	3	1600	17.0	33.5	17
CR17335	3	1350	17.0	33.5	16
CR17450	3	2400	17.0	45.0	23
CR17450	3	2600	17.0	45.0	23

注：电池工作温度范围−40～85℃。

(c) 标准大功率，圆柱形电池（卷绕式结构，密封）

型号	标称电压/V	标称容量/A·h	尺寸/mm		质量/g	持续放电电流/A
			直径	高度		
C	3.0	4.8	25.8	50.0	61	2.0
5/4C	3.0	6.1	25.8	60.5	71	2.5
D	3.0	11.1	34.0	60.5	115	3.3

(d) 特殊低功率，圆柱形电池

型号	标称电压/V	标称容量/mA·h	尺寸/mm		质量/g
			直径	高度	
CR14250	3	850	14.5	25.0	9
CR12600	3	1500	12.0	60.5	15
CR17335	3	1800	17.0	33.5	17
CR17450	3	2500	17.0	45.0	22

注：电池工作温度范围−40～85℃。

（e）特殊圆柱形锂原电池（卷绕结构，卷边密封）

IEC 型号	标称电压/V	标称容量/mA·h	尺寸/mm		质量/g
			直径	高度	
CR-1/3	3	160	11.6	10.8	3.3
2CR-1/3N	6	160	13.0	25.2	9.1
CR2	3	850	15.6	27.0	11
CR123A	3	1400	17.0	34.5	17
CR-V3	3	3300	28.6(长)×14.6(宽)×52.2(高)		38
CR-P2	6	1400	34.8(长)×19.5(宽)×35.8(高)		37
2CR5	6	1400	34(长)×17(宽)×45(高)		40

注：电池工作温度范围−40～60℃。

　　同时更大尺寸的圆柱形和方形结构电池也已经得到开发。在某些情况下，Li/MnO_2 电池与其他电池系列的互换性，可通过将该电池的尺寸加倍来实现，以适应 Li/MnO_2 电池的输出电压为 3V，而传统原电池为 1.5V 的差异。例如，电池型号 CR-V3。表 14.19 列出了两种铝箔包装 Li/MnO_2 电池产品的相关性能。

表 14.19　两种铝箔包装 Li/MnO_2 电池产品的相关性能

尺寸(厚×宽×长)/mm×mm×mm	标称电压/V	标称容量放电至 1.5V	最大持续放电电流/mA	质量/g	脉冲容量/mA
5.00×44.45×54.61	3.0	1.5A·h	250	15.0	500
2.16×32.16×40.36	3.0	400mA·h	25	3.5	130

注：工作温度范围 0～71℃；以 10mA 电流放电的电池标称容量为 1.5A·h；以 6mA 电流放电的电池标称容量为 400mA·h。

14.8.5　应用和操作

　　目前在几个主要应用设备中，Li/MnO_2 电池的容量范围最高为几个安时，这些电池比传统原电池的比能量高，其电流放电能力好、存储寿命长。Li/MnO_2 电池可用于存储器、手表、计算器、照相机以及无线电频率识别（RFID）器等方面。同时在较高放电电流下，这些电池也适合用于马达驱动、自动照相机、玩具、个人数字助手（PDA）、数码相机和公用设施计费仪表等。

　　小容量 Li/MnO_2 电池一般操作时无任何危险，但是如同传统原电池一样，应避免充电和焚烧，因为这些情况会导致电池爆炸。

　　较大容量的圆柱形电池一般都装有安全阀以防止爆炸，但电池组除了不允许充电和焚烧之外，还应加以保护以避免短路和电池反极以及充电和焚烧。大多数大电流电池也装有内部可恢复性的电流和热保护装置，称为正温度系数（PTC）器件。当电池处于短路或超出限制范围放电时，电池温度升高，PTC 器件的电阻会迅速显著升高，这就限制了电池内部流过的电流值，从而也将内部温度保持在安全范围内。图 14.58 显示PTC 器件在电池短路期间的工作状态。在短路电流达到 10A 后，电流突然限制

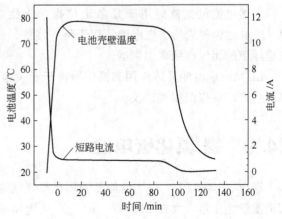

图 14.58　金霸王公司的 XL™
CR123A 电池的短路特征

并且进一步维持在较低水平。而当短路电流消除后，电池又恢复到正常操作条件。PTC 器件的动作一般有几分钟的滞后，这就使得它可以允许通过比最大连续放电电流还要高的电流脉冲。

Li/MnO_2 电池在军事装备上的应用越来越广泛[41]。在室温工作环境，它们具有比 Li/SO_2 电池更高的比能量，而后者已普遍应用于美国的武器装备中。近来通过对 D 型 Li/MnO_2 电池的研发努力，已经使得电池在室温下以 250mA 速率放电具有 14.0A·h 容量；以 2A 速率放电具有 13.0A·h。这些电池采用的 MnO_2 经过特殊的热处理，因而具有较高的反应活性。当含有 LiClO4-DME-PC 电解质的标准型号电池中应用上述 MnO_2 材料时，可以在 250mA 放电速率下达到 339W·h/kg（或 742W·h/L）的比能量。在 -40℃ 环境中，这些电池以 250mA 放电速率可以输出 3.39A·h 容量；以 2A 放电速率可以输出 0.46A·h 容量。而采用未改性的 MnO_2 材料制造的同一规格电池，在相同放电条件下只能输出不到前者 1/2 的容量。因此，前种电池已经在武器装备中获得应用。

采用铝箔包装的 Li/MnO_2 袋装电池现已被制成 BA-7848 型号电池，为热武器瞄准器和其他美军电子装备提供电源。Li/MnO_2 单体电池具有 8.25mm×61mm×72mm 的尺寸，并以 2p2s 结构组装成方形 BA-7848 型号电池。

表 14.20　用于 BA-7848 型号电池的袋装 Li/MnO_2 单体电池在室温条件下的相关性能

放电电流/mA	容量/A·h	能量/W·h	质量比能量/(W·h/kg)	体积比能量/(W·h/L)
250	9.94	26.68	402	737
500	9.80	25.77	384	712
1000	9.27	23.91	356	661
2000	9.00	22.68	339	627

上述 Li/MnO_2 袋装电池的电化学性能被列于表 14.20 中。在 BA-7848 型号电池中，这些单体电池在室温下，以 250mA 电流放电，可以输出超过 19.5A·h 的放电容量。其对应的电池质量比能量达到 300W·h/kg。它们也通过了 UN/IATA 船运测试标准。根据部队 L 测试规范（电池先以 8W 功率放电 2min，然后以 5W 功率放电至 4.0V）进行检测，这些电池在 -10℃ 能运行 9.5h；但在 -20℃ 下仅能运行 0.5h。目前进一步改善电池低温性能的工作正在进行。为满足某些特殊需要，它们必须达到 MIL-PRF-49471 标准。当前已投入使用的一系列 BA 型号 Li/MnO_2 电池性能列于表 14.10 中。

上述电池包也被应用于紧急定位指示无线电台和管道测试车。采用铝箔包装的 Li/MnO_2 电池包制成的小型电池可用于特殊装备，如收费转发器和用于船运、存货管理和精巧安全标记的无线电频率识别器。

Li/MnO_2 电池具体应用和操作取决于相关电池型号和其独特的电池结构特点，人们可以向生产厂商咨询相关建议。

14.9　锂/氟化碳电池

锂/氟化碳（Li/CF_x）电池是固体正极锂电池系列中率先进入市场的一种电池。由于其理论质量比能量（大约 2190W·h/kg）是固体正极系列中最高的，因此它受到极大关注。它的开路电压为 3.2V，工作电压约为 2.5～2.7V。在小型电池中，其实际比能量为 250W·h/kg 和 635W·h/L；在大型电池中，其实际比能量为 820W·h/kg 和 1180W·h/L。

该电池以低到中放电率放电为主。

14.9.1 化学原理

该电池以锂作为负极，以固体聚—氟化碳（CF_x）作为正极，x 值一般在 $0.9\sim1.2$ 之间。聚—氟化碳是碳粉和氟气反应所形成的夹层化合物。这种物质虽然在电化学上是活性的，但在有机电解质中的化学稳定性却很高，温度高达 400℃ 时也不会热分解，因而具有长的贮存寿命。该电池可以使用各种不同的电解质：如在圆柱形电池中是用 1mol/L 四氟硼酸锂（$LiBF_4$）的 γ-丁内酯（GBL）溶液，1mol/L 四氟硼酸锂（$LiBF_4$）的 γ-丁内酯和 1,2-二甲氧基乙烷（DME）的混合溶液或碳酸丙烯酯（PC）和 1,2-二甲氧基乙烷的混合溶液。

电池的简化放电反应为：

负极反应 $$xLi \longrightarrow xLi^+ + xe$$
正极反应 $$CF_x + xe \longrightarrow xC + xF^-$$
总反应 $$xLi + CF_x \longrightarrow xLiF + xC$$

当放电进行时，聚—氟化碳转变成导电的碳，从而增加电池的电导率，提高放电电压的平稳性和电池的放电效率。同时，晶体状 LiF 沉积在正极结构中[1,43,44]。

14.9.2 结构

Li/CF_x 电池可制成各种型号和结构。目前产品中，扁平扣式、圆柱形和方形结构都有，容量范围从 $0.020\sim25A\cdot h$ 的钱币式或扣式直到圆柱和方形结构的电池。较大型号的电池也已得到发展，并用于特殊用途中。

图 15.49 表示出一种 Li/CF_x 电池典型的扣式电池结构。其中，在集流体上辊压上锂箔作为负

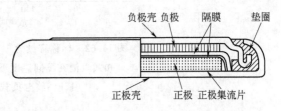

图 14.59 扣式 Li/CF_x 电池的剖面

极，在镍集流体上用聚四氟乙烯粘接聚—氟化碳与乙炔黑作为正极。外壳材料为镀镍钢或不锈钢。钱币式电池是采用聚丙烯密封圈进行卷边密封。

Li/CF_x 针杆式电池则采用了圆柱形正极以及具有内外式结构的中央负极装入铝外壳内，如图 14.60 所示。

圆柱形电池采用卷绕式电极结构，电池密封采用或者是卷边的，或者是焊接的。其结构与图 14.39 所示卷绕式结构 Li/MnO_2 电池相类似；而较大尺寸的电池装有低压安全阀。

14.9.3 性能

（1）扣式电池 图 14.61 介绍了典型 165mA·h 标称容量的 Li/CF_x 扣式电池在 20℃ 下的放电曲线。在大部分放电期间电压是恒定的，低放电率放电时的库仑效率接近 100%。图 14.62 示出了同种电池在不同放电温度下的放电曲线。同时，电池 20℃ 下的脉冲放电特性则表示于图 14.63。

标称容量为 165mA·h 的 Li/CF_x 扣式电池的性能概括在图

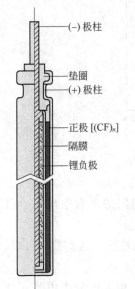

图 14.60 针杆式 Li/CF_x 电池的剖面

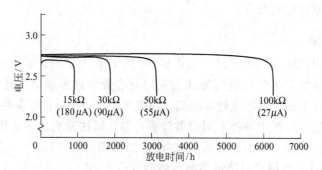

图 14.61　20℃下，标称容量为 165mA·h 的 Li/CF$_x$
扣式电池的典型放电曲线

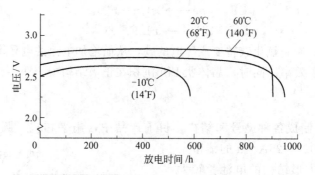

图 14.62　标称容量为 165mA·h 的 Li/CF$_x$
扣式电池在不同温度下的典型放电曲线
（15kΩ 放电负载；180μA）

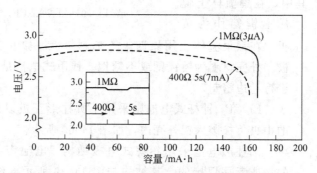

图 14.63　20℃下，标称容量为 165mA·h 的 Li/CF$_x$
扣式电池的脉冲放电特性

14.64 中。其中图 14.64(a) 显示出了电池的平均负载电压（放电期间的平台电压），而图 14.64(b) 表示出电池在不同温度及负载下的容量。

图 14.65 总结出以 1g 和 1 mL 为单位的 Li/CF$_x$ 扣式电池的放电性能。这些数据可以用来估计作为特殊应用电池的尺寸或性能。

（2）圆柱形电池　与扣式电池相比，圆柱形电池一般被设计成以更大的放电电流工作。图 14.66 是其在不同温度下、以 1kΩ 负载放电的放电曲线。在一些情况下，观察到 Li/CF$_x$ 电池低的起始电压，显示放电起始电压降低至负载要求的工作电压之下，然后随着放电的进

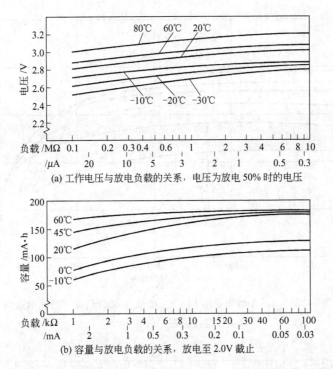

(a) 工作电压与放电负载的关系，电压为放电 50% 时的电压

(b) 容量与放电负载的关系，放电至 2.0V 截止

图 14.64　额定容量为 165mA·h 的扣式 Li/CF$_x$ 电池放电曲线

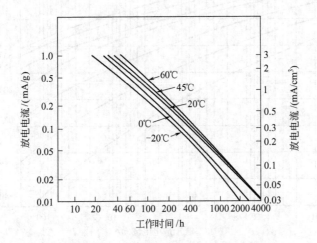

图 14.65　在不同温度和放电率下扣式 Li/CF$_x$
电池的工作寿命（放电至 2.0V）

行而逐步恢复。这一现象乃由下述过程所引起，即 CF$_x$ 是绝缘体，在放电过程中一旦生成导电性碳时，正极的电阻便减小，工作电压随之升高。

在不同温度和负载下放电时，2/3A 型圆柱形电池的平均负载电压表示于图 14.67。图 14.68 则总结该电池的性能数据，以说明温度和负载对用单位质量（g）和单位体积（cm^3）进行计算的电池使用寿命的影响。

（3）贮存寿命　Li/CF$_x$ 电池具有极好的贮存特性。扣式电池在 20℃下贮存试验超过 10 年显示只有约 0.5%/年的容量损失，而圆柱形电池为 1.0%/年。随着贮存时间增长，相应

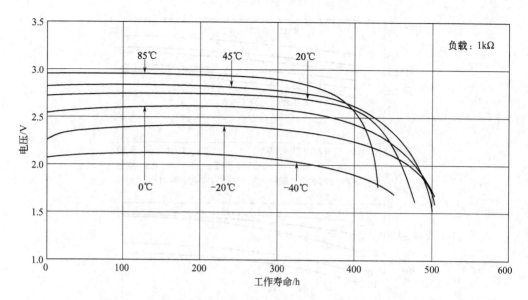

图 14.66 2/3A 型圆柱形 Li/CF$_x$ 电池在 1kΩ 负载下的放电曲线

（工作温度范围：−40～85℃）

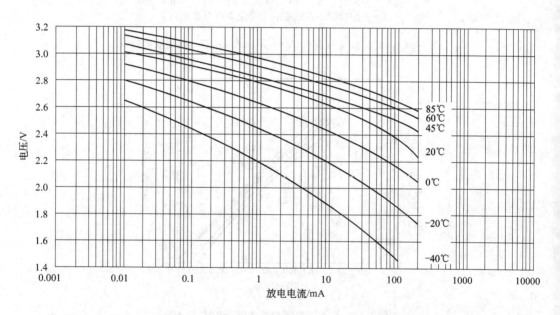

图 14.67 2/3A 型圆柱形 Li/CF$_x$ 电池在不同温度和不同放电电流条件下的中点电压

衰降率进一步降低[45]。显然这种电池也就特别适合于长期以低电流工作的用途。如图 14.69 所示，2/3A 型 Li/CF$_x$ 电池以 20μA 放电率工作时间超过了 7 年。贮存之后，这些电池除去在严格条件下的放电外，一般电压滞后是不明显的。

14.9.4 单体和组合电池型号

Li/CF$_x$ 电池可制成一系列型号的扣式、圆柱形及针杆式结构电池。部分电池的主要电性能和物理参数列在表 14.21（a）和（b）中。对于大多数最新投入商品市场的电池性能，请查阅制造厂家的说明书。

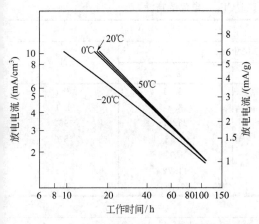

图 14.68　Li/CF$_x$ 圆柱形电池在不同放电率
和不同温度下的使用寿命（终止电压 1.8V）

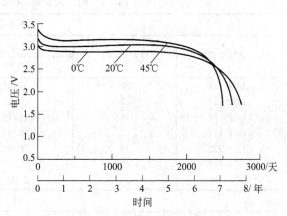

图 14.69　BR2/3A 型 Li/CF$_x$ 圆柱形电池
的长期放电性能（放电负载：150kΩ）

表 14.21(a)　锂/氟化碳（Li/CF$_x$）电池的特性

扣式电池,3V

电池型号	标称容量[①]/ mA·h	标准负载 持续电流/mA	尺寸和质量 直径/mm	高度/mm	质量/g
BR1220	35	0.03	12.5	2.00	0.7
BR1225	48	0.03	12.5	2.50	0.8
BR1632	120	0.03	16.0	3.20	1.5
BR2032	190	0.03	20.0	3.20	2.5
BR2325	165	0.03	23.0	2.50	3.2
BR2330	255	0.03	23.0	3.00	3.2
BR3032	500	0.03	30.0	3.20	5.5

针杆式电池,3V

电池型号	标称容量[①]/ mA·h	尺寸/mm 外径	高度	电池质量 /g	持续电流 /mA
BR425	25	4.2	25.9	0.55	0.5
BR435	50	4.2	35.9	0.85	1.0

圆柱形电池,3V

电池型号	标称容量[①]/ mA·h	尺寸/mm 外径	高度	电池质量 /g	持续电流 /mA	工作温度 /℃
BR-C	5000	26.0	50.5	42.0	5.0	−40～85
BR-A	1800	17.0	45.5	18.0	2.5	−40～85
BR-1/2AA	1000	14.5	25.5	8.0	2.5	−40～100
BR-2/3A	1200	17.0	33.5	13.5	2.5	−40～85
BR-AG	2200	17.0	45.5	18.0	2.5	−40～85
BR-2/3AG	1450	17.0	33.5	13.5	2.5	−40～85

① 表中的标称容量是基于在 20℃下、以标准放电条件放电至 2.0V 时输出的容量。

表 14.21（b）　大型锂/氟化碳（Li/CF$_x$）电池的特性

单体电池

电池型号	容量/A·h	尺寸/cm		质量/g
		直径	高度	
LCF-111	240	6.62	16.51	880
LCF-112	35	3.02	13.84	170
LCF-117	1200	11.43	26.67	3950
LCF-119	400	11.43	9.53	1575
LCF-122	18	3.37	6.06	—
LCF-123	35	3.37	11.72	—
LCF－313	40	6.45(长)×3.43(宽)×7.09(高)		230

电池组

电池型号	容量/A·h	标称电压/V	尺寸/cm			质量/g	应用说明事项
			高度(H)	长度(L)	宽度(W)		
MAP-9036	23.5	39	17.1	20.3	14.0	4586	原航天飞机里程安全系统
MAP-9046	3.74(×2)	30(×2)	15.9	17.3	7.6	3405	两个独立的电压部分
MAP-9225	240	15	24.9	30.7	6.5	6000	
MAP-9257	80	18	12.4	18.5	14.8	—	
MAP-9319	240	21	42.9	29.7	9.7		
MAP-9325	120/7.2	12/15	17.1	18.6	9.2	—	选择性应用
MAP-9334	80	6	16.8	7.6	4.8	—	民兵Ⅲ GRP 电池组
MAP-9381	70	39	31.3	20.0	9.7	—	集成电容器贮能
MAP-9382	80/70	33/12	20.1	17.6	14.1	—	两个独立的电压部分
MAP-9389	280	15	23.6	33.8	11		
MAP-9392	40	39	17.1	20.3	14.0		X-33 里程安全系统

　　大尺寸电池和电池组[46]也已经发展用于军事、政府和空间用途，如表 14.21（b）所示。在该表中介绍了由卷绕式和方形电池构成的多电池电池组。较小型圆柱形电池采用 0.030cm 厚的钢壳，而诸如 1200A·h 的大型电池采用环氧树脂-玻璃纤维增强的圆筒，以此既可以提供足够的附加强度，同时与单独依靠增加钢材壁厚相比，只需增加相应质量的一半。所有这些电池都采用齐格勒（Zeigler）型压缩密封件、独特的切割式破裂阀机

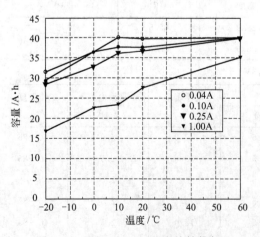

图 14.70　DD 型 Li/CF$_x$ 电池性能与
放电率和温度的关系

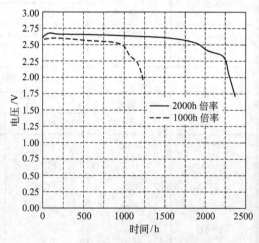

图 14.71　1200A·h 容量的 Li/CF$_x$ 电池
的典型放电曲线

构和两层隔膜。隔膜中的第一层是微孔膜用于阻止粒子迁移，而第二层是聚硫代苯材料用以提供高强度、高温稳定性以及良好的电解质毛细作用。在 DD 型电池和更高容量的大电池中，这些低电流设计可以提供 $600W \cdot h/kg$ 的质量比能量和 $1000W \cdot h/L$ 的体积比能量。图 14.70 显示出 DD 型电池以自 $0.04 \sim 1.0A$ 四种电流下放电至 $2.0V$ 时的容量与温度的函数关系。由该图看出，该电池在三种较低电流和高于 $10℃$ 的条件下，容量相对于温度关系不大；但是在较高电流与较低温度下，容量则明显减低。图 14.71 展示了 $1200A \cdot h$ 加强型圆柱形电池以 $2000h$ 率（约 $500mA$）和 $1000h$ 率（约 $1A$）放电的放电曲线。这一放电曲线尾部的弯曲形状是由于电解质在放电终止时干枯的缘故。综上所述，这些电池的试验结果表明锂/氟化碳电池以低放电率设计时，可以提供非常高的质量比能量和体积比能量。

14.9.5　应用和操作

Li/CF_x 电池的应用与其他锂/固体正极电池相似，都是利用其高质量比能量、高体积比能量和长贮存寿命。Li/CF_x 扣式电池可用于手表、袖珍计算器、存储器和电子翻译器等应用的直流电源。小容量的小型针杆式电池可用于发光二极管和钓鱼照明以及微型电话的电源。圆柱形电池也可作为存储器应用，但由于其较大的放电能力，其应用还可包括照相机、电子锁、应急信号灯和公用设施计费仪表等应用。

Li/CF_x 电池的操作注意事项也与其他锂/固体正极电池相似。对扣式电池以及小容量电池而言，其有限的放电电流可在短路及反极期间限制电池温度的上升。一般来说，这些电池即使无安全排气机构，也能耐滥用条件使用。较大电池装有安全阀，但还必须避免短路、高放电率和电压反极，因为这些情况会引起电池排气。对所有这些电池，也照样应避免充电和焚烧。对于特种电池的操作，应参照制造厂的推荐说明。

14.9.6　锂/氟化碳电池技术的研究进展

（1）氟化碳和二氧化锰的混合物材料应用　在锂原电池中使用 CF_x 和 MnO_2 的混合物作为正极活性材料，首先在 1982 年的美国专利中得到报道[47]。这篇专利还宣称要将 CF_x 沉积在 MnO_2 层的顶部。遗憾的是在该专利中并没有充分的实验数据来支持其观点。

与 MnO_2 材料比较，CF_x 材料价格昂贵，因而限制了它在许多领域中的应用。近来有报道描述了采用 CF_x 材料和经过热处理的 MnO_2 材料混合，用于制备 D 型锂原电池[48]。上述混合物中两物质按 1：1 质量比混合，其放电曲线则显示了两个放电时间相近的放电平台。该电池则据称采用了一种平衡设计。其中的电解部分也仅简单描述为一种无机锂盐和有机溶剂的混合物。一种二元共聚物隔膜也在该电池中使用。而电池则在 $21℃$ 下分别以 $0.050A$、$0.250A$ 和 $2A$ 电流放电；在 $-30℃$ 下 $2.0A$ 放电。测试结果列于表 14.22 中。在室温下的所有放电曲线都显示两个放电时间相近的放电平台。例如，室温下以 $2A$ 电流放电的放电曲线，显示出 $2.64V$ 和 $2.41V$ 两个平台，分别对应于 MnO_2 和 CF_x 材料的还原反应。在 $21℃$ 以 $0.250A$ 电流放电时，电池输出了 $380W \cdot h/kg$（或 $923W \cdot h/L$）的比能量。这一结果相对于仅含 MnO_2 的标准 D 型电池，比能量提高了 35%（57%）。在 $-30℃$ 以 $2A$ 电流放电时，上述具有复合正极材料的电池可以输出 $12.0A \cdot h$ 容量。该容量是相同电池在 $21℃$ 相同电流条件下的 79%。因此，在低温条件下，电池的比能量为 $227W \cdot h/kg$（或 $552W \cdot h/L$），是 $21℃$ 条件下的 67%。这个结果表明，在原来的 MnO_2 电极中引入 CF_x 材料后，电池的电化学性能，尤其是低温性能得到显著提高。

表 14.22　大容量 D 型 Li/CF_x-MnO_2 电池在不同倍率和温度下的性能（放电至 2.0V 终止）

温度/℃	电流/A	容量/A·h	质量比能量/(W·h/kg)	体积比能量/(W·h/L)
+21	0.050	16.6	407	990
+21	0.250	16.2	380	923
+21	2.0	15.2	338	823
−30	2.0	12.0	227	552

氟化碳与银钒氧的混合物材料，作为锂原电池的正极活性物质，也被应用于生物医疗设备中。参见 31.5.6 节。

（2）部分氟化的氟化碳和半离子化氟化碳材料　近来的研究表明，部分氟化的氟化碳材料（SFCFs）在−40℃时的低温性能较之传统材料更为优异。初步研究将 SFCFs 材料（x值分别为 0.33、0.48、0.52 和 0.63）与商品化的 $CF_{1.08}$ 材料进行对比。相关结构研究表明，SFCFs 材料中主要是传统的氟化碳材料，并混有一定量的石墨前驱体颗粒。与 $CF_{1.08}$ 材料相比，SFCFs 材料具有更为优异的室温大功率放电能力、优异的低温性能。图 14.72 展示室温时，$Li/CF_{0.52}$ 扣式电池在不同倍率（最大至 2.5C 倍率）下的放电曲线。其正极组分为 80% 的氟化碳、10% 的乙炔黑和 10% 的黏结剂；电解质则是 1.2mol/L $LiBF_4$ 的 PC/DME（7/3）溶液。相对于标准的商品化电池，SFCFs 材料具有更好的大功率放电能力，达到 6.4kW/kg 以上。图 14.73 则比较 $Li/CF_{0.65}$ 扣式电池在 3% 预放电前后以 C/40 倍率放电的放电曲线，测试温度为−40℃。它们使用的电解质则是 1.2mol/L $LiBF_4$ 的 PC/DME（20/80）溶液。在同一测试条件下经过预放电的电池放电至 1.5V 时，$CF_{1.08}$ 材料的质量比容量达到 200mA·h/g，而 $CF_{0.65}$ 材料则高达 610mA·h/g。

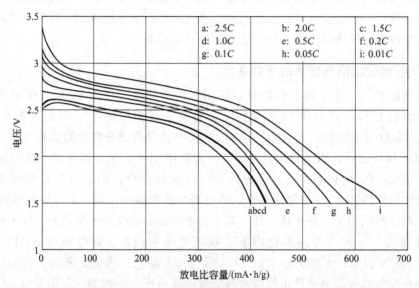

图 14.72　$Li/CF_{0.52}$ 扣式电池在不同放电倍率下的放电曲线

另一项研究则优化了与 SFCFs 材料配套使用的电解质组分，发现选用 0.5mol/L $LiBF_4$ 的 PC/DME（20/80）电解质后，电池的低温性能优于含有高浓度锂盐的电池，并且避免了其工作前的预放电步骤。

同传统的氟化碳材料相比，使用具有半离子化特性的氟化碳材料和 SFCFs 材料都能显著改善锂氟化碳电池的倍率放电能力和低温性能。前者采用两步氟化工艺制备，而后者则是将多壁碳纳米管进行部分氟化。

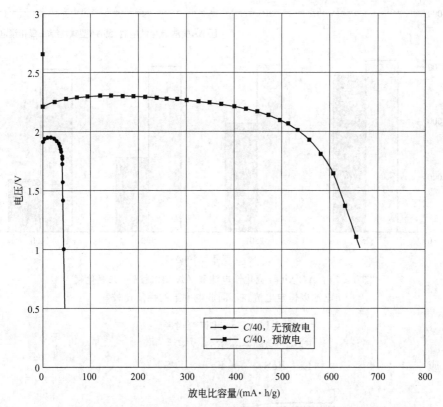

图 14.73　Li/CF$_{0.65}$电池在室温3％预放电前后，再在－40℃下放电的容量

14.10　锂/二硫化铁电池

硫化铁体系中有一硫化铁（FeS）和二硫化铁（FeS$_2$）两种形式，都可用于固体正极的锂电池。其中二硫化铁体系显示出较高硫含量和较高电压，从而已经首先实现商品化。但是与二硫化铁体系相比，一硫化铁电极除具有较低腐蚀和较长寿命的优点外，与显示两个放电电压平阶的二硫化铁不同，它还有单一电压平阶的优点。

这些电池的标称电压皆为 1.5V，因此可以直接代替具有相同电压的水溶液电解质电池。锂/硫化铁电池曾经制成扣式电池，用于替代相同尺寸的锌/氧化银（Zn/Ag$_2$O）电池，但现在已退出市场。这种电池的内阻较高，功率较低，但成本低，低温性能和贮存性能也较好。

锂/硫化铁电池现在制成圆柱形结构，具有比碱性锌/二氧化锰电池更好的大电流放电能力和低温性能。这两种体系的 AA 型电池以恒定电流在不同放电率下的性能比较示于图 14.74。

14.10.1　化学原理

Li/FeS$_2$ 电池中采用的正极，是将 FeS$_2$ 和导电碳和有机黏结剂混合，涂布在铝箔上；负极是含有 0.5％铝的锂合金；以及 $20\mu m$ 厚的高孔隙率聚乙烯隔膜。电解质则是 0.75mol/L LiI 的 1,3-二氧戊烷/1,2-二甲氧基乙烷（65/35 体积比）溶液，在低温条件下具有较高的电导率。在高倍率和室温条件下，电池反应为：

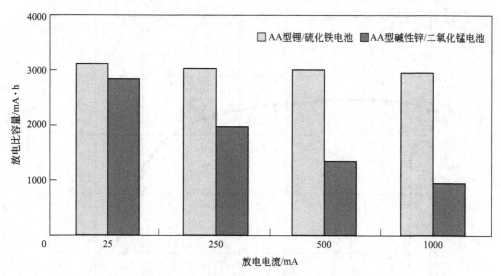

图 14.74　AA 型锂/硫化铁电池和 AA 型碱性锌/二氧化锰
电池以恒定电流在不同放电率下的性能比较

负极	$4Li \longrightarrow 4Li^+ + 4e$
正极	$FeS_2 + 4e \longrightarrow Fe + 2S^{2-}$
总反应	$4Li + FeS_2 \longrightarrow Fe + 2Li_2S$

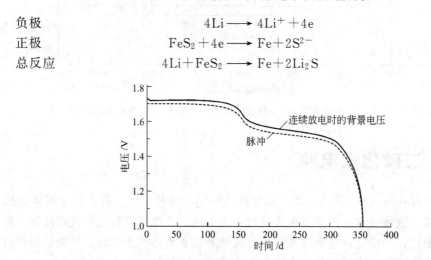

图 14.75　21℃下以小电流放电的 AA 型 Li/FeS_2 电池的阶梯形放电曲线
（基本负载为 5000Ω 加上在 25Ω 下每周 1s 的脉冲）

在小电流或高温时，Li/FeS_2 电池显示两步放电过程，如图 14.75。相应电池反应为：
$$2Li + FeS_2 \longrightarrow Li_2FeS_2$$
$$2Li + Li_2FeS_2 \longrightarrow 2Li_2S + Fe$$

14.10.2　结构

Li/FeS_2 电池可以制成各种不同的结构，包括扣式和碳包式与卷绕式电极的圆柱形电池。其中碳包式结构最适合低电流放电，而卷绕式电极结构电池可以满足需高倍率放电的设备，所以正是这种电池结构实现规模生产和商品化。

卷绕式圆柱形电池的结构如图 14.76 所示。这种电池设计中一般同时采用多种安全装置，以便对诸如短路、充电、强迫放电或过热等滥用条件提供保护。在该图中表示出两种安全装置。一种是压力释放阀，另一种是可恢复的热开关，称为正温度系数（PTC）器件。压力释放阀被设计用于释放过大的内部压力，以防止电池受热时或滥用时的迅速破裂。

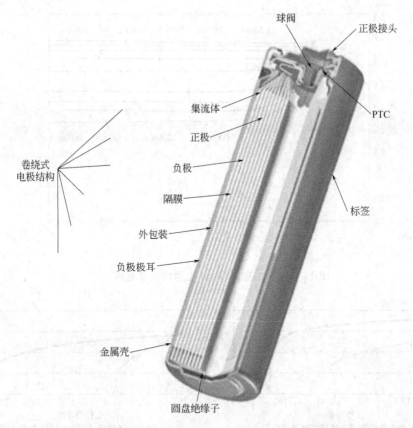

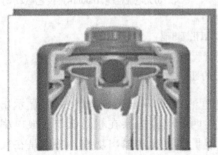
额外的剖视图 (1) 正极端

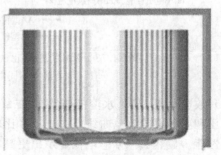
额外的剖视图 (2) 负极端

图 14.76 卷绕式 Li/FeS_2 电池及其正、负极端的剖视图

PTC 的主要目的是保护电池的外部短路，而且它在某些其他滥用条件也能起到保护作用。当电池温度达到 PTC 设计的活化温度，便能限制流过的电流。PTC 活化时，电阻猛然增加，因此使相应流过的电流降低，从而也使热量产生降低。此后一旦电池（包括 PTC）冷却下来，PTC 电阻则下降，允许电池再进行放电。如果滥用条件连续发生或再发生，PTC 可以按照这种方式连续工作许多次循环。PTC 的恢复能力并不是无限的。当它处于较高的电阻值时将丧失恢复能力。因此，PTC 器件（或电池中任何其他电流限制器件）可以影响到电池的性能。有关详细讨论在 14.10.3 节介绍。

14.10.3 性能

（1）电压 Li/FeS_2 体系的标称电压为 1.5V，而未放电电池的开路电压约 1.78V。一旦接入负载，电压可在几毫秒内降低，如图 14.77 所示。

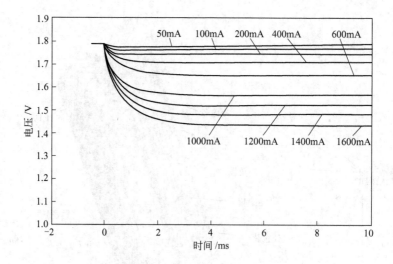

图 14.77 AA 型 Li/FeS₂ 电池的负载电压

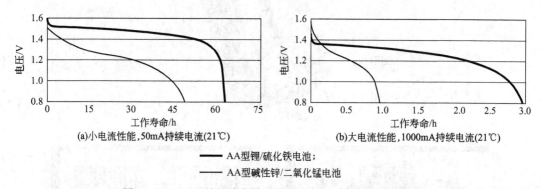

(a)小电流性能,50mA持续电流(21℃)   (b)大电流性能,1000mA持续电流(21℃)

AA型锂/硫化铁电池;
AA型碱性锌/二氧化锰电池

图 14.78 AA 型锂/硫化铁电池和 AA 型碱性锌/二氧化锰
电池在不同电流下的性能比较

（2）放电 与 1.5V 水溶液碱性锌/二氧化锰电池相比，Li/FeS₂ 电池一般显示出更高的工作电压和更平坦的放电曲线。图 14.78 比较上述两种电池体系在相对低与大放电率的恒电流下的性能。显然 Li/FeS₂ 电池显示出更高的比能量和更大的输出功率，特别是在较高放电率下的工作电压差别很大。

AA 型 Li/FeS₂ 电池在恒电流和恒功率模式下的电池性能分别表示于图 14.79 和图 14.80。根据美国国家标准化组织（ANSI）对数码相机的测试结果表明，该类电池的性能逐年提高，如图 14.81。

（3）工作温度 Li/FeS₂ 电池也适合于在宽广的温度区间内工作，一般为−40～60℃。如同在室温下一样，其在高温下的工作寿命也得到提高。在一些应用中由于在电池中采用限制电流的器件，因而使放电最高温度也受到进一步限制。虽然 Li/FeS₂ 电池受到低温的影响远小于水溶液电池，但当放电温度低于室温时，电池工作寿命也要降低。

（4）限制电流器件的作用 一些限制电流的器件，如熔断丝和 PTC 等设计可以在遇到高温时发生作用。环境温度和电池内部发热都会影响到这些器件的工作，因此下列因素中的任何一种因素都可产生影响：环境温度；电池容器的隔热性质；使用时装备元件产生的热；多单元电池的热积累效应；放电倍率与放电持续时间；停止放电的次数与持续时间。

必要时应向制造商咨询或进行试验，以便确定特殊应用下的限制。

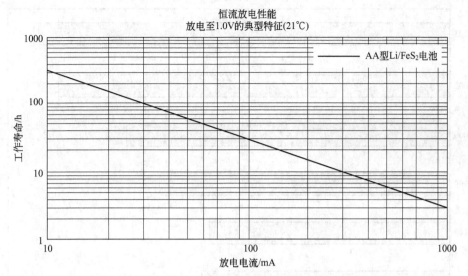

图 14.79　AA 型 Li/FeS$_2$ 电池在不同放电速率下的工作寿命

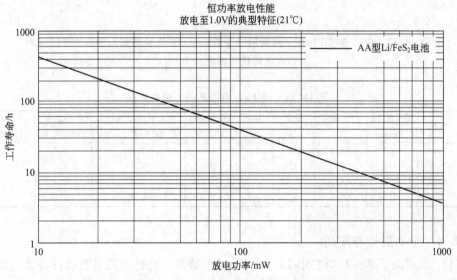

图 14.80　AA 型 Li/FeS$_2$ 电池在不同功率放电下的工作寿命

　　(5) 阻抗　交流阻抗是通常用于表征水溶液电池性能的一种参数。但是 Li/FeS$_2$ 电池的性能与阻抗之间的相互关系比较差。这是因为电池负极上会形成一层保护膜。它是 Li/FeS$_2$ 电池具有优良寿命特性的重要因素。但当贮存时，该保护膜随时间增长。而随着膜的增长，电池阻抗也增大。然而电池一旦连接负载放电，保护膜极易破裂，从而使阻抗不能准确作为预计电池性能的标志，特别是对于电池贮存之后的情况。

　　(6) 贮存温度　像其他电池体系一样，在高温下贮存将导致 Li/FeS$_2$ 电池工作寿命降低。然而由于所使用的材料中杂质含量非常低，同时锂电池要求的密封性很高，高温贮存后 Li/FeS$_2$ 电池的性能保持程度要优于水溶液电池。Li/FeS$_2$ 电池的典型贮存温度区间是 $-40 \sim 60 ℃$。在 85℃加速贮存测试结果表明，室温贮存 26 ~ 40 年后，电池的容量估计是贮存前的 80%。因此它们在 EA 电池型号里被标定为 10 年的贮存寿命，在 L 电池型号里被标定为 15 年的贮存寿命，见表 14.23。

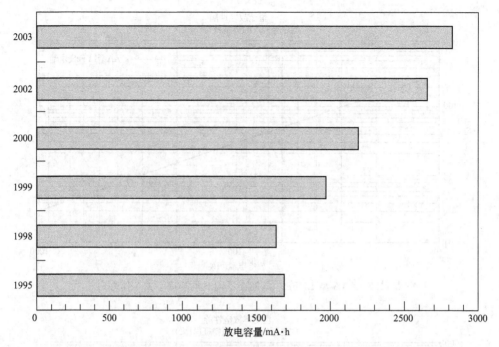

图 14.81　根据 ANSI 标准，对采用 AA 型 Li/FeS$_2$ 电池的数码相机的测试结果

（1A 电流持续放电至 1.0V）

表 14.23　Li/FeS$_2$ 电池产品的相关特性

型号	规格	最大直径 /mm	最大高度 /mm	质量 /g	体积 /cm^3	最大连续电流/A	最大脉冲电流(持续 2s,间歇 8s)/A	贮存寿命 (21℃)/年	容量 (21℃)/mA·h
L92	AAA	10.5	44.5	7.6	3.8	1.5	2.0	15	1200
L91	AA	14.5	50.5	14.5	8.0	2.0	3.0	15	3000
EA92	AAA	10.5	44.5	7.6	3.8	1.0	1.5	10	1200
EA91	AA	14.5	50.5	14.5	8.0	1.5	2.0	10	3000

14.10.4　电池型号与应用

表 14.23 列出了 AA 型圆柱形 Li/FeS$_2$ 电池的特性，这种电池目前已商品化。该电池具有比传统锌系列电池更好的大电流和低温放电性能，因此倾向应用于有大电流要求的设备中，如照相机、数字音像设备、CD 唱机、手电筒、玩具和游戏机。在数码相机的测试中，两种 AA 型 Li/FeS$_2$ 电池提供了约 1000 次的闪光次数，而高倍率 AA 型碱性锌/二氧化锰电池则只能提供 400 次。

扣式 Li/FeS$_2$ 电池现在已不再生产，而采用 Li/FeS$_2$ 体系的多单元组合电池至今还没有被商业化。

14.11　锂/氧化铜电池

锂/氧化铜（Li/CuO）电池的特点是比能量高（大约 280W·h/kg，650W·h/L），因为 CuO 在实际使用的正极材料中，是体积比容量最高的一种（4.16A·h/cm^3）。电池的开路电压为 2.25V，工作电压为 1.2～1.5V，这使得该电池可与一些传统电池互换。该电池体系同样具有长贮存期间自放电率低与可在宽广的温度范围内操作的优点。

Li/CuO 电池已设计成扣式和圆柱形电池，其最大容量为 3.5A·h，主要适合于要求低至中放电率放电以及长期使用的电子器具电源和存储器备用电源。更高放电率的设计和采用玻璃绝缘子的全密封电池也已经生产出来。

图 14.82 比较 AA 型圆柱形 Li/CuO 电池与 AA 型碱性锌/二氧化锰电池的性能。在低放电率下，Li/CuO 电池有明显的容量优势，但在较高放电率下则失去这一优势。

4
3
2
1
容量/A·h
Zn/碱性/MnO_2
Li/CuO
50
100
150
200
放电倍率/mA

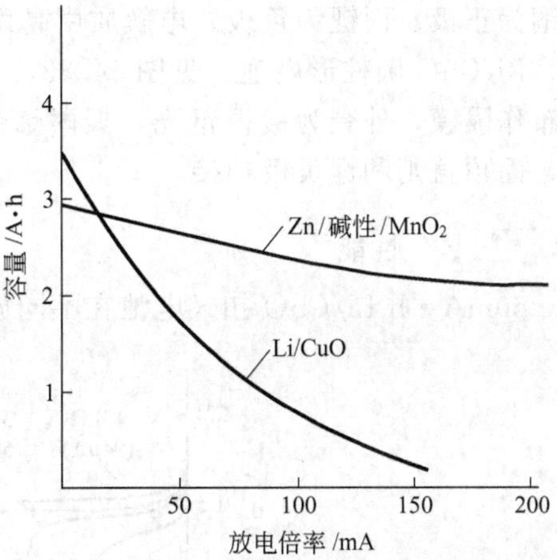

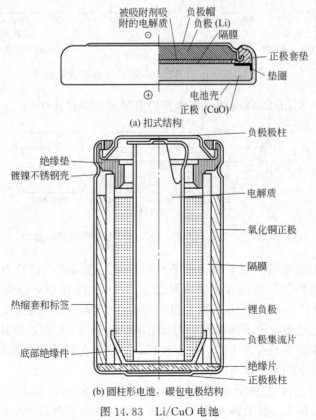

图 14.82　20℃下 AA 型 Li/CuO 电池和 AA 型碱性 Zn/MnO_2 电池的性能比较

14.11.1　化学原理

Li/CuO 电池的放电反应是：

$$2Li + CuO \longrightarrow Li_2O + Cu$$

放电分阶段进行，$CuO \rightarrow Cu_2O \rightarrow Cu$，但详细的反应机理尚不清楚[1,54]。现已观察到在高温（70℃）下低放电率放电有两个放电平台，而在常规的放电情况下，这两个平台又混合成一个放电平台[55]。

14.11.2　结构

Li/CuO 扣式电池的结构示于图 14.83(a)，与其他传统电池和固体正极锂电池相似。氧

被吸附剂吸
附的电解质
负极帽
负极 (Li)
隔膜
⊖
正极套垫
垫圈
⊕
电池壳
正极 (CuO)

(a) 扣式结构

负极极柱
绝缘垫
镀镍不锈钢壳
电解质
氧化铜正极
隔膜
热缩套和标签
锂负极
负极集流片
底部绝缘件
绝缘片
正极极柱

(b) 圆柱形电池，碳包电极结构

图 14.83　Li/CuO 电池

化铜为正极，而锂为负极。电解质由高氯酸锂（$LiClO_4$）溶质溶于有机溶剂形成。

　　Li/CuO 圆柱形电池［见图 14.83(b)］采用外圈式碳包结构。用圆筒状多孔非编织玻璃丝布作隔膜，外壳为镀镍钢壳，聚丙烯垫圈用于电池密封。外壳与圆柱形氧化铜正极相连接，而顶盖则和锂负极相接。

14.11.3　性能

　　60mA·h Li/CuO 扣式电池在不同放电条件和温度下的性能表示于图 14.84。

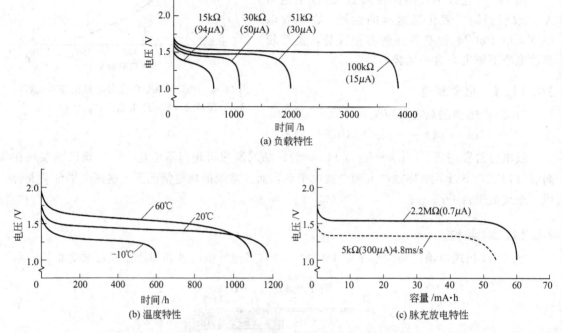

图 14.84　60mA·h Li/CuO 扣式电池的放电曲线

　　(1) 圆柱形碳包式 Li/CuO 电池　该体系的典型放电曲线示于图 14.85。在一段起始高

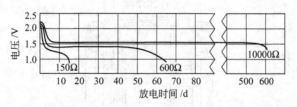

图 14.85　20℃下 AA 型 Li/CuO 电池的典型放电曲线

电压之后，在相对低的电压下放电曲线是平坦的。碳包式结构不能让电池进行高放电率放电，因为随着放电率增加，电池容量显著降低。Li/CuO 圆柱形电池的工作温度范围较宽广，一般从 70～−20℃。虽然电池可以超过上述温度范围工作，但放电曲线或放电负载能力要发生变化。该电池在几种不同温度下的放电曲线示于图 14.86，而其在 −40～70℃下以不同放电率放电的性能概括在图 14.87 中。显然，该电池在较低放电率时的较高容量随着放电率的增加和温度的下降而急剧下降。

　　Li/CuO 电池的长期贮存能力展示于图 14.88，图 14.88(a) 显示该电池室温下贮存 10 年仅有非常低的容量损失，其衰减率低于每年 0.5%。高温贮存后的性能如图 14.88(b) 所

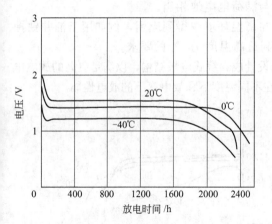

图 14.86 温度对 AA 型 Li/CuO 电池的影响，1kΩ 负载放电

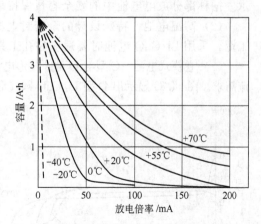

图 14.87 AA 型 Li/CuO 电池的容量与放电负载及温度的关系

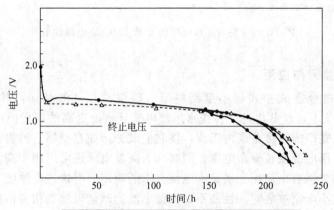

项目	开路电压 /V	电阻 /Ω	容量 /A·h
未贮存电池 --△--	2.36	9	3.25
贮存后 10 年	2.33	10	3.11

(a) 贮存前和贮存后 10 年后，在 20℃下放电

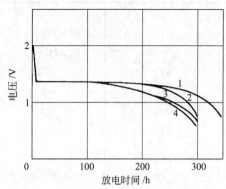

(b) 70℃下贮存后 20℃下放电，曲线 1 末贮存；曲线 2 贮存 6 个月；曲线 3 贮存 12 个月；曲线 4 贮存 18 个月

图 14.88 贮存对 AA 型 Li/CuO 圆柱形电池的性能影响

示。据称部分放电电池中的残余容量保持率还能与满荷电电池相当。

（2）高温电池　特殊设计的全密封电池已经在高温环境中得到应用，例如用于油井钻探工业，采用 Li/CuO 电池时要适应钻孔工具操作到最高温度 150℃ 的要求。

（3）卷绕式电池　C 型与 D 型圆柱形电池已经设计成卷绕式电极结构，以满足更高的放电电流需求。图 14.89 显示出 D 型 Li/CuO 圆柱形电池在不同温度下和放电率下的放电性能。

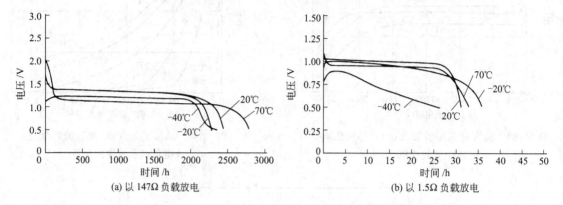

图 14.89　高与低放电率的 D 型 Li/CuO 电池性能

14.11.4　电池型号与应用

Li/CuO 电池适合制成扣式与小型圆柱形（碳包式）电池结构，其性能特征列于表 14.24 中。在低电流下，这些电池比传统水溶液电池显示出更高的容量。再加上它具有优良的贮存性能和可在宽广的温度范围内工作，使它们成为诸如存储器、钟表、电子计量仪表和遥控装置的可靠备用电源或长寿命电源。同时作为高温电池还可以用于高温环境的用途。特殊设计的电池也曾被制造出来用于满足大电流要求的应用。但这些电池已不再进行商业化生产。这是因为它在小电流放电时，性能不如碱锰电池。碱锰电池的相关信息在本书其他部分有详细介绍。

表 14.24　锂/氧化铜电池的相关特性

	Li/CuO		
	扣式	$\frac{1}{2}$AA	AA
标称电压/A	1.5	1.5	1.5
尺寸(最大)			
直径/mm	9.5	14.5	14.5
高度/mm	2.7	26.0	50.5
体积/cm³	0.2	4.3	8.3
质量/g	0.6	7.3	17.4
标称容量/A·h[①]	0.060	1.4	3.4
比能量			
质量比能量/(W·h/kg)	150	285	290
质量积比能量/(W·h/L)	450	485	610
锂质量/g	—	0.4	0.9
最大电流/mA	0.3	20	40

　① 大约在 C/1000 倍率下放电的容量。

14.12 锂/银钒氧电池

锂/银钒氧体系已经研制成功并用于生物医学用途，比如心脏起搏器、神经刺激器以及药物输送装置。该电池技术的相关信息将在 31.5.4 节做详细介绍。

14.13 锂/水电池和锂/空气电池

这两项电池技术将在 33.6 节做详细介绍。

参 考 文 献

1. J. P. Gabano, *Lithium Batteries*, Academic, London, 1983.

2. V. Sapru, *Battery Power*, 14, pp. 4-8 （2010.）

3. Technical data, Foote Mineral Co., Exton, PA; Lithium Corp. of America, Gastonia, NC.

4. H. R. Grady, "Lithium Metal for the Battery Industry," *J. Power Sources* 5: 127 （1980）, Elsevier Sequoia, Lausanne, Switzerland.

5. J. T. Nelson and C. F. Green, "Organic Electrolyte Battery Systems," U. S. Army Material Command Rep. HDL-TR-1588, Washington, DC, Mar. 1972.

   J. O. Besenhard and G. Eichinger, "High Energy Density Lithium Cells, pt. I, Electrolytes, and Anodes," *J. Electroanal. Chem.* 68: 1 （1976）, Elsevier Sequoia, Lausanne, Switzerland.

   G. Eichinger and J. O. Besenhard, "High Energy Density Lithium Cells, pt. II, Cathodes and Complete Cells," *J. Electroanal. Chem.* 72: 1 （1980）, Elsevier Sequoia, Lausanne, Switzerland.

6. F. Deligiannis, B. V. Ratnakumar, H. Frank, E. Davies, and S. Surampudi, *Proc. 37th Power Sources Conf.*, pp. 373-377 （1996）, Cherry Hill, NJ.

7. A. N. Dey, "Lithium Anode Film and Organic and Inorganic Electrolyte Batteries," in *Thin Solid Films*, Vol. 43, Elsevier Sequoia S. A., Lausanne, Switzerland, 1977, p. 131.

8. S. Gilman and W. Wade, "The Reduction of Sulfuryl Chloride at Teflon-Bonded Carbon Cathodes," *J. Electrochem. Soc.* 127: 1427 （1980）.

9. A. Meitav and E. Peled, "Calcium-Ca （ AlCl$_4$ ）$_2$-Thionyl Chloride Cell: Performance and Safety," *J. Electrochem. Soc.* 129: 3 （1982）.

10. R. L. Higgins and J. S. Cloyd, "Development of the Calcium-Thionyl Chloride Systems," *Proc. 29th Power Sources Conf.*, Electrochemical Society, Pennington, N. J., June 1980.

    M. Binder, S. Gilman, and W. Wade, "Calcium-Sulfuryl Chloride Primary Cell," *J. Electrochem. Soc.* 129: 4 （1982）.

11. E. S. Takeuchi and W. C. Thiebolt, "The Reduction of Silver Vanadium Oxide in Lithium/Silver Vanadium Oxide Cells," *J. Electrochem. Soc.* 135: 11 （1988）.

    E. S. Takeuchi, "Lithium/Solid Cathode Cells for Medical Applications," *Proc. Int. Battery Seminar*, Boca Raton, FL, 1993.

    A. Crespi, "The Characterization of Silver Vanadium Cathode Material by High-Resolution Electron Microscopy," *Proc. 7th Int. Meet. Lithium Batteries*, Boston, MA, May 1994.

12. N. I. Sax, *Dangerous Properties of Industrial Materials*, Van Nostrand Reinhold, New York.

13. *Transportation*, Code of Federal Regulations CFR 49, U. S. Government Printing Office, Washington, DC; Exemption DOT-E-7052, Department of Transportation, Washington, DC; "Technical Instructions for the Safe Transport of Dangerous Goods by Air," International Civil Aviation Organization, DOC 9284-AN/905, Montreal, Quebec, Canada.

14. E. H. Reiss, "Considerations in the Use and Handling of Lithium-Sulfur Dioxide Batteries," *Proc. 29th Power Sources Conf.*, Electrochemical Society, Pennington, NJ, June 1980.

15. Technical Standard Order: TSO-C142, Lithium Batteries, U. S. Dept. of Transportation, Federal Aviation Administration, Washington, DC （2000）.

16. T. B. Reddy, *Modern Battery Technology*, Sec. 5. 2, C. D. S. Tuck, ed. , Ellis Horwood, New York (1991).

17. M. Mathews, *Proc. 39th Power Sources Conf.* , pp. 77-80 (2000), Cherry Hill, NJ.

18. S. Charlton, R. Costa, and C. Negrete, *Proc. 41st Power Sources Conf.* , pp. 29-31 (2004), Philadelphia, PA.

19. M. Sink, *Proc. 38th Power Sources Conf.* , pp. 187-190 (1998), Cherry Hill, NJ.

20. H. Taylor, "The Storability of Li/SO$_2$ Cells," *Proc. 12th Intersociety Energy Conversion Engineering Conf.* , American Nuclear Society, LaGrange Park, IL, 1977.

21. D. Linden and B. McDonald, "The Lithium-Sulfur Dioxide Primary Battery-Its Characteristics, Performance and Applications," *J. Power Sources* 5: 35 (1980), Elsevier Sequoia, Lausanne, Switzerland.

22. R . C. McDonald et al. , "Investigation of Lithium Thionyl Chloride Battery Safety Hazard," Tech. Rep. N60921-81-C0229, Naval Surface Weapons Center, Silver Spring, MD, Jan. 1983.

23. S. C. Levy and P. Bro, *Battery Hazards and Accident Prevention*, Sec. 10. 3. 2, Plenum Publishing Corp. , New York (1994).

24. Tadiran Batteries, Port Washington, NY, 11050.

25. M. Babai and U. Zak, "Safety Aspects of Low-Rate Li/SOCl$_2$ Batteries," *Proc. 29th Power Sources Conf.* , Electrochemical Society, Pennington, NJ, June 1980.

26. K. M. Abraham and R. M. Mank, "Some Safety Related Chemistry of Li/SOCl$_2$ Cells," *Proc. 29th Power Sources Conf.* , Electrochemical Society, Pennington, NJ, June 1980.

27. R . L. Zupancic, "Performance and Safety Characteristics of Small Cylindrical Li/SOCl$_2$ Cells," *Proc. 29th Power Sources Conf.* , Electrochemical Society, Pennington, NJ, June 1980.

28. J. F. McCartney, A. H. Willis, and W. J. Sturgeon, "Development of a 200kW • h Li/SOCl$_2$ Battery for Undersea Applications," *Proc. 29th Power Sources Conf.* , Electrochemical Society, Pennington, NJ, June 1980.

29. A. Zolla, J. Westernberger, and D. Noll, *Proc. 39th Power Sources Conf.* , pp. 64-68 (2000), Cherry Hill, NJ.

30. C. Winchester, J. Banner, A. Zolla, J. Westenberger, D. Drozd, and S. Drozd, *Proc. 39th Power Sources Conf.* , pp. 5-9 (2000), Cherry Hill, NJ.

31. K. F. Garoutte and D. L. Chua, "Safety Performance of Large Li/SOCl$_2$ Cells," *Proc. 29th Power Sources Conf.* , Electrochemical Society, Pennington, NJ, June 1980.

32. F. Goebel, R. C. McDonald, and N. Marincic, "Performance Characteristics of the Minuteman Lithium Power Source," *Proc. 29th Power Sources Conf.* , Electrochemical Society, Pennington, NJ, June 1980.

33. D. V. Wiberg, "Non-Destructive Test Techniques for Large Scale Li/Thionyl Chloride Cells" *Proc. Int. Battery Seminar*, Boca Raton, FL, 1993.

34. P. G. Russell, D. Carmen, C. Marsh, and T. B. Reddy, *Proc. 38th Power Sources Conf.* , pp. 207-210 (1998), Cherry Hill, NJ.

35. E . Elster, S. Luski, and H. Yamin, "Electrical Performance of Bobbin Type Li/SO$_2$Cl$_2$ Cells," *Proc. 11th Int. Seminar Batteries*, Boca Raton, FL, March 1994.

36. S. McKay, M. Peabody, and J. Brazzell, *Proc. 39th Power Sources Conf.* , pp. 73-76 (2000), Cherry Hill, NJ.

37. C. C. Liang, P. W. Krehl, and D. A. Danner, "Bromine Chloride as a Cathode Component in Lithium Inorganic Cells," *J. Appl. Electrochem* (1981).

38. D. M. Spillman and E. S. Takeuchi, *Proc. 38th Power Sources Conf.* , pp. 199-202 (1998), Cherry Hill, NJ.

39. H. Ikeda, S. Narukawa, and S. Nakaido, "Characteristics of Cylindrical and Rectangular Li/MnO$_2$ Batteries," *Proc. 29th Power Sources Conf.* , Electrochemical Society, Pennington, NJ, 1980.

40. T. B. Reddy and P. Rodriguez, "Lithium/Manganese Dioxide Foil-Cell Battery Development," *Proc. 36th Power Sources Conf.* , Cherry Hill, NJ, 1994.

41. X. Wang, J. Bennetti, M. Mathews, and X. Zhang, *Proc. 42nd Power Sources Conf.* , pp. 69-72 (2006), Philadelphia, PA.

42. Z. Pi and X. Zhang, *Proc. 42nd Power Sources Conf.* , pp. 65-68 (2006), Philadelphia, PA.

43. A. Morita, T. Iijima, T. Fujii, and H. Ogawa, "Evaluation of Cathode Materials for the Lithium/Carbon Monofluoride Battery," *J. Power Sources* 5: 111 (1980), Elsevier Sequoia, Lausanne, Switzerland, 1980.

44. D. Eyre and C. D. S. Tuck, *Modern Battery Technology*, Sec. 5. 3, C. D. S. Tuck, ed. , Ellis Horwood, New York (1991).

45. R . L. Higgins and L. R. Erisman, "Applications of the Lithium/Carbon Monofluoride Battery," *Proc. 28th Power*

Sources Symp. , Electrochemical Society, Pennington, NJ, June 1978.

46. T. R. Counts, *Proc.* 38*th Power Sources Conf.* , 143-146 (1998), Cherry Hill, NJ.

47. V. Z. Leger, U. S. Patent No. 4, 327, 166 (April 1982).

48. X. Wang, J. Mastroangelo, and X. Zhang, *Proc.* 43*rd Power Sources Conf.* , pp. 541-545 (2008), Philadelphia, PA.

49. P. Lam and R. Yazami, *J. Power Sources*, 153: 354-359 (2006).

50. J. Whitacre et al. , *J. Power Sources*, 160: 517 (2006).

51. J. F. Whitacre et al. , *Electrochem and Solid-State Letters* 10: A166-A170 (2007).

52. R . Yazami, 25th *International Florida Battery Seminar*, Ft. Lauderdale, FL, March 2008.

53. A. Webber, *Proc.* 41*st Power Sources Conf.* , pp. 25-28 (2004), Philadelphia, PA.

54. T. Iijima, Y. Toyoguchi, J. Nishimura, and H. Ogawa, "Button-Type Lithium Battery Using Copper Oxide as a Cathode," *J. Power Sources* **5**: 1 (1980), Elsevier Sequoia, Lausanne, Switzerland.

55. J. Tuner et al. , "Further Studies on the High Energy Density Li/CuO Organic Electrolyte System," *Proc.* 29*th Power Sources Conf.* , Electrochemical Society, Pennington, NJ, June 1980.

第·3·部·分

蓄 电 池

第15章

蓄电池导论

Thomas B. Reddy

15.1 蓄电池的应用与特点

蓄电池具有广泛应用，通常用于车辆的启动、照明和点火（SLI），载重卡车的货物装卸及紧急和备用电源。小型蓄电池大量用于为便携式用电设备供电，如电动工具、玩具、照明器材、相机、收音机及许多消费类电子产品（电脑、便携式摄像机、移动电话）。最近，蓄电池作为纯电动和混合电动车辆的电源再次引起人们的关注（见第29章）。世界各国开展了许多项目，目的是提高现有电池体系的性能，发展新的电池体系以满足新应用领域中的紧迫需求。蓄电池的应用主要分为两类。

（1）蓄电池作为能量贮存装置，由主电源对其进行充电，当主电源失效或无法满足能耗时，由蓄电池按要求供电，如车辆、飞行器、不间断电源、备用电源和其他混合应用。

（2）蓄电池像原电池一样放电，使用后在设备中或独立进行充电。以这种方式使用蓄电池方便、经济（蓄电池能进行再充电），同时可以提供比原电池更高的能量。大部分消费类电子产品、电动车辆、机车、载重卡车及固定使用的蓄电池都属于此类应用。

传统的水溶液蓄电池除了可以进行再充电外，还具有较高的比功率、平稳的放电电压、较好的低温性能。然而，蓄电池的体积比能量和质量比能量通常比较低，而且荷电保持能力低于原电池。通过高能量材料的使用，使某些蓄电池，如锂离子蓄电池具有较高的体积比能量，较好的荷电保持能力；同时其他性能也有一定程度的提高。但是对质子惰性的溶剂的使用影响电池比功率的提高，主要是由于这种溶剂的导电性低于水溶液电解质，这一缺陷可以通过增加电极表面积进行补偿（见第26章）。

蓄电池已有超过150年历史。1859年，Planté发明了铅酸蓄电池，由于大量的设计改进和技术进步，加之在车辆SLI电池领域中占主导地位，所以铅酸蓄电池仍然是应用最为广泛的蓄电池。铁/镍碱性蓄电池作为早期电动车辆的电源1908年由Edison发明，最终广泛应用于载重卡车、地铁、铁路机车和固定使用的领域。其优点是耐久性和长寿命，但是由于成本高、需要维护和体积比能量低，逐渐失去了其市场份额[1]。

袋式镉/镍蓄电池1909年开始生产，主要应用于重工业领域。20世纪50年代具有高比功率和高体积比能量烧结式极板的出现，使镉/镍蓄电池打开了飞机发动机启动和通信领域内的市场。

此后发展起来的密封镉/镍电池广泛应用于便携电源和其他领域。这一电池体系在便携式电源领域占据主导地位，直到高质量比能量和体积比能量的金属氢化物/镍蓄电池和锂离子蓄电池的出现。

与原电池体系相比，较早的蓄电池体系性能得到显著改善，同时许多新体系，如锌/银电池、锌/镍电池、镍氢电池、锂离子电池和高温电池已进入到商业应用或处于预先研究中。许多关于新体系的研究工作均是为了满足便携式电子产品和电动车辆对高性能电池的需求。

便携式镉/镍蓄电池的质量比能量和体积比能量没有显著提高，目前分别为 35W·h/kg 和 100W·h/L。通过使用新型贮氢合金，金属氢化物/镍电池的性能得到很大改进，这一体系的质量比能量和体积比能量目前分别为 70～100W·h/kg 和 430W·h/L。由于在负极中使用石墨材料，提高比容量，20 世纪 90 年代末期锂离子电池性能也有了显著提高。用于消费类电子产品的小圆柱形锂离子电池的质量比能量能够达到 200W·h/kg，体积比能量达到 570W·h/L。新型锂离子电池的质量比能量和体积比能量现在分别可达到 240W·h/kg 和 640W·h/L（参见第 26 章）。锂金属/锂化二氧化锰的 AA 型蓄电池从 20 世纪 90 年代后期开始研究，尽管研究还在继续，但现在商业化产品很少（参见第 27 章）。

全球 2009 年蓄电池市场约为 475 亿美元[2]，到目前为止铅酸蓄电池应用最为广泛，其中 SLI 电池占据主要的市场份额，但是由于其他体系电池的广泛应用，这一份额逐年减少。2008 年锂离子电池的产量是 31630 亿只，销售额达到 130 亿美元[3]。其主要增长领域是在使用小型蓄电池的消费类产品（不包括电动车辆）。锂离子蓄电池在过去十年中占据 75% 的小型密封蓄电池市场份额。每种蓄电池的典型特点和应用概括在表 15.1 中。

表 15.1　蓄电池的主要特点和应用

体　系	特　点	应　用
铅酸蓄电池		
汽车	广泛应用的低成本蓄电池，中等比能量，高倍率特性和低温特性好；免维护设计	汽车 SLI，高尔夫球车，割草机，拖拉机，飞机，船只
牵引(动力用)	6～9h 深度放电，周期性运行	工业卡车，运输机械，电动车和混合电动车，经特殊设计后可作为潜艇动力
备用	可浮充电，长寿命，阀控式密封设计	应急电源，公用设施，电信，UPS，负载调整，储能，紧急照明
便携式	密封，免维护，成本低，浮充电性能好，循环寿命中等	便携式工具，小型设备和装置，电视和便携式电子设备
镉/镍电池		
工业和 FNC	高倍率性能、低温性能和浮充性能好，循环寿命长	航空电池，工业和应急电源，通信设备
便携式	密封，免维护，高倍率性能和低温性能好，循环寿命长	铁路设施，消费类电子产品，便携式工具，传呼机，摄影器材，备用电源，存储备份
金属氢化物/镍电池	密封，免维护，比能量高于镉/镍电池	消费类电子产品和其他便携式设备，电动车和混合电动车
铁/镍电池	耐用，结构坚固，长寿命，比能量低	运输机械，固定设施，机车
锌/镍电池	比能量高，循环寿命和倍率特性好	电动自行车，电动摩托车
锌/银电池	比能量最高，高倍率性能出色，循环寿命低，成本高	轻型便携式电子产品和设备；靶标，无人机，潜艇等武器装备；着陆器和空间探测器
镉/银电池	比能量高，荷电保持能量好，循环寿命中等，成本高	轻型、高能便携式设备；卫星
镍氢电池	浅放电下循环寿命长，使用寿命长	主要用于空间应用，如 LEO 和 GEO 卫星
环境温度可充式"原"电池 Zn/MnO_2	成本低，荷电保持能力强，密封且免维护，循环寿命和倍率特性有限	圆柱形电池，可作为替代锌/碳电池和碱性原电池的蓄电池，用于消费类电子产品(常温使用)
锂离子电池	质量比能量和体积比能量高，循环寿命长	便携式和消费类电子产品，电动车（EV、HEV、PHEV）空间应用，电能贮存

15.2　蓄电池的种类和特点

　　蓄电池最主要的特点是可以进行充放电——将电能转换为化学能，并可以再转换为电能。这一过程几乎能可逆地进行并具有一定的能量效率，所引起的物理变化很小甚至于不会影响循环寿命。其化学反应既不能引起电池组分劣化、寿命衰降和能量损失，同时又能使电池具有比能量高、内阻低和温度适用范围广的特点。这些要求使只有部分材料能够成功地用于蓄电池体系。

15.2.1　铅酸蓄电池

　　铅酸蓄电池具有很多这样的特点：充放电过程基本上是可逆的，整个体系不会受到有害化学反应的影响，体积比能量和质量比能量较低，在很宽的温度范围内性能稳定。铅酸蓄电池能如此广泛应用并在市场占有主导地位，关键的因素是相对较好的性能和循环寿命，价格低廉。

　　如表 15.1 所示（详见第 16 章、第 17 章），铅酸蓄电池有很多种规格，容量从 1A·h 的小型密封电池到 12000A·h 的大型电池。到目前为止汽车用 SLI 电池是应用最为广泛的蓄电池。SLI 电池设计中最显著的优点有：采用轻质的塑料外壳，提高搁置寿命，采用贫液设计和免维护设计。后来，由于采用了钙铅合金或低锑合金的板栅，大大减少充电过程中水的损失（几乎不需加水），同时减小自放电率，从而使得电池能够以荷电状态在潮湿的环境中搁置相对更长的时间。

　　工业贮备铅酸蓄电池通常比 SLI 电池的容量更大，并具有更加坚固可靠的结构。工业电池的应用可以汇总为以下几类。动力启动牵引型主要用于运输卡车、拖拉机、矿山机械，在高尔夫球车和人员载送车领域中也占有一定市场，尽管在这一领域主要使用的是汽车电池。其次是柴油机车启动和快速交通系统用电池，后者已代替了铁/镍电池。显著的优点是采用轻型塑料代替硬橡胶作为外壳，密封性更好，并改进了管式正极的设计。另一类是固定式电池，主要用于电信系统及电力系统中的电子设备、应急和备用电源、不间断电源（UPS）、铁路、信号灯和汽车动力系统。

　　工业铅酸蓄电池采用三种不同类型的正极板：管式电极和涂膏式平板电极用于汽车动力、柴油发动机启动和固定应用，普朗克式电极（由纯铅直接形成活性物质）主要用于固定式电池。平板电极使用铅锑合金或铅钙合金板栅。近来随着电信工业的发展，为满足无故障运行和长寿命工作的需求，出现了一种"圆形电池"。这种电池的极板采用圆锥形的纯铅板栅，在圆柱形外壳中叠层放置，而不像通常的矩形结构采用方形极板。

　　铅酸蓄电池技术的一个重要发展是阀控式铅酸蓄电池（VRLA）（见第 17 章）。这种电池应用了氧气复合的原理，采用贫液设计或固态电解质。充电过程中正极产生的氧气扩散至负极，并在硫酸的作用下与刚生成的铅反应。由于氢气的生成也受到限制，阀控式设计减少 95% 的气体析出。通过采用泄压阀，使氧气的复合得以实现，在蓄电池正常运行时泄压阀处于关闭状态；当压力积累到预先设定值时，泄压阀打开，释放气体。当电池压力减小到大气压之前，泄压阀关闭。70% 通信设施用电池和 80%UPS 电池采用的都是 VRLA 电池。

　　小型密封铅酸蓄电池用于紧急照明等停电后需要后备电源的装置、便携式设备和工具以及各种消费类产品中。这些小型密封铅酸蓄电池采用两种结构：一种是极板平行的方形结构，容量为 1~30A·h；另一种是外观与常见的碱性原电池相似的圆柱形结构，容量能达

25A·h。电池中的酸性电解质或者呈凝胶状，或者吸附在极板和大孔隙率隔膜上，因此电池可以任意方向放置，而电解质不会发生泄漏。板栅通常采用铅-钙-锡合金，有的采用纯铅或铅-锡合金。上述单体电池的设计特点能满足氧气复合的要求，可称其为 VRLA 电池（见第 17 章）。

铅酸蓄电池还有很多其他应用，比如作为潜艇的贮备电源，或用于发动机无法工作的场合，如室内或矿井。新的装备充分利用了铅酸蓄电池的成本优势，铅酸蓄电池还可用于负荷调整和太阳能光伏系统的储能装置。这些应用对铅酸蓄电池的体积比能量和比功率都提出了更高要求。

新型设计的超级铅酸蓄电池和超长寿命的富液电池（ELF）均包含碳极板与负极并联或直接在负极中采用碳而具有应用于混合动力车的能力（见第 29 章）。

15.2.2 碱性蓄电池

除铅酸蓄电池外，大部分常用的蓄电池都采用碱性水溶液（KOH 或 NaOH）作为电解质。电极材料与碱性电解质的反应活性低于与酸性电解质的反应活性。此外，碱性电解质中的充放电机理仅包括氧气或氢氧根离子在两极间的传递，因此在充放电过程中，电解质的组成和浓度不发生变化。

（1）镉/镍蓄电池 镉/镍蓄电池是一种应用最为广泛的碱性蓄电池，规格种类很多且容量范围很广。最早的设计采用袋式极板结构，开口袋式电池非常结实耐用，可以承受各种电性能和机械滥用。这种电池的寿命很长，除了需偶尔添加水外，几乎不需要维护。这种电池通常用于重工业中，比如运输卡车、矿山车辆、铁路信号灯、应急或备用电源、柴油发动机启动等。后来烧结极板结构出现并得到发展，这种结构的电池具有更高的体积比能量，在高倍率放电和低温方面比袋式电池有着更出色的性能，但价格更高。通常用于对电池的质量和性能有着更高要求的场合，比如飞机发动机启动、通信和电子设备。应用泡沫镍电极、纤维镍电极和涂膏式电极（压制电极）可以获得更高的体积比能量和比功率。第三种设计结构是密封式电池，利用了与密封铅酸蓄电池相似的氧气复合机理，阻止充电过程中由于析气导致的内压增高。密封式电池可以设计成为方形、扣式和圆柱形结构，通常用于消费类电子产品和小型工业设备中。

（2）铁/镍蓄电池 自 1908 年出现，至 20 世纪 70 年代逐渐被工业铅酸蓄电池所取代，铁/镍蓄电池曾经占有重要的市场地位，主要用于运输卡车、矿山和地铁车辆、铁路和快速交通车辆，以及其他固定应用。铁/镍蓄电池中使用了镀镍钢带，其主要优点有结构坚固、循环寿命长、耐久性好。但是由于比能量低，荷电保持能力差，低温性能不好等缺点，同时与铅酸蓄电池相比成本较高，铁/镍蓄电池在各种应用领域中逐渐消失。近期研究显示，纳米结构的碳在铁电极中的应用可以显著提升铁负极的容量。

（3）氧化银电池 锌/银（锌/氧化银）电池显著的优点是：体积比能量高，内阻低，适合高倍率放电，放电电压平稳。这种电池通常应用在将高体积比能量作为首要求的领域，比如电子信息接收设备、潜艇、靶标和其他军事及空间应用。由于成本高，循环寿命和湿贮存寿命差，而且与其他蓄电池相比，低温下性能衰降显著。所以，锌/银蓄电池不适于作为常用的贮备电池。最近，也有一些研究成果可使其适合于消费电子应用。

镉/银（镉/氧化银）蓄电池的循环寿命和低温性能明显高于锌/银电池，但是低于镉/镍电池，同样其体积比能量也位于锌/银电池和镉/镍电池之间。由于采用了两种成本较高的电极材料，镉/银电池也非常昂贵。因此，镉/银电池始终没有向商品化发展，而是存在于一些特殊用途，比如作为无磁性电池或用于空间。其他银系列电池，如氢/银电池和金属氢化物/银电池，仅作为学术研究，都没有能够实现商品化。

（4）锌/镍电池　锌/镍（锌/氧化镍）蓄电池的性能指标介于镉/镍电池和锌/银电池之间。其体积比能量大约是镉/镍电池的两倍，但是循环寿命却有限，主要是因为锌电极有发生形变的趋势，这将导致容量的损失和枝晶的形成，后者会引起内短路的发生。

为了改善锌/镍电池的循环寿命，近期研究同时采用了以下两种方法：一是在负极中加入添加剂；二是使用低浓度的 KOH 溶液以降低锌在电解质中的溶解度。这些改进使这一电池体系的循环寿命在 80%DOD 下延长到 900 次，锌/镍电池在美国已应用在电动自行车、踏板车和消费电子产品中。

（5）氢电极电池　另一种蓄电池体系以氢为负极活性物质（作为一种燃料电池型的电极），而正极采用常用的正极材料，如氧化镍。这些电池专门用于航天领域，这种应用需要蓄电池能够在放电深度浅的情况下具有很长的循环寿命（LEO），或者限制放电深度而用于高轨卫星（GEO）。它们的成本很高，因而使其应用受到限制。在此基础上出现了密封金属氢化物电池，这种电池在充电过程中氢气被合金吸附成为金属氢化物。这种合金可以在电池充放电时进行氢气吸附-脱附的可逆反应。这种电池的优点是其质量比能量和体积比能量都明显高于镉/镍电池。密封金属氢化物镍/蓄电池可以设计成为小方形和圆柱形，用于便携式电子设备和混合电动车等用途，而大型电池用于纯电动车。预充电的即用型金属氢化物/镍蓄电池现在已经商业化，年容量衰降率低于 10%。

（6）锌/二氧化锰电池　一些常用的原电池体系都可以被设计制造成为蓄电池，但目前这样的电池仍旧在生产的只有圆柱形碱性锌/二氧化锰电池。其主要优势是与普通蓄电池相比，具有较高的容量和较低的先期成本，但是循环寿命和倍率特性不好。该体系目前有 AAA 型和 AA 型两类电池正在销售。

（7）锂离子蓄电池　锂离子蓄电池虽然只是近二十年前才出现，但是其产值已占蓄电池消费市场的 3/4，其应用主要是笔记本电脑、移动电话和便携式摄像机（通常所说的 "3C" 市场）。最近产量预计可达 2.5 亿只/月[3]，这些电池的体积比能量和质量比能量高，循环寿命长，80%DOD 可达 1000 次以上。当组合成电池组时，电池组管理系统应能提供过充电和过放电保护，否则电池组将受到损坏，同时还应该提供荷电态显示功能并保证电池组过流和过热时的安全（见第 5 章）。第 26 章对锂离子蓄电池进行更详细介绍。

15.3　各种蓄电池体系的性能比较

15.3.1　概述

表 15.2 列出了各主要蓄电池体系的性能特点，作为补充，表 1.2 中列出了这些蓄电池体系的理论和实际电性能参数。图 3.3 对不同蓄电池体系理论和实际性能进行比较。表中显示在实际使用条件下，由于不同设计和放电要求，只能获得理论容量的 25%～35%。

需要注意的是，正如在第 3 章和第 32 章中讨论的一样，这类数据及比较（以及本节中列出的特性参数）必定是近似值，是各电池体系在最优的放电条件下测得的。电池体系的具体性能与电池设计特点、特定使用条件及充放电条件密切相关。

表 15.3 对不同蓄电池体系的性能进行了定性比较。同一电化学体系不同设计的电池被评定为不同等级，这正说明设计特点对电池性能的影响。

表 15.2 主要蓄电池体系的性能特点

常用名称	铅酸				镉/镍			
	SLI	牵引	固定式	便携式	开口袋式	开口烧结式	密封式	FNC
化学组成								
负极	Pb	Pb	Pb	Pb	Cd	Cd	Cd	Cd
正极	PbO$_2$	PbO$_2$	PbO$_2$	PbO$_2$	NiOOH	NiOOH	NiOOH	NiOOH
电解质	H$_2$SO$_4$(水溶液)	H$_2$SO$_4$(水溶液)	H$_2$SO$_4$(水溶液)	H$_2$SO$_4$(水溶液)	KOH(水溶液)	KOH(水溶液)	KOH(水溶液)	KOH(水溶液)
单体电池电压(典型)/V								
标称	2.0	2.0	2.0	2.0	1.2	1.2	1.2	1.2
开路	2.1	2.1	2.1	2.1	1.29	1.29	1.29	1.35
工作	2.0~1.8	2.0~1.8	2.0~1.8	2.0~1.8	1.25~1.00	1.25~1.00	1.25~1.00	1.25~0.85
终止	1.75(用作启动电源时工作电压和终止电压更低)	1.75	1.75(浮充电时除外)	1.75(循环时)	1.0	1.0	1.0	1.00~0.65
工作温度/℃	−40~55	−20~40	−10~40①	−40~60	−20~45	−40~50	−20~70	−50~60
质量比能量和体积比能量(20℃)								
质量比能量/(W·h/kg)	40	25	10~20	30	27	30~37	35	10~40
体积比能量/(W·h/L)	70	80	50~70	90	55	58~96	100	15~80
放电曲线(相对)	平坦	平坦	平坦	平坦	平坦	非常平坦	非常平坦	平坦
比功率	高	较高	较高	高	高	高	中等~高	非常高
自放电速率(20℃)/(%/月)②	20~30(Sb-Pb)(免维护)	4~6	—	4~8	5	10	15~20	10~15

续表

常用名称	铅酸				镉/镍			
	SLI	牵引	固定式	便携式	开口袋式	开口烧结式	密封式	FNC
日历寿命/年	3~6	6	18~25	2~8	8~25	3~10	5~7	5~20
循环寿命/次①	200~700	1500	—	250~500	500~2000	500~2000	300~1000	500~10000（10℃时,35%DOD下 LEO 测试）
优点	成本低,易于生产,高倍率及高温和低温性能优良（启动性能优良）,新型免维护设计	相比之下成本最低（其他同SLI）	为浮充应用设计,相比之下成本最低（其他同SLI）	免维护,浮充寿命长,高温和高温比能好,无记忆效应,可以任意充电状态工作	结构非常坚固,能承受多种物理和电滥用,荷电保持和贮存性能好,循环寿命长,在碱性电池中成本最低	结构坚固,贮存性能好,比能量高,高倍率性能优良	密封,免维护,低温和高倍率性能优良,循环寿命长,可以任意状态工作	密封,免维护,即使在低温下亦具有高功率,低放电深度下循环寿命长,能快充
缺点	循环寿命较低,体积比能量有限,荷电保持和贮存性能差,析氢	体积比能量低,相比之下坚固性较差	析氢	不能在放电态下贮存;循环寿命低于密封镉/镍电池;体积比能非常小时难于生产	体积比能量低	成本高,记忆效应,热失控问题	高温和浮充性能不如铅酸蓄电池,记忆效应问题	体积比能量低于烧结式
主要电池类型	方形电池:40~100A·h(20h率)	取决于正极板片数;单个正极板为45~200A·h	取决于正极板片数;单个正极板为5~400A·h	密封圆柱形电池:2.5~25A·h;方形电池:约1440A·h	方形电池:1200A·h	方形电池:1.5~100A·h	扣式电池:约0.5A·h;圆柱形电池:约12A·h	方形电池:约490 A·h

常用名称	铁/镍(传统)	锌/镍	锌/氧化银(锌/银)	镉/氧化银(镉/银)	镍氢	金属氢化物/镍	可充电"原"电池Zn/MnO₂	锂离子体系①
化学组成 负极	Fe	Zn	Zn	Cd	H_2	MH	Zn	C
正极	NiOOH	NiOOH	AgO	AgO	NiOOH	NiOOH	MnO_2	$LiCoO_2$
电解质	KOH(水溶液)	KOH(水溶液)	KOH(水溶液)	KOH(水溶液)	KOH(水溶液)	KOH(水溶液)	KOH(水溶液)	有机溶剂
单体电池电压(典型)/V 标称	1.2	1.65	1.5	1.1	1.4	1.2	1.5	4.0
开路	1.37	1.73	1.86	1.41	1.32	1.4	1.5	4.1
工作	1.25~1.05	1.6~1.4	1.7~1.3	1.4~1.0	1.3~1.15	1.25~1.10	1.3~1.0	3.7

续表

常用名称	铁/镍(传统)	锌/镍	锌/氧化银(锌/银)	镉/氧化银(镉/银)	镍氢	金属氢化物/镍	可充电"原"电池，Zn/MnO₂	锂离子体系①
终止	1.0	1.2	1.0	0.7	1.0	1.0	0.9	3.0
工作温度/℃	-10~45	-20~50 方形 圆柱形	-20~60	-25~70	0~50	-20~65 HEV 商用	-20~40	-20~50
质量比能量和体积比能量(20℃)								
质量比能量/(W·h/kg)	30	60~100 70~110	105④	70	64(CPV)	47 90~110	100	203
体积比能量/(W·h/L)	55	110~200 200~360	180	120	105(CPV)	177 430	286	570
放电曲线(相对)	较平坦	平坦	双平台(非高倍率设计)	双平台(高倍率设计)	较平坦	平坦	倾斜	倾斜
比功率	中等~高	高	中等~高	中等~高	中等	高	中等	中等(能量电池)；高(功率电池)
自放电速率(20℃)	20~40	20	5	5	低温以外非常高	15~30		2
使用寿命/年	8~25	—	6~18个电池(湿)	3(开口)4(密封)	—	5~10	5~7	
循环寿命/次②	2000~4000	80%DOD下可达900	10~50(HR)	300~800	1500~6000；40000(40%DOD)	500~1000(用于HEV时300000)	15~25	1000+
优点	结构非常坚固，耐受物理和电滥用，循环寿命和搁置寿命长	体积比能量较低，成本低、低温性能优良、高功率容量	体积比能量高，放电速率高，自放电速率低	体积比能量高，自放电速率低，循环寿命长	体积比能量高，低放电深度下循环寿命长，能承受过充电	体积比能量高，循环寿命长，密封	搁置寿命长，成本低	质量比能量和体积比能量高，自放电速率低，循环寿命长
缺点	功率和体积比能量低，析氢，成本和维护成本高	锌枝晶会引起短路	成本高，循环寿命低、低温下性能下降	成本高、低温下性能下降	初始成本高，自放电与H₂压力及温度比例	成本中等，必须在中等温度下充电	循环寿命有限，小电流应用，仅有小尺寸	需要使用电池管理系统
主要电池类型	发达国家产量下降明显	方形和圆柱形(AA、sub-C和D)，可用于轻型电动车和消费电子，如电动工具和数码相机	方形电池：1~1000A·h；特殊类型：约5000A·h	方形电池：空间型应用	空间应用(高达100A·h)	扣式和圆柱形电池12A·h；大方形电池250A·h	AAA型、AA型圆柱形和方形电池组成2.0A·h多单体电池组	圆柱形和方形电池在许多商用化学体系(LiCoO₂/石墨)中都有应用

① C/LiCoO₂锂离子电池(参见第26章)(性能因电池体系及设计不同而异)。
② 自放电速率通常随着贮存时间的延长而下降。
③ 取决于放电深度。
④ 高倍率Zn/AgO电池。

表 15.3　各种蓄电池体系的比较[①]

体　　系	体积比能量	比功率	放电曲线平滑性	低温性能	荷电保持	充电接受能力	效率	寿命	力学性质	成本
铅酸										
涂膏式	4	4	3	3	4	3	2	3	5	1
管式	4	5	4	3	3	3	2	2	3	2
普朗克式	5	5	4	3	3	3	2	2	4	2
密封式	4	3	3	2	3	3	2	3	5	2
锂-金属	1	3	3	2	1	3	3	4	3	4
锂离子	1	2	3	2	1	1	1	1	2	2
镉/镍										
袋式	5	3	2	1	2	1	4	2	1	3
烧结式	4	1	1	1	4	1	3	2	1	3
密封式	4	1	2	1	4	2	3	2	1	3
铁/镍	5	5	4	5	5	2	5	1	1	3
金属氢化物/镍	2	1	2	2	3	1	2	2	2	3
锌/镍	2	1	2	3	4	3	3	4	3	3
锌/银	1	1	4	4	1	3	2	5	2	4
镉/银	2	3	5	4	1	5	1	4	3	4
氢/镍	2	3	3	4	5	3	5	2	3	5
氢/银	2	3	4	4	5	3	5	2	3	5
锌/二氧化锰	2	4	5	3	1	4	4	5	4	2

① 等级：1→5，对应最好→最差。

15.3.2　电压和放电曲线

　　图 15.1 给出常规蓄电池在 $C/5$ 倍率下的放电曲线。在水溶液电解质电池中，铅酸蓄电

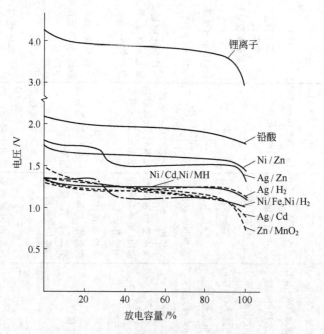

图 15.1　常规蓄电池体系和可充锂离子
电池在 $C/5$ 倍率下的放电曲线

池具有最高的放电电压。碱性蓄电池体系的放电电压范围相对锌/镍电池而言为 1.65～1.1V。对于同一体系不同设计的蓄电池，在 20℃ 下以 $C/5$ 倍率放电时，其放电曲线的形状几乎没有区别。但是，以更高的放电倍率，在更低的温度下放电，其放电曲线的区别将非常显著，这主要是因为电池的内阻不同。

大部分常规蓄电池体系都具有平滑的放电曲线，只有氧化银电池体系的放电曲线具有两个平台。这主要是因为氧化银电极两阶段放电的特性，可充锌/二氧化锰电池也具有这个特点。

作为比较，该图还给出采用碳/氧化钴锂体系的锂离子电池放电曲线。由于体系本身的特点，锂离子蓄电池的单体电压比常规水溶液电解质电池的电压都高，但其放电曲线通常并不平坦，这是因为采用导电率低的非水电解质以及嵌入式电极反应（见第 26 章）的热力学特点。锂离子蓄电池的平均放电电压是 3.7V，在电池组中可以用一只单体电池代替 3 只镉/镍或金属氢化物/镍单体电池。锂离子电池工作电压目前已发展到 4～5V。

15.3.3　放电速率对电性能的影响

放电速率对不同蓄电池体系电性能的影响如图 15.2 所示。图中曲线与 Ragone 曲线相似，不同的是横坐标由质量比能量（W·h/kg）换成工作时间。该图中给出各种电池的工作时间（以电池质量为 1kg 计）与功率（放电电流×中点电压）水平的对应关系。对于不同的曲线，随着放电负载的增加，斜率越大，表明电池所能释放的容量越高。质量比能量的计算公式如下：

质量比能量＝质量比功率×工作时间

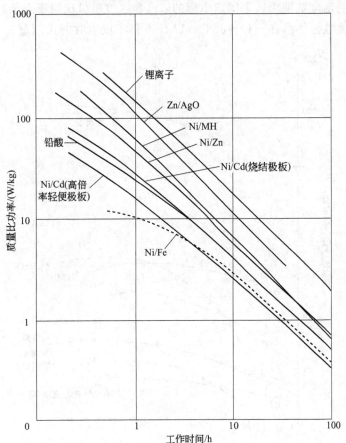

图 15.2　20℃ 下蓄电池的电性能比较

或

$$W \cdot h/kg = W/kg \times h = \frac{A \times V \times h}{kg}$$

图 15.3 是关于镉/镍电池和密封金属氢化物/镍电池以及锂离子电池性能比较曲线，这是三种常见商业化蓄电池的质量比能量和体积比能量的比较。

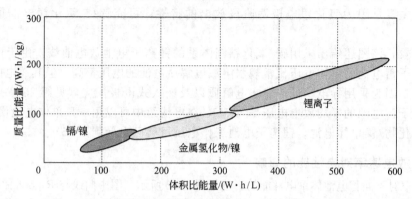

图 15.3　三种常见商业化蓄电池的质量比能量、体积比能量比较
（电池类型：镉/镍蓄电池，金属氢化物/镍蓄电池，锂离子蓄电池）

15.3.4　温度的影响

在一个较宽的温度范围内，不同蓄电池的电性能（以质量比能量表示）如图 15.4 所示。图中给出了各种蓄电池体系在 $-40 \sim 60^\circ\text{C}$，以 $C/5$ 倍率放电时的比能量。在高于 -20°C 时，

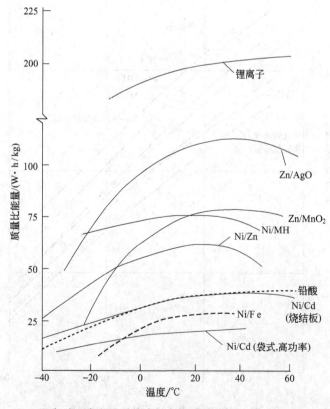

图 15.4　温度对二次电池系统在约 $C/5$ 放电倍率下质量比能量的影响

锂离子蓄电池的体积比能量最高，烧结式镉/镍电池和金属氢化物/镍电池低温下容量剩余率较高。除铁/镍电池外，碱性蓄电池的低温性能通常好于铅酸蓄电池，而铅酸蓄电池的高温性能较好。汇总这些数据既可以对比各蓄电池体系，也能反映各体系在最适宜放电条件下的电性能。特定的放电条件对电池的电性能影响很大。

15.3.5　荷电保持

大部分常规蓄电池的荷电保持能力不如原电池（如图 8.10）。通常，如果蓄电池需要随时备用，就必须进行定期充电或进行浮充电维护。大部分碱性蓄电池，尤其是氧化镍电池，能够以放电态长期贮存而不会造成永久性损坏，充电后即可投入使用。但铅酸蓄电池却不能以放电态贮存，因为这将导致极板的硫酸化，从而影响电池的性能。锂离子电池长期贮存条件下最高可达 50% 的 SOC。

部分蓄电池体系的荷电保持特性如图 15.5 所示。汇总这些数据同样也是为了进行比较。电池的设计以及许多其他因素都会对电池的电性能产生影响，使其在很宽的范围内变化，而这种变化会随着贮存温度的升高不断加剧。随着贮存期的延长，电池的自放电率减小。

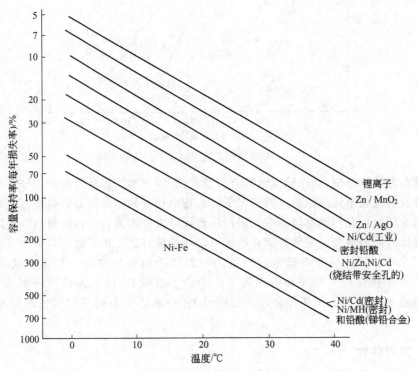

图 15.5　蓄电池的荷电保持能力

银蓄电池、Zn/MnO_2 可充电池和锂离子电池在所有蓄电池体系中荷电保持特性最好，其中锂离子电池在常温下的典型自放电率仅为每月 2%，低倍率银蓄电池的自放电率每年仅为 10%～20%，而电极表面积更大的高倍率银蓄电池的自放电率是其 5～10 倍。开口袋式和烧结式镉/镍电池以及锌/镍电池的荷电保持能力居中；而密封镉/镍和金属氢化物/镍电池以及铁/镍电池在碱性电池中的荷电保持能力最差。

铅酸蓄电池的荷电保持能力主要受电池设计、电解质浓度和板栅合金组成以及其他因素影响。采用标准铅锑合金板栅的标准汽车用 SLI 电池的荷电保持能力很差，这种电池在室温下经 6 个月的贮存后几乎没有剩余容量。采用低锑板栅的电池和免维护电池的荷电保持能力明显提高，每年约为 20%～40%。

金属锂蓄电池的一个潜在优势是具有很好的荷电保持能力，在很多情况下，其荷电保持能力与锂原电池相似。

15.3.6 寿命

不同体系蓄电池的循环寿命和使用寿命如表 15.2 所示。因为电池的实际寿命与电池的具体设计以及使用条件密切相关，所以表中给出的仅是近似值。例如，图 15.6 所示的放电深度（DOD）和充电制度都会对电池寿命产生很大影响[4]。

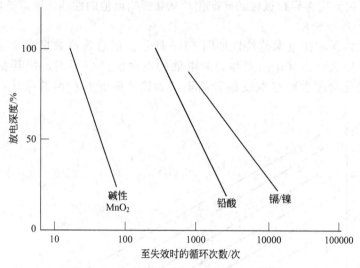

图 15.6　放电深度对蓄电池循环寿命的影响

在常规蓄电池体系中，铁/镍电池和开口袋式镉/镍电池的循环寿命和工作寿命最长。为空间应用开发的镍氢电池在浅放电的情况下，表现出很好的循环寿命。铅酸蓄电池的寿命无法和碱性电池相比，在铅酸蓄电池中，采用涂膏式电极的电池循环寿命最短，采用管式电极可以获得最好的循环寿命，采用普朗克电极可以获得最好的工作寿命。

对于采用锌、锂等标准电极电位较负的材料作为负极的电池，其主要缺点是难以进行有效的充电并获得较好的循环寿命和工作寿命。近期锌/镍电池的循环寿命有所提高。锂离子电池也具有很好的循环寿命，并且在低 DOD 状态下获得了相当长的循环寿命（如图 26.59 所示）。

15.3.7 充电特性

各种水溶液电解质蓄电池典型的恒流充电曲线如图 15.7 所示。大部分蓄电池可以进行恒流充电，这通常也是一种首选的充电制度，然而在实际使用中，也常采用恒压充电和改进的恒压充电。但是，一些密封电池不能采用恒压充电，因为这会导致热失控。开口式镉/镍电池具有最好的充电特性，可以用多种充电制度在很短的时间内充好电，这种电池可以在很宽的温度范围内充电，并能承受一定程度的过充电而不会受到损坏。铁/镍电池、密封镉/镍电池和密封金属氢化物/镍电池也具有很好的充电特性，但是充电温度范围较窄。金属氢化物/镍电池对过充电很敏感，充电时应防止电池过热。铅酸蓄电池的充电特性也很好，但是必须防止过度的过充电。锌/二氧化锰电池和锌/氧化银电池对充电非常敏感，过充电将会对电池造成严重的损坏。18650 型锂离子电池典型的恒流-恒压充电曲线如图 15.8 所示。

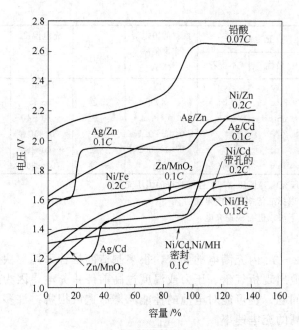

图 15.7 各种蓄电池典型的充电
曲线（20℃，恒流充电）[5]

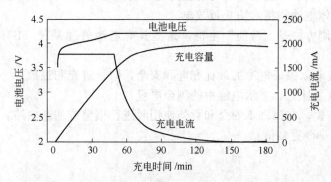

图 15.8 18650 型圆柱形锂离子电池 20℃的典型充电曲线
（电池在 1 个平台之后恒流充电至 4.2V，然后在此电压下恒压充电至限制电流）

表 15.4 总结了不同体系蓄电池的典型充电条件。但是，由于生产工艺不同，所以在实际使用中，应参照本书中详细介绍每种电池的章节和制造商的建议对电池进行充电。

表 15.4 蓄电池的充电特性

体系	充电制度①		推荐的恒电流充电倍率 C/A	过充电能力	充电温度范围 /℃	效率②	
	最优	不推荐				A·h/%	W·h/%
锂离子	cc,cv		0.20	没有	0～50	99	95
铅酸							
涂膏式,普朗克式	cc,cv		0.07	一般	−40～50	90	75
管式	cc,cv		0.07	一般	−40～50	80	70
镉/镍							
工业开口	cc,cv		0.2	出色	−50～40	70	60
烧结开口	cc,cv		0.2	出色	−55～75	70～80	60～70
密封式	cc	cv	0.1～0.3③	出色	0～40	65～70	55～65

续表

体系	充电制度①		推荐的恒电流充电倍率 C/A	过充电能力	充电温度范围 /℃	效率②	
	最优	不推荐				A·h/%	W·h/%
金属氢化物/镍	cc	cv	0.1③	一般	0～40	65～70	55～65
铁/镍	cc	cv	0.2	出色	0～45	80	60
锌/镍	cc,cv		0.1～0.4	一般	-20～40	85	70
锌/银	cc		0.05～0.1	差	0～50	90	75
镉/银	cc		0.01～0.2	一般	-40～50	90	70
锌/二氧化锰	cv	cc		一般	10～30		55～65

① 恒流（cc）包括两阶段充电，恒压（cv）包括改进的恒压充电。

② 所有数据是在室温下以标准倍率充放电得到的。

③ 在有充电控制的情况下可以进行快速充电。

注：来源于参考文献 [5]。

为了满足用户在 2～3h 内充满电的要求，很多制造商推荐采用"快速"充电的方法。这种充电方法要求在电池出现析气量、压力或温度过高前停止充电，因为这会导致电池排气或出现更严重的安全性问题，也可能对电池的性能和寿命造成损害。许多体系的蓄电池通过采用脉冲充电来提供更高的充电速率。

总的来说，控制技术对于大部分蓄电池的充电有重要作用，包括防止过充电、实现快速充电及在出现潜在不利和不安全条件时终止充电或将充电电流减小到安全水平。同样，放电控制也用于维持单体电池均衡和防止过放电。

另一种充电控制方法是"智能"电池，这些具有电池管理系统（BMS）的电池具有下列特点：

① 可以控制充电以保证电池的最优充电和安全，防止过充和过放；

② 能够进行电量计量，显示电池中的剩余电量；

③ 具有安全装置，在出现不安全和意外使用时进行报警或切断电路。

参见 5.6 节可获得更多信息。

15.3.8 成本

根据不同的使用方式，蓄电池的成本可以有多种方法进行评估。最初的购买成本是其中的一种，其他方法包括按有效充放电循环次数计算、按寿命期内的使用次数计算、按每次循环的成本或每千瓦时的成本计算。充电、维护和辅助设备的成本也必须记入其中（详见32.6.10节）。在应急备用电源和 SLI 电池的应用领域，最重要的因素是工作寿命（比循环寿命还重要），所以其成本是以每工作一年的费用计算的。

到目前为止，铅酸蓄电池是成本最低的蓄电池，特别是 SLI 电池。牵引用铅酸蓄电池和固定式铅酸蓄电池由于具有高成本的结构，同时产量有限，所以成本要比 SLI 电池高几倍，但是依然要低于其他蓄电池。镉/镍电池和可充锌/二氧化锰电池的成本稍高，随后是金属氢化物/镍电池。电池的成本主要取决于单体电池的尺寸和容量，小扣式电池比大一些的圆柱形电池和方形电池的成本高。铁/镍电池的成本更高，因而不在低成本的电池体系之列。

最昂贵的常规蓄电池是银电池。高成本和低循环寿命限制它们只能用于特殊用途，主要是军事和航天，这些应用均需要很高的能量和功率密度。由于特殊的耐压设计和相对小的产量，镍氢电池也非常昂贵，但是在浅放电条件下出色的循环寿命使其在航天领域极具优势。圆柱形锂离子电池的成本随着产量的增加不断降低，已达到 0.20 美元/(W·h)[3]。

在电动车和储能用蓄电池的开发计划中，重要的目标是降低成本。成本的影响因素将在

第 29 章中讨论。对电动车来说（HEV、PHEV 和 EV），USABC 的电动车电池成本目标是 150 美元/(kW·h)。

参 考 文 献

1. A. J. Salkind，D. T. Ferrell，and A. J. Hedges，"Secondary Batteries 1952—1977," *J. Electrochem. Soc.* **125** (8)，Aug. 1978.
2. V. Sapru. *Battery Power*，**14** (4)：4-8 (2010)．
3. H. Takeshita，*Proc. 27th Int. Battery Seminar*，Fort Lauderdale，FL (March 15-18，2010)．
4. L. H. Thaller，"Expected Cycle Life vs. Depth of Discharge Relationships of Well-Behaved Single Cells and Cell Strings," *J. Electrochem. Soc.* **130** (5)，May 1983.
5. S. U. Falk and A. J. Salkind，*Alkaline Storage Batteries*，Wiley，New York，1969.

第 16 章

铅酸电池

Alvin Salkind，Georage Zgruis

16.1 一般特征

铅酸蓄电池广泛应用于电话、电动工具、汽车、通信装置、应急照明系统中，也可为采矿设备、材料搬运工具等提供动力。由于铅酸蓄电池品种、尺寸、电压各异，造价低廉，易于本地化生产，因此得到了广泛应用。在任何应用中，铅酸电池几乎都是最便宜的蓄电池，而且同时仍能保证良好的性能和循环寿命。铅酸蓄电池是回收利用水平最高的消耗品，其中97％的铅都可以进行循环利用。

铅酸蓄电池仍然占据世界电池市场的最大份额。由于铅酸蓄电池在能量贮存、紧急供电、电动车和混合动力车（包括非上路车辆）等新领域的应用，同时，也因为车辆的增加，引擎启动、车辆照明、引擎点火（SLI）等传统用途电池需求量也随之增加，使得铅酸电池的生产和使用量不断增长。

2008 年，铅酸蓄电池大约占全球二次电池市场份额的 70％。2008 年全球可充电电池的销售额为 360 亿美元，到 2013 年预计将增加到 510 亿美元[1]。这些数值是按照生产商的出厂价格进行计算的，而到零售端，电池价格可能达到出厂价的 2～3 倍。由于 2008 年以来的全球经济衰退，这些预测值低于早几年的报道。

然而，在某些应用领域，铅酸电池正在面临其他电池体系的挑战。在铅酸电池的传统市场中，如汽车 SLI 电池、通信装置用电池，其他电池体系如锂离子电池的应用研究正在进行。特别是在汽车 SLI 电池领域中，鉴于环保法规的规定，这种转变促使汽车工业朝着电动车和混合动力车的方向发展，铅酸蓄电池已经丧失其在电动车和混合动力车中的领先地位，被锂离子电池和镍氢电池所取代。然而，最近报道的先进铅酸蓄电池设计为其重夺市场地位提供机会。这种机会可能不会出现在 OEM 市场，但是对于消费者来说，有时候电池成本比电池寿命和重量更具有决定性，此时铅酸电池就可以提供一种选择。这些先进的铅酸电池设计大多是阀控式结构（见第 17 章），可以通过双极性设计提高电池的质量比能量和体积比能量。图 16.1[3~7] 给出了 Effpower 设计的双极性电池。

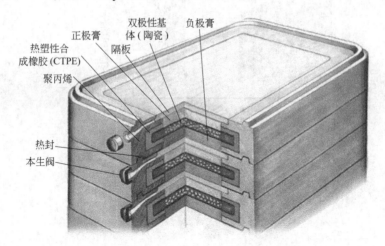

图 16.1　EffPower 的双极性电池

另一个具有发展前景的是超级蓄电池，这种电池把铅酸蓄电池与碳电极作为部分电极结合在一起。这一概念是 CSIRO（澳大利亚）提出的，日本古河电池公司和美国东宾公司生产的超级蓄电池就是利用这种最先进的铅酸电池技术。这种超级蓄电池可以应用于中度混合电动车，甚至插电式全混合电动车中。超级蓄电池既可以是阀控密封式，也可以是富液式。富液式的超级蓄电池作为长寿型富液式（EFL）电池中的一种，是新型的 SLI 用电池产品，可以专用于微混合电动车中，具有启-停功能（见第 29 章）。而传统的铅酸蓄电池产品不能满足这种应用要求。在该应用模式下，蓄电池必须有一定的高倍率放电性能，传统的富液式电池会出现电解质分层和活性物质脱落的现象，而长寿型富液式（EFL）电池中由于正负极中添加额外的添加剂，并使用纤维或者隔板给活性物增加压力，可以满足达到该模式的应用要求。此外，在富液式的超级蓄电池中还可能采用不同铅合金材料作为电池活性物质[10]。与采用 AGM 隔板的阀控式密封铅酸蓄电池相比，长寿型富液式（EFL）电池性能稍差，价格较低。为了满足到 2012 年二氧化碳排放达到 120g/km 的环境法律要求，欧洲的汽车工业倡导这种模式。其目标是到 2013 年 1.85 亿只 OEM 电池中有 450 万只为 AGM 电池，480 万只为长寿型富液式（EFL）电池，920 万只为标准型富液式电池[11]。

在过去的 15 年里，先进铅酸蓄电池联合会（Advanced Lead Acid Battery Consortium，ALABC）资助包括超级蓄电池技术在内的许多重要改进项目。先进铅酸电池联合会建立于 1992 年，其宗旨在于提高阀控式密封铅酸蓄电池的性能从而促进电动汽车的实用化。从那时起，该组织的研究焦点移到当前需求电池的研制中（如图 16.2）。

传统竖直极板的铅酸蓄电池的质量比能量大于 40W·h/kg。水平极板铅酸蓄电池具有更高的能量和功率，可以应用于牵引和叉车等领域。在叉车和材料搬运设备等传统领域中，铅酸蓄电池受到其他电池体系如燃料电池的挑战[13]。2008 年该领域的市场规模达到了 7.17 亿美元[14]。

电信装置用电池性能也得到了显著提高，特别是阀控密封式铅酸蓄电池。目前，该领域所使用的主要是阀控密封式铅酸蓄电池。根据最近 IEC 标准的变化，大多数在电信装置用电池必须满足特定的循环寿命要求（见第 17 章）。在该领域，铅酸电池受到燃料电池、飞轮

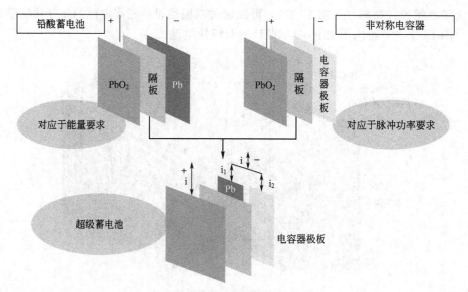

图 16.2　超级蓄电池概念

电池、锂离子电池及镍氢电池等电池体系的挑战。

在其他电池体系的挑战下,铅酸电池正在不断进行技术改革,迈向具有更好性能的先进铅酸电池、阀控式密封铅酸蓄电池和长寿命电池,这些进步将有助于铅酸蓄电池的持续发展。

与其他电池体系相比,铅酸电池整体上的优点和缺点见表 16.1 所列。

表 16.1　铅酸电池的主要优点和缺点

优　点	缺　点
大众化的低成本二次电池,既可以本地生产,也可以全球化生产,生产能力可高可低	相对较低的循环寿命(50～500 周期)[1]
可大量提供,具有多种尺寸和设计——容量从 1A·h 到几千安时	有限的质量比能量——通常为 30～40 W·h/kg
良好的高倍率性能——适合于引擎启动(不过,有一些镍/镉电池和金属氢化物/镍电池的性能要优于铅酸电池)	长时间的放电态贮存可能导致不可逆的电极极化(硫酸盐化)
适中的高低温性能	难于制作成尺寸很小的电池(而制作一只小于 500mA·h 的镍/镉扣式电池却容易得多)
电效率——放出的能量和充入的能量相比,电池的转换效率超过 70%	
单体电压高——开路电压>2.0V,是水溶液电解质电池体系中最高的	在某些设计下氢气的析出存在爆炸的危险(可以使用防爆装置来消除这种危险)
良好的浮充性能	
荷电状态容易指示	由于板栅合金的组分而引起的锑化氢和砷化氢的析出有害健康
对间断充电使用方式有良好的荷电保持能力(如果板栅是用高过电位合金)	
可以设计成免维护型	由于电池或充电设备设计不良易导致热失控的发生
与其他二次电池相比成本较低	
电池易于回收利用	有些设计在正极柱上发生泡状腐蚀

① 特殊设计后可使电池寿命超过 2000 次。

铅酸蓄电池型号、尺寸各异,容量可以从 1～10000A·h。表 16.2 列出了目前可以买到的各种不同的铅酸蓄电池的参数。

表 16.2 铅酸蓄电池的类型和特征

类　型	结　构	一　般　用　途
SLI(启动、点火照明)	平板状涂膏极板(可选:免维护结构)	汽车、轮船、飞机、车辆用和固定电源
牵引	平板状涂膏极板;管状和排管极板	工业卡车(材料搬运)
车辆牵引	平板状涂膏极板;管状和排管极板;也包括混合结构	电动车辆,高尔夫球车,混合动力车,矿车,载人车等
潜艇	管状极板;平板状涂膏极板	潜艇
固定型电池(包括能量贮存型,如电荷贮存、太阳光伏系统、负荷平衡)	普兰特极板*;曼彻斯特极板*;管状和排管极板;圆形锥体极板;	备用紧急供电系统;电话交换机;不间断供电系统(UPS),负荷平衡,信号系统
便携式(见第17章)	平板状涂膏极板(胶体电解质,电解质吸收在隔板中);卷绕电极;管状极板	消费和设备用;便携工具;电器;照明,紧急照明、广播、电视、警报系统等

注:标"*"者现在很少使用。

16.1.1 历史

第一只实用铅酸电池是由 Raymond Gaston Planté(普兰特)在 1860 年发明的,尽管在此之前有人已经探讨过含有硫酸或者铅部件的电池[15]。表 16.3 列出铅酸电池技术发展进步的重要事件。普兰特电池是在两个长条形的铅箔中间夹入粗布条,然后经过卷绕后将其浸入浓度为 10% 左右的硫酸溶液中制成的。早期的普兰特电池,由于其贮存的电量取决于铅箔表面铅箔腐蚀转化为二氧化铅所形成的正极活性物质的量,所以电池容量很低。与此相似,负极的制作是通过在循环过程中,使另一块铅条表面形成负极活性物质来实现。该电池在化成过程中使用原电池作为电源。普兰特电池的容量在循环过程中不断提高,这是因为铅箔上的铅的腐蚀产生越来越多的活性物质,而且电极面积也增加。在 19 世纪 70 年代,电磁发电机面世,同时西门子发电机也开始装备到中央电厂中。铅酸电池通过提供负载平衡和平衡电力高峰而找到了早期市场。这些电池在晚间充电,与前面所述现代负载平衡储能系统类似。

表 16.3 铅酸电池技术发展里程碑

		先驱体系
1836 年	Daniell	双液体电池;$Cu/CuSO_4/H_2SO_4/Zn$
1840 年	Grove	双液体电池;$C/$发烟 $HNO_3/H_2SO_4/Zn$
1854 年	Sindsten	用外电源进行极化的铅电极。
		铅酸电池发展
1860 年	(Planté)普兰特	第一只实用化的铅酸电池,使用铅箔来形成活性物质
1881 年	Faure	用氧化铅-硫酸铅和制的铅膏涂在铅箔上制作正极板,以便增加容量
1881 年	Sellon	铅锑合金板栅
1881 年	Volckmar	冲孔铅板对氧化铅提供支持
1882 年	Brush	利用机械法将铅氧化物制作在铅板上
1882 年	Gladstone 和 Tribs	铅酸电池中的双硫酸盐化理论 $PbO_2 + Pb + 2H_2SO_4 \underset{充电}{\overset{放电}{\rightleftharpoons}} 2PbSO_4 + 2H_2O$
1883 年	Tudor	在用普兰特方法处理过的板栅上涂制铅膏
886 年	Lucas	在氯酸盐和高氯酸盐溶液中制造形成式极板
1890 年	Phillipart	早期管式电池——单圈状
1890 年	Woodward	早期管式电池

续表

铅酸电池发展		
1910 年	Smith	狭缝橡胶管,EXIDE 管状电池
1920 年至今		材料和设备研究,特别是膨胀剂,铅粉的发明和生产技术
1935 年	Haring 和 Thomas	铅钙合金板栅
1935 年	Hamer 和 Harned	双硫酸盐化理论的实验证据
1956~1960 年	Bode 和 Vose Ruetschi 和 Cahan Burbank Feitknecht	两种二氧化铅晶体(α 和 β)性质的阐明
20 世纪 70 年代	McClellan 和 Davit	卷绕密封铅酸电池商业化。切拉板栅技术;塑料/金属复合材料板栅;密封免维护铅酸电池;玻璃纤维和改良型隔板;单电池穿壁连接;塑料壳与盖热封组件;高质量比能量电池组(40W·h/kg 以上);锥状板栅(圆形)电池用于电话交换设备的长寿命浮充电池
20 世纪 80 年代		密封阀控电池;准双极性引擎启动电池;低温性能改善;世界上最大的电池(奇诺市,加利福尼亚)40MW·h 铅酸负载平衡系统安装
20 世纪 90 年代		对电动车辆的兴趣再次出现;高功率应用的双极性电池应用于不间断电源、电动工具和备用电源、薄箔电池、消费用小型电池和供道路车辆用的电池
2009 年		发明了铅碳电池,用于微混电动车的长寿型液式电池;改善荷电状态高倍率(HRPSoC)放电性能的阀控式密封铅酸蓄电池;应用于微混合电动车的具有启-停功能的电池和双极性电池的应用

　　紧随着普兰特,其他研究者开展了许多试验来提高电池的化成效率;另外,发明了在经过普兰特法预处理的铅板上涂覆二氧化铅生成活性物质的方法。此后,人们将注意力转向通过其他方法来保持活性物质,发展了如下两个主要技术路线。

　　(1) 平板式电极　在浇铸的或者切拉的板栅上而不是铅箔表面涂覆铅膏,通过黏结作用(相互连接的晶体网络)来形成具有一定强度和保持能力的活性物质。这通常是指平板式极板设计。

　　(2) 管式电极　在管式极板中,极板中心的导电筋条被活性物质所包裹,极板外表面包裹绝缘透酸套管,套管的形状可以是方形、圆形或椭圆形。

　　在活性物质的生成和保持方法上发展的同时,也出现了可以增强板栅强度的新合金,如铅锑合金 (Sellen,1881 年)、铅钙合金 (Haring 和 Thomas,1935 年)[16]。19 世纪末出现了经济实用的铅酸电池技术,促进之后的工业迅速发展。由于铅酸电池在设计、生产设备和制造方法、循环方式、活性物质利用和生产、支撑结构和部件及非活性件如隔板、电池壳、和密封等方面的改善和提高,使铅酸电池经济性和性能不断提高。铅酸电池的研发方向主要集中在不断增长的混合电动车上。由 ALABC 资助的项目通过在活性物质中添加碳和其他添加剂改善蓄电池的充电接受能力,提高电池的荷电态性能。铅碳电池和双极性电池也继续推进先进铅酸蓄电池的进步。

16.1.2　生产统计和铅酸电池的使用

　　目前铅酸电池的主要用途是汽车启动、点火、照明 (参见 SLI 电池)。类似用途在飞机、轮船、场地车辆、农用设备车辆等也很普遍。随着车辆中装配电子设备的增多,所需的电池容量 (A·h) 逐渐增加。目前,常用的 12V 电池的容量约为 40~100A·h,质量约为 11~45kg。按照冷启动电流测试标准,电池的倍率放电能力可以达到 900A。

　　几十年来,在美国注册的机动车数量持续增长,如表 16.4 (a) 所示,2010 年美国大约有 2.6 亿辆机动车。另外，还有数百万辆具有相似电池需求的其他机动运输工具（飞机、轮船、非上路车）。2010 年，美国使用中的机动车总量估计大约为 3 亿辆。尽管在 20 世纪 20 年代美国的机动车占全世界市场的绝大部分，但是到 2010 年后，美国机动车的使用量只占全世界的 25%～30%。伴随着技术和基础设施的普及，中国、印度、欧洲以及其他地方的汽车使用量加速增长，而在美国机动车数量多于拥有驾驶执照的人数。几年来尽管受到环境温度、驾驶距离和启-停模式的影响，SLI 电池的需求数量仍为每 100 辆注册机动车需要 38～41 只 SLI 电池（包括配套和替换市场）。

表 16.4(a)　美国注册的机动车数量轿车、公交车、卡车（1970～2006 年）

单位：百万

年份	轿车	公交车	卡车	总计
1970	89.24	0.38	18.8	108.42
1980	121.6	0.53	33.67	155.8
1990	133.7	0.63	54.47	188.8
2000	133.62	0.75	87.11	221.48
2006	135.4	0.88	107.94	244.16

注：来源于 USDOT，联邦高速公路管理局（Federal Highway Administration）。

中国和印度两国电池需求快速增长，是电池市场重要的影响因素。2009 年，中国制造的汽车数量约等于北美地区（美国和加拿大）的总和。在中国还有庞大的电动自行车市场，2007 年和 2008 年的年销售量约为 2100 万辆。到 2010 年，随着使用量的增加，在中国大约有 1 亿辆电动自行车在使用。为了避免电解质泄漏，电动自行车使用的电池通常是阀控式密封设计。目前铅酸蓄电池约占该市场的 95%，但是，锂离子电池和其他电池体系正在试图进入该市场。

铅酸电池市场增长的数据见表 16.4(b)。汽车工业正在朝向更加绿色设计的方向发展。如下所列不同平台的技术。

表 16.4(b)　美国铅酸电池市场的增长

项目	1960	1980	1991	1999[①]	2010（估计）
SLI 电池（配套和替换市场）	34	62	76	100	120
SLI 电池销售量/美元	330	1675	2100	2700	3000
工业电池/美元	70	380	550	1015	1500
消费电子用电池/美元	1	55	100	150	200
总计/美元	400	2110	2750	3965	4700

① 单位以百万计，以生产商价格计算。电池价格受铅价格的影响。铅价格从 1978～2009 年间在每千克 0.40～3.00 美元之间变化（1999 年 12 月铅价格＝2.3 美元/kg）。

注：来源于伦敦金属交易所。

① 微混电动车　仍然希望使用铅酸电池产品，长寿型富液式电池（EFL）和玻璃纤维隔板阀控式密封铅酸蓄电池（AGM-VRLA）可能在未来更有前途。

② 轻度混合电动车　目前使用镍氢电池，锂离子电池正在测试中。

③ 全混合电动车　情况与轻混电动车相同。

④ 插电式混合电动车　锂离子电池。

⑤ 电动汽车　锂离子电池。

为了解更详细的有关混合电动车和电动车的信息请参见第 29 章。

未来铅酸蓄电池的生产规模取决于混合电动车和电动车的发展程度。据某权威机构预测：到2015年将会有1800万辆混合电动车，其中78%为微混电动车，22%为其他类型的电动车。在欧洲，微混电动车处于市场领导地位。欧洲政府的立法机构已经将到2012年二氧化碳排放降低到120g/km列入法案。欧洲的税法条款对于低碳排放的车辆给予激励措施。

除在汽车行业的应用外，铅酸蓄电池也广泛应用于工业和消费电子领域。在16.5节牵引电池和16.6节备用电池的章节将讨论有关的工业电池设计。在16.9.2节将讨论小型消费电子领域的电池设计。由于使用的原材料价格较高，具备更长的使用寿命，以及电池生产自动化程度的降低，工业电池与SLI电池相比单位容量的价格将更高。工业电池市场的整体市场大约是SLI电池的40%～50%。对使用小型电池的消费电子领域，铅酸电池市场更小。

总体上看，未来使用玻璃纤维毡隔板的阀控式密封铅酸蓄电池产品将占据更大的铅酸电池市场份额。需要注意的是，铅酸蓄电池是所有电池体系中最容易回收利用的电池体系。

16.2 化学原理

16.2.1 一般特征

铅酸电池使用二氧化铅作为正极活性物质，高比表面积多孔结构金属铅作为负极活性物质。这些物质的物理和化学性质见表16.5[17]所列。通常，荷电的正电极同时包含 α-PbO$_2$（正交晶系）和 β-PbO$_2$（四方晶系）。α-PbO$_2$ 的平衡电极电位比 β-PbO$_2$ 高0.01V；而且 α-PbO$_2$ 具有更大的晶粒和更紧密的晶体结构，具有更弱的电化学活性和更低的比容量，但是有更长的寿命。这两种形式物质的组成都不具有完全的化学计量关系，它们的组成可以用 PbO$_x$ 来表示，x 在1.85～2.05之间变化。由于锑的引入，即便是很小的比例，这些物质的制造或者回收性能都得到了很大提高。活性物质的制造过程主要包括用铅粉（铅和氧化铅的混合物）生产、配酸、固化等一系列操作。反应物比例和固化条件（温度、湿度和时间）将影响晶体结构的组成和微孔结构。固化后的极板由硫酸铅、氧化铅以及游离铅（<5%）组成。正极活性物质用固化后的极板通过电化学方法形成，是影响铅酸电池性能和使用寿命的主要因素。通常，负极或铅电极决定电池的低温性能（如发动机启动）。

表16.5 铅和二氧化铅的物理、化学性质表

性质	铅	α-PbO$_2$	β-PbO$_2$
相对分子质量	207.2	239.19	239.19
组成		PbO$_{1.94～2.03}$	PbO$_{1.87～2.03}$
晶体形式	面心立方	正交	四方
晶格参数/nm	$a=0.4949$	$a=0.4977$ $b=0.5948$ $c=0.5444$	$a=0.0.491～0.497$ $c=0.337～0.340$
X射线密度/(g/cm³)	11.34	9.80	约9.80
实际密度/(g/cm³)	11.34	9.1～9.4	9.1～9.4
热容/[cal/(℃·mol)]	6.80	14.87	14.87
比热容/(cal/g)	0.0306	0.062	0.062
20℃下电阻率/μΩ·cm	20	约100×10³	
在4.4mol/L,H$_2$SO$_4$中31.8℃条件下的电化学势/V	0.356	约1.709	约1.692
熔点/℃	327.4		

注：1cal=4.1868J。

电解质在充电状态下是相对密度为 1.28 或质量百分比为 37% 的硫酸溶液。

电池放电时，两个电极的活性物质分别转变为硫酸铅，充电时，反应向逆反应方向进行。

负极
$$Pb \underset{充电}{\overset{放电}{\rightleftharpoons}} Pb^{2+} + 2e$$

$$Pb^{2+} + SO_4^{2-} \underset{充电}{\overset{放电}{\rightleftharpoons}} PbSO_4$$

正极
$$PbO_2 + 4H^+ + 2e \underset{充电}{\overset{放电}{\rightleftharpoons}} Pb^{2+} + 2H_2O$$

$$Pb^{2+} + SO_4^{2-} \underset{充电}{\overset{放电}{\rightleftharpoons}} PbSO_4$$

总反应
$$Pb + PbO_2 + 2H_2SO_4 \underset{充电}{\overset{放电}{\rightleftharpoons}} 2PbSO_4 + 2H_2O$$

如上所列，正负极电极反应适用溶解-沉淀机理而不是固态离子传递或者膜形成机理[17]。这种充放电理论被称为双硫酸盐化理论，这一机理如图 16.3 所示[18]。由于电解质中的硫酸在放电过程中被消耗，产生水，所以电解质是一种活性物质，因而在特定的电池设计中也是一种限制容量的活性物质。电解质限制容量是阀控式密封铅酸蓄电池设计中非常重要的因素。

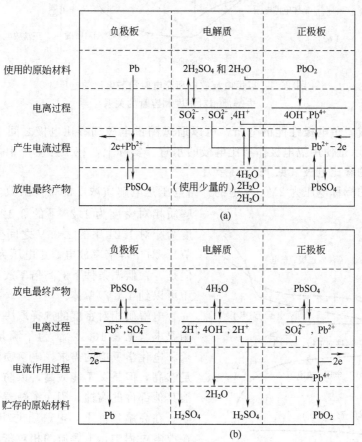

图 16.3　铅酸电池充放电反应[18]
(a) 放电反应；(b) 充电反应

接近满充电状态时，$PbSO_4$ 的主体转化为 Pb 或者 PbO_2，充电状态下的电池电压高于析气电压（约每单体 2.39V）并开始发生过充电反应，造成氢气和氧气的产生，从而造成水的损失。

负极		$2H^+ + 2e \longrightarrow H_2$
正极		$H_2O - 2e \longrightarrow 1/2O_2 + 2H^+$
总反应		$H_2O \longrightarrow H_2 + 1/2O_2$

在密封铅酸蓄电池中，使氧气在负极重新化合，将氢气析出和水的消耗控制到最小程度（参见 17.2 节）。

充放电过程中铅酸电池的一般性能特征曲线如图 16.4 所示。当电池放电时，由于活性物质的消耗，内阻的损耗和极化使电池的电压降低。如果恒电流放电，负载电压平滑地逐步降低到终止电压，电解质的密度按照放出的容量比例降低。

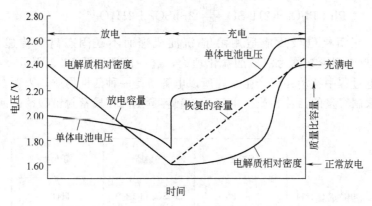

图 16.4　以恒电流放电和充电时铅酸电池的电压、
电解质相对密度和容量的关系

对正电极或者负电极性能的分析，可以通过测量电极和参比电极之间半电池的电压进行。图 16.5 所示是使用镉电极作参比电极的示意。实际上，在工业生产中，通常使用比镉电极更为稳定的参比电极（见 16.2.3 节）。

铅酸电池的标称电压为 2V。电池的开路电压是电解质浓度的直接函数，电池电压从电解质相对密度为 1.28 下的 2.125V 到电解质密度为相对 1.21 下的 2.05V 之间变化（见 16.2.2 节）。对中等倍率放电截止电压为每单体 1.75V。但是，在低温条件下的高倍率放电电池的截止电压可以到 1.0V/单体。

电解质相对密度的选择取决于使用条件和使用要求（见表 16.12）。为了满足离子电导的要求和电化学反应的需求，电解质的相对密度必须足够高，但是又不能太高，以防止隔板降解和电池其他部件的腐蚀，因而缩短寿命并增加自放电率。在高温条件下，电解质的相对密度会下降。在放电过程中，电解质的相对密度随着放出容量的多少成比例降低（见表 16.6）。因此，电解质相对密度可以成为一种检测电池荷电状态的方式。同样在充电过程中，电解质相对密度的变化与电池接受的容量成比例变化。但是，电解质相

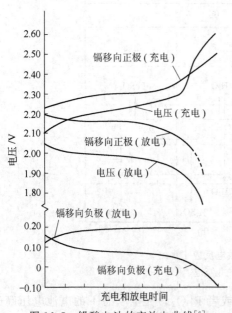

图 16.5　铅酸电池的充放电曲线[6]

对密度的变化有一定程度的滞后，这是因为电解质的完全混合要等到接近满荷电状态，电池开始析气后才能完成。

表 16.6　不同设计的铅酸电池在不同荷电状态下的电解质相对密度[①]

荷电状态	相对密度			
	A	B	C	D
100%（满荷电状态）	1.330	1.280	1.265	1.225
75%	1.300	1.250	1.225	1.185
50%	1.270	1.220	1.190	1.150
25%	1.240	1.190	1.155	1.115
放电状态	1.210	1.160	1.120	1.0

① 按不同的设计电解质相对密度在全充放电状态之间变化，可有 100～150 个点的区间；A 为电动车电池；B 为牵引电池；C 为 SLI 电池；D 为备用电池。

注：假设为富液式电池。

16.2.2　开路电压特征

对于铅酸电池，开路电压是温度和电解液浓度的函数，如 Nernst 方程所示（参见第 2 章）：

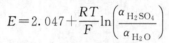

$$E = 2.047 + \frac{RT}{F} \ln \left(\frac{\alpha_{H_2SO_4}}{\alpha_{H_2O}} \right)$$

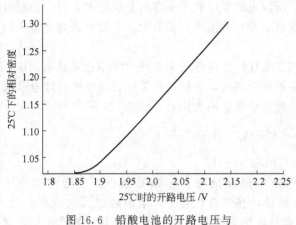

图 16.6　铅酸电池的开路电压与
电解质相对密度的关系

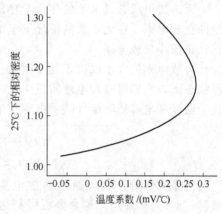

图 16.7　铅酸电池的开路电压温度
系数与电解质相对密度的关系

由于电解质浓度的变化，Nernst 方程中 H_2SO_4 和 H_2O 的相对活度也发生变化。25℃条件下开路电压对电解质相对密度的关系如图 16.6。由该图可以看出，电解质相对密度在 1.10 以上有相当好的线性关系，而在较低浓度下则出现较大的偏差。电池开路电压也受到温度的影响，其温度系数曲线如图 16.7 所示。在 dE/dT 为正的区间，例如，对电解质浓度大于 0.5mol/L H_2SO_4 电池的开路电压随着温度的增加而增加。而浓度在 0.5mol/L 以下时，温度系数为负。大部分铅酸电池在 2mol/L H_2SO_4（相对密度 1.120）条件下使用，具有约 +0.2mV/℃ 的温度系数。

16.2.3　极化和欧姆损耗

电池放电时，电池的负载电压低于具有相同浓度 H_2SO_4、H_2O 的电解质，与相同 Pb 或者 PbO_2 和 $PbSO_4$ 浓度的极板组成电池的开路电压。电池的热力学稳定态是放电状态。必须做功才能使电池的电化学反应平衡向着正极中的 PbO_2 和负极中的 Pb 方向进行。因此，作为电池充电电源的电压必须高于开路时的 Nernst 电压。

充放电过程中的电压偏离是电阻损耗和极化损耗造成。这些损耗可以通过间歇性放电来进行测量。放电停止后的几秒钟到几分钟内，可以通过欧姆定律（$\Delta E/\Delta I = R$）来估算 IR 损失。而对极化的测量则需花费几个小时，这是因为电池内部电解质需要通过扩散重新达到平衡。当然，用交流阻抗法测量电池极化也是可以的。参比电极法[7]测量电池极化会更加简便。由于氢气饱和铂黑参比电极不适合用于铅酸电池极板的测量，所以可以使用其他硫酸盐参比电极，当然也可以使用被参比电极综述文章中忽略掉的一些非常实用的硫酸盐电极。到目前为止，维护电池通常使用的参比电极是镉棒。但是，镉棒稳定性不是很好，变化量约为 $\pm 20\,mV/d$。汞-硫酸亚汞电极是一种稳定而且容易买到的参比电极。此外，已经有人申请一种新颖的 $Pb/H_2SO_4/PbO_2$ 参比电极专利[8]。该电极可以通过直接充放电来测量电池极化，而且测量时不需要考虑电动势的温度系数。放电开始和放电终止时的极化电压通常是 $50\,mV$ 到几百毫伏，电池容量受放电过程中具有最大极化极板（正极或者负极）的控制。当两个极板的极化大体相同时，容量的限制因素就是电池电解质中硫酸的含量，而不是极板中 Pb 和 PbO_2。在充电过程中，极化是非常好的度量正极和负极荷电状态的措施：在充电开始到充电结束之间电池极化在 $60\,mV$ 以上。电池充电过程中，极化使电池在到达充满电和自由析气时电压将保持某一稳定值。

16.2.4　自放电

因为放电状态是电池的热力学稳定态，所以电极反应的平衡方向是放电的方向。铅酸电池的自放电率［在无负载的情况下电池容量（电荷）的损失］相当大，不过可以通过特定的设计来减小自放电率。

自放电率的大小取决于几个因素。铅和二氧化铅在电解质中是热力学不稳定状态，在开路状态下，它们可以和电解质发生反应。正极产生氧气，负极产生氢气。电池的自放电率取决于温度和电解质浓度（随着电解质浓度的提高析气速率加快），反应式如下：

$$PbO_2 + H_2SO_4 \longrightarrow PbSO_4 + H_2O + \frac{1}{2}O_2$$

$$Pb + H_2SO_4 \longrightarrow PbSO_4 + H_2$$

对于大部分正极，通过自放电生成 $PbSO_4$ 速度很慢。在 $25℃$ 条件下，通常远小于 $0.5\%/d$。一些使用无锑合金板栅制造的正极板，在开路状态下，电池通过其他机理失效，也就是板栅-活性物质阻挡层生成。负极的自放电通常更加迅速，特别是当电解质被具有催化作用的其他金属离子污染时。例如，由于腐蚀从正极板栅游离出的锑扩散到负极，沉积下来，从而导致局部放电将海绵状铅转化为 $PbSO_4$。在 $25℃$ 条件下，使用铅锑合金制作的新电池的自放电率可以达到 $1\%/d$，电池老化后，自放电率可能达到 $(2\%\sim5\%)/d$。使用无锑合金制作的电池，其自放电率小于 $0.5\%/d$，而且与电池的使用时间没有关系。以上所述，在图 16.8(a) 中给出[21]。对于免维护干荷电电池，必须使用低锑或无锑合金（如铅钙合金）板栅使电池的自放电率达到最小。然而，由于锑在电池中的有益作用，将锑完全剔除可能不是一个很明智的做法，使用低锑合金是一个很好的折中方法。

铅酸电池自放电和温度的关系如图 16.8(b)[22]。图中给出了使用含量为 6% 铅锑合金板栅制作的新的满荷电电池在不同温度下的每日电解质密度下降情况。因此，可以通过将电池贮存在 $5\sim15℃$ 的环境下来减小电池的自放电率。

16.2.5　硫酸的特点和性质

铅酸电池使用硫酸作为电解质，其主要的性质和特征在表 16.7 中列出。不同浓度电解

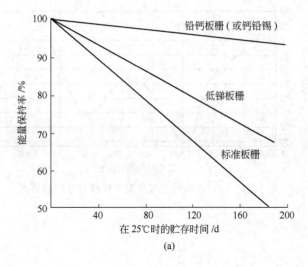

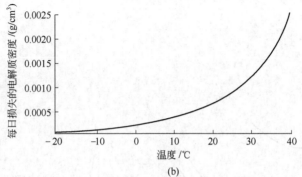

图 16.8 (a) 在 25℃贮存时的容量保持率[21];(b) 使用含有 6%
锑的铅合金板栅的铅酸电池,充满电状态时每日损失的电解质密度与温度的关系[22]

质的凝固点如图 16.9(a)。电解质的凝固点随着电解质密度的变化有很大变化。因此,在设计电池的时候必须考虑当电池置于预期的寒冷环境时电解质不会凝固。否则,就需要将电池隔热或者加热,以便使电池温度能够维持在电解质的凝固点以上。

表 16.7 硫酸溶液的性质[①]

相对密度		温度系数 α	H_2SO_4			凝固点 /℃	电化学当量 (每升酸) /A·h
15℃	25℃		质量百分比 /%	体积百分比 /%	mol/L		
1.00	1.000	—	0	0	0	0	0
1.05	1.049	33	7.3	4.2	0.82	—	22
1.10	1.097	48	14.3	8.5	1.65	7~7.7	44
1.15	1.146	60	20.9	13.0	2.51	−15	67
1.20	1.196	68	27.2	17.7	3.39	−27	90
1.25	1.245	72	33.2	22.6	4.31	−52	115
1.30	1.295	75	39.1	27.6	5.26	−70	141
1.35	1.345	77	44.7	32.8	6.23	−49	167
1.40	1.395	79	50.0	38	7.21	−36	
1.45	1.445	82	55.0	43.3	8.2	−29	
1.50	1.495	85	59.7	48.7	9.2	−29	

① 对于计算任何温度下的电解质相对密度,可采用公式,$SG(t)/℃ = SG(15℃) + a \times 10^{-5}(15-t)$。

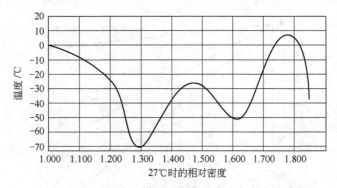

图 16.9　（a）在不同相对密度下硫酸溶液的凝固点

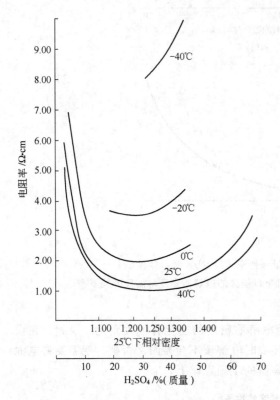

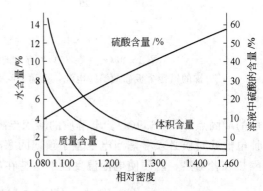

图 16.9　（b）不同浓度硫酸电解质在不同
温度和相对密度下的电阻率

图 16.9　（c）用浓硫酸制备各种密度的硫酸溶液
（来源：G. W. Vinal, Storage Batteries,
Wiley, New York, 1955, p. 129）

　　图 16.9（b）给出了不同浓度硫酸电解质在不同温度（−40～40℃）和相对密度下的电阻率。

　　几种类型电池的电解质密度设计见表 16.12；不同荷电状态下电解质的相对密度见表 16.6 中的 A。对照凝固点数据，可以看出 A 型满荷电电池的电解质在−30℃下凝固，而 D 型电池则在−5℃条件下凝固，这是在设计电池及壳体时必须考虑的因素。在正常环境下使用的蓄电池电解质相对密度约为 1.26～1.28。相对密度较高的电解质会损害隔板和其他部件；相对密度较低的电解质容易导致部分荷电电池的导电能力不足和低温环境下电解质的凝固。在高温的气候环境下使用的电池可以采用较低的相对密度，有大量电解质的备用电池和没有高倍率放电要求的电池也可以采用较低相对密度的电解质，电解质的相对密度可以达到

1.21（见表 16.12）。

图 16.9(c) 给出了使用浓硫酸制备各种相对密度硫酸溶液的方法。

16.3　结构特征、材料和生产方法

铅酸电池由几个主要的部件构成。图 16.10 所示的是汽车用 SLI 电池结构的剖面图。如 16.4～16.6 节所述，其他用途的电池结构大体相似。电池的不同应用决定电池的设计、尺寸、质量和使用材料。

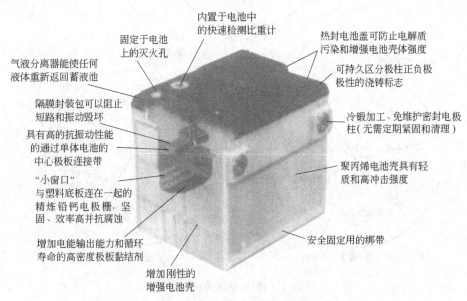

图 16.10　免维护 SLI 铅酸电池

在铅酸电池中，活性部件占不到电池总质量的 50%。图 16.11 给出了几种类型铅酸电池部件的质量分析结果。

电池部件按照图 16.12 所示的流程进行加工和生产。最主要的原材料是高纯铅[11]。铅用来制造合金（之后制造成板栅）和铅膏铅粉，通过化成转化为二氧化铅正极活性物质［图 16.12(a)］和海绵状铅负极活性物质。

汽车用 SLI 电池主要是由拥有大量自动化设备的大型工厂生产。许多现代化工厂具有每天 10 万只电池的生产能力。通常，自动化工厂的雇员少于 500 人，包括各种层次的人员。由于环保、可靠性和成本方面原因，促进电池生产的自动化进展。

16.3.1　合金生产

纯铅一般不适合用于板栅材料。但是某些特殊电池需要使用纯铅制作的极板，例如很厚的普兰特极板或涂膏式极板电池、某些小型的卷绕电池、某些阀控式电池［图 16.14(c)］以及圆柱形电池［图 16.41(c)］等[24]。

一般通过向纯铅中加入金属锑的方法来提高极板硬度。锑的添加量一般为 5%～12%（这取决于材料生产的难易程度和锑的价格）。典型的现代合金，特别是适合于深循环的合金一般含有 4%～6% 的锑。板栅合金的发展趋势是进一步减少锑含量至 1.5%～2%，这样可以减少维护（加水）。当锑含量降到 4% 以下时，需要加入其他元素来减少制造缺陷和脆性。

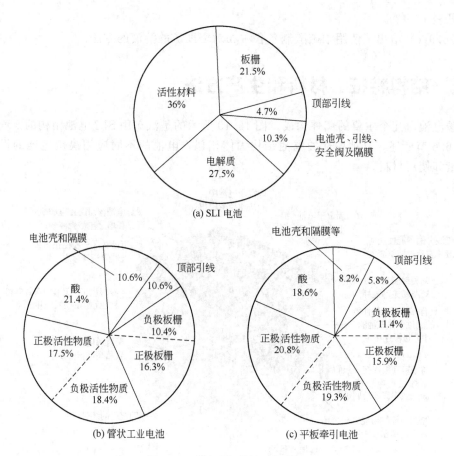

图 16.11 铅酸电池的质量分析

这类材料包括硫黄、铜、砷、硒、碲以及这些材料的混合等，它们作为晶体细化剂，有助于减小铅晶粒的尺寸[25~27]。

除晶体细化剂，一些合金元素可以对板栅生产或者电池性能带来坏的或好的作用。有益的元素如锡，它能与锑、砷起协同作用来改善金属的流动性和浇铸性能，一般认为，银和钴也能够提高板栅抗腐蚀性能，有害的元素包括铁（会造成铅渣的增加）[15]、镍（影响电池的运行）、锰（对纸质隔板有害）。镉已经应用在板栅合金中，来提高含锑合金板栅的可加工性，使锑的有害作用降到最小。但是由于镉的毒性以及铅回收过程中难以去除等原因，并没有得到广泛应用。铋存在于许多铅原矿中，据报道它既可增大又可减少板栅腐蚀速度。

另外一类使用钙等碱土金属元素作为硬化剂的铅合金也已经开发出来。这种合金最初是为通信系统用电池而开发的[16,28]。在电池运行过程中，正极的锑会溶解并迁移到负极形成沉积，导致析气量增加和水的损失。对于通信系统用的电池，需要更稳定工作的电池，并且减少加水的频率。这类合金的组成取决于板栅的生产过程，钙含量通常为 $0.03\%\sim0.20\%$。对于抗腐蚀合金，钙含量在 $0.03\%\sim0.05\%$ 范围内比较好。锶可以作为钙的代替元素使用。人们对钡合金也进行了研究，但是通常认为它是对电池有害的。锡也应用于铅钙合金中来提高合金的力学性能和抗腐蚀性能，通常锡含量为 $0.25\%\sim2.0\%$。现在无锑合金的发展趋势是三元合金（PbCaSn），而其中的含锡量由于价格因素降到最小值。一些生产商使用四元合金，第四种元素是铝，用于减缓熔融铅液中碱土金属元素（钙或锶）的烧损速度。晶粒细化

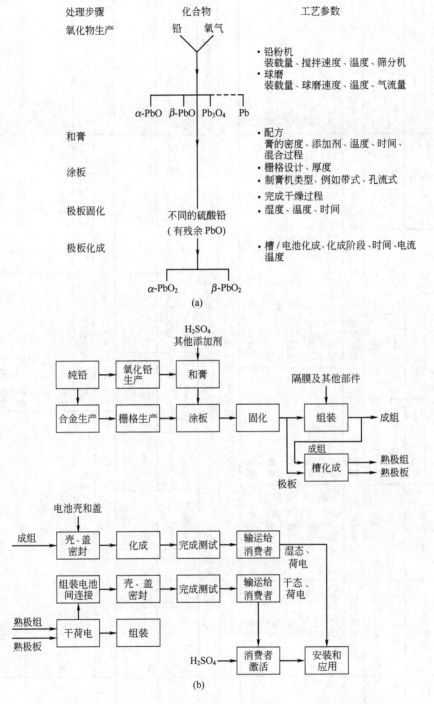

图 16.12　(a) SLI 电池生产中的化合物和过程参数；(b) 铅酸电池生产流程

作用由碱土金属元素来完成，除这些元素外，生产商不希望产品含有其他金属（杂质）。不同铅合金的性质汇总于表 16.8[25]。

16.3.2　板栅生产

两种板栅生产方式几乎应用于所有现代生产中。但是，另外两种生产技术可能在未来广

表16.8 铝合金性质

20世纪70年代的合金

性质	传统含锑	低锑合金	铸造 PbCaSn 0.1Ca,0.3Sn	铸造 PbCaSn 0.1Ca,0.7Sn	PbSRSnAl	PbCdSb	机加工 PbCaSn 0.065Ca,0.7Sn
最终抗张强度/MPa	38~46	33~40	40~43	47~50	53	33~40	60
拉伸百分率	20~25	10~15	25~35	20~30	15	25	10~15

性质	传统含锑浇铸	低锑浇铸	铝钙浇铸	铝锶浇铸	铝锶锡浇铸	铝锑镉浇铸	铝钙锡（第一代）
板栅生产的难易程度	良好	适宜	适宜	适宜~良好	适宜	良好	良好
力学性能	良好	适宜	适宜~良好	适宜~良好	适宜	良好	良好
抗腐蚀性能	适宜	适宜	良好	良好	适宜	适宜	良好
电池性能	不好	适宜	良好	良好	良好	良好	适宜~良好
经济性	良好	良好	适宜	不好	适宜	良好	适宜~良好

20世纪80年代和90年代合金

性质	浇铸合金 PbCa 0.1Ca	浇铸合金 PbCaSn 含Al	浇铸合金 PbCaSn 0.065Ca0.3Sn	机加工合金 PbCa 0.065Ca0.3Sn	机加工合金 PbCa 0.075Ca	低锑 2.5%~3.0%Sb	浇铸和锻造 Pb 0.01~1.5Sn
最终抗张强度/MPa	37~39	37~39	43~47	47	43	37~40	
拉伸百分比	30~45	30~45	15	15	25	25~40	

性质	低锑 PbCaSn 0.1Ca0.3Sn	铝钙 PbCa 0.1Ca	铝钙 PbCaSn 含Al	机加工 PbCaSn（第二代）0.065Ca0.3Sn	机加工低锑 PbCa 0.075Ca	浇铸和锻造 Pb 0.01~1.5Sn
板栅生产的难易程度	适宜~良好	良好(含 Al)	良好	良好	良好	电导率和耐腐蚀性能接近纯铅
力学性能	适宜	适宜~良好	良好	良好	良好	
抗腐蚀性能	适宜	良好	良好	良好	适宜~良好	
电池性能	适宜~良好	良好	适宜~良好	适宜~良好	适宜	
经济性	良好	良好(低 Sn)	良好	良好	良好	

注：表中给出的合金成分为质量分数。

泛应用（表 16.9）。

表 16.9　板栅生产技术

开合型模具铸造	切拉
重力浇铸	渐进模切拉
注射模(压铸)	精确切拉
机械加工法(普兰特极板,曼彻斯特极板)	旋转切拉
连续浇铸,桶形模浇铸	旋转切拉
连续浇铸,锻压切拉、浇铸切拉	对角线/裂缝切拉
浇铸	冲孔
运转	复合材料

　　板栅的作用是支撑活性物质，以及在活性物质和端子之间传导电流。支撑作用也可以由极板中的其他非金属材料（塑料、陶瓷、橡胶等）来完成，但是这些材料不是良导体。另外，一些活性物质支撑也可以通过其他结构或者在极板外面包裹的方法而得到。有人已经研究了用铅以外的物质作为导电体的可能性，有些具有比铅更好的导电性（如铜、铝、银等）。但是这些替代金属在硫酸电解质中不具有抗腐蚀性能，而且价格都比铅合金高。也有人研究了钛作为导电材料的可能性：在经过特殊表面处理后可以被腐蚀，但是钛的价格非常昂贵。在一些潜艇电池中使用铜板栅作为负极材料。

　　通常的板栅设计为矩形框，有一个小极耳用于汇流和连接。通常浇铸板栅的特征是粗大的外部边框和细小的内部横纵筋条。在一些板栅设计中，靠近极耳的位置逐步变宽；内部的筋条也逐步变化。最近在板栅结构上的变化是放射状板栅的出现，竖筋条被指向极耳的放射状斜筋条（如图 16.13）代替，这样可以增加板栅导电性。放射状板栅进一步优化成为在塑料边框中嵌入斜筋条导电体的复合材料板栅，这种复合材料板栅如图 16.14（a）所示。在圆柱形电池的板栅设计中［图 16.14(b)］集成了同心和放射状的筋条。板栅极板从 1970 年商业化生产开始，到目前仍然在大部分电池中使用。平衡式正极板栅的设计如图 16.14(c)[57]。

　　使用开合模具生产板栅占据了大部分板栅生产历史。在铁块（球墨铸铁）上铣出板栅外框和筋条的形状。合模后，模中充满足够板栅体积的铅液，然后用小铲子从模口中取出浇铸

(a) 传统的浇铸板式板栅

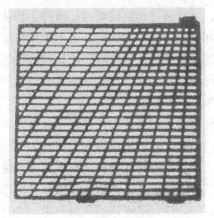

(b) 辐射状设计板栅

图 16.13　铅酸电池浇铸板栅

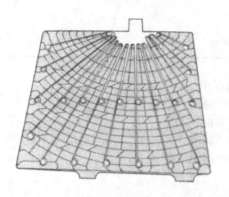

图 16.14　（a)辐射状复合导电板栅
（具有轻质坚固塑料骨架
的栅板复合斜向导电膜）

图 16.14　（b）　平衡正极设计[51]
（考虑板栅的腐蚀、生长并提升与活性物质
相接触的板栅的维护性，这种概念也被考虑
进方形板栅结构的设计中，来源于 AT&T)

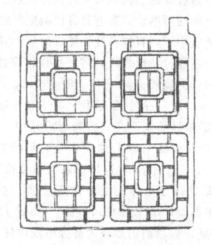

图 16.14　（c）平衡方形正极板栅设计[57]
（这种设计增加活性物质的接触，也解决方形
电池中板栅的腐蚀和生长问题）

的板栅，最后通过切割或者冲压操作去掉多余部分。可以利用在循环铅合金液体中的铅勺或者非循环铅合金流中的阀门或者手工勺将铅合金倒入模中。开合型模具进行改变，就变成板栅合金注射模或者压铸模具。在这种情况下，通过高压将铅合金注射到合紧的模具中。根据合金的性质，注射模具可以达到很高的生产速度。图 16.15 是 Wirtz 公司生产的 220C 型全自动铸板机。

　　另外一种板栅生产方式是铅合金条或者块的机械处理。传统制造法（普兰特式极板）通过在厚的铅板上刻槽来增加表面积或者往浇铸好的孔中塞入用铅箔卷曲而成的铅簇。通过对普兰特式或曼彻斯特式板栅进行电化学方法处理形成（图 16.16）最终极板。

　　第三种板栅生产办法是通过雕刻的圆形滚模进行圆辊连续浇铸。圆辊连续浇铸是一种高速浇铸方法，据报道可以达到每分钟 150 片的生产速度。连续浇铸的板栅并不是中心平面轴对称，需要额外的涂膏来保证活性物质稳定在正确的位置。

　　第四种板栅生产方法是对加工或者浇铸的铅带进行切拉。这是一种更好的 SLI 电池板

图 16.15 （a）Wirtz 220C 型全自动铸板机

（图片提供：Wirtz 制造公司）

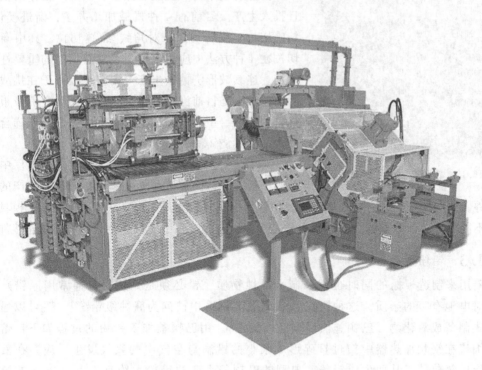

图 16.15 （b）Wirtz 220C 型全自动铸板机

（图片提供：Wirtz 制造公司）

栅生产方式，正在迅速取代开合型模具。这种板栅的优势在于：单位电池具有更小的板栅质量；通过最少的设备投资可以生产各种不同尺寸的板栅，达到非常高的生产能力（可以达到600 片/min），并具有非常好一致性。大部分开发和商业化生产都使用不含锑的铅钙锡合金

(a) 普兰特式极板

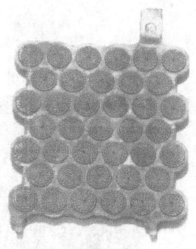

(b) 曼彻斯特式极板

图 16.16　普兰特式和曼彻斯特式极板

（图 16.17）。铅带是通过对铅合金板进行一系列机械加工而得到，然后铅带被分割成电池生产商要求的宽度。在加工过程中，铅合金的厚度减小而强度增加。

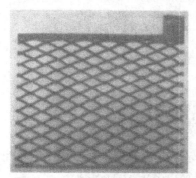

图 16.17　铅酸电池用切拉加工板栅

已经有生产商开发用合金带切拉生产板栅的设备并且投入生产。目前有 4 种机械加工办法：渐进模切拉、精确切拉、旋转切拉、对角线/裂缝切拉。其中渐进模切拉在 4 种方法中应用最广泛，旋转切拉的重要性正在增加。连续鼓形浇铸法生产汽车电池板栅正在挑战传统的切拉法，是目前汽车电池中生产铅钙合金负极板栅最先进的方法。正极板栅最常用的生产方法是低锑合金的开合型模具浇铸法。

对于任何一种板栅生产办法，铅酸电池工厂中都需要为极板、单体间连接和与外部设备连接而生产的小型零部件。这些小零件通常是在固定模具中浇铸。有时，也使用模具嵌件，使同一个模具能够生产不同零件。新的电池生产厂家通常在电池组装的过程中随机生产这些不同的连接件。

16.3.3　铅粉生产

铅用来制造板栅的同时也用来制造活性物质。铅必须是高纯铅（通常用原铅）以免引入对电池有害的杂质。这种铅在 ASTM-B29 标准中被列为腐蚀级铅[23]。铅可以通过两种方式制备成氧化物：巴顿釜法或球磨机法[29]。用巴顿釜加工铅粉的过程如下：熔融铅液的细流在锅状加热器中扫过打碎形成细小的铅滴与空气中的氧气发生反应，在液滴的表面形成氧化层，从而生成铅粉。典型的巴顿釜生产的铅粉大约有 $15\%\sim30\%$ 的游离铅存在于每一个球形氧化铅颗粒的中心。巴顿釜有各种不同型号，最大可以达到 1000kg/h 的生产能力。

球磨机包括很多操作步骤：将铅块放入转桶中，铅块之间的摩擦生成大量细小金属颗粒。这些金属颗粒被吹进来的空气氧化，同时空气流还把铅粉吹到集粉仓中。这种铅粉机的进料量变化可以从小于 30g 的小铅块到大约为 30kg 质量的铅锭。典型球磨机生产的铅粉也含有大约15％～30％的游离铅，存在于被氧化铅层包裹的扁平铅颗粒中。

一些电池正极板中使用红铅（Pb_3O_4）作为添加剂，红铅的电导率远大于 PbO，也可以促进化成过程中 PbO_2 的生成，红铅可以通过把氧化铅在空气流下烘烤制得。该过程可以减少游离铅的含量并增加氧化物颗粒的尺寸。其他一些铅氧化物和含铅化合物也曾用来生产电池极板，但是只具有历史意义[29]。朗讯科技（前贝尔实验室）使用四碱式硫酸铅（$4PbO \cdot PbSO_4$）制作蓄电池正极板，这种物质是 $\alpha\text{-}PbO_2$ 的前身。这种极板红铅含量高达 25％，以便于促进极板的电化学化成过程。

16.3.4　和膏

为了能够附着在板栅上，铅粉需要转变为具有可塑性的膏状材料。这可以通过铅粉、水和硫酸溶液在和膏机中搅拌混合制备。和膏机主要有 3 种类型：换罐搅浆机（change can）或小型搅拌机、辊式和膏机和竖向辊式和膏机。

最常用的和膏机是小型搅拌机。将事先称量过的铅粉倒入混合槽中，先加水，然后加入硫酸溶液。如果有干的添加剂需要在加水之前添加到铅粉中。这些添加剂包括增加干极板机械强度的聚酯纤维，维持电池使用过程中负极板孔率的膨胀剂，或者其他能够简化操作过程的添加剂，以及能够改善电池性能的添加剂。

辊式和膏机通常需要先添加水性组分，然后加入铅粉，最后加入酸。在混合过程中，通过测量和膏机电机的消耗功率可以知道，铅膏的黏度先增加后减少。由于硫酸与氧化铅间的反应使铅膏发热，所以必须通过和膏机夹层冷却或者及时去除蒸汽的方法来控制铅膏温度。使用不同和膏机，相同量的铅粉所需要的水量和酸量不同，这也取决于极板的用途：SLI 电池极板通常具有较低的 $PbO : H_2SO_4$ 比例，酸越多，极板的密度就越低。添加剂、电解质的总量、所使用的和膏机最终会影响铅膏的一致性（黏度）。通过用半球状量杯测量铅膏的表观密度和用透度计测量铅膏黏度的方法来控制铅膏的质量。在制造先进的长寿型富液式蓄电池所用的铅膏时，所需要的碳添加剂比例较高，由于碳材料密度较低，导致铅膏的表观密度降低。因此当使用碳添加剂时，需要重新设定铅膏的表观密度标准。

还可以使用连续和膏机，如 Teckominco 的 S-91PM1 型连续和膏机。这种和膏机适用于所有类型的铅酸蓄电池。该和膏机能够在和膏过程中使纤维和添加剂（如碳）均匀分散，避免纤维的聚集；同时也消除造成生产线停顿的涂膏问题。该机器和膏的典型流程如图16.18 所示。

16.3.5　涂膏

涂膏是将铅膏附着在板栅上形成电池极板的过程。该过程是一个挤压过程，即用手铲或者机器将铅膏挤压到板栅上的过程。目前有两种涂板机可以使用：固定孔涂板机，将铅膏同时挤压到板栅两面的双面涂膏机；带式涂膏机，将铅膏从涂膏带上方的膏斗挤压到板栅上的涂膏机。带式涂膏机的涂膏量可以通过涂膏带-涂板带的间距和漏斗出口处铲子（压辊或者橡胶压辊）的类型进行调整。使用同样的铅膏和板栅，铲状辊涂的涂膏机比橡胶压辊的涂膏机制备的涂膏更厚，密度更高。这两种方式制备的涂制极板，铅膏中的水被挤到带子上，最终引入到机器上或机器附近的收集槽中，成为某些负极铅膏和制中所用的液体。

板栅通过自动或者手工的方式放到涂膏带上，并移动到涂膏漏斗下。大部分小尺寸极板在底部（浇铸板栅）或者耳朵边缘（锻压切拉板栅）被制作成双联式，或者制作成不同数量板栅的阵列。大部分涂板机的涂膏带宽度为 35～50cm，可以用来涂这种双联式的板栅。对

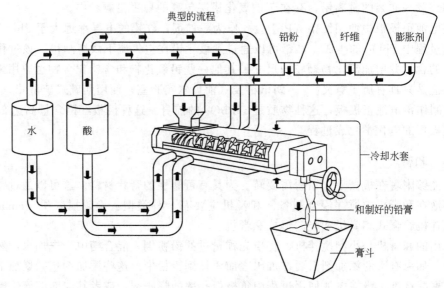

图 16.18　和膏的典型流程

工业备用电池或牵引电池（这类电池更大），可按照长度方向进入涂膏机或者进行手工涂板。

极板涂完以后将其挂起或者层叠放置进行固化。极板层叠放置可能互相粘接，因此在被叠放之前，需要通过高温干燥窑或热压轴进行快速干燥。燃烧过程中产生的二氧化碳可能被吸收到极板表面，使极板较硬。快速干燥过程也有助于固化开始阶段的反应。厚极板在经过快速干燥之后，按长边向上的方式悬挂在架子上，而不是层叠水平放置在台子上。

机加工切拉板栅和连续浇铸板栅在涂膏生产线上用分切机被分割成小的极板。一些生产商也在同一机器上将极耳上的铅膏和氧化物刷干净。

在欧洲，许多高负荷的电池正极板制造采用多孔排管方式进行，但是这种方法在美国很少采用。这种板栅采用浇铸或者压铸的方法制造，由许多连接在横梁和极耳上的带有侧翅的筋条排列组成［图 16.9(b)］。这些筋条被放入无纺织的多管排管中，然后加入流体状的铅膏直到溢出。偶尔也使用纤维纺织管或者玻璃纤维管，但是使用无纺布排管更加常见。表16.10 列出不同排管的典型性能比较。最后将塑料封底塞入管子的开口端，使这些塑料封底成为极板的底部（图 16.19）。

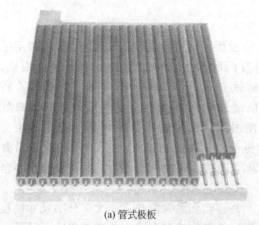

(a) 管式极板

(b) 排管式极板

图 16.19　管式和排管式极板

16.3.6　固化

固化过程可以使铅膏转化成黏结在一起的多孔活性物质，有助于活性物质和板栅之间相互连接。在固化过程中，游离铅被氧化，形成极板的物理化学结构，使极板能够在后续的制造过程中可以有效地取用和操作，此外，该过程也决定电池的电性能。根据铅膏的组成和电池的使用方式[30,34]，有以下几种固化方法可供选择。

SLI 电池的典型固化方法是"湿固"，在低温、高湿环境下固化 24～72h。最适宜的固化温度是 25～40℃。在快速干燥的极板中，通常含有 8％～20％的水分。通常使用帆布、塑料布或者其他材料覆盖极板来保持湿度和温度。有些生产商使用密封的固化房来保持湿热的环境，这些固化房可以进行加热。在极板固化的过程中，到达峰值温度后，温度和湿度下降。极板在湿度环境下通常会产生三碱式硫酸铅，具有很高的体积比能量。对于电池制造商来说，极板固化的一致性非常重要。添加剂可能影响固化的一致性，如涂膏玻璃微球。图 16.20 中的极板具有非常好的固化一致性[30]，不使用晶种时，玻璃微球添加剂可以阻止四碱式氧化铅的生成。

这种类型的固化受添加剂的影响非常大。添加 0.5％～2.0％的优化铅膏添加剂（PA-10-6™)[31]可以阻止标准的四碱式成核过程。可以在铅酸电池中使用不同晶种来帮助形成四碱式固化。SureCure[32,33]作为晶种用于促进和膏与固化过程中快速形成四碱式硫酸铅。其添加量是 1％，可以配合使用其他干燥剂。据报道，使用晶种有如下的好处：缩短固化时间；降低材料和固化损失；具有更加均匀一致的晶体结构；改善化成过程；减少固化室的投资。

使用固化炉固化，固化的温度和湿度可以精确地控制，能确保铅膏中游离铅得到氧化。峰值温度通常控制在 65～90℃之间。另外一种强制固化的方法是将部分固化的极板浸入到硫酸溶液中。后面所述的这种过程（浸酸）也可以用来固化铅粉灌制的管式正极板。固化好的极板贮存备用。贮存期限并不重要，但是高昂的库存成本，使贮存时间最短。

16.3.7　组装和隔板材料

最简单的电池是由浸泡在电解质中一片负极板、一片正极板和正负极板之间的隔板组成（表 16.10）。常用的 SLI 电池大约由 7～30 片极板组成。正负极板装在多孔的袋式聚乙烯（PE）隔板中。大部分设计只包裹正极板。一般不使用单独的或者叶片状隔板，而使用可密封的多孔聚乙烯隔板。在炎热的环境下，特别是在路况不好的情况下使用的汽车电池一般选用充满二氧化硅颗粒和玻璃纤维的层状复合隔板。这种隔板具有很高的机械强度可以避免破裂。从而使电池可以实现自动化装配。袋式隔板也应用在牵引电池和备用电池中。

表 16.10　铅酸电池用不同隔板材料的性能对比

工业聚乙烯(PE)隔板的典型特征[39]		
隔板性质	单位	典型结果
背网厚度	μm	400～500
电阻率	MΩ·cm²	210～270
孔隙率	％	55～58
背网油量	％	15～17
总油含量	％	19～21
湿阻	％	3

SLI-PE 隔板的典型特征[39,41]		
隔板性质	单位	典型结果
背网厚度	μm	60~200
电阻率	$M\Omega \cdot cm^2$	50~60
孔隙率	%	50~60
总油量	%	10~21
湿阻	%	3~5
耐穿刺强度	N	5~13
横向伸长率	%	200~500

排管的典型特征[40]				
排管性质	单位	标准管	加强管	纺织管
电阻率	$M\Omega \cdot cm^2$	180	350	500
孔隙率	%	74	60	40
吸酸量	g/cm^2	0.12	0.10	0.05
酸保持率	g/g	2.7	2.0	0.8

注：测试方法参照 BCI，flooded Separators，section 3B。

图 16.20　经过固化的铅酸电池极板
（图中使用放射型板栅）

最近，新开发出一种用于 SLI 电池的更薄背部带网隔板。这种隔板具有较低的电阻，从而提高电池性能，如冷启动电流性能。在 SLI 电池中使用的背网式隔板厚度在 150~200μm 之间。工业电池中使用的背网式聚乙烯隔板厚度为 450μm。非上路电动车用电池、工业电池和重负荷机械用电池所使用的聚乙烯隔板，带楞的一侧会附有玻璃纤维层。玻璃纤维层可以给正极活性物质施加压力，因而可以防止活性物质在振动的条件下脱落。玻璃纤维层由玻璃纤维毡构成的，其克重为 20~60g/m。玻璃纤维直径通常为 11~18μm，长度为

12mm 或更长。玻璃纤维毡中含有大约 15%～25%的黏结剂。随着厚度的增加，黏结剂的含量降低减少；也可以加入 1%～2.5%的玻璃微纤维添加剂[35]以加强正极活性物质的强度。

为了满足微混电动汽车对电池循环性能的要求，对标准富液式电池进行重新设计，使其在部分荷电状态下的循环性能得到提高。这种长寿型（ELF）富液式电池在极板、合金、电解质和隔板等方面都进行改变。在长寿型（ELF）富液式电池中正极两侧都有玻璃毡或者合成无纺材料给正极施加压力，对活性物质施加压力可以提高其循环寿命。正极板采用扩展板栅，如使用 Concast®（由 Tech Comico Metals Ltd. 生产）、Conroll®（由 Wirtz Manufacturing Co. Inc. 生产）或者其他连续铸板设备生产的板栅。与过去在涂板过程中使用纤维素薄纸不同，有的公司已经开始使用替代材料如梳理过的合成材料网、玻璃棉纸或者其他转向全玻璃系统的隔板等，以防止板栅变形。1982 年公布的美国专利 4336314 展示类似提高电池循环性能的方法[36]。随着越来越多的混合型吸附毡（HAGM）使用到阀控式密封铅酸蓄电池中，富液式电池的性能将得到不断提高。

大型富液式工业电池使用的隔板基本上没有变化。极板包覆在把玻璃纤维层压到非纺织玻璃毡上而制作的薄隔板上。玻璃纤维层有助于电池充电过程中所产生气泡的溢出。玻璃毡是一种短切原丝毡，由直径为 10～19μm 的玻璃纤维构成，然后通过 16%～24%的丙烯酸黏结剂粘接在一起。使用塑料包裹物（带有冲孔）把玻璃纤维包裹并密封后增压到极板上。然后在极板的底部装配一个塑料套用于固定。极板放入电池壳中时，用工业级隔板将正负极板隔开。试验证明可以用聚酯合成无纺布材料取代这种包裹体。但是，由于测试一种新的隔板需要耗费很长的时间，聚酯合成无纺布材料从来没有获得更多的市场。

在管式极板电池中，已经开始抛弃纤维纺织排管，向着无纺布排管的方向发展。无纺布排管的性能也不断提高，为了得到更好的强度特性[37,38]，正在从梳理过的无纺布原料向纺黏无纺布的方向发展。

通过手工或者机器将极板和隔板叠在一起成为极组，将极组放置在传送带或者其他运输工具上进入极组焊接工序。焊接通过两种方法来进行：一种是极耳向上，在模具中将极耳烧熔焊接；另一种是极耳向下，将极耳浸到熔融的合金铅液槽中焊接。前一种方法是传统的铅酸电池装配方法。这种方法组装电池，将极耳塞到梳板的狭缝中来焊接，汇流排的形状和大小取决于焊接夹具中板和护铁的尺寸。一些电池生产商，使用开好槽的固定架来塞住极耳以便加快焊接的速度。第二种焊接方法称为"铸焊"，适用于 SLI 电池的焊接。包好的极组被安装到铸焊机的焊接槽中。此外，还有已经被铣好的与汇流排和端子形状相对应的模具被加热并注入焊接汇流排所用的合金铅液。焊接过程中，必须注意不能将铅、铅钙和铅锑合金相混使用。模具和极群相向移动直到板耳浸入铅液中相应深度。外界冷却系统将汇流排及其附件冷却并凝固在极耳周围及上方，极群被移动到相应位置，然后装入电池壳中。两种焊接方法所焊接的汇流排从外观上可以分辨出来：固定焊接方法焊接的汇流排通常较厚而且表面比较光滑；而铸焊焊接的汇流排，如果焊接之前每个极耳得到很好清理，则汇流排下方极耳之间的接触面会有铅液自动冷却而形成的弯月面。极耳和汇流排之间必须有很好的连接，以便使电池的高倍率放电性能更好。将极板和隔板装配在一起的产物称为极板组，焊接好的极板组称为极群。在进行更下一步装配之前，需要对极板组进行短路测试。

铸焊焊接的极板组可以继续连接成多单体电池，也可以成为单体蓄电池。第一种焊接方法需要较长的单体间连接，需要跨过单体间的隔断，坐在电池单体隔断间的壁上；这种方法称为跨桥设计。第二种焊接方法，汇流排的耳朵被放到电池单体壁上预先打好的孔上。相邻单体间的汇流排耳朵用焊枪手工焊接或者电阻焊接机焊接在一起。后者可以通过挤压耳朵及其单体间连接部分，达到防漏密封的目的。

工业牵引电池和老型号 SLI 电池先进行壳盖间密封，然后再进行单体间的连接。牵引电池根据用途不同有不同尺寸，标准的制造单元是一个电池，而不是一定数量的极板和隔板。将牵引电池放到槽中，在需要的地方添加垫片，然后完成电池间的焊接。钢制槽在制造完成后，要用防酸的涂料（聚氨酯、环氧树脂等）涂覆。在末端电池上焊接粗软线（用焊接电缆制造）用于外部连接。

16.3.8 壳盖密封

把电池的壳、盖连接在一起可以采用 4 种方法。封闭的铅酸电池需要最大程度减小危害性，如酸性电解质、过充电期间产生的爆炸性气体以及电击等。大部分 SLI 电池和许多现代牵引电池都采用壳盖热封法密封。热封是通过平板加热壳盖，然后用机械方法将壳盖粘接在一起，当然也可以通过壳盖间的超声焊接实现连接。热封的密封电池不能进行再次修理。最多只能利用里面的电极组，而壳盖必须被丢弃和替换掉。少量 SLI 电池通过往盖上的槽中加入环氧胶黏剂，然后将电池塞入，并且将壳子和单体间的隔板准确定位到充满环氧树脂槽中的方法进行密封；并且用加热的方法来活化环氧树脂固化剂。

一些小型的深循环电池用沥青来封接单体的壳和盖。用沥青封接的电池很容易进行修理。历史上，1960 年以前生产的蓄电池都采用沥青进行封接，但是现在大部分 SLI 电池都采用热封封接。在沥青封接中，将融化的沥青从加热容器中倒入盖上的密封槽中。沥青必须足够热，以保证其流动性，但冷却也必须足够快，而且必须有足够的黏度保证其在进入电池前凝固。

塑料壳的备用电池采用环氧树脂、溶剂型黏结剂封接或（对于 PVC 共聚物材料制成的壳盖）热封封接。端子是浇铸或者焊接上去的。一些大型备用电池和牵引型电池在端子之间用制冷剂强制循环方式冷却电池，电池的端子则嵌入铜件，以便增加导电性和机械强度。

16.3.9 槽化成

极板或者极群在装入电池壳前要进行电化成或充电。SLI 电池极板化成时通常组成电极对，两联到五联的极板相间插入带有定位狭缝的化成槽中，与邻极板相距 25.4mm 或者更短。插入化成槽的极板中所有正极耳伸出在化成槽的上方一侧，而所有负极板的极耳伸出在化成槽另一侧。然后相同极性的极耳用铅条连接，通过两个连接条连接到低压恒流电源上。向化成槽中注入电解质，然后通电直至化成完毕。化成完毕后，正极板转化成深黑褐色，负极板转化成浅灰色并带有金属光泽。工业极板通常采用单片化成，有时也可对假极板或板栅进行化成。化成槽可以采用不同的材质，最常见的是 PVC、聚乙烯和铅。由于化成会增加硫酸电解质的密度，所以化成槽中的酸必须能够排出，并能重新注入。

电解质相对密度、充电电流和温度不同，化成条件也不同。电解质相对密度在 1.050～1.150 之间。一般情况下，在化成过程中，充电电流保持固定，但有的生产商在不同的时间段内按顺序使用 2～3 个充电电流。

槽化成的极板或者极群由于负极板在空气中自然氧化而不稳定。因此，在使用之前是干荷电的（见 16.3.11 节）。

现代的化成用充电机在恒电流条件下运行，采用饱和电抗控制，或者采用可控硅控制。现在最新的进展是通过电脑控制化成时间和电流。一些化成制度采用三阶段甚至更多阶段的电流化成，从很小的电流开始，转向更大的电流，然后再回到小电流。在化成过程中调整化成电流可以把高温对电池的影响降到最小，也可以把化成过程中用喷水冷却或者空气强制冷却的需要降到最小。

16.3.10 电池化成

更常用的化成方法是先将电池装配好，然后注入电解质，再进行充电。这种方法适用于 SLI 电池和大多数固定和牵引电池。电池化成条件和槽化成方式一样各不相同。最常用的两种化成方式是二次化成（适用于固定和牵引电池）和一次化成（适用于大部分 SLI 电池）。在二次化成中，要排除电池中的初始化成用的低密度电解质，然后注入更浓的电解质，其目的是用浓的电解质与吸附在极板和电池壳上残留的较稀电解质混合后得到理想的电解质浓度（见表 16.11）。化成后电池的典型电解质相对密度见表 16.12。

表 16.11 化成过程

项　　目	一 次 化 成	二 次 化 成
主要应用	SLI	所有其他的,包括部分 SLI
电解质相对密度		
开始时	1.200	1.005～1.150
最后	1.280	1.150～1.230
后续步骤	无	将电解质倒出,注入相对密度为 1.280～1.330 的电解质后,再继续充电几个小时

表 16.12 在 25℃、满荷电状态下电解质的相对密度

电池类型	相对密度	
	温带气候	热带气候
SLI	1.260～1.290	1.210～1.230
高负荷型	1.260～1.290	1.210～1.230
高尔夫车	1.260～1.290	1.210～1.230
高尔夫车(电动车辆)	1.275～1.325	1.240～1.275
牵引电池	1.275～1.325	1.240～1.275
备用电池	1.210～1.225	1.200～1.220
内燃机启动(铁路)	1.250	
航空	1.260～1.285	1.260～1.285

16.3.11 干荷电

湿荷电电池在长期存放以后性能会下降，特别是在温暖的环境下贮存。用铅锑合金制作板栅的 SLI 电池每天损失 1%～3% 的容量。对于免维护电池，静置状态下的电量损失很小（0.1%～3%/d）。如果电池需要贮存很长时间，特别是如果需要在高温环境下贮存，或者需要长距离运输，可以去除电池中的电解质来稳定电池的性能。

电解质去除之后，电池就被称为"干荷电"（即电池是荷电的，干燥的），或者"荷电、润湿"电池。极板化成过程是在电池极组装入电池壳、盖之前完成的。电池极板在焊接前，可以先进行槽化成，水洗，在惰性气体炉中干燥。也可以把焊接好的极群直接进行槽化成、水洗并且在惰性气氛中干燥。该过程比较简单，但要确保极板在经过水洗、干燥后还能够很容易再润湿。最后，安装极群、壳、盖，并将电池密封。这样的电池可以在干荷电状态下贮存几年的时间。

在过去的十年里，已经有数项革新工艺得到商业化应用，例如，将湿荷电的电池转化为润湿或者半干电池的工艺。还比如，有一个工艺，通过离心法将大部分电解质去除。还有另

一种方法，是在电池中加入无机盐（硫酸钠）以便使电池在贮存期间的降解最小并辅助最后的再活化。电池化成完后，将酸倒出，然后注入含有添加剂的电解质，经过高倍率放电测试，最后将酸液倒掉。高倍率放电测试（模拟发动机启动）可以应用到组装完成的半干电池测试中，该测试使极板的表面覆盖一层很薄的硫酸铅结晶，可以使电池在密封以后具有最小的极板或者隔板性能衰降。

16.3.12　测试和完成

电池出售前和投入使用前必须测试电池的电性能。测试的类型取决于其用途。SLI电池的测试主要是模拟发动机启动实验，即测试电池的短路特大电流放电（200～1500A）特性。备用电池和牵引电池的测试根据使用者的要求进行测试，通常备用电池进行1～10h率测试，而对牵引电池进行4～8h放电测试。对SLI电池的测试，通常是用固定的低阻值电阻或者由电源辅助进行高倍率放电。重负荷电池的测试通过电阻、零时负载或者逆变器进行。

电池最后的制造工序包括水洗、干燥、刷漆、安装通气栓、贴标签等。橡胶槽电池通常需要刷漆；塑料壳电池则不需要。电池上可以安装许多的铭牌和标签以便对电池进行标识，说明其性能、用途等。此外，许多国家要求生产商必须对电池的有害特性进行警示，特别要求指出电解质会造成腐蚀，形成的气体会爆炸等。

牵引电池的尺寸需要适应不同叉车型号的要求，所以叉车电池的最后工序包括预化成和测试完电池装入电池箱，进行电池间连接，制作连接线缆，有时在电池盖之间的缝隙加入沥青或者塑料（聚氨酯）片等。

16.3.13　运输

小型电池（SLI电池和高尔夫车电池）可以叠成几层放在货盘上进行长距离运输。电池装入使用纸板或者木板制作的五面或者六面箱体中，层间用纸板或者木板隔离。货盘上的电池在侧面用绷带或者收缩塑料片捆扎。货盘必须足够坚固，以便能够承受电池重量和搬运过程的冲击力。大型电池先放在货盘上，进行捆绑，然后进行衬垫和包装。

过去，由于铅酸电池的壳体较脆、较重并容易造成腐蚀，电池只在最短距离间运输。特别是由于电池的易腐蚀性，导致运输商加收额外的费用，而且使电池的空运遭到禁止。随着美国小型本地化电池生产商数量的减少，剩下的大型电池生产商则使用自己的卡车来运输自己的商品到分销商处。

16.3.14　干荷电电池的激活

如果电池被制作成干荷电电池，在使用之前必须进行激活。激活过程包括电池开封，将电解质（有时是随着电池分别包装的）注入，然后给电池充电（如果时间允许），测试电池性能。当干荷电电池被激活后，必须去除用来密封放气孔的材料。

16.4　SLI（汽车）电池：结构和特征

16.4.1　一般特征

铅酸电池的设计各不相同，以便使所要求的性能得到最优化。为了获得最佳的性能需要对如下参数进行优化：体积比能量、体积比功率、循环寿命、浮充电使用性能以及成本等。

高体积比功率要求电池的内阻必须做到最小。这关系到板栅的设计，隔板的孔隙率、厚度、类型以及电池单体之间的连接方式。同时要求高体积比功率和体积比能量的电池需要使用较薄的极板和隔板，而且要有较高的孔隙率，一般铅膏表观密度非常低。长循环寿命要求要有优良隔板、较高的铅膏表观密度、$\alpha\text{-}PbO_2$ 或另外一种成键剂的存在、适中的放电深度、好的维护性能和使用高锑（5%～7%Sb）合金制作的板栅等。低成本需要最小的固定和可变成本，高速自动化加工，板栅、铅膏、隔板和其他电池组件中不使用昂贵材料等[15,26,42～44]。

　　汽车工业为了达到二氧化碳排放标准和车辆里程要求，开始转向微混电动车、轻混电动车、混合电动车和纯电动车方向。这对传统富液式 SLI 电池的负载能力和循环寿命提出新的要求。这要求蓄电池在部分荷电态高倍率（HRPSoC）下具有良好的循环寿命。传统的富液式铅酸电池不能满足该要求。最能满足负载新要求的是 AGM VRLA 蓄电池（见第 17 章）。这是一种新开发的富液式 SLI 电池，电池这种新技术被称为"先进富液式"或"长寿命富液式"SLI 电池。这种电池的成本是传统免维护电池成本的 1.5 倍，它采用不同合金、更高的活性物质碳添加量及覆盖正极板并施加压力的隔板系统；同时，采用永久式的涂板纸取代标准的纤维素薄纸等。另外，还有报道称其电解质也含有添加剂。

16. 4. 2　结构

　　SLI 电池的主要功能是启动内燃机，放电时间很短，但是电流很大。当发动机启动起来以后，发电机系统便开始对电池充电，使电池处于满荷电浮充电状态或者轻微的过充电状态。在最近的汽车设计中，寄生性电子负载如车灯、电动机以及其他电子设备的增加使电池在汽车发动机不启动时，也要逐步放电。这些因素和正常的电池自放电结合在一起，给标准的启动/浮充循环加入明显的循环成分。有关 SLI 电池的寿命和失效模式研究见 16.4.3 节和 16.8.4 节。

　　SLI 电池的启动能力与极板的几何面积成比例，对在 $-17.8\,℃$（0 ℉）冷启动电流（CCA）而言，该比例系数通常为每平方厘米正极板 0.155～0.186。电池的启动能力一般在高温下（>18℃）由正极板控制，低温下（<5℃）由负极板控制。电池的正负极板面积比在设计时就已经确定。为了得到最大的启动能力，SLI 电池设计中强调使用具有最小电阻板栅（使用放射和切拉的板栅设计）的极板，使用具有更高相对密度的电解质。

　　SLI 电池通常使用"外侧负极板"（$n+1$ 个负极板、$2n$ 块隔板和 n 个正极板）设计方案。然而，为了平衡启动倍率和电子负载的要求，也为了方便自动化生产，SLI 电池也使用等数目正、负极板。另外，"外侧正极板"设计的电池也得到广泛应用。

　　与传统非免维护电池相比，免维护 SLI 电池有几个明显特征。例如，电池寿命期间不需要补水，贮存期间的容量保持性能显著改善，具有最少的端子腐蚀等。典型的免维护电池结构如图 16.10 所示。与传统的小型密封铅酸电池通过氧气再化合的方式不同，这种电池主要通过充电控制来阻止水的分解和干涸（见第 17 章）。

　　SLI 免维护电池具有较大的电解质保存量，可以使用较小的极板，而且由于去除铅泥沉淀槽，所以可以将极组直接落在壳子底部。通常将正极板包在多孔隔板中，防止从正极脱落的活性物质掉在壳子底部形成短路。免维护电池的最主要特征是使用无锑合金（如铅钙合金），或者低锑合金板栅。这类板栅材料的使用明显减少过充电流，也减小过充电期间水的损失，提高电池的放置性能（见 16.7 节）。图中也给出使用铅钙合金轧制片的切拉板栅制作电池的性能。大部分 SLI 电池使用所谓的混合极板，即负极板使用铅钙锡合金制作板栅，正极板使用低锑合金制作板栅。

　　图 16.21 所示是另一种精制的 SLI 电池。在这种设计中，电池极板宽度约为传统 SLI 电池的 1/5，从长度方向平行插入，而不是垂直插入。这种设计减少电池的内阻，具有很高的冷启动性能。

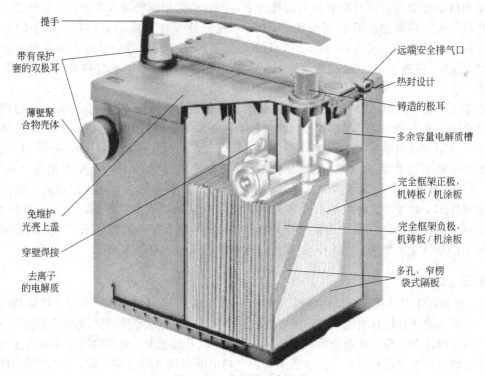

提手

带有保护
套的双极耳

薄壁聚
合物壳体

免维护
光亮上盖

穿壁焊接

去离子
的电解质

远端安全排气口

热封设计

铸造的极耳

多余容量电解质槽

完全框架正极，
机铸板 / 机涂板

完全框架负极，
机铸板 / 机涂板

多孔，窄楞
袋式隔板

图 16.21　铅酸电池剖视图

卡车、公共汽车、建筑设备上使用的重负荷 SLI 电池设计与客运车辆 SLI 电池相似，但是使用了更重、更厚的极板，使用高表观密度的铅膏、价格昂贵的带有玻璃纤维衬的隔板，将极组固定在壳体底部，使用橡胶壳，以及其他类似因素增长电池寿命。为了对大尺寸（达到 530mm×285mm）电池壳提供最大的机械强度，厚极板是必要的。由于厚极板电池的启动电流小于薄极板电池（在给定的电池槽中厚极板数量较少），所以使用串联或者串联-并联方式连接。通常情况下，12V 整体电池串联用于 24V 启动，并联用于运行和 12V 条件下充电。现在厂家也生产几种重负荷免维护电池。

SLI 型电池也用于摩托车或者船艇。观光艇所使用的电池通常使用较厚极板（以便给出更多的容量）和高表观密度铅膏。它们的型号与 BCI（Battery Council International）汽车电池型号相同，详见 4.10 节 BCI 电池型号列表。船用电池也使用 4 单体室构成 8V 整体电池的方式生产。目前，许多这种特殊应用已经转向阀控式密封铅酸蓄电池。

航空器使用的 SLI 电池采用特殊的防漏塞设计，以防止飞行过程中电解质的损失。但是，这种应用场合最典型的是使用阀控式密封铅酸蓄电池。

16.4.3　性能特征

（1）放电性能　图 16.22 是 SLI 电池在几种恒流放电情况下的放电曲线，放电终止电压也在该图中给出。可以看出，电池在较低的倍率下放电具有更高的放电容量。而在高倍率放电时，由于极板毛细孔中的电解质被耗尽，而电解质又不能迅速扩散来维持电池电压，因而造成电池放电容量的降低。间歇性放电，可以使电解质再循环，或者电解质强制循环也可以改善电池的高倍率放电性能。通常，电池可以在其允许的任何电流下工作而不会对电池造成损害，但是当电池被耗尽或者电压低于可用值的时候，应该停止放电。

（2）温度对电池性能的影响　图 16.23(a) 是单体铅酸电池在不同温度下的典型放电曲

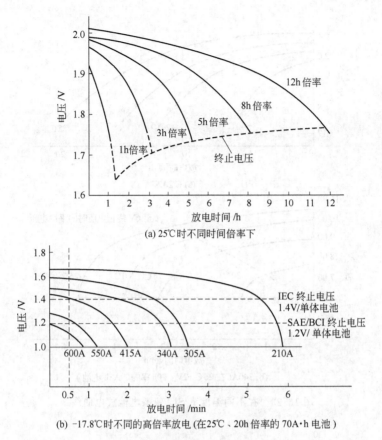

(a) 25℃时不同时间倍率下

(b) −17.8℃时不同的高倍率放电 (在25℃、20h 倍率的 70A·h 电池)

图 16.22 SLI 铅酸电池放电曲线

线。图 16.23(b) 是 12V、60A·h 电池在 −30～25℃ 条件下的 340A 放电特性。电池在较高的放电温度和较低的放电倍率时，可以提供较高的放电电压和较大的容量。

　　放电倍率和放电温度对铅酸电池容量的影响汇总于图 16.24，图中标出和 20h 率容量相对比时，各种放电条件下的放电百分率。尽管铅酸电池可以在很宽的温度范围内使用，但是在高温环境下连续使用会导致板栅的加速腐蚀从而缩短电池的使用寿命（见 16.8.1 节）。

　　SLI 型铅酸电池在不同温度和不同负载情况下放电性能的另一种表示法如图 16.25 所示。该图中的曲线是依据 Peukert 公式（见 3.2.6 节）以放电电流的对数对放电时间的对数作图而得到的。可以看出放电时间和放电电流在很宽的范围内维持线性关系，但是在低温和高倍率时出现偏差；图中数据已经用单位电池质量（kg）和单位体积（L）进行标准化。图 16.25 可以用来推断不同尺寸的电池在不同放电条件下的放电性能或者根据不同的使用要求来确定电池的尺寸和质量。

　　（3）内阻　内燃机启动时的大电流要求电池必须被设计成低内阻，如导电体具有最大横截面积和最小长度，隔板具有最大孔隙率和最小背筋厚度，电解质要在低电阻范围。极板表面积和 CCA（冷启动电流）的关系表明该过程和活性物质的电化学双电层有关。可以通过低频来分析阻抗中的电容性电抗组分——严格地讲阻抗中的电阻性阻抗可以依据欧姆定律通过测量在两个不同的放电电流下的电压降来测定。铅酸电池的内阻在放电过程中不断增加，内阻随着电解质密度减小成线性增加的趋势。全充电态和全放电态之间的内阻差大约为 40%。温度对电池内阻的影响如图 16.26 所示；电池内阻在 −18～

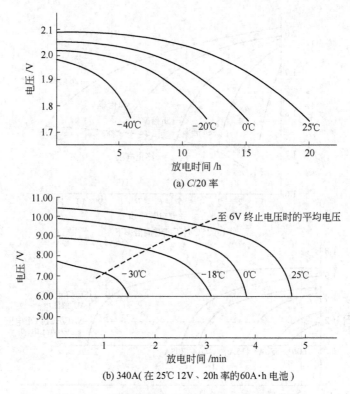

(a) C/20 率

(b) 340A(在 25℃ 12V、20h 率的60A·h 电池)

图 16.23 在不同温度下 SLI 铅酸电池放电曲线

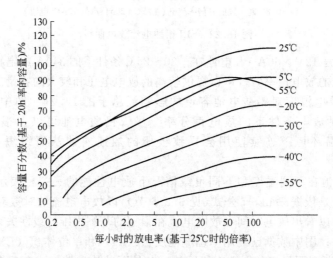

图 16.24 在不同温度和放电倍率下 SLI 铅酸电池放电曲线
（放电至单体电池电压 1.75V 止）

30℃ 之间大约增加 50%。

（4）自放电　铅酸电池开路放置过程会损失部分电量。这种损失在使用铅锑合金制作板栅的电池中更加严重。图 16.8 是传统锑合金（Sb 含量＞4%）、低锑合金（Sb 含量＜3%）和无锑合金板栅电池的自放电对比图。这种损失可以通过测量端电压降或者电解质密度变化进行简单测定。硫酸在负极表面上与锑和铅接触而形成微电池反应，形成小颗粒的硫酸铅是造成电池自放电的主要原因。使用铅钙无锑合金为负极，铅锑合金为正极的电池，在锑从正极扩散到负极之

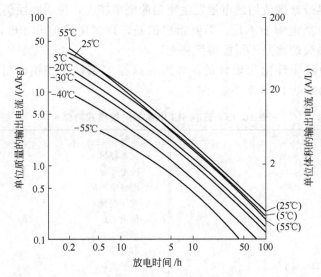

图 16.25　单体电池截止电压为 1.75V 时 SLI 铅酸电池的工作时间

前，自放电损失可以减至最小程度。低锑合金为正极的电池在这点上更为明显。

（5）寿命和失效形式　SLI 电池的寿命受设计、生产过程以及环境的影响。由于现在大部分 SLI 电池采用自动化装配生产，所以在理想环境下，电池寿命相当一致，但是不同环境导致电池失效方式不同。市场策略是决定电池质保期的主要因素，不是失效速率的统计预期。

SLI 电池的设计、材料和使用在过去的 20 年中已经发生了显著变化。其寿命和失效方式的分布也发生了变化。在图 16.27（a）中给出了失效电池的平均寿命。图中 1982 年电池寿命较短的原因可能是电池尺寸的减小和电池性能

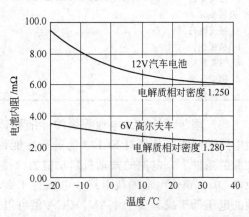

图 16.26　温度对不同设计铅酸电池内阻的影响

要求的提高。这些平均数据包括：出租车、警车和其他重负荷用户，这些用户所用的电池通常具有较低的使用寿命。图 16.27（b）列出主要电池的失效模式分布，这些模式见表 16.13

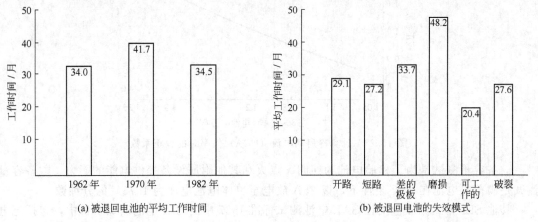

图 16.27　SLI 电池失效模式[2]

中的详细描述。在热带地区使用的电池发生短路的概率较大，说明腐蚀仍然是主要的失效模式。正常损坏耗尽包括电解质不足。需要指出的是，许多免维护 SLI 电池是密封的，所以由于蒸发和电解而损失的水是不可能得到补充。

SLI 电池不是为深循环使用设计的，如果在这样的条件下使用，则其寿命会非常短。SLI 电池的深循环能力见 16.5.2 节。

表 16.13　铅酸 SLI 电池的失效模式总结

1. 开路	4. 正常耗尽
a. 端子	a. 正常耗尽
b. 单体到端子	b. 充电不足
c. 单体到单体	c. 电解质不足
d. 汇流排断裂	d. 端子腐蚀
e. 掉片	e. 化成不足
2. 短路	5. 可用的
a. 极板到汇流排	a. 可用的
b. 极板到极板(极板错误安装)	b. 只放电的
c. 极板到极板(隔板损坏)	6. 破损
d. 极板到极板(沉淀物)	a. 壳破坏
e. 振动短路	b. 盖破坏
3. 极板损坏	c. 端子破坏
a. 过充电/过热	d. 内部破坏
b. 板栅腐蚀	e. 其他原因
c. 铅膏黏结	
d. 硫酸盐化	
e. 铅膏化成不足	

（6）用于评价 SLI 电池等级的标准测试　已经制定了几种标准测试来模拟应用过程中对电池的要求，从而对 SLI 电池进行性能评价和分级。冷启动电流（CCA）测试用来评价在低温条件下，电池的发动机启动能力。冷启动电流测试是满荷电的电池在 −17.8℃ 条件下放电 30s，单体电池的放电终止电压为 1.2V 条件下所能够放出的电流。如果放电 30s 后电池的电压低于或者高于 1.2V，CCA 值可以通过乘以按照图 16.28 推断出来的电流校正系数的方法来计算。图 16.22（b）显示一只 70A·h 的电池所具有的 CCA 电流为 550A。

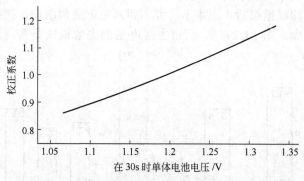

图 16.28　计算冷启动电流（CCA）倍率时的校正系数

贮备容量测试是为了检验电池为照明、点火和其他附属设备提供电能的能力。贮备容量测试是满荷电电池在 25℃ 条件下，以 25A 放电至单体电池电压为 1.75V 的分钟数。

其他 SLI 测试标准包括在 SAE 电池测试标准 J537 中的 SLI 电池测试项目中，包括充电接受能力、过充电寿命、耐振动性能等。标准的 SLI 电池寿命测试方法见 SAE J240A。该测试包括 25A 浅放电和限电压、限电流的 10min 短暂充电。

16.4.4　单电池和电池组型号、尺寸

SLI 电池的尺寸已经由汽车工业的汽车工程师协会（SAE，Society of Automotive Engineers）和电池工业的国际电池协会（BCI，Battery Council International，位于芝加哥）进行了标准化[45]。BCI 命名系统来自于其前身美国电池制造商协会（AABM，American Association of Battery Manufactures)[45,46]每年发行最新的电池标准。在国际范围内，标准化工作由国际电工委员会（IEC，International Electrotechnical Commission）掌握。有关这些标准的更详细信息见第 4 章 4.10 节和表 4.10。

16.5　深循环和牵引电池：结构和性能

16.5.1　结构

对牵引应用深循环电池的最基本要求是循环寿命最大化，然后，如有可能是高体积比能量和低成本。在电动叉车中，因为需要用电池质量来平衡有效载荷，质量轻并不是一种优势。这种电池寿命的提高主要通过采用高表观密度铅膏的厚极板，经高温、高湿固化，以低电解质密度化成，同时采用优质的隔板，即一层或者多层玻璃纤维毡（保持正极的活性物质）等工艺过程来实现。这种电池的主要失效模式是正极活性物质的分解和板栅的腐蚀。新型深循环用电池通常被设计成电解质控制容量而不是极板中的活性物质控制容量。这样可以更好保护极板，从而使电池寿命最大化。在使用过程中，正极和负极的性能都会恶化，但是在寿命末期，主要是正极性能限制容量。为了评定电池的循环寿命，当其放电容量低于其初始容量或者额定容量的 60%～80%时就被认为它已经失效。

图 16.29 是一个典型的涂膏式极板的牵引电池。电池通常使用外负极板设计（例如，n 个正极板，$n+1$ 个负极板）。牵引电池通常是单体电池的组装。如果电池组的性能受到一个或者几个迅速失效单电池的限制，则这些单电池可以用较低成本进行更换或修理。负荷、行驶里程、提升或者爬坡等应用过程对电池的功率要求有很大不同。电池的尺寸由叉车制造商决定，或者根据用安时计测量的实际应用来确定。一项粗略判断牵引电池适用性的指标是使用过程中电解质密度的变化。当电池的性能不能满足操作需求时，需要更大的电池组尺寸（或替换电池组或者修理）。

尽管在美国涂膏式正极板在深循环电池中的应用很普遍，但是大部分深循环电池使用管式或者排管正极板（图 16.30）。管式正极板具有最小的板栅腐蚀速率和活性物质脱落速率，因此具有更长的使用寿命，但是造价更高。可以把涂膏式的负极板与这种正极板一起使用，而电池采用外侧负极设计。

小型牵引电池（例如高尔夫车电池）的设计介于大型牵引电池和 SLI 电池之间。在牵引电池设计中，大型牵引电池概念主要包括使用高表观密度铅膏、对固化和化成的严格控制、最大化正极板的容量，另外还用玻璃纤维毡来支持活性物质、使用管式正极板等。SLI 电池设计理念应用于小型的牵引电池主要包括薄的浇铸放射形板栅、最小的隔板电阻、穿壁焊接、热封或者环氧密封的塑料壳盖。当然，成本也是重要因素。

对于道路电动车辆用牵引电池，主要评价标准包括高体积比能量，这与最长的行驶里程直接相关。这种电池中，较多使用了 SLI 电池设计理念，而不是牵引电池。在传统的深循环用电池中使用较大的极板间距，通过对流使电解质更加均匀。极板很薄而且极板间距很小

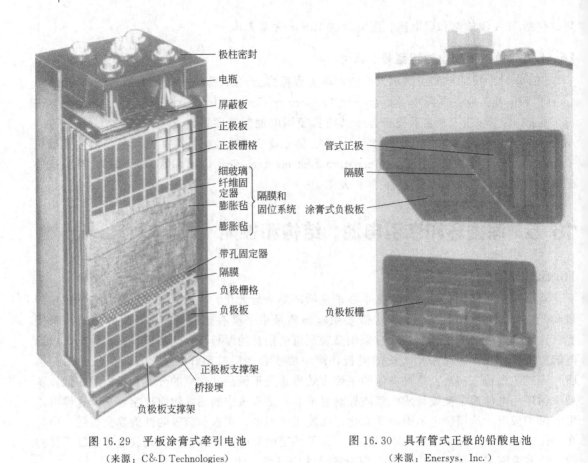

图 16.29　平板涂膏式牵引电池
（来源：C&D Technologies）

图 16.30　具有管式正极的铅酸电池
（来源：Enersys, Inc.）

的电池则更适合于高倍率放电应用，如电动车辆推进时。电池在使用过程中可能出现电解质分层的现象。人们设计出多种电解质混合装置来防止电解质分层，同时也可以增加电池的放电效率。

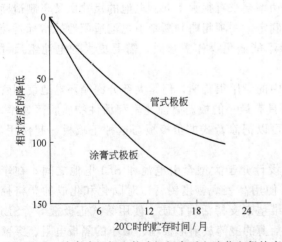

图 16.31　涂膏式极板和管式极板牵引电池荷电保持率

柴油-电动类型的军用潜艇使用深循环电池进行推进。这种电池使用无锑铅合金板栅，这是因为在封闭环境中，充电过程不允许锑化氢和砷化氢的产生。潜艇电池用极板尺寸远大于牵引电池——达到600cm 宽、1500cm 高。涂膏式和管式正极板都可用来制作潜艇电池。

16.5.2　性能特征

牵引和深循环用电池可以使用涂膏式或管式正极极板。一般情况下，这类极板的性能相近，但管式或者排管结构的极板具有更低的极化损失，这是因为它有更大的极板表面积，更好的活性物质保存能力，自放电更小。图 16.31 是通过测量电解质密度得到的室温下两种类型电池的自放电曲线。

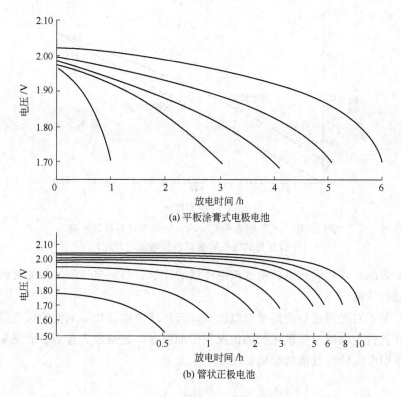

(a) 平板涂膏式电极电池

(b) 管状正极电池

图 16.32　25℃时牵引电池的放电特征

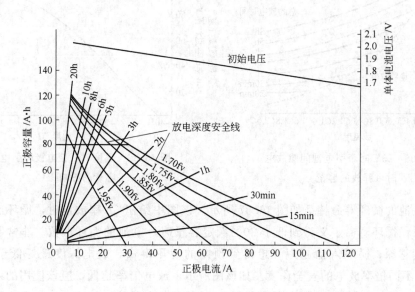

图 16.33　25℃时工业平板涂膏式电极牵引电池放电至不同电压时的性能
（基于 100A·h 的 6h 率电池）

　　两种牵引电池典型放电曲线如图 16.32 所示。图 16.33 是放电电流与安时容量、终止电压的关系图。由于牵引电池的设计和性能数据通常是基于电池正极板数量和尺寸，所以这些数据是以正极板为基础表达的。与大部分电池类似，电池容量随着负载的增加和终止电压的升高而降低。

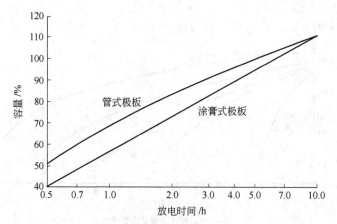

图 16.34　25℃时牵引电池的放电倍率对容量的影响
（平板涂膏式极板和管式极板电池的对比）

图 16.34 是涂膏式和管式极板电池放电曲线的比较。当放电倍率增加的时候，管式极板表现出更优越的性能。

图 16.35 是不同时间进行的间歇放电曲线，与连续放电相比，电池的可用容量增加，并且这种增加在负荷更大以及间歇更长的情况下更加明显，这是因为有更多的恢复时间。

温度对牵引电池放电性能的影响如图 16.36 所示。

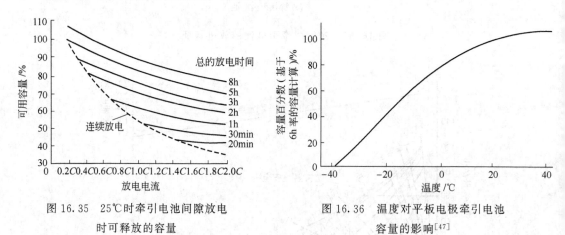

图 16.35　25℃时牵引电池间隙放电时可释放的容量

图 16.36　温度对平板电极牵引电池容量的影响[47]

牵引电池的循环寿命特征如图 16.37 所示。该图中给出 6h 率放电时，循环次数和放电深度的关系；循环寿命定义为到低于 80% 额定容量时，电池的循环次数。非常明显，电池的放电深度越深，循环寿命越短。想得到预期的使用寿命，放电深度最好低于 80%。图 16.33 显示不同倍率放电的安全深度。如该图所示，放电倍率越低，应该使用的终止电压越高，直到与 1.70V 线相交；更高的放电率可以到 1.70V/单体的终止电压。典型的循环寿命预期是 1500 个循环（约 6 年）。

图 16.38 是几种小型深循环电池放电电流与放电时间的关系。Peukert 公式的适用程度与 SLI 型电池相比不是很强，出现计算放电时间较短的偏差。深循环电池可以作为启动电池使用，特别是在深度放电而且重复放电情况下，这种电池的性能更为优越；而 SLI 电池的深循环性能较差；SLI 电池通常使用无锑铅合金（美国实际应用），循环充放电可能生成

板栅-活性物质阻挡层，从而缩短循环寿命。图 16.39 是具有相同外形尺寸的 SLI 电池和深循环电池，在相同低倍率（25A）下的循环寿命对比图。

16.5.3　电池型号和尺寸

　　牵引、动力电池具有许多不同的尺寸，这取决于电池仓的尺寸和电性能要求。最基本的等级单位是正极极板容量，按照 5h 倍率或者 6h 倍率容量的安时数确定。表 16.14（a）列出美国常用牵引电池的涂膏式极板尺寸；牵引电池通常由 5～33 片极板组装成。电池的容量通过单个正极板的容量乘以正极板的数量得到。相应电池单体经过装配形成电池组，电池组多以 6V 为单位（如 6V、12V、18～96V），有多达 1000 多种的电池组尺寸。常用的

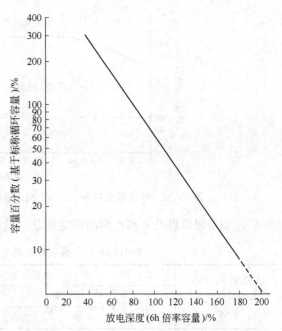

图 16.37　牵引电池循环寿命和放电深度的关系

电池组尺寸是由 6 个单体组成，每单体包含 11 片 75A·h 正极极板（375A·h 单体）或每单体包含 13 片 85A·h 正极极板（510A·h 单体）。表 16.14(b) 列出使用管式正极板电池的类似数据。

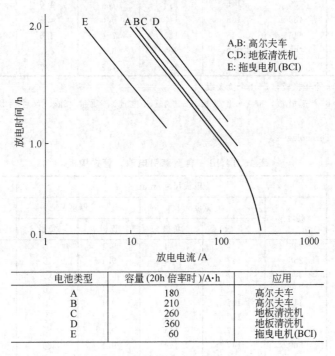

A,B: 高尔夫车
C,D: 地板清洗机
E: 拖曳电机(BCI)

电池类型	容量 (20h 倍率时)/A·h	应用
A	180	高尔夫车
B	210	高尔夫车
C	260	地板清洗机
D	360	地板清洗机
E	60	拖曳电机(BCI)

图 16.38　电动车电池性能

　　有几种尺寸类型的 SLI 电池设计已经用于深循环电池，特别是尺寸较大型，具有长度和宽度不同的 SLI 电池。其中一些列在表 16.15 中。

　　一种叉车电池的变形设计已经用于道路电动车辆电池。表 16.16 列出了典型电动车辆电

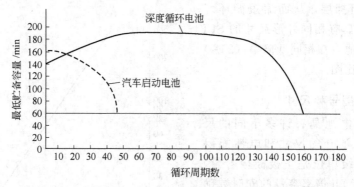

图 16.39 在低放电率下（25A）SLI 电池进行深度循环时的循环寿命特性

池特征。如果想获得尺寸和性能的特定信息，请参考制造商的产品目录和数据。

表 16.14(a) 典型牵引电池（美国），涂膏式极板

以 6h 倍率计的正极板容量 /A·h	极板尺寸/mm					电池尺寸(每单体正极板数)①②
	高度	宽度		厚度		
		正极	负极	正极	负极	
45	275	143	138	6.5	4.6	5～16
55	311	143	138	6.5	4.6	5～16
60	330	143	138	6.5	4.6	5～16
75	418	143	138	6.5	4.6	2～16
85	438	146	146	7.4	4.6	3～16
90	489	138	143	6.5	4.6	3～16
110	610	143	143	7.4	4.6	4～12
145	599	200	200	6.5	4.7	4～10,12,15
160	610	203	203	7.2	4.7	4～10,12,15

① 所有电池都具有 n 个正极板，$n+1$ 个负极板。

② 典型电池特征：6 个正极板，85A·h 极板（510A·h 电池），质量 45kg；尺寸为长 127mm、宽 159mm、高 616mm。

注：来源于 C & D Technologies。

表 16.14(b) 典型牵引电池，管式极板

以 6h 倍率计的正极板容量 /A·h	极板尺寸/mm					电池尺寸(每单体正极板数)①②③
	高度	宽度		厚度		
		正极	负极	正极	负极	
49	249	147	144	9.1	①	4～10
55	258	147	144	9.1	①	4～10
57	300	147	144	9.1	①	4～10
75	344	147	144	9.1	①	4～10
85	418	147	144	9.1	①	4～10
100	445	147	144	9.1	①	4～10
110	565	147	144	9.1	①	4～10
120	560	147	144	9.1	①	4～10
170	560	204	203	9.1	①	3～8

① 根据制造商的情况在 5～8mm 之间变化。

② 所有的电池都具有 n 个正极板和 $n+1$ 个负极板（外负极板设计），负极是涂膏式极板。

③ 典型的电池特征：6 个正极板，85A·h 极板（510A·h 电池），质量 36kg；尺寸为长 127mm、宽 157mm、高 549mm。

注：来源于 Enersys, Inc。

表 16.15　小型深循环电池

BCI 型号	电压/V	尺寸/mm			额定值	典型操作电流/A	应用
		L	W	H			
U1	12	197	132	186	30～35A·h,20h 率	25	拖动电机
24	12	260	173	225	75～90A·h,20h 率	25	轮椅
27	12	306	173	225	95～105A·h,20h 率	25	
GC2	6	264	183	260	75min,75A 放电	75(GC)	高尔夫车
(GC2H)	6	264	183	260	95～90min,75A 放电	300(EV)	电动车
未规定	6	264	183	260	100～100min,75A 放电	300(EV)	
未规定	12	261	181	279	105A·h,20h 率	150(EV)	
未规定	6	295	178	276	200～230A·h,20h 率	50～75	地面维护
未规定	12	241	166	239	50～70A·h,20h 率	50～75	机器
未规定	12	518	276	445	350～400A·h,20h 率	30～50	矿车

注：来源于 BCI 技术委员会，Battery Council International。

表 16.16　典型电动车（EV）电池

BCI 组	电压/V	每个电池极板数	最大整体尺寸/mm			质量/kg	容量(2h 倍率)/A·h	容量(3h 倍率)/A·h	75A/min	质量比能量(3h 倍率)/(W·h/kg)
			长	宽	高					
U1	12	54	197	132	186	95	20	22	15	26
24	12	78	260	173	225	95	55	59	39	31
GC2	6	57	264	183	270	26	126	135	100	29
27	12	90	306	173	225	24	62	68	45	32
GC2	6	57	264	183	270	30	150	171	120	33
GC2	6	39	264	183	280	27	158	174	140	37

16.6　备用电池：结构和特征

16.6.1　结构

备用电池设计的变化速度远慢于 SLI 电池和牵引电池。备用电池寿命很长，因此变化速度慢并不奇怪。通常使用高表观密度铅膏制作的重、厚极板（包括普兰特极板，也包括涂膏式 Faure 极板和管式正极板）[48]。固化非常重要，涂膏式极板通常要非常小心地干燥以避免裂纹和板栅-铅膏界面恶化。

备用电池采用过量电解质设计（高度富液）以便达到最小维护量和最少加水次数，这种电池的容量是正极板控制（牵引型电池容量是电解质控制或者酸控制）。固定型电池能够进行浮充电或者中等程度过充电。

备用电池采用厚极板设计，因此其高体积比能量和高比功率方面要求不如 SLI 电池和牵引电池高。允许过充电操作需要较多的电解质（一般是电池被安装到固定位置后再灌入电解质）并且通常使用无锑合金板栅（使加水的时间间隔最大化）。过充电可能导致正极板栅腐蚀，表现为板栅增长或者板栅膨胀。正极板到电池槽内壁留有空隙，给板栅留出 10% 的膨胀空间。如果板栅膨胀超过 10%，则板栅上的活性物质已经太松。由于电池容量由正极板限制，此时这些电池必须被替换掉。

正极板通常由悬空支脚或者从负极顶部支撑的不导电支架来支撑。电池壳通常是由透明的热塑性塑料（ABS、苯乙烯-丙烯腈树脂、聚碳酸酯、PVC）制作，但是有些小型备用电池使用与 SLI 电池相同的聚烯烃材料制作电池壳。备用电池是最早使用防爆塞的电池，这

图 16.40　已安装的备用电池系统

种方法现在也是大部分 SLI 电池的设计标准。

电池正极板对电池性能和循环寿命的影响很大。常用的正极板有几种，其选择一般取决于传统习惯和电池的性能特征。平板式涂膏固定型电池在美国得到广泛应用，这是因为它的低成本、少维护和较少析氢量。现在则引入铅钙管式正极板。大部分备用紧急供电系统使用铅钙合金浇铸的板栅。普兰特极板和管式极板在欧洲很普遍，主要是因为它们具有更长的使用寿命。现在所有负极板都使用涂膏式极板，通常有 n 个正极板，$n+1$ 个负极板（外侧负极设计）。这样可以为正极板提供合理的支撑，正极极板在寿命期间通常会膨胀。一些电池生产商把外侧两个负极板设计得比内部的负极板薄，这是因为电池最外侧极板表面不容易被充电。图 16.40 是备用电池系统的安装图。

固定型铅酸电池的一个重大变革是朗讯科技（前 AT&T 贝尔实验室）发明的圆柱形电池[49,50]。传统方块式备用电池在通信设备中使用 5～20 年就会失效。而如图 16.41 所示的备用电池在经过多项改进措施后，其使用寿命可达到 30 年或者更长。这些改进包括网格状圆形纯铅板栅（在 10°角度下成杯状），极板水平层叠放，而不是传统竖直结构，使用以化学方法制备的四碱式硫酸铅为原料制作正极铅膏，正极焊接在外侧圆周上而负极焊接在中心导电芯体上，使用热封的共聚物电池壳和盖。使用纯铅代替铅钙，减少正极板栅的膨胀。圆形和略微凹下的极板形状对膨胀有反作用并保证在电池寿命期间，活性物质和板栅的良好接触。铅锡合金[52,56]阻止端子腐蚀（瘤状腐蚀）和极柱密封的泄漏。使用这种合金制作的电池经过 20 年都没有瘤状腐蚀，也没有出现端子泄漏的现象。板栅变大是由于板栅表面和颗粒界面上的铅转化为二氧化铅导致。这种在板栅上形成的二氧化铅增加极板铅膏中活性物的质量。对于

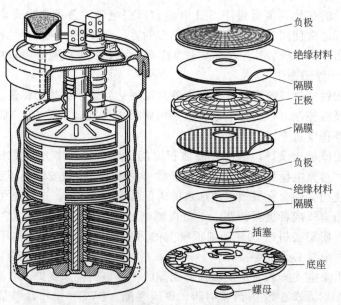

图 16.41　报警系统铅酸电池剖视图和分解[49]

同心极板[51]，从长时间来看增加极板容量。贝尔实验室的研究[24]表明，正板栅筋条的增长与它们的表面积成正比，与它们的横截面积成反比。通过改变截面积和表面积可以维持这些同心板栅筋条的表面积与截面积间的比例。这样，板栅的形状保持稳定，唯一变化的只是铅板栅表面生成二氧化铅。

加速试验表明，随着板栅的增大，电池容量增加。1988 年，人们在电池安装地点进行验证试验，被验证电池是 1973 年生产安装的。一组串联而成的 24V 电池组是从 11 组电池中随机挑选的，该电池组用和电池组装时相同的 5h 率电流进行放电。老化后的容量性能与预计 22℃ 容量性能进行了对比，温度选用安装地点一年中的平均温度［如图 16.42（a）]。54 个极板的增长情况测量如图 16.42（b）所示，得到的数据与加速试验中得到的预测数据进行比较。预计 15 年、22℃ 条件下，容量和板栅增长量分别是每年 0.25％ 或者 3.8％ 的总容量和每年 0.027％ 或者 0.4％ 板栅增长。根据最近 23 年的腐蚀数据推测圆柱形电池具有 68～69 年的寿命。

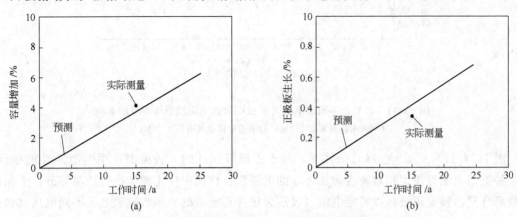

图 16.42 （a）加速测试预测经过 15 年工作时间后的容量[52]；
（b）加速测试预测经过 15 年工作时间后的正极板生长

一些备用电池被设计成循环使用的而不是浮充使用的类型。这类电池设计可以使用牵引电池的设计原则（见 16.5.1 节）。循环用备用电池的主要用途有负载平衡、电网峰功率调节和光伏能量贮存系统。

16.6.2 性能特征

固定型电池可以使用涂膏式、管式、普兰特式、曼彻斯特式的正极板。在 25℃ 条件下，使用涂膏式正极板的固定型电池不同倍率的放电曲线如图 16.43 所示。放电率对容量的影响

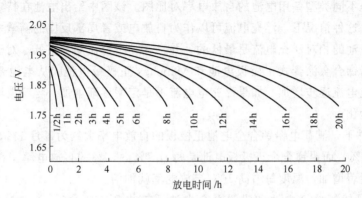

图 16.43 在 25℃、不同放电率下平板电极固定铅酸电池放电曲线
（电解质相对密度 1.215）

如图 16.44 所示。通常备用电池的放电率被定义成小时率（电池在规定的小时率时间内放电所用的电流安培数），而不是其他类型电池所用的 C 倍率。

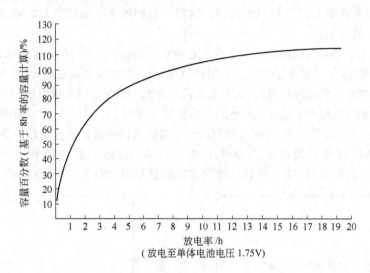

图 16.44 25℃、不同放电率对平板电极固定铅酸电池容量的影响

（电解质相对密度 1.215；放电至单体电池电压 1.75V）

图 16.45(a)～(d) 是 25℃ 条件下，基于正极板设计的 4 种类型备用电池的性能曲线。这 4 种类型电池都使用相对密度为 1.215 的电解质。该图中使用的坐标包括两部分。下面的对数部分显示特定正极板以特定电流（表达为每片正极板的安培数）放电至不同电压（包括终止电压）的容量（用放电时间来表达）。上面的半对数部分，显示在不同放电率（也表示每片正极板的安培数）下放电到不同阶段的电压值。终止电压是电池不能提供有用能量时的电池电压。

涂膏式正极板电池和管式正极板电池的体积比能量相近。普兰特极板体积比能量较低。涂膏式正极板电池的高倍率性能更好，这是因为它的极板比管式或者普兰特式极板更薄。

固定型电池的最佳使用温度是 20～30℃，也可以在 −40～50℃ 环境下工作。温度对不同负载下备用电池容量的影响如图 16.46 所示，即温度高增加自放电、缩短循环寿命并造成其他负面影响，详见 16.8.1 节的讨论。

图 16.47 是不同类型备用电池的自放电率对比图。该图中给出电池在特定浮充电压下的相对浮充电流。这种情况下，浮充电流可以作为自放电或者局部反应的衡量标准。铅钙合金涂膏式正极板电池的相对浮充电流是最低的，并且在整个寿命期都很低。对于管式铅锑合金正极板电池、铅锑合金涂膏式正极板电池和 Manchex 正极板电池，从电池开始使用到接近寿命终止浮充电电流逐步增加。如果浮充电电流不是定期逐渐增加，含锑电池就会逐渐自放电，直至硫酸盐化。

在 25℃ 条件下，满荷电铅钙合金电池正极板的自放电率大约为每月 1%，普兰特式正极板电池是每月 3%，而铅锑合金正极板电池是每月 7%～15% 的自放电率。在更高温度条件下，自放电会显著增加，温度每增高 10℃ 自放电率就加倍。

图 16.48 是铅钙合金电池和铅锑合金电池浮充电压在 2.15～2.40V/单体之间的浮充电流图。铅钙合金电池需要大于 50mV 正过电位和负过电位来防止电池自放电，所以每

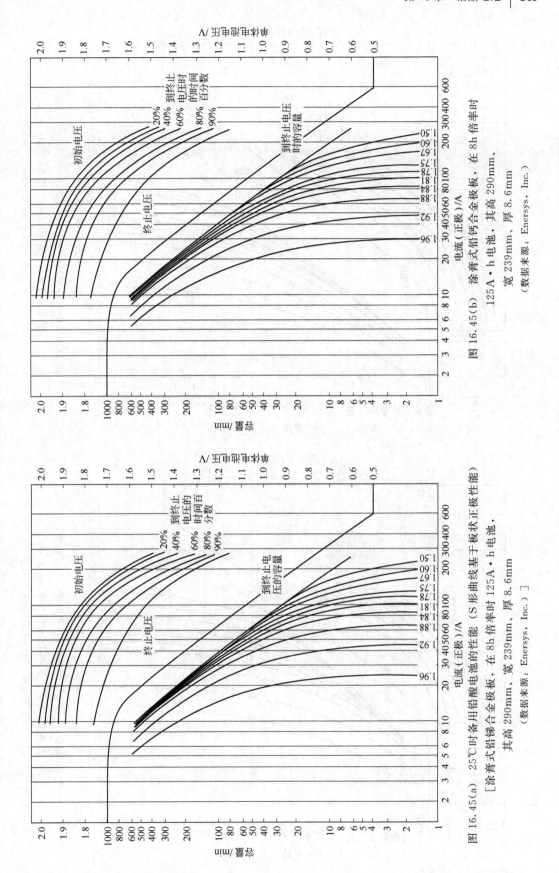

图 16.45(b)　涂膏式铅钙合金极板，在 8h 倍率时
125A·h 电池，其高 290mm，
宽 239mm，厚 8.6mm
（数据来源：Enersys, Inc.）

图 16.45(a)　25℃时备用铅酸电池的性能（S 形曲线基于板状正极性能）
[涂膏式铅锑合金极板，在 8h 倍率时 125A·h 电池，
其高 290mm，宽 239mm，厚 8.6mm
（数据来源：Enersys, Inc.）]

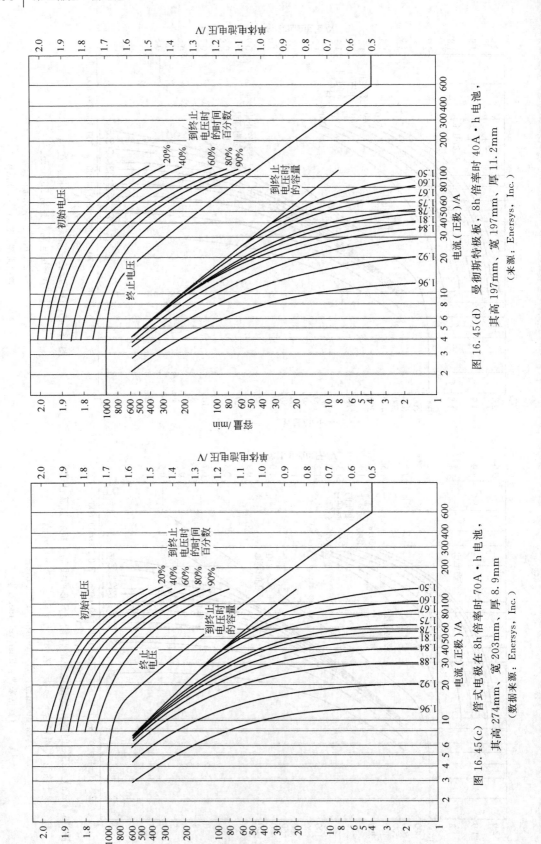

图 16.45(d) 曼彻斯特极板，8h 倍率时 40A·h 电池，
其高 197mm，宽 197mm，厚 11.2mm
（来源：Enersys, Inc.）

图 16.45(c) 管式电极在 8h 倍率时 70A·h 电池，
其高 274mm，宽 203mm，厚 8.9mm
（数据来源：Enersys, Inc.）

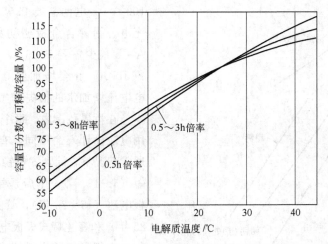

图 16.46　在不同温度和放电倍率下板状涂膏式极板铅酸电池的性能

（来源：C&D technologies.）

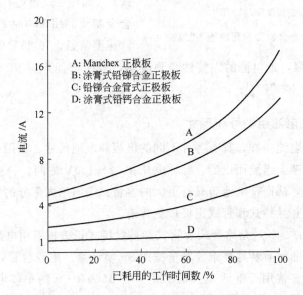

图 16.47　不同结构固定铅酸电池的自放电率

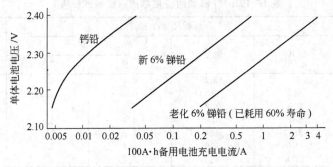

图 16.48　25℃充满电的 100A·h 备用电池电流特性

（电解质相对密度 1.210）

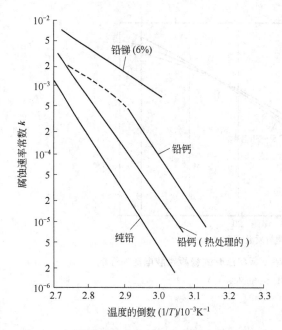

图 16.49 不同的铅合金板栅的腐蚀速率常数[49]

100A·h 电池需要 0.005A 的浮充电流来充电。铅锑合金板栅初始浮充充电每 100 A·h 最少需要 0.06A，当电池老化以后，每 100A·h 会增加到 0.6A。较高的浮充电电流增加水的损失和氢气的析出。

在世界范围内，每个电池生产厂家的备用电池设计寿命不同，有时甚至互相冲突。通常情况下，涂膏式铅锑合金电池的寿命最短（5～18 年），然后是铅钙合金涂膏式极板电池（15～25 年），管式极板电池（20～25 年）和普兰特式极板电池（25 年）。

人们发现，在浮充条件下电池的使用寿命和使用温度有关（阿伦尼乌斯型关系式）（如图 16.49）。该图中给出几种板栅合金制作的用于电话系统的电池并给出腐蚀速率常数。在 25℃ 条件下，腐蚀速率可以达到 4% 的增长上限，即电池的完整性受到破坏，铅锑合金需要 13.8 年，铅钙合金需要 16.8 年，而纯铅需要 82 年[49]。

16.6.3 单电池及电池组型号和尺寸

备用电池和牵引电池一样，具有各种不同的极板和电池尺寸。备用电池系统是把串联电池组安装在绝缘电池架上组装而成的，标称电压在 12～160V 之间。一些电池的连接是先电池组串联然后再并联，从而使电池组具有更大的容量。美国绝大部分的备用电池采用涂膏式正极板。而在欧洲，普兰特式和管式正极板更普遍。

表 16.17(a)、(b)、(c) 是涂膏式、管式和普兰特式正极板备用电池的列表。主要的分级标准是正极板，除非另有特殊要求，容量按照 8h 率计算。电池容量是单个正极板容量乘以正极板数量得到的。常用于电话交换机的是一种 1680A·h 的单体电池（每单体正极板 168A·h，10 片正极板或者 21 片极板）。

表 16.17(a) 典型的备用电池（涂膏式极板）

正极板容量 (8h 率)/A·h	极板尺寸/mm				单体大小(每单体 正极板数)①②
	高度	宽度	厚度		
			正极	负极	
5	89	63.5	6.6	4.3	2,4
25	149	143	6.6	4.3	1～8
90～95	290	222	7.9	5.3	2～12
150～155	381	304	6.4	4.6	2～17
166	381	304	7.9	5.3	5～16
195	457	338	6.9	5.3	13～18
412	1816	338	7.6	5.5	17～19

① 典型的电池结构：每只电池 n 个正极板，$n+1$ 个负极板，一些小型的电池在一个大的电池壳中组装了 2 个、3 个或者 4 个单体。

② 典型的电池特征：10 片 168A·h 的正极板（1680A·h 电池）的质量 140kg；尺寸为长 270mm，宽 359mm，高 575mm。

注：来源于 C & D Technologies, Inc., Blue Bell, PA。

表 16.17(b) 典型的备用电池（管式极板）

正极板容量/A·h		极板尺寸/mm				单体大小(每单体
				厚度		正极板数)①②
4h 率	8h 率	高度	宽度	正极	负极	
26	31.25	157	203	8.9	5.6	4
76	96	277P	234P	8.9		3～10
		290N	239N		6.1	
88	105	277P	234P	8.9		3～10
		290N	239N		6.1	
124	152	366	307	8.9	4.8	5～14

① 典型的电池结构：每只电池 n 个正极板，$n+1$ 个负极板；使用涂膏式负极板。

② 典型的电池特征：11 片 152A·h 的正极板（1672A·h 电池）；质量 128kg；尺寸为长 272mm、宽 368mm、高 577mm。

注：来源于 Enersys, Inc. 及 Tudor AB。

表 16.17(c) 典型的备用电池（普兰特极板）

正极板容量	极板尺寸/mm				单体大小(每单体
(8h 率)/A·h			厚度		正极板数)①
	高度	宽度	正极	负极	
普兰特式极板②③					
8	140	140	9.5	4.7	3,5,7
20			9.5	4.7	5～17
40			11.1		9～25
80	286	233	9.5	4.7	2～7
83			11.1		13～25
曼彻斯特式极板②④					
20	155	149	9.7	4.6	2,3,4
40	197	197	11.2	4.6	2～9
83	282	292	11.2	4.6	5～12

① 典型的电池结构：每只电池 n 个正极板，$n+1$ 个负极板。

② 负极使用涂膏式极板。

③ 典型的普兰特电池特征：2 片 80A·h 的正极板（160A·h 电池）；两单体电池尺寸：长 283mm、宽 159mm、高 463mm。

④ 典型的曼彻斯特式极板电池特征：4 片 40A·h 的正极板（160A·h 电池）；单体电池质量 40kg；尺寸为长 131mm、宽 257mm、高 455mm。

注：来源于 Enersys, Inc。

16.7 充电和充电设备

16.7.1 通常考虑的因素

在电池充电过程中，直流电源将活性物质转化为高能的荷电状态。对于铅酸电池，如 16.2 节所述，充电过程包括：正极的硫酸铅转化成二氧化铅（PbO_2），将负极的硫酸铅转化成金属铅（海绵状铅），电解质的相对密度从 1.21 变化到 1.30。由于从固相到液相的变化过程涉及硫酸根离子，铅酸电池充电必须考虑扩散作用，而扩散是具有温度敏感性的。充放电过程中铅以离子形式进入溶液，再沉积成不同的固态化合物，这导致活性物质的重新排布。活性物质的重新排布生成带有少量缺陷的晶体结构，这导致其化学和电化学活性的降低。因此，铅酸电池的物理可逆性不如化学可逆性[53]。这种物理衰降可以通过适当的方法使其最小化，而且常常可以把已经损坏的电池通过长时间慢充的方法使其容量恢复（SLI 电

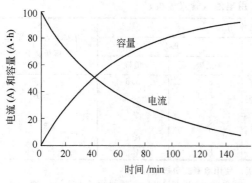

图 16.50　电流-时间规律图[42]

池使用 2～3A，充电 3～4d)。

通常铅酸电池可以在任何倍率下充电而不产生气体，但是过充电或者高温除外。在充电起始阶段电池可以接受很大的充电电流，当电池带电后就有安全电流的限制。图 16.50 是电池充电的安时规律图，其公式为：

$$I = A\mathrm{e}^{-t}$$

式中，I 是充电电流；A 是先前从电池中放出的安时容量；t 是时间。因为电池的使用范围很广，有多种充电制度，选择合适的充电方法取决于各种因素，如电池类型、电池的设计、使用环境、允许的充电时间、充电的电池（组）数和充电设备等。图 16.51 是电池电压、荷电状态和充电电流的关系。从该图中可以看出，完全放电状态的电池可以接受大的充电电流，同时仍能保持较低的充电电压。然而，当电池被充电后，如果继续以高倍率充电，电池电压会达到很高，导致过充电和析气。因此，当电池达到满荷电状态后，充电电流应该减小到合理值。

在汽车、船艇和其他应用中，直流电通常由车（船）载直流电机或发动机驱动交流电机来提供。这些装置配有过压和过流保护以防止过充电，合适的电流电压极限值取决于电池或电池组的化学和物理结构。使用铅锑合金作为板栅材料的传统汽车电池（标称 12V 的电池组），电压控制范围是 14.1～14.6V。对于使用铅钙合金板栅或其他材料板栅的新型免维护电池，由于析氢电位较高，充电电压可以高到 14.5～15.0V，而不会出现过充的危险。目前，车用或者相似用途的电池是循环工作而不是浮充，充电控制器使电池在充电过程中的产气量非常小，使得补水量最小化，因而精确的充电控制非常必要。图 16.52[21] 是不同 SLI 电池充电率的对比图。采用铅钙合金板栅的免维护电池，充电控制电压的改变对电池影响较小。

在许多非汽车应用中，充电系统与电池使用系统是独立的。充电用直流电通过整流器得到。这类充电器包括壁挂式、移动式以及地面固定式。新型充电器内带有微处理器，可以探测电池状态、温度、电压、充电电流以及其他参数，而且可以在充电过程中改变充电率。大部分整流器产生的直流电都具有波纹，这导致电池的额外发热，特别是电池在充电末期趋于发热。建议使用脉冲充电和不对称交流电来克服这一问题，不过由于实际铅酸电池的电容很大，甚至于脉冲都可以被平滑掉，因而可以使

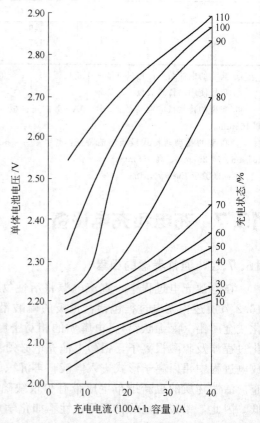

图 16.51　在不同充电状态下铅酸电池的电压[47]

其影响最小化[53]。

16.7.2　铅酸电池充电方法

充电方法对于铅酸电池寿命非常重要，如下所列是适用于所有铅酸电池的充电规则。

① 电池的起始充电电流可以任何大小，因为电池组中平均单体电压不会超过析气电压（大约为每单体 2.4V）。

② 在充电期间，电池充电量达到前次放电容量的 100% 前，充电电流应该控制在产生析气电压的电流值以下。为缩短充电时间，充电截止电压可设定为仅低于析气电压。

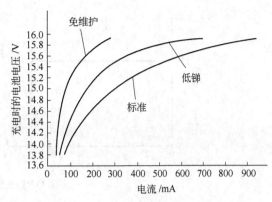

图 16.52　25℃时 SLI 铅酸电池的充电特征

③ 在控制电压的条件下，电池充电量达到前次放电容量的 100% 时，充电电流要降低到结束阶段的电流值。电流值低于这个电流值时充电结束，通常这个电流值为每 100A·h 额定容量对应 5A（指 20h 倍率）。

人们已经寻找到了一系列铅酸电池充电方法来满足这些要求，包括：恒电流，单一电流充电；恒电流，多步递减恒流充电；修正的恒电流充电；恒电压充电；初始恒电流后转修正的恒电压充电；修正的恒电压充电最后阶段转恒电流充电；初始阶段和结束阶段恒流的修正恒电压充电；电流递减充电；脉冲充电；涓流充电；浮充电；快速充电。

（1）恒电流充电　使用一种或者多种倍率进行恒电流充电，这种方法在铅酸电池中很少采用。这是因为铅酸电池需要在充电过程中调节电流，否则只能在整个充电过程采用小电流充电（安时定理），而这样会使充电的时间很长（12h，或者更长）。常见的一步及两步恒流充电时铅酸电池充电器特征如图 16.53 所示。

恒电流充电常用在一些小型铅酸电池中（见第 17 章）。在开始的电池化成阶段采用的恒电流充电方法已经在 16.3 节进行描述。恒电流充电模式也广泛应用于实验室电池充电，这是因为恒电流充电可以用简单、便宜的设备实现，并且充电量的计算非常简单。用 20h 倍率一半的电流恒流充电方法可以减缓过放电或者充电不足造成的硫酸盐化。但是这种处理方法可能会缩短电池寿命，应当按照电池制造商的建议操作。

（2）恒电压充电　恒电压和修正后的恒电压充电特征如图 16.54 所示。在正常工业应用中，多采用修正的恒电压充电方法（方法 5、7、8）。修正的恒电压充电方法（方法 5）应用于道路车辆、通信设备以及不间断电源系统电池的充电中，这类电池中充电电路是电池系统的组成部分。恒电压充电时，充电电路有电流限制，充电过程中维持这一电流，直至电池电压达到预先设定的电压值，然后电压维持恒定直到电池需要放电。在这种充电方式中，必须对电流进行限制并决定恒定电压值。当电池处于恒电压和 100% 荷电状态时，充电条件受间歇时间的影响。对于这种经常处于充电状态的浮充使用电池，小电流有利于减小过充以及过充引起的板栅腐蚀、水分解，简化加水维护操作。为了使电池在较低的恒电压下达到满荷电状态，需要选择合适的起始充电电流，充电电流的选择需要根据生产商的说明书进行。

具有恒定初始和结束电流的修正恒电压充电，适用于深循环电池的充电，这些电池通常用 6h 倍率放电到 80%，充电通常在 8h 以内完成。充电器被设置成恒电压 2.39V/单体（析气电压），并且通过串联在充电线路中的电阻器把起始电流限制为每 100A·h 容量 16～20A

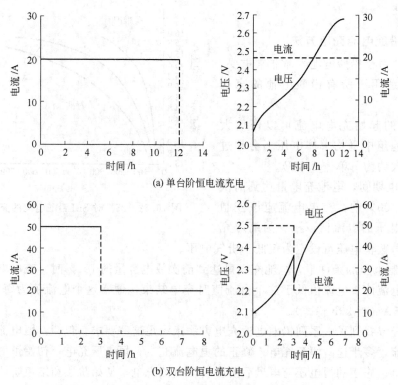

(a) 单台阶恒电流充电

(b) 双台阶恒电流充电

图 16.53　充电器恒电流充电时铅酸电池充电特征[22]

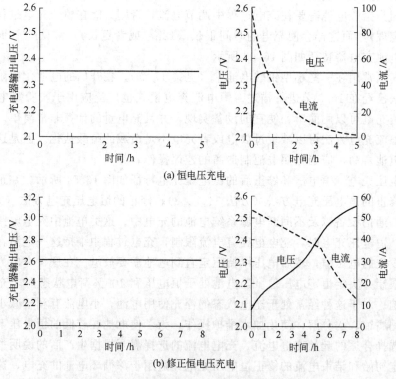

(a) 恒电压充电

(b) 修正恒电压充电

图 16.54　充电器恒电压充电时铅酸电池充电特征[22]

（按 6h 倍率计算）。维持这个初始电流恒定直至电池组中单体电池的平均电压达到 2.39V。充电电流在恒定电压下逐步减小至每 100A·h 容量 4.5～5A，然后维持这个电流至充电结束。总充电时间由时间计数器控制。时间的选择要确保充电量达到前次放电量的特定百分比，通常是 110%～120% 或过充 10%～20%。可以通过增加初始充电电流的方法减小 8h 充电时间。

（3）电流递减充电　电流递减充电是修正恒电压充电方法的一种变化，可以使用更加简单的设备从而降低成本。图 16.55 是电流递减充电的特征图。初始充电电流是有限制的，但是逐渐变化的电压和电流表明，在 100% 的前次放电容量被充入前，电池在 25℃ 条件下的单体电压就超过 2.39V。这种充电方法确实容易导致电池在充电转换点的析气，而且容易导致电池温度升高。根据充电器的设计不同，析气和温度上升程度有所不同，但是过大的析气量和过高的温度会影响电池使用寿命（见 16.8.3 节）。随着温度上升，析气电压降低，表 16.18 列出温度偏离 25℃ 的析气电压校正系数。

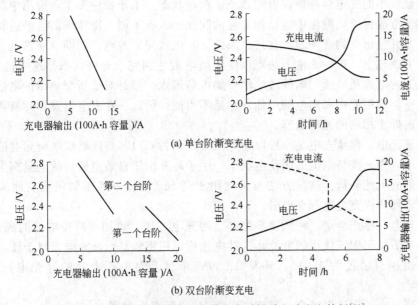

(a) 单台阶渐变充电

(b) 双台阶渐变充电

图 16.55　用电流递减式充电器充电时铅酸电池充电特征[22]

表 16.18　单体电池析气电压校正系数

电解质温度/℃	析气电压/V	校正系数/V
50	2.300	−0.090
40	2.330	−0.060
30	2.365	−0.025
25	2.390	0
20	2.415	+0.025
10	2.470	+0.080
0	2.540	+0.150
−10	2.650	+0.260
−20	2.970	+0.508

充电终止经常由固定电压值控制而不是电流控制。这样在寿命前期，电池具有很高的反电动势，电池的最后充电电流就会很小，在最佳充电态的时间内就不能充进足够的电量。在寿命后期，电池的反电动势低，末期充电电流大于通常需要的结束电流，因此电池得到过多电荷，导致其寿命缩短。因此，电流递减的充电方法会使电池寿命缩短，其可用性只有在更

便宜的设备投入时才合理。

对光伏电池系统和其他需要最佳使用寿命的电池系统，充电控制和调节电路应该产生一种等效于最佳工业电路的电压和电流。而带有初始恒电流特征的修正恒电压充电方法（方法 5 和方法 7）更适合这种应用。电池的放电深度和充电时间可以事先确定并不断重复，采用使电池寿命和能量输出达到最优化的控制。但在太阳光伏应用中如此理想的情况并不常见。

(4) 脉冲充电 在欧洲，脉冲充电也用于牵引电池的充电。电池充电器周期性地和电池端子分离并自动测量电池开路电压（一种无阻抗的电池电压测量）。开路电压高于给定值（取决于参考温度）时，充电器不输出能量。开路电压衰降到界限以下时，充电器在固定期间内产生直流脉冲。当电池荷电状态很低时，因为开路电压低于现值或者很快降到设定值以下，电池几乎以 100% 的时间进行充电。选择合适的开路时间和充电脉冲可以使电池开路电压衰降期正好等于脉冲间隔。当充电控制器感应到这种状况时，便会自动转向结束充电电流阶段，定期触发小的充电脉冲确保电池处于满荷电状态。由于在许多工业应用中需要高电压电池组，这或造成保持电池组中电池均衡性的问题。具有不同衰降速率而且经过长时间贮备使用的电池尤其会出现均衡问题。在这种条件下，电池完全放电，定期（通常是半年）通过均衡充电的方法充电，这种充电方法可以使整组电池达到完全充电状态。这一过程完成后，必须检查电池内电解质液面，向缺液电池中加入蒸馏水。但是对于新型免维护电池，由于处于半密封状态，均衡充电和向电池中加入水是不可能的，因此，在充电器设计时就需要采取特殊措施使电池处于相同的充电状态。

(5) 涓流充电 涓流充电是一种以小电流（大约为 $C/100$）连续恒电流充电的方法，这种充电方法可以用来维持电池的满荷电状态，用于补充由于自放电造成的电量损失，也用于恢复间歇使用的电池容量。这种方法通常适用于当 SLI 电池或者类似用途电池从车辆上拿下来充电或者用常规充电电源充电时。

(6) 浮充电 浮充电是一种低倍率恒电压的充电方法，也用于维持电池的满荷电状态。这种方法通常适用于固定使用的电池，这种电池可以用直流总线来充电。对于使用无锑合金板栅，电解质相对密度为 1.210，具有 2.059V/单体开路电压电池的浮充电压是每单体 2.17～2.25V。

(7) 快速充电 在许多场合，需要电池在 1h 或者更短时间内快速充电。任何充电条件下，快速充电的充电控制非常重要，必须维持电极的表面形貌，防止温度上升，特别是防止温度上升到发生有害副反应（腐蚀，转变为非导电氧化物，物质的高溶解性，分解），防止过充电和析气。因为这些状况在高倍率充电时更容易发生，所以充电控制很重要。

小型、低成本、精巧半导体芯片的出现，为充电过程中控制电压-电流曲线提供有效方法。这些设备可以用来终止充电，控制充电电流，或者充电过程中出现潜在的破坏因素时转换到不同充电制度。

人们已经提出了很多种有效的快速充电方法。有一种被称为"反射"充电的方法，在充电制度中加入短时间（几分之一秒）的放电脉冲。这种技术可以有效防止快速充电（15min）过程中的温度骤升。

16.8 维护、安全和运行特征

16.8.1 维护

工业电池的使用期限在 10 年以上是很普遍的。正确的维护可以确保电池的使用寿命。

以下列举了五项基本原则。

① 按照电池的充电要求配置充电器。

② 防止过放电。

③ 电解质液面维持在适当的水平（需要时添加水）。

④ 保持电池清洁。

⑤ 避免电池过热。

除这些原则以外，由于电池组是由单体电池串联而成的，电池组必须定期进行充电均衡。

（1）充电过程　滥充是造成电池寿命缩短的最重要原因。幸运的是，铅酸电池固有的物理和化学特征使充电控制非常简单。在适当充电电压下，为电池提供直流电源，电池只吸收能够有效接受的部分，它可接受电流随着电池接近满荷电状态而减少。可以使用几种设施来确保在适当的时候终止充电。对于开口电池，应该定期检查电解质相对密度，并调整到规定值（见表 16.7 和表 16.12）。

（2）过放电　应该避免电池过放电。大容量电池，如工业卡车上使用的电池，通常采用 6h 倍率放电到终止电压 1.75V/单体来标称容量。这种电池通常可以放出大于额定容量的电量，但这种放电只能在紧急情况下进行，不能成为正常操作。将电池电压放到低于特定值将使电解质相对密度降到很低，而这对电池的多孔结构有害。电池寿命是电池放电深度的直接函数（如图 16.56）[54]。

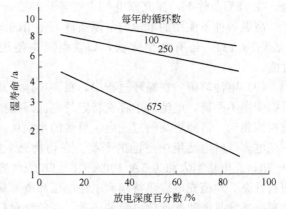

图 16.56　25℃时放电深度和每年的循环数对电池湿寿命的影响[54]

（3）电解质水平　在正常操作条件下，由于蒸发和分解造成电解质中水的损失。除非电池在特别炎热、干旱的环境下使用，蒸发损失的水只占很少一部分。完全充电状态的蓄电池，因为电解而损失的水约为每过充电 1A·h，损失 0.336mL 水，即 500A·h 电池过充电 10% 会造成 16.8mL 水损失，或者每循环一次造成 0.3% 的水损失。因此，电池中电解质维持在一定水平非常重要。电解质不仅是电的导体，也是将热量从极板转移出来的主要因素。当电解质水平低于极板水平时，露出来的极板区域就不再具有电化学活性，这会造成热量在电池的特定部位聚集。定期检查水损耗也是对充电效率的粗略检查，可以作为调整充电器的提示。

补水是电池的主要维护成本，因此需要通过控制过充电量或在单体电池内使用氢气、氧气再化合装置来减少水损失。添加水最好在充电后或平衡充电之前。充电即将结束时，把水加到酸液中，充电过程中产生的气体会把水均匀地搅拌到酸中。在寒冷环境下，应该在有搅拌的情况下加水，以防止加入的水在析气发生前结冰。加入的水必须是蒸馏水、去离子水或者经过检测适合电池使用的本地水。自动加水设施的使用可以进一步减少维护的人力成本。应该避免过度加水，因为电池中电解质溢出会造成托盘腐蚀、接地短路和电池容量损失等后果。在加入水后，必须检查电解质的相对密度，以确保充电态电池的电解质浓度。有用的近似公式是：

$$电解质相对密度＝电池开路电压－0.845$$

这个公式也可以作为电压测试电解质相对密度的方法（图 16.6）。尽管大部分电池生产商已经不再对蒸馏水的要求做详细说明，但是高品质的水，特别是矿物质和重金属离子（如铁）含量较低的水，有助于延长电池的使用寿命。

（4）清洁度 保持电池清洁可以使端子连接处、电池架腐蚀降到最低，避免价格高昂的维修工作。电池上通常会落有干的灰尘，可以用风吹掉或者用刷子刷掉的方法处理。这些污染物需要在被潮气变成导体之前清除掉。这是因为电池的上表面很容易被从电池中溢出的电解质润湿。电解质中的酸不能蒸发，可以通过苏打水和热水清洗电池的方法将其中和。苏打水的配制是大约 1kg 的苏打用 4L 水溶解。对苏打水洗过的区域，需要用水彻底冲洗。

（5）高温-过热 对电池最有害的是高温环境，特别是 55℃ 以上的高温。因为随着温度的升高，板栅的腐蚀速率、金属零件的溶解速率和自放电率都会增加。在高温环境中循环的电池需要充入更多的电量来抵消放出容量和自放电损失。温度升高，电池的析气电压降低（见表 16.19），电解反应消耗更多的充电电流。在 25～35℃ 条件下，每个循环需要 10% 的过充电来维持荷电状态，而在更高的温度（60～70℃）下，就需要 35%～40% 的过充电来维持荷电状态。在浮充使用条件下，随着温度的升高，浮充电流增加，造成电池寿命的缩短。在 75℃ 条件下，浮充充电 11d 相当于 25℃ 条件下浮充充电 365d。

高温条件下使用的电池与常温条件下使用的电池相比，需要采用相对密度较低的电解质（见表 16.12）。还有其他方法，如在负极中使用更多膨胀剂，也有助于提高电池的高温性能。

（6）电池均衡 在循环过程中，很多单体串联而成的高电压电池组中的各单体电池之间可能变得不平衡，电池组中存在特定的电池限制整组电池的充放电。限制电池和电池组中其他电池相比，需要更高的过充电、更多的水损耗。因此，需要更多的维护。均衡充电有利于在充电高峰时电池组中电池的平衡。在均衡充电时，电池在正常充电终结率下，延长充电 3～6h，充电倍率大约为 5A/100A·h（5h 倍率容量计）。在这个过程中，允许电池电压无限制升高。均衡充电应该持续到电池电压和电解质密度高到一个稳定可接受的值。均衡充电的频率通常是电池累计放电量的函数，一般针对每种电池所应用的均衡充电方法，电池生产商都会做出详细的说明。

16.8.2 安全

与铅酸电池相关的安全问题包括硫酸的溢出、由于氢气和氧气析出造成的爆炸及有毒气体如砷化氢、锑化氢的析出等。采取恰当的防护措施，所有这些问题都可以满意地得到解决。操作硫酸时穿戴面罩、塑料或者橡胶围裙和手套是防止硫酸烧伤的有效方法。如果酸接触到眼睛、皮肤或者衣服的时候，应该立即用干净的水冲洗干净，必要时求助医生。如果硫酸不小心溅出通常可以用小苏打溶液（每升水 100g）进行中和。中和后用水冲洗处理的区域。

为了防止引燃电池充电过程中产生的可燃性氢、氧混合气体而引起爆炸，必须在日常工作中采取措施。在标准的温度、压力下，最大气体生成速率为每 1A·h 过充电产生氢气 0.42L，氧气 0.21L。当氢气在空气中的体积比达到 4% 时就可能产生爆炸。标准的处理方法是在最低爆炸限（LEL）的 20%～25% 设置警报设施。现在市场上能够买到这种低成本的氢气探测器。

当电池周围通风良好时，氢气的积累一般不会造成问题。然而，如果把体积比较大的电池放置在较小空间中，必须要安装通气装置来对电池进行定时通风或者当探测到的氢气累计量超过最低爆炸限的 20% 时自动开启通风。电池箱也应该与外界空气相通。火花或者火焰会引燃超过最低爆炸限的氢气混合气体，因此可能产生电弧、火花或者火焰的电源都必须装在防爆的金属盒中。也可以在电池壳通气孔上设置阻燃器来防止外部火花点燃电池槽内部的爆炸性混合气体。禁止在电池附近吸烟、使用明火和进行可能产生火花的操作。很多爆炸事故是由于对非汽车用途的电池进行无控制充电造成。人们常常将电池从车辆上取下，在无控制的充电器上进行长时间充电。尽管充电电流可能很小，有很少的气体累积，但是如果在此时挪动电池，这些气体就会排出。当火花存在时，就有可能发生爆炸。尽管铅钙合金板栅在电池中的应用已经将这种危险的可能性降到最低，但是电池爆炸的可能性仍然存在。

某些类型的电池会释放出少量有毒气体如砷化氢、锑化氢等。这些电池在正极板或者负极板板栅中含有少量的锑和砷，这两种金属可以硬化板栅，降低循环过程中板栅的腐蚀速率。AsH_3 和 SbH_3 通常会在含砷或锑合金材料与新生氢原子接触时产生，一般发生在过充电时，两种物质结合生成无色、无味的气体。但是 AsH_3 和 SbH_3 非常危险，可能引起严重的疾病甚至死亡。1978 年 OSHA 规定的 AsH_3 和 SbH_3 浓度上限分别为 0.05×10^{-6} 和 0.1×10^{-6}，该值是 8h 内所允许值的加权平均数。电池区域的通风非常重要。数据显示，当通风设计可以把氢气的浓度维持在 20%LEL（约 1%氢气）以下时，锑化氢和砷化氢的浓度也会降到致毒限度以下。

常用的 12V SLI 汽车电池具有很小的电击危险性。电池系统的电压越高，电击危险性就越高；而电动车辆使用电压范围为 84～360V。人们正在研究使用最高可达 1000V 的电池系统作为储能系统中负载平衡的可能性。电池即使处于放电状态也是有电活性的，因此在使用中必须注意以下几条。

① 保持电池表面的整洁和干燥，防止对地短路和腐蚀。

② 不要在电池表面放置金属器件。将所有用于电池的工具进行绝缘处理。

③ 在检查和对电池进行维护前，去掉随身佩戴的珠宝等一些导电体。

④ 在提升电池的时候，使用绝缘的工具，避免提升链条和挂钩将电池端子间短路。

⑤ 在电池搬运以前，确保电池内无累积的气体。

16.8.3　工作参数对电池寿命的影响

影响电池使用寿命的主要因素包括：放电深度、每年电池的充放电循环次数、充电控制、贮存类型、工作环境温度等。在某些电池设计中增加电池寿命会造成初始容量、功率和能量输出的减少。因此，在电池设计中，必须使用合适的参数使电池符合工作和应用寿命要求。

① 增加放电深度将减少循环寿命，见图 16.57[54] 和图 16.37。

② 增加每年的充放电循环数会减少电池湿荷电寿命（见 16.8.1 节和图 16.56）。

③ 过量的过充电将增加正极板栅的腐蚀速率和正极活性物质脱落，而且会缩短电池的湿寿命。

④ 湿荷电电池在放电状态保存会造成硫酸盐化，而减小电池容量和寿命。

⑤ 用高质量设备进行正确的充电操作，用最小的过充电维持电池理想荷电状态将有助于提高电池的使用寿命。

⑥ 大型电池的电解质会依浓度不同而分层，限制其充电接受性、放电容量和寿命，这需要在充电过程中进行控制。在充电过程中，极板微孔中产生比本体电解质浓度更高的电解质。这些高浓度的电解质沉积到电池壳底部，使接近极板底部的电解质浓度较高而顶部电解质浓度较低。这种分层在不析气的充电阶段积累。在过充电析气阶段，极板表面产生气泡，气泡沿着极板表面和隔板上升，起到搅拌作用。在放电过程中，极板微孔内和极板表面的酸

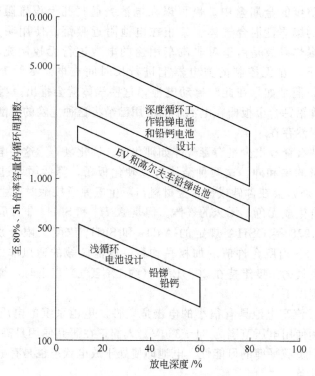

图 16.57　25℃ 时单体电池设计和放电深度对
不同种类铅酸电池循环寿命的影响[54]

被稀释。然而，更长的充电期内建立的电解质浓度分层，很难得到完全平衡，特别是在放电时间很短的情况下。通过扩散来消除浓度分层的过程非常缓慢，分层在重复循环中会变得越来越严重。控制电解质分层的两种办法是在过充电期间用结束电流使极板析气，或者用泵（通常是气动泵）对电解质进行搅拌。电解质分层的消除成功程度与电池设计、泵等附属设施的设计以及电池操作程序等因素相关。

16.8.4　失效模式

铅酸电池的失效模式取决于应用类型和电池设计，因为电池设计就是要针对特定类型的应用产生最优化的性能。常见的不同类型铅酸电池失效模式如表 16.19[55] 所列。很明显，如果维护得当，大部分电池的固有失效模式都是正极板性能恶化，包括板栅腐蚀或者铅膏脱落。这种失效是不可逆。当这种现象发生时，必须更换电池。更详细的 SLI 电池失效模式分析见 16.4.3 部分的论述。

表 16.19　铅酸电池的失效模式

电池类型	正常寿命	正常失效模式
SLI	几年	板栅腐蚀
SLI（免维护型）	几年	失水、正极板破坏
高尔夫球车	300～600 次循环	正极活性物质脱落、板栅腐蚀、硫酸盐化
备用电池（工业）	6～25 年	板栅腐蚀
牵引电池（工业）	最少 1500 次循环	脱落、板栅腐蚀

失效模式和失效时间可以通过更改内部参数的办法（I）进行修正，如电池材料、生产过程和设计；或者对外部参数（O）如使用环境进行改变。一些失效修正结果如表 16.20[55] 所列。

表 16.20 铅酸电池失效速率的修正

失效机理	失效速率修正
正极脱落	I:活性物质结构,电池设计 O:循环次数,放电深度,充电因子
负极硫酸盐化	I:活性物质添加剂 O:温度,充电因子,维护
正板栅腐蚀 (全部的,部分的,或正极板栅生长)	I:板栅合金,浇铸条件,活性物质
隔膜	I:电解质浓度,电池设计 O:温度,充电因子,维护
槽,盖,阀,外部的电池连接	I:电池材料和设计 O:维护,滥用

注:I——内部参数;O——外部参数。

16.9 应用和市场

铅酸电池的应用领域非常广泛。在过去的几年里又出现了很多新用途。各种不同类型的铅酸电池及其应用见表 16.2。铅酸电池的新用途主要是小型电子设备、便携设备用的小型密封铅酸蓄电池以及先进设计的储能系统和电动车辆。

16.9.1 汽车电池

最常见铅酸电池是内燃机汽车和其他车辆的启动、点火、照明(SLI)用电池。这些系统都使用 12V 的标称电气系统。大部分早期充电器已经被电子/固态交流发电机和电机调控器所替代。好的低温启动能力仍然是主要的设计因素,但是现在 SLI 电池具有更多的循环使用特征(与浮充使用相比),这是由于车载电子设备的增加所致;尺寸、质量的减少也成为重要因素,包括电池的几何形状。电池通常放置在引擎的冷空气流前以防止电池过热;这样,电池尺寸可能会影响到车辆的外形。这些因素已经导致 SLI 电池的重新设计。最重要的变化包括以下几点。

① 从高锑(4%~5%)铅合金板栅转变为低锑(1%~2%)铅合金或者无锑铅合金板栅,以减少氢气析出量。

② 采用更薄的电极。

③ 具有更低电阻的隔板。

④ 极耳从角挪向中间,板栅被重新设计,具有高电导性。

⑤ 半密封、免维护结构。

汽车电池也用于卡车、飞机、工业设备和摩托车以及其他的一些场合,还应用于非道路车辆,如雪上汽车、船艇上用于艇内或者艇外发动机的启动、各种农用设备和建筑设备。用于美国和北大西洋公约组织成员国的军用车辆已经使用标准化 24V 电子系统,该系统由两只 12V 电池串联而成。

SLI 电池这个词有一点用词不当,这是因为除启动、点火、照明外,SLI 电池还需要提供能量用于其他一些应用。尽管这些应用单独不会对电池造成很大负担,但是这些用途的全部积累会对 SLI 电池产生非常显著的影响。现在一些汽车的功率需求高达 2~3kW。在未来几年这种需求可能会加倍。表 16.21 所列是目前和将来 SLI 电池除 SLI 功能以外的用电需求。典型 SLI 电池不适合于该表中某些功能所列的循环需求。一些汽车公司在继续研究使用更高电压的铅酸蓄电池，转向更高电压的好处是在给定的功率水平下需要更小电流。更高的电压可以减轻汽车上电流分配系统的质量，即需要更少的铜。车上线路绝缘问题也会产生安全问题等。但是，更高的电压也产生相应问题，即增加 5％～10％油耗。

表 16.21　目前和将来的汽车设计需要电能的特点（除 SLI 功能外）

警报器(可包括后窗 LED 显示器)	通信设备
计算机	音频收音机,录音机或 CD 机
电子延迟	全球定位系统(包括地图查询、行程安排、紧急事件位置)
发动机的自动启动/停止	电控阀门
空调	电加热器
座位电加热	探测器(例如用于安全气囊的探测器)
电子操纵	防抱死的制动系统
电动车窗	电动雨刷
后座娱乐中心	后窗电加热除雾/除冰
电子门锁	电加热点烟器
时钟	导航系统
可再发电的刹车	

简单地将现在的 SLI 铅酸电池系统从 6 单体提高到 18 单体会造成一系列问题，不仅仅是电池质量显著增加。还有，由于电池负荷增加和可能的自动启动-停止，与现在所用的 SLI 电池相比产生更多次和更深的放电，如 VRLA 电池。目前的 SLI 电池是免维护的，即在使用寿命期内是不需要添加水。然而，与贫液 VRLA 电池相比，SLI 电池是富液式电池。为了解决质量问题，VRLA 电池是很好的选择。如第 17 章所述，但是电池在汽车盖板下所面对的温度波动，对 VRLA 电池技术是明显挑战。

一种商业化的双电池系统是在中国生产的 Gemini Twinpower™ 电池。这种电池系统在电池箱中装两种 12V 电池，并且集成一个 "能量管理控制器"（EMC）。其中一只 12V 电池采用很薄的极板用于启动。另外一只电池使用厚极板和玻璃毡隔板等材料适用于循环。EMC 维持启动电池的满荷电状态，在启动过程中两个电池联合工作，引擎关闭以后，两种电池系统隔离。这种智能电池可以被认为是向 36～42V 系统迈进的过渡步骤。

16.9.2　小型密封铅酸蓄电池

最近几年，使用电池驱动的消费产品明显增加，例如便携式工具、照明设备和用具、照相设备、计算器、收音机、电视、玩具、家电等。这些用途的电池一般容量很小，不超过 25A·h。蓄电池由于其高功率和可充电性，使用频率很高，不过这些电池必须密封或者是防溢以便于可以在任何地方使用。与密封镍/镉电池竞争的是排气式电解质保存型（ER）铅酸电池、圆柱形电池（第 17 章）或者方形电池。铅酸电池具有初期费用很低，浮充性能较好，电压更高，无记忆效应（在浅循环下的容量损失）的优点，而镉/镍电池具有更长的寿命和更好的循环使用性能。

小型密封或者半密封的铅酸电池，有单体 2V 电池，也有多单体电池，通常是 6V 整体结构。它们是 ER 电池的发展型，这种电池的电解质吸附在木浆隔板中。ER 电池在防溢出的同时，含有更多电解质，过充电时不能再产生氧气并且是排气。在目前市场上，对该应用大部分选用阀控式密封铅酸蓄电池。

一种类似的小型深循环铅酸电池是用于矿灯及其类似产品的电池。这种 4V 电池可以排气并添水。它们被设计成在两次充电之间可以 1A 放电 12h。

16.9.3 工业电池

铅酸电池的应用除 SLI 型和小型密封能量系统外，还有两类汽车型结构电池和工业用结构电池，见表 16.22。通常一种应用可以采取几种设计。

表 16.22 铅酸电池的主要应用（非 SLI 型）

汽车和小型能量存储系统		工业系统		
牵引	特殊型	固定型	牵引（动力）	特殊型
高尔夫球车 非上路车辆 上路车辆	紧急照明 警报信号 光伏系统 密封电池(用于工具、仪器、电子设备等)	合闸保护 紧急照明 通信设施 铁路信号 不间断供电电源 光伏系统 负荷平衡和能量贮存	矿山机车 工业卡车 大型电动车辆	潜艇 海洋浮标

16.9.4 电动汽车

通用汽车公司的 EV1 汽车从一开始就作为电动汽车进行设计的限量版交通工具。它具有空气动力的水滴外形，制动能量回收用于给蓄电池充电，铝质结构和复合车体材料用于减轻车重；26 只 12V 阀控铅酸蓄电池构成的电池组驱动一台三相异步电动机。一次充电行驶的里程预计在 55～95 英里之间，因路况和驾驶习惯而有所变化，也可选用镍氢电池组使行驶里程提高到 75～130 英里。EV1 配备有空调、推进控制、巡航控制、防抱死刹车系统，以及其他装置，不是一辆简易配置的汽车。尽管这种零排放的交通工具可以作为目前环境问题的解决方案，它的好处也得到公认，但只有少数消费者能够认同这种行驶里程短、价格昂贵的汽车。另外，低排放的电池-内燃机混合电动车，特别是丰田的普锐斯，可激发人们对混合动力车的热情，销量很好。普锐斯与本田的 Insight 一样采用镍氢电池组。量产的车辆普遍需要蓄电池价格低廉、一次充电行驶里程更长以及支持电动车运行的充电基础设施要求。这些要求将在第 29 章讨论。

16.9.5 储能系统

二次电池用于供电系统是替代昂贵的燃气或燃油发电机来满足用电高峰，进行负载平衡的供电方式（见第 30 章）。某些场合需要的大型电池组已达到 50MW·h，1000V 数量级。铅酸电池再次被认为是这种应用短期内的最佳候选解决方案。远期目标是达到 2000 次循环或者 10 年运行期，每千瓦时 90 美元的目标成本。

应用小型电池的储能系统通常是使用间断性可再生能源，如风或者太阳能（光伏能）。这种系统通常位于供电网络的用户端。系统通常有如下功能：

① 将太阳能、风能或者其他一次能源转化为直流电；

② 调整电能输出；

③ 将电能输出到外电路负载中使其工作；

④ 将电能贮存在电池次级系统中供日后使用。

典型的光伏系统框图见图 16.58[54]所示。

对于这种用途的电池，其类型的选择需要对电池充电和放电要求做完整分析，如负载、输出类型、太阳能系统的类型或者替代能源的种类、使用温度、充电效率和其他系统组件等。高尔夫车型的铅酸电池和新型电动车辆电池已经广泛应用到小型固定能量存储系统，因

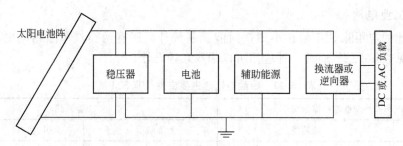

图 16.58　光伏发电系统组成[54]

为这种电池在商业生产中是最经济的。这种应用也采用免维护电池。这些电池（100A·h）可以用于无人值守的用途，月自放电率小于 5%，在 8h 内充满电，在 DOD 80% 条件下循环 1000～2000 次。

16.9.6　功率调节和不间断电源系统

（1）直流能源系统　一种有关备用电源的新概念，使用电池作为后备的直流能量系统。该系统包括一个电池充电器（整流器/充电器），这个充电器有足够的容量，可以以适当的电压给电池充电，同时也能满足直流负载的用电。除此之外，来自特种变压器二级回路的线电压功能也被设计到系统中，起到设备保护和隔离的作用。

（2）稳态不间断交流供电系统（UPS）　这种系统中，蓄电池接到供电系统中以便在供电中断时提供持续的服务。连续 UPS 系统（图 16.59）是这种设备的一种应用实例。在正常操作条件下，交流母线给电池充电器（整流充电器）供电，再由充电器对电池进行浮充电，同时向逆变器供直流电。然后，逆变器向交流负载供电。来自交流母线的同步信号（如果使用）用来维持逆变器输出的相位和频率与供电线路相同。这样就能维持计时设备如时钟和记录纸等的准确性。

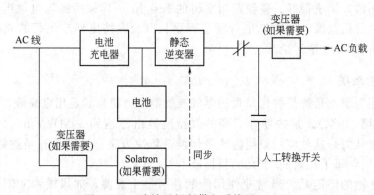

图 16.59　连续无间断供电系统图（UPS）

逆变器中的电压控制器用来维持在负载范围内以及在对蓄电池进行平衡充电期间交流负载电压的恒定。通过电池充电器的调控作用、电池和逆变器的滤波作用，使暂态和稳态的供电线路波动与负载隔离。

在交流供电线断开时，电池充电器停止操作，电池迅速向逆变器提供电能维持交流负载的稳定而不至于终止供电。交流供电线停止时，同步信号亦消失。这样，逆变器就按照内部的固有参考频率（±1% 标准单位）持续工作。电池容量决定系统的运行时间。逆变器设计保证在电池放电、电压下降时维持稳定的电压输出。当交流供电系统恢复供电时，充电器将蓄电池的能量恢复，与此同时向逆变器供电。关于使用阀控式铅酸电池的其他 UPS 系统更详细描述见第 17 章。

16.9.7　船艇电池

船艇电池市场既包括用于垂钓、航行和旅行的大型、小型休闲艇，也包括用于托曳、旅客运输和海上作业用的大型商船。通常情况下，铅酸电池系统使用的电压为 6～220V，通过船上自带的引擎直流或交流发电机进行充电。常用的电池有三种：传统的富液式电池（用于大型电池设计），电解质吸附设计和胶体电解质设计（后两种为 VRLA 电池，将在第 17 章讨论）。

船艇使用电池和汽车使用电池相比有几个方面的不同，可在照明、制冷、吹风、电动机、广播和其他电子设备中电池循环使用，而且放电和充电间有一定时间间隔。在船艇应用中，电池容量远大于在岸上相同马力车辆的所使用电池容量。

船艇电池的主要生产商所产电池的典型特征包括以下几点[58]。

① 特殊的板栅设计，如板栅的横筋、竖筋更粗。

② 高密度活性物质，正极和负极都包括。

③ 正极使用厚的纺织玻璃纤维进行双层隔离，然后密封在多孔的聚乙烯隔板袋中。

在某些设计中，只有当外部的塑料壳能够提供足够的耐冲击性和环境保护措施时，电池单体才可以被替换。

参 考 文 献

1. PRlog press release，"Advance Rechargeable Battery Market: Emerging Technologies and Trends Worldwide," April 6, 2009，www. prlog. org.

2. Battery Council International，www. batterycouncil. org.

3. M. Saakes, R. Woortmeijer, and D. Schmal, "Bipolar Lead Acid Battery for Hybrid Vehicles," *J. Power Sources* 144 (2005).

4. Green Car Congress, "Lead-Acid Battery Developers Targeting Hybrid Applications," May 30, 2007, www. greencarcongress. com/2007/05/leadacid _ batter. html.

5. EU Patent Application：WO 2004/0798151 A1, "Partition Wall for Bipolar Battery, Bipolar Electrode, Bipolar Battery and Method for Producing a Partition Wall."

6. EU Patent Application：WO 2004/021478 A1, March 11, 2004, "Separator Battery with Separator and Method Producing a Separator."

7. EU Patent Application：WO 2007/073279 A1, June 28, 2007, "Method and Device for Producing a Battery."

8. L. Lascelles, "CSIRO's UltraBattery to Cut Cost of Hybrid Battery by ＄2,000 in Two Years," Autoblog Green, January 20, 2008, green. autoblog. com.

9. J. Furukawa et al., "Development of the Flooded Type UltraBattery and Battery Sensor for Micro-HEV Application," 9th AABC, June 11, 2009, Long Beach, CA.

10. M. Suzuki, "The Extended Life Flooded (ELF) Battery of Micro-hybrids," 9th AABC, June 11, 2009, Long Beach, CA.

11. G. Fraser-Bell and D. Prengaman, "The European SLI Battery Market Past, Present, and Future," 9th AABC, June 11, 2009, Long Beach, CA.

12. www. furukawadenchi. co. jp/English/rd/nt _ ultra. htm.

13. "This May Be the Turning Point for the PEM-Fuel Cell Manufacturers," June 9, 2009, www. glgroup. com.

14. B. Cullen, "North American Industrial Market Forecast 2009-2011," *121st Battery Council Convention*, Las Vegas, NV, May 3—6, 2009.

15. H. Bode, *Lead-Acid Batteries*, Wiley, New York, 1977.

16. H. E. Haring and U. B. Thomas, Trans. *Electrochem. Soc.* 68：293 (1935).

17. P. Ruetschi, "Review of the Lead-Acid Battery Science and Technology," *J. Power Sources* 2：3 (1977/1978).

18. C. Mantell, *Batteries and Energy Systems*, 2nd ed., McGraw-Hill, New York, 1983.

19. D. J. G. Ives and G. J. Janz, *Reference Electrodes*, Academic, New York, 1961.

20. E. A. Willihnganz, U. S. Patent 3, 657, 639.

21. A. Sabatino, *Maintenance-Free Batteries*, *Heavy Duty Equipment Maintenance*, Irving-Cloud Publishing, Lincolnwood, IL, 1976.

22. Special Issue on Lead-Acid Batteries, *J. Power Sources* 2 (1) (1977/1978).

23. ASTM Specification B29, "Pig Lead Specifications," American Society for Testing and Materials, Philadelphia, 1959.

24. A. G. Cannone, D. O. Feder, and R. V. Biagetti, *Bell Sys. Tech. J.* 19: 1279 (1970).

25. A. T. Balcerzak, *Alloys for the 1980s*, St. Joe Lead Co., Clayton, MO, 1980.

26. *Grid Metal Manual*, Independent Battery Manufacturers Association (IBMA), Key Largo, FL, 1973.

27. N. E. Hehner, *Storage Battery Manufacturing Manual*, Independent Battery Manufacturers Association (IBMA), Key Largo, FL, 1976.

28. U. B. Thomas, F. T. Foster, and H. E. Haring, *Trans. Electrochem. Soc.* 92: 313 (1947).

29. N. E. Hehner and E. Ritchie, *Lead Oxides*, Independent Battery Manufacturers Association (IBMA), Key Largo, FL.

30. T. Ferreira et al., "Stronger, Cleaner Plates Make Better Batteries," 116*th Convention of Battery Council International*, May 4, 2004.

31. Trademark of Hollingsworth & Vose Company, East Walpole, MA.

32. Trademark of the Hammond Group, IN.

33. U. S. Patent 7, 118, 830, "Battery Paste Additive and Method for Producing Battery Plates," D. Boden, October 10, 2006.

34. D. Boden, "Sure Cure™ Technology, and Applications," 120*th Convention of Battery Council International* Tampa, FL, April 2008.

35. T. Ferreira, "Development of an Inorganic Additive to Active Materials of Lead-Acid Batteries," *Long Beach Battery Conference*, 2002.

36. Yonezu, et al, "Pasted Type Lead Acid Battery." U. S. Patent 4, 336, 314, June 22, 1982.

37. V. Toniazzo, European Patent Application E. P 1, 720, 210 A1 (200), "Non-Woven Gauntlet for Batteries."

38. V. Toniazzo, "New Generation of Non-Woven Gauntlets for Tubular Positive Plate," *J. Power Sources*, 158 (2): 1062—1068 (2006).

39. Data from Daramic technical data sheets at www. daramic. com/products/daramic _ products. cfm.

40. Data from Amer-sil website at www. amer-sil. com/Frames/Prod-AmerTube. htm.

41. Data from Entek International data sheet at www. entek-international. com/Products/RhinoHide. html.

42. G. W. Vinal, *Storage Batteries*, 4th ed., Wiley, New York, 1955.

43. M. Barak, *Electrochemical Power Sources*, Peter Peregrinus, Stevanage, U. K., 1980.

44. *Battery Service Manual*, 9th ed., Battery Council International, Chicago, 1982.

45. Battery Council International, 401 N. Michigan Ave., Chicago, 60611.

46. *Battery Replacement Data Book*, Battery Council International, 2000.

47. *Gould Battery Handbook*, Gould Inc., Mendota Heights, MN, 1973.

48. E. J. Friedman et al., *Electrotechnology*, vol. 3: Stationary *Lead-Acid Batteries*. Ann Arbor Science Publishers, Ann Arbor, MI, 1980.

49. *Bell Sys. Tech. J.* 49 (7) (Sept. 1970).

50. R. V. Biagetti and H. J. Luer, "A Cylindrical, Pure Lead, Lead-Acid Cell for Float Service," *J. Power Sources* 4 (1979).

51. A. G. Cannone, U. S. Patent 3, 556, 853, Jan. 19, 1971.

52. R. V. Biagetti, "The AT&T Lineage 2000 Round Cell Revisited: Lessons Learned; Significant Design Changes; Actual Field Performance v. Expectations," *INTELECT-Int. Telecommunications Energy Conf.*, Kyoto, Japan, Nov. 5-8, 1991.

53. E. Ritchie, International Lead-Zinc Research Organization Project LE-82-84, Final Rep., New York, Dec. 1971.

54. "Handbook of Secondary Storage Batteries and Charge Regulators in Photovoltaic Systems." Exide Management and Technology Co., Rep. 1-7135, Sandia National Laboratories, Albuquerque, NM, Aug. 1981.

55. G. E. Mayer，"Critical Review of Battery Cycle Life Testing Methods," *Proc. 5th Int. Electric Vehicle Symp.*，Philadel-
   phia，Oct. 1978.
56. A. G. Cannone，U. S. Patent 4，605，605，Aug. 12，1986.
57. A. G. Cannone，U. S. Patent 4，980，252，Dec. 25，1980.
58. Product Literature，Rolls Battery Engineering，Salem，MA，01970，USA.

第 17 章

阀控铅酸电池

Kathryn R. Bullock and Alvin J. Salkind

17.1 概述

铅酸蓄电池被设计成小型便携式和大型固定式，常常是密封和/或免维护的，说明它们不需要而且也不可能更换电解质。事实上没有任何一种设计是真正密封的，而且都有一个控制电池壳中气体输入或排出的减压阀。这些阀使内压在十分之几到几个大气压范围时得到释放。此外，大多数铅酸蓄电池的外壳都是用塑料制成，它们能够渗透氢气。

上述设计中更准确或者更被人们接受的名字为"阀控铅酸蓄电池"或 VRLA。该电池设计了一个单向阀用来将电池密封，除非电池的内部气压大于设计允许的最大值，密封的阀关闭后能够阻止外界空气中的氧气进入。排气阀压力的设计依赖于生产商，主要是受到壳体形状与材料的限制。VRLA 的设计有两种常见形式：一种是电极卷绕（卷绕结构）在一个圆柱形的容器内；另一种是板状极板放在方形壳体中。圆柱形壳体与方形壳体相比，能承受更大内部压力而保持不变形，因而圆柱形电池设计的开阀压力比方形电池更高。在某些设计中，采用金属外壳防止内部塑料壳因为高温及高内压而引起的变形。带有金属套的卷绕式电池开阀压力可以高达 $25 \sim 40$ psi（1 psi $= 6894.76$ Pa），而对于大的方形电池开阀压力是 $1 \sim 2$ psi。

通常以两种方式使电解质不流动。

(1) 胶体电解质 通常采用加入气相二氧化硅或硅胶的方法来固定液态的电解质。搅拌电解质混合物，使之保持液态，直至其被注入电池中并硬化成为具有触变性的胶体。为保持极板间的空隙以便于注液操作，隔板通常都采用比 AGM 隔板强度更好的多孔材料制成的带有筋条的片形隔板。新电池在充电末期和过充电的过程中会损失部分水分。失水过程会在电解质中形成裂隙的网络，增加从正极板到负极板的氧气通道。在胶体电解质的阀控铅酸蓄电池中，氢气的析出和水损耗减少，酸液外泄可能性降至最低。

（2）吸收式玻璃纤维毡（AGM）　在 AGM 电池中，电解质被吸附在正极板和负极板之间的多孔 AGM 隔板中。AGM 隔板主要由超细玻璃纤维制成，不能完全饱和。在正极板产生的氧气充电时可以通过微孔结构到达负极板，并反应生成水。这个过程降低氢气析出和电池干涸速率。

隔板在电极表面被轻微压缩以利于电解质与正、负极板中具有电化学活性的铅材料发生反应。有时采用强度更好的纤维、聚合物纤维和玻璃纤维的混合体以及表面处理的方式来改善 AGM 的强度和/或性能。

有些制造商在采用 AGM 设计的同时，还在电池内部极群侧面、底部和顶部的空隙处加入胶体电解质，用于增加电池的酸量。多加入的胶体酸有助于热量传导至壳体，并能降低电池干涸速率。这对于在炎热环境中使用电池特别有好处。

应该注意的是氧化硅能与硫酸反应，而且其吸收和胶体化的变化不仅具有物理性质还具有化学性质。电解质的不流动性使得电池能以任意方向使用而不会有电解质逸出。在更大型工业应用中，电池组可以侧放，使用紧凑的安装方式，所占面积和空间减少了 40%。一种趋向是使电池极板相对于地面平行放置使电池成为"薄饼式"[1]。一些报道表明，电池循环使用过程中使电极与地面平行，可使电池在循环寿命上有很大提高[2]。

VRLA 电池的使用变得越来越普及。1999 年，在通信和 UPS 应用中使用阀控式铅酸电池的比例超过 75%。先进充电技术的发展促进 VRLA 电池在循环使用中的应用，比如叉车。此外，便携式电子产品、电动工具和混合型电动交通工具等新市场机遇刺激了铅酸蓄电池的设计开发。但 VRLA 电池对滥用的耐受能力不如富液式电池。电池内部热量的吸收主要是依靠电解质，但是在 VRLA 电池中电解质的数量非常有限。也就是说，VRLA 电池在滥用条件下更趋向于热失控，而传统的富液式电池不会有这样的危险。当 VRLA 电池在过高温度下工作时，这种危险会更容易发生。近年来，人们对高温（40℃以上）条件对电池影响和优缺点进行了讨论[3,4]；而且有一系列文章也对 VRLA 的应用进行详细回顾[5]。为了有利于在高温操作和延长由于氧复合产生的高温环境下的电池寿命，对此必须给予足够重视。

在一组特定应用中，有人把胶体电解质设计的电池和吸收电解质设计的电池在叉车上的应用进行了比较[6]。目前，新型材料正在被采用，设计正在被改进，因此这种比较应该继续下去；而且，有关特殊纤维、掺混物、表面处理等吸附隔膜的研究活动屡见报道。目前，正对阀控式铅酸蓄电池进行许多革新和改进。这些将在第 17.9 节讨论。

VRLA 电池的主要优缺点见表 17.1 所列。

表 17.1　VRLA 电池的主要优点和缺点

优　点	缺　点
免维护	不能以放电状态存放
浮充寿命适中	较低的能量密度
高比容量	与密封镉/镍电池相比，循环寿命较低
	不正确的充电方式或在不合适热管理下操作会出现热失控
与镉/镍电池相比，无"记忆"效应	与传统铅酸电池相比，对高温环境更敏感
"荷电状态"常可以通过测量电压决定	
相对低成本	
从小单体(2V)到48V的大电池都有	
有些电池可以侧向安装，维护简单	

17.2　化学原理

尽管 VRLA 电池的设计和结构不同，它的化学反应和传统铅酸电池却是一样的。"双硫酸盐化"反应适用于总反应：

$$PbO_2 + Pb + 2H_2SO_4 \underset{充电}{\overset{放电}{\rightleftharpoons}} 2PbSO_4 + 2H_2O$$

正极反应为：

$$PbO_2 + 3H^+ + HSO_4^- + 2e \underset{充电}{\overset{放电}{\rightleftharpoons}} 2H_2O + PbSO_4$$

负极反应为：

$$Pb + HSO_4^- \underset{充电}{\overset{放电}{\rightleftharpoons}} PbSO_4 + H^+ + 2e$$

当给电池再充电时，细微分布的硫酸铅粒子在阴极上被电化学转换成海绵状铅，而在阳极上则转化成 PbO_2。当再充电接近完成且大部分 $PbSO_4$ 已经被转化成 Pb 和 PbO_2 时，过充电反应就会开始。对传统的富液式铅酸电池而言，这些反应就会导致氢气和氧气的生成并损失水。

VRLA 设计的一个特点就是在正常过充电速率下产生的大部分氧气会在电池内被复合。圆柱形 VRLA 采用高纯度铅，通常会加入锡，制成板栅，用于收集活性物质产生的电子将它们传递到电池端子。在方形电池如胶体电解质设计中，通常会采用铅钙锡合金制成的强度更好的板栅。不能采用在传统蓄电池中使用的铅锑合金。控制铅的纯度有助于减少过充电时，氢气的析出量和搁置时的自放电速率。氧循环也抑制了氢气的产生。VRLA 电池必须在通风的场所使用，因为通过压力释放阀或塑料外壳仍会有少量氢气、二氧化碳和氧气析出。

有 H_2SO_4 存在的条件下，氧气将在负极板上按其扩散到铅表面的速度发生反应：

$$Pb + HSO_4^- + H^+ + \frac{1}{2}O_2 \underset{充电}{\overset{放电}{\rightleftharpoons}} PbSO_4 + H_2O$$

在富液式铅酸蓄电池中，这种气体扩散是极其缓慢的过程，并且事实上几乎所有 H_2 和 O_2 都从电池逸出而不是复合。在 VRLA 电池中紧密相间的极板被超细玻璃纤维组成的多孔隔膜分隔。电池壳中的电解质刚好能够包裹所有极板表面和隔膜中独立的玻璃束，因此创造贫液条件。这为极板气体的均匀传输创造条件，促进复合反应。关于 VRLA 化学动力学的讨论可在文献[4]中查到。

在减压阀内保持一定的电池内压能使电池壳内气体保持足够长时间，使气体扩散产生并增加复合反应。其结果是，水不是从电池中释放出来，而是在电化学循环中用来抵消超过活性物质转化所需的多余过充电电流。因此，电池可以在不失水的前提下转化所有活性物质而被有效过充电，尤其是在推荐的充电率下充电这种情况会更为显著。连续的高过充电率（如 C/3 或更高）充电条件下，气体聚集快以至于复合反应不能同步高效进行，甚至于 O_2 也像 H_2 一样由排气孔排出，因此，应该避免高倍率充电。

17.3　电池结构

17.3.1　VRLA 圆柱形电池结构[7]

VRLA 电池的横截面以及电池内基本部件拆解见图 17.1 和图 17.2 所示。正极板栅

和负极板栅均使用纯度为 99.99% 纯铅加入 0.6% 的锡制
成，以强化电池深放电的恢复能力。铅板栅厚度相对较薄
为 $0.6\sim0.9$ mm，以便提供大的极板表面积而适用于高倍率
放电。极板涂上氧化铅，用玻璃纤维隔膜隔开，卷绕后就
形成电池的基本元件。然后，铅柱被焊接到露在正极和负
极板栅上方的极耳上。极柱通过聚丙烯内盖被插入并利用
其自身的膨胀有效地被封入铅柱；然后装入衬垫且使部件
顶端与衬垫连接在一起。在这种结构状态下，除了敞开的
气孔外，其余部分全部密封。随后加入硫酸，在排气孔上
扣上安全阀。下一步，将封好的部分放入金属罐，盖上外
侧的塑料盖，滚槽后便完成装配。金属罐增加壳体的机械
强度，且不影响安全阀的作用。完成以上步骤后，电池开
始化成。

图 17.1　VRLA 电池截面图
（零部件在图 17.2 中说明）
（来源：Enersys Energy Products，Inc.，
前 Hawker Energy Products，Inc.）

　　使用圆柱电池的整体电池是用 $2\sim6$ 只单体圆柱形电池
在同一个塑料壳中内部连接而制成。这些 4V、6V、12V 电
池的性能特征与单体电池相似。整体电池设计如图 17.3
所示。

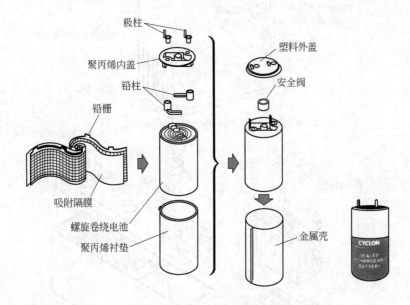

图 17.2　VRLA 电池的零部件
（来源：Enersys Energy Products，Inc.，前 Hawker Energy Products，Inc.）

17.3.2　VRLA 方形电池结构

　　方形铅酸电池的剖面示意如图 17.4(a) 所示。一种使用方形单体电池，用三只单体组
合成的整体电池的分解图如图 17.4(b) 所示。

　　方形电池通常使用无锑的铅钙合金板栅，因为这种合金的自放电更低，而且有助于减少
有毒气体逸出。然而，当电池采用无锑铅板栅，而没有加入添加剂加入时，这种设计会趋向
于降低电池的深循环寿命。前面所述添加剂大多数是专利技术，其中最公开的便是磷酸。循

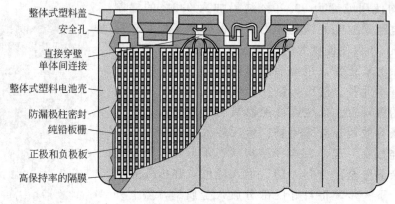

整体式塑料盖
安全孔
直接穿壁
单体间连接
整体式塑料电池壳
防漏极柱密封
纯铅板栅
正极和负极板
高保持率的隔膜

图 17.3　整体式电池

（来源：Enersys Energy Products, Inc., 前 Hawker Energy Products, Inc.）

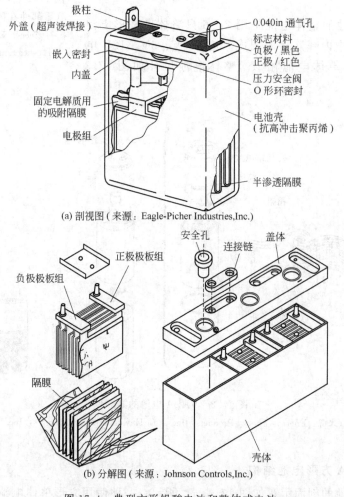

极柱
外盖（超声波焊接）
嵌入密封
内盖
固定电解质用
的吸附隔膜
电极组

0.040in 通气孔
标志材料
负极 / 黑色
正极 / 红色
压力安全阀
O 形环密封
电池壳
（抗高冲击聚丙烯）
半渗透隔膜

(a) 剖视图（来源：Eagle-Picher Industries,Inc.)

安全孔
连接链
盖体
正极极板组
负极极板组
隔膜
壳体

(b) 分解图（来源：Johnson Controls,Inc.)

图 17.4　典型方形铅酸电池和整体式电池

环性能、容量、浮充寿命之间的平衡是由 α-PbO_2 和 β-PbO_2 的比例、铅膏表观密度、电解质量及浓度决定的。

　　电解质被吸入像吸墨纸一样的玻璃纤维隔膜或被凝固成胶。人们曾经试验过许多抗酸材料作为凝胶剂，如烧结过的黏土、浮石、沙土、漂洗过的土、石膏和石棉等。最常用的凝胶剂是气相硅。最近其他硅化合物，如碱金属硅聚合物[8]以及硅氧烷聚合物的混合物[9]已经开始尝试被应用到阀控式密封铅酸蓄电池产品中。

17.3.3　高功率电池设计

功率，即电流与电压的乘积，可以采用加大电流或提高电压的方式得到提升。新型电池设计采用这两种途径来提高 VRLA 电池的质量和体积比功率。

通过在金属基体上制成非常薄的电极制造单体电池，可以增加电流密度和/或增加指定体积内的单体电池数量。这样的设计由于以下两个主要原因，现在已经很少有人采用。

（1）薄片金属集流体与活性物质间的高接触面积引起自放电加大导致电压下降速率增加。尽管高表面积可以产生大电流，但是电压损失造成功率迅速下降。结果导致产品不能满足大多数应用条件下要求的搁置寿命。这一点在便携产品市场上尤为突出，薄的 VRLA 电池不得不与具有超长搁置寿命的碱性蓄电池展开竞争。

（2）与 VRLA 相比，锂离子电池具有更高的能量密度和开路电压。在小型便携电池的整体成本中，制造成本占据一大部分，因此铅酸电池原材料价格低的优势并不明显。

另一种提高功率的方法是开发双极性 VRLA 电池。在这种设计中，电池的正极和负极材料分别涂覆在导电的双极性基体两个相对面上。电化学活性材料必须与基体结合良好，同时又不能破坏它。双极性电极以串联的方式组合起来，如图 17.5 所示。

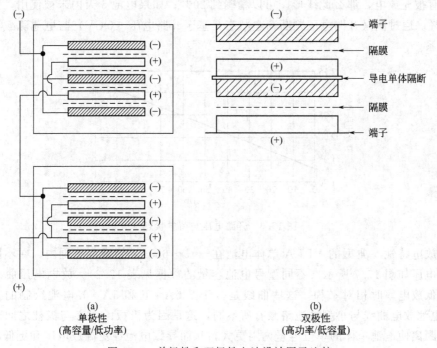

图 17.5　单极性和双极性电池设计图示比较

[转载自 J. Electrochem. Soc.，142：1726，(1995)（来源 Electrochemical Society）]

双极性 VRLA 电池的开发存在三大挑战：①寻找稳定的导电基体；②为获得高电压需要密封多个单体；③开发一种能够在两片电极组成的单体电池中使用的安全阀。

目前一直在开发铅酸电池中具有化学稳定性的、能够阻挡双性极板正负极之间离子迁移的双极性基体材料。导电、稳定并且能与 VRLA 组分相兼容的材料包括：渗铅陶瓷片、高铅酸钡（BaPbO₃）、碳材料、非化学计量比的钛氧化物（Ti₄O₇ 和 Ti₄O₉）制成的固体泡沫或其他结构，或者与聚合物或环氧树脂形成的混合物[10,11]。

与单极性电池中每个单体包括多片正极和多片负极不同，双极性电池中每个单体只有一片正极和一片负极。双极性极板可以叠放起来，在一个很小的空间获得高电压，但是容量很低。电池组中双极性极板增加，电压效率也随之增加，但容量却不增加。电流通道直接穿过基体，而不像单极性电池需要通过极板表面。因此，与单极性电池相比，双极性电池内阻更低，电流分布更加均匀。

目前，在高倍率应用场合如混合电动车中使用大容量双极性 VRLA 电池，已被用于延长其寿命。同时，国际先进铅酸电池联合会（ALABC）正在英国对安装在本田思域轿车上的一家瑞士厂商的双极性电池进行公路测试[11,13]。

17.4 性能特征

17.4.1 VRLA 圆柱形电池特征

（1）电压 VRLA 单体电池的额定电压是 2.2V，但通常被称为 2.0V。有负载时每个单体电池典型的放电终止电压可达 1.75V。开路电压由充电程度决定。如图 17.6 所示，是基于 $C/10$ 放电率的放电曲线。由此根据开路电压可以估算电池的荷电状态。如果电池在 24h 内没有被充放电，那么此线形图可以精确到 20%；如果电池 5 天内未被使用，则其精确度可达 5%。通过测量开路电压判断荷电状态是基于开路电压（OCV）与电池硫酸溶液浓度之间的关系。

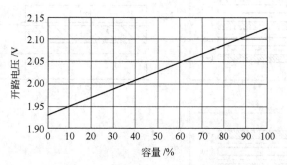

图 17.6　开路电压与荷电状态

（2）放电特性 典型的 VRLA 单体电池在 −40～65℃ 之间温度范围内，在不同放电率下的放电电压如图 17.7 所示（不同型号电池容量的数据见表 17.2）。放电电压曲线在中等放电率或低放电率时相对平稳。这些曲线是基于 2.5A·h 和 5A·h 电池绘制的。更大的 25A·h 电池放电曲线与小型电池略微有所不同，这是因为极板的中心与极柱之间的距离过大。这个距离使电池单体的单位容量内阻更大，从而导致电池在更高放电率和更低温度下电性能降低。图 17.8 列出了 25℃ 时 2.5A·h 电池的一组放电电压曲线，该曲线显示甚至在高放电率条件下电池仍然有很好的电压特性。

（3）温度与放电率的影响 与其他电池一样，VRLA 电池的容量依赖于放电率与温度，电池容量随温度下降和放电率提高而下降。图 17.9 所示是 D 型和 X 型圆柱形电池分别在 $C/10$、C、$5C$ 的放电率下放电时温度对性能的影响。而更大的 25A·h 电池，在更低和更高放电率放电时所放出容量以占 25℃ 时容量的百分比数为更低。

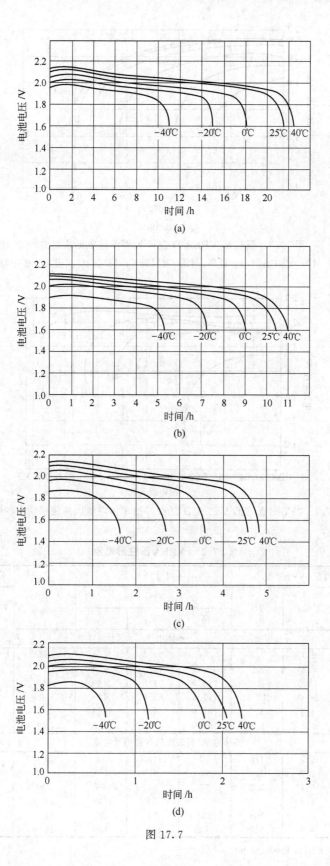

图 17.7

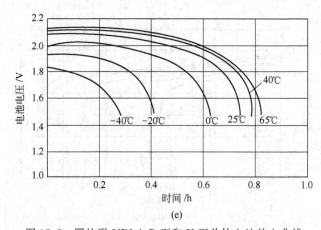

(e)

图 17.7　圆柱形 VRLA D 型和 X 型单体电池放电曲线

（a）：$C/20$；（b）：$C/10$；（c）：$C/5$；（d）：$C/2.5$；（e）：$1C$（表 17.2 中有容量数据）

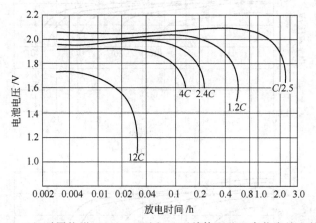

图 17.8　25℃时圆柱形 VRLA D 型和 X 型单体电池以高倍率放电的曲线

表 17.2　VRLA 圆柱形电池

型号	容量/A·h			尺寸/mm			质量（典型）/g	质量比能量（$C/20$）	
	$C/10$	$C/20$	$1C$	直径				W·h/kg	最大放电电流/A
				高	宽	长			
单体电池									
D	2.5	2.7	1.8	67.3	34.3	N/A	180	30.0	40
X	5.0	5.4	3.2	80.3	49.5	N/A	390	27.6	40
J	12.5	13.0	9.0	135.7	51.8	N/A	840	30.8	60
BC	25.0	26.0	17.5	172.3	65.3	N/A	1580	32.9	250
DT	4.5	4.8	3.7	102.9	34.3	N/A	272	35.3	40
E	8.1	8.4	6.2	108.7	44.5	N/A	549	30.6	40
整体电池（预装配的普通型号电池）									
D,4V	2.5	2.7	1.8	70	45	78	360		40
D,6V	2.5	2.7	1.8	70	45	113	540		40
X,4V	5.0	5.4	3.2	77	54	96	740		40
X,6V	5.0	5.4	3.2	77	54	139	1110		40
E,4V	8.0	8.6	5.8	102	54	96	1110		40
E,6V	8.0	8.6	5.8	102	54	139	1670		40

注：来源于 Enersys Energy Products. Inc.。

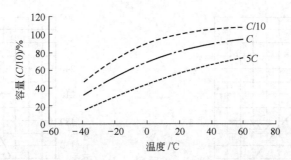

图 17.9　温度对圆柱形 VRLA D 型和 X 型电池容量的影响

（4）高速脉冲放电　VRLA 电池在引擎启动等需要高倍率放电的应用时非常有效。室温下 10C 放电率的时间-电压曲线，在 25℃ 与 −20℃ 条件下，按连续放电和按 16.7% 负载间歇（10s 脉冲和 50s 搁置）的放电曲线见图 17.10 所示。

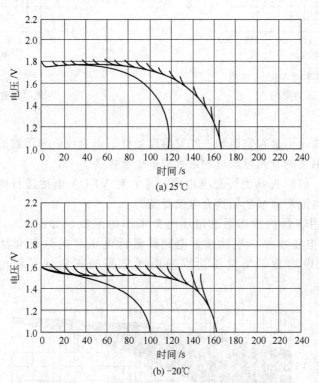

(a) 25℃

(b) −20℃

图 17.10　VRLA 圆柱形电池在 10C 脉冲放电下的性能曲线
（在上方的曲线是脉冲放电；下方的曲线是连续放电）

从这些数据可以明显看出，当使用间歇性脉冲放电时 VRLA 电池的容量会大幅提高。这种现象是由人们所知道的"浓度极化"现象所引起的。随着一股电流由电池中流出，电解质中的硫酸与极板上的活性物质发生反应。此反应降低极板-电解质接触面的酸浓度。因此，电池电压下降。在搁置时间内，本体溶液中大量酸扩散到电极上的小孔中来补充已经反应完成的酸。当酸平衡稳定后，电池电压就会上升。在脉冲放电过程中，酸可以在脉冲之间平衡，从而使酸不会很快用尽，而且电池总容量会有所提高。

电池能够提供高放电率放电电流的能力和维持可用电压的能力如图 17.11 所示。图中显示了在 22℃ 和 −20℃ 两种温度条件下，放电率对中点电压的影响（所示电压为在放电过程

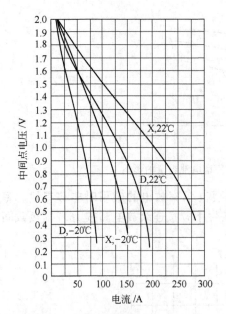

图 17.11　放电倍率对 VRLA 电池
中间点电压的影响

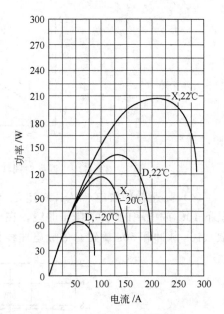

图 17.12　22℃ 和 −20℃ 时 VRLA
电池的瞬时最大功率

中途测量值)。

　　图 17.12 的曲线所示是在室温和 −20℃ 温度条件下作为放电率函数的最大功率曲线。由图 17.12 可知，随温度的升高可获得的最大功率也会提高。

　　(5) 放电程度　与所有其他可充电电池一样，对 VRLA 电池进行的放电超过其 100% 额定容量可能减少电池寿命或削弱其充电接受能力。

　　电池 100% 可用容量被放出后的电压是放电率的函数，如图 17.13 中曲线所示。较低的曲线显示最小电压水平，电池被放电到此最低电压对电池充电容量不会产生影响。为了优化寿命及充电容量，当电压达到两曲线之间的灰色区域时电池就应该与负载分离。

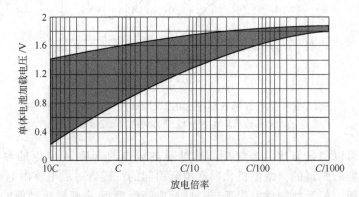

图 17.13　VRLA 单体电池放电时的可接受电压水平

　　在这样的"过放电"条件下，硫酸电解质中的硫酸根离子用尽并转变成水，这种现象能引起许多问题。由于缺乏硫酸根离子这种荷电主导体，电池电阻会显得很高且通过的充电电流也很小。可能需要经过更长的充电时间或变换充电电压才能开始正常充电。

　　另一个潜在的问题是硫酸铅在水中的溶解。在严重的深放电条件下，在极板表面的硫酸铅能溶解到水溶液中。再充电时，硫酸铅中的水和硫酸根离子转换成硫酸，在隔膜中形成铅金属沉淀。这种铅金属可在极板间形成枝状的短路并导致电池失效。

（6）贮存特性　由于活性物质处于热力学不稳定状态使多数电池在开路状态下损失贮存能量[12]。自放电率依赖于电池系统化学反应及贮存温度。图 17.14 绘出相对于温度的最长贮存时间，从图中可以看出 VRLA 圆柱形电池可以长时间存放而不损坏。此图显示在 0～70℃任何温度条件下电池开路电压由 2.18V 下降到 1.81V 的最大天数。

电池自放电电压不能低于 1.76V，因为在这种条件下电池的再充电特性会有略微变化，而且会导致循环寿命不能够准确预测。虽然这些电池的容量通过再充电可以恢复；然而，自放电电压低于 1.76V 的电池的首次充电时间要比平时长，并且首次放电一般不能放出额定容量。但是，接下来电池循环容量值会提高到额定容量。

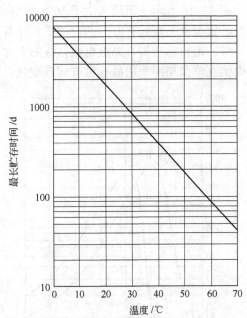

图 17.14　VRLA 电池的贮存特性

注意到 VRLA 电池的自放电率不是线形变化这一点很重要；电池自放电率随电池荷电状态的不同而改变。当电池处于一种 80% 或更高的高荷电状态时自放电很快。室温条件下，电池自放电导致可在大约 1～2 周时间内荷电状态由 100% 下降到 90%。相反，在同样温度下同一个电池从 20% 的荷电状态到 10% 的荷电状态需要 10 周以上的时间。图 17.15 是电池开路电压相对剩余贮存时间百分比的曲线，它显示了自放电反应的非线性变化。

利用图 17.14 和图 17.15，可以计算电池必须再充电前剩余的天数。例如，如果电池的开路电压是 2.00V，图 17.15 被测定的荷电状态为 37%。由图 17.15（开路电压还是

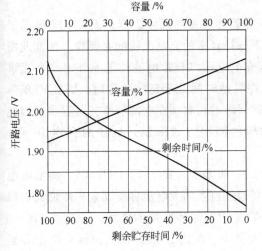

图 17.15　VRLA 电池的开路电压
与剩余贮存时间的关系

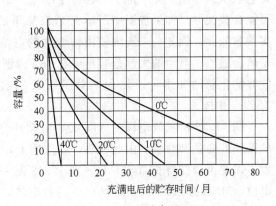

图 17.16　经过贮存后 VRLA
电池仍可使用的容量

2.00V）可以看出剩下的贮存时间百分率为82%。图17.14显示20℃条件下，电池总共可以被贮存1200天并不必再充电。因此，剩下的贮存时间是1200天的82%或984天。也就是2.00V开路电压电池降到1.76V必须充电电压前的贮存天数。

图17.16所示是不同温度下VRLA电池的剩余可用容量相对贮存月数的曲线。此曲线用在特定温度一定贮存时间的前提下，计算近似剩余容量时很方便。

（7）寿命 所有可充电电池系统的寿命都是变数，它依赖于用途、使用环境、循环方式及电池在寿命期间所用的充电方式等变化。

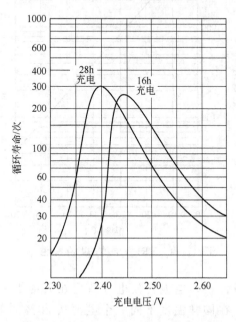

图 17.17 在25℃、接近100%放电深度、
以不同时间充电时，充电电压
对VRLA电池循环寿命的影响
（循环寿命终止：容量降到80%标称
容量；放电倍率：C/5放电至1.6V）

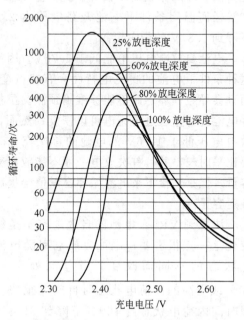

图 17.18 在25℃、不同放
电深度对VRLA电池循环寿命
的影响（16h充电）

① 循环寿命 图17.17和图17.18说明了影响循环寿命的几种因素。图17.17显示了充电电压的作用，并示范了一种特定的循环制度下选择合适的充电电压的必要性。然而此图可能有些误导，如果按图中所示在2.35V下的低充电电压将导致电池较低循环寿命，而事实并非如此。例如，一周内使用约3次的电池，在其他时间处于充电状态时，2.35V/单体是最合适的。电池的大部分容量可在16h内恢复。间断的长时间充电能够维持其容量并因此能够优化总循环寿命。然而，对于每天一次循环的使用方式来说，最佳的充电电压是2.45V/单体。

图17.18所示放电深度（DOD）对循环寿命的一般影响；在100%DOD时，典型电池的循环寿命是200次。由此说明，在应用上，应当通过适当加大电池容量冗余来降低放电深度，以便可以获得长循环寿命。图17.19是一条容量相对循环次数的曲线，一只2.5A·h电池（5h率为2.35A·h）以C/5的放电倍率每天循环一次到1.6V，然后恒压充电18h至2.5V。电池使用20~25次循环达到或超过额定容量，然后容量开始缓慢下降。最初容量的上升可以看成是电池化成的一种作用。

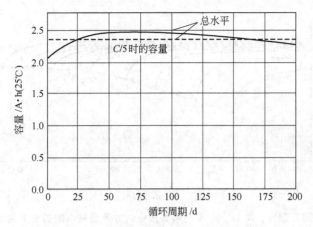

图 17.19　2.35A·h 电池以 $C/5$ 倍率放电
时电池容量随循环周期的变化

② 浮充电寿命　通过在特定的高温条件下进行快速测试方法测定，预计在室温下VRLA 电池的浮充电寿命超过 8 年。

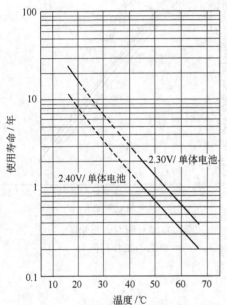

图 17.20　VRLA 电池的使用寿命

VRLA 电池主要的失效方式可以解释为正极增长。因为这种增长是电池化学反应的结果，所以增长速度随温度升高而加快。图 17.20 中绘出了浮充电寿命相对温度的曲线。该曲线描绘了在2.3V/单体和 2.4V/单体两种电压条件下充电测得的浮充电寿命实验数据。此图可以用来确定不同温度条件下电池的浮充电寿命。寿命终点被定义为当放电容量低于 80% 的额定容量。

17.4.2　VRLA 方形电池特征

方形铅酸电池 20℃ 条件下典型的放电曲线如图 17.21 所示，此图说明此电池系统具有高放电率能力和平坦的放电曲线。电池通常按 20h 率或0.05C 率来标称其容量，此图绘出了 $C/20$ 率放电电流下，不同终止电压下的放电性能曲线。例如，一个电池的 20h 容量为 5A·h，那么此电池的 $C/20/5$ 率为：

$$\frac{C/20}{5}=0.2C/20=(0.2)(5)=1A$$

此 $C/20/5$ 率为 1.0A。$C/20$ 率为 0.25A。

图 17.22 显示温度与放电率对电池放电容量的影响。满电的电池可在一段非常宽的温度范围内使用。这些数据见图 17.23 中的总结，图中绘出不同温度与放电率（C 率）条件下方形密封铅酸蓄电池的使用寿命。当然，应当从生产厂家获得特定电池的性能特征数据，因为这种特征会随着电池型号及设计的不同而不同。

密封方形铅酸蓄电池典型的自放电特性如图 17.24 所示。图 17.24（a）显示不同温度下，不同贮存时间对应不同的容量保持能力。图 17.24（b）显示不同温度下，对应容量下降到额定容量 50% 时所用时间。相比传统铅锑电池，它在贮存过程中损失容量非常少。其

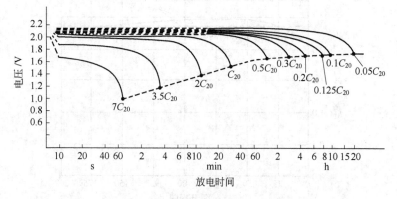

图 17.21　20℃以 20h 率的倍数放电时方形铅酸电池的放电曲线

(来源：Johnson Controls.)

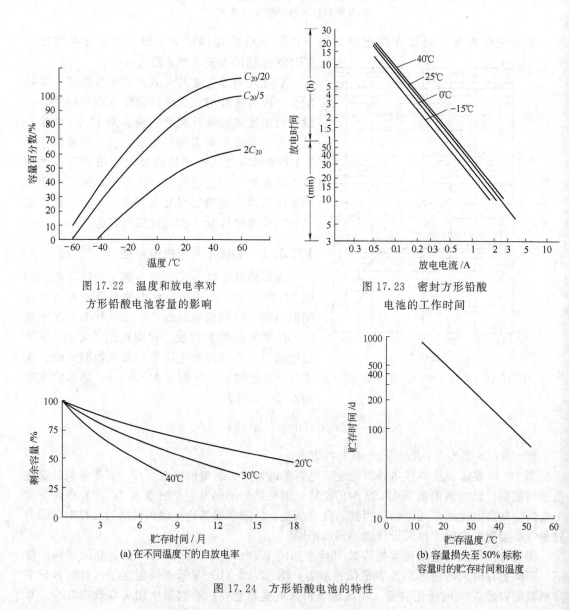

图 17.22　温度和放电率对
方形铅酸电池容量的影响

图 17.23　密封方形铅酸
电池的工作时间

(a) 在不同温度下的自放电率

(b) 容量损失至 50% 标称
容量时的贮存时间和温度

图 17.24　方形铅酸电池的特性

自放电率约为每月 4%。如果电池自放电至约 50% 荷电状态，为其再充电是恰当的。如图 17.25 所示剩余容量可通过测量开路电压估算。

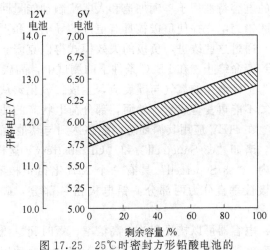

图 17.25　25℃时密封方形铅酸电池的开路电压与剩余容量的关系曲线

胶体铅酸电池浮充电使用时的寿命特性如图 17.26 所示。对于不同放电深度（DOD）的循环寿命特性如图 17.27 所示。电池的一个特性是容量在寿命使用的早期阶段升高并在10～30 次循环间达到最高值。当过充电时，电池容量依然增加，如放电不频繁的浮充电使用就是如此。铅酸电池也不会像密封镉/镍电池一样显示有"记忆效应"。镉/镍电池当短期使用后容量可能就被限制，以致无法在以后的使用中放出全容量。

下面是推荐的方形铅酸电池操作及贮存的温度范围：放电，－15～50℃；充电，0～40℃；贮存，－15～40℃。

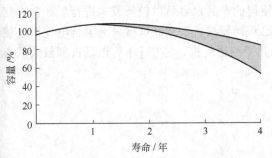

图 17.26　20℃时密封方形铅酸电池的使用性能
（浮充电压范围 2.25～2.3V/单体电池）

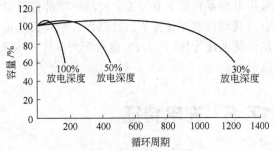

图 17.27　20℃时方形铅酸电池的循环寿命与放电深度的关系

17.4.3　高倍率部分荷电状态下循环使用的新型电池设计

在过去的 10 年中，出现了一些新的应用领域，其中 VRLA 电池频繁循环使用，但很少完全充放电。蓄电池部分荷电状态（PSoC）下的使用可满足很多应用需求，包括混合电动车（HEVs）的加速和刹车能量回收，光伏系统和风力发电机的能量贮存，非公路车如叉车的行驶。这些应用大都要求蓄电池能够接受高倍率充电，同时能够高倍率放电。

在传统应用中，铅酸电池的正极通常首先失效，但是在部分荷电状态高倍率循环条件下，平衡充电的缺少或缺失导致负极钝化。负极板上的硫酸铅晶体逐渐长大，增加电池内阻，降低功率输出能力和充电接受能力。

制造方面的差异和单体电池温度的细微差别导致单体电池荷电状态的离散。当电池不能经常适度地过充电，电池组内单体电池的电压就不能被平衡。电池组中单体电池数量越多，电池组性能和寿命下降就越严重。

最近的研究表明，在混合电动车部分荷电状态的应用条件下，往 VRLA 电池负极板中添加更多的碳粉和/或石墨可以极大改善电池使用寿命。碳材料起到几种作用，包括提供额外的电容特性用于车辆加速和大电流制动能量回收时贮存能量。其他可能的作用包括有利于硫酸铅充电,并使负极板具有更好的导电性和更高孔隙率。

通过这些改进,负极的失效模式得以克服。蓄电池可以使用更长时间直至新的失效模式导致寿命终止。在 PSoC 条件下的测试中,高碳蓄电池倾向于失水导致的失效。这种干涸会因为正极产生的氧气与碳反应,生成二氧化碳从电池中析出的过程而加速。这种机理损失的氧气不能再复合成水。然而,部分荷电状态的使用模式使失水过程降至最低,因此,VRLA 电池在 HEV 应用其循环寿命能够达到与其他电池体系相匹敌的水平。

诸如 "e3 Supercell" 和 "Ultrabattery" 这样的产品都是将蓄电池和电容器结合在一壳体内。"e3 Supercell" 具有一个二氧化铅正极和一个活性炭负极。在 "Ultrabattery" 中,负极被垂直分为两部分:铅电极占一部分,碳双电层电容器电极占一部分[11~13](见第 16 章)。

电容器可以接受和放出高倍率、短时间电流,用于混合电动车的加速和制动能量回收。铅酸电池可以提供更多的能量用于巡航和驱动用电设备。电池寿命可以延长而不受大电流影响。蓄电池与电容器外并联组合使用也可以达到同样的效果,但蓄电池和电容器的内并联使用更加紧凑,且无需太多的电子控制。

在 ALABC 资助的一项测试中,装载了具有铅/碳组合负极的超级蓄电池的本田 Insight 混合电动车,在伦敦通用 Millbrook 试验场进行的公路测试中取得了 100000 英里的成绩。采用电容器和铅蓄电池工业使用的零部件可以使得此产品很容易以较低成本进行生产。古河公司获得授权并开发了制造流程。东宾公司也已获得授权。该产品价格只有混合电动车上使用镍蓄电池价格的 70%。这种新产品将在未来几年创造商机,将在 HEV 市场占领较大的市场份额。

17.5　充电特征

17.5.1　一般考虑[14]

与其他二次电池体系的充电相同,给 VRLA 电池充电也是恢复放电过程中消耗能量的过程。由于这个过程效率不够高,有必要使充入电量超过放电过程放出电量的 100%。充电过程中充入的电量依赖于放电深度、补充电方式、充电时间和温度[15]。在高温条件下,充电电压和电流应该根据电池温度进行控制[14]。在铅酸蓄电池过充电过程中伴随气体的产生和正极极板栅的腐蚀。传统富液式铅酸蓄电池中产生的气体从系统中逸出导致失水,这些水在维护过程中被补充进来。而 VRLA 电池使用气体再化合原理,即在正常的过充电过程中产生的氧气在负极板上减少,从而消除氧气的逸出。此外,通过使用无锑板栅也明显降低氢气的产生量。通过使用纯铅或特殊合金制造板栅降低正极板栅的腐蚀速率。同时,通过改变活性物质配方使正极板栅腐蚀降到最小。

充电可以用许多方法完成。恒电压充电是铅酸电池充电的传统方法,也适用于 VRLA 电池。此外,也可以使用恒流充电、渐减电流充电和其他充电方法。

当正极腐蚀速度与负极自放电速度不一致时,VRLA 电池在浮充电与循环过程中将变得不平衡。一种补救方法[16]是在出气孔口上安装催化栓,使氢气与氧气再化合达到平衡。

17.5.2　恒压充电

VRLA 电池最快最有效的充电方法是恒电压充电。图 17.28 所示是一只放出 100% 容量的电池在不同充电电压下的充电时间。为了能够在给定电压条件下满足此时间需要，充电器必须至少达到 $2C$ 倍率的电流。如果使用的恒压充电器达不到 $2C$ 倍率的充电能力，可以将最大电流充电时间加入到总充电时间；即如果充电器被限制为 $C/10$，则 10h 应被加在充电的电压-时间关系上；如果充电器被限制为 $C/5$，则 5h 应被加上，以此类推。电池的充电特性没有最大电流的限制。

图 17.29 所示是以最大电流为 2A、1A 和 0.3A 的充电器对 2.5A·h 的电池以 2.45V 的恒电压充电时电流对时间的曲线。如图所示，这三种充电方式唯一的不同就是需要充电的时间不同。

图 17.30（a）所示是一只以 $C/2.5$ 的倍率放到 80%DOD 的电池在 2.35V 恒压时充电倍率相对时间和前次放电的回充百分率相对时间的曲线。对前次放电的电池进行

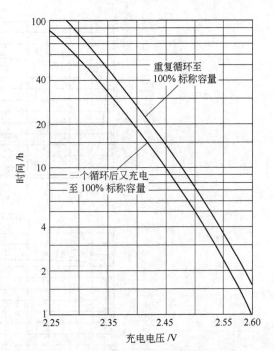

图 17.28　25℃时充电电压与充电时间的关系

100%再充电所必须的时间是 1.5h，所使用的充电器可输出的电流范围为 4C，输出的电压精度 0.1%。最初的大电流涌入引起电池发热，而这提高了充电接受能力。如果电池放电深度更大，回充容量达到 100%的时间就会增加。电流随时间呈指数形式减小，充电 3h，电流已减少到一个很低的水平。而在 2.35V，电池将接受任何有必要维持容量的电流。

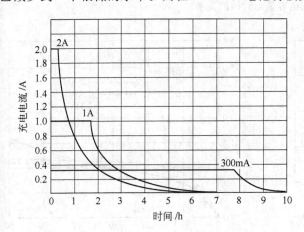

图 17.29　2.45V 恒电压下用不同电流
充电时充电电流与充电时间的关系曲线
（2.5A·h 电池，$C/10$ 倍率）

图 17.30（b）与图 17.30（a）相似，所不同的是在 2.50V 的恒压条件下充电。在前次放电中被放出的所有容量在 0.5h 时间内得到恢复。

17.5.3　快速充电

快速充电被定义为一种在少于 4h 的时间内使电池恢复到全容量的充电方法。然而，许多情况下要求 1h 或更短时间。

与传统富液式铅酸蓄电池不同，VRLA 设计是一种利用具有高度电解质保持能力的隔膜把大量电解质吸入其中而形成的贫电解质系统，然后在极板中形成均匀的气相传输通道。传统铅酸电池内部析气的问题在此系统中不明显，因为过充电时产生的氧气能够在 VRLA 电池中得到复合。在一些 VRLA 电池中采用的薄极板形成巨大的表面积将电流密度降低到与普通铅酸电池在快充时相比非常低的水平，因此提高快速充电能力。

图 17.31 所示是 VRLA 电池在三种不同电压下 1h 充电率或充电电流图。充电器的充电

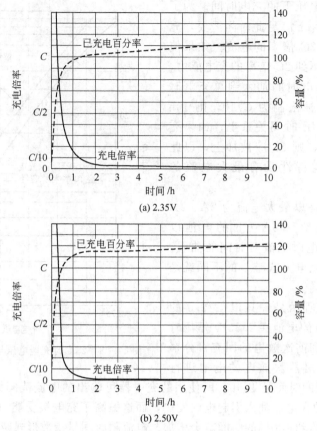

图17.30 25℃以恒电压充电时充电
倍率和充电容量与时间的关系

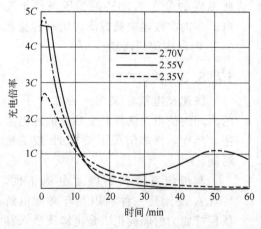

图17.31 在三种充电电压下的
充电倍率和充电时间的关系

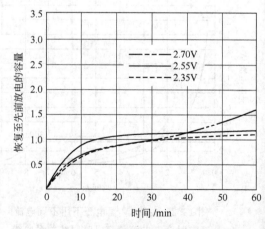

图17.32 在三种充电电压下的
充电效率和充电时间的关系

能力高于5C的充电速率。在充电初期电池有很高的充电接受能力：事实上，在2.55V/单体的充电条件下，单体在前3～4min时接受充电器输出的全部电流。在2.7V/单体的充电条件下，在30min后开始产生相当大量的过充电，这会引起内部过热和随之发生的充电电流的增加。

图 17.32 是一组经过规范化处理的三种不同电压充电时的充电效率与以分钟表示的充电时间的关系曲线。此图效率值通过用前次放电容量除充电容量来计算。当以 2.55V 充电时，前面循环中放出的 100% 容量在 15min 内便恢复过来。而当以 2.7V 充电时，充电 60min，已经过充电 60%。

图 17.33 所示是三种充电电压下以分钟表示的放电时间与循环次数关系曲线。同时显示出了电池在 2.5V 的恒压条件下充电 16h 然后以 1C 放电的循环放电参考曲线。这一曲线是为了说明电池在 1C 条件下的预

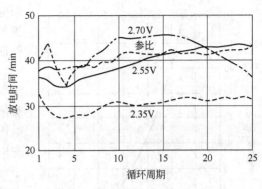

图 17.33　在三种充电电压下的
循环周期对放电时间的影响

期容量。从这些数据可以看出 2.55V/单体充电的曲线与参考曲线最接近。而在 2.7V/单体的电压下充电，电池过充电太严重，甚至其容量在 15 次循环后就开始下降。而在 2.25V/单体条件下充电的电池得到参考值近 75% 的容量并以此水平继续循环。

这些数据显示薄极板的 VRLA 电池可在不到 1h 内快速充电到 100% 的额定容量，目前以设计为 2.50V/单体到 2.55V 单体充电而且能够达到 3C～4C 的充电器最理想。应该被指出的是，如同讨论的一样，长时间的 2.7V/单体的恒电压充电方法将损坏电池。

17.5.4　浮充电

当 VRLA 电池在作为备用电源应用时采用浮电充电，恒压充电器的电压维持在 2.2V/单体到 2.3V/单体之间时，电池寿命最长。由于过高的电压会加速板栅腐蚀，所以不提倡在高于 2.4V/单体条件下连续充电。图 17.34 所示是一只电池在 25℃ 和 65℃ 条件下浮充电时可达到的近似电压值，以及如果一只电池被长时间充电而处于一种过充电平衡状态时能够接受的充电率。同时，这些曲线可以用来确定维持电池浮充寿命的连续恒流充电（涓流充电）条件下的电压近似值。例如，如果一只电池在 0.001C 率下涓流充电，在 25℃ 条件下每个单体的平均过充电电压为 2.35V。相反，如果一个单体的连续恒压充电为 2.35V，其过充电率将为 0.001C。

高温加速了缩短电池寿命的反应。当温度升高时，由于电池内部反应速率的加快，在固定时间内恢复容量所需的电压会下降。为了延长寿命，当气温与 25℃ 相差较大时，需要用一个单体-2.5mV/℃ 的负充电温度系数校正充电电压。图 17.35 显示在 25℃ 条件下的浮充电压为 2.35V 的密封电池在不同温度下被推荐的充电电压。由曲线可以明显看出，在

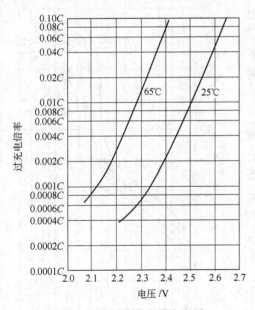

图 17.34　过充电电流和电压

极低的温度条件下，需要比-2.5mV/℃ 更大的温度系数才能够使电池完全回充。图 17.35 显示循环条件下的补偿电压。当电池温度不同时，电压补偿可使充电电流与 25℃ 时相近。

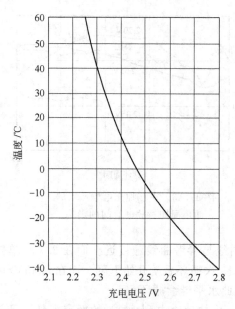

图 17.35 不同温度（温度补偿）
下的推荐充电电压

当电池温度很高时，充电电压温度补偿阻止热失控的发生；而当电池温度很低时，温度补偿能够保证电池充足电。

当涓流充电时，在更高温度下增加充电率对维持适当的浮充电压很有必要。由图 17.34 可以看出在 25℃ 下以 $0.001C$ 率涓流充电，其浮充电压将为 2.34V。然而，在 65℃ 温度下，同样的充电率其浮充电压的近似值为 2.12V，此值低于电池的开路电压。因此，65℃ 温度下涓流充电电流需要被提高到接近 $0.01C$ 率来维持适当的浮充电压。

17.5.5 恒电流充电

恒电流充电是另一种对 VRLA 电池高效充电的方法。恒电流充电通过恒电流源的应用来实现。当几个单体串联充电时，此充电方法极其有效，由于它趋向于消除电池组中电池间的不平衡。恒流充电可对电池内每个单体进行均衡充电，这是因为它不受电池组内每个单体电池充电电压的影响。图 17.36 所示是一组不同电流下，恒流充电电压相对前次放电回充百分数的曲线。如这些曲线所示，不同充电率下临近满充电状态时电压急剧上升。这种电压上升是由极板趋向于过充电状态而造成，这时板栅上的活性物质硫酸铅已经在负极被转化为铅；而在正极则转化为二氧化铅。当电池以更高充电率充电时电压将从更低的充电状态开始上升。这是由于充电电流更大时充电效率下降。由于电池中在过充电时产生气体的复合反应的影响，图 17.36 所示的这些电压曲线与普通铅酸蓄电池有些不同。VRLA 电池能够复合高达 $C/3$ 率恒电流过充电时产生的氧气。在更高充电率下过充电，气体产生的速率将超过复合速率。

虽然恒电流充电是一种有效方法，若电池被完全充满电后仍然在高于 $C/500$ 率下继续充电，则对电池有害。低充电率（$C/10 \sim C/20$）充电条件下，在接近充满电时电压的快速升高是恒流充电终止或降低充电率的很好指示。如果电流降到 $C/500$，则电池在 25℃ 条件下，可以被继续充电而具有 8～10 年的寿命。图 17.37 所示是 25℃ 条件下以 $C/15$ 率连续充电时电压相对时间的曲线。该电池充电之前以 $C/5$ 率做 100% 深度放电。该曲线表明当电压开始上升时，电池还未满电，必须继续充电。如果一只电池在高于室温环境下恒电流充电，那么温度补偿必须成为电压变化的组成部分。如 17.5.4 节所解释，在更高温度和一定

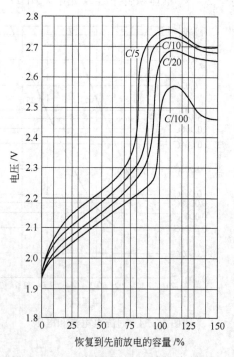

图 17.36 在 25℃ 以不同恒电流
充电时电池的电压曲线

的充电率下过充电时电池电压被降低。因
此，在接近充满时，电压上升的程度将会
略有下降。

17.5.6　渐减电流充电

尽管渐减电流充电器是最经济的充电
方式之一，但由于缺乏对电压的控制，使
得电池的循环寿命遭到损害。VRLA 电
池能够经受住充电电压的变化，但关于使
用渐减电流充电器仍然有一些注意事项。
渐减电流充电器是由用于降低电压的变压
器和由交流电转换为直流电的半波或全波

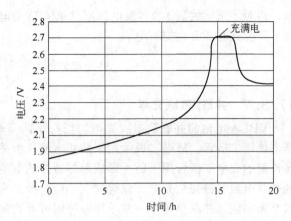

图 17.37　在 25℃以 $C/15$ 恒电流充电

整流器组成的。输出特性是这样的：充电
时随着电池电压上升充电电流会下降。这种结果通过选用合适的导线尺寸和适当的绕线比实
现。基本上，从初级线圈到次级线圈的绕线比决定无负荷时的输出电压，而次级线圈粗细决
定给定电压下的电流。实际上这个变压器是恒电压的变压器，其输出电压调制完全取决于交
流线电压调控。由于这个电压调控规律，输入电压上的任何变化都将直接影响充电器输出。
依赖于充电器设计，由输出到输入的电压比可能高于正比值。例如，10%线电压变化可形成
13%的输出电压变化。

当考虑到渐减电流充电器使用半波整流器比全波整流器经济时，应该注意到：与全波整
流器比，半波整流器能提供高 50%的最高平均电压比值。因此，在额定充电电压下，半波
充电器由于更高的最高电压会降低电池总寿命。直流波动会最终引起活性物质与板栅退化，
最终导致电池的性能衰降。交流波动在早期电池失效中成为可能的重要因素，特别是在浮充
电和不间断电源系统中更是如此。电池的反复充放电导致的热量产生与腐蚀会缩短电池
寿命。

有几种充电参数必须满足。人们关心的主要参数是在循环使用电池容量中恢复到 100%
正常容量所需的充电时间。最初此参数被定义为电压在 2.20V 和 2.50V 时电池能达到的充
电率。在 $C/10 \sim C/20$ 的常规充电率下恢复到 50%容量的电池充电电压是 2.20V/单体；
2.50V/单体的电压则显示电池已经过充电。在 2.2V 时的充电率，渐减电流充电器的再充电

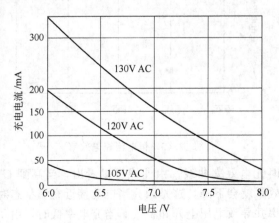

图 17.38　三单体 2.5A·h 圆柱形 VRLA
电池用渐变电流充电器特征

时间通过如下公式确定：

$$再充电时间 = \frac{1.21 \times 上次放出的容量}{2.2V \ 时的充电率}$$

推荐的充电方法是：如果充电器被连
接更长时间，按照 2.5V 时的倍率充电，
最快 $C/50$ 到最慢 $C/100$ 之间充电，可以
确保电池在常规倍率下再充电且不会导致
其严重过充电。

图 17.38 是对于典型的 2.5A·h 电池
用渐减电流充电器充电的一套输出电压相
对电流的曲线。这三条曲线显示输入交流
电压在 $105 \sim 130$V 之间变化时输出的变
化。这只以 120V 交流电输入的特殊充电

器，将对一组被放到100％放电深度三单体D型电池的电池组（额定容量为2.5A·h），按照下列公式在30h内充好电：

$$再充电时间 = \frac{1.2 \times 2.5}{0.100A} = 30h$$

17.5.7 并联/串联充电

VRLA电池能并联放电或充电。当高于四只电池被并联使用时，建议在充电与放电回路中使用二极管。放电二极管用来防止电池向因并联而形成的单体短路电池组放电。与保险丝连接的充电二极管用于防止形成单体短路的电池组接受充电器的所有电流，并因此防止其他并联电池组被完全充电。保险丝大小应由最大充电电流除并联电池组数，然后再将该数乘以2来确定。并联单体中一只单体短路则可导致保险丝工作。

当浮充电串联多个单体时，例如12个或更多，与浮充电的充电器并联一个最高$C/500$率涓流充电器是有好处的。此涓流充电器通过进行连续的涓流充电来平衡电池内所有单体。

17.5.8 充电电流效率

充电电流效率是电流的比率，实际上这个比率就是将活性物质由硫酸铅转化为铅和二氧化铅时的电量与充电过程中向电池充入的总电量的比值。充电之外的电流在电池内部的腐蚀与析气等副反应中被消耗。

VRLA电池的充电效率很高。极板表面积与安时容量明显高的比值使其能够拥有更高的充电率从而产生更有效率的充电。

充电电流效率与荷电态直接相关。直到电池满荷电之前电池的充电效率都很高，接近充满时开始发生过充电反应且充电效率降低。显然，超过完全充电状态后充电效率跌至零。

图17.39所示的是在不同恒压状态下充电电流效率相对电压的一条曲线。随电压上升，由于副反应电流的产生，充电效率会下降。当电压低于常见的$2.15 \sim 2.18V$的开路电压时，充电效率明显下降，因为此充电电压不足以维持充电反应。

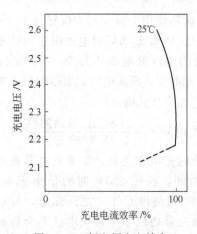

图17.39 恒电压充电效率

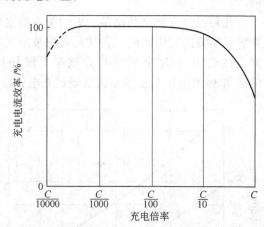

图17.40 恒电流充电效率

图17.40是在不同充电率下恒电流充电时充电效率曲线。由曲线可以看出，当高到$C/10$率时效率接近100％。在更高的充电率下效率就会下降，这是因为当电池接近充满状态时极板表面被完全充电。这能提高充电反应速率并导致电压上升和析气。当充电率低时，由于充电电流与副反应电流相当且电池电压接近开路电压，所以充电会效率下降。

图17.41所示是在不同温度与充电率下充电过程的充电接受能力。

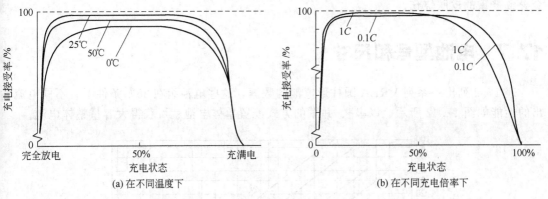

图 17.41　密封铅酸电池充电接受率

17.6　安全与操作

应该认识与 VRLA 电池使用有关的两种基本注意事项，以确保其使用安全与防止析气和短路。

17.6.1　析气

铅酸电池在充电与过充电过程中内部产生氢气与氧气。在传统的铅酸电池中气体以爆炸性气体比例从电池中排出，因此不允许在密闭空间积聚。此密闭空间内如果引入火花，就会发生爆炸。

VRLA 电池在推荐的充电率进行充电和过充电过程中产生的氧气将在 VRLA 电池中 100％被复合，因此没有氧气释放。在正常使用中，会有一些氢气甚至一些二氧化碳释放出来。氢气析出对每个循环确保内部化学平衡而言很必要。VRLA 电池的铅极板结构使氢气产生量最小化。二氧化碳是由于电池内部的有机化合物氧化而形成。

VRLA 电池在推荐的充电率下充电与过充电时，正常情况下会有少量析出气体迅速消散到空气中。氢气很难存放在除金属或玻璃容器以外的其他容器内，因为它能够以相对快的速度渗透塑料容器。由于气体的特性和难于贮存，多数情况下都允许气体释放到空气中。所以，如果 VRLA 电池在封闭的容器中使用，一定要做好防范措施以使产生的气体能释放到空气中。如果氢气聚集并与 4％～79％（在标准温度和标准压力下的体积分数）浓度的大气混合，便会形成爆炸性的混合气体。这种混合气体在遇到火花或火源时便会被点燃。

另一种需要考虑的因素是充电器潜在的失效可能性。如果充电器出故障而引起充电率高于推荐值，一定量氧气和氢气将会从电池中释放出来。这些气体混合物是爆炸性且不能使其聚集，因此要求充分通风，所以 VRLA 电池不应该在不通风的容器中使用。电池不应该完全密封，因为这样阻碍电池正常的通风和气体的正常排放。更进一步，会在密闭容器产生相当大的气压。这种情况在贮存期间是由于二氧化碳气体的不断产生而造成的，充电期间氢气的析出会进一步增大气体压力。

17.6.2　短路

这些电池的内阻很低，如果电池外短路，就会大电流放电。其结果是产生的热量可能导致严重烧伤，而且这也是一种潜在的火灾危险。因此，在电池附近工作的任何人员，在戴金属手镯或表链工作时对此都应该引起足够重视。大意操作将金属物品或工具置于极柱间可能会导致严重的皮肤烧伤。

17.7 电池型号和尺寸

表17.2列出一系列 VRLA 圆柱形电池的数据，这些电池组在25℃条件下，不同电流输出的性能如图17.42所示。以串联/并联的方式配置单体电池就可获得大容量整体电池。

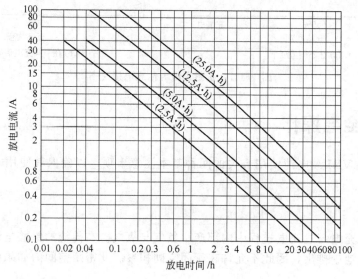

图17.42 在25℃四种圆柱形 VRLA 电池的放电时间

表17.3和表17.4列出一些已生产的典型 VRLA 方形铅酸电池的数据。其他生产商的产品信息可通过登陆相关网站获得。按照字母顺序，这些基本厂家包括：C&D Technologies，East Penn-Deka，EnerSys，Exide，HBL（印度），Northstar，Panasonic，Power Battery 和 Yuasa。不像其他类型的铅酸蓄电池，这里没有提供标准化的尺寸列表。因此，不同生产商生产的电池在尺寸、质量和额定容量等方面都各不相同。

表17.3 典型电信用 VRLA 电池

项目	NSB40	NSB70	NSB75	NSB90	NSB125
高	176mm	176mm	200mm	213mm	275mm
	6.93in	6.93in	7.87in	8.39in	10.81in
长	197mm	331mm	261mm	341mm	345mm
	7.76in	13.02in	10.27in	13.42in	13.57in
宽	165mm	165mm	173mm	173mm	173mm
	6.50in	6.50in	6.80in	6.80in	6.80in
质量	16.0kg	27.3kg	27.3kg	37.8kg	54.0kg
	35.3lb	60.0lb	60.0lb	83.1lb	119lb
端子	M6×1.25	M6×1.25	M6×1.25	M6×1.25	M6×1.25
10h率容量/A·h	40	66	69	96	129
内阻(1kHz)/mΩ	4.5	2.7	2.6	2.0	2.0
电导(25℃/77℉)/S	1052	1589	1398	1806	2103
短路电流/A	2000	3200	3200	4300	5000

注：来源于 Northstar Battery Company。

表 17.4　典型的纯铅锡 VRLA 电池参数

产品（容量）	满荷电时的内阻（25℃）/mΩ	荷电电池标称短路电流	尺　寸			质量/lb（kg）
			长/in(mm)	宽/in(mm)	高/in(mm)	
G13EP	8.5	1.400A	6.910	3.282	5.113	10.8
(13A·h)			(175.51)	(83.36)	(129.87)	(4.9)
G13EPX	8.5	1.400A	6.998	3.368	5.165	12.0
(13A·h)			(177.75)	(85.55)	(131.19)	(5.4)
G16EP	7.5	1.600A	7.150	3.005	6.605	35.5
(16A·h)			(181.61)	(76.33)	(167.77)	(6.1)
G16EPX	7.5	1.600A	7.267	3.107	6.666	14.7
(16A·h)			(184.58)	(78.92)	(169.32)	(6.7)
G26EP	5.0	2.400A	6.565	6.920	4.957	22.3
(26A·h)			(166.75)	(175.77)	(125.91)	(10.1)
G26EPX	5.0	2.400A	6.636	7.049	5.040	23.8
(26A·h)			(168.55)	(179.04)	(128.02)	(10.8)
G42EP	4.5	2.600A	7.775	6.525	6.715	32.9
(42A·h)			(197.49)	(165.74)	(170.56)	(14.9)
G42EPX	4.5	2.600A	7.866	6.659	6.803	35.1
(42A·h)			(199.80)	(169.14)	(172.80)	(15.9)
G70EP	3.5	3.500A	13.020	6.620	6.930	53.5
(70A·h)			(330.71)	(168.15)	(176.02)	(24.3)
G70EPX	3.5	3.500A	13.020	6.620	6.930	56.0
(70A·h)			(330.71)	(168.15)	(176.02)	(25.4)

注：来源于 Enersys Energy Products，Inc.。

在电信领域，有许多适用的国家和国际标准，包括：

① IEC 6096-21/22　固定阀控铅酸蓄电池全球标准（2003）；

② Telecordia SR-4228（Bellcore TR-NWT-000766）　基于安全和性能要求的 VRLA 蓄电池组认证；

③ Bellcore GR-63-Core　兼容性测试程序；

④ DOT 49CFR 173.159（d）、（ⅰ）、（ⅱ）及美国安全航运规定；

⑤ UL 认定阻燃性、UL V-0 以及适当排气的要求；

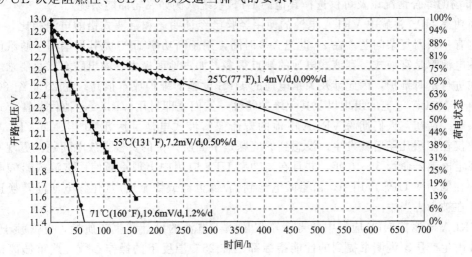

图 17.43　温度在三种不同水平对 OCV 和 SOC 影响

（来源：Northstar Battery，Co.）

⑥ 欧洲电池 20℃设计寿命超过 15 年的要求；

⑦ 英国标准 BS 6920：第四部分及固定型阀控铅酸蓄电池和蓄电池组分类规范；

⑧ Detsche Telekom TL 4423-06。

上述产品以及其他制造商的类似产品都是经特别设计，适用于各种室内或室外基站，具有阻燃壳体和壳盖，可以除倒置（不建议采用）之外任意位置安装。温度对开路电压（OCV）和荷电状态（SOC）的影响如图 17.43，图中给出三个水平的温度/OCV 衰减速率曲线。

17.8　VRLA 电池应用于不间断供电电源

VRLA 电池的主要用途是备用电源，从低功率（一般低于 5kV·A）的应用如应急灯、个人电脑或工作站的不间断电源（UPS）等到电信设备上用的高功率 UPS。连续供应电源在一些领域是很关键的，如银行、股市交易所、医院和航空运输控制中心等。这些场所内短暂的停电会造成重要数据丢失乃至危害安全和健康。低功率 UPS 系统一般用于断电时提供充足的电量和充分的时间使设备能够安全关闭。在高功率应用中，一般要求 UPS 能在发电机被接入电路前供电。

一般 UPS 系统采用如下三种基本设计之一：备用或离线；在线；交互式混合。在大多数 UPS 系统中，交流电被输入到充电器/整流器中以输出直流电为电池浮充电。电池输出端与逆变器相连，对电池输出的直流电进行转换并/或与充电器/整流器相连转换成需要的交流电来运转负载。在离线模式的 UPS 系统中，只是当常规交流电消失时电池与逆变器才会起作用。而在线 UPS 系统中，电池和逆变器都在回路中。当交流电消失时，电池已经向逆变器供电而不会出现电压突降，与电压可能消失的离线情况相反；典型的情况是电池在逆变器/电池共用系统被转换使用之前几毫秒时启动供电。在线 UPS 系统的使用同时消除电压波动，在电路中，电池/变极器是一个能够连续起作用的元件（见 16.9.6 节）。互交式混合线路 UPS 系统利用自动电压调节器和特殊复压器消除任何过低或过高电压。这样，当输入的交流电源断开时，使转换到完全利用电池供电的转换过程简化。参考文献 [18] 中，给出 UPS 市场的综合情况以及可供选择其他的 UPS 系统（例如飞轮储能系统）。

高功率 UPS 领域中 VRLA 电池的使用经验已经证明，和富液式铅酸电池相比，VRLA 电池也有一系列复杂问题。在 20 世纪大多时间，用于高功率 UPS 尤其那些用于通讯设备上的铅酸电池都是富液式。富液式电池的缺点很多，如占地面极大、溢出酸雾以及要求以加水的方式进行定时维护，因此涉及大量电池的 UPS 设施的维护成本很高。在 20 世纪 80 年代中期由于 VRLA 电池的出现以及其免维护特性，人们立即对用 VRLA 电池代替富液式电池产生兴趣。最初，人们期盼 VRLA 电池的寿命像富液式电池可达近 20 年。而 VRLA 电池的失效仅在使用几年后就发生。没想到的问题是下面所讨论的负极自放电问题：更现实的要求是规定电池寿命为 5~10 年，并且在高功率 UPS 应用中出现重新使用富液式铅酸电池的趋势。在低功率 UPS 应用中，由铅酸电池到镉/镍电池或镍金属/氢化物电池的转换正在产生或正在被考虑当中。

VRLA 电池在 UPS 应用中的寿命不仅依赖于电池的设计和生产质量，更依赖于使用。大多数由生产厂家说明书提到的性能指标都是在 25℃温度下的操作参数。严重偏离这一温度，无论偏高或偏低都能导致性能下降，尤其是对于那些没有 VRLA 电池操作使用常识的用户更是如此。例如，VRLA 电池最佳的充电制度就非常依赖于温度，在更高或更低温度下使用必须对充电制度进行修正（见 16.5.4 节）。在恒温环境下性能很好的 VRLA 电池，将其用在多变的气候条件下的室外通信系统中性能可能就很差，甚至可能爆炸或着火。

然而，人们正在进行大量研究以提高 VRLA 电池性能，克服其不足。这些缺点一般与 VRLA 电池的氧复合特性有关：问题之一是负极自放电，即使按生产厂家说明书规定的条件操作也会出现这一问题。负极的自放电会导致严重的负极荷电状态降低和严重的容量降低。在富液式电池中，有充足浮充电的电流使负极板充满电。在 VRLA 电池中并不一定如此。至少有三种途径来改善这种现象：方法之一是提高负极纯度，有杂质往往降低析氢过电位；方法之二是提高正极板栅腐蚀速率，然而这种方法对于长寿命电池而言不可取；方法之三是添加催化剂以促进氢气与氧气的复合[19]。这种催化方法可以抵消不纯活性物质以及空气漏入电池的不利后果。某些催化剂的加入可能增加负极极化现象，因而降低正极极化，这样能够依次降低正极板栅的腐蚀。某种更高纯度负极和某种催化剂的组合对于负极极化而言更适合，但净化问题却因使用回收铅趋势被复杂化，这就需要进一步提高提炼工艺。一家公司正在生产新型电池或特殊情况下使用的催化装置，对已经在使用中的电池进行改进。

通过控制充电电流来控制电池温度，是减少在高温环境下 VRLA 电池出现问题的好方法。在有些情况下，可以直接控制充电电流。但电信系统控制的是充电电压。当温度升高时，必须降低浮充电的电压，进而控制充电电流[14]。

表 17.5（a）、（b）、（c）所列是两种 VRLA 电池的数据。这些电池使用铅钙锡合金正板栅和铅钙合金负板栅，装有可以在 2psi 下开启的安全阀。其他厂商同样也采用铅钙合金板栅。在 25℃温度下，电池的单体浮充电电压在 2.23～2.35V 之间。

表 17.5(a)　方形 VRLA 单体电池在 25℃ 时的特性

电压	容量/A·h	高/mm	宽/mm	长/mm	质量/kg	最大电流[①]
2V/单体	500($C/8$) 346($C/2$)	386	182	228	32	1000
2V/单体	1440($C/8$) 968($C/2$)	580	328	183	88	2880

① 1min 内的最大电流。

注：来源于松下网址 www.panasonic.com。

表 17.5(b)　在 25℃ 时表 17.5（a）中电池的自放电数据

贮存时间	3 个月	6 个月	12 个月	18 个月
初容量/%	91	82	64	50

表 17.5(c)　1440A·h 电池的放电率（终止电压）　　单位：A

时间/h	20	10	8	4	1
1.60	76	151	187	319	894
1.75	72	143	180	300	731
1.90	64	128	151	259	540

一只 6 单体 12V、25A·h（$C/8$ 率到 10.5V）的 VRLA 电池放电率数据见表 17.6。该电池的尺寸是：高 181mm；宽 132mm；长 194mm；质量为 10kg。

一只由 Enersys 公司生产的型号为 ♯4DDV85-33 的 8V 电池，质量为 427kg，容量为 1360A·h 电池组的放电率数据见表 17.7 所列。

上面的数据是从 UPS 应用市场上随意抽样的电池测试的，且这些数据被认为在 UPS 应用市场有典型的代表性。

表 17.6　6 单体 25A·h 电池放电率（终止电压）　　　　单位：A

时间	20h	10h	30min	10min	1min
1.75V	1.4	2.6	28.4	57.2	113.1
1.90V	1.2	2.2	22.4	39.8	57.9

注：来源于 C&D Technologies 网站 www.cdtechno.com。

表 17.7　8V、1360A·h 电池的放电倍率（终止电压）　　　　单位：A

时间	24h	10h	1h	15min	1min
1.75V/单体	61	145	672	1248	1472

注：来源于 Enersys Inc.。

17.9　阀控铅酸蓄电池目前的研究进展和未来机遇

VRLA 电池在放电率性能、循环寿命方面的显著改善以及对维护需求的降低，使其有可能进入一些新的应用领域，最近研究包括采用改进的玻璃纤维隔板或玻璃纤维-聚合物混合隔板、采用碳电极与传统负极并联的具有高电容特性的电池（UltraBattery）、合金材料和结构改进以及充电接受能力的提高等。生产设备的高速自动化使得产品一致性得到提高，这样就允许多个模块串联形成高电压产品。这种设计和改进使得包括微混合电动车（见第 29章）和户外使用的叉车等应用获益。VRLA 单体电池以侧面紧贴排列的组合特性可以更好地利用地面空间，同时也可以减少室内应用的维护工作量。

参 考 文 献

1. S. Takahashi，K. Hirakawa，M. Morimitsu，Y. Yamagachi，and Y. Nakayama，"Development of a Long Life VRLA Battery for Load Leveling-2," *Yuasa-JIHO*，88：34-38，2000.

2. A. G. Cannone，A. J. Salkind，and F. A. Trumbore. *Proc. 13th Annual Battery Conf.* Long Beach，CA，Jan. 1998.

3. M. Pavlov，*Conference on Oxygen Cycle in Lead-Acid Batteries*，7th ELBC，Dublin，Ireland，September，2000.

4. D. Berndt，"Valve-Regulated Lead-Acid Battery" and "Lead-Acid Batteries," *Conference on Oxygen Cycle in Lead and Batteries*，7th ELBC，Dublin，Ireland，Sept. 2000.

5. P. Moseley， "Improving the Valve Regulated Lead-Acid Battery," *Proc. 1999 IBMA Conf.*，*Battery Man*，p. 16-29，Feb. 2000.

6. W. W. McGill Ⅲ，"Gel vs. VRLA Lift Truck Batteries," *Battery Man*，Feb. 2000，p. 34-36.

7. D. H. McClelland et al.，U. S. Patent 3，704，173 and U. S. Patent 3，862，861.

8. S. S. Misra and T. M. Noveske，U. S. Patent 4，889，778，Dec. 26，1989.

9. Z. Tang et al.，*J. Appl. Electrochem.*，37：1163-1169，2007.

10. K. R. Bullock，*J. Electrochem. Soc.*，142：1726-1731，1995.

11. M. Weighall，*BEST* Magazine，Spring：67-75（2008）.

12. K. R. Bullock and D. H. McClelland， "The Kinetics of the Self-Discharge Reaction in a Sealed Lead-Acid Cell." *J. Electrochem. Soc.*，123：327，1976.

13. R. Putnam，*BEST* Magazine，Spring：47-52（2008）.

14. R. O. Hammel，"Charging Sealed Lead Acid Batteries," *Proc. 27th Annual Power Sources Symp*，1976.

15. K. R. Bullock，D. Fent，and P Ng，*Proc. 17th International Telecommunications Energy Conference*，pp. 8-13. （1995），IEEE 0-7803-2750-0/95.

16. W. Jones and D. O. Feder，*Batteries International*，pp. 77-83（1997）.

17. R. O. Hammel，"Fast Charging Sealed Lead Acid Batteries," extended abstracts，pp. 34-36，*Electrochem. Soc. Meeting*，Las Vegas，NV，1976.

18. J. Plante，*Power* 2000，pp. 30-94，Supplement to *EE Times*（2000）.

19. E. Jones，INTELEC 2000，paper 23. 3；IEEE 10. 1109/INTLEC. 2000. 884288.

第18章

铁电极电池

Gary A. Bayles

18.1 概述

19世纪末20世纪初，欧洲人Junger和美国人爱迪生发明了铁/氧化镍电池[1]（或简称为铁/镍电池），这是一种以铁电极作为负极的蓄电池。现在，铁电极电池的结构与当初相比变化不大，但开发了一些新型结构的电池。这些新型结构提高电池的高倍率性能，降低生产成本。如今，铁/氧化镍电池是最常见采用铁电极的蓄电池。此外，还有可用于某些特殊领域的铁/银电池，可用于动力电源的铁/空气电池。表18.1和表18.2概括了铁电极电池的特性。

表18.1 铁电极电池体系

体 系	用 途	优 点	缺 点
铁/氧化镍（管式）	搬运车、地下采矿车、矿灯、铁路车辆和信号系统、应急照明	结构强度极好 放电态下搁置无损害 循环寿命和搁置寿命长 能承受过充、过放、短路等滥用	自放电率大 充放电时析氢 比功率低 体积比能量低于其他竞争体系 低温性能差，高温会造成损害 成本高于铅酸电池 单体电池电压低
铁/空气	动力电源	体积比能量高 原材料易得 自放电率小	效率低 充电时析氢 低温性能差 单体电池电压低
铁/氧化银	电子设备	体积比能量高 循环寿命长	成本高 充电时析氢

按照爱迪生的设计，铁/氧化镍电池可以说是"坚不可摧"。其结构的机械强度非常高，能承受过充、过放、放电状态下长期搁置、短路等电性能滥用。铁/氧化镍电池最适合于要求电池在反复深度放电的情况下仍具有长循环寿命的应用（如牵引电源）以及要求寿命为

表 18.2　铁电极电池特性

体系	标称电压/V		质量比能量 /(W·h/kg)	体积比能量 /(W·h/L)	质量比功率 /(W/kg)	循环寿命 100%DOD
	开路	放电				
铁/氧化镍						
管式	1.4	1.2	30	60	25	4000
改进式	1.4	1.2	55	110	110	>1200
铁/空气	1.2	0.75	80		60	1000
铁/氧化银	1.48	1.1	105	160	—	>300

10～20 年的备用电源。铁/氧化镍电池的缺点是比功率低，低温及荷电保持能力差，搁置时会有气体析出。除某些应用，如电动车和移动式工业设备外，对于绝大部分应用，铁/氧化镍电池的成本高于铅酸电池，低于镉/镍电池。

最近，人们尝试将铁电极用于电池正极，并已进行测试。实验中，铁电极分别与锌及金属氢化物电极进行组配。结果表明，由于铁的价态高——Fe(VI)，铁正极有望用于便携式原电池和蓄电池中。关于铁正极的讨论详见第 18.8 节。

18.2　铁/氧化镍电池的化学原理

铁/氧化镍电池的负极活性物质为金属铁，正极活性物质为氧化镍，电解质为含有氢氧化锂的氢氧化钾溶液。铁/氧化镍电池有许多独特地方。总的电极反应结果是氧从一个电极迁移到另一个电极。确切的反应细节非常复杂，并且涉及许多反应中间体[2~4]。从下面的反应式可以明显看出，电解质没有参与总反应。

$$Fe + 2NiOOH + 2H_2O \underset{充电}{\overset{放电}{\rightleftharpoons}} 2Ni(OH)_2 + Fe(OH)_2 \quad （第一阶段反应）$$

$$3Fe(OH)_2 + 2NiOOH \underset{充电}{\overset{放电}{\rightleftharpoons}} 2Ni(OH)_2 + Fe_3O_4 + 2H_2O \quad （第二阶段反应）$$

总反应为

$$3Fe + 8NiOOH + 4H_2O \underset{充电}{\overset{放电}{\rightleftharpoons}} 8Ni(OH)_2 + Fe_3O_4$$

在铁/氧化镍电池中，由于电解质在充放电期间基本保持不变，因此也就不能像铅酸电池那样，利用电解质的密度来确定电池的荷电态。但是对于单个电极反应，电解质都直接参与反应。

图 18.1 给出铁电极的充放电特性曲线。充电曲线上的两个平台分别对应稳定的 Fe(II) 和 Fe(III) 产物的生成。铁电极的反应如下：

$$Fe + nOH^- \longrightarrow Fe(OH)_n^{2-n} + 2e \quad （第一阶段反应）$$

和

$$Fe(OH)_n^{2-n} \longrightarrow Fe(OH)_2 + OH^-$$

$$Fe(OH)_2 + OH^- \longrightarrow Fe(OH)_3 + e \quad （第二阶段反应）$$

然后

$$2Fe(OH)_3 + Fe(OH)_2 \longrightarrow Fe_3O_4 + 4H_2O$$

铁溶于电解质，起初生成 Fe^{2+}，Fe^{2+} 随后与电解质络合，生成低溶解度的 $Fe(OH)_n^{2-n}$。过饱和趋势对电极的性能影响很大，可以解释电极的许多特性；继续充电会形成 Fe^{3+}，Fe^{3+} 与 Fe^{2+} 一起生成 Fe_3O_4。

　　铁电极优异的循环寿命源于反应中间物及其氧化物的低溶解度。放电时，过饱和使得氧化物在反应中心附近形成细小的结晶。充电时，溶解度低又会减慢铁的晶体生长，因而有利于恢复成最初的高活性表面积结构。但低溶解度同时也是造成高倍率性能和低温性能差的原因，因为它使得放电态（氧化态）物质沉积在反应中心或反应中心附近，遮盖活性表面。改进的铁/氧化镍电池采用先进的电极板栅结构，如金属纤维，这种多孔结构增大板栅与活性物质铁的接触面积，从而使电极性能得到大幅度提高。

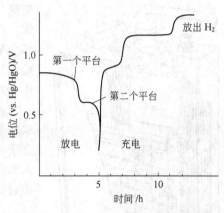

图 18.1　铁电极的放电-充电曲线[5]

　　硫化物的加入可以从根本上改变铁电极的电结晶动力学，提高过饱和度及反应的可逆性。硫化物还会吸附在电极表面，覆盖在结晶点上，促进充电时的析氢反应。硫化物的添加也相应地减少了铁电极的自放电率。在这一点上，PbS 的作用要好于 FeS[6]。锂盐的加入可以提高电极的可逆性，原因可能是锂盐提高了反应中间物的溶解度。

　　通常认为镍电极的反应是固相反应[7,8]。在充放电过程中，质子在晶格间可逆地往复扩散。

$$
\beta\text{-Ni(OH)}_2 \xleftarrow[\text{在 KOH 中}]{\text{转化}} \alpha\text{-Ni(OH)}_2
$$

| 还原（放电） | 氧化（充电） | 氧化（充电） | 还原（放电） |

$$
\beta\text{-NiOOH} \xrightarrow[\text{在 KOH 中}]{\text{过充电}} \gamma\text{-NiOOH}
$$

　　α 型和 β 型氢氧化镍的氧化（充电）电位比放电电位分别高出 60mV 和 100mV。β-Ni(OH)$_2$ 是常用的电极材料。充电时 β-Ni(OH)$_2$ 转化成摩尔体积相同的 β-NiOOH，过充电时又形成 γ-NiOOH。γ-NiOOH 的结构中还含有水和钾（以及锂），其摩尔体积约为 β-NiOOH 的 1.5 倍。这也正是电池充电时，电极体积增大（膨胀）的主要原因。放电时，γ-NiOOH 转化为 α-Ni(OH)$_2$，其摩尔体积约为 β-Ni(OH)$_2$ 的 1.8 倍，因此放电时电极进一步膨胀。放电后，若电解质的浓度较高，则 α-Ni(OH)$_2$ 会转化为 β-Ni(OH)$_2$。钴的添加（2%～5%）会提高镍电极的充电接受能力（可逆性）。

18.3　传统铁/氧化镍电池

18.3.1　结构

　　图 18.2 给出了管式或有极板盒式铁/氧化镍电池的结构。活性物质填充在冲孔的镀镍钢管或钢袋中。将钢管固定到一定尺寸的端板上，然后将正负极板交错叠放组装成单体电池。电池外壳采用镀镍钢板制造。可在注塑尼龙槽中将单体电池组装成电池组或将单体电池安装在木箱中。为了相互绝缘，钢制的电池外壳外表可涂覆一层塑料或橡胶，或者垫上绝缘垫。

　　上述电池制造工艺已经沿用了 50 多年基本上没有改变。为了获得电化学性能优良的电极材料，人们开发出多种制造工艺，生产出的活性物质材料纯度很高，并具有特殊颗粒特性。

　　(1) 负极　负极活性物质的制备工艺为将纯铁溶于硫酸，将 FeSO$_4$ 进行重结晶、干燥、

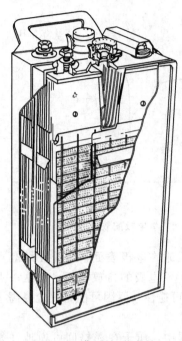

图 18.2 典型铁/氧化镍
电池的剖面

焙烧（815～915℃），生成 Fe_2O_3；然后洗去硫酸盐、干燥，用氢气进行部分还原，将产物（Fe_3O_4 和 Fe）进行部分氧化、干燥、研磨、混合。为提高电池寿命，加入少量添加剂，如 S、FeS、HgO。这些添加剂起到活化剂的作用并能减少析气，提高导电性。

负极集流体的制造工艺为：将钢条或钢带冲孔、镀镍；干燥并退火后将钢带制成约 13mm 宽、7.6mm 长的盒子。盒子一端开口，填入负极活性物质。活性物质的填入和压实由自动化设备进行。填充完成后，将负极盒子卷边封口，然后压入镀镍钢架的开口中。

（2）正极 正极活性物质由氢氧化镍层和镍箔构成，这两层物质交错叠放。将高纯镍粉或球形镍溶于硫酸。析出的氢气可用于上述铁活性物质的制备。将溶液的 pH 值调至 3～4，并过滤掉三价铁和其他不溶物。若有必要，可将溶液进一步提纯，除去痕量的二价铁和铜。可以加入 1.5％的硫酸钴来改善镍电极性能。将硫酸镍溶液喷洒到 25％～50％的热 NaOH 溶液中，然后过滤、洗涤、干燥、粉碎，过筛，保留 20～200 目之间的颗粒。

特制镍箔（1.6mm×0.01mm）的制备工艺如下：在不锈钢板上交错电沉积镍层和铜层；然后将电镀层剥落下来，裁成正方形，浸入热硫酸中；铜将溶于热硫酸，因此电镀层变成镍箔，洗去镍箔上的铜。为防止镍氧化应在低温下进行干燥。采用改进工艺[9]，可以直接生产出单层相应形状和尺寸的镍箔，不需再交错沉积铜层。与负极相似，正极的制备工艺也是先将冲孔钢带镀镍、退火，然后卷成管状，中间有一条互锁的接缝。分别制备左旋和右旋两种管，直径通常为 6.3mm。管中分层交错填充氢氧化（亚）镍和镍箔。每层都要压实（144kg/cm²），保证紧密接触。每厘米长的管子中填充有 32 层镍箔。为防止接缝在反复的充放电过程中裂开，在管子外部每隔 1cm 套一个环。将管子端部夹紧封闭，然后将夹紧的端部紧扣在镀镍钢栅格中。左旋和右旋的管子要交错放置，这样作用在一根管子上的扭力会被相邻管子抵消。正极也可以做成极板盒式结构，见上面对"负极"的讨论。

（3）单体电池的组装 管子和盒子的结构和尺寸决定每个极板的容量。按照单体电池的容量要求将极板组装成极组。

极组的组装方法是先根据容量要求确定所需极板数，然后用钢制螺栓穿过极板顶部的栅格，并将极柱末端和极板拧紧。正极板和负极板互相交错形成单体电池。通常，单体电池中的负极板比正极板至少多一片。为了获得更好的循环寿命，单体电池都采用正极容量限制。

正极板和负极板之间用被称为"发针式"或"钩销式"的硬橡胶钉或塑料钉隔开，这些钉填充在管状正极和扁平负极之间形成的空间。

（4）电解质 电解质为 25％～30％KOH 溶液，其中含 LiOH 50g/L。由于电解质会从安全阀泄漏出去，因此为补偿这部分损失，可补加含 LiOH 25g/L 的浓度为 23％的 KOH 溶液。有时为了恢复电池性能，电解质要彻底进行更换，更换的电解质含 LiOH 15g/L 的浓度为 30％的 KOH 溶液。

电解质中锂的加入非常重要，但机理还不完全清楚。近期关于锂作用机理的研究表明，锂离子在铁氧化物的晶格内还原，生成嵌入式中间产物 $Li_xFe_yO_z$，随后进一步被还原为金属铁和氢氧化锂[10]。氢氧化锂提高了电池容量，防止循环过程中容量衰减，而且似乎有利于镍电极的动力学性能。它延长了有效的充电平台，延缓氧气析出。还有证据表明，锂的存在能够促进 Ni^{4+} 的生成；而 Ni^{4+} 能够提高电极容量。由于 Li_2CO_3 溶解度不大，因此锂会降低电解质中碳酸盐的含量。此外，锂还降低正极活性物质的膨胀趋势，但却增加电解质的电阻。

充电开始不久，氢气在铁电极上析出。充电时大量氢气的析出可能有助于防止铁在碱液中的钝化。汞的加入也会有类似效果，但仅在早期化成循环中可以实现。

18.3.2 铁/氧化镍电池的特性

（1）电压 图 18.3 给出了铁/氧化镍电池的充放电特性曲线。电池的开路电压为 1.4V，标称电压为 1.2V。在最常用的充电速率下，最高电压为 1.7～1.8V。

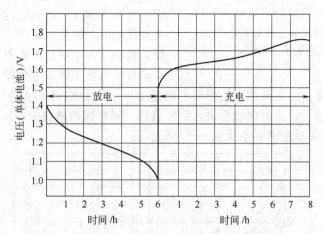

图 18.3　恒流放电和充电模式下的电压特性曲线[11]

（2）容量 铁/氧化镍电池的容量决定于正极容量，也就是决定于每个极板中正极管的长度和数量。通常，每个生产商各自生产的管子直径是一致的。标定容量时通常将 5h 放电率的放电容量作为参考标准。

普通铁/镍电池的功率和体积比能量适中，使用时主要以中低速率放电。对于高速率应用，如发动机启动，不推荐使用普通铁/镍电池。因为在高放电率下，电池较高的内阻将使电池的放电终止电压大幅度降低。电池容量和放电率的关系如图 18.4。

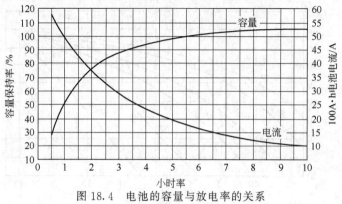

图 18.4　电池的容量与放电率的关系

（温度：25℃；终点电压：1.0V/单体电池）[11]

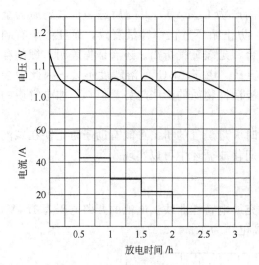

图 18.5 递减的放电速率对
铁/镍电池电压的影响

如果电池先以高放电率放电，然后以低放电率放电，电池先后释放出的容量之和与电池在单一放电率下释放的容量几乎相同，如图 18.5 所示。

（3）放电特性 铁/镍电池可以以任意大小的电流进行放电，但在电池接近完全放电前应停止放电。铁/镍电池最好采用低放电率或中放电率（1～8h 率）放电。电池在不同放电率下的放电特性曲线如图 18.6 所示（温度 25℃）。

（4）温度影响 温度对电池放电性能的影响如图 18.7 所示。通常将电池在 25℃ 下的容量作为参考标准。造成电池性能下降的原因通常是铁电极的钝化以及反应中间物溶解度的降低。低温下，电解质的电阻率和黏度增大，且从动力学角度来讲镍电极的反应速率变慢，这使得电池的容量下降。但是温度还应保证不能超过 50℃，否则镍正极的自放电加快。另外，铁在高温下溶解度增大，溶解的铁会进入到氢氧化（亚）镍的晶格中，从而影响镍电极的性能。铁/镍电池的使用温度通常不能低于 −15℃。

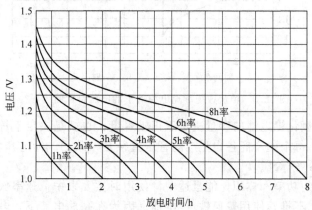

图 18.6 铁/镍电池的放电率与放电电压的关系（终止电压 1.0V）[11]

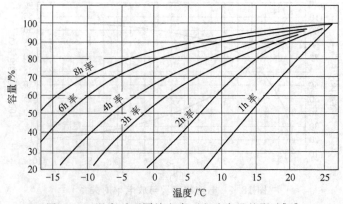

图 18.7 温度对不同放电率下电池容量的影响[11]

（5）工作时间　典型规格化的单位质量（kg）和体积（L）的铁/镍电池在不同放电率和温度下的工作时间如图18.8所示。

（6）自放电　铁/镍电池的自放电率、荷电保持能力和搁置性能都不好。25℃下，电池的容量在前10天内减少15%，一个月后减少20%～40%。电池的自放电率随着温度降低而降低。例如，0℃下电池容量的减少不足25℃下的一半。

（7）内阻　管式铁/镍电池的内阻R_i可用下式进行粗略的估算：

$$R_iC=0.4$$

式中　R_i——内阻，Ω；

C——电池容量，A·h。

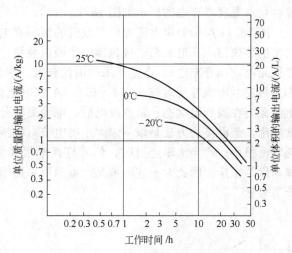

图18.8　铁/镍电池在不同放电率和不同温度下的工作时间（单体电池终止电压1.0V）

例如，对于容量为100A·h的电池，其内阻为0.004Ω。内阻在放电的前半段保持恒定，在放电的后半段增大约50%。

（8）寿命　管式铁/镍电池的突出优点是寿命极长、坚固耐用。电池的寿命与应用类型有关。若使用频繁，电池的寿命一般为8年。若是作为备用电源或浮充电使用，电池的寿命可达25年甚至更长。电池的使用条件若略加控制，电池的循环次数可以超过2000次。若严格控制使用条件，如将温度限制在35℃以下，电池的循环寿命可以超过3000～4000次。

反复深度放电对铁/镍电池造成的损害小于其他任何电池体系。实际上，一辆以铁/镍电池为动力的车辆可以一直行驶到电机无法运转为止。此时单体电池的电压小于1V（一些单体电池可能已经发生反极）。相比其他体系的电池，这种情况对铁/镍电池造成的影响最小。

（9）充电　铁/镍电池可以多种方式完成充电。电池可以任意大小的电流进行充电。只要在该电流下，不会产生过多的气体（导致安全阀打开），或温度不会上升太高即可（超过45℃）。若产生过多的气体，则需频繁地向电池中添加加水。如果将单体电池的电压限制在1.7V，就不用担心上述情况发生。电池的充电特性曲线如图18.9所示，为保证电池充满电，容量输入（A·h）应超过此前放电量的25%～40%。通常，电池的充电率建议按照以每100A·h的容量对应15～20A的电流确定。在该充电率下，电池经6～8h的充电即可恢

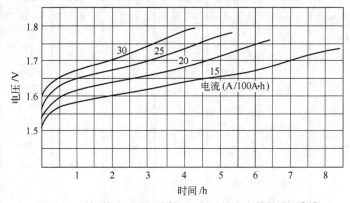

图18.9　铁/镍电池在不同充电率下的充电特性曲线[11]

复容量。温度对充电的影响如图 18.10 所示。

　　图 18.11 所示的恒电流充电和改进的恒压充电是常见的电池充电方式。为避免电池充电时发生热失控，充电电路中应包含一个限流装置。常规的使用程序是电池在使用后当晚立即进行充电（循环充电）。电池可采用涓流充电，保持满荷电状态，以备应急之用。涓流充电率为每安时电池容量对应 0.004～0.006A 充电电流。涓流充电抵消电池的内部自放电，使电池保持在满荷电状态。紧急放电后，电池需额外进行一次充电。对于诸如铁路信号灯之类的应用，最经济的方法是以一定大小的电流对电池进行持续充电。没有火车经过时，信号灯耗电量很小；而当火车经过时，信号灯耗电量非常大。但每 24h 内的总耗电容量（A·h）基本保持恒定。因此对于这种情况，电池可采用恒电流充电，且充电电流应能保证电池获得所需容量。

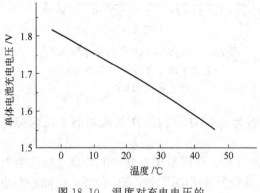

图 18.10　温度对充电电压的
影响[11]

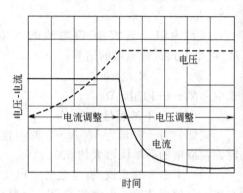

图 18.11　恒电流、恒电压充电中电流和
电压的变化[11]

18.3.3　铁/氧化镍电池的规格

　　铁/氧化镍电池有多种规格，容量为 5～1250A·h 不等。近年来，铁/氧化镍电池的使用量在下降，逐渐被铅酸电池和镉/镍电池所取代。原先的许多生产商也不再生产。表 18.3 中列出了典型的铁/氧化镍电池的物理和电性能。

表 18.3　典型的铁/氧化镍电池的物理和电性能

额定容量/A·h	169	225	280	337	395	450	560	675
额定电流(5h率)/A	34	45	56	67	79	90	112	135
质量(注液)/kg	8.8	10.8	12.9	15.3	17.4	19.5	24.3	28.6
安装质量/kg	9.8	12.0	14.3	16.9	19.3	21.7	26.5	31.2
电解质质量(1.17kg/L)/kg	1.8	2.2	2.6	3.0	3.4	3.8	4.9	5.9
单体电池尺寸/mm①								
长	52	66	82	96	111	125	156	186
宽	130	130	130	130	130	130	135	135
高	534	534	534	534	534	534	534	534
电池组尺寸/mm②								
长								
2 个单体				265	295	321	343	343
3 个单体					376	421	460	
4 个单体	284	367	431	487				
5 个单体	346	448	545					

续表

6 个单体	408	546						
宽	161	161	161	161	161	161	197	228
高	568	573	582	582	582	582	590	590

① 见图（a）。

② 见图（b）。

注：来源于 Verta Batteries AG，Hanover，德国。

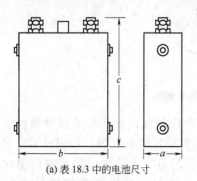

(a) 表 18.3 中的电池尺寸

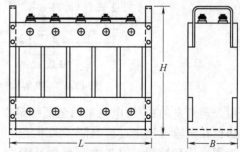

(b) 表 18.3 中由多个单体电池组成的电池尺寸
（L、B 和 H 的尺寸公差分别为5mm、3mm 和 3mm）

18.3.4　铁/氧化镍电池的操作和使用

铁/氧化镍电池的工作场所应该通风良好，以防止氢气积聚。在一定条件下，一个火花就可以引起爆炸，导致火灾。对于由多个单体电池构成的电池组，一定要有高压保护措施。

如果电池的搁置时间超过 1 个月，电池应以放电状态保存。电池应进行放电并短路，然后在此状态下贮存。注液口也必须关闭。否则，电池需进行几个循环的活化才能恢复容量。

对于普通铁/氧化镍电池，不推荐采用恒压充电法。恒电压充电可能导致热失控，非常危险，而且会对电池造成严重损害。因为，当电池快充满时，析气反应产生的热量使得温度升高，电池内阻和电压降低。此时若处在恒电压充电模式下，充电电流会逐渐增大，而增大的电流又导致温度的进一步升高，由此开始恶性循环。然而，如果采取一定的限流措施，则改进的恒电压充电法还是可以采用的。

18.4　先进铁/镍电池

由于铁/镍电池具有坚固耐用、寿命长等突出的优点，人们希望在此基础上能提高其倍率性能并降低生产成本，以满足电动车和其他车辆牵引用电源的要求。这种想法促进先进铁/镍电池的开发。先进铁/镍电池一次充电后可供车辆行驶至少 150km，汽车加速快，完全能满足在高速路上行驶的要求，电池的循环寿命可供电池行驶 10 年甚至更长。先进铁/镍电池的正负极均采用浸渍有活性物质的烧结金属纤维（钢丝）极板，电极间的隔膜采用无纺纤维毡。与铅酸电池相似，先进铁/镍电池的极板制造、浸渍及活化、装配、组合技术均能适应大批量生产的需要。

先进铁/镍电池系统广泛应用于公共设施中。为了解决电池的维护问题，专门设计配备了一套电解质管理系统，如图 18.12 所示。该系统利用一个单点贮液罐以半自动方式向单体电池中注入电解质。在充电循环过程中，电解质流经各单体电池，借此带走热量，并对充电过程中产生的气体进行有效管理。使用电解质管理系统既可以保证每个单体电池的电解质具有相同的密度，又易于对电解质密度进行控制。

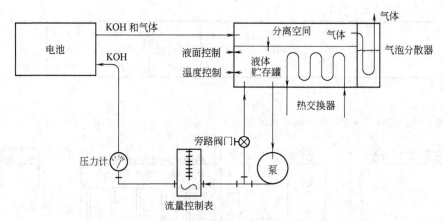

图 18.12　电解质循环系统的示意图

西屋公司开发的铁/镍电池采用金属纤维作为正、负极基板，新开发了两种活性物质的浸渍方法已在试验电池中进行验证。20 世纪 60 年代中期开发的电沉积（EPP）工艺生产出的极板表现出优良性能、耐久性和长循环寿命。EPP 工艺是将氢氧化（亚）镍以电化学方式沉积在多孔基板上。采用该工艺可以有效地利用镍材料，整个电极的质量比容量达 0.14A·h/g。另一种镍极板的制造工艺是涂膏法，先制备膏状氢氧化（亚）镍，然后采用辊压法将其填充到金属纤维基板上。采用涂膏法制造的镍电极与采用 EPP 工艺制造的电极性能相同（整个电极的质量比容量达 0.14A·h/g），而涂膏法的生产成本更低。铁电极也可以采用涂膏法制造。先将氧化铁 Fe_2O_3，涂覆到金属纤维基板上，然后再用氢气在还原炉中进行还原。在 $C/3$ 率下，整个电极的质量比容量达 0.26A·h/g 或更高。

以西屋公司产品为代表的先进铁/镍电池的性能参数见表 18.4。图 18.13 为由 90 个单体电池构成的电动车用电池组的 $C/3$ 率放电特性曲线。电池的容量、能量与放电率的关系如图 18.14 所示。放电速率和放电态对电池功率和电压的影响如图 18.15 所示。根据对 5 个单体电池组成的模块的测试结果，图 18.16[12~14] 给出了温度对电池性能的影响。Eagle-Picher 公司也对铁/镍电池进行了开发，其烧结式镍电极与第 20 章中介绍的电极相似，铁电极则类似于瑞典国家开发公司（Swedish National Development Corporation）开发的铁电极，见 18.5 节。该电池的性能可参见图 18.13～图 18.16[15]。

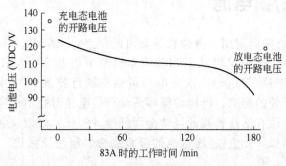

图 18.13　电池在 $C/3$ 率（83A）下的放电特性曲线

正如前文所指出的，近年来，对铁/镍电池的兴趣已经有所下滑，开始转向至其他新兴电池。但是，因其耐用和经济的特性，该电池依然保持一定程度的研究。例如，在后文的 18.7 节中，即提及的一种密封免维护先进铁电极[16] 研究如果成功，就会使铁/镍电池具有新的发展动力。

表 18.4　先进铁/镍电池的特性[①]（1991 年 12 月测试）

容量[②]/A·h	210
质量比能量[②]/(W·h/kg)	55
体积比能量[②]/(W·h/L)	110
质量比功率[③]/(W/kg)	100
循环寿命[④]	>900
城市续航里程/km	
可再生制动能	154
没有可再生制动能	125
产品期望成本(1900 美元)/[美元/(kW·h)]	200~250

① 以 Westinghouse 公司产品为代表。
② 在 C/3 率下。
③ 50%SOC 下，工作 30s 的平均值。
④ 100%DOD 循环至额定能量的 75%。

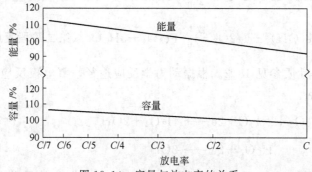

图 18.14　容量与放电率的关系

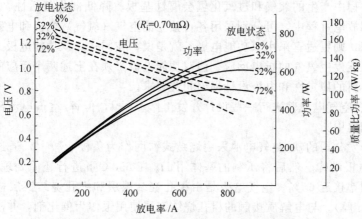

图 18.15　210A·h 铁/镍电池的功率特性

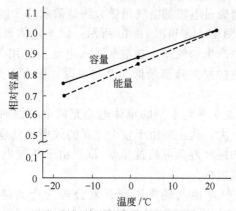

图 18.16　温度对铁/镍电池容量和能量的影响（C/3 率）

18.5 铁/空气电池

与传统的电池体系相比，金属/空气蓄电池具有明显优势：该电池体系只含一种反应物质（阳极物质）。化学再充式的铁/空气电池比能量低于机械再充式电池（见第 33 章），但却具有更低的循环寿命成本。与锌不同的是，随着循环次数的增加，铁电极并不出现严重的活性物质重新分布以及电极形状的明显改变。铁/空气电池是动力电源，尤其是电动车用动力电源的又一个候选电源体系。电池反应如下：

$$O_2 + 2Fe + 2H_2O \underset{\text{充电}}{\overset{\text{放电}}{\rightleftharpoons}} 2Fe(OH)_2 \quad \text{（第一阶段反应）}$$

$$3Fe(OH)_2 + 1/2O_2 \underset{\text{充电}}{\overset{\text{放电}}{\rightleftharpoons}} Fe_3O_4 + 3H_2O \quad \text{（第二阶段反应）}$$

铁电极的动力学性质参见 18.2。根据动力学反应途径，氧电极反应的中间产物为过氧化氢，反应可简写成：

$$O_2 + 2H_2O + 2e \longrightarrow H_2O_2 + 2OH^-$$

$$H_2O_2 + 2e \longrightarrow 2OH^-$$

空气电极会在反复充放电循环后失效，因而空气电极的稳定性是影响电池寿命的最重要因素。充放电过程中产生的氧气和过氧化氢会腐蚀基板、降低催化剂活性、使防水膜脱落。在电池的充电和放电过程中，可分别采用各自独立的空气（氧气）电极和电路，但若考虑电池的质量和体积，则更适宜采用双功能电极。就是说，在同一片双功能电极上既能发生氧气的还原反应，也能发生氧气的析出反应。但双功能电极必须在上述两个反应的电位范围内均稳定，这便为材料的稳定性和电极设计提出相关要求。

虽然关于铁/空气电池曾进行一些设计开发工作[17~19]，但锌/空气电池出现后，绝大部分研究工作就随之中断。

瑞典国家开发公司的铁/空气电池采用烧结式铁网作为负极[5,20,21]，通过加入造孔剂可控制形成最佳电极结构。然后将压制的基体用 H_2 在 650℃ 下进行还原处理，除去造孔剂。活性物质的利用率接近 65%。空气电极是由粗孔烧结镍层和细孔烧结镍层构成的双层多孔镍结构（0.6mm 厚）。与电解质接触的粗孔烧结镍层使用银作为催化剂，并浸渍憎水剂。将电极焊接到聚合物框架上，制成的电池如图 18.17 所示。可以看出，一个铁电极对应两个空气电极。电池工作时，强制通过电极的空气用量大约是需求的 2 倍。铁/空气电池（30kW·h）的示意图和照片分别如图 18.18 和图 18.19 所示。该电池体系利用电解质的循环来控制热平衡，并除去工作过程中产生的气体。在空气进入电池前先用 NaOH 脱去其中 CO_2，然后将空气加湿，以将电解质的损失降至最低。总的来说，仅有不到 10% 的系统输出能量用于辅助系统。

在铁/空气电池组中，处于平均水平的单体电池充放电特性曲线如图 18.20。从图中可以看出，充放电电压相差很大，这主要由于整个体系的效率较低造成的。图 18.21 给出电池的功率输出特性。该电池的循环寿命可超过 1000 次。由于空气电极在使用中逐渐损坏，所以电池寿命主要取决于空气电极。

西屋公司开发的铁/空气电池与瑞典国家开发公司的产品结构相似[22]，其烧结式铁电极同样也有些类似。不同的是该电极的活性铁含量高，循环寿命短。这种铁电极不使用

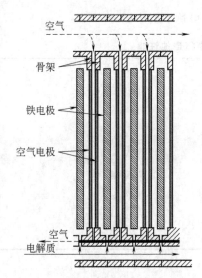

图 18.17　铁/空气电池组剖面图
（瑞典国家开发公司）[5]

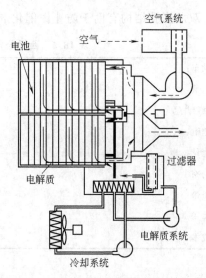

图 18.18　瑞典国家开发公司的铁/空气电池
（包含辅助系统）组剖面示意[5]

图 18.19　瑞典国家开发公司的
30kW·h 铁/空气电池装置

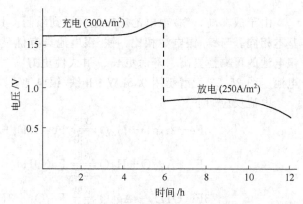

图 18.20　瑞典国家开发公司的铁/
空气电池的充放电曲线[5]

钢纤维，直接将铁粉颗粒烧结成型，制成极板。实验表明，该种结构电极的容量比容量高达 0.44A·h/g。空气电极为双功能电极，采用 Teflon® 黏结的碳基结构，镀银镍网上涂有复合银催化剂（银含量小于 2mg/cm²）。西屋公司的铁/空气电池采用水平流原理来提高电池性能，并对气体和热进行控制。实验表明，该电池的循环寿命长，可达 300 次以上，并且空气电极的成本非常低。西屋公司 40kW·h 铁/空气电池的特性见表 18.5。

西门子公司的铁/空气电池的结构与上述电池体系相似，只是其空气电极采用的是双层结构：一层是与电解质接触的多孔镍亲水层，氧气在这层析出；一层是与空气接触的憎水层 [用 Teflon® （PTFE）黏结的炭黑，并使用银作为催化剂]，氧气在该层发生还

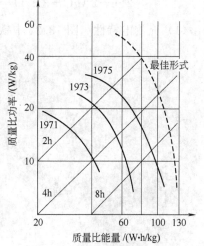

图 18.21　瑞典国家开发公司铁/
空气电池的性能[5]

原。双层多孔结构有助于防止银催化剂氧化，电池的寿命可达 200 个循环[23]。

表 18.5　西屋公司生产的电动车用铁/空气电池性能

电动车：	
质量	900kg(空载)
续航里程	240km
电池组：	
能量	40kW·h
功率	10kW(持续功率)
质量	530kg
体积	0.04m³
成本	150 美元/(kW·h)

18.6　铁/银电池

由于成本高，铁/银电池应用范围受到限制。其理论体积比能量与广泛应用的锌/银电池基本相同。与锌/银电池相比，铁/银电池具有优良的循环寿命。在比能量高的情况下，铁/银电池的可靠性更高、寿命更长、耐久性更好[24~29]。图 18.22 为通信用 3.5kW·h 铁/银电池。图 25.23 为潜艇用 9.5kW·h 铁/银电池。

电池反应如下：

$$Fe+2AgO+H_2O \underset{充电}{\overset{放电}{\rightleftharpoons}} Fe(OH)_2+Ag_2O \quad (第一阶段反应)$$

$$Fe+Ag_2O+H_2O \underset{充电}{\overset{放电}{\rightleftharpoons}} Fe(OH)_2+2Ag \quad (第二阶段反应)$$

$$3Fe(OH)_2+Ag_2O \underset{充电}{\overset{放电}{\rightleftharpoons}} Fe_3O_4+3H_2O+2Ag \quad (第三阶段反应)$$

实际上，只有前两个反应发生，因此总反应为：

$$2Fe+2AgO+2H_2O \underset{充电}{\overset{放电}{\rightleftharpoons}} 2Fe(OH)_2+2Ag \qquad E^{\ominus}=1.34V$$

(1) 充放电特性　图 18.22 中铁/银电池的充放电特性曲线如图 18.24 所示。电解质为含 LiOH（15g/L）的 KOH 溶液（相对密度 1.31）。电池能够承受多次完全反极，而电池容量不会受到明显影响。

(2) 隔膜和循环寿命　铁/银电池所采用的隔膜材料通常为多层微孔聚乙烯、无纺聚丙烯毡和玻璃纸。隔膜的选择与铁电极的关系并不大，因为铁电极在 KOH 溶液中非常稳定，而且不会与隔膜发生反应。但是需要强调的是，隔膜必须能阻止银向铁电极的迁移，并且能承受住银电极的氧化。电池的隔膜将决定电池的循环寿命、贮存寿命和功率特性，因此通常根据具体的应用要求选择合适的隔膜。电池在 100% 放电深度和过充

图 18.22　通信用 3.5kWh 铁/银电池

图 18.23　潜艇用 9.5kW·h 铁/银电池

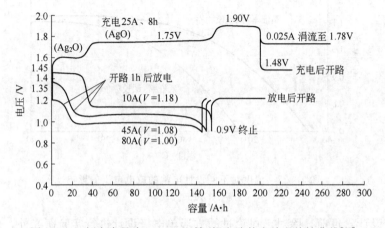

图 18.24　额定容量为 140A·h 铁/银电池的充放电特性曲线[26]

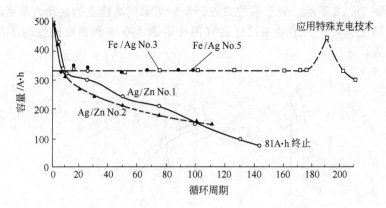

图 18.25　锌/银电池和铁/银电池的循环寿命[26]

10%条件下的循环寿命如图 18.25 所示。

（3）温度影响　与其他碱性电池体系相似，铁/银电池的性能受工作温度的影响。为长寿命、低倍率应用而设计的电池，其内阻要高于为高倍率、短寿命应用而设计的电池。当放电温度降低时，两者的表现不同，如图 18.26 和图 18.27 所示。

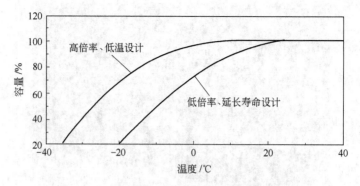

图 18.26 温度对不同设计电池的放电容量的影响
($C/10$ 率)

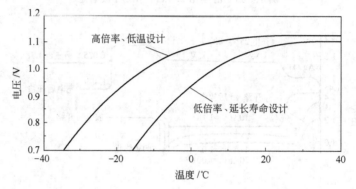

图 18.27 温度对不同设计电池的放电电压的影响
($C/10$ 率)

（4）实验设计 目前，除对已讨论过的方形单电极设计进行实验研究外，还对其他电池设计，如手工组装的双极性电池和卷绕式电池也通过实验进行研究。上述三种电池的电压极化测试结果如图 18.28 所示。对于卷绕式设计，如果采用高精度的自动装配手段，则其电压特性还有望大幅度提高。上述电池设计适宜用在要求大功率和高比能量的小型便携式用电器，如通信装置。

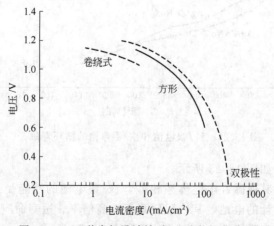

图 18.28 三种常规设计铁/银电池的极化曲线

18.7　铁负极材料的新进展

过去10年，随着碳在电池中应用增长，纳米材料开发也随之进步。其中铁电极研究引起人们的兴趣。铁分散在碳纳米材料中具有提高活性材料利用率和循环效率的潜力。据报道，利用铁可得到510mA·h/g的质量比容量[30]。这不仅在原来的350mA·h/g常规负极质量比容量基础上有显著提升，而且有希望逼近962mA·h/g理论值。此项工作最大的挑战是如何保持充放电过程中铁材料的纳米尺度，因为随着循环的进行，纳米铁将发生团聚而降低比表面积并失去活性，其衰降率为比表面积每减小$1m^2/g$，质量比容量将下降30mA·h/g。

一些研究者开发了维持纳米结构的铁电极技术。其中一种技术是将氯化铁溶液慢慢加入到低温硼氢化钠溶液中可制得30~70nm的纳米铁颗粒[30]。另一种尝试是使用$20\mu m$的碳化铁作为初始材料，循环后可得到100nm以下。这个过程可以看成是Fe与$Fe(OH)_2$间的反复溶解/析出而最终得到纳米颗粒[31]。其三是在碳载体表面沉积纳米尺度的铁[17]。具体方法是将100nm左右的纳米碳纤维、碳纳米管、碳片浸入硝酸铁饱和水溶液中，然后经过干燥和烧结即可制备出微细Fe_2O_3高度分散的铁-碳复合材料。为避免循环过程中铁团聚，常常将铁沉积在纳米管内而不是表面[18]。因为这必须解决纳米管壁开孔的难题，所以这个尝试进展有限。

对于烧结多孔铁电极，在电解质内或电极上加入硫化物将具有很好提高氢过电位的作用，并提高充电效率[19]。

18.8　铁正极材料

通常，铁被用于电池阳极或负极活性物质。但其实铁化合物还可以用于阴极或正极活性物质。关于铁的硫化物（FeS和FeS_2）在锂原电池和高温电池中的应用见第14章。

20世纪90年代后期，有文献报道一种用于正极活性物质的高价铁氧化物[32]。通常，铁是以金属或Fe(II)和Fe(III)形式存在。但新报道的阴极材料是一种含Fe(VI)的高比容量化合物。该化合物之所以具有高比容量，是因其在还原反应中得到3个电子。还原反应如下：

$$FeO_4^{2-} + 3H_2O + 3e \longrightarrow FeOOH + 5OH^- \qquad E^{\ominus} \approx 0.9V$$

表18.6列出了几种Fe(VI)化合物的理论容量，可与表1.1中列出的常用正极材料的理论容量对比。近期该类研究扩展到四价铁盐，包括Cs_2FeO_4、Rb_2FeO_4、$K_xNa_{2-x}FeO_4$和$SrFeO_4$及过渡金属化合物Ag_2FeO_4[33]。

表18.6　Fe(VI)化合物的理论容量

材料	相对分子质量	化合价变化	电化学当量	
			质量比容量/(mA·h/g)	每安时质量/[g/(A·h)]
Li_2FeO_4	133.7	3	601	1.66
Na_2FeO_4	165.8	3	485	2.06
K_2FeO_4	198.1	3	406	2.46
$BaFeO_4$	257.2	3	313	3.19

由于认为Fe(VI)化合物非常不稳定，因此从未对Fe(VI)化合物的性质进行过广泛研

究。试验表明，Li_2FeO_4 和 Na_2FeO_4 溶于碱，而 $BaFeO_4$ 和 K_2FeO_4 却在碱中表现出低溶解性和高稳定性，如图 18.29；而且浓度越大，在碱性电解质中，Fe(Ⅵ) 化合物的稳定性越高。从图 18.29 外推可以得知，高纯度电极材料在高浓度氢氧化钾溶液中的 Fe(Ⅵ) 损失，10 年内不会超过 10%。

从电化学角度看，FeO_4^{2-} 具有高还原电位，约为 0.9V。以锌为负极、K_2FeO_4 或 $BaFeO_4$ 为正极时，电池的开路电压分别为 1.75V 和 1.85V。目前已提出如下放电反应机理：

$$MFe(Ⅵ)O_4 + \frac{3}{2}Zn \longrightarrow \frac{1}{2}Fe(Ⅲ)_2O_3 + \frac{1}{2}ZnO + MZnO_2$$

式中，M 为 K_2 或 Ba。

上述电池的理论比容量和质量比能量见表 18.7，通过比较表 1.2 列出的其他体系电池数据可以看出，除锂电池和吸气式电池体系外，铁/锌电池的理论容量和质量比能量高于其他绝大部分电池。

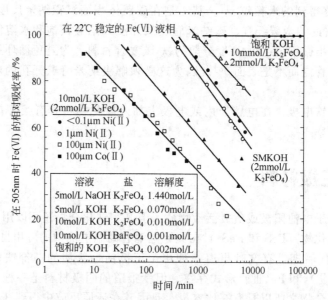

图 18.29 Fe(Ⅵ) [不同 K_2FeO_4 浓度及 Co(Ⅱ)、Ni(Ⅱ) 杂质含量]
在不同浓度碱性电解质中的稳定性[32]

表 18.7　$MFeO_4$ 电池的理论比容量和质量比能量

电对	开路电压/V	理论比容量		质量比能量 /(W·h/kg)
		每安时质量 /[g/(A·h)]	质量比容量 /(A·h/g)	
Zn/K_2FeO_4	1.75	3.68	0.271	475
$Zn/BaFeO_4$	1.85	4.41	0.226	419

实验中以锌为负极、以 Fe(Ⅵ) 化合物为正极，组合成碱性扣式原电池，对其放电特性和质量比能量进行测量，并与 Zn/MnO_2 电池进行了对比，如图 18.30。可以看出，正极为 Fe(Ⅵ) 化合物的电池输出能量更高。当电池采用常见的圆柱形结构时也得到了相似结果。

Fe(Ⅵ) 化合物还可以进行二次充电。以金属氢化物为负极、容量限定的 K_2FeO_4 为正极的扣式电池以 75% 的放电深度可以循环数次，以 30% 的放电深度可以循环 400 余次。电

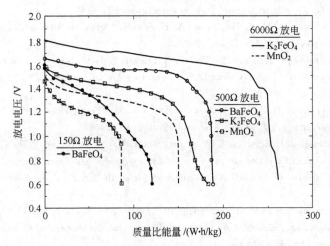

图 18.30　几种以 Fe(Ⅵ) 化合物为正极、Zn 为负极的扣式
电池的质量比能量以及与 Zn/MnO₂ 扣式电池的比较[32]

池的开路电压为 1.3V，中点电压为 1.1V，这与金属氢化物/镍电池的电压特性相似。最近有一些工作已尝试努力增加膜厚，避免三价铁钝化层以提高实际容量和长期循环特性[34]。

　　Fe(Ⅵ) 化合物非常有望成为碱性原电池以及碱性蓄电池的正极材料。其质量比能量高于现在碱性电池所采用的其他正极材料，但其长期稳定性、贮存寿命等重要性能，以及大规模生产、材料成本等问题还有待解决，并需进行更深入的评估。

参 考 文 献

1. S. U. Falk and A. J. Salkind, *Alkaline Storage Batteries*, Wiley, New York, 1969.

2. A. J. Salkind, C. J. Venuto and S. U. Falk, "The Reaction at the Iron Alkaline Electrode," *J. Electrochem. Soc.*, 111: 493 (1964).

3. R. Bonnaterre, R. Doisneau, M. C. Petit, and J. P. Stervinou, in J. H. Thompson (ed.), *Power Sources*, vol. 7, Academic, London, 1979, p. 249.

4. L. Ojefors, "SEM Studies of Discharge Products from Alkaline Iron Electrodes," *J. Electrochem. Soc.*, 123: 1691 (1976).

5. B. Anderson and L. Ojefors, in J. H. Thompson (ed.), *Power Sources*, vol. 7, Academic, London, 1979, p. 329.

6. C. A. C. Souza, I. A. Carlos, M. Lopes, G. A. Finazzi, and M. R. H de Almeida, "Self-Discharge of Fe-Ni Alkaline Batteries," *J. Power Sources*, 132: 288-290 (2004).

7. J. L. Weininger, in R. G. Gunther and S. Gross (eds.), *The Nickel Electrode*, vol. 82-84, Electrochemical Society, Pennington, NJ, 1982, pp. 1-19.

8. D. Tuomi, "The Forming Process in Nickel Positive Electrodes," *J. Electrochem. Soc.*, 123: 1691 (1976).

9. INCO ElectroEnergy Corp. (formerly ESB, Inc.), Philadelphia.

10. U. Casellato, N. Comisso, and G. Mengoli, "Effect of Li Ions on Reduction of Fe Oxides in Aqueous Alkaline Medium," *Electrochimica Acta*, 51: 5669-5681 (2006).

11. "Nickel Iron Industrial Storage Batteries," Exide Industrial Marketing Divisions of ESB, Inc., 1966.

12. F. E. Hill, R. Rosey, and R. E. Vaill, "Performance Characteristics of Iron Nickel Batteries," *Proc. 28th Power Sources Symp.*, Electrochemical Society, Pennington, NJ, 1978, p. 149.

13. R. Rosey and B. E. Tabor, "Westinghouse Nickel-Iron Battery Design and Performance," EV Expo 80, EVC ♯8030, May 1980.

14. W. Feduska and R. Rosey, "An Advanced Technology Iron-Nickel Battery for Electric Vehicle Propulsion," *Proc. 15th IECEC*, Seattle, Aug. 1980, p. 1192.

15. R. Hudson and E. Broglio, "Development of the Nickel-Iron Battery System for Electric Vehicle Propulsion," *Proc.*

29-th Power Sources Conf., Electrochemical Society, Pennington, NJ, 1980.

16. B. Hariprakash, S. K. Martha, M. S. Hegde, and A. K. Shukla, "A Sealed, Starved-Electrolyte Nickel-Iron Battery," *J. Applied Electrochemistry*, 35: 27-32, (2005).

17. B. T. Hang, T. Watanabe, M. Egashira, S. Okadab, J. Yamaki, S. Hata, S-H. Yoon, and I. Mochida, "The Electrochemical Properties of Fe_2O_3-Loaded Carbon Electrodes for Iron-Air Battery Anodes." *J. Power Sources*, 150: 261-271 (2005).

18. B. T. Hang, H. Hayashi, S. H. Yoon, S. Okada, and J. Yamaki, "Fe_2O_3-Filled Carbon Nano-tubes as a Negative Electrode for an Fe-Air Battery," *J. Power Sources*, 178: 393-401 (2008).

19. B. T. Hang, T. Watanabe, M. Egashira, I. Watanabe, S. Okada, and J. Yamaki, "The Effect of Additives on the Electrochemical Properties of Fe/C Composite for Fe/Air Battery Anode," *J. Power Sources*, 155: 461-469 (2006).

20. L. Carlsson and L. Ojefors, "Bifunctional Air Electrode for Metal-Air Batteries," *J. Electrochem. Soc.*, 127: 525 (1980).

21. L. Ojefors and L. Carlson, "An Iron-Air Vehicle Battery," *J. Power Sources*, 2: 287 (1977/78) .

22. J. F. Jackovitz and C. T. Liu, *Extended Abstracts: 9th Battery and Electrochemical Contractors' Conf.*, USDOE, Alexandria, Va., Nov. 12—16, 1989, pp. 319-324.

23. H. Cnoblock, D. Groppel, D. Kahl, W. Nippe, and G. Siemsen, in D. H. Collins (ed.), *Power Sources*, vol. 5, Academic, London, 1975, p. 261.

24. O. Lindstrom, in D. H. Collins (ed.), *Power Sources*, vol. 5, Academic, London, 1975, p. 283.

25. *The Silver Institute Letter*, vol. 7, no. 3 (1977).

26. J. T. Brown, Extended Abstract No. 28, Battery Div., the Electrochemical Society, Las Vegas, NV, pp. 76-77 (1977).

27. E. Buzzelli, "Silver-Iron Battery Performance Characteristics," *Proc. 28th Power Sources Symp.*, Electrochemical Society, Pennington, NJ, 1978, p. 160.

28. G. A. Bayles, E. S. Buzzelli, and J. S. Lauer, "Progress in the Development of a Silver-Iron Communications Battery," *Proc. 34th Int. Power Sources Symp.*, Cherry Hill, NJ, June 1990.

29. G. A. Bayles, J. S. Lauer, E. S. Buzzelli, and J. F. Jackovitz, "Silver-Iron Batteries for Submersible Applications," *Proc. 3rd Annual Underwater Vehicle Conf.*, Baltimore, June 1989.

30. K. C. Huang and K. S. Chou, "Microstructure Changes to Iron Nanoparticles During Discharge/Charge Cycles," *Electrochemistry Communications*, 9: 1907-1912 (2007).

31. K. Ujimine and A. Tsutsumi, "Electrochemical Characteristics of Iron Carbide as an Active Material in Alkaline Batteries," *J. Power Sources*, 160: 1431-1435 (2006).

32. S. Licht, B. Wang, and S. Ghosh, *Science*, 128: 1039-1042 (1999).

33. X. Yu and S. Licht, "Advances in Fe(Ⅵ) Charge Storage Part I. Primary Alkaline Super-Iron Batteries," *J. Power Sources*, 171: 966-980 (2007).

34. X. Yu and S. Licht, "Advances in Fe (Ⅵ) Charge Storage Part II. Reversible Alkaline Super-Iron Batteries and Nonaqueous Super-Iron Batteries," *J. Power Sources*, 171: 1010-1022 (2007).

第 19 章

工业和空间用镉/镍电池

John K. Erbacher

19.1 前言

有极板盒式开口镉/镍电池是目前最古老和最成熟的镉/镍电池。这种可靠、耐用、长寿命的电池体系具有高放电率性能好，使用温度范围宽的优点，同时其荷电保持能力非常出色，可在任意条件下长时间贮存，且电池不会受到任何损坏。有极板盒式电池还具有结构坚固，能承受过充、反极及短路等滥用和基本不需维护的优点。其单位容量（A·h）对应的成本除高于铅酸电池外，低于其他任何体系的碱性蓄电池。这种电池的主要优缺点见表 19.1。

表 19.1 工业和空间用镉/镍电池的主要优缺点

优　点	缺　点
循环寿命长	体积比能量低
坚固耐用：能承受滥用	成本高于铅酸电池
性能可靠：不会突然失效	含镉
荷电保持能力好	
贮存性能出色	
维护量小	

有极板盒式电池规格多样，容量从 5～1200A·h 以上，且应用广泛。大部分应用于工业领域，如铁路、电力开关、远程通信、不间断电源以及应急照明，还有一些应用于军事和空间领域。

为了适应不同应用的需求，有极板盒式电池的极板分为三种厚度。高倍率设计采用薄极板，目的是使单位体积的活性物质获得最大的极板表面积，该类电池适于高放电率放电。低倍率设计采用厚极板，目的是使单位表面积极板上的活性物质量最大，该类电池适于长时间放电。中倍率设计采用中等厚度的极板，适于在中放电率下较长时间放电。

自有极板盒式电池推出以来，为不断提高电池性能，减轻电池重量，相应的研发工作几乎一直在进行。烧结式极板开发于 19 世纪 40 年代，与袋式极板相比，烧结式极板的厚度更薄，内阻更小，高倍率性能和低温性能更优良。烧结式电池适于高功率型应用，如发动机启动和低温环境中。关于烧结式电池详见第 20 章。随着烧结式极板的发展，出现了用于便携式用电装置的小型电池以及密封免维护镉/镍电池，详见第 21 章。

烧结式电池的生产成本很高，而且制造工艺非常复杂，同时该工艺需要消耗大量镍，不适于制造中放电率的厚电极或容量大于 100A·h 的电池。但是对于许多应用来说，有极板盒式电池又太重。因此，如何对价格较高的镍和镉加以更有效利用以及如何简化极板的生产工艺成为近来的研究重点。设计的原则是开发一种表面积大、导电性能好的极板。这种极板不但具有重量轻、易于制造、成本低的特点，同时还能避免在烧结式极板制造时其烧结过程和活性物质的化学浸渍过程中遇到的难点。借助新型聚合物材料及电镀技术的发展，现已研制出一种新型电极结构，即 Deutsche Automobilgesellschaft mbH（DAUG）开发的纤维结构电极（纤维镉/镍电池——FNC）。

纤维极板可由纯镍纤维板制成，不过更常见的是由镀镍塑料纤维板制成。为使塑料纤维导电，先在塑料纤维上化学镀上一薄层镍；然后再电镀上一层足够厚的镍，以获得良好的导电性。将塑料烧掉后，剩下的就是一块空心镍纤维板，然后在镍纤维板上焊接镀镍不锈钢极耳。浸渍前的镍纤维结构如图 19.1(a) 所示，化成前的正极板如图 19.1(b) 所示。

纤维电极制造技术最初是为电动车应用而开发，但是却首先在工业用低放电率及中放电率开口电池上得到了应用。现在各种镉/镍电池及金属氢化物/镍电池都在使用纤维电极，包括发动机启动用高倍率电池及密封电池。关于纤维电极详见 19.7 节。

近年来发展起来的黏结式电极进一步大幅度提高了电池性能。这种新型工业用电极是开发航空电池和密封便携式电池的副产物。黏结式电极主要用于镉电极的制备，将活性物质氧化镉与黏结剂（通常是 PTFE）及溶剂混合成浆体，浆体各向同性，含有活性物质的量根据设计需求而定。这样可以避免生产过程中的粉尘问题。浆体辊压或涂覆在中间集流体——冲孔镀镍钢带上，然后将制成的极板焊上镀镍钢极耳。

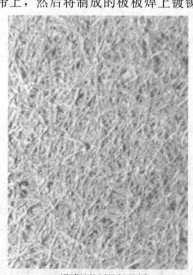 

(a) 浸渍前的纤维镍基板　　　　　　　(b) 化成前的镍正极

图 19.1　纤维镍基板和镍正极

19.2　化学原理

有极板盒式开口镉/镍电池、烧结式镉/镍电池、纤维镉/镍电池及黏结式镉/镍电池以及其他各种镉/镍电池体系的电化学机理相同。充放电反应可简写为：

$$2NiOOH + 2H_2O + Cd \underset{充电}{\overset{放电}{\rightleftharpoons}} 2Ni(OH)_2 + Cd(OH)_2$$

放电过程中三价的氧化镍还原为二价的氢氧化（亚）镍，金属镉氧化成氢氧化镉，并且伴随着水的消耗。充电时，发生上述反应的逆反应。电动势（EMF）为 1.29V。

与铅酸电池中的硫酸不同，氢氧化钾电解质的密度和组成在充放电过程中变化不大。电解质密度一般约为 1.2g/mL。电解质中常加入氢氧化锂来改善循环寿命和高温性能。关于电池过充电时的反应详见 19.7 节。

19.3　结构

新型有极板盒式电池的局部剖视图见图 19.2。正极活性物质为添加石墨和钡/钴化合物的氢氧化（亚）镍。石墨能增加导电性，钡/钴化合物能提高寿命和容量。负极活性物质为添加了铁或铁化合物的氢氧化镉或氧化镉，有时还加入镍。铁和镍的加入是为了稳定镉，防止晶体生长和聚集，并提高导电性。典型的活性物质组成见表 19.2。

表 19.2　放电态有极板盒式电池的典型活性物质组成

正极活性物质		负极活性物质	
组　分	质量分数/%	组　分	质量分数/%
氢氧化镍	80	氢氧化镉	78
氢氧化钴	2	铁	18
碳	18	镍	1
		碳	3

有极板盒式镉/镍电池的正负极采用相同的活性物质载入方式，是在由冲孔钢带制成的扁平袋中直接填入活性物质。薄钢带采用淬火细钢冲针冲孔或辊压冲孔，孔隙率在 15%～30% 之间。钢带上镀镍，以防止正极活性物质发生"铁中毒"。

活性物质先压制成球形，或直接以粉末状态填入预成型的冲孔钢带中。上、下层的钢带经辊压叠在一起，多个叠好的钢带相互锁紧形成长形的极板带，然后将其切割成电极块，并加上钢框即制成电极。钢框的作用是提高机械稳定性和汇集电流。

电极可做成不同的厚度（1.5～5mm），以满足高、中、低放电率电池的需要，且负极极板总是比正极极板薄（30%～40%）。

电极通过螺栓或焊接连接在一起，形成极群。以正、负电极相互交错的方式将正、负极群组合在一起，并用塑料钉或绝缘片将正、负电极相互绝缘。有时电极间用隔膜、冲孔塑料片或塑料网栅隔开。不同规格电池中的正、负极板间距不同，对于高倍率电池，间距小于1mm；对于低倍率电池，间距可达 3mm。

将极组放入塑料电池壳或不锈钢电池壳中。塑料电池壳由聚苯乙烯、聚丙烯或阻燃塑料制成。相比不锈钢电池壳，采用塑料电池壳的突出特点是能观察电解质的液面高度而且不需防腐保护措施。此外，塑料电池壳更轻，能更紧凑地排列。塑料电池壳的主要缺点是对高温

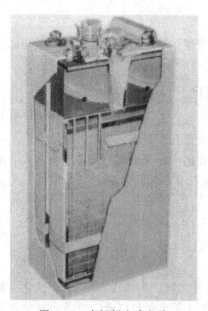

图 19.2　有极板盒式电池

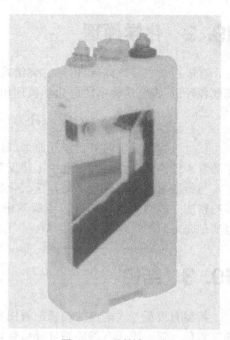

图 19.3　黏结式电池

敏感，体积大。采用塑料电池壳的黏结式电池如图 19.3 所示。

图 19.4 为纤维镉/镍（FNC）电池的局部剖视图。电池壳和电池盖均由聚丙烯制成，并焊接在一起。从图中可以看到，极组由负极、波浪形隔板和正极组成。极柱与电池盖的密封处使用 O 形密封圈，保证气体不外泄，电池盖上的两个极柱中间有一个泄气阀。对于某些应用，泄气阀中还装有气体复合催化芯。电池极柱采用镀镍的铜材料制成，电解质采用密度为 1.19kg/L 的 KOH 溶液。

单体电池组装成电池组的方式多种多样。通常是 2～10 个单体电池组合成电池组单元。数个电池组单元再组合成最终的电池组，如图 19.5 所示。塑料外壳的单体电池也可以紧密排列在搁置架（或底垫）上，然后通过连接片连接成电池组。这种连接方式特别适用于固定式电源中（图 19.6）。采用不锈钢外壳的单体电池可用类似的方法进行组合，但是单体电池必须相互隔开，并与搁置架绝缘。

空间用镉/镍电池组通常由 19～21 个单体电池组装成，其结构如图 19.7 所示。通常情况下，采用监测半电池组或 1/4 电池组电压的方式来监控单体电池间的平衡

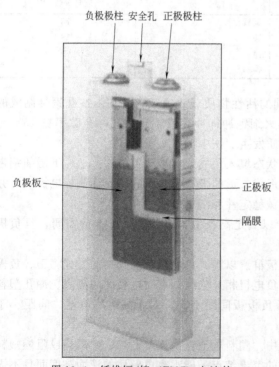

图 19.4　纤维镉/镍（FNC）电池的
局部剖视图（Hoppecke 电池）

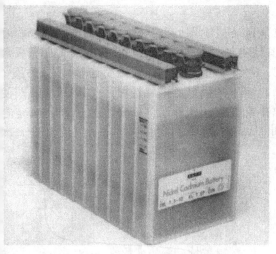 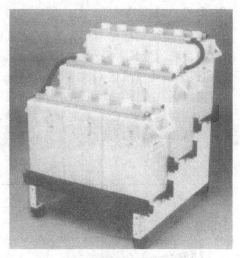

图 19.5　10 只单体电池（聚丙烯外壳）　　图 19.6　在搁置架上组合的塑料
　　　　　焊接成的电池组单元　　　　　　　　　　外壳单体电池

图 19.7　开口式航空用镉/镍电池及其装配结构俯视图
（SAFT America，Inc 提供）

和电池组的荷电状态。

19.4　特性

19.4.1　体积比能量和质量比能量

有极板盒式单体电池的质量比能量和体积比能量通常分别为 20W·h/kg 和 40W·h/L，市售产品最高能达到 27W·h/kg 和 55W·h/L。而对于有极板盒式电池组，以上四项指标分别能达到 19W·h/kg、32W·h/L 以及 27W·h/kg、44W·h/L。上述数据是基于 5h 率放电时的额定容量和平均放电电压计算而得到的。大型纤维镉/镍电池的质量比能量和体积比能量可达到 40W·h/kg 和 80W·h/L，黏结式电池可达到 56W·h/kg 和 110W·h/L。烧结式电池的质量比能量为 30～37W·h/kg，体积比能量为 58～96W·h/L（详见第 20 章）。

19. 4. 2　放电特性

镉/镍电池的标称电压为 1.2V。虽然放电率和温度对于所有电化学体系的放电性能都有重要的影响，但其对镉/镍电池的影响要小于其他电池，如铅酸电池的影响。因此有极板盒式镉/镍电池能以高倍率放电且额定容量的损失不大；而且电池的工作温度范围也比较宽。

室温下有极板盒式和黏结式电池在不同放电率下的恒流放电特性曲线见图 19.8。即使放电电流高达 5C（C 为安时容量数值），高倍率有极板盒式电池仍可释放出 60% 的额定容量，黏结式电池可释放出 80% 的额定容量。电池容量、放电率和终止电压的关系如图 19.9 所示。

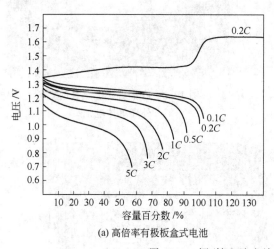
(a) 高倍率有极板盒式电池

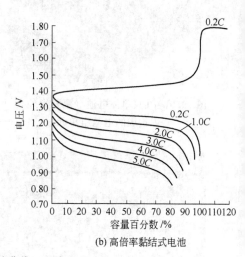
(b) 高倍率黏结式电池

图 19.8　镉/镍电池充放电特性曲线（温度 25℃）

采用标准电解质的有极板盒式镉/镍电池可在 -20℃ 下使用。若增大电解质浓度，使用温度可降至 -50℃。温度对中倍率有极板盒式镉/镍电池（采用标准电解质）性能的影响如图 19.10 所示。

镉/镍电池也可在高温下使用。虽然偶尔在更高的温度下使用并不会对电池造成损害，但通常将 45~50℃ 作为电池长时间工作的温度上限。最近在亚洲西南部高温地区对航空镉/镍电池进行的实验表明，镉/镍电池的使用与维护已经突破传统高温环境的限制，甚至可以在 70℃ 高温下使用。

图 19.11 给出了高倍率电池的所谓启动特性曲线。电池可以 20C 放电 1s，终止电压为 0.6V。

偶尔的过放电或反极不会对镉/镍电池造成损害。镉/镍电池即使被完全冻结，升温后还能正常工作。

19. 4. 3　内阻

镉/镍电池的内阻通常较低。100A·h 高、中、低倍率有极板盒式电池的直流电阻分别为 0.4mΩ、1mΩ 和 2mΩ。对于同系列电池，电池内阻主要与电池容量大小成反比。降低温度和减小荷电状态会导致电池内阻升高。高倍率纤维镉/镍电池的内阻为 0.3mΩ，低倍率为 0.9mΩ。黏结式电池的内阻低至 0.15mΩ。

19. 4. 4　荷电保持

有极板盒式开口电池在 25℃ 下的荷电保持性能如图 19.12。荷电保持能力受温度影响，

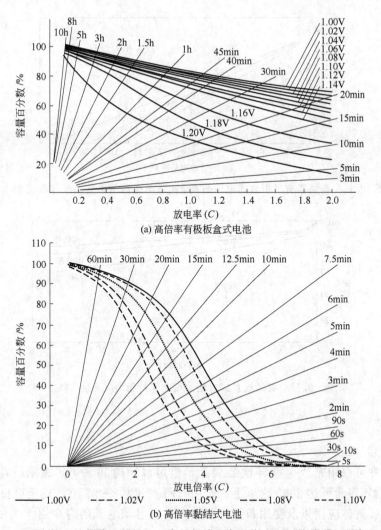

(a) 高倍率有极板盒式电池

(b) 高倍率黏结式电池

图 19.9　镉/镍电池的放电特性——容量与放电率和终止电压的关系（温度 25℃）

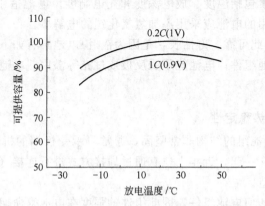

图 19.10　使用标准电解质的中倍率镉/镍电池满充电时
（温度 25℃）输出容量与温度的关系

电池在 45℃下的容量损失约比 25℃时高 3 倍。当温度低于−20℃时，电池实际上已经不会
发生自放电。纤维镉/镍电池和黏结式电池的荷电保持特性相似，见图 19.12 中高倍率电池

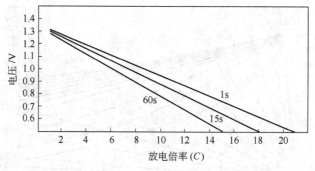

图 19.11　高倍率有极板盒式电池的放电电压与电流的关系曲线（温度 25℃）

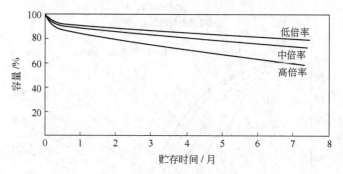

图 19.12　有极板盒式电池的荷电保持能力（温度 25℃）

的荷电保持曲线。

19.4.5　寿命

　　电池的寿命可以用充放电循环次数表示，也可以用时间（年）表示。在正常条件下，镉/镍电池的循环寿命可达 2000 次以上。若用时间表示为 8～25 年，甚至更长。这主要取决于电池的结构、具体应用以及使用条件。柴油发动机启动电源的寿命通常为 15 年，火车照明电源为 10～15 年，固定式备用电源为 15～25 年，航空电源为 3～5 年。

　　影响电池寿命的因素包括温度、放电深度和充电制度。电池适于在低温或常温下使用。在高温下工作或循环使用的电池应采用添加氢氧化锂的电解质。

　　镉/镍电池之所以如此可靠、寿命长，是因为镉/镍电池具有如下特点：结构坚固；电解质不腐蚀电极及其他电池组件；电池能承受反极或过充等滥用；电池可在任意荷电状态下长时间贮存。

19.4.6　机械强度和热稳定性

　　镉/镍单体电池和电池组的结构非常坚固，通常可承受极端的机械滥用，并可以随意搬运。极组通过螺栓紧固在一起，近年来也有通过焊接方式进行连接（如 FNC 电池）。电池壳采用钢或高强度塑料制造。

　　由于电解质不腐蚀任何电池组件，因此组件的强度在电池寿命期内不会降低。不会出现因极耳和极柱受到腐蚀而导致电池突然失效。

　　镉/镍电池的耐热能力非常好。在 85℃ 甚至更高温度下，电池不会发生力学性能方面的损坏。采用聚丙烯或钢外壳的电池，在耐热方面的性能尤为突出。采用塑料外壳的电池，可在盐碱环境或腐蚀性环境下使用。

19.4.7 记忆效应

记忆效应——电池在一定循环周期调节其电性能的趋势，是镉/镍电池在某些应用中一直存在的问题。有极板盒式、纤维极板式和黏结极板式电池无记忆效应，19.7.2 节以烧结式镉/镍电池为例对记忆效应进行介绍。

19.5 充电特性

有极板盒式电池必须采用恒电流、恒电压或改进的恒电压方法进行充电。恒电流充电的特点如图 19.7。对于处于放电状态的电池，通常采用 5h 率充电 7h。虽然过充电不会对电池造成损害，但也应避免。因为过充电会促进气体的析出和水的分解。电池可在 −50～45℃ 的温度范围内充电，但在边界温度下的充电效率较低。

限流条件下的恒电压充电特点如图 19.13。通常电流限制在 0.1C 率～0.4C 率，以 1.50～1.65V 的电压对电池进行充电。根据限流值和电池类型的不同，充电时间为 5～25h 以上不等。

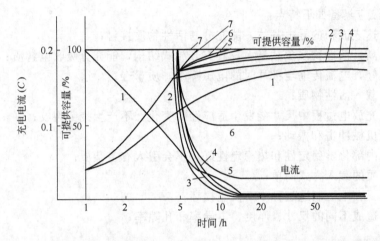

图 19.13 中倍率有极板盒式电池在限流（0.2C）条件下的恒电压充电（温度 25℃）
1—1.40V/单体电池；2—1.45V/单体电池；3—1.50V/单体电池；4—1.55V/单体电池；
5—1.60V/单体电池；6—1.65V/单体电池；7—1.70V/单体电池

对于某些应用，如应急电源和备用电源，电池需要保持在较高的荷电状态。简便的做法是将电池与常用电源和负载并联，按单体电池 1.40～1.45V 的电压进行浮充电。此外，每隔一定时间或电池每次放电后，还要额外进行充电。

当电池从放电态充电到满荷电状态时，有极板盒式电池的安时效率为 72%，瓦时效率约为 60%。黏结式电池的安时效率最高为 85%，瓦时效率最高为 73%。

19.6 密封镉/镍电池技术

密封镉/镍电池技术的发展如下所述。

航空用密封镉/镍电池虽然始于 20 世纪 70 年代，但并不成功，这主要源于其缺乏对原材料和化学品的质量控制。不过，随着空间镉/镍电池技术的提高，要想开发出低维护、长寿命航空电池，就必须对电池材料、制造和装配过程进行质量控制。在 70～80 年代，一项旨在改进上述影响因素的计划就已在美国 Wright-Patterson 空军基地进行。通过该计划的研究成果，先进免维护电池系统（AMFABS）在 90 年代早期就已经开始在美国空军飞机上进行测试，并最终在 B-52 轰炸机上服役。这项计划的成功使得少维护密封镉/镍电池开始在其他军用飞机上使用，并最终被波音公司所采用，用于其商用飞机上。但遗憾的是，密封镉/镍电池技术由于其自身越来越高的充电要求和不断增加的质量控制，使其在飞机上的应用成本不断增加，使密封镉/镍电池技术的应用低于预期。与此同时，其他商业电池公司也在研究密封镉/镍电池技术的低成本化问题。例如，除了将在 19.7 节中介绍的纤维镉/镍电池技术外，Marathon 公司和 SAFT 公司同时对密封镉/镍电池也提出少维护和极少维护概念。密封镉/镍电池技术在细节上与工业化镉/镍电池技术有明显不同；而且它是真正意义上的开口烧结极板式镉/镍电池，其化学特性和技术发展状况将在第 20 章中进行详尽介绍。

19.7 纤维镉/镍电池技术

19.7.1 电极技术

理想的电极应具备如下特点：

① 具有发达表面积的导电基体，能充分与活性物质接触；

② 孔隙率高，活性物质负载量大，具有开放式结构，能充分吸收电解质；

③ 导电性好，电流传输至极耳时的电压降小，质量轻；

④ 能充分载入活性物质；

⑤ 在电池充放电过程中尺寸能发生适应性的变化，不产生疲劳裂纹；

⑥ 能承受机械冲击和振动；

⑦ 在电池内部化学稳定性和热稳定性好，不会引入有害杂质；

⑧ 活性物质的载入方式简单；

⑨ 强度高，在电池制造过程中不发生损坏；

⑩ 易于制造成不同的尺寸、厚度、电导率和孔隙率；

⑪ 成本低。

与之前的技术相比，FNC 技术在极板设计方面迈进了一大步。FNC 技术的核心是三维镀镍纤维矩阵结构。由于可以按照预定的电流密度对镍的涂覆量进行优化，因此极板中没有多余的镍。超高（XX）、高（X 和 H）、中（M）和低（L）倍率电池所采用的极板可采用同一工艺制造，厚度为 0.5~10mm 不等。镍纤维的排布非常致密，单位体积（1cm³）电极上导电纤维的长度通常能达到 300m。这种集流体的孔隙率为 90%，能获得较高的活性物质利用率。因而能够改善低温性能，降低充电系数，显著提高高功率性能，如图 19.1（a）所示。

纤维电极孔隙率高，活性物质载入量大；同时吸液量大，不需要石墨或铁之类的导电剂。此外，由于纤维的表面积很大，因此载流纤维骨架和活性物质膏体的接触非常充分。因而在电极组分中非活性物质少，活性物质所占比例大。膏体以机械方式载入到电极上，在此过程中无杂质引入。活性物质［正极为氢氧化（亚）镍，负极为氢氧化镉］以机械方式直接载入到纤维极板上。纯净的活性物质有利于延长寿命，降低自放电并能提高产品的一致性、可靠性，如图 19.1（b）所示。利用这一技术已开发出表面积大、能大电流放电、寿命长的极板。

与 FNC 技术相关的制造工艺和设计理念促进电池性能的提高。充电效率的提高减小过充电时的析气反应，因而减小开口电池的注液频率。FNC 极板能在充放电过程中发生弹性伸缩，因而消除造成镍、镉极板劣化的重要因素。极板所具有的这种弹性还能使其承受更强的冲击和振动，防止机械裂纹的产生及由此导致的极板劣化，延长电池寿命。

19.7.2　生产灵活性

电池的功率特性影响电池的潜在应用。高功率电池能在几分钟内释放出绝大部分容量。要使电池的功率最大化，需将电池的电阻最小化。为此，在高功率电池的设计中通常采用表面积大的薄电极以及较高的导电剂含量，而这些措施同时也增大了电池质量、体积和成本。可见，应综合考虑各项因素，根据具体应用优化电池设计。因此，采用厚电极和低导电剂含量制造小功率电池显得更有效、更经济。

实际生产的限制制约大容量、低倍率烧结式电池的发展。相反，FNC 技术可涵盖范围很广的电池。纤维电极的厚度及导电金属镍含量均在一个数量级范围内变化，这使得可采用相同工艺和设备生产大容量、轻型、低成本电池或超高功率、重型、高成本电池。对于用户来说，这意味不用再分别考虑烧结式、各种有极板盒式或泡沫极板电池各自的特点。FNC体系在所有应用中具有相同性质和基本特点。

19.7.3　密封电池和开口电池

在水溶液镍电极电池的充电过程中总存在竞争反应——水的电解。在充电末期，通常正极析出氧气，负极析出氢气。电池对析出气体的处理方式决定电池是否能密封。对于密封电池，气体在电池内部发生复合反应。对于开口电池，气体排出电池外，因此也称为排气式电池。

生成气体的反应称为过充电反应。密封电池和开口电池的过充电反应不同。

过充电反应：

排气式（开口）电池：

正极　$4OH^- \longrightarrow 2H_2O + O_2 + 4e^-$

负极　$4H_2O + 4e^- \longrightarrow 2H_2 + 4OH^-$

总反应　$2H_2O \longrightarrow 2H_2 + O_2$

总的反应是水电解成氢气和氧气。

密封电池：

正极　$4OH^- \longrightarrow 2H_2O + O_2 + 4e^-$

负极　$2Cd(OH)_2 + 4e^- \longrightarrow 2Cd + 4OH^-$

总反应　$2Cd(OH)_2 \longrightarrow 2Cd + 2H_2O + O_2$

负极的化学复合反应　$2Cd + O_2 + 2H_2O \longrightarrow 2Cd(OH)_2$

对于密封电池，过充电的结果是电能转化成热能，而总的来说电池内无化学变化。过充电反应，尤其是密封电池中的复合反应为放热反应。

在电池充满电之前，正极就开始发生过充电反应，因此充电时发生氧气的析出不可避免。当温度较高时，在较低电位下就可发生氧气的析出反应，因此高温下的充电效率较低。对于开口电池，还需补加更多的水。此外，这使得负极达到全充电状态时而正极充电不足。这种正、负极间的不平衡减小电池容量。为恢复损失的容量，开口电池组需通过短路每只单体电池进行深度放电。

19.7.4　密封免维护 FNC 电池

随着密封 FNC 技术的发展，首次开发出免维护高倍率方形镍/镉电池。在密封电池中，未进行填充的镍纤维极板置于两片镉负极之间，就相当于在一片负极中间形成一个未填充的区域，氧气在此区域快速发生还原反应。FNC 极板上的微孔相对较大，是氧气到达复合反应点的主要通道，氧气很容易到达复合反应表面，如图 19.14 所示。

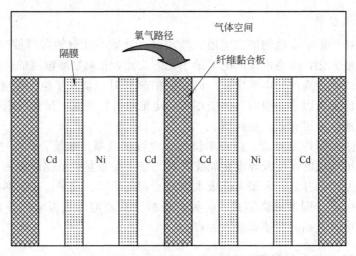

图 19.14 纤维镍/镉电池电极结构

由于氧气能快速发生复合反应，避免密封镉/镍电池中出现压力积累的情况，因此密封 FNC 电池可以承受高充电率充电，甚至过充。所以密封 FNC 电池有可能采用常见的尼龙外壳设计为方形结构，而不用像高压电池一样必须采用圆柱形结构。方形密封 FNC 电池的电池壳通常采用聚酰胺（尼龙）或不锈钢制造。由于电池内存在负压（绝对值约为 0.1bar），因而电池能承受过充电时氧气的析出所造成的压力变化，电池壳不发生变形。此外，由于外部气压将壳壁和极组挤压在一起，增强极板间的液相接触，同时使得结构更坚固。塑料电池壳的外部包裹有一层铝箔，起到气体屏障的作用，阻止气体和水通过塑料壳进入电池内部。由于没有气体渗入电池内部，电极材料可以保持活性，电池能够使用多年。

所有镉/镍电池均需通过过充电才能达到 100% 荷电状态。在过充电阶段，过充的电量促使氧气和氢气析出。对于开口电池，这些气体与水蒸气一起排放到电池外，损失的液体进行补充。对于密封 FNC 电池，没有任何气体排放到电池外发生损失。产生的氧气很快在负极发生复合反应，而负极上过量氢氧化镉的过放电又阻止氢气的析出。气体的复合反应使得极板的荷电状态保持平衡，避免不平衡所导致的能量损失。密封电池不发生电解质的溢出和腐蚀。由于电池内没有游离的 KOH，因此甚至可以采用铝外壳来减轻电池重量。

在电池发生反极或充电电压失去控制的情况下，氢气将析出。电池内放置一块由 Pt/Pd 催化基体制成的复合极板，氢气在该板上能够发生复合反应。氢气发生复合反应所需的氧气来自正极的自放电反应或电池随后充电时的过充电反应。

当滥用导致电解质沸腾时，电池顶部的安全阀可将过大的压力释放掉。严重的过充电可能导致上述情况发生，因为此时电池内的热量不能及时散发掉。在热滥用（100℃或更高）的情况下，当电池内部压力达到约 45psi 时安全阀开启，将水蒸气排出电池外。但电解质不会发生泄漏，即使是电池倒置。当电池冷却后，安全阀重新关闭，电池将回到正常的负压工作状态。电池中水的流失将是导致电池容量减小的重要因素。

正、负极板通过镍极耳分别连接到正、负柱上。镍极耳通过一种已获专利的焊接工艺直接焊接到纤维极板上，然后直接固定在镀镍实心铜极柱上。各种电池中电流通路的设计都是为了获得最佳电性能。

极板的组装如前文所述。正极板和镉负极板用吸附了电解质的隔膜隔开。镉电极包括三部分：两个载入负极活性物质的纤维极板以及二者之间未填充物质的纤维复合电极。电极所具有的发达的复合表面足以承受以 2C 率对满荷电状态电池进行的充电。由于未填充物质的复合极板是氧气发生复合反应的主要通道，因此电池可采用小孔径隔膜。在电池中隔膜完全吸满电解质，这有利于提高电池的高倍率性能。此外，复合极板也具有贮存电解质的功能，防止因极组干燥所导致的电池早期失效。

密封 FNC 电池具有能自动防止故障发生的特性。即使过充电至电解质沸腾，电池也不会发生热失控。相反，随着水蒸气排出电池外，电池逐渐干涸，同时电池的阻抗增加。而随着阻抗增加，电流逐渐下降。一段时间过后，电池不再接受充电，电池将逐渐冷却下来。

19.7.5　性能

型号为 KCF XX47 的电池在进行短路实验时可输出约 4000A 的电流，这一结果表明，密封 FNC 电池具有能大电流放电的特性（图 19.15）。KCF XX47 电池用于大型辅助电源（APU）和直流电机启动。12V 恒压放电的结果表明这种电池具有非常出色的功率特性（见图 19.16），从 KCF XX47 作为大型宽体飞机 APU 时的启动曲线也可看出这一特点。前两次放电启动不成功，第三次启动成功。在这种应用中要求电池的最低电压为 13V，而密封 FNC 电池能输出 16V 以上的电压（见图 19.17）。

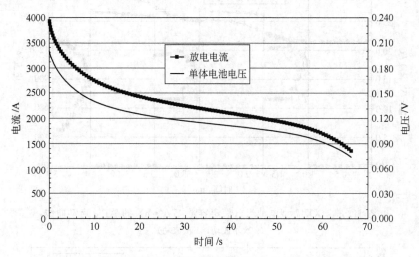

图 19.15　KCF XX47 型电池（额定容量 47A·h）的短路电流

密封 FNC 电池的低温性能也非常出色。在−18℃下，28V、47A·h 电池的电池电压与放电容量的关系如图 19.18 所示。

密封 FNC 电池在低放电率下和高放电率下的循环寿命都非常长。电池在低地球轨道（LEO）循环测试中的循环寿命表明，在 35%DOD、10℃、C/2 的循环条件下，电池的循环寿命超过 10000 次。在保持电池的放电终止电压不变的情况下，电池的低充电系数（约 3%）表明密封 FNC 电池的充电效率非常高。

因为密封 FNC 电池不像其他 NiCd 电池那样有记忆效应，电池不需进行深放电循环，因此在维护时不需从航天器上取下电池，如需检测容量，可在装机的情况下通过便携式充/放电装置完成。

密封 FNC 电池的充电特性比较简单，不同于开口镉/镍电池。由于过充电过程中发生复合反应，因此常见的 dV/dt 现象在密封 FNC 电池中并不总能观察到。此外，过充电时复合反应产生的热还可以作为可靠的充电控制参数，可以用电池的温升（ΔT）来控制从主充电

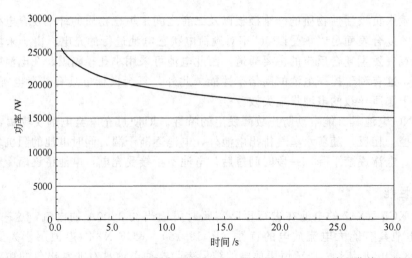

图 19.16　XX47 型电池组（额定容量 47A·h）的恒压（12.0V）放电曲线（室温）

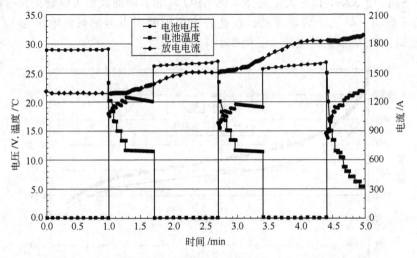

图 19.17　XX47 型电池组（额定容量 47A·h）的 APU 启动曲线
（2 次不成功，1 次成功）

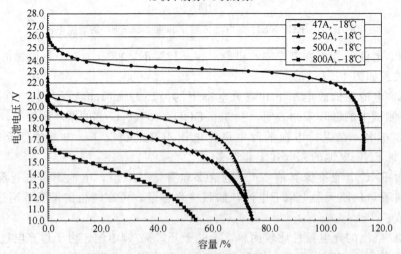

图 19.18　XX47 型电池组（额定容量 47A·h）的恒电流放电曲线
（电池充电温度 25℃，放电温度 -18℃）

模式到辅助充电模式的切换以及判定充电的终止。

电池适宜在单体电池 1.55V 的限压（最高电压）条件下进行恒电流充电。该限压值还足以保证电池能在 -40℃ 的温度下充电。对于许多应用来说，这也就意味不再需要使用加热带。

满荷电状态 FNC 电池的复合反应能使电池继续承受以 2C 率进行过充电。

19.8　制造商和市场划分

工业用镉/镍电池的主要制造商见表 19.3，电池的市场划分和应用情况见表 19.4。

表 19.3　工业和空间用镉/镍电池的主要制造商（不含烧结式电池，见第 20 章）

制造商/国家	商标	产品种类		
		袋式电极	纤维电极	黏结式电极
Acme Electric,美国	Acme		×	
Alcad Ltd.,英国	Alcad	×		
HBL-NIFE Power System,印度	HBL	×		
Hoppecke Batterien,德国	Hoppecke		×	
Japan Storage Battery,美国	GS	×		×
Marathon Battery,美国	Marathon			×
SAFT,S.A.,法国	SAFT	×		×
Tudor S.A.,西班牙	Tudor	×	×	
Varta,德国	Varta	×		
Yuasa,日本	Yuasa	×		

表 19.4　工业用开口镉/镍电池的市场划分及应用

类型	盒式极板			纤维极板				塑料黏结极板	
	H	M	L	XX	H 或 X	M	L	H	M
容量/(A·h)	10~1000	10~1250	10~1450	23~47	10~220	20~450	20~490	11~190	20~200
应用	UPS,启动,电气开关	UPS,电气开关,辅助电源,应急电源	照明,警报,信号,通信,备用电源	航空电池	UPS,卫星,启动,电气开关,牵引,发电站和变电站	UPS,电气开关,辅助电源,应急电源	照明,UPS,警报,信号,远程通信,备用电源	UPS,启动,电气开关,牵引,航空电池	照明,辅助电源,牵引
铁路	×	×	×		×	×	×	×	×
公共交通	×	×	×		×	×	×	×	×
工业	×	×	×		×	×	×	×	
建筑	×	×			×	×			
医院	×	×	×		×	×	×		
石油和天然气	×	×	×		×	×	×		
机场	×	×			×			×	
舰艇	×	×	×		×	×	×	×	×
军事	×	×	×		×	×	×	×	
远程通信	×	×	×		×	×	×		
光伏系统			×				×		
AGV/HEV							×	×	

注：X，H 为高倍率；M 为中倍率；L 为低倍率；XX 为超高倍率。

图 19.19 是标称电压为 28V、额定容量为 47A·h 的航空电池系统，包括电池组（XX

图 19.19 FNC 航空电池系统
[（左）电池组（28V、47A·h）；（右）充电器]

47 型）及专用充电器。

19. 9 应用

由于镉/镍电池电性能优良，可靠性高、维护量小、坚固耐用、寿命长，因此在许多领域得到广泛应用，详见表 19.4。其中绝大部分应用属于工业领域，但同时也涉及许多商业、军事及空间领域。

镉/镍电池起初是作为牵引电源而开发。自 20 世纪初以来，镉/镍电池已在铁路领域得到广泛应用。如今在全球范围内，镉/镍电池是许多铁路和公共交通用固定式电源的首选。大约 40% 的工业用镉/镍电池用于列车照明及空调、紧急和备用系统（如紧急刹车、电气开门）、公交车和地铁车辆的照明、火车机车和长途客车的柴油发动机启动、铁路信号、沿线通信以及火车站和交通控制系统的备用电源。自其在铁路和公路应用以来，有极板盒式电池占据这块市场。但近年来随着对电池质量比能量和体积比能量要求的提高，黏结式电池和纤维极板电池也开始涉足这块市场。尤其是在高速列车、公交车、地铁和轻轨上，黏结式电池和纤维极板电池都得到应用。但在以坚固和耐用作为对电池主要要求的应用中，有极板盒式电池仍保持其优势地位。

镉/镍电池可用于备用和应急固定式电源。在这种应用中可靠性为首要条件，因为一旦断电将会带来生命和重大财产损失，如手术室的应急电源、海上石油钻井平台所有关键设备的备用电源、银行和保险公司大型计算机系统不间断电源（UPS）、加工行业备用电源以及机场应急照明和着陆系统电源。

镉/镍电池还用于供电不能中断的发电站和配电系统，用于电气开关的控制及监测。在许多工业化国家，医院、公共建筑、体育场馆和学校都设有集中的应急照明系统，所使用的镉/镍电池组通常都标明建筑物编号，并指定负责人。

在许多领域，一旦主电源失效，便应安装柴油发电机或燃气轮机来继续供电。事实证明，镉/镍电池是确保上述发电设备能快速启动和可靠运行的最佳应急电源。

对于某些便携式应用，电池需在极限工作温度下使用或需随意搬运。镉/镍电池在这方面的应用包括信号灯、手电、探照灯和便携式仪器。防溢出的开口电池应用于大型装置，而密封镉/镍电池应用于小型装置（第 20 章）。

由于镉/镍电池的成本高于铅酸电池，因而工业用电池市场被铅酸电池所垄断。镉/镍电池只应用在某些特定领域。对于只对电池能量提出要求的应用，铅酸电池成本最低，其单位能量（W·h）的成本低于镉/镍电池。但是，若计算单位功率（W）的成本或循环寿命成本，镉/镍电池可与铅酸电池相竞争。因为镉/镍电池高倍率性能更好、寿命更长且维护费用低。典型的例子就是机车柴油发动机的启动可采用容量（A·h）仅为铅酸电池的三分之一、但寿命为铅酸电池 4 倍的镉/镍电池。对于短时间放电的应用，如备用和应急设备，使用时间通常不到 0.5h。电池的额定容量并不重要，所用电池大小主要由所需功率决定。若在计算循环寿命成本的同时，考虑其可靠性和耐久性，镉/镍电池应该是此类工业应用的最佳选择。

超高倍率（XX）和高倍率（X）的纤维极板镉/镍电池主要用于飞机、军事和空间领域。镉/镍电池的应用十分广泛，因此如何根据具体应用的要求选择最合适的技术非常重要。现有的三种工业用镉/镍电池的特性有所不同。

在这三种电池中，有极板盒式电池的特点是成本最低、可靠性高、安全（能自动防止故障的发生），但其体积比能量和比功率限制在某些领域的应用。纤维极板镉/镍电池的内阻低于有极板盒式电池且电池可设计成为超高倍率、高倍率、中倍率和低倍率电池。对体积比能量和比功率要求较高的应用，可选择黏结式电池。自动导航车（AGVs）只能选用黏结式和纤维极板镉/镍电池。在某些有极板盒式电池的传统应用领域，如发动机启动、电气开关和不间断电源（UPSs）等只要求短时间放电应用，黏结式和纤维极板镉/镍电池同样具有成本和性能上的优势。

参 考 文 献

General：

Barak, M. (ed.), *Electrochemical Power Sources*, Peter Peregrinus, London, 1980.

Brunamonti, P., *Life Cycling at Elevated Temperatures Battery Types M 81757/8-5 and M81757/15*：*Marathon Power Tech. Co.*, EDD 99-127, Nov. 30, 1999, Crane Div., Naval Surface Warfare Center, Crane, IN 47522-5001

Falk, S. U., and A. J. Salkind, *Alkaline Storage Batteries*, Wiley, New York, 1969.

Jacksch, H.-D., *Batterie Lexikon*, pp. 348-394, Pflaum Verlag, Munich, 1993.

Kinzelbach, R., *Stahlakkumulatoren*, Varta, Hannover, Germany, 1968.

Miyake, Y., and A. Kozawa, *Rechargeable Batteries in Japan*, JEC Press, Cleveland, OH, 1977.

Newman, B., *Life Cycling at Elevated Temperatures Battery Types M 81757/15*：*SAFT America, Inc.*, EDD 99-122, Nov. 17, 1999, Crane Div., Naval Surface Warfare Center, Crane, IN 47522-5001.

Plastic-Bonded Electrode Technology：

McRae, B., and D. Nary, *Proceedings of the 38th Power Sources Conference*, pp. 123-126 (1998).

FNC Technology：

Anderman, M., C. Baker, and F. Cohen, *Proceedings of the 32nd Intersociety Energy Conversion Conference*, Vol. 1, p. 97465 (1997).

Baker, C., *Proceedings of the SAE Power Systems Conference*, Williamsbury, VA (1997). See *Advanced Battery Technology*, April 1997.

Baker, C., and M. Barekatien, *Proceedings of the SAE Power Systems Conference*, San Diego, CA (2000).

FNC Vented Nickel-Cadmium Batteries, Hoppecke Batterien.

第 20 章

开口烧结式镉/镍电池

R. David Lucero

20.1 概述

烧结式镉/镍电池是镉/镍电池体系中成熟的分支,体积比能量比其前身袋式电池高出50%。烧结式极板比袋式极板薄很多,单体电池的内阻更低,高倍率性能和低温性能更优良。烧结式镉/镍电池的重要特点是放电电压平稳,其性能受放电负载及温度变化的影响小于其他电化学体系的电池。烧结式电池具有袋式电池的绝大部分优点。但成本通常也更高。其电性能和力学性能稳定、可靠,几乎不需维护,能以充电状态或放电状态长期贮存且荷电保持能力好。电池由于自放电损失的容量可通过常规充电得以全部恢复。该电池的主要优缺点见表20.1。

表 20.1 开口烧结式镉/镍电池的主要优缺点

优 点	缺 点
放电电压平坦	成本高
体积比能量高(比袋式高50%)	有记忆效应(电压下降)
高倍率性能和低温性能优良	为提高寿命需要充电系统具有温度控制
长期贮存性能优秀	
容量保持能力强;容量可通过充电恢复	

由于具备上述特点,因此开口烧结式镉/镍电池能够应用在高功率放电领域,如航空涡轮发动机和柴油机的启动以及其他汽车和军用设备上。其出色的电性能可以满足各种应用对电池峰值功率和快速充电的要求。开口烧结式电池之所以被广泛应用,还因为与其他电池体系相比具有体积小、重量轻、维护少的特点。对于低温条件下的应用来说,这些特点尤为明显。开口电池在充电终点时电压会升高,这为充电控制提供了有利的条件。

20. 2　化学原理

开口烧结式镉/镍电池处于放电状态时，正极为平板式氢氧化镍电极，负极为平板式氢氧化镉电极。正、负极间以隔膜隔开，隔膜在此起到气体阻挡层和绝缘层的作用。电解质通常为浓度为 31% 的氢氧化钾溶液，并将极板和隔膜完全淹没，因此开口电池被称为"富液式电池"。

在烧结式电极的设计中，活性物质沉积在烧结镍结构的孔中。正极活性物质为氢氧化镍，其中混合了 3%～10% 的氢氧化钴；负极活性物质为氢氧化镉。

正极的充放电电化学反应非常复杂，其机理[1]，尤其是钴在活性物质中所起的作用[2]还不清楚。为简便起见，本章仅讨论氢氧化镍在充放电反应中的变化。

充电期间，正极的氢氧化镍被氧化成更高价态镍的氧化物（NiOOH）。钾和水也以氢氧化钾的形式和活性物质结合在一起，如下式[3]：

$$Ni(OH)_2 + xK^+ + (1+x)OH^- \rightleftharpoons NiOOH \cdot xKOH \cdot (H_2O) + e$$

其中 x 表示键合到氧化镍晶格中的钾的比例。x 值很小（远小于 1.0），而且随生产工艺的不同而变化。

充电期间，负极的氢氧化镉被还原为金属镉。

$$Cd(OH)_2 + 2e \rightleftharpoons Cd + 2OH^-$$

因此，总的充放电反应为：

$$2Ni(OH)_2 + 2xKOH + Cd(OH)_2 \underset{放电}{\overset{充电}{\rightleftharpoons}} 2NiOOH \cdot xKOH \cdot (H_2O) + Cd$$

根据上式，也许有人会提出利用电解质的浓度变化，通过测量电解质的密度来确定荷电状态的方法。然而，由于钾在活性物质中的作用复杂，同时碳酸盐的积累和电解质大量存在等问题，使得这种方法结果不可靠，并且也无法实现。

在达到热力学上的可逆电动势时，正极不再接受电荷使氢氧化镍转变成氧化镍[3]。实际上，当充电率足够低时，也将发生如下析气反应：

$$4OH^- \longrightarrow 2H_2O + O_2 + 4e$$

若充电率略微升高，就会使氧气的析出过电位随之升高，直至使氢氧化镍转化成氧化镍的反应比析氧反应优先发生。但是，当 80% 的氢氧化镍转化成氧化镍后，析氧竞争反应便开始发生，并一直持续到 100% 荷电状态，此后就只剩下析氧反应。

负极充电至基本达到 100% 荷电状态时，才开始发生析氢反应，见下式：

$$2H_2O + 2e \longrightarrow H_2 + 2OH^-$$

当以 $C/10$ 率充电时，在单体电池电压接近 1600mV 时发生析氢反应，如图 20.1。

镉电极上的析氢过电位非常高，在 $C/10$ 率充电时约为 110mV。因此，当负极开始过充电时，电压急剧上升，多种充电方法都利用这种电压突升来控制或终止充电。

过充电期间，全部电流都用于将水电解为氢气和氧气，总反应为：

$$2H_2O \longrightarrow 2H_2 + O_2$$

上述过充电反应消耗水，导致单体电池中的电解质量减少。因此，通过控制过充电量可以限制水的损失，从而尽可能增大两次补水操作的间隔时间。

通常在单体电池中负极容量过量 50%，因此电池容量受正极限制。

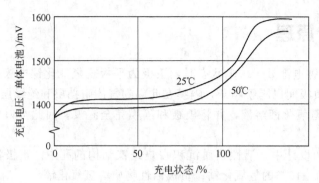

图 20.1 开口烧结式镉镍电池的恒流充电电压曲线（$C/10$ 率）

20.3 结构

在开口电池的设计中，正、负极在充电时应几乎同时达到满荷电状态。如前文所述，正极在达到满荷电状态前即开始析出氧气。此时若气体阻挡层失效，氧气将会到达负极发生复合反应，产生热量。这不仅会阻止负极充电至满荷电状态，而且会由于镉电极的电极电位升高而导致电压降低。为使正、负极最大限度地充满电，必须采取足够的预防措施防止氧气在负极发生复合反应，具体的方法是在正、负极之间放置气体阻挡层，同时用过量的电解质淹没极板。

典型的开口烧结式镉/镍电池的结构如图 20.2。

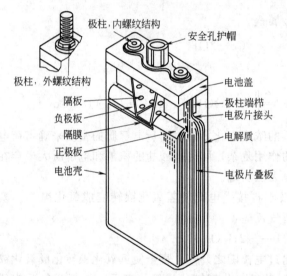

图 20.2 开口烧结式镉/镍电池的剖面

20.3.1 极板及其制造工艺

不同开口烧结式镉/镍电池制造商采用的极板种类各不相同。不同极板之间的区别在于骨架种类、烧结方法、浸渍工艺、化成和终止技术。多年来，Fleischer[4]工艺一直是开口烧结式极板的主流制造工艺。关于富液式开口电池的电极制造工艺，已有多篇综述进行回顾[3,5,6]。

（1）骨架　骨架既是烧结结构的机械支撑体，也是多孔烧结极板的电化学反应集流体。骨架使制造过程的连续性得以实现，同时为此过程提供了机械强度保证。通常采用的骨架有两种：连续的冲孔镀镍钢带或镍带，镍丝编织网或镀镍钢丝编织网。常见的冲孔骨架的厚度为 0.1mm，孔径为 2mm，孔隙率约为 40%。典型的编织网采用直径为 0.18mm 的金属丝，孔尺寸为 1.0mm。

（2）基板　浸渍前的烧结结构一般称为"基板"，其孔隙率通常为 80%～85%，厚度为 0.40～1.0mm。基板采用的烧结工艺有两种：拉浆法和干粉法。这两种工艺均采用特殊的低密度电池级羰基镍粉。

在拉浆法中，先将镍粉和含有低浓度触变剂的黏性水溶液混合均匀，制成浆体，然后将一定孔型的镀镍钢带经此浆体拉出。涂层厚度通过刮刀进行控制，同时要刮净边缘的余浆。

连续的拉浆基板条经干燥后，在约 1000℃的还原气氛中进行烧结。

在干粉法中，编织网通常预切割成所谓的母基板的尺寸，然后置于模具中，两面均压上松散粉末后进行烧结。烧结过程通常采用带式炉，在 800~1000℃的还原气氛中进行。

（3）浸渍　极板的浸渍包括在多孔烧结正极中载入氢氧化镍和在多孔烧结负极中载入氢氧化镉。Pickett 对各种浸渍工艺进行了总结回顾[6]。基板在硝酸盐浓溶液中浸渍后，通过化学沉积[4]或电化学沉积[7~9]工艺将硝酸盐转化成氢氧化物。对于开口电池，化学沉积的应用最为广泛，基本上沿用 1948 年的工艺[4]，变化不大。具体方法是先将基板用高浓度硝酸盐溶液进行浸渍，简单清洗后，用苛性碱将硝酸盐沉积为氢氧化物。加入苛性碱后，将基板作为阴极通电，此过程称为极化。通常极化循环是以大电流（1C 或更大）对基板充电约 1h，然后用清水冲洗基板。上述操作需重复多次，直至 40%~60% 的烧结孔内填充活性物质（或达到目标增重）。

（4）极板化成　极板在浸渍之后，先用机械的方式刷净表面，然后通过充放电循环进行电化学清洗与化成。在干粉法中，化成时采用惰性电极（通常是不锈钢或镍）作为对电极，化成电极对可采用松散结构或紧凑结构。化成对于将氢氧化物完全转移至烧结结构的孔中以及硝酸根在极板中的还原起至关重要的作用。极板的典型化成循环采用大电流充放，化成制度或时间因基板类型和极板容量而异。在连续带式法（拉浆法）中，化成设备的外观与连续电镀设备相似。从连续带上冲切下来的极板的顶部有一条边，其作用是作为与镍极耳或镀镍钢极耳的连接点。在干法制备的极板上压边，可以起到同样作用。

20.3.2　隔膜

隔膜具有多层结构，包括电隔离正、负极板的织物和作为气体阻挡层的离子渗透塑料膜。

极板的电隔离和机械隔离材料通常是尼龙布或尼龙毡。该材料的孔隙率相对较大，为电解质中的离子穿过微孔聚丙烯膜提供良好的通道。

微孔聚丙烯膜被用于气体阻挡层，同时具有最小的离子通过阻力。典型的微孔聚丙烯膜为 Celgard®（Celgard3400，生产商为 Celgard LLC，Charlotte，NC，28273）[10]。这种气体阻挡层很薄，浸湿后会变软，因此通常放置在两层尼龙隔膜之间，由此获得有效的机械支撑。近年来，气体阻挡层塑料膜的硬度已经得到大幅改进。

20.3.3　极组装配

极组装配时，正、负极交错放置，之间用隔膜-气体阻挡层隔开。电池极柱通过螺栓、铆钉或焊接的方式与极耳连接。对于极板片数较多的电池，最外侧极板的极耳需向内较大幅度弯曲，以连接到电池的极柱上。在这种情况下，有时通过在极柱上放置垫片以尽可能减小极耳的弯曲角度。

20.3.4　电解质

在满荷电状态时，电池中 KOH 电解质的浓度约为 31%（相对密度为 1.30）。电池性能，尤其低温性能在很大程度上依赖于此浓度（见 20.4.2 节）。

电解质的纯度对电池性能也有很大影响。电池中碳酸钾的含量直接影响电池的性能。碳酸盐浓度的增大会改变电解质的特性，降低电池的高倍率充放电性能。在新配制的电解质中碳酸盐的含量非常小，但是，电池中的有机组分会在电解质和氧气的作用下慢慢氧化，生成少量碳酸盐。这些碳酸盐随电池的使用不断积累，最终将降低电池的性能。当电池进行活化时，由于电解质与浸渍过程的残留物发生反应，从而使碳酸盐含量增高到 80~90g/L。先进的电池设计采用在 KOH 中不发生降解的组件。此外，不止一家制造商通过采用新配制的电解质反复冲洗新电池的方法，最终将碳酸盐含量降低到 $6\sim8g/L$。

20.3.5 电池壳

极组放置在电池壳中，极柱穿过上盖，伸出电池外。电池壳通常由低吸水性尼龙制成，包括电池槽和与之相匹配的上盖，在装配阶段通常采用溶剂密封、热熔合或超声焊接的方法将两者永久地焊接在一起。电池壳的作用是将电池密封起来，防止电解质发生泄漏或受到污染；同时为电池组件提供物理支撑。极柱通常采用带有 Belleville 垫圈的 O 形环和固定夹进行密封。

20.3.6 气塞和单向阀

气塞是可以拆下的塞子，拆下后可以向电解质中补充水。气塞同时还是单向阀，通过它可以释放掉过充电时电解水产生的气体，以及防止大气污染电解质。单向阀的构造主要是一个带空心柱的尼龙阀体，上面有通气孔，外面套有弹性套筒。它的作用相当于一个本生阀，只允许气体逸出电池外，而外部的空气却进不来。关于弹性套筒材料的研究取得显著进展。对于开口电池，乙丙橡胶套筒的性能最佳。此前曾采用过氯丁橡胶套筒，但氯丁橡胶会被 KOH 腐蚀，从而变软、膨胀、开裂。此外，它还经常在与阀体的界面处发生腐蚀，从而失去密封性。在腐蚀发生前，套筒和阀体间的电解质会使套筒表面软化，在随后的贮存过程中又会变干燥，并完全粘到阀体上。如果发生这种情况，充电期间电池内的压力将会逐渐积累，导致套筒脱落或破裂或电池发生爆炸[10]。

20.4 特性

20.4.1 放电特性

典型的开口烧结式镉/镍电池在不同电流下的放电曲线如图20.3所示，在不同温度下的放电曲线如图20.4所示。可见，这些曲线的特点是电压变化平稳，即使在较高放电速率和低温下亦是如此。图20.5给出了不同放电深度下电压与放电电流的关系。

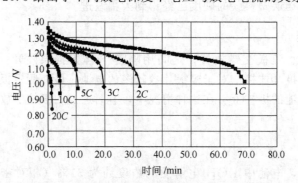

图 20.3　不同倍率下的典型放电曲线（25℃）

由于内阻低，开口烧结式镍/镉电池能以高达 $20C\sim40C$ 率的脉冲电流放电，因此可成功地应用于功率要求非常高的领域，如发动机启动（见 20.4.3 节）。

20.4.2 影响容量的因素

满荷电状态的开口烧结式电池所能释放的全部容量取决于放电率和温度，不过烧结式电

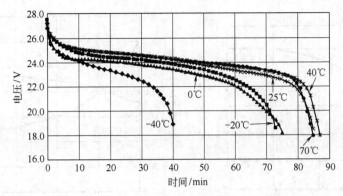

图 20.4　由 20 只单体电池构成的电池组在不同温度下的典型放电曲线（1C 率）

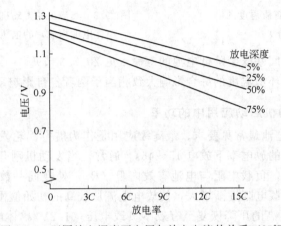

图 20.5　不同放电深度下电压与放电电流的关系（25℃）

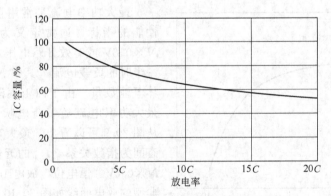

图 20.6　容量与放电速率的关系（25℃）

池受这些因素的影响要小于其他绝大部分电化学体系的电池。容量与放电电流及温度的关系分别如图 20.6 和图 20.7 所示。

采用低共熔点的 31%KOH 电解质（相对密度为 1.30，凝固点为 −66℃）可提高电池的低温性能。无论电解质的浓度高出或低于此值，其凝固点均会升高，如 26%KOH 的凝固点为 −42℃。从图 20.7 中可以看出，电池在 −35℃时的容量为 25℃时的 60% 以上。在温度继续降低到 −50℃的过程中，温度对容量的影响越来越大。高放电率产生的热量会使电池温度升高，从而使后继的放电性能比此环境温度下的预期性能好。

开口烧结式电池还可在高温下放电，但高温下的充电需进行严格控制。与大部分化学装

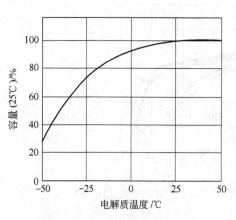

图 20.7　容量与电解质温度的
关系（1C 率）

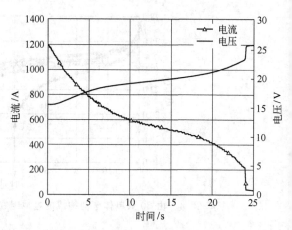

图 20.8　典型涡轮发动机启动用电池组（20 只
单体电池构成）的电压、电流与时间关系

置一样，在高温下长时间暴露会降低电池的寿命（见 20.7.3 节）。

提高放电率和降低环境温度的综合影响大致相当于两者各自影响系数的乘积。

20.4.3　变负载发动机启动应用中的功率

开口烧结式镉/镍电池最常见要求、最高级应用是作为航空涡轮发动机的启动电源，在该应用中电池需在较高的放电率下放电 15～45s。通常，当发动机刚开始启动时，尤其是在低温、临界启动条件下，负载电阻与电池有效内阻（R_e）处在同一数量级。随着发动机转子的逐渐加速，表观负载电阻逐渐增大，使放电电流从较高的初始值慢慢减小，同时电池组电压从初始时 50%或更高的压降恢复至有效零负载电压（1.2V/单体电池）。航空发动机启动的电池组电压、电流与时间关系如图 20.8 所示。

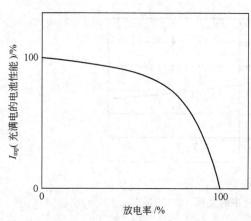

图 20.9　最大功率电流与荷电状态的关系（25℃）

最大功率电流是常用且有效的衡量电池性能的指标，通常定义为电池组电压达到 $N \times 0.6V$ 或有效开路电压（1.2V/单体电池）一半时的负载电流，其中 N 为电池组中的单体电池数量。由于内阻逐渐增大，因而瞬间最大功率电流随着荷电状态的降低而下降。从图 20.9 可以看出，最大功率电流与荷电状态间为指数关系。I_{mp} 的近似值还可以通过以 $N \times 0.6V$ "恒电位" 放电 15～120s 测量得到，典型的放电曲线如图 20.10 所示。

最大功率输出 P_{mp} 及有效内阻 R_e 与 I_{mp} 的关系如下：

$$P_{mp} = 0.6 N I_{mp}$$

和

$$R_e = \frac{0.6N}{I_{mp}}$$

20.4.4　影响最大功率电流的因素

在满荷电状态且电解质温度为 25℃的条件下，电池所能输出的 I_{mp} 最大。荷电状态及电

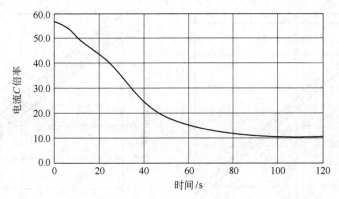

图 20.10　0.6V 恒电位放电曲线（25℃）

解质温度对 I_{mp} 的影响分别如图 20.10 和图 20.11 所示。显然，两者与 I_{mp} 均为非线性关系。随着荷电状态的降低和温度下降，它们对最大功率电流（单位值的变化量）的影响越来越大。与电池容量所受影响相同，降低电解质温度和降低荷电状态对最大功率电流的综合影响结果大致相当于这两个因素各自影响系数的乘积。但是应该注意到，低温下的高放电率会使电池温度升高，因此在确定后继放电的综合影响因素时，必须要考虑此自加热效应。当电解质温度升至 25℃ 以上时，温度对 I_{mp} 的影响可以忽略。

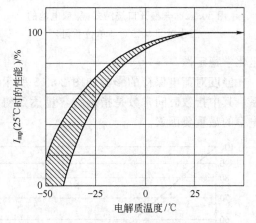

图 20.11　最大功率电流与电池温度的
关系（满荷电状态）

20.4.5　比能量与比功率

　　开口烧结式镉/镍电池在 25℃ 时的典型平均比能量和比功率见表 20.2。

表 20.2　开口烧结式镉/镍电池典型平均比能量和比功率等特性（单体电池）

质量比容量(1C 率)/(A·h/kg)	25～31
体积比容量/(A·h/L)	48～80
质量比能量(1C 率)/(W·h/kg)	30～37
体积比能量/(W·h/L)	58～96
质量比功率(最大功率下)/(W/kg)	330～460
体积比功率/(W/L)	730～1250

20.4.6　工作时间

　　25℃ 时，开口烧结式镍/镉电池单位质量（kg）和单位体积（L）在不同放电率下的工作时间（放电时间）分别示于图 20.12 和图 20.13 中。

20.4.7　荷电保持

　　荷电保持或称容量保持是指电池在开路状态下经长期贮存后的剩余放电容量。造成荷电损失的原因有两种，即自放电和单体电池间的漏电损失。

　　自放电是电池的固有特性。实验结果表明，电池的剩余容量与开路贮存时间之间符合半对数函数关系，如图 20.14 所示。影响电池自放电率的因素包括电池中的杂质含量和电极的

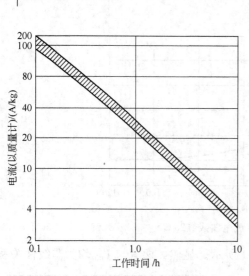

图 20.12 典型开口烧结式镉/镍电池的
工作时间（25℃，单位质量）

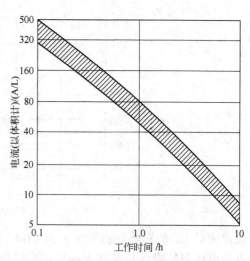

图 20.13 典型开口烧结式镉/镍电池的
工作时间（25℃，单位体积）

电化学稳定性。

温度对荷电保持的影响如图 20.15 所示，图中给出了指数时间常数（tc）与温度的关系，其中指数时间常数是指剩余容量达到初始容量 36.8％时的时间。贮存温度是影响自放电率的最重要因素。

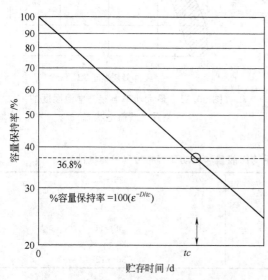

图 20.14 容量保持与贮存时间的关系

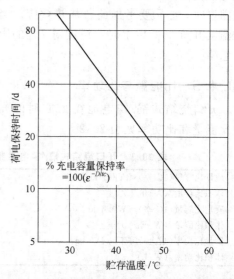

图 20.15 荷电保持时间常数与贮存温度的关系

漏电损失是影响荷电保持的另一个因素，而漏电损失又受到电池的使用和维护的影响。通常电池的荷电保持能力会随着充放电循环次数的增多有所改善，除非循环过程中有滥用操作。在电池的维护方面，影响荷电保持能力的主要因素是电池的清洁度。如果单体电池的上盖附着有 KOH 溶液，则电荷会通过单体电池上盖从一个单体电池的极柱传导到另一个单体电池的极柱，从而使电池组发生漏电。由此原因所导致的荷电损失相对来说是不可预见的，但通常可以通过良好的维护操作进行预防。虽然表面漏电仅影响电池组中的部分单体电池，但却不容忽视。因为容量最低的单体电池会限制整电池组的容量。此外，表面漏电还将使单体电池过充电开始的时间变得不平衡（见 20.1 节）。

需要指出的是，以上因素所导致的荷电损失并非是永久性的，电池的容量可通过系统的维护操作和充电得以完全恢复。

20.4.8　贮存

烧结式电池可以在很宽的温度范围（-60～60℃）内，以任意荷电状态进行长期贮存。电池在贮存前应进行清洁和干燥处理。为防止发生腐蚀，单体电池间的连接件上可涂覆一薄层凡士林。若贮存期超过 30d，应事先将电池完全放电并短路。已放电态贮存超过 30d 的电池首次使用时应采用慢充法进行充电。在慢充法中，充电速率通常逐渐减小，直至电池达到终止电压（即以 1C 率充电至 1.57V，以 C/2 率充电至 1.6V），最后再充电（C/10 率或更低）2h。电池贮存的最佳条件为在 0～30℃的温度下，保持适量电解质并保持短路、直立状态。最佳的贮存方法是使电池通过电阻放电至电压接近零。由于开口烧结式镉/镍电池在非常低的荷电状态下仍具有相当高的功率，因此如果电池在连接短路装置前没有完全放电，则可能发生危险。

20.4.9　寿命

电池寿命在很大程度上受到设计、维护和恢复以及使用方法等因素影响，因此电池的寿命难以预计。为了使电池获得最佳寿命，应使电池在正常温度下工作，采用有温度控制的充电，并尽量减少恢复操作。能延长电池寿命的设计要素包括：采用先进的隔膜材料和气体阻挡层、不使用在 KOH 中发生降解的材料（如 O 形环）、在生产过程中降低电解质杂质量（通过电解质冲洗和置换）以及采用纯镍组件代替镀镍钢组件。

20.5　充电特性

开口电池与密封电池的主要设计区别是开口电池的正、负极之间设置有气体阻挡层，其主要作用是防止电池内生成的气体在极板间迁移并发生复合反应（见 20.3 节）。通过防止气体的复合反应可以使正、负极都达到满荷电状态，从而使过充电开始时出现过电压，而这种过电压可以作为控制充电的反馈信号。但由于电池向外界排出了气体，因此开口电池将消耗水，必须进行补充。

在循环过程中，对放电后的开口烧结式镉/镍电池进行充电有 4 个主要目的，分别是：
① 尽快恢复放电过程中释放的电荷；
② 在维护间隙保持尽可能高的"全充电"容量；
③ 将过充电时的耗水量降至最低；
④ 将过充电的损害降至最低。

设计和使用开口电池的主要原因就是为了能实现上述第一个目标。因为气体阻挡层所提供的"电压信号"可以在不同方法中用来终止快速充电，因此电池能在不牺牲其他性能的前提下，以所要求的高充电率进行充电直至过充电的发生。在设计和控制充电方法时，第二个目标和第三、四个目标需权衡考虑。通常，较多的过充电可以使电池恢复到较高容量，然而过充电量越多，消耗的水越多。如果过充电过度的话，会对电池造成损害。通常，充电量应约为放电容量（A·h）的 101%～105%。

"随航"系统中采用的充电方法利用开口电池过充电时出现的过电压"信号"（图 20.1）。电池在各种充电率下充电均会出现显著的电压升高，当进行高放电率和再充电循环时，电压的跃升幅度增大。根据恒流充电的电压响应曲线可以推断出恒压充电的电流响应曲线，可以预测其图形与图 20.1 相反，如图 20.16 所示。

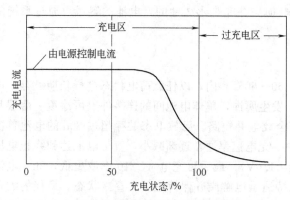

图 20.16　恒电压充电时的电流曲线

20.5.1　恒电位充电

恒电位（Constant Potential，CP）充电是至今仍在使用的最古老的充电方法，主要应用在飞机上。与汽车电池充电体系相似，CP 充电利用了与发动机机械连接的飞机直流（DC）发电机的调制电压输出，电压通常调节为每只单体电池 1.40～1.50V。图 20.16 给出了开口电池在 CP 充电过程中充电电流与荷电状态的关系。如果仅以电池的电压响应进行限制，充电的起始电流会非常高，因此大多数情况下还是通过电源对电流加以限制。然而当电池接近全充电时，恒流充电时的"反电动势"（如图 20.1 所示）使电流减小到电池所需大小，从而使过电压等于充电电源的调制电压。CP 充电要求仔细考虑对充电电压的选择及其适当维护，以权衡第二和第三个目标。由于过电压取决于电池温度，因此当电池温度变化很大时，上述充电控制方法难以实现。在这种情况下，可以通过对 CP 电压进行温度补偿（见 20.5.4 节），使过电压与充电电源的调制电压间的平衡不再受到电池温度影响。

20.5.2　恒电流控压充电

现代飞机上采用大量商用充电器，这种充电器通常采用带终止电压控制的恒电流充电法。其中最简单和最有效的充电器是以 1C 率对电池进行恒电流充电，当电池达到预定终止电压（VCO）时（如 1.50V/单体电池）终止充电。每当电池的开路电压降至预定的较低值时（如 1.36V/单体电池），重新开始恒电流充电。总的结果是充电器可在约 6min 内向电池中充入启动发动机所需的电量（约为电池总容量的 10%），然后终止充电。因为此时电池将进入过充电，电压出现急剧上升，如图 20.1 所示。此后不久，当电压降至低于启动电压时，电池将再次开始短时间充电至终止电压。这种简单的通断操作频繁进行，出现的频率将越来越低，接通持续时间将越来越短，从而使电池在浮充电条件下保持满荷电状态。

电池电压由于放电而降低，这无需额外控制即可自然引发充电的进行，因此不论放电率大小或其他原因，电池放电后即可自动发出充电信号。但充电的终止电压和启动电压需要根据温度进行调整（见 20.5.4 节），使充电模式与开口烧结镉/镍电池的温度特性相匹配，从而保证各充电目的（如前文所述）间的最佳平衡。终止电压和启动电压应以相同的倍率进行补偿，使两者差值保持恒定。这种简单的基本充电控制模式如图 20.17 所示。

在已经商业化应用的充电器中，一些产品部分借鉴前文所述的这种简单的技术路线。其中许多充电器还具有其他附加功能，如当电池温度过高或过低时终止充电，通过半个电池组电压比较的方法发现电池组中的失效单体电池，并在上述情况出现时向使用者发出信号。

20.5.3　其他充电方法

前面列举的充电方法用于电池正常使用后的快速充电。但当开口烧结式镉/镍电池进行定期维护时，电池组中的每个电池都要先进行完全彻底地放电，然后再充电至过充电态，此时各单体电池中的正、负极全部处于过充电状态。随后电池组将重新投入使用，此时电池组中所有单体电池的极板都处于满荷电状态，因此使电池组由"顶点"开始工作。

最简单的维护充电方法是低充电率充电。该方法使用最简单的设备即能保证电池组中的

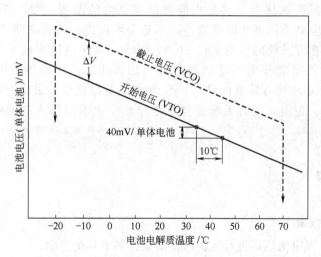

图 20.17　充电器控制电压与电池温度的关系曲线

(1C 率充电，以标称值计)

电池全部达到过充电状态。在该方法中，电池以约 $C/10$ 率进行恒流充电-过充电，不进行电压反馈控制。以这样的低充电率充电，电池可以安全地转入过充电，不会使电池组件的物理完整性受到损坏。电池应以该电流持续充电至额定容量的至少两倍。由于该充电过程必然消耗水，因此水的补充最好是在维护充电使电池达到满荷电状态之后、再次投入使用之前进行。

作为备用电源的电池，可以采用与袋式电池相似的浮充电或涓流充电来维持满荷电状态。开口烧结式电池的浮充电电压为 1.36～1.38V/单体电池。

20.5.4　充电电压的温度补偿

在恒电位和恒电流 VCO 充电法中，电压限制值的确定应在减小耗水量和维持高荷电状态之间进行权衡，而过充电电压受温度影响特性大大增加这种平衡的难度。电压所受影响如图 20.18 所示的 Tafel 曲线。不同温度下 Tafel 曲线之间的关系表明恒流条件下的温度系数为 $-4mV/℃$。其含义是，当进行恒流充电时，电池的温度每升高 1℃，过充电电压将下降约 4mV。

从图 20.18 中 Tafel 曲线的斜率可以看出，过充电电压与过充电电流的对数之间为线性关系。对于开口烧结式镉/镍电池，这一斜率表明，当过充电电流变化 10 倍时，单体电池的电压变化

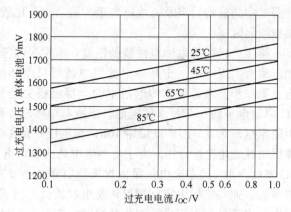

图 20.18　过充电电压与电流和温度的

关系曲线（Tafel 曲线）

200mV。因此，对于无温度补偿的恒电位充电，电解质的温度每升高 10℃，过充电电流和相应水的消耗以及过充电所造成的损坏将提高约 60%。

要避免电解质温度升高所造成的损坏，简单的方法是对恒电位电压或恒电流终止/启动电压进行补偿，补偿量应根据电池温度的变化量，按 $-4mV/℃$ 计算。通过在电池槽内安

装热敏电阻或其他温度敏感电子装置来监测单体电池的温度，可以精确计算出补偿量。重要的是，监测的应是单体电池的温度，而不是环境温度，两者之间的差别可能非常大。温度补偿对恒电流充电系统的作用如图 20.17 所示。对于电池充电系统而言，选择和使用适当的温度补偿值就能使电池达到恒温充电的效果。由于温度监测装置必须工作在 KOH 溶液中，而 KOH 具有导电性且易于吸潮和沿表面爬渗，因此在设计和制造这些装置时必须加倍小心，必须采用高级灌封料来绝缘和保护电池槽内部的所有辅助电子组件及接线。

20.6　维护

20.6.1　电性能恢复

开口烧结式镉/镍电池定期进行维护的目的包括如下几个方面：

① 评估预先确定的维护制度；

② 恢复容量和功率输出能力；

③ 检测和隔离失效电池，并使之便于更换；

④ 清洁电池；

⑤ 向电解质中补充水；

⑥ 修正充电系统的电压。

第一个目的通过一次比较简单的放电操作即可实现，即先将电池以启动发动机所需的高速率放电，然后以约为 1h 率的低放率放电。当电池从飞机上取下时，这种分段式放电可以评价此前电池在飞机上能否满足性能需求。在 15s 的高放率（约为 I_{mp}）放电阶段，通过测量电池放电电压，可以确定电池启动发动机的能力。将低放率（约为 1C 率）阶段的放电容量与高放电率阶段的放电容量（A·h）相加，可以确定电池在应急启动时所能释放的能量。在进行上述放电测试前，电池应处于与在飞机上正常工作时相同的满荷电状态。将电池在上述测试中的输出功率及总放电容量与需求进行比较，用户可以决定是否需增大或减小电池的维护间隔时间。

第二个目的为电池电性能的恢复，也称为深循环维护，这一目的可以通过两个简单的附加步骤来实现。第一步是将电池组中的每只单体电池彻底放电，目的是使活性物质完全放电。第二步是将每只单体电池中的全部极板完全充电至完全过充电状态。在第一步中先以 1C 率放电至约 0.7V/单体电池，当所有单体电池均达到该电压时，采用电阻器将单体电池短路至电压为 0.010V 或短路 16h，满足任一条件时即可停止短路。第二步是将电池以 C/10 率恒电流充电至少 20h。由于电池组中某些单体电池的容量比额定值高出 30%～40%，因此 2C 率（A·h）的总充电量足以保证所有单体电池中的正、负极板均达到所要求的完全过充电状态。此时应根据实际情况调整电解质量。当飞机每飞行 1000h 或启动 500 次后，或者发现电池出现任何不正常的工作状况时，应对电池进行深循环维护。

为了缩短电池的恢复时间，还可采用由专用设备制造商推荐的其他一些方法。要使电池恢复至最佳性能，需在有资质的服务中心定期对电池进行维护。每种方法的效果应在具体的应用中加以验证，同时应用表明使用这些专用设备将会增加成本和维护操作的复杂程度。在这些专用设备的使用过程中一定要时刻当心，避免以高充电率对电池持续进行过充电，损坏气体阻挡层材料。

当对电池进行维护时，应首先通过检查单体电池与电池组外壳间的漏电流（第三个目的的部分内容），确定单体电池是否需要清洗以及单体电池外壳是否有破裂或发生泄漏。简单而易于实现的检查方法是采用一只装有保险丝的安培计将每个单体电池极柱与电池组的外壳连接在一起，如果单体电池电路中的某处与电池组外壳间通过安培计产生大量漏电流，则说明单体电池壳的外表面存在由 KOH 形成的导电通路。这样的导电通路可能是由过充电时溢出的电解质造成的，这表明单体电池中的电解质过多或者某只单体电池外壳发生破裂或泄漏。要确定具体原因，需要找出串联单体电池中的漏电"节"点，方法是将电池组清洗后，重复上述操作。

第三个目的的重点是检测气体阻挡层是否失效。可靠且便捷地实现上述方法可将 $C/10$ 率充电延长至 24h。通过在接近过充电终点时同时进行下述两种测试，或只进行其中一种，可以准确地判断气体阻挡层是否失效。首先，过充电时的析气速率在很大程度上受气体阻挡层的状况及气体的复合反应的影响。采用一个简单的球形流量计测量析气速率。如果单体电池中的气体阻挡层发生严重失效，则 24h 内的析气速率将低于正常值的 80%。在 $C/10$ 率过充电下，每安培对应的析气速率正常值为 11mL/min。其次，气体阻挡层发生失效的另一个表现是充电环境温度为 23℃时，电池充电 24h 后的充电电压低于 1.5V。如果充电环境温度高于 23℃，则上述电压判定标准按 4mV/℃ 向下调整。

20.6.2　机械维护

向电解质中补充水，使电解质量恢复至推荐值（第五个目的）是电池恢复中最重要的例行机械维护程序。最佳做法是当电池以 $C/10$ 率充电到 24h 后，向电池中加入去离子水，直至电解质达到过充电状态的推荐液位。补水过程中应详细记录每个单体电池的补水量，并与电池制造商推荐的数值进行比较。除去维护过程中的耗水量外，如果电池在两次补水操作间的总耗水量超过电池设计中的推荐值，则必须缩短维护间隔，防止因极板在使用过程中干涸而导致电池失效。需注意的是，当以 $C/10$ 率进行 24h 的维护充电时，充电过程本身也消耗水，消耗量约为单位额定容量（A·h）对应 0.4mL。例如，对于额定容量为 30A·h 的电池，在维护期间将消耗 12mL 水，所以在确定电池工作期间的实际耗水量时，必须将这 12mL 从补加的水量中减去。

在电池的维护过程中，在每只单体电池都经短路彻底放电后，可对电池进行物理维护。单体电池只有在放电状态下才能进行更换。电池的清洁过程通常包括先用清水彻底冲洗电池，然后用热风吹干，这样会溶解和除去单体电池壳外的 KOH 和碳酸盐的各种沉积物。气塞也应先用温去离子水清洗，并用高压去离子水冲洗排气孔，然后用热风吹干。上述清洗工作同样只有在电池处于完全放电状态时才能安全进行。如果在完成 $C/10$ 率过充电后才发现有单体电池出现失效，则必须将电池重新放电后才能更换失效电池。

其他典型的硬件问题包括极柱螺帽松动——表现为单体电池间的连接片起火或打火；极柱密封失效——单体电池极柱周围出现各种厚厚的沉积物，将其他零件和 O 形环移位；排气孔失效——气塞上面或周围出现各种厚厚的沉积物，使气塞无法正确安装或气孔套筒或 O 形环失效；还要检查气孔套筒是否磨损或破裂。为恢复电池的输出功率，应拆下所有电池间的连接片，擦净接触面，然后装上并拧紧。

20.6.3　系统检测标准

将已恢复好并完全充电的电池重新安装到飞机上，这时可对系统电压进行修正检测（第六个目的）。CP 充电系统唯一要测量的是电池活化后的稳定电压值，这一电压即为电池在实际使用中长期过充电时的浮充电限制电压。应在发动机转速足够高，产生有代表性的稳定值时进行上述电压的测量。

对于恒流 VCO 系统，电压的测量应在电池刚刚达到充电终止电压时进行。对于上述两系统，需要时应将电压调整至制造商的推荐值。调整过程中必须考虑到系统中电压的任何自动温度补偿。

20. 7　可靠性

20. 7. 1　失效模式

烧结式极板的结构非常坚固，工作温度范围非常宽。电池在经受滥用后仍能正常工作。只要对温度加以控制，电池可过放电至反极，也能承受一定程度的过充电。防止氧气在镉电极上发生复合反应的气体阻挡层有助于控制充电温度。在过去，赛璐玢是广泛使用的气体阻挡层材料。但赛璐玢在电解质中有水解趋势，最终分解为碳酸盐和赛璐玢结构的衍生物。现在，赛璐玢已被 Celgard® 3400 或其他类似材料所取代[10]。这些基于聚乙烯和聚丙烯的材料在 30％KOH 电解质中不发生分解。如果电池在气体阻挡层失效后继续进行足够多次数的循环，则会导致电池容量降低，并减小最大输出功率。若单体电池的温度持续升高，则会导致尼龙隔膜熔合或熔化，造成电池内部短路。

尽管用新型材料取代赛璐玢作为气体阻挡层后，使上述失效模式发生的概率降低，但如果电池的设计和维护不当，还将出现其他问题。如果电解质中没有适当的，能在循环过程中进入镉电极的添加剂，则负极容量将降低。为维持负极容量，以往的做法是在镉电极中添加氧化的赛璐玢增强剂，现在改为添加纤维素衍生物或其他添加剂[11]。

少部分单体电池和电池组会出现的其他几种失效模式，包括：①由毛刺和其他极板不平处刺破隔膜所导致的单体电池的内部短路，极板间的压力和振动会使这种情况加剧；②在单体电池更换和维护过程中因为操作不当所造成的电池壳开裂或泄漏，这也可能是电池壳在生产和密封过程的缺陷所造成的；③极柱接触部位烧坏。可能由下列原因造成：在维护过程中极柱的清洗和擦拭不彻底、螺母拧紧力矩不够、极柱螺纹损坏或导电零件落到荷电电池间的连接片上。

20. 7. 2　记忆效应

除上述永久性失效模式外，还有一种可逆性失效模式会使电池的输出功率和容量随着循环的进行逐渐减小。这种现象被称为"记忆效应"、"衰减"或"电压下降"，是由于电池连续进行浅充放电，使某些活性物质长期没有得到使用和放电而引起的，典型的例子是发动机启动。当以前长期未放电的活性物质在放电后期开始放电时，这种现象很明显；后一部分放电的终止电压大约下降 120mV（因此称为"电压下降"）。但如果继续放电至更低电压，如放电曲线的"拐点"处，则电池的总的放电容量并未下降。

记忆效应是完全可逆的，通过维护循环可以恢复。在维护循环中，应先将电池彻底放电，然后进行完全的充电-过充电（见 20.6.1 节）。

20. 7. 3　影响气体阻挡层失效的因素

气体阻挡层的失效通常是由于过充电电流过大、过充电温度过高以及在电解质量不足情况下进行高放电率放电所引发或加剧的。气体阻挡层的失效只有在恢复过程中的低充电率恒电流充电阶段才能发现，在恢复过程的其他阶段可能无法发现，但实际上可能已经存在，而当电池重新装机后不久会进一步加剧。由于存在这种可能性，因此在电池恢复末期，重新装机之前必须对气体阻挡层状况进行准确评估，具体的方法参照 20.6.1 节，即延长 C/10 率过充电时间，测量过充电时的气流量。

"充电器电压的温度补偿"和"有效的维护"这两个因素对于电池非常重要。大量现场数据表明，对于同样的电池设计，带温度补偿系统且维护良好的电池与不带补偿的 CP 系统并经常维护不周的电池相比，实际失效时间相差 100 倍。气体阻挡层材料的最新研究进展大大降低失效概率。

20.7.4　热失控

如果开口烧结式镉/镍电池组中的一只或多只单体电池的气体阻挡层失效，则会导致电池热失控。失去气体阻挡层，过充电时产生的氧气将会到达负极发生复合反应，反应产生的热量导致温度升高，从而使单体电池电压下降。为了使单体电池电压达到充电器的电压，充电电流随后呈指数级增大。

如果电池组中有的单体电池气体阻挡层发生失效，即使采用调压（CP）充电电源充电也会发生热失控。失效电池在充电后期进入过充电时便开始发生热失控。（过）充电电流开始较小，然后逐渐增大。如果此时各单体电池内的复合反应不同（气体阻挡层受损），单体电池间的电压将出现不均衡。如果没有对电池进行有效的空气冷却，氧气复合反应生成的热将使失效单体电池温度升高，随后波及相邻电池。不过，由于相关电池和配件的总热容量较大，因此温度升高得很慢，大约需要 2～4h 持续过充电才能使一只单体电池的温度达到电解质沸点。

如果沸腾的持续时间足够长或反复出现，则失效的单体电池将变得干涸，单体电池间的电压将出现很大的差异。电解质耗干的单体电池的端电压将升高，从而降低充电电流和其他单体电池的端电压。随后可能出现的情况是电解质耗干的单体电池发生内部短路，原因是当电池中只剩最后一点电解质时，温度和电压都会变得非常高，导致电绝缘隔膜烧毁。出现单体电池失效后，（过）充电电流将急剧增大，导致上述情况反复再现，单体电池将相继干涸、失效。

由于电池温度升高所需时间很长，而且将反复发生持续沸腾，所以如果不持续使用检测系统，或只是间断使用，则在气体阻挡层失效后的很长一段飞行时间内将无法监测到热失控。这会使人们无法看清气体阻挡层失效和热失控之间的因果关系。

20.7.5　潜在危险

开口烧结式镉/镍电池在使用和维护过程中存在的潜在危险可以分为 5 种，详述如下。

（1）气体燃烧和/或爆炸　由于所有运行中的开口电池在过充电时都产生符合一定化学配比的氢气和氧气混合气，而这些气体通常由单体电池排放到电池组的内部空间，因此这些气体始终存在爆炸的危险。不过，引发爆炸所需的两个条件均已被认清，并且在系统设计中都已考虑到。第一个条件是混合气体需积累到足够的量。由于在所有系统设计中电池组外壳上都设置了适当的排气系统，由此可将这一条件得到满足的概率降至最低。有的排气系统通过飞机上的排气孔向电池组的排气管路中提供适量空气。有的是通过电池组外壳上的排气孔使气体在电池组内部与换气室间进行自然对流。由于需要使用大量空气，因而采用空气冷却的电池就很自然地完成所需的排气过程。

但是，特殊的环境将使上述所有排气技术失去作用。还应记住，电池在维护期间也会产生大量爆炸性气体，因此电池的维护操作必须在通风良好的空间进行。

引发气体爆炸的第二个条件是要有火源。尽管电池组外壳内在一般情况下并没有火源，但在一些异常情况下也可能会产生火源。第一，过充电时电解质基本耗干的单体电池会发生内部短路，引起爆炸，爆炸的火星溅射到电池组的容器中。第二，也是可能性更大的一种情况，高放电率产生的高温使维护不当的单体电池在极柱处可能出现火源。第三，在漏电点上出现的火源。

尽管这两个条件同时满足的情况非常少见，但却存在这种可能性，而且曾经发生过。因此在许多设计中，电池的结构均能承受氢气或氧气的爆炸，并将爆炸的影响完全控制在电池组外壳内，通常这些电池在爆炸后至少还能以 1C 率进行放电。

(2) 打火和燃烧　这种潜在的危险与电解质泄漏引发的大量漏电有关。这种漏电可能发生在物理位置相邻，但在电路中压差很大的单体电池间，更有可能发生在单体电池和接地金属电池组外壳间。但是，如果对电池组外壳内的辅助装置未进行可靠防护，当 KOH 溶液出现泄漏或爬渗时，辅助装置的电路中很可能发生打火。这些辅助装置包括加热器、温度探测器和电压传感器。在进行辅助装置设计时，必须认识到 KOH 导电性以及电解质沿金属线爬渗的特性，电解质甚至具有渗入机械"密封"绝缘装置的能力。这类装置在安装到电池组外壳中之前应先浸在水-清洗剂混合物中，用高电压进行介电常数测试。

如果通过相对集中的 KOH 导电通路发生持续漏电，那么就可能因打火而引燃爆炸性环境。如前文所述。另外还可能使邻近的绝缘材料碳化，随后使其在电池组内燃烧。

(3) 电功率　开口烧结式镉/镍电池所需的基本功能之一是能提供发动机启动所需的高功率。但这项功能却带来了潜在危险，当电池高放电率放电时，在未正确拧紧的单体电池极柱上会形成过热点。此外，如果维护人员没有安全意识，拿着金属工具或携带其他物品（如首饰）在荷电的电池组附近粗心地工作，电池组就会对人员构成一定的危险。由于这些单体电池（或电池组）的短路电流会高达 $1000 \sim 4000A$，因此，对于荷电电池裸露在外的导体应格外小心。例如，若戒指意外将两个相邻的单体电池极柱导通，则会发生非常严重的燃烧事故。这是最明显，也是最常遇到的一种危险。将单体电池的导电连接件进行绝缘可使这一问题得以部分解决，但是还应时刻当心和重视电池的这种高功率危险。

(4) 腐蚀性 KOH　由于用于电解质的 KOH 具有腐蚀性，因此电池组中的所有材料及辅助装置都必须能耐 KOH 腐蚀，所以电池中大量采用尼龙、聚丙烯、钢镀镍、钢和不锈钢等材料。KOH 腐蚀性所造成的潜在危害主要在于维护过程。对电池进行维护时，必须强制佩戴安全眼镜和安全面罩。当微量 KOH 进入眼睛时，若不立即用大量水持续冲洗并马上就医，就会影响视力。KOH 对皮肤也有腐蚀性，接触到 KOH 的部位应彻底洗净并用水冲洗，将危害降到最低。

(5) 电击　绝大多数开口烧结式镉/镍电池组由 $10 \sim 30$ 个单体电池组成，最大电压为 $15 \sim 45V$。但在某些应用中，电池组可能由 $90 \sim 200$ 个甚至更多的单体电池串联而成。显然，这么多单体电池串联起来的电压足以致命。由于单体电池的电路与电池组的导电外表面间极有可能被电解质导通，因此工作人员在接触电池前，应小心地切断串联的电池组。即使少量 KOH 也会导致严重的电击电流。

20.8　电池和电池组设计

20.8.1　典型的开口烧结式镉/镍单体电池

表 20.3 中列出了几种典型的开口烧结式镉/镍单体电池。10A·h、20A·h 和 36A·h 电池通常应用在飞机上，还有的电池容量达到了约 350A·h。大容量电池通常采用钢制电池壳，而目前飞机用电池则采用塑料电池壳。

表 20.3　典型的开口烧结式镉/镍单体电池

额定容量/A·h	电池型号	高/cm	宽/cm	厚/cm	质量/g
1.5	2B02-0	10.16	2.92	1.70	86
2	2A02-0	8.74	3.81	1.83	95
5.5	5A06-0	10.31	5.51	2.39	236
5.5	5C06-1	10.36	5.51	2.39	272
7	0707-0	18.85	6.65	1.29	299
6	0906-1	11.60	5.89	2.69	354
13	1313-1	11.93	7.95	3.02	486
10	1410-1	14.48	5.89	2.69	445
12	1412-0	14.38	5.86	2.69	422
20	2020-1	17.42	7.95	3.53	1067
28	2028-1	17.27	7.95	3.53	1149
23	2223-1	20.57	8.08	2.72	903
36	3030-1	17.42	7.95	5.08	1562
40	4040-1	23.31	7.95	3.53	1453
42	4240-1	23.31	7.95	3.53	1453
100	6060-1	24.48	12.7	3.83	2860

注：来源于 Eagle-Picher Technologies, LLC, Power Systems Dept.。

20.8.2　典型的电池组设计

传统开口烧结式镉/镍航空电池的典型组装结构如图 20.19，具体结构如图 20.20。其中完全闭合的电池组外壳和上盖通常是由不锈钢或涂有耐碱环氧树脂或涂料的钢制成。为安全起见，上盖通常采用偏心锁扣进行固定。电池组外壳上设有泄气阀或可供气体自由对流的扩散孔用于气体稀释。单体电池采用注塑尼龙电池外壳，极柱穿过密封在电池外壳上的尼龙上盖。单体电池采用串联方式，镀镍铜片将单体电池极柱连接在一起，并将第一个和最后一个单体电池连接到电池组的极柱和断开装置上。电池组的极柱穿过电池组外壳，固定在电池组外壳的外表面上，作为有极性的双孔大电流插座。关于航空电池的性能要求见 SAE 标准 AS 8033A。

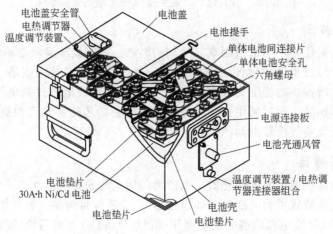

图 20.19　开口烧结式镉/镍电池组

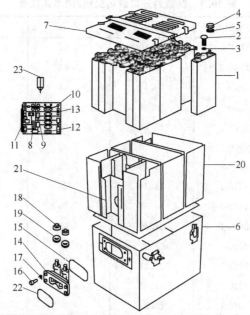

序号	名　　称	数量	序号	名　　称	数量
1	单体电池	20	13	扁连接片	7
2	安全阀阀门	1	14	电池连接插座	1
3	O 形环	1	15	插座垫片	1
4	极柱螺母	2	16	插座螺丝	4
5	极柱垫圈	2	17	插座螺丝垫片	4
6	电池壳	1	18	极柱螺母	2
7	电池盖组件	1	19	极柱垫片	2
8	扁连接片	2	20	电池间衬垫	1
9	扁连接片	1	21	支架	1
10	弯曲连接片	3	22	防尘盖	1
11	扁连接片	1	23	气塞扳手	1
12	扁连接片	7			

图 20.20　开口烧结式航空镉/镍电池组的典型组件

20.8.3　空冷/加热

　　主要电池制造商还生产出带强制空气冷却的电池。这些设计通常在单体电池的顶部和底部设有通风空间，通过单体电池间的空隙连通，允许冷空气在其间流通。电池组外接大体积、低压空气源，所提供的温度为 23℃ 的空气，不仅能有效地将过热电池冷却，而且还可以将低温电池快速加热。通过采用该技术，电池组中心的传热系数可提高 10 倍，电池的热时间常数仅相当于无空气冷却电池的 10%～20%。

20.8.4　温度传感器

　　电池组外壳内部应装配温度传感器，以监测单体电池的典型温度或平均温度。传感器与外部装置连接。这些装置可为通断型（如恒温器），或连续可调型（如热敏电阻组件）。连续可调型装置能够对 CP 充电源的调制充电电压或恒电流 VCO 充电系统的终止/启动电压等进行连续调节。

20.8.5　电池壳

虽然 KOH 对钢的腐蚀很小，并且实际上只发生在表面，但还是希望电池壳材料能进一步增强耐 KOH 腐蚀的能力。除不锈钢和涂有保护性涂层的钢外，一些特殊应用还采用耐 KOH 腐蚀的塑料材料制造电池壳。但必须强调的是，电池壳除了能保存 KOH 溶液外，还应能承受剧烈的冲击和振动。

20.8.6　电池极柱

航空电池的极柱通常位于电池槽的前面一侧，连接方式如图 20.19 所示。但对于特殊应用，电缆有可能直线连接到第一个和最后一个单体电池的极柱上，或者采用其他各种特殊的连接方式，这些连接方式应能承受电池的外部电路短路时产生的大电流。

20.8.7　电池加热器

除 20.8.3 节中讨论的气流加热外，有时电池还采用可置于电池组外壳内部或外部的加热带进行加热。加热带可由任何可用的电源供电，主要是与电池组电压相同的直流电源或电压更高的机载交流电源。加热器还可由辅助地面电源供电。加热带具有与非空气冷却电池一样的低热时间常数。

20.8.8　开口烧结式镉/镍电池的发展

为了减少开口镉/镍电池复杂的维护程序，并提高电池的整体可靠性，美国空军利用从使用开口电池中得来的经验教训，研制出下一代航空镉/镍电池。这种航空镉/镍电池有两种标准形式，即少维护镉/镍电池和免维护镉/镍电池。该电池已在军用飞机和民用飞机中广泛使用。

少维护镉/镍电池除在部分内部组件的设计上有些不同外，其主要设计均沿用开口烧结式镉/镍电池的设计理念。在标准结构中，正极由金属镍烧结而成，然后再进行化学浸渍。负极由涂膏式氧化镉代替，电解质成分进行改良，以增加其离子导电性。这种改进的电池结构能容许电池电压有小幅上升。例如，在飞机上使用时，这种电压的小幅上升会减少电池的产气量，进而降低电池在过充电条件下泄气的风险。值得注意的是，电池产气量的减少会导致水的消耗减少，最终会延长电池维护周期。在保持相同的电性能和可靠性基础上，电池的维护周期可以从两三个月延长到一年或更长。

该电池组中的单体电池与开口烧结式镉/镍电池的几何形状相同，不过气体可在单体电池内发生复合反应，而且单体电池中还采用多项空间电池技术。由于电池可在高压下泄气，然后在高于环境压力时重新密封上，因此这并非严格意义上的密封电池设计。为了避免过度过充电及由此导致的热失控，该电池采用自身集成的充电器和相关电子器件进行充电及控制。现在，Eagle-Picher 公司（Eagle-Picher Technologies, LLC, Power Systems Department, in Colorado Springs, Colorado）已向几个军用飞机项目提供了这种电池[12]。

有关工业和空间用镉/镍电池的更详尽信息请参照第 19 章。

参　考　文　献

1. J. McBreen, *The Nickel Oxide Electrode*, Modern Aspects of Electrochemistry, No. 21, Ralph E. White, J. O'M. Bockris, and B. E. Conway, Eds., Plenum Press, 1990, New York, p. 29.

2. D. F. Pickett and J. T. Maloy, *J. Electrochem. Soc.*, 12：1026 (1978).

3. S. U. Falk and A. J. Salkind, *Alkaline Storage Batteries*, Wiley, New York, 1969.

4. A. Fleischer, *J. Electrochem. Soc.* 94：289 (1948).

5. G. Halpert, *J. Power Sources* 12：117 (1984).

6. D. F. Pickett, in *Proceedings of the Symposium on Porous Electrodes, Theory and Practice*, H. C. Maru, T. Katan, and M. G. Klein, Eds., The Electrochemical Society, Pennington, NJ, 1982, p. 12.

7. M. B. Pell and R. W. Blossom, U. S. Patent 3,507,699 (1970).

8. R. L. Beauchamp, U. S. Patent 3,573,101 (1971); U. S. Patent 3,653,967 (1972).

9. D. F. Pickett, U. S. Patent 3,827,911 (1974); U. S. Patent 3,873,368 (1975).

10. Mil-B-81757, Performance Specification, Batteries and Cells, Storage, Nickel Cadmium, Aircraft General Specification, Crane Division, NSWC, July 1, 1984.

11. J. J. Lander, personal communication.

12. T. M. Kulin, *33rd Intersociety Engineering Conference on Energy Conversion* IECEC-98-145, Colorado, Springs, CO, August 2-6, 1998.

第 21 章

便携式密封镉/镍电池

Joseph A. Carcone

21.1 概述

密封镉/镍电池的特殊设计可以防止过充电时析气所引起的电池内压的升高。因此，镉/镍电池可以实现密封，而且除充电外不需其他维护。密封镉/镍电池的上述特点使其从轻型便携式电源（摄影器材、玩具、家用工具）到高倍率、大容量电源（电话、计算机、便携式摄像机、电动工具等电器）及备用电源（紧急照明、报警、存储备份）的不同领域中都具有广泛应用。有些镉/镍电池还安装智能控制电路，可显示荷电状态并防止过充电和过放电。

密封镉/镍电池的主要优缺点见表 21.1。本章将介绍密封镉/镍电池的主要特性。

表 21.1 密封镉/镍电池的主要优缺点

优 点	缺 点
电池密封,无需维护	在某些应用条件下出现电压下降或记忆效应[1]
循环寿命长	成本高于密封铅酸电池
低温和高倍率性能优良	荷电保持能力差
贮存寿命长(任何荷电状态下)	高温和浮充性能低于密封铅酸电池[2]
具有快速充电能力	镉污染环境
	容量低于某些电池体系

[1] 见 21.4.11 节。

[2] 现已有高温镉/镍电池（见 21.6.3）。

(1) 免维护操作　电池密封，不含游离电解质，除充电外不需修复或维护。

(2) 高充电率充电　控制一定条件，密封镉/镍电池可以高充电率在 30min 内完成充电。在无特殊控制的条件下，许多镉/镍电池可在 3～5h 内完成充电。所有镉/镍电池均可在 14h 内完成充电。

(3) 高放率放电　内阻低和放电电压平稳的特点使得镉/镍电池非常适合于高放电率放

电和脉冲电流的应用。

（4）温度范围宽 密封镉/镍电池可在−20～70℃的范围内工作，低温性能尤为出色。

（5）工作时间长 密封镉/镍电池通常都可达500多个充放电循环，作为备用电源可使用5～7年。

21.2 化学原理

密封镉/镍电池的活性物质与其他类型镉/镍电池的活性物质相同。充电状态下负极的活性物质为Cd，正极为NiOOH，电解质为KOH溶液。放电状态下正极的活性物质为Ni(OH)₂，负极为Cd(OH)₂。

充电期间，Ni(OH)₂转化成更高价态的氧化物：

$$Ni(OH)_2 + OH^- \longrightarrow NiOOH + H_2O + e$$

在负极，Cd(OH)₂被还原成Cd：

$$Cd(OH)_2 + 2e \longrightarrow Cd + 2OH^-$$

充放电总反应为

$$Cd + 2NiOOH + 2H_2O \underset{充电}{\overset{放电}{\rightleftharpoons}} Cd(OH)_2 + 2Ni(OH)_2$$

在电池工作期间，活性物质发生了氧化还原反应，但其物理状态几乎未变。同样电解质的浓度变化很小。正、负极上的活性物质在充电状态和放电状态下都几乎不溶于碱性电解质，始终呈固态，并且在氧化还原过程中也不溶解。上述性质加之电池的其他特性使得镉/镍电池具有循环寿命和贮存寿命长，放电电压在较宽的放电率范围内保持相对平稳的特征。

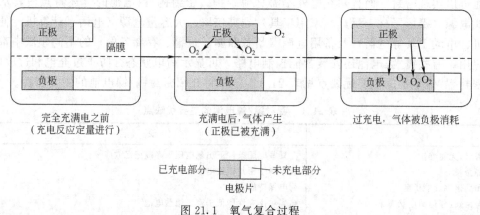

图21.1 氧气复合过程

密封电池的密封原理是利用负极的有效容量高于正极，充电时正极先于负极充满并开始析出氧气，氧气迁移到负极区后与镉反应或称将镉氧化或放电，生成Cd(OH)₂。

$$Cd + \frac{1}{2}O_2 + H_2O \longrightarrow Cd(OH)_2$$

电池中采用的隔膜能透过氧气，因此氧气能穿过隔膜到达负极区。电池中还采用有限的电解质（贫液体系）以利于氧气迁移，上述过程如图21.1所示。

在稳态条件下，过充电期间的复合反应速率一定不能低于氧气生成速率，以防止压力升高。电池内压对充电电流、负极反应活性、电解质量和温度敏感。固态镉、气态氧和液态水必须共存，相互接触才能发生复合反应。例如，若电解质太多（电极被淹没），氧气接触不到电极，则在一定温度和压力下的复合反应速率将非常低。

电池设计中采用安全泄气装置，以防止由于发生故障、高充电率充电及滥用造成内压过高而引起的电池破裂。

21.3　结构

密封镉/镍电池和电池组有多种结构，其中圆柱形电池最为普遍（见表 21.3）。小的扣式电池和矩形电池也有生产。

21.3.1　圆柱形电池

圆柱形电池的使用最为广泛，因为圆柱形电池易于实现大规模生产，并且电池具有出色的力学性能和电性能。圆柱形电池的剖面图如图 21.2 所示。

正极采用多孔烧结镍基板、泡沫镍基板或纤维镍基板。活性物质的载入方法有涂膏法、化学浸渍法和电化学浸渍法。负极可通过多种方法制作：采用与正极类似的烧结镍基板，通过涂膏、热压或连续电沉积工艺载入活性物质。

将制作好的正、负极板裁剪成一定尺寸，中间衬上隔膜后卷在一起。隔膜材料通常是尼龙无纺布或聚丙烯毡，具有很高的吸碱量和透气性。卷好的极组插入具有一定机械强度的镀镍钢筒中，装好导电零部件。负极焊在或紧压在圆筒上，正极连接在上盖上。电解质吸收在隔膜中，电解质的量非常少，但足以满足正常使用，电池中不含游离电解质。盖板上装有安全阀，以防止过充电或放电率过高时造成压力过高而引起的壳体破裂。

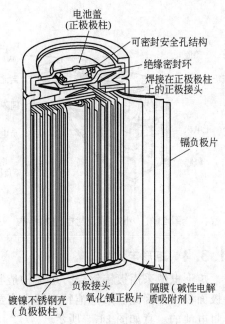

图 21.2　圆柱形密封镉镍电池的结构

21.3.2　扣式电池

扣式镉/镍电池和电池组的电极通常采用"压制"极板，即将活性物质填充在模具中压制成圆片。电极组装成三明治结构，如图 21.3 所示。

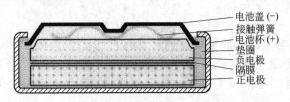

图 21.3　扣式镉/镍电池的结构

在某些情况下，电极压制在多孔金属箔或金属网上，以提高导电性和机械强度。扣式电池没有可反复使用的安全阀，但扣式电池的结构允许电池膨胀，或者断路，或者密封状态破坏，释放出异常条件所造成的过高压力。扣式电池适用于小电流、低过充电率的应用。

21.3.3 小矩形电池

扁平或细长的小矩形电池满足轻型和小型设备的需求。与圆柱形电池相比，矩形电池提高电池组合时的空间利用率。电池组的体积比能量可提高约20%。

小矩形电池的结构如图21.4所示，极板的生产方法见21.3.1节，制作好的极板切割成预定尺寸，置于金属外壳中，然后与上盖进行密封，接缝处采用激光焊接，以防止电解质泄漏。电池中可反复使用的安全阀与圆柱形电池类似。三洋汽车能源公司已不再采用这种结构。

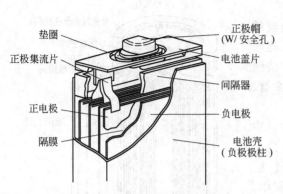

图21.4 小矩形密封电池的结构

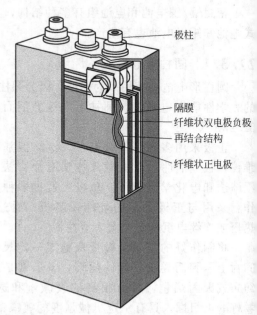

图21.5 采用纤维镍电极的矩形密封镉/镍电池

21.3.4 矩形电池

矩形电池采用镀镍钢壳，电池构造与开口电池相似，但同时具有密封电池的特点。由于电极面积大，因此矩形电池特别适合高放电率放电。采用纤维镍电极（见19.7节）的矩形密封电池的示意如图21.5所示。

21.4 特性

21.4.1 概述

圆柱形密封镉/镍电池的充放电特性循环曲线见图21.6（温度20℃）。电池以$C/10$率充电时，电压缓慢、平稳地升高，直至达到稳定状态；搁置2h后电压略有下降。在经2h放电至1.0V的过程中电压基本没有变化。在随后的2h搁置过程中，电压迅速上升恢复至1.2V左右。

21.4.2 放电特性

圆柱形电池在不同放电负载下的放电特性曲线如图21.7所示（温度20℃）。其特征为在初始电压下降后紧跟一段平坦的曲线。

电池所能释放的容量取决于放电率、放电终止电压、放电温度以及电池先前的使用情

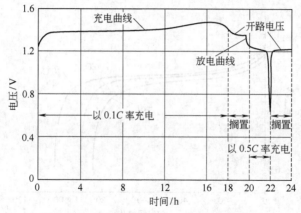

图 21.6　镉/镍电池的典型充放电循环曲线

况。不同放电率和温度下电池释放的容量（以额定容量的百分数表示）如图 21.8 所示。放电期间中点电压随放电率的升高而降低（图 21.11）。假设电池可以放电至更低的终止电压，则可释放出更多的容量（以 $C/5$ 率下放电容量的百分数表示）。然而电池的放电终止电压不能太低，否则可能损坏电池（见 21.4.6 节）。

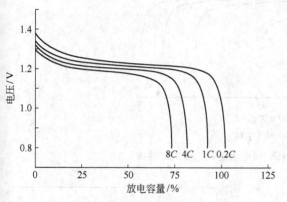

图 21.7　密封镉/镍电池的恒电流
放电曲线（温度 20℃，0.1C
率充电时间 16h）

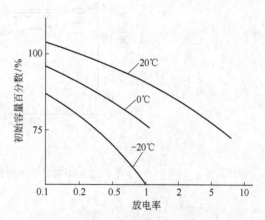

图 21.8　典型密封镉/镍电池的放电容量
（以 $C/5$ 率下放电容量的百分数表示）与放电
率的关系
（终止电压 1.0V）

21.4.3　温度的影响

密封镉/镍电池可在较宽的温度范围内表现出优良的性能。尽管使用温度范围宽，但其最佳工作（使用）温度为 $-20\sim+30℃$。密封镉/镍电池的低温性能——尤其是高倍率下的低温性能通常优于铅酸电池，但不如开口烧结式电池。造成低温性能下降的原因是电池内阻的升高，而造成高温性能下降的原因是工作电压的下降或自放电。

图 21.9 为密封镉/镍电池在不同温度下的放电特性曲线（放电率：0.2C、8C）。图 21.10 为 $-20℃$ 时的放电特性曲线，平滑仍是该曲线的特征，但电池工作电压低于室温时的电压。图 21.11 给出了温度与放电中点电压的关系。当环境温度大大超出 $20\sim25℃$ 的范围时将对平均放电电压造成负面影响。

温度和放电率对密封镉/镍电池容量的影响如图 21.12 所示。图中数据代表标准电池的性能。若要获得特定电池的性能参数需与其制造商联系。

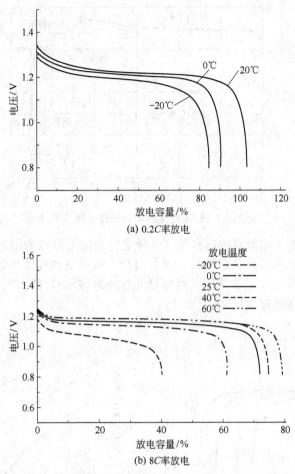

(a) 0.2C率放电

(b) 8C率放电

图 21.9　不同温度下密封镉/镍电池的恒电流放电曲线

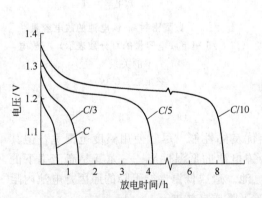

图 21.10　密封镉/镍电池的恒电流
放电曲线（温度－20℃）

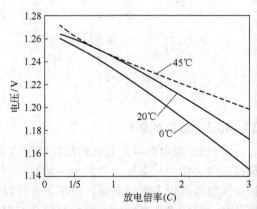

图 21.11　不同温度下密封镉/镍电池的
放电中点电压与放电率的
关系（终止电压 1V）

21.4.4　内阻

　　电池的内阻主要受以下几个因素的影响：欧姆电阻（与导电性、集流体结构、极板、隔膜、电解质或电池设计的其他特点有关），活度和浓度极化引起的电阻和容抗。在多数情况

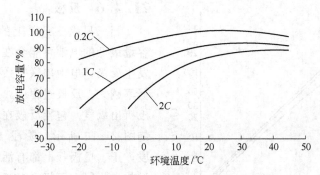

图 21.12　不同放电速率下典型密封镉镍电池的放电容量
（额定容量的百分率）与温度的关系（终止电压 1.0V）

下，容抗的影响可以忽略。极化作用受电流、温度和时间的影响，机理非常复杂且其影响随着温度的升高而减小（见第 2 章）。对于短时脉冲，如不到几毫秒，其影响可忽略。

镉/镍电池采用的极板薄且表面积大，导电性好，采用的隔膜薄且电解质保持能力好，电解质的离子导电性高，因此以内阻低而著称。放电时，至少以低放电率或中等放电率放电时，活度和浓度极化的影响可以忽略；而且从全充电状态到几乎释放出 90％容量期间，电池内阻和放电电压保持相对稳定。此后由于极板上活性物质的转化，降低极板的导电性，从而使得电池内阻升高。图 21.13 给出了两种不同规格和容量电池的内阻随放电深度的变化曲线。图 21.14 给出温度的影响曲线。随着温度的降低，电池内阻升高，原因是电解质和其他组件的导电性随温度的下降而降低。

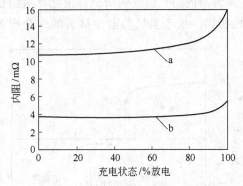

图 21.13　密封镉/镍电池（烧结式）的内阻
与荷电状态的关系（温度 20℃，0.2C 放电）
a—AA 型电池；b—sub-C 型电池

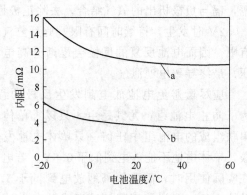

图 21.14　满荷电状态的密封镉/镍电池
（烧结式）的内阻与温度的关系
a—AA 型电池；b—sub-C 型电池

随着工作时间的延长，镉/镍电池的容量逐渐衰降，内阻逐渐升高。造成这种现象的原因是隔膜和电极逐渐发生损坏，而且液体透过密封盖损失，这种损失导致电解质浓度和总量都发生变化。总的结果便是电池内阻升高。

21.4.5　工作时间

密封镉/镍电池在不同放电率和不同温度下，工作时间与单位质量（kg）和单位体积（L）的放电电流的关系如图 21.15 所示。基于 20℃下 C/5 率的放电曲线，计算得到的电池比容量为 30A·h/kg 和 85A·h/L。该曲线反映了标准圆柱形密封电池的性能。对于某一特定电池，要获得其性能参数，需与其制造商联系。

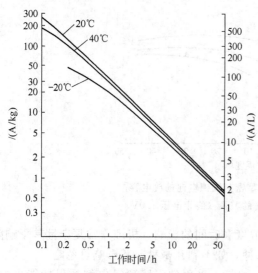

图 21.15 密封镉/镍电池在不同恒电流
放电速率和不同温度下的工作时间
（终止电压 1.0V）

21.4.6 反极

当三只或三只以上的电池串联放电时，容量最低的电池可能会在其他电池的作用下发生反极。电池串联个数越多，发生反极的概率越大。反极过程中，正极析出氢气，负极析出氧气。包括反极在内的完整放电曲线如图 21.16 所示。阶段 1 为正常的放电阶段，正、负极板上都有活性物质。阶段 2 为过放电阶段，正极上的活性物质全部放电，氢气在电极上析出。负极上还有活性物质，继续进行正常的放电反应。电池电压随着放电电流的不同而变化，但保持在 -0.4 ～ -0.2V。在阶段 3，负极的活性物质全部放电，氧气析出。

反极期间的持续放电会导致电池压力升高，安全阀打开，气体和电解质会随之排出而损失，正、负极的容量平衡被打破。

一些电池通过在正极中添加少量氢氧化镉提供一定深度的反极保护措施。用于反极保护的正极添加物称为"反极性物质"（APM）。当正极完全放电时，电极上的氢氧化镉转化成镉，镉与负极析出的氧气结合，去除正极性，在一段时间内防止氢气的析出。上述反应约在 -0.2V 时发生，持续时间有限，此后氢气便从正极析出。由于氢气与电池材料的结合程度有限，因而电池反复的反极会逐渐升高电池内压，最终导致电池泄气。

应尽量避免电池放电到发生反极的程度。为了防止电池组，尤其是由 4 只以上单体电池串联组成的电池组中任何一只单体电池发生反极，单体电池不能放电到低于 0.8V。若电池组在实际使用时，需要频繁地放电到低于 1.0V/单体电池，建议使用限压装置来防止电池发生反极。

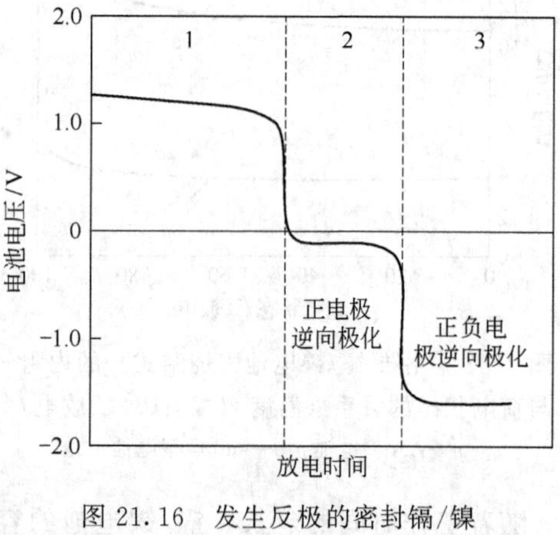

图 21.16 发生反极的密封镉/镍
电池的放电曲线

21.4.7 放电模式

如 3.2.3 节所述，电池可以不同模式放电（如恒电阻、恒电流、恒功率），具体模式要依设备负载的特点而定。放电模式对于电池在具体应用中的工作时间有非常重要的影响。三种不同放电模式下，镉/镍电池的电压曲线如图 21.17 所示。该图中显示了 650mA·h 电池的放电数据，因此在放电结束时（单体电池电压 1.0V）不同放电模式下的功率输出相同。在这里，功率输出为 130mW，为满足 130mW 放电至 1.0V，恒电流放电时的电流为 130mA（C/5 率），恒电阻放电时的电阻为 7.7Ω。从该图中可以看出，恒功率模式下电池的工作时间最长，原因是在此模式下平均电流最小。

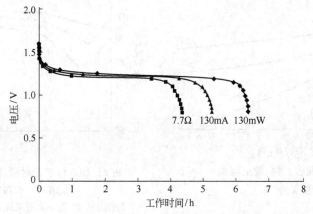

图 21.17　AA 型（650mA・h）镉/镍电池的放电曲线

◆—恒定功率；▲—恒电流；■—恒电阻

21.4.8　恒功率放电

采用恒功率模式放电，镉/镍电池在不同功率水平下的放电特性曲线见图 21.18。曲线特点与图 21.7 中恒电流放电相似，不同的是结果是以工作时间，而不是放电容量的百分比来表示的。功率水平以 E 率为基准，E 率的计算与 C 率的计算相似，只不过是基于额定瓦时容量。例如，对于 $E/5$ 率水平，标称容量为 780mW・h 的电池功率为 156mW。

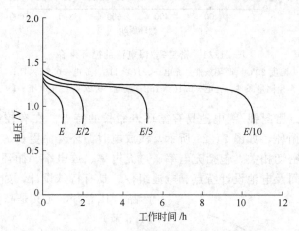

图 21.18　密封镉/镍电池 20℃时在不同功率下的恒功率放电曲线

21.4.9　贮存寿命（容量或荷电保持）

镉/镍电池在贮存期间会出现容量衰降。贮存温度以及电池的设计特点影响自放电率。典型的标准密封镉/镍电池在不同温度下的容量（保持）如图 21.19 所示。具有特殊设计的电池荷电保持特性可能与标准电池有很大区别（见 21.6 节）。例如，用于存储备份的扣式电池的荷电保持特性大大优于低内阻、高放电率的标准圆柱形电池。

密封镉/镍电池可在充电或放电态下贮存。除非是在高温下长期贮存，否则电池在贮存后通过充电（2~3 个充放电循环）即可恢复全部容量。图 21.20 给出电池在不同温度下长期贮存后的容量恢复情况。高温贮存后的恢复时间要长些。

21.4.10　循环寿命

循环寿命通常指的是电池不能再释放出大于指定比例（通常为 60%~80%）的额定容

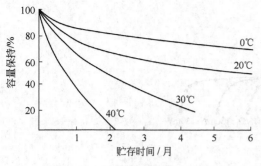

图 21.19　标准密封镉/镍电池的
容量保持

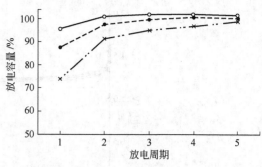

图 21.20　标准密封镉/镍电池的容量恢复
（0.2C 率，贮存时间 2 年）

○贮存温度 20℃；●贮存温度 35℃；×贮存温度 40℃

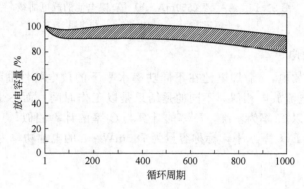

图 21.21　密封镉/镍电池的循环寿命

温度 20℃，循环条件：充电—0.1C×11h；放电—0.7C×1h；
容量测量条件：充电—0.1C×16h；放电—0.2C，终止电压—1V

量时所经历循环次数。密封镉/镍电池具有循环寿命长的特点。在有控制的条件下，完全放电时寿命可达 500 个循环，如图 21.21 所示。浅放电时循环寿命更长，如图 21.22 所示。循环寿命还与许多条件密切相关，包括充电率、过充电率、放电率、循环频率、电池所处环境的温度、电池使用时间及电池设计特点、电池组件。具有特殊设计，如采用耐碱材料的电池

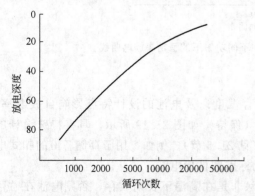

图 21.22　密封镉/镍电池浅放电时的循环寿命

产品，其寿命，尤其是高温下的寿命更长（见 21.6 节）。

21.4.11　寿命估算和失效机理

镉/镍电池的使用寿命可用失效前的循环次数或用时间表示。精确估算电池在特定应用下的寿命所需要的详细信息是不可能全部获得的。相对最佳的方法是根据实验室测试数据和现场试验进行估算或根据加速试验数据进行推算。

通常，不论原因是什么，只要当电池不能以预定的性能水平驱动装置时，便认为电池发生失效，尽管这时该电池还可能用于其他一些要求较低的用途。

镉/镍电池的失效可分为两大类：可逆失效和不可逆失效。当电池不能满足特定的性能要求，但经过适当的活化能恢复到可用状态，则认为电池发生可逆失效。当电池不能通过活

化或其他任何方式恢复到可用状态，则认为电池发生永久或不可逆失效。

（1）可逆失效

① 电压下降（记忆效应）　当密封镉/镍电池进行重复的浅放电（未释放出全部容量即终止放电）-充电循环时，电池容量可能发生可逆损失。如图 21.23 所示，如果电池在进行重复充放电循环的过程中，仅仅部分放电后即充电，那么随着循环的进行，电池电压和释放的容量会逐渐降低（曲线②代表重复循环）。若电池随后进行全放电（曲线③），则放电电压低于最初全放电时的放电电压（曲线①）。从图中可以看出，放电可以分为两步，电池达到原先的终止放电电压时不会释放出所有容量。上述现象称做"电压下降"，也称为"记忆效应"，因为电池好像记住了浅放电时的较低容量。工作温度的升高会促进该类失效的加速。

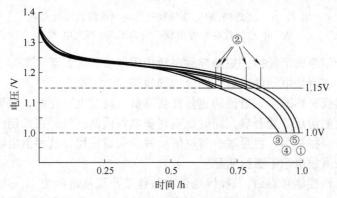

图 21.23　电压下降及随后的恢复

经过几个控制一定条件的全充放电循环，电池可以恢复全部容量。进行恢复循环时的放电特性如图 21.23 所示（曲线④和⑤）。

造成电压下降的原因是在浅放电或部分放电期间只有一部分活性物质被放电、充电。没有参加循环的活性物质，尤其是镉电极的物理性质可能发生变化，电阻升高。此外，镍电极的结构变化也是影响因素。随后的循环将活性物质恢复到原始状态。

电压下降的程度取决于放电深度。可以通过选择合适的终止电压来避免电压下降或将其减小到最低限度。过高的终止电压，如 1.16V/单体电池，会使放电过早地终止（只有对于需要长循环寿命，容量可以低一些的应用，如卫星，才采用高终止电压）。若在 1.16～1.10V/单体电池时终止放电，则可以观察到小的电压下降。尽管电压下降的程度取决于放电深度，但同时也与放电率密切相关。放电终止电压低于 1.1V/单体电池时，不会发生电压下降。然而放电终止电压也应避免太低，详见 21.4.6 节的讨论。

电极的设计和组成不同，电池发生电压下降的程度也就不同。对于所有密封镉/镍电池，电压下降现象均不明显。新型镉/镍电池采用的电极结构和成型工艺减少发生电压下降的可能性。绝大部分用户都不会觉察到由记忆效应导致的电池性能降低。然而，"记忆效应"这个术语一直还在使用，因为经常用它来解释其实是由其他问题所导致的电池容量降低，如无效充电、过充电、电池老化或暴露在高温下。

② 过充电　长时间过充电，尤其是高温下的长期过充电也会导致类似的可逆失效。从图 21.24 中可以看出长期过充电所引发的电压在接近放电终点时的"下跳"。电池仍有容量，但电压低于初期循环的电压。同样，上述失效为可逆失效，电池经几个充放电循环即可恢复到正常电压和应有的容量。

（2）不可逆失效　造成镉/镍电池永久性失效的原因主要有两个：短路和电解质的减少。即使内部短路电池依然具有一定电阻，外部表现为反常的低充电电压以及电压下降，因为此

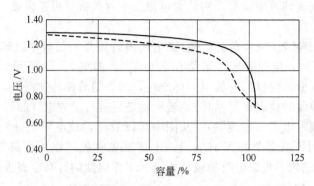

图 21.24 密封镉/镍电池长期过充电（虚线）以及充电
16h 后的放电特性曲线，均为 $C/10$ 率充电

时电池的能量由于短路而消耗掉。短路导致电池内阻非常低，甚至于实际上全部电流只流经内部短路的电路，或者使电池的电极也完全内部短路。

只要电解质因损失而减少，电池的容量便会降低。高充电率充电、频繁地发生反极，以及短路均会促使电池泄压装置开启，同时也就伴随电解质的损失。在长期使用过程中，电解质还会通过密封盖而损失掉。容量减少与电解质减少量成正比。这种由电解质的减少而造成的电池容量降低在高放电率下更为明显。

高温会降低电池性能和寿命。镉/镍电池的最佳工作温度范围为 18～30℃，在此区间内电池性能最好，寿命最长。高于此温度时隔膜的损坏加速，电池发生短路的可能性增大，因而电池寿命会缩短。较高的温度还会加剧蒸气透过密封盖外溢。虽然上述影响长期存在，但温度越高，损坏发生越快。密封镉/镍电池的推荐温度区间见表 21.2 所列。

表 21.2 密封镉/镍电池的工作和贮存温度范围

类　　型	温度/℃	
	贮　　存	工　　作
扣式	−40～50	−20～50
标准圆柱形	−40～50	−40～70
高级圆柱形	−40～70	−40～70

21.5　充电特性

21.5.1　概述

密封镉/镍电池通常采用恒电流充电，如以 $0.1C$ 率充电 12～16h（140%）。在此充电下，过充电不会对电池造成损害，尽管大部分密封镉/镍电池的安全充电率为 $C/100～C/3$ 率。若提高充电率，则要注意不能过度地过充电或使电池温度升高。

密封镉/镍电池在 $C/10$ 率和 $C/3$ 率下的电压曲线如图 21.25 所示。很明显，电压在接近充电终点时陡升，达到一个峰值。

密封镉/镍电池的电压曲线与开口电池不同，如图 21.26 所示。密封电池的充电终止电压要低一些。由于氧气的复合反应，负极达不到开口电池那样高的充电态。

对于密封镉/镍电池，不建议进行恒电压充电，因为恒电压充电可能导致热失控。但是，若在接近充电终点时小心控制电流，恒电压充电仍可采用。

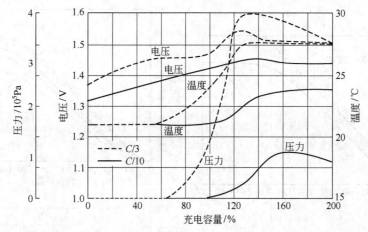

图 21.25　密封镉/镍电池在充电期间的压力、温度与电压的特性关系曲线

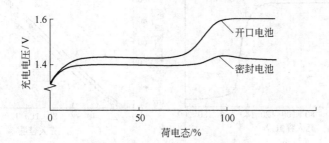

图 21.26　密封和开口镉/镍电池的荷电状态与电压关系

温度 25℃，0.1C 率

21.5.2　充电过程

充电过程如图 21.27 所示。图 21.27(a) 为充电效率与总输入能量的关系。

$$充电效率 = \frac{放电能量（充电后的放电）}{充入能量}$$

充电开始时（区域 1），电能量都消耗在将活性物质转化为可充电的形态上，充电效率低。在区域 2 充电效率最高，几乎所有的输入能量都用于将放电状态的活性物质转化成充电状态。当电池接近满充电状态时（区域 3），氧气的生成消耗大部分能量，充电效率降低。

图 21.27(b) 给出充电效率与充电率关系。从该图中可以看出，充电效率以及放电容量随着充电率的降低而降低。

充电效率还取决于充电期间的环境温度，二者关系如图 21.27(c) 所示。由于高温下正极的氧气析出电位降低，因此高温充电后电池放电容量降低。

密封电池的原理是基于负极能复合氧气，可以防止电池内部压力积聚。但由于复合能力有限，因此电池能承受的最大充电率应保证氧气生成速率低于气体复合速率，以使内压不致积聚过高。

以超过氧气复合能力或电池散热能力的充电率过充电会导致电池失效。"快速"充电法能够成功应用的前提是要有一种能监测充电过程的有效手段，能在过度过充电发生前终止充电。温升、电压或压力都可以作为监测对象及终止充电的有效判据。

21.5.3　电压、温度和压力的关系

图 21.25 还给出了典型的密封电池在充电期间（C/10 率和 C/3 率）电压、温度和压力

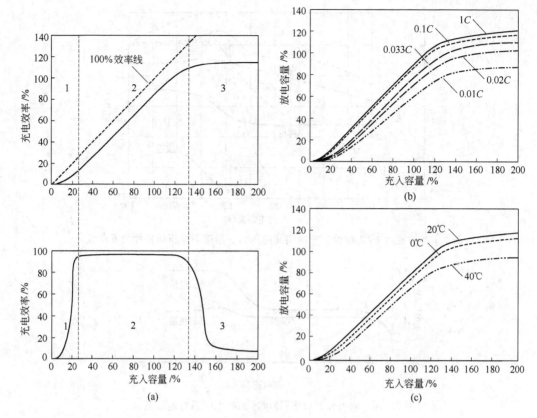

图 21.27　密封镉/镍电池的充电过程

(a) 充电效率曲线，20℃，充电 $0.1C \times 16h$；放电 $0.2C$，

终止电压 1V；(b) 充电效率与充电速率的关系，20℃；

(c) 充电效率与环境温度的关系，充电速率 $0.1C$

的关系。在电池达到 75%～80% 的荷电状态前，电压逐渐升高。随后由于正极析出氧气，电压陡然升高。由于充电反应是吸热反应，因此充电初期温度保持相对稳定。随后电池达到过充电状态，由于氧气的复合反应放出热量，电池温度开始升高。同样，过充电前电池内压低，过充电时由于大部分电流用于生成氧气，电池压力升高。最后，当电池充满电时，由于电池温度升高，内阻下降，因而电压下降。这种电压下降的现象可有效地用于充电终止的控制。

如图 21.25 所示，当电池在允许充电率下过充电时，内压和温度的变化趋势比较稳定。影响上述稳态条件的因素包括：环境温度、过充电率、电池和电池组的导热特性、电池设计及电池组件（如隔膜）、负极复合氧气的能力、电池和电池组的电阻。充电率越大，则温度越高，内压越高。例如，与 $C/10$ 率充电相比，$C/3$ 率充电时的温度和内压更高。充电率越大，温度和压力升高得越显著，特别是氧气的析出速率超过复合速率时。由于高温、高压可能导致电池泄气或损坏电池，因此需在电池达到高温、高压状态前就终止充电。

21.5.4　充电期间的电压特性

密封镉/镍电池在不同充电率下的充电电压曲线如图 21.28 所示（温度 20℃）。充电电压还与温度密切相关，如图 21.29 所示。可以看出，电压和峰值电压随着温度的升高而下降。密封电池的最佳充电温度为 0～30℃。若低于上述温度，则电压升高，氧气复合变慢，

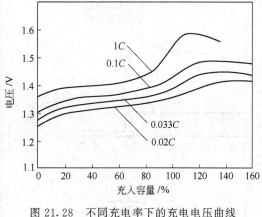

图 21.28　不同充电率下的充电电压曲线
（温度 20℃）

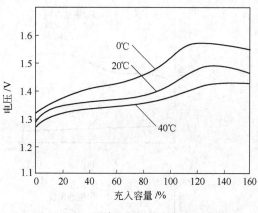

图 21.29　不同温度下的充电电压曲线
（0.1C 率）

内压升高，因而充电率必须降低。当温度高于 40℃ 时，充电效率变低；若温度继续升高，则会导致电池损坏。

21.5.5　充电方法

密封镉/镍电池有多种不同充电方法。标准方法是以较低充电率进行的准恒电流充电。为缩短充电时间，"快速"充电法变得越来越受欢迎。"快速"充电时充电率较高，这时需要通过控制电路来保证充电完成时终止充电或减小充电电流。密封镉/镍电池采用不同充电控制方法时的充电电压和电流曲线如图 21.30 所示（参见 5.5 节）

（1）标准方法　如图 21.30（a）所示。此方法最为简单，电路成本也较低。它通过在直流电源和电池间放置电阻来控制充电电流。由于电池是以低充电率（C/10 率）进行恒电流充电，因此氧气的生成速率低于复合速率。低充电率也限制温度升高。电池应避免过度过充电。电池充入的电量应为 140%～150% 的容量。

（2）定时控制　如图 21.30（b）所示。以中等大小的充电率充电时，可利用定时器控制充电的终止或将电流减小到涓流充电水平。该控制装置的成本相对较低。若电池经常在充电前完全放电，则适合采用该控制装置。若电池在频繁充电前并不进行深度放电，则不适合采用定时器控制，因为这样有可能导致过度过充电。当充电率高于 C/5 率或电池在充电前未进行深度放电时，应采用热终止控制，以防止电池温度过高。

（3）温度探测　如图 21.30（c）所示。该控制体系采用感应器来探测电池温度的升高情况并终止充电。探测装置采用热电偶或热敏电阻，探测温度通常设置为 45℃。感应器的放置位置非常重要，要能准确地测定电池温度。充电时若环境温度较高，则会导致充电不完全，而温度较低又会导致过充电。由于采用该方法易于造成电池的过充电，因此电池的循环寿命比采用 $-\Delta V$ 法或峰值电压法充电时短。

（4）$-\Delta V$ 法　如图 21.30（d）所示。对于密封镉/镍电池，这是优先选用的充电控制方法之一。在充电过程中，当电池达到峰值电压后出现一个电压下降。可利用该信号来终止充电或将电流减小到涓流充电水平。$-\Delta V$ 法可以保证电池充满电，且不受环境温度及电池剩余容量的限制。通常当单体电池的电压下降为 10～20mV 时进行控制。当充电率小于 0.5C 时不适合采用该方法进行充电控制，因为此时 $-\Delta V$ 值太低，难以检测到。

（5）涓流充电和浮充电　如图 21.30（e）所示。涓流充电体系用在两种不同的场合：①用于备用电源，在此场合电池要持续充电（补偿自放电），以保持满荷电状态，在主电源失

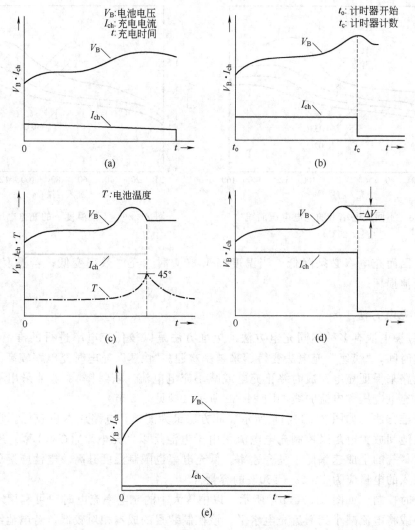

图 21.30　密封镉/镍电池的充电控制方法

（a）半恒流（V_B—电池电压，I_{ch}—充电电流，t—时间）；

（b）定时器控制（t_o—计时开始，t_c—计时结束）；

（c）温度监测（T—电池温度）；（d）$-\Delta V$ 监测；（e）涓流充电

效后为负载供电；②作为快充电终止后的补充充电。此时为 $0.02C$ 率～$0.05C$ 率充电，具体大小取决于放电频率和深度。为保证电池性能最佳，建议充电后每隔 6 个月进行一次放电。

21.6　特殊用途电池

　　具有特殊用途的密封镉/镍电池产品具有特殊的设计特点，克服了标准电池的一些限制，可以满足某些特定应用的要求。由于这些电池具有特殊的性能，因此使用时应遵循制造商的建议。

21.6.1　高能电池

　　高能电池具有如下设计特点：如采用泡沫镍正极、涂膏式负极、薄壁电池壳，增大活性物质用量。这些设计将电池容量提高了 20%～40%。高能电池还提高了氧气复合能力，能在 0.2C 率或更低充电率下充电且不需控制。采用－ΔV 法进行充电控制时电池可在 1h 内快速完成充电。图 21.31 比较了高能电池和标准电池的放电特性。图 21.32 给出了两种电池的容量与放电电流的关系。

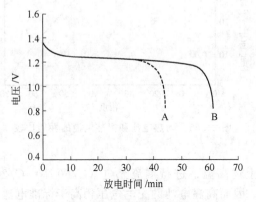

图 21.31　sub-C 型标准电池（A）
与高能电池（B）的放电特性比较
（放电温度 20℃，1C 率放电，
0.1C 率充电，充电时间 16h）

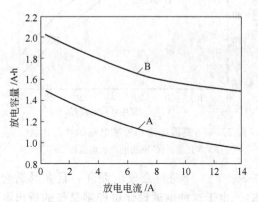

图 21.32　标准电池（A）和
高能电池（sub-C 型）（B）的
性能比较（温度 20℃）

21.6.2　快充电电池

　　快充电电池的电极结构和电解质分布的设计特点提高了氧气复合能力。在有充电控制（如温度感应和－ΔV 技术）的条件下，电池可在 1h 内快速完成充电。以 C/3 率充电时不用进行充电控制，因为电池能承受该充电率水平（C/3 率）的过充电。快充电电池还能进行高放电率放电，代价是电池容量稍有下降。由于电池的内部导热能力得到增强，因此电池表面温度升高得更快。采用温度感应的快速充电体系可以很方便地利用该特点进行充电控制。图 21.33 比较了快充电电池和标准电池的充电特性。标准电池的内压在充电过程中快速升高，而快充电电池却很稳定。

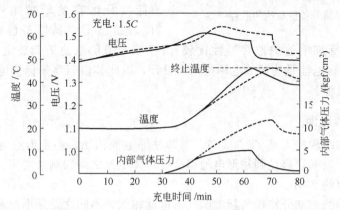

图 21.33　快速充电电池（实线）和标准电池（虚线）的充电特性比较

21.6.3　高温电池

　　高温电池可在高温下工作，且不会像普通电池那样出现工作时间缩短和充电效率降低的问题。图 21.34 比较了高温电池和普通电池性能随充电时环境温度的变化情况。高温电池可

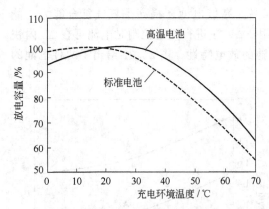

图 21.34　高温电池和标准电池的性能比较

(C/30 率充电，1C 率放电，放电温度 20℃)

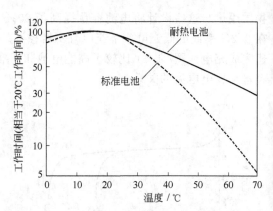

图 21.35　耐热电池和标准电池的性能比较

在 35～45℃下进行充放电循环，且尤其适合在上述高温下进行涓流充电（C/50 率～C/20 率）。由于这种电池设计可控制氧气的析出电位，因而高温电池的充电电压稍高于标准电池。

21.6.4　耐热电池

　　耐热电池可在高温下快速充电。例如，即使在高达 45～70℃的温度下也可以 0.3C 率充

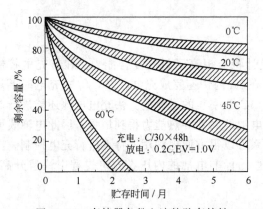

图 21.36　存储器备份电池的贮存特性

电。耐热电池的特性与常规电池相似。但由于耐热电池所采用的特殊材料在高温下的衰降极小，因此耐热电池在高温下使用寿命非常长。图 21.35 比较了标准电池和耐热电池工作时间随温度的变化情况。

21.6.5　存储器备份电池

　　存储器备份电池是为不稳定的半导体存储器提供电源。这种电池的关键指标是寿命长（某些应用要求寿命长达 10 年）、自放电率低以及优良的低放电率放电性能。图 21.36 给出了存储器备份电池的贮存特性

（可与图 21.19 中标准电池的贮存特性比较）。存储器备份电池的低放电率放电特性如图 21.37 所示。由于该电池是为低放电率应用而设计，因此其内阻高于标准电池，高放电率放电性能不如标准电池。

21.6.6　小矩形电池

　　小矩形电池的结构特点见 21.3.3 节。与圆柱形电池相比，小矩形电池的优势是提高电池组合时的空间利用率，避免圆柱形电池组合时单体电池之间的剩余空间。其体积比能量可比圆柱形电池高出约 20%。

　　小矩形电池的绝大部分特性与标准圆柱形电池相似，不同之处是小矩形电池还具有高能电池的一些特性。由于提高气体复合能力，因而小矩形电池可在 0.2C 率或更低充电率下充电，也可在有充电控制——尤其是 −ΔV 控制时 1h 内完成充电，见图 21.38。小矩形电池平缓的放电电压曲线与圆柱形电池相似，如图 21.39 所示。但是，由于小矩形电池的电阻较高，因此当放电率超过 4C 率时，放电性能不如圆柱形电池。小矩形电池的贮存特性和循环寿命与

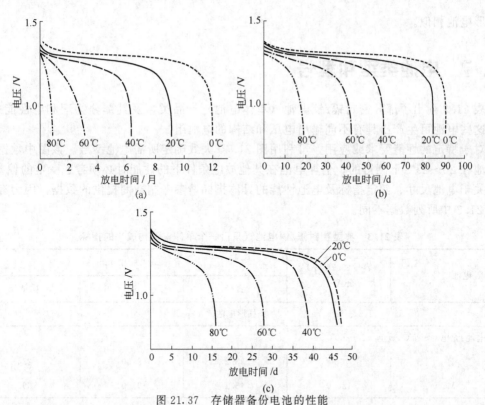

图 21.37　存储器备份电池的性能

（充电条件 $C/30$ 率，48h，20℃）(a) $C/10000$ 率放电；(b) $C/2000$ 率放电；(c) $C/1000$ 率放电

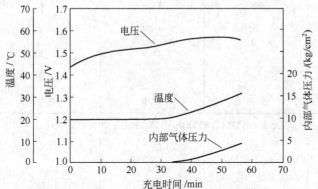

图 21.38　小矩形电池的充电特性（温度 20℃，$1.5C$ 率充电，$-\Delta V = 10\text{mV}$）

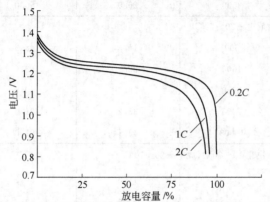

图 21.39　小矩形电池的放电特性（温度 20℃，$0.1C$ 率充电，充电时间 16h）

圆柱形电池相似。

21. 7　电池类型和型号

表 21.3 列出了部分密封镉/镍电池（单体电池）产品类型及其部分物理和电性能指标。采用这些电池可生产出具有不同输出电压和结构的电池组。

对于特定的性能要求或应用，可利用图 21.40 大致确定所需电池型号。该图中数据是标准电池在 20～25℃下测得的。估算电池在其他放电条件下的性能时必须考虑一定的偏差。

关于电池尺寸、额定指标及电池性能的具体指标请参考制造商提供的数据，因为有可能与表 21.3 中所列数据不同。

表 21.3　典型密封镉/镍电池（只由一个单体电池构成）的指标

电池型号	容量(0.2C 率)/mA・h	最大尺寸/mm		
		直径	高	质量/g
圆柱形电池				
标准电池：充电 0～45℃；放电－20～60℃				
F	7000	33.2	91.0	224
M	12000	43.1	91.0	395
长寿命电池：标准充电，0～45℃；快充 10～45℃；放电－20～60℃				
AA	600	14.3	50.3	22
AA	700	14.3	50.3	23
AA	600	14.3	48.9	22
AA	700	14.3	48.9	23
SC	1200	22.9	43.0	52
急充电池：标准充电，0～45℃；快充 10～45℃；急充 1h,5～45℃；放电－20～60℃				
4/5 SC	1200	22.9	34.0	43
SC	1300	22.9	43.0	51
SC	1700	22.9	43.0	55
C	3000	26.0	50.0	86
高温电池：标准充电，0～70℃；放电－20～70℃				
AA	600	14.3	48.9	23
SC	1600	22.9	43.0	49
C	2900	26.0	50.5	78
F	7000	33.2	91.0	224
M	10000	43.1	91.0	395
耐热电池：标准充电，0～70℃；快充 10～70℃，放电－20～70℃				
AA	600	14.3	50.2	22
SC	1200	22.9	43.0	52

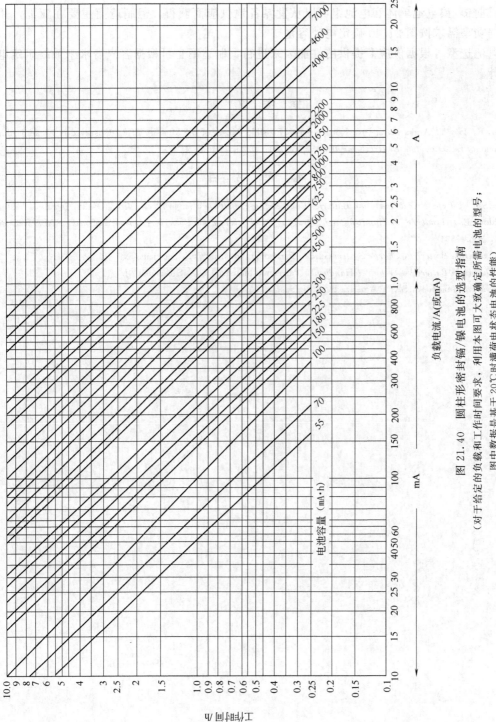

图 21.40　圆柱形密封镉/镍电池的选型指南

（对于给定的负载和工作时间要求，利用本图可大致确定所需电池的型号；
图中数据是基于 20℃时满荷电状态电池的性能）

21.8 电池尺寸及可能性

目前镉/镍电池单体和电池组可以从世界各地供应商获得，但制造商主要在亚洲，用户可根据功率需求按图 21.40 确定电池容量。

电池选型可根据供应商提供的性能表来进行，制造商也可根据客户需求来最终确定电池的设计。

参 考 文 献

Y. Sato, K. Ito, T. Arakawa, and K. Kobaya Kawa. Possible Causes of the Memory Effect Observed in Nickel-Cadmium Secondary Batteries, *J. Electrochemical Society*, 143: L225 (October 1996).

参 考 书 目

Cadnica Sealed Type Nickel-Cadmium Batteries Engineering Handbook, Sanyo Electric Co., Osaka, Japan.

Ford, Floyd E., *Handbook for Handling and Storage of Nickel-Cadmium Batteries: Lessons Learned*, NASA Ref. Publ. 1326, Feb. 1994.

Nickel-Cadmium Batteries, Charge System Guide, Panasonic Industrial Co., Secaucus, NJ.

Nickel-Cadmium Batteries, Technical Handbook, Panasonic Industrial Co., Secaucus, NJ.

Sealed NiCad Handbook, SAFT America Inc., Valdosta, GA.

第 22 章

金属氢化物/镍电池

Michael Fetcenko and John Koch

金属氢化物/镍电池（Ni/MH 电池）是已经商品化的蓄电池体系，可大批量生产，广泛应用于多种消费品及电动车。从 1989 年便携式计算机电池商品化以来，Ni/MH 电池已广泛应用于混合动力车，同时在很多消费类产品的应用中也更为重要。2008 年，Ni/MH 电池市场达到 1.2 亿美元，占整个蓄电池市场的 10%。Ni/MH 电池的迅猛发展得益于 HEV 的成长以及 Ni/MH 电池的开发直接取代碱性原电池。

Ni/MH 电池的研究起始于 20 世纪 60 年代，人们欲将 Ni/MH 电池像 Ni/Cd、高压氢镍（Ni/H_2）电池一样应用于卫星。研究的动机是 Ni/MH 电池具有环保优势：能量高、内压低，与 Ni/Cd 电池相比成本低。实际应用中存在贮氢合金在碱性环境中的腐蚀和催化稳定性问题；70 年代报道研究进展的主要组织包括 Battelle（Beccu 等人）和 Anwar（percher 等人）；80 年代 Philips（willems 等人）和 Ovonic（Ovshinsky 等人）加大研发力度，主要致力于克服阻碍先进材料商品化进程的技术局限。

20 世纪 70 年代中期暂时的石油短缺促使电动汽车初露端倪。90 年代早期，对城市空气质量的关注使得电动汽车再度被提上日程。现在，由于其优异的综合性能、可靠性以及成本优势，Ni/MH 电池成为商品化 HEV 电池的选择之一。由于具备人们所期望的综合性能优势，例如高能、高功率、宽工作温度范围、低成本，Ni/MH 电池在 HEV 应用中占据主导地位；而且，从 1991 年，Ni/MH 电池就具备安全性高、耐滥用、循环寿命长等优势，使其应用于先进车辆具备高的实用可靠性，应用于消费品市场也具备综合性能优势。

20 世纪 90 年代早期同时出现质量比能量更高的锂离子蓄电池。一度被 Ni/Cd、Ni/MH 电池所垄断的市场，比如便携式计算机、移动电话，逐渐被锂离子电池所取代。然而，Ni/MH 电池已经扩展进入了一个新市场——目前碱性一次电池垄断的市场。最新报道，Ni/MH 电池具备了"随时待用"能力，其性能与碱性一次电池相当甚至更好，已经被市场广泛接受。Ni/MH 电池技术提升主要是荷电保持能力，现在已经明显提高到了 85%/年的水平。进一步来说，Ni/MH 电池市场成长依赖于其他性能不断提高，如成本、安全性、电池规格多样化。

22.1　概述

表 22.1 总结密封 Ni/MH 电池主要的优缺点，除了成本低、可靠性高、循环寿命长、工作温度范围宽等基本特性外，下列特性促进了 Ni/MH[1,2] 电池的技术进步：

① 电池容量范围为 0.06~250A·h；

② 高电压，工作安全；

③ 优异的体积比能量及体积比功率，适合车辆组装；

④ 易于串、并联使用；

⑤ 圆柱形或方形可以自由选择；

⑥ 充放电安全，可以忍受过充电和过放电滥用；

⑦ 免维护；

⑧ 优异的温度特性（−30~70℃）；

⑨ 能够利用再生制动能量；

⑩ 充电和电控线路简单、成本低；

⑪ 使用可循环环境友好材料。

表 22.1　Ni/MH 电池的主要优缺点

优　　点	缺　　点
质量比能量和体积比能量高于铅酸电池和镉/镍电池	比铅酸电池成本高
高温特性和高倍率性能优异	质量比能量和体积比能量比锂离子电池低
循环寿命长	低温性能差
可快速充电	
贮存寿命长	
密封、免维护设计	
安全	

22.2　Ni/MH 电池化学体系

22.2.1　化学反应

放电期间，NiOOH 被还原成 $Ni(OH)_2$。

$$NiOOH + H_2O + e \longrightarrow Ni(OH)_2 + OH^- \quad E_0 = 0.52V$$

金属氢化物 MH 被氧化成金属合金 M。

$$MH\text{-}OH^- \longrightarrow M + H_2O + e \quad E_0 = 0.83V$$

放电总反应为：

$$MH + NiOOH \longrightarrow M\text{-}Ni(OH)_2 \quad E_0 = 1.35V$$

充电过程与放电过程相反。

密封金属氢化物/镍电池利用氧气复合机制来防止充电末期和过充电时由于气体的生成所造成的压力升高，如图 22.1 所示。充电时正极先于负极充满，并开始析出氧气。

$$2OH^- \longrightarrow H_2O + \frac{1}{2}O_2 + 2e$$

氧气穿过隔膜扩散到负极，"贫液"设计以及适当的隔膜体系为扩散提供便利。

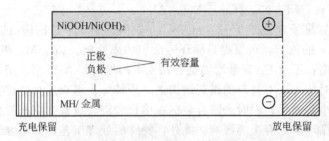

图 22.1　密封金属氢化物/镍电池电极示意
（分为可用容量、充电保护、放电保护）

在负极，氧气与氢电极反应生成水，因此电池内压稳定。

$$4MH + O_2 \longrightarrow 4M + 2H_2O$$

此外，负极不会充满，防止氢气的产生。上述反应原理适用于循环初期的电池，此时电池内气体是氧气。但是随着循环的进行，氢气开始析出，氢气比例明显增加。原因是氧气在金属氢化物表面复合放出的热量使金属氢化物合金局部加热，随之影响合金的平台压力，导致充电时氢气析出、电池内压上升。因此，在充电末期和过充电时必须控制充电电流，将氧气的生成速率限制在复合速率之下，以防止气体积累，压力升高。

Ni/MH 电池设计的要素是正负极容量比（N/P）。同时，负极（金属氢化物电极）的有效容量要高于正极（NiOOH 电极）。总之，如图 22.1 所示，金属氢化物电极的富裕容量设计可以保证电池过充电（氧气复合）以及过放电（氢气复合，见 22.10.11 节）时的气体复合。另外，MH 电极的富裕容量也抑制 MH 合金的氧化和腐蚀。电池生产商一般在 1.3～2.0 之间调整 N/P 比：N/P 比低，可以提高电池的能量；N/P 比高，可以提高电池的功率及循环寿命。因此，电池的可用容量取决于正极。

22.2.2　金属氢化物合金

Ni/MH 电池并非普通的电池技术。金属氢化物活性物质是由多种元素制成的工业合金，金属氢化物合金的不同组成间差别非常大[3,4]。负极的活性物质主要有 AB$_5$ 型（LaCePrNdNiCoMnAl）、A$_2$B$_7$（LaCePrNdMgNiCoMnAlZr）或者是 AB$_2$（VTiZrNi-CrCoMnAlSn）等无定形型合金[5~8]。尽管 AB$_5$ 型合金的贮氢能力（320mA·h/g）比 A$_2$B$_7$ 型合金（380mA·h/g）以及 AB$_2$ 型合金（440mA·h/g）低很多，但 AB$_5$ 型合金的使用却更为广泛。其优点是成本低、易于活化和成型。电极生产工艺灵活，可高倍率放电。另外，为提高 A$_2$B$_7$ 以及 AB$_2$ 型合金现有的性能，也正在开展大量研究工作，以充分利用其固有的高比能量特点，而这对于降低成本也非常重要。

金属氢化物要用于 Ni/MH 电池负极材料，还需满足一系列性能要求，包括贮氢能力、适中的金属-氢键强度及一定的催化活性和放电动力学；同时还要具有抗氧化/腐蚀能力。多元素、多相、无定形的 LaNi$_5$、LaMgNi 及 VTiZrNiCr 合金是能够作为电池负极的极具竞争力的候选材料。合金中可以添加和取代多种元素。交错的晶相可以使其成为化学修饰的基体，且元素组成可以不符合化学配比。修饰元素的引入，可以使合金更易于活化和成型。此外，用于制造这种冶金材料的特殊工艺，如熔化和粉碎等，也得到开发。

金属氢化物活性物质不同的组成及结构能够满足特殊的设计要求。可以通过调整活性物质的组成来改变容量、功率或循环寿命。

AB$_5$ 型金属氢化物合金的典型组成如下：

① La$_{5.7}$Ce$_{8.0}$Pr$_{0.8}$Nd$_{2.3}$Ni$_{59.2}$Co$_{12.2}$Mn$_{6.8}$Al$_{5.2}$（原子百分数，%）；

② $La_{0.5}Ce_{4.3}Pr_{0.5}Nd_{1.3}Ni_{60.1}Co_{12.7}Mn_{5.9}Al_{4.7}$。

AB_5 型合金的容量通常为 $290\sim320mA\cdot h/g$，但调整 A、B 比例可以使其他性能有很大不同。变换 La/Ce 的比例，可以提高循环寿命和功率性能。Co、Mn 和 Al 总量的增加使合金易于活化和成型；不过 Co 含量增加也意味成本的提高。对于 AB_5 型合金锭，通常还要通过高温退火数小时的方法对材料的微观结构进一步精炼。退火后合金锭首先破碎，然后调整为希望的晶体大小和晶界；同时去除合金锭在熔化和浇铸过程中沉积形成的有害相，因而对容量、放电率和循环寿命有重要影响。此外，特殊的处理工艺，如熔融纺丝及其他快速成型技术也可以提高循环寿命。但这些工艺成本高，而且有可能使放电率性能降低[9]。

商品化的 AB_5 型合金主要是 $CaCu_5$ 晶体结构。然而，在这种结构中却有多个晶格常数，这是由材料中组分的无序化所导致[10]，组分的无序化对于合金的催化性能、贮氢容量及在碱性环境中的稳定性以及抗脆化性能非常重要。这种结构还能促成镍-钴相[11,12]的生成，这对高倍率放电性能非常重要。

作为 A_2B_7 型金属氢化物合金，即 A_2B_7 合金提供了另一种成分的选择，典型组成如下：

① $La_{4.8}Ce_{0.4}Pr_{9.1}Nd_{5.4}Mg_{1.7}Ni_{68.8}Co_{3.0}Mn_{0.2}Al_{5.5}Zr_{0.2}$；

② $Nd_{18.7}Mg_{2.5}Ni_{74.7}Co_{0.1}Al_{3.6}Zr_{0.2}$。

A_2B_7 合金的容量在 $335\sim400mA\cdot h/g$ 之间，加入 Ce 金属的目的在于减少晶格向 AB_5 合金晶格转变的趋势。Co 的加入可以降低晶格的体积膨胀，Al 可以形成致密的氧化物保护膜，此二者都可以有效地提高合金的循环性能。加入 Mn 的作用在于扩大不同晶相的存在，而 Zr 可以提高合金高倍率放电性能。

常规的制备方法可以在合金内部形成 $CaCu_5$、$PuNi_3$ 两种晶相，而 Mg 只存在于 $PuNi_3$ 晶格结构中。通常在烧结制备 A_2B_7 合金锭后，还需要数小时的高温退火对材料的微观结构进行进一步的精炼。高温后处理是消除或减少 AB_5 晶格或其他不需要晶格结构的关键步骤。高温退火后，合金被粉碎到需要的粒度范围。此外，特殊工艺处理（例如旋转冷却）或其他快淬技术也可应用并能消除 AB_5 等杂相。

作为 AB_2 型金属氢化物合金，即 AB_2 型合金提供了另一种成分选择，典型组成如下：

① $V_{18}Ti_{15}Zr_{18}Ni_{29}Cr_5Co_7Mn_8$；

② $V_5Ti_9Zr_{26.7}Ni_{38}Cr_5Mn_{16}Sn_{0.3}$；

③ $V_5Ti_9Zr_{26.2}Ni_{38}Cr_{3.5}Co_{1.5}Mn_{15.6}Al_{0.4}Sn_{0.8}$。

AB_2 合金的容量为 $385\sim450mA\cdot h/g$。高钒含量的合金具有较高的自放电率，因为钒的氧化物溶解时，伴随一种特殊类型的氧化还原反应。Co、Mn、Al 和 Sn 的浓度对于改善活化和成型性能、延长循环寿命非常重要。六方晶相 C_{14} 和立方晶相 C_{15} 的比例是影响容量和比功率的重要因素。

合金可以用常规熔炼方法制备成块。在成块后，可以用氢化/去氢化过程加以粉碎。粉碎的合金继续粉碎至需要的粒度，在粉碎过程中氧可以和合金反应生成保护层。

对于所有的金属氢化物合金，金属/电解间的表面氧化物界面是影响放电率和循环寿命稳定性的关键因素。早在 20 世纪 70～80 年代，对于 Ni/MH 电池用 $LaNi_5$ 和 $TiNi$[13]合金就已进行大量研究，但由于其放电率和循环寿命性能差，因而上述合金均并未实现商品化[14,15]。其中，倍率放电性能主要受到表面氧化物缺乏催化活性的影响，无法获得较长的循环寿命主要是因为抗氧化/腐蚀能力不够强。AB_5、A_2B_7、AB_2 型合金的表面氧化物具有复杂的组成和微结构，其重要参数包括厚度、孔隙率和催化活性。分散在氧化物中的粒径为 $50\sim70\text{\AA}$，甚至更小的超细金属镍颗粒是 H^+ 和 OH^- 反应的良好催化剂，这一发现对于改善倍率放电性能至关重要[16]。

表面氧化物的另一个关键设计要点是要在钝化与腐蚀间取得平衡。氧化物所具有的多孔特性的重要作用在于可以使离子与金属催化剂接触，并进而促进高倍率放电性能的提高。因此，氧化物的钝化会影响高倍率放电和循环寿命。当然无限制的腐蚀同样也具有破坏性。阳极金属发生氧化和腐蚀时会消耗电解质、改变荷电状态平衡，而且有时腐蚀反应产生可溶性产物会使正极中毒。其成分和结构无序化的主要作用是在钝化和腐蚀间建立平衡，维持稳定。

22.2.3　氢氧化镍

不论圆柱形或方形、烧结式或涂膏式，Ni/MH 电池中采用的氢氧化镍与镉/镍电池、铁/镍电池基本相同。简言之，主要成分与 100 年前爱迪生采用的电池完全相同。但是，如今高性能氢氧化镍材料的容量、粉末利用率、功率、放电率、循环寿命、高温充电效率还在不断提高，成本在不断降低。

(1) 球形氢氧化镍　如前所述，有一种氢氧化镍材料至今仍具有最为广泛的应用，这就是高密度球形氢氧化镍[17,18]，这种材料通常被涂膏式电极所采用，并在 1990 年左右就已实现产业化。高密度球形氢氧化镍采用沉积工艺制备。在氨水存在下，使金属盐（如硫酸镍）与氢氧化物（如 NaOH）进行反应。镍源中还可能添加钴和锌等添加剂来改善性能。高密度球形氢氧化镍的主要物理参数如下。

① 化学组成　氢氧化镍通常采用 NiCoZn 共沉积，组成为 $Ni_{94}Co_3Zn_3$，一般加入 1%～5% 的 Co 和 Zn 可以调整电导率以及氧的过电位；微观结构的精细化可以改变活性材料容量以及成本。为了获得更高容量、循环寿命以及高温性能，研究了更加复杂的多元共沉积，比如 NiCoZnCaMg，但不能通过常规沉积方法生产。

② 振实密度　通常为 $2.2g/cm^3$。振实密度用来表征氢氧化镍干粉的充填效率，影响活性物质在泡沫镍集流体微孔中的载入量。

③ 粒径　平均粒径约为 $10\mu m$。

④ 比表面积　采用 BET 法测量的表面积不是指每个氢氧化镍微球的几何面积，而是指参与充放电反应的，能够影响活性物质利用率和高倍率放电性能的氢氧化镍微球的表面积总和。采用 BET 法测量的高密度球形氢氧化镍的比表面积通常为 $10\sim20m^2/g$。

⑤ 结晶度　氢氧化镍微球的表面积非常大，这与其本身的微晶结构是相符的。结晶度采用 X 射线衍射法测量。通过反射面，如（101）面的半峰宽（FWHM）可以得到对应的微晶尺寸为 $110Å$。

影响氢氧化镍性能的因素有很多，包括加工过程中引入的杂质，如残留的硫酸盐、硝酸盐、硫酸钠等。

涂膏式氢氧化镍正极的常规生产工艺是利用机械法将高密度球形氢氧化镍涂覆到泡沫金属基板的孔中（如图 22.2）。泡沫金属基板的生产方法通常是利用电沉积或化学蒸气沉积的方法在聚氨酯泡沫上包覆一层镍，然后进行热处理，除去聚氨酯基体。泡沫金属骨架集流体的孔径从 $400\mu m$ 降低到 $200\mu m$ 可能获得较好的电导率。通过调整泡沫的密度可以提高导电性及功率特性从而提高材料的容量及利用率。

随后通过物理法将含有平均粒径 $10\mu m$ 的氢氧化镍的膏状物载入到泡沫骨架上[19]，膏状物中还含有导电剂氧化钴。氧化钴可以形成导电网络，弥补氢氧化镍与金属集流体间较大的间距以及氢氧化镍本身电导率较低的不足。烧结式正极和涂膏式正极横截面的背散射电子图像如图 22.3 所示，图中高亮度区域表示起集流作用的金属镍骨架。

可以根据不同的用途，采用不同的配方制备氢氧化镍活性材料和电极。对于需在 35℃

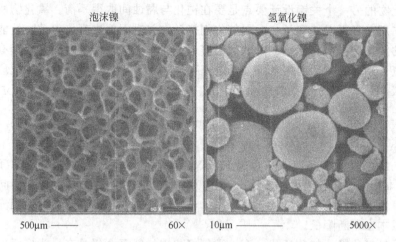

泡沫镍　　　　　　　　　　氢氧化镍

500μm ——— 　　60×　　　10μm ——— 　　5000×

图 22.2　正极泡沫镍基板和高密度球形氢氧化镍的 SEM 显微照片

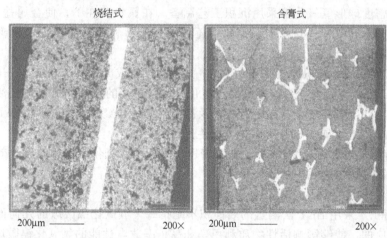

烧结式　　　　　　　　　　合膏式

200μm ——— 　　200×　　　200μm ——— 　　200×

图 22.3　背散射电子图像，其中高亮度区域表示起集流作用的金属
镍骨架，说明在涂膏式和烧结式电极中活性物质到集流骨架的距离不同

以上工作的电池，生产商通过在膏体中添加其他添加剂抑制充电时氧的析出（见"高温氢氧化镍"）[20]。另外，可以通过调整导电添加剂的种类和数量来改善膏体配方，比如钴金属或一氧化钴[21~23]。通常情况下，细小颗粒的钴或氧化钴溶解后沉积在氢氧化镍活性物质表面，包覆层均匀完整。

对于超高功率放电，在膏体配方中添加金属镍纤维提高导电性。Ca 的添加导致功率及循环寿命降低。金属钴和氧化钴相对电池材料而言较昂贵，导致成本增加。镍纤维的添加减少活性物质量，从而降低容量和比能量。

（2）高温型氢氧化镍　由于在高于室温时氧提前析出，生产商加入 $Ca(OH)_2$、CaF、Y_2O_3 等添加剂抑制氧的析出。如图 22.4 所示，这些添加剂的加入可将 65℃ 充电时容量由 50% 降低到 20%。Ni/MH 电池生产商必须关注氧抑制剂的种类、数量、位置，以避免此物质的绝缘性能影响电池的功率、循环寿命。

① 在商品化 $Ni(OH)_2$ 中加入高温添加剂由于导电性降低，明显降低电池功率和循环性能。

② 高温型 $Ni(OH)_2$ 通过修饰克服以上缺陷，提高充电接受能力。

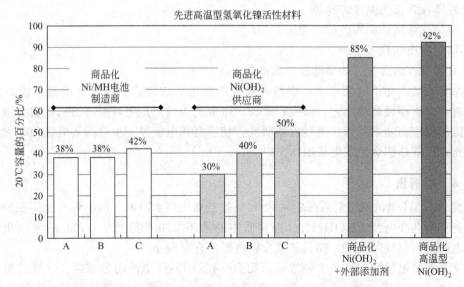

图 22.4　采用商品化氢氧化镍的圆柱形 C 型电池的温度特性

另一种改善方法是修饰氢氧化镍本身。最常见的氢氧化镍活性物质材料为 NiCoZn 三元沉积物。为了进一步提高电池的高温性能，开发多元配方比如 NiCoZnCaMg，如图 22.5 所示。

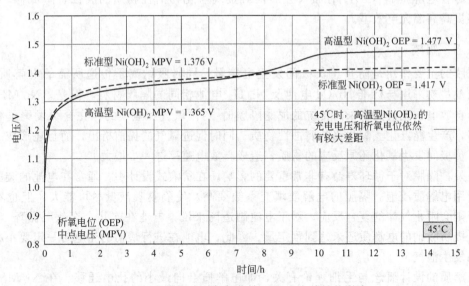

图 22.5　化学组成对氢氧化镍 45℃充电特性的影响

(3) 烧结式氢氧化镍　烧结式电极的倍率和功率性能最佳[24]，但代价是质量比容量和体积比容量降低，生产成本提高。烧结式电极的生产工艺复杂、成本高，因此若要生产烧结式电极，制造商需投入大量资金。制备烧结式正极的第一步是将纤维镍[25]涂覆到基板，如冲孔镍带上；然后在氮气/氢气环境下于高温煅烧炉中对镍纤维进行烧结。涂覆过程中使用的黏结剂挥发后，剩下导电镍骨架，通常平均孔径为 30μm。

然后，通过化学浸渍或电化学浸渍工艺将氢氧化镍沉积到烧结骨架的微孔中。浸渍后的电极通过电化学充/放电工艺进行化成或预活化。烧结式氢氧化镍电极生产工艺中的主要设计参数包括如下几点。

① 纤维镍骨架的强度和孔径。

② 氢氧化镍活性物质的化学组成。

③ 活性物质的载入量。

④ 有害杂质的含量（如硝酸盐、碳酸盐）。

与涂膏式氢氧化镍电极相比，烧结式电极的制备要求制造商在设施设备上投入大量资金，同时要非常精通烧结工艺。而生产涂膏式电极的关键则是要对泡沫镍基板和高密度球形氢氧化镍的供应商非常了解。通过近期研究，使涂膏式电极进一步提高其电极功率和高倍率放电性能，可能达到烧结式电极的水平。

22.2.4　电解质

各类 Ni/MH 电池的电解质通常均为 30% 的氢氧化钾水溶液。该电解质能够在较宽的温度范围内保持高导电性。KOH/H_2O 电解质中通常还添加浓度约为 17g/L 的氢氧化锂，以抑制充电时的析氧竞争反应，提高氢氧化镍电极的充电效率。

填充系数是电解质的一个重要指标。几乎所有 Ni/MH 电池均为密封、贫液式设计。与在 Ni/Cd 电池中一样，电极几乎全部被电解质浸泡，但隔膜只是部分浸泡，这样气体可以快速通过隔膜，发生复合反应。

Ni/MH 电池还采用特殊的电解质来提高高温性能。将 KOH/LiOH 二元电解质中的部分 KOH 替换为 NaOH，得到的三元 KOH/NaOH/LiOH 电解质通常采用高达约 7mol/L 的浓度。尽管电解质中 NaOH 的加入会加快对金属氢化物活性物质的腐蚀，降低循环寿命，但能够提高高温充电效率。

22.2.5　隔膜

隔膜的主要作用是防止正负极间发生电接触，同时吸纳离子传递所需的电解质。Ni/MH 电池最初采用与标准 Ni/Cd 电池及 Ni/H_2 电池相同的隔膜材料。但是，Ni/MH 电池更易于自放电，尤其是在采用传统的尼龙隔膜时[26]。氧气和氢气的存在会引发聚酰胺材料的降解，产生能毒化氢氧化镍的腐蚀性物质；同时促进氧气的提前析出，而且还形成一种能在正、负极间发生氧化还原反应的物质，造成自放电速率进一步增大。

另外，隔膜对于循环寿命有非常重要的影响。在贫液式设计中，通常在电池的装配阶段将电极用电解质浸泡。隔膜的电解质填充系数要高，使隔膜吸液量尽可能大，但也不能过大；否则会阻止气体的复合反应。对于电池制造商来说，电池在前几个充放电循环（化成）中，电极所吸纳的电解质还未达到预定量。因此，电池在进行最初的充电时一定要小心，避免电池发生泄气。

电解质的设计概念与毛细理论有关，即电解质会向最小的孔中迁移。在 Ni/MH 电池中，氢氧化镍正极的孔最小；其次是金属氢化物负极；隔膜的孔最大。在单体电池的装配阶段，隔膜的吸液率通常为 90%，但在电池进行前期充放电循环的化成阶段，隔膜的吸液率减小到 70%。这是因为正、负极发生膨胀，吸收电解质的内部开放空间减小。上述充放电过程一定程度上能够持续成百上千次，直至隔膜的填充系数仅为开始的 10%～15% 时，电池便会失效。因此，理想的隔膜应能够在电池中吸纳大量的电解质，并具有较小的孔径以保持电解质，同时其表面应能够保持润湿性。即使如此，在检查失效电池的隔膜时，发现这些隔膜也都发生了一定程度的降解，不能再吸收电解质，但是其损坏程度要比早期的隔膜小得多。

因此，对于 Ni/MH 电池需要开发一种更稳定的隔膜材料，该材料既能减小自放电，同时还要具有一定的吸液能力，因为电解质对于电池的循环寿命至关重要。现在，Ni/MH 电池广泛采用一种称为"永久润湿聚丙烯"的隔膜材料。实际上，这种聚丙烯材料是聚丙烯和聚乙烯纤维的复合物。该复合材料的主要组分若不经表面处理，几乎无法在 KOH 电解质中发生润湿。主要有两种隔膜表面处理方法。

（1）丙烯酸　是将化合物，如丙烯酸接枝到纤维基体上，使其具有润湿性。使用的手段多种多样，如 UV 或钴辐射等[31]。

（2）硫化　另一种使聚丙烯具有润湿性的方法是进行硫化处理，即用发烟硫酸处理纤维基体。在进行隔膜设计时，应使其表面对电解质呈亲水性。硫化隔膜的应用是开发"预充电（即用型）"Ni/MH 电池技术的关键所在。

22.3 电池结构类型

与密封镉/镍电池相似，密封金属氢化物/镍电池的结构可分为圆柱形、扣式和方形（大方形或小方形）三种。

电极被设计成具有较大表面积的多孔结构，因而内阻低，高倍率性能好。圆柱形金属氢化物/镍电池的正极采用多孔烧结镍基板或泡沫镍基板，基板上浸渍或涂覆镍化合物，并通过碱化或化成转化为活性物质。泡沫电极已经基本上取代烧结式电极。泡沫结构的金属和穿孔金属带的价格较低，但高倍率性能差，而烧结式结构的成本要高得多。同样，负极也是高孔率结构，是在穿孔镍带或镍网上涂覆混有塑料黏结剂的活性贮氢合金。电极间用合成无纺材料隔离，作为电极间的绝缘体和电解质的吸收介质。

22.3.1 圆柱形结构

圆柱形单体电池的装配图如图 22.6 所示。电极卷成圆柱形，并插入圆柱形镀镍钢壳中。电解质吸附在电极和隔膜中。

单体电池通过卷边使顶端结构件与壳体密封。顶端结构件包括带有安全阀（可反复开闭）的上盖、正极端子和塑料垫圈。金属外壳作为电池负极，上盖作为电池正极，通过塑料垫圈相互绝缘。如果电池被滥用，内压升高，安全阀可释放过高压力，进一步保证电池安全。

22.3.2 扣式结构

扣式结构如图 22.7 所示。其结构与扣式镉/镍电池相似，不同的是镉换成贮氢合金。

22.3.3 小方形结构

薄方形电池是应紧凑型设备的需求而设计。与圆柱形单体结构的组合电池相比，矩形结构的空间利用率更高，电池组的体积比能量提高了约 22%。与圆柱形单体电池相比，矩形单体电池提高电池组设计的灵活度，因为电池组底部尺寸不再受到直径限制。

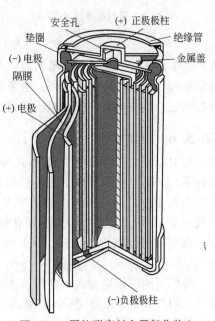

图 22.6　圆柱形密封金属氢化物/镍电池的结构

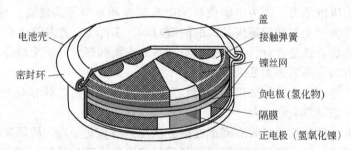

图 22.7 扣式密封金属氢化物/镍电池的结构

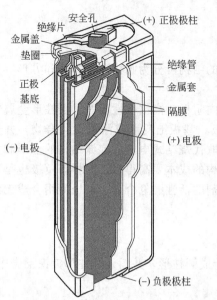

图 22.8 密封扁方形金属氢
化物/镍电池的结构

方形电池的结构如图 22.8 所示。电极的生产工艺与圆柱形电池相似,不同的是最后的电极成品形状为扁方形。正、负电极用隔膜隔开,组合后将正极焊接到盖板上。然后将组装件放到镀镍钢壳中,并注入电解质。单体电池通过卷边使顶端结构件与壳体密封。与圆柱形电池相似,顶端结构件包括带有安全阀(可反复开闭)的盖板、正极端子和塑料垫圈。金属壳外套有绝缘热缩套。金属外壳的底部作为电池负极,上盖作为电池正极,通过密封圈相互绝缘。

22.3.4 9V 多单体电池

9V 多单体电池的结构如图 22.9 所示。

22.3.5 大方形电池

大方形电池结构与小方形相似,但也有些例外,详见下述。

图 22.10 是大方形电池的结构,电极结构与小方形相似。正、负电极用隔膜隔开,组合后将正、负极各焊接到相应的端子上。然后极组入壳、注入电解质。壳盖焊接在一起达到电池密封。与圆柱形和小方形电池相似,电池盖上装配了可再密封的安全阀、端子、塑料绝缘垫。金属壳上涂覆绝缘材料防止电池之间短路。通过两个端子实现电池正、负极的电连接,端子和壳之间要有绝缘垫。

22.3.6 整体结构

相对于其他化学体系的电池,Ni/MH 电池具有出色的耐过充、过放能力,因而尤为适合采用 HEV 整体结构。整体结构设计采用共用的压力容器,而且电池组件很少——一个安全阀组件及一些可以共用的零部件,因此可以降低成本。由于内部相邻单体电池可以共用电池壳壁,整体电池还具有体积小的特点。此外,整体电池既可采用液体进行冷却,也可通过空气进行冷却。采用水冷的塑料整体 Ni/MH 电池(7.2V,6.5A·h)如图 22.11 所示。

整体电池结构也存在一些需解决的问题,如要对注塑材料进行选择以避免气体渗漏;单体电池间的容量和阻抗要分别匹配以避免单体电池间性能的不均衡。此外,采用整体结构时一定要认识到:所有单体电池内的电极均会在充放电期间发生膨胀、收缩,所以必须通过机械结构设计以及整体电池装配对极组的膨胀进行补偿。

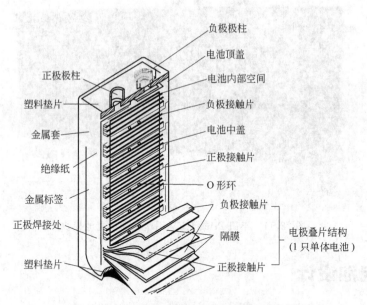

图 22.9　9V 密封金属氢化物/镍电池的结构

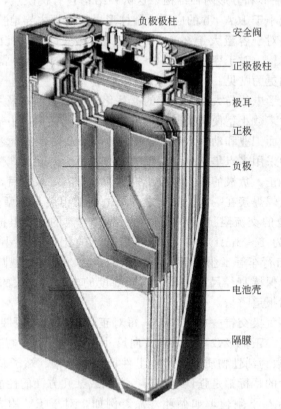

图 22.10　方形 Ni/MH 电池的结构

图 22.11 丰田 Prius HEV 用塑料壳体电池模块

22.4 电池设计

22.4.1 圆柱形结构与方形结构

Ni/MH 电池有圆柱形和方形两种结构。这两种结构各有优缺点，应根据具体的应用选择相应结构。对于容量小于 10A·h 的应用，圆柱形电池占据主导地位，因为圆柱形电池的成本低、生产速度快。对于容量大于 20A·h 的电池，圆柱形结构设计和制造就变得很困难，这时多采用方形结构。对于容量介于 10～20A·h 之间的电池，圆柱形和方形两种结构均可采用，但方形结构更为常见。

工业和动力用圆柱形电池与大批量生产的商品化电池相似，亦采用人们所熟知的卷绕式结构。不同的是，绝大多数小型便携式圆柱形电池只要求低倍率或中倍率放电且电极两端的连接通常也非常简单；而工业和动力用 Ni/MH 电池要求高倍率甚至超高倍率放电，并且要求低内阻，因而电池中采用多点集流体。这种集流方式称为"端面焊"结构，即每片电极的一侧均有一个集流带，正、负极的集流带位于极组两侧。卷好极组后，两侧的集流带分别与正、负电极通过多点点焊焊接在一起。除此之外，电池的组装与小型商业品电池基本相同。集流作用增强后，电池的交流阻抗减小（小型便携式电池的 AC 阻抗通常约为 8～12mΩ，工业用圆柱形电池约为 1～2mΩ），最终结果是电池的比能量减小，比功率增大。对于 HEV、摩托车、电动自行车等工业应用，通常采用标准 C 型和 D 型圆柱形电池，或者在这两种标准型号基础上，保持直径尺寸，设计不同高度的电池。更大的圆柱形电池，如 F 型电池的研究也已有文献报道[28]。

在方形结构中正、负极交错叠放在一起，每对正负极间衬有隔膜（如图 22.12）。主要设计参数包括电极厚度、正负极数量以及各方向尺寸的比例（单体电池的高度、宽度和厚度之比）。关键的设计参数为活性物质与非活性组件，如电池槽、端子及集流体的比例。在任何情况下，电池设计者的目标都是强调电池某一方面或某几方面的性能，如能量和功率；与此同时将其他性能保持在下限值，如循环寿命。例如，对于 EV 用方形 Ni/MH 电池[29]，200W/kg 即能满足大多数车辆要求，因此可以选用较厚的正负极，提高活性物质与非活性组件的比例，使质量比能量达到 63～80W·h/kg。相反，HEV 用方形 Ni/MH 电池必须大于 1300W/kg，因此电极厚度必须小于 EV 用电极。HEV 用 Ni/MH 电池的质量比能量通常

为 $42 \sim 68 \mathrm{W} \cdot \mathrm{h/kg}$。

22.4.2　金属壳与塑料壳

圆柱形 Ni/MH 电池只采用金属壳：一是因为电池壳本身与金属氢化物负极连接在一起,可以作为负极极端；二是因为许多应用要求能够快速充电,气体发生复合反应时,电池内压很高。只有金属容器能承受这种压力,而且不会发生太大变形。最后,金属壳通过聚砜密封环翻边与电池盖密封。这种方法成本低,易于生产而且可靠。

对于电动车等车辆用方形 Ni/MH 电池,金属壳和塑料壳都很常见。在圆柱形电池中,电池壳即为负极极端。方形电池则不同,方形电池的上盖各有一个正极端子和负极端子。选择金属壳的主要原因是传热性好,变形小,其样品电池尺寸设计变化时投入的成本少。

采用塑料电池槽的优势是成本低,电绝缘性好,因为现在常用的电动车电池的电压为320V 或更高,这时必须考虑漏电流。此外,采用塑料电池槽时还要考虑模具的开发成本、气密性、传热性,并且要有足够的厚度,要能承受一定的气体压力,不发生破裂。采用塑料壳的 Ni/MH 电池如图 22.12 所示。

(a) 采用塑料壳　　　　　　　　　　　(b) 采用金属壳

图 22.12　Ni/MH 电池模块

22.4.3　能量与功率的平衡

与其他大多数电池技术一样,Ni/MH 电池可以设计为多种类型,如能量型、功率型或两者兼顾型。电池使用要求决定电池选型,但不完全绝对,要考虑综合因素。对于电动车电池,若要充分发挥车辆性能,电池功率至少要达到 200W/kg。当功率满足要求时,与其相矛盾的质量比能量指标通常为 $62 \sim 80 \mathrm{W} \cdot \mathrm{h/kg}$。追求高能量的目的是使行驶里程更长,但可能增加成本。评价电动车用电池成本的指标为美元/kW·h,USABC/PNGV 的目标是150 美元/kW·h,这是最具挑战性的发展目标之一。Ni/MH 电池的成本主要取决于原材料的用量、成本和利用率,而不是劳动力、组装和包装成本等。因此,许多 Ni/MH 电池生产商都致力于提高低成本活性物质的利用率(以 mA·h/g 计),降低生产成本。

与 EV 电池不同的是,HEV 电池对比能量的要求非常低,之所以出现这种区别是因为这两种电池的作用有很大不同。HEV 电池的主要作用是接受和利用再生制动能,辅助加速。在充电与放电期间,电池均经受非常高的脉冲电流,但放电深度低。HEV 用 Ni/MH 电池的关键指标是比功率,USABC/PNGV(新一代车辆合作组织)对电池制造产商提出的比功率要求是大于 1000W/kg。现在 Ni/MH 电池所能达到的比功率为 $1000 \sim 1300 \mathrm{W/kg}$。有的报道表明已能接近 2000W/kg。除了电池性能要满足 HEV 的运行要求外,Ni/MH 电池研发人员都非常注重的一个指标——功率成本（以美元/kW 计）。PNGV 对功率成本提出的目标是小于 12 美元/kW。相应地，电池的质量比能量应达到 $32 \sim 56 W \cdot h/kg$，比功率应达到 $1000 \sim 1300 W/kg$。

22.4.4 单体电池、电池模块和电池组的设计

通常，容量 $5.0 A \cdot h$ 的 C 型便携式 Ni/MH 电池的 AC 阻抗为 $8 \sim 15 m\Omega$，$\Delta V / \Delta I$ 阻值为 $15 \sim 30 m\Omega$。而容量 $100 A \cdot h$ 的 EV 用 Ni/MH 电池的 AC 阻抗 $0.4 m\Omega$，$\Delta V / \Delta I$ 阻值为 $0.9 m\Omega$。尽管电阻很小，大电流下产生的热效应要小于过充电产生的热量，但汽车制动和加速期间产生的超大电流脉冲所引发的热量仍然值得关注。因此，热管理成为 EV 和 HEV 用 Ni/MH 电池设计中的基本要素。

适当的热管理应首先从金属氢化物电极开始，因为过充电产生的热量被公认为来自发生氧气复合反应的氢化物电极。由于热量必须经负极传导到电池槽，因此电极和极群具有良好的导热性很重要。通常，单体电池先被组装成 12V 的电池模块，此时应注意的是单体电池要以背靠背的形式组合在一起。另外一个重要的设计特点是末端的单体电池应有较大暴露表面，以便于冷却，不过这也同时增大电池模块内发生热失衡以及由此而导致的荷电状态失衡风险，而荷电状态失衡将导致电池的过早失效。因此，在合理的模块设计中必须对模块的端板和散热片加以考虑。

电池模块的组装结构多种多样。不管采用何种结构，设计中都一定要考虑模块间距、空气和水的通道以及电池组散热片的特点，以平衡模块间的冷却效果。

22.4.5 热管理-水冷与风冷

在 EV、PHEV 和 HEV 用 Ni/MH 电池热管理的设计中，关键是首先要确定采用水冷还是风冷。但对于采用哪一种冷却方法更好，目前还没有一致意见。现在采用风冷电池的电动车有丰田 Prius、本田 Insight、福特 Escape 和 Fusion。目前一些插电式混合动力车以及纯电动汽车采用水冷演示电池模块，相关空冷和水冷的优缺点如下（见表 22.2）。

表 22.2 HEV、PHEV 和 EV 电池热管理优缺点总结

项目	风 冷	水 冷
优点	• 较轻 • 简单	• 传热更有效 • 流体平均温度更一致 • 可与车辆的冷却系统整合在一起
缺点	• 空气在电池组内的分布复杂 • 吸入空气必须滤掉路面上的尘土和水 • 受环境温度影响	• 质量增加 • 增加模块设计的复杂程度 • 流体的平均温度更高

22.5 EV 电池组

USABC 电池的性能目标要求见表 22.3。这个表可以很好地解释为什么 Ni/MH 电池在 EV 电池中已经得到广泛应用和开发后，生产商舍弃 EV 电池转而开发 HEV 电池。

USABC 电池的要求很复杂，实际开发目标却非常简单。1991 年，只有两种蓄电池用于电动汽车：铅酸电池和镍/镉电池。铅酸电池比能量低，循环寿命短，不适于电动汽车；镍/镉电池比能量较高，循环寿命长，但应用于电动汽车依然面临比能量低、镉环境污染、富液式结构需要维护、记忆效应等问题。

表 22.3　USABC EV 电池中期目标和商品化以及先进 Ni/MH 电池实际性能对比

项　　目	Ni/MH		
	USABC	商品电池	样品电池
质量比能量/(W·h/kg)	80(期望值 100)	63～75	85～90
体积比能量/(W·h/L)	135	220	250
功率密度/(W/L)	250	850	1000
比功率(80%DOD,30s)/(W/kg)	150(期望值 200)	220	240
循环寿命(80%DOD)/次	600	600～1200	600～1200
寿命/年	5	10	10
工作环境温度/℃	-30～65	-30～65	-30～65
充电时间	<6h	60%,15min <1h,100%	60%,15min <1h,100%
自放电	48h,<15%	48h,<10%	48h,<10%
最终成本(单位为美元/kW·h,以 10000 只的批量,40kW·h 的电池计)	<150	220～400	<150

相对于 Na/S、Ni/Zn 以及其他先进电源体系，Ni/MH 电池早期在 EV 领域能够独树一帜归因于其优异的综合性能、环境友好、安全等因素。实际上一种新型电源应用于 EV 必须满足其最低性能要求，然后再进一步提高能量、降低成本。Ni/MH 电池最符合这一要求。

① 高能量　采用质量比能量为 70W·h/kg 的 Ni/MH 电池时，商品电动车（比如通用 EV1）的续航里程能达 200 英里。采用 Ni/MH 电池的电动车样车（比如 Solectria Force）的续航里程为 350 英里。

② 高功率　采用比功率为 220W/kg 的 Ni/MH 电池时，商品电动车的加速性能可与 ICE 驱动的车辆相当。采用 Ni/MH 电池的先进 EV 经常创造加速性能、续航里程与速度记录。

③ 组合灵活　EV 用 Ni/MH 电池在 320V 交流或 180V 直流驱动系统下均能正常工作，并且电池有多种容量规格。Ni/MH 电池的体积比性能高，可为汽车设计人员提供体积小巧的电池组。

④ 长寿命（80%DOD 下 600～1200 个循环）。

⑤ 工作温度宽（-30～65℃）。

⑥ 可快速充电、常规拆卸简单。

⑦ 免维护。

如何降低成本一直以来是 EV 用 Ni/MH 电池的主要研究内容。由于至今仍为样品级生产规模，因而 Ni/MH 电池的初期生产成本一直很高。在降低成本研究上已投入大量资金，这些研究主要包括以下方面。

① 中试生产能力　提高生产率以减小资金和劳动力投入，同时开展自动和半自动化生产。

② 提高质量比能量　通过提高活性物质利用率使质量比能量从 56W·h/kg 提高到 80W·h/kg，从而使电池成本（以美元/kW·h 计）大幅度降低（即使是在相对较小的产量下，成本也可从 1000 美元/kW·h 以上降至不到 350 美元/kW·h）。

③ 低成本氢氧化镍　高密度球形氢氧化镍的价格在 1995 年是 30 美元/kg，之后由于原材料成本的下降及生产工艺的改进，其价格降至 20 美元/kg 以下。

④ 低成本金属氢化物材料　对 MH 的开发包括提高熔融/浇铸工艺的效率，取消再循环

和高成本的烧结过程,更充分利用低成本基体材料,大幅度减少电池的化成。

22.6 HEV电池组

22.6.1 HEV 种类

相对于 PHEV 或 EV 而言,HEV 电池目标更关注充放电功率而不是能量。应用于 HEV,典型 Ni/MH 电池的质量比能量在 45W·h/kg,而比功率要达到 1000~1300W/kg。HEV 电池的循环寿命是在低放电深度(2%~5%DOD)下测量,而 PHEV 用电池的放电深度为 50%~80%DOD。EV 用电池的放电深度为 80%DOD。HEV 电池的成本是按有效功率以美元/kW 计算。基本上所有汽车制造商都希望采用能量尽可能小的电池提供所要求的功率,希望电池的功率和能量之比(P/E)达到 40,而目前 HEV 用 Ni/MH 电池的 P/E 比约为 25。

在这种背景下,新一代汽车联盟(PNGV)的成立旨在促使汽车制造商和政府在燃油经济性指标上达成一致,即汽车每行驶 80 英里消耗 1 加仑(1 加仑=3.785dm³)的汽油。许多汽车制造商都把开发重点放在各种混合电动车上[30]。比如有的采用串联设计内燃机与电池分别驱动车辆;还采用并联设计,以 ICE 内燃机和电机共同驱动车辆。

不论哪种情况,电机都要给电池充电。目前市场上有很多种混合动力车。每种车辆的操作模式不同,而对电池体积的需求不同,电池能量需求分布在 0.5~20kW·h 范围。各种操作模式的不同点在于电气化(纯电驱动)程度。下文简单列举主要操作模式。更详细信息见第 29 章。

(1)微型混合 微型混合采用起步/停车技术,即在刹车时内燃机关闭,从而减少燃油消耗,降低污染排放。没有内燃机的帮助,电机不能为车辆提供任何推动力,但是可以获得刹车产生的能量。这种系统包括 42V 电池组和电机。出于成本考虑,大多数汽车制造商优选铅酸电池。这种混合动力车操作模式是荷电状态,欧洲制造商普遍采用。

(2)轻型混合 与微型混合一样,轻型混合也采用起步/停车技术,停车时关闭内燃机。没有内燃机的帮助,电机不能为车辆提供任何推动力,但是可以获得刹车产生的能量。与微型混合不同,轻型混合电池组电压更高,在 140~160V 工作,可以在一定程度上为内燃机提供辅助驱动。这种混合动力车操作模式是荷电状态保持。

(3)重型混合(全混合) 重型混合与微型、轻型混合基本特征相同,比如也采用起步/停车、利用刹车能量回馈技术。不同的是增加纯电驱动里程要求——每小时 35 英里运行行驶里程不少于 5 英里。这种重型混合动力车操作模式也是荷电状态保持,丰田公司、本田公司、福特公司均采用。汽车制造商系统各不相同,但电压基本范围是 200~300V,电池能量小于 2.0kW·h。

(4)插电式混合动力(PHEV) 插电式混合动力属于重型混合,但纯电行驶里程提高到每小时 35 英里,运行行驶里程 10~40 英里。PHEV 电池组的电压范围与轻型混合动力车相同,但是电耗根据车型大小控制在 5~20kW·h 之间。其充电线被设计成既可以在家里,也可以在公共充电站充电。这种车既可以在荷电状态保持模式下工作,也可以在电损耗模式下工作,参见图 22.13。双模式工作导致电池放电深度加大,因而循环寿命是选择电池体系的主要指标。目前主要汽车制造商(丰田、通用、梅赛德斯、宝马、福特)正在进行锂系列 PHEV 车的开发、测试;而 PICC(插电转换公司)公司为 HEVs 和 PHEV 市场转换提供了一组 6.4kW·h 的 Ni/MH 电池组。

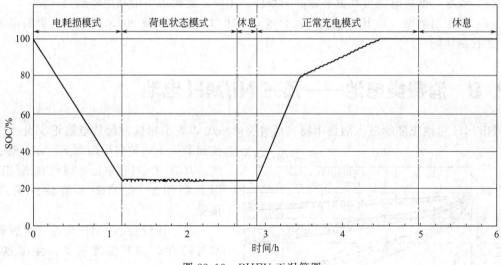

图 22.13　PHEV 工况简图

22.6.2　电损耗

在交通拥挤的城市地区，空气质量是人们的关注焦点，人们希望车辆能够做到零排放。这一要求促成电损耗式混合电动车的出现。这种设计能使车辆在全电动模式下行驶一定距离。因此，在电动模式下，电池的质量比能量指标很重要，要求能够大于 60W·h/kg。以 Toyota 公司生产的 Prius HEV 为例，采用 1.3kW·h（28 只方形 6 连体电池模块串联）Ni/MH 电池组时，在电动模式下的行驶里程小于 6 英里；但换为 6.4kW·h 的 30A·h Ni/MH 电池组时，车辆在电动模式下的行驶里程超过 25 英里。

22.6.3　荷电状态保持

HEV 最普通的设计概念是荷电状态保持。这种设计能使车辆在不同模式下工作，以最大限度地提高燃油效率。此时电池的最重要作用是利用以往白白浪费的制动能，另一个重要作用是辅助汽车加速。这种设计的理论基础是：当车辆在高速路上恒速行驶时，内燃机的工作效率非常高。但在城市中行驶时需要频繁起步、停车，此时内燃机效率变得很低。对此，常用做法是当汽车遇到红灯停车时，引擎关闭；当内燃机重新启动时，由电池提供车辆起步加速所需的能量。

22.7　燃料电池的启动和动力辅助

燃料电池是全球各大公司的开发热点。这种电池具备达到 100 英里/加仑燃油经济值的潜能。研究最多的燃料电池是质子交换膜（PEM）燃料电池。

采用燃料电池的汽车还需要实际意义上的蓄电池（1～10kW·h），而 Ni/MH 电池正好可以满足这一需求，原因如下。

（1）启动　PEM 燃料电池及其改进型电池的工作温度为 100℃，在系统达到该温度前需由 Ni/MH 电池提供足够的能量使车辆正常工作。

（2）加速　由于催化剂和膜的价格昂贵，因此成本高是 PEM 燃料电池的主要缺点。确定所选燃料电池规格的依据是车辆的平均功率，而非峰值功率。因为峰值功率由 Ni/MH 电池提供。混合电动车中燃料电池的主要作用是向 Ni/MH 电池充电以及驱动车辆，而 Ni/MH 电池则用于实现功率负载的调整。

（3）效率 燃料电池可在近乎稳态的条件下工作，此时燃料的利用率最高。

（4）再生制动能 和 ICE 驱动的混合电动车相似，如果没有 Ni/MH 电池，燃料电池便无法回收制动能。

22.8 消费类电池——预充 Ni/MH 电池

Ni/MH 电池正陆续进入消费市场。消费类产品比如数字相机、玩具电池正在由一次电

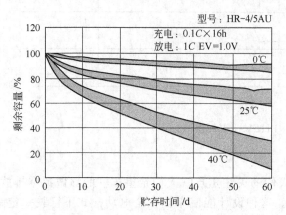

图 22.14 圆柱形密封金属氢化物/镍电池在不同温度下的荷电保持特性

池独霸天下而转向即用型 Ni/MH 充电电池。其在某些应用上与碱性电池相当。因此即用型 Ni/MH 电池被市场广泛接受。

（1）传统型 Ni/MH 电池 自放电速率与贮存时间和温度有关：温度越高，自放电速率越大，如图 22.14 所示。图 22.4 中给出圆柱形密封金属氢化物/镍电池在不同温度下贮存不同时间后的荷电保持情况。对比电池在不同温度规定放电电流（接近 $1C$ 率）下的自放电可以看出，传统工艺 Ni/MH 电池 30d 自放电 20%。

（2）先进预充型 Ni/MH 电池 这类电池技术通常叫做"即用型"。这类电池被销往与碱性电池相同的市场，贮存 1 年容量损失不超过 20%。电池制造商通过采用硫化隔膜、钴包覆 $Ni(OH)_2$、钴添加剂、耐腐蚀的 AB_5 或 A_2B_7 合金实现这一技术指标，如图 22.15 所示。

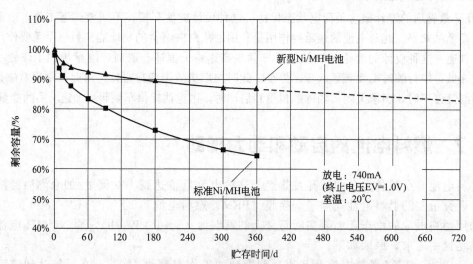

图 22.15 先进 Ni/MH 电池与传统 Ni/MH 电池荷电保持能力对比

一般来说，长期贮存对充电状态金属氢化物/镍电池的容量不会造成永久性影响。自放电造成的容量损失是可逆的。通过充电可恢复全部容量。但是，高温贮存，与高温工作一样，可能导致密封、贮氢合金、隔膜等性能衰降从而导致永久性损坏，比如容量、循环寿命以及电池总使用寿命降低。因此，Ni/MH 电池推荐贮存温度为 20～30℃。

22. 9　放电特性

22. 9. 1　概述

密封金属氢化物/镍电池的放电特性与密封镉/镍电池非常相似（第 15 章已对此进行比

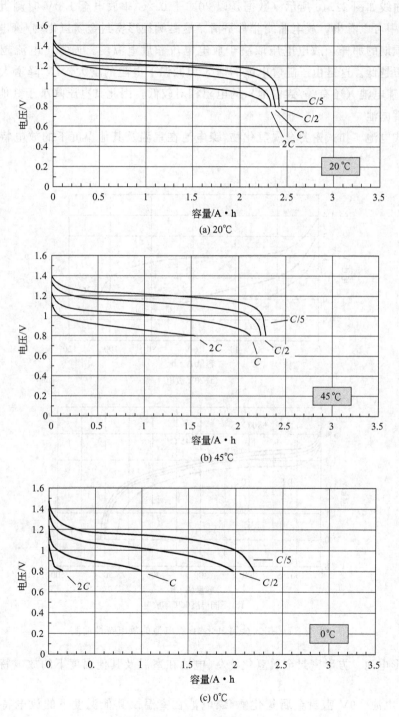

图 22.16　圆柱形密封金属氢化物/镍电池的放电特性曲线

较）。两电池体系的开路电压为 1.25～1.35V，标称电压为 1.2V，典型终止电压为 1.0V，（注：除非特别说明，电池充电温度均为 20～25℃）。

22.9.2　放电特性

（1）圆柱形电池　圆柱形密封金属氢化物/镍电池在不同放电速率和不同温度下的恒流放电特性曲线如图 22.16 所示（数据是以 20℃下 0.2C 率放电至 1.0V 时测得的额定值为基准）。从图中可以看出，放电曲线非常平滑，这是圆柱形密封金属氢化物/镍电池的重要特征。如同所预期的那样，放电电压取决于放电电流和放电温度。通常，电流越大，温度越低，工作电压越低。这是由于随着电流的增大和低温下电阻的增大，IR 降增大。然而由于金属氢化物/镍电池（还有镉/镍电池）的电阻相对较低，因此其电压降小于其他类型的便携式原电池和蓄电池。

（2）扣式电池　扣式密封金属氢化物/镍电池在室温及其他温度下的放电特性曲线如图 22.17 所示。

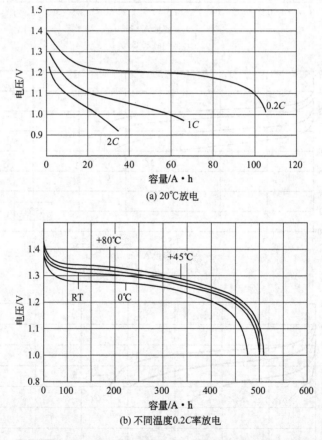

(a) 20℃放电

(b) 不同温度0.2C率放电

图 22.17　扣式金属氢化物/镍电池的放电特性曲线

（3）方形电池　方形密封金属氢化物/镍电池在室温及其他温度下的放电特性曲线如图 22.18 所示。

（4）9V 电池　9V 密封金属氢化物/镍电池在室温及其他温度下的放电特性曲线如图 22.19 所示。

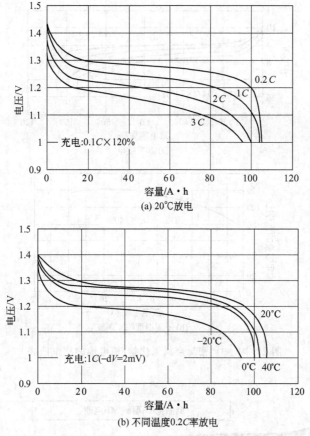

图 22.18　方形金属氢化物/镍电池的放电特性曲线

22.9.3　质量比能量

根据不同应用需要，Ni/MH 电池的质量比能量为 42～110W·h/kg 不等。对于笔记本电脑来说，持续运行时间最为重要，因而对 Ni/MH 电池的功率性能和循环寿命都没有过高要求。另一方面，为了获得超高功率的充放电性能，高功率 Ni/MH 电池通常采用强化集流，高 N/P（负极/正极）比等设计。这些设计和电池结构特征都会影响电池的比能量。图 22.20 给出了近 18 年来，便携式圆柱形 Ni/MH 电池比能量提高情况。对于最常见的小型便携式 Ni/MH 电池，质量比能量通常约为 90～110W·h/kg，EV 用电池通常约为 65～75W·h/kg，HEV 等大功率应用约为 45～60W·h/kg。

在先进电池技术中，通常质量比能量为人们所关注。但在许多情况下，体积比能量（单位：W·h/L）实际上更为重要。Ni/MH 电池的体积比能量非常大，可高达 430W·h/L。

22.9.4　比功率

Ni/MH 电池与其他先进电池技术相比，显著优势就是高功率性能出色。曾经很多年人们一直认为 Ni/MH 电池的高倍率放电能力不可能代替 Ni/Cd 电池。实际上，由于 Ni/MH 电池具有能量高、环保的特性，因而现在 Ni/MH 电池正在逐步取代 Ni/Cd 电池，在许多领域得到应用。

高功率圆柱形 Ni/MH 电池在不同放电速率（最高 10C 率）下的电压曲线如图 22.21 所示，比功率最高可达 865W/kg（如图 22.22）。HEV 用 Ni/MH 电池模块的功率如图 22.23

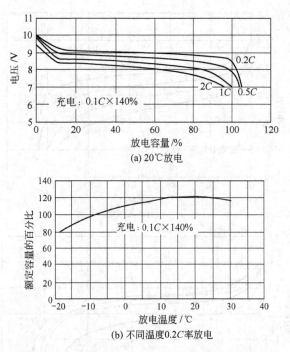

(a) 20℃放电

(b) 不同温度0.2C率放电

图 22.19　9V 密封金属氢化物/镍电池的放电曲线

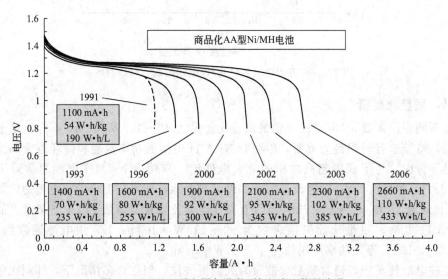

图 22.20　AA 型金属氢化物/镍电池比能量变化

所示，充放电比功率均超过 1300W/kg。

22.9.5　放电速率和温度对容量的影响

电池容量取决于多种因素，包括放电电流、温度、终止电压。若持续放电至较低的终止电压可以获得较高容量，这些在低温大电流放电时显得尤为突出，此时电压下降得比小电流放电时快。然而电池的放电终止电压不能过低，否则可能损坏单体电池（见 22.10.11 节）。金属氢化物/镍单体电池的终止电压通常为 1.0V。

密封金属氢化物/镍电池的容量（以 20℃下 0.2C 率放电时的容量百分率表示）与放电

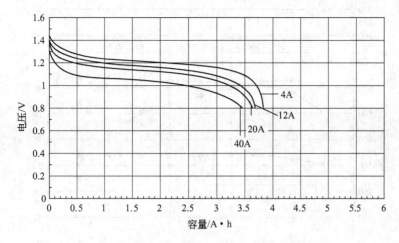

图 22.21　高功率 C 型 Ni/MH 电池（3.5A·h）
以不同速率持续放电时的电压-容量曲线

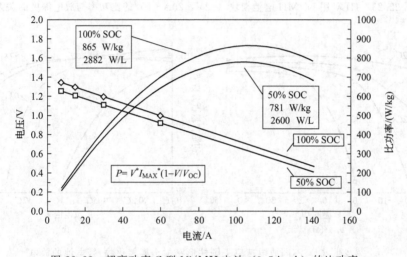

图 22.22　超高功率 C 型 Ni/MH 电池（3.5A·h）的比功率

温度及电流之间的关系如图 22.24 所示。

　　通常，金属氢化物/镍电池在 0～40℃的温度区间内性能最佳。超出这一范围，在较高温度下电池的放电性能所受影响不大；但在更低温度下影响明显。在较高放电速率下，温度的变化所带来的影响更加明显。

　　在充放电循环过程中，金属氢化物电极因电池放电时生成水而发生极化导致电池内阻增加，进而电池放电性能衰降。活性材料金属氢化物和氢氧化镍的选择以及电解质配方对电池容量与温度的关系有重要影响。

　　对于动力用电池来说，高温时的充电效率是非常重要的性能指标。在气候温暖的地区，夏天时电动车和混合电动车的续航里程是消费者非常关心的问题。EV 用第一代 Ni/MH 电池在 60℃下充电后，放电容量与常温容量相比损失 50%。电池的高温充电接受能力与氢氧化镍正极的析氧有关。通常，在室温下，当充入的电量为 80% 时，析氧竞争反应开始发生。电池充满后，若继续进行充电，则氢氧化镍电极上只有析氧反应发生，并且氧气会扩散到金属氢化物电极或镉电极上，这就是著名的氧气复合过充电机制。温度升高时，电池在较低的

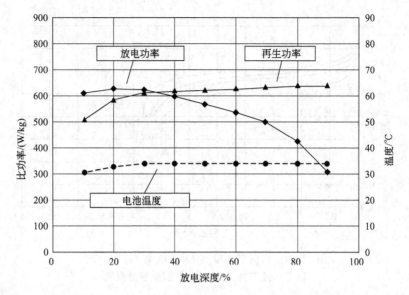

图 22.23　HEV 用 Ni/MH 电池模块（12V，20A・h）的比功率与放电深度的关系

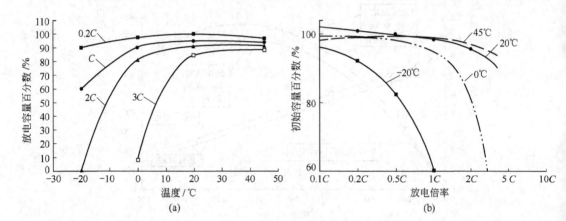

图 22.24　(a) 不同放电速率下圆柱形密封金属氢化物/镍电池的放电
容量与环境温度的关系，单体电池终止电压 1.0V；(b) 不同温度下圆柱
形密封金属氢化物/镍电池的放电容量（0.2C 率放电时的容量百分数）
与放电倍率（C）的关系，单体电池终止电压 1.0V

荷电状态下就开始发生析氧反应，总的充电接受率减小，如图 22.25 所示。

与温度相关的另一个指标是电池贮存时温度对寿命的影响（在 22.10.9 节讨论）。电池在 45℃ 下长期贮存时，隔膜会发生降解，金属氢化物合金发生氧化和腐蚀，正极的钴导电网络也发生破坏，因而电池寿命降低。而上述影响机制都与制造商所选择的材料密切相关。

22.9.6　工作寿命（工作时间）

若已知标准圆柱形金属氢化物/镍电池的额定容量（20℃，0.2C 率放电），则可根据图 22.26 估算其在不同放电速率和温度下的容量及工作时间。由图 22.26 可直接确定出电池在其他条件下所能释放的额定容量百分数。当评估对象的结构和性能与绘制曲线所用标准单体电池相似时，这种估算是有效的。而对于特殊型号的单体电池，采用制造商提供的具体数据进行估算，结果更为准确。

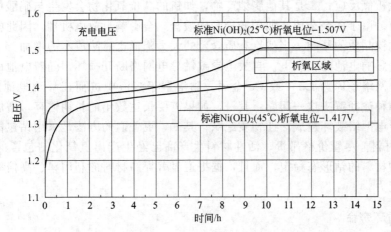

图 22.25　商品化 Ni/MH 电池温度与充电特性的关系

上述数据还可以用另一种形式表示，如图 22.26 所示。该图中给出圆柱形金属氢化物/镍电池的工作时间（以小时计）与单位质量（A/kg）和单位体积（A/L）放电电流的对应关系。图中数据是在比容量为 60A·h/kg 和 200A·h/L 的情况下以 0.2C 率放电测得，反映了标准电池的性能。如第 3 章"电池性能影响因素"所述，利用该图可以方便地估算电池的性能（以工作时间表示），或对能在特定放电条件下释放出预期容量的电池尺寸进行估算。需要注意的是，被估算电池的结构和性能应与绘制曲线所用标准电池相似，体积比能量也与之接近。

22.9.7　荷电保持能力

Ni/MH 电池的荷电保持能力是制造商相互竞争的指标。但对于最终用户来说，则需要对电池的所有性能指标进行综合评价。电池贮存时，因自放电荷电状态降低，这与温度、隔膜材料、正负极活性材料密切相关。特殊配方的金属氢化物活性材料、隔膜材料、正极活性材料氢氧化镍的品质均对自放电有重要影响。选择不同的材料，会使 Ni/MH 电池的荷电保持能力大相径庭。

例如，先进隔膜材料可将室温下的自放电率损失从每月 30% 减小到 15% 左右。但同时也会使循环寿命降低 15%～50%。隔膜材料能使自放电减小的化学机理非常复杂，主要是利用隔膜上的化学接枝剂与

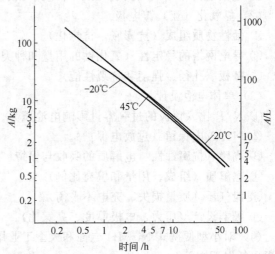

图 22.26　标准圆柱形密封金属氢化物/镍电池在不同放电速率和温度下的工作时间
（比容量 60A·h/kg、200A·h/L，温度 20℃，
单体电池终止电压 1.0V）

能促进自放电的化学基团结合，从而使之钝化。然而，在对隔膜进行处理的同时，也给隔膜的吸液量以及循环过程中的持液能力造成不良影响。隔膜干涸是电池失效的常见形式。

与隔膜相似，金属氢化物合金同样存在设计上的相互制约。与前面讨论的低比容量的 AB_5 或 A_2B_7 型合金相比，高比容量的 AB_2 型合金的自放电率一直较高。MH 合金对自放电的影响机理有两方面：一是氢化物合金上的腐蚀产物会向氢氧化镍正极迁移，促使电池在

贮存期间发生析氧反应；二是其他腐蚀产物，如钒的高价氧化物会发生与硝酸根离子相似的氧化还原反应。由于残余杂质，如硝酸盐和碳酸盐，会影响自放电机理，因此电池的自放电性能受氢氧化镍品质的影响。当然，杂质含量的大大降低也意味成本的增加。

正极显著影响电池的自放电。自放电导致钴导电网络断开损坏。随着电池荷电状态逐步降低，钴导电网络还原为 Co^{2+} 或 Co 金属，钴溶解于溶液中进而迁移至电池的各个部分。目前，采用两种途径解决这一问题：其一，如果需要长达数年的长期贮存，增加钴添加剂的含量以防止导电网络破坏造成活性物质绝缘；其二，更普遍的方法是采用钴包覆或钴 encapsulated 正极材料。尽管价格昂贵，活性材料生产商已经生产出氢氧化钴包覆的氢氧化镍活性材料。这种材料的钴形态稳定，而且，据报道显著提高材料的利用率、高倍率放电性能以及荷电保持能力。

22.9.8 循环寿命

工业用 Ni/MH 电池的循环寿命与小型便携式 Ni/MH 电池既有相似之处，又存在区别。不同制造商生产的小型便携式 Ni/MH 电池的循环寿命虽不尽相同，但通常都在 500～1000 个循环（2h 率充放电，100%DOD）之间。对大型 Ni/MH 电池和小型 Ni/MH 电池的循环寿命有着相同影响的设计参数和化学因素包括以下内容。

（1）金属氢化物电极

① 合金组成（氧化/腐蚀特性）。

② 合金加工工艺对微观结构的影响（粒度分布）。

③ 电极结构（x-y-z 方向膨胀，导电路径的稳定性）。

（2）氢氧化（亚）镍电极

① 活性物质组成（抗膨胀，抗毒化）。

② 导电网络的稳定性（氧化钴的用量和种类）。

③ 基板（孔径、强度和抗裂性能）。

（3）单体电池设计

① N/P 比（负极的过剩容量影响电池压力、MH 腐蚀、分散）。

② MH 放电保留（过放电保护）。

③ 隔膜（抗腐蚀性、电解质的吸收与保持、厚度、防短路）。

④ 电解质（组成、用量和填充比例）。

⑤ 泄气压（质量损失、充电不平衡）。

⑥ 极群设计（压力、电极厚度、高宽比）。

（4）对小型便携式 Ni/MH 电池和大型工业用 Ni/MH 电池的循环寿命有着不同影响的因素包括以下方面。

① 大型电池的电压（42～320V）远远高于小型电池（12V），由于单体电池间容量或荷电状态的不匹配增加出现过充电或过放电的危险。

② 大型电池的能量（33kW·h）高于小型电池（0.1kW·h），因而产生的热更多，热管理的难度增大；同时热管理还受到电池槽传热性能的影响。

③ 高工作温度 采用风冷或水冷的汽车电池通常工作在 35℃ 或更高温度下，但小型便携式电池只会经历暂时高温，基本上是工作在室温或接近室温的条件下。

④ 串/并联，对于小型便携式电池组，可供选择的单体电池规格很多，如从 100mA·h 的扣式电池到 7～12A·h 的 D 型和 F 型电池。但对于电动车和混合电动车用 Ni/MH 电池，可供选择的单体电池规格就少得多。因此，为满足汽车电池对电压和能量的要求，需将 Ni/MH 单

体电池串联或并联起来组成电池组，这也就增加各单体电池间发生不平衡的危险性。

⑤ 容量损失决定了中小型便携式电池的寿命　相反，EV 和 HEV 用 Ni/MH 电池的寿命是受功率的限制。

⑥ 测试条件和方法　由于大型电池注重功率，因此大型电池和小型电池的测试方法不同。在测试小型便携式电池的循环寿命时，最常用的方法是进行 1～2h 的恒电流充放电，通常每个循环均为 100%DOD。在 EV 用电池的循环寿命测试中，为模拟行驶状况，放电曲线是一条电流随时间变化的曲线，即所谓的 DST 行驶曲线。脉冲放电循环寿命测试的显著特点是测试主要是在大电流脉冲下进行的。另外，大部分 EV 用电池的循环寿命测试条件为 80%DOD，典型的 Ni/MH 模块的循环寿命为 600～1200 个循环。对 HEV 用电池的测试更强调对电池功率的考核，但放电深度进一步减小。典型的 HEV 用电池的循环寿命测试是在大电流脉冲条件下进行，而荷电状态的变化仅为 2%～10%。在这种测试条件下，Ni/MH 电池的循环寿命超过 300000 个循环，对应车辆行驶历程约为 150000km。从图 22.27 可以看出放电深度（EV、HEV 循环）对循环寿命有显著影响。

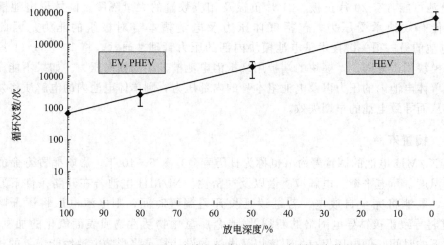

图 22.27　Ni/MH 电池放电深度（DOD）与循环次数的关系

在早期开发中，EV、PHEV 和 HEV 用电池的一种主要失效模式是隔膜被刺破所造成的短路。如果单体电池和电极的设计合理，生产质量能够得到有效控制，那么发生上述问题的概率通常并不大。另一种失效模式是过充电引发的泄气所造成的隔膜持液量不足。充电不平衡可以引起过充电，而造成充电不平衡的原因是大型电池各部分间存在的热差。热差问题也与充电器设计有关，通常充电器对电压和温度的判断并不是以单个电池模块或单体电池为准。另一种形式的滥用是过放电，这是指高能量 PHEV 或 EV 用电池组中的单体电池或模块放电至低于单体电池电压的最小推荐值（1.0V）。过放通常是由高电压串联电池组中单体电池间荷电态的不平衡所造成，而造成荷电态不平衡的原因是电池组中的热梯度。造成过充电和过放电的另一个原因是"薄弱单体电池和薄弱模块"的概念。这种现象的出现是由于电池组由大量单体电池组成，而这些单体电池的容量、功率和电阻的衰降速率随循环的进行出现差异。

上述 EV/PHEV/HEV 用电池失效模式的共同特点表明，维持电池组中几百个单体电池的荷电平衡是非常重要的。维持工业用 Ni/MH 电池荷电平衡的方法对电池组进行完全充电，从而使单体电池达到相同的荷电状态。但当电池组中的某个单体电池的温度过高或单体电池间的温差过大时，这种利用过充电来平衡荷电状态的方法便不再可行。因此，若要使

EV、PHEV 和 HEV 用 Ni/MH 电池具有和小型便携式 Ni/MH 电池组一样出色的循环寿命，最大的问题便是需要正确的热管理。关于这一点详见 22.12.2 节的讨论。

如果短路以及过充/过放导致的早期失效得以避免，那么 EV、PHEV 和 HEV 用 Ni/MH 电池的主要失效模式则是内阻随着循环的进行而不断增大。对于 EV 或 PHEV 用户来说，观察到的现象是随着使用时间的延长，车辆的加速性能下降或者是车辆续航历程逐渐缩短。对于 HEV 用户来说，这种失效所表现出来的现象是电池不再能辅助加速，并且不能利用再生制动能，这是因为电池内阻增大，导致功率损失增大，当大电流通过时产生过量的热。

Ni/MH 电池的主要失效模式是随着循环次数的增加，内阻升高，功率下降。其机理与小型便携式 Ni/MH 电池相同：金属氢化物电极和氢氧化镍电极的膨胀导致电解质重新分布，隔膜干涸；隔膜、金属氢化物活性物质及正极材料的氧化也会消耗电解质；电解质还会随着泄气阀的打开而损失[32]。由于大型 Ni/MH 电池为方形结构，因而上述失效模式更为明显。圆柱形单体电池由一片正极、一片负极及一片隔膜构成。而 EV 或 PHEV 用方形 Ni/MH 电池可能含有 20 片正极、21 片负极及相应数量的大量隔膜。圆柱形电池槽比方形电池槽更能有效地承受压力，包括气体压力及电池槽本身对极组的压力。因此，大型 Ni/MH 电池的另一项关键技术是电池模块内部的压力管理。通常，将 10 只或 11 只单体电池组成的模块用边框固定，模块的端板用来抵消电池槽末端的横向压力。如果不能充分抵消模块中各单体电池内的压力以及电池组本身的内部压力，则单体电池内的电解质将发生不均匀分布，从而导致电池的早期失效。

22.9.9　搁置寿命

大型 Ni/MH 电池的搁置寿命（也称为日历寿命）为 5～10 年。影响搁置寿命的因素很多，包括温度、荷电平衡、电解液质偿以及气密性。Ni/MH 电池若在开路条件下贮存 6 个月至一年，电池将完全自放电。若继续延长开路搁置时间，则电池电压将逐渐降至 0～0.4V，这将导致正极钴导电网络的断裂及/或金属氢化物活性物质表面氧化的加剧[33]。处于低电压下的时间、低电压保存的温度以及电池的设计特点将影响电池性能恢复的难易以及恢复的程度。例如，电池有可能经几个低倍率充放电循环就能恢复容量和功率，但如果低电压导致的损坏程度很严重，则电池有可能根本无法恢复。

若要获得良好的搁置寿命，Ni/MH 电池生产商必须在设计中对如下因素加以重视：金属氢化物合金的抗氧化和抗腐蚀性能、金属氢化物电极的预先充电量、氢氧化镍活性物质的组成、正极中钴导电网络的质量。

由于大型工业用 Ni/MH 电池极其昂贵，因此当电池长时间不使用时，绝大部分用户使电池保持在涓流充电状态，或对电池进行周期性充电以补偿自放电所造成的容量损失。

22.9.10　库仑/能量效率和内阻

由于采用大面积薄极板以及高电导率低内阻电解质，金属氢化物镍电池的内阻小，其内阻与放电容量的关系如图 22.28 所示。可以看出，内阻在大部分放电时间内保持相对恒定，在接近放电终点时由于活性物质的转化而升高。由于电解质和其他器件的电阻随温度的降低而升高，因此电池内阻也随温度的降低而升高。金属氢化物/镍电池的电阻随使用和循环次数的增加而升高。

由于内阻低，因而 Ni/MH 电池具有效率高的特点。如图 22.29 所示，容量为 60A·h 的 EV 用方形 Ni/MH 电池 100A 放电时的能量效率大于 90%，300A 放电时的能量效率大

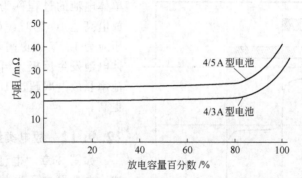

图 22.28 圆柱形密封金属氢化物/镍电池的内阻与放电容量的关系

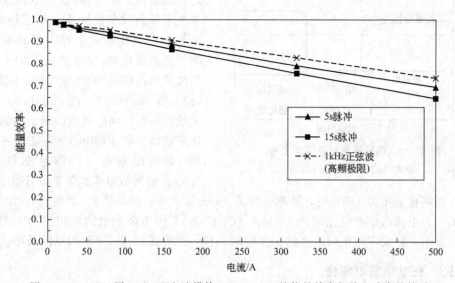

图 22.29 HEV 用 Ni/MH 电池模块（60A·h）的能量效率与放电速率的关系

于 75%。

能量效率主要受电池内部线性电阻零部件及电子阻抗和离子阻抗的影响。上述阻值可以随工艺不断改进而降低。在模拟 HEV 行驶状况的循环过程中，当电池的荷电状态为 50% 时，库仑效率为 99%，而这正是荷电模式 HEV 的典型工作状态。在 EPA 及城市快速路 FTP 行驶模式下，能量效率约为 93%～95%。

22.9.11 过放电过程中的反极

当由多个单体电池串联组成的电池组放电时，容量最低的电池将率先放完电。如果继续放电，则低容量的电池过放电至 0V 后发生反极，如图 22.30 所示。

图中阶段 1 为正常放电阶段，正负极上的活性物质都发生放电反应。

在阶段 2，正极的活性物质放完电，开始产生氢气。部分气体被负极的贮氢金属合金吸收，其余气体将在电池中逐渐积累。但负极上还剩余活性物质，并继续放电。单体电池的电压取决于放电电流，不过一般都在 −0.4V～−0.2V 内。

在阶段 3，正负极上的活性物质都已经放完电，负极产生氧气。长时间的过放电导致析气反应，电池内压升高，安全阀打开，电池损坏。

电池组中串联的单体电池越多，发生反极的概率越大。为将这种可能降至最低，凡是当 3 个或 3 个以上的单体电池串联时，单体电池的容量差应控制在 ±5% 之内。挑选容量相近

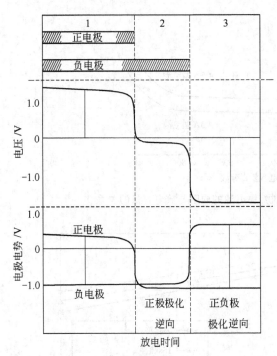

图 22.30　圆柱形密封金属氢化物/
镍电池放电过程中的反极

单体电池的过程称为"匹配"。此外，当放电高达 1C 率时，单体电池放电终止电压应为 1.0V 或更高，以防止任何一个单体电池发生反极。当 10 个以上的单体电池串联放电率超过 1C 率时，终止电压应更高。

22.9.12　放电类型

如第 3 章"电池性能影响因素"所述，电池可在不同模式下放电（如恒阻、恒电流、恒功率）。放电模式的选择取决于负载设备的性质。对于特定应用，电池的放电模式对工作时间具有显著影响。金属氢化物/镍电池在三种不同模式下的放电特性如图 22.31 所示。图 22.31（a）、图 22.31（b）、图 22.31（c）分别为电池在放电期间的电压曲线、电流曲线和功率曲线。以 1000mA·h 电池的放电为例，放电结束时（单体电池终止电压 1.0V）各种放电模式下的功率输出相同。

此例中，当终止电压为 1.0V 时，功率输出为 100mW。为了放电至 1.0V 时具有 100mW 的功率输出，恒电流放电的电流应为 100mA（$C/10$ 率），恒阻放电的电阻应为 10Ω。从该图中可以看出，恒功率放电时电池的工作时间最长，因为在此模式下平均电流最小。

22.9.13　恒功率放电特性

金属氢化物/镍电池在不同功率下的恒功率放电特性如图 22.32 所示，曲线特征与图 22.32（a）中的恒电流放电相似。功率以 E 率为基准表示。E 率的计算方法与 C 率相似，但基准为额定瓦时容量，而非安时容量。例如，对于标称能量为 1200mW·h（1000mA·h，$C/5$ 率，1.2V）的电池，$E/2$ 率即为 600mW。

22.9.14　电压降（记忆效应）

当密封金属氢化物/镍电池重复进行不完全的充放电循环时，电池出现可恢复的电压降和容量减少。在图 22.33 中，电池先进行一次完全放电（循环 1）和充电，然后进行几次部分放电至 1.15V 与充电循环，循环过程中放电电压和容量逐渐下降（循环 2~18），接着进行一次完全放电（循环 19），可以看到此时的电压低于电池初始全放电（循环 1）时的电压。循环 19 的放电曲线表现出两个阶段，电池放电至初始终止电压时并没有释放全部容量。

这种现象称为电压降，因为电池似乎是记住较低的容量，因此也称为"记忆效应"。经过几次完全充放电循环后，电池可恢复其全部容量，如图 22.33 所示（循环 20 和 21）。

发生电压降的原因是在浅充电或部分放电过程中，仅仅一部分活性物质进行放电和充电。未参与循环的活性物质性质发生变化，电阻增大；随后进行完全充放电循环可将活性物质恢复到初始状态。

电压下降和容量损失的程度取决于放电深度。放电至适当的终止电压可以避免上述现象的出现或使之最小化。若放电至较高的终止电压，如单体电池放电至 1.2V，则这种现象非

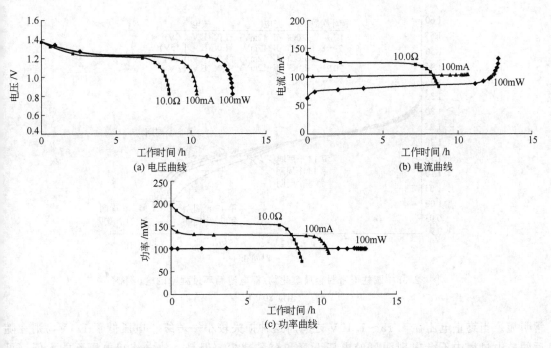

图 22.31　圆柱形密封金属氢化物/镍电池的恒功率、恒电流、恒电阻放电曲线（电池容量 1000mA·h）
■—恒电阻；◆—恒功率；▲—恒电流

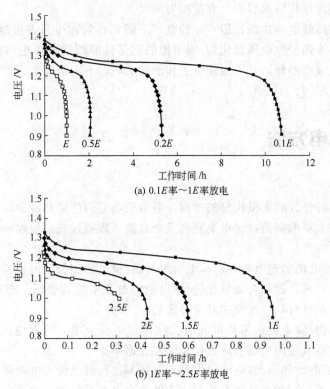

图 22.32　圆柱形密封金属氢化物/镍电池的恒功率放电曲线
（温度 20℃）

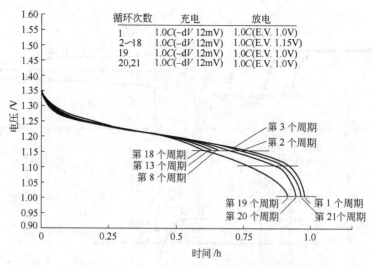

图 22.33　圆柱形密封金属氢化物/镍电池循环过程中的电压下降
(温度 20℃)

常明显。当终止电压在 1.15～1.10V 之间时这种损失较小。若终止电压低于 1.1V，则在随后的放电过程中不会出现明显的电压下降和容量减少。但是，放电终止电压不能太低（见 22.10.11 节）。

记忆效应还与放电速率有关。对于一个特定的放电终止电压，放电速率越高，放电深度越小，参与循环的活性物质就越少，容量损失加大。

尽管记忆效应降低电池性能，但实际的电压下降和容量减少只占电池容量的一小部分。绝大部分用户觉察不到密封金属氢化物/镍电池的记忆效应所造成的电池性能下降，但却经常错误地用记忆效应来解释，其原因是由于其他问题，如不完全充电、过充电或高温所造成的电池容量减少引起的。

22.10　充电方法

22.10.1　概述

充电是将放电时释放的能量恢复的过程。电池充电后的性能和寿命取决于对电池的有效充电。有效充电的主要准则是：将电池充电至全容量；限制过充电程度；避免高温和过大的温度波动。

金属氢化物/镍电池的充电特性总体上与密封镉/镍电池相似，但也有一些明显区别，特别是对充电控制的要求，因为金属氢化物/镍电池对过充电更为敏感。当采用相同的充电器对这两种电池交叉充电时，一定要注意这一区别。

密封金属氢化物/镍电池最常见的充电方法是恒电流充电，但对电流大小要加以限制，以避免电池温度过高或气体生成速率超过氧气复合速率。

金属氢化物/镍电池和镉/镍电池以中等充电速率进行恒电流充电期间的电压和温度变化曲线如图 22.34 所示。两种电池体系的电压均随着充电过程的进行而升高。在充电的第一阶段，两种电池均因内阻产生的焦耳热而导致电池极缓慢温升。两种电池的化学体系充电时均为吸热反应。Ni/Cd 电池，$Q_r = T\Delta S = 27\text{kJ}$。Ni/MH 电池，$Q_r = T\Delta S = 40\text{kJ}$。其中 Q_r 是

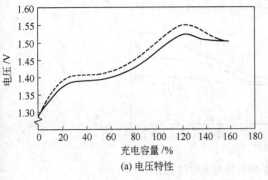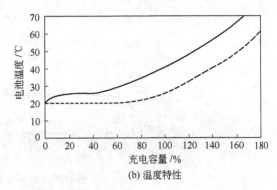

(a) 电压特性　　　　　　　　　　　　(b) 温度特性

图 22.34　Ni/Cd 电池与 Ni/MH 电池充电特性比较

实线代表 Ni/MH 电池；虚线代表 Ni/Cd 电池

反应热，而 ΔS 是熵变。电池充电时温度升高说明焦耳热的升温作用远大于反应热的降温作用。当充电至 75%～80% 时，两种电池由于正极析出氧气，电压迅速升高，并且由于氧气在负极的复合反应放出热量，电池温度也急剧升高。随着电池充满电进入过充电状态，由于充电过程中吸热可逆的热效应，电池温度升高，导致电压下降。

Ni/MH 电池的充电电压峰值不如 Ni/Cd 电池明显，这是由于 Ni/MH 电池氧复合反应放出的热量大于 Ni/Cd，Ni/MH 电池 $\Delta H = -572\text{kJ/mol}$，而 Ni/Cd 电池 $\Delta H = -550\text{kJ/mol}$，抵消充电反应吸收的热量。两种电池均可以以峰值后的电压降 ΔV 作为终止充电判据。两种电池充电控制技术相似，但可根据两种体系充电特性的不同，采用不同的终止条件。

密封金属氢化物/镍电池的充电电压与包括充电电流和温度在内的一系列条件有关。金属氢化物/镍电池在不同充电速率和温度下的电压曲线如图 22.35 所示。充电电流增大，电极反应的 IR 和过电势升高，因而电压升高。当充电温度升高时，电极反应的内阻和过电势下降，因而电压下降。峰值电压在低充电速率和较高充电温度时不明显。

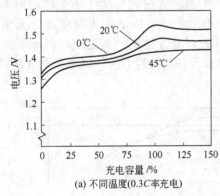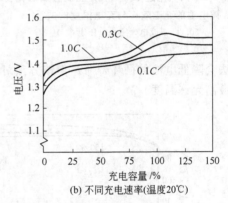

(a) 不同温度(0.3C率充电)　　　　　　(b) 不同充电速率(温度20℃)

图 22.35　圆柱形密封金属氢化物镍电池的电压与充电量的关系

不同充电速率下电池在充电过程中的温升情况如图 22.36 所示。电池的内压升高情况和温度变化相似。在高充电速率下，电池温度和压力都升高的现象进一步表明"快速充电"时必须进行合适的充电控制和有效的充电终点判断，以避免电池泄气及其他损害。

充电效率与温度有关。温度越高，充电效率越低，因为高温促进正极上氧气的析出。低温减少氧气的析出，因而低温下充电效率高。但由于低温下氧气的复合速率也减慢，因此电池内压升高，升高幅度取决于充电速率的大小。图 22.37 给出电池在不同温度下以不同速率充电后的放电容量。如该图所示，高温下充电时电池容量减少。温度对放电容量的影响程度

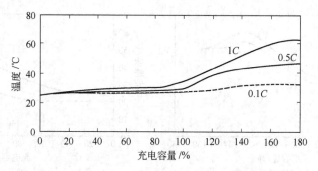

图 22.36　圆柱形金属氢化物/镍电池充电时的温度变化

与放电条件及其他充电条件有关。

　　适当的充电方式不但能使电池在随后的放电过程中释放最大容量，而且能避免电池温度过高、过充电及其他影响电池寿命的问题出现。

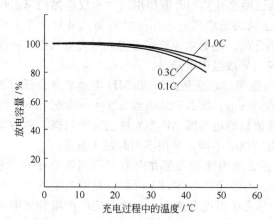

图 22.37　不同充电速率下圆柱形密封金属氢化物/镍电池的充电效率与充电温度的关系

（0.2C 率放电，终止电压 1.0V）

22.10.2　充电控制技术

　　金属氢化物/镍电池的特性决定它需要采取充电控制措施，以防止过充电或电池温度过高。适当的充电控制技术可以使电池具有更长的循环寿命，如图 22.38 所示。当充电量为 150% 时，放电容量最大，但代价是循环寿命降低。当充电量为 120% 时，循环寿命最长，但此时由于电池充电不完全，放电容量减少。由于热终止充电（注：即通常所说的温度终止充电，为了与习惯保持一致，以下称为温度终止充电）通常允许电池达到较高温度，因此温度终止充电控制法会降低电池的循环寿命。但该方法可以作为备用控制方法，以防止充电期间电池温度超过最高允许温度。

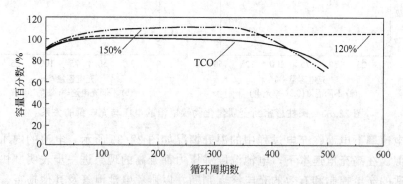

图 22.38　充电控制对圆柱形密封金属氢化物/镍电池循环寿命的影响

（1C 率充电，1C 率放电，终止电压 1.0V；TCO—40℃时终止充电；
120%—充电量为 120% 时终止充电；150%—充电量为 150% 时终止充电）

　　下面总结了一些常用的充电控制方法，其各自特点如图 22.39 所示。许多情况下，在一次充电中——尤其是高倍率充电，要同时采用多种控制方法。

(1) 限时充电　该充电控制方法指的是电池在达到预定的充电时间后终止充电。由于充电前电池的荷电状态不是总能完全确定，因此限时充电只适合低速充电，以避免过度的过充电。采用其他控制方法终止充电后，通常采用该方法进行补充充电，以保证电池充足电。

(2) 电压降（$-\Delta V$）　这是密封

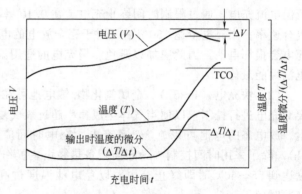

图 22.39　充电终止方法的比较（TCO，$\Delta T/\Delta t$，$-\Delta V$）

镉/镍电池广泛采用的充电控制方法。该方法对充电电压的变化进行监测，当电压开始下降时终止充电。金属氢化物/镍电池也可采用该方法控制充电，但要注意的是金属氢化物/镍电池的峰值电压没有镉/镍电池那么明显（见 22.10.1 节）。当充电电流小于 $0.3C$ 率，并且是在高温下充电时，可能根本不出现峰值电压。若要实现电压开始下降时即终止充电，则电压信号必须足够灵敏。但电压信号也不能过于灵敏，否则噪声以及其他正常的电压波动都会使充电提前终止。对于金属氢化物/镍电池，一般当单体电池的电压降达到 $10mV$ 时终止充电。

(3) 电压平台（$\Delta V=0$）　由于密封金属氢化物/镍电池并不总是出现足够大的电压下降，因此另一种控制方法是不等电压下降，而是当峰值电压出现且电压变化为 0 时终止充电。相比 $-\Delta V$ 法，该方法减小过充电的可能。之后可进行补充充电来使电池充足电。

(4) 温度终止（TCO）　该项充电控制技术监测电池温度的升高情况。当达到表明电池开始过充电的温度时终止充电。但由于这一温度受环境温度、电池和电池组设计、充电速率及其他因素的影响，因此很难准确确定。例如，在达到某一终止温度前，低温下的电池已经过充电，而高温下的电池尚未充满电。通常，该方法是与其他充电控制技术一起使用，主要作用是当电池温度过高，而此时其他控制方法还不能起作用时将充电终止。

(5) 温差终止（ΔT）　这种方法是对充电期间电池温度与环境温度之间的温差进行监测。当温差超过预定值时终止充电。该方法大大减小环境温度的影响。终止值的确定与以下几个因素有关：电池尺寸、电池组中电池的结构和数量、电池的热容。由此可见，电池类型不同，温差终止值也就不同。

(6) 温升速率（$\Delta T/\Delta t$）　该方法监测的是温度随时间的变化，当温升速率达到预定值时终止充电。该方法完全消除环境温度的影响。由于该方法可以延长电池的循环寿命，因此金属氢化物/镍电池优先选用该方法进行充电控制。

第 5 章"电池设计"讨论了带有保护装置的电池和可用于充电控制的热保护装置的详细设计。

22.10.3　充电方法

Ni/MH 电池可以采取灵活多样的充电方法。设计充电规则首要考虑的是要避免电池过充电，尤其在高倍率充电时，要避免热量产生以及泄气阀开启导致电解质损失。通常采用能监测过充电的几种方法，包括时间、绝对温度、ΔT、$\Delta T/\Delta t$、$-\Delta V$ 以及压力升高。不论哪种情况，其理论基础均为接近充电终止时氧气析出/复合产生热量。采用哪种充电终止方法取决于充电速率（从慢到快），其宗旨是减少热量的产生以防止 Ni/MH 电池损坏。

(1) 慢充电（12～15h）　将密封金属氢化物/镍电池充满电的简便方法是以 $0.1C$ 率进

行恒电流充电,通过限制时间终止充电。在 0.1C 率下充电时,气体生成速率不会超过氧气复合速率。当充电量达 150% 后(对于完全放电的电池约 15h)应终止充电。由于过度的过充电会损坏电池,因此应加以避免。慢充电的适用温度范围是 5~45℃,在 15~30℃ 时充电电池性能最佳。

(2) 快充电(4~5h) 金属氢化物/镍电池可在较高速率下安全有效地充电。但此时需要对充电进行控制,以便当气体生成速率超过氧气复合速率或电池温度大幅度升高时终止充电。放电态的电池可以 0.3C 率充电,充电时间应保证电池充入 150% 的电量(约 4.5~5h)。除了采用时间控制外,还需配备热终止装置作为备用的充电终止控制装置。当电池温度达到 55~60℃ 时即终止充电,以免电池温度过高。这种方法通常可在环境温度为 10~45℃ 时使用。

为确保充电能及时终止,从而使过充电量最小,还应采取进一步的防范措施,即对电压降 $-\Delta V$ 也同时进行监测。若正在充电的电池之前并未完全放电,则更应注意这一点。为确保电池 100% 充电,可在充电终止后以 0.1C 率进行补充充电。

通常,不推荐使用 0.1C 率~0.3C 率的电流对密封金属氢化物/镍电池充电。因为在此速率下,电压和温度都没有特征性的变化,不能利用基于电压变化特征的控制方法进行充电终止控制,因而电池可能发生过充电。

(3) 急充电(1h) 密封金属氢化物/镍电池的另一种更快速充电方法是以 0.5C 率~1C 率恒电流充电。在高倍率下充电时,尤为重要的一点是在过充电初期就要终止充电。由于预先不能确定充电所需要的时间,因此不能只采用时间控制;否则部分荷电的电池可能过充,而完全放电的电池则充不满。

急充电时,电压降 $-\Delta V$ 和温升 ΔT 都可用来控制终止充电。但更为有效的做法是利用温升速率 $\Delta T/\Delta t$ 来控制充电的终止,同时将热终止法(TCO)作为备用方法一同使用。

图 22.40 反映了 $\Delta T/\Delta t$ 法与 $-\Delta V$ 法在急速充电中的比较优势。$\Delta T/\Delta t$ 法可比 $-\Delta V$ 法更早地感应到过充电,因而减小电池的过充电和过热,电池的循环寿命损失也就更小。$\Delta T/\Delta t$ 中决定充电终止的温升速率通常为 1℃/min。TCO 法中的终止温度通常为 60℃。

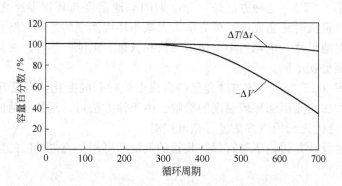

图 22.40　圆柱形密封金属氢化物/镍电池的循环寿命和
容量与充电终止方法的关系
(1C 率充电,搁置 0.5h;1C 率放电至 1.0V,搁置 2h)

对于由三个以上单体电池构成的电池组,采用 $-\Delta V$ 法并用 TCO 法作为备份充电控制是合适的。通常,$-\Delta V$ 值为单体电池 10~15mV,TCO 法中的终止温度为 60℃。

EV 用 Ni/MH 电池的急速充电基础设施目前还不完善,Ni/MH 电池技术的优点是需要时,电池可以急充电以获得适当的可用功率。例如,典型的 EV 用 100A·h 电池,如果希望 15min 充电，那么可以采用接近 400A 的电流。

Ni/MH 电池在 15min 内可以充入 60%～80% 的电量。但是电流必须减小。由内阻热造成的温升较小，对于 33kW·h 的电池组，大约温升 15℃，但是氧复合热造成的温升巨大。另外，对于急充电还应关注的是必须监测到过充电的开始阶段。

（4）涓流充电　许多应用都要求电池保持在满荷电状态。实现这一要求的方法是以一定速率对电池进行涓流充电，补偿电池自放电所造成的容量损失。涓流充电的速率通常为 0.03C 率～0.05C 率，最佳温度为 10～35℃。涓流充电可在前面讨论的任意一种充电方法完成后进行。

（5）三阶段充电　三阶段充电法可迅速将密封金属氢化物/镍电池充满，并且不会造成电池过度过充电或高温。

第一阶段：以 1C 率充电，采用 $\Delta T/\Delta t$ 法或 $-\Delta V$ 法终止充电。

第二阶段：以 0.1C 率继续充电 0.5～1h。

第三阶段：在 0.05C 率～0.02C 率下充电。电池应有热终止保护装置来终止充电，以使温度不超过 60℃。

22.10.4　再生制动能

车辆都具有能产生再生制动能的特点，正是这一特点促使 Ni/MH 电池占据 EV 和 HEV 用电源的主要市场。车辆的续航里程是 EV 和 HEV 生产商提高产品竞争力的主要指标。若将传统刹车方式中损失的能量利用起来，对电池进行充电，则可将车辆的续航里程延长 5%～20%。利用再生制动能对蓄电池充电时的比功率非常高（约 500W/kg），而许多蓄电池却无法有效地利用这种高功率的能量。而 Ni/MH 电池能在很宽的荷电状态范围和温度范围内利用再生制动能。

Ovonic 公司型号为 13-HEV-60（13V，60A·h）的 Ni/MH 电池模块

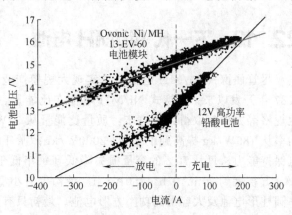

图 22.41　HEV 用 Ni/MH 电池与铅酸电池充放电性能比较

在模拟 HEV 行驶的循环过程中电压-电流关系如图 22.41 所示。与该图中典型的高功率铅酸电池不同，Ni/MH 电池的 V-I 曲线斜率恒定；而且斜率小。铅酸电池明显表现出较高的充电电阻，而 Ovonic 13-HEV-60 电池模块的充放电有效电阻相同，约为 6mΩ。因此，Ni/MH 电池更能有效地利用再生制动能。

22.10.5　充电算法

充电算法指的是对 EV 和 HEV 用电池进行充电的程序。按照这样的程序电池能以非常高的速率充电至 80% 的荷电状态，此后充电电流减小；过充电时，充电电流不能超过 10h 率。同时，充入的总电量通常应低于 110%～120%。

Ni/MH 电池的固有特点决定其可以采用简单的充电方法，设备便宜，而且不必要检测高电压串联电池组中单体电池的电压。

对于 EV 用 Ni/MH 电池，一种可靠的充电方法是通过恒电流阶段充电至可进行温度补

偿的电压值。实际上，这意味电池以大电流充电至预定的电压，该电压对应一定的荷电状态。达到预定电压后，电流减小或分段减小，直至达到另一预定电压值。充电算法的重要特点是预先设定的节点电压值需根据温度和电流进行调整。

22. 11　电绝缘

由于电池组的电压很高，因此电池组与车辆（EV、HEV）的绝缘非常重要。首先要做的是单体电池间的绝缘，为达到绝缘的目的，最好采用塑料电池壳，采用金属电池壳时必须涂覆绝缘涂层，涂层必须稳定，而且不能有小孔。

电池模块（通常为 12V）也必须与电池支架绝缘，通常利用塑料绝缘支架来达到这一目的。值得注意的是，单体电池间和电池模块间的连接片也必须与电池支架绝缘。

在风冷电池组中，电池组和车辆间的绝缘电阻受到路面污染物，如尘土和盐的强烈影响，因此在设计电池组外壳时必须要考虑到这一点。对于水冷电池组，需要注意的是塑料外壳与冷却剂（如乙二醇）间的绝缘电阻。塑料的电阻与温度的关系非常大，电池组的绝缘电阻 20℃ 时为 5000MΩ，65℃ 时就降低到 5MΩ。EV 和 HEV 用电池组的绝缘电阻最佳值为 1~10MΩ。

22. 12　下一代 Ni/MH 电池

尽管便携式 Ni/MH 电池已经实现大规模产业化，但该技术仍处于发展期[34,35]。自从 1987 年开发以来，便携式 Ni/MH 电池在比能量、比功率、循环寿命、荷电保持能力及电池规格等方面都取得巨大进步：质量比能量从 52W·h/kg 提高到了 80~110W·h/kg；比功率从 180W/kg 提高到了 850~2000W/kg；循环寿命从 300 次提高到了 1000 次以上；荷电保持能力从每月 70% 的容量损失降低到每年低于 15% 的容量损失；电池容量范围从 1~4A·h 扩展到 30mA·h~250A·h。最初仅有小型低功率圆柱形电池，现在已开发出高功率圆柱形电池及大容量高功率方形电池。最初只有金属壳电池，而现在金属壳和塑料壳的方形电池，甚至塑料整体壳电池都有生产。

如今，世界各国都开展了大量关于 Ni/MH 电池的研究工作，涉及多种技术，如具有容量和成本优势的镁基金属氢化物合金、双极性 Ni/MH 电池的评估、卫星用 Ni/MH 电池等，无法在此一一列举。不过，当前最为集中的研究焦点是如何提高电池的比能量、比功率以及降低电池成本，实现"重量减半、成本减半"的目标。研发热点依然是如何在给定工况下加大放电深度（DOD）而不降低循环寿命，因而促进小型较高成本电池的应用。另外，Ni/MH 电池也有望进入被其他化学电源垄断的市场。

22. 12. 1　降低成本

降低成本是 Ni/MH 电池开发中最为突出的一个问题。大规模便携式电池的生产已经表明，Ni/MH 电池的成本已经接近甚至低于 800 美元/kW·h，而在以前这被认为是不可能的。使 Ni/MH 电池成本大幅度降低的重要研究成果包括以下几点：

① 氢氧化镍的成本从 30 美元/kg 降到 20 美元/kg 以下；

② 泡沫镍基板的成本降低约 50%；

③ 单体电池的容量和功率增加 50%，而成本却未增长；

④ 用冲孔的铜带和镀镍钢带替代纯镍丝网作为金属氢化物电极的基体；

⑤ 采用涂膏式金属氢化物电极；

⑥ 改善 Ni/MH 电池的活化和化成工艺。

尽管取得上述这些显著成就，但 EV、PHEV 和 HEV 应用对电源成本提出更高要求。最初 EV 用 Ni/MH 电池样品阶段的成本约为 1500 美元/kW·h，后逐步降低到 800~1000 美元/kW·h（产量 7000~20000 辆/年）。当成本为 800 美元/kW·h 时，对于采用 1.6 kW·h 电池的 Prius 来说，仅电池成本就达 1280 美元。源于 PHEV 与 EV 用电池的高成本，大部分汽车制造商对混合电动车给予更多关注，因为 HEV 用电池的体积只相当于 EV 用电池的 10%~25%。尽管如此，目前依然投入极大开发力度，力争实现 Ni/MH 电池 150 美元/kW·h 的成本目标。

首先应认识到，某项技术的成本主要取决于原材料的成本。因此，要降低 Ni/MH 电池的成本，需要做的重要改进主要包括：

① 将 EV 用 Ni/MH 电池的质量比能量从 45W·h/kg 提高到 65W·h/kg；

② 替换掉成本较高的非活性组分，如泡沫镍基板和钴添加剂；

③ 采用高比容量的金属氢化物合金以及氢氧化镍材料；

④ 采用成本较低的塑料电池壳；

⑤ 采用整体电池结构，减少零件数量。

提高电池的比能量要从提高金属氢化物合金的贮氢容量（从 320~385mA·h/g 提高到 450mA·h/g）以及提高氢氧化镍的利用率（从 240mA·h/g 提高到 280~300mA·h/g）[36,37] 两方面着手。而要提高活性物质的利用率，就要开展创新性材料的研究，主要通过改变合金组成和采用更先进的加工工艺等手段实现。

要减少单体电池中高成本非活性组分的用量，重点主要集中在正极上，涉及的有泡沫镍基板和用来形成导电网络的钴金属和氧化钴。已经研究的方法包括：用金属镍纤维代替钴化合物；采用成本较低的钴化合物并减小用量。目前正在研究的一项新技术是采用导电性更好的氢氧化镍，同时添加多种元素进行改性，并将其制成非均相氢氧化镍粉末颗粒，其中金属纤维嵌入氢氧化镍基体中，与整个导电网络接通。为降低泡沫镍基板的成本，主要研究包括开发成本较低的涂覆镍工艺，提高氢氧化镍和导电网络的导电性以完全摒弃泡沫基体的使用。

电池的结构成本还可以通过开发新型的塑料整体壳、采用整体结构减少组件、采用低成本的塑料材料、共用端子和安全阀及采用标准规格等方法进一步降低。

22.12.2　超高功率设计

多年来，人们普遍认为在便携式超高倍率电池的应用领域，Ni/MH 电池永远都无法取代 Ni/Cd 电池的地位。特别是手持无绳电钻等电动工具更是如此，因为这些应用需要电池几乎要在 10C 率下连续放电。如今圆柱形 Ni/MH 电池的功率已经超过了 Ni/Cd 电池。之所以能达到这么高的放电速率，是因为 Ni/MH 电池采用了 Ni/Cd 电池技术中的低电阻集流体，并提高了金属氢化物材料的表面催化活性。电动工具和 HEV 用高功率 3.5~7.0A·h 圆柱形 Ni/MH 电池的 AC 阻抗约为 1.7mΩ，$\Delta V/\Delta I$ 内阻约为 4mΩ。Ni/MH 电池产品规格多样（Cs 型、C 型和 D 型最为常见），广泛用于便携式电动工具、单脚滑行车和电动自行车等领域。

尽管 HEV 用 Ni/MH 电池的比功率已经超过 1300W/kg，但世界各国还在进行大量研究，希望将比功率提高到 2000W/kg。圆柱形和方形 Ni/MH 电池样品的峰值功率室温时已达 2000W/kg 以上，35℃时超过 2400W/kg。在某些情况下，提高功率的代价是牺牲能量，此时质量比能量可降低到 44W·h/kg。但在一些设计中，材料和结构固有的大功率特性即可以使电池具有非常高的功率，同时能量也不发生损失。图 22.23 给出了先进 Ni/MH 电池在 1050W/kg 时的性能。对于 HEV 电池，关键指标并非电池的能量，而是在满足功率需求的情况下电池的体积，由此可以看出，电池的成本还可以进一步降低。电池的成本主要取决于电池材料的用量，而采用高功率的材料会减少材料的使用量。

在高功率 Ni/MH 电池的研究过程中，高催化活性的金属氢化物活性物质的开发起到重要作用。特别是脉冲放电时，电压衰降的大小完全由金属氢化物和电解质间的形成界面决定。表面氧化物的厚度和孔隙率影响 H^+ 和 OH^- 的反应。某项关于高功率电池的重要研究成果表明，表面氧化物中尺寸小于 70Å 的富镍金属催化剂对于减小活化极化非常重要[38,39]。

22.12.3 储能电池

在北美地区，有接近 1 亿美元的储能电源市场。当今的储能应用比如电信、应急灯、UPS 系统等被铅酸电池所垄断。新工厂建设时利用储能电源旨在降低经济成本及规避环境影响。另外，能源独立和能源安全也促进先进储能形式与智能电网的研究。太阳能和风能等可再生能源是间歇性能源，需要开发新型储能技术将其集成到电网。在各种可用的储能技术中，蓄电池技术被证明是最先进的储能形式，可以优化再生能源的电力传输和分布。

长期以来储能电源被各种结构的铅酸电池所垄断。由于初始成本相对较低，铅酸电池在目前的大型储能电源中占主导地位。日常维护导致铅酸电池总成本增加，包括电解质液面的检查以及必要时为单体电池注水、监测电池电压、观察壳体的泄漏情况、定期清洁、常规放电测试等。另外，对现有设施增容的需求增加以及采用更环保能源技术（太阳能、风能）的期望也为其他电池技术进入此领域提供契机。

Ni/MH 电池具有高功率、环境友好、耐久性、长循环寿命等特点，因此在电信、UPS（数据中心）系统集成等领域是铅酸电池的有力竞争者。这个市场要求蓄电池具有高可靠性、长寿命、少维护的特性以满足先进储能技术的要求。Ni/MH 电池因比能量和比功率高、循环寿命长、高温性能优异、可浮充电、可靠、成本低，能够满足这方面应用。如果考虑用户的总成本（初始成本、操作成本、维护成本以及寿命成本），Ni/MH 电池比铅酸电池有优势。

参 考 文 献

1. S. R. Ovshinsky, S. K. Dhar, M. A. Fetcenko, K. Young, B. Reichman, C. Fierro, J. Koch, F. Martin, W. Mays, B. Sommers, T. Ouchi, A. Zallen, and R. Young, 17th *International Seminar and Exhibit on Primary and Secondary Batteries*, Ft. Lauderdale, FL, March 6-9, 2000.

2. R.C. Stempel, S. R. Ovshinsky, P. R. Gifford, and D. A. Corrigan, *IEEE Spectrum*, Vol. 35, No. 11, November 1998.

3. S. R. Ovshinsky, *Materials Research Society Fall Meeting*, Boston, November 1998.

4. K. Sapru, B. Reichman, A. Reger, and S. R. Ovshinsky, United States Patent 4, 623, 597 (1986).

5. S. R. Ovshinsky, M. Fetcenko, and J. Ross, *Science*, 260: 176 (1993).

6. S. R. Ovshinsky in "*Disordered Materials : Science and Technology*," D. Adier, B. Schwartz, and M. Silver, eds., Institute for Amorphous Studies Series, Plenum Publishing Corporation, New York, 1991.

7. J. R. van Beek, H. C. Donkersloot, and J. J. G. Willems, *Proceedings of the 14th International Power Sources Symposium*, 1984.

8. R. Kirchheim, F. Sommer, and G. Schluckebier, *Acta metall*, 30: 1059-1068 (1982).

9. R. Mishima, H. Miyamura, T. Sakai, N. Kuriyama, H. Ishikawa, and I. Uehara, *Journal of Alloys and Compounds*, 192 (1993).

10. T. Weizhong and S. Guangfei, *Journal of Alloy and Compounds*, 203: 195-198 (1994).

11. P. H. L. Notten and P. Hokkeling, *Journal of the Electrochemical Society*, 138 (7), July 1991.

12. P. H. L. Notten, J. L. C. Daams, and R. E. F. Einerhand, *Ber. Bunsenges. Phys. Chem.* 96: 5 (1992).

13. K. Beccu, United States Patent 3, 669, 745 (1972).

14. M. H. J. van Rijswick, *Proceedings of the International symposium on hydrides for Energy Storage*, (Pergamon, Oxford, 1978), p. 261.

15. M. A. Gutjahr, H. Buchner, K. D. Beccu, and H. Saufferer, *Power Sources* 4, D. H. Collins, ed. (Oriel, Newcastle upon Tyne, United Kingdom, 1973), p. 79.

16. M. A. Fetcenko, S. R. Ovshinsky, B. Chao, and B. Reichman, United States Patent 5, 536, 591 (1996).

17. M. Oshitain, H. Yufu, K. Takashima, S. Tsuji, and Y. Matsumaru, *Journal of the Electrochemical Society*, 136: 6, June 1989.

18. M. Oshitain and H. Yufu, United States Patent 4, 884, 999 (1989).

19. V. Ettel, J. Ambrose, K. Cushnie, J. A. E. Bell, V. Paserin, and P. J. Kalal, United States Patent 5, 700, 363 (1997).

20. K. Ohta, H. Matsua, M. Ikoma, N. Morishita, and Y. Toyoguchi, United States Patent 5, 571, 636 (1996).

21. I. Matsumoto, H. Ogawa, T. Iwaki, and M. Ikeyama, *16th International Power Sources Symposium*, 1988.

22. S. Takagi and T. Minohara, *Society of Automotive Engineers*, 2000-01-1060, March 2000.

23. K. Watanabe, M. Koseki, and N. Kumagai, *Journal of Power Sources*, 58: 23-28 (1996).

24. V. Puglisi, *17th International Seminar and Exhibit on Primary and Secondary Batteries*, Ft. Lauderdale, FL, March 6-9, 2000.

25. G. Halpert, *Proceedings of the Symposium on Nickel Hydroxide Electrodes*, Electrochemical Society, Hollywood, FL, October 1989 (Electrochemical Society, Pennington, NJ, 1990), pp. 3-17.

26. M. A. Fetcenko, S. Venkatesan, and S. Ovshinsky, *Proceedings, of the Symposium on Hydrogen Storage Materials, Batteries, and Electrochemistry* (Electrochemical Society, Pennington, NJ, 1992), p. 141.

27. J. Cook, "*Separator-Hidden Talent*," Electric and Hybrid Vehicle Technology, 1999.

28. F. J. Kruger, *15th International Seminar on Primary and Secondary Batteries*, Ft. Lauderdale, FL, March 1998.

29. D. A. Corrigan, S. Venkatesan, P. Gifford, A. Holland, M. A. Fetcenko, S. K. Dhar, and S. R. Ovshinsky, *Proceedings of the 14th International Electric Vehicle Symposium*, Orlando, FL, 1997.

30. R. Elder, R. Moy, and M. Mohammed, *16th International Seminar on Primary and Secondary Batteries*, Ft. Lauderdale, FL, March 1999.

31. I. Kanagawa, *15th International Seminar on Primary and Secondary Batteries*, Ft. Lauderdale, FL, March 1998.

32. M. A. Fetcenko, S. Venkatesan, K. C. Hong, and B. Reichman in *Proceedings of the 16th International Power Sources Symposium* (International Power Sources Committee, Surrey, United Kingdom, 1988), p. 411.

33. D. Singh, T. Wu, M. Wendling, P. Bendale, J. Ware, D. Ritter, and L. Zhang, *Materials Research Society Proceedings*, 496: 25-36 (1998).

34. T. Doan, "Nickel Metal Hydride for Power Tools," *16th International Seminar on Primary and Secondary Batteries*, Ft. Lauderdale, FL, March 1999.

35. K. Ishiwa, T. Ito, K. Miyamoto, K. Takano, and S. Suzuki, "Evolution and Extension of NiMH Technology," *16th International Seminar on Primary and Secondary Batteries*, Ft. Lauderdale, FL, March 1999.

36. D. A. Corrigan and S. K. Knight, *Journal of the Electrochemical Society*, 143 (5), May 1996.

37. S. R. Ovshinsky, D. A. Corrigan S. Venkatesan, R. Young, C. Fierro, and M. Fetcenko, United States Patent 5, 348, 822, April 14, 1994.

38. B. Reichman, W. Mays, M. A. Fetcenko, and S. R. Ovshinsky, *Electrochemical Society Proceedings*, Vol. 97-16, October 1999.

39. K. Young, M. A. Fetcenko, B. Reichman, W. Mays, and S. R. Ovshinsky, *Proceedings of the 197th Electrochemical Society Meeting*, May 2000.

第 23 章

锌/镍电池

Jeffrey Phillips and Samaresh Mohanta

23.1 概述

当电源需要具备以下条件时，即小型、轻便、很好的高倍率放电性能、成本要比锂电池低很多时，锌/镍蓄电池（简称锌/镍电池）是很理想的选择。这是一种应用广泛的电池技术，能够在大部分高容量应用中，代替镉/镍电池和金属氢化物/镍电池。由于锌/镍电池具有突出的高质量比能量（目前在 70W·h/kg 与 110W·h/kg 之间），所以它们很好地适用于一些高能耗的便携式应用中。在 80% 放电深度条件下，900 次的循环寿命能与最好的镉/镍电池和锂离子电池相媲美。

锌/镍电池是基于镍正极的碱性水体系电池家族中的一员，其中还包括铁/镍电池、镉/镍电池以及金属氢化物/镍电池。一般的镍电极在多种充放电倍率下都能有较好的循环寿命。此外，电极完全能设计成在正常放电条件下的极限安时容量电极。不同的是对电极确定电池的工作电压、大小以及质量。另外，还会影响系统的成本和性能特性（如在不同温度下的倍率性能、循环寿命以及搁置寿命）。

锌/镍电池体系的特征是 1.73V 的高开路电压，它可提高质量比能量并减少在高压电池组中单电池的数量。后一个因素降低电池的成本（相对于其他碱性体系），并成比例地降低内部阻抗。由于锌电极同样显示出较快的电化学动力学，故电池很好适用于如电动工具和混合电动车的一些高放电倍率应用。其他一些应用（包括商用 AA 单电池）在加负载的情况下具有与碱性一次电池相近的电压，而在高功率下具有较长的工作时间。

锌/镍电池电化学体系被应用于可充电池的记录出现于 1899 年和 1901 年 de Michalowski[1]、Junger[2] 和爱迪生[3] 的一些专利中。直到 30 年后，此技术的第一个成功商业展示在爱尔兰出现。当时 James Drumm 博士致力于利用 440V、600A·h 大型富液式电池[4,5] 来实现有轨车的电气化：4 辆有轨车在 1949 年停止使用之时一共行驶了 70 多万英里，停运是由于第二次世界大战后柴油燃料较便宜的缘故。锌/镍电池早先作为电源应用于俄罗斯的矿井里，但是 20 世纪 70 年代以前没有多大发展，直到 20 世纪 70 年代汽油短缺以后，电动汽车重新引起人们的兴趣。那时，美国能源部支持许多公司开发高能量电池来取代铅酸电动车电池。锌/镍电池被认为是追寻高能量电池的目标，如果锌电极的循环寿命能大幅度提高，那么锌/镍电池有潜力达到低成本目标。通用汽车公司提出一些更雄心勃勃的方案，而其中一项就是在雪佛兰 Chevette 的基础上为小型电动汽车开发电池。但是当石油价格下降以后，开发热情也减弱，最终取消这个方案。

锌/镍电池的进一步发展主要集中在 1970～1990 年间的日本。但是，尽管做了很大努力，只有汤浅公司的产品实现商业化。该产品是密封、方形、免维护，而容量不到10A·h。虽然这种产品比同容量的铅酸电池轻 60%，但是在 100% 放电深度下 0.5C 率放电的循环寿命只有 200 次。其目标市场为电动草坪割草机和小型电动汽车，直接与成本低、免维护的铅酸电池相竞争。

2000 年后，Evercel 开发出一些循环寿命能达到 600 次的较大尺寸方形电池单体和电池组[8]。Evercel 的锌电极技术延续着通用公司的开发路线，但是其为用户定制电极的制备方法最终证明是很难商业化。电池采用贫液设计并加入气体复合催化剂来减小压力和减少通过出气孔的气体。虽然此技术在轻型电动汽车等市场上显示出可行性，但是密封铅酸电池却拥有明显的价格竞争力。

在 2008 年，PowerGenix 打破了将方形锌/镍电池直接与铅酸电池竞争的固有传统，开发出针对于电动工具市场[9]的第一款密封圆柱形锌/镍电池。这些电池直接与镉/镍电池、氢化金属/镍电池以及锂离子电池竞争。该公司的策略就是采用其他碱电池生产厂家的制造技术，并吸纳其材料开发成果。另外，还从锂离子电池引入隔膜改进成果。通过碱性水体系与锂离子电池的竞争增加市场份额，这样重新激发起人们对这种高电压镍电池的兴趣。

23.2　锌/镍电池化学原理

锌/镍电池系统的化学原理类似于镉/镍电池的原理，只是将镉换成锌。电解质一般为3～8mol/L 碱金属的氢氧化物溶液，其中加入特殊的添加剂来"管理"锌电极的充放电状态。正极的活性材料为羟基氧化镍（Ⅲ），而负极则为高比表面积的金属锌。当放电时，羟基氧化镍（Ⅲ）被还原成氢氧化镍（Ⅱ），而锌则被氧化成氧化锌/氢氧化锌（Ⅱ）化合物。反应的电化学机理相当复杂[10]。为了说明，以下反应以简式的形式给出。随着条件的不同，在放电的负极区会出现氢氧化锌、二氧化锌离子、氧化锌或者三者的混合物。在充电过程中，所有这些锌的化合物可能都将转化为锌。正极反应以简式的形式展示如下，更具体形式在其他地方给出[11]。

负极放电反应：

$$Zn + 2OH^- \longrightarrow Zn(OH)_2 + 2e^- \quad E^\ominus = -1.24V \tag{23.1}$$

$$Zn(OH)_2 + 2OH^- \longrightarrow ZnO_2^{2-} + 2H_2O \tag{23.2}$$

$$ZnO_2^{2-} + 2H_2O \longrightarrow ZnO + 2OH^- \tag{23.3}$$

正极放电反应：

$$2NiOOH + 2H_2O + 2e^- \longrightarrow 2Ni(OH)_2 + 2OH^- \quad E^\ominus = 0.49V \tag{23.4}$$

总反应：

$$2NiOOH + 2H_2O + Zn \longrightarrow Zn(OH)_2 + 2Ni(OH)_2 \tag{23.5}$$

或　$$2NiOOH + Zn + 2OH^- \longrightarrow ZnO_2^{2-} + 2Ni(OH)_2 \tag{23.6}$$

或　$$2NiOOH + Zn + H_2O \longrightarrow 2Ni(OH)_2 + ZnO \quad E^\ominus = 1.73V \tag{23.7}$$

虽然上述反应为主要的充放电反应，下边的一些反应同样可能在不同条件下发生。例如，当锌/镍电池过充时，有两个反应可能发生。通常，接近充电结束时，反应(23.8)和反应(23.9)同时发生，但是不一定以同样速率进行。这两个反应组合相当于水的电解。如反应(23.10)所示，如果产生的氧气与金属锌电极能接触，那么氧气被金属锌电极所消耗，反应进行很快。

负极过充时的反应：

$$2H_2O + 2e^- \longrightarrow H_2 + 2OH^- \quad E^\ominus = -0.9V \tag{23.8}$$

正极过充的反应：

$$2OH^- \longrightarrow \frac{1}{2}O_2 + 2H_2O + 2e^- \quad E^\ominus = 0.3V \tag{23.9}$$

负极的复合反应：

$$Zn + \frac{1}{2}O_2 \longrightarrow ZnO \tag{23.10}$$

负极上产生的氢气复合反应同样可以在正极发生。这个反应的速率较反应(23.10)的速率要慢得多，故需要较高的压力或催化剂（在对电池化学反应有重大影响之前）。另外一个例子就是当电池过放且电压反向时，可能发生如下两个反应。

负极上过放：

$$2OH^- \longrightarrow \frac{1}{2}O_2 + 2H_2O + 2e^- \tag{23.11}$$

正极上过放：

$$2H_2O + 2e^- \longrightarrow H_2 + 2OH^- \tag{23.12}$$

总反应还是水的电解：

$$H_2O \longrightarrow H_2 + \frac{1}{2}O_2 \tag{23.13}$$

下边的两个反应在电池贮存方面发挥重要作用。在电池贮存中，荷电保持受两个电极在电解质中的稳定性影响。由于锌在水系电解质中热力学不稳定，在负极上会产生氢气。

负极自放电反应：

$$Zn + 2H_2O \longrightarrow ZnO + H_2 \tag{23.14}$$

在正极上，充电态的羟基氧化镍同样可以与电解质反应生成氧气和氢氧化镍。

正极自放电反应：

$$2NiOOH + H_2O \longrightarrow 2Ni(OH)_2 + 1/2O_2 \tag{23.15}$$

23.2.1　锌电极

锌金属充足，对环境危害较小并且相对便宜。它有低的氧化还原电势，当与合适的正极材料组合时，为反应提供高的电动势。锌在一些一次电池体系（如碱性二氧化锰和锌/空气电池）中充当负极，但是在二次电池中的应用受到限制。这是由于锌电极的放电产物（如氧化锌、氢氧化锌或锌酸盐）能溶解于碱性电解质中，从而使指定的再充电难以进行。另外，锌在水系电解质中热力学不稳定，故需要采取特殊措施来使自放电最小化。锌电极的个别问题列举如下。

(1) 锌枝晶的形成　在再充电时，当锌优先沉积在电极的高点上而不是均一沉积在电极表面时，可能形成枝晶。最终，不均匀锌沉积的不断进行使锌穿透隔膜，而后与正极接触使电子内部短路并让电池无法工作。有许多方法来抑制枝晶的形成，其中包括利用有弯曲孔的微多孔隔膜。结果证明其曲折的电解质路径使锌很难通过，这对于提高寿命是有意义的。

(2) 锌形变　在放电过程中，由于发生反应(23.1)和反应(23.2)，锌溶解于电解质中，并且可能从最初的位置离开。在充电时，锌可能沉积在离最初位置很远的地方，这样就产生

"形变"的现象。

(3) 锌结块　由于放电过程锌的溶解,充电过程不能恢复原来的高比表面积。表面积的再分布和损失可能损坏高倍率性能并最终导致某些锌与活性材料隔离,进而造成活性物质损失。

(4) 锌钝化　当放电时在锌表面形成致密的膜,从而使锌钝化、阻断放电过程。当放电产物达到溶解极限时,氧化锌或氢氧化锌沉积在锌表面,钝化就会发生。钝化与电流密度、锌的溶解度和温度有很大关系。在较低温度下,溶解性和扩散性都会减小,负极上的钝化可能抑制电池的输出容量。

(5) 锌的腐蚀　锌在水介质中不稳定源于其还原电位低于氢(见 23.14 节)。纯锌对于析氢有着较高的过电位,动力学稳定,腐蚀较慢。任何一种氢转化的催化剂(铁或钴)的出现都可以改变这种状态,所以关键是不要把锌暴露于这些材料中。镍电极的一种重要的成分就是钴,当锌与镍配对时就非常棘手。可充的锌电池通过锌与其他元素合金化或选择性有机抑制剂来抑制锌的腐蚀。相似技术同样用于一次电池中,不过一次电池使用 $100\sim300\mu m$ 的较大锌粒比采用 $0.2\sim0.3\mu m$ 颗粒的可充锌电极产气量少得多。高腐蚀速率必须通过化学、机械以及电池设计等措施来减小和控制。

枝晶的形成、形态变化、团聚以及锌的钝化都与氧化锌溶解于碱性电解质有关。降低锌的溶解度的一些方法都集中于调整负极和电解质,其常常加速锌的钝化并抑制倍率性能和低温性能。

为了改善循环寿命并有助于电极生产,通常向负极中加入许多化学试剂。较常见试剂及其功能列举如下。更全的资料见参考文献[12]。

① 减小形变、团聚以及枝晶形成　氢氧化钙、锌酸钙、氟化物、磷酸、钛酸钙。
② 减小腐蚀　铋、铟、铅、钙以氧化物的形式加入。
③ 增加导电性　铋、铅、导电陶瓷、金属锌粉末。
④ 电极内部的毛细作用　纤维素、报纸碎末、无机纤维。
⑤ 电极黏结剂　PTFE。

虽然添加铅和镉能提高锌的循环寿命,但是会造成环境污染,现在已经被更环保的材料所替代。

锌/镍电池中所用的碱性电解质通常是碱金属(如钾、钠、锂)氢氧化物的组合体。镍与锌对电解质要求相互矛盾,通常采用折中策略。较高的碱性电解质浓度有利于使镍电极的容量最大化,但是又能大幅度增加锌的溶解性而降低循环寿命[13]。加入缓冲酸来中和游离碱从而在保持镍电极效率的前提下,增加锌循环寿命[14,15]。其他一些阴离子(如氟和硅酸根)在电解质和负极中加入,可降低负极锌的溶解度。

不同设计所用负极和电解质组成的例子列表于 23.1。

23.2.2　配对镍电极的考虑

当锌离子进入可充氢氧化镍正极的晶格结构时,会带来一些好处。这种观点已经得到确认。相应的好处可能源于锌离子会存在于锌/镍电池的电解质中。但是靠近正极的锌离子造成的又一个影响是以氧化锌形式沉积在多孔结构中,从而阻碍离子的流动。更严重的堵塞可能会使循环初期发生容量损失[12],而这种严重性主要随控制电解质中锌溶解性的情况变化而变化。这包括温度、氢氧根的浓度以及充放电的倍率。在充电过程中,氢氧根在正极消耗而在负极产出。氢氧根浓度的这些变化可以使氧化锌直接沉积于正极孔中。

锌/镍电池的第二个问题就是正、负极充电效率不均衡。在正极上,氧析出[反应(23.9)]与氢氧化镍的充电反应相竞争,甚至于为了达到满充电需要过充电 20%。提高充

表 23.1 关于不同锌/镍电池设计中关键组分的一些例子

机 构	典型负极成分	典型电解质成分	参考文献
PowerGenix	ZnO 85%～95% Bi_2O_3 1%～10% KF 0.05%～4.5%	总过量 OH^- 2.5～5mol/L 硼酸盐 0.6～1.3mol/L	[21]
S.C.P.S.	含有 $(M_2O)_n(TiO_2)_m xH_2O$；M 是一种碱金属，$0.5<n<2,1<m<10,0<x<10$，典型配方如下： Zn 5%；TiN 10%；钛酸钙 1.25%；铝酸钙 3%；Bi_2O_3 5%；$Ni(OH)_2$ 5%；剩余是 ZnO；增塑剂 PTFE	OH^- = 7～15mol/L；典型为 7mol/L 溶液含饱和 ZnO	[18]
Massey 大学	硬脂酸锌：氧化锌的比例=0.075：0.25 硬脂酸钙：氧化锌比例=0.03：0.15 石墨 15%～35% 少量铅和/或铜盐	含饱和 ZnO 和四丁基氢氧化铵的 KOH 溶液	[23]
Evercell 能源研究公司	锌酸钙 30%～60% PTFE1%～4% ZnO，$Ca(OH)_2$，PbO	KOH 31%～35%	[25]
劳伦斯-巴克利实验室	ZnO 93% 氧化铅 2% 油墨 1% PTFE 4%	KOH 3.2mol/L KF 1.8mol/L K_2CO_3 1.8mol/L	[24]，[15]

电效率的一些方法包括向氢氧化镍中加入如氧化钙或氧化锌等氧化物，或不充满电，后者使其在电池竞争中失去成本优势。而锌电极在充电过程中的效率为 99%，伴随着少量析氢[反应(23.8)]。在排气结构电池中，电池充电效率的不均衡会使负极区的氧化锌快速转化为金属锌。这会加速充电过程氢气的析出，导致电池干涸而提前失效。一种解决方法就是使电池工作于贫液状态，从而促使氧气与负极的反应。"氧复合"所带来的直接影响就是不但相应降低负极的充电效率而且均衡两个电极上的充电效率。虽然微孔隔膜可能会阻碍氧与负极的中心部分相接触，但是边缘上发生的复合反应足以平衡充电效率。如果能除去充电效率的差异，那么气体复合催化剂就能很有效保持电池的较低压力，并能使负极上的氧复合以较低速率进行。

23.2.3 隔膜

对于锌/镍电池的使用寿命，隔膜的选择是关键因素。隔膜的作用就是阻断镍电极与锌电极的电子传导，同时尽量不阻碍离子通过而使活性材料高效率充放电。为了达到这个目标，需要隔膜强度高且防止穿透、同时提供足够开放的低阻离子传导结构。在锌/镍电池中，隔膜还可以抑制金属锌枝晶的生长。一般要求隔膜孔径较小而弯曲，但同时离子必须容易通过。对于较高倍率的应用来说，在该要求之间达到平衡是尤其难的。为了有效地进行高功率放电而不使电池温度过高，需要尽可能减小电池内阻。将高电导率的电解质与导电性稍差、能抑制枝晶生长的隔膜相配合可有助于电池发挥高倍率性能。但是具有良好导电性的电解质对于氧化锌溶解也是高效的，从而促进形变、稠化以及枝晶的形成。因此，把锌电极的失效模式与隔膜、电解质以及负极组成结合起来考虑是非常重要的，这样才能在实现高倍率性能的同时有很好的循环寿命。对锌/镍电池高能量、高功率需求，促使人们使用较薄的隔膜，但前提是不能降低安全性。聚烯烃材料非常适合用于制备隔膜，因为它们可以被制成有细、曲折孔的高强度薄膜。但这类材料对碱性水溶液浸润性差，必须用表面活性剂进行处理或用化学法植入表面基团。即使进行如此处理，单独的聚烯烃隔膜不足以使电解质均匀分散在隔膜表面，必须与其他隔膜联合使用，如高孔隙率的尼龙无纺布等。

通常表征隔膜的参数有孔隙率、离子阻抗、透气性、孔尺寸、机械强度、化学稳定性、尺寸稳定性以及浸润能力。在电池外评估隔膜是基于电阻和透气性，因为这些性质是孔隙率、孔尺寸、孔的曲折性以及浸润能力的综合表现，其他性质（如机械强度和热稳定性）控制材料的可制造性、可靠性以及安全性。即使用这些测试标准作为指导，但如果不经过电池内的实际使用测试，很难预料锌/镍电池体系中隔膜组合是否合适。

23.2.4 正极

正极与金属氢化物/镍电池和镉/镍电池体系很相似，最常用的镍电极是把球形氢氧化镍颗粒、黏结剂和提高导电性的材料，如镍粉和氧化钴形成的膏涂覆在高孔隙度的泡沫镍上。商用的氢氧化镍含有 $0\sim3\%$ 的氢氧化钴以及 $0\sim3\%$ 的氢氧化锌。这些添加剂可提高充电接受能力并使氢氧化镍稳定于首选的 β 晶型。

如果涂膏式碱性镍电极反复放电到相同的部分荷电状态时，电极会表现出微弱的记忆效应或者电压下降。但是，如果把锌/镍电池一次或多次完全放电到 1.1V 会使放电电压曲线恢复到初始状态。

23.3 电池单体结构

锌/镍电池沿用了镉/镍电池和金属氢化物/镍电池的方形和圆柱形结构。最大的不同就是所用隔膜和负极基体的选择。一般具有较高循环寿命的锌/镍电池采用多层隔膜，这些隔膜是由一层或多层微孔薄膜与高孔隙率的"毛细"隔膜共同组成。这种"毛细"隔膜能够增加电解质的分散性。同时，也能缓冲电池充放电时电解质体积的变化。微孔隔膜在阻止因锌枝晶引起的短路中发挥重要作用。使用低孔隙率隔膜的另外效果就是降低氢气与氧气的结合速率。另外，必须对充电过程给予特殊关注，主要是为了阻止过充时气体压力过度升高而引发排气和循环寿命降低。

方形和圆柱形电池设计之间的选择取决于应用：低于 20A·h 的小容量电池比较适合采用圆柱形结构，因为独有的部件较少，比较容易制成卷绕电芯。这种形式对于制备更高容量的电池是一种挑战。这是因为极板的宽和长都会增加，所以制造就比较困难。在高倍率放电时，还会有热处理问题以及较难处理的散热问题。当需要较低的放电倍率以及高容量时，方形电池比较适合，这是因为厚极板更易于组装并且电池容积率高。

23.3.1 方形结构

对于单体或单块锌/镍电池，方形结构是最普遍的结构。锌电极在用一层、两层甚至三层微孔聚烯烃膜包裹之前是单独封装的：人工或自动包装机把正极、无纺布毛细隔膜、锌电极交互叠层，其中的隔膜是基于尼龙或接枝聚烯烃。负极和正极焊片各自分组并栓接，或热阻焊接到电池的终端。封装电池盖一般用 O 形环封装，能阻止爬碱。电池的各个组件先压缩在一起，然后在焊接或黏结盖之前，插入电池容器中。电池封装后，在真空下注入电解质，经电解质浸泡几个小时后再对电池进行第一次充电。图 23.1 展示一种典型方形结构的 20A·h 电池。其质量比能量为：$60\sim100$ W·h/kg；其体积比能量为 $110\sim200$ W·h/L。大部分设计是免维护并有充足的电解质来浸湿隔膜，但未饱和且电池堆外没有电解质。由于方

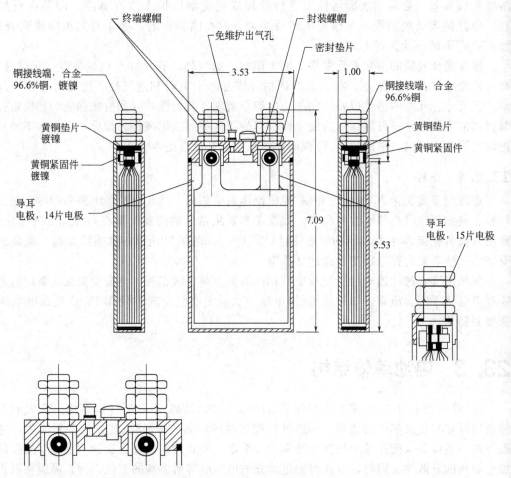

图 23.1 方形电池结构

形设计的耐压性较差,所以其安全压力不能超过 100psi。在低压下,复合反应的反应驱动力较小,为了能达到长的使用寿命,一般使用无载体的复合催化剂来使电池中氧气和氢气复合成水。

23.3.2 密封圆柱结构

如果集流体在卷芯结构两端,那么这种结构就会输出很一致的电流,很适合高功率应用,例如电动工具和混合电动车电池。在卷绕过程中,一台机器每分钟可卷 5～8 个电芯,在保证价格竞争力的同时,也能保证产量。电芯卷好以后,在装入电池罐之前,电极增加一个或更多接触点。入罐后,将电池罐与卷绕电芯上的扣环焊接在一起。装有卷绕电芯的电池罐在真空下注入适量的电解质,然后将其封装,在首次充电之前允许浸泡。图 23.2 为典型锌/镍电池卷绕结构的分解图。其中,盖上的弹簧就是为了和锌集流体相接触,而镍“突出的”圆盘焊在筒底,作为正极。

这种设计的几个关键点与方形电池有所不同。微孔隔膜被卷绕起来,甚至于电芯任何一端的边缘都能与电极自由接触。这就使触点既可以是焊接触点,也可以是简单的压力触点。与方形设计不同,气阀只有在压力异常时才打开。过度开启气阀会导致电解质污染,同样不能有效阻止氧气进入,最终使锌电极放电。气阀的开启压力必须足够高,从而能在所有的工作条件下都保持关闭,但是开启压力也必须保证安全性。罐的极性可以是正的,也可以是负的。但是在锌电势下，氢催化剂（如铁）不能与电解质相接触。一般的处理方法就是与锌接触的任何金属都包覆上能抑制析氢的材料。

小型密封柱状锌/镍电池较方形电池有较高的质量比能量和体积比能量（$70\sim110\,\mathrm{W\cdot h/kg}$；$200\sim300\,\mathrm{W\cdot h/L}$）。这主要源于在完全密封的结构中，高效率的充填以及电解质量的最小化。在由多单体电池构成的电池组中，低体积利用率的柱状设计有时会丧失这一优势。

23.3.3 镍电极

正极中的活性物质（氢氧化镍）不论是在充电状态还是放电状态，电子导电性都很低。活性物质的电子导电性是由电极支撑基体和其他导电添加剂（为主体活性物质本体提供"微"导电能力）所提供的。

镍电极技术吸纳镉/镍电池和金属氢化物/镍电池技术并且改变不大。氢氧化镍电极用多孔、烧结的镍基体作为载流主体。高孔隙率使氢氧化镍活性物质以电化学或化学的方式与少量氢氧化钴进入多孔结构中，这样可以提高活性物质的导电性并促进高效充电。虽然烧结式镍电极循环次数为几千次，但是由于在制备电极过程中的溶液处理与洗涤都需要严格控制，故电极的成本是比较昂贵的。高的镍金属含量使其具有良

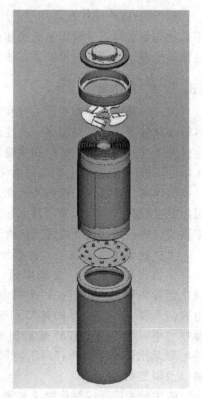

图 23.2　密封小 C 型锌/镍电池分解图
（PowerGenix. Inc. 提供）

好的耐过充性、均一的电流分布以及良好的高功率性能，但是这种烧结式电极基体也带来质量比能量和体积比能量的损失。

涂膏电极具有成本和能量优势，甚至于可以使锌/镍电池技术能有效地与现存的商业锂离子电池相竞争。电极基体是多孔泡沫镍，发挥三维电子导体的作用。基体的基本质量可在$300\sim600\,\mathrm{g/m^2}$的范围内变化，而其选择主要决定于电极的载流需要。活性氢氧化镍为粒径$10\mu\mathrm{m}$的球形颗粒，其中还含2%共沉淀的氢氧化钴。向正极混合物加入镍和钴金属提高其电子电导率，并提高尤其在大电流放电条件下活性物质的利用率。不过如果加入的钴能扩散或迁移穿过隔膜，则会对锌负极造成极大损害。这种物质一般为可溶的钴（Ⅱ），在与金属锌接触时被还原为钴金属，钴金属能催化氢析出。最近所用的导电钴（Ⅲ）层的球形氢氧化镍被证实对锌/镍电池更有益。在不需要过多加入钴金属或氧化钴的情况下，对负极的污染可以最小化。通过对高含量钴稳定性条件的优化，提高正极效率、抑制循环过程中的体积膨胀，证明氧化钴处理的氢氧化镍对锌/镍电池更加有利[17]。这些持续改进逐步提高基于泡沫镍/球形氢氧化镍电池技术的可靠性和耐损伤性，并将连续涂膏工艺引入到锌/镍电池生产过程。

一些其他非烧结正极（如正极卷绕涂膏方法）可以作为低成本技术来替代泡沫基体涂膏技术。在前者的技术中，非水流体被用于使干燥聚四氟乙烯颗粒纤维化来制备活性物质极片，并将极片压到镀镍铁基体的两面上来得到三维电极。作为进一步降低成本的方法就是采用石墨或碳来代替镍金属导电稀释剂，但是碳不断被氧化而形成碳酸盐，缓慢破坏电解质的碱度，最终会降低放电中压和功率性能。这种电极的主要缺点就是由于采用如此低密度的导电剂而会使其体积比能量有所损失。

对于锌/镍电池体系应用最为广泛的正极是涂膏泡沫镍电极。这种电极可以较随意地采用各种初始材料，并输出高能量和很好的载流能力。另外，涂膏技术为低成本制造大批量产品提供干净、连续的电极制备方法。

23.3.4　锌电极

可充的锌电极一般所含的锌和氧化锌的量相对于氢氧化镍正极过量 50%～200% A·h。尽管金属锌或合金可以提高导电性及放电活性物质，锌电极是在完全放电态下制备的。制备电极的方法有涂浆（挂浆）和涂膏法。另外，还包括不常见的辊压法和简单的压膜法。虽然采用能形成三维[18]导电网络的泡沫铜有大量优点，但是最常见的集流体为铜或黄铜的穿孔片或拉伸网。集流体一般引入表面层来抑制析氢以及在负极极化条件下保持稳定（这种情况可能发生在高倍率或低温条件下）。出于环保的需要，不用铅而使用银或锡代替铅作为首选表面层材料。最新进展是通过热处理镀锡铜集流体来制造出防腐蚀合金[19]。

负极前驱体混合物组成包括导电元素、防腐蚀添加剂，同样还有细小（<1μm）的氧化锌活性材料。其他一些添加剂（如纤维素[20]和铝纤维[21]）可以用于清洁电解质，而氧化铝等陶瓷材料可以在可溶的氢氧化锌从原位迁移之前将其固定住。对于大部分电池电极，需要一种或更多的黏结剂来使电极成型，避免制备过程中粉末产生。在涂浆或涂膏技术中，加入羧甲基纤维素和不同氧化物分散剂等是为了保持膏的稳定性和流动性。导电剂采用还原电势比锌高的金属氧化物或锌本身。其他电子导电材料有碳、导电聚合物以及陶瓷材料。

应用最为广泛的氧化物添加剂是氧化钙。这种材料的优点就是能与氧化锌形成锌酸钙，而锌酸钙比一般氢氧化锌的溶解性差。加入氧化钙的质量大约为活性锌的 25%，这明显增加负极的质量并降低电池的体积比能量。研究表明，因为锌酸钙形成的动力学较慢，其只能在低倍率充放电条件下有效；当放电率增加时，添加氧化钙的优势就不大。

从电极制备的角度上看，氧化钙的加入就把电极的处理限制在无水技术中，如辊压法。这种技术就是把锌电极的膜片压入或压到基体上。用水性胶混合来形成锌酸盐的做法尚未成功，这是由于锌与氧化钙的放热反应使其生成不明成分的混合物。在水介质中，用涂浆或涂膏法制备含氧化钙的锌电极时需要预先形成锌酸钙。

总之，电池中采用哪种类型的锌电极取决于最终应用和电流要求。适合于大电流应用的是泡沫铜集流体和含氧化锌的混合物。而适合于小电流的则为铜箔片加锌酸钙添加剂。这两种电极都必须与特定的电解质和隔膜体系联合使用，从而减少枝晶的形成和电极活性材料的再分布。

23.3.5　隔膜与电解质设计

大部分锌/镍电池采用多成分隔膜。这些隔膜包括薄型微孔且防止枝晶刺透的聚烯烃隔膜材料和孔隙率更高的能吸收并贮存电解质的隔膜材料。传统意义上讲，至少要有一层微孔聚烯烃隔膜包裹锌电极，从而限制与电解质接触并减少氧化锌的溶解。由于隔膜是电池成本的主要部分，故在保证目标循环寿命的前提下，使用尽量少的隔膜是很明智的。虽然一层隔膜完全可以保证几百次充放电循环，但是采用两层隔膜是为了防止存在隔膜缺陷或在加工过程中的机械破坏。需要给予特殊关注的就是柱状电池的卷绕过程，在此过程中电芯组装时，不同部件间的接触很容易划破薄聚烯烃隔膜片。可以通过将隔膜层压（尤其使用两层以上的隔膜）来简化组装过程。在一些高功率和高能量应用中，会尽量选用层数少的隔膜并通过选用高导电性的电解质来减小电阻损失。

为了满足将来对更高能量锌/镍电池的需求，其中最可行的方法就是使用为开发大功率、高能量的锂离子电池而设计的较薄微孔材料。

23.4 性能特征

锌/镍电池的一般特征列于表 23.2 中。给出的相关参数范围包含方形和圆柱形电池技术。对应于优化的小型高功率柱状电池，循环寿命随着设计、充放电条件以及测试中限定的终止容量不同而变化。锌/镍电池一般在循环过程中容量会逐渐减小，当容量值为初始容量的 $60\%\sim80\%$ 时就界定为循环寿命终止。在高放电倍率下，设备生产商经常把寿命终止容量定义为低于一般公认的 80% 容量。

表 23.2 锌/镍电池特征变化范围

项 目	参数
正极	$Ni(OH)_2/NiOOH$
负极	ZnO/Zn
KOH 电解质/%	$20\sim35$
隔膜	微孔＋毛细
额定电池电压/V	1.65
工作温度范围/℃	$-20\sim50$
理论质量比能量/(W·h/kg)	334
质量比功率/(W/kg)	$70\sim110$
体积比功率/(W/L)	$130\sim350$
充电保持(25℃下每月的损失百分率)/%	20
循环寿命(100%DOD)	$300\sim900$

锌/镍电池的最突出优点是低阻抗，这直接使其在满足电池电压时，减小电池单体数。对于 14.4V 的电池组，锌/镍电池所需要的电池单体数量比镉/镍电池或金属氢化物/镍电池减少 30%。如果单体电池有相当的阻抗值，由于锌/镍电池在阻抗上降低 30%，这对电池的质量和尺寸会有很大影响。通常情况下，锌/镍电池比类似大小碱性电池有较小的阻抗。这是由于锌/镍电池采用的是低电阻铜集流体以及锌电极固有的快速电化学动力学。常温下，PowerGnix 的 48g 小 C 型号的柱状单体电池在不同放电率下，电压与输出容量的关系绘于图 23.3 中。在 1kHz 下所测得的单体电池交流阻抗低于 $4m\Omega$，同时由中压而计算出来的直流阻抗低于 $8m\Omega$。即使在 20A 的放电电流下，中压为 1.55V，与 400mA 放电时的容量之差小于 100mA·h。当单电池在 15C 率下完全放电，放电过程中的温度（温度是由设置在电池壳上的热电偶测量）升高小于 50℃。

在恒压负载下，小 C 型锌/镍电池能输出极高电流。在 1V 时，可以输出超过 140A 的电流 20s，所计算得出的质量比功率高于 2.5kW/kg（图 23.4）。

环境温度不但影响输出容量，还影响放电电压水平。图 23.5 图示了高倍率小 C 型电池在常温完成充电后，不同温度下 5C 率的放电曲线。

图 23.6 为单电池和塑料盒包装的 19.2V 电池组在常温下、高倍率循环寿命。电池组是由 12 只小 C 型单体电池串联而成。放电电流保持在 10A，截止电压为每个电池 1.1V，在此

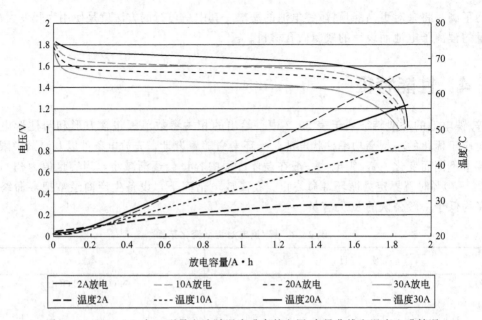

图 23.3　1.9A·h 小 C 型号电池随温度升高的电压-容量曲线和温度上升情况
（PowerGnix. Inc 提供）

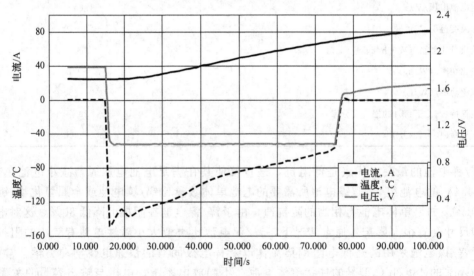

图 23.4　把小 C 型电池电压保持于 1V 时电流与温度情况
（PowerGnix. Inc 提供）

过程中每 50 周期加 20A 的电流脉冲，来检查功率衰减情况。单电池和电池组在测试过程中功率衰减很小，而经周期性开路电压测试，没有检查到"软短路"。单电池循环大约 900 周期时的容量为 0.8A·h。电池组相对于单电池容量衰减较快，这可能由于电池组内温度升高，从而导致单电池所处的温度不同而使一些包装紧凑的单电池不可避免过充或过放。

图 23.7 为 1500mA·h AA 型单电池在不同放电倍率下的电压曲线。而图 23.8 则为在 1C 率下，温度对放电曲线的影响。

1500mA·h 的 AA 型电池是一种多用途、中等倍率电池，内部阻抗为 12mΩ，其主要应用于如数码相机以及电动牙刷等。图 23.9 展示了以 2h 充电、1h 完全放电的循环曲线。

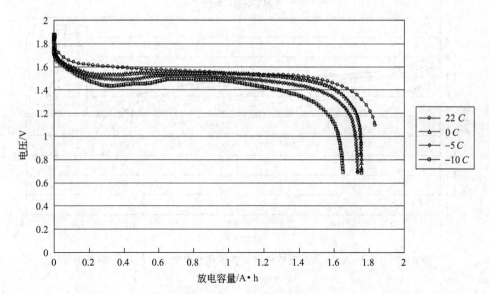

图 23.5　小 C 型锌/镍电池在 5C 放电倍率温度对放电曲线的影响
(PowerGnix. Inc 提供)

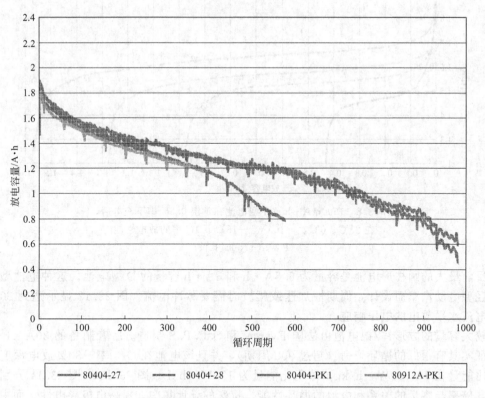

图 23.6　电池单体和塑料盒包装的 19.2V 电池组的 10A 循环曲线
(PowerGnix. Inc 提供)

对于高功率应用的 1300mA·h 的 AA 型电池有 6mΩ 的交流阻抗。图 23.10 则展示在 0.25A 和 10A 之间放电时相对平缓的电压响应。高功率的 AA 型 10.4V 电池组在 10A 放电的循环寿命如图 23.11。

室温下的放电特性

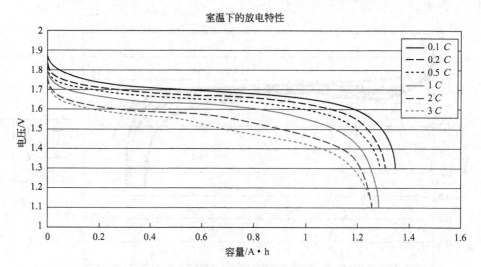

图 23.7　1500mA·h AA 型单体电池在不同放电倍率下的电压-容量曲线
（PowerGnix. Inc 提供）

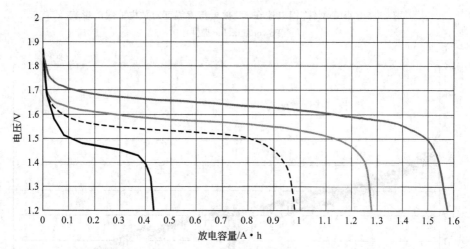

图 23.8　1500mA·h AA 型电池在常温 0.5C 率下充电后，
在 25℃、0℃、−10℃、−18℃下 1C 率的放电性能
（PowerGnix. Inc 提供）

目前最大的圆柱形电池是容量为 6.5A·h 和 8A·h 容量的 D 型电池。这种电池型号专门为轻型电动汽车而设计，周期性加速或爬坡时需要脉冲电流。图 23.12 显示达到 80A 的不同电流水平放电的电压响应。

较大容量的方形锌/镍电池由法国 Evercel 和 S.C.P.S 制造。后者制备的 30A·h 电池已经证实具有很好的循环寿命（超过 900 周期），并且该电池在 C/3 率，80％放电深度下的质量比能量在 70～80W·h/kg，体积比能量为 130W·h/L。图 23.13 和图 23.14 分别说明了放电倍率与容量的关系和电池的循环性能。特殊的设计集中在提高电极导电性，而主要是通过泡沫铜电极作为负极集流体与能阻止枝晶形成的导电陶瓷添加剂相配合来实现。这些电池通过包括气体复合电极和一种能抑制正极上析氧的方法来实现使用寿命的延长。

在放出额定容量的情况下，循环过程中放电深度的减小会使循环次数增加；但是对于锌/镍电池来说，在 100％放电深度循环时可能只将循环寿命降低 20％。对于多单体电池构成的电池组，这个因素会更大，而且会随放电倍率、热环境以及初始容量的偏差程度而

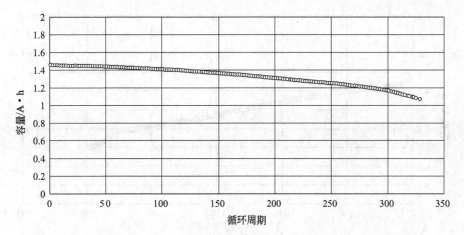

图 23.9　1500mA·h AA 型电池在 1V 放电，0.5C 率充电的容量循环次数
(PowerGnix. Inc 提供)

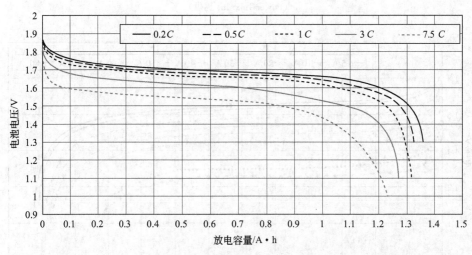

图 23.10　1300mA·h 高倍率 AA 电池在不同放电倍率下的电压与放电容量
(PowerGnix. Inc 提供)

变化。

23.4.1　贮存特性

在室温下，方形和圆柱形电池的自放电速率接近于每天 1% 安时容量。对于碱性镍电池，不推荐长时间超过 50℃贮存。为了检测在运输过程中对极端条件的耐受性，常于 60℃下进行加速实验。满充的柱状电池在 60℃放置 30d 后的放电 5C 率容量损失一般在 20%~30%，但是再充电后第一次输出的容量损失大约为 5%。循环性能不受贮存影响。对于引入氧复合催化剂的方形电池，容量保持率较高，这是由于在柱状电池电极表面产生的气体可能会使电极自放电。

23.4.2　安全性

所有的商业化单电池和电池组都应该满足安全标准，而该安全标准是由 Underwriters Labroratoties Inc. Doucument UL2054 为家用和商用电池而规定的。该安全标准包括一系列机械测试，如撞击、振动以及更加严厉的挤压测试。一些从简单短路到不正常和滥用充放电

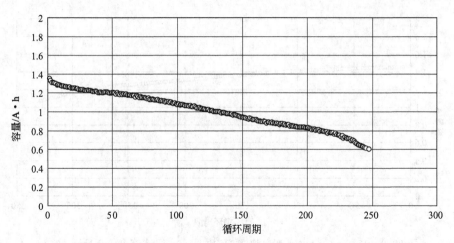

图 23.11 由 6 单体电池构成的 10.4V、1300mA·h 的大功率
AA 型电池在 10A 放电，600mA 充电的容量循环次数
（PowerGnix. Inc 提供）

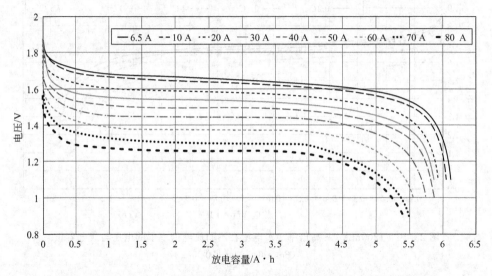

图 23.12 6.5A·h D-型电池在不同放电倍率下电压与放电容量的对应关系
（PowerGnix. Inc 提供）

的各种电性能测试是为了确定能降低燃烧、爆炸和人身伤害的标准。此处描述的所有
PowerGenix圆柱形锌/镍电池都能满足这些最小标准而且与镉/镍电池的性能相类似，电池
中任何危险的压力升高都会通过一些正常工作时不开启的气阀来降压。以上超过 UL 标准的
测试表明，锌/镍电池在最滥用的 5C 率连续过充电和过放电的条件下仍有很好的安全性。
在这两种情形下，所通电流都会使电解质分解为氢气和氧气而使电池压力上升。最终，气阀
为了降压而开启会使电池在 20min 内变干（如图 23.15）。其他极端滥用试验如垂直挤压测
试、扭曲和针刺测试均有很好的结果，证明电池达到安全水平。这对于更易于滥用的电动工
具行业是很必要的。

23.4.3 锌/镍单体电池和电池组

图 23.16 展示一只圆柱形小 C 型电池在 1A 下连续充电时常温下的电压响应。内部电压

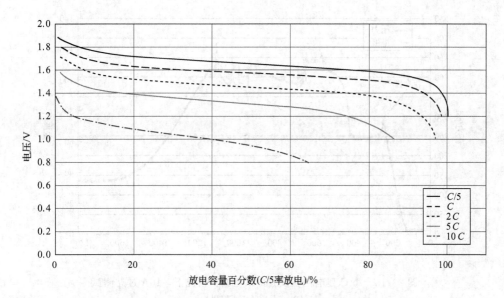

图 23.13　30A·h 方形电池在不同放电倍率下的放电曲线
(PowerGnix. Inc 提供)

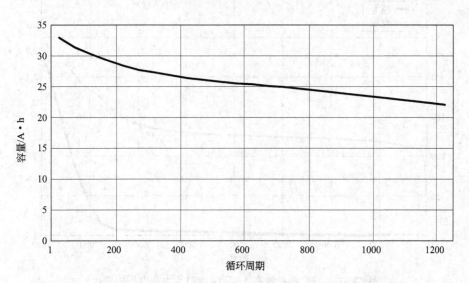

图 23.14　30A·h 方形电池在 $C/3$ 率、80% 放电深度下的循环寿命
(PowerGnix. Inc 提供)

通过设置在电池一侧的测试仪表来监测。在 1.8V 以上电压快速上升，同时在 1.875V 放电中压下保持较高效的充电平台。电压-时间充电曲线类似于镉/镍电池并与氢氧化镍正极的充电特性相吻合。当电池电压增加到 1.95V 以上时，氧气压力大幅度增加，并且析氧速率超过复合反应的速率。相对低的氧气复合速率会在大电流充电时使人们无法使用恒电流充电技术。那么可选择的技术就是恒流-恒压充电技术，这与铅酸电池和锂离子电池的阶梯式电流充电相类似。电池先恒流充电直到达到预设电压，在此电压下电流减小到给定值或恒压一段时间。恒压值必须由制造厂商设定，因为它受很多因素影响，比如正极的构成、电解质浓度、电池内阻、气体复合率、充电电流和电池温度。如图 23.16 所示，最佳电压是每个电池

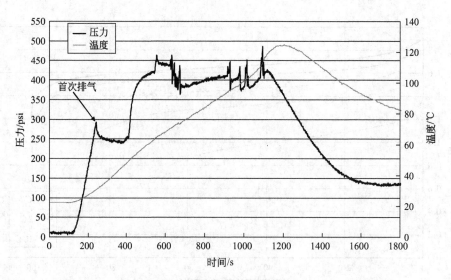

图 23.15　小 C 型电池在没有内部熔断器情况下，10A 过充测试
（PowerGnix. Inc 提供）

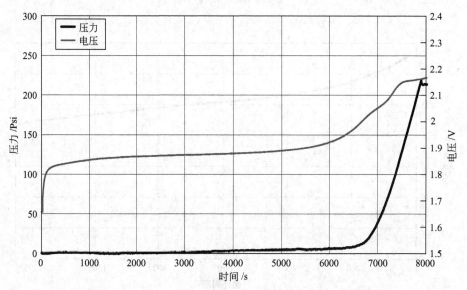

图 23.16　小 C 型电池在 1A 下充电时压力和电压的变化
（PowerGnix. Inc 提供）

在 22℃下达到 1.9V，电压随温度的变化率为 $-3.5\text{mV}/℃$。

23.4.4　失效机理

锌/镍电池和电池组的失效模式与其应用方式、充放电速率以及电池组的力学性能和热性能密切相关。早期锌/镍电池的一些失效模式已被其他体系中更为通用的模式所取代。多只单体构成的蓄电池组主要失效模式是在电池连续过充电和过放电时导致个别单体干涸使其容量偏离平均值。尽管初期容量一致性很好，但经几百次充放电循环后自然而然会产生偏差，或者由于电池包设计不理想而造成单体间热环境的不同导致单体容量差异。高功率锌/镍电池组特别是高压电池组的热管理对使用寿命的影响很大。方形单体电池的泄压较低，在几百次充放电过程中，气体的复合不能有效阻止水分流失，因此最终会造成干涸。而密封的圆柱形电池即使在高倍率放电中也不会发生这种现象。快速充放电过程主要的失效模式是快速充电时氢氧化物浓度的快速改变导致锌逐步沉积，隔膜气孔逐渐被堵塞。然而，这在不足600 次充放电循环时几乎不会发生。在低倍率放电时（<$C/2$ 率），电池的失效更多是由于几百次循环后形成的"软短路"造成的。锌/镍电池的失效机理并不是唯一的，并且可能由于制造中的缺陷而被加剧，比如成分的错配以及关键元件如微孔膜的损坏。

应遵照工业标准去除电池制造缺陷，关注过程监测，严格检查出厂前循环及贮存过程中的容量、开路电压和阻抗的变化。

23.5　应用

与金属氢化物/镍电池、镉/镍电池和锂离子电池相比，锌/镍电池价格更为低廉并且小型轻便。它们与锂离子电池不同，耐滥用性强且无需电池管理电子设备。该体系有能力大电流放电，优于其他与之竞争的电池技术。由于其性能和环境适应性上的优点，锌/镍电池成为镉/镍电池的理想替代品。

23.5.1　电动工具

良好的滥用性能和高功率输出性能是这一应用的必备条件。电动工具中最常见的电池是4/5 小 C 和小 C 尺寸。直接采用锌/镍电池代替镉/镍电池和金属氢化物/镍电池，可降低所需电池数量的 30%，减少电池尺寸，减轻电池质量。笨重的 18V 镉/镍电池组可被更小型轻便的 14.4V 锌/镍电池组所取代。电池数量降低的优点就是降低电池组内阻，这样就改善功率输出和电机转矩。表 23.3 比较三种不同电池技术驱动的专业级无线电钻可以钻出的孔洞数量。尽管比烧结式镉/镍电池输出的能量少，但是锌/镍电池驱动的电钻能够多钻出 40% 的孔洞。相对于 36V 锂离子电池驱动的电钻，锌/镍电池驱动的电钻可以利用 1/3 的锂离子电池电能并钻出一半数量的孔洞。重要的是，锂离子电池组的尺寸大约为锌/镍电池组的 2 倍。相对于与之竞争的其他电池组，锌/镍电池的优点就是能用于所有高功率操作，如用较大的铲形钻头来钻孔以及用循环电锯来锯木头。在一般用交流电驱动工具的任务中锌/镍电池技术会显示出明显优势。在较低功率的一些应用（如射钉机）领域，锌/镍电池的输出性能优势更明显。

表 23.3　专业电钻电池的性能比较

专业电钻型号	技术	电池单体数	容量/A·h	能量/W·h	钻孔数	孔数/W·h
A 19.2V	Ni/Zn	12	1.7	33	25	0.8
B 18V	Ni/Cd（烧结）	15	2.4	43	18	0.4
D 36V	锂离子	10	3.0	102	49	0.5

23.5.2　割草机和园艺工具

市场上的电动工具更趋向于采用比电钻和循环电锯更大和更高的电压，如采用包括树篱修剪器、绳索修剪器以及电动割草机在内的典型工具，这些工具的使用更具季节性。采用铅酸电池的这些工具在价格上比用交流驱动或汽油驱动更有优势，但是如果工具很长时间不用或电池在存放之前没有满充电，会使之产生硫酸盐化作用；而锌/镍电池在总体价格方面优

势明显且在电源质量和大小方面下降 50％。相对于标准铅电池，高倍率锌/镍电池使用寿命
延长 2 倍，并且长期贮存故障比较少。

23.5.3 轻型电动车

与铅酸电池相比，锌/镍电池可以为电动摩托车或电动车提供一半尺寸且更轻的电源，
与此同时不牺牲行驶距离或爬坡能力。锌/镍电池可以比采用类似大小和质量的铅酸电池行
驶距离多出一倍，而每瓦时电能的成本低于其他碱体系电池。这些电动车的电池组电压一般
为 24V 或 48V，容量超过 15A·h。串联的 12V 锌/镍方形电池可以达到这一标准。作为一
种选择，更大的圆柱形单体电池（如 F 型或双 D 型）在不需要并联的情况下能输出 15A·h
的容量。这些更大、更贵的电池组需要 BMS 模块，限制过放电以及各单体电池过充电，延
长循环寿命。

23.5.4 混合电动车

混合电动车（HEVs）电池包以助力形式发挥其作用。在这种情况下，电池最重要的特征
就是能在刹车时高倍率充电（回收电能），加速时能高倍率放电。锌/镍电池碱性体系具有超高
功率，这使之在保持同样性能的前提下，电池包比金属氢化物/镍体系更小、更轻。由于锌/镍
电池比金属氢化物/镍电池的成本大约低 25％，所以对于开发低成本混合电动车很有机会。

图 23.17 对锌/镍电池和标准金属氢化物/镍电池（用于丰田 Prius）的大小进行比较。
表 23.4 以较详细的形式列出两者不同点。虽然两者电耗相当，但是锌/镍电池比后者轻
30％，并能多输出 30％ 的峰值功率。

图 23.17　先进 D 型锌/镍电池与现用金属氢化物/镍电池的比较
（PowerGnix. Inc 提供）

在新一代汽车电池测试手册内给出混合电动车电池的评价标准（见第 29 章）。锌/镍
电池能够达到助力要求的所有关键标准，其中包括需要在特定的充电状态范围内循环
300000 次。

表 23.4　金属氢化物/镍电池与锌/镍电池比较

参　　数	PEVE Ni/MH	PGX Ni/Zn
单体形式	方形	圆柱形
单电池数	168	128
额定电压/V	201.6	204.8
额定容量/A·h	6.5	6.5
能量/W·h	1338	1357
峰值功率/kW	20	26
质量比能量/(W·h/kg)	46	69.3
质量/kg	29.1	19.2

23.5.5　消费电子用 AA 电池

90％的消费电子所用 AA 电池都是一次电池，最终都会被扔到垃圾厂。金属氢化物/镍电池和锌/镍电池都为消费者提供可充电池的选择，而且总成本上对消费者是十分有利的。但是，用工作电压为 1.3V 金属氢化物/镍电池替代 1.5V 的锌/二氧化锰电池会产生性能衰减和设备故障。而锌/镍电池技术拥有许多优点，使之成为代替碱性一次电池的很好选择。其工作电压与现有一次电池一致，同时有足够小的阻抗来满足大电流设备需求，如有内置闪光灯的照相机。已有的商品电池的性能（如图 23.18）与其他一次或二次 AA 电池的性能非常一致（如图 23.19）。1500mA·h 的锌/镍电池与同容量一次碱电池相比，能拍出相当于 5 倍数量的照片且与 2500mA·h 的金属氢化物/镍电池性能相同。另外，锌/镍电池对环境友好并且完全符合欧盟对于减少有害物的规定（RoHS）。

图 23.18　商品 AA 型锌/镍单体电池
（PowerGnix. Inc 提供）

23.6　锌/镍电池的环境问题

锌/镍电池可应用于不断发展的"绿色"世界。锌/镍电池在可充电池回收协会（Rechargeable Battery Recycling Corporation，RBRC）的回收计划中得到认可并列入目录，在北美有超过 5 万家回收点。

2006 年的欧盟 RoHS 规定要求生产商要满足重金属和有机化合物的浓度限制。在加利福尼亚同样采用了类似规定，并且中国和韩国很有可能强制执行类似规定。虽然通用的 RoHS 已经去除了电池，但是欧洲于 2003 年的电池指令对铅、汞以及镉的限制更加严格；此外，不同于通用的 RoHS 规定，该指令将浓度限制应用于整个电池而非特定组分。2003

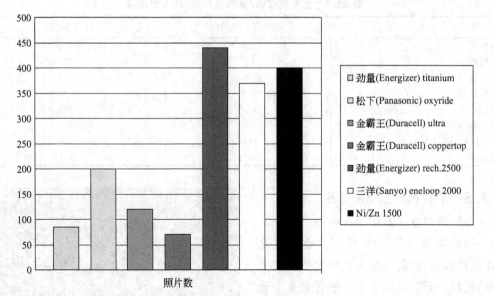

图 23.19 不同 AA 型电池每周期可拍图片数量对比

（PowerGnix. Inc 提供）

年电池指令规定要求的最大重金属含量水平如下：镉为 0.002％；汞为 0.0005％；铅为 0.004％。

大部分锌/镍电池符合这些要求。一般而言，锌/镍电池比镉/镍电池和金属氢化物/镍电池危害小得多，而且更彻底的化学物质回收将为锌/镍电池应用带来更多机会。

参 考 文 献

1. T. de Michalowski, Brit. Patent 15，370 (1899).

2. W. Junger, Swed. Patent 15，567 (1901).

3. T. A. Edison, Brit. Patent 20，072 (1901).

4. J. J. Drumm U. S. Patent 1，955，155 (1934).

5. J. J. Drumm, T. Hagyard, and R. H. D. Burklie, Brit. Patent 407，074 (1934).

6. K. Fujii, H. Yufu, and C. Kawamura, *Yuasa Jiho*, 57：32 (1984).

7. N. A. Zhulidov and F. I. Yefremov, "The New Nickel-Zinc Storage Battery," Air Force Systems Command, WPAFB, Translation FTD-TT, 64-605.

8. D. Coates and A. Charkey, "Nickel-Zinc Batteries for Commercial Applications," Intersociety Energy Conversion Engineering Conference (IECEC), Vancouver, BC, Canada, August 1999.

9. J. Phillips, S. Mohanta, M. M. Geng, J. Barton, B. McKinney, and J. Wu, "Environmentally Friendly Nickel-Zinc Battery for High Rate Applications with Higher Specific Energy," *ECS Trans.* 16 (16)，11 (2009).

10. X. G. Zhang, *Corrosion and Electrochemistry of Zinc*, pp. 35 - 36, Plenum Press, New York, 1996.

11. A. K. Shukla, S. Venugopalan, and B. Hariprakash, *J. Power Sources*，100：125-148 (2001).

12. R. Jain, T. C. Adler, F. R. McLarnon, and E. J. Cairns, *J. Applied Electrochem.*，**22**：1039 - 1048 (1992).

13. E. G. Gagnon, *J. Electrochem. Soc.*，**133**：1989 (1986).

14. M. Eisenberg, U. S. Patent 5，215，836 (1993).

15. T. C. Adler, F. R. McLarnon, and E. J. Cairns, U. S. Patent 5，453，336 (1995).

16. Y. Seyama, K. Shichimoto, H. Sasaki, and T. Murata, Jpn. Patent JP 411，297，352A.

17. M. M. Geng, S. Mohanta, J. Phillips, Z. Muntasser, and J. Barton, U. S. Patent application number 2009-0202904. Filed February 4，2009.

18. B. Bugnet, D. Doniat, and R. Rouget, U. S. Patent 7，300，721 B2 (2007).

19. F. Feng, J. Phillips, S. Mohanta, J. Barton, and Z. Muntasser, Publication No. 2009/0090636 (Published April 9, 2009).

20. R. A. Jones, U. S. Patent 4, 358, 517 (1979).

21. J. Phillips, U. S. Patent 6, 818, 350 B2 (2004).

22. Y. Wang and G. Wainwright, *J. Electrochem. Soc.*, **133**: 1869 (1986).

23. S. B. Hall and J. Liu, International Patent WO 02/075830 A1 (2002).

24. T. C. Adler, F. R. McLarnon, and E. J. Cairns, U. S. Patent 5, 302, 475 (1994).

25. A. Charkey, U. S. Patent 5, 863, 676 (1999).

第 **24** 章

氢镍电池

Jack N. Brill

24.1 概述

密封氢/镍（Ni/H$_2$）蓄电池（简称氢镍电池）结合蓄电池技术和燃料电池技术[1]，氧化镍正极源自镉/镍电池，氢负极源自氢氧燃料电池。其主要优缺点列于表 24.1 中。

氢镍电池的显著特点是：在各种免维护蓄电池体系中寿命最长；比能量（质量比能量）高于其他水溶液蓄电池；比功率（脉冲或峰值放电能力）高；耐过充电、过放电。这些特点使氢镍电池体系成为目前许多航天器的储能分系统，如地球同步轨道（GEO）商业通信卫星，以及低地球轨道（LEO）卫星，如哈勃太空望远镜。

氢镍电池主要应用于空间领域，但近年来地面应用计划已开始实施，如长寿命无人值守光伏电站。

表 24.1 氢镍电池体系的主要优缺点

优 点	缺 点
质量比能量高/(60W·h/kg)	初始成本高
循环寿命长(40000 次,40%DOD,LEO)	自放电与氢气压力成比例
在轨寿命长(15 年,GEO)	体积比能量低:
耐受适度的过充电、过放电	50～90W·h/L(IPV 单体电池)
氢气压力指示荷电状态	20～40W·h/L(电池组)

24.2 化学反应

氢镍电池正常工作、过充电、过放电的电化学反应如下。

正常工作：

镍电极
$$NiOOH+H_2O+e \underset{充电}{\overset{放电}{\rightleftharpoons}} Ni(OH)_2+OH^-$$

氢电极
$$\frac{1}{2}H_2+OH^- \underset{充电}{\overset{放电}{\rightleftharpoons}} H_2O+e$$

净反应
$$\frac{1}{2}H_2+NiOOH \underset{充电}{\overset{放电}{\rightleftharpoons}} Ni(OH)_2$$

过充电：

镍电极
$$2OH^- \longrightarrow 2e+\frac{1}{2}O_2+H_2O$$

氢电极
$$\frac{1}{2}O_2+H_2O+2e \longrightarrow 2OH^-$$

过放电：
负极预充电池

镍电极
$$H_2O+e \longrightarrow OH^-+\frac{1}{2}H_2$$

氢电极
$$\frac{1}{2}H_2+OH^- \longrightarrow H_2O+e$$

正极预充电池

镍电极
$$2NiOOH+2H_2O+2e \longrightarrow 2Ni(OH)_2+2OH^-$$

氢电极
$$2OH^- \longrightarrow 2e+\frac{1}{2}O_2+H_2O$$

净反应：
$$2NiOOH+2H_2O \longrightarrow 2Ni(OH)_2+\frac{1}{2}O_2$$

24.2.1　正常工作

从电化学角度上看，氧化镍正极上发生的半电池反应与镉/镍电池中发生的反应相似。在负极，放电过程中氢气氧化成水，充电过程中水发生电解，又重新形成氢气。净反应表现为氢气经放电过程将氧化镍还原为氢氧化（亚）镍，在充、放电过程中，电池内 KOH 溶液的浓度或者水的总量不发生变化。

24.2.2　过充电

在过充电过程中，正极产生氧气。等量的氧气和氢气在铂催化的负极上发生电化学复合反应。同样，在持续的过充电过程中，电池内 KOH 溶液的浓度或水的总量不发生变化。氧气在铂负极上的复合速率非常快，只要能将热量及时从电池中传导出去以避免发生热失控，电池完全可以承受适度速率的持续过充电。这也是氢镍电池在实际使用中的优点之一。

24.2.3　过放电

氢镍电池有两种预充电方式。对于负极预充电设计的电池，在过放电过程中，正极产生氢气，同时负极以同样速率消耗氢气。因此，电池可以持续过放电，而且不会出现氢气压力的积累或电解质浓度的改变。这是氢镍电池特有的特点。如果采用正极预充电设计，在过放电过程中，镍正极活性物质消耗殆尽前，负极上会有氧气析出。充电时氧气再被消耗。而一旦正极活性物质消耗殆尽，正极就会产生氢气，同时负极以同样速率消耗氢气。在这种情况下放电，氢氧浓度可能达到可燃范围，氢氧的快速复合产生爆鸣会导致极组损坏。

24.2.4　自放电

氢镍电池的极组被一定压力的氢气包围。一个显著的特点是氢气通过电化学反应而非化学反应还原氧化镍。实际上，氧化镍也发生化学还原，只是速率非常慢，对其在空间应用性能没有影响。

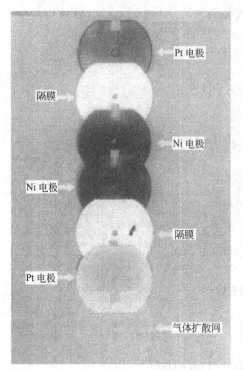

图 24.1　COMSAT 结构极组组件

24.3　电池与极组组件

氢镍电池极组有三种基本结构，即 COMSAT 背靠背结构、空军回流结构和空军 Mantech 混合式背靠背结构。本节将对使用上述结构的空间用氢镍电池的极组组件进行介绍。图 24.1 为 COMSAT 结构中采用的截边圆形极组组件。图 24.2(a) 和图 24.2(b) 为空军回流结构以及 Mantech 混合式背靠背结构中采用的圆形组件。

24.3.1　正极（烧结式）

烧结式正极由多孔烧结镍基板以及沉积其中的氢氧化（亚）镍活性物质组成。多孔烧结镍基板将活性物质容纳于孔中，并起到为活性物质传导电流的作用。烧结式基板的基本特点是孔隙率高、比表面积大、具有导电性，同时机械强度好[2]。

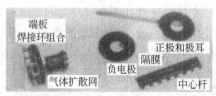

(a) 极组组件

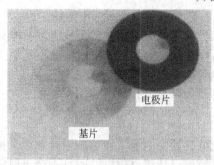

(b) 负极板

(c) 圆柱形压力容器和半球形上盖

图 24.2　空军用电池采用的菠萝片结构

活性物质通过电化学浸渍的工艺载入烧结式基板。电化学浸渍方法分为两种——水溶液浸渍和乙醇溶液浸渍。水溶液浸渍（贝尔实验室工艺）利用硝酸镍水溶液作为浸渍液[3]，乙醇溶液浸渍（空军工艺）利用硝酸镍乙醇溶液作为浸渍液[4]。这两种浸渍方法均有下述优点。

(1) 活性物质的载入　利用电化学浸渍工艺可以在烧结式极板的孔内均匀载入活性物质。

(2) 载入量 电化学浸渍的方法可以精确控制活性物质的载入量。典型的载入量有：$(1.67\pm0.1)g/cm^3$（孔增重，高轨）GEO；$(1.65\pm0.1)g/cm^3$（孔增重，低轨）LEO。

24.3.2 氢电极

将 Teflon 黏结铂黑催化剂涂覆在具有 Teflon 衬底层的光刻镍骨架上即构成氢电极。烧结式 Teflon 黏结铂电极最初是 Tyco 实验室为燃料电池工业而开发[5]。对于 Ni/H₂ 电池，铂电极背面的憎水性 Teflon 层可以阻止电池充电和过充电期间铂负极背面水或电解质的流失，同时又不影响氢气和氧气的扩散。HAC（休斯飞机公司）的一项发展计划促成了 Gortex® 作为多孔 Teflon 膜的应用[6]。铂的含量通常为 $(7.0\pm1.0)mg/cm^2$。这种氢电极的物理特性为电化学反应的发生提供了合适界面，使隔膜一侧的电极既不过湿也不干燥。

24.3.3 隔膜材料

航天器用 Ni/H₂ 电池使用两种隔膜材料：石棉（燃料电池级的石棉纸）；Zircar（未经处理的氧化锆针织布 ZYK-15）。目前在氢镍电池中占主导地位的为 ZirCAR 氧化锆隔膜。

燃料电池级的石棉是一种厚度在 0.254～0.381mm 间的无纺布。石棉纤维通过造纸工艺制成长卷的无纺布。作为附加的防范措施，石棉可在搅拌机中再生处理，重新制成无纺布，以消除原始结构中存在的任何不均匀性，防止氧气形成气泡通过。燃料电池级的石棉对氧气具有很高的气泡压力；隔膜（厚度为 $250\mu m$）两侧氧气的压差需要达到 $1.7\times10^5 Pa$ 以上时才能使氧气泡通过隔膜。在过充电期间，氧气从正极板背面溢出，无法在隔膜中形成通道或以气泡的形式穿过隔膜到达负极进行快速复合反应。

Zircar 陶瓷纤维隔膜也是纺织产品（Zircar Product Inc.），由以氧化钇稳定的 Zircar 纤维构成，同时具备氧化锆陶瓷耐高温性能好和化学稳定性好的特点。这种柔软的纺织品隔膜材料基本上是由连续的独特纤维束制成。尽管具有纤维结构，但氧化锆陶瓷材料固有的易碎特性使这种隔膜很脆，易于折断，因此必须小心对待。用于 Ni/H₂ 电池隔膜的这种未经处理的 ZYK-15 型氧化锆针织布具有拉伸特性[7]。隔膜材料的厚度在 $250～380\mu m$ 间，可以单层使用，也可两层使用。当第一层隔膜在装配过程中受损时，第二层 ZYK-15 隔膜作为备份防止氧气沟流的形成。Zircar 针织布具有很低的氧气泡压，在充电和过充电期间，氧气很容易透过隔膜到达铂负极，与氢气复合生成水。石棉和 Zircar 隔膜都起到下面作用：

① 作为正负极板间的隔离层；

② 吸附 KOH 电解质，并在电解质中保持稳定，能经受长期贮存和循环；

③ 借助电解质中 OH⁻ 的离子导电性，作为充放电电流通过的介质。

24.3.4 气体扩散网

聚丙烯气体扩散网栅放置于氢电极背面，氢气和氧气可透过网栅扩散至负极上有聚四氟乙烯衬底的一面。

24.4 Ni/H₂ 电池结构

密封 Ni/H₂ 电池含有一定压力的氢气，氢气贮存在圆柱形压力容器中 [见图 24.2(c)]。这种结构的电池称为独立压力容器（IPV）电池，因为每个电池都置于各自的压力容器中。将单极组或双极组（并联）置于压力容器中即可组装成 IPV 电池。IPV 电池设计可以扩展为两电池（2.5V）CPV 设计，其制造方法是将两个串联极组置于同一压力容器内。IPV 电池的直径有以下尺寸：6.35cm、8.89cm、11.43cm 和 13.97cm。

本节将介绍上述各种电池的设计。这些设计代表了第一代 Ni/H₂ 电池技术，这一代电池开发于 19 世纪 70 年代，19 世纪 80 年代投入应用，其设计理念现在仍在采用。

24.4.1 COMSAT Ni/H₂ 电池

COMSAT NTS-2 Ni/H₂ 电池组件如图 24.3 所示，图中显示的为极组装配体以及置于

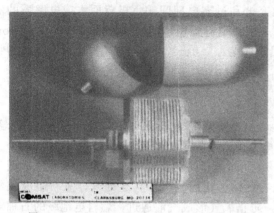

图 24.3　COMSAT NTS-2 Ni/H₂ 电池组件

压力容器前段的焊接环。这些电池是由 Eagle-Picher 工业公司（EPT）根据 IN-TELSAT/COMSAT 授权协议制造。1977 年 6 月 23 日发射的美国海军 2 号导航技术卫星（NTS-2）是 Ni/H₂ 电池在空间的首次应用。

（1）极组　COMSAT 背靠背设计中极组组件的基本排列方式如图 24.1 所示。两个背靠背放置的氧化镍正极构成一个正极对，正极对两侧衬上隔膜。隔膜侧放置铂负极时，有铂黑的一面面向隔膜。塑料扩散网栅放置在负极背面，促进气体向负极背面的扩散。上述组件构成了一个极组模块，多个模块如此重复排列，直至达到所需容量要求。完整的极组如图 24.3 所示，正、负极的汇流条沿极组外侧放置。

在充电和过充电期间，镍电极上析出的氧气从背靠背放置的正极对夹层中扩散到极组和压力容器壁之间的空间，然后再扩散进负极背面的气体扩散网栅，穿过多孔负极衬底，与氢气发生复合反应，生成水。氧气的分压取决于其扩散过程，扩散步骤是氧气在 Teflon 黏结层气孔中的扩散，而不是在 Teflon 衬底中的扩散[6]。当电池以 C/2 率持续过充电时，氧气与周围氢气的比例应小于 0.5%。

（2）压力容器　压力容器（半球形顶盖和圆筒）、极柱过渡套以及焊接环均采用 Inconel 718 合金制造。其中焊接环的制造方法有两种：一种方法是先铸造成型，然后机加工成预定尺寸；另一种方法是直接将引伸或锻造的 Inconel 合金机加工成最终尺寸。焊接环的外径截面加工为 T 形，用于压力容器的定位，同时为电子束环焊接提供一个支撑。近似等厚的压力容器 Inconel 718 采用液压成型或引伸工艺制造，按预定长度进行切割。压力容器的壁厚根据具体的工作压力和循环性能要求确定。压力容器外壳采用标准的热处理工艺进行硬化。用于压缩密封的极柱衬套采用 Inconel 718 加工而成，并通过电子束焊焊接到压力容器的半球形顶盖上。在衬套内壁注塑尼龙塑料。将衬套卷边即实现 Ziegler 压缩密封[10]。通常电池的最大工作压力为 (4.1～8.3)×10⁶Pa。根据具体的应用，容器的安全系数设计为 (2∶1)～(4∶1)。

24.4.2 空军 Ni/H₂ 电池

典型的空军 Ni/H₂ 电池组件如图 24.2 所示，包括极组组件、采用化学蚀刻基体的负极、压力容器圆筒及半球形顶盖，其中压力容器圆筒及半球形顶盖的内壁有等离子喷涂的氧化锆涂层，用于电解质的回流。上述组件的装配结构有两种形式，在这两种极组结构形式中，或者单独使用石棉隔膜或 Zircar 隔膜，或者同时使用这两种隔膜。

第一种结构通常称为回流极组设计。该设计包含多个模块单元，每个模块单元由气体扩

散网、氢电极（负极）、隔膜和镍电极构成。电池的容量取决于构成极组的模块数。极组的末端模块由一个气体网栅和氢电极构成，以确保整个极组中每片正极的两面均对应能发生复合反应的氢负极。压力容器的内壁有一层涂层，可将电解质回流到极组，这也正是"回流设计"得名的由来。

在采用石棉隔膜或同时使用石棉和 Zircar 隔膜的设计中，过充电时产生的氧气从镍电极的背面扩散出来。氧气的扩散路径很短，穿过气体网栅到达相邻的氢电极发生复合反应。也就是说，氧气从一个模块中的正极的背面扩散出来，在相邻的模块发生复合反应，生成水。在过充电期间，这种将水转移到相邻模块的反应贯穿整个极组。极组中的最后一个模块只是由负极和吸附电解质的隔膜构成，在此模块中生成的水进入压力容器的内壁涂层，并回流到极组中，平衡整个极组中的电解质。对于这种回流结构设计，当以 1C 率持续过充电时，氧气的浓度维持在一个很低的水平（在周围氢气中的比例小于 0.2%）。

第二种结构是空军 Mantech 背靠背设计，其排列形式与 COMSAT 设计相同。正极对的两面均衬有隔膜，铂负极上有铂黑的一面朝向隔膜放置。塑料扩散网放置在负极背面，促进气体向负极背面的扩散。上述组件构成一个极组模块单元，多个模块单元如此重复排列，直至达到所需容量要求。该设计同样通过内壁涂层将电解质回流到极组中。

在只采用 Zircar 隔膜的设计中，隔膜外沿与压力容器内壁接触，氧气可以通过 Zircar 隔膜上足够大的孔到达负极发生复合反应，生成水。当然如前所述，氧气还可以从镍电极的背面扩散出来，穿过气体网栅。不过，绝大部分氧气还是从隔膜透过去的。在采用 Zircar 隔膜的电池中，基本或根本没有水的回流。在这种结构设计中，氧气相对于周围氢气的浓度可以忽略不计。

在此结构设计中，极组组件的形状类似菠萝片，如图 24.2(b) 所示，中心留有圆孔供极耳穿过。极组组件通过在聚砜中心杆上串成一体，如图 24.2(a) 所示，极耳沿中心杆穿过极组。根据极柱的具体设置，正、负极的极耳可以反方向或同方向引出。中心杆用于定位和排布极组组件，为正、负极耳的引出提供通道，并使正、负极耳之间绝缘，同时与极组组件绝缘。

对于直径一定的电池，电池的容量取决于所能生产的压力容器的长度。在不增大电池直径的情况下，有两种方法可以提高电池容量。一种方法是采用双极组设计[15]，即将两个极组装在一根中心杆上，通过端板及一个焊接环分隔开。两极组采用并联方式连接，这样组装成的电池的电压为 1.25V。另一种方法是利用一个三段式压力容器组件[16]。具体方法是极组的两端均设置焊接环，然后将极组放入圆筒中，通过两端的焊接环将两个半球形顶盖焊接到圆筒两端。

菠萝片结构的传热性能优于 COMSAT 背靠背设计。对于菠萝片式电极，热量可以通过电极的整个圆周均匀地传导出去，而 COMSAT 背靠背设计中的电极圆周被切去一部分。

（1）压力容器　空军 Ni/H_2 电池所采用的压力容器基本上与 COMSAT 设计相同。为减轻电池质量，有些设计采用化学蚀刻工艺去除壳体应力冗余度大的壳体区域。由于焊接时产生热量，使焊接影响区的经过硬化的 Inconel 718 合金的强度发生下降，因此作为补偿，通常并不对焊接区域进行化学蚀刻处理。压力容器的化学蚀刻处理在其热处理（硬化）之前进行。压力容器的工作压力及设计冗余与前面介绍的 COMSAT 设计相似。

极柱的密封设计分为两种：一种是像 COMSAT 设计一样采用压缩密封；另一种是采用液压密封。采用液压密封时，密封区域在压力容器的半球形顶盖及圆筒上液压成型，极柱采用液压冷流 Teflon 密封[14]。

（2）电解质管理　极组中电解质损失的机理有三种：被充电及过充电过程产生的氢气和氧气夹带走；从负极渗漏；电解质置换（替代），即电解质被充电和过充电时产生的氧气从极组中的正极上挤压出来。

在背靠背和回流极组设计中，若负极采用的是 Gortex 衬底，则由于夹带和负极渗漏所造成的电解质损失可以忽略不计，而置换是电解质损失的主要机理。当电池中加入电解质时，正极上的孔隙内完全充满电解质。在电池活化期间，正极上大约 25% 的电解质被充电和过充电时析出的氧气置换出来[6]。研究发现，这种置换造成的电解质损失发生在电池的初始循环（活化）期间，但最后将减小为零，剩下的电解质足够保证电池有效地工作[11,12]。

（3）水的损失　当极组和压力容器间的温差大到一定程度时（大约 10℃），极组中的水蒸发后，凝结在压力容器壁上，从而造成极组中的水的损失。但不管极组中的水以何种机理发生损失，都可以通过压力容器内壁上等离子喷涂的氧化锆涂层[13]，如图 24.2(c) 所示回流到极组中。

24.4.3　质量比能量与体积比能量

图 24.4 和图 24.5 给出了不同尺寸 Ni/H₂ 电池的质量比能量和体积比能量，实际数值因不同生产商而异。

① 一般来说，质量比能量随着容量的增加而增大。

② 隔膜的种类和数量影响电池质量（电解质量），因而影响质量比能量。

③ 影响体积比能量的主要因素是电池的压力范围和剩余体积。电池的最大工作压力越高，其体积比能量越大。这是因为随着压力的升高，压力容器的质量减小。

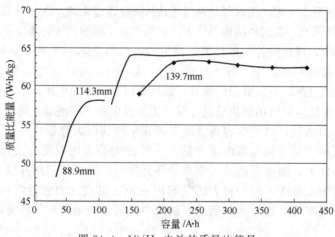

图 24.4　Ni/H₂ 电池的质量比能量

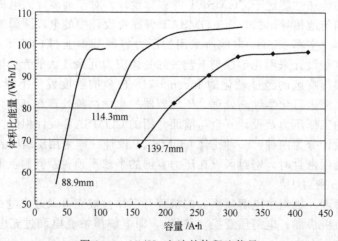

图 24.5　Ni/H₂ 电池的体积比能量

24.5　氢镍电池组的设计

　　氢镍电池组至今已开发出多种结构设计，分别适用于不同应用及与不同的卫星接口相匹配。对电池组力学性能和热性能的要求是促进其电池结构和接口不断发展的主要因素。Ni/H$_2$ 体系对温度敏感，最佳工作温度范围为 $-10 \sim 10℃$，因此热控制设计对于电池组尺寸及质量减小是很重要的一方面。

　　为了提高性能和可靠性，Ni/H$_2$ 电池组设计中采用多项特色技术，包括通过应变仪（或传感器）和压力信号放大电路对电池压力的监测、单体电池电压的监测、温度的监测、电池加热带及旁路保护二极管组件。每个电池上均设置旁路保护二极管，确保电池组不因一个电池开路而导致整组开路失效。充电电流方向上设置三只串联的硅二极管，放电电流方向上为一只肖特基势垒二极管。二极管安装在电池底部的卡套散热片上，或者安装在电池组底板支架上。

　　几种不同结构的 Ni/H$_2$ 电池组分别如图 24.6～图 24.10 所示。INTELSAT Ⅴ项目采用最早期的一种 Ni/H$_2$ 电池组设计，共配置 2 组 30A·h 的电池组。每组电池组由 27 只单体电池串联而成，在卫星发射、变轨和阴影期提供电能[17]。

图 24.6　DMPS 100A·h Ni/H$_2$ 电池组

图 24.7　EUTELSAT Ⅱ 58A·h Ni/H$_2$ 电池组

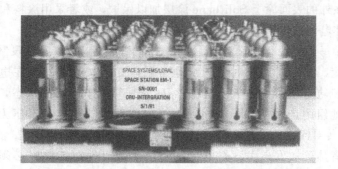

图 24.8　国际空间站 81A·h Ni/H$_2$ 电池模块（38 只电池组成）

　　Eagle-Picher Technologies 公司制造了第一个采用双极组设计的 Ni/H$_2$ 电池组，并应用于 EUTELSAT Ⅱ 项目上。两颗卫星中的第一颗于 1990 年 2 月交付，并于当年 8 月发射[18]，卫星所用电池组如图 24.7 所示。

图 24.9　TRM 飞行项目用 81A·h Ni/H₂ 电池组　　　图 24.10　MIDEX 23A·h Ni/H₂ 电池组

国际空间站的光伏能源分系统采用 Ni/H_2 电池作为储能电源，在阴影期及意外事故发生时提供能源。这些电池是为 LEO 应用而设计，设计寿命为 6.5 年，并且设计为可在轨替换单元（ORU）。空间站的预期寿命为 30 年，在此期间可随时将老化失效电池替换掉[19]。基线储能系统包含两个电池组，每个电池组由 76 只 81A·h 的单体电池组成。每个电池组中包含 2 组 38 只电池组成的电池模块（如图 24.8），该系统贮存能量约 184.7kW·h。2000 年 10 月首批氢镍电池组开始在国际空间站上服务使命，2009 年 7 月的 STS127 太空项目将 6 组氢镍电池组送入空间站，2010 年 3 月的 STS132 太空维护项目将新的 6 组氢镍电池组送往空间站进行在轨服务。设计特点如下。

（1）结构设计　通常，电池组中的每个电池有一个卡套，这些经精密机加工的卡套将电池牢固地固定住。卡套的材质为金属，如铝，或者是绝缘并传热性好的高强度复合物。卡套通过绝缘带，如 CHO-THERM 与电池绝缘。绝缘带包裹在压力容器的圆柱表面上，位于电池和卡套之间，具有良好的导热性能。为提高热传导特性，各接触面应紧密结合，同时卡套、绝缘带和电池之间的空间常常填充 RTV566 等材料。卡套既可以安装在电池组底板上，底板再安装在卫星结构件上；也可以直接安装在卫星的结构件上，如卫星上突出来的热管组件上。电池暴露在外的表面涂上 Solithane 涂层加以保护，或者采用涂料和 Solithane 联合防护。电池组中单体电池数量由电池组的预定电压决定。

（2）热设计　每个电池组都设计有一定的工作温度限制，该温度限制由具体应用的要求和卫星接口决定。电池组工作时的温度通常限制在 $-10\sim15℃$。在电池组的非工作时间内，如地球同步轨道项目中的电池组在春/秋分时节处于不工作状态，这时温度范围缩小，因为此时电池组中产生的热量减少。电池内部产生的热传导至压力容器壁，再通过绝缘带/RTV566 传导至卡套，然后向下传导到底板或安装面。经由安装面，热量再传到二次表面镜或者热管散发出去。充电控制和加热带组件在工作时必须联动起来，与被动或主动的散热措施共同协调以调整工作温度在正常范围内。电池的表面可通过阳极化处理提高散热。

（3）质量比能量与体积比能量　绝大多数电池组设计都是通过应力和热分析进行优化的。图 24.11 和图 24.12 给出了由 22 只电池构成的 28V 电池组的质量比能量和体积比能量期望值。当然，具体性能数值会因生产商及具体应用的不同而异。

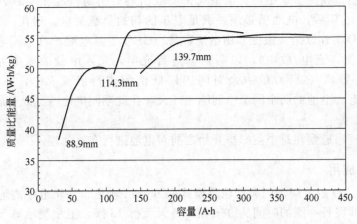

图 24.11　28V Ni/H₂ 电池组的质量比能量

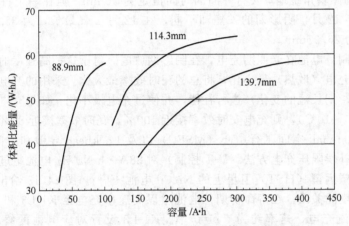

图 24.12　28V Ni/H₂ 电池组的体积比能量

24.6　应用

Ni/H₂ 电池在空间的应用可以分为两类：LEO 应用和 GEO 应用。这两类应用对电池的性能提出不同要求。电池 LEO 应用时对在轨寿命的要求通常仅为 3～6 年，电池每年约进行 6000 次充放电循环，总的循环次数即为 18000～36000 次。GEO 应用非常强调电池的在轨寿命，要求为 15～20 年，电池每年约循环 100 次，总共循环 1500～2000 次。此外，目前正在开发和评估 Ni/H₂ 电池的地面应用[20,21]。

24.6.1　GEO 应用

(1) 阴影季　通信卫星要求能够连续工作，即使在阴影季也不能间断。在春分和秋分时节，卫星每天都要经历阴影期。阴影期指的是卫星处于地球阴影下的那段时间。阴影季的最初几天的阴影期只有几分钟，以后逐渐延长，到了阴影季中期（约在 3 月 21 日或 9 月 23 日），阴影期持续时间最长，达 72min，之后又对称性地逐渐缩短。一个阴影季总共持续 45 天。在阴影期内由电池向卫星等供电，同时电池在光照期内进行充电。在两个阴影季之间的全光照期（均约 138 天），电池基本上是进行涓流充电。

（2）充电控制　在阴影季中期，电池通常要放出寿命初期额定容量的70%。在电池寿命末期，即工作15年后，电池仍必须要满足卫星的初始负载要求。现在，某些GEO卫星电池按100%DOD工作以最大限度利用电池容量。GEO卫星电池的首选充电方法是先按照设定的充放电比例（充电/放电），以高倍率进行充电，充入电量为放电容量的105%～115%，然后在阴影日（24h）的剩余时间内以低倍率进行涓流充电，使电池保持在满（100%）荷电状态。电池的两个阴影季间隔135天，在此期间电池一直处于涓流充电，以维持其满荷电状态。

（3）在轨处理　通常在每个阴影季开始之前对电池进行在轨处理。

24.6.2　LEO应用

（1）要求　LEO卫星应用的典型轨道模式是96min轨道，该轨道距离地球555km，卫星在该轨道绕地球飞行一圈的时间为96min，每天飞行15圈。卫星绕地球飞行一圈的时间固定不变，但每一圈的光照期和阴影期时间却不同。例如，LEO卫星在离地高度555km的轨道上以28.3°的倾斜角绕地球飞行一圈的时间恒定为96min，但在一个特定（具体）的月份内，如1991年12月，阴影期的长短却不同，在12月1日最长，为35.58min，而在12月30日最短，为26.97min。

（2）充电控制　电池在光照期充电，在阴影期放电。对于这种高强度的循环，最重要的一点是必须将过充电（散热）最小化，将总的瓦时效率最大化。采用的充电方法要能对放电深度的变化（阴影期长短的变化）进行补偿，并使过充电最小化。如果充电期间电池能维持在较低的温度（0～10℃），则充电安时效率接近100%，瓦时效率接近85%。

NASA的Marshall空间飞行中心（MSFC）以及Lockhead导弹和空间公司（LMSC）选择了一种温度补偿限压充电方法（V-T控制）对88A·h Ni/H$_2$电池组进行充电，该电池替代了哈勃太空望远镜（HST）卫星上的Ni/Cd电池[22,23]。图24.13给出了HST电池组的终止电压与温度的关系。在寿命初期，电池组以高速率充电至K1-L3和K2-L3的终止电压，然后转为涓流充电，速率约为$C/100$率。K1-L3设置对应电池的终止电压为0℃下1.513V，由22只电池组成的电池组终止电压即为33.28V。在此终止电压下，电池组并未充满电，而是充入约73A·h的容量（相当于额定容量的83%）。电池组在上述充电方式下处于热稳定状态。采用Level 3终止电压控制充电时，电池组在循环过程中的总体瓦时效率为80%～85%。若电池组充电至更高的终止电压，则其库仑效率及总体能量效率降低，电池组内的散热量增大，并且有可能超过电池组热控的限制。电池的压力可以反映电池组的荷

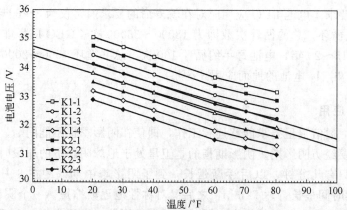

图 24.13　HST Ni/H$_2$ 电池组（22 只电池组成）的 V-T 充电控制

（$y = 34.7412 - 0.0329x$，$R = 1.00$；$y = 34.316 - 0.0318x$，$R = 1.00$）

电状态，这一点对于电池组在非满荷电状态下的应用非常有用。

24.6.3　地面应用

Ni/H$_2$ 电池具有循环寿命长、维护量小、可靠性高的优点，因而非常适合于地面应用，如无人值守光伏系统、应急或远程备用电源。Ni/H$_2$ 电池的主要缺点是初始成本高，这一点影响 Ni/H$_2$ 电池更广泛应用。下面是采用 Ni/H$_2$ 电池的两个地面应用实例。

从 1983 年开始，Sandia 国家实验室、COMSAT 实验室以及 Johnson Controls 公司共同资助了一个项目，为需要深度放电的地面应用设计开发一种密封 Ni/H$_2$ 电池，要求电池的设计寿命为 20 年，并且成本与铅酸电池相比要具有竞争力。该开发项目旨在保持 Ni/H$_2$ 电池优势的同时降低空间技术的成本。图 24.14 给出了组装在压力容器内的 6V、100A·h Ni/H$_2$ 电池组（由 5 只电池构成）。Sandia 国家实验室将上述电池组和太阳能方阵结合在一起进行测试，得出如下结论："电池在长时间内表现出良好的工作性能，能达到预期 20 年的使用寿命，与太阳能方阵匹配良好"[21]。

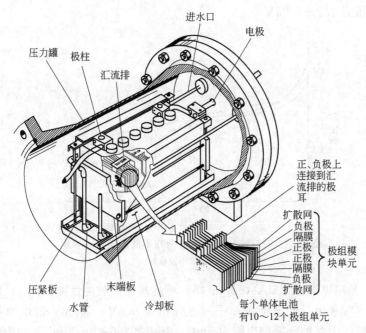

图 24.14　6V、100A·h 地面应用 Ni/H$_2$ 电池组（COMSAT 实验室提供）

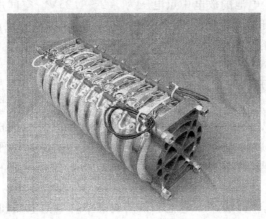

图 24.15　DPV 电池组

Eagler-Picher Technologies 有限责任公司设计了另一种结构的 Ni/H_2 电池，用于地面应用中的远程备用电源。同样，该设计的主要目的也是要为地面应用提供一种成本更低、可靠性更高的电池。该设计结合了 DPV（独立压力容器）和 CPV（双电池共压力容器）两项技术，将 5 个双电池 DCPV 单元组装成一个 12V 电池组（如图 24.15），其额定容量在 10℃ 时为 44A·h。

24.7 性能特性

24.7.1 电压特性

Ni/H_2 电池采用循环性能出色的电化学浸渍氧化镍电极[9,24]。这种电极的容量随着温度降低而增大，10℃ 时的容量比 20℃ 时高出约 20%。NTS-2 35A·h 电池在不同温度下的容量如图 24.16 所示，从中可以看出容量随温度的变化。上述 NTS-2 电池采用 $C/1.67$ 率放电，放电中点电压为 1.2~1.25V。

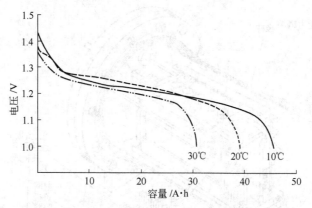

图 24.16 NTS-2 35A·h 电池在不同温度下的容量
($C/1.67$ 率放电)

INTELSAT V 用电池在 200A（12min 率）下的高倍率放电性能如图 24.17 所示。可以看出，放电曲线非常平坦，放电电压几乎一直保持在 0.6V。600mV 的电池压降是由电池正、负极终端阻抗所引起的，终端电阻为 3mΩ（3mΩ×200A＝600mV）。如图 24.16 所示，当以 $C/1.67$ 率放电时，电池的放电中点电压为 1.2~1.25V。空间用 IPV Ni/H_2 电池并不适于高倍率放电，而适于在 $C/2$~$C/1.5$ 率下放电，此时获得的比能量最高。若增大放电率，电池正、负极终端的 I^2R 降将导致电池有效能量的减小。例如，INTELSAT V 电池在 0℃ 下，放电率低于 $1C$ 率（1h 率）时，质量比能量为 50W·h/kg；当放电速率高于 $1C$ 率（30A）时，质量比能量开始下降，如图 24.18 所示。

Ni/H_2 电池的一个显著特点是压力能直接反映电池的荷电状态（如图 24.19）。充电时，氢气压力线性上升，直至氧化镍电极接近满荷电状态。过充电时，正极析出的氧气在负极发生复合反应，压力保持稳定。放电时，氢气压力又线性下降，直至氧化镍电极完全放电。如果过放电导致电池发生反极，则正极析出的氧气将在负极消耗掉，压力又恢复稳定。

对于哈勃空间望远镜用 90A·h 电池，不同放电率对电池电压和容量的影响如图 24.20 所示，图中数据是电池在 10℃ 稳态下测得的。可以看出，电池放电至 1.00V 的容量随着放

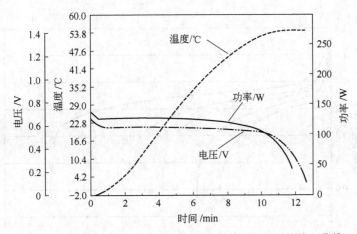

图 24.17　INTELSAT Ⅴ 用 30A·h 电池在 200A 下的放电曲线

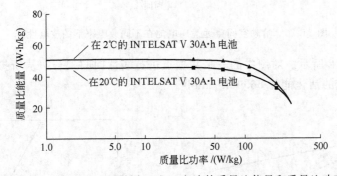

图 24.18　INTELSAT Ⅴ 用 Ni/H₂ 电池的质量比能量和质量比功率

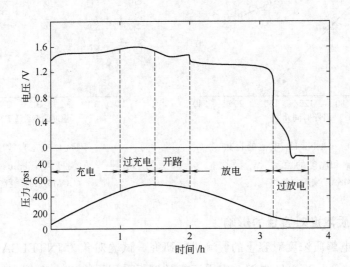

图 24.19　NTS-2 Ni/H₂ 电池的压力和电压关系特性（23℃）

电电流的增大而减小。电压和容量的变化是受到电池内阻（0.9mΩ）的影响。

24.7.2　Ni/H₂ 电池的自放电性能

INTELSAT Ⅵ 项目对空军 50A·h 电池的自放电率和温度的关系通过实验进行了研究[25]。电池在 10℃、20℃ 和 30℃ 下的自放电率如图 24.21 所示，对应上述温度的 Arrhe-

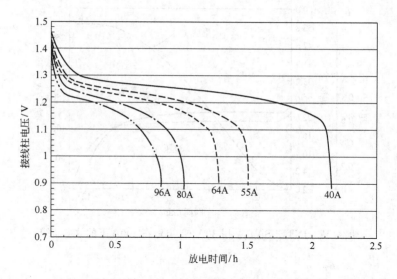

图 24.20 哈勃空间望远镜用电池在不同放电率下的放电性能

nius曲线如图 24.22 所示。对图中的三个数据点进行线性回归拟合，从所拟合直线的斜率可以得知自放电反应的活化能为 56.90kJ/mol[25]。

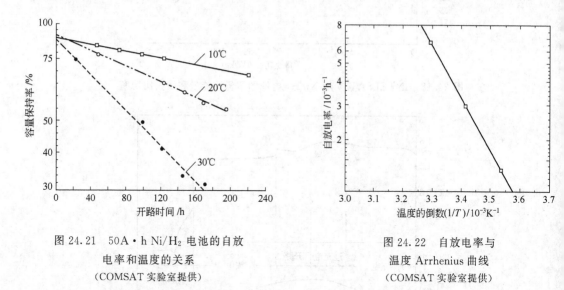

图 24.21 50A·h Ni/H₂ 电池的自放
电率和温度的关系
（COMSAT 实验室提供）

图 24.22 自放电率与
温度 Arrhenius 曲线
（COMSAT 实验室提供）

24.7.3 电解质浓度对容量的影响

采用实验对电解质浓度对容量的影响进行研究，试验对象为 INTELSAT Ⅵ 项目中的空军正极及空军 50A·h Ni/H₂ 电池。空军正极的基板采用干粉烧结工艺制造，活性物质的载入采用乙醇溶液电化学浸渍工艺。

对于空军用标准 50A·h Ni/H₂ 电池，电解质中 KOH 的浓度在充电态时为 26％，在放电态时为 31％[25]。使用 KOH 浓度分别为 25％、31％ 和 38％ 的电解质对电池进行活化，并测试电池在充电状态和放电状态时的电解质浓度。电池容量、电解质浓度以及平均放电电压见表 24.2。

表 24.2　电池容量及电压与电解质浓度的关系（10℃）

参　　数	电解液浓度		
	38%	31%	25%
电池容量/A·h	64	56	43
正极板数量	40	40	40
单个极板容量/A·h	1.60	1.40	1.08
电解质浓度（质量）/%			
充电状态，KOH	32①	26	21①
放电状态，KOH	38	31	25
平均放电电压/V	1.247	1.268	1.290

① 估计值。

24.7.4　GEO 性能

INTELSAT V 卫星上的 Ni/H₂ 电池已经在轨工作 9 年。

（1）在轨电池电压性能　INTELSAT V 电池的在轨性能可以通过观察电池在阴影季的最低放电终止电压进行判断。在允许电池组中有一只电池发生短路失效的情况下，对电池组的最低电压要求为 28.6V，即单体电池电压平均为 1.10V。表 24.3 中列出了 1990 年秋季的阴影季内 F6 到 F15 的 7 颗卫星上 14 组电池组的实际最低电压、对应的负载电流以及放电深度[26]，同时表中还给出了各电池组中单体电池的最低电压及平均电压。在轨工作 7 年后，14 组电池组在最长的阴影日中最低放电终止电压为 31.2～32.4V。在 1990 年秋季的阴影季内，各电池组中单体电池的最低放电终止电压均很接近（同一电池组中单体电池间的最大电压差为 ±20mV）。唯一的例外是 F-6 飞船上 1 号电池组中的 22 号电池，该电池的电压比平均电压低 40mV。但该电池组的总电压远高于最低电压要求。

表 24.3　1990 年秋季的阴影季内的电池组负载及最低电压

项目	DOD/%		电流/A		电压/V		单体电池电压/V			
	1 号电池组	2 号电池组	1 号电池组	2 号电池组	1 号电池组	2 号电池组	1 号电池组平均电压	1 号电池组最低电压	2 号电池组平均电压	2 号电池组最低电压
F-6	55.8	53.1	14.2	13.5	32.0	32.4	1.20	1.16	1.20	1.19
F-8	54.0	54.4	13.7	13.8	32.0	32.0	1.20	1.18	1.20	1.18
F-10	56.9	55.7	14.4	14.3	31.8	32.0	1.19	1.18	1.20	1.18
F-11	55.3	60.0	14.1	15.4	32.0	32.0	1.20	1.18	1.20	1.19
F-12	53.5	58.0	13.6	14.8	32.0	31.8	1.20	1.18	1.19	1.18
F-13	67.0	59.0	16.9	15.0	31.2	31.8	1.17	1.15	1.19	1.17
F-15	67.0	62.3	16.9	15.8	31.2	31.8	1.17	1.16	1.18	1.16

（2）压力数据　在每个阴影季到来之前，INTELSAT V 电池都要进行在轨处理。表 24.4 中列出了 INTELSAT V F-6 上 2 号电池组的在轨处理容量和压力数据[26]，其中压力数据是在维护放电期间测得。EOC 压力和 EOD 压力分别是在轨处理放电开始时和终止时的压力，压力常数为单位容量对应的 ΔP。

表 24.4 中的数据表明以下几点。

① 应变仪桥式电路提供了有价值的压力数据。

② 对于 INTELSAT V 电池组中的电池，EOD 压力不随时间变化。1991 年秋季时的 EOD 压力几乎与在轨寿命初期时的 EOD 压力相同。

③ 表中数据表明很重要的一点是，所有电池组件中没有发生氧化或腐蚀。因为一旦电

池组件发生了氧化，将会导致在轨处理放电末期的压力升高。

表 24.4　INTELSAT Ⅴ 的维护容量和压力数据

阴影季	容量 /A·h	最大 EOC 压力 /(lb/in²)	最小 EOD 压力 /(lb/in²)	ΔP /(lb/in²)	压力常数(ΔP/容量) /[lb/(in²·A·h)]
F83	38.1	数据库中没有压力值			
F84	35.4	数据库中没有压力值			
F84	37.7	516.39	13.87	502.62	13.33
F85	37.6	518.49	17.90	500.59	13.31
F85	37.5	515.14	17.23	497.9	13.27
F86	37.9	519.34	15.32	504.02	13.29
F86	37.6	519.73	22.03	497.70	13.23
F87	38.3	519.34	13.87	505.47	13.19
F87	37.2	519.73	22.03	497.7	13.37
F88	38.3	525.78	16.20	509.58	13.30
F88	37.8	521.86	17.90	503.96	13.33
F89	36.9	526.91	18.67	508.24	13.77
F89	4.02	534.22	−0.57	534.79	13.30
F90	38.6	551.73	19.22	532.51	13.79
F90	36.0	530.87	38.04	492.83	13.68
F91	39.5	546.52	17.23	529.29	13.39
F91	39.0	545.30	17.90	524.70	13.52
					平均 13.37

注：lb/in² = 6895Pa。

24.7.5　LEO 性能数据

HST 发射于 1990 年 4 月 24 日，采用了由 6 只 88A·h Ni/H₂ 电池作为主要储能装置。这是首次报道的采用 Ni/H₂ 电池，而非实验性 LEO 应用[27]。电池充电至温度补偿限制电压（见 24.6.2），放电深度为 7%～10%。正如 1991 年 IECEC 的报道："电池的性能至今（1991 年 4 月）毫无问题[27]。"在轨数据显示有效容量按预计的速率缓慢衰减，直到最后达到了满足 HST 要求的寿命极限。目前在 2009 年 5 月的 STS 125 维护项目计划中，在轨服务 18 年（超出设计寿命 13 年）的 6 组氢镍电池组被更换。

24.8　先进设计

24.8.1　IPV Ni/H₂ 电池的先进设计

IPV Ni/H₂ 电池采用了许多先进的设计理念来提高深度放电时的循环寿命[28]，减少 Ni/H₂ 电池常见的失效模式，包括：采用新的气体复合途径（有催化活性的压力容器内壁涂层）；采用边缘为锯齿形的隔膜，在保证和电池壁相接触的同时，促进气体在极组中的扩散；采用 Belleville 垫圈，使极组在轴向上具有伸展性，以适应镍电极在循环过程中发生的膨胀；降低 KOH 浓度，提高循环寿命。

压力容器内壁采用催化活性涂层的技术已经在电池中投入使用。由于复合反应发生在压力容器壁上，复合过程中产生的热量立即通过压力容器壁传导到电池卡套上，电池的热设计得以改善。同时由于复合反应点位于极组之外，因此该设计同时也降低因极组内部发生爆鸣造成的损害。

边缘为锯齿形的设计通常应用于石棉材质隔膜中。不规则的边缘可使氧气沿极组边缘无障碍通过，同时保证隔膜与压力容器的内壁涂层的接触，使电解质回流至极组，并将极组的热量传出。

Belleville 垫圈就像一个弹簧，能被进一步压缩，能适应极组在循环过程中发生的膨胀。

KOH 浓度对 Ni/H_2 电池循环寿命的影响已经得到深入研究[29]。据报道 IPV 电池 LEO 循环寿命的研究取得了重大突破，完全放电状态下当 KOH 浓度从 31% 降到 26% 时，电池的循环寿命能提高 10 倍以上。随着 KOH 浓度的降低，循环寿命得到提高的同时，放电中点电压稍有提高，电池放电至 1.00V 时的容量略有减小。

图 24.23　EPT CPV 电池组（2.5V）

24.8.2　先进电池组设计理念

共压力容器（CPV）Ni/H_2 电池和双极性 Ni/H_2 电池是两种先进电池设计理念，旨在提高 IPV Ni/H_2 电池和电池组的质量比能量与体积比能量。

从概念上讲，CPV Ni/H_2 电池组是由数个串联在一起，并置于同一个压力容器中的电池构成[30]。对于 IPV 设计，每个 Ni/H_2 电池都置于各自的压力容器内。CPV Ni/H_2 电池组的潜在优势在于能大幅度提高体积比能量（体积减小），降低生产成本，降低 IPV 电池间连接和布线的复杂程度，提高比能量，减小电池内阻，强化极组和压力容器壁间的传热。

现已开发出多种型号的双单体 CPV 电池，并已完成了测试。该设计利用了 IPV 电池中的双极组结构。在 CPV 电池中，两个极组采用串联方式，如图 24.23 所示。双单体 CPV 电池与由 IPV 电池构成的电池组相比，体积减小 30%，质量减轻 7%～14%。

包括 LEO 和星际计划在内的多项航天项目已经采用了由上述电池构成的电池组。"火星环球观测者"号探测器和"火星极地登陆者"号探测器项目采用的两种电池组如图 24.24、图 24.25，图中电池组的电压为 28V，容量分别为 23A·h 和 16A·h。

图 24.24　"火星环球观测者"号探测器用 23A·h CPV 电池组

轻型 CPV Ni/H_2 电池组由 COMSAT 和 Johnson Controls 公司（JCI）共同设计开发[32]。为了证明这种轻型设计在 LEO 应用中的可行性，研制方制造一只 CPV 样品电池并

图 24.25 "火星极地登陆者"号探测器用 16A·h CPV 电池组

进行测试。该电池的直径为 25.4cm，由 26 只单体电池构成，容量为 24A·h。电池组将两个均由 13 单体电堆组成的极组串联，然后置于同一个压力容器中，所得电池组的标称电压为 32V。这种 25.4cm 空间用电池组采用半圆形单体电池对放的双分流设计来改善电流的分布。CPV 样品电池组组件及固定式散热翅片卡槽、轻型压力容器如图 24.26 所示。

图 24.26 COMSAT/JCI CPV Ni/H$_2$ 电池组（直径 10in）

Johnson Controls 公司开发了一种采用分散式散热片（如图 24.27）的新型 CPV 电池，其直径为 12.7cm，容量为 9.6A·h。分散式散热片设计是为了克服前面 25.4cm CPV 电池中将电池插入散热片卡槽时遇到的问题[33]。

Clementine 卫星项目采用直径 12.7cm、电压 28V、容量 15A·h、分散式散热翅片设计的 CPV 电池组。该电池组由 Johnson Controls 公司根据与海军研究实验室的合同研制。该卫星于 1994 年成功发射。

CPV Ni/H$_2$ 电池具有的优势使其有望用于大型千瓦时级 LEO 储能应用上，如国际空间站或 Iridium® 等卫星群系统。与此同时，对于需要低成本轻型电池的 100～400W·h 小型应用，CPV Ni/H$_2$ 电池同样极具吸引力[34]。

Eagle-Picher Technologies 有限责任公司为 Iridium® 项目提供了直径为 25.4cm、电压为 28V、容量为 50A·h 和 60A·h 的 CPV 电池组。采用了这些 CPV 电池组的卫星至今有 80 多颗已发射升空。而为 Iridium® 项目制造的 28V、60A·h CPV 电池如图 24.28 所示，

(a) 圆形电池和分散式散热翅片

(b) 10 单体极组

图 24.27　JCI CPV Ni-H$_2$ 电池组（直径：12.7cm）

图 24.28　Iridium® 60A·h CPV 电池

其电阻小于 25mΩ，质量比能量为 55W·h/kg，体积比能量为 68W·h/L。

24.8.3　双极性 Ni/H$_2$ 电池

研究表明，与 IPV 电池相比，双极性电池能够进一步减轻质量和体积[35]。目前的研究方向主要针对使用大型储能电池的 LEO 应用，如国际空间站计划。NASA 的 Lewis 研究中心已经设计、制造并测试几种双极性 Ni/H$_2$ 电池，其中于 1983 年完成的第二只电池是一个由 10 只单体组成的 6.5A·h 双极性 Ni/H$_2$ 电池组，该电池组的测试数据非常有价值，将有助于进一步提高电池性能[35]。

参 考 文 献

1. J. Dunlop, J. Giner, G. van Ommering, and J. Stockel, "Nickel-Hydrogen Cell," U. S. Patent 3，867，199，1975.

2. S. U. Falk and A. J. Salkind, *Alkaline Storage Batteries*, Wiley, New York, 1969, sec. 2.5.

3. R. L. Beauchamp, "Positive Electrodes for Use in Nickel Cadmium Cells and the Method for Producing Same and Products Utilizing Same," U. S. Patent 3，653，967，Apr. 4，1972.

4. D. F. Pickett, H. H. Rogers, L. A. Tinker, C. Bleser, J. M. Hill, and J. Meador, "Establishment of Parameters for Production of Long Life Nickel Oxide Electrodes for Nickel-Hydrogen Cells," *Proc. 15th IECEC*, Seattle, WA, 1980, p. 1918.

5. L. W. Niedrach and H. R. Alford, *J. Electrochem. Soc.* **112**：117-124 (1965).

6. G. Holleck, "Failure Mechanisms in Nickel-Hydrogen Cells," *Proc. 1976 Goddard Space Flight Center Battery Work-*

shop, pp. 279-315.

7. E. Adler, S. Stadnick, and H. Rogers, "Nickel-Hydrogen Battery Advanced Development Program Status Report," *Proc. 15th IECEC*, Seattle, WA, 1980, p. 189.

8. G. van Ommering and J. F. Stockel, "Characteristics of Nickel-Hydrogen Flight Cells," *Proc. 27th Power Sources Conf.*, June 1976.

9. J. Dunlop, J. Stockel, and G. van Ommering, "Sealed Metal Oxide-Hydrogen Secondary Cells," *Proc. 9th Int. Symp. on Power Sources*, 1974; in D. H. Collins (ed.), *Power Sources*, Academic, New York, Vol. 5, 1975. pp. 315-329.

10. E. McHenry and P. Hubbauer, "Hermetic Compression Seals for Alkaline Batteries," *J. Electrochem. Soc.* 119: 564-568 (May 1972).

11. H. H. Rogers, S. J. Krause, and E. Levy, Jr., "Design of Long Life Nickel-Hydrogen Cells," *Proc. 28th Power Sources Conf.*, June 1978.

12. G. L. Holleck, M. J. Turchan, and D. DeBiccari, "Improvement and Cycle Testing of Ni/H$_2$ Cells," *Proc. 28th Power Sources Symp.*, June 1978, pp. 139-141.

13. H. H. Rogers, U. S. Patent 4, 177, 325, Dec. 4, 1979.

14. S. J. Stadnick, U. S. Patent 4, 224, 388, Sept. 23, 1980.

15. L. Miller, J. Brill, and G. Dodson, "Multi-Mission Ni-H$_2$ Battery Cells for the 1990s," *Proc. 24th IECEC*, Washington, DC, 1989, p. 1387.

16. T. M. Yang, C. W. Koehler, and A. Z. Applewhite, "An 83-Ah Ni-H$_2$ Battery for Geosynchronous Satellite Applications," *Proc. 24th IECEC*, Washington, DC, 1989, p. 1375.

17. G. van Ommering, C. W. Koehler, and D. C. Briggs, "Nickel-Hydrogen Batteries for INTELSAT V," *Proc. 15th IECEC*, Seattle, WA, 1980, p. 1885.

18. P. Duff, "EUTELSAT II Nickel-Hydrogen Storage Battery System Design and Performance," *Proc. 25th IECEC*, Reno, NV, 1990, Vol. 6, p. 79.

19. R. J. Hass, A. K. Chawathe, and G. van Ommering, "Space Station Battery System Design and Development," *Proc. 23d IECEC*, 1988, Vol. 3, pp. 577-582.

20. D. Bush, "Evaluation of Terrestrial Nickel/Hydrogen Cells and Batteries," SAND88-0435, May 1988.

21. D. Bush, "Terrestrial Nickel/Hydrogen Battery Evaluation," SAND90-0390, July 1990.

22. D. E. Nawrocki, J. D. Armantrout, et al., "The Hubble Space Telescope Nickel-Hydrogen Battery Design," *Proc. 25th IECEC*, Reno, NV, 1990, Vol. 3, pp. 1-6.

23. J. E. Lowery, J. R. Lanier Jr., C. I. Hall, and T. H. Whitt, "Ongoing Nickel-Hydrogen Energy Storage Device Testing at George C. Marshall Space Flight Center," *Proc. 25th IECEC*, Reno, NV, 1990, pp. 28-32.

24. M. P. Bernhardt and D. W. Mauer, "Results of a Study on Rate of Thickening of Nickel Electrodes," *Proc. 29th Power Sources Conf.*, Electrochemical Society, Pennington, NJ, 1980.

25. J. F. Stockel, "Self-Discharge Performance and Effects of Electrolyte Concentration on Capacity of Nickel-Hydrogen (Ni/H$_2$) Cells," *Proc. 20th IECEC*, 1986, Vol. 1, p. 1171.

26. J. D. Dunlop, A. Dunnet, and A. Cooper, "Performance of INTELSAT V Ni-H$_2$ Batteries in Orbit (1983-1991)," *Proc. 27th IECEC*, 1992.

27. J. C. Brewer, T. H. Whitt, and J. R. Lanier, Jr., "Hubble Space Telescope Nickel-Hydrogen Batteries Testing and Flight Performance," *Proc. 26th IECEC*, 1991.

28. J. J. Smithrick, M. A. Manzo, and O. Gonzalez-Sanabria, "Advanced Designs for IPV Nickel-Hydrogen Cells," *Proc. 19th IECEC*, San Francisco, CA, 1984, p. 631.

29. H. S. Lim and S. A. Verzwyvelt, "KOH Concentration Effects on the Cycle Life of Nickel-Hydrogen Cells," *Proc. 20th IECEC*, Miami Beach, FL, 1985, p. 1165.

30. D. Warnock, U. S. Patent 2, 975, 210, 1976.

31. T. Harvey and L. Miller, private communication on EPI handout.

32. M. Earl, J. Dunlop, R. Beauchamp, J. Sindorf, and K. Jones, "Design and Development of an Aerospace CPV Ni-H$_2$ Battery," *Proc. 24th IECEC*, 1989, Vol. 3, pp. 1395-1400.

33. J. Zagrodnik and K. Jones, "Development of Common Pressure Vessel Nickel-Hydrogen Batteries," *Proc. 25th IECEC*, Reno, NV, 1990.

34. J. Dunlop and R. Beauchamp, "Making Space Nickel-Hydrogen Batteries Lighter and Less Expensive," *AIAA/*

DARPA Meeting on Lightweight Satellite Systems，Monterey，CA，Aug. 1987，NTIS N88-13530.

35. R. L. Cataldo，"Life Cycle Test Results of a Bipolar Nickel-Hydrogen Battery," *Proc*. 20*th IECEC*，1985，Vol. 1，pp. 1346-1351.

参 考 书 目

NASA Handbook for Nickel-Hydrogen Batteries，NASA Reference Publ. 1314，September 1993.

第 25 章

氧化银电池

Alexaander P. Karpinski

25. 1 概述

氧化银可充电电池因其高比能量和高比功率而受到关注。然而，银电极的高成本使其应用受到限制，仅应用于把高比能量和高比功率作为首要要求的场合，比如轻便医疗和电子设备、潜艇、鱼雷和空间应用等。氧化银可充电电池的性质概括于表 25.1。

世界上最早记录的银电池是 Volta 于 1800 年发表的具有历史意义的锌/氧化银电池[1]。这种电池在 19 世纪早期处于统治地位。在随后的 100 年间，许多实验围绕具有银电极和锌电极的电池展开研究。然而，所有这些电池都是原电池（不可充电）。

瑞典科学家 Jungner 在 19 世纪 80 年代后期第一次报道了可以工作的二次银电池[2]。虽然在早期阶段，他实验了铁/氧化银电池和铜/氧化银电池（据报道质量比能量为 40W·h/kg），但在他的电车推进实验中安装的是镉/氧化银电池。然而这些电池的短循环寿命和高成本，限制其商业应用。在其后的 40 年间，其他科学家（包括 Edison）实验了各种电极配方和隔膜，但都没有取得很多实质进展。1941 年，法国教授 Henri Andre 找到了可实际应用的可充电锌/氧化银电池的关键方法[3,4]。他使用一种半透膜玻璃纸作为隔膜。这种隔膜可延迟可溶性氧化银向负极板的迁移，并且阻碍了锌枝晶从负极向正极的生长，而这两种现象是导致电池短路的主要因素。

20 世纪 50 年代，使用当时新型的锌/银电池和镉/镍电池技术的镉/银电池再度兴起。这种电池提供了比锌/银电池系统更好的循环寿命。Yardney 公司最早将其商业化。其后，西屋公司报道了铁/银电池的商业应用（见第 18 章），在该电池中他们致力于"用不带来麻烦的铁电极来消除锌电极的问题，解决隔膜材料和电池的寿命问题，并且使深放电容量稳定性仅受银极板限制[5]"。相对于过去的两个世纪，现在的目标是通过保持银电极的高能量和高功率来提供一种长寿命、廉价、可商业应用的可充电电池。

（1）锌/氧化银电池　锌/氧化银电池在所有可商业应用的水溶液体系可充电电池中具有最高的质量比能量和体积比能量，可在极高放电倍率下有效地工作，在中倍率充电下有好的充电接受能力，自放电低。不足之处是循环寿命短（依据设计和使用，寿命在 10～150 次深度循环❶。参照 25.9 节可知，如果采用改良的负极或隔膜寿命可提高到 250 次），低温下性能降低，对过充电敏感，成本高。因为其内阻低，经特殊设计的电池可获得高达 20C 率的放电能力。但是，这种高倍率放电常常因为电池内部产生的潜在的温升危险性而限制其持续放电时间。

表 25.1　氧化银可充电电池的优缺点

优　点	缺　点
锌/银电池（锌/氧化银电池）[①]	
最高的质量、体积比能量和比功率	成本高
高倍率放电能力	相对短的循环寿命
中倍率充电能力	对过充电敏感
好的荷充电保持能力	
放电电压平稳	
少维护	
安全	
镉/银电池（镉/氧化银电池）[①]	
高的质量、体积比能量和比功率（大约是锌/银电池的 60%）	成本高
循环寿命（开口能到 250 次，密封能达到 100 次）	低温下性能降低
放电电压平稳	
少维护	
无磁性构造	
安全	
铁/银电池（铁/氧化银电池）[①]	
高能量、高功率	高成本
好的容量保持能力	需要水和气体管理
耐过充能力	还没有被实际应用验证

① 括号里是对这些电池系统的设计校正，但是最初的设计（如锌/银电池）更加广泛和通用。

（2）镉/氧化银电池　镉/氧化银电池被看成是高体积比能量但短寿命的锌/银电池体系，也被视为长寿命但低体积比能量的镉/镍电池体系的折中产物。其体积比能量大约是镉/镍电池、铁/镍电池或铅酸电池的 2～3 倍，并且具有相对长的循环寿命，特别是在浅充放循环下，充电保持能力好。此外，这种电池在制造过程中可以不采用磁性材料，因此被很多科学卫星所采用。镉/银电池的主要缺点是成本高，其单位能量的成本甚至比锌/银电池还高。

（3）铁/氧化银电池　铁/氧化银电池可以提供高能量和高功率，并且在深度放电使用下寿命长。可经受过充电和过放电而不损坏，在循环使用中容量保持能力好。不足之处依然是成本偏高，并且在过充电使用中需要进行气体和水的管理。其额定电压为 1.1V，与镉/银电池相当，但却低于锌/银电池的 1.5V。到目前为止，关于这种电池所发表的数据还不足以充分地描述其全部特性。

所有这三种体系，都可以提供长的干贮存寿命，并且在主要放电阶段，放电电压平稳。

---

❶ 采用了改进的负极材料或隔膜后寿命可提高到 250 次循环。

后一特性主要是因为在放电过程中氧化银被还原为金属银，银电极的导电性增加，其结果抵消极化的作用。值得注意的是，在其他电极对中成功应用了氧化银电极，包括金属氢化物/氧化银电池、氢/氧化银电池和铝/氧化银电堆电池，后者已在鱼雷中成功应用。

25.2 化学原理

25.2.1 电池反应

所有的以氢氧化钾（KOH）水溶液作为电解质电池的电化学反应可总结如下：

锌/银电池：
$$AgO + Zn + H_2O \underset{充电}{\overset{放电}{\rightleftharpoons}} Zn(OH)_2 + Ag$$

镉/银电池：
$$AgO + Cd + H_2O \underset{充电}{\overset{放电}{\rightleftharpoons}} Cd(OH)_2 + Ag$$

铁/银电池：
$$4AgO + 3Fe + 4H_2O \underset{充电}{\overset{放电}{\rightleftharpoons}} Fe_3O_4 \cdot 4H_2O + 4Ag$$

金属氢化物/银电池：
$$AgO + 2MH \underset{充电}{\overset{放电}{\rightleftharpoons}} Ag + 2M + H_2O$$

氢/银电池：
$$AgO + H_2 \underset{充电}{\overset{放电}{\rightleftharpoons}} Ag + H_2O$$

铝/银电池：
$$3AgO + 2Al \overset{放电}{\longrightarrow} 3Ag + Al_2O_3$$

对这些反应的详细机理和反应物质的具体形式并没有普遍接受的定论，因此以上仅是简化的反应式。

25.2.2 正极反应

银电极在碱性体系中的充放电过程为不连续的两步，这使得它们的充放电曲线表现出两个电压平台。银电极在较高电压（过氧化）平台上发生的反应可以表示为：

$$2AgO + H_2O + 2e \underset{充电}{\overset{放电}{\rightleftharpoons}} Ag_2O + 2OH^-$$

在较低电压（一氧化物）平台上发生的反应可以表示为：

$$Ag_2O + H_2O + 2e \underset{充电}{\overset{放电}{\rightleftharpoons}} 2Ag + 2OH^-$$

如上面表示的那样，这些反应是可逆的。

25.3 电池构造和组成

二次银电池有方形、螺旋卷绕柱型和纽扣式等构造。最常见的形状是方形电池。典型的方形电池构造如图 25.1 所示。在电池中，平板电极由多层隔膜包裹，隔膜将极板机械地隔开，并阻止银向锌极板的迁移和锌枝晶向正极板的生长。极板组互相啮合，极群放入紧装配的壳里（见图 25.2）。因为激活后的银电池搁置寿命较短，所以制造商通常将其以干荷电状态或干放电状态提供，并附带注液装置和使用指南。电池在使用前注入电解质并被激活。应用户要求，电池也可以湿态提供，做到随时可用。

这些电池的机械强度通常非常好，电极结实并与壳体紧装配。电池壳体由高密度塑料制成。经适当包装，特殊设计的电池可以满足导弹、鱼雷、发射装置的高冲击、振动、加速要

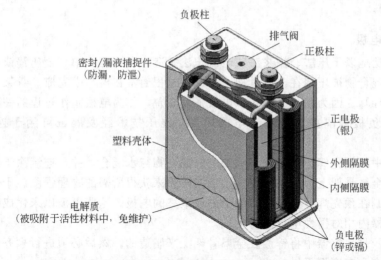

图 25.1　典型方形锌/氧化银或镉/氧化银可充电电池剖视图

图 25.2　LR-190 型 210A·h 锌/银电池组装进电池壳过程
（Yardney 公司提供）

求，而性能不降低。

25.3.1　银电极

最常见的银电极制造技术是将银粉烧结在起支撑作用的银网上。电极或者以模具制造（生产单片极板或生产母极板并在随后裁成所需尺寸）或者以连续辊压技术生产。电极随后在烧结炉中以约 700℃烧结。

其他可选择的方法包括干压法，以及 AgO 或 Ag_2O 在骨架上拉浆法。如果采用拉浆法，极板通常经烧结使氧化银转换为金属银，并烧去有机添加剂。骨架通常是编织的或延展的银或镀银的铜。

电极首先裁成所需尺寸，然后，在适当地压实的区域热锻上导线或导耳，以便将电流传导到电池极柱。电极在装配入电池前进行化成（在容器中相对惰性电极充电），或以金属形式装入到电池中，以后再在电池中充电。

骨架材料、密度、厚度，导耳类型、尺寸，电极最终尺寸、厚度、密度都是按照电池的应用目的设计电池时要考虑的参数。银粉粒径是多样的。较细的银粉可以达到接近银的理论利用率 2.0g/（A·h），然而，使用非常细的银粉会导致在中高倍率放电时初始电压低（通常少于 120ms）。

25.3.2　锌电极

锌电极广泛地以干压法、拉浆法或电沉积法制造。在干压法中，金属锌或氧化锌、黏结剂和添加剂的混合物被压制在金属骨架上，这一过程通常在模具中完成。骨架上通常有预焊接到位的集流导耳。因为未化成的粉末电极强度较差，作为电极制作过程的一部分，隔膜系统组成之一的负极内隔膜被包覆于电极周围。辊压技术经发展也可用于连续生产干粉电极[6]。

在拉浆法中，氧化锌、黏结剂、添加剂的混合物与水混合，并且连续涂于载体纸上或直接涂于合适的金属骨架上。通常也使用负极内隔膜来获得所需的物理强度。干燥后多层这样的膏状极片压制在预先焊好导耳的骨架上形成最终的电极。这些电极以未化成的形式装入电池中，或在容器内相对惰性电极进行化成。

电沉积负极是在容器中将锌镀在金属骨架上来制造的。然后必须进行汞齐化并压制或碾压到所需的厚度和密度再干燥。

锌/银体系和锌/镍体系的寿命都受到锌电极的限制。为此，人们在电极添加剂方面做了很多工作来减少氢析出，提高循环寿命。传统的最常用的氢析出抑制剂是汞（总混合物的 1%～4%），但目前由于人员安全和环保原因正在被取代，取代物包括少量铅、镉、铟、铊、镓[7~11] 和铋[23] 的氧化物或其他混合物。为了提高寿命，很多制造商还向锌电极中引入很多其他添加剂。

锌电极还由于"形变"或活性物质从电极边缘和顶部向中间和底部迁移而引起容量损失。

有很多方法用来提高锌电极的稳定性：①锌电极过量以补偿在循环中的容量损失；②因为形变开始于电流密度较大的电极边缘，所以采用较大尺寸的电极；③采用各种黏结剂，如聚四氟乙烯、钛酸钾、氯丁橡胶或其他高分子材料来保持活性物质；④电解质添加剂[12~14]。

像银电极一样，骨架材料、添加剂、最终电极尺寸、厚度、密度都应视最终应用来设计电池参数。

25.3.3　镉电极

大多数镉/银电池所含的镉电极都是由压制法或拉浆技术制造的。虽然也采用其他方法，如像在镉/镍电池中一样，将镍基板在镉盐中浸渍，但是在镉/银电池中，最普遍的方法是将氧化镉和黏结剂的混合物压制或拉浆于银或镍骨架上。这与锌电极制备方法相似。

25.3.4　铁电极

这里采用的铁电极通常采用粉末冶金技术制造（见第 18 章）。

25.3.5　隔膜

银电池中的隔膜主要必须满足以下要求：

① 在正、负极之间物理隔绝；

② 使电解质和离子通过的阻力最小；

③ 阻止溶解的银化合物和粒子在正、负极之间迁移；

④ 在电解质和电池操作环境中稳定。

总的来说，像在图 25.1 中所示那样，二次锌/银电池和镉/银电池要求最多三种不同隔膜，内层膜或正极内隔膜用来保存电解质并作为一道屏障来减少高氧化性银电极对主膜的氧化。这层膜通常由惰性纤维如尼龙或聚丙烯制成，通常加有湿润剂。

外层膜或负极内隔膜也用于保存电解质，并想象地认为可以稳定锌电极，阻止锌穿透主膜，减少枝晶生长。人们做了很多工作利用诸如石棉和钛酸钾纤维等材料来开发、改良无机正负极内隔膜。这些工作的结果据报道可以提高寿命[7~11,15]。然而，考虑到对健康的危害，很多上述隔膜没有实现商业化。

主膜或离子交换膜，依然是决定二次银电池湿寿命的关键。Andre 首先采用赛璐玢作为主膜，才第一次使二次银电池成为可能。通常在电池中采用多层纤维素膜（赛璐玢、经处理的赛璐玢、纤维肠衣）作为主膜。同样在近些年来，人们利用诸如辐射接枝聚乙烯、无机膜、其他合成高分子材料等材料做了很多工作来开发新隔膜。据报道这些膜单独使用或与纤维素膜复合使用可以提高电池寿命。其中一些被广泛应用于商业银电池中，但却带来诸如高阻抗、不易获得、高成本等缺点。

25.3.6 电池壳

电池壳必须耐高浓度氢氧化钾电解质的腐蚀和银电极的氧化。同时必须有足够的强度承受电池内部产生的压力，并在电池要经受的可预期的环境条件范围内保持电池结构的完整性。

大多数二次银电池都用塑料壳封装。通常使用的塑料是丙烯腈-苯乙烯共聚物（SAN）。这种材料相对透明并易于用液状黏固剂或环氧密封。然而，它相对低的软化温度使其不能用于某些场合。有很多其他塑料可用于电池壳。表 25.2 列出了一些材料并给出了它们的特性。金属壳体用于某些密封电池，但这会带来密封问题和电池壳体与电极之间的绝缘问题，因而除了扣式电池应用并不广泛。

表 25.2　典型塑料电池壳和盖材料的特性

材料	MABS	ABS		聚砜	聚苯醚(PPO)		尼龙③
商品名	Terlux 2802HD	MG37EP	Lustran448	酚醛塑料 聚砜 P-1700	Noryl 731	Noryl SE1X	Zytel 151 或 151L
相对密度	1.08	1.05	1.05	1.24	1.04~1.09	1.06~1.10	1.05~1.07
最小拉伸强度/psi	6960	4900	6100	10200	8000	9800	8850
最小抗冲强度(带凹口)/(ft·lb/in)	1.31,73°F 0.37,−22°F	6.5,73°F	6.2,73°F 1.2,−22°F	6.5,73°F	3.0,min	3.9,min	1.29
热导率/(Btu/h/ft²/°F/in)		1.3~2.3	1.3~2.3	1.8			1.5
弯曲模量/psi		355000	348000	380000	351000	363000	247000
比热容/(Btu/lb/°F)①		0.30~0.40	0.30~0.40	0.31			0.3~04
热偏差温度/°F							
66psi 下	273	210	约 252	358	274	262	275
264psi 下	194	185	221,min	345	240,min	244,min	131
使用温度/°F②	167	140~210	190~230	320			180~250
硬度(洛氏硬度)		R75~105	R109	R120	R119		R110
透明度	是	否	否	是	否	否	半透明
热处理温度/°F	185±5	180±5		333±5	214±5	214±5	
制造商	BASF	SABIC	BAYER	AMOCO	SABIC	SABIC	E.I.DuPont

① 或 cal/(g·℃)。

② 无负载时，连续最大值。

③ 数据来源 ASTM D4066。

注：1psi=6894.757Pa；1ft·lb/in=53.35J/m；1Btu/h/ft²/°F/in=5.67826W/(m²·K)；1Btu/lb/°F=4.1868J/(g·K)。

25.3.7 电解质和其他组件

用于可充电电池的电解质通常是氢氧化钾水溶液（浓度 35%～45%）。较低浓度的电解质凝固点较低并且电阻较低，从而使负载输出时电压较高。然而，当电解质浓度低于 45% 时，对银电池中的纤维素膜的腐蚀会加剧，因此不能用于长湿寿命电池。表 25.3 描述了各种氢氧化钾溶液的重要参数。氧化锌、氢氧化锂、氟化钾、硼化钾、锡、铅曾作为添加剂加入到电解质中来降低锌电极的溶解[14]。

表 25.3　氢氧化钾溶液物理和化学特性

KOH 含量/%	相对密度 (15.6℃)	电导率 (18℃) /Ω⁻¹·cm⁻¹	比热容 (18℃) /[cal/(g·℃)]	冰点/℃	沸点/℃ 760mm Hg 下	沸点/℃ 100mm Hg 下	蒸气压/mmHg 20℃时	蒸气压/mmHg 80℃时	黏度/cP 20℃时	黏度/cP 40℃时
0	1.0000		0.999	0	100	52	17.5	355	1.00	0.66
5	1.0452	0.170	0.928	−3	101	52.5	17.0	342	1.10	0.74
10	1.0918	0.310	0.861	−8	102	53	16.1	327	1.23	0.83
15	1.1396	0.420	0.801	−14	104	54	15.1	306	1.40	0.95
20	1.1884	0.500	0.768	−23	106	56	13.8	280	1.63	1.10
25	1.2387	0.545	0.742	−36	109	59	11.9	250	1.95	1.31
30	1.2905	0.505	0.723	−58	113	62	10.1	215	2.42	1.61
35	1.3440	0.450	0.707	−48	118	66	8.2	178	3.09	1.99
38	1.3769	0.415	0.699	−40	122	69	7.0	156	3.70	2.35
40	1.3991	0.395	0.694	−36	124	71	6.2	140	4.16	2.59
45	1.4558	0.340	0.678	−31	134	80	4.5	106	5.84	3.49
50	1.5143	0.285	0.660	+6	145	89	2.6	70	8.67	4.85

注：1mmHg=133.3224Pa；1cP=0.001Pa·s；1cal/(g·℃)=4.1868J/(g·K)。

氢氧化钾易与空气中的二氧化碳结合生成碳酸钾使导电性降低，因此，电池泄气孔通常用气孔塞盖住或采用一个低压泄气阀。

电池极柱通常采用钢或铜，并几乎总是镀银或镍来提高抗腐蚀性。

25.4 性能

25.4.1 性能和设计权衡

二次银电池以最小的质量和体积提供高能量。各种体系的优缺点已经在本章前面的部分描述过。某一特定电池的性能将取决于电池的内部设计。想选择一种现成的电池来满足所有特定应用的要求是不可能的。

从最基本的参数开始，电池设计包括在允许的电池质量和体积范围内进行一系列的折中方案，以获得电压、容量、循环寿命等的最佳组合。

例如，假设在低电流密度下（0.01～0.03A/cm³）每只锌/银电池的额定电压 1.5V，而在较大电流下电压更低，由设计者选择采用的单体数。如果要求大电流脉冲放电，这时所面临的问题是，电池电压必须高于高倍率下最低允许电压，并且不能超过初始低倍率时的最高允许电压。这时，单体电池的尺寸可以用计算所得的单体电池数目去除电池所允许的总体积来获得。

下一步必须结合电池允许质量和电池必须承受的环境条件来考虑电压、电流、容量和循环寿命要求。这些都是在选择电池隔膜材料时要考虑的因素。为保证电池在这些条件下的湿寿命，隔膜的稳定性和层数必须足够，同时隔膜阻抗必须足够低，以防止在高倍率下出现非预期压降。所有这些因素在决定电极数量时也必须考虑到。随着电极数量（即活性电极区域）增加，放电电流密度（A/cm²）降低，从而升高输出电压。需要注意的是，对一个高倍率放电的电池进行的优化设计，其低倍率放电时必然容量相对较低。这是电极数量增加的必然结果；也是相应包裹隔膜层数增加的必然结果。对一个给定的内部体积，电池放电率越高，可供给电极活性物质的空间越少。

设计电池时，银和锌电极活性物质的量必须满足全循环周期的容量需求。理论上，每安时容量需要 2.01g 银和 1.22g 锌。这些数值是对纯物质而言，并且每个充放电循环都会有一些活性物质进入溶液中。设计者在设计长寿命电池时必须采用更高的数值——达到每额定安时容量 3.5g 银和 3.0g 锌这一量级。其他设计参数，如银粉粒度，也会影响最终电池性能。

基于这些考虑，下面给出的性能曲线只能视为该体系的总体特性，而不是针对某一特定应用场合的特定电池。

25.4.2　锌/氧化银电池的放电特性

锌/氧化银电池的开路电压为 1.82～1.86V。放电分为两步进行，第一步对应于二价氧化物，第二步对应于一价氧化物，如图 25.3 所示。曲线中平坦的部分即"平台电压"。这个电压是由倍率决定的，在高倍率下电压分步不明显。

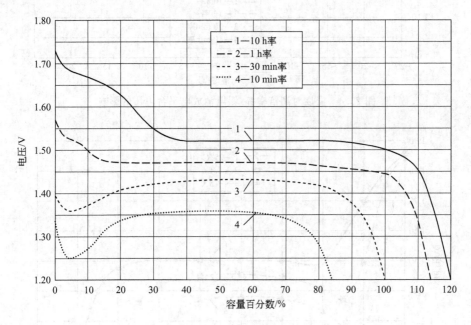

图 25.3　20℃锌/银电池以不同倍率放电时的典型曲线

从图 25.4～图 25.6 可以看出电池在各种放电率和温度时的性能，及对平台电压和容量的影响。锌/氧化银电池的高倍率放电能力是一个复杂的过程，是银骨架导电性、放电后的正极的导电性和电池的多片薄型极板设计等众多因素共同作用的结果。随着温度降低，特别是低于−20℃时，电池性能降低。用外部加热器加热电池或在电池放电时使产生的热量保持在电池内部可以提高电池的低温性能。

锌/银电池的性能特征汇总于图 25.7 和图 25.8。这些图表给出的是典型的性能数据，可以用来确定在各种放电条件下的容量、使用寿命和电压。对每一种特定的电池设计甚至对每只电池会存在性能差异，这取决于循环历程、充电状态、贮存时间、温度和其他使用条件。

图 25.3～图 25.8 主要是针对高倍率设计的电池。在很多应用中，可以采取折中方案牺牲一些比能量来获得较长的寿命。可选择的低倍率设计方案包括采用更多层的隔膜，这必然意味着，在给定的体积内，电极数较少；而阻抗较大，容量较低。典型的低倍率电池不能以高于 1h 率放电，并且当以 1h 率放电时，会比它相对应的高倍率电池的平均电压和容量低 3%～5%。但是，低倍率电池具有相当好的湿搁置寿命和循环寿命优势（表 25.4）。

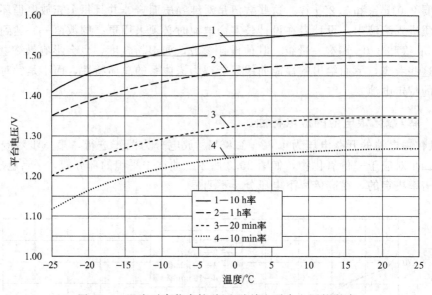

图 25.4 温度对高倍率锌/银电池放电平台电压的影响

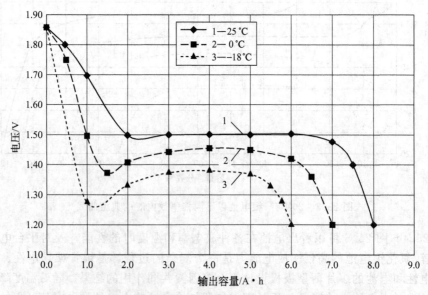

图 25.5 HR-5 锌/银电池不同温度下放电时的典型曲线（无保温）

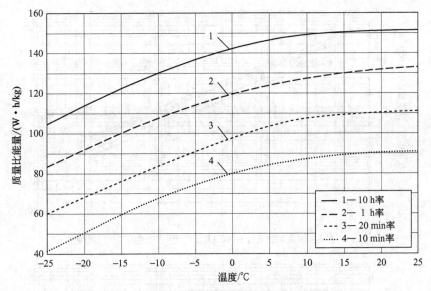

图 25.6　温度对锌/银电池质量比能量的影响

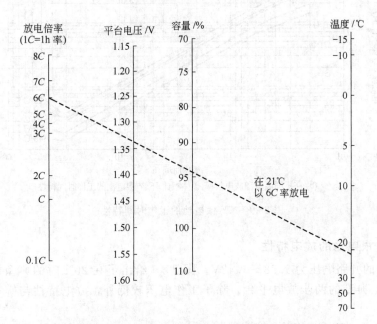

图 25.7　在不同放电条件下锌/银电池的性能（为求出银/锌
电池的容量和平台电压，可在电池被恒温的环境温度与
放电率之间画一直线求出）

表 25.4　二次银电池额定寿命特性①

项　　目	高倍率 (HR)锌/银电池	低倍率 (LR)锌/银电池	镉/银电池	铁/银电池
湿搁置寿命	6～18 月	1～2.5 年	2～3 年	2～4 年
循环寿命②	10～50 循环	50～150 循环	150～1000 循环	100～300 循环

① 这些数据都是额定值，将随使用条件和个别的设计而变化。

② 指放电深度为 80%～100% 时的循环寿命，部分放电时循环寿命显著增加。

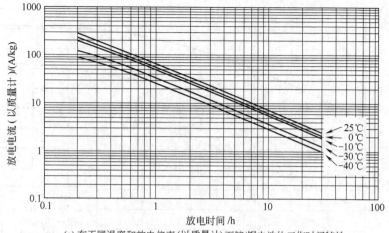

(a) 在不同温度和放电倍率(以质量计)下锌/银电池的工作时间特性

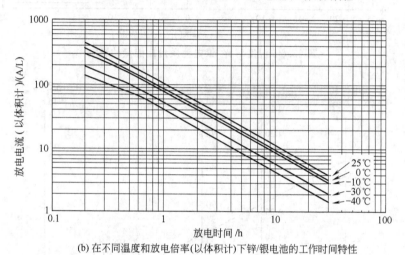

(b) 在不同温度和放电倍率(以体积计)下锌/银电池的工作时间特性

图 25.8　锌/银电池的工作时间特性

25.4.3　镉/银电池的放电特性

镉/银电池的开路电压为 1.38～1.42V。图 25.9 给出了在 20℃时的典型放电曲线，显示出氧化银电极典型的两步放电平台。除了工作电压较低外，放电特性与锌/银电池相似，容量大致相同。

容量和放电电压取决于温度，与锌/银电池相似。图 25.10 和图 25.11 分别表示出温度和放电率对电压和容量的影响。推荐的工作温度为 −25～70℃，最佳工作温度为10～55℃之间。有外部加热时，温度范围可以放宽到 −60℃。

镉/银电池的性能特征汇总于图 25.12、图 25.13(a) 和 (b)。这些图可以用来确定在各种放电条件下的容量、使用寿命和电压。

25.4.4　阻抗

氧化银电池的阻抗通常较低，但一些因素的影响会引起其显著变化。这些因素包括隔膜体系、电流密度、充电状态、保持时间、电池寿命、温度。此外，重要的还有电池尺寸。据报道[18]，在考察贮存时间对锌/银电池阻抗的影响时发现，部分充电的电池其初始阻抗值为5～11mΩ，经过在 21℃贮存 8 个月，阻抗升高到 3Ω；若经过在 38℃搁置 8 个月，阻抗升高

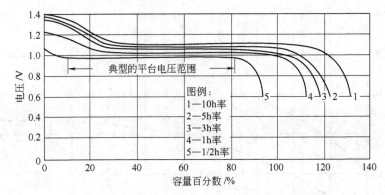

图 25.9 在 20℃，镉/银电池以不同倍率放电的典型曲线

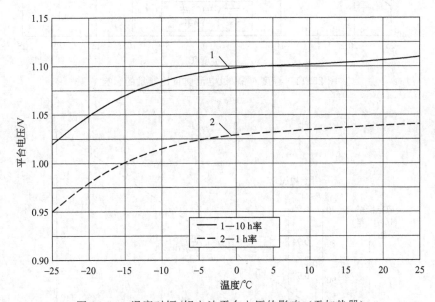

图 25.10 温度对镉/银电池平台电压的影响（无加热器）

到 9~15Ω。以完全放电状态贮存的电池，在整个测试期间保持其低阻抗（2~10mΩ）。但是，高阻抗电池在放电开始几秒后，返回其低阻抗值。

锌/银电池的交流阻抗高度依赖于负载频率。当高于 5kHz 时，阻抗急剧上升。图 25.14 给出了 50%DOD 放电态的 6 单体 350A·h 锌/银电池的阻抗图。相应的相位角在图 25.15 给出。

25.4.5 荷电保持能力

激活并充电后的氧化银电池比大多数其他可充电电池的荷电保持能力强，20℃贮存 3 个月后荷电保持超过 85%。

同其他化学反应一样，荷电容量的损失率也取决于贮存温度，如图 25.16 所示。在 −20~0℃贮存可以保持最大的荷电保持能力。处于干充电状态的电池，正确密封和贮存可以使充电保持超过 10 年。低温贮存依然是首选推荐的。

25.4.6 循环寿命和湿寿命

隔膜系统和活性物质的溶解度对银系列电池的湿寿命和循环寿命起决定作用。隔膜必须在高倍率放电时具有低的电解质阻抗，但同时必须对银有高的抗氧化能力，且使胶体银、

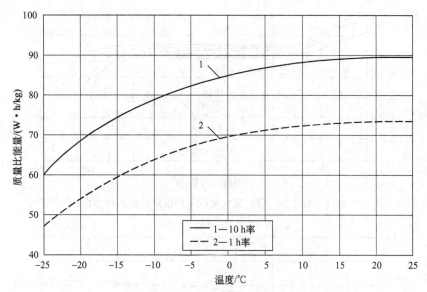

图 25.11 温度对镉/银电池质量比能量的影响

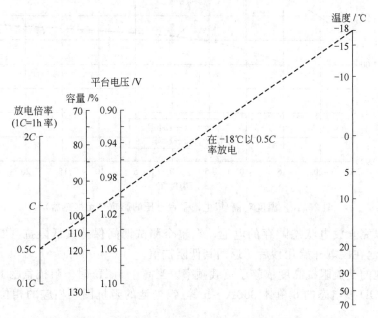

图 25.12 在不同放电条件下镉/银电池的性能
（为求出镉/银电池的容量和平台电压，可在电池被恒温的
环境温度与放电倍率之间画一直线求出）

锌、镉、铁有低的透过率。

镉和铁在高浓度碱性电解质中相对不溶解，因此镉/银电池和铁/银电池的寿命受限于隔膜系统中各层膜中银的迁移率。当有金属桥通过隔膜在正、负极之间形成时，电池就会失效（内部短路）。一般使用多层隔膜来延长电池寿命，但会增加内部阻抗。

锌/银电池的寿命还进一步受限于锌在碱溶液中的高溶解性。这个问题以两种失效机理表现出来：形变和枝晶生长。形变是指锌从电极顶端和边缘向底部和中心迁移，使顶端和边缘变薄，同时底部和中心变厚，从而使容量损失。枝晶是在过充电时形成的金属尖锐的针状

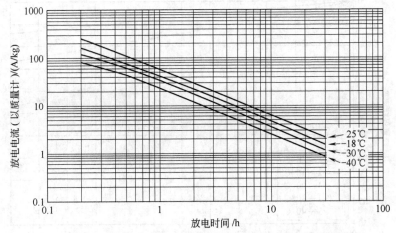

(a) 在不同温度和放电倍率(以质量计)下镉/银电池的工作时间特性

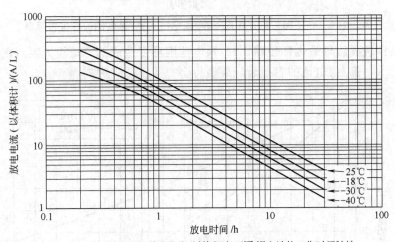

(b) 在不同温度和放电倍率(以体积计)下镉/银电池的工作时间特性

图 25.13　镉/银电池的工作时间特性

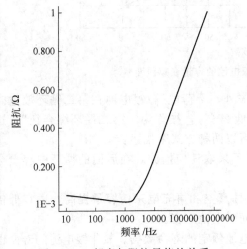

图 25.14　频率与阻抗量值的关系

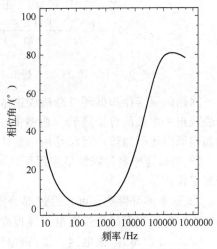

图 25.15　频率与阻抗相位角的关系

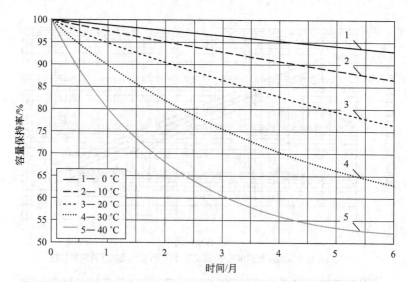

图 25.16　在不同的贮存温度下锌/银电池和镉/银电池的容量保持率

物。它们可以穿透隔膜导致内部短路。锌/银电池因形变造成的容量损失表示在图 25.17 中。如图 25.18 所示，镉/银电池的容量衰降要慢得多。

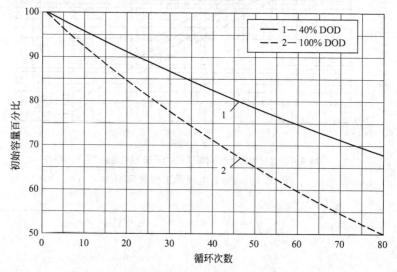

图 25.17　低倍率放电时锌/银电池的容量衰减程度

除因为湿寿命和循环寿命造成正常的容量损失外，干荷电锌/银电池在第二循环放电时会表现出一次性的容量降低（典型的比初始循环低 20％），被称为"第二循环综合征"。这种偏差原因还不知道，但却是用户所认可的。这可以两种方式来描述：

① 如果这种容量降低是应用可以接受的，可不采取任何措施，在后面的循环中容量会恢复正常；

② 如果不可接受，可以通过部分预放电然后抽真空和再充电来使容量提高，适宜低倍率操作。值得注意的是过充电不能提高容量，反而对电池有害。

表 25.4 给出锌/银电池、镉/银电池、铁/银电池额定的寿命数据。氧化银电池的寿命也会随使用和贮存条件而发生很大变化。高倍率 100％深放电和暴露于高温环境（超过 30 天）会显著降低电池的湿寿命和循环寿命。另外，在不使用时，低温贮存（低于−10℃）会极大

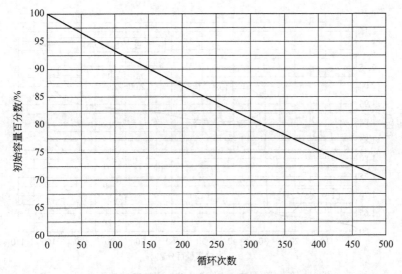

图 25.18　密封镉/银电池以低倍率进行 100％深度放电时电池的容量衰减程度

延长电池寿命。降低放电深度，也会延长湿寿命和循环寿命。

在评估镉/银电池在卫星的应用能力研究中，对各种放电深度的 3 单体 3A·h 镉/银电池进行了测试。测试结果汇总于表 25.5，表明降低放电深度可以提高循环寿命[20]。对 250A·h 锌/银电池进行另一项研究，除 14 个全容量循环外，其他循环放电深度小于 1％，在 38 个月内共获得了 7280 个循环[21]。

表 25.5　3V 3A·h 密封镉/银电池循环寿命与放电深度的关系

放电深度％	第一只单体失效时的循环寿命
65	1800
50	3979
50	＞5400（375 天）
35	＞5400（375 天）
25	＞5400（375 天）

注：来源于参考文献 [20]。

25.5　充电特性

25.5.1　效率

锌/银电池和镉/银电池在正常操作条件下安时效率（输出安时数与输入安时数之比）较高，高于 99％，这是因为在正常充电倍率下没有副反应发生。在常规条件下瓦时效率（输出瓦时数与输入瓦时数之比）约为 70％，这是由于充放电时的电压不同所致。

25.5.2　锌/氧化银电池

制造商推荐在大多数应用场合采用 10～20h 率恒流充电。但是，恒压充电和脉冲充电也常被采用。

图 25.19 给出了典型的恒流充电曲线。两个平台反映了银电极的两级氧化：第一步从银到一价氧化银（Ag_2O），电压大约 1.6V；第二步从一价氧化银（Ag_2O）到二价氧化银（AgO），电压大约 1.9V。需要注意的是在从一价银向二价银转化时，当电压稳定在 1.90～

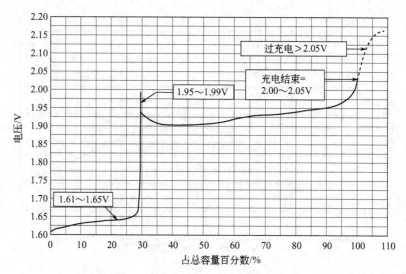

图 25.19　锌/银电池以 10～20h 率充电的典型曲线

1.95V 平台前，会有高达 2.0V 的短时电压升高。为确保全充电，必须将充电系统设计成忽略这个短暂的电压升高。

　　通常在充电电压达到 2.0V 时终止充电。当充电电压高于 2.1V 时，会电解水，在银电极上产生氧气，并且/或在锌电极上产生氢气。过充电会促进锌枝晶的生长引发短路，因而对电池寿命是有害的。

　　正常的充电对电池寿命重要性如何强调都不为过。

25.5.3　镉/氧化银电池

　　除了每个平台电压较低外（低平台 1.2V，高平台 1.5V），镉/银电池的充电特性与锌/银电池相似。图 25.20 给出典型的充电曲线。

　　与锌/银电池一样，镉/银电池通常采用 10～20h 率恒流充电。推荐单体电池的终止电压一般为 1.6V。

　　然而，镉/银电池不像锌/银电池一样对过充电那么敏感。其他充电方法也可以并已经应

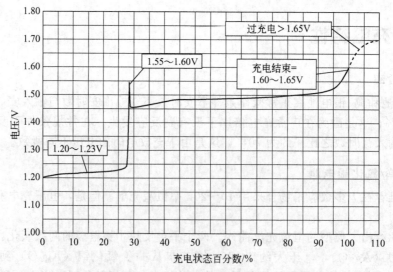

图 25.20　在 20℃ 以 10h 率给镉/银电池充电的典型曲线

用到一些特殊场合。

25.6 单体类型和尺寸

表 25.6～表 25.8 摘录了两个主要银电池制造商，即 Yardney 公司和 Eagle-Picher 公司产品目录的部分内容。它们仅作为参考，因为设计参数可以为满足具体客户需求而改变。实际上很多高能量银电池的应用需要特殊设计，经常要求设计新的电池壳和盖以及工装。这些将成为以后应用的可用模型。

表 25.6 典型开口锌/银电池的额定特性

电池型号	容量/A·h	单体尺寸(包括极注)/mm			单体质量(包括电解质)/g	最大连续电流/A
		长	宽	高		
HR-02	0.2	5.6	16.0	49.3	6.5	2.0
HR-05	1.3	13.7	27.4	39.6	21.3	4.0
HR-1	2.0	13.7	27.4	51.3	31.2	6.0
HR-2	4.5	15.0	43.7	63.3	68.0	20.0
PMV-2(4.5)[1]	5.0	15.2	43.7	64.3	72.6	100
HR-5	8.5	20.3	52.8	73.7	127.6	60.0
PM-15[1]	21.8	20.3	58.9	125.5	295	200
HR-21	35.9	20.6	58.4	191.5	439	160
PM-30[1]	44.0	25.4	77.7	166.4	607	400
HR-40	46.0	25.1	82.6	180.3	646	200
HR-105	121	35.2	96.9	137.4	950	120
HR-140	190	72.4	82.5	183.4	1721	600
PML-170[1]	221	35.3	97.0	184.4	1520	120
HR-190	238	39.4	152.6	165.4	2217	400
PML-2500[1]	2750	107.2	107.2	479.0	18150	600
MR-200	250	53.5	101.6	206	2156	200
低倍率类型						
LR-1	2.1	13.7	27.4	51.3	30.1	4.5
LR-4	7.5	15.0	43.7	85.3	99.2	16.0
LR-8	10.0	16.3	29.9	120.1	116.3	16.0
LR-12	16.0	19.1	47.2	100.1	163.0	20.0
LR-40	64.0	25.1	82.6	180.3	638	64.0
LR-70	100	36.1	92.5	155.4	1055	160
LR-90	155	54.9	82.9	179.3	1588	150
LR-190	220	39.1	151.6	162.6	2048	200
LR-350	560	107.4	107.4	222.3	5615	350
LR-360	570	69.9	147.3	162.6	4391	300
LR-660	840	79.2	161.3	177.8	6183	180
特殊深潜型						
LR625	692	161	80	187	5470	125
LR-700(DS)[2]	1060	107	107	486	11200	900
LR-750(DS)[2]	1075	142	97	513	12500	750
LR-850	1200	119	114	479	13200	800
LR-875	1050	160	79.6	183	7000	125
LR-1000(DS)	1072	137	137	513	18500	1250

① 原电池，手动激活。

② 压力补偿的。

注：来源：Yardney Technical Products Inc.。

表 25.7　典型开口锌/银电池的额定特性

高倍率						低倍率						物理尺寸/mm		
电池型号	额定容量/A·h	不同安时率下额定容量			质量/g	电池型号	额定容量/A·h	不同安时率下额定容量			质量/g	长	宽	高
		15min	30min	60min				4h	10h	20h				
SZHR0.8	0.8	0.7	0.7	0.8	22.7	SZLR0.8	0.8	0.8	0.8	0.8	22.7	10.9	26.9	51.6
1.5	1.5	1.4	1.5	1.5	39.7	1.5	1.5	1.5	1.5	1.5	42.6	12.4	30.7	57.2
2.8	2.8	2.6	2.7	2.8	53.9	3.0	3.0	3.0	3.0	3.0	56.7	14.2	35.1	63.2
5.0	5.0	4.8	5.0	5.0	76.6	5.3	5.3	5.3	5.3	5.3	85.1	16.3	40.1	70.9
6.5	6.5	6.2	6.4	6.5	119.1	7.5	7.5	7.4	7.5	7.5	124.6	14.9	43.7	90.2
10.5	10.5	10.0	10.3	10.5	170.2	11.5	11.5	11.4	11.5	11.5	184.4	20.1	49.5	84.8
15	15	12	14	15	210.0	16.5	16.5	15.5	16.5	16.5	215.6	21.3	41.1	120.7
26	26	20	24	26	312.1	30	30	28.0	30.0	30.0	362.3	25.4	62.7	103.9
48	48	①	40	48	595.9	51	51	48	51	51	624.2	18.5	89.9	167.8
65	65	①	50	65	737.8	70	70	70	70	70	780.3	26.9	83.1	155.4
100	100	①	80	100	1107	115	115	100	110	115	1220	37.3	92.7	150.9
140	140	①	①	140	1944	160	160	①	150	160	2049	74.17	75.7	161.8

① 该倍率下不适用。

注：来源于 Eagle-Picher Industries, Inc.。

表 25.8　典型镉/银电池额定特性

电池型号	容量/A·h	单体尺寸(包括极注)/mm			单体质量(包括电解质)/g	最大连续电流/A
		长	宽	高		
YS-1	1.5	13.7	27.4	51.3	31.2	5.0
YS-3	4.2	15.2	43.7	72.6	82.2	12.0
YS-5	7.8	19.1	51.1	73.9	130.5	25.0
YS-5(密封)	6.8	20.1	52.8	73.9	141.8	15.0
YS-10	14.5	18.8	58.9	122.2	246.7	30.0
YS-16(密封)	21.0	20.6	58.4	146.1	348.8	50.0
YS-20	32	43.9	52.1	108.7	450.9	40.0
YS-40	54	25.1	82.6	179.8	745.9	100
YS-100	132	70.6	87.4	122.2	1503	150
YS-150	240	45.2	106.4	272.0	2978	150
YS-300	420	45.2	106.4	444.5	5190	150

注：来源于 Yardney Technical Products Inc.。

25. 7　需要特别注意的方面和处理方法

如果短路，银电池会产生极高电流，因此，要采取措施使一切工具和电池保持绝缘，并防止电池在应用中接地。

电解质是具有腐蚀性的氢氧化钾溶液。当处理电解质时，要采取戴手套和防护镜等措施。在大多数应用中不需要添加电解质或水。然而一定要按照制造商的建议定期检查、维护电解质。

虽然不像其他电池系统一样严重，但还是要采取适当的通风措施，来避免有害的氢气累积，特别是在充电时。对更大的电池组来说，要采取强制通风来防止非预期的温度升高。当在低温下要求对电池进行精确电压控制时，经常对电池采用带温控器的加热器。

因为水下武器装备用电池的体积和能量极其巨大，并且保护人身安全又极其重要（例如，美国海军的 NR-1 型深潜器具有 240V、850A·h 的锌/银贮备电源，安装于甲板下面并向操作室排气），所以已经在这些水下电源应用的电池开发了全新的工程技术：包括完全不加汞，在电池内部设置防火墙，安装用来补偿来自船体外壳压力的压力补偿装置；开发了电子系统连续扫描单体电池电压，以尽可能地延长电池寿命。当然，这些工程技术的实现需要电池设计师、制造商和使用者在设计阶段紧密合作。

25.8　应用

因为银价格昂贵，这种电池历来将继续主要供政府使用。然而，因为其具有高功率和体积比能量，这些电池也用在空间和对质量有严格限制的场合。此外，银的高昂价格可以靠回收寿命终止电池中的金属得到补偿。

锌/银电池最初应用在鱼雷上[22]。最初的很多工作是由美国海军资助的。随后水下应用得到开发，包括水雷、浮标、特种测试船、游泳者辅助工具和人工潜水器如深潜救生艇（DSRV），及先进的密封传输系统（ASDS）如水下探测器 UUV 和 NR-1 和各种反潜武器（ASW）。图 25.21 展示的是 MK 40ADMATT 诱饵鱼雷电池。MK 40ADMATT 动力电池有两种结构：60 × HR300DC/58 × HR300DC 中等性能电池；120 × HR215DC/216 × HR215DC 高性能电池。在室温条件下额定电压为 147V 的中等性能电池放电电流是 325A，工作时间 35min，额定电压为 290V 高性能电池的放电电流是 650A，工作时间 6min。图 25.22 展示的深潜救生艇（DSRV）电池具有压力补偿设计，在下潜时以矿物油注入单体和电池的空隙。它是一只 115V、700A·h 额定容量的电池，压力补偿装置使其可以安装在受压的船体之外。

图 25.21　ADMATT 中等性能动力电池
（Yardney Technical Products Inc. 提供）

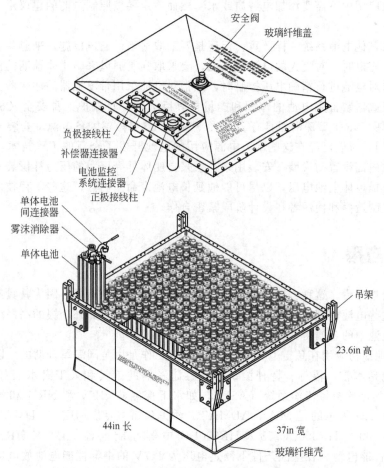

图 25.22 DSRV 压力补偿电池 76×LR700（DS）

（Yardney Technical Products Inc. 提供）

锌/银电池有很多空间应用，包括飞船发射的导航和控制、遥测、自毁电源；阿波罗月球探测器、月球和火星探测器、月球钻孔机电源；空间飞船载荷发射与逃逸电源和美国宇航员出舱活动时用到的生命支持设备的电源（EVA）。图 25.23 展示一只典型的航空航天电池（Model 20×HR2DC），它由 20 只 2A·h 锌/银电池单体组成。这些单体装入铸造成型的铝质壳体中，装配有一个减压阀、一个增压阀和一个电池连接器。

镉/银电池在很多要求非磁性的空间领域内得到应用。比如用在 Giotto 哈雷彗星拦截器上作为主电源，欧洲宇航局 2000 年发射的 ClusterⅡ科学太空船使用了镉/银电池作为太阳能电池的备用电源（当地球处在太阳阴影中时）。尽管只要求运行 2 年，但直到 2009 年 5 月这些电池仍在工作。

地面应用包括通信设备、便携式摄像机、手提灯、照相机驱动、医疗设备、车辆动力电源及类似的需要高比能量二次电源的应用场合。

银/锌电池作为比锂离子电池更安全的替代者在便携式电子设备市场得到复苏，包括笔记本电脑、蜂窝电话和电子用电设备。用户需要了解的是没有哪种电池能够满足所有用途。通常一种电池要获得在某一应用的最优性能，只能是在设计时满足该应用的极端需求而忽视其他应用。选择电池的最好方法是在设备设计的早期阶段与电池制造商紧密协作，而不是像人们经常做的那样要求电池设计师"在设备的剩余空间内设计一种能满足其所有要求的

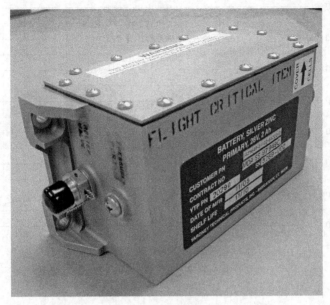

图 25.23 28V、2A·h 锌/银航空航天电池
(Yardney Technical Products Inc. 提供)

电池"。

25.9 最新进展

从 Andre 教授时代开始,锌/银电池在提高性能和改进制造工艺方面取得很多进展。如果没有表 25.9 所示的进步,电池的高倍率能力会是非常有限的,价格也会令人望而却步。

但由于不利的成本利益分析,并不是所有的改进都被采纳。通常仅限于要求非常长的循环寿命和/或湿寿命,或对安全性要求非常高的应用场合。

最近的一些集中在负极和隔膜上的工作(没有在表 25.9 中列出)非常有成效。简要描述如下。

① 使用氧化铋作为锌电极添加剂来降低"形变",提高容量保持能力和电池的循环寿命[25]。这些相对便宜的添加剂与铅、镉氧化物共同使用,含量为 1%～10%(最佳值为 2.5%～5%),可提高循环寿命约 60%。

② 现行锌负极的制备方法主要为涂膏或刮浆法,然后进行化成,而如 25.3.2 节所描述。这种方法过程复杂、人力、能量消耗大。并且需要连续的监控来避免问题的发生,如添加剂和/或黏结剂混合不完全及负极再氧化。

为解决上述问题开发了下述方法,包括:锌粉与添加剂干粉混合,或更可取的是购买预先合金化的或预先混合好的粉末;加入黏结剂;干燥(除去的水的量仅是涂膏和化成过程用水的一小部分);研磨至粒径合适。采用该锌粉制备 12A·h 的电池,取得了非常好的结果,其中寿命提高 200%。放大的 190A·h 电池用于 MK30 型靶雷,其结果如图 25.24 所示。该类电池的性能优于 100% 采用化成极板的标准电池。

③ 新型聚合物、纳米技术和被称为基体材料[27]的凝胶剂已应用于锌负极,这些材料被证明可降低形变和析气使电极稳定。

④ 这些年来许多新型隔膜被评价,用于替代玻璃纸作为银电池主隔膜以提高湿寿命和

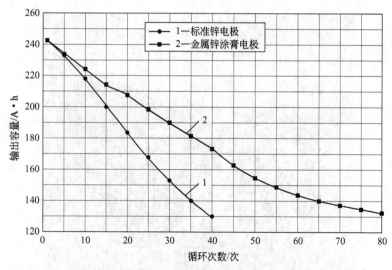

图 25.24　采用金属锌涂膏电极和化成锌电极的 LR190DC 电池的循环特性

循环寿命。

　　其中 AMS 开发的柔性碱隔膜（FAS）是在聚烯烃微孔膜上复合二氧化钛微粒，该隔膜具有很强的高温抗 KOH 溶液能力，形貌稳定、阻抗低，采用该隔膜的 12A·h 电池的有限测试结果取得令人鼓舞的结果。

表 25.9　锌/银电池主要组分的最新研究进展汇总

开发领域	优　点	缺　点
锌电极		
增加锌/银质量比	延迟了容量衰减	输出与额外投入的材料不成比例；体积比能量降低
增大负极尺寸	降低了易于变形的极板边缘的电流密度	体积比能量降低
波状外形的负极	强化了腐蚀最严重的区域	体积比能量降低；成本高
PTFE 黏结剂	减小形变和枝晶生长；提高低温性能	成本高；难以分散均匀；有可能影响正常的电极反应
钛酸钾纤维	减小形变和枝晶生长；减少了直接短路的可能性	成本较高；制造过程有毒；实用性有限
铅、铅/镉、铋替代汞作为添加剂	减小了直接短路时对人身健康和设备的危害；提高了容量保持能力	性能数据不足
隔膜		
无机隔膜	抗 150℃高温；抗氧化银和电解质的侵蚀	电解质阻力大；笨重，难以操作；成本高
纤维素膜在分子中含金属基团	提高了抗氧化银和电解质的侵蚀的能力；延长了循环寿命	成本较高
微孔聚丙烯膜	证明抗电解质的腐蚀	成本更高
聚烯烃隔膜/无机填充物	循环寿命显著提高	高成本；需要进一步研发
内隔膜		
正极：石棉	阻止或减少大量的短路；阻银剂	笨重；和氧化银反应；含铁可能会污染电池；制造过程有毒
氧化锆	降低了电池制造过程对人身健康的危害	成本更高
负极：钛酸钾衬里	降低了锌电极的变形；降低了事故和大量短路的发生	笨重；体积比能量降低；成本较高；制造过程有毒

续表

开发领域	优点	缺点
氧化银电极		
精确控制粒度分布	提高了对电池电压和容量的控制	
电池壳体及其他重要材料		
新型塑料壳体和盖（如改性 PPO、聚砜）	适合高温使用；更好的力学性能	成本高
新型黏结剂	高温下更有效；符合 EPA（美国环境保护局）的要求	

参 考 文 献

1. A. Volta, *Phil. Trans. R. Soc. London* 90：403 (1800).

2. S. U. Falk and A. J. Salkind, *Alkaline Storage Batteries*, Wiley, New York, 1967.

3. H. André, *Bull. Soc. Fr. Electrochem.* (6th ser.) 1：132 (1941).

4. H. André, U. S. Patent 2, 317, 711 (1943).

5. J. T. Brown, "Iron-Silver Battery—A New High Energy Density Power Source," Westinghouse Corp., Rep. 77-5E6-SILEL-RI, 1977.

6. "Design & Cost Study, Zinc/Nickel Oxide Battery for Electric Vehicle Propulsion, Yardney Electric Corp., Final Rep., Contract 31-109-38-3543, Oct. 1976.

7. R. Serenyi, "Recent Developments in Silver-Zinc Batteries," Yardney Electric Corp., Internal Rep. 2449-79, Oct. 1979.

8. G. W. Work and P. A. Karpinski, "Energy Systems for Underwater Use," *Marine Tech. Expo. Int. Conf*, New Orleans, LA, Oct. 1979.

9. A. Himy, "Substitutes for Mercury in Alkaline Zinc Batteries," *Proc. 28th Annual Power Sources Symp.*, 1978, pp. 167-169.

10. R. Serenyi and P. Karpinski, "Final Report on Silver-Zinc Battery Development," Yardney Electric Corp., Contract N00140-76-C-6726, Nov. 1978.

11. "Medium Rate Rechargeable Silver-Zinc 850 Ah Cell," Eagle-Picher Industries, Final Rep., USN Conract N00140-76-C-6729, Mar. 1978.

12. R. Einerhand, W. Visscher, J. de Goeij, and E. Barendrecht, "Zinc Electrode Shape Change," *J. Electrochem. Soc.* 138：7-17 (Jan. 1991).

13. K. Choi, D. Bennion, and J. Newman, "Engineering Analysis of Shape Change in Zinc Secondary Electrodes," *J. Electrochem. Soc.* 123：1616-1627 (Nov. 1976).

14. K. Bass, P. J. Mitchell, G. D. Wilcox, and J. Smith, "Methods for the Reduction of Shape Change and Dendritic Growth in Zinc-Based Secondary Cells," *J. Power Sources* 35：333-351 (1991).

15. A. Charkey, "Long Life Zinc-Silver Oxide Cells," *Proc. 26th Ann. Power Sources Symp.*, 1976, pp. 87-89.

16. V. D'Agostino, J. Lee, and G. Orban, "Grafted Membranes," in A. Fleischer and J. Lander (eds.), *Zinc-Silver Oxide Batteries*, Wiley, New York, 1971, Chap. 19, pp. 271-281.

17. C. P. Donnel, "Evaluation of Inorganic/Organic Separators," Yardney Electric Corp., Contract NAS3-18530, Oct. 1976.

18. H. A. Frank, W. L. Long, and A. A. Uchiyama, "Impedance of Silver Oxide-Zinc Cells," *J. Electrochem. Soc.* 123 (1)：1-9 (Jan. 1976).

19. J. C. Brewer, R. Doreswamy, and L. G. Jackson, "Life Testing of Secondary Silver-Zinc Cells for the Orbital Maneuvering Vehicle," *Proc. 25th IECEC*, Reno, NV, Aug. 1990.

20. "Evaluation of Silver-Cadmium Batteries for Satellite Applications," Boeing Co., Test D2-90023, Feb. 1962.

21. A. P. Karpinski and J. A. Patten, "Performance Characteristics of Silver-Zinc Cells for Orbiting Spacecraft," *Proc. 25th IECEC*, Reno, NV, Aug. 1990.

22. A. Fleischer and J. Lander (eds.)，*Zinc-Silver Oxide Batteries*. Wiley，New York，1971.

23. R. Serenyi，U. S. Patent 5，773，176.

24. A. P. Karpinski，B. Makovetski，S. J. Russell，J. R. Serenyi，and D. C. Williams，"Silver-Zinc：Status of Technology and Applications，" *J. of Power Sources* 80：53-60 (1999).

25. *Proceedings of the* 5th *Workshop for Battery Exploratory Development*，Burlington，VT，July 1997，pp. 153-157.

26. *Proceedings of the* 38th *Power Sources Conference*，Cherry Hill，NJ，June 1998，pp. 175-178.

27. M. Cheiky et al.，U. S. Patent 6，582，851B2.

第 **26** 章

锂离子电池

Jeff Dahn, Grant M. Ehrlich

26.1 概述

锂离子电池是采用储锂化合物作为正、负极材料构成的电池。当电池循环时，锂离子（Li^+）在正、负极间进行交换。由于电池充电与放电时，锂离子是在正、负极间进行交换，故锂离子电池又称为摇椅式电池。典型正极材料是具有层状结构的金属氧化物，譬如氧化钴锂（$LiCoO_2$）；或者是隧道结构的材料，譬如氧化锰锂（$LiMn_2O_4$），且它们都是以铝作为集流体。典型负极材料是石墨化碳，它也是一种层状材料，采用铜集流体。在充放电过程中，锂离子在活性物质的原子层间空隙位置嵌入或脱嵌。1991 年索尼公司向市场推出世界上第一只锂离子电池，并且当今大多数实用化电池依然采用氧化钴锂 $LiCoO_2$（LCO）作为正极材料。LCO 提供了良好的电性能，它易于制备，有较好的安全性能以及对制造过程与湿度相对来说不是特别敏感。但是近来另一些正极材料已经引入，譬如 $LiFePO_4$（LFP）、$LiMn_2O_4$（尖晶石结构）、$Li(NiMnCo)O_2$（NMC）和 $Li(NiCoAl)O_2$（NCA）。这些材料各具有不同优点，譬如高倍率能力、低成本、高热稳定性、长循环寿命以及/或高容量，因而它们适合于不同的应用。

第一只上市的锂离子电池曾经采用焦炭作为负极材料。随着石墨的改进，工业化生产移向石墨化碳负极材料，这是因为石墨化碳比焦炭具有更好的比容量、循环寿命以及倍率特性。同样，近来 $Li_{4/3}Ti_{5/3}O_4$ 尖晶石（LTO）也已经引入作为负极材料。虽然 LTO 比石墨的质量与体积比容量低，但是它具有更长的循环寿命和良好的热稳定性。2005 年，索尼公司将含纳米结构 Sn-Co-C 合金的负极引入商品电池。现在 Si 基负极材料正在准备进入市场应用，硅与锡基负极材料显示出可使锂离子电池具有更高质量比能量与体积比能量的诱人前景。

锂离子电池市场经过 20 年，从初始的研究与开发走向市场销售，已经取得了极大增长，2009 年达到 40 亿组，2015 年预期将超过 80 亿组，其中特别是在汽车部分获得增长。这一技术已经使其成为具有广泛市场应用的标准电源，而且随着电池性能依然持续得到提高，使锂离子电池成为应用范围越来越多元化的产品。为了满足市场需求，已经发展出一系列设计和形状的产品，包括卷绕圆柱形、卷绕方形、平板或"叠层"方形以及"袋式"（铝塑膜封装）设计，电池容量从小到 $0.1A \cdot h$，大到 $160A \cdot h$。在每种形状中，电池可以采用液体电解质、或聚合物或聚合物胶体电解质。这些电池的应用涵盖消费电子，譬如手机、笔记本计算机和数码相机、电动工具、电动自行车和摩托车以及军事装备。在 2010～2020 年间，锂离子电池新增巨大用户将是驱动车辆。即使在 2009 年，Tesla Motors 就生产出全电的跑车，它采用了 $52kW \cdot h$ 的锂离子电池系统，由 6801 只 18650 型电池构成。一种最有推广价值的里程延长电动车或插电式（Plug-in）混合电动车雪佛兰 Volt，预计采用 $16kW \cdot h$ 锂离子电池块。由尼桑公司、丰田公司、大众公司和比亚迪公司采用锂离子电池的车辆在未来几年将上市，这乃是产业界的惊喜时刻！

锂离子电池相对于其他类型电池的主要优点与缺点汇总于表 26.1。商品电池具有高质量比能量（高达 $240W \cdot h/kg$）和体积比能量（高达 $600W \cdot h/L$），使其特别适合对质量与体积要求苛刻的应用场合。锂离子电池的自放电率低（2%/月～8%/月）、循环寿命长（大于 1000 次）和工作温度范围宽广（充电在 0～45℃，放电在 -40～65℃），这使其可以满足各种类型的应用需求。当今锂离子电池的尺寸和形状选择范围非常宽，并且可以从不同制造商处得到供应。单体电池一般工作在 2.5～4.3V 范围内，近似于镉/镍或金属氢化物/镍电池的 3 倍，因此在满足规定电压值时，只需要较少的电池数量，锂离子电池可以提供高倍率放电能力，在 30C 率下连续放电，或 100C 率下脉冲放电已经成功演示，并且商品电池已具有这种能力。通常制造商可以提供"能量型电池"，其质量比能量与体积比能量达到最高值；也可以提供"功率型电池"，其质量比功率与体积比功率达到最大，而同时保持比其他电池技术有更高的质量比能量与体积比能量。在价格合理与采用密封包装中，实现两者完美的结合已经进一步扩大该电池领域技术的应用范围。

某些锂离子电池的缺点是当放电低于 2V 时，有时会发生衰减。由于它本身不具有水溶液电池的自保护化学机制，当过充电时会发生泄漏。因此锂离子电池需要采用管理电路以及电池机械断开装置，使电池在过充电、过放电或较高温度条件下受到保护。此外，氧化还原反应阻断物，如 3M 公司产品 2,5-二-四丁基-1,4-二甲氧基苯，可以保护 $LiFePO_4$ 基锂离子电池的过充电[1,2]。锂离子电池的其他缺点是其在高温下（65℃）会造成容量不可逆损失。这一点特别是在低倍率下，不如 Ni/Cd 或 Ni/MH 电池。同时，它在低温（<0℃）下快速充电，可能导致不安全。

表 26.1　锂离子电池的主要优点与缺点

优　　点	缺　　点
密封电池；无需维护	中等程度的初始价格
长循环寿命	高温下衰减
宽广的工作温度范围	需要保护电路
长贮存寿命	过充电时，会出现容量损失或可能热失控
低自放电率	电池撞击破裂时，会排气和可能热失控
快充电能力	如果在低温下快充电（<0℃），可能变得不安全
高放电率和高功率放电能力	
高容量和能量效率	
高质量比能量和高体积比能量	
无记忆效应	
可以有较多化学体系供设计选择，显示灵活性	
可以在铝塑膜壳体内制成所谓袋式或聚合物电池	

　　国际电工委员会（IEC）已经提出了锂离子电池和电池组的命名、标志、电性能试验和安全试验的标准，所提出的锂离子电池命名和标志体系对圆柱形电池规定了 5 个数字，对方形电池规定了 6 个数字。对圆柱形电池，头两个数字指直径，以 mm 为单位；后面三个数字指长度，以 1/10mm 为单位。例如，一只 18650 型电池是直径为 18mm，高度为 65mm。相应一只方形电池，头两个数字指厚度，以 1/10mm 为单位；接着的两个数字则表示宽度，以 mm 为单位；最后两个数字表示长度，以 mm 为单位。例如，一只 564656P 方形电池是 5.6mm 厚、46mm 宽和 56mm 长。

　　电池的其他标志，包括表面电池化学体系的标志。但是根据不同制造商的出版物，这些标志并没有完全实现标准化。这大概是由于锂离子电池的化学组成类型太多，其中就包括石墨、Sn-Co-C 或 LTO 负极和 LCO、尖晶石、LFP、NMC 或 NCA 正极。而这些电极材料的混合物也是常常得到应用。例如 E-one Moli 能源公司列出一种 IMR18650 型电池，其中表示出嵌入化合物（I），一种锰基正极（M），并且是圆柱形（R）。中国 BAK（比克）公司列出一种 18650-Fe 电池产品，它是圆柱形，且采用 $LiFePO_4$ 正极。此外，三星（SDI）[3] 列出一系列 18650 型电池产品。例如，ICR 18650-30A 是无指定正极材料的 3A·h 电池（设想是 LCO）；ICR 18650-26D 是采用 NMC 正极材料的 2.6A·h 电池；而 ICR 18650-20F 是一种采用 $NMC/LiMn_2O_4$ 混合物正极的 2.0A·h 电池。

图 26.1　聚合物电池照片

　　最新的 IEC 标准对命名、性能和安全指导等提供详细信息。同时，ANSI 标准 C18.2M "小型可充电电池和电池组标准"涵盖了小型锂离子电池标准。

26.2　化学原理

　　锂离子电池的电化学活性电极材料是由含锂氧化物或含锂磷酸盐作为正极材料，锂化石墨作为负极材料。这些材料混合导电剂后通过一种黏结剂将其粘接到金属箔集流体上，典型的黏结剂有聚偏氟乙烯（PVDF）、羧甲基纤维素和/或者丁苯橡胶，而典型的导电添加剂有乙炔黑或石墨。在某些设计中，电极表面还涂覆有一薄层诸如 Al_2O_3 的陶瓷材料（厚度约 2μm），用来降低内部短路[4]可能性以提高稳定性。在正极与负极之间使用微孔聚乙烯或聚丙烯隔膜实现电绝缘。自从 1991 年索尼公司将锂离子电池商品化以来，已有许多变化的品种引进市场。例如，在一些聚合物电池中，隔膜是涂覆一层聚合物，它有助于电极与隔膜的紧密结合。另一种聚合物电池是将聚合物单体加入到电解质中，在电池封装之后再实现热聚合。在这种聚合物电池中，正极、隔膜以及负极层是通过聚合物粘接在一起，然后叠在一起构成一个整体装置，通常它可以非常薄，如图 26.1 所示。尽管有这些不同，在聚合物电池中的化学组成通常与圆柱形或方形电池是相同的。

26.2.1 嵌入反应过程

传统锂离子电池的活性物质是基于嵌入反应过程中能可逆地结合锂进行工作，反应本身是一个局部规整反应，反应期间可使锂离子可逆移出和插入到宿主中，而不引起宿主结构发生明显变化。在锂离子电池中的正极材料是金属氧化物，它们要么具有层状结构，或者具有隧道结构。石墨型碳负极材料也具有类似于石墨的层状结构，因此金属氧化物、石墨和其他材料是作为宿主结合作为客体的锂离子，并可逆地形成如"三明治"一样的结构[5]。

$$\text{正极：} \quad LiMO_2 \xrightleftharpoons[\text{放电}]{\text{充电}} Li_{1-x}MO_2 + xLi^+ + xe^-$$

$$\text{负极：} \quad C + yLi^+ + ye^- \xrightleftharpoons[\text{放电}]{\text{充电}} Li_yC$$

$$\text{全电池反应：} \quad LiMO_2 + x/y\ C \xrightleftharpoons[\text{放电}]{\text{充电}} x/yLi_yC + Li_{1-x}MO_2$$

图 26.2 锂离子电池中的电极和电池反应

嵌入材料最早是中国在 2700 年前发现的[6]，但自 20 世纪后半期以来才成为重要的化学研究对象。当今，嵌入化合物构成了从超导到催化的技术范畴的基础。具有普遍应用的嵌入材料包括了石墨[7,8]、层状硅酸盐，如滑石 $[Mg_3(OH)_2(Si_4O_{10})]$[9]、黏土和层状过渡金属卤化物，如 TiS_2[10]。各种电子给予体（包括锂）和电子接收体（如卤族化合物）向石墨中的嵌入已经得到了研究[8,9]。石墨嵌入化合物的范畴是相当宽广的[11]，揭示的化合物既多，又有相当的研究深度。

在锂离子电池领域中一个特别的兴趣是对碱金属向石墨和相关碳材料嵌入的研究，尤其是对 Li_xC_6（$0 \leqslant x \leqslant 1$）的研究[12,13]。当锂离子电池充电时，正极材料被氧化，负极材料被还原。在该过程中，锂离子从正极材料中脱嵌出来，而嵌入到负极材料中，如图 26.2 所示。在该示意图中，$LiMO_2$ 代表金属氧化物正极材料，譬如 $LiCoO_2$，而 C 代表碳类负极材料，譬如石墨。在图 26.2 中，x 与 y 是基于电极材料对锂的摩尔容量。通常 x 约为 0.5，y 是大约 0.16，因此 x/y 大约是 3。放电时则反过来。由于在电池中不存在金属锂，锂离子电池与采用金属锂负极的锂蓄电池相比，其化学反应性更低、更安全并且具有更长的循环寿命。锂离子电池的充放电过程进一步由图 26.3 予以图解说明。在这一图中，层状活性物质覆盖在金属集流体上。

26.2.2 正极材料

在商品锂离子电池中的正极材料采用了嵌锂的金属氧化物或金属磷酸盐作为活性物质。索尼公司推出的第一种锂离子电池产品就是使用了 $LiCoO_2$。Goodenough 和 Mizushima 最早研究了这类材料，并申请了系列专利[14]。近来的电池开始采用更便宜的材料，譬如 $LiMn_2O_4$（尖晶石结构）、$LiNi_{1-x-y}Mn_xCo_yO_2$（NMC）、$LiFePO_4$ 或者采用了更高比容量的材料，譬如 $LiNi_{0.8}Co_{0.15}Al_{0.05}O_2$（NCA）。$LiNi_{1/3}Mn_{1/3}Co_{1/3}O_2$，$LiNi_{0.5}Mn_{0.3}Co_{0.2}O_2$ 和 $LiNi_{0.42}Mn_{0.42}Co_{0.16}O_2$ 是已商品化且最为普通的 NMC 材料系列。对 $LiNiO_2$ 和 $LiNi_{1-x}Co_xO_2$ 材料失去兴趣是因为它的不稳定性，而这种不稳定性是由 NiO 和氧的生成引

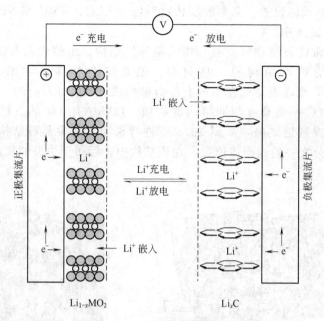

图 26.3　锂离子电池中的电化学过程

起的，并推断它是造成相关电池安全问题的原因[15]。

表 26.2　对锂离子电池正极材料的要求

与锂有高的反应自由能（对金属锂有高的电位）	良好的电子导体
可以结合大量锂	在电解质中不溶解
可逆结合锂时无结构变化	采用不太贵的原料进行制备
高的锂离子扩散速率	可以低成本合成

　　合格的电极材料必须满足一系列要求，如总结在表 26.2 中的内容所述。这些因素引导正极材料的选择和发展。锂离子电池中的锂离子都来源于正极材料。因此，为了能够得到高比容量，材料必须能够结合大量锂；而且材料必须在可逆交换锂时，结构不发生明显变化，由此才可得到长循环寿命、高的容量效率和高的能量效率。为了获得高的电池电压和高的比能量，锂交换反应必须在相对锂较高的电位下进行。由于电池充电或放电时，电子从正极材料移出或返回到正极材料。因此要使该过程可以在高放电率下进行，电子电导率和 Li^+ 在该材料中的迁移率必须要高。但 $LiFePO_4$ 材料是一个例外。在 $LiFePO_4$ 中，足够快的锂离子迁移可以通过具有纳米颗粒尺度的电极

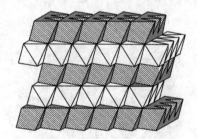

图 26.4　层状 MnO_2 的理想结构

材料得以实现。同时该材料必须与电池中的其他材料有相容性，特别是它必须不溶解于电解质。此外，材料必须是价格可以接受的。而为了降低价格，最好能采用廉价原材料和低成本工艺过程来进行制备。

　　(1) 正极材料的性能　现在已经发展出各种正极材料，其中许多材料已经商品化；而且所有已经商品化的材料都归为三种结构类型中的一种：一种有序的岩盐型结构、一种尖晶石型结构和一种橄榄石型结构。有序岩盐型结构是一种层状结构，其中锂原子、金属原子与氧

原子占据交替层的八面体位置。典型的层状材料包括 LCO、NMC 和 NCA。MnO_2 的理想层状结构表示在图 26.4 中。

尖晶石结构与橄榄石结构都具有三维"框架"结构。虽然尖晶石这个名称可用于诸如 $LiMn_2O_4$ 的具有相同结构的一些材料，但是这个名称在学术上却是指矿物质（$MgAl_2O_4$）。同样，橄榄石结构在学术上是指矿物质（Mg, Fe）$_2SiO_4$，但也可用于诸如 $LiFePO_4$ 与 $LiMnPO_4$ 一类具有相同结构的物质。$LiMn_2O_4$（尖晶石结构）材料基于 λ-MnO_2 的三维框架或隧道结构，如图 26.5 所进行说明。在尖晶石结构中，锂填充到 λ-MnO_2 结构中间八分之一的四面体位置，在该结构中，锰居于中央的氧八面体占据了一半的八面体位置。

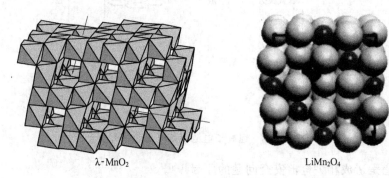

λ-MnO_2 $LiMn_2O_4$

图 26.5　理想的尖晶石型 λ-MnO_2 和 $LiMn_2O_4$ 结构

（其中左图为锰原子居于氧八面体中心的 λ-MnO_2；

右图 $LiMn_2O_4$ 结构中，氧原子为灰色的，锂原子是黑色的）

具有橄榄石结构的材料有以 PO_4 四面体和 FeO_6 八面体的三维框架结构，如图 26.6 所示。在 $LiFePO_4$ 中，Li 原子沿着一维隧道移动。由此设想在这些隧道中的缺陷和杂质可能导致差的倍率能力。

Jonh Goodenough 研究组首次对正极材料的这三类结构进行清晰演示，取得一个十分惊人的成就。他们在 1980 年的《材料研究公报》（《Materials Research Bulletin》）发表了题为"Li_xCO_2（$0 \leqslant x \leqslant 1.0$）；一种新的具有高比能量电池的正极材料"的文章[16]，介绍了层状材料。接着又在材料研究公报[17]发表了题为"锂离子在锰尖晶石中的嵌入"的文章，介绍了尖晶石材料。橄榄石结构材料则在"磷-橄榄石作为可充电锂电池正极材料"一文[18]中给予介绍。这三篇文章在 2009 年 12 月 20 日前，已经分别被引用 843 次、653 次和 1044 次之多。Jonh Goodenough也因为他的这些成就获得的众多重要奖项，取得大家的认可。这些奖励包括 2000 年日本奖和 2009 年 Enrico Fermi 奖。而这些奖项是对其研究组对所有锂离子电池正极材料研究工作的肯定。

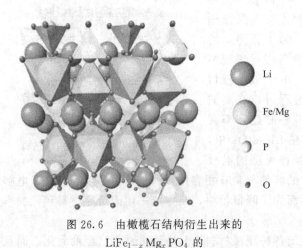

Li

Fe/Mg

P

O

图 26.6　由橄榄石结构衍生出来的

$LiFe_{1-x}Mg_xPO_4$ 的

晶体结构

（其中，FeO_6 八面体与 PO_4 四面体被展示）

表 26.3 几种正极材料的性能

材料	质量比容量 /(mA·h/g)	中点电压 (相对锂, $C/20$)/V	评价
$LiCoO_2$	155	3.9	目前依然是最常用的,Co 很贵
$LiNi_{1-x-y}Mn_xCo_yO_2$ (NMC)	140~180	约 3.8	较 $LiCoO_2$ 安全与便宜
$LiNi_{0.8}Co_{0.15}Al_{0.05}O_2$	200	3.73	安全与 $LiCoO_2$ 相当,质量比容量高
$LiMn_2O_4$	100~120	4.05	较便宜,比 $LiCoO_2$ 安全,高温稳定性差(但研发改进中)
$LiFePO_4$	160	3.45	制备在惰性气氛下导致成本增加,非常安全,低体积比能量
$Li[Li_{1/9}Ni_{1/3}Mn_{5/9}]O_2$	275	3.8	高比容量,研发阶段,较低的倍率能力
$LiNi_{0.5}Mn_{1.5}O_4$	130	4.6	需要对高电压稳定的电解质

普通正极材料的电压和容量总结在表 26.3 中。在最通常使用的正极材料中,$LiCoO_2$(图 26.7)具有高的质量比容量 155mA·h/g 和高的放电平台,相对锂为 3.9V。NMC 材料具有相同的结构,并提供与 $LiCoO_2$ 基本相当的性能,但是其好处是原材料成本降低;滥用时的热稳定性提高[19]。$LiNi_{0.8}Co_{0.15}Al_{0.05}O_2$(NCA)材料可提供更高的质量比容量,高达 200mA·h/g;但平台电压比 $LiCoO_2$ 或 $LiMn_2O_4$ 降低约 0.2V。近来,采用特殊包覆来提高层状正极材料对充电至更高电压的耐受性。有一些商品电池已经采用了包覆正极材料,其性能超过表 26.3 所列出的值。尖晶石 $LiMn_2O_4$ 也已经有商业应用,特别是应用于价格敏感或要求对滥用时显示优异稳定性的场合。与采用 $LiCoO_2$ 或 NCA 相比,$LiMn_2O_4$ 有较低的质量比容量 100~120mA·h/g;稍高的电压,相对锂 4.0V;其贮存或循环时有较高的容量损失,特别是在高温下格外明显。$LiFePO_4$ 的质量比容量大约为 160mA·h/g,相对锂的平均电压为 3.45V。充电状态或放电状态的 $LiFePO_4$ 在 350℃ 以下都不与电解质发生反应。$LiFePO_4$ 的缺点就是其质量比容量低和包装效率低(低的振实密度),由此很难生产出具有高能量密度的 $LiFePO_4$ 电池。

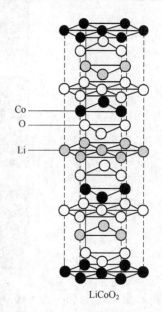

Co ——
O ——
Li ——

$LiCoO_2$

图 26.7 理想的层状 $LiCoO_2$ 结构
(斑点状的是 Li,白色的是 O,黑色的是 Co)

已经有几种新型正极材料有可能在下个十年内得到推广应用,其中之一就是 $Li[Li_{1/3-2x/3}Ni_xMn_{2/3-x/3}]O_2$($0 \leqslant x \leqslant 0.5$)材料[20]显示出稳定的质量比容量,在 x 约为 1/3 时高达 275mA·h/g。同时,还有正在发展的诸如 $LiNi_{0.5}Mn_{1.5}O_4$ 的"5V"材料。近来对这些材料的改进包括了降低不可逆容量损失和提高倍率能力[21]。

(2)正极材料的物理性质 正极材料的粒度分布、颗粒形状、比表面积和振实密度在对锂离子电池性能起着重要的作用。这是因为粒度决定了固体扩散路径长度,由此粒度分布控制了倍率特性。同时粒度分布与比表面积控制应用于涂覆电极浆料。对于含锂过渡金属氧化物而言,其颗粒比表面积也控制充电材料与电解质在较高温度下的反应活性。这是因为在正极材料颗粒与电解质之间相互作用是发生在颗粒的表面上,因此应该减小表面积能使材料更安全。最后一点,材料的振实密度乃是一个压制后电极最终密度的有用指示值:具有高振实密度的材料通常可以得到高密度电极。在这一节,对几种商品正极材料的物理性质予以介绍。

Wang 等[22]评述了 $LiCoO_2$、$LiNi_{1/3}Mn_{1/3}Co_{1/3}O_2$、$LiNi_{0.42}Co_{0.16}O_2$ 和 $LiNi_{0.8}Co_{0.15}Al_{0.05}O_2$ 的性质。图 26.8 显示出这些材料的 SEM 电镜图片。$LiNi_{0.8}Co_{0.15}Al_{0.05}O_2$ 的两个样品是由日本 Toda Kogyo 公司得到的，$LiNi_{1/3}Mn_{1/3}Co_{1/3}O_2$、和 $LiNi_{0.42}Co_{0.16}O_2$ 两个样品是由 3M 公司获得的，而 $LiCoO_2$ 来自加拿大 E-one Moli 公司。

$LiCoO_2$ 一般有非常光滑的表面，而 NMC 与 NCA 一般却有粗糙的表面，如图 26.8 和图 26.9 所示。图 26.9 左面显示出 $LiCoO_2$ 颗粒高清图像，材料是由湖南瑞翔新材料公司制造的；而右面显示出由 3M 公司制造的 NMC 材料。

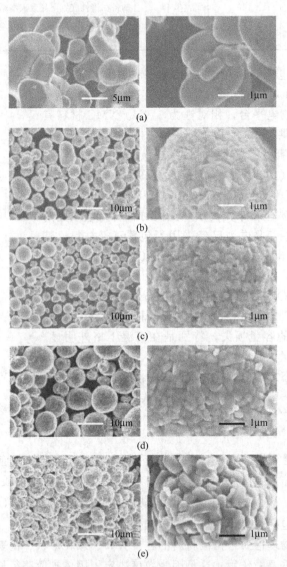

图 26.8　几种正极材料在两种放大倍数下的扫描电子显微镜图谱[23]

(a) $LiCoO_2$；(b) $LiNi_{0.80}Co_{0.15}Al_{0.05}O_2$（样品 1）；(c) $LiNi_{0.80}Co_{0.15}Al_{0.05}O_2$（样品 2）；
(d) $LiNi_{1/3}Mn_{1/3}Co_{1/3}O_2$；(e) $LiNi_{0.42}Mn_{0.42}Co_{0.16}O_2$

图 26.10 显示了 $LiFePO_4$ 和 $LiMn_2O_4$ 的 SEM 影像，这两种材料都是湖南瑞翔公司制造的。$LiFePO_4$ 显示具有非常小的粒度，以适应锂离子在该材料中的低扩散速率，而由于锂离子在 $LiMn_2O_4$ 有较快的扩散速率，$LiMn_2O_4$ 可以制备成较大的颗粒尺寸。

图 26.9　$LiCoO_2$ 和 NMC 的扫描电子显微镜图谱

　　为了理解 $LiCoO_2$、NMC、NCA、$LiFePO_4$ 与 $LiMn_2O_4$ 的颗粒形状与尺度，就必须了解这些材料是如何合成的。$LiCoO_2$ 是易于通过氧化钴或碳酸钴与碳酸锂或氢氧化锂的混合物，在 700～1000℃ 的空气气氛中烧结制得。目前有许多不同的 $LiCoO_2$ 制备方法[24]，但是通常这种材料是采用 Li：Co 化学计量比 1：1 或稍微过量一点的 Li（0～5％）得到的，$LiCoO_2$ 的烧结非常快，使得颗粒包含了大的具有光滑表面的单晶体（参见图 26.8 和图 26.9 对应 $LiCoO_2$ 的扫描电镜图），其在烧结温度下其晶体生长缩短至 1h。

图 26.10　湖南瑞翔（Reshine）$LiFePO_4$ 与 $LiMn_2O_4$ 产品的扫描电子显微镜图谱

　　$LiMn_2O_4$ 材料可以采用通用表达式 $Li_{1+x}Mn_{2-x-y}M_yO_4$，其中 M 是替代原子，例如可以是 Al 或 Ni。x 通常是 0.07，而 y 是大于或等于 0。科学研究人员采用的典型制备方法曾由 Ohzuku 研究组首次予以发表[25]，他们由电解二氧化锰（EMD）、Li_2CO_3、$Al(OH)_3$ 以及硼酸（H_3BO_3）制备了氧化铝锰锂（LAMO）。其中，加入硼酸是改善颗粒生长与烧结。将适当量的初始材料与水混合成含有颗粒度在 1μm 以下的浆料，接着在 250℃ 下进行喷雾干燥。所得到的粉末在空气中加热至 900℃，保持 12h，再降至 650℃，保持 24h。反应产物用 95℃ 的热水洗涤除去硼的氧化物，然后在 200℃ 空气中干燥 16h。除了要实施简化与降低成

本外，可以相信工业规模的合成过程是类似的。如果是采用 EMD 作为含锰的前驱体，EMD
颗粒的形貌特征通常是保留在产品中的，如图 26.10 所示。

　　NMC 和 NCA 材料有赖于过渡金属层中各种阳离子的均匀分布（图 26.7），确保达到这
一状态的最通常方法，是采用混合的过渡金属氢氧化物或碳酸盐前驱体，其中各种阳离子以
原子状态完美地混合在一起。这种前驱体通常是将混合的金属硫酸盐置于一种碱或碳酸盐里
沉积得到。用这种工艺路线得到的前驱体形成了由众多一次颗粒组成的球形团聚体，使得其
表面粗糙化。这种球形前驱体的粒度与振实密度可以在沉积过程通过 pH 值、温度以及氨的
浓度调节来实现[26,27]。通过烧结混合的过渡金属氢氧化物前驱体与碳酸锂就制得氧化物，
而且前驱体具有的球形与粗糙表面都保留在所得到的 NMC 和 NCA 氧化物上，如图 26.8 和
图 26.9 所示。

　　$LiFePO_4$ 不同于层状氧化物和尖晶石材料，它必须在惰性气氛中合成以阻止所希望的
二价铁氧化成三价铁。对惰性气氛的要求增加了工艺的复杂性，也提高所得到材料的成本。
此外，$LiFePO_4$ 初级粒子要小于 500nm，才能保障材料具有足够的倍率性能。如图 26.11
所示，一种 $LiFePO_4$ 商品材料具有 100nm 至大约 500nm 的粒度（Phostech Lithium Life
Power® P2 级 "$C-LiFePO_4$"，一种热解碳和 $LiFePO_4$ 的复合物）。

图 26.11　Phostech Lithium Life Power® P2 级

$LiFePO_4$（"$C-LiFePO_4$"）的扫描电镜影像

（a）显示出 100～300nm 的初级粒子尺寸；（b）显示出热解碳在 $LiFePO_4$ 颗粒上的涂覆（即"沉积"）

　　较便宜的 $LiFePO_4$ 一般是由 Fe^{3+} 前驱体制得，它在合成过程还原至 Fe^{2+}。这一还原
可以采用称之碳热还原[28]的简单方法实现，这是因为 $LiFePO_4$ 在较高温度下与碳接触依然
是稳定的（对层状氧化物或尖金石材料就不行，因为在较高温度下，它们可以被碳还原）。
因此，碳热还原合成可以方便地在 $LiFePO_4$ 颗粒表面得到一薄层碳。Ravet 等表明
$LiFePO_4$ 颗粒表面上的这一薄层碳涂覆层可提高电导率和倍率能力[29]。前面介绍的诸如
Phostech "Life Power® P2 级" 商品 $LiFePO_4$ 事实上是由有机前驱以类似的热解法得到
的，但是工艺上还是有所差异。

　　表 26.4 比较了不同制造商的正极材料的某些物理性质，在该表中的数据是相应表中所
列材料的典型值。所有氧化物材料都具有低的比表面值，一般都低于 $1.0m^2/g$，而且最好
低于 $0.5m^2/g$，这样有利于在热滥用条件下降低其与电解质的反应。$LiFePO_4$ 对热滥用更
加稳定，因此为增加倍率特性，这种材料可以具有更高的比表面积。但是，$LiFePO_4$ 典型
的低振实密度与高比表面积也导致这类电池的低能量密度。

表 26.4　不同正极材料的物理性质[30]

材　　料	制造商	比表面积 /(m²/g)	振实密度 /(g/mL)	平均粒度 (d_{50})/μm
LiCoO₂(R757)	瑞翔	0.4～0.75	2.1～2.9	6.5～9.5
LiCoO₂(R767)	瑞翔	<0.45	>2.5	9.0～14.0
NMC532	瑞翔	0.1～0.4	>2.3	9.0～15.0
NMC111 BC-618	3M	0.26	2.69	10.5
NMC442 BC-723	3M	0.39	2.29	7.8
NCA-01	Toda Kogyo	0.47[30]	N/A	N/A
NCA-02	Toda Kogyo	0.34[30]	N/A	N/A
LiMn₂O₄ TR-LMO-300	Tronox	0.88～1.0	1.5～1.7	6～15
LiMn₂O₄ TR-LMO-100	Tronox	0.5～0.7	2.0～2.4	10～30
LiFePO₄(RF-100)	瑞翔	<16	>0.8	2.5～5(团聚)
LiFePO₄(P2)	Phostech	12～18	N/A	0.5～1.0(团聚)
NCA(N95)	贝特瑞	0.4～0.9	>2.2	8～12

注：$NMC111 = LiNi_{1/3}Mn_{1/3}Co_{1/3}O_2$；$NMC442 = LiNi_{0.42}Mn_{0.42}Co_{0.16}O_2$；$NCA = LiNi_{0.8}Co_{0.15}Al_{0.05}O_2$。

（3）正极材料的电化学性质　图 26.12 显示出一只 Li/LiCoO₂ 电池和一只 Li/石墨电池的电位与比容量关系曲线，其中 Li/石墨电池的比容量坐标数值被除以 2。通常研究工作者测试锂离子电极都是相对于金属锂确定比容量、微分容量以及充放电循环寿命。一旦这些初步结果是诱人的，那么就可以采用其按适当比率的该活性物质做成电极，进而制成完整的电池。

例如，在图 26.12 中，石墨的质量比容量大约是 350mA·h/g，而 LiCoO₂ 的质量比容量（至 4.2V）是大约 140mA·h/g，由此在一只锂离子电池中石墨在负极单位面积上的量是 LiCoO₂ 包含在正极单位面积上量的大约 50%。此外，一般有过量 10% 的石墨加到负极上，以保证不会出现锂枝晶的析出，如图 26.12 所说明。锂离子电池的电压可以在选定的荷电状态下由图 26.12 上曲线间的电压差计算得出。如果充电至更高的电位，LiCoO₂ 可以输出更多容量，例如在 4.3V 下，质量比容量约 155mA·h/g。但是这也许需要对材料进行包覆处理和/或者用其他元素掺杂，以便在高电压下避免产生对循环寿命与热稳定性的不利影响。

图 26.13 表示出尖晶石 LiMn₀.₅Ni₁.₅O₄、尖晶石 LiMn₂O₄ 基的氧化铝锰锂（LAMO，含 Al 以及过量 Li）、LiNi₁/₃Mn₁/₃Co₁/₃O₂（NMC111）、LiFePO₄ 以及尖晶石 Li₄/₃Ti₅/₃O₄（一种潜在的负极材料，也写为 Li₄Ti₅O₁₂）的电位与比容量关系曲线。图 26.13 显示在所有正极材料中，LiMn₀.₅Ni₁.₅O₄ 具有最高的电位；LiFePO₄ 具有最低的电位；LAMO 的比容量最低。而如图 26.13 所示，如果充电至 4.6V，NMC111 能提供非常高的质量比容量，200mA·h/g。然而综合考虑容量与循环寿命两个因素，一般 NMC 材料只充电至 4.3V，此时其比容量与 LiCoO₂ 接近。

多数这类电极材料显示出与金属-绝缘体转变、堆叠重排以及在有效位置内嵌入锂的排列相关联的物理与化学特性。其中，最著名的是 Li/Li$_x$CoO₂ 电池在 $x = 1/2$ 时出现的微分容量特征，它是由于锂原子在晶体结构的轴方向的排列位置而引起的[32,33]。

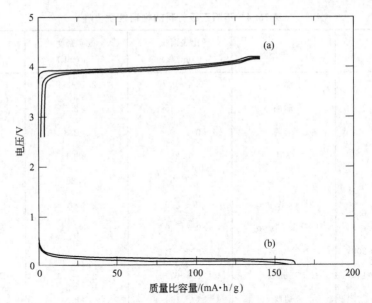

图 26.12　Li/LiCoO₂ 电池和一只 Li/石墨电池的电压与质量比容量关系曲线

（Li/石墨电池的质量比容量坐标数值被除以 2[31]）

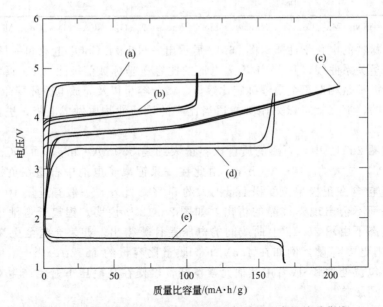

图 26.13　几种锂离子电池材料的电压与质量比容量关系曲线

(a) 尖晶石 LiMn₀.₅Ni₁.₅O₄；(b) 尖晶石 LiMn₂O₄ 基的氧化铝锰锂

（LAMO，含 Al 以及过量 Li）；(c) LiNi₁/₃Mn₁/₃Co₁/₃O₂ （NMC111）；(d) LiFePO₄；

(e) 尖晶石 Li₄/₃Ti₅/₃O₄ （一种潜在的负极材料）

图 26.14 展示了 Li/LiCoO₂ 电池的微分容量与电位的关系曲线。局部最小的微分容量位于 4.14V 处 （在 Li_xCoO_2 中，$x=1/2$），它是对应于 Li 沿着在图 26.7 的锂层中的第二行有序排列；在边上的两个小峰则对应于有序与无序相的转换。由于镍的取代或者引入过量的锂，即使是百分之几的原子比例，中断的 Co 层就可破坏有序与无序的转变，导致微分容量图上 （dQ/dV 相应于 V） 的特征峰消失。一些商品级 LiCoO₂ 材料就没有显示这种有序与无序转变的特征。

有大量研究曾经集中于改善尖晶石 $LiMn_2O_4$ 的性能。已经确认在 $Li_{1+x}Mn_{2-x}O_4$ 中有过量 Li 以及其他取代物，诸如 Al 和/或 Ni 可以改善尖晶石材料的循环性能，尤其是在较高温度下的循环性能。图 26.15 展示出由 Whittingham 所写的评论性文章[34]中的数据。其所给出的结果清楚阐明材料中过量锂对降低容量损失速率的重要影响，材料的比容量过量随 Li 的加入而下降。Ohzuku 等[35]表明了加入铝可以改善尖晶石材料充放电循环性。他们特别推荐的 LAMO 材料具有晶格常数 $a = 8.211Å$ 和质量比容量接近 $110mA \cdot h/g$。图 26.16 比较了 LAMO 与尖晶石 $LiMn_2O_4$ 的电压-容量曲线。

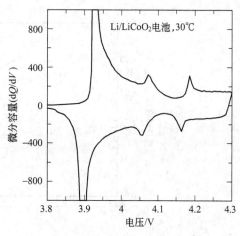

图 26.14 Li/LiCoO₂ 电池的微分容量与电位的关系曲线

（充放电以 0.1C 倍率在 30℃下进行）

图 26.16 表明在一定条件下制备的尖晶石材料可以提供良好的电压-容量曲线。此外，这种材料可以提供长的室温充放电循环寿命。尖晶石材料在较高温度（45℃以上）的容量保持却依然不如 $LiCoO_2$、$LiFePO_4$ 或 NMC。有数百篇报告提及了高温下尖晶石材料的容量衰降原因，Wittingham 和近来的 Fergus[38]分别发表的综述文章，都提供了大量与之相关的参考文献，但是其中许多常常是相互矛盾的。

目前得到的一个共识似乎是：尖晶石在高温下的容量损失是由于 Mn 的歧化和/或电解质在尖晶石表面的反应所致。通过电解质添加剂降低电解质中 HF 与水的含量，在某种程度上使 Mn 的溶解与电解质的不稳定性得到缓解。通过对电极材料的包覆，能明显降低 Mn 的溶解速率以及电解质与尖晶石间的反应速率。作为一个例子，采用 SEM/EDX 对由 Tronix 公司生产的尖晶石 $LiMn_2O_4$ 进行的研究表明，在颗粒表面上覆有稀土（主要是 La）与氟元素后有显著的改善作用。这类方法在科研[39]与生产[40]中被广泛采用。

为了清楚地理解锂离子电池正极容量衰减机理，无论科学界或产业界都已经做出巨大努力。图 26.17 总结了这些机理，可以认为这些具有电化学活性或者是非电化学活性成分，都会对正极性能产生重要影响。其中电解质添加剂与正极表面包覆被认为是减缓这些问题的有效方法。

26.2.3 负极材料

（1）历史回顾 自 20 世纪 70 年代初，嵌入化合物已经被考虑作为锂二次电池的正极材料。然而，整个 20 世纪 70 年代乃至 80 年代初，由于金属锂的高比容量，人们的努力都集中于将锂用于负极的二次锂电池的研制，曾经研制成功具有优异性能的电池，其中一些甚至开始过商业化。但是金属锂电池的安全问题[42,43]使得工业界不得不将注意力转向可以嵌锂的碳材料，以替代金属锂负极[44]。对于采用金属锂二次电池的安全问题，已经清楚地认识到是归咎于电池循环时发生了锂的形貌变化。正如第 27 章所介绍的，负极的安全性能可能与其表面积有关。因此，与金属锂随充放电循环发生变化不同，碳电极在整个使用寿命期间显示稳定的形貌，由此形成良好的安全性能[44]。同时，利用具有低表面积的碳材料，又可以制备出具有适宜自放热速率的电极。

第一种由索尼公司上市的锂离子电池采用了石油焦炭作为负极，焦炭类材料具有较好的质量比容量（$180mA \cdot h/g$）；并且与石墨不同，它能在碳酸丙烯酯（PC）的电解质中稳定

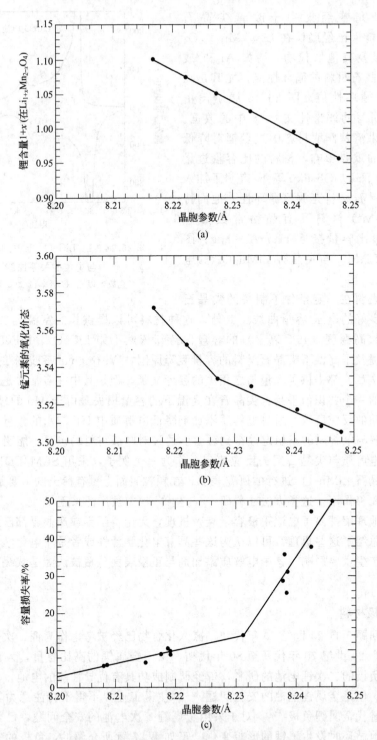

图 26.15 尖晶石 $Li_{1+x}Mn_{2-x}O_4$ 的晶格参数与

(a) 锂含量；(b) 锰的氧化态；(c) 电池前 120 次循环的容量损失率[36]

存在。而石墨材料在电池充电时，PC 分子会同锂离子一起嵌入到其结构中，导致颗粒表层脱落；加入某些添加剂可以稳定石墨结构。焦炭材料的无序性被认为可以保持碳层的稳定，以抑制 PC 存在时的反应或剥离[44]。在 20 世纪 90 年代中期，大多数锂离子电池采用了球

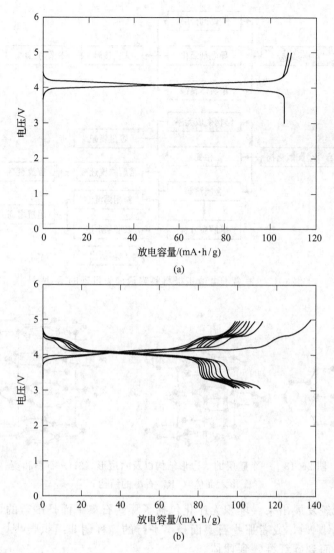

图 26.16 Li/LAMO（a）和 Li/LiMn$_2$O$_4$（b）电池的充放电曲线。
电压区间 3～5V；电流密度是 0.20mA/cm^2，LAMO；0.17mA/cm^2，
LiMn$_2$O$_4$；两种电池皆采用 1mol/L LiFP$_6$-EC/DMC，体积比 3/7[37]

形石墨电极，特别是中间相碳微球（MCMB）。MCMB 碳具有更高的质量比容量（300～350mA·h/g）和低比表面积，因此提供低的不可逆容量和好的安全性质。近来，更多种类的碳材料已经在锂离子电池中用于负极。许多商品电池所采用的合成或天然石墨，其价格非常低，而且通常进行高度石墨化使其可以提供最高的比容量和优异的填充效率。

（2）碳的类型　众多类型的碳材料可以适用于工业要求，但碳的结构极大地影响到其电化学性质，包括锂嵌入容量和电位。碳材料的基本构架是由碳原子排列在一个六面体中的一个平面层，如图 26.18 所示。这些平面层在石墨中以精密方式被堆积起来。在 Bernal 石墨中，最常见的聚合形式为 ABABAB 堆积，被称为六边形或 2H 石墨；以不常见的聚合形式形成的 ABCABC 堆积，则称为菱形六面体或 3R 石墨[5]。

大多数实用的材料包含有无序性，包括 2H 和 3R 堆积以及自由堆积排列，由此区分一种石墨的准确方式就是确定其 2H、3R 和自由堆积的相对比例。具有某一范围堆积无序化

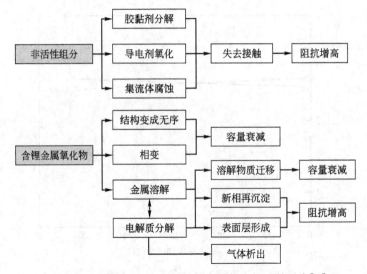

图 26.17　锂离子电池正极材料容量损失机理的示意[41]

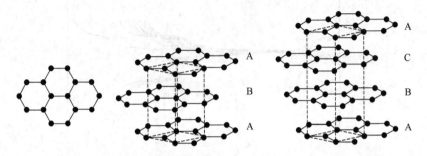

图 26.18　一个碳层的六边形结构以及六边形（2H）石墨和菱
形六面体（3R）石墨的结构

和不同形貌的碳已经发展出来。堆积无序化包括了那些石墨平面是平行的，但发生了移动或转动，称谓乱层位错[45]，或者那些石墨面是不平行的，称谓非组织碳[44]。颗粒形貌可以从天然石墨的平坦平面到碳纤维、到球体。

碳材料可以看成是一个基本结构单元（BSU）的不同聚集体，它由直径为 2nm[46] 的两种或三种平行平面组成。BSU 可以是自由取向的，就形成了炭黑；或定向于一个平面、晶轴或点，就形成一种平面石墨、一种晶须或一种小球体。由于前驱体材料和其加工参数决定了所制备碳材料的性质，因此通过前驱体材料类型的选择，就可以任意得到各种类型碳材料，图26.19 对此进行清晰说明。一般可以通过高温处理（2000～3000℃）石墨化的材料称为软碳。随着热处理温度的上升，石墨化时乱层位错逐渐消失，材料中的应力得到释放[47]。诸如酚醛

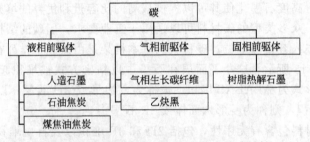

图 26.19　按前驱体的相态进行分类的碳材料

树脂制备的硬碳材料，即使在 3000℃ 下也不可能直接石墨化。焦炭类材料一般由芳香族石油前驱体在约 1000℃ 下制备而得。

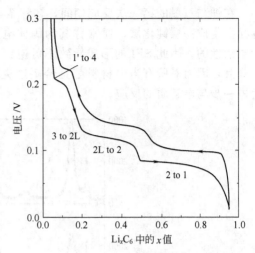

图 26.20　Li/石墨电池的电压曲线，显示石墨嵌锂的各个阶段[47]

（3）碳材料的电化学嵌锂性质和阶段　当锂嵌入石墨时，原先的 ABAB 结构转变成 AAAA 结构，由此观察到不同的电压平台相应于不同晶相的形成[48]。这由图 26.20 可以得到说明，该图显示出 Li/石墨电池以低倍率进行一个完整循环时的电压。采用一种高度有序的石墨材料，组装的 Li/石墨电池以低倍率放电，其放电曲线如图 26.20 所示。其各个嵌锂阶段的物理模型如图 26.21 所示。在该图中可以看到，随着锂嵌入量的增加，在石墨内最终形成"孤立的区域"，替代初期的均匀分布。当达到最大嵌锂量的阶段，即阶段 1，电池电压达到最低，如图 26.21 所示。而当锂从石墨中脱出时，如图 26.20 和图 26.21 所示，更高的阶段形成。

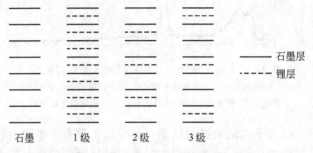

图 26.21　石墨嵌锂的分级示意

石墨碳的比容量是由邻近的处于乱层错位的碳层比例来决定的。曾发现锂不可能在两个平行的乱层错位碳层间嵌入。石墨的比容量 Q 由此可以简单按下式进行计算而得：

$$Q = 372(1-P) \, \text{mA} \cdot \text{h/g}$$

式中，P 是相邻错位层的比例。换一种方式，在 $Li_x C_6$ 中容量（X_{max}）可表示为：

$$X_{max} = 1 - P$$

石墨样品的乱层错位层比例可以通过细致的 X 射线衍射图研究得到。Hang Shi 等编写一个测定 P 值的软件包，按照如图 26.22 所做的说明，可以对测量的衍射图与计算的衍射图进行比较，求出 P 值。当 P 减低时，衍射峰变得更窄，而且有更多的峰出现。

图 26.23 显示锂化石墨的电压-容量关系曲线是如何依赖于处理温度以及 P 值的。为便于观图，这些曲线依次抵消 0.1V。当 P 向 0 接近时，容量不断增加。这些容量的增加可以理解为类似于由于热处理温度增加，使乱层错位减轻的缘故。

表 26.5 提供了在图 26.22～图 26.24 上介绍的石墨碳的结构参数。

图 26.24 表示出列入表 26.5 中的石墨样品以及其他样品相对于不同 P 值的容量。图 26.24 显示出在乱层错位比例与容量降低之间的清晰的线性关系。显然，为了获得最高的比容量，有必要采用具最高度有序排列的石墨碳。此外，颗粒尺寸、比表面积、振实密度、杂质含量以及表面处理也是影响锂在石墨中嵌入特性的重要参数。以下将进一步介绍，还期望碳材料有小的比表面积。

在锂与石墨的第一次反应期间，转移至石墨的某些锂与电解质反应，在电极与电解质交界面上生成一层钝化层，通常称其为固体电解质界面（SEI）。钝化层中含有的锂不再是电化学活性的，因此 SEI 的形成导致不可逆容量（IRC）。这种初始容量损失在第一次循环时十分大，因而对所有当前材料都是希望避免的。一旦 SEI 膜形成，就可以保护石墨表面避免进一步与电解质的反应。

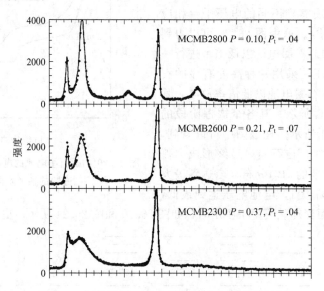

图 26.22　列入表 26.5 中的材料的 X 射线衍射图
（计算得到的实线与测试图极好吻合，用于获得精确的 P 值[49]，
注意：P_t 代表菱形六面体堆积替换六边形堆积的概率）

（4）商品石墨作为锂离子电池负极的性能　选择用于锂离子电池负极材料的石墨粉，其最重要因素包括乱层错位的比例、比表面积、杂质含量与颗粒度以及振实密度。

乱层错位的比例是由参数 P 表征的，它代表了相邻平行层中乱层错位的概率。由于 P 是关联着处理温度与 $d_{(002)}$ 间距（在碳层间的距离，见表 26.5），因此热处理温度和晶格参数通常可以用来表示石墨的特征。如图 26.24 所示，一种石墨的可逆比容量是直接关联 P 值。P 值可以通过提高热处理时间和温度降低，但是这会增加产品成本。

形成 SEI 膜和导致不可逆容量的反应是与比表面积成正比的，Fong 等显示出在比表面积与不可逆容量[51]之间存在线性关系。此外，在滥用条件下，负极与电解质之间的反应性也会随比表面积被扩大[52]，由此建议应该降低比表面积以避免不可逆容量和改善滥用性能。但是，为了得到合适的倍率能力，比表面积又不能太低，因为将会要求较大的颗粒尺寸。虽然石墨是片状材料，中间相与球形或"土豆形"石墨通常是应用于锂离子电池中，这是由于球形几何形状使表面积最低化，同时也降低锂在材料中的扩散路径长度。

表 26.5　由图 26.22～图 26.24 介绍的石墨碳的结构参数

样品	加热温度/℃	$D_{(002)}$/Å	P
JMI	—	3.356	0.05
MCMB2800	2800	3.352	0.10
MCMB2700	2700	3.357	0.17
MCMB2600	2600	3.358	0.21
MCMB2500	2500	3.359	0.24
MCMB2400	2400	3.363	0.29
MCMB2300	2300	3.369	0.37

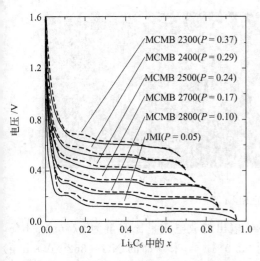

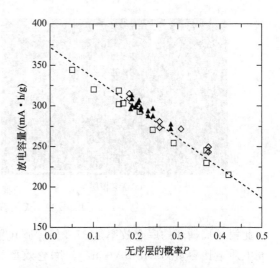

图 26.23　锂化合成石墨样品第二个充放电
循环时的电压-容量曲线如图例说明的,
这些样品曾先加热至不同的温度

(同时注意,该图上的所有曲线都依次抵消了 0.1V[49])

图 26.24　Li/石墨电池的可逆比容量与乱层
错位的相邻碳层比例 P 值的关系[49]

通常在石墨中发现的杂质不一定对电池性能有不利的影响,但对电极却增加了自重。天然石墨就需要经过严格的纯化,以减少杂质含量。

粒度分布与振实密度并不总是与表面积全然分开的,它们控制着材料可以得到完好表面涂层以及在压缩之后具有高密度的能力。制备高密度电极,对于使锂离子电池能量密度最大化十分重要。

近来在锂离子电池石墨材料的进展方面,包括在石墨表面采用碳涂层降低比表面积和抑制剥落。由此可以降低不可逆容量,并提高充电电极材料在电解质中的热稳定性。在石墨制造商中,日本 Toyo Tanso 公司的 Nozaki 等[53]和韩国 Carbonix 公司的 Park 等[54]分别讨论了天然石墨上的涂层应用。图 26.25 展示了有涂层与无涂层的天然石墨的 SEM 照片。

在图 26.26 中的内嵌图显示天然石墨的"崎岖"表面在包覆后变得"光滑",照片的低倍率部分说明涂层没有改变原先颗粒的尺度与形状。

涂层的应用改善了材料的电化学行为,如 Park 等[54]所做的如下阐述:未涂覆的天然石墨(NG)的初始放电质量比容量(嵌入)是 415mA · h/g,而充电质量比容量(脱嵌)是 362mA · h/g,

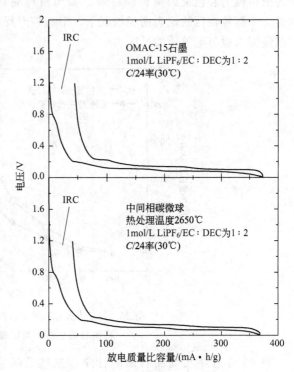

图 26.25　在锂/石墨电池中,石墨电极首次
锂化与去锂化特性曲线

(它展示的不可逆容量是由于石墨表面 SEI 层的形成)

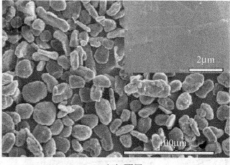

(a) 无包覆层　　　　　　　　　　　(b) 有包覆层

图 26.26　天然石墨的 SEM 照片[54]

由此第一周循环的库仑效率是 87.2％。碳包覆 NG 输出的放电质量比容量为 374mA・h/g，充电质量比容量为 348mA・h/g，库仑效率达到 93.0％。与未修饰的 NG（362mA・h/g）相比，碳包覆 NG 的可逆比容量略有降低。但是碳包覆 NG 在循环效率提高的同时，其不可逆容量大幅由 54mA・h/g 降至 26mA・h/g。碳包覆 NG 的第一次循环库仑效率的提高和不可逆容量降低可归之于 BET 比表面和表面结构上非石墨碳的降低。对未修饰 NG 的 BET 比表面积的测试结果是 $5.67m^2/g$，而碳包覆 NG 仅有 $0.6m^2/g$[54]。

　　也曾采用 DSC 方法对相同的材料在滥用条件下与电解质反应进行测试。在这些测试中，充电态 LiC_6 与电解质一起置于密封的 DSC 坩埚中，然后加热样品，同时检测样品的热流。图 26.27 展示出样品所累积产生热量与温度 T 的关系曲线，所测试的样品是相应图 26.26 中的未包覆的和包覆的两种碳材料。碳包覆样品在 200～350℃ 间显示了较少的热量产生，这是由于颗粒在低的比表面积情况下，形成较厚反应产物的膜，使反应动力学变慢。由此也就减慢嵌入锂与电解质的反应。

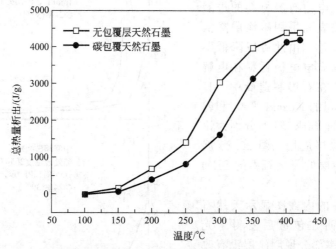

图 26.27　全锂化态的无包覆层和碳包覆天然
石墨总热量析出与温度的关系[54]

　　表 26.6 总结出商品石墨的性质，这些石墨来自世界上不同的制造商。如前面所指出的，这些具有最低比表面积的材料呈现最低的不可逆容量或最高的首次循环效率，而且大多数材料输出接近石墨理论质量比容量的容量值，即 372mA・h/g。表明这些材料的 P 值是近似为零。

表 26.6　锂离子电池用石墨碳负极材料的性能

制造商	标号	振实密度 /(g/mL)	比表面积 /(m²/g)	粒度(d_{50}) /μm	可逆质量比容量 /(mA·h/g)	首次循环 效率/%
贝特瑞	SAG 合成石墨	>1.0	4~5	18~22	>310	>89
贝特瑞	818 天然石墨	>1.1	1~2	17~19	>360	>95
中钢	MGP	1.4	<1.2	22	>330	>90
中钢	CMG-M	>1	<2	16~26	>345	>90
杰能(临沂)	MCMB 高容量	>1.29	<1.0	22~26	>330	>91
恒利德(青岛)	HGS-20	>1	3.5~7.5	20±1	360	>86
杉杉	3H	0.76	3.2	19.5	>355	92.7
Timcal	SLP-50 土豆形	N/A	6.5	21~24	N/A	N/A
Conoco(美国)	G-15	1.1	<1.4	5~12	330	95
大阪煤气	OMAC1.5	1.18	1.3	21.4	356	93.8
Carbonix(韩国)	碳包覆天然石墨	N/A	0.6	N/A	348	93

（5）钛酸锂负极材料 $Li_{4/3}Ti_{5/3}O_4$

① 概述　当要求极长的循环寿命和更好的安全特性时，钛酸锂 $Li_{4/3}Ti_{5/3}O_4$（即 $Li_4Ti_5O_{12}$，但考虑其尖晶石结构，通常写为 $Li_{4/3}Ti_{5/3}O_4$）无疑是锂离子电池用石墨材料的替代物。这是因为钛酸锂（LTO）的电位相对锂是 1.55V，因此其与电解质的反应活性比 LiC_6 与电解质的反应活性要低。然而与石墨相比，在锂离子电池采用 LTO 后，电池电压将降低 1.5V。此外，LTO 的低填充效率，都使得电池的体积与质量比能量都显著降低。因此它比较适合于需要电源极长寿命的固定设备，比如电网能量贮存应用。

对 LTO 初始的一些研究工作是由 Murphy[55]、Dahn[56] 和 Ohzuku[57] 研究组进行的。LTO 具有与锰酸锂相同的尖晶石结构，但是一些锂占据 16d 的金属位置。LTO 是 $Li_{1+x}Ti_{2-x}O_4$，$x=1/3$[56] 固溶体系列中的最后一个成员。

由图 26.13 的曲线（e）展示了 LTO 的电化学行为。其充放电曲线是平坦的，代表两相共存，$Li_{4/3}Ti_{5/3}O_4$ 起始相和 $Li_{4/3}Ti_{5/3}O_4$ 完全锂化的最终相。Ohzuku 等[57] 表明这两相有正好相同的晶格常数，因此嵌入与脱嵌反应进行十分顺畅，没有任何体积变化伴随发生。Ohzuku 称这种材料为"零应变"嵌入电极材料，他和其他研究人员都认为这是 LTO 显示优异循环性能的原因。

② 商品化 $Li_{4/3}Ti_{5/3}O_4$ 材料的特性　LTO（$Li_{4/3}Ti_{5/3}O_4$）是现在已经商品化的一种材料，有一系列的供应商，包括南方化学（德国）、NEI 公司（日本）以及贝特瑞等。图 26.28 比较了贝特瑞与南方化学制造的 LTO 的 SEM 影像图，南方化学的 LTO 材料高倍率

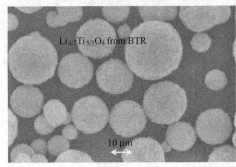

贝特瑞产品　　　　　　　　　　　　　南方化学产品

图 26.28　LTO 的电子显微镜照片

（照片中贝特瑞材料是团聚成球状的颗粒）

电子显微镜照片显示出大约 $9\mu m$ 粒度的团聚体，目前产品的质量比容量一般大约为160 $mA \cdot h/g$，与材料理论极限值170$mA \cdot h/g$非常接近。

表26.7比较不同制造商的几种标号LTO的性能。其中两种南方化学标号产品之间的比较显示该材料高比表面积对取得高倍率能力的重要意义，这一影响在图26.29中的半电池数据得到进一步说明。此外，LTO材料格外地稳定并可以进行数千次循环，如图26.30所示。

表 26.7　不同制造商的 $Li_{4/3}Ti_{5/3}O_4$ 产品的性能

制造商	标号	$d(50)$ /μm	比表面积 /(m^2/g)	振实密度 /(g/mL)	质量比容量（1C 率下） /$(mA \cdot h/g)$	质量比容量 /$(mA \cdot h/g)$
南方化学	EXM1979	9	10	0.65	160	150(20C 率放电)
南方化学	EXM 1037	2.3	3	1.25	150	60~80(20C 率放电)
贝特瑞	LTO 负极材料	约 10	N/A	N/A	约 165	N/A
杰能	LTO	0.7	11	1.03	>160	N/A

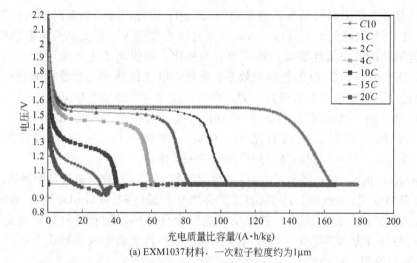

(a) EXM1037材料，一次粒子粒度约为1μm

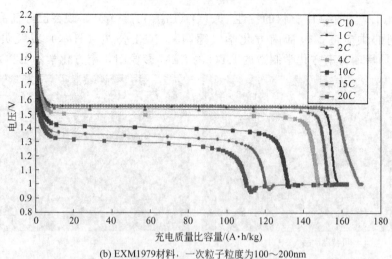

(b) EXM1979材料，一次粒子粒度为100~200nm

图 26.29　南方化学的两种 LTO 产品在不同倍率下的充电容量曲线

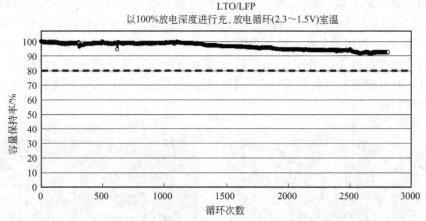

图 26.30　LFP/LTO 电池的循环寿命
（采用南方化学的 EXM1037LTO 以 $1C$ 率循环，100%DOD）

（6）含 Sn 和 Si 的负极材料

① 概述　在过去的 10 年，有关锂离子电池用含 Sn 和 Si 负极材料的研发工作已经开展很多。这是因为 Si 和 Sn 可以使电池具有比采用石墨更高的体积与质量比能量。但是在这方面，只有索尼公司实现规模生产含 Sn 负极材料的锂离子电池。到目前为止，还没有一家公司实现采用 Si 基负极材料的锂离子电池商业化。但是可能在 2010～2020 年间，会出现许多电池采用这些材料，因此这里应该值得花一点时间来讨论这些材料。例如松下公司宣布 2013 年推出 4.0A·h 18650 型电池，其中将采用 NCA/Si 基合金电池化学体系。

图 26.31 展示不同金属锂合金的质量与体积比容量，并用石墨的数据进行对比。该图清楚说明为何从石墨向合金基负极材料转变是有吸引力的。但是所有的合金当与锂反应时，都会经历大的体积变化（高达 280%）。因此，对这些电极材料设计与电极结构设计都遇到许多挑战，其中部分已得到克服。

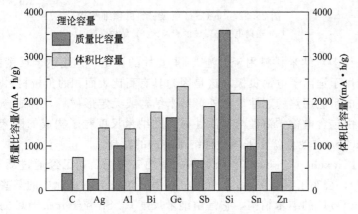

图 26.31　锂合金和 LiC_6 的质量与体积比容量比较
（材料的体积比容量是基于完全锂化体积计算得出的）

对几乎是商品化可行的 Si 基与 Sn 基负极材料发展路径介绍超出本章范围。不过，Todd 等[58]所做的最新综述以及近来由 Obrovoc 等[59]发表的文章分别阐述能够成功使 Sn 与 Si 的合金制成电极材料与电极的策略。低价氧化硅（SiO_x，其中 x 约为 1），是被广泛考虑作为高容量负极的另一种材料，Si—O 是由在 SiO_2 母体中的纳硅粒子构成的。按照 Shin-

Etsu 公司近期的专利申请，SiO_x 可以通过气相沉积从硅与 SiO_2 粉末加热到高温得到。尽管 SiO_x 具有类似于合金材料的质量与体积比容量，但是它却显示高的不可逆容量损失（约50%），原因是由于初始锂化时生成氧化锂或硅酸锂[60]。为了补偿由如同 SiO_x 这样的材料形成的高不可逆容量损失，FMC 公司已经开发出一种在空气中稳定的金属锂粉（SLMP）。电池装配时，有可能将它与负极结合在一起。但是还要看一下，主要电池制造商对这种方法是否会予以接受。

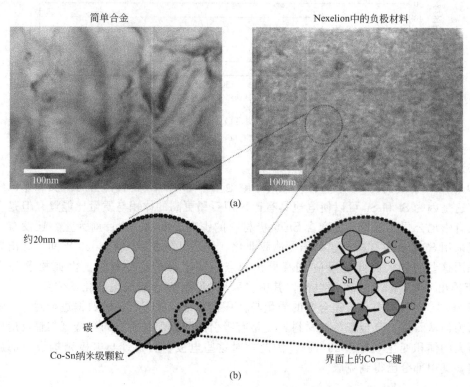

图 26.32　Sn-Co-C 负极材料的微细结构

(a) 透射电子显微镜的影像；(b) 结构模型[63]

虽然近来有许多对纳米材料用于电池[61]重要性的评论，但是纳米尺度的 Si 基与 Sn 基粒子并未看好应用于锂离子电池负极，这是因为具有高比表面积的负极材料显示极高的不可逆容量，以及差的耐滥用热稳定性。另外，纳米结构或无定形材料，譬如合金或 SiO_x 是十分实用的，后者由包含电化学活性与非活性材料的纳米尺度粒子构成的微米尺度的大颗粒。索尼公司的 Nexelion 电池里就是采用一种纳米结构的材料。

② 索尼公司 Nexelion Sn-Co-C 负极材料的特性　索尼公司已经通过新闻发布会、会议以及日语期刊[62]，公布了其有关 Sn 基负极材料用于 Nexelion 电池中的某些信息。图 26.32 示出所提出的 Sn-Co-C 的纳米结构，它是由纳米尺度 Co-Sn 粒子分布于 C 的母体中。

在图 26.32 上所表示出的纳米结构从 Wittingham 研究组[64]采用透射电子显微镜以及 Todd 等[65]采用小角度中子散射研究结果中得到证实。

据人们所知，索尼公司既没有公布过准确的组分，也没有介绍过其在半电池中所测得的电化学性能。然而通过 Todd 等的工作[58]，确认了索尼公司的 Sn-Co-C 负极材料的特性。Todd 等采用磁控溅射或机械研磨制备了 $Sn_{30}Co_{30}C_{40}$，具有类似图 26.32 上的纳米结构。图 26.33 绘出包括三种 $Li/Sn_{30}Co_{30}C_{40}$ 扣式电池的质量比容量与循环寿命的曲线图，以及相同电池的电压与比容量曲线图。用磁控溅射制得的材料理论质量比容量约 $700mA \cdot h/g$，但是这种溅射方法的经济性是不适用于商业生产规模的。如图 26.33 所表明的，机械方法制备的材料具有大约 $400 \sim 500mA \cdot h/g$ 的质量比容量，而且某些制备方法可以制备出具有良好循环性能的材料。机械研磨法所得材料的振实密度（用氦比重计测量）约为 $6.5g/mL$，由此提供了高的体积比容量。

如果达到 Tian 等[66]表示出的理论比容量，$Sn_{30}Co_{30}C_{40}$ 会有约 150% 的可逆体积变化。为了缓冲这一体积变化，可以相信索尼公司在其 Nexlion 电池负极中加入了 50% 质量的石墨。进一步，还要求采用特殊的电解质添加剂，如氟代碳酸乙烯酯（FEC）以及特殊的胶黏剂。以便在如此大的体积变化下[67]，保持 $Sn_{30}Co_{30}C_{40}$ 粒子表面所形成的 SEI 层是稳定的。

Co 是一种非常贵的材料。因此为了降低成本，从 $Sn_{30}Co_{30}C_{40}$ 中降低或摒弃 Co 是极有意义的。Ferguson 等[68]曾指出，大约可以用 Fe 替代 50% 的 Co 是可行的，这一取代没有引起基本性能的衰减。解剖和分析近期的 Nexlion 电池表明，这种替代已经实施[69]。考虑到看起来锂离子电池研究者们与制造商们花了大约十年实现了最好的碳材料用于负极，它就是高度石墨化（P 值接近零）的石墨。由此，还可能要花上几个十年使"最好"的合金负极材料得以确认。这是因为有非常多的可能元素可以与 Si 与/或 Sn 结合生成适当纳米结构的合金；而对所有这些合金来说，其面临的挑战是将价格降低到可以与石墨竞争的程度。

26.2.4　非水溶液锂电解质

主要有两种类型电解质用于锂离子电池：液体电解质与胶体电解质。液体电解质是锂盐在一种或多种有机溶剂中的溶液，典型的溶剂是碳酸酯。如专著中所介绍的[70]，胶体电解质则是盐和溶剂同时溶于高分子量聚合物或与其混合形成的一种离子导电材料。用于锂离子电池的胶体电解质典型地为由 PVDF-HFP、$LiPF_6$ 或 $LiBF_4$ 盐和碳酸酯类溶剂形成的膜。喷雾合成氧化硅可以加到 PVDF-HFP 中，用于增加结构的整体性。胶体电解质也可以在电解质中引入可聚合的单体，然后通过热或其他方法在电池装配后实施交联形成（参见 26.3.3 节）。这一方法帮助将电池各组分结合在一起，尤其是对方形电池十分重要。胶体电解质还有的可能优点是液相吸收于聚合物内，由此降低电池发生漏液现象的可能性。但是，事实上在液体电解质电池中，电解质能够几乎完全地由电极和隔膜所吸收。在市场或文献中的胶体电解质通常称为凝胶-聚合物电解质，而采用胶体电解质（或凝胶-聚合物）的电池则称为胶体聚合物电池或简称聚合物电池。

当今使用的大多数锂离子电解质都采用 $LiPF_6$ 作为盐，其配制的溶液具有高的电导率（$10^{-2}S/cm$）；高的离子迁移数（约 0.35）和可以接受的安全性质。如以下所述，工业界对其他盐类已经给予关注，其中有显著兴趣的是 $LiBF_4$、$LiN(CF_3SO_2)_2$ 以及二草酸硼锂（LiBOB）。当今使用的电解质几乎都唯一采用碳酸酯类溶剂。碳酸酯类溶剂属于质子惰性溶剂，呈极性并有高介电常数，由此可以与锂盐形成高浓度的溶液（$\geqslant 1mol/L$）。同时它们也能与电池的电极材料在较宽广的电位范围内有相容性。工业界初期集中于使用丙烯酸酯（PC）基的溶液。而现在的配方中已选择其他类型的碳酸酯，显著的有碳酸乙烯酯（EC）、碳酸二甲酯（DMC）、碳酸乙甲酯（EMC）和碳酸二乙酯（DEC）以及部分 PC。如果单独使用 PC，又没有 EC 和小量 LiBOB 添加，可由于与锂共嵌入进石墨晶格引起其表层剥离，使石墨电极性能衰减。锂离子电解质溶剂的选择也受到应用时是否有低温要求的影响。低温电解质采用具有低黏度和同时有低凝固点的溶液。

（1）电解质盐类 在锂离子电池中通常使用的盐类列入表 26.8 中。市场上大多数电池使用 LiPF$_6$，这是由于其构成溶液的电导率高和显示良好的安全性质。但是这种盐较为昂贵、易吸水，并且 LiPF$_6$ 与水反应时生成氢氟酸（HF），因此对于它的操作必须在干燥环境中进行。有机盐类也得到发展，它们对水更加稳定，因此易于操作。其中特别是双三氟甲基磺酸亚胺锂 [LiN（CF$_3$SO$_2$）$_2$]，已经受到显著关注，它可以作为传统电解质的添加剂，使电池高温性能得到改善，同时可以减少气体产生。

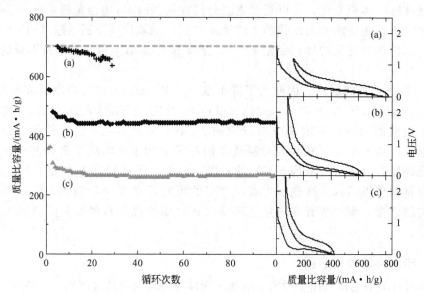

图 26.33 Li/Sn$_{30}$Co$_{30}$C$_{40}$ 电池的质量比容量与循环寿命关系曲线以及电压与比容量关系曲线
(a) 溅射制备的材料；(b) 由 CoSn$_2$、Co、C 一起机械研磨制备的材料；
(c) 由 CoSn 与 C 一起机械研磨制备的材料[58]

（2）电解质溶剂 目前已对各种溶剂，包括碳酸酯类、醚类和乙酸酯类都进行过评估，希望能用于非水电解质溶剂。而由于碳酸酯类具有优异的稳定性、良好的安全性质和与电极材料的相容性，工业界现在已经集中于这类溶剂材料。纯的碳酸酯溶剂一般固有的电导率都低于 10^{-7}S/cm、介电常数 ≥3 以及溶解锂盐可达到高的浓度。表 26.9 表示出一些常用溶剂的性质。

当今锂离子电池用电解质配方中一般都使用 3～5 种溶剂（不包括添加剂，它将另外予以介绍）。采用多种溶剂配方可以比单一溶剂提供更好的电池性能、更高的电导率和更宽广的工作温度范围。例如，下面将介绍的碳酸乙烯酯（EC），它与石墨负极一起工作时，使其显示低的不可逆容量和低的容量衰减率。因此，在许多商品电解质配方中都发现有碳酸乙烯酯，但是它在室温下却是一种固体。多元溶剂配方中通常含有 EC、由此在保留其优良性质基础上，通过使用其他溶剂达到降低混合物凝固点和黏度的目的。在几个非常好的综述报告中，对有关电解质溶剂性质和配方策略进行更进一步介绍[71,72]。

（3）电解质电导率 在锂离子电池中普遍使用的各种 1mol/L LiPF$_6$ 电解质，它们的电导率列于表 26.10 中，图 26.34 则显示了它们在 -40～80℃之间的电导率变化。一般这些溶液具有高的电导率（10^{-2}S/cm），其中少数几种溶剂，譬如 PC 和 EMC 具有良好的低温电导率和高的沸点。MA 和 MF 虽然电导率高，但如果任一种的用量超过 25%（质量）用量，电池性能会很差。

表 26.8 在锂离子电池电解液中通常使用的锂盐

名称	分子式	摩尔分子量/(g/mol)	典型杂质	评价
六氟磷酸锂	$LiPF_6$	151.9	H_2O, HF	最常用
四氟硼酸锂	$LiBF_4$	93.74	H_2O, HF	吸水性比 $LiPF_6$ 低
二草酸硼锂	$LiB(C_2O_4)_2$	193.7	H_2O	有助于 SEI 膜的形成
双三氟甲基磺酸亚胺锂	$LiN(CF_3SO_2)_2$	286.9	H_2O	减少气体释放量和改善高温循环寿命

表 26.9 锂离子电池用有机溶剂的性质①

特 征	EC	PC	DMC	EMC	DEC
结构					
沸点/℃	248	242	90	109	126
熔点/℃	39	−48	4	−55	−43
密度/(g/mL)	1.41	1.21	1.07	1.0	0.97
黏度/mPa·s	1.86(40℃)	2.5	0.59	0.65	0.75
介电常数	89.6(40℃)	64.4	3.12	2.9	2.82
供体数	16.4	15	8.7[70]	6.5[70]	8[70]
摩尔质量	88.1	102.1	90.1	104.1	118.1

特 征	1,2-DME	AN	THF	γ-BL
结构				
沸点/℃	84	81	66	206
熔点/℃	−58	−46	−108	−43
密度/(g/mL)	0.87	0.78	0.89	1.13
黏度/mPa·s	0.455	0.34	0.48	1.75
介电常数	7.2	38.8	7.75	39
供体数	—	14	—	—
摩尔质量	90.1	41.0	72.1	86.1

① EC=碳酸乙烯酯；PC=碳酸丙烯酯；DMC=碳酸二甲酯；EMC=碳酸乙甲酯；DEC=碳酸二乙酯；DME=二甲基乙炔基酯；AN=乙腈；THF=四氢呋喃；γ-BL=γ-丁内酯；出自参考文献 [71~73]。

表 26.10 1mol/L $LiPF_6$ 溶液在不同有机溶剂中的溶液电导率 单位：mS/cm

溶剂①	−40.0℃	−20.0℃	0.0℃	20.0℃	40.0℃	60.0℃	80.0℃
DEC	—	1.4	2.1	2.9	3.6	4.3	4.9
EMC	1.1	2.2	3.2	4.3	5.2	6.2	7.1
PC	0.2	1.1	2.8	5.2	8.4	12.2	16.3
DMC	—	1.4	4.7	6.5	7.9	9.1	10.0
EC	—	—	—	6.9	10.6	15.5	20.6
MA	8.3	12.0	14.9	17.1	18.7	20.0	—
MF	15.8	20.8	25.0	28.3	—	—	—

① DEC=碳酸二乙酯；EMC=碳酸乙甲酯；PC=碳酸丙烯酯；DMC=碳酸二甲酯；EC=碳酸乙烯酯；MA=乙酸甲酯；MF=甲酸甲酯。

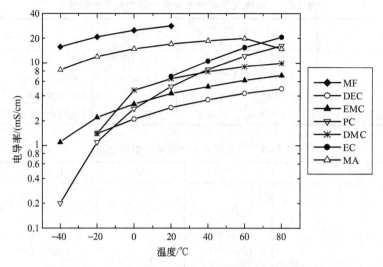

图 26.34 1mol/L LiPF₆ 溶液在不同溶剂中的溶液电导率

表 26.11 LiPF₆ 在二元混合溶剂中的溶液电导率 单位: mS/cm

溶剂①	浓度	−40℃	−20℃	0℃	20℃	40℃	60℃	80℃
EC:DEC	0.25mol/L	—	—	1.7(C)	4.2	5.8	7.3	8.8
	0.50mol/L	—	2.5(C)	3.0	6.4	8.7	11.1	13.6
	1.00mol/L	0.7	2.2	4.2	7.0	10.3	13.9	17.5
	1.25mol/L	0.4	1.7	3.6	6.4	9.7	13.5	17.4
	1.50mol/L	—	—	—	5.6			
	1.75mol/L	—	—	—	4.8(S)	—	—	—
EC:DMC	0.25mol/L	—	—	4.2	5.8	7.8	9.7	11.5
	0.50mol/L	—	—	6.5	9.3	12.8	16.0	19.1
	0.75mol/L	—	3.8	6.9	10.3	14.0	17.9	21.6
	1.00mol/L	—	3.7	7.0		15.0	19.5	24.0
	1.25mol/L	0.7	2.7	5.6	9.3	13.7	18.4	23.3
	1.50mol/L	—	2.2	5.4	9.3	14.1	19.2	24.7
	1.75mol/L	—	—	—	7.5	—	—	—
	2.00mol/L	—	—	—	6.7	—	—	—
	2.25mol/L	—	—	—	0.9(S)	—	—	—
EC:EMC	0.25mol/L	—	—	3.7	5.3	7.2	9.1	10.9
	0.50mol/L	—	3.0	5.1	7.5	10.2	12.8	15.4
	1.00mol/L	0.9	2.7	5.3	8.5	12.2	16.3	20.3
	1.25mol/L	0.6	2.3	4.7	8.0	12.0	16.2	20.6
	3.50mol/L	—	—	—	0.9(S)	—	—	—
EC:MA	0.25mol/L	2.4(C)	4.6	6.3	8.3	10.4	12.4	—
	0.50mol/L	3.1(C)	6.7	9.8	13.1	16.0	19.3	—
	1.00mol/L	3.8	7.8	12.2	17.1	22.3	27.3	—
	1.25mol/L	—	7.1	11.8	17.2	22.7	28.4	—
	3.0mol/L	—	0.5	2.1	5.2	—	15.4	21.8
	3.5mol/L	—	—	—	3.4(S)	—	—	—
EC:MPC	1.00mol/L	C	1.5	3.6	6.3	9.5	12.9	16.8

①DEC=碳酸二乙酯; EMC=碳酸乙甲酯; DMC=碳酸二甲酯; EC=碳酸乙烯酯; MA=乙酸甲酯。
注: 混合溶剂的质量比为 1:1, C 表示有部分结晶的电解质; S 表示饱和电解质。

EC 和通常锂离子电池电解质溶剂组成一系列二元 1:1 混合溶剂, 它们在不同温度、不司盐浓度下的电导率列于表 26.11。如该表中所示，1mol/L LiPF$_6$ 溶液的电导率是最高的，而且在－40～80℃之间它们都是液体。含有 EC 的 1mol/L LiPF$_6$ 二元溶液的电导率绘于图 26.35，如图所示，EC：MA 溶液具有最高的电导率，但是 MA 的这一含量水平会导致电池容量迅速衰退[74]。其他混合溶剂，包括 EC：DEC、EC：DMC 和 EC：EMC 具有良好的电导率和低的容量衰减率。特别是 EC：EMC 在－40℃下的电导率达到了 0.9mS/cm，而且容量衰减率低。LiPF$_6$ 和不同有机盐在 1：1 的 PC：DME 混合溶剂中构成了一系列溶液，其电导率在图 26.36 予以说明，其溶液浓度由 0.25～2mol/L。如图 26.36 所示，1.2mol/L LiPF$_6$ 的溶液具有最高的电导率，达到 13mS/cm；同时，有机盐溶液也达到了可以比拟的电导率，最高为 11mS/cm。

表 26.12　1mol/L LiPF$_6$ 在不同三元混合溶剂中的溶液电导率　　　单位：mS/cm

溶剂①	质量比	－40℃	－20℃	0℃	20℃	40℃	60℃	80℃
EC：PC：DMC	20：20：60	—	—	6.9	10.6	14.5	18.4	22.2
EC：PC：EA	15：25：60	3	6.2	9.8	13.7	17.8	21.6	25.1
EC：PC：EMC	15：25：60	1	2.8	5.3	8.1	11.5	14.6	17.8
EC：PC：MA	15：25：60	4.1	8.1	12.9	17.8	22.8	27.6	沸腾
EC：PC：MPC	15：25：60	0.5	1.4	3.3	5.6	8.2	10.9	13.9
EC：DMC：EMC	15：25：60	1.4	3.2	5.3	7.6	10	12.1	14.1
EC：DMC：MPC	15：25：60	0.7	1.8	3.4	5.3	7.2	9	10.9

① EMC＝碳酸乙甲酯；PC＝碳酸丙烯酯；DMC＝碳酸二甲酯；EC＝碳酸乙烯酯；MA＝乙酸甲酯；MPC＝碳酸丙甲酯；EA＝乙酸乙酯。

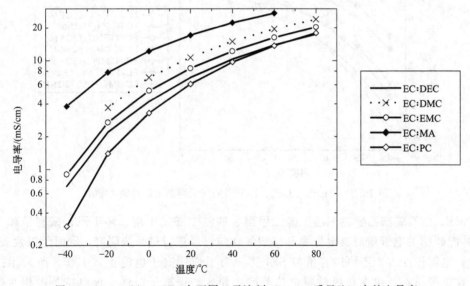

图 26.35　1mol/L LiPF$_6$ 在不同二元溶剂（1：1，质量比）中的电导率

　　1mol/L LiPF$_6$ 三元溶液中的电导率数据列在表 26.12 和图 26.37 中。这些混合溶剂中含有最高 33%EC，是当今一些锂离子电解质中常用的配比，它在宽广的温度范围内具有高的电导率，表明多元混合溶剂适用性很强。例如，这些电解质中有四种在－40℃下的电导率至少达到 1mS/cm，而其中三种在－80℃下是液体。四元混合溶剂的电解质具有更好的低温性能。1mol/L LiPF$_6$ 在不同四元混合溶剂中的电导率示于图 26.38。如该图所展示的，这些溶液的电导率在－40℃下超过 1mS/cm，在－60℃下高达 0.6mS/cm。

　　采用各种锂盐，包括 LiAsF$_6$、LiPF$_6$、LiSO$_3$CF$_3$ 和 LiN(SO$_2$CF$_3$)$_2$ 和各种溶剂（包括

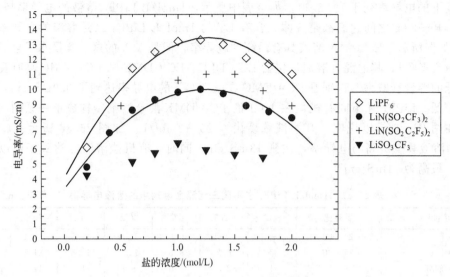

图 26.36 在 20℃下，LiPF₆ 和不同的有机盐在
PC：DME［1：1（体积）］中的溶液电导率

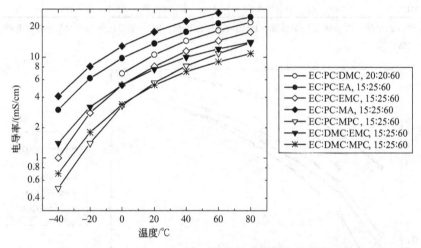

图 26.37 1mol/L LiPF₆ 在不同的三元溶剂中的溶液电导率

EC、DME、2-乙氧基乙醚、三乙二醇二甲醚、四乙二醇二甲醚、环丁砜、氟利昂和二氯甲烷），并配制相关电解质对其电导率和溶剂的性质已经进行过系统研究，同时予以发表[75]。

（4）电解质配方，不可逆容量与 SEI 膜　为了使锂离子电池正常工作，所采用的溶剂必须既在正极材料，也在负极材料电位范围内稳定，锂离子电池中该电位范围相对锂约为 $0\sim4.4V$。事实上没有一种溶剂是热力学上对锂或 Li_xC_6 在接近相对锂电位 0V 时稳定，但是许多溶剂都参与在电极表面上进行有限反应从而形成钝化膜。这种膜在空间上将溶剂与电极分开，而且它是离子导电性的，允许锂离子的通过。这层称为固体电解质界面（SEI）的钝化膜，它为锂离子电池体系提供良好稳定性，从而使制备的电池在长时间内稳定而无明显衰退[74]。

当 SEI 膜形成时，锂是结合到钝化膜中。这个过程是不可逆的，因此观察到容量的损失主要发生在第一次循环。不可逆容量的大小取决于电解质组分与电极材料，特别是采用为负极的碳类材料。由于反应是在颗粒表面进行，因此具有低比表面积的材料一般显示低的

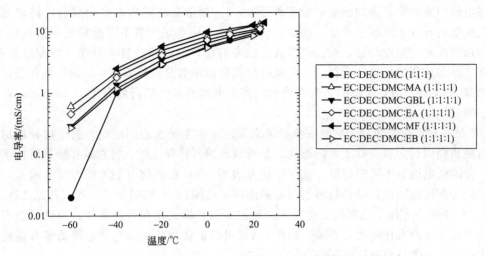

图 26.38　1mol/L LiPF$_6$ 在不同四元混合溶剂中的溶液电导率

不可逆容量。

如果 SEI 膜形成不好，会导致锂与电解质溶剂在电极表面持续反应，从而使电池容量损失容量保持率。这种电池随着溶剂的消耗使电极表面的电解质分解产物沉积层变厚，形成高的电池阻抗。事实上在通常情况下，要得到稳定的 SEI 膜，也需要多个循环才能实现。为了在负极表面确立稳定的 SEI 膜，商品电池在出厂前一般都需要经历一个充电、恒压与放电过程，有时还要在较高温度下进行该过程。这个电池"化成"步骤要花上几周时间来完成。

包含碳酸烷基酯电解质配方的电池，尤其是含有 EC 的电池已经显示出具有低的容量损失率、低的不可逆容量和高的放电容量[76]。在含有 EC 的电解质中，锂离子电极表面上生成的钝化膜内含锂量最低。该 SEI 已经证明主要由 Li$_2$(OCO$_2$(CH$_2$)$_2$OCO$_2$)$_2$[77] 和相关反应产物，如 Li$_2$CO$_3$ 和 LiOCH$_3$[78] 组成，这些反应产物是由电解质溶剂和锂或锂化材料，譬如 Li$_x$C$_6$ 反应形成的。如果溶剂不是 EC，而是一般的酯类或碳酸烷基酯类，如 EMC 或 MPC[78,79]，也能生成稳定的钝化膜，但是其他大多数溶剂不具有这种能力。如果未使用酯类或碳酸烷基酯类，石墨依然可以在不能生成稳定钝化膜的溶剂中循环，但必须向电解质中加入诸如冠醚（crown ether[80]）或 CO$_2$[81] 添加剂。采用添加剂可显著改变 SEI 膜的化学组成，并提高其保护电极表面的能力，以阻止与电解质的反应。下一节将对添加剂做详细讨论。

26.2.5　电解质添加剂

在锂离子电池中，在正极或负极上发生的一些副反应会导致电池容量损失，因而希望能避免上述反应发生。例如在前面一节讨论到的，负极表面的 SEI 膜，它的形成与修复要消耗锂，导致不可逆容量损失[82,83]。在正极上的溶剂分子氧化[83] 以及诸如杂质水或 HF 的存在，也可以导致容量损失。这些反应还可能引起气体的析出，这在方形电池中危害尤其严重，可使电池鼓胀和堆压损失。采用高纯度电解质、电极包覆[84] 以及特殊电极材料[85] 可以延长循环寿命和降低气体析出量。尤其是采用不同的电解质添加剂，包括有机分子、盐类、无机化合物或者气体[91~97]，它们可以改善 SEI 稳定性和清除 HF 与水[86]，从而显著地提高电池性能。如以下讨论到的，添加剂也可以显著提高电池安全性能。Xu[83] 对锂离子电池的电解质和其添加剂进行较全面介绍。

在电解质配方中，添加剂量一般都低于 10%。制造商在完成电池化成后，许多添加剂实际上全部消耗在 SEI 膜生成上。因此，在商品电池中是难于或不可能检测到这些添加剂。因为添加剂配方是商业秘密，而且具有高度的专有性，因而相关技术都在电池制造商手中，在公开文献中披露的信息几乎很少。但是有少部分添加剂是众所周知常用的，例如发现碳酸亚乙烯酯（VC）[87]的效果不错，它在当今的许多电池产品中仍得到采用。Aurbach 等[88]在报告中阐述如下。

VC 是一种反应添加剂，它既在负极表面反应，也在正极表面反应。由于这种添加剂对锂化石墨负极的行为有非常正面的影响，如可以改善其循环性能，特别是在较高温度下的循环性，并降低电池的不可逆容量。光谱学研究表明，VC 在锂化石墨负极表面上聚合，由此形成聚烷烃基锂碳酸盐，可抑制溶剂与盐的阴离子还原。VC 在溶液中的存在降低 $LiMn_2O_4$ 和 $LiNiO_2$ 正极在室温下的阻抗。但是无论是在高温环境还是在低温条件，人们还没有发现其对正极循环寿命有任何明显影响。因此，VC 可以被认为是对锂离子电池负极有益的添加剂，而在正极一侧也没有不利影响。

Broussely 等[82]展示了 VC 作为添加剂促进稳定 SEI 的有效性，经过多次循环后几乎只有非常少的锂被消耗掉。

已经发现二草酸硼酸锂（LiBOB）对石墨电极上形成的 SEI 有极大的影响。LiBOB 的作用在采用 1mol/L $LiPF_6$/PC 或 0.8mol/L LiBOB/PC 的 Li-石墨电池中效果明显[89]。Xu 等报道在采用 1mol/L $LiPF_6$/PC 电解质的锂离子电池中会发生石墨表层的剥离，但没有观察到锂的大量嵌入；而在还包含了 0.8mol/L LiBOB 的电池中，石墨的剥离现象被有效地消除，同时锂嵌入生成 LiC_6。按照 Xu 等的报道如下。

由于 BOB 阴离子的存在，在石墨与电解质界面的类似半个碳酸盐的物质组分显著增加，像位于 289eV 处的特征峰所显示的。可以认为这些组分是源自于锂盐阴离子的草酸基团，而且成为不仅在较高温度下，还有在有 PC 存在下都能起到保护石墨负极的作用[90]。

Yamane 等[86]展示了添加六甲基二硅氮烷从电解质中除水以及改善 $LiMnO_4$ 基电池循环性能的效果。Abe 等[91]在讨论"功能电解质"中，描述了不同添加剂是如何在正极表面创立"导电膜"（ECM），改善了 $LiCoO_2$/石墨电池的循环性能。Li 等[92]介绍了七甲基二硅氮烷从含 $LiPF_6$ 电解质中除去 HF，使尖晶石 Mn 基电池的贮存性能得到改善。Patoux 等[93]介绍采用一系列添加剂，包括 1,3-丙烷磺内酯用于降低采用 4.7V 正极材料 $LiNi_{0.5}Mn_{1.5}O_4$ 电池的自放电。在 Zhang[94]的一篇优秀综述文章中，描述了上百种添加剂，既有可以使石墨上的 SEI 膜稳定的，也有可以用于正极保护的，还有除去 HF 以及减轻过充电不利影响。EI-Ouatani[95]阐述 VC 在 $LiCoO_2$/石墨、LiFePO/石墨和 $LiCoO_2$/$Li_{4/3}Ti_{5/3}O_4$ 电池中的影响。Abe 等[96]显示在添加磺酸丙炔与碳酸亚乙烯酯之间产生了一个意外的协同效果。Wrodnigg 等[97]报道了亚硫酸乙烯酯对 $LiMn_2O_4$ 正极循环寿命的有益作用。

除了那些最后生成修饰表面膜的电解质添加剂外，在电极颗粒上的包覆层可以直接改善与电解质相接触的颗粒表面性质。Lee 等[98]表明了在 LAMO 电极表面上的 BiOF 涂层能保护电极免受 HF 的侵蚀。Sun 等[99]显示 $(NH_4)_3AlF_6$ 在 NMC 上的涂层对电极在高电压并在高温 55℃ 下循环期间的容量保持有积极作用。Sun 等[100]采用贫 Co 的 NMC 作为 $LiNi_{0.8}Mn_{0.1}Co_{0.1}O_2$ 上的涂层，由此可以提高电极的循环寿命与热稳定性。Li 等[101]表明了在 $LiCoO_2$ 上的 $FePO_4$ 涂层可以改善容量保持与热稳定性。Chen 等[102]采用简单的热处理"陈旧"的 $LiCoO_2$ 提高了电池在高电压（充电至 4.5V）下循环的容量保持性能。Patoux 等[103]介绍了许多涂层对 4.7V 尖晶石 $LiNi_{0.5}Mn_{1.5}O_4$ 容量保持特性的影响。联苯是一种常常用于商品电池作为过充电的保护添加剂，当电池处于过充电的高电位下时，联苯发生聚合，由此显著降低电解液的离子电导率，从而有效地切断电池电流。另外，一些熟悉的常用添加剂包括亚硫酸二乙酯（ES）、碳酸氟乙烯酯（FEC）和双三氟甲基磺酸亚胺锂。有关电解质添加剂的综述可以参阅参考文献 [83]。

　　毫无疑问电解质添加剂对电极材料包覆涂层是有益的，而且锂离子电池制造商采用了它们。然而，正因为许多添加剂是在电池化成时消耗，同时又因为厂家不愿意泄露其采用的添加剂，因此很难确定在一个特定的锂离子电池体系内所采用的添加剂或电极材料涂层。有理由期待一种典型的电解质应该包含一种 HF 消除剂、一种水消除剂、一种 SEI 膜修饰剂（譬如 VC）和一种过充电保护添加剂（譬如联苯）。作为本章的介绍内容，科学与研究界对于电解质添加剂的认识深度是远落后于产业界的。

　　最新的进展是发现氧化还原偶电解质添加剂 2,5-二叔丁基-1,4-二甲醚（DDB），它可以防止 LiFePO$_4$ 基锂离子电池[1,2]的过充电。图 26.39 展示了两种含有 DDB 氧化还原偶添加剂的 18650 型 LiFePO$_4$/石墨电池的运行情况。这些电池以 0.1C 率恒电流充电 20h，在正常充电 10h 内，电池电压大约升至 3.9V，并通过 DDB 分子[104]的氧化还原电位保持

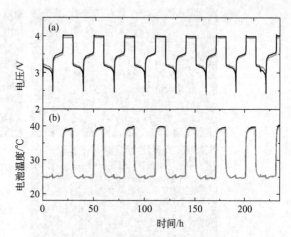

图 26.39　两种 18650 型 LiFePO$_4$/石墨电池端电压 (a) 和电池表面温度 (b) 与时间的关系曲线
[以 140mA 电流充电与放电（10h 率）；电池中含有 0.15mol/L 氧化还原偶添加剂 2,5-二叔丁基-1,4-二甲醚（DDB）；在过充电保护机制启动期间，提供的能量全部演变为热，使电池温度升高约 14℃]

于 3.9V。图 26.39 的下部显示一旦保护过充电的机制启动，电池温度会升高。这是因为过剩的充电能量以热的形式在电池内散发出去；而电极材料没有产生化学变化。DDB 添加剂已经显示可以在 LiFePO$_4$ 基电池中提供数以百次的过充电保护，可以将这种添加剂引入较低成本零售吸塑包装的 LiFePO$_4$ 基电池中，由此可以采用较便宜的充电器对这种单体电池进行 0.1C 率连续充电。

26.2.6　隔膜材料

　　锂离子电池使用薄型（16~40μm）的微孔膜进行电池正极与负极之间的绝缘。到目前为止，所有采用液体电解质的锂离子电池产品都使用微孔聚烯烃材料作为隔膜材料，这是因为其具有优良的机械性质、化学稳定性和可以接受的价格。非编织材料也得到发展，但是未得到广泛应用。部分原因归之于制备薄而均匀并具有高拉伸强度的膜十分困难[105]。对锂离子电池隔膜的要求包括：

　　① 在机器方向上有高的拉伸强度，以保证自动卷绕的强度需求；

　　② 宽度不伸长或收缩；

　　③ 可承受电极材料的挤压而不破裂；

　　④ 有效的孔径，低于 1μm；

　　⑤ 易于被电解质浸润；

　　⑥ 与电解质和电极材料接触时相容并保持性质稳定。

目前使用的微孔聚烯烃材料是由聚乙烯、聚丙烯或聚乙烯与聚丙烯的复合物制成。同时用表面活性剂涂覆的材料可以改善其对电解质的浸润性。这些材料可以用干法挤压与拉伸成薄膜，或用湿法———一种溶剂为基础[106]的工艺过程。商品隔膜材料的性质包括孔尺寸、孔隙率和渗透性都有报道[107]，而且在有关生产厂家的网站上也有介绍（例如www. celgard. com/products/default. asp）。一般商品隔膜具有 $0.030 \sim 0.1\mu m$ 的孔径和 $30\% \sim 50\%$ 的孔隙率，图 26.40 显示商品隔膜的 SEM 扫描电子显微照片。

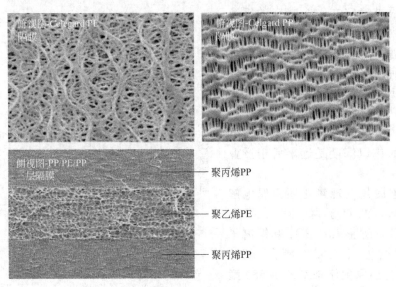

图 26.40　Celgard 聚乙烯（上图左）、聚丙烯（上图右）
以及 PP/PE/PP 三层（侧视图）隔膜的 SEM 照片

聚乙烯（PE）材料的熔点较低，可以使它作为热熔断器件工作。当温度接近聚合物的熔点时，如聚乙烯的 135℃ 和聚丙烯的 165℃，孔隙率就会损失[108]。三层材料（PPE/PE/PPE）已经得以发展成功，聚丙烯层的设计为维持膜的整体性，而低熔点的聚乙烯层用于一旦出现过高温度状况时将电池切断。聚合物熔融并使孔闭合后，切断发生，由此使 Li+ 在电极间的传输停止。显然，这种多组分的隔膜对于帮助确保电池安全是非常有用的。最后，所需要的隔膜既要有可以关闭的组分，也要有在任何温度下不熔化的组分。按照新近发布的信息，杜邦公司正在研发一种耐高温电池隔膜，可以用于电动车/混合动力车以改善其安全性能，同时也可用于需大功率放电的电池。

一些制造商已经在商品电池中采用高温隔膜。例如，松下公司公开了其"高阻层"（HRL）技术[109]，在正负极间引入一层绝缘金属氧化物层来改善电池的安全与容量。这一高阻层可以在即使短路发生时，也能防止电池过热。多家制造商都已经采用这种高阻层，一般是在负极表面上的一层很薄（几个微米厚）的耐火氧化物（例如 Al_2O_3）涂层。一旦隔膜熔融和流动时，该层可以防止正、负极之间的直接接触。

26.3　电池结构

圆柱形、方形和所谓"聚合物"锂离子电池现在已经由世界上超过 100 家制造商投入大规模生产。卷绕式结构（圆柱形或方形）一般用在小型电池中（<4A·h）；而在大型电池设计中，具有平板或叠层构型的方形电池结构适用于商品化。对方形和"聚合物"锂离子电

池而言，两种单体电池结构形式都是适用的，包括平面卷芯卷绕式方形设计和平板叠层电极方形设计。

由于锂离子电池是在放电状态制造出来的，因此使用前必须充电。如先前提到的，锂离子电池的前几次充电与放电循环是由制造商在称之为化成的控制程序中完成。化成期间，电池容量与电压的状况可以经过质量控制检测和仔细监测。电池通常放电至 50% 左右的容量再贮存几个星期，期间监测其开路电压的变化。这一程序可以使所有电池中的任一个自放电电池得到验证和剔除（对于自动化生产商来说，通常数量约低于 0.5%）。

26.3.1　卷绕式锂离子电池的结构

圆柱形卷绕式锂离子电池的结构说明于图 26.41 中。卷绕式方形电池结构与圆柱形电池类似，但是它用平面卷芯替代圆柱形卷芯。图 26.42 表示出卷绕式方形电池的示意图解。如 26.2.6 节所描述那样，该电池由 $16 \sim 25 \mu m$ 厚的微孔隔膜将正极与负极分开：正极是 $10 \sim 20 \mu m$ 厚的铝箔涂覆有活性物质，总厚度典型值约为 $100 \sim 250 \mu m$；负极一般采用 $8 \sim 15 \mu m$ 铜箔，涂覆碳类活性物质至总厚度 $100 \sim 250 \mu m$。对于应用功率型的电池，电极涂覆层是多孔的，其厚度受到低电导率非水电解质的制约，后者锂离子电导率约为 $10 mS/cm$[110]；同时受到锂离子在正、负极材料中的扩散速率影响，其速率值约为 $10^{-9} m^2/s$。在其金属箔的两面，每面涂层厚度一般约 $50 \mu m$。然而对于应用能量型电池（体积与质量比能量是最高的），其电极一般涂覆层则是高度致密。能量型电池的涂覆层厚度会受到涂层能力的限制，因为要保障在制造过程中涂层不会受到破坏。这对能量型电池特别重要，因为涂层过厚在卷绕时容易开裂，并容易从集流体上剥落。因此，一般能量型电池金属箔上的每面涂层厚度约为 $125 \mu m$。对于既要求功率又要求能量的中间型应用，则要求电极厚度处于前两者之间。在能量型电池中，每个卷芯只有一个极耳将集流体与相应端子相连，但是在功率型电池中有多个极耳设置在集流体上，这乃是一个基本特征。壳体一般是镀镍钢材料制成，它常常作为负极端子。在有些设计中，将壳体作为正极端子，此时一般要采用铝制壳体。大多数商品电池都采用一个装有可断开电连接结构的盖子，其上包含一种或多种断开装置，它们是靠压力或温度来动作，譬如装有 PTC 器件或安全阀。图 26.43 展示其中一种设计。盖头与壳体的密封一般是通过卷边压缩实现的。

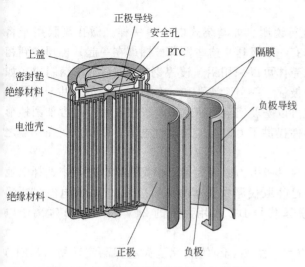

图 26.41　卷绕式圆柱形锂离子电池截面

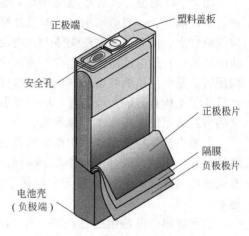

图 26.42　卷绕式方形电池截面

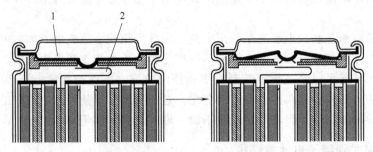

图 26.43　为避免电池内部压力异常升高而使用了断路器
和安全气孔的电池盖局部细节结构
1—铝破裂膜片；2—铝导线

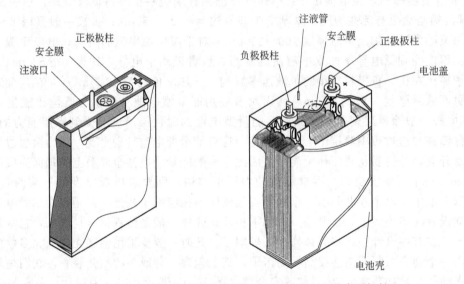

图 26.44　7A·h（电池壳为负极）和 40A·h（电池壳无极性）
方形锂离子电池的电池盖和电极示意图

26.3.2　叠层锂离子电池的结构

图 26.44 对叠片式方形电池的结构进行说明。如卷绕式电池中一样，微孔隔膜用于将正、负极隔开。一般电池中每个电极片都有一个极耳，这些极耳被捆绑在一起，再焊接到相应的极柱上，或者焊到电池壳体上。电池壳体可以采用铝、镀镍钢或 304L 不锈钢制成。如该图所示，一般电池盖子上包含一或两个极柱、一个注液孔和一个破裂片。虽然基于低成本应用时，是采用压缩性密封。但是，极柱可以是玻璃金属密封或者极柱上也可包含如圆柱形产品盖子上所具有的类似装置，以一种器件提供压力、温度以及过电流中断功能。壳、盖之间的密封采用氩弧焊或激光焊形成。

方形电池组对改型和体积敏感的设备极具吸引力，因为可以根据有效的空间来选择电池组的尺寸。举例来说，方形锂离子电池组已经取代原先空军与海军应用的镉/镍电池组或铅酸电池组。图 26.45 就是第一个应用于美国代号 B-2 军用飞机的 24V、50A·h 锂离子电池组。

方形锂离子电池组也已经在外空间应用。图 26.46 的照片是火星探测流动站（MER）电池组，包括两个 28V、10A·h 方形电池组。截至 2010 年 6 月，MER（称为"机遇号"）

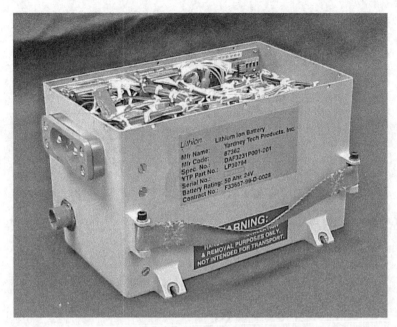

图 26.45 第一个研制用于美国军用飞机代号
B-2 的 24V、50A·h 锂离子电池组

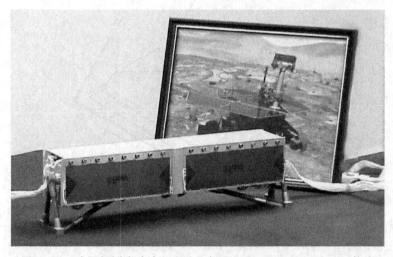

图 26.46 火星探测流动站电池组，由两组 28V、10A·h 电池组构成

在操作工作 7 年之后依然还在正常运行；而第二个 MER（称为"幽灵号"）处于休眠状态。

26.3.3 "聚合物"锂离子电池的结构

没有通用的"聚合物"锂离子电池定义。这种电池源自于其内部含有聚合物或胶体电解质。然而，目前标志为"聚合物"锂离子电池的产品，已经看不出与采用柔性铝塑膜包装的锂离子电池有何差别，因此可更准确地把它们称为"袋装"（"Pouch"）电池。柔性包装是由热封铝塑膜制成的。通常铝塑膜是由聚丙烯/铝箔/聚丙烯三层膜热压而成，其他材料也已经得到应用。

图 26.47 和图 26.48 说明采用平面卷芯卷绕极组的方形"聚合物"锂离子电池的结构。卷绕极组有平面极耳，各自与正极和负极相连，在塑料外壳密封后，极耳突出到包装的外

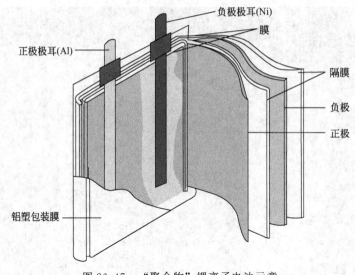

图 26.47 "聚合物"锂离子电池示意

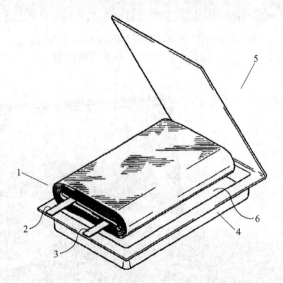

图 26.48 "聚合物"锂离子电池结构示意

卷绕极组（1）包含负极极耳（2）和正极极耳（3），极耳突出至电池外；铝塑膜壳体（4）
已经形成为容纳卷绕极组的"口袋"；顶部（5）是热封或超声波焊接到壳体上（6）[111]

面。包装可以通过热或超声焊接实现密封。电解质是在真空下注入到壳体内，并且在电池密封后，在电池外部加上约 100kPa 的空气压力到电极堆上。

聚合物锂离子电池制造工艺流程示意说明示于图 26.49 中。最上面一行描述通过电极涂覆、剪裁和卷绕等步骤制造出卷绕极组；中间一行由左至右，剪裁铝塑膜形成容纳卷绕极组的口袋，并留下过剩的膜用于创立"气袋"；然后放入卷绕极组，将口袋的一面密封起来。一旦注入电解质溶液，就将超尺寸口袋完全封起来。在锂离子电池装配之后的第一次充电期间（"化成"步骤），SEI 膜形成并导致产生气体；而气体膨胀至气袋中，最后将要切去它。此后电池进行第二次密封，包装后提交进行质量确认程序。

许多聚合物锂离子电池都是将电极"粘接"到隔膜上，这方面有两种产业上实用的方法。第一种方法是采用一种含有低聚物的电解质，它可以在较低温度下聚合形成胶体电解

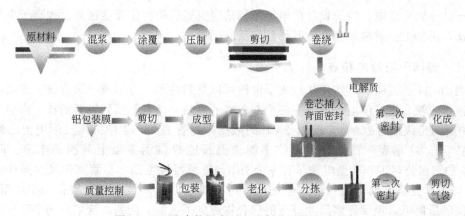

图 26.49　聚合物锂离子电池制造工艺流程示意

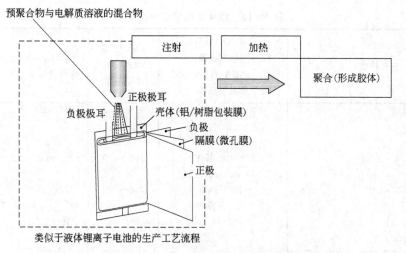

类似于液体锂离子电池的生产工艺流程

图 26.50　通过一个加热步骤，使锂离子聚合物电池内的
低聚物现场聚合形成胶体聚合物的示意

质，贯穿到整个负极/隔膜/正极堆，由此粘接成一体。这一总体流程如图 26.50 所示。

第二个方法是将隔膜或电极涂覆上聚合物，譬如 PVDF。某些制造商在隔膜上涂覆 PVDF 之前，也涂覆陶瓷以增加安全性。按照某些专家的分析，在商品锂离子电池中隔膜是最贵的组分。要选择合适的涂覆材料，尤其是聚合物的分子量，温度大约 70~90℃，以一定的压力就能充分保证电极与隔膜的粘接。粘接后，电池就可注入电解质。

26.4　锂离子电池特点与性能

表 26.13 概括锂离子电池的一般性能特点。如该表所介绍的，锂离子电池具有高电压平台，典型工作在 2.5~4.2V 范围内，近似是 Ni/Cd 或 Ni/MH 电池的 3 倍。由此组装成一定电压的电池组所需要的单个电池量较少。锂离子电池具有高的质量比能量和体积比能量。其市售商品电池的质量比能量达到 240W·h/kg，体积比能量达到 640W·h/L。按功率型应用设计的锂离子电池也具有高倍率放电能力，可达到 30C 率连续放电或 100C 率脉冲放电，由此使锂离子电池可以提供高输出比功率。同时该电池具有低自放电率，长使用寿命，无记忆效应和可以在宽广的温度范围内工作。普通锂离子电池可以在 0~45℃下充电，同时

可以在−40～60℃放电。特殊设计的电池可以适应更宽广的工作温度区间。锂离子电池突出的性价比，再加上密封包装已经使其得到广泛应用。

26.4.1 锂离子电池的特点

如表 26.14 所说明的，实用化锂离子电池可以是圆柱形、方形或"聚合物"形式，其可以采用液体或聚合物胶体电解质。在各个制造商的网站上都可阅读到最新的技术指标，而表 26.14 中所列是截止到 2009 年 12 月 30 日的数据。尽管表 26.14 中的圆柱形电池已经分为"能量型"与"功率型"两类，但是许多制造商都能提供涵盖以上范围的电池。例如表 26.14 中的三星公司 18650 型电池具有一个功率与能量特性范围。尽管其他尺寸圆柱形电池（譬如 14500）也是可以采购到的，但是最常用的圆柱形电池是 18650 型和 26650 型电池。许多中国制造商可以提供许多尺寸范围的聚合物锂离子电池。例如，哈尔滨光宇和比亚迪每家能提供一百种以上的尺寸电池。

表 26.13　锂离子电池的一般性能

主要特性	$LiCoO_2$/石墨 NMC/石墨 NCA/石墨 能量型电池	NMC/石墨 LMO/石墨功 率型电池	$LiFePO_4$/石墨 功率型电池	LMO/ $Li_{3/4}Ti_{5/3}O_4$
工作电压范围/V	2.5～4.2，一般 2.5～4.35，特定	2.5～4.2	2.5～3.6	2.8～1.5
平均电压/V	3.7	3.7	3.3	2.3
质量比能量/(W·h/kg)	170～240，圆柱形 130～200，聚合物	100～150	60～110	70
体积比能量/(W·h/L)	400～640 250～450	350～350	125～250	120
连续倍率能力(C)	2～3	超过30	10～125	10
脉冲倍率能力(C)	5	超过100	最高250	20
100%DOD下的循环寿命（至80%容量）	>500	>500	>1000	>4000
使用寿命/年	>5	>5	>5	>5
自放电率（每月）/%	2～10	2～10	2～10	2～10
充电温度范围/℃	0～45 一些电池温度范围更宽	0～45	0～45	−20～45
放电温度范围/℃	−20～60	−30～60	−30～60	−30～60
记忆效应	无	无	无	无
体积比功率/(W/L)	约2000	约10000	约10000	约2000
质量比功率/(W/kg)	约1000	约4000	约4000	约1100
体积比能量/(W·h/L)	400～640 250～450	350～350	125～250	120
连续倍率能力(C)	2～3	超过30	10～125	10
脉冲倍率能力(C)	5	超过100	最高250	20
100%DOD下的循环寿命（至80%容量）	>500	>500	>1000	>4000
使用寿命/年	>5	>5	>5	>5
自放电率（每月）/%	2～10	2～10	2～10	2～10
充电温度范围/℃	0～45 一些电池温度范围更宽	0～45	0～45	−20～45
放电温度范围/℃	−20～60	−30～60	−30～60	−30～60
记忆效应	无	无	无	无
体积比功率/(W/L)	约2000	约10000	约10000	约2000
质量比功率/(W/kg)	约1000	约4000	约4000	约1100

表 26.14　部分制造商的商品锂离子电池产品及其主要技术指标

制造商	电池型号	平均电压/V	充电终止电压/V	容量/mA·h	直径/mm	长度/mm	宽度/mm	体积/mL	质量/g	质量比能量/(W·h/kg)	体积比能量/(W·h/L)	正极材料
能量型电池												
松下	NCR18650	3.6	4.2	2900	18.6	65.2		17.71	N/A	N/A	589.31	NCA
松下	CGR18650E	3.7	4.2	2550	18.6	65.2		17.71	46.5	202.9	532.58	
松下	CGR18650CG	3.6	4.2	2250	18.6	65.2		17.71	45	180	457.22	
LG化学	ICR18650C1	3.75	4.35	2800	18.29	65.02		17.08	48	218.75	614.66	
三星	ICR18650-30A	3.78	4.35	3000	18.6	65.2		17.71	48	236.25	640.12	
三星	ICR18650-28A	3.75	4.3	2800	18.6	65.2		17.71	48	218.75	592.7	
三星	ICR18650-26F	3.7	4.2	2600	18.6	65.2		17.71	46	209.13	543.03	LCO/NMC
三星	ICR18650-24F	3.7	4.2	2400	18.6	65.2		17.71	45	197.33	501.25	NMC
三星	ICR18650-22F	3.7	4.2	2250	18.6	65.2		17.71	44.2	188.34	469.93	NMC
三洋	UR18650-ZT	3.7	4.3	2800	18.24	65.1		16.01	48	215.83	609.04	混合(?)
三洋	UR18650-F	3.7	4.2	2600	18.1	64.8		17.67	47	204.68	576.98	
ATL	18650E	3.7	4.2	2150	18.4	65		17.28	45	176.77	460.27	NMC
Boston Power	Sonata4400	3.7	4.2	4400	18.5	65.2	37.1	44.75	92	176.95	363.79	LCO
E-one Moli	IHR18650B	3.6	4.2	2250	18.6	65.2		17.3	47.5	166	457	NMC
功率型电池												
A123	APR18650M1	3.3	3.6	1100	18.4	65		17.3	39	93.07	210.02	LEP
	AHR18700M1											
A123	Ultra	3.3	3.6	700	18.4	70		18.6	38	61	124	LFP
三星	IFR18650-11P	3.2	3.6	1100	18.6	65.2		17.71	43	81.86	198.69	LFP
ATL	18650P	3.7	4.2	1380	18.4	65		17.28	45	113.46	295.43	NMC

续表

制造商	电池型号	平均电压/V	充电终止电压/V	容量/mA·h	直径/mm	长度/mm	宽度/mm	体积/mL	质量/g	质量比能量/(W·h/kg)	体积比能量/(W·h/L)	正极材料
功率型电池												
E-one Moli	IMR18650E	3.8	4.2	1400	18.24	65		16.98	42	126.66	313.23	LMO
E-one Moli	IMR18650D	3.8	4.2	1530	18.4	65.3		17.7	44.5	133	344	LMO
聚合物电池												
LISUN	IMP225058S	3.7	4.2	4000	22	50	58	63.8	160	92.5	231.97	LMO
哈尔滨光宇	CA421230	3.7	4.2	100	4	12.5	30.5	1.52	3	123.33	242.62	LCO
哈尔滨光宇	CA582237	3.7	4.2	390	5.8	22.5	37.5	4.89	10	144.3	294.86	LCO
哈尔滨光宇	CA463946	3.7	4.2	900	4.6	39.5	46.5	8.44	20	166.5	394.12	LCO
哈尔滨光宇	CA103450	3.7	4.2	1800	10	34.5	50.5	17.42	35.5	187.6	382.26	LCO
BYD	SL755850	3.7	4.2	2100	7.5	58	50	21.75	41	189.51	357.24	LCO
BYD	SL685183	3.7	4.2	3000	6.1	51	83	25.82	57	194.73	429.87	LCO
LG 化学	E2	3.8	4.2	6200	4.7	93.6	201.6	88.68	160	147.25	265.65	LMO/NMC
LG 化学	E1	3.85	4.2	10000	7.2	94	201.5	136.37	245	157.14	282.3	LMO/NMC
Altair Nano	11A·h 聚合物	2.3	2.8	11000	8	129	207	213.624	366	69.12	118.43	LAMO/LTO
Electrovaya	35A·h 聚合物	3.7	4.2	35000	12.5	142	210	373	710	183	347	NMC(?)
方形电池												
BYD	LP44346ARU	3.7	4.2	1020	5.5	34	46	8.602	19	198.63	438.73	LCO
BYD	LP103450ARU	3.7	4.2	1650	10.5	34	50	17.85	35	174.42	342.01	LCO
松下	CGA103450A	3.7	4.2	1950	10.6	34	50	18.02	39	183	400.38	LCO

注：奥钛（Altair Nano）的锂离子电池采用 $Li_{3/4}Ti_{5/3}O_4$ 负极，表中其他所有电池都采用石墨负极。

表 26.14 显示圆柱形电池具有最高的体积比能量与质量比能量，目前已可以将采用 Li-CoO₂、NMC 和 NCA 正极材料的电池充电至 4.35V，替代原先的 4.2V。在 4.2～4.4V 间，这些材料中的每一种都能输出更高的比容量，而充电至 4.6V，甚至还要高得多。制造商正在努力试图通过结合电解质添加剂、电极材料处理或包覆等措施，使电池充电至 4.35V 下具有可接受的循环寿命。提高充电电压是使锂离子电池获得更高比能量最简便的方法。因此，在以后几年，提高充电电压上限将得到实际应用。这也会导致功率型电池的能量输出增加。

整体与阻抗特性：现在已经选择锂离子电池作为多种小型电子和许多电动工具的电源。许多制造商也正在试图将其用在电动车辆上（如比亚迪、尼桑、Tesla 等），并且自 2008 年开始已经部署在数以百计的市内大巴车上。额外的引入计划是将锂离子电池用于增程电动车辆（或插电式混合电动车），譬如 Chevy Volt，预期在 2010 年底（见第 29 章）上市。也已经提出要将锂离子电池用于电网储能（见第 30 章）。显然锂离子电池正在极大地扩展其应用范畴，其中许多原先是其他室温充电电池技术的应用领域。

功率常常是在决定选取多少只电池或哪种类型电池用于特定应用的考量因素。例如，读者或许想知道何种独特的电池能作为手机电源，或者需要多少只电池组成电池模块能够驱动汽车达到所期望的加速性能。一种电池系统的功率能力由其电池电压和阻抗所决定。而电池的阻抗是复杂的。它可以随放电（或充电）时间、电流、荷电状态以及温度而变化。因此，当选择电池大小作为所期待的应用时，重要的是指定操作温度、在指定功率下的工作时间以及最低（或最高）截止电压。

电池一般能呈现阻抗与温度间的阿伦尼乌斯（Arrhenius）依赖关系，即 $\lg Z$（实值）相对 $1/T$ 呈线性关系。虽然锂离子电池采用 $-20\,℃$ 以下凝固点的电解质已经在特殊应用中得到确认，但是一般在 $-20\,℃$ 和 $-40\,℃$ 之间的电解质凝固点处会有一个中断。在电解质凝固点处，电池阻抗会显著增加。

电池的阻抗是随着通过电流时间增长而增加。在短时间内的增加是由于电极表面双层电容引起，而长时间则是由于锂离子在电解质中的扩散以及锂在嵌入材料中的扩散引起的，这里包括作为正极与负极的材料。在一些化学体系中，阻抗随着荷电状态改变而显著变化，因此也绝不可能达到一个恒定值。在另一些化学体系，当电流通过若干秒至若干分钟期间，阻抗处于相对的恒定值，而或许达到"饱和"状态，达到这种饱和的时间是与电池设计有关。阻抗与时间的依赖关系通常可以用交流阻抗来表征，如图 26.51 的 Nyquist 图所示，图上标

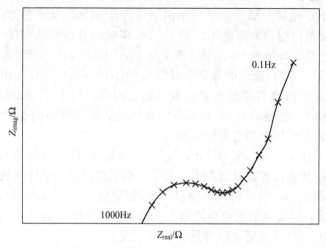

图 26.51　锂离子电池的 Nyquist 示意

识的频率（反时限）是自左向右减低。

Nyquist 图的曲线形状包含了三个特征，它关联电池阻抗的三个部分：在实轴上的截距代表欧姆部分，是由电子与离子迁移阻力产生的；半圆是由电解质与电极材料界面上的电荷转移产生的；以及后面低频部分是由锂离子在电解质中的扩散和在正负极材料中的扩散产生的。阻抗的这三个部分受电流的影响是不同的。欧姆阻抗与电流无关，电荷转移阻抗在高电流区随电流增加而下降（即 Tafel 动力学现象）。而扩散阻抗是随电流增加而增大。同样，阻抗的三个部分受温度的影响也有所不同。因此，阻抗对电流的依赖关系或许在不同温度下会有所不同。典型的例子是在 0℃ 以上阻抗对电流的依赖较小，其中欧姆部分或许是电池阻抗的主要部分。但是，在低温下阻抗就可能基本上随电流改变而变化显著，而且其依赖的方向将取决于究竟是电荷转移，或是扩散成为特定电池设计中的主要阻抗。

对于广泛应用锂离子电池技术其重大挑战是电池在高温环境中的稳定性或安全性。锂离子电池可以短时间处于 70℃ 高温下，但是现代商品锂离子电池在 60℃ 以上的衰减速率是显著的。锂离子电池通常是安全的，尽管其在遇到过充和挤压时会发生排气。过充电电池发生排气，一般要以大电流将电池过充电至超过其标称容量的 250%。一些保护装置已经应用在锂离子电池中，使电池在滥用条件下不会排气。

在现有的锂电池组中，过充电、过放电与过温问题都已经通过采用电子电路得到极大解决，这种电路通常称为电池管理系统（BMS）。将 BMS 做到电池组内来提供对过充电、过放电与过温的保护。此外，BMS 也执行荷电状态控制或所谓"燃油计量表"功能，可以记录电池的历史数据。在 BMS 中的控制器一般要监视整个电池组中每只电池的电压。此外，电路一般包括热敏电阻或其他测温器，作为可恢复的过温控制；也包括不可恢复的过温控制器，如熔断器。有关电池管理系统的额外信息可参考第 5.6 节。

26.4.2 商品锂离子电池的性能

如表 26.13 和表 26.14 所示，锂离子电池商品中有众多电极材料和不同电池结构的选择。初步近似来看，在同一种化学体系的圆柱形、方形或"聚合物"锂离子电池间并没有太大差别。因此，本节将不提供每种电池结构的实例；取而代之，主要将集中于 18650 型电池的介绍。将要讨论的化学体系包括：$LiCoO_2$/石墨；NMC/石墨；LMn_2O_4/石墨，（$LiMn_2O_4$；MNC）/石墨，$LiFePO_4$/石墨，$LiMnO_4$/$Li_{4/3}Ti_{5/3}O_4$ 以及索尼公司的 Nexelion 电池，设想为（$LiCoO_2$：MNC）/（Sn-Co-C：石墨）。

（1）$LiCoO_2$/石墨电池 图 26.52 显示出三洋 UR18650F 电池在 20℃ 下，以几种电流倍率，最大至 2C 率放电时的放电电压曲线。0.2C 率时的电池放电容量为 2550mA·h，而以 2C 率放电的容量为 2380mA·h。当电流由 0.5A（0.2C 率）升至 5A（2C 率），电池放电的中点电压下降了 0.4V，相应的等效电阻为 0.09Ω（0.4V/4.5A）。由于这款电池是设计用于笔记本计算机，因而高倍率放电是不要求的。同样，松下 CGR18650E 电池在电流由 490mA 增至 2.45A 时，也显示 0.4V 电压降，由此得到的等效电阻也约为 0.09Ω。显然它们就是通常用于笔记本计算机的能量型电池。

图 26.53 展示三洋 UR18650E 型 $LiCoO_2$/石墨电池以 1C 率放电的温度特性。显然在较低的环境温度下，电池输出容量显著降低。鉴于这款电池设计用于计算机，因此通常工作都会在室温下完成。图 26.54 绘出相同电池以恒电流/恒电压（CCCV）模式充电的充电特性曲线。直到 4.2V 前，所设定的恒定电流为 1.75A，然后在恒定电压下，电流自动衰减。即使在 0℃ 下充电，2h 内也可充进电池容量的 75% 以上。

图 26.55 绘出 E-one Moli 的 ICR18650H 型 $LiCoO_2$/石墨电池的容量百分数与循环次数

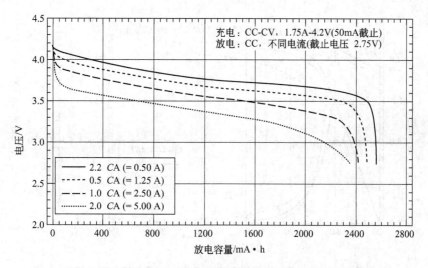

图 26.52　三洋 UR18650F LiCoO₂/石墨电池在 20℃下的放电倍率特性
（电池以 1.75A 电流连续充电至 4.2V 后，恒压至电流降至 50mA 时，开始
连续放电至 2.75V；不同放电电流密度列于小图中）

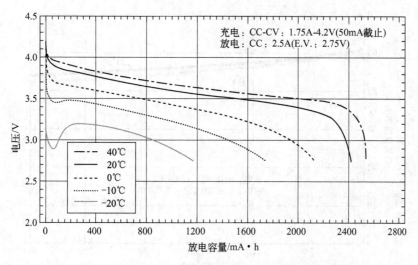

图 26.53　三洋 UR18650E LiCoO₂/石墨电池的放电温度特性
（电池以 1.75A 电流连续充电至 4.2V 后，恒压至电流降至 50mA 时，开
始连续放电至 2.75V。不同测试温度值列于小图中）

的关系曲线。该电池标称容量为 2200mA·h。在 23℃下 300 次循环后电池容量保持率为
87%，在 45℃下仍然大约为 84%。这些结果是典型用于笔记本计算机的电池数据。

　　（2）NMC/石墨能量型与功率型电池　　NMC 既可以设计成能量型电池，也可以设计成
功率型电池。与 LiCoO₂/石墨电池相比，NMC 可以提供更低的成本与更好的自身安全性。

　　① 能量型电池　　首先鉴定能量型电池的性能。图 26.56 表示出 E-one Moli 的
ICR18650B 型电池在 23℃下以不同电流放电的放电电压曲线，最大电流达到 2A。电池以
0.2C 率放电所获得容量为 2250mA·h，以 2A 放电时获得 2150mA·h；由 0.44A（0.2C
率）增至 2A（约 1C 率）时，电池的中点电压下降 0.22V。这相应于电池等效电阻为
0.14Ω（0.22V/1.56A），显然适合作为笔记本计算机电源。

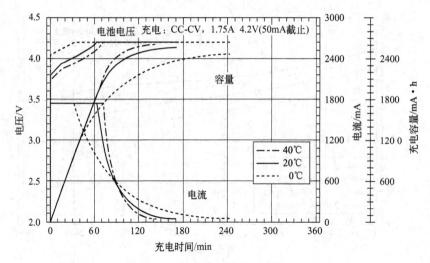

图 26.54 三洋 UR18650E 型 LiCoO₂/石墨电池的充电特性

（电池以 1.75A 电流连续充电至 4.2V 后，恒压至电流降至

50mA 止；不同测试温度值列于小图中）

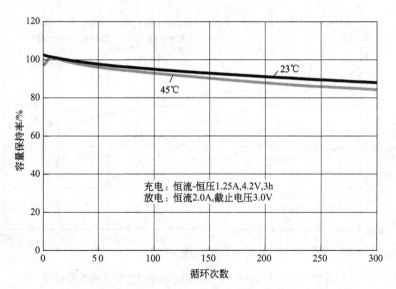

图 26.55 E-one Moli 的 ICR18650H 型 LiCoO₂/石墨

电池的容量保持率与循环次数的关系曲线

（该电池标称容量为 2550mA·h，电池以 1.25A 电流连续充电至 4.2V 后，

恒压 3h，然后开始以 2.0A 连续放电至 3.0V）

图 26.57 表示出 E-one Moli 的 IHR18650B 型电池在几种放电电流条件下所得到的容量保持率与温度的函数关系曲线。在 −20℃ 下以 2A 放电时，可获得其标称容量的 50%。这样的性能对于大多数正极材料所组装的能量型电池，都是十分典型。

图 26.58 绘出 E-one Moli 的 IHR18650B 电池的容量百分数与循环次数的关系曲线，该电池采用 NMC 正极材料。电池是在 23℃ 下以 1.1A 电流进行放电。在 300 次循环后电池容量保持率约为 87%，与图 26.55 上的 LiCoO₂/石墨性能很相近。

被研制用于卫星的锂离子电池具有长得多的循环寿命。如研制的平板式方形电池已经应

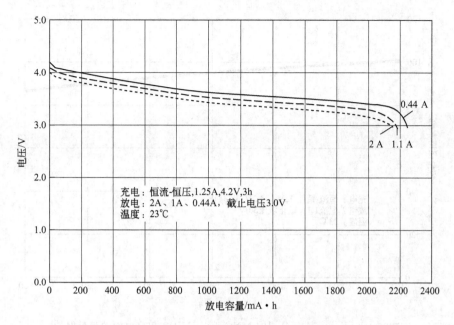

图 26.56　E-one Moli 公司的 IHR18650B 型电池在
23℃下以不同电流放电的放电电压曲线

（最大电流达到 2A，电池以 1.25A 电流连续充电至 4.2V 后，
恒压 3h，然后开始分别以 2A、1A、1A 和 0.44A 连续放电至 3.0V）

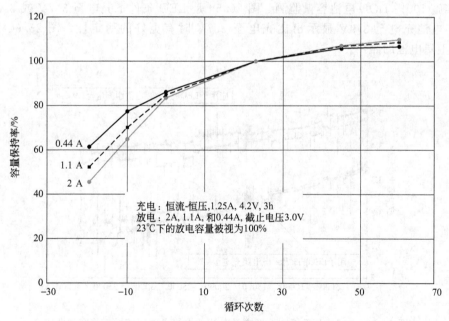

图 26.57　E-one Moli 公司采用 NMC 正极的 IHR18650B 型电池以几种放电
电流所放出的容量百分数与温度的函数关系曲线

（电池以 1.25A 电流连续充电至 4.2V 后，恒压 3h，然后开始分别以
2A、1A、1A 和 0.44A 连续放电至 3.0V。电池在 23℃下的放电容量被视为 100%）

用于低轨道卫星（LEO），在撰写本章时该电池在卫星上已经工作了 7 年多，循环次数已超过 39000 次。该电池采用了层状氧化镍钴锂正极材料。LEO 循环制度是 40% DOD，加上周

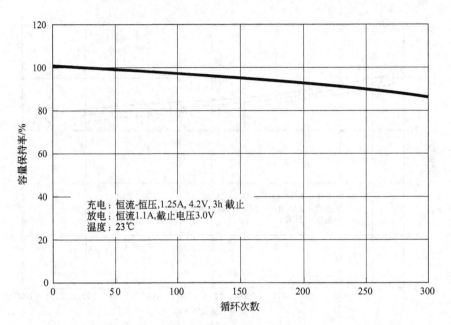

图 26.58 E-one Moli 公司的 MNC 正极 IHR18650B 电池的容量保持
率与循环次数的关系曲线

(电池在 23℃以 1.25A 电流连续充电至 4.2V 后，恒压 3h，

然后开始以 1.1A 电流连续放电至 3.0V)

期性地实施 100％ DOD 电池容量监测。图 26.59 是 LEO 条件下充电至 3.7V 或 3.9V 的测试结果。电池充电至 3.9V 显示出比充电至 3.7V 时有更好的稳定性。图 26.60 是 28V、43A·h 卫星电池的照片。

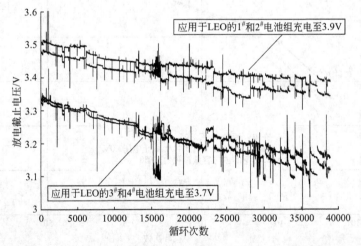

图 26.59 20A·h 平板方形锂离子电池放电终点电压随循环的变化曲线

(放电按 LEO 制度已经超过 7 年，其中每次放电深度为 40％DOD，但也周期性地实施
100％DOD 放电，图上部是充电至 3.9V 获得的数据，下部是充电至 3.7V 获得的数据)

　② 功率型电池 NMC/石墨电池已经发展作为高功率应用电源。圆柱形电池可以最高输出 30C 率放电，充放电循环数百次。NMC/石墨电池一般具有比 $LiMn_2O_4$/石墨和 $LiFePO_4$/石墨电池更高的比能量。图 26.61 显示出 CHAM NMC/石墨功率型电池以 1C 率～

图 26.60 一组 28V、43A·h 卫星电池照片

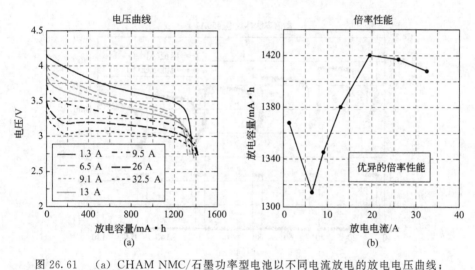

图 26.61 (a) CHAM NMC/石墨功率型电池以不同电流放电的放电电压曲线；
(b) 表示出放电容量与放电电流的关系，在高倍率下，电池温度的升高有利于提升放电容量[112]

24C 率放电的放电电压曲线。图 26.61 右面的图表示出放电容量与放电电流关系。虽然平均电压随放电电流增加而降低，但是容量却由于电池发热以及电解质电导率升高而增加。因此，电池在所有倍率下试验获得的能量是近乎相同的。在图 26.61 中，放电时的电池中电电压由 1.3A 的大约 3.7V 下降至 32.5A 的 3.1V。所相应的等效直流电阻约为 0.02Ω（0.6V/1.2A）。由此可以认定，18650 功率型电池一般具有约 0.02Ω 的等效直流电阻。

图 26.62 是 CHAM 18650 型 NMC/石墨功率电池容量与循环寿命的关系曲线。该电池是以 10C 率放电，再以 CCCV 模式充电至 4.2V；在 500 次充放电循环后容量保持率几乎达到 90%。

平板方形电池已经演示出优异的功率能力，连续放电质量比功率达到 6kW/kg，脉冲峰值比功率为 15kW/kg。图 26.63 显示出一只 7A·h 电池的脉冲放电性能。该电池是模拟定

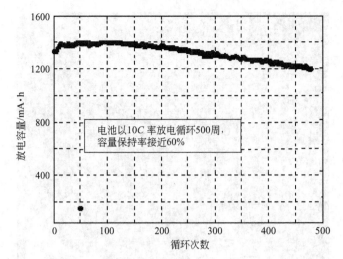

图 26.62　CHAM 18650 型 NMC/石墨功率型
电池容量与循环寿命的关系曲线

（以 10C 率放电，再以 CCCV 模式充电至 4.2V[112]）

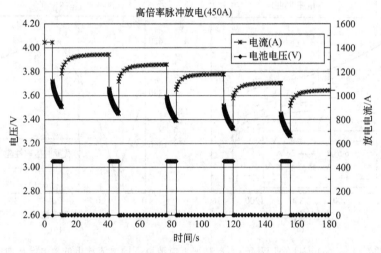

图 26.63　一只 7A·h 平板方形 NMC/石墨电池的脉冲放电性能

（电池比功率输出为 15kW/kg）

向能武器的操作要求，放电制度采用 6s、60C 率（450A）放电，接着休息 30s 的重复操作。这个电池的直流电阻约为 0.7mΩ（0.3V/450A）。

7A·h 电池连续 60C 率（450A）放电性能如图 26.64 所示。当电池电压降至 3V 时，电池输出了 76％的标称容量。该电池质量比能量达到 100W·h/kg，大约是可相比拟的能量型电池质量比能量 205W·h/kg 的一半。

一只 9A·h 方形电池以 0.2C 率～200C 率放电的性能表示于图 26.65。在 200C 率下，电池输出的容量是 0.2C 率条件下的 40％；可以相信当电池以超过 75C 率放电时，电池容量的限制是本体扩散。

平板方形功率电池可以在低温下提供高的输出功率。图 26.66 表明一只 5A·h 电池可以在 25℃、−17℃和−26℃下以 4.5C 率放电性能。其中在−26℃下电池能够放出 82％的标称容量。

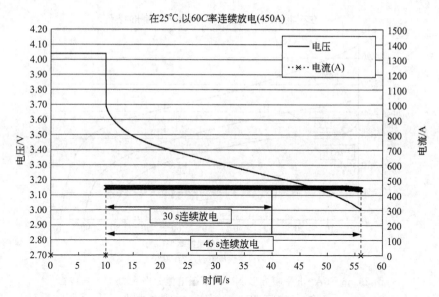

图 26.64　7A·h 平板方形 NMC/石墨电池的连续 60C 率（450A）放电性能
（电池在 3V 以上放电 46s 时，输出 76% 的标称容量）

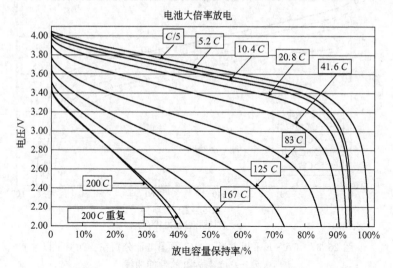

图 26.65　一只 9A·h 平板方形 NMC/石墨电池以不同倍率（直到 200C
率）连续放电的性能
（在 200C，电池放出相当 0.2C 率容量的 40%）

　　为了说明放电倍率的影响，图 26.67 显示了 5A·h 平板方形 NMC/石墨电池在 −20℃
下以 0.2C 率～5C 率的放电特性。显然电池电压在 5C 率放电曲线上有所升高，这乃是由于
电池内部温度升高所致。

　　（3）$LiMn_2O_4$/石墨和 $LiMn_2O_4$：NMC/石墨功率型电池　由于 $LiMn_2O_4$ 具有低成本
和良好的安全性能，而且输出高功率，因此是非常有吸引力的正极材料。众多公司生产基于
$LiMn_2O_4$ 正极的功率电池，也有采用 $LiMn_2O_4$ 与 NMC 混合使用。第一只大规模生产
$LiMn_2O_4$/石墨电池的加拿大 NEC/Moli 公司，于 20 世纪 90 年代末开始生产。E-one Moli
公司目前生产 $LiMn_2O_4$/石墨的功率型电池；同时可以相信 LG 化学提供 Chevy Volt 用的电

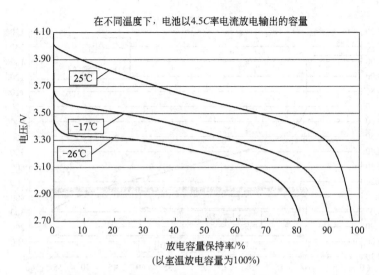

图 26.66　5A·h 平板方形 NMC/石墨电池分别在 25℃、−17℃
和−26℃下以 4.5C 率放电的性能曲线

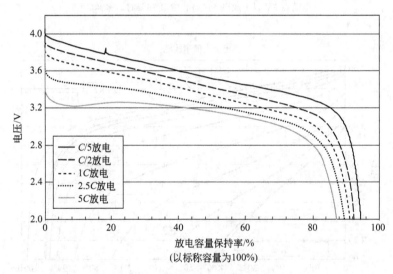

图 26.67　5A·h 平板方形 NMC/石墨电池分别在−20℃下以
0.2C～5C 率放电的性能曲线

池（类似于表 26.14 中的 E1 和 E2 电池），就是采用 $LiMn_2O_4$ 与 NMC 混合物正极材料。其他制造商实际上也是这样做的。NMC 与 $LiMn_2O_4$ 之间有一种协同效应，促使电池贮存性能提高和更好的循环寿命[113]。此外，NMC 也能提高能量密度，不过增加成本。

　　图 26.68 是 IMR18650E 型 $LiMn_2O_4$/石墨电池在 23℃下以不同电流放电的电压曲线。电池标称容量为 1.4A·h，当以 20A 放电时仍可以输出 1.3A·h。但电流由 5A 增至 20A 时，中点电压下降约 0.35V，由此得到的等效直流电阻约为 0.023Ω（0.35V/15A）。对这类电池来说，这是一个典型值。

　　图 26.69 是 IMR18650E 型 $LiMn_2O_4$/石墨电池在−20℃下以不同电流放电的电压曲线。电池本身没有热源，而电流流过时就显著变暖起来，导致电池电压随放电时间增加而逐渐升高。

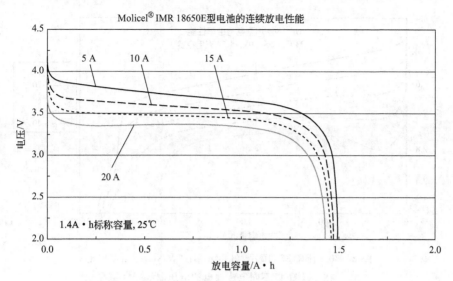

图 26.68　IMR18650E 型 LiMn$_2$O$_4$/石墨电池在 23℃
下以不同电流放电的电压曲线

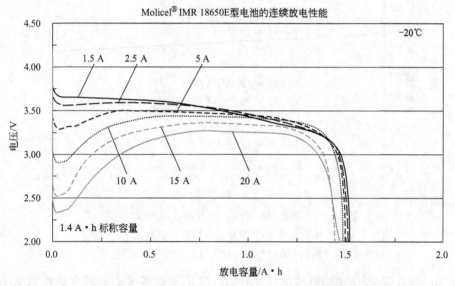

图 26.69　IMR18650E 型 LiMn$_2$O$_4$/石墨电池在
−20℃下以不同电流放电的电压曲线

图 26.70 显示 IBR18650B（LiMn$_2$O$_4$：MNC）/石墨电池在 23℃下的以不同电流放电的电压曲线。电池的正极是 LiMn$_2$O$_4$ 与 MNC 的混合物。该电池标称容量为 1.5A·h，以 30A（20C 率）放电输出容量达 1.4A·h。由 1.5A 升至 30A，电池中点电压下降约 0.6V，相应的直流有效电阻约为 0.021Ω（0.6V，28.5A），属这类电池的典型值。在 30A 与 3.2V 下，电池可以连续提供 2.3kW/kg 的质量比功率和 5.6kW/L 的体积比功率。图 26.71 是该电池的充放电循环寿命曲线，1000 次循环后电池容量保持率超过 84%。这是非常出色的结果。

有关（LiMn$_2$O$_4$：MNC）/石墨电池的更多信息可以到 The Eletric Mobility Canada 网站上查阅[115]。

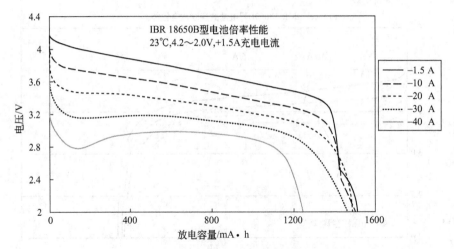

图 26.70　IBR18650B 型（$LiMn_2O_4$：MNC）/石墨电池
在 23℃下以不同电流放电的电压曲线[114]

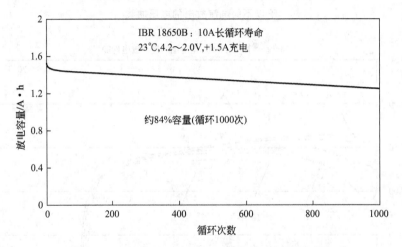

图 26.71　IBR 18650B 型（$LiMn_2O_4$：MNC）/石
墨电池在 23℃的充放电循环寿命曲线
（电池放电电流是 10A，充电以 1.5A CCCV 方式充电至 4.2V[114]）

（4）$LiFePO_4$/石墨功率型电池的特性　$LiFePO_4$ 基锂离子电池具有出色的功率能力和长的循环寿命。此外，它是所有采用石墨负极锂离子电池中热稳定性最好的。$LiFePO_4$/石墨锂离子电池的缺点则是其相对低的质量比能量与体积比能量，如表 35.13 与表 35.14 所示。

图 26.72 是 A123 公司 ANR26650M1A 型 $LiFePO_4$/石墨电池的放电电压相对放电容量的关系曲线，放电电流从 1A 至 40A。在 1A 至 40A 电流间，电池中点电压下降 0.7V，有效直流电阻大约是 0.017Ω（0.7V/39A）。

图 26.73 是 ANR26650M1A 型 $LiFePO_4$/石墨电池的容量与循环次数的关系曲线。电池以 C 率循环 1000 次后，容量率保持在 95% 以上。在 60℃下，1000 次后容量率保持超过 75%。

A123 公司与一级方程式车队合作，将混合动力引进跑车。一只特别高功率的 $LiFePO_4$/石墨电池，即 AHR18700M1Ultra 得以制造出来。该电池曾是特别设计用于一级方程式赛车，并成功应用于 Vodafone-McLaren-Mercedes 车队的整个 2009 年赛季。这种高功率电池

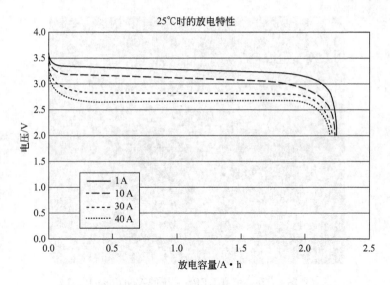

图 26.72　A123 公司 ANR26650M1A 型 LiFePO$_4$/石墨
电池以不同电流放电的放电曲线

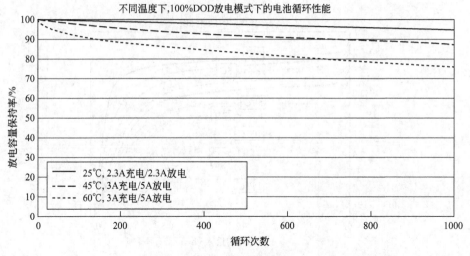

图 26.73　ANR26650M1A 型电池的容量与循环次数的关系曲线

设计可用于高达 100℃ 操作温度，可输出的比功率超过 20kW/kg，而质量比能量为 60W·h/kg。在一级方程式赛车应用中，采用这些电池的动力能量回收系统（KERS）受到比赛规则的限制，每圈只能输出 400kJ 能量。由赛车手根据超车或阻止超车的要求来酌情处理，只要将方向盘上的按钮按下就可输出电来驱动运行。在比赛条件下，大约是 250C 率放电，相应要将 80% 贮存的能量在 6~8s 内输出。图 26.74 是装有 KERS 系统的赛车照片。图 26.75 表示出这种电池的放电电压与放电容量的关系曲线，电池放电采用各种倍率，最高达到 150C 率。在 125C 率（该电池是 87.5A），电池放电中点电压是 2.5V；而在 0.7A，中点电压为 3.3V。由此，其相应的有效直流电阻是约 0.01Ω（0.8V/86.8A）。在以 125C 率放电的中点处，电池连续提供的质量比功率达到 5.6kW/kg。按照制造商的技术参数表，电池可以在其大多数荷电状态内输出 12kW/kg 和在 60℃ 下连续 10s 接受 8kW/kg（在再生制动期间）。

图 26.74　装有 KERS 系统的 Vodafone-
McLaren-Mercedes 一级方程式赛车照片
（该系统中的电池由 A123 公司提供）

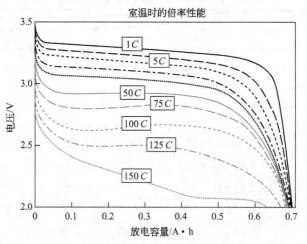

图 26.75　A123 公司 AHR18700M1Ultra 石墨/LiFePO$_4$ 电
池以不同倍率放电的电压与容量的关系曲线

　　图 26.76 是 A123 公司 AHR18700M1Ultra 型石墨/LiFePO$_4$ 电池的容量保持率与循环次数的关系曲线，该电池是在室温下以 10C 率进行充放电。1400 次循环后，电池容量保持率超过 93%。图 26.77 显示出 A123 公司 AHR18700M1Ultra 型石墨/LiFePO$_4$ 电池在不同温度下的容量保持率与循环次数的关系曲线，最高温度达到 100℃。在 100℃ 下的容量保持率相当出色，而其他许多锂离子电池在 60℃ 以上不能良好运行。

　　（5）LiMn$_2$O$_4$/Li$_{4/3}$Ti$_{5/3}$O$_4$ 电池的性能　几家公司已经研发出 LiMn$_2$O$_4$/Li$_{4/3}$Ti$_{5/3}$O$_4$ 电池；如表 26.13 和表 26.14 中所列。这些电池显示低的体积比能量和质量比能量。但是从另一方面看，它们的安全性异常出色，并具有极长的循环寿命。因此，这些电池有可能在诸如电网储能等固定型应用中扮演重要角色。图 26.78 表现出一只奥钛公司的 11A·h LiMn$_2$O$_4$/Li$_{4/3}$Ti$_{5/3}$O$_4$ 聚合物锂离子电池以不同放电电流放电的电压与容量的关系曲线，

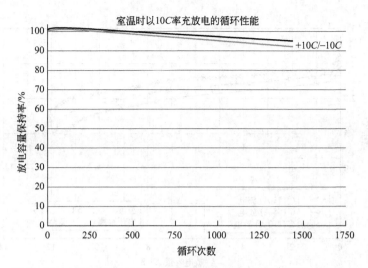

图 26.76　A123 公司 AHR18700M1Ultra 型石墨/LiFePO$_4$ 电池的容
量保持率与循环次数的关系曲线
（电池是在室温下以 10C 率进行充电与放电）

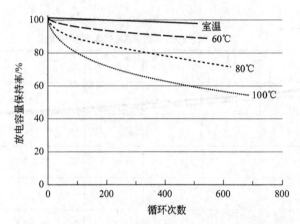

图 26.77　A123 公司 AHR18700M1Ultra 石墨/LiFePO$_4$ 电池在不
同温度下的容量保持率与循环次数的关系曲线
（电池是在图中标示的温度下，以 1.5C 率进行充电，2.5C 率放电）

放电电流最大至 10C 率。当电流由 11A 增加至 110A 时，电池的中点电压下降了 0.3V，相应的直流等效电阻约为 0.003Ω（0.3V/99A）。因此，可以推算出一只 1.1A·h（采用该技术的 18650 电池）的这种电池应该有 0.03Ω 直流等效电阻，显然与其他典型的 18650 功率型电池是接近的。

　　仔细分析图 26.78 中的电压-容量曲线的形状，可以认为该电池中的正极包含有 LiMn$_2$O$_4$ 和其他材料，如 NMC。

　　图 26.79 展示了奥钛公司的 11A·h LiMn$_2$O$_4$/Li$_{4/3}$Ti$_{5/3}$O$_4$ 电池的放电容量与循环次数的关系曲线。该电池容量保持极为出色，在 6000 次高倍率循环后容量保持率依然有 85%。

　　(6) 索尼 Nexelion 电池（Sn-Co-C 负极）　据我们所知，目前为止 Nexelion 电池只出现在索尼公司生产的电池模块中。因此，所得到的 Nexelion 电池相关数据非常有限。图 26.80

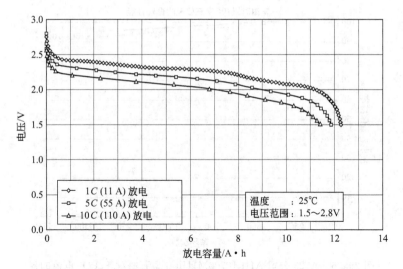

图 26.78 奥钛公司的 11A·h 容量 $LiMn_2O_4/Li_{4/3}Ti_{5/3}O_4$ 聚合物锂
离子电池以不同放电电流放电的电压与容量的关系曲线
（最大放电电流至 10C 率，25℃）

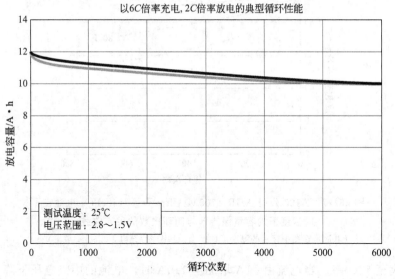

图 26.79 奥钛公司的 11A·h $LiMn_2O_4/Li_{4/3}Ti_{5/3}O_4$
电池的放电容量与循环次数的关系曲线

提供了一只索尼 14430 圆柱形 Nexelion 电池的放电电压与容量的关系曲线，在该图上也给出应用石墨负极的同尺寸电池数据以进行比较。Nexelion 电池显示更高容量，但是放电电压略低于石墨电池。

图 26.81 提供索尼 14430 型圆柱形 Nexelion 电池的放电容量与循环次数的关系曲线，该数据是由 Inoue 等发表的。该电池分别以 1C 率和 2C 率放电，循环 300 周后容量保持率超过 75%。这种性能是可与其他许多圆柱形 $LiCoO_2$/石墨电池相比拟。如先前指出的，以相信索尼电池的原有负极成分与最初比较已经有了改变。图 26.80 和图 26.81 上的数据性能只是来源于最初的 Nexelion 电池。

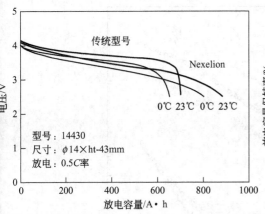

图 26.80 索尼 Nexelion 电池的放电曲线

（测试条件：0.5C 率，分别在 23℃ 和 0℃；图上的比较数据取自于一只石墨负极电池[63]）

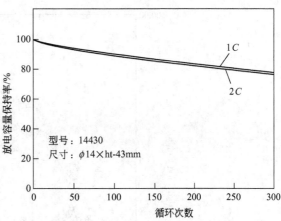

图 26.81 索尼 14430 型 Nexelion 电池的放电容量与循环次数的关系曲线

（该电池在 23℃，分别以 1C 率和 2C 率放电[63]）

26.5 安全特性

26.5.1 充电电极材料与电解质之间的反应与温度的依赖关系

已经有许多文件记载涉及锂离子电池的安全事故。其中不少导致大量电池产品被召回。不过，由于锂离子电池制造商、OEM 设备设计者以及监管机构在世界范围的共同努力，锂离子电池有着极好的安全记录，而且仍然在继续改善中。如果假定全球每年生产的 40 亿只电池中有 100 起安全事故，将它转为安全事故率仅仅是 4 千万分之一，显然是非常好的。

与锂离子电池相关的所有安全问题最终源于充电态的正极与负极材料和电解质在较高温度下的反应。图 26.82 表示出用加速量热计（ARC）检测的各种锂化碳负极与含 1mol/L LiPF$_6$ 电解质反应的测量数据。

图 26.82 表明，所有这些材料在 80℃ 附近开始反应，但速率很缓慢（这就是为什么锂离子电池在 60℃ 以上循环时，会损失容量——在锂化石墨与电解质之间的反应不是"猛然爆发"，而是随温度呈指数式活化）。当温度升高时，对于高比表面积的 KS 与 SFG 样品的反应更加强烈。MCMB 与纤维样品具有较小比表面积，其反应在 100℃ 以上时形成一个平台，但 200℃ 以上急剧增大。

通常的错误认识是发生在 Li$_{7/3}$Ti$_{5/3}$O$_4$（荷电态钛酸锂）中的锂，一般认为它与电解质在较高温度下是不反应的，因此采用 LTO 负极的锂离子电池在提高温度时，应该不存在负极与电解质的反应活性。Jiang 等[117] 曾说明锂化负极材料与电解质间的反应热随负极相对锂电位线性减少，达到 3.0V，接近零值。这意味贮存了相同量锂的 LTO 负极（1.5V）在与电解质反应期间逸出的总热量应该只有石墨负极的一半。

与 18mg 电解质（含有 1mol/L LiPF$_6$ 锂盐、EC 和 DEC 溶剂）混合时，水平长虚线表示自加热速率 0.12℃/min。在放热搜索开始前[119]，ARC 检测时曾强制从起始温度 160℃ 以 5℃/min 上升。

有大量的基础研究工作来表征锂化负极与电解质的反应。Jun-Ichi Yamaki 与 Jeff Dohn 的研究团队对充分认识这些反应，大概是贡献最多的。本节将不会对所有有关信息予以讨论，但要简单指出可检出的负极反应活性开始于一个相对低的温度，大约在 80℃。

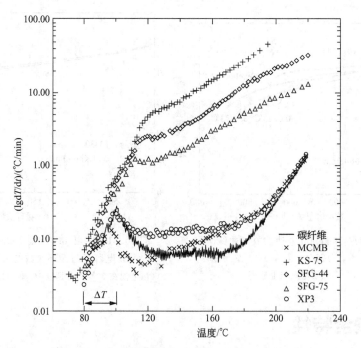

图 26.82　各种锂化碳在 LiPF₆-EC-DEC（33∶67）
电解质[116] 中的自加热速率曲线

　　一系列充电正极材料与电解质的反应已经在 MacNeil 等[118] 的文章中予以描述。微分扫描量热仪（DSC）曾经用于研究在充电状态的 $LiCoO_2$、$LiNiO_2$、$LiNi_{0.8}Co_{0.2}O_2$、$Li_{1+x}Mn_{2-x}O_4$、$LiNi_{0.7}Co_{0.2}Ti_{0.05}Mg_{0.05}O_2$、$LiNi_{3/8}Co_{1/4}Mn_{3/8}O_2$（MNC 的一种组分）或 $LiFePO_4$ 与电解质间在相同条件下的反应特性。文章得出结论："按照我们的意见，正极材料可以按最安全至较不安全排序如下：$LiFePO_4$，$LiNi_{3/8}Co_{1/4}Mn_{3/8}O_2$，$Li_{1+x}Mn_{2-x}O_4$，$LiCoO_2$，$LiNi_{0.7}Co_{0.2}Ti_{0.05}Mg_{0.05}O_2$，$LiNi_{0.8}Co_{0.2}O_2$ 和 $LiNiO_2$"。虽然其中许多研究的材料并没有在当今锂离子电池中获得应用，但是文章确认 $LiFePO_4$、NMC、$LiMn_2O_4$ 是潜在最安全的正极材料，这与目前的认识是一致的。在最新发表的文章中，Wang 等[119] 阐述了具有当今技术水平的 $LiCoO_2$、$LiNi_{0.8}Co_{0.15}Al_{0.05}O_2$（NCA）、$LiNi_{0.42}Mn_{0.42}Co_{0.16}O_2$（NMC）样品与电解质的反应特征。图 26.83 是这些材料与电解质反应的 ARC 测试结果，NMC 样品与电解质产生强烈反应的起始温度最高。Wang 等得出以下结论。

　　虽然 $LiCoO_2$ 样品在所有研究的样品中具有最低的比表面积，但它却是所有样品在 180℃ 以下最具反应活性的。$LiCoO_2$ 和 NCA 在近似相同的温度下以 10℃/min 达到了 SHRs。这些结果表明从 $LiCoO_2$ 转向先进的 NCA 应该不会导致显著安全改善。在所有样品中，NMC 显示至少在 250℃ 以下具有最低的自加热速率，因此为了使锂离子电池具有更好的安全特性，建议采用 NMC 材料。

　　虽然以上的数据是引人注目的，但是量热仪数据一般都是在相对较低温度下以及在低的热速率下测得的，主要用于了解在类似条件下（譬如热箱试验）可滥用的限度。电池在极其热滥用时的情况（如针刺、粉碎以及内部短路等），以及其他诸如在热滥用下的总释放热量的多少都应当在选择材料时予以考虑，以保障其所制备的电池具有一定的安全性。充电正极材料与电解质的反应温度，可以低到如相应 $LiCoO_2$ 130℃ 温度开始。因为充电的正、负极材料都可与电解质在低到 130℃（至少对 $LiCoO_2$ 电池如此）时的温度开始反应，锂离子电

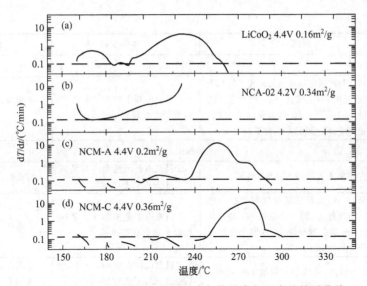

图 26.83　56mg 充电正极材料的自加热速率与温度的关系曲线

(a) LiCoO₂　4.4V；(b) NCA-02　4.2V；(c) NMC-A　4.4V；(d) NMC-C　4.4V

池的安全设计与试验必须保证电池在这些温度下是安全的，即使有较长时间暴露在该温度下。在电与机械（譬如粉碎试验或内部短路试验）滥用条件下，部分电池有可能遭遇更高的温度，如果热的产生速率低于热的散失速率，电池依然可以是安全的。这些因素由 SAFT 研究团队[120]在其综述中得到了详细讨论。

26.5.2　对锂离子电池安全与设计的监管标准

使锂离子电池尽可能地安全，乃是符合消费者、有电池需求的设备制造商与电池生产商的利益。保障锂离子电池的安全是电池生产商与采用电池的 OEM 厂商的首要任务。为此，发展了一系列标准与认证来帮助保证锂离子电池的安全。大多数 OEM 厂商只有在锂离子电池符合一个或更多标准情况下，才使用于其产品中。在这一节，将讨论下述标准：

① UL 实验室制定的 UL1642 "锂离子电池标准"；

② 国际电工委员会 IEC 62133 "含有碱性或其他非酸性电解质的二次电池与电池组"；

③ 电器与电子工程学会 IEEE1625 "多电池移动计算装置用可充电电池组标准"；

④ IEEE1725 "用于手机的可充电电池标准"。

选出这些标准是因为它们包括了锂离子电池所必需的安全试验和设计规则，锂离子电池一定要通过或符合上述标准才能获得相关认证。也有一些其他标准存在，例如日本电池协会（BAJ）和联合国都有许多标准。一家联合国专家委员会推荐了空运试验要求，然后已经由国际空运协会（IATA）采纳。

表 26.15　UL1642 锂离子电池安全测试概要

测试	测试描述	单体电池数	结果要求
电学测试			
短　路 (23℃)	电池内电池电压降至 0.1V 以下，监视电池温度回到 33℃止	5 只充电新电池和 5 只循环后处于充电状态电池	不爆炸，不着火 测试电池温度＜150℃
短　路 (55℃)	电池内阻电池电压降至 0.1V 以下，监视温度回到 65℃止	5 只充电新电池和 5 只循环后处于充电状态电池	不爆炸，不着火 测试电池温度＜150℃
异常充电	以 3 倍于厂商的推荐倍率对电池充电 7h	5 只充电新电池和 5 只循环后处于充电态电池	不爆炸，不着火

测试	测试描述	单体电池数	结果要求
电学测试			
强制放电	将 1 只放过电的电池与装置中的数个电池(充电态)串联在一起,整个电池组通过一只小于 0.1Ω 电阻放电至 0.1V,监视温度回到室温以上,直至 10℃止	5 只充电新电池和 5 只循环后处于充电状态电池	不爆炸、不着火
机械测试			
平板挤压	在平整表面间压力达到 13kN	5 只充电新电池和 5 只循环后处于充电状态电池	不爆炸、不着火
碰撞测试	15.8mm 直径的圆块放置于整个电池或电池组上,使一质量 9.1kg 的物体自 61cm 高落到圆块上,方形电池要做两个方向试验。	5 只充电新电池和 5 只循环后处于充电状态电池	不爆炸、不着火
冲击测试	3 个轴向,最低 75g,峰值 125~175g	5 只充电新电池和 5 只循环后处于充电状态电池	不爆炸、不着火不漏液、不排气
振动测试	0.8mm 振幅、以 1Hz/min 速率,10~55Hz,再反向	5 只充电新电池和 5 只循环后处于充电状态电池	不爆炸、不着火不漏液、不排气
环境测试			
加热测试	以 5℃/min 加热至 130℃,在 130℃保持 10min;恢复到室温检查	5 只充电新电池和 5 只循环后处于充电状态电池	不爆炸、不着火
温度循环测试	室温,4h;70℃,4h;室温,4h;-40℃,4h;重复 10 次	5 只充电新电池和 5 只循环后处于充电状态电池	不爆炸、不着火不漏液、不排气
海拔高度测试	11.6kPa 下 6h	5 只充电新电池和 5 只循环后充电电池	不爆炸、不着火不漏液、不排气
抛射测试	电池被焚化	5 只充电新电池	电池中的组分不允许穿透试验中使用的筛网

注:抛射试验是将电池放在燃烧器上面的筛网上;当发生爆炸时或排气及燃烧时,电池必须不会刺穿网子;在整个事件中,借助抛射使电池留在网上。

表 26.15 所列内容,系为获得 UL1642 认证所规定的安全试验与要求。这些试验既要求新电池(全充电),也包括已经按循环规定循环寿命 25% 的电池(或者循环 90 天或稍短的电池);之后再完全充电后,以满足试验要求。这些试验涵盖电、机械与环境 3 个主要类型的滥用。事实上几乎所有用于电动工具与小型电子装置的锂离子电池都要通过这些测试。

国际电工委员会 IEC 62133 标准与 UL1642 标准十分接近。但是也有非常重要的差别。首先,IEC 标准包括自由落体试验,在这个试验中已充电的单体电池或含有电池组的装置要在 1m 高度下跌落 3 次;要求不起火,不爆炸。IEC 标准还包含了额外的过充电试验。电池是以连续 2C 率充电,但其壳体上附着有热电偶。试验一直进行到电池温度达到稳定或恢复到室温。整个过程电池没有起火或爆炸状况发生。

在 IEC 与 UL 之间最大的差别是前者提出的强制内部短路试验加入相关标准中。由于大多数现场发生的电池安全事故被认为是内部短路引起的,因此强制性短路试验是极其重要的。在 IEC 指导性文件中详尽提出基本试验程序,即将 L 形的小镍颗粒放置到充电状态电池的卷绕极组中,然后在一定压力下挤压电

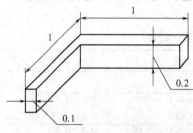

图 26.84　按照 IEC 内短路试验要求[121],放置于正极与隔膜之间的镍颗粒形状(单位:mm)

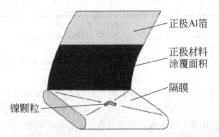

将镍颗粒放到隔膜上

将电极与隔膜反转回来，并将两层聚酰亚胺
胶带贴于镍颗粒位置上

图 26.85　按照 IEC 内短路试验要求[121]，将一个镍颗粒插入正极与隔膜之间

池。图 26.84 展示上述镍颗粒的示意图。图 26.85 则说明如何将镍颗粒放入卷绕式方形电池
中。当该极组重新装配后，可以将它放在平板上加压就可导致电池内短路。一旦短路开始，
对电池进行监视，如果不着火就认为通过试验。日本电池协会采用类似试验，其中一个镍的
颗粒是电池装配期间，放置在卷绕极组的结构中，以模拟一次内部短路。

　　IEEE1625 和 1725 标准分别规定用于计算机与手机锂离子电池的设计、装配和安全要
求。为了获得这些认证，电池必须满足 UL1625 或 IEC 62133 安全标准，同时满足大电池的
设计与质量保障准则。表 26.16 就是对这些准则的概述。这些准则中的许多条款设计用于防
止电池缺陷的出现，它们的存在可能最终引起电池在使用期间的内短路。IEEE1625 标准也
包括了多节单体电池构成电池块的安全操作协定。

表 26.16　要取得 IEEE1725 认证，必须满足的标准

主题	分主题	子主题	意　见
设计要求	隔膜选择		
		稳定性	隔膜需要足够的化学、电化学、机械与热稳定性
		关闭特性	隔膜以 2000Ω·cm²/s 最低速度关闭期间，其电阻至少升高 2 个数量级
		强度与厚度	必须提供足够强度与厚度防止穿孔
		收缩留量	隔膜在所有情况下都必须超过正、负极的面积（防止电极接触）
	电极设计		
		容量平衡	负极的可逆充电容量要大于正极（防止金属锂沉积）
		电极几何形状	负极的活性面积应该完全覆盖正极面积（防止金属锂沉积）
	电极极耳		按要求优化极耳长度
		极耳绝缘	极耳与具有相反极性的壳体必须绝缘（防止冲击与振动期间的短路）
		绝缘体的附着强度	绝缘体要求是永久性附着在极耳上
		绝缘特性	绝缘体必须是具有足够化学、电化学、机械与热稳定性能（保持长久的稳定性）
	电池排气装置		电池结构中必须有可靠的排气装置，以保障电池内部产气时的安全；袋装电池不需要该装置。
		保留电池内部组分	排气时，排气装置必须保持电池内部组分不会排出。
		抛射物检测	电池必须通过 UL1642 抛射实验
	过电流保护		电池可以接入一个过电流保护装置，例如正温度系数电阻（PTC），以限制一旦发生短路的电流
	过电压保护		生产商必须向购买者提供电池的推荐充电电流与充电上限电压

主题	分主题	子主题	意　见
制造考虑			
	材料技术要求		材料技术要求必须确定该材料中杂质含量在相关标准以下
	杂质避免		所有可能的杂质应该是被识别和加以控制其含量
	清洁度		温度范围、湿度和灰尘等级必须满足技术要求,由机器或操作带入的金属有害物应该予以防止(防止以后可能发生的内短路)
	可追朔性		所有电池都必须按一种方式予以标志,以保证即使在放热事件期间的可追溯性(找到过去什么出了错)
	电极生产	均匀涂覆	电极涂覆层密度、厚度和表面粗糙度必须满足技术要求(保证电池平衡与防止短路)
		毛刺控制	毛刺不能超过50%隔膜的厚度,测量电极上的毛刺必须每天最少一次(防止内短路)
	防止电极损失		电极起皱、撕裂和/或者变形应予以防止,生产商必须有检查的方法
	制造设备		必须防止损坏,或能对电池实施修饰
	缺陷电极		必须予以报废
	预防性维护计划		必须确立有效的预防性维护计划(譬如替换电极剪裁刀具)
	电池拆解		每台机器班次必须至少进行一次电池拆解,以保证满足技术要求
卷绕或叠片工序			
	卷绕或叠片期间注意事项	张力与损坏	避免过大张力或扭曲损坏电极或使电极弯曲
		散落的材料	必须要用有效的方法收集起所有在不同制造阶段散落的材料(防止内短路)
		损坏的电池	必须有方法检查出损坏的电池芯,进行电压测试、电阻测试,X射线检查(防止内短路)
	电极间距		卷绕主轴移动过程不能损坏卷绕极组
	卷绕压力		选择的压力应避免电池损坏,并避免引入毛刺等
装配预防措施	无污染物		无灰尘,片状物等引入(防止内短路)
	无内短路		装配方法与绝缘材料的位置应该为电池在全寿命过程防止短路提供可靠保护
	极耳定位	交错	正极与负极极耳应该是交错的,使它们不会彼此重叠
		电池芯的完整性	采用电阻检查,确保电池芯在装配后不会损坏
	绝缘子		绝缘子必须处于适当的位置
电池老化	电极对准		电极校准对防止危险是非常关键的;正极必须是被负极全部重叠;所有电池要通过视觉系统检查,以确保对齐;老化试验必须要进行
电池安全			实验必须按照UL1642或IEC62133进行,电池必须通过所有实验

　　IEEE1625和1725标准是由IEEE小型电池工作组起草的,然后文件提交由IEEE-SA标准理事会批准。这个工作组有如下成员:Amperex技术公司(ATL)、苹果公司、Asahi KASEI化学公司、日本电池协会、BYD、Celgard、Compal电子公司、戴尔公司、捷威公司、惠普公司、IBM、英特尔公司、Intersil、联想公司、LG化学、松下、PC TEST Engineerin、Laboratory公司、三星、三洋、深圳BAK、Sony、Texas Instrument、天津力神公

司、Tonen 化学公司、Tyco 电子公司以及美国保险商实验室。这些处于工业界领导地位的公司都承诺确保电池与相关产品的安全。

26.6　结论与未来发展趋势

事实上几乎所有的可充电便携式电子装置，包括笔记本计算机、手机以及数码相机等都采用锂离子电池；而且在商品化的大部分电动工具中也采用锂离子电池。在欧洲与亚洲，锂离子电池正在用于电动自行车和轻便摩托车。锂离子电池在未来应用的新领域则包括电驱动车辆（HEV、PHEV、增程式电动车和纯电动车）以及电网储能。推动锂离子电池技术发展的动力是其本身在许多方面能够提供高品质性能，这包括了在安全与低成本产品基础上，体现高质量与体积比能量、高比功率、长循环寿命与贮存寿命以及宽广的操作温度区间等。在常见的多种正极材料中，通过权衡成本、功率、能量与热稳定性的相对重要性来进行选择。

对机械设计与材料进一步改进也将提高电池性能，而目前研发领域对于锂离子电池材料的研究兴趣依然极大。能够提供更高容量与改善安全特性的改进型正极材料正在研发之中，同样还有负极材料，诸如锡与硅基材料将对电池的质量与体积比能量、倍率能力和寿命提供进一步改进。电解质添加剂与电极材料的包覆技术正在用来提高电池的循环与使用寿命。

作为例子，近来松下公司发布新闻，介绍将改进型镍基正极与硅负极引入 18650 型电池；并指出该电池具有 4A·h 容量，平均工作电压 3.4V，质量 54g。因此，该电池可以提供的质量比能量为 251W·h/kg，体积比能量为 800W·h/L！报告称该电池计划将于 2013 年进入市场。

最近已经有一些讨论，认为可能没有足够的锂以满足汽车市场的需求。然而近期的意见提到，锂在世界上的储量是充足的，但是大概不能在短期里内形成足够的生产能力来满足 2011～2015 年时间框架中的需求。不过，除了选择持续改进锂离子电池外，一些科研小组对其替代技术进行了探索，譬如钠离子电池技术。

致谢

笔者在这里向给本章提出宝贵修改意见的各位专家表示深深谢意。尤其感谢 Junwei Jiang（3M 公司），Mark Obrovac（3M 公司），Yong-Shou Lin（加拿大 E-one/Moli 公司），Ulrich von Sacken（加拿大比克公司），Qiming Zhong（加拿大比克公司），Mark Shoesmith（加拿大 E-One/Moli 公司），Karim Zaghib（Hydro-Quebec），Ken Rudisuela（Mobilogy），Sherman Hon（Electrovaya），Yet-Ming Chiang（A123 公司和 MIT 大学），Ralph Brodd（Broddarp of Nevada），John Zhang（Celgard），Hiroshi Inoue（Sony），Karen Thomas-Alyea（A123），Frank Puglia 和 Maggie Gulbinska（Yardney Technical Products）。

参　考　文　献

1. J. Chen, C. Buhrmester, and J. R. Dahn, *Electrochem. Solid-State Lett.* 8, A59 (2005).
2. J. R. Dahn, J. Jiang, M. D. Fleischauer, C. Buhrmester, and L. J. Krause, *J. Electrochem. Soc.* 152, A1283-A1291 (2005).
3. www.samsungsdi.com/storage/battery/circle/cylindrical-rechargeable-battery.jsp, accessed Dec. 20, 2009.
4. www.ubergizmo.com/15/archives/2009/12/panasonic_lithium_ion_battery_enters_production.html, "Panasonic managed to achieve this milestone by relying on its unique Heat Resistance Layer (HRL) technology which forms an insulating metal oxide layer between the positive and negative electrodes, resulting in the battery not overheating should

a short circuit occur," accessed Dec. 20, 2009.

5. M. S. Whittingham and M. B. Dines, *Surv. Prog. Chem.* 9, 55 (1980).

6. A. Weiss, *Angew. Chem.* 75, 755-761 (1963).

7. A. Herold, *Bull. Soc. Chim. Fr.*, 999 (1955).

8. A. Herold, in *Intercalated Materials*, F. Levy (ed), D. Reidel Publishing, Dordrecht, the Netherlands, 1979, p. 323.

9. D. M. Adams, *Inorganic Solids*, Wiley, New York, 1974.

10. A. R. West, *Solid State Chemistry*, Wiley, New York, 1984, pp. 25-29.

11. H. Selig and L. B. Ebert, *Advances in Inorganic Chemistry and Radiochemistry* 23, 281 (1980).

12. J. R. Dahn, A. K. Sleigh, H. Shi, B. M. Way, W. J. Weydanz, J. N. Reimers, Q. Zhong, and U. von Sacken in "Lithium Batteries—New Materials, Developments and Perspectives," G. Pistoia (ed.) 1994, pp. 1-97.

13. T. Zheng, J. N. Reimers, and J. R. Dahn, *Phys. Rev. B* 51, 734-741 (1995).

14. U. S. Patent 4, 357, 215. U. S. Patent 4, 302, 518.

15. M. R. Palacin, D. Larcher, A. Audemer, N. Sac-Epee, G. G. Amatucci, and J. -M. Tarascon, *J. Electrochem. Soc.* 144, 4226 (1997).

16. K. Mizushima, P. C. Jones, P. J. Wiseman, and J. B. Goodenough, *Mat. Res. Bull.* 15, 783 (1980).

17. M. M. Thackeray, W. I. F. David, P. G. Bruce, and J. B. Goodenough, *Mater. Res. Bull.* 18, 461-472 (1983).

18. A. K. Padhi, K. S. Nanjundaswamy, and J. B. Goodenough, *J. Electrochem. Soc.* 144, 1188 (1997).

19. Z. Lu, D. D. MacNeil, and J. R. Dahn, "Layered Li $[Ni_x Co_{1-2x} Mn_x] O_2$ Cathode Materials for Lithium Ion Batteries," *Electrochemical and Solid State Letters* 4, A200-A203 (2001)

20. Z. Lu, D. D. MacNeil, and J. R. Dahn, "New Layered Cathode Materials Li $[Ni_x Li_{(1/3-2x/3)} Mn_{(2/3-x/3)}] O_2$ for Lithium Ion Batteries," *Electrochemical and Solid State Letters* 4, A191-A194 (2001).

21. Q. Y. Wang, J. Liu, A. V. Murugan, and A. Manthiram, *Journal of Materials Chemistry* 19, 4965 (2009).

22. Y. Wang, J. Jiang, and J. R. Dahn, *Electrochemistry Communications* 9, 2534-2540 (2007).

23. Reproduced with permission from Y. Wang, J. Jiang, and J. R. Dahn, *Electrochemistry Communications* 9, 2534-2540 (2007).

24. M. Yoshio, H. Tanaka, K. Tominaga, and H. Noguchi, *J. Power Sources* 40, 347-353 (1992); E. K. Mizushima, P. C. Jones, P. J. Wiseman, and J. B. Goodenough, *Mat. Res. Bull.* 15, 783-789 (1980); W. D. Johnson, R. R. Heikes, and D. Sestrich, *Phys. Chem. Solids* 7, 1-13 (1958); E. Jeong, M. Won, and Y. Shim, *J. Power Sources* 70, 70-77 (1998); Zhecheva, R. Stoyanova, M. Gorova, R. Alcantra, J. Moales, and J. L. Tirado, *Chem. Mater.* 8, 1429-1440 (1996); B. Garcia, J. Farcy, J. P. Pereira-Ramos, J. Perichon, and N. Baffier, *J. Power Sources* 54, 373-377 (1995); P. N. Kumta, D. Gallet, A. Waghray, G. E. Blomgren, and M. P. Setter, *J. Power Sources* 72, 91-98 (1998); Y. Chiang, Y. Jang, H. Wang, B. Huang, D. Sadoway, and P. Ye, *J. Electrochem. Soc.* 145, 887 (1998); Y. Chiang, Y. Jang, H. Wang, B. Huang, D. Sadoway, and P. Ye, *J. Electrochem. Soc.* 145, 887 (1998); T. J. Boyle, D. Ingersoll, T. M. Alam, C. J. Tafoya, M. A. Rodriguez, K. Vanheusden, and D. H. Doughty, *Chem. Mater.* 10, 2270-2276 (1998); G. G. Amatucci, J. M. Tarascon, D. Larcher, and L. C. Klein, *Solid State Ionics* 84, 169-180 (1996); D. Larcher, M. R. Palacin, G. G. Amatucci, and J. -M. Tarascon, *J. Electrochem. Soc.* 144, 408 (1997); M. Antaya, J. R. Dahn, J. S. Preston, E. Rossen, and J. N. Reimers, *J. Electrochem. Soc.* 140, 575 (1993); M. Antaya, K. Cearns, J. S. Preston, J. N. Reimers, and J. R. Dahn, *J. Appl. Phys.* 75, 2799 (1994); P. Frajnaud, R. Nagarajan, D. M. Schleich, and D. Vujic, *J. Power Sources* 54, 362-366 (1995); E. Antolini, *J. Eur. Ceram. Soc.* 18, (10), 1405-1411 (1998).

25. K. Ariyoshi, E. Iwata, M. Kuniyoshi, H. Wakabayashi, and T. Ohzuku, *Electrochemical and Solid-State Letters* 9, A557 (2006).

26. A. van Bommel and J. R. Dahn, *J. Electrochem. Soc.* 156, A362-A366 (2009).

27. A. van Bommel and J. R. Dahn, *Chemistry of Materials* 21, 1500-1503 (2009).

28. J. Barker, M. Y. Saidi, and J. L. Swoyer, *Electrochem. and Solid State Letters* 6, A53-A55 (2003).

29. N. Ravet, S. Besner, M. Simoneau, A. Vallee, M. Armand and J. F. Magnan, U. S. Patent No. 6, 855, 273 (2005).

30. Y. Wang, J. Jiang, and J. R. Dahn, *Electrochemistry Communications* 9, 2534-2540 (2007).

31. T. Ohzuku and R. J. Brodd, *J. Power Sources* 174, 449-456 (2007).

32. J. N. Reimers and J. R. Dahn, *J. Electrochem. Soc.* 139, 2091 (1992).

33. A. Van der Ven, M. K. Aydinol, G. Ceder, G. Kresse, and J. Hafner, *Physical Review B* 58, 2975 (1998).

34. M. S. Whittingham，*Chem. Rev.* 104，4271-4301 (2004).

35. K. Ariyoshi，E. Iwata，M. Kuniyoshi，H. Wakabayashi，and T. Ohzuku，*Electrochemical and Solid-State Letters* 9，A557-A560 (2006).

36. M. S. Whittingham，*Chem. Rev.* 104，4271-4301 (2004).

37. K. Ariyoshi，E. Iwata，M. Kuniyoshi，H. Wakabayashi，and T. Ohzuku，*Electrochemical and Solid-StateLetters* 9，A557-A560 (2006).

38. J. W. Fergus，*J. Power Sources* 195，939-954 (2010).

39. C. Feng，H. Li，P. Zhang，Z. Guob，and H. Liu，"Synthesis and modification of non-stoichiometric spinel $(Li_{1.02} Mn_{1.90} Y_{0.02} O_{4-y} F_{0.08})$ for lithium-ion batteries," *Materials Chemistry and Physics* 119，82-85 (2010).

40. Y. Wang，M. Zhang，U. von Sacken，and B. M. Way，U. S. Patent No. 6，045，948 (2000).

41. M. Wohlfahrt-Mehrens，C. Vogler，and J. Garche，*Journal of Power Sources* 127，58-64 (2004).

42. "Cellular Phone Recall May Cause Setback for Moli," *Toronto Globe and Mail*，August 15，1989 (Toronto，Canada).

43. *Adv. Batt. Technology*，25 (10)，4 (1989)

44. J. R. Dahn，A. K. Sleigh，H. Shi，B. M. Way，W. J. Weydanz，J. N. Reimers，Q. Zong，and U. von Sacken，in "Lithium Batteries—New Materials，Developments and Perspectives," G. Pistoia (ed.)，pp. 1-97.

45. R. E. Franklin，*Proc. Roy. Soc.* (London) A209，196 (1951).

46. M. Inagaki，*Solid State Ionics* 86-88，833-839 (1996).

47. T. Zheng，J. N. Reimers，and J. R. Dahn，*Phys. Rev. B* 51，734 (1995).

48. H. Selig and L. B. Ebert，*Advances in Inorganic Chemistry and Radiochemistry*，23，281 (1980).

49. T. Zheng，J. N. Reimers，and J. R. Dahn，*Phys. Rev. B* 51；734 (1995).

50. H. Shi，J. N. Reimers，and J. R. Dahn，*J. Appl. Crystallography* 26，827-836 (1993).

51. R. Fong，U. von Sacken，and J. R. Dahn，*J. Electrochem. Soc.* 137，2009-2013 (1990).

52. D. D. MacNeil，D. Larcher，and J. R. Dahn，*J. Electrochem. Soc.* 146，3596-3602 (1999).

53. H. Nozaki，K. Nagaoka，K. Hoshi，N. Ohta，and M. Inagakic，*Journal of Power Sources* 194，486-493 (2009)；Y.-S. Park，H. J. Bang，S.-M. Oh，Y.-K. Sun，S.-M. Lee，Journal of Power Sources 190，553-557 (2009).

54. Y.-S. Park，H. J. Bang，S.-M. Oh，Y.-K. Sun，and S.-M. Lee，*Journal of Power Sources* 190，553-557 (2009).

55. D. W. Murphy，R. J. Cava，S. M. Zahurak，and A. Santaro，*Solid State Ionics* 9-10，413 (1983).

56. K. M. Colbow，R. R. Haering，and J. R. Dahn，*J. Power Sources* 26，397-402 (1989).

57. T. Ohzuku，A. Ueda，and N. Yamamoto，*J. Electrochem. Soc.* 142，1431 (1995).

58. A. D. W. Todd，P. P. Ferguson，and J. R. Dahn，accepted for publication in *International Journal of Energy Research*，2010.

59. M. N. Obrovac，L. Christensen，D. B. Le，and J. R. Dahn，*J. Electrochem. Soc.* 154，A849 (2007)；M. N. Obrovac and L. J. Krause，*J. Electrochem. Soc.* 154，A103 (2007).

60. A. B. McEwen，H. L. Ngo，K. LeCompte，and J. L. Goldman，*J. Electrochem. Soc.* 146，1687-1695；M. Miyachi，H. Yamamoto，H. Kawai，T. Ohta，and M. Shirakata，*J. Electrochem. Soc.* 152，A2089 (2005).

61. C. K. Chan，H. Peng，G. Liu，K. McIlwrath，X. F. Zhang，R. A. Huggins，and Y. Cui，*Nature Nanotechnology* 3，31 (2008).

62. www. sony. co. jp/SonyInfo/News/Press/200502/05-006/index. html；H. Inoue，in *International Meeting on Lithium Batteries*，IMLB2006，*Abstr.* # 228 (2006)；H. Inoue，S. Mizutani，H. Ishihara，and S. Hatake，*214th ECS Meeting*，*Abstr.*，*# 1160*，(2008)；H. Inoue，S. Mizutani，H. Ishihara，and Y. Fukushima，*Denchi Gijutsu* 19，86 (2007)；H. Inoue，T. Takada，and Y. Kudo，*Electrochemistry* 76，358 (2008) [in Japanese].

63. H. Inoue，S. Mizutani，H. Ishihara，and Y. Fukushima，*Denchi Gijutsu* 19，86 (2007).

64. Q. Fan，P. J. Chupas，and M. S. Whittingham，*Electrochemical and Solid State Letters* 10，A274 (2007).

65. A. D. W. Todd，P. P. Ferguson，J. G. Barker，M. D. Fleischauer，and J. R. Dahn，*J. Electrochem. Soc.* 156，A1034-A1040 (2009).

66. Y. Tian，A. Timmons，and J. R. Dahn，"In-Situ AFM Measurements of the Expansion of Nanostructured Sn-Co-C Films Reacting with Lithium," *J. Electrochem.* Soc. 156 A187-A192 (2009).

67. J. Li，P. P. Ferguson，D.-B. Le，and J. R. Dahn，accepted for publication in *Electrochimica Acta*.

68. P. P. Ferguson，P. Liao，R. A. Dunlap，and J. R. Dahn，*J. Electrochem. Soc.* 156，A13-A17 (2009).

69. P. P. Ferguson，A. D. W. Todd，and J. R. Dahn，submitted to *J. Electrochem. Soc.*

70. F. M. Gray, *Polymer Electrolytes*, The Royal Society of Chemistry, 1997.

71. A. B. McEwen, H. L. Ngo, K. LeCompte, and J. L. Goldman, *J. Electrochem. Soc.* 146, 1687-1695 (1999); A. B. McEwen, S. F. McDevitt, and V. R. Koch, *J. Electrochem. Soc.* 144, L84 (1997).

72. K. Xu, *Chem. Rev.* 104, 4303 (2004).

73. H. Nakamura, H. Komatsu, and M. Yoshio, *J. Power Sources* 62, 219-222 (1996); B. Scrosati and S. Megahed, Electrochemical Society Short Course, New Orleans, Oct. 10, 1993; D. Linden (ed.), *The Handbook of Batteries*, 2nd ed., McGraw-Hill, New York, 1995, p. 36.14.

74. S. T. Mayer, H. C. Yoon, C. Bragg, and J. H. Lee, "Low Temperature Ethylene Carbonate Based Electrolyte for Lithium-Ion Batteries," Polystor Corporation, Dublin, CA, 1997.

75. J. T. Dudley, D. P. Wilkinson, G. Thomas, R. LaVae, S. Woo, H. Blom, C. Horvath, M. W. Juzkow, B. Denis, P. Juric, P. Aghakian, and J. R. Dahn, *J. Power Sources* 35, 59-82 (1991).

76. D. Guyomard and J. M. Tarascon, *J. Electrochem. Soc.* 54, 92 (1995); T. Zheng, Y. Liu, E. W. Fuller, U. von Sacken, and J. R. Dahn, *J. Electrochem. Soc.* 142, 2581 (1995); D. Aurbach, B. Markovsky, A. Schechter, Y. Ein-Eli, and H. Cohen, *J. Electrochem. Soc.* 143, 3809 (1996).

77. D. Aurbach, Y. Ein-Eli, B. Markovsky, A. Zaban, S. Luski, Y. Carmeli, and H. Yamin, *J. Electrochem. Soc.* 142, 2882 (1995).

78. H. Yoshida, T. Fukunaga, T. Hazama, M. Terasaki, M. Mizutani, and M. Yamachi, *J. Power Sources* 68, 311-315 (1997).

79. Y. Ein-Eli, S. F. McDevitt, D. Aurbach, B. Markovsky, and A. Schechter, *J. Electrochem. Soc.* 144, L180 (1997).

80. Z. X. Shu, R. S. McMillian, and J. J. Murray, *J. Electrochem. Soc.* 140, 922 (1993).

81. D. Aurbach, Y. Ein-Eli, B. Markovsky, A. Zaban, S. Luski, Y. Carmeli, and H. Yamin, *J. Electrochem. Soc.* 142, 2882 (1995); O. Chusid, Y. Ein-Eli, M. Babai, Y. Carmeli, and D. Aurbach, *J. Power Sources*, 43-44, 47 (1993).

82. M. Broussely, Ph. Biensan, F. Bonhomme, Ph. Blanchard, S. Herreyre, K. Nechev, and R. J. Staniewicz, *J. Power Sources* 146, 90-96 (2006).

83. K. Xu, *Chem. Rev.* 104, 4303 (2004).

84. K. -S. Lee, S. -T. Myung, K. Amine, H. Yashiro, and Y. -K. Sun, *J. Materials Chemistry* 19, 1995 (2009); Y. -K. Sun, S. -T. Myung, C. S. Yoon, and D. -W. Kim, *Electrochemical and Solid State Letters* 12, A163 (2009); Y. -K. Sun, S. -W. Cho, S. -W. Lee, C. S. Yoon, and K. Amine, *J. Electrochem. Soc.* 154, A168 (2007); Y. -K. Sun, S. -T. Myung, B. -C. Park, J. Prakash, I. Belharouk, and K. Amine, *Nature Materials* 8, 320 (2009); G. Li, Z. Yang, and W. Yang, *J. Power Sources* 183, 741 (2008); Z. H. Chen and J. R. Dahn, *Electrocimica Acta* 49, 1079 (2004).

85. S. Patoux, F. Le Cras, C. Bourbon, and S. Jouanneau, U. S. Patent Application Publication No. 2008/0107968 A1 (2008).

86. H. Yamane, T. Inoue, M. Fujita, and M. Sano, *J. Power Sources* 99, 60 (2001).

87. D. Aurbach, K. Gamolsky, B. Markovsky, Y. Gofer, M. Schmidt, and U. Heider, *Electrochimica Acta* 47, 1423 (2002).

88. D. Aurbach, K. Gamolsky, B. Markovsky, Y. Gofer, M. Schmidt, and U. Heider, *Electrochimica Acta* 47, 1423 (2002).

89. K. Xu, U. Lee, S. Zhang, M. Wood, and T. R. Jow, *Electrochemical and Solid-State Letters* 6, A144 (2003).

90. K. Xu, U. Lee, S. Zhang, M. Wood, and T. R. Jow, *Electrochemical and Solid-State Letters* 6, A144 (2003).

91. K. Abe, Y. Ushigoe, H. Yoshitake, and M. Yoshio, *J. Power Sources* 153, 328 (2006).

92. Y. Li, R. Zhang, J. Liu, and C. Yang, *J. Power Sources* 189, 685 (2009).

93. S. Patoux, L. Daniel, C. Bourbon, H. Lignier, C. Pagano, F. Le Cras, S. Jouanneau, and S. Martinet, *J. Power Sources* 189, 344 (2009).

94. S. S. Zhang, *J. Power Sources* 162, 1379 (2006).

95. L. El-Ouatani, R. Dedryvere, C. Siret, P. Biensan, and D. Gonbeau, *J. Electrochem. Soc.* 156, A468 (2009).

96. K. Abe, K. Miyoshi, T. Hattori, Y. Ushigoe, and H. Yoshitake, *J. Power Sources* 184, 449 (2008).

97. G. H. Wrodnigg, J. O. Besenhard, and M. Winter, *J. Electrochem. Soc.* 146, 470 (1999).

98. K. -S. Lee, S. -T. Myung, K. Amine, H. Yashiro, and Y. -K. Sun, *J. Materials Chemistry* 19, 1995 (2009).

99. Y.-K. Sun, S.-T. Myung, C. S. Yoon, and D, -W. Kim, *Electrochemical and Solid State Letters* 12, A163 (2009); Y.-K. Sun, S.-W. Cho, S.-W. Lee, C. S. Yoon, and K. Amine, *J. Electrochem. Soc.* 154, A168 (2007).

100. Y.-K. Sun, S.-T. Myung, B.-C. Park, J. Prakash, I. Belharouk, and K. Amine, *Nature Materials* 8, 320 (2009).

101. G. Li, Z. Yang, and W. Yang, *J. Power Sources* 183, 741 (2008).

102. Z. H. Chen and J. R. Dahn, *Electrocimica Acta* 49, 1079 (2004).

103. S. Patoux, F. Le Cras, C. Bourbon, and S. Jouanneau, U. S. Patent Application Publication 2008/0107968 A1 (2008).

104. J. Dahn, J. Jiang, C. Buhrmester, and L. Moshurchak, "Studies of the 2, 5-ditertbutyl-1, 4-dimethoxybenzeneOvercharge Shuttle in 18650-sized LiFePO4/graphite cells," *Meet. Abstr. Electrochem. Soc.* 502, 217 (2006).

105. R. Spotnitz, in *Handbook of Battery Materials*, J. O. Besenhard (ed.), VCH Wiley, Amsterdam and New York, 1999.

106. H. S. Bierenbaum, R. B. Isaacson, M. L. Druin, and S. G. Plovan, *Ind. Eng. Chem. Prod. Res. Dev.*, 13, 2 (1974).

107. G. Venugopal, J. Moore, J. Howard, and S. Pendalwar, *J. Power Sources* 77, 34-41 (1999).

108. R. P. Quirk and M. A. A. Alsamarraie, in *Polymer Handbook*, J. Brandrup and E. H. Immergut (eds.), Wiley, New York, 1989.

109. Y. Fukumoto, T. Hayashi, and K. Kubota, World Intellectual Property Organization Publication No. WO/2008/010423 (2008).

110. M. C. Smart, B. V. Ratnakumar, and S. Surampudi, *J. Electrochem. Soc.* 146, 486-492 (1999).

111. U. S. Patent 7, 501, 200 (2009).

112. J. Jiang, Z. Lu, and M. Triemert, Presentation at the 25th International Battery Seminar and Exhibit, Fort Lauderdale, Florida, March 17-20, 2008.

113. H. Kitao, T. Fujihara, K. Takeda, N. Nakanishi, and T. Nohma, *Electrochemical and Solid-State Letters* 8, A87 (2005).

114. Y.-S. Lin and L. Feng, IBA Meeting and PPSS 2010, Waikoloa, Hawaii, USA, January 11-15, 2010.

115. www. emc-mec. ca/phev/en/Proceedings. html.

116. D. D. MacNeil, D. Larcher, and J. R. Dahn, *J. Electrochem. Soc.* 146, 3596 (1999).

117. J. Jiang and J. R. Dahn, *J. Electrochem. Soc.* 153, A310 (2006).

118. D. D. MacNeil, Zhonghua Lu, Zhaohui Chen, and J. R. Dahn, *J. Power Sources* 108, 8 (2002).

119. Y. Wang, J. Jiang, and J. R. Dahn, *Electrochemistry Communications* 9, 2534 (2007).

120. Jim Mc Dowell, Philippe Biensan, and Michel Broussely, "Industrial Lithium Ion Battery Safety—What Are the Tradeoffs?" IEEE document #978-1-4244-1628-8/07 (2007).

121. IEC 61233.

122. http: //panasonic. co. jp/corp/news/official. data/data. dir/jn091225-1/jn091225-1. html.

第 **27** 章

常温锂金属二次电池

Daniel H. Doughty

27.1 概述 27.2 化学原理
27.3 金属锂二次电池的性质 27.4 结论

27. 1 概述

金属锂二次电池在室温附近工作时，能提供比锂离子电池更高的比能量。所以该类电池尽管生产厂家不多，但应用前景很好。据报道，现在已有厂商可提供最高质量比能量为 350W·h/kg 与最高体积比能量为 350W·h/L 的金属锂二次电池，并在今后数年内有望使电池体积比能量再提高 30%～50%。

然而锂离子电池在其他方面有更好的性能，使其很快完成了技术积累并获得市场成功。这也影响到几个公司终止金属锂二次电池的研发工作。不过当前对高比能量二次电池的需求越发迫切，使人们开始将关注的目光又转移到金属锂二次电池上。除了能量密度外，在金属锂二次电池研发的同时也关注长循环寿命、宽工作温度范围和安全性方面。这些都需要抑制循环过程中的负极锂枝晶生长和苔藓形貌生成来实现，具体方法包括在金属锂表面制备一层保护膜，以及发展聚合物和固体无机电解质。

目前商品化锂金属二次电池的容量从 0.1mA·h 以下到 2.7A·h，且主要集中在 mA·h容量范围内。像 Bollore 公司已能生产该类大型电池（高达 80A·h），但并不提供相关产品。按使用的电解质种类标准，锂金属二次电池存在以下三种结构形式：

① 采用液态电解质，并以单质硫或锂离子电池中的无机正极材料（包括过渡金属氧化物和磷酸盐类化合物）作为阴极材料；

② 采用聚合物电解质，并以锂离子电池中的常规阴极材料作为锂金属二次电池的阴极材料；

③ 采用固体无机电解质，并以空气或锂离子电池中的阴极材料作为锂金属二次电池的阴极材料。

当然，某些锂金属二次电池的结构设计会同时结合以上两种情况，而不完全是单一的模式。而那些在锂离子电池中得到应用的阴极材料，由于在第 26 章中已经有所介绍，本章将不再讨论。

在 1979 年 Rauh 等人[1] 在 EIC（Norwood，MA，美国）上首次报道了锂/硫二次电池。由于其理论质量比能量达到 2500W·h/kg，因而被视为质量比能量最高的密闭二次电池体系。他们在实验中观察到在小电流密度且较高工作温度（50℃）下锂/硫电池具有良好的循环可逆性，并确认单质硫的中间还原产物在电解质中的溶解性质对电池性能有重要影响。此外，单质硫的最终放电产物——Li_2S，既不溶于电解质，又具有电子绝缘的性质，对该电池体系的应用造成困难。锂/硫电池的开路电压为 2.5V，工作电压在 2.3～1.7V 之间。多硫化物在电池体系中的氧化还原行为被研究[2]。二氧戊烷[3]和甘醇二甲醚[4]［它们具有同聚氧化乙烯（PEO）相似的结构］被发现是较为合适的溶剂。相关研发工作还在一些高校和公司里继续进行，大量研究成果不断涌现。

20 世纪 70 年代末，Armand 提出将离子导电聚合物应用于固态电池中[5]，并在此领域做了大量工作。这种电池的独特之处在于，它使用的电解质是一种固态柔性薄膜。该薄膜以聚合物分子作为骨架，并混入许多离子盐类化合物。所以，采用薄膜固态聚合物电解质电池有可能具有好的安全性及大倍率放电能力。PEO 材料是第一种作为该类电池聚合物电解质的材料[6]。通过提高金属锂与聚合物电解质的界面[7]以及整个电池体系的稳定性，薄膜固态聚合物电解质电池的循环性能有较大提高[8]。加拿大 Avestor 公司的电池是当时唯一能达到商品化要求的该类电池。该电池最初是要设计成电动汽车（EV）用的电池模块，然后又为电信设备进行配套设计，因此也受到由美国先进电池联合会和能源部共同发起的探索项目资助。2006 年法国 Bolloré 公司收购 Avestor 公司，并随之宣布将锂金属聚合物电池（LMP）应用于电动汽车推向市场[9]。

20 世纪 80 年代早期，采用液态电解质的锂金属二次电池研究工作在 EIC 上多有报道。此时，电池体系中以金属锂为阳极，钒氧化物[10]、TiS_2[11] 和 $MoO_xS_{(3-x)}$[12] 等无机化合物作为阴极，而电解质中则包含四氢呋喃、2-戊基-四氢呋喃、甲基呋喃（一种稳定剂）和 $LiAsF_6$。这种采用有机电解质的锂金属二次电池在研发初期就可循环放电 100 周。它们能在 -10～50℃ 之间正常工作，并可在 70℃ 下稳定贮存。尽管当时它们的安全性还受到质疑，但完全可以使用在各种空间和军事装备中。

加拿大 Moli Energy 公司则研发了另一种锂金属二次电池体系（Li/MoS_2），并使之商业化。在 20 世纪 80 年代中期该类商品化电池为圆柱形卷绕式 AA 型电池[13]。这些电池阳极中锂金属（$125\mu m$）含量是电池首周放电容量的 3 倍。MoS_2 阴极浆料则涂覆在薄铝箔上，涂层约为 $150\mu m$ 厚。电池开路电压 2.3V，工作电压则在 2.2～1.4V 之间。电池电极采用卷绕式结构，电池电解质中则包含 1∶1 体积比的碳酸丙烯酯和碳酸乙烯酯混合溶剂和 1mol/L 的 $LiAsF_6$ 盐。然而令人遗憾的是，20 世纪 80 年末发生的几起电池安全事故使得该类产品黯然退出市场[14]。Moli Energy 公司也在 1990 年被日本的 NEC 集团（旗下包括三井和汤浅公司）收购。

直到 20 世纪 90 年代中期，以色列的塔迪兰公司才又推出锂金属二次电池产品。该电池产品为 AA 型规格，开路电压为 3V。其中，以 Li_xMnO_2（$0.3<x<1$）为阴极材料。电解质中则以 1,3-环氧戊烷为溶剂，$LiAsF_6$ 为锂盐，少量三丁胺作为稳定剂。电池工作电压在 3.4～2.0V 之间。该类电池的优势十分突出，如电池质量比能量大于 140W·h/kg、工作温度范围在 -30～60℃ 间、优异的电池贮存性质、稳定的循环性能（完全放电至少可以循环 300 周）和较好的安全性[15]。由于该类电池在滥用情况（短路、加热到 130℃ 和过充）下可以实现溶剂聚合、切断内部回路，避免电池热失控效应的发生[16]，从而使其具有可靠的安全性从而具有商业价值[16]。然而电池的循环寿命受到限制，因为电池充电时电流密度小于 $C/9$ 率（相当于不到 $0.5mA/cm^2$ 的电流密度）以避免锂负极表面苔藓形貌的形成。众所周知，锂金属的比表面积越大，与电解液质的副反应就越多，对电池寿命的危害就越大[17]。由于随后出现的锂离子电池具有相似的体积比能量和更长的循环寿命，塔迪兰公司出产的该类电池很快退出市场，并没有开展后续研究。

锂/空气二次电池将在第33章"金属/空气电池"中涉及,所以这里只做少量论述。同锂金属二次电池相似,该类二次电池也具有极高的理论质量比能量,算上其氧气质量依然有5200W·h/kg。1987年有采用高温陶瓷电解质在650℃下运行电池的相关报道[18],而1996年则有研究者在EIC上展示了采用常温有机电解质进行电池测试的研究工作[19]。由于水会与锂电极发生反应,所以该类电池不会采用水合电解质体系[20]。锂/空气电池的开压达到3.0V,工作电压区间为2.8~2.0V。在有机电解质电池体系中,聚丙烯腈聚合物电解质膜浸入到碳酸丙烯酯(PC)溶液中,同时选用含钴化合物催化空气电极。当然,采用其他聚合物膜的研究工作也有所报道[21]。由于水和二氧化碳等气相物质在空气电极上的吸附并反应,锂/空气电池的循环寿命十分不理想。所以近来采用各种陶瓷材料[22,23](如玻璃-陶瓷材料[24]和聚合物陶瓷材料[25])作为锂/空气电池电解质膜的研究工作十分活跃。

薄膜固态电池是锂/空气二次电池中特殊种类,其应用领域定位在只需要小电流密度的半导体和微电子设备上。这些微电池一般由金属锂负极、固态电解质和过渡金属氧化物正极材料构成,并在硅衬底上进行批量生产得到,为芯片等微电子设备提供能量。Bates公司首次将LiPON膜技术应用于锂/空气电池中[26]。该膜在-26~140℃时以单相形式存在,25℃时膜电导率约为2.3×10^{-6}S/cm,活化能约为0.55eV。LiPON膜机械性能稳定,而且电化学窗口高达5V。该膜不仅能有效阻止锂枝晶的生长;而且电池长时间循环后,阴极材料经过反复的体积变化也不会导致LiPON膜的破损。Li/LiCoO$_2$电池在25℃时以96%的放电深度进行充放电循环超过40000周,容量损失率低于5%。这种采用LiPON膜提高传统锂金属二次电池循环性能的策略已经引起一些公司的巨大兴趣。

其他在20世纪90年代及以前没有相关产品面市的锂金属二次电池,其相关详细信息可以在本手册的早期版本中查阅,这里不再继续介绍。

27.2 化学原理

发展金属锂二次电池的目标是能够制造出具有高比能量、高比功率、长循环寿命、低的自放电的速率,并具有可靠性和安全性的电池。因此,对电池各组成的精心选择与设计才能够实现上述目标的最佳平衡。许多用于选择特征与要求都与第14章的原电池,以及第26章的锂离子电池相类似。但是该过程对于锂金属二次电池来说更加复杂,这是因为在反复充电过程中发生的反应影响到接下来循环的所有特征与性能。

27.2.1 负极

由于金属锂的独特电化学特征,研究人员在搜寻具有高能量密度的一次或二次电池时,不可避免地要想到将锂作为电池负极。众所周知,锂是最轻和电极电位最负的金属,其质量比容量达到3862mA·h/g[27],远高于锂离子电池中常用的负极材料LiC$_6$(372mA·h/g);而且金属锂的体积比能量为2061A·h/L,明显大于LiC$_6$的837A·h/L。当然,金属锂的密度仅为0.534g/cm^3,使得它在体积能量密度上的优势有所折扣。同其他碱金属相比,金属锂更容易操作处理;而且,金属锂的反应活性也远高于锂铝等锂合金阳极材料。由于锂合金材料质地较脆、难以加工成膜,因此该类材料主要用于小型扁平或扣式电池负极中。

对于由锂阳极与嵌锂阴极材料构成的各种一、二次电池体系,其具有高能量密度和优异的贮存特性。尤其是对于含有液态电解质的二次电池体系,还具有优良的循环性能。与锂一次电池相比,金属锂二次电池由于存在安全性问题且可逆容量不高,难以投入大规模商业应用。此外,锂枝晶的形成则是导致锂金属二次电池性能失效的主要原因。所以,在电池循环过程中，有效控制金属锂表面的枝晶生长及苔藓形貌的形成显得至关重要[28]。虽然早在1974 年[29]就有研究者提出金属锂表面在有机电解质体系中存在的问题，在 1980 年[30]更是直接在金属锂表面直接观察到上述现象，但直到 1988 年[31]清楚地认识到锂枝晶的生长是电池失效的主要原因。充放电前，电池里的锂金属在有机电解质中较为稳定，直到锂的熔点温度附近才开始少量放热；在充放电循环开始后，金属锂的比表面积迅速增加，其与电解质间的反应活性也随之增加，最终导致电池体系安全性能的迅速恶化。所以，电池在充放电循环过程中，对于滥用条件十分敏感。

Monroe 和 Newman 共同对金属锂二次电池中锂枝晶形成的物理化学过程进行了系统分析[32]，不仅使大家对其有充分认识，还为将来该电池体系材料的研究提供依据。例如，研究者借此对金属锂阳极和含有 LiTFSI 盐的 PEO 聚合物膜间的作用机制预测在随后的实际电池运行中得到证实。再例如，依据上述认识，人们知道枝晶生长在电池体系中不可避免，但降低电流密度能有效减缓枝晶生长速率；而当充电电流密度高于电池极限电流的 75％时，发生短路的概率大大提高。尽管增加正、负电极间的距离可以降低电池短路风险，但同时会损害金属锂二次电池的一些固有优势。进一步研究表明电极间的叠放压力能有效稳定金属锂表面的形貌[33]并抑制或消除锂枝晶的形成[34]。当平展的固体电解质膜与锂电极间压力达到25～35psi 时，该电池的循环寿命最好。

依据上述锂枝晶生长模型也可以预测到，当在电池内两电极间引入一定机械强度（弹性模量超过 1GPa）的固态电解质膜，并对电极施加一定压力可以有效维持金属锂电极表面初始形貌特征。如 PEO 聚合物膜仅有约 3MPa，所以还需要搜寻制备新的聚合物材料来提高电池性能。在动力学模型中电解质膜的弹性性质对膜的机械强度有直接影响[35]，从而间接影响与之接触的锂表面粗糙程度。这些理论研究为锂聚合物电池体系提供定性的判断，即对锂片表面施加多大压力为宜。

使用金属锂电极的另一个问题是，在电池充放电过程中金属锂会与电解质发生副反应。大多数有机溶剂在金属锂表面被还原，而难以保持稳定状态。这种副反应不仅会导致电池不可逆容量的损失，反应产物在金属锂表面形成一层固体电解质膜（SEI）。该膜往往是锂表面钝化层的一部分[36]。SEI 膜的主要作用在于将负极与电解质物理隔开，从而消除（或大量减少）电子从电极表面向溶剂分子的跃迁。当 SEI 膜足够厚时，电子的隧穿效应将完全消失，电解质的副反应也将停止。

虽然金属锂电池体系中不同的电极和电解质组合都会有自己特殊的问题和性质，但也有一些共性问题。SEI 膜的形貌不仅非常复杂，还会因受到时间、电解质组分和其他因素的影响而不断变化。SEI 膜往往是多相的、具有数个颗粒（晶粒）粒径厚度的薄层。在它上面一般还会形成较厚的多孔层。阳离子传递必须穿过这层聚合物层到达电极材料颗粒表面。当在充电过程中发生锂沉积过程时，负极表面将会形成新鲜的锂表面，同时形成一层新的 SEI钝化层。沉积下来的锂往往在负极表面形成一层疏松、局部枝晶的形貌，导致负极表面积有较大增加。有机电解质中锂沉积过程被阻抗和其他电化学技术[37]、红外光谱（IR）[38]、原子力显微镜（AFM）[39]、电化学石英晶体微天平（EQCM）技术[40]和扫描电子显微镜（SEM）[41]多项手段进行表征分析。尽管测试结果随着电解质组分、电流密度、添加剂和温度不同而不断变化，难以准确分析。但变化趋势还是十分清楚。由锂枝晶生长和电解质溶剂消耗枯竭导致的电池内部短路，是锂金属二次电池较早失效的重要原因[41]。

同时，金属锂二次电池中的锂循环效率不能达到 100％。这是因为金属锂在有机电解质中热力学并不稳定，其表面被副反应产物所覆盖。在电池循环过程中，金属锂不断沉积和脱出，使得锂电极表面反复更新和钝化。整个过程不断消耗电化学活性的金属锂。此外，在电池循环过程中产生的疏松的锂沉积物，部分与锂电极脱离接触而成为没有电化学活性的"死锂"[31]。所以为了获得理想的循环性能，电池中锂电极的用量往往会过量 2～3 倍。

近来，SION Power 公司报道在锂/硫二次电池体系有一种方法可以有效减少高比表面疏松锂金属沉积物的形成[42]。图 27.1 展示了锂/硫电池循环 50 周后的锂电极表面形貌。在没有改性的电池中，锂电极表面的多孔沉积物厚度高达 $60\mu m$；而改性后电池，锂电极表面沉积物较为致密，厚度只有 $47\mu m$，与初始的锂电极厚度几乎一致；而且抑制疏松多孔金属锂的产生，显著提高电池循环寿命和安全性能。在锂电极表面制备保护层的工作还在继续，并取得初步效果，但如何使上述保护层在电池长期循环后依然保持性能稳定还有许多工作要做。

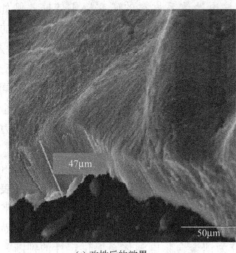

(a) 改性后的效果　　　　　　　　　　　　　　(b) 改性前的效果

图 27.1　锂/硫电池循环 50 周后的锂电极表面形貌

在许多电化学体系，控制锂电极表面积的增长还存在很大问题，限制含有有机电解质的锂金属电池的商业化应用。为克服这一问题，几种改性方法被提出，如固体无机电解质和有机聚合物电解质膜。这些物质对金属锂的反应活性较低。

最后需要指出的是，在锂二次电池中锂阳极的放电深度与电池循环寿命有密切影响。一般说来，电池在每一次循环中的放电量越小，电池的循环寿命越高。

27.2.2　正极

对适用于锂金属二次电池的正极材料存在相当广泛的选择空间。适用于锂离子电池的阴极材料，同样也可用于锂金属二次电池。此外，其他物质也有可能作为阴极材料，例如单质硫和氧气（锂/空气电池）。在本部分仅对锂金属二次电池用阴极材料进行讨论。

（1）单质硫阴极　单质硫阴极由于具有高比能量而受到广泛关注。理论上单质硫分子（S_8）完全还原为二价硫离子（S^{2-}）可以释放出 $1675mA\cdot h/g$ 的放电容量，这大约是锂离子电池中过渡金属氧化物放电容量的 10 倍。

当前对于锂/硫电池的研究工作主要集中在两个方面：一个是硫电极的制备，另一个是寻找一种可大量溶解多硫化锂（Li_2S_x）的合适溶剂。早期的研究报道[1]显示，具有较强碱性的有机溶剂能溶解更多的多硫化锂。在二甲基亚砜或像四氢呋喃类的醚类溶剂[43]中，多硫化锂的溶解度超过 $10mol/L$。光谱学和电化学研究表明，多硫化物在有机溶剂中的动力学平衡、氧化还原性质和迁移能力与溶剂分子的络合能力密切相关[1]。一旦有机溶剂能溶解大量的多硫化物，那么无论是固态的单质硫，还是可溶的多硫化物进入锂/硫电池，电池在充放电时阴极材料的电化学反应都可在液相中完成。

　　锂/硫电池的阴极往往由含有单质硫、乙炔黑、石墨和黏结剂的浆料涂覆在集流体上制备而得。各种材质的集流体都可使用，但目前应用最广泛的还是铝箔。单质硫的还原是一个多步过程，在这期间会有一系列多硫化锂形成。如图 27.2 所示，锂/硫电池在常温下有两个放电平台。图中的四个区域表示每个阶段各有不同的多硫化物生成，并在此时的反应产物中占主体地位。由此可知，单质硫在放电时生成的各种产物，彼此之间存在一个热力学平衡；而且估计整个放电过程中都将存在上述现象。

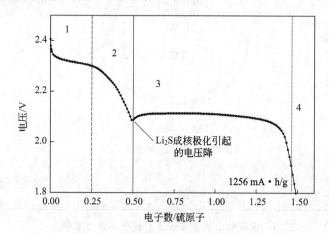

图 27.2　Li/S 电池的第一次放电曲线

在低倍率下（$C/30$ 率）硫的利用率达到 1256mA·h/g

（SION Power Corp. 提供）

　　在 1 区，依据以下反应式，单质硫被还原成 Li_2S_8。

$$S_8 + 2e^- + 2Li^+ \rightleftharpoons Li_2S_8$$

　　而在 2 区，则有 Li_2S_6 产物生成。随后，在 3 区中会生成更低分子链的 Li_2S_4、Li_2S_2 和 Li_2S 分子。其中除了 Li_2S_4 分子可溶外，其他产物则微溶于 1，3-二氧戊烷和乙二醇二甲醚溶剂中。而这两种溶剂是目前在锂/硫电池中普遍使用的有机溶剂。因此，随着可溶的 Li_2S_4 反应完全，而生成的 Li_2S_2 会阻塞阴极表面的空隙，从而产生较强的电化学极化效应。也正因为如此，最终还原产物 Li_2S 仅在小电流放电条件下才能得到。目前已经知道 Li_2S 具有电化学可逆性[44]，所以短链多硫化物在电解质中的溶解度，已成为限制单质硫利用率的主要因素。一般锂/硫电池在低倍率条件下放电，可以输出 1256mA·h/g 的容量（单质硫理论容量的 3/4）。

　　锂/硫电池的电化学性能受多硫化物的穿梭效应影响较大（图 27.3），这一结论已被相关实验所证实，并进行了计算机模拟[45]。该穿梭效应会影响到电池的许多性能，如电池的自放电、充放电效率、充电曲线和过充保护。硫电极在经历了第一周放电后，还原产物难以再被氧化成单质硫，而是最终生成长链多硫化物（例如 Li_2S_8）[46]。这些在充电后期生成的多硫化物，会从硫电极上扩散至锂电极附近，并与锂发生一系列反应而被还原为短链多硫化物。这些还原产物又重新扩散回硫电极，随之被氧化为长链多硫化物。上述过程就是锂/硫电池穿梭效应的具体机理。

　　锂/硫电池的穿梭效应虽然对电池的过充电保护起到显著作用[47]，但也导致电池充电效率低下，放电容量也随之受到影响。此外，在穿梭效应中，锂电极表面的枝晶生长将受到抑制，从而极大降低电池的内部短路危险。

　　（2）聚合物阴极　　能进行氧化还原反应的导电高分子也被作为锂金属二次电池的阴极材

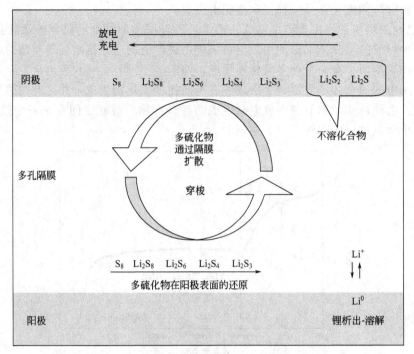

图 27.3　锂硫电池的穿梭效应示意图（参考文献 [46]）

料。Visco 等人[48]最先报道了含硫有机聚合物在钠离子电池中的应用，不久又展示了其在锂电池中的应用[49]。聚合物在电池充放电过程中发生氧化还原反应。目前研究最多的聚合物阴极材料有聚乙炔、聚吡咯[50]、聚苯胺和聚噻吩。这些聚合物依靠掺杂合适的阴离子实现导电功能。它们具有较高的能量密度[51]和较低的成本，因而颇具吸引力。但是，其循环稳定性不好、室温下的电化学活性不高以及电子导电能力不强，都使得这些材料难以进入商业化应用阶段。引入添加剂能改善材料的循环寿命[52]，同时研究者也在探索具有优异循环性能的新材料[53]。然而遗憾的是，近来的研究报道都是将这些聚合物材料与无机嵌锂材料复合使用，因而超出本章讨论锂金属二次电池的范畴。

27.2.3　电解质

锂二次电池用电解质的选择也很重要。液态电解质应该具有下列性质：
① 良好的离子导电性（在 $-40 \sim 90℃$ 范围内，约 $10^{-3} S/cm$）以实现最低的内阻；
② 锂离子迁移数接近 1（限制浓度极化）；
③ 宽广的电化学窗口（$0 \sim 5V$）；
④ 热稳定好（70℃以下）；
⑤ 与其他电池组分兼容。

（1）液态电解质

① 惰性有机电解质　惰性液态有机电解质的溶剂有二氧戊环（DOL）、碳酸丙烯酯（PC）、碳酸乙烯酯（EC）、碳酸二乙酯（DEC）、碳酸甲乙酯（EMC）和二甲醚（DME）等。它们与锂的反应活性低，因而在金属锂二次电池中作为电解质溶剂经常使用。表 27.1 中列出了用于金属锂二次电池的电解质溶剂及其主要性质[54]。表 27.2 则列出了对于各种电解质溶质的选择及其在不同溶剂中和不同温度下的离子导电性。这些液体有机电解质的电导率一般比水系电解质的电导率低 2 个数量级。

表 27.1　有机溶剂的特性①[54]

特　性	γ-BL	THF	1,2-DME	PC	EC	DMC	DEC	DEE	二氧戊烷(DN)
分子结构									
沸点/℃	202~204	65~67	85	240	248	91	126	121	78
熔点/℃	−43	−109	−58	−49	−39~40	4.6	−43	−74	−95
密度/(g/cm³)	1.13	0.887	0.866	1.198	1.322	1.071	0.98	0.842	1.060
在 25℃时的黏度/mPa·s	1.75	0.48	0.455	2.5	1.86(40℃)	0.59	0.75	0.65	0.58
20℃时的介电常数	39	7.75	7.20	64.4	89.6(40℃)	3.12	2.82	5.1	6.79
相对分子质量	86.09	72.10	90.12	102.0	88.1	90.08	118.13	118.18	74.1
含水量/×10⁻⁶	<10	<10	<10	<10	<10	<10	<10	<10	<10
20℃时电解质电导率(1mol/L LiAsF₆)/(mS/cm)	10.62	12.87	19.40	5.28	6.97	11.00 (1.9mol/L)	5.00 (1.5mol/L)	约 10.00②	约 11.20②

① γ-BL=γ-丁内酯；THF=四氢呋喃；1,2-DME=1,2-二甲氧基乙烷；PC=碳酸丙烯酯；EC=碳酸乙烯酯；DMC=二甲基碳酸盐；DEC=二乙基碳酸盐；DEE=二乙氧基乙烷；DN=二氧戊烷。

② 评价基于 Walden's 规则。

表 27.2　某些用于锂二次电池的含有 1mol/L 锂盐的液体有机电解质溶液的离子电导率

盐	溶剂	溶剂体积分数/%	不同温度下电导率/(mS/cm)								参考文献
			−40℃	−20℃	−0℃	20℃	40℃	60℃	80℃	
LiPF₆	EC/PC	50/50	0.23	1.36	3.45	6.56	10.34	14.63	19.35	①
	2-MeTHF/EC/PC	75/12.5/12.5	2.43	4.46	6.75	9.24	11.64	14.00	16.22	①
	EC/DMC	33/67	—	1.2	5.0	10.0	—	20.0	—	②
	EC/DME	33/67	—	8.0	13.6	18.1	25.2	31.9	—	③
	EC/DEC	33/67	—	2.5	4.4	7.0	9.7	12.9	—	③
LiAsF₆	EC/DME	50/50	冻结	5.27	9.50	14.52	20.64	26.65	32.57	①
	PC/DME	50/50	冻结	4.43	8.37	13.15	18.46	23.92	28.18	①
	2-MeTHF/EC/PC	75/12.5/12.5	2.54	4.67	6.91	9.90	12.76	15.52	18.18	①
LiCF₃SO₃	EC/PC	50/50	0.02	0.55	1.24	2.22	3.45	4.88	6.43	①
	DME/PC	50/50	—	2.61	4.17	5.88	7.46	9.07	10.61	①
	DME/PC	50/50	冻结	冻结	5.32	7.41	9.43	11.44	13.20	①
	2-MeTHF/EC/PC	75/12.5/12.5	0.50	0.93	1.34	1.78	2.31	2.81	3.30	①
LiN(CF₃SO₂)₂	EC/PC	50/50	0.28	1.21	2.80	5.12	7.69	10.70	13.86	①
	EC/DME	50/50	—	冻结	7.87	12.08	16.58	21.25	25.97	①
	PC/DME	50/50	—	3.92	7.19	11.23	15.51	19.88	24.30	①
	2-MeTHF/EC/PC	75/12.5/12.5	2.07	3.40	5.12	7.06	8.71	10.41	12.02	①
LiBF₆	EC/PC	50/50	0.19	1.11	2.41	4.25	6.27	8.51	10.79	①
	2-MeTHF/EC/PC	75/12.5/12.5	—	0.38	0.92	1.64	2.53	3.43	4.29	①
LiClO₄	EC/DMC	33/67	—	1.3	3.5	4.9	6.4	7.8	—	③
	EC/DEC	33/67	—	1.2	2.0	3.2	4.4	5.5	—	③
	EC/DME	33/67	—	6.7	9.9	12.7	15.6	18.5	—	③
	EC/DMC	33/67	—	1.0	5.7	8.4	11.0	13.9	—	③
	EC/DEC	33/67	—	1.8	3.5	5.2	7.3	9.4	—	③
	EC/DME	33/67	—	8.4	12.3	16.5	20.3	23.9	—	③

① J. T. Dudley et al., *J. Power Sources*, **35**: (59), 82, (1991)。

② D. Guyomard and J. M. Tarascon, *J. Electrochem. Soc*, **140**: 3071-3081, (1993)。

③ S. Sosnowski and S. Hossain. unpublished results. Yardney Technical Products. inc。

② 室温离子液体　室温离子液体（RTILs）在各种电化学设备中作为电解质溶剂，展现出许多优异的性质[55]，使之有望在金属锂二次电池中获得应用。这些优异性质包括宽广的电化学窗口、良好的离子导电性、优异的热稳定性能、较低的安全隐患（不易燃和无挥发）和毒性；且不论室温离子液体难于提纯和价格昂贵，像高黏度、对电极和隔膜的浸润性差，还有室温条件下离子导电性能差等问题都严重制约其应用。近来有文章对室温离子液体的优点进行了评述[56]，着重强调它的巨大潜力。由于离子液体没有挥发性，因而选用它作为电解质被视为是一种改善含锂、尤其是大尺寸电池安全性能的有效方式。例如，目前已有报道在选用离子液体的电池中，金属锂电极在室温时不仅循环效率高，而且稳定；更重要的是在锂表面没有观察到枝晶生成[57]。锂沉积后的表面形貌与沉积速率、温度、沉积基底（括号中补充 copper versus lithium or platinum）以及循环时间密切相关。一般说来，较低的沉积速率和白金基底会使得锂沉积一致性好，沉积效率也达到最高（＞99％）。与常规液态电解质相比，选用离子液体后锂金属表面的 SEI 膜性质有了一些变化。其中一个显著的差异就在于锂沉积后其表面的 SEI 组分与沉积前不一样。比如说锂沉积后，其表面有大量离子液体中的阳离子被观察到；但沉积前却无此现象[58]。因此，研究者就可以创造性地利用离子液体对锂电极表面的 SEI 组分进行某种程度上的控制，从而有可能加速推进金属锂二次电池的研发工作。

（2）无机固体电解质　无机固体电解质的组分是玻璃或陶瓷（晶体）化合物。薄膜沉积技术被用来制备该类电解质，如射频磁控溅射。尽管这类材料展现出一些不错的性能，但采用它们组装的电池距离实用化还很遥远。

① 锂磷氧氮薄膜电解质（LiPON）　这种薄膜玻璃态固体电解质材料在 20 世纪 90 年代初由橡树岭国家实验室发明，随后被广泛应用于薄膜电池中[59]。Bates 认为将氮元素引入到玻璃态结构也许能强化含锂玻璃态材料的化学和热稳定性能，就像它能强化磷酸钠和硅酸钠玻璃态材料一样。LiPON 电解质薄膜采用射频磁控溅射技术制备，其中 Li_3PO_4 作为靶材，通入氮气使之等离子化[60]。该薄膜是无定形结构，没有柱状微结构或边界。当氮氧原子比仅有 0.1 时，薄膜的离子电导率为 $1 \sim 2\mu S/cm$，是非晶态 Li_3PO_4 膜电导率的 40 倍以上。更为重要的是，其不光锂离子迁移数为 1，对锂的电化学窗口宽（＞5.5V），而且在高温状态下对金属锂稳定[26]。尽管薄膜的锂离子电导率不到大多数液态电解质的 1/100，但当它的厚度控制在 $1\mu m$ 厚时则可忽视上述问题。此外，LiPON 电解质薄膜为电子绝缘性，其电阻率超过 $10^{14}\Omega \cdot cm$。

② 硫化锂玻璃电解质　硫化物玻璃电解质的锂离子电导率理论上可以满足锂二次电池的使用需求。例如，硫化砷玻璃薄膜的室温离子电导率[61]为 $2.9 \times 10^{-5} S/cm$。但毒性、结构稳定性和加工难度导致该材料难以实现商品化。目前已经在全固态电池中开展研究。其他当讨论硫化物玻璃如 Li_3PO_4-Li_2S-SiS_2[62] 和 Li_4SiO_4-Li_2S-SiS_2[63] 玻璃、Li_2S-SiS_2[64] 晶体、LISICON 结构的硫化物（$Li_{3.25}Ge_{0.25}P_{0.75}S_4$）[65] 的性能时，尽管上述材料加工成圆片后，室温离子电导率高达 $1 \times 10^{-4} S/cm$[66]，但加工成薄膜后的性能却并不理想。另一个问题是硫化物玻璃能与金属锂发生反应。所以，人们可以观察到与金属锂接触的玻璃电解质界面会变黑[67]。在电解质界面沉积 Li_3N 对解决上述问题有所帮助[68]，但还是无法满足使用需求。

一种锂硫氧氮（LiSON）无定形薄膜也被研发出来[69]。它对锂的电化学窗口宽（＞5.5V），而且采用射频磁控溅射制备的薄膜具有高达 $2 \times 10^{-5} S/cm$ 的离子电导率。不过这种电解质与金属锂的反应活性如何尚无报道。

其他各种无机玻璃电解质都被制备、评估，但都没有像 LiPON 膜那样进行过深入研究。

它们往往由锂的硼酸盐、磷酸盐、硅酸盐和钒酸盐中的两种乃至三种组分混合而成，但它们大多数都无法满足电导率或界面稳定性要求。

③ 玻璃陶瓷电解质　底面积为 $1in^2$、厚度为 0.3mm 的玻璃陶瓷膜[70]在室温的离子电导率在 $10^{-4}S/cm$ 数量级上。这类材料制得的薄膜，如果厚度足够小，而且对金属锂稳定，那么作为自支撑电解质还具有一定价值。

（3）固体聚合物电解质　液体电解质的替代物是固体聚合物电解质（SPE），它是通过将锂盐结合到聚合物的分子网络中，并浇注成薄膜而形成的。这些电解质既用于电解质，也用于隔膜。与液体电解质相比，它们的离子电导率较低，锂离子迁移数则相同或稍高。由于它们与锂的反应活性不高，因此可以强化电池的安全性能。使用薄的聚合物膜或在较高温度下操作（60～100℃）可以部分补偿聚合物电导率较低的缺陷。固体聚合物也显现出"非液体"电池的优势，如可以设计出具有不同结构的薄型电池。

最初是采用了诸如聚氧化乙烯（PEO）的高分子量聚合物和诸如 $LiClO_4$ 与 $LiN(CF_3SO_2)_2$ 的锂盐[71]，这些 PEO-锂盐电解质具有良好的机械性质，但电导率很低，20℃下约在 $10^{-8}S/cm$ 数量级。采用修饰的梳状结构 PEO 与锂盐相结合[72]可以显著提高电导率，接近达到 $10^{-5}S/cm$。但是这种类型的聚合物电解质具有差的机械性质，而且其电导率依然比大多数液体有机电解质低两个数量级。进一步对电导率的改进则是通过加入诸如碳酸丙烯酯液体塑化剂得到的[73,74]。塑化剂的加入量可以高达 70%，由此导致电解质化学稳定性和机械稳定性并不理想。

向聚合物膜中添加金属氧化物[75]，能有效改善电解质膜的界面稳定性，提高电池的循环寿命。膜与电极垂直方向的锂离子电导率也获得明显增强[76]，如锂离子迁移数可提高到 0.6。尤其是对 PEO 体系中，加入具有吸附阴离子功能的超分子添加剂，可以使电解质膜锂离子迁移数提升至 1。

另一类称为"凝胶电解质"的聚合物电解质已经得到发展。它是由惰性有机溶剂与锂盐形成的液体溶液 [例如 $LiClO_4$ 在碳酸丙烯酯-碳酸乙烯酯（PC/EC）溶剂中] 吸收到固体聚合物如聚偏二氟乙烯（PVDF）[77]和聚丙烯腈（PAN）网格中形成的[78,79]。这种"凝胶"电解质通过将液体电解质溶液吸收进聚合物膜的孔隙中制备。所采用的固定方法有交联、凝胶化和浇注方法等。交联可以借助紫外线、电子束或 γ 射线辐射进行，由此可以使电解质在20℃下的电导率提高到 $10^{-3}S/cm$ 和锂离子迁移数达到 0.6。然而，这些经塑化和胶化后的电解质与锂的反应性要高于纯固体聚合物。各种类型聚合物电解质的电导率及其随温度的变化曲线表示于图 27.4 中。

PEO 和 PVDF 两种聚合物被复合后，作为金属锂电池的电解质膜[80]。该电池中的阴极为嵌锂化合物。测试结果表明，电池具有更为优异的循环性能（在室温下以 $C/2$ 率放电，$C/10$ 率充电，可循环 200 周以上）和更加稳定的锂金属界面。用聚乙烯醇和硼酸酯修饰的 PEO 基聚合物电解质膜，组装的电池可在 60℃下稳定循环，150 周的放电容量为初始的 90%[81]。上述聚合物通过紫外照射交联后，向其中添加 $AlPO_4$ 后形成电解质膜，可以稳定 $LiFePO_4$ 阴极材料界面。

通过采用接枝共聚物[82]或树状环氧树脂[83]制备的单离子导电聚合物电解质，被设计应用于锂金属二次电池中。后一种电解质膜的电导率性能，极大满足了 Li/V_6O_{13} 电池在室温时的循环需求，具有良好的应用前景。而前一种电解质膜在保持锂离子迁移数为 1 的情况下[84]，所表现出的柔韧性也颇受关注。此外，这种聚合物在 4.5V 以下对金属锂稳定，其电化学窗口上限较 PEO 基聚合物提高 1V 多。

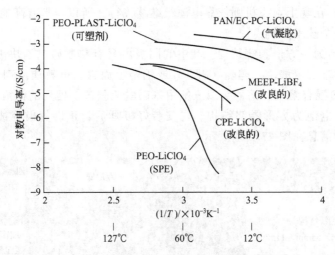

图 27.4　不同类型聚合物电解质的电导率及其随温度的变化曲线

PEO=聚氧化乙烯；CPE=交联聚乙烯醚；MEEP=聚双
甲氧基乙氧基乙醇盐；PAN=聚丙烯腈

27.3　金属锂二次电池的性质

在发展金属锂二次电池过程中对各种电池体系进行研究。其目标是使该类电池能提供高比能量而不牺牲其他重要特性，譬如在保持安全和可靠的操作前提下保持电池输出比功率和循环寿命等。

27.3.1　电化学体系

不同类型常温金属锂二次电池可以分为以下三类：

① 选用有机液态电解质的电池；

② 选用聚合物电解质的电池；

③ 选用无机电解质的电池。

这三类电池典型，包括组成部分、化学反应和性能特点将在后面进行归纳和比较。

27.3.2　选用有机液态电解质的电池

该类电池同锂离子电池比较，具有能量密度优势。根据电池内阴极材料在充、放电时的状态不同，可分为具有液相阴极的电池（如锂/硫电池）和固相阴极电池（阴极材料为锂离子电池中的嵌锂化合物）。

（1）液相阴极（锂/硫二次电池）　该类电池是当前各种密闭二次电池中能量密度最高的。单质硫价格便宜且无毒性；而且电池中的金属锂是比容量最高的阳极材料，同时阴极活性材料单质硫的理论质量比能量也达到 2500W·h/kg。当前锂/硫二次电池的质量体积比能量实际可以达到 350W·h/kg（350W·h/L），相信在未来几年内还能提高 30%～50%，输出功率超过 3kW/kg。过去 15 年，锂/硫电池的研发工作一直在稳步推进。电池循环寿命和安全性问题依然还需要进一步改善。如目前的电池寿命还很难超过 100 周。不过，该类电池已经在高空无人机的动力装置上获得实际应用[85]。这些飞机被设计能在 60000 英尺高空持续飞行数周乃至数月。它的工作原理即在白天太阳能给飞机提供动力，同时也为机翼上安装的锂/硫电池充电；在晚上，飞机则依靠电池组继续飞行。所以，具有高能量密度的锂/硫电池是该无人机上一个技术关键点。

上述锂/硫电池为一方形卷绕结构。其中的阴极由含有单质硫、乙炔黑、石墨和黏结剂的浆料涂覆在聚对苯二甲酸乙二醇酯（PET）或铝箔上而得。电解质溶剂为按 45∶55 体积比的 DOL 和 DME 混合溶剂，溶质为双三氟甲基磺酰亚胺锂。使用的锂箔厚度为 $50\mu m$，隔膜为聚烯烃材质，电池为方形卷绕结构。在安装好极耳后，正、负极等被密封在铝塑膜袋中。详细电池结构信息在图 27.5 中展示。

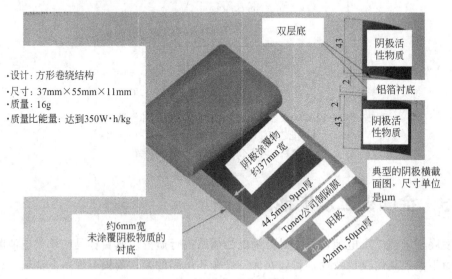

图 27.5　锂/硫电池的结构细节

由于相对高的电池内阻，锂/硫电池是典型的小倍率放电电池。然而，经过对电池的改性优化后，其在室温下以 6C 率放电得到容量为理论值的 60%，电池的倍率性能明显改善。具体测试结果如图 27.6 所示。

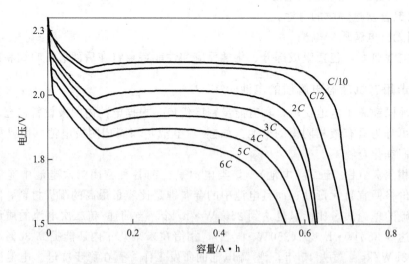

图 27.6　室温下（25℃）锂硫电池不同倍率放电曲线（参考文献［47］）

锂/硫电池的低温性能与电流密度直接相关，一般来说还算表现优异。当在 -40℃ 时以 C/10 率放电，电池能释放出室温容量的 80%；以 C/5 率放电时，电池还能释放出室温容量的 50％以上[47]，具体结果见图 27.7 所示。

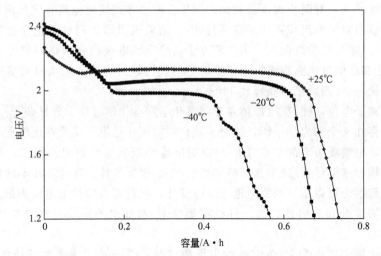

图 27.7　锂/硫电池在不同温度下以 0.1C 率（70mA/g）放电的放电曲线

（－40℃时电池的放电容量为室温时的 80％[47]）

通过电池结构设计，减小电池单位面积上的电阻可以提高电池的高倍率放电能力，如对于质量比能量 350W·h/kg 的电池可以提供 3000W/kg 的比功率[86]。图 27.8 展示电池比功率与放电深度之间的关系。从中可以看到，电池的输出功率与充电状态关系不大。因此，人们可以将锂/硫电池设计成与高功率锂离子电池性能相当。

提高单质硫的利用率将增加电池的可逆放电容量和循环寿命。向电解质中引入添加剂被视为一种行之有效的方法[87]。研究还发现硫电极在充放电过程中的结构改变也会带来电池容量的衰减[88]。这是因为放电产物 Li_2S 会从电解质析出、沉积在电极表面，减少硫的利用效率。所以，有必要在硫电极中建立稳固的导电网络。多壁碳纳米管的引入可以有效控制导电网络的比表面积和结构稳定[89]。尽管这些改性工作可以提高电池循环寿命，但单质硫的利用率依然保持在 50％以下。

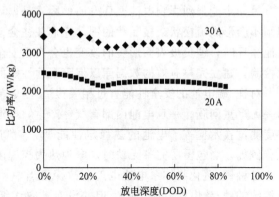

图 27.8　锂硫电池分别采用 20A 和 30A 的脉冲
电流时得到的比功率与放电深度之间的关系

（脉冲持续时间为 10s）[86]

美国的 SION Power 公司通过工程化的方法改善硫电极的微结构，进而提高了其在循环过程中的稳定性。再结合电解质组分的不断优化，目前单质硫的容量提高了 50％（从 800mA·h/g 提高到超过 1200mA·h/g，对于单质硫）[46,90]。在实验室里已经可以装配出室温时质量比能量为 400W·h/kg（60℃时为 450W·h/kg）的电池[91]，其在－70℃时能释放出约 200W·h/kg 的质量比能量。但它们的循环寿命没有超过 55 周。

将单质硫与介孔碳复合可以有效提高单质硫的利用率[92]。再将上述复合物用聚乙二醇修饰后，单质硫的首周放电容量为 1320mA·h/g，利用率接近 80％。充放电循环 20 周后，硫的放电容量还有 1100mA·h/g，具有较好的循环性能。

由于穿梭效应的发生，使得充电至高电压平台时的多硫化物不断被还原，从而降低单质硫的利用率。因此，只有阻止锂负极表面的副反应发生才能使电池具有优异循环性能。也有研究者研究电解质对新鲜沉积锂的反应活性[93]，结果表明添加剂对阻止穿梭效应的发生具有积极作用[94]。除了化学改性，采用物理方法以稳定锂电极表面状态的研究工作也在持续当中[42]。这些在锂阳极表面构建物理保护层的手段也较为有效。截至目前最好的实验结果显示，单质硫循环 80 周后依然能释放 $140mA \cdot h/g$ 的容量。

相较于锂离子电池，锂/硫电池体系中溶液化学和电化学过程十分复杂[95]。各种多硫化物间相互转化存在一个动力学平衡，这对多硫化物的氧化还原性质及在电解质中的传输都产生影响。此外，电解质溶剂的络合作用[1]也对电池性能有重要影响。所以，有研究者发展出一种电化学模型来解释锂/硫电池的整体性能[96]。根据各种含硫物质在不同电压范围内的相互转化和溶解能力可以定性判断电池的反应变化，同时可以勾勒出电池内部多硫化物在电解质中的浓度梯度分布。因此，这一理论模型将对锂/硫电池的设计和性能提升具有积极影响。

离子液体也被尝试作为锂/硫电池的电解质溶剂。Cairns[97]报道离子液体可以与锂/硫电池体系各部分兼容。它由低分子量的聚乙二醇二甲醚（$M_w = 250$）或者四乙二醇二甲醚[98]、PYR14TFSI 和 LiTFSI 混合而成。单质硫在该类电解质中的首周放电容量约 $887mA \cdot h/g$，循环 20 周后容量损失一半。尽管离子液体热稳定性能好，还不会燃烧，但较高的溶液黏度以及低离子电导率导致电池在室温运行时有较强的电化学极化效应产生。然而离子液体的潜在优势已在锂/硫电池中体现出来，因而被寄希望于在未来能改善电池的高温稳定性能和安全性能。

另一个能强烈影响电池循环寿命的因素是循环过程中沉积锂的状态。如果在负极上电镀锂则不会形成疏松状或枝晶状的锂，它们往往会使金属锂的表面积显著增大。此外，金属锂电池循环时，锂负极表面形貌的改变也会产生安全问题。所以，对此过程必须进行严格的测试检验，建立完整有效的数据库以保障电池性能的一致性，并准确预测电池寿命。

对锂/硫电池的安全性能有过相关报道[99]。单体电池短路、过充电和过放电测试结果显示并无严重问题。一旦电池内部有气体产生，电池就会保持开路状态而失效。研究者采用热梯度测试技术检查了电池的热稳定性能[100]。测试结果与锂负极表面的包覆层状态直接相关。例如，当包覆层完整无缺时，电池热失控温度接近金属锂的熔点（175～180℃）。

各种锂/硫化物体系电池也正在被探索当中，相关报道很少[101]。尽管有文献指出它们与传统的锂/硫电池有所不同，但并没有披露详细细节。近来一份研究报道[102]指出，该电池体系循环 250 周后，硫化物的放电容量还接近 $600mA \cdot h/g$。

近几年对于锂/硫电池体系在循环性能和安全性方面研究成果振奋人心，在不久的将来很可能会有相关商业产品出现。

（2）固体阴极（二次电池用锂嵌入阴极）　适用于锂离子电池的锂嵌入材料也适用于金属锂二次电池。相关阴极材料在第 26 章已有所讨论，这里不再赘述。该类电池体系要实现商品化的困难，就在于电池循环过程中锂阳极表面的形貌难以控制。

关于液态电解质组分对沉积锂形貌的影响已有大量研究和报道[103]。锂的充放电循环效率（锂的溶解电量/锂的沉积电量）与锂的形貌有关，也体现电池阳极的可逆性质。研究内容覆盖电流密度、电解质溶剂和锂盐三个方面。研究结果表明锂的循环效率很少能超过 90%，有时的效率还要低至 60%。一个多孔的锂阳极结构在电池第一周循环后形成。当环醚类电解质溶剂，如四氢呋喃和四氢吡喃，与 $LiN(SO_2C_2F_5)_2$ 或 $LiAsF_6$ 组合时，锂的电化学性能最好。最好的实验结果显示，循环 120 周后锂电极容量仅衰退 35%；而最坏结果则是循环 100 周后容量衰退 95%。

金属锂的反复沉积溶解，会有利于枝晶的生长，并在阳极表面形成一层较厚的表面膜。它的组成及相应产生的气体成分已经被研究[104]，相关副反应产物也被观察。当在金属锂中引入少量单质铝 [0.1%（质量）]，可以将锂循环效率提高至 95%，但电池仅能循环 30 周[105]。上述电池中使用 PVDF 凝胶态电解质和钴酸锂阴极材料。

将锂离子电池中普遍使用的碳酸亚乙烯酯添加到金属锂二次电池电解质中，也能获得相似效果[106]。电池的循环寿命有所提高，锂电极的循环效率在前 50 周略高于 90%。添加少量 [2%（质量）] 固体电解质界面添加剂——乙烯基三乙酰氧硅烷[107]，能显著改善锂电极的性能。在预循环后，金属锂表面无枝晶出现，电极的界面电阻保持在较低水平。电池（Li/LiCoO$_2$）在大倍率充放电（$C/2$ 率，1.25mA/cm^2）200 周后，容量保持率高达 80%。

实际上，当金属锂阳极在每次充电结束后都能在其表面形成致密、无枝晶的沉积层时，金属锂二次电池的质量比能量将会大幅提高。近来的研究报道称，将锂阳极与一些高容量的阴极材料[108~110]配对，如 CoF$_3$、FeF$_2$ 和 Li$_y$MnO$_2$(Bi$_2$O$_3$)$_x$，所组成的电池具有较高的质量比能量。然而锂阳极的问题尚没有解决，该类电池的循环寿命很差。

27.3.3 聚合物电解质电池

聚合物电解质电池的所有组成部分都为固态：金属锂作为阳极材料，一层薄的聚合物膜作为固体电解质和隔膜，过渡金属硫化物、氧化物、磷酸盐或硫基聚合物作为阴极材料。这种独特的电池结构，使得该类电池安全性好，柔韧易加工成各种形状规格的电池，还具有高质量比能量的特点。

将阴极和电解质材料依次包覆在集流体上形成一个称为阴极板的薄片。然后再将锂箔与阴极板贴合形成一个层状结构，聚合物电解质膜居于层状结构中间。这种电池中每一个组成部分都非常薄，因而具有高比表面积以降低电池内部电阻，同时有效消除聚合物膜离子电导率低的影响。阴极板的厚度完全取决于电池的设计要求：它越厚，每单位面积电极提供的容量越高，但电化学极化效应越强。

（1）金属锂电池用固体聚合物电解质 锂固体聚合物电解质电池同传统标准电池（它使用液态电解质和惰性多孔聚合物隔膜）相比，主要有两大优势。

① 电极和电解质层都是薄片状（通常通过加热和加压多层物实施），因此可以通过加工满足各种电池规格的需求，而不用担心电池内各组成部分接触紧密度降低。

② 即使通过加入低分子量（液体）塑化剂的方法来得到较高的常温和低温电导率，电池中也不会存在游离电解质，由此可以防止任何漏液问题发生。

该类电池又可细分为以下两类：干态聚合物电解质（如 PEO 基电解质）；充满液态电解质的凝胶态聚合物隔膜（例如 PVDF 基或 PAN 基电解质）。

锂离子电池中的固体聚合物电解质在第 26 章已有所讨论，这里将不再涉及。本章节将主要论述金属锂二次电池用固态聚合物电解质体系。至于凝胶态聚合物电解质膜，由于金属锂会和膜中的液态组分（它通常与锂离子电池的液态电解质组分一致）发生副反应，因而难以实现商品化。

（2）采用 V$_3$O$_8$ 的干态聚合物 PEO 电解质电池 Avestor 公司是一家一直致力于 SPE 电池研发、生产和销售的专业公司。目前相关产品可以满足电信设备和电动车的需求。它们研发的锂金属聚合物（LMP）电池由四种不同材料的薄板构成。

① 金属锂箔阳极 超薄（小于 $50\mu m$）的锂箔作为电池阳极及其集流体。

② 固体聚合物电解质 通过在共聚物中添加电解质实现锂离子的快速传递。

③ 具有反复脱嵌锂能力的金属钒氧化物通过与锂盐以及聚合物混合，构成一种具有可塑性的复合物。

④ 铝箔集流体。

干态 PEO 聚合物膜在正、负极间既作为电解质又作为隔膜。锂盐（LiTFSI）均匀混入 PEO 聚合物骨架中，构成电池用聚合物膜。它的弹性性质确保其与电极间的界面电阻保持在较低水平。因此，该类电池既没有液态物质，又没有胶态组分，完全是一种全固态的电池[111]。电池的工作电压范围在 $2.0\sim3.1V$ 之间。它的最低工作温度为 60℃，因而电池模块需要配置热管理系统。

图 27.9 Avestor 公司的 80A·h 锂金属聚合物电池

电池模块中配有电池补偿与平衡系统，以保持每颗电池的输出电压几乎一致。电流控制和隔离开关等安全系统被嵌入到模块中，以确保电池在滥用条件下安全运行。模块中还有机械压力系统运行，确保阳极和电解质膜的界面稳定性，并阻止锂枝晶的形成（参见 27.2.1 节）。当电池电流速率较小时，该系统能保证锂箔表面的各处压力一致（$50\sim100psi$）。因此，电池的充电电流密度[111]也要限定在不超过 $C/8$ 率，以避免损坏电池寿命。

Avestor 公司的主要产品是 80A·h SE48S80 型号电池，其工作电压为 48V（图 27.9）。在 2006 年 8 月，该公司生产并销售了它的第 2 万只电池。当时，Avestor 公司宣称已签署数十亿美元的订单，并与北美的主要电信设备运营商保持紧密联系。但在当年 10 月份，该公司就宣布倒闭。直到 2007 年 3 月，Bolloré 公司对其进行收购，并宣布继续对 LMP 电池进行研发，最终为欧盟的电动车项目提供产品[9]。图 27.10 展示了他们制作的电池模块。

（3）PEO 基干态共聚物电解质 Newman 基于对大量实验数据的分析，提出寻找一种具有高模量（约 1GPa）的新的 SPE 材料。这种电解质膜理论上可以一致，甚至完全消除锂枝晶的形成[34,35]。因为聚合物链的分段运动对于离子移动非常重要，但在均相聚合物电解质中高离子导电和高模量性质难以同时获得。例如，PEO 的弹性模量不到 1MPa。而像聚苯乙烯这样的玻璃态聚合物具有约 3GPa 的弹性模量，但离子导电性很差。

Balsara 等人合成干态的嵌段共聚物电解质，尝试用于金属锂电池[112]。他们选择了聚苯乙烯/PEO 嵌段共聚物[113]，认为它有可能满足电池对电解质材料的所有需求。在这种纳米结构的电解质中，PEO 实现锂离子传递功能，而聚苯乙烯则提供较高的弹性模量。嵌段共聚物自组装成板块状或圆柱形结构，每段聚合物所占空间约为几十个纳米。至于嵌段共聚物的微观结构则主要取决于每段聚合物的分子量和体积分数[114]。而其锂离子电导率则主要取决于 PEO 的分子量[115]。

一家刚刚成立的小公司——SEEO 公司[116]，正试图将上述研究成果转化为相关产品。当然这个电池体系还存在许多问题，如循环寿命和安全性等，需要加以解决。但这项工作还是有可能将这种具有较高容量的锂金属二次电池产品推向市场。

Bolloré 公司为 Bluecar 电动车提供的锂金属聚合物电池

总体特征	
体积/L	300
质量/kg	300
通信总线	控制器局域网
热力学性质	
内部温度	60～80℃
工作温度	−20～60℃
电池性能	
标定功率	30kW·h
额定电压	410V
输出峰值功率	45kW（30s）
最低、最高电池电压	300V、435V
$C/4$ 率放电时的容量	75A·h
质量比能量	100W·h/kg
体积比能量	100W·h/L

图 27.10　Bolloré 公司为 Bluecar 电动车项目提供的锂金属聚合物电池[9]

27.3.4　无机电解质电池

大量小尺寸、薄膜金属锂二次电池被开发以满足众多便携式设备的需要，例如为电子设备、存储介质和其他备用电源提供动力。全固态薄膜电池是基于 Bates 等人[117]开创的技术发展而来，目前采用一系列物理气相沉积过程进行制备。该类电池体系一般都是将 LiPON玻璃电解质沉积到各种阴极薄膜上。不过，该类固体电解质锂离子电导率低，其与电极/电解质界面电荷传递电阻大的问题十分突出。

图 27.11 展示了全固态薄膜锂电池的结构示意图[118]。电池中每一个组成部分的厚度在 $0.1\mu m$ 至数个微米之间。理论上，图中的衬底部分也是电池的组成部分。但即使将衬底的厚度做得很薄，电池的质量和体积大小也主要由电池中非电化学活性部件决定。目前研究者正在尝试使用各种材质衬底，如硅、石英、云母、铝、聚合物、钠钙玻璃和金属箔，对薄膜电池进行研发。如图 27.12 所示，许多薄膜电池不仅薄，还具有很好的柔韧性[119]。

采用射频磁控溅射技术将电池各组成部分依次沉积。不过，锂蒸气和金属集流体的沉积则要采用直流磁控溅射技术。钴酸锂[117]和 LiPON 电解质膜的沉积条件在文献中有所报道[120]。金或者白金作为正极集流体（$0.1\sim0.3\mu m$ 厚）沉积在钴层（$0.01\sim0.05\mu m$，强化集流体黏附性）的方法已经被使用。钴酸锂或锰酸锂正极材料被用来组装薄膜电池。实验用电池的正极层厚度一般为 $0.05\sim5\mu m$，其横截面积为 $0.04\sim25cm^2$，相关具体参数的确定取决于设备要求。图 27.13 展示在高温退火处理后，钴酸锂在铝基底上的柱状生长形貌。

负极集流体一般选用铜、钛或氮化钛（$0.1\sim0.3\mu m$ 厚）材质。为了强化电池的密封

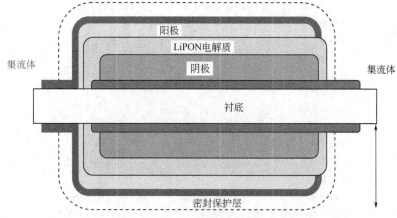

图 27.11　基于 LiPON 电解质的薄膜微电池截面示意图[118]

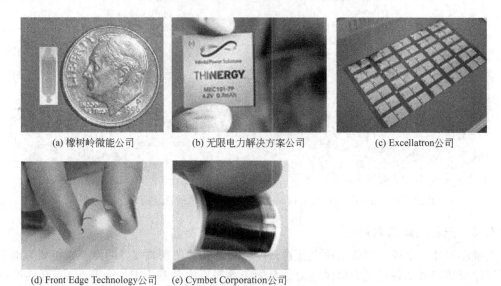

(a) 橡树岭微能公司　　　(b) 无限电力解决方案公司　　　(c) Excellatron公司

(d) Front Edge Technology公司　　(e) Cymbet Corporation公司

图 27.12　一些公司展示的薄膜电池样品

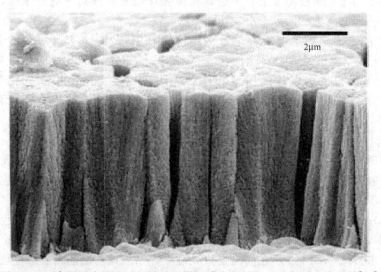

图 27.13　高温退火处理后，钴酸锂阴极膜在铝衬底上的断层边缘形貌[118]

性，$1\mu m$ 厚的 LiPON 膜、$6\mu m$ 厚的聚对二甲苯[121] 或 $0.1\mu m$ 厚的钛（或铝）保护层被使用。

阴极材料的选择、沉积层的厚度、阴极材料的结晶度和其他制备条件决定电池的放电容量。图 27.14 展示其典型结果。选用厚的钴酸锂阴极层电池放电容量最多。电池放电容量可以通过活性物质面积进行评估，但有关研究[122]显示电池以 $1kW/kg$ 功率工作时，质量比能量达到 $100W \cdot h/kg$；以 $1kW/L$ 功率工作时，体积比能量达到 $100W \cdot h/L$（不算衬底的质量和体积）。

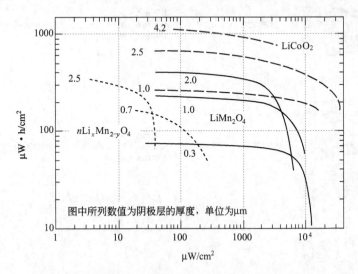

图 27.14　各种薄膜金属锂二次电池体系以恒电流放电，输出的能量与功率的关系
（如图所示，电池中阴极材料为各种晶体和纳米晶体材料，且阴极层的厚度也各不相同；它们的能量和功率都通过电极的活性面积进行归一化处理）[118]

采用 LiPON 膜的薄膜电池倍率性能与阴极材料的性质有很大关系[123]，钴酸锂就十分适合应用于高功率电池中。此外，电极/电解质界面的电荷传递性质也能影响到电池的充放电倍率[124]。选用其他具有零张力性质的电极材料[125]，如 $Li_4Ti_5O_{12}$，有助于锂离子的嵌入脱出。有趣的是，$Li_4Ti_5O_{12}$ 材料在薄膜电池中既可以作为正极用（金属锂作负极），也可以作为负极用（$LiFeO_4$ 作正极）。将 $Li_4Ti_5O_{12}$ 材料嵌入到 LiPON 膜中后，电池可以在空气中工作而不需采取任何额外的密封措施。

从早期在橡树岭国家实验室内的研发工作算起，薄膜电池一直被不断商品化，且已至少进行了 6 次商业上的尝试，直至这些公司拿到电池样品。"无限能源"方案就是薄膜电池向商业产品迈进的明证[126]。图 27.15 列出了从 "Thin Energy" 电池在线上获取的相关生产厂家的资料。它们的电池容量涵盖 $0.1 \sim 2.5mA \cdot h$ 的范围。

在 LiPON 电解质技术中，锂的沉积-溶解效率较高，因而电池显示出良好的循环性能。图 27.16 展示了 Front Edge Technology 公司生产的 $0.9mA \cdot h$ NanoEnergy 电池在第 1 周、500 周和 1000 周的放电曲线[127]。电池在第 1000 周的充电速率要低于第 1 周。例如，第 1 周达到电池容量 95％所需要的充电时间为 4min，但到 1000 周则增加到 6min。

对于薄膜电池高倍率充电、放电是可以实现的。例如，NanoEnergy 型号电池能以 $10C$ 率以上进行持续放电，以 $20C$ 率进行脉冲式放电。图 27.17 展示了 $0.9mA \cdot h$ NanoEnergy 电池在不同倍（从 $0.5C$ 率～$10C$ 率）下的放电曲线。

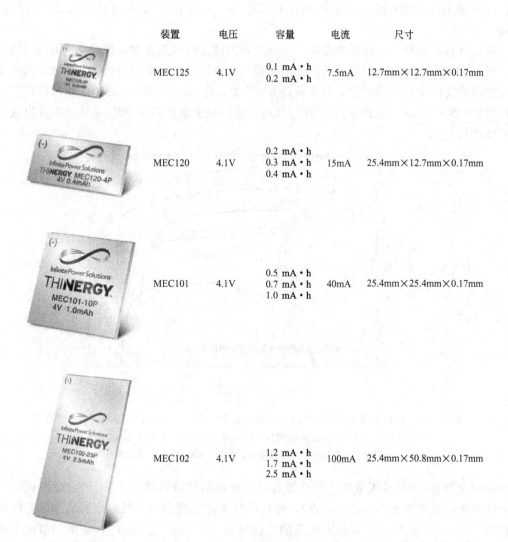

	装置	电压	容量	电流	尺寸
	MEC125	4.1V	0.1 mA·h 0.2 mA·h	7.5mA	12.7mm×12.7mm×0.17mm
	MEC120	4.1V	0.2 mA·h 0.3 mA·h 0.4 mA·h	15mA	25.4mm×12.7mm×0.17mm
	MEC101	4.1V	0.5 mA·h 0.7 mA·h 1.0 mA·h	40mA	25.4mm×25.4mm×0.17mm
	MEC102	4.1V	1.2 mA·h 1.7 mA·h 2.5 mA·h	100mA	25.4mm×50.8mm×0.17mm

图 27.15 Infinite Power Solutions 公司提供的薄膜锂金属二次电池产品

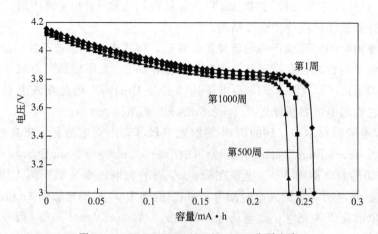

图 27.16 Front Edge Technology 公司生产
的 0.9mA·h NanoEnergy 电池的放电曲线[127]

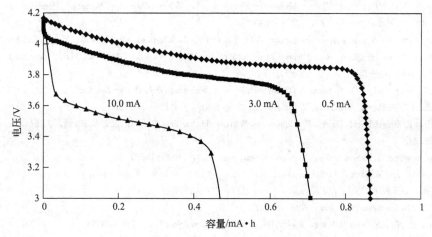

图 27.17　容量为 0.9mA·h 的 NanoEnergy® 不同倍率放电特性（0.5～11C 率）[127]

27.4　结论

总之，超高能量储能装置的发展有效缓解了社会对于能源高效制备及利用的迫切需求。目前金属锂二次电池产品都是一些性能优异的小型电池。电池性能随环境温度变化而变化，循环寿命和安全性问题也还在研究、解决当中；而且生产出大型电池（＞10A·h）将是以后的发展方向。在不久的未来，人们将看到一系列能满足市场需求的高容量金属锂二次电池产品问世。

致谢

感谢 Yuriy V. Mikhaylik，Nancy J. Dudney，K. M. Abraham 和 Martin Simoneau 为本章节提供的信息和图片。

参 考 文 献

1. R. D. Rauh，K. M. Abraham，G. F. Pearson，J. K. Surprenant，and S. B. Brummer，*J. Electrochem. Soc.* 126，523 (1979).

2. H. Yamin，J. Penciner，A. Gorenshtein，M. Elam，and E. Peled，*J. Power Sources* 14，129 (1985)；H. Yamin，A. Gorenshtein，J. Penciner，M. Segal，and Y. Sternberg，*J. Electrochem. Soc.* 135，1045 (1988).

3. E. Peled，A. Gorenshtein，and M. Elam，*J. Power Sources* 26，269 (1989).

4. J. Shim，K. A. Striebel，and E. J. Cairns，*J. Electrochem. Soc.* 149，A1321 (2002).

5. M. B. Armand，J. M. Chabagno，and M. Duclot，"Extended Abstracts," *2nd Int. Meeting on Solid Electrolytes*，St. Andrews，Scotland，Sept. 1978；M. B. Armand，J. M. Chabagno，and M. Duclot，in *Fast Ion Transfer in Solids*，P. Vashishta，ed.，p. 131，North Holland，New York，1979.

6. M. Gauthier et al.，*J. Electrochem. Soc.* 132，1333 (1985).

7. P. P. Prosini，S. Passerini，R. Vellone，and W. H. Smyrl，*J. Power Sources* 75，73-83 (1998).

8. B. B. Owens and S. Passerini，"International Development Trends of Energy Storage Technology for EV/HEV" 4th *Symposium of Advanced Technology of Energy Storage for EV*，Tokyo，Japan，Nov. 1999.

9. www. bluecar. fr/en/pages-innovation/batterie-lmp. aspx.

10. K. M. Abraham，J. L. Goldman，and M. D. Dempsey，*J. Electrochem. Soc.* 128，2493 (1981).

11. M. W. Rupich，L. Pitts，and K. M. Abraham，*J. Electrochem. Soc.* 129，1857 (1982)；K. M. Abraham，J. S. Foos，and J. L. Goldman，*J. Electrochem. Soc.* 131，2197 (1984)；U. S. Patent 4，911，996 (1990).

12. K. M. Abraham，D. M. Pasquariello，and E. B. Willstaedt *J. Electrochem. Soc.* 136，576 (1989).

13. D. Fouchard, in *Proc. 33rd Power Sources Symp.*, the Electrochemical Society, Pennington, NJ, 1988; J. A. R. Stilb, *J. Power Sources* 26, 233 (1989).

14. L. Dominey, in *Non-Aqueous Electrochemistry*, D. Aurbach, ed, Chap. 8, pp. 437-460, Marcel Dekker, New York, 1999. Also see "Cellular Phone Recall May Cause Setback for Moli," *Toronto Globe and Mail*, August 15, 1989, and *Adv. Batt. Technology* 25 (10), 4 (1989).

15. P. Dan, E. Mengeritsky, Y. Geronov, D. Aurbach, and I. Weissman, *J. Power Sources* 54, 143 (1995).

16. D. Aurbach, I. Weissman, A. Zaban, Y. Ein-Eli, E. Mengeritsky, and P. Dan, *J Electrochem. Soc.* 143, 2110 (1996).

17. D. Aurbach, E. Zinigrad, H. Teller, Y. Cohen, G. Salitra, H. Yamin, P. Dan, and E. Elster, *J. Electrochem. Soc.* 149, A1267 (2002).

18. K. W. Semkow and A. F. Sammells, *J. Electrochem. Soc.* 134, 2084 (1987).

19. K. M. Abraham and Z. Jiang, *J. Electrochem. Soc.* 143, 1 (1996); K. M. Abraham, *ECS Trans.* 3 (42), 67 (2008).

20. E. L. Littauer and K. C. Tsai, *J. Electrochem. Soc.* 124, 850 (1977).

21. J. Read, *J. Electrochem. Soc.* 153, A96 (2006).

22. S. J. Visco, E. Nimon, and B. Katz, *Meet. Abstr. -Electrochem. Soc.* 602, 389 (2006).

23. N. Imanishi, T. Zhang, Y. Shimonishi, S. Hasegawa, A. Hirano, Y. Takeda, and O. Yamamoto, *Meet. Abstr. -Electrochem. Soc. Fall* 2009, Vienna, Austria, Abstract 215.

24. B. Kumar, N. Gupta, J. Kumar, J. P. Fellner, and S. J. Rodrigues, *Proc. of 43rd Power Sources Conference*, June 7-10, 2008, p. 35.

25. B. Kumar, J. Kumar, R. Leese, and K. M. Abraham, *Meet. Abstr. -Electrochem. Soc. Fall* 2009, Vienna, Austria, Abstract 210.

26. X. Yu, J. B. Bates, G. E. Jellison, Jr., and F. X. Hart, *J. Electrochem. Soc.* 144, 524 (1997).

27. D. Linden, *Handbook of Batteries*, 2nd ed., McGraw-Hill, Inc., New York, 1995, p. 36. 9.

28. M. Dollé, L. Sannier, B. Beaudoin, M. Trentin, and J.-M. Tarascon, *Electrochem. Solid-State Lett.* 5, A286 (2002).

29. R. Selim and P. Bro, *J. Electrochem. Soc.* 121, 1457 (1974).

30. I. Epelboin, *J. Electrochem. Soc.* 127, 2100 (1980).

31. I. Yoshimatsu, T. Hirai, and J. I. Yamaki, *J. Electrochem. Soc.* 135, 2422 (1988).

32. C. Monroe and J. Newman, *J. Electrochem. Soc.* 150, A1377 (2003).

33. M. Gauthier, A. Belanger, and A. Vallee, U. S. Patent 6, 007, 935 (1999).

34. C. Monroe and *J. Newman*, *J. Electrochem. Soc.* 151, A880 (2004).

35. C. Monroe and J. Newman, *J. Electrochem. Soc.* 152, A396 (2005).

36. E. Peled, D. Golodnitsky, G. Ardel, C. Menachem, D. Bar Tow, and V. Eshkenazy, *Mat. Res. Soc. Proc.* 393, D. H. Doughty et al., eds., p. 209 (1995).

37. D. Aurbach, A. Zaban, Y. Gofer, O. Abramson, and M. Ben-Zion, *J. Electrochem. Soc.* 142, 687 (1995).

38. D. Aurbach, Y. Ein-Eli, and A. Zaban, *J. Electrochem. Soc.* 141, L1 (1994).

39. D. Aurbach and Y. Cohen, *J. Electrochem. Soc.* 144, 3355 (1997).

40. D. Aurbach and M. Moshkovich, *J. Electrochem. Soc.* 145, 2629 (1998).

41. E. Zinigrad, E. Levi, H. Teller, G. Salitra, D. Aurbach, and P. Dan, *J. Electrochem. Soc.* 151, A111 (2004).

42. Y. V. Mikhaylik, I. Kovalev, R. Schock, K. Kumaresan, J. Xu, and J. Affinito, *Meet. Abstr. -Electrochem. Soc. Fall* 2009, Vienna, Austria, Abstract 216.

43. R. D. Rauh, F. S. Shuker, J. M. Marston, and S. B. Brummer, *J. Inorg. Nucl. Chem.* 39, 1761 (1977).

44. G. Roberts, D. H. Doughty, Y. Gerenov, M. Simoneau, and V. Puglisi, *Meet. Abstr. -Electrochem. Soc.* 602, 164 (2006).

45. Y. V. Mikhaylik and J. R. Akridge, *J. Electrochem. Soc.* 151, A1969 (2004) and references therein.

46. J. R. Akridge, Y. V. Mikhaylik, and N. White, *Solid State Ionics* 175, 243-245 (2004).

47. Y. V. Mikhaylik and J. R. Akridge, *J. Electrochem. Soc.* 150, A306 (2003).

48. S. J. Visco, C. C. Mailhe, L. C. De Jonghe, and M. B. Armand, *J. Electrochem. Soc.* 136, 661 (1989).

49. S. J. Visco, M. Liu, and L. C. De Jonghe, *J. Electrochem. Soc.* 137, 1191 (1990); M. Liu, S. J. Visco, and L. C. De Jonghe, *J. Electrochem. Soc.* 138, 1896 (1991).

50. S. Kakuda, T. Momma, T. Osaka, G. B. Appetecchi, and B. Scrosati, *J. Electrochem. Soc.* 142, L1 (1995).

51. K. Naoi, K-I. Kawase, M. Mori, and M. Komiyama, *J. Electrochem. Soc.* 144, L173 (1997).

52. N. Oyama, J. M. Pope, and T. Sotomura, *J. Electrochem. Soc.* 144, L47 (1997).

53. Y. Kiya, J. C. Henderson, and H. D. Abruña, *J. Electrochem. Soc.* 154, A844 (2007).

54. B. Scrosati and S. Megahed, *Electrochemical Society Short Course*, New Orleans, Oct. 10, 1993.

55. S. Forsyth, J. Golding, D. R. MacFarlane, and M. Forsyth, *Electrochim. Acta*, 46, 1753 (2001).

56. A. Webber and G. E. Blomgren, in *Advances in Lithium-Ion Batteries*, *Ionic Liquids for Lithium Ion and Related Batteries*, W. A. van Schalkwijk and B. Scrosati, eds., p. 185, Kluwer Academic/Plenum Publ., New York, 2002.

57. P. C. Howlett, D. R. MacFarlane, and A. F. Hollenkamp, *Electrochem. Solid-State Lett.* 7, A97 (2004).

58. P. C. Howlett, N. Brack, A. F. Hollenkamp, M. Forsyth, and D. R. MacFarlane, *J. Electrochem. Soc.* 153, A595 (2006).

59. N. J. Dudney, "Thin Film Micro-Batteries," *The Electrochemical Society Interface* 17 (3), 44 (2008).

60. J. B. Bates, N. J. Dudney, G. R. Gruzalski, R. A. Zuhr, A. Choudhury, C. F. Luck, and J. D. Robertson, *Solid State Ionics* 53-56, 647 (1992); J. B. Bates, N. J. Dudney, G. R. Gruzalski, R. A. Zuhr, A. Choudhury, C. F. Luck, and J. D. Robertson, *J. Power Sources* 43-44, 103 (1993).

61. S. J. Visco, P. J. Spillane, and J. H. Kennedy, *J. Electrochem. Soc.* 132, 1766 (1985).

62. K. Takada, N. Aotani, K. Iwamoto, and S. Kondo, *Solid State Ionics* 86-88, 877 (1996).

63. R. Komiya, A. Hayashi, H. Morimoto, M. Tatsumisago, and T. Minami, *Solid State Ionics* 140, 83 (2001).

64. Y. Seino, K. Takada, B. Kim, L. Zhang, N. Ohta, H. Wada, M. Osada, and T. Sasaki, *Solid State Ionics* 176, 2389 (2005); M. Tatsumisago, *Solid State Ionics* 175, 13 (2004).

65. R. Kanno and M. Murayama, *J. Electrochem. Soc.* 148, A742 (2001).

66. H. Okamoto, S. Hikazudani, C. Inazumi, T. Takeuchi, M. Tabuchi, and K. Tatsumi, *Electrochem. Solid-State Lett.* 11, A97 (2008).

67. J. H. Kennedy and Z. Zhang, *Solid State Ionics* 28-30, 726 (1988).

68. H. Takahara, M. Tabuchi, T. Takeuchi, H. Kageyama, J. Ide, K. Handa, Y. Kobayashi, Y. Kurisu, S. Kondo, and R. Kanno, *J. Electrochem. Soc.* 151, A1309 (2004).

69. K. -H. Joo, H. -J. Sohn, P. Vinatier, B. Pecquenard, and A. Levasseur, *Electrochem. Solid-State Lett.* 7, A256 (2004).

70. www. ohara-inc. co. jp/en/product/electronics/licgc. html.

71. M. B. Armand, J. M. Chubagno, and M. Duclot, in *Fast Ion Transport in Solid*, P. Vashista, J. M. Mundy, G. K. Sherroy, eds., North-Holland, Amsterdam, 1979; M. B. Armand, *Solid State Ionics* 9810, 745 (1979).

72. M. B. Armand, in *Polymer Electrolyte Reviews-1*, J. R. MacCallum and C. A. Vincent, eds., Elsevier Applied Science, New York, 1987.

73. K. M. Abraham and M. Alamgir, *J. Electrochem. Soc.* 136, 1657 (1990).

74. R. Koksbang, M. Gauthier, A. Belanger, in *Proc. Symp. Primary and Secondary Lithium Batteries*, K. M. Abraham and M. Salomon, eds., the Electrochemical Society, Pennington, NJ, 1991.

75. G. B. Appetecchi, F. Croce, G. Dautzenberg, M. Mastragostino, F. Ronci, B. Scrosati, F. Soavi, A. Zanelli, F. Alessandrini, and P. P. Prosini, *J. Electrochem. Soc.* 145, 4126 (1998); G. B. Appetecchi, F. Croce, M. Mastragostino, B. Scrosati, F. Soavi, and A. Zanelli, *J. Electrochem. Soc.* 145, 4133 (1998).

76. A. Blazejczyk, W. Wieczorek, R. Kovarsky, D. Golodnitsky, E. Peled, L. G. Scanlon, G. B. Appetecchi, and B. Scrosati, *J. Electrochem. Soc.* 151, A1762 (2004).

77. A. S. Gozdz, C. N. Schmutz, J. -M. Tarascon, and P. C. Warren, U. S. Patent 5, 456, 000 (1995).

78. K. M. Abraham, in *Applications of Electroactive Polymers*, B. Scrosati, ed., Chapman and Hall, London, 1993.

79. D. H. Shen, G. Nagasubramanian, C. K. Huang, S. Surampudi, and G. Halpert, in *Proc. 36th Power Sources Conf.*, pp. 261-263, Cherry Hill, NJ, 1994.

80. L. Sannier, R. Bouchet, L. Santinacci, S. Grugeon, and J. -M. Tarascon, *J. Electrochem. Soc.* 151, A873 (2004).

81. Z. Bakenov, M. Nakayama, and M. Wakihara, *Electrochem. Solid-State Lett.* 10, A208 (2007).

82. P. E. Trapa, Y. -Y. Won, S. C. Mui, E. A. Olivetti, B. Huang, D. R. Sadoway, A. M. Mayes, and S. Dallek, *J. Electrochem. Soc.* 152, A1 (2005)

83. X. -G. Sun and J. B. Kerr, *Macromolecules* 39, 362 (2006).

84. P. E. Trapa, M. H. Acar, D. R. Sadoway, and A. M. Mayes, *J. Electrochem. Soc.* 152, A2281 (2005).

85. news. bbc. co. uk/2/hi/science/nature/7577493. stm.

86. Y. Mikhaylik, I. Kovalev, J. Xu, and R. Schock, *ECS Trans.* 13: 19, 53 (2008).

87. Y. -G. Ryu et al., U. S. Patent 7, 517, 612 (2009).

88. S.-E. Cheon, K.-S. Ko, J.-H. Cho, S.-W. Kim, E.-Y. Chin, and H.-T. Kim, *J. Electrochem. Soc.* 150, A796 (2003); S.-E. Cheon, K.-S. Ko, J.-H. Cho, S.-W. Kim, E.-Y. Chin, and H.-T. Kim, *J. Electrochem. Soc.* 150, A800 (2003).

89. S.-C. Han, M.-S. Song, H. Lee, H.-S. Kim, H.-J. Ahn, and J.-Y. Lee, *J. Electrochem. Soc.* 150, A889 (2003).

90. F. B. Tudron, J. R. Akridge, and V. J. Puglisi, *Proc. of 41 st Power Sources Conference*, June 14-17, 2004, p. 341.

91. Y. Mikhaylik, I. Kovalev, and C. Burgess, *Meet. Abstr.-Electrochem. Soc.* 702, 753 (2007).

92. X. Ji, K. T. Lee, and L. F. Nazar, *Nature Materials* 8, 500-506 (2009).

93. D. Aurbach, E. Pollak, R. Elazari, G. Salitra, C. Scordilis Kelley, and J. Affinito, *J. Electrochem. Soc.* 156, A694 (2009).

94. Y. Mikhaylik, U. S. Patent 7, 352, 680 (2008).

95. S.-I. Tobishima, H. Yamamoto, and M. Matsuda, *Electrochim. Acta.* 42, 1019 (1997).

96. K. Kumaresan, Y. Mikhaylik, and R. E. White, *J. Electrochem. Soc.* 155, A576 (2008).

97. J. H. Shin and E. J. Cairns, *J. Electrochem. Soc.* 155, A368 (2008).

98. J. H. Shin, P. Basak, J. B. Kerr, and E. Cairns, *Meet. Abstr.-Electrochem. Soc.* 802, 1265 (2008).

99. D. H. Doughty, D. L Coleman, and M. J. Berry, *Proc. of 43 rd Power Sources Conference*, June 7-10, 2008, p. 39.

100. D. H. Doughty, E. P. Roth, C. C. Crafts, G. Nagasubramanian, G. Henriksen, and K. Amine, *J. Power Sources* 146, 116-120 (2005).

101. www. oxisenergy. com.

102. G. Ivanov, V. Kolosnitsyn, and K. Pelton, *Adv. Auto. Battery Conf.* 2009 *Proceedings*, Long Beach, CA, June 8-12, 2009, Poster ♯40.

103. H. Ota, X. Wang, and E. Yasukawa, *J. Electrochem. Soc.* 151, A427 (2004) and references therein.

104. H. Ota, Y. Sakata, X. Wang, J. Sasahara, and E. Yasukawa, *J. Electrochem. Soc.* 151, A437 (2004) and references therein.

105. F. Ding, Y. Liu, and X. Hu, *Electrochem. Solid-State Lett.* 9, A72 (2006).

106. H. Ota, Y. Sakata, Y. Otake, K. Shima, M. Ue, and J.-I. Yamaki, *J. Electrochem. Soc.* 151, A1778 (2004).

107. Y. M. Lee, J. E. Seo, Y.-G. Lee, S. H. Lee, K. Y. Cho, and J.-K. Park, *Electrochem. Solid-State Lett.* 10, A216 (2007).

108. J. Read and W. Behl, *Proc. of 43rd Power Sources Conference*, June 7-10, 2008, p. 165.

109. S. Cordova, Z. Johnson, N. Pereira, F. Badway, G. G. Amatucci, and K. M. Abraham, *Proc. of 43rd Power Sources Conference*, June 7-10, 2008, p. 369.

110. T. B. Atwater and A. J. Salkind, *Proc. of 43rd Power Sources Conference*, June 7-10, 2008, p. 577.

111. V. Dorval, C. St-Pierre, and A. Vallee, *Proc. of 2004 BATCON Conf.*, p. 19-1; available at www. battcon. com/PapersFinal2004/ValleePaper2004. pdf.

112. N. Balsara, M. Singh, and L. Odusanya, *Meet. Abstr.-Electrochem. Soc.* 501, 1690 (2006).

113. N. P. Balsara, M. Singh, V. Chen, and E. D. Gomez, *Meet. Abstr.-Electrochem. Soc.* 701, 293 (2007).

114. S. A. Mullin, A. Panday, N. Wanakule, and N. Balsara, *Meet. Abstr.-Electrochem. Soc.* 802, 1269 (2008).

115. M. Singh et al., *Macromolecules* 40, 4578-4585 (2007).

116. www. seeo. com/.

117. J. B. Bates, N. J. Dudney, B. J. Neudecker, F. X. Hart, H. P. Jun, and S. A. Hackney, *J. Electrochem. Soc.* 147, 59-70 (2000).

118. N. J. Dudney, *The Electrochemical Society Interface* 17 (3), 44 (2008).

119. N. J. Dudney, "Thin Film Batteries for Energy Harvesting," in *Energy Harvesting Technologies*, S. Priya and D. J. Inman, eds., pp. 349-357, Springer Publisher, Dec. 2008.

120. B. J. Neudecker, R. A. Zhur, and J. B. Bates, *J. Power Sources* 81-82, 27-32 (1999).

121. www. vp-scientific. com/parylene_ properties. htm.

122. N. J. Dudney, "Solid-State Thin-Film Rechargeable Lithium Batteries," *Mat. Sci. Eng. B.* 116, 245-249 (2005).

123. N. J. Dudney, and Y. I. Jang, *J. Power Sources* 119, 300 (2003).

124. Y. Origami, D. Shimizu, T. Abe, M. Sodom, and Z. Ogumi, *ECS Transactions* 16 (26), 45-52 (2009).

125. T. Ohzuku, A. Ueda, and N. Yamamoto, *J. Electrochem. Soc.* 142, 1431 (1995).

126. www. infinitepowersolutions. com/.

127. www. frontedgetechnology. com/.

第28章

可充电碱性锌/二氧化锰电池

Josef Daniel-lvad and Karl Kordesch

28.1 概述

可充电碱性锌/二氧化锰电池是由一次电池发展而来的。其中,锌作为负极活性物质(在放电时为阳极),二氧化锰作为正极活性物质(在放电时为阴极),氢氧化钾溶液作为电解质。

这种充电电池的最初设计严格参照了圆柱形碱性—次电池的内部设计,并且保持诸如长贮存寿命、优良的倍率放电能力和高安全性等优点[1]。这种电池最早投放市场是在 20 世纪 70 年代中期,主要应用于 6V 照明灯和便携式电视机。其优势是与其他可充电电池相比成本较低,并且是以全充电状态制造的。限制这种设计商业化的问题是锌电极容量没有严格限制,当二氧化锰在得到单电子成为 $MnO_{1.5}$ 后电池还继续放电时,阴极的体积膨胀会导致其再充电能力的降低。因此,需要依据不同的负载和电池年限控制每只单体电池的放电电压在 1.1~1.0V 范围内。较高的终止电压则会导致容量降低。此外,该类电池在设计时并不考虑电池工作时的析氢问题。

控制阴极放电的一条途径是限制锌电极的容量,但是这会导致锌电极的充电能力降低。进一步研究工作已经开发出值得信赖的限制锌电极容量的技术[2~4]。目前的电池可以放电到更低的电压,但循环性能较之从前有明显提高。

可充电碱性锌/二氧化锰电池的主要优点和缺点列于表 28.1。

表 28.1 可充电碱性锌/二氧化锰电池的主要优点和缺点

优　点	缺　点
初始成本低(使用成本有可能比其他可充电电池低)	可用容量是一次电池的 2/3,但是高于大多数可充电电池
以完全充电状态制造	循环寿命低
容量保持能力好(和其他可充电电池相比)	随循环和放电深度可能能量迅速降低
全密封,免维护	内阻比镉/镍电池和镍氢电池大
无记忆效应	
材料无毒,绿色环保	

28.2　化学原理

电解二氧化锰，实质上是 $\gamma\text{-}MnO_2$，其放电机理已经被深入地研究过[1]。通常认为该材料得到第一个电子的过程是均相反应，它包含一个质子和一个电子进入材料晶格，并在其内部移动的过程。此过程导致 MnO_x 中的 x 值从 2 逐渐降低到 1.5。在这个反应中固体结构的 MnO_2 转化为锰为三价的另一种固体结构 $MnOOH$[6]：

$$MnO_2 + H_2O + e \longrightarrow MnOOH + OH^-$$

如果继续放电，特别是当正极材料得到第二个电子后，将生成可溶性的锰组分。锰离子可以到达锌负极，引起腐蚀反应并降低贮存寿命。

当电解二氧化锰充电时，则与上述过程相反。充放电循环次数和放电深度有关状况表明有不可逆电极过程发生。循环次数和放电深度呈对数关系。库仑规则研究表明，在几个循环后充电效率接近 100%。由于作为非导电体的二氧化锰必须形成具有石墨结构的界面，因而最初的效率损失可能和化成有关。

图 28.1 表明了可充电电池阴极控制的循环特性和容量损失与循环周期之间的对数关系。为了在第一个循环获得高的放电容量，通常在 AA 型电池中锌电极容量为 $2A \cdot h$。这样同时防止 MnO_2 放电超过一个电子的容量。在这个特殊的实验中并不是锌负极限制，这是因为在每个循环中预设仅放出 $1A \cdot h$ 容量直到到达 0.9V 终压。可以从图 28.1 中，估算出电池的循环寿命以及累积容量。

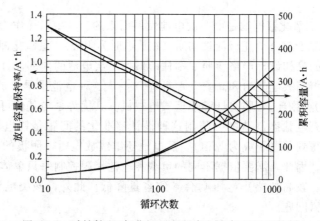

图 28.1　碱性锌/二氧化锰可充电式电池在 20℃下的循
环性能（每次放完电后再充电）

对碱性锌/二氧化锰电池充电一定要限制充电电压在 1.65V 左右。充电到更高的电压会产生六价锰酸盐和氧气。可溶性的锰酸盐歧化为四价的 MnO_2 和一种不可再充电的二价锰化合物，从而导致循环容量的损失。产生的氧气会与锌反应生成 ZnO。

目前正在研究用来抑制锰酸盐形成和改善 MnO_2 放电可逆性的特殊催化剂。一种方法是采用钴-尖晶石型催化剂[7~11]。另一种方法是用一种特殊制备的铋掺杂二氧化锰（BMD）代替电解二氧化锰（EMD）。这种改性策略允许更深度的两电子可逆放电 $MnO_2 \rightarrow Mn(OH)_2$。

铋以 Bi_2O_3 的形式在 MnO_2 中占 10%（质量）。BMD 和高比表面积抗氧化的碳组成的阴极以相当于 80% MnO_2 两电子放电的理论容量进行放电，可以达到几百次循环。铋作为氧化还原催化剂，扩展异相放电机理，并阻止不可再充电的锰化合物的形成。如图 28.2 所示，BMD 的放电平台曲线相对于 EMD 要平坦得多，并且容量显著提高。如下所示，铋在充电过程中的作用至关重要：

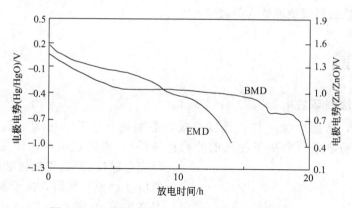

图 28.2　电解二氧化锰（EMD）和铋改性二氧化锰（BMD）在 KOH 中的放电曲线

① $Bi \longrightarrow Bi^{3+} + 3e^-$ （电化学反应）
② $Bi^{3+} + 3Mn^{2+} \longrightarrow 3Mn^{3+} + Bi$ （化学反应）
③ $3Mn^{3+} \longrightarrow 1.5Mn^{2+} + 1.5Mn^{4+}$ （化学反应）

在最后一步中歧化产生的 Mn^{2+} 会返回到第二步中被继续消耗，直到充电结束；在阴极中一定保持有 Mn^{3+} 和 Bi^{3+}。供 BMD 使用的特殊化学功能性隔膜正在开发之中[12]。

28.3　结构

图 28.3 表示了圆柱形可充性碱性电池的结构。该结构与原电池相似，采用碳包结构设计。正极包含 3 或 4 个阴极环。它是在高压下制备的，直径略大，并且被插入到钢壳中。阴极混合物配方采用电解 MnO_2 和 10％的石墨。负极处于电池中部，包含锌粉和胶状 KOH 的混合物。在胶状物中心的长钉作为负极集流体。电池卷边密封，并设置有排气装置。

以下是可充电电池独有的特性。阴极包含可提高容量和循环寿命的添加剂[13]，如 $BaSO_4$ 或其他碱土金属化合物。阴极还含有催化剂，如在乙炔黑或碳载体上的银，来复合可能产生的氢气。起限制作用的锌粉负极含有 KOH 和胶凝剂。锌的含量决定放电深度和电池容量。负极中不添加汞，而添加特殊的锌合金和/或有机缓蚀剂，并伴之以特殊的负极制备工艺以防止锌腐蚀和控制锌枝晶的生长[14]。然而对于可充电电池来说，这又是不够的，因为第一次充电后沉积的锌比原始锌粉要细得多。添加于阴极的银催化剂使锌腐蚀产生的氢

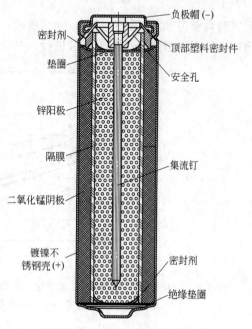

负极帽 (-)
顶部塑料密封件
安全孔
密封剂
垫圈
锌阳极
隔膜
二氧化锰阴极
镀镍不锈钢壳 (+)
集流钉
密封剂
绝缘垫圈

图 28.3　碱性锌/二氧化锰
AA 型可充电式电池

气复合。氧化锌溶解于 KOH 保障了在充电（或过充电）时仅电解出氧气而不是氢气。也就是说，发生 ZnO 的还原反应而不是产生氢气。多层隔膜含有高抗氧化性的再生纤维素，同时也可以防止锌枝晶形成造成的内部短路[15a,b]。

28.4　性能

28.4.1　第一次循环放电

可充电电池，像原电池一样，是以充电状态制造和运输。因为它们的贮存寿命好，可以保持住大部分容量（取决于使用前的贮存条件），所以在第一次使用前不必再充电。

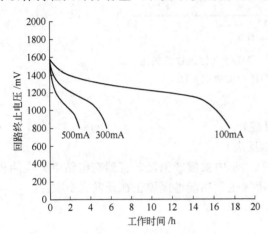

可充电碱性锌/二氧化锰电池的放电特性和原电池相似。然而，由于设计采用锌限制，当在中高倍率放电时，其终电压在达到 0.8V 后将迅速下降。在低倍率放电时，可以观察到端电压在达到 0.6～0.7V 后才有可能迅速下降至零 V。图 28.4 表示了无贮存的 AA 型可充电电池在不同电流下的恒电流放电曲线。图 28.5 给出了相似的恒电阻放电曲线。

图 28.4　碱性锌/二氧化锰 AA 型可充电电池在 22℃、不同的电流密度、恒电流放电时电池第一个循环周期的放电特性

28.4.2　循环

可充电电池在第一次循环中放电容量最高，在 20℃ 下其容量相当于原电池的 70%～80%。在随后的充放电循环中，如果采用全放电制度，在容量降低到初始容量的 50% 前可获得 20 次循环。如图 28.6 所示，循环中放电曲线的形状变化不大，但是电压随着循环进行而逐渐降低。如果继续进行，可以获得容量较低的更多循环。

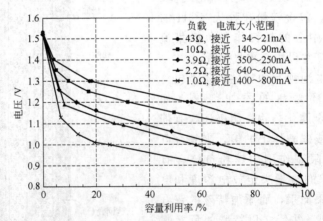

图 28.5　碱性锌/二氧化锰 AA 型可充电式电池在 22℃、不同的恒电阻负载下放电时电池第一个循环周期的放电特性（出自参考文献［15a］）

如果使用时仅采用部分充电和放电，电池可用循环周期和循环容量将增加。图 28.7（a）表示出 AA 型电池在每天 10Ω 放电 4h（约 25% 放电深度）时，循环寿命有所提高。该

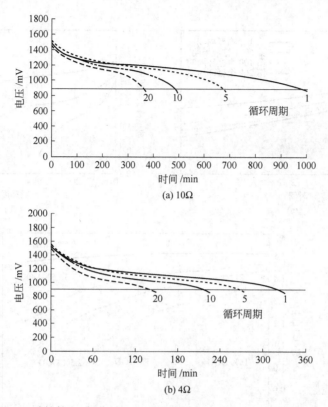

图 28.6　碱性锌/二氧化锰 AA 型可充电式电池在 20℃时循环放电特性

电池在夜间以 1.65V 恒电压充电。虽然和在图 28.6 中一样，电压随循环下降，但当终止电压达到 0.9V 时则已循环 200 多次。

电池以其他放电深度进行循环的结果示于图 28.7(b) 中。该图中的 AA 型电池放电深度分别是 15%、20% 和 25%。降低放电深度时循环寿命增加，放电电压升高。如图 28.7(c) 所示，实验室测试证实，如果放电深度很浅的话，电池能够进行几千次循环。图 28.7(c) 展示了在浅放电方式下，电池的循环寿命，其中可以看到直到 5000 周也没达到终止电压标准。

28.4.3　不同型号电池的性能

可充电碱性锌/二氧化锰电池可以有多种其他型号。图 28.8～图 28.10 分别表示 C 型、D 型和 AAA 型电池的性能。

应注意到，因为 AA 型和 AAA 型电池正极较薄，所以它们比直径较大的 C 型和 D 型电池性能好。可充电电池中二氧化锰的利用率和深度放电循环性能与该电极厚度有关。这在图 28.11 中得到进一步表明，该图展示二氧化锰利用率和电池放出的安时容量与负载电流的关系。在更高电流下放电时，薄电池比大直径电池放电容量百分数更多[16~18]。

28.4.4　多单体并联电池

图 28.11 也说明小单体并联电池与单一大单体电池相比所具有的优势。4 只 AA 型单体装入一个具有与 D 型电池相同尺寸的壳中，质量约为 90g；而一只 D 型电池质量约 125g。在较大放电电流时，AA 型并联电池性能更好。用小直径多单体并联电池代替单一大直径电池也获得更大的内部电极界面，从而在给定负载下降低电流密度，提

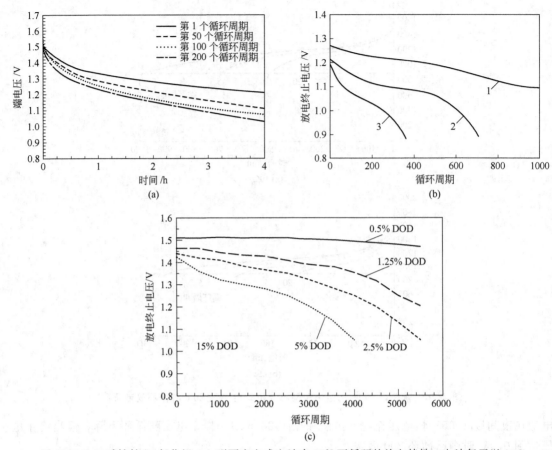

图 28.7 (a) 碱性锌/二氧化锰 AA 型可充电式电池在 20℃下循环的放电特性，电池每天以 10Ω 的负载放电 4h，然后完全充满；(b) 碱性锌/二氧化锰 AA 可充电式电池在 10Ω 负载下的循环寿命（其中，曲线 1：放电 300mA·h 后再充电；曲线 2：放电 400mA·h 后再充电；曲线 3：放电 500mA·h 后再充电）；(c) 可充电碱性锌/二氧化锰电池在非常浅的放电深度下的循环性能

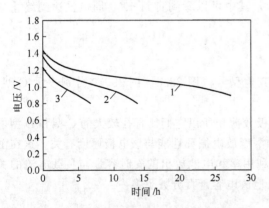

图 28.8 碱性锌/二氧化锰 C 型可充电式电池在 20℃、不同的恒电阻负载下放电时，电池第一个循环周期的放电特性
（其中曲线 1：6.8Ω，接近 160mA；曲线 2：3.9Ω，接近 270mA；曲线 3：2.2Ω，接近 450mA）

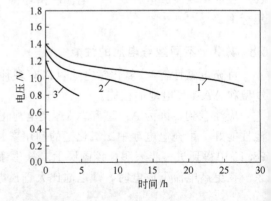

图 28.9 碱性锌/二氧化锰 D 型可充电式电池在 20℃、不同的恒电阻负载下放电时，电池第一个循环周期的放电特性
（其中曲线 1：3.9Ω，接近 280mA；曲线 2：2.2Ω，接近 460mA；曲线 3：1.0Ω，接近 1A）

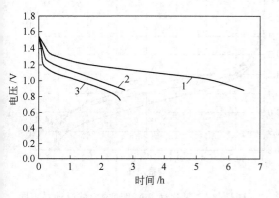

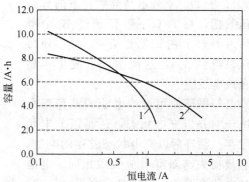

图 28.10　碱性锌/二氧化锰 AAA 型可充电式
电池在 20℃、不同的恒电阻负载下放电时，电
池第一个循环周期的放电特性

（其中曲线 1：10Ω，接近 110mA；曲线 2：5.1Ω，
接近 190mA；曲线 3：3.9Ω，接近 260mA）

图 28.11　在 20℃、碱性锌/二氧化锰 D 型可充
电式电池（曲线 1）和装入 D 型电池壳的 4 个并
联的 AA 型电池（曲线 2）性能对比

（终止电压 0.9V）

高性能[19]。

28.4.5　温度影响

图 28.12 给出可充电碱性锌/二氧化锰电池在各温度下的性能。在 -30℃ 的低温下，电池虽然可以工作，但是性能降低。其中在中等以及较高倍率下，降低尤其明显。在 50℃ 高温下，低倍率性能没有变化，而中高倍率下的性能得到改善。图 28.13 表示 AA 型电池 45℃ 和 65℃ 下的性能。还应注意的是在较高温度下电池的容量更高且大电流放电能力增强，这是由于高温下扩散作用增强，MnO_2 的利用率更高[20,21]。

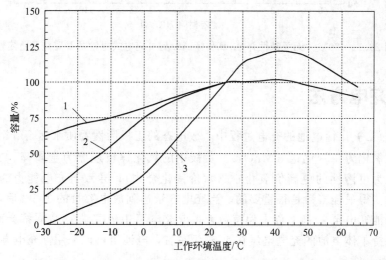

图 28.12　环境温度对碱性锌/二氧化锰可充电式电池在不同放电倍率下容量的影响
1—很低倍率：1~5mA；2—低倍率：50~100mA；3—中等倍率：250~300mA

28.4.6　贮存寿命

新的未使用过的（未充过电）可充电碱性锌/二氧化锰电池的贮存寿命与原电池相似

（室温下贮存 5～7 年容量损失 20％～25％）。图 28.14 表示高温贮存下的开路电压数据，在 71℃ 下贮存超过 12 个星期后（等效于在 21℃ 贮存 7 年），开路电压只降低 6％，这说明没有发生明显的自放电反应。

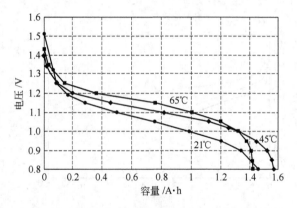

已经循环使用过的电池的贮存寿命取决于它是以充电状态，还是以放电状态贮存。循环后以充电状态贮存的电池，其容量损失与新鲜电池大致相同。电池以放电状态贮存，特别是在高温（65℃）下，对负极的循环性能是有害的。然而，

图 28.13　碱性锌/二氧化锰 AA 型可充电式电池在不同环境温度下以 3.9Ω 负载放电时的电性能[20]

在正常使用下，电池可以充电到接近以前循环的容量水平。

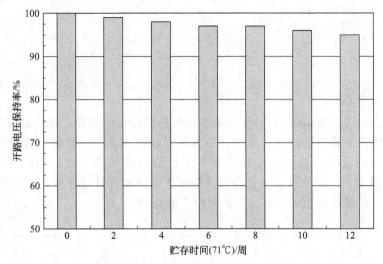

图 28.14　20℃时无汞碱性锌/二氧化锰 AA 型可充电式电池的开路电压稳定性

28.5　充电方法

在碱性锌/二氧化锰电池的充电过程中，放电态的正极活性物质水锰石（MnOOH）（碱式氧化锰）被氧化为二氧化锰（MnO_2）。负极中的氧化锌被还原为金属锌。二氧化锰可以被进一步氧化为可溶性的更高价氧化物（六价锰化合物），导致再充电能力的损失。因此，恰当的充电对获得最佳寿命是很重要的。当充电容量达到放电容量的 105％ 后，就不应再充电。当单体电池充电至 1.75V 以上保持数天，或充电至 1.70V 保持数周都会对电池组产生损害。只要保持单体电池的充电电压在 1.65V 左右，电池组可以采用浮充电方式[21]。

28.5.1　恒电压充电

恒电压充电是一种比较好的方法，相当于以逐渐减小的电流充电。充电电压不要超过 1.65～1.68V 范围。如果在更高电压下持续充电，持续通过的电流会使可溶性的六价锰化合物腐蚀负极而损坏电池。如果设定终止电压低于 1.65V，充电时间将延长，并且隔夜后电

池仍不会充满，但是电池循环寿命会提高。图 28.15 表示充电时电压和电流曲线。图 28.16 表示一只带 LM317T 电压调节装置的恒电压充电器。

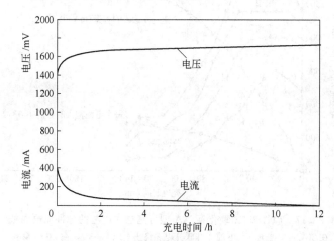

图 28.15　20℃时碱性锌/二氧化锰 AA 型可充电式电池恒电压充电曲线

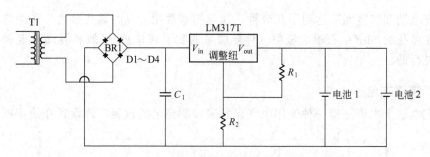

图 28.16　LM317T 稳压器在恒电压下的充电原理

28.5.2　恒电流充电

不受控制的恒电流充电经过一段时间后会使电解质电解，导致内部气体压力累积升高，安全阀打开放出气体。如果充电电压限制在每单体电池 1.65V（无电阻）并在电路中设置切断控制，那么恒电流充电是可行的。

28.5.3　脉冲充电

脉冲充电可以用来对可充电碱性锌/二氧化锰电池快速充电。脉冲充电利用半波整流 60Hz 交流电。在脉冲间歇期，电路测量电池电压。因为在间歇期没有电流通过电池，这时测量到的是真实电化学电压，而没有欧姆电阻的因素。这个电压通常称为零电阻电压。当充电进行时脉冲充电器电路通过对真实的零电阻电压和预先设置的终止电压进行比较来控制充电周期。当测得的零电阻电压低于终止电压时，充电电流就会通过电池。而如果零电阻电压等于或高于充电终止电压，充电电流就会被切断。在充电过程中，只要零电阻电压不超过充电终止电压，充电电压可以比所设定的终止电压高很多。这使电池的初始充电电流很高，从而使快速充电成为可能。脉冲式充电提高锌的再沉积能力，也因此提高电池的循环寿命[22]。图 28.17 表示了 1～4 只 AA 型电池并联后脉冲充电曲线。

如果给电极一个分钟级的恢复期去平衡它们的内部充电极化梯度，就可以降低总充电时间。在恢复期过后，本来已经降低的充电电流将再次升高，直至电极内部的极化梯度达到先前较高的水平。总的来看，充电可以在一个较短的时间内以较高平均电流值完成。这些脉冲

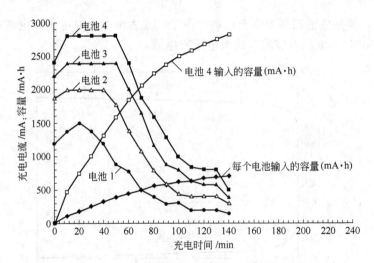

图 28.17　碱性锌/二氧化锰 AA 型可充电式电池的脉冲充电曲线

（在 20℃时，电池 1～电池 4 并联充电，终止电压 1.68V，在 1Ω负载下
进行 100%深度放电，通过调节电路来读取电流脉冲的电池电压，从而确定充电电流）

充电的"充电期和恢复期"达到了几分钟，这与那些常用的只间歇几分之一秒的脉冲充电是
不同的。在多孔的 MnO_2 石墨电极中（伴随缓慢的质子转移），扩散和界面浓度梯度的变化
都是逐渐进行的。

28.5.4　溢流充电

溢流充电这个术语是指一种使用电气设备来控制充电的过程。该设备在给定电压下可以

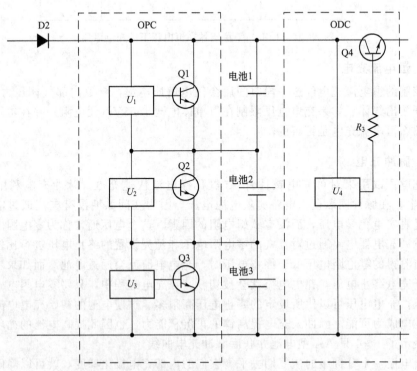

图 28.18　装有电压检测器/晶体管溢流与过放电保护的
为 3 只串联单体电池进行充电的电路

导通，然后当电池充满电时，将电池的充电电流分流。精确的电压分流器、电压检测器、发光二极管、齐纳二极管和/或其他种类的二极管都可以用来提供这种过充电保护[23]。

图 28.18 所示为 3 只串联电池充电的电路，其装有过充电压保护器。此外，每个电池输出端之间的连接旁路的转换开关通过电压检测器激活以在过放电时保护电池。只要单体电池的电压低，则所有的充电电流都将流过单体电池。当单体电池的电压升高而接近于充满状态时，电压检测器将会把开关转换到开状态，这样充电电流从旁路通过。同时，电池充电停止时，电位下降使电压检测器将开关再次转换为关状态。这样一来，当单体电池接近于充满状态时，电池将进行直流脉冲充电。开/关滞后电压窗口可以根据应用的需要来调整。

对于小的焊接电池组，在每个单体电池都不可被替换的情况下，配有一种过电压保护装置是比较合适的。图 28.19 就表示 2 单体电池组的例子。为了进一步减少漏电现象，可以安装一个电压检测回路。

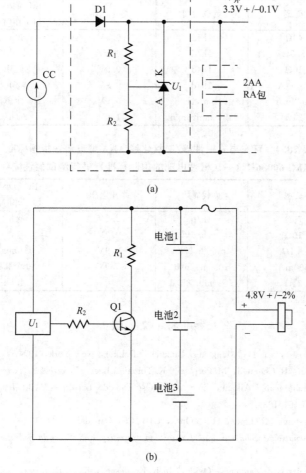

图 28.19　利用并联调节器（a）和防过充电保护的电压检测器
（b）为 2 单体和 3 单体电池电池组充电回路

28. 6　单体电池和电池组型号

典型的可充电式碱性锌/二氧化锰电池的性能列于表 28.2 中。表 28.3 展示 AA 型可充电式碱性锌/二氧化锰电池按一次碱性电池的国际标准（根据 IEC 60086-2 标准）进行测试的电性能。表 28.4 展示 AAA 型此类电池的性能。

表 28.2 典型的可充电式碱性锌/二氧化锰电池

电池型号	尺寸/mm		质量/g	额定容量/A·h[①]（初期放电）
	高度	直径		
AAA	44	10	11	0.90，以 75Ω 放电
AA	50	14	22	2.00，以 43Ω 放电
并联 C(3AAA)	50	26	58	2.40，以 10Ω 放电
并联 D(3AA)	60	34	104	6.00，以 110Ω 放电

① 性能参数由放电得来，放电在指定的电阻下放电至单体电压 0.9V。

表 28.3 可充电式碱性锌/二氧化锰 AA 型电池在根据标准
IEC 60086-2（一次碱性电池的国际标准）进行测试的性能

应用测试	负载	负载周期	终止电压	IEC 最小平均工作时间	典型工作时间
收音机	43Ω	4h/d	0.9V	60h	75h
玩具	3.9Ω	1h/d	0.8V	4.0h	6.0h
盒式录音带	10Ω	1h/d	0.9V	11.5h	16h
CD/MD/游戏	250mA	1h/d	0.9V	4.5h	6.4h
相机闪光灯	1000mA	10s/m,1h/d	0.9V	200 个脉冲	315 个脉冲
遥控	24Ω	15s/min,8h/d	1.0V	31h	40h

表 28.4 可充电式碱性锌/二氧化锰 AAA 型电池在根据标准
IEC 60086-2（一次碱性电池的国际标准）进行测试的性能

应用测试	负载	负载周期	终止电压	IEC 最小平均工作时间	典型工作时间
收音机	75Ω	4h/d	0.9V	44h	65h
盒式录音带	10Ω	1h/d	0.9V	5h	6.8h
照明	5.1Ω	4min/h,8h/d	0.9V	130min	190min
相机闪光灯	600mA	10s/m,1h/d	0.9V	140 个脉冲	250 个脉冲
遥控	24Ω	15s/min,8h/d	1.0V	14.5h	17h

参 考 文 献

1. K. Kordesch (ed.), *Batteries*, vol. 1, "Manganese Dioxide," Dekker, New York, 1974.

2. K. Kordesch, J. Gsellmann, R. Chemelli, M. Peri, and K. Tomantschger, *Electrochim. Acta* 26: 1495-1504 (1981).

3. K. Kordesch et al., "Rechargeable Alkaline Zinc Manganese Dioxide Batteries," 33d *Int. Power Sources Symp.*, Cherry Hill, NJ, June 13-16, 1988.

4. Environmental Battery Systems, Richmond Hill, Ont., L4B 1C3, Canada.

5. J. Daniel-Ivad, 23rd *International Seminar and Exhibit on Primary and Secondary Batteries*. Ft. Lauderdale, FL, March 13-16, 2006.

6. A. Kozawa, "Electrochemistry of Manganese Oxide," in K. Kordesch (ed.), *Batteries*, vol. 1, Dekker, New York, 1974, Chap. 3.

7. K. Kordesch and J. Gsellmann, German Patent DE 3, 337, 568 (1989).

8. M. A. Dzieciuch, N. Gupta, and H. S. Wroblowa, *J. Electrochem. Soc.* 135: 2415 (1988), also U. S. Patents 4, 451, 543 (1984), 4, 520, 005 (1985).

9. D. Y. Qu, B. E. Conway, and L. Bai, *Proc. Fall Meet. of the Electrochemical Soc.*, Toronto, Ont., Canada, Oct. 1992, abstract 8; Y. H. Zhou and W. Adams, *ibid.*, abstract 9.

10. B. E. Conway et al., "Role of Dissolution of Mn（Ⅲ）Species in Discharge and Recharge of Chemically Modified MnO$_2$

Battery Cathode Materials," *J. Electrochem. Soc.* 140 (1993).

11. E. Kahraman, L. Binder, and K. Kordesch, *J. Power Sources* 36: 45-56 (1991).

12. Private communication, B. Coffey, Rechargeable Battery Corp., College Station, TX.

13. J. Daniel-Ivad, "Rechargeable Alkaline Cell Having Reduced Capacity Fade and Improved Cycle Life," U. S. Patent Application Publication 2007/0122704 (2007).

14. J. Daniel-Ivad, R. J. Book, and E. Daniel-Ivad, "Method of Manufacturing Anode Compositions for Use in Rechargeable Electrochemical Cells." U. S. Patent 7,008, 723 (2006).

15a. K. Kordesch et al., "Rechargeable Alkaline Zinc-Manganese Dioxide Batteries" 36*th Power Sources Conference*, Palisades Institute for Research Services, Inc., New York, 1994.

15b. T. Messing et al., "Improved Components for Rechargeable Alkaline Manganese-Zinc Batteries," 36*th Power Sources Conference*, Palisades Institute for Research Services, Inc., New York, 1994.

16. J. Daniel-Ivad, K. Kordesch, and E. Daniel-Ivad, "An Update on Rechargeable Alkaline Manganese RAM™ Batteries," *Proc.* 39*th Power Sources*, *Conf.*, Cherry Hill, NJ, 2000, pp. 330-333.

17. K. Kordesch et al., *Proc.* 26*th JECEC*, Boston, 1991, vol. 3, pp. 463-468.

18. K. Kordesch, L. Binder, W. Taucher, J. Daniel-Ivad, and Ch. Faistauer, 18*th Int. Power Sources Symp.*, Stratford-on-Avon, England, Apr. 19-21, 1993.

19. K. Kordesch, J. Daniel-Ivad, and Ch. Faistauer, "High Power Rechargeable Alkaline Manganese Dioxide-Zinc Batteries," *Proc.* 182*th Meet. of the Electrochemical Soc.*, Toronto, Ont., Canada, Oct. 11-16, 1992, abstract 10.

20. J. Daniel-Ivad, K. Kordesch, and E. Daniel-Ivad, "Performance Improvements of Low-Cost RAM™ Batteries," *Proc.* 38*th Power Sources Conf.*, Cherry Hill, NJ, pp. 155-158, (1998).

21. J. Daniel-Ivad, K. Kordesch and E. Daniel-Ivad, "High-Rate Performance Improvements of Rechargeable Alkaline (RAM™) Batteries," *Proc. Vol.* 98-15 *Aqueous Batteries of the* 194*th Electrochem. Soc. Meeting*, Boston, Nov. 1-6, 1998.

22. K. V. Kordesch, "Charging Methods for Batteries Using the Resistance-Free Voltage as Endpoint Indication," *J. Electrochem. Soc.* 119: 1053-1055 (1972).

23. J. Daniel-Ivad, "Rechargeable Alkaline Battery with Overcharge Protection." U. S. Patent application no. 2007/0122704 A1 (May 31, 2007).

第 2 章

第·4·部·分

特殊电池体系

第 **29** 章

电动汽车和混合电动车用电池

Dennis A. Corrigan and Alvaro Masias

29.1　绪论

电动汽车，包括纯电动汽车和混合电动车，被美国乃至全世界视为 21 世纪最具发展前景的产业之一，其主要的社会效益包括：

① 消除或减少汽车的有毒废气排放，特别是空气污染比较严重的城市地区；

② 减少运输工具对国外石油的依赖，为国家能源需求提供战略弹性；

③ 减少二氧化碳温室气体的排放，应对全球气候变化。

混合电动车目前已经实现商品化且市场占有率上逐步增长。此外，国际上对新型电池驱动电动汽车的开发和商品化也有越来越浓厚的兴趣。电池驱动电动汽车是一项可行的技术，并且近来电池技术的进步也促进这个新兴产业的发展。在这一章里，我们介绍电池驱动的应用，其对电池的性能要求并讨论能满足这些要求的电池技术。

本章第一部分讨论纯电动汽车（BEV）电池。纯电动汽车（BEV）通常简称为电动汽车（EV）。首先简要介绍电动汽车（EV）的发展历史，然后描述对电动汽车的要求和电池的性能目标，最后论述近期电动汽车应用的电池性能及未来几年对电动汽车电池的展望。

本章第二部分，讨论混合电动车（HEV）电池，它共同利用了电池储能及内燃机（ICE）和/或其他能源技术。同时，介绍混合电动车的历史概要、近期的商品化状况；介绍目前不同种类的混合电动车以及对不同种类电动汽车性能的要求。还将介绍近期混合电动车应用的电池性能及对未来几年电池和混合电动车的展望。另外，也论述用于混合动力及电动汽车的备用储能装置。

29.1.1　电动汽车

电动汽车利用充电电池给电机提供前进动力[1~6]。电动汽车的电机也可以反过来通过制动发电为电池进行部分充电。然而，蓄电池主要还是通过外部电源再充电，例如用电动汽车内置或外置的充电器通过电网充电。图 29.1 简要阐明电动汽车的设计。电动汽车的特性是电池电能利用效率高。然而，蓄电池的尺寸、质量大小和成本是影响电动汽车广泛商品化的主要障碍。

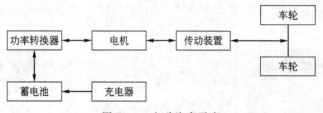

图 29.1　电动汽车示意

电动汽车的发展可以一直追溯到 1837 年，当一次电池和电机发明之后不久。在 1860 年，铅酸二次电池发明之后，电动汽车已成为切实可行的装置，当时内燃机甚至还没有出现。在此之后，电动汽车与蒸汽机及内燃机驱动的汽车相比，具有很强的竞争力。在电动汽车的黄金期（1900～1912 年），美国有超过 3 万辆电动汽车，而全球的数量则是上述数量的几倍。为了取代马车克服当时的污染问题，电动汽车在城市尤其受欢迎。电动汽车也不具备汽油驱动汽车的主要缺点，如曲柄启动内燃机的困难和危险。图 29.2 所示的是一辆早期的电动汽车。

具有讽刺意味的是另一种蓄电池驱动装置的开发——电启动发动机，它使得汽油发动机汽车盛行。一旦曲柄启动的缺点被消除，借助汽油发动机汽车续航能力和低成本的优势，使其在 20 世纪剩余时期的汽车工业中占尽绝对优势。从这时起，由于蓄电池成本高，电动汽车的成本一直是汽油驱动汽车成本的几倍。在 20 世纪的剩余时间里，电动汽车始终被归类为针对性市场应用，如英国的牛奶卡车、高尔夫车、叉车等。然而汽车公司仍然持续周期性地

图 29.2　镍/铁电池发明者 Thomas Edison 与 1912 年产底特律电动汽车（美国历史博物馆提供）

进行电动汽车的研发工作以应对环境问题及高油价问题，如 20 世纪 70 年代石油输出国组织的石油禁运时期。

在 20 世纪末期，由于 1990 年加州颁布汽车零排放（ZEV）条令，要求汽车制造商在 1998 年和 2003 年电动汽车销售量分别达到汽车总销售量的 2% 和 10%，电动汽车的开发开始活跃。这一条令是由加州空气资源委员会（CARB）制定的，促成了 1989 年洛杉矶车展中通用汽车 IMPACT 电动汽车模型的成功推出。随后通用公司将这款模型车开发成众所周知的著名电动汽车 EV1，并在 20 世纪末生产少量的产品[7]。其他汽车公司也开发投产少量电动汽车，包括克莱斯勒公司的小型货车 EPIC、福特公司的电动卡车 Ford Ranger Truck EV、丰田公司的 RAV4 电动车和本田公司的 EV Plus。图 29.3 展示的是 20 世纪 90 年代为应对加州零排放条令（ZEV）而生产的几款电动汽车。这些电动汽车主要是由镍氢电池驱动的。此外，铅酸蓄电池和其他新型电池也有应用。福特公司开发的 Ecostar 是应用高温钠/硫电池，尼桑公司的 Altra 应用的是锂离子电池。

应对零排放（ZEV）条令而开发的电动汽车只进行过少量生产，因为制造和销售这些车无法

图 29.3 响应加利福尼亚零排放条令（ZEV），电动汽车蓬勃发展
（上排从左到右，通用 EV1，克莱斯勒 EPIC，福特 Ecostar；
下排从左到右，丰田 EV RAV4，本田 EV Plus，切诺基 EV 货车 S10）

获得利润。对于客户，其缺点是有限的里程及加油速度（充电速率）慢。更重要的是这种新技术成本高，尤其电池成本是关键问题。与汽油驱动汽车相比，高电池成本导致电动汽车成本是其 2 倍。

加州条令在股东及政府、汽车工业、石油工业、电力、电动汽车拥护者和电动汽车反对者之间激起了巨大冲突和论战。这段时间的争论可以在 2006 年的纪录片《谁杀死了电动汽车？》中获悉。该片认为加州条令的失败是巨大阴谋。实际上，很多社会经济学因素都发挥作用，但是阻碍电动汽车商品化的最大因素是电池的高成本。

尽管零排放条令失败了，但社会仍然关注电动汽车，原因在于二氧化碳排放的增加和全球温室效应的环境问题以及石油供应限制和现有石油供应的地理政治分布的战略问题。近期伴随石油价格的高企，以及电动汽车的持续改进，尤其是电池技术的进步，使得人们对电动汽车的兴趣又开始复苏。

此外，一些快速发展中国家如中国和印度的现状也推动了电动汽车的发展。这些地球上人口最多的国家，在石油供应和空气污染方面比美国问题更严重。其主要城市的高人口密度可能不允许有污染的燃油汽车达到与美国同样的保有量。另外，这些过于拥挤的城市没有与

图 29.4 21 世纪前十年著名的商品化 EV
（上排从左到右，Tesla Roadster EV，比亚迪 e6，REVA NXR；
下排从左到右，Think EV，尼桑 Leaf EV，三菱 iMiEV）

工业化世界同样的加速和续航里程要求来促进汽车相关技术开发。因此，续航能力较差的电动汽车在发展中国家更容易被广泛接受。

近期在全球范围内已开发并商品化的一些电动汽车展示在图 29.4 中。在 2008 年，美国版的 Tesla Motors 具有很优异的性能，全电动 Tesla 跑车已有几千辆被订购，千余辆车已在 2009 年底交货。福特公司宣布在 2011 年推出一款电池 EV 版福克斯。在 2009 年的车展上通用公司和克莱斯勒公司开发的电动车仍然还是模型展示。在 2010 年三菱公司开发的一款 iMiEV 初步计划在日本推出。尼桑公司开发了 Leaf EV，并打算在 2010 年开始的车型展示项目中推广到美国和加拿大。挪威一家公司的 Think EV 正在商品化运作中。几家中国汽车制造商正在开发电池电动汽车，包括比亚迪。Reva 电动汽车正在印度被商品化。所有这些电动车都使用锂离子电池组，大家感兴趣的电动汽车在表 29.1 中列出。

表 29.1 21 世纪 EV 主要开发商

开发商	地址	最新 EV 型号	电池体系
宝马	慕尼黑,德国	Mini E(2012)	锂离子
比亚迪	深圳,中国	e6	锂离子
克莱斯勒	Auburn Hills,美国	GEM	铅酸
戴姆勒奔驰	Stuttgard,德国	Smart EV(2010)	锂离子
福特	Dearborn,美国	Focus EV(2011)	锂离子
三菱	东京,日本	iMiEV(2010)	锂离子
尼桑	Yokahama,日本	Leaf EV(2010)	锂离子
REVA	Banglaore,印度	REVE NXR	铅酸、锂离子
Tesla	San Carlos,加利福尼亚	Tesla Roadster(2009)	锂离子
Think	挪威	Think EV	锂离子、钠/金属氯化物

29.1.2 电动汽车推进的动力和能源

电动汽车前进的动力和能源是由电池提供[6,8]。对电动汽车电池最基本的要求就是为汽车的启动、加速和保持速度提供电力。因为要克服轮胎摩擦阻力和空气阻力等附加阻力，推动汽车比给车体加速需要更大的推力：

$$F = ma + mgC_{rr} + \frac{1}{2}\rho C_D A v^2$$

式中　F——车辆推动力；

　　　m——车辆质量；

　　　a——车辆加速度；

　　　g——重力加速度；

　　C_{rr}——轮胎与路面的滚动摩擦系数；

　　　ρ——车辆周围空气的密度；

　　C_D——车辆行驶方向阻力系数；

　　　A——车辆横截面积；

　　　v——行驶速度。

严格地说，还有两个额外的力。一个是驱动转动部件加速的力，这个力比较小，尤其是发动机的转动加速。另一个力是汽车在斜坡上启动的阻力（下坡时力的方向相反），这个力在陡坡情况下很大。

基于这个力和车速，推动汽车所需要的功率如下：

$$P = Fv = mav + mgC_{rr}v + \frac{1}{2}\rho C_D A v^2$$

需要注意的是由于空气阻力与行驶速度的高度相关性，推动功率不是简单地和速度呈比例关系。在稳定加速度的情况下，所需功率和时间几乎呈线性增长，在加速的末期功率达到峰值。

电动汽车的功率必须足以满足加速的需求，通常通过 0～60 英里/h 的加速时间来确定。通常一辆 3000 磅重的美国中型客车在 12～15s 内从 0 加速到 60 英里/h 需要 80～100kW。大部分动力用来加速，但是大约 10% 的动力用来克服空气阻力，3%～5% 用来克服轮胎摩擦阻力。

电动汽车也可以用电机来制动，这样可以将制动能量储存在蓄电池中。电力制动被称为再生制动，因为它为蓄电池储存能量的再生提供充电输入。制动力通过将车移动的动能转换为电能，然后在电池中储存为化学能。在这种情况下，需要的制动力比给车体减速的力要小，因为轮胎摩擦阻力和空气动力阻力也会减缓车速。

$$F = ma - mgC_{rr} - \frac{1}{2}\rho C_D A v^2$$

刹车需要的功率是这个力和车速的乘积：

$$P = Fv = mav - mgC_{rr}v - \frac{1}{2}\rho C_D A v^2$$

再考虑到功率与速度的大致比例关系，在平稳减速过程中所需功率和减速时间之间呈线性下降关系。所以，对于刹车而言，所需峰值再生制动力出现在刹车过程的开始阶段。刹车通常也借助于空气动力阻力和滚动阻力。所以，与加速性能相比，中度减速需要适度减小的动力。然而，刹车过程中的减速要比加速快好几倍，因此刹车所需的最大动力可能要比加速需要的动力高几倍。在电动汽车中机械刹车通常被视为再生制动的补充。

高功率电池现在可以为包括高速赛车在内的大范围电动汽车提供优异的电能。能量，在一段时间内提供动力的能力，是与电动汽车实际里程相关并成为关键条件，这些对能量的需求是对电池的挑战。传统的内燃机驱动汽车是由理论质量比能量 13000W·h/kg 的汽油驱动，可以持续跑 300～400 英里，相当于质量比能量 35W·h/kg 的典型铅酸电池的 400 倍。一个肤浅的结论是，如果把一辆传统的续航能力 300 英里的汽油汽车改成电池驱动，它的续航能力只有不足 1 英里。

当面对极端挑战时，由于电力驱动系统的高效率，以及通过与相关动力传动系统比较后，电池电动车仍然有实用化机会，这也是更高能量电池被采用的机会。首先，内燃机属于热机，效率受限于卡诺循环效率。在实际使用中，内燃机的效率甚至不足 20%。电池放电效率却能超过 85%。即使加上电动机和电力电子器件的损失，电动汽车的效率超过 80% 也是可以实现的。所以，使用内置电池电力驱动有 4:1 的效率优势。此外，电动汽车可以通过电机吸收制动能发电，它反过来可以起发电机的作用。尤其是在频繁停车-起步的城市驾驶中，可体现巨大的能量效率优势。最后，电机和电力电子器件没有汽油发动机系统及其传动装置重。所以，电动汽车中电池的质量可以几倍于普通汽油驱动汽车油箱的质量。通过使用新型蓄电池，实际电动汽车的续航里程超过 100 英里是切实可行的。

驾驶过程中的能量消耗和车的尺寸、轻重、车型以及车辆的行驶工况紧密相关。典型的能量消耗结果是通过车辆按照标准驾驶工况功率试验测量出来，例如由 EPA 为燃油效率标准制定的测试工况。标准驾驶工况包括代表城市驾驶的城市工况功率试验表（UDDS）和代表公路驾驶的公路燃油效率测试（HWFET）。在图 29.5 中展示这些驾驶程序随时间推移的速度分布数据。相关能量需求可以由这些条件下的平均动力情况而确定。

通常一辆中型电动汽车城市驾驶的能量消耗是 225W·h/英里，公路驾驶的能量消耗是

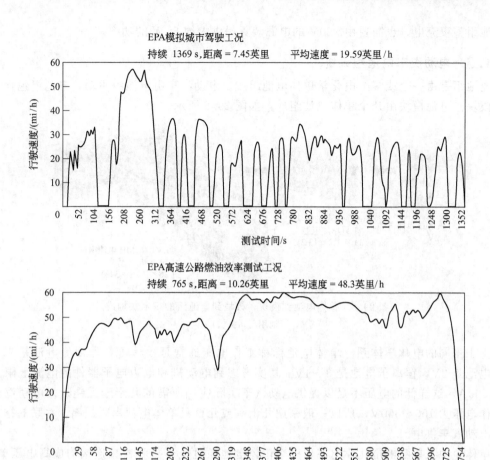

图 29.5　EPA 城市测试工况

EPA 高速公路燃油效率测试工况

（上）EPA 标准 UDDS 城市测试工况（模拟城市驾驶）和

（下）HWFET 工况（模拟高速路驾驶）（美国 EPA 提供）

275W·h/英里（分别根据 UDDS 和 HWFET 驾驶工况）。美国 US06 标准通常反映现今美国典型的公路驾驶情况，能量消耗通常较高，大约 400W·h/英里。与普通汽油驱动汽车相对照，电动汽车在城市驾驶条件下效率更高，因其在停车-起步驾驶中再生制动能提供了更高的能量效率。将驱动车需要的能量减去再生制动产生的能量输入即可推算出纯能量消耗。用这些驾驶结果的平均值计算出 300W·h/英里可作为典型的能量消耗，所以 100 英里的续航里程需要 30kW·h 的电池组。40kW·h 的电池组可以行驶 133 英里。

　　然而，人们习惯于驾驶续航里程 300～400 英里的普通汽车，这需要能量达到 90～120kW·h 的电池组。采用目前商品化蓄电池的后果是，这样的电池组体积将非常大，即使采用质量比能量 100W·h/kg 的技术，蓄电池也将达到 2000～2600lb。通过改善车的设计、提高效率可以在一定程度上降低对能量的要求。然而，这些大电池组的质量、体积和成本仍是电动汽车工业发展的障碍和挑战。

　　电动汽车的另一个挑战是行驶结束后的再充电。相比于普通汽车在加油站的再加油，由于充电功率的限制，快充不是切实可行的，在 2～3min 内再充电则要求兆瓦级的功率水平。切实可行的解决办法是在家里或工作地点用 8～10h 满充电。即使这样，要为一只 60kW·h

的电池组整夜充电，也需要由 220V 的电源装置提供大约 6kW 的功率。

29.1.3 电动汽车电池组系统

电池组是由一个或多个电化学单体电池组成。电动汽车由电池组驱动，电池组包含多个电池模块。电池模块由几个单体电池组成，如图 29.6 所示。

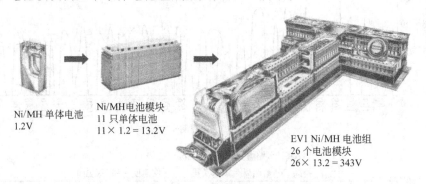

Ni/MH 单体电池
1.2V

Ni/MH电池模块
11 只单体电池
$11 \times 1.2 = 13.2V$

EV1 Ni/MH 电池组
26 个电池模块
$26 \times 13.2 = 343V$

图 29.6　单体电池到模块，模块到电池组的积木式构成
（通用公司提供）

基于不同的电化学体系，单体电池标称工作电压通常是 $1 \sim 4V$，如镍氢电池是 1.2V，铅酸电池是 2V，锂离子电池是 $3 \sim 4V$。切实考虑到电动机和电力电子器件的电流上限值需低于 500A，这样低的电压不足以提供电动汽车实际应用所需的几十千瓦能量。电动汽车一般工作电压为 $100 \sim 500V$，所以一般采用几十只或几百只单体电池串联或串、并联的排布模式给电动汽车供电。

单体电池是单独的电化学电芯，多个单体电池通过电连接和机械连接构成高电压单元，被称为电池模块。电池模块是装配电动汽车电池组的构建单元。电池模块通常包含 $5 \sim 25$ 个单体电池，电压低于 50V（以防范触电危险），质量低于 50lb 以便于移动。电池热监控、电压监控和电子监控等专业技术模块是电池模块的构成部分。

电池模块通过电连接和机械连接构成电池组提供电动汽车所需的全部动力和能量。电池组系统由数串电池模块和电连接件、机械组装套件、电子传感器和控制器及电池组工作所需的热监控部件构成。

29.1.4 电动汽车电池组的电子控制器

电子控制器辅助电池组提供前进动力使其在正常工作条件下运行。电池组的电压和电流以及电池模块和/或单体电池的电压都被监测。同时，其使用多个温度传感器来测定电池组的平均工作温度。电池管理系统（BMS）利用这些输入信息来控制电池组运行使得单体电池的电压保持在正常工作范围内。在放电时，通过减小放电电流和/或延迟放电以避免单体电池的电压低于规定的电压下限。该电压下限值会根据电池放电的电流和放电时的环境温度进行动态调整。此外，电池管理系统（BMS）的作用还包括防止电池组温度超过上限值，检查电池组电路连接错误，通过计算电池净放电安时数来监测电池组放电过程中的荷电状态。

电动汽车也可以用于电池管理系统连接的内置或外置充电器充电。充电器和 BMS 共同工作对电池充电，使其在正常的电压和温度条件下满充。在充电时通过减小充电功率/或暂停充电来避免单体电池电压超出电压上限值。该电压上限值会根据电池放电的电流和放电时的环境温度进行动态调整。电池组的温度也必须进行控制以保证有效的充电以及确保足够长的使用寿命。

锂离子电池不能过充电，否则会有安全问题和/或导致电池寿命损失。为了确保电池在正常的电压范围内工作必须配备电子控制器。电子控制器可以装配在电池模块或电池组中，必须能够察觉单体电池间由于自放电率不同引起的电压偏差。这些差异通常是因为电池组中存在热量不均匀性。为平衡单个单体电池之间荷电状态的电子线路也包含在其中，这些控制器显著增加锂离子电池组的复杂性和成本（见 5.6 节）。

29.1.5　电动汽车的热管理

电动汽车电池组采用热管理系统使电池温度保持在正常工作范围内。常温电池如铅酸电池、镍氢电池和锂离子电池最好在 20～40℃温度区间内工作，这与人类感觉舒适的温度恰好一致。电性能在接近冰点以下温度时变差。温度高于 40℃会导致充电效率降低，并且加速各类失效模式的进程、减少寿命。过高的温度也可能导致发生安全问题。

电动汽车运行时在电池组内产生的巨大废热必须排掉，以使电池保持在正常的工作温度范围内。尽管熵变热可以在低性能电动汽车中起到一定作用，但是大多数情况下产热量受控于电池组的焦耳热，其约占电池总能量输出的 10％以上。所以，利用自然气流的被动冷却是不够的，强迫通风或强制液体冷却是常用的解决方法。

电动汽车电池组通常包含一个周密设计的热管理系统，以保持电池平均温度在正常工作区间内，并使整个电池组温度一致。单体电池的温度一致性非常重要，因为温度差异会显著增加单体电池内阻差异，进而导致单体电池间工作电压差异增大。由于自放电率受温度显著影响，因此避免单体电池之间温度产生差异，以确保电池处在相同的荷电状态同样很重要。

强制风冷已成为电动汽车电池组最常用的方法。它的优点是简单，并且比液体制冷更轻便和廉价。但是缺点也很多：空气的比热容比较低，且不易实现电池温度一致；气流管道体积大且需要几何对称，这在一些汽车设计可能达不到；风扇耗能并且有噪声；必须在进风口将灰尘和水分过滤掉以避免接地故障。

利用液体冷却介质的高比热容和良好的热传导性，液体制冷可以获得相当高的散热速度。液体制冷也使电池组的温度分布更一致。由于液流管道更细，电池组的排布设计可以更紧凑。汽车冷却液由水-乙二醇组成，比热容高，并且在汽车行驶状况下流动性好。对于复杂和不对称的电池组设计，液体制冷更容易实现均匀散热。然而，液体冷却热管理的缺点是结构复杂、质量大、成本高。此外，由于引入冷却液体循环管路，需要采取额外措施以防止由于泄漏而引发可靠性问题。液体制冷也需要二次热交换，例如散热器，其最终是通过空气冷却。空气制冷和液体制冷也都可以用主动制冷系统来加速电池组散热，例如，在进风口的空气调节室预先将空气冷却，然后再通过其对电池组进行冷却。

29.1.6　电动汽车电池的汽车集成

电池组还必须以适当外壳固定在车内，以确保电池与车体绝缘，并保证车辆发生碰撞时的安全性。该外壳显著增加电池组体积和质量。由于电池组体积受到限制，电池组的外壳设计在电动汽车设计中始终是一项非常关键的技术。凭经验估计，电池组质量一般低于车总质量的 1/3，体积占车体的比例更小。

电动汽车利用电池组系统驱动，所以电动汽车电池的要求是基于整个电池组系统计算的功率、能量、寿命、质量、体积和成本。电池单体和电池模块以外的部件没有功率和能量输出，但是显著地增加了电池系统的质量、体积和成本。所以，电池组系统的性能总是低于电池单体和模块的性能。同样，单位能量的成本（美元/kW·h）也更高。电动汽车电池的性能指标理当设定在电池系统级。

29.2　电动汽车电池的性能目标

美国先进电池联盟（USABC）是美国汽车研究委员会（USCAR）的一部分，是由美国能源部支持的克莱斯勒公司、福特汽车公司和通用汽车公司之间的竞争性合作研究综合组织。美国 USABC 的使命是开发电化学储能技术，包括支持燃料电池、混合电动车和电动汽车商品化。美国 USABC 的重要贡献是制定电动汽车电池的性能开发目标和详细的测试步骤，该组织制定的量化电动汽车电池的性能指标在 20 世纪 90 年代开始应用。

该组织中期目标包含 80W·h/kg 的额定能量、200W/kg 的额定功率和 1000 次充放电循环寿命。20 世纪 90 年代开发的镍氢电动汽车电池已经在很大程度上，至少是在电池模块部分达到这一目标。这证明电动汽车项目可以满足加州空气资源委员会（CARB）的零排放（ZEV）条令。然而，这种中期技术的续航能力限制其商品化要求。更重要的是电池成本数倍于 150 美元/kW·h 成本目标，因此商品化没有被进行下去。

现在的开发长期目标是实现电动汽车更广泛的商业化，表 29.2 列出 EV 用电池性能和成本的长期目标以及商品化的最小目标。

表 29.2　USABC EV 用先进电池目标

参数（完整系统）	条件	单位	商品化产品的最低目标	长期目标
体积比功率	80%DOD 时脉冲放电 30s	W/L	460	600
	80%DOD 时脉冲放电 30s			
质量比功率	20%DOD 时脉冲充电 10s	W/kg	300	400
	1/3C 率放电			
质量比功率（充电）	1/3C 率放电	W/kg	150	200
体积比能量		W·h/L	230	300
质量比能量		W·h/kg	150	200
功率能量比（P/E）	1/3C 率放电	1/h	2∶1	2∶1
总能量	功率和能量衰降<20%	kW·h	40	40
寿命循环寿命	DST 循环，放电深度 80%DOD，性能衰降<	年	10	10
售价	20%	次数	1000	1000
工作环境	以批量 25000 只，共 40kW·h 计	美元/kW·h	<150	100
标准充电时间	在此范围内性能衰降<20%	℃	-40～+50	-40～+85
快速充电		h	6	3～6
快速放电			30min 充至	30min 充至
	1h 放电能量占额定能量的比例，电池不失效	%	20%～70%SOC　75	40%～80%SOC　75

这些电动汽车电池的标准是由美国先进电池联盟（USABC）综合通用公司、福特公司、克莱斯勒公司及美国能源部的不同意见后提出的。它不是针对某一特定电动汽车的电池产品，这些指标是用于指导北美市场的中型电动客车电池研发工作。它也被电动汽车生产厂家普遍接受，作为指导电动汽车用电池开发的非常有价值的参考目标。这一目标是在成本可接受的前提下，EV 电池必须同时满足各项性能指标的总结。美国 USABC 的性能和成本指标尤其具有挑战性，其中量化的目标是针对系统级别的整个集成电池组而言。

体积比功率和质量比功率要求是基于 80% 放电深度，30s 脉冲放电结束的放电功率峰值。美国 USABC 定义电池功率峰值为电压不低于电池开路电压 2/3 时的输出功率。虽然电压以 50% 开路电压取值在理论上功率可以高出 11%，但是在 EV 上不可行，因为电力电子器件在这样低的电压下不能工作。一只运行良好的电池以欧姆内阻来表征，USABC 将峰值功率表述为：

$$峰值功率(\text{peak power}) = 2/9 \times V_{\text{oc}}^2 / R$$

式中，V_{oc} 为开路电压；R 是电池的有效欧姆电阻。

体积比功率和质量比功率是以电池的峰值功率分别除以电池组体积和质量的计算值。

能量要求是指基于 1/3C 倍率持续电流放电时的能量。体积比能量和质量比能量是电池组放电能量分别除以电池组体积和质量的计算值。放电能量的测量可以通过一个充放电循环来获取，它通常包含同时能确定峰值功率的脉冲功率测试。因为全充放循环一般需要 10h 或更少时间，所以体积比功率、质量比功率、体积比能量和质量比能量的测试结果可以在一天内全部得出。

USABC 的目标书中列出额定功率、功率密度、额定能量和能量密度等基本变量，其隐性假设一只具有 80kW 脉冲放电功率的 40kW·h 的电池组，是按照 2∶1 的功率-能量比（以小时的倒数为单位）加以确定。这个电池组质量为 200kg 或 440lb，体积为 133L 或 35gal，密度 1.5kg/L，再生功率相当于 40kW。

电池组寿命要求是基于预期维持电动汽车工作 10 年和/或 10 万英里的需要。由于电池组的成本很高，这个寿命要求是完全必要的。一辆续航能力 100 英里的汽车，达到这个目标需要 1000 次充放电循环。循环寿命目标是根据模拟驾驶环境的动态应力测试（DST）和深放电循环下的寿命确定的。通过开发 DST 程序用于模拟更加实际和积极的联邦城市驾驶规程（FUDS），它由一定数量的恒定功率步骤组成，如图 29.7 所示。USABC 循环寿命测试是将电池以 80% 额定容量进行充放电循环直到其功率和能量衰降至额定值的 80%。假设电池组一次 80%DOD 深度放电可以达到 100 英里的续航里程，则设计 1000 次深度循环的电池寿命指标可使其能维持汽车 10 万英里的整车寿命。测试电池循环寿命很耗时，充电 6h，放电 3h，完成 1000 次充放电循环要花 1 年时间。即使高倍率加速测试也要花几个月的时间。

电池日历寿命是与电池循环寿命不同的另一个问题[11]。一些失效模式与充放电循环次数无关，而是由与时间相关的化学过程引起的，例如腐蚀。因此，与循环寿命加速测试相比，可靠的日历寿命加速测试更加困难。通常的方法是加快已知的重要条件。例如，与温度相关的失效模式过程可以用高温寿命试验来获得加速。通过几个高温度条件下的日历寿命数据结果可以推算并估算出室温下的日历寿命。然而，通过日历寿命加速试验预测电池的寿命能否达到 USABC 10 年或更长的寿命目标在某种程度上是一种投机方法，因为失效模式可能随重要的条件改变而发生变化。在这种未被证实的估算基础上进行商业决策存在潜在风险。

为满足电动汽车商品化的最小目标，需要年产量 2.5 万组 40kW·h 的电池组，其销售价格目标是 6000 美元；长期目标是 100 美元/kW·h，相当于每组 4000 美元。一般电池组加上电机代替普通汽车的油箱和内燃机大约要花费 2000 美元或更少。然而，节约的燃料成本与较便宜的电能可以冲抵这部分电池组高成本。成本是电动汽车电池面临的挑战性问题，也是阻碍电动汽车商品化发展的关键问题。

表 29.2 中 USABC 电动汽车用先进电源的目标包括环境温度为 −40~50℃，它是对电池系统的基本要求：希望用 15min、40%SOC 的快速充电方式来补充 6h 率下的整夜充电方式。高倍率放电可使电池几乎在 1h 内完全放电，被用于模拟高速公路驾驶或爬坡运行。

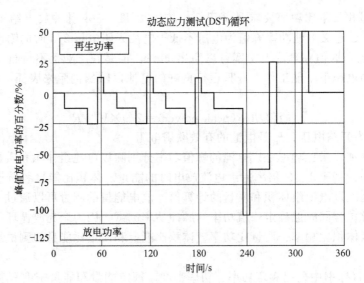

图 29.7　USABC DST 实验功率曲线

（USABC[10]提供）

除表 29.2 的主要指标外，USABC 还设定能量效率、充电保持率、免维护运行和耐滥用等次级指标。基于 6h 充电、3h 放电条件下，其长期工作能量效率目标是 80%；充电保持率目标是开路搁置 1 个月后保持 85% 额定容量。电池体系应该是完全免维护方式。最后，也是最重要的，电池组可以承受系统级别电和机械的滥用。人们已经开发出一系列电和机械滥用测试方法。电动汽车电池组必须通过这些测试以确保安全运行。

29.3　电动汽车电池

随着电动汽车在 19 世纪出现，几乎所有电动汽车都是用铅酸电池驱动。在 20 世纪初期，爱迪生公司开发了镍/铁电池用于电动汽车电池，它具有相对更高的比能量，也更耐用，同时也更耐滥用。同时，与铅酸电池相比，其性能显著提高，但其高成本阻碍其大规模商品化。

在 20 世纪的电动汽车发展中，也采用多种其他电池，包括[8]：镍/镉电池，镍/锌电池，钠/硫电池，钠/金属氯化物电池，锌/溴电池，锌/氯电池。

然而，直到 20 世纪末，这些电池中没有一种在商业可行性方面能够与铅酸电池相比。上面的几种电池都具有较高的比能量及长寿命。然而，其中一些电池体系存在显著毒性和/或安全性问题。所有这些电池都比铅酸电池贵好几倍。值得注意的是，在 20 世纪，尽管新型电池已被开发许多年，当通用公司推出其革命性 EV1 时，它最初是由深循环（阀控铅酸电池）铅酸电池驱动的。然而，其低于 100 英里的实际续航能力无法令人满意。

20 世纪 90 年代中期电动汽车电池开发主要集中在镍氢电池上，开发者包括：Ovonic 电池公司（Energy Conversion Device 的子公司），它的制造公司 GM Ovonic（Ovonic 电池公司和 GM 的合资公司，Cobasys 的前身）SAFT 和松下 EV Energy 或 PEVE（松下和丰田的合资公司）。在 2000 年左右，GM Ovonic、SAFT 和 PEVE 都为加州的 EV 主要 OEM 厂家生产配套镍氢电池组。表 29.3 展示 GM Ovonic 镍氢电池模块和 GM EV1 电池组所能达到的典型性能[13,14]。

在 EV1 镍氢电池组中，电池模块被排成 T 形，如图 29.6 所示。热管理采用空气制冷，由于电池组形状不对称且复杂。电池组也包含一个电池管理系统，该系统通过电池模块级的电压和选择温度传感器来运行，还包括安全组件、熔断器和电接触器。电池组的硬件增加了几乎电池 15％质量。

表 29.3　GM Ovonic Ni/MH 电池模块及 EV1 电池组性能指标

项目	GM Ovonic 电池模块(11 串模块)	EV1 电池组(26 串模块)
标称电压	13.2V	343V
放电容量	90A·h	90A·h
能量	1.2kW·h	30kW·h
功率	3.6kW	94kW
质量	18kg	535kg
比功率	200W/kg	175W/kg
比能量	66W·h/kg	56W·h/kg

PEVE 开发了容量为 100A·h 的 12V 镍氢电池模块，它采用空气制冷，用在丰田 RAV-4 EV 和本田 EV-plus 上。SAFT 开发了相似的镍氢电池模块，采用液体制冷，应用在克莱斯勒 EPIC 小货车上。镍氢电池在电池模块级指标通常达到 65W·h/kg 和 200W/kg，足够提供 EV 续航里程超过 100 英里。此外，达到 1000 次的循环寿命指标为镍氢电池提供优异的耐久性和几倍于铅酸电池组的寿命。镍氢电池电动汽车性能总体上很好，并且这些车因受零排放（ZEV）条令影响开始流行。后来的混合电动车发展也证明镍氢电池技术对汽车驱动而言是稳健、可行的技术。

镍氢电池单位能量的成本对电动汽车商品化进程有严重影响。在低产量时，镍氢电池组的成本要超过 1000 美元/kW·h。这个成本对一些混合电动车应用的小型、高功率电池组是可以承受的。然而，对于续航里程超过 100 英里的车所需的大型 EV 电池组，每辆车仅电池成本就要超过 25000 美元，这是一个不可行的方案。镍氢电池开发商预计每年大约生产 2 万组电池时生产成本才降到 300 美元/kW·h 以下。但实际达到的产量会低于一个数量级，低成本的目标没有实现。这个商品化问题导致加州零排放条令被修改，注意力随后重新集中在燃料电池电动汽车上。

最近，由于高能量密度锂离子电池开发的巨大进步，人们对电池驱动电动汽车有了新的兴趣。锂离子电池在便携式电子装置如笔记本电脑和蜂窝电话上的强大商业化开发产生了 50 亿美元的市场，并具有高性能和低成本的竞争优势。18650 型（笔记本电脑用圆柱形电池，标准直径 18mm，高 65mm）锂离子电池的质量比能量和体积比能量指标已经从 1990 年的 100W·h/kg 和 200W·h/L 提高到 2010 年的大约 200W·h/kg 和 570W·h/L，该电池性能的稳步增长及成本的急剧降低如图 29.8 所示[15]。

鉴于锂离子电池有望达到更高的比能量，索尼公司和日立公司在 20 世纪 90 年代早期开发的电动汽车采用大型锂离子电池。由于当时锂离子电池安全性问题变得严重，放电功率低，预期的比能量指标没有达到。而目前不仅达到预期的比能量指标，薄电极设计也使锂离子电池可以在很高的功率下放电。通过改进制造技术、优化电池设计和引入新体系可以显著提高其稳定性，早期严重的安全性问题也被减轻。

锂离子电池包含多种化学体系和电池设计，可为现在的电动汽车开发们提供多种技术选择[15~17]。氧化钴锂正极材料比能量非常高，但是其安全性较差，很多 EV 开发商避免使用该材料。多元层状氧化物正极材料如氧化镍-钴-铝锂和氧化镍-钴-锰锂具有相对高的比能量以及获得改善的安全稳定性。从安全角度看，首选的化学体系包括尖晶石结构的锰酸锂正极和橄榄石结构的磷酸铁锂正极，但是它们的比能量较低。另一方面，所有这些可选的化学体系在降低钴的成本问题方面均具有吸引力。所有这些电化学体系电池都有多种设计，包括

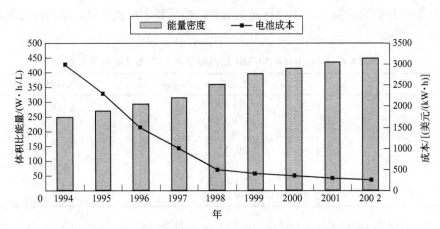

图 29.8 18650 型锂离子电池比能量和成本的持续改进

圆柱形电池、椭圆形电池、传统的大方形电池和叠片电池。锂离子电池巨大的市场前景已经强烈引发国际性竞争，造成出现大量供应商和开发商，如表 29.4 所示。

表 29.4 EV 用锂离子电池开发商

EV 用锂离子电池开发商	国别	产品
A123	美国	单体电池、模块、电池组
自动化能源公司（AESC）	日本	单体电池、模块、电池组
AltairNano	美国	单体电池、模块、电池组
致密能源公司（LG 化学）	美国	电池组
Electrovaya	加拿大	单体电池、模块
Delphi	美国	电池组
Dow-Kokam	美国/韩国	单体电池、模块
EnerDel	美国	单体电池、模块、电池组
日立	日本	单体电池、模块、电池组
Johnson Controls-Saft（JCS）	美国/法国	单体电池、模块、电池组
国际电池公司	美国	单体电池、模块
K2 Energy Solutions，Ins	美国	单体电池、模块
LG 化学	韩国	单体电池、模块、电池组
力神	中国	单体电池、模块、电池组
锂技术公司（GAIA）	美国/德国	单体电池、模块、电池组
Magna	加拿大	电池组
松下	日本	单体电池、模块、电池组
SAFT	法国	单体电池、模块、电池组
三洋	日本	单体电池、模块、电池组
新神户	日本	单体电池、模块、电池组
Sk Energy	韩国	单体电池、模块、电池组
Tesla	美国	电池组
雷天	中国	单体电池、模块、电池组
东芝	日本	单体电池、模块、电池组
Valence	美国	单体电池、模块
汤浅	日本	单体电池、模块、电池组

Tesla Motors 公司将便携式电子设备用 18650 型锂离子电池直接应用到 Tesla Roadster 电动跑车电池组中[18]。这种新型电池组采用 6831 只 18650 型电池串、并联，具有 53kW・h 能量，峰值功率 200kW；采用高比能量的钴酸锂化学体系，18650 型电池容量达到 2A・h，

电压 3.6V，质量低于 50g，质量比能量 200W·h/kg。从成本角度看，电池组含 6000 多只单体电池，零件数量多，组装复杂，因此成本高。但因为 18650 型电池生产量大，因此原材料价格便宜，单体电池成本低。另外，在当前逐渐成熟的市场上，可大量选择供应商以提供高质量和可靠的电池。

这种高能化学体系的潜在不安全性因电池的尺寸小和采用电池内部安全装置而被降低，例如每个单体电池都有 PTC（正温度系数）限流装置和电流阻断装置（CID）。这种串、并联结构有固有的冗余，电池组设计有单体电池级的熔断器使其在多个单体电池失效后还能继续工作。采用电池模块和电池组级精密电子器件的设计使这种高能电池组具有安全控制系统。电池组的热管理系统采用液体制冷。整个电池组系统质量为 450kg。电池组级的质量比能量达到令人满意的 120W·h/kg，额定功率超过 400W/kg。在图 29.9 展示出了应用在 Tesla Roadster 上的电池组。

图 29.9　Tesla Roadster 电池组生产线
(Tesla Motors 提供)

采用大方形电池的电池组用于电动汽车上逐渐流行。例如，为三菱 iMiEV 开发的电池组由 GS Yuasa 开发的 88 只方形锂离子电池串联而成[19]，该电池组如图 29.10 所示，它包含 22 个串联的电池模块，每个模块含有 4 个串联的单体电池。单体电池额定容量 50A·h，标称电压 3.7V，质量比能量为 109W·h/kg。这个电池组的热管理质量使用强制空气制冷。电池组包括电池、热管理系统和电子控制件，质量 200kg，电池组级额定质量比能量输出是 82W·h/kg。表 29.5 总结 iMiEV 的单体电池、模块和电池组的性能指标。

EV 电池组的另一种设计方式是用串、并联的叠片袋装单体电池，图 29.11 展示的是使用这种电池的 EnerDel EV 电池组[20]。其中每个模块由 48 个单体电池串、并联而成，每个单体电池容量 20A·h，电压 3.7V。电池模块通过单体电池 8 串 6 并，容量是 120A·h，电压 30V。由 8 个模块串联成的电池组电压 240V，总能量 28kW·h。利用这种方式，采用质量比能量 150W·h/kg 的高能叠片袋装电池被组装到完整的电池组系统中，质量比能量大约是 90W·h/kg。

在 2009 年，USABC 用图 29.12 所示的蛛网图展示了相应于 USABC 商品化 EV 锂离子电池技术状态的最低目标[21]。其结果还是非常乐观的，体积比功率、质量比功率以及 1000 次的循环寿命目标都已达到。目前的短板是在电池组级质量比能量水平小于 150W·h/kg 的指标，且日历寿命达到 10 年的指标也让人信心不足。更为担心的方面是可操作温度区间，

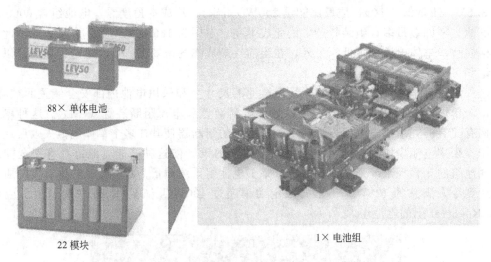

88× 单体电池

22 模块

1× 电池组

图 29.10　三菱 iMiEV 用锂离子单体电池、电池模块、电池组

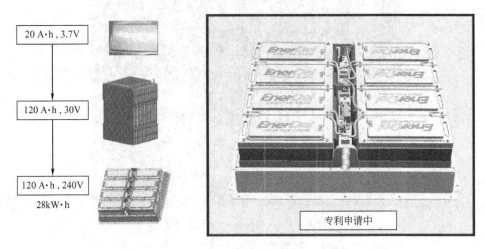

20 A·h，3.7V

120 A·h，30V

120 A·h，240V
28kW·h

专利申请中

图 29.11　EnerDel EV 锂离子电池组
（模块由软包装电池组成，专利申请中）

尤其是对锂离子电池在零度以下充电的担心。使用石墨负极，锂嵌入反应的动力学局限导致低温下锂金属的沉积。这会导致锂枝晶的形成并穿透隔膜，对安全和/或寿命有显著影响。然而，最严重的缺点是成本方面，锂离子电池组系统成本仍然是其目标成本的好几倍。

在成本方面，锂离子电池可满足电动汽车电池成本要求的远景目标。目前锂离子电池的成本比镍氢电池成本低，镍氢电池的成本高多为较高材料成本带来的。在等量活性材料下，假设比容量相近，由于锂离子电池高的电池电压（是镍氢电池的 3 倍）将能提供 3 倍能量。此外，至少一些化学体系应引入相对便宜的活性材料。这却没有立即成为 EV 电池组系统显著的成本优势，因为出于安全考虑，电动汽车的锂离子电池组更加复杂。为防止过充电，需要单体电池级的电压监控和充电状态平衡电路。用于简化和降低电子控制件的系统开发正在进行当中。另外，利用氧化还原反应对防止过充电的研究也有了一些进展[22]。

近 20 年来，锂离子电池技术发展得益于其一直是美国政府赞助的电动汽车电池研究机构的关注重点。这些机构希望持续开发这种高能量技术，而且改善能量密度，降低材料成本，从而降低锂离子电池成本。最有望成功的方法是开发高电压正极材料；其次是开发高比

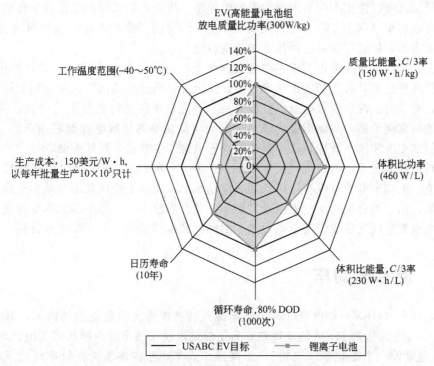

图 29.12　锂离子电池技术现状与 USABC 商品化 EV 电池
最低目标比较（USABC 2009 年 5 月出版）

容量的正极和负极。许多大学、公司、政府研究部门积极地致力于上述两项研究之中。

此外，现在也鼓励开发超越锂离子电池的其他电池技术。美国能源部 ARPA-E 在近期的一次申请中呼吁鼓励开发更高比能量的蓄电池[23]。该申请的目标是开发单体电池级质量比能量达到 400W·h/kg 的电池，使得电池组满足质量比能量 200W·h/kg 的长期目标；鼓励开发的特定技术包括金属/空气电池（见第 33 章），使用锂金属负极和/或取代反应正极的锂电池，使用多电子转移正极材料的锂/硫电池（见第 27 章）。如果解决循环寿命和安全问题，这些电池的比能量将会显著提高。

金属/空气电池包括铝/空气电池、锌/空气电池和锂/空气电池，具有最高的理论质量比能量，范围为 1300～13000Wh/kg。该技术的关键包括开发高循环寿命的可充负极材料和开发有效的二元功能的空气正极。空气正极即常规燃料电池电极，可能最终的高比能量电池是"氢/空气电池"，即通常被人们熟知的氢燃料电池，具有 32000W·h/kg 的理论质量比能量。

29.4　电动汽车的其他储能技术

燃料电池系统可以令人信服地完全取代电动汽车中的电池。使用高比能量的氢，燃料电池系统可以保证提供较长时间续航能力。此外，在快速补充燃料方面，可与传统普通汽油驱动汽车加油时间相媲美。在 20 世纪的最后 10 年和 21 世纪的第一个 10 年，PEM（质子交换膜）燃料电池电堆技术取得极大进展，可以满足汽车驱动的所需动力要求。然而，仍然存在一些技术和商业障碍，包括实际驾驶条件的耐用性、储氢系统的质量、体积和氢燃料成本。商品化的最严重障碍是铂基 PEM 燃料电池的成本，它使用贵金属催化剂和昂贵的专利隔膜材料。燃料电池汽车也采用高功率电池，使其能够捕获和利用再生制动能以及供给峰值加速动力，这样使其可以使用小和不太贵的燃料电池堆。所以，新式燃料电池汽车合理模式是燃料电池混合电动车（FCHEV）。尽管其商品化推广的时间目前看来是在 2020 年或更长时间，在汽车工业内部，依然存在对这种技术的乐观看法。

原则上，其他储能技术也可以用在电动汽车上，包括超级电容器、飞轮和液压蓄能器。然而，尽管这些技术具有优异的比功率性能，完全足够推进电动汽车，但它们的比能量与蓄电池相比是有限的。混合动力电源也被研究用来补充、增强脉冲能量不足的高比能量电池。一个最近的研究例子是，高比能量的锂离子电池与高功率的超级电容器联用[24]。超级电容器响应高倍率充电和放电脉冲，减少高能锂离子电池产生热量，延长寿命。

对于现行汽车技术，内燃机（ICE）通过使用一只小的发电机也可以用来延长电动汽车的续航能力。电动车电池可以直接用到混合电动车上，尤其是插电式混合动力车或长续航电动车。然而，用于混合电动车的电池通常更小，具有质量小、体积小和成本低的优点。混合动力车的电池数量极度依赖于混合动力汽车的种类和操作模式，下一章将会讲到。

29.5 混合电动车

混合电动车（HEV）是由两种或多种能源或转换器作为驱动能源的汽车，其中至少一种是电[2~6,25~26]。近期 HEV 的开发和商品化着重表现在汽车由内燃机和蓄电池联合驱动。HEV 蓄电池就像一个电化学"飞轮"，提高操作效率，使内燃机工作效率接近于最佳。此外，通过再生制动贮存利用制动能对混合电动车而言比电动汽车更重要。在再生制动时，HEV 的电机反向工作，像发电机一样给蓄电池充电，为后续的加速提供能量。

HEV 比内燃机驱动普通汽车或纯电动汽车结构更复杂，有两种电力传动系统。此外，由于动力传动系统的体积和组合方案不同，HEV 的设计有很多种。例如 ICE 和电力传输系统可以通过串联或并联组合，如图 29.13 所示。在串联结构中，电机驱动车轮，电机的电由电池供给，电池由内燃机带动发电机充电。串联式混合电动车可以被看成是使用汽油驱动的 ICE 和发电机作为续航能力得以延长的电动车。在并联结构中，电力和 ICE 动力传输系统两者共同通过传动连接驱动车轮。在这种情况下，任何一种动力传输系统或两者都可以驱动汽车。此外，还有更复杂的混合电动车设计，采用电力分配器传输，将串联和并联混合特性结合起来。

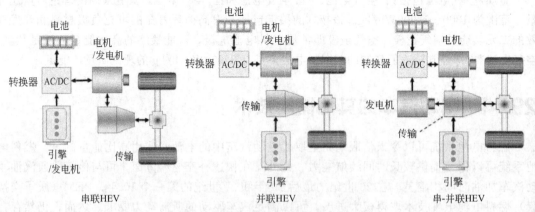

图 29.13　HEV 串、并联结构示意图

电力和 ICE 动力传输系统的功率和能量输出因混合电动车的大小而不同，这对混合电动车电池的尺寸和性能有很大影响。几千瓦时或几百瓦时的小蓄电池可以足够应付仅限停车

-起步功能的轻型混合电动车。具有持续全电续航能力的插电式混合电动车可能需要采用与 EV 蓄电池同样大小的电池组。

不管 HEV 如何设计，目标都是为了提高能量效率。采用混合电力驱动补充加速动力，还可以采用效率更高的发动机技术，例如 Atkinson 循环发动机取代高功率但低效率的 Otto 循环内燃机。在串联和并联两种结构中，电力驱动的控制柔性使得内燃机工作效率接近其工作效率峰值点（它通常也是最小排放点）。HEV 内部电力也可以使内燃机在减速和停车期间不工作。

尽管混合电动车确实消耗石油基燃料并且产生毒、废气和温室气体，但成功商品化的混合电动车已经在燃料经济改善和降低排放两方面都获得了非常好的效果。与纯蓄电池电动车相反，混合电动车在取得这些益处的同时，很少或不牺牲性能或续航能力。而且，混合电动车比纯蓄电池电动汽车价格便宜，因为它采用更小的蓄电池。蓄电池通常是电力传输系统中价格最贵的部件。混合电动车高于普通 ICE 汽车的费用还可以通过降低使用几年后的燃油成本而被忽略。

混合电动车的商品化历程如下所述。

混合电动车可以追溯到 19 世纪末。Ferdinand Porche 在 1899 年开发了一款油电混合动力车。在 1906 年的巴黎汽车展上展出了几款混合电动车。然而，尽管已开发工程概念车，混合电动车没有获得早期的商品化成功。ICE 动力装置在一些特定应用中混合使用电机-发电机组，例如潜艇和柴油机车。事实上，在某种意义上普通汽车也可以被认为是混合电动车，因为它包含电力启动器，是由电池启动，电池又由交流发电机或发动机再充电。

在 20 世纪的大部分时间里，混合电动车只存在于汽车工业的研发领域。在 1970 年为了应对各种石油供应战略问题，加快了混合电动车开发。更进一步的开发工作是由新一代汽车联盟（PNGV）发起的。PNGV 是由美国能源部（DOE）在 1993 年成立的。PNGV 项目是由美国克林顿政府和美国 OEM 制造厂（克莱斯勒、福特和通用）以及政府其他机构创立的项目，目标是在 10 年内生产高燃料效率汽车。美国能源部的 Freedom CAR 项目和 USABC 通过紧密合作，开发混合电动车蓄电池，并达成了相互认可的性能和成本目标。

2000 年参加美国 PNGV 项目的 OEM 制造厂设计了 3 款 5 人座概念车，指标达到 72 英里/gal；包括通用的 GM Percept、福特的 Ford Prodigy 和克莱斯勒的 Krysler ESX-3。这些模型车的开发为后续混合电动车的商品化提供了必要技术。在 2001 年美国总统换届期间，美国能源部 PNGV 项目成为一个叫做 FreedomCAR 新项目的一部分，该项目重点开发氢燃料电池汽车，但是也持续进行混合动力车的开发。

第一款大量生产的混合动力车是丰田的 Prius，1997 年在日本本土上市。Prius 是一款特殊风格的小轿车，由高能圆柱形镍氢电池构成的 288V 小型电池组为电力传输系统供电。电机可输出 21kW 的牵引动力，由一组不足 2kW·h 能量的电池组供电。电力传输系统和一台功率 43kW 的高效 Atkinson 循环内燃机是由一个串、并联结构的行星齿轮组组合而成。这款混合电动车的燃油效率达到 41 英里/gal。它也可以利用制动再生能来提供电启动和助力功要求的能量。

升级版的 Prius 汽车于 2001 年在美国上市，使用松下 EV Energy（PEVE）生产的方形 274V 镍氢电池组。PEVE 是一家丰田和松下合资的电池制造厂。2004 年的新款 Prius 改善了燃油效率，可使用更小的 202V 镍氢电池组。这款车也利用动力推进器给动力传输系统提供 500V 的动力。2009 年上市的最新款 Prius 提高了性能，燃油效率增至大约 50 英里/gal。最新款 Prius 的电力传输系统和蓄电池装置如图 29.14 所示。Prius 是到目前为止商品化最为成功的混合电动车，到 2009 年全球销售 150 万辆。实际上，Prius 已经成为丰田公司所有车型的畅销车型之一，其在 2008 年美国销售超过了 15.8 万辆。

电池组

图 29.14　2009 年丰田 Prius（左）及其混合动力元件布局图（右），电池安装在后座附近（丰田提供）

在美国销售的第一款混合电动车是 1999 年上市的本田 Insight。这款车线条流畅、富有运动气质，为 2 座、3 门、带后尾窗。这款中型混合电动车使用一只小的 144V 镍氢电池组和一套较低马力的电力传输系统，输出 10kW 的牵引动力。Insight 使用并联驱动结构，将电力传输系统和 43kW 的 ICE 传输系统直接通过曲轴连接起来。这款车利用再生制动能量作为助力加速，但没有足够的电能提供给电力启动。

尽管这款车电动化水平相对较低，但通过使用效率很高的 3 缸内燃机达到了非常高的燃油效率。通过大量使用塑料和铝部件，该车实际很轻并且风阻系数仅为 0.25。该车初级的手动版，燃油指标能达到城市 49 英里/gal、高速公路 61 英里/gal。这款车也满足严格的 ULEV（极低排放车）排放标准。本田公司还面世了一款使用无级变速器（CVT）的 Insight 车达到相类似的燃油指标并且满足更为严格的 SULEV（超级低排放车）排放标准。这款车令人信服地具有高燃油经济性和低排放双优势。

在 21 世纪早期，Prius 和 Insight 与美国市场上许多其他型号的混合电动车一同展示在图 29.15 中。在 2003 年本田公司面世了类似的轻型混合电动车 Civic，其销量增加到每年 3 万辆。在 2004 年，福特公司 Escape 作为第一款混合 SUV 面世，使用一套功率分制式传动装置使其完全实现混合动力。这款车福特公司每年销售 2 万辆，被宣传是美国燃油效率最高的 SUV 车。福特公司还有一款皮实耐用混合动力车，其在纽约的出租车中行驶里程超过 20

图 29.15　第一排：本田混合动力车，Insight，Accord、Civic；
第二排：通用混合动力车，Saturn VUE，Saturn Aura、Cadillac Escalade；
第三排：福特混合动力车，Fort Escape，Mercury Mariner、Fort fusion

万英里。借助这款车型的优势，还设计了福特 Fusion 混合动力车，在 2009 年北美国际汽车展上福特公司将其宣传为美国燃油效率最高的中型轿车。通用公司推广了多款 HEV 模型车，包括停车-起步型和轻型混合电动车，例如 Chevy Silverado Truck HEV 和 Saturn VUE HEV。借助于销量最高的混合动力车 Prius 的成功，丰田公司生产了其他几款全混合电动车，如图 29.16 所示。2008 年丰田公司在美国混合电动车份额增加比例占其总销售比例超过 10％。总体上讲，1999～2008 年 HEV 在美国共销售 130 万辆，在 2009 年市场份额为 3％。稳定的市场增长和车型分布如图 29.17 所示。

图 29.16　上排：丰田混合动力车系列，Prius，Highlander，Camry；
下排：雷克萨斯混合动力车系列 GS 450h，RX 400h，LS 600h

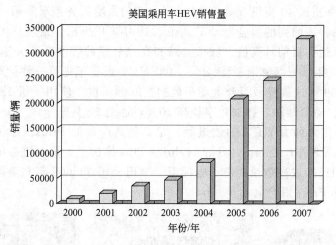

图 29.17　2000～2007 年 HEV 乘用车的销售量
（电动交通协会提供）

混合电动车的主要优点是燃油经济性。表 29.5 给出了混合电动车和与其相对应的普通 ICE 车型的燃油经济数据对比。该表中数据来源于由 UDDS 和 HWFET 驾驶数据（图 29.5）所获得的 2008 年 EPA 数据。重型和轻型混合电动车，在城市路况的燃油效率可以提高大约 50％，因为再生制动、助力、减速、停车时的内燃机停机可以大幅度提高燃油效率。在高速公路上基本是匀速行驶，所以燃油效率提高幅度相对较低，平均为 10％。与普通 ICE 车相比，HEV 的特点是较小的油箱和显著增加的城市续航能力。

表 29.5　HEV 和传统内燃机城市和高速公路燃油（每加仑）经济性英里数比较

车型	混合动力车		内燃机车		燃油效率提高百分数	
	城市	高速路	城市	高速路	城市	高速路
本田 Civic	40	45	26	34	54	32
尼桑 Altima	35	33	23	32	52	3
福特 Escape　FWD	34	30	22	28	55	7
马自达 Tribute 2WD	34	30	22	28	55	7
Mercury Mariner FWD	34	30	22	28	55	7
丰田 Camry	33	34	21	31	57	10
福特 Escape　4WD	29	27	19	24	53	13
马自达 Tribute 4WD	29	27	19	24	53	13
Mercury Mariner 4WD	29	27	19	24	53	13
丰田 Highlander 4WD	27	25	17	23	59	9
Saturn Vue	25	32	19	26	32	23
Chevrolet Malibu	24	32	22	30	9	7
Saturn Aura	24	32	22	30	9	7
Chevrolet Tahoe 2WD	21	22	14	20	50	10
GMC Yukon 1500 2WD	21	22	14	20	50	10
Chevrolet Tahoe 4WD	20	20	14	19	43	5
GMC Yukon 1500 4WD	20	20	14	19	43	5

新型和改进的 HEV 车陆续推出，如图 29.18 所示。除了 2009 年福特公司的 Fusion 重型 HEV，新开发品种包括新款 2010 本田 Insight 轻型电动车。其在日本面世，价格低于丰田 Prius，燃油效率超过 40 英里/gal。这款 5 人、5 门紧凑后备箱车是第一款位于 2009 年 4 月所有汽车型号销售表前列的混合电动车。在 2010 年丰田推出了最新一代 Prius，其性能有所改善，燃油效率达到目前最高值，城市公路和高速公路的燃油效率分别为 51 英里/gal 和 48 英里/gal。2010 年版梅塞德斯-奔驰公司 S400 HEV 豪华车是第一款量产的使用锂离子蓄电池的 HEV。2009 年这款轻型混合电动车最初在欧洲面世，使用一组 126V 的锂离子电池组作为停车-起步、动力辅助，燃油效率提高 20%，达到 21 英里/gal。另一种开发是推出了少量插电式 HEV 作为助力 HEV 的改进版，尤其是高产量的 Prius。除了图 29.18 所示的 Hymotion 的改进版之外，Energy CS 和 Hybrids-Plus 推出了少量改进版的 Prius HEV，将其中小的镍氢电池组换成高能量锂离子电池组。丰田公司在 2009 年北美国际汽车展上还展出了一款插电式的 Prius 混合电动车。

图 29.18　最近开发的几款 HEV 精选，包括 2010 款本田 Insight、梅赛德斯-奔驰 S400、Hymotion CS Prius PHEV 版

在 2007 年，通用公司宣布他们将计划开发一款高性能的插电式 HEV，称为 Chevy Volt，并计划在 2010 年晚期投产。这款车如图 29.19，使用 16kW 的锂离子电池组，

可使其全续航里程达 40 英里。通用公司形容这一系列车型的设计为远程电动汽车（E-REA）并且期望它更多地被作为电动车驾驶，因为在美国几乎所有的行程都在 40 英里续航里程以内。通用公司唤起了人们对插电式混合电动车的认知，这也是汽车工业彻底变革的契机。其他汽车公司包括丰田、福特和比亚迪也宣布了在 2010～2012 年推出插电式混合电动车的计划。这些车通常使用小的电池组，这导致大部分驾驶过程中混合使用 ICE 和电力驱动。未来 PHEV/EV 的拟实现时间与 CARB 条令和规定的实施时间几乎相同。

图 29.19　通用公司在 2008 年北美国际电动车展上展示的长里程 EV Chevy Volt （左）与 16kW·h 电池组（中）、网站上的 2010 款 Chevy Volt（右）

29.6　混合电动车的种类

混合电动车对电池的要求会由于其开发种类繁多而区别很大，包括微型混合电动车、轻型混合电动车、重型或全混合电动车，以及插电式混合电动车[27~30]。然而，对 HEV 种类的定义并不完全一致，现在采用的分类是一种笼统说法。尤其从理解电池要求的角度来看，有必要根据性能特点和电气化级别来区分混合电动车，如图 29.20 所示。在最小的混合动力设计中，停车-起步 HEV 其内燃机在闲置和/或减速的时候是关闭的。在轻型混合电动车中，电机在加速时额外地提供辅助动力。在重型混合或完全混合 HEV 中，至少在大部分速度区间内是关闭内燃机，由电机驱动。在插电式 HEV（PHEV）中，由于可以通过电网给电池再充电，全程由电力驱动。所有类型的混合电

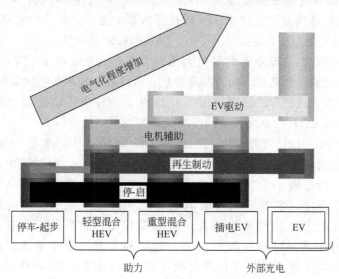

图 29.20　按性能特点区分的 HEV 类型

动汽车都可以利用再生制动能来提升电性能。所有设计都可改善燃油效率，燃油效率随电气化等级提高而得以提升。蓄电池的尺寸也随电气化等级升高而相应增加，同时总系统的复杂性和 HEV 的成本也相应增加。

29.6.1 停车-起步（微型）型混合电动车

停车-起步型混合电动车 HEV 通过闲置时关闭内燃机而提高汽车燃油效率[27~30]。在内燃机关闭期间，电动车的电力系统是由车的启动-照明-点火装置（SLI）蓄电池驱动，这种电池是专为该类混合电动车设计的。在闲置时，蓄电池必须为辅助设施供电，包括加热/通风/空调系统（HVAC）。当驾驶员从刹车指令转换为开车时，HEV 的启动装置/发电机可以重新启动，确保内燃机获得所需的牵引动力。延长闲置时间还可以同时启动内燃机，尤其是在 HVAC 工作期间，内燃机能消耗几千瓦的功率。

停车-起步型 HEV 系统通过在燃油发动机和电机之间的平顺转换，使其在频繁起步、停车的城市驾驶中获得成效。停车-起步型混合动力，也被称为微型混合动力，特点是采用小型且相对便宜的混合电力传输系统。与其他 HEV 相比，其燃油效率提高幅度最小，一般不超过 5%。燃油效率与具体设计和驾驶条件有关。微型 HEV 在欧洲尤其受追捧，原因在于该地区高效柴油发动机占主导地位。典型案例包括 2005~2006 年 GMC 公司的 Silverado 和 Sierra 混合卡车。

最简单的微型电动汽车使用 14V 的电力传输系统（交流电压），由 12V 改进型铅酸电池供电。与普通 SLI 操作相类似，内燃机工作时给电池充电，因而保持较高的荷电状态。虽然限制了利用再生制动能的机会，但是避免了铅酸电池在部分荷电状态下工作时过早的硫盐化失效情况发生。

停车-起步型或微型混合电动车的功率需求是由冷启动要求决定的，即通常在 -30℃ 下功率需求为 6~8kW。SLI 蓄电池的尺寸一般根据冷启动要求来确定，且具有至少 3~5 年的使用寿命。微型 HEV 需要加强型的蓄电池，因为与普通汽车的 SLI 蓄电池相比，其循环寿命和容量输出都大为改观。混合电动车正常行驶时发动机反复启动，需要电池在 4~5 年内有大于 20 万次浅充放循环。

富液式铅酸 SLI 蓄电池在额定容量下浅充放循环次数只有 150 次，对于预期完成 10 万英里行驶目标还是很有挑战性。由于大型阀控铅酸蓄电池（VRLA）使用寿命已被大幅提高，因此 VRLA 被广泛应用在这类 HEV 上，尤其是在欧洲和日本。

还有一些微型混合电动车使用 42V 电力系统（蓄电池充电电压 42V，额定电压 36V），这类系统具备接近轻型混合电动车动力的高容量，可以部分利用再生制动能。此外，这些更精密、更昂贵的电力系统使车的使用寿命达到 15 年、行驶里程达到 15 万英里。在表 29.6 中，总结了 Freedom CAR 项目关于这种应用的详细要求[31]。

从表面数据反映，42V 停车-起步型 HEV 的功率和能量要求低于普通 SLI 蓄电池，其比功率和质量比能量要求分别为 600W/kg 和 25W·h/kg，铅酸蓄电池技术可以满足上述要求。此外，由于极小的功率和能量要求，可以另外使用被动热管理系统。与普通 SLI 蓄电池操作相比，需要更精密的电池管理和监控系统，使其达到最高循环寿命和健康状态，但其电子监控与其他混合动力车型相比，较简单。一般而言，几十万次的循环寿命要求和几兆瓦时的总能量输出，使铅酸蓄电池很难发挥作用。这需要使用其他新型蓄电池，但使整个系统难以满足功率成本 25 美元/kW 和单位能量成本 600 美元/kW·h 目标。

表 29.6 微型混合电动车 HEV 用 42V 电池 Freedom CAR/USABC 目标

参数(完整系统)	条件	单位	目标
脉冲放电功率	2s,>27V	kW	6
脉冲再生充电功率	不要求	kW	N/A
低温启动功率	−30℃下 3 次,2s 脉冲,>21V	kW	8
发动机关闭后辅助负荷时间	5min	kW	3
可用能量	3kW 放电,>27V	W·h	250
充电速率		kW	2.4
能量效率	零功率辅助	%	90
循环寿命	零功率辅助	开始	450000
里程	车辆实际行驶	英里	150000
日历寿命	车辆实际行驶	年	15
最大质量		kg	10
最大体积		L	9
售价	以生产 100000 套产能计	美元	150
最高开路电压	1s 以后	V	48
自放电		W·h/d	<20
工作温度范围		℃	−30～52
贮存温度范围		℃	−46～66

29.6.2 助力混合电动车

在助力混合电动车 HEV 中,补充牵引动力来源于内置电力传输系统。这种辅助电动机通过蓄电池驱动 HEV 电机,电机再向驱动杆提供动力。许多不同混合电动车正在被开发,集成到现有机械传动装置的方式也不尽相同。例如,通过简单的离合器或较复杂的功率分配装置,电机的助力效果和程度不同;助力程度最低的是轻型 HEV,通过电机辅助发动机,但是缺少电力启动或全电力驱动;更高程度的助力 HEV 具有全电力启动功能,并且在低速行驶时可以关闭内燃机而以全电力驱动。这类以电力驱动的高功率助力混合电动车 HEV 被简称为全混合或重型混合 HEV,也被简称为双模混合 HEV,因为它们以电力驱动模式为特征。所有助力混合电动车 HEV,无论轻型和重型混合 HEV,都利用再生制动能。

表 29.7 总结了 Freedom CAR 关于助力混合电动车的电池性能目标[32]。HEV 电池的最重要指标是功率,包括加速时的脉冲放电功率和再生制动时的脉冲充电功率。放电功率和再生制动充电功率必须处于电机的电力电子器件的工作电压允许范围内。所以,放电的最小电压必须不低于充电电压的 55%(这大约相当于 USABC 规定的 2/3 开路电压时的 EV 峰值放电功率指标)。放电和再生脉冲功率性能规定 10s 的脉冲。Freedom CAR 还规定两种典型情况的目标:最小助力 HEV 目标是放电 25kW,再生充电 20kW;最大助力 HEV 目标是放电 40kW,再生充电 35kW。另外,最小和最大助力 HEV 电池系统质量目标分别是 40kg 和60kg,体积目标分别是 32L 和 45L。这也同样表示电池组系统级要求的质量比功率超过600W/kg,体积比功率大约 800W/L。

助力 HEV 应用的能量目标定义为荷电状态区间内的总有效能量,其间电池系统具备规定的脉冲放电和脉冲再生充电能力。有效能量也称为可用能量,被定义为最高荷电状态时 C 率下放电所输出的能量。其中,在最高荷电状态下满足脉冲再生充电指标,在最低荷电状态下满足脉冲放电指标要求,如图 29.21 所示。脉冲放电功率和再生制动性能由混合脉冲功率特性(HPPC)试验确定,它是恒流脉冲,脉冲宽度 10s,脉冲加载时间是在 C 率放电深度达 10% 时所需时间。有效能量是在放电功率和再生功率目标都同时满足时荷电区间内的放电能量。

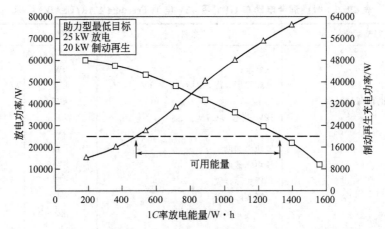

图 29.21 USABC 功率脉冲放电和制动再生可用能量与 SOC 的关系示意
（USABC 提供）

表 29.7 助力 HEV 电池的 Freedom CAR/USABC 目标

参数（完整系统）	条件	单位	助力最低目标	助力最高目标
脉冲放电功率	10s 脉冲	kW	25	40
脉冲充电峰值功率	10s 脉冲	kW	20	35
低温启动功率	−30℃下 3 个 2s 脉冲	kW	5	7
	在满足功率需求的所有 DOD 下 1C 放电			
总可用能量	最低目标每循环 25W·h，最高目标每循环 50W·h	kW·h	0.3	0.5
充放电（往返）能量效率	最低目标每循环 25W·h，最高目标每循环 50W·h	%	90	90
HEV 循环寿命		次数	300000	300000
HEV 循环放电总能量		MW·h	7.5	15
日历寿命		年	15	15
最大质量	最大允许速率	kg	40	60
最大体积	车辆运行	L	32	45
工作电压范围	车辆贮存	V	≤400V，≥0.55×V_{max}	≤400V，≥0.55×V_{max}
自放电		W·h/d	50	50
工作温度范围		℃	−30～+52	−30～+52
贮存温度范围		℃	−46～+66	−46～+66
售价	以年产 100000 组电池计	美元	500	800

　　充放电能量效率 90% 的目标是基于一系列简单的反复放电和充电脉冲试验设定的，针对最小和最大助力 HEV 分别在峰值 15kW 和 24kW 脉冲放电，在峰值 12kW 和 21kW 脉冲充电。在图 29.22 中给出了最大助力 HEV 的能量效率试验功率曲线。数据表明每次循环放电能量为 50W·h，最小助力 HEV 会有相似但是更低功率的试验曲线，每次循环放电能量为 25kW·h。

　　25kW·h 和 50kW·h 能量效率也分别被用于最小和最大助力 HEV 车的 HEV 循环寿命试验。最大和最小助力 HEV 的电池组系统必须能够输出 30 万次 HEV 循环寿命，分别相当于 7.5MW·h 和 15MW·h。此目标设定使得蓄电池能够确保车的使用寿命维持 15 万英

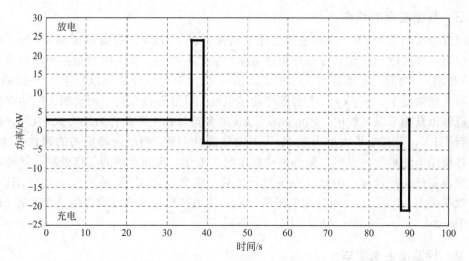

图 29.22　助力型 HEV 基线循环寿命和能量效率试验曲线
（USABC 提供）

里以及 15 年。同时 15 年日历寿命的目标被单独设定，因为能量输出和时间分别作用于蓄电池时会产生不同的失效模式。

　　混合动力车 Freedom CAR/USABC 寿命目标的关键点是：终止寿命被定义为不能满足其功率或能量性能目标要求，这与 USABC EV 寿命目标要求不同，后者终止寿命被定义为能量或功率性能降低到低于性能目标值 80％为止。所以，为满足 USABC HEV 的寿命指标，HEV 蓄电池需要考虑设计额外的功率和能量，以保证寿命终止时仍能满足上述性能目标，如图 29.23。

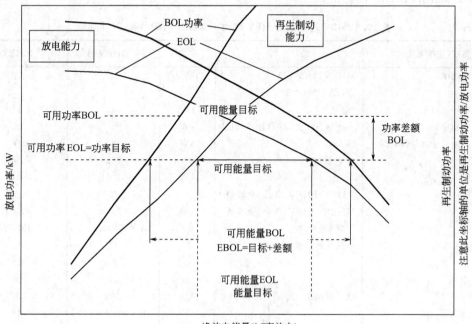

图 29.23　电池系统寿命周期内可用能量、功率范围示意
（BOL 为寿命开始；EOL 为寿命结束，由 USABC 提供）

29.6.3　重型混合电动车

重型混合电动车 HEV，有时也称为完全混合电动车 HEV，是助力式 HEV 的一种，它不仅可以电机辅助驱动，而且可以采用全电驱动甚至电启动。其电机的扭矩和动力能力堪比 ICE（内燃机），电流通常维持在实际水平，200V 以上的电压体系可以提供 25～50kW 的功率。这种车辆需要 1000W/kg 以上的超高功率电池，既能够接受再生制动能的高功率脉冲充电，又能够以高功率脉冲放电。Freedom CAR 的制定目标主要是针对助力式 HEV，特别是重型混合 HEV，尤其是最大助力式 HEV。重型混合 HEV 利用内燃机内的燃油作为能源，但是通过使用电池组使内燃机在最佳燃油效率状态工作，提高车辆的工作效率，同时减少有毒物质和温室气体的排放。因此，在城市行驶时，重型混合 HEV 或者完全混合 HEV，可将燃油效率提高 50％ 以上，而且大幅降低污染。应用这种技术的成功范例是丰田的 Prius 和福特的 Escape。

29.6.4　轻型混合电动车

轻型混合电动车 HEV 是低功率助力式 HEV 的一种，它有电机辅助功能，但不能以全电驱动。这种设计比全（重型混合）HEV 更有成本优势，但虽然成本低，这种设计也具备提高燃油效率和减排的优势。其电机的扭矩和动力能力明显低于 ICE（内燃机），100V 以上的低电压可以提供 10～20kW 的功率，但有些轻型混合 HEV 使用 42V 电池系统。这种车辆需要超高功率电池，其功率密度达到甚至超过 1000W/kg，但是对电池容量需求较小，可以降低系统成本。例如，在商品化轻型混合 HEV 中，本田的 Civic 采用功率 10kW 的 144V Ni/MH 电池组，而 Saturn Vue Greeline 采用功率低于 10kW 的 42V Ni/MH 电池组。因此，轻型混合 HEV 电池组功率性能适用范围很宽，它既与表 29.7 给出的最小型 42V 系统助力式 HEV 相似，又与微型混合 HEV 相似。表 29.8 总结轻型混合 HEV 用 42V 电池的 Freedom CAR/USABC 性能指标[31]。

表 29.8　42V 轻型混合 HEV 电池 Freedom CAR/USABC 目标

参数（完整系统）	条件	单位	42V MHEV 目标	42V MHEV 目标
脉冲放电功率	MHEV,2s,>27V	kW	13	18
	PHEV,10s,>27V			
脉冲充电峰值功率	2s	kW	8	18
低温启动功率	−30℃下 3 次,2s 脉冲,>21V	kW	8	8
发动机关闭后辅助负荷时间	5min	kW	3	3
可用能量	3kW 放电	W·h	300	700
充电速率		kW	2.6	4.5
能量效率	MHEV/PHEV,部分/全辅助	%	90	90
循环寿命	MHEV/PHEV,部分/全辅助	次数	450000	450000
里程	车辆实际行驶	英里	150000	150000
日历寿命	车辆实际行驶	年	15	15
最大质量		kg	25	35
最大体积		L	20	28
售价	以每批次 100000 只计	美元	260	360
最高开路电压		V	48	48
自放电	1s 以后	W·h/d	<20	<20
工作温度范围		℃	−30～+52	−30～+52
贮存温度范围		℃	−46～+66	−46～+66

29.6.5　插电式混合电动车

插电式混合电动车（PHEV）的潜在优点是成本低而且在行驶里程及加油时间方面无重大缺点。通过有效利用电网电能以及减少使用石油类燃料，大部分以零排放车辆（ZEV）模式运转可以提供高燃油经济性。这种车辆类型不是第一代 PNGV 项目规定的目标，而是1991 年大学生车辆比赛促成的目标[33,34]。最近，美国通过降低对国外石油依赖度的战略政策，使 PIA（Plug-In American）和其他团队成为 PHEV 的拥护者。

PHEV 的主要特征是能够直接插入电网为电池充电。这种车辆既利用电网电能，也利用车载石油类燃料。电能大小取决于电池大小及其管理策略。通常模式是电池组通过电网充电后，首先在电耗模式下行驶。在全电模式下行驶时，电动系统提供全部动力（直至因电池消耗而需要内燃机提供动力时），而内燃机不提供动力。行驶时电耗模式持续至电池基本消耗殆尽，这时再启动 HEV 荷电行驶模式。在荷电模式下，助力 HEV 利用再生制动能为电池充电以使其维持在目标 SOC 范围。PHEV 荷电模式与助力 HEV 相同，只是 SOC 值更低。PHEV 行驶模式的 SOC 曲线如图 29.24。

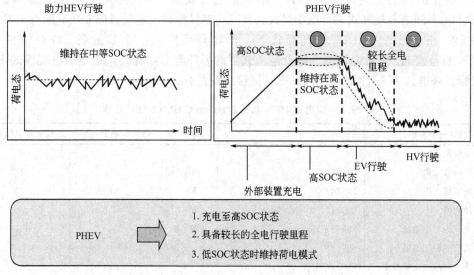

图 29.24　PHEV 在充电、待用、电耗、荷电模式下的 SOC 曲线

PHEV 兼具重型混合 HEV 以及纯电动 EV 的特征。它既可以被认为是具有纯电动 EV行驶能力的重型混合 HEV，也可以被认为是通过内燃机扩大行驶里程的纯电动 EV。PHEV最重要的变化因素是电气化程度。通常在全电行驶里程范围内，PHEV 完全由电机而不是由内燃机提供加速驱动能力。PHEV 的全电行驶里程是很重要的设计指标，大部分集中在10～40 英里。全电行驶里程越大，则提高燃油效率、减排的优势越明显。然而，这需要大型电池组，从而大幅提高车重和成本。

PHEV 设计的另一个重要方面是控制策略。由于使用大型电池组为车辆提供较长的全电行驶里程，电机可能被设计成在耗电行驶模式下提供全部动力。这样，PHEV 完全作为电池电动车行驶直至超过全电行驶里程。PHEV 可以被描绘成具有超长里程的 EV。这些都是采用串联 HEV 和 E-REVs 构建系统（例如 Chevy Volt）的优势。另一方面，为了避免大型电池组以及全功率电机的成本，一些 PHEV 被设计成以混合模式在电耗模式下行驶。这样，当 PHEV 接近荷电模式而动力不足或速度受限时，ICE 发动机启动。这种 PHEV 通常采用并联 HEV 结构。为了便于比较，用等效全电里程来评价混合全电里程和电耗模式下 ICE 行驶里程的 PHEV 里程，即以电池能量提供的里程减去电耗模式下 ICE 提供的里程。

PHEV 控制策略的另一方面是全电和荷电模式的 SOC 设定点。为了最大限度地提高全电行驶里程及提高效率，减少污染排放，希望在电耗模式行驶时对电池组进行全充电。但是对 PHEV 锂离子电池全充电会加速失效，并可能在随后的驾驶过程中，导致电池利用再生制动能充电中出现过充电。一般电池组的荷电状态保持在额定容量的 80% 时可以提高寿命。同样，在荷电模式下，荷电状态过低，也会导致效率降低。而且，在需要高功率输出的情况下可能导致电池过放电。所以，在荷电模式下，电池组的荷电状态在简单控制在 30%SOC 时可以提高寿命。结果导致近一半的额定能量不可用。因此，对于能耗 200W·h/英里的车辆来说，要获得 40 英里的行驶里程必须提供 16kW·h 的电池组。

表 29.9 总结 Freedom CAR PHEV 储能系统的性能目标[35]，共列出两个目标：高功率电池目标、高能量电池目标。Freedom CAR PHEV 电池测试指南也有望用于 4400lb 多功能运动车（SUV）的高功率电池车辆平台（车辆等效全电行驶里程 10 英里）；同时有望用于 3000lb 中型车的高能量电池车辆平台（车辆全电行驶里程 40 英里）。这个目标与助力式 HEV 最大的不同是电耗模式下可用能量大，其高功率目标和高能量目标能耗分别为 3.4kW·h 和 11.6kW·h，比助力 HEV 电耗模式下可用能量目标大一个数量级。在荷电模式下，PHEV 与助力式 HEV 目标相似。除荷电模式下的循环寿命指标外，还增加电耗模式下循环寿命指标。普遍认为 PHEV 比纯电动 EV 更接近商品化。

表 29.9　插电式 HEV 电池 Freedom CAR/USABC 目标

参数（完整系统）	条件	单位	高功率电池目标	高能量电池目标
纯电行驶里程		英里	10	40
脉冲放电峰值功率	10s 脉冲	kW	45	38
脉冲充电峰值功率	10s 脉冲	kW	30	25
低温启动功率	−30℃下 3 次 2s 脉冲	kW	7	7
电耗模式下的可用能量	10kW 放电	kW·h	3.4	11.6
荷电模式下的可用能量	见助力 HEV	kW·h	0.5	0.3
最低充放电（往返）能量效率	见助力 HEV	%	90	90
电耗模式下循环寿命	10kW 放电	次数	5000	5000
电耗模式下放电总能量	10 放电	MW·h	17	58
荷电模式下循环寿命	50W·h 循环	次数	300000	300000
荷电模式下放电总能量	50W·h 循环	MW·h	15	15
日历寿命	40℃	年	15	15
最大质量		kg	60	120
最大体积		L	40	80
最高工作电压		V	400	400
最低工作电压		V	$>0.55 \times V_{max}$	$>0.55 \times V_{max}$
最大自放电		W·h/d	50	50
再充电速率	30℃	kW	1.4	1.4
工作温度范围		℃	−30~52	−30~52
贮存温度范围		℃	−46~66	−46~66
最大电流（10s 脉冲）	10s 脉冲	A	300	300
售价	以批量 100000 组电池计	美元	1700	3400

29.7 HEV 电池性能需求比较

USABC HEV 目标中具体性能指标见表 29.6～表 29.9。HEV 性能指标与 EV 性能指标的比较见表 29.11。EV 具体性能指标见表 29.2。USABC 和 Freedom CAR 的各项性能要求随着时间一直不断在改进。因此，比较这些需求并得出一些总体结论依然是富有成效的工作。HEV 电池的具体性能标准按提高能量表示列出分别是质量比能量、质量比功率、功率能量比（P/E，单位 $W/W \cdot h = 1/h$）和能量成本（美元/kW·h）、功率成本（美元/W）。

表 29.10　HEVs 和 EV 性能目标对比

项　目	质量比能量 /(W·h/kg)	质量比功率 /(W/kg)	功率能量比 (P/E)	能量成本 /[美元/ (kW·h)]	功率成本 /(美元/kW)
42V 停车-起步型微型混合电动车	25	600	24	600	25
42V 轻型混合电动车(低功率型)	12	520	43	867	20
42V 轻型混合电动车(高功率型)	20	514	26	514	20
助力混合电动车(低功率型)	8	625	83	1667	20
助力混合电动车(高功率型)	8	667	80	1600	20
插电式混合电动车(高功率型)	57	750	13	500	38
插电式混合电动车(高能量型)	97	317	3	293	89
纯电动车 EV	200	400	2	100	50

微型混合电动车、轻型混合电动车和助力式混合电动车的电池质量比能量指标适中，与铅酸电池相当。插电式混合电动车电池的质量比能量指标相当高，但锂离子电池可以满足要求。大部分 HEV 电池的质量比功率要求在 600W/kg 左右，与高功率 Ni/MH 电池和锂离子电池的功率要求相当。PHEV 电池和 EV 电池的功率要求相对较低。通过开发高功率 Ni/MH 电池和锂离子电池，可以很容易地满足上述功率指标。

HEV 电池和 EV 电池具体性能要求主要区别在于功率能量比。除了 PHEV，混合电动车要求高功率，而能量要求适中。因此，它们的比能量要求较低。纯电动车 EV 要求高能量，因此需要大型电池组，同时功率也大。但由于电池组质量大，比功率要求不高，质量比功率比较低。因此，HEV 电池的电池功率能量比比 PHEV 电池功率能量比大一个数量级，PHEV 电池接近 EV 电池的要求。

电池可以被设计成高能量或高功率。高能量设计的特点是采用少量厚极板和大比例活性物质。高功率设计的特点是采用大量薄极板和大量导电组分代替活性物质。现以 HEV Ni/MH 电池和 EV Ni/MH 电池的设计比较举例说明：高能量 Ni/MH 电池质量比能量 89W·h/kg，质量比功率约 200W/kg；而高功率 Ni/MH 电池质量比功率 1300W/kg，但是由于与质量比能量相互制约，其质量比能量仅 45W·h/kg。

HEV 电池和 EV 电池的成本需求与标准也有不同。EV 电池采用能量成本的，目标是 100 美元/(kW·h)；而 HEV 电池更改为功率成本，助力式 HEV 的成本目标是 20 美元/kW。如果考虑能量成本，则助力式 HEV 的成本目标是 1600 美元/(kW·h)，比 EV 电池高一个数量级。即使考虑到高功率 Ni/MH 电池设计的高成本，这个成本目标也可以实现。这就是 HEV Ni/MH 电池可以被商品化，而 EV 电池只是初步试验而不能被商品化的最主要原因。简单而言，HEV 电池更容易商品化是因为它是在与提供功率成本的发动机竞争，而 EV 电池是在与提供能量成本的油箱竞争。

EV 电池组耐电、机械滥用的安全性要求与所有种类 HEV 电池组相同。HEV 电池组安全性要求和滥用试验规程目前已经更新。另外，USABC 还开发了电池损伤模式和降低风险分析方法[36]，这是基于国际自动化协会通常使用的失效模式与影响因素分析（FMEA）方法开发的[37]。遵照这种电池组安全性系统研究方法，对电池组、控制系统以及电池组与车辆的集成设计非常重要。

29.8 HEV 电池的车辆集成

与 EV 电池一样，车辆集成也是 HEV 电池的关键技术。HEV 电池的功率、能量、体积与 HEV 型号及设计密切相关。对于 HEV 而言，一般采用小型轻量电池组，但考虑到 ICE 动力传输系统的体积和质量，降低电池组体积及质量依然极具挑战性。尤其是在将传统 ICE 车开发成 HEV 车形式时，通常希望可以为电池找到既能满足要求，又易于安装的合适位置，以避免车辆发生碰撞时产生安全问题以及暴露于水、高温等环境影响。

电气化程度较低的 HEV 电池对热管理的要求不太苛刻，微型混合电动车一般采用铅酸电池，而且只是被动地自然散热。Ni/MH 电池驱动的轻型混合电动车一般采取强制风冷，通常只是利用驾驶舱内的空气以保证乘客舒适；采用大型电池组的重型混合电动车要具备很强的散热能力，要通过详细的热模型设计保证电池组内温度的均匀一致性。福特 Escape 采用专用 HVAC 系统，成功控制风冷热管理系统的进口温度。因此，如果电池组内电池温度在要求的范围内均匀一致，可大大提高 HEV Ni/MH 电池的寿命。

PHEV 采用大型 HEV 电池组，热管理极具挑战性，其体积、能量、容量、散热等需求与 EV 相似。保持大型电池组在推荐的温度范围内工作非常困难，更困难的是保持电池组内单体电池温度的一致性。特别是在不对称大型电池组设计中，液体冷却方案可显示明显优势。Chevy Volt PHEV 的 T 形电池组采用了此种方法，如图 29.25。

HEV 电池电控系统取决于 HEV 类型，但一般来说比 EV 复杂，电池组、电池模块、单体电池电压都要被监测。与 EV 电池相比，保持 HEV 电池组工作在合适的电压范围内更重要，因为 HEV 电池组需要大电流充放电。助力型 HEV 电池的充放电速率通常比 EV 电池高一个数量级。因此，HEV 电池的电能过度使用程度比 EV 电池高出一个数量级。尤其是对于高能量密度的锂离子电池，其耐过充电能力差。在这种情况下，HEV 用锂离子电池组必须集成单体电池监测以及平衡电路。通常电池模块和电池组都要具备电控系统。图 29.25 是 Chevy E-REV 锂离子电池组。

另外，高效 HEV 荷电模式下充电取决于再生制动能的充电控制，要将电池组维持在能够大功率充放电的目标 SOC 状态。对于 Ni/MH 电池，放电功率和利用再生制动能的充电能力对 SOC 依赖不大，而每次充电量仅为总能量的一小部分，因此可以获得相对较大的可用容量。然而，这也导致 Ni/MH 电池的开路电压与 SOC 没有明显的对应关系。因此，SOC 状态就不能通过开路电压精确估算，导致不能识别出极端荷电状态（超出希望的荷电状态范围）。因此，一般采用安时计算电池的 SOC，但因为要修正自放电而变得相当复杂。HEV 用锂离子电池的 SOC 必须严格控制，因为其放电功率和利用再生制动能的充电能力与 SOC 密切相关。HEV 电池管理系统（BMS）通常还测量在一定时间和温度下的内阻而对电池进行健康状态（SOH）监测。HEV 电池其他发展情况如下所述。

1970～1990 年，铅酸电池首先被应用于许多 HEV 开发项目。但不论是微型混合电动车还是轻型混合电动车，铅酸电池都不能提供足够的耐久性。这是由于铅酸电池在半荷电状态

内燃机发动机　　锂离子电池组

电驱动单元　　充电端口

电池组-基本构成

>200单体电池

模块

电池组

模块级BMS

图 29.25　Chevy E-REV 锂离子电池组

(通用提供)

工作时提前发生硫酸盐化而失效。铅酸电池维持在满荷电状态下才能获得长循环寿命，但这会导致不能利用 HEV 的再生制动能。助力 HEV 电池必须在半荷电状态下工作才能具备接受再生制动能充电的能力。

对于起步/停车型微型混合电动车，依旧可以选择铅酸电池，因为其可以满足必要的功能而且成本最低。如微型混合电动车章节所述，发动机启动次数的增加要求使用容量更大、性能更好的电池。因此，采用 VRLA（大型阀控铅酸）免维护电池代替传统富液式铅酸电池成为 SLI（汽车电池）的首选。

另外，微型混合电动车开发商也在探索既能够使用低成本的铅酸电池，又能利用再生制动能的方法。一种是与超级电容器混合，超级电容器在超高速率时获得再生制动能，然后在需要时传输给电池。电池公司也在开发提高铅酸电池半荷电状态工作耐久性技术。现开发比较有前途的 Firefly Energy 铅酸电池，其负极采用泡沫碳[38]。但 Firefly Energy 电池已不再被使用。第二种技术是 Axion power 开发的不对称铅碳超级电容器电池[39]。第三种技术是 CSIRO（澳大利亚联邦科学和工业研究协会）开发的超级电池，超级电池的负极采用超级电容器的碳材料，因而可以在半荷电状态下工作[40]。这种电池应用于本田 Insight HEV，将行驶里程提高到 100000 英里，证明此项技术有很大潜力。日本 Furukawa 公司和美国 East Penn 公司也正在进行这方面研究。

1980 年先进电池被应用于助力 HEV，并在大量开发及示范项目上采用 Ni/Cd 电池。1990 年，针对 HEV 应用进行高功率电池的重大开发。1993 年电化学储能技术团队 PNGV（即现在的 Freedom CAR）成立，包括 ECD Ovonics、松下 EV 能源（PEVE）、三洋、Varta、SAFT 在内的众多电池公司进行高功率 Ni/MH 电池在 HEV 的应用和开发。Ni/MH 电池最早的商品化始于 1997 年丰田 Prius；高的放电功率和高的再生制动能接受能力使 Prius 在助力模式下工作获得极好的燃油效率。金属氢化物/镍电池可以在半荷电状态下工作。对于 SOC 变化仅 1%～2% 的浅充放电，可以循环数十万次。因此，通过采用适当的控制策略，Ni/MH 电池可以工作 10 年和/或 100000 英里。

HEV Ni/MH 电池最初来源于大批量生产的消费品市场高功率 Ni/MH 电池[41]。这种电池通常采用圆柱形卷绕结构，长薄电极通过端面焊连接到圆环形镍集流体上，可以提供高比功率。松下 EV 能源（PEVE）提供的圆柱形 Ni/MH 电池可驱动第一代丰田 Prius。这种电池也用在 1999 年本田 Insight 上，电池组采用风冷形式[42,43]，如图 29.26 所示，该电池组包括 20 个 6 串电池模块。电池组仅有不到 1kW·h 的能量，但可提供 10kW 的功率，使 Insight 获得出色的燃油效率。PEVE 电池模块与丰田 Insight 电池组的技术指标见表 29.11，在模块级别获得 600W/kg 的质量比功率。而在电池组级别，因为增加大量结构件，电池质量比功率降低到 400W/kg。这个指标接近 USABC 轻型混合电动车的中期目标。由于圆柱形电池组体积利用率低，电池组的体积比功率往往比模块低很多，相应提高对车辆组装水平的要求。这种电池组相当满足轻型混合电动车的可用能量需求。

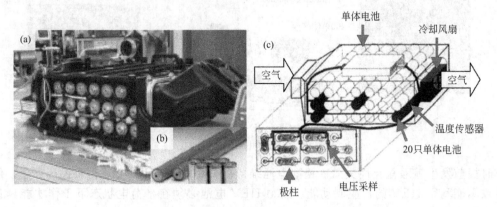

图 29.26　1991 年本田 Insight HEV 电池组

（a）模块，（b）单体，（c）Ni/MH 电池组空气流道

表 29.11　松下 EV 电池模块和本田 Insight 电池组的技术指标

项　目	松下 EV 电池模块 （6 单体）	本田 1999 年 Insight 电池组 （20 个模块）
标称电压	7.2V	144V
放电容量	6.5A·h	6.5A·h
能量	47W·h	0.94kW·h
放电功率	654W	13kW
充电功率	545W	11kW
功率能量比（P/E）	14（每小时）	14（每小时）
质量	1.09kg	29kg
长	384mm	495mm
直径	35mm	
宽		372mm
高		174mm
体积	0.37L	32L
质量比功率	600W/kg	451W/kg
体积比功率	1771W/L	408W/L
质量比功率	500W/kg	376W/kg
质量比能量	43W·h/kg	32W·h/kg
体积比能量	127W·h/L	29W·h/L

　　PEVE 最近开发了方形高功率 Ni/MH 电池，2001 年首次应用在丰田销往北美的 Prius 上[44~46]。模块也是由 6 只 6.5A·h 的单体电池串联而成，不同的是单体电池采用方形设计。如图 29.27 所示，单体电池沿边长方向串联在一起组成具有大面积散热面的薄形长电池模块。PEVE 方形 Ni/MH 电池模块采用薄电极、薄隔膜，集流端设计在电极长边上。与

EV 高能量 Ni/MH 电池比较，高功率方形电池大面积的集流体以及宽极耳设计大大降低电池内阻，但同时也增加单体电池中非活性物质的质量和体积。HEV 用 Ni/MH 电池在高功率设计的同时，通常会适当降低电池容量和比能量。如图 29.27 所示，PEVE 高功率电池模块质量比功率达 1000W/kg，远远大于其为丰田 RAV-4 EV 车提供的 95A·h EV 车 Ni/MH 电池（质量比功率 200W/kg）。尽管 HEV Ni/MH 电池的质量比能量（45W·h/kg）明显低于 EV-95 电池（63W·h/kg），但对于像 Prius 这样的助力 HEV，它更能够提供满意的可用容量。这种方形 HEV Ni/MH 电池模块的循环寿命测试数据超过 USABC 要求循环300000 次的目标。

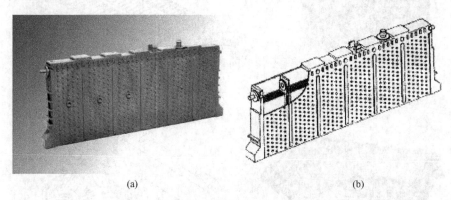

(a)　　　　　　　　　　　　(b)

图 29.27　PEVE 2000 年方形 Ni/MH 电池模块照片（6.5A·h，7.2V，1000W/kg）（a）；

剖面图（b）；

（松下 EV Energy 提供）

PEVE 开发的 HEV Ni/MH 方形电池与圆柱形电池的功率和能量性能比较见表 29.12。2003 年，通过改善单体电池间的电连接，PEVE 电池模块的质量比功率达到 1300W/kg[46]。2000 年该电池模块的特点是单体电池间电连接采用顶端连接方式，2003 年单体电池间电连接采用穿壁焊方式，电池模块具备准双极性结构。这种电池组的高功率能力满足 USABC 电池比功率目标。方形电池比圆柱形电池组体积利用率更高，因此电池组获得较大的体积比功率。

表 29.12　第 3 代松下 EV Ni/MH 电池模块技术指标

项目	1997 年圆柱形电池模块	2000 年方形电池模块	2003 年方形电池模块
标称电压	7.2V	7.2V	7.2V
放电容量	6.5A·h	6.5A·h	6.5A·h
能量	47W·h	47W·h	47W·h
放电功率	654W	1050W	1352W
功率能量比（P/E）	14（每小时）	22（每小时）	29（每小时）
质量	1.09kg	1.05kg	1.04kg
长	384mm	275mm	285mm
直径	35mm		
宽		19.6mm	18.6mm
高		106mm	114mm
体积	0.37L	0.57L	0.64L
质量比功率	600W/kg	1000W/kg	1300W/kg
体积比功率	1771W/L	1838W/L	2123W/L
质量比能量	43W·h/kg	45W·h/kg	45W·h/kg
体积比能量	127W·h/L	82W·h/L	73W·h/L

销往美国的丰田 HEV Prius,采用 PEVE 的方形电池模块,其组合体积利用率更高,如图 29.28。电池模块用塑料拉杆和肋板紧固在一起,并间隔出最佳冷空气流道;剖面图表明电池模块堆积装入钢壳中,并提供自上而下充分的空气流道。较之前 Prius 采用的圆柱形电池组而言,方形排列冷却一致性更好。因为圆柱形电池组采用串联式风道设计,依次冷却每一个电池;而方形结构采用并联式风道设计,电池同时被冷却。

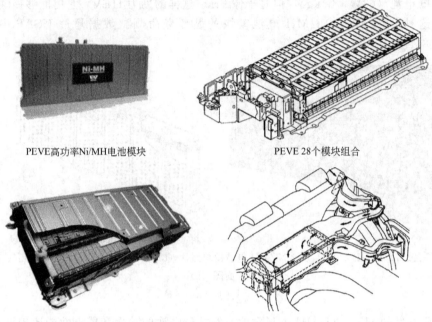

PEVE高功率Ni/MH电池模块 PEVE 28个模块组合

图 29.28 PEVE 2003 年方形 Ni/MH 电池模块和 2004 年 Prius 电池组
(松下 EV Energy 提供)

较 1997 年初 Prius 采用的圆柱形 Ni/MH 电池而言,高功率方形 Ni/MH 电池体积和质量也有所降低,如图 29.29。2000 年的 Prius 电池组采用 38 个方形电池模块串联,1997 年的 Prius 电池组采用 40 个圆柱形电池模块串联,方形电池组比圆柱形电池组体积减小 50%,质量降低 30%;进而通过 2003 年电池功率密度的进一步提升及丰田公司 DC/DC 元件的改进,2004 年 Prius 又减少 10 个电池模块,电池组体积及质量进一步降低。在这种应用中,1.3kW·h 的总能量是足够的,而且功率特性远高于车辆的要求。实际上,电池组的体积比功率和质量比功率超出 USABC 助力型混合电动车的目标。Prius 电池组实效寿命实验说明,PEVE HEV 电池组具有较长的循环寿命。

三洋公司开发了 1000W/kg 的长寿命 HEV 电池组。单体电池是圆柱形 D 型高功率电

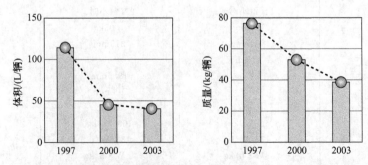

图 29.29 丰田 Prius Ni/MH 电池组小型化、轻量化连续换代升级发展

池，已经应用到福特和本田的混合电动车上。实效实验证明该电池组应用在重型混合电动车上性能优异。福特 Escape 混合动力车作为纽约市出租车运营，达到了近 300000 英里的颇具竞争力的行驶里程，证明电池组耐久性能优异[47]。

Cobasys 开发一款 1000W/kg 方形高功率 Ni/MH 电池，安装在包括 GM Saturn、Vue Greenline 等大量轻型混合电动车上。该电池需要采用水冷方式进行热管理。

在 USABC 和 DOE 强大的资金支持下，人们投入大量精力开发 HEV 锂离子电池。锂离子电池具备出色的比功率特性，超过 USABC HEV 电池目标好几倍。由于便携电子设备用锂离子电池的成本降低，促使锂离子电池成为目前 HEV 商品化 Ni/MH 电池的潜在低成本替代者[47]。锂离子电池比现在使用的 HEV Ni/MH 电池具有出色的低成本优势。锂离子电池技术多种多样，有大量不同的正、负极组合，因此，可以采用较低成本的原材料。然而，锂离子电池组需要更复杂的控制和热管理，以保证电池组的安全及耐久性。因此，对于 HEV 锂离子电池组的开发，与现有 Ni/MH 电池的成本相比，竞争更具挑战性。另外，值得注意的是锂离子电池的耐久性，特别是日历寿命，作为新电池产品因无实际使用经验而难以确定。在助力式 HEV 应用领域，电池在半荷电状态下工作，避免满电状态性能的加速衰降。在插电式 PHEV 应用领域，一些开发者宁可损失比能量，也让电池在较低荷电状态下工作以避免高荷电状态对电池造成不利影响。

经过数年期盼，梅赛德斯-奔驰公司的混合动力车首次采用了锂离子电池[48]。梅赛德斯-奔驰 S 级豪华轻型混合 HEV S400 示于图 29.30。电池组由 JCS（Johnson control-SAFT）提供，该公司有多年高功率锂离子电池开发经验。电池组由 35 只容量 6.5A·h、标称电压 3.6V 的圆柱形锂离子电池组成；电池组电压 126V，功率 19kW，质量比功率 750W/kg。该车把 JCS 开发的高体积比功率、高质量比功率锂离子电池安装在发动机罩下与铅酸电池相同的位置。为保持与发动机相隔的电池组温度低于 50℃，采用液体冷却方式，需要时还可以利用车辆空调系统。

锂离子电池组
126V,6.5A·h
19kW,0.8kW·h

梅赛德斯-奔驰
S400混合动力车

图 29.30 JCS 为 S400 轻型豪华混合电动车配备的锂离子电池组
（戴姆勒-奔驰提供）

SAFT、LG 化学、SK 能量、东芝、EnerDel、AESC、松下、A123 等多家电池公司都已进行 2000～5000W/kg 超高功率锂离子电池的开发，表明早期锂离子电池样品的功率特性取得重大突破。锂离子电池采用有机电解质，其离子电导率比传统水系电池低 2 个数量级。20 年前早期锂离子电池面临的关键问题是如何克服电解质的高离子电阻带来的电压降。一般方法是采用高比表面的薄电极、薄隔膜结构；圆柱形高功率电池则采用超薄、超长电极。在这种长电极设计中，集流结构成为关键技术。在电极全长度方向上，集流体直接焊接在电极裸露边缘上。圆柱形锂离子电池结构与圆柱形 Ni/MH 电池相似，只是电极活性材料厚度薄 1 个数量级。最近，又开发更高功率的方形或软包装锂离子电池，它们体积更小、更轻，易于热管理设计。一些高功率 HEV 圆柱形和软包装锂离子电池样品如图 29.31[49]。

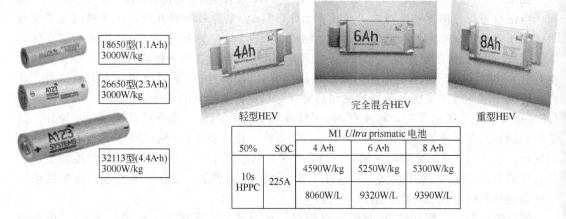

		M1 *Ultra* prismatic 电池		
50%	SOC	4 A·h	6 A·h	8 A·h
10s HPPC	225A	4590W/kg	5250W/kg	5300W/kg
		8060W/L	9320W/L	9390W/L

图 29.31　圆柱形和软包装高功率 HEV 锂离子电池
(A123 提供)

此外，HEV 高功率锂离子电池开发取得的一项显著成果是针对有效热管理系统而开发、建立了热模型系统。另一个重大成果是开发了耐电滥用的更安全电池体系。尤其是采用尖晶石锰酸锂或磷酸铁锂正极材料，其对超电压或超温度的响应更温和。另外，使用钛酸锂负极材料在低温充电时更安全。美国国家实验室（包括 NREL[42,45] 和 Sandia[12,36]）通过建模、安全性测试等为活性材料的开发提供宝贵的技术支撑。

2009 年 USABC 发布的蛛网图（图 29.32）比较了助力型 HEV 锂离子电池的 USABC 性能目标和高功率锂离子电池的技术现状[21]。该性能指标的进步非常出色，相信有数项锂离子电池技术能够满足体积比功率、质量比功率、比能量、循环寿命的目标。需要关注的是系统成本，特别是为了提高电池组安全性而增加的电、热管理和控制系统成本。即使采用精

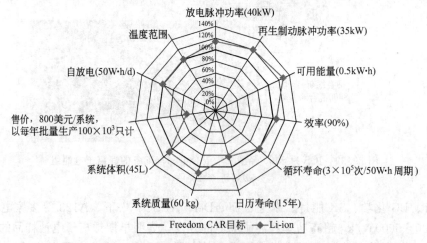

图 29.32　锂离子电池技术现状与 USABC 商品
化助力式 HEV 电池最低目标比较

密管理，也要考虑到潜在的安全隐患。另一个不确定因素是日历寿命，很难用有限的经验去判断一种新技术电池的日历寿命。然而，小型、轻量化甚至低成本，这些潜在优势依然会引起汽车制造商的极大兴趣，他们纷纷宣布在未来几年要将锂离子电池用在 HEV 项目上。Ni/MH 电池依然是传统助力型 HEV 运营商选用的技术。原则上，高比功率 Ni/MH 电池也可以采用成功应用于锂离子电池的相似方法。通过提高比功率，HEV Ni/MH 电池也可以降低功率成本（美元/kW）。另外，Ni/MH 电池组的固有特点也使其与锂离子电池旗鼓相当，因为它可以采用简单的电子元件及组合设计。日本和中国仍然在开发 Ni/MH 电池。尽管 20 世纪 90 年代 USABC 资助的开发工作很成功，但是目前美国针对 Ni/MH 电池的开发项目已经很少实施。

29. 9　其他 HEV 储能技术

与化学电源储能相比，一些其他技术不需要复杂的电化学充放电反应，因此具有超长的使用寿命，可以提供更高的功率；开发机械飞轮、液压储能器、超级电容器技术用于 HEV 开始取得良好效果。高速转盘的旋转力贮存在飞轮中，可以提供高比功率。20 世纪 80～90 年代，许多自动化技术公司进行了飞轮储能研究。研究热点是装配和成本，但更重要的问题是安全性，研发中发生的一些事故阻滞其应用开发进程。液压储能一般应用于货车，通常采用车载辅助液压装置。

与电池技术一样，超级电容器常被称为超级电容器或电化学电容器，在 HEV 应用上显示很好的前景。世界上许多公司正在进行开发，包括 Maxwell、Ness Cap 和 Batscap。在本书第 39 章将讨论。这些产品已经商品化，并应用到重型 HEV。ISE 公司采用 Maxwell 公司的超级电容器生产数百辆 HEV 大巴车。

除了高功率性能，超级电容器还具有长寿命的优点，在深充放的情况下可以循环数十万次。其低温性能也非常突出。在 −30℃ 的低温下，某些电容器的功率仅有微微降低。最大的缺点是比能量低。2010 年商品化超级电容器的质量比能量是 5W·h/kg，不能满足助力型（辅助功率）HEV 8W·h/kg 的能量需求。不过，最近正在重新考虑这一目标。Saturn Vue 轻型混合 HEV 采用超级电容器显示极好的效果和应用前景[50]。样车研究也表明实际 HEV 行驶过程中仅需要 4W·h/kg 的能量或更低。目前超级电容器应用于 HEV 的最大障碍是成本：一方面是生产量小；另一方面需要改进功率电子元件以适应超级电容器大的放电斜率。今后采用混合装配电池电极和采用超级电容器电极的不对称超级电容器，将具有更好前景。

参 考 文 献

1. E. H. Wakefield, "History of the Electric Automobile: Battery-Only Powered Cars," Society of Automotive Engineers, Warrendale, PA (1994).

2. E. H. Wakefield, "History of the Electric Automobile: Hybrid Electric Vehicles," Society of Automotive Engineers, Warrendale, PA (1998).

3. M. H. Westbrook, "The Electric and Hybrid Electric Car," Society of Automotive Engineers, Warrendale, PA (2001).

4. C. C. Chan and K. T. Chau, "Modern Electric Vehicle Technology," Oxford University Press, New York (2002).

5. I. Husain, "Electric and Hybrid Vehicles," CRC Press, New York (2003).

6. J. Larminie and J. Lowry, "Electric Vehicle Technology Explained," John Wiley, Hoboken, NJ, 2003.

7. M. Shnayerson, "The Car that Could: The Inside Story of GM's Revolutionary Electric Vehicle," Random House, New York, 1996.

8. D. A. J. Rand, R. Woods, and R. M. Dell, "Batteries for Electric Vehicles," Society of Automotive Engineers,

Warrendale，PA（1998）.

9. P. Savagian，"Driving the Volt," *SAE Hybrid Vehicle Technology Conference*，San Diego，CA，February 2008.

10. "USABC Electric Vehicle Battery Test Procedures Manual," U. S. Department of Energy Contract DE -AC07-94ID 13223，Report Number DOE/ID -10479，Revision 2，January 1996.

11. "Battery Technology Life Verification Manual，Advanced Technology Development Program for Lithium-Ion Batteries," Freedom CAR Vehicle and Technologies Program，Idaho National Laboratory，INEEL/EXT-04-01986，February 2005.

12. T. Unkelhaeuser and D. Smallwood，"USABC Electrochemical Storage System Abuse Test Procedure Manual," Sandia National Laboratories，SAND 99-0497，July 1999.

13. GM Ovonic Application Manual，"Nickel-Metal Hydride Battery Electric Vehicle Battery Model GMO-0900," GM Ovonic，Troy，MI，August 1999.

14. R. S. Stempel，S. R. Ovshinsky，P. R. Gifford，and D. A. Corrigan，"Lithium-Ion：Ready to Serve," *IEEE Spectrum*，35，29（1998）.

15. R. Spotnitz，"Large LiIon Battery Design Principles," Tutorial A，*8th International Advanced Automotive Battery Conference*，Tampa，FL，May 2008.

16. M. S. Whittingham，"Lithium Batteries and Cathode Materials," *Chem. Rev.*，104，4271（2004）.

17. G. Nazri and G. Pistoria，"Lithium Batteries：Science and Technology," Kluwer Academic Publishers，New York（2004）.

18. G. Berdichevsky，K. Kelty，J. B. Straubel，and E. Toomre，"The Tesla Roadster Battery System," Tesla Motors，December 2007.

19. T. Miyashita and Y. Tominga，"Development of High Energy Lithium-Ion Battery Pack for Pure EV Applications," Large Lithium-Ion Battery Technology and Application Symposium，*8th International Advanced Automotive Battery Conference*，Tampa，FL，May 2008.

20. S. Hendrix and D. Buck，"Lithium-Ion Battery System Architecture for HEV and EV Applications," Large Lithium-Ion Battery Technology and Application Symposium，*8th International Advanced Automotive Battery Conference*，Tampa，FL，May 2008.

21. K. Snyder，"U. S. Advanced Battery Consortium," *2009 DOE Hydrogen Program and Vehicle Technologies Program Annual Merit Review and Peer Evaluation Meeting*，U. S. Department of Energy，Arlington，VA，May 2009.

22. L. M. Moshurchak，W. M. Lamanna，M. Bulinsky，R. L. Wang，R. R. Garsuch，J. Jiang，D. Magnuson，M. Triemert，and J. R. Dahn，"High Potential Redox Shuttle for Use in Lithium-Ion Batteries," *J. Electrochem. Soc*，156，A309（2009）.

23. DOE ARPA -E Funding Opportunity Announcement，"Batteries for Electrical Energy Storage in Transportation," U. S. Department of Energy，Funding Opportunity Number：DE -FOA-0000207，December 2009.

24. M. Verbrugge and R. Matthe，"Energy Storage Progress and Concepts for Plug-In Hybrid and Extended Range Electric Vehicles," *8th International Advanced Automotive Battery Conference*，Tampa，FL，May 2008.

25. M. Ehsani，Y. Gao，and A. E madi，"Modern Electric，Hybrid，and Fuel Cell Vehicles：Fundamentals，Theory，and Design," 2nd ed.，CRC Press，Boca Raton，FL（2009）.

26. C. C. Chan，"The State of the Art of Electric，Hybrid，and Fuel Cell Vehicles," *Proceedings of the IEEE*，95，704-718（2007）.

27. M. Anderman，"The Challenge to Fulfill Electrical Power Requirements of Advanced Vehicles," *J. Power Sources*，127，2-7（2004）.

28. O. Bitsche and G. Gutman，"Systems for Hybrid Cars," *J. Power Sources*，127，8-15（2004）.

29. E. Karden，P. Shinn，P. Bostock，J. Cunningham，E. Schoultz，and D. Kok，"Requirements for Future Automotive Batteries—a Snapshot," *J. Power Sources*，144，505-512（2005）.

30. E. Karden，S. Ploumen，B. Fricke，T. Miller，and K. Snyder，"Energy Storage Devices for Future Hybrid Electric Vehicles," *J. Power Sources*，168，2-11（2007）.

31. "Freedom CAR 42V Battery Test Manual," U. S. Department of Energy Contract DE -AC07-99ID 13727，Report Number DOE/ID -11070，April 2003.

32. "Freedom CAR Battery Test Manual for Power Assist Hybrid Electric Vehicles," U. S. Department of Energy Contract DE -AC07-99ID 13727，Report Number DOE/ID -11069，October 2003.

33. A. A. Frank，"Charge Depletion Control Method and Apparatus for Hybrid Powered Vehicles," U. S. Patent 5，842，

534，December 1，1998.

34. B. Johnston，T. McGoldrick，D. Funtson，H. Kwan，M. Alexander，F. Aliato，N. Culaud，O. Lang，H. A. Mergen，R. Carlson，A. Frank，and A. Burke，University of California，Davis，PNGV FutureCar Technical Report，SP-1359 SAE，June 1997.

35. "Battery Test Manual for Plug-In Hybrid Electric Vehicles," U. S. Department of Energy Contract DE-AC07-05ID 14517，Report Number INL/EXT-07-12536，March 2008.

36. D. H. Doughty and C. C. Craft， "Freedom CAR Electrical Energy Storage System Abuse Test Manual for Electric and Hybrid Vehicle Applications," Sandia National Laboratories，SAND 2005-3123，June 2005.

37. C. N. Ashtiani， "Battery Hazard Modes and Risk Mitigation Analysis," United States Advanced Battery Consortium Manual，August 2007.

38. K. C. Kelley and J. J. Votoupal， "Battery Including Carbon Foam Current Collectors," U. S. Patent 6，979，513，December 27，2005.

39. W. Buiel， "Axion Power's Asymmetric Ultracapacitor/Lead-Acid Technology Applied to High-Rate Partial State of Charge HEV Cycling," Large EC Capacitor Technology and Application Symposium，*9th International Advanced Automotive Battery Conference*，Long Beach，CA，June 2009.

40. A. Cooper，J. Furakawa，L. Lam，and M. Kellaway， "The Ultra Battery—A New Battery Design for a New Beginning in Hybrid Electric Vehicle Energy Storage," *J. Power Sources*，188，642-649（2009）.

41. A. Taniguchi，N. Fujioka，M. Ikoma，and A，Ohta， "Development of Nickel/Metal-Hydride Batteries for EVs and HEVs," *J. Power Sources*，100，117-124（2001）.

42. M. Zolot，K. Kelly，M. Keyser，M. Mihalic，A. Pesaran，and A. Hieronymus， "Thermal Evaluation of the Honda Insight Battery Pack," *Proceedings of the 36th Intersociety Energy Conversion Engineering Conference*（IECEC'01），Savannah，GA，July 2001.

43. N. Sato， "Overview of Progress in Ni-MH and Li-ion Automotive Batteries," *3rd International Advanced Automotive Battery Conference*，Nice，France，June 2003.

44. B. G. Potter，T. Q. Duong，and I. Bloom， "Performance and Cycle Life Test Results of a PEVE First-Generation Prismatic Nickel/Metal Hydride Battery Pack," *J. Power Sources*，158，760-764（2006）.

45. M. Zolot，A. A. Pesaran，and M. Mihalic， "Thermal Evaluation of Toyota Prius Battery Pack," SAE Technical Paper No. 2002-01-1962，Society of Automotive Engineers，Warrendale，PA（2002）.

46. M. Ohnishi，K. Ito，S. Yuasa，N. Fujioka，T. Asahina，S. Hmada，and T. Eto， "Development of Prismatic Type Nickel/Metal-Hydride Battery for HEV," *3rd International Advanced Automotive Battery Conference*，Nice，France，June 2003.

47. K. Snyder，X. G. Yan，and T. J. Miller， "Hybrid Vehicle Battery Technology—The Transition from NiMH to Li-Ion," SAE Technical Paper No. 2009-01-1385，Society of Automotive Engineers，Warrendale，PA（2009）.

48. W. Wiedemann，O. Vollrath，N. Armstrong，J. Schenk，O. Bitsche，and A. Lamm， "Advanced Energy Storage Systems for Hybrids," *9th International Advanced Automotive Battery Conference*，Long Beach，California，June 2009.

49. A. Fulop， "A123 Program Review，Vehicle Technologies Program Annual Merit Review," U. S. Department of Energy，Arlington，VA，May 2009.

50. J. Gonder，A. Pesaran，J. Lustbader，and H. Tataria， "Fuel Economy and Performance of Mild Hybrids with Ultracapacitors：Simulations and Vehicle Test Results," Large EC Capacitor Technology and Application Symposium，*9th International Advanced Automotive Battery Conference*，Long Beach，CA，June 2009.

第 30 章

储能电池

Abbas A. Akhil，John D. Boyes，Paul C. Butler，and Daniel H. Doughty

30.1 概述：电网储能

因为电厂发电后直接给连接的负载供电，所以世界范围内电网系统采用最多的供电模式是实时（JIT）供电。目前，电网只能存储很少电能，不具备大规模存储过剩能量的能力，因此，电网操作人员时常要控制发电能力和消费需求之间的平衡，发电量在任意时间均必须等于电力消费需求，全电网在无任何能量贮存情况下工作。

大量储能将改变电网的 JIT 工作模式，这不仅可以提高电网的可靠性，而且因为减少燃料消耗而降低碳排放。目前已经有 17 个以上的电力系统部门、终端用户和可再生能源机构参与电力储能验证。这些应用可分为两类：其一为能量型应用；其二为功率型应用。其中能量型应用对应的是长时间充电和小时级连续放电，通常一天只有一次充放电；功率型应用经常要求一天有多次充放电，对应的是相对短时间放电（分钟或秒级）和短时间再充电。大部分储能技术更适合上述其中一种类型的应用，只有很少的储能技术能满足上述两种要求。能量型应用包括削峰填谷、传输与配电升级延时、用户需求用电和用电费用降低、可再生能源发电转移及商业用途的能量贮存；功率型应用包括频率和电压平滑、功率质量、可再生能源发电平滑、斜率控制、电车运转线路的电力控制等。

一天中的电力需求是时刻变化的，并随季节变化。虽然短时间内电力需求变化小，但是一天中的峰谷差大，特别是夏季和春季或秋季的用电需求差别很大。图 30.1 显示典型的负荷变化曲线。电力系统（发电、输电、配电）的功率输出是根据年中用电峰值设计的。在非用电峰值期间，有相当大的容量被浪费。输电和配电子系统也是根据峰值需求设计的，而在一年中峰值电力需求只占 20%，相当于持续 250h。

发电与用电需求的变化导致频率和/或电压的变化，而频率和电压的变化必须保持在严格的限定范围内或电力品质允许范围之内；否则系统将变得不稳定，设备将受损害，发生断电。储能系统将提供能量和功率、缓冲电力需求的变化并补充电力。在负载附近设置储能系

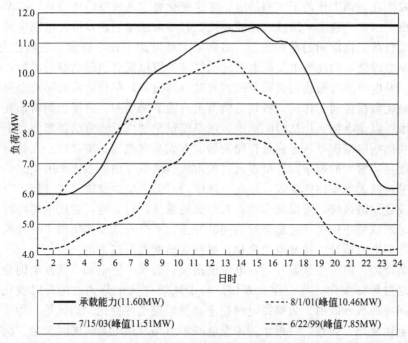

图 30.1　随机 3 天的小时负荷宽峰变化曲线

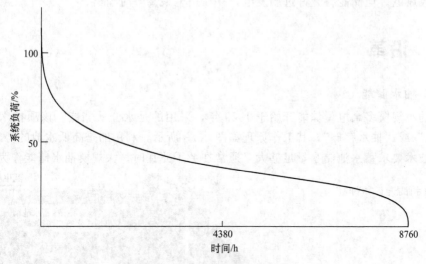

图 30.2　典型的系统负载统计

统将可对负载的需求进行调整和补充，缓解电厂的压力。

平衡作用就是要保持发电机稳定工作，使电网的电压和频率控制在公差范围内，如果没有储能，电网必须时刻保持对所有负载的供电平衡，而现行技术是部分或全部靠化石燃料发电机来运行，这就要求发电机时刻改变输出以保持系统平衡。储能系统可以看成为"缓冲器"，它根据电网需求通过吸收或放出能量以调节发电机和负荷平衡关系，而且其响应很快，响应时间可以从数分之一秒到分钟、小时。储能系统快速吸收或放出能量可保持电网稳定，而慢速储能可带来附加价值并对电网有益。当电力需求稍微超过极限时储能系统可以在秒、分钟时间量级调峰。

电力需求每天、不同季节均会缓慢变化。晚上 12 点到早晨 5 点的电力需求最低，而峰值需求经常发生在空调工作的下午和傍晚。这些变化要求系统按峰值设计，在非峰值期间维持同样的输出。因此，通常采用抽水储能系统贮存多余的电能，以维持电网中的大型中央发电机在非峰值负荷工作期间的最佳状态。多余电力通常用于抽水储能。当峰值负荷提高时，将增加新的发电设施，因此输电及配电系统同样将升级以配合负载功率的增加，导致整体负荷因子变差。发电机具有最优的负荷范围，此时效率最高，单位输出的排放也最低。而当发电机在低于最优负荷区间工作时，特别是负荷上升或下降期间，将增加燃料消耗和排放。

储能技术可以使电网无论从时间范围，还是能量及功率要求方面都能满足不同数量级要求。作为可快速响应以满足快速能量存储的储能方式只有电池、电容器、飞轮储能；而对于响应要求较慢且非常大的能量贮存可以通过抽水或压缩空气储能系统来解决。

为满足潜在的大规模储能需求，可在电网中设置多个电池储能系统（BESS）。如果在负载中心附近设置储能系统，可以在非峰谷时对储能系统进行充电，在用电高峰时可通过储能系统放电以延迟或防止用电快速提升对电网的冲击。而分布式储能提供了一种柔性电网工作方式，可以提高电力质量、缓冲电力变化，平衡太阳能和风能发电。

在世界范围内，可再生能源并网发电发展很快；而风力发电和光伏发电则分别随风力升降、云层的通过等而变化，其变化大而快。其中风场在几十分钟内的升降变化接近90％；光伏变化时间可在数秒以内。为保持电网稳定必须适应这些变化。储能是一种选择，它可以吸收或缓解上述变化。而且，可再生能源发电并不总是与用电高峰同时发生。例如，一些地方总是在晚上刮强风。在大风场，由于电力过剩而造成风电浪费，或者被迫降低煤电或核电发电以吸收风电。但储能将允许过剩发电，并在用电最高峰时输出。

30.2 沿革

30.2.1 抽水储能

美国的小规模多余电量储能开始于1929年，采用的是水介质储能。该项技术通常称为"扬水储能"或"抽水存储"，其工作原理如图30.3所示，利用的是高低水池的势能差。

该项技术要求蓄水池储水量足够大，通常在数千兆瓦时。大规模抽水储能作为核电厂和

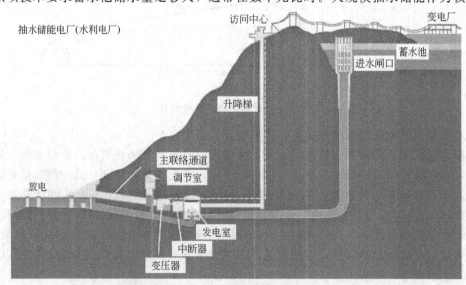

图30.3 抽水储能电厂示意

火电厂的理想补充技术，保障电站可在用电波峰、波谷均可恒功率工作。大型核电及火电使用传统的汽轮机发电，其设计并不能通过调整输出以适应一天中用电峰谷变化。而这种峰谷变化影响核电和火电汽轮机的寿命和可靠性。抽水储能可以在夜间吸收剩余电力，在白天用电峰值时则放出贮存的能量，这种策略可缓冲用电负荷变化对核电和火电电网的冲击。

自从美国把小规模储能技术用于电力工业以后，世界范围内已建设许多抽水储能设施。欧洲和日本增设大量抽水储能设施，相当于总发电量的 13％～19％。与此相对，美国只占 3％。因考虑到占有大量土地和水资源，美国的抽水储能项目于 20 世纪 80 年代中叶终止。

30.2.2　沿革、标准化电力设施

垂直式集成结构以及标准市场（即受管制的市场）曾一度流行于 20 世纪 80 年代，这却限制世界范围内电网储能技术的发展。如前所述，储能主要用于大型火电厂以及核电厂的调峰和负荷均衡。在这期间，电池储能还给不出一个在技术和经济上可行的储能方案，因为各种需求都受限于水利蓄能机组的 8～14h 的特有储能过程。当时，铅酸电池是唯一经济上可行的电池技术，但事实上，这种技术无法与水利蓄能设施的性能相媲美。

从一维电池储能设施的物理特征可以看出铅酸电池相对于水力蓄能机组的局限性。当时南加利福尼亚爱迪生公司、电力研究所（EPRI）以及美国能源部（DOE）三方合作，在加利福尼亚的奇诺（地名）修建一处 10MW/40MW·h 铅酸电池储能设施，并于 1988 年竣工。所有的这类设施都包括三部分：电池贮存系统、电能转换系统（PCS）以及电厂的调控系统。其中电厂的调控系统包括系统控制器、基础设施、温控等。奇诺系统通过采用 8256 只电池来实现其储能。这一技术在电池储能应用于电网方面具有里程碑式的意义，也给人们提供宝贵的经验，而这些经验对电池储能系统（应用于电力设施）的发展具有长远的影响。但是，即使是如此庞大的电池系统也只能提供 10MW 的电功率（持续时间为 4h）——对于电力系统来说，只是一种有限的储能办法。而理想的储能系统应该为 10h 供给几百兆瓦甚至更多的电（水力发电厂所能提供的）。作者对奇诺系统将在本章的后一部分进行详细介绍。

30.2.3　不受监管的市场环境

在历史上，标准化电力设施、电网系统运营都属于垂直集成。美国发电量的 3％来自于水力存储系统。如此小的储能基础不能给电力设施带来广泛利益，从而储能一般只用于提供"负载均衡"服务。取消管制规定的电力工业把垂直集成设施结构分为：发电部分、输电部分和配电部分；并且为辅助服务及其他电网支撑服务开发市场。在这些新开发的市场中，储能可以变得更有价值。以往储能只能应用于负荷均衡，而现在的功能则可扩展到许多方面。与此同时，建造如奇诺电池系统的大型电池设施带给人们许多教训，而正是这些教训为人们指明方向——设计更小甚至几近可移动的电池储能系统。电池储能不再与水力发电厂去竞争容量，而是在低功率、短持续时间的应用中找到一席之地，从而在不受监管的电力市场显示出其价值。

标准化电力设施的电力转换利润以及电力分配利润被电力公司所得，并且一直以垄断形式进行运营，与此同时，却把发电放入竞争的环境中。人们创建了独立系统运行机构（ISOs），并通过它来监督从发电厂到配电公司的电力输送。人们创造的这个市场可以卖电，同样也可以卖一些在电网运营过程中必要的服务（例如管理）。

虽然监管环境仍在发展，但是几家独立系统运行机构（ISOs）建立各种市场规则，从

而使储能系统能够参与市场之中。储能系统不只是充当"负荷均衡"资源，而且为电网的三个关键部分（发电、输电、配电）提供运营利益。本章将讨论这些利益、电池储能的作用以及满足目前及将来上述需求的电池技术。

30.3　电池储能：储能系统如何创造价值

电力市场上电池储能技术的快速发展发生在 20 世纪 80 年代后期和 90 年代早期。美国圣地亚哥国家实验室在 1993 年和 1994 年的两项研究证明电池储能在电网发电以及输电和配电中的特殊机会。第一个报告题目是"电池储能：国家利益初步评估（入门研究）"，这个报告论证电池储能的潜在需求、成本以及并网效益。其潜在应用包括：空转贮存，容量延迟，紧急发电，输电延迟，分布式子电厂延迟，用户管理。

这个报告主张的一个概念是与中央电厂抽水储能方式相对应，采用电网内的分布式能量存储方式。分布式储能将 8h 以上的储能要求降低到 4h 以下。

第二个报告发表于 1994 年，题目是"电池储能：阶段 1——机会分析"，配合阶段二研究的推进，进一步充实了研究成果，在电网内进行了 10 个以上电池储能技术的验证；而且首次证明电池储能技术是可以满足应用需求的。这些应用实例改变电池储能只能用于电网内提升负载的概念。阶段二应用研究的实例如表 30.1；电池容量需求（MW）、储能时间、每年工作次数等列于表 30.2。在这两个报告发表后，又出现了一些新的储能技术应用。

表 30.1　电力储能应用的定义与分类

类型	应用名称与定义
发电	快速储备：供电系统拥有的储备发电容量，它可以满足按照北美电力可靠性委员会（NERC）提出的 10 项政策要求，防止由于运行发电厂事故造成的对用户服务中断 地域控制与频率响应性储备：与供电系统相连的电网有能力阻止在自己的设施与邻近供电系统的非计划传输（地域控制），同时孤立供电系统有能力对频率偏差的及时响应（频率响应服务）。这两项均来源于 NERC 的 10 项要求 商业储能：贮存非高峰期的电能用于在相对贵的高峰期内电的调度。在这份报告中，商品储能是指需求 4 小时的储能应用
输电与配电	输电系统稳定性：有能力保持所有在输电线路上的构成组件是彼此同步的，以防止系统崩溃 输电电压调整：有能力保持发电端与输电线路的终端负荷间的电压偏差在 5% 以内 输电设施延缓：供电系统具有能力，可以延缓采用其他来源替代现存设施安装新的输电线路和变压器配电设施延缓：供电系统具有能力，可以延缓采用其他来源替代现存设施，安装新的配电线路和变压器
用户服务	用户能量管理调度：调度在非峰值或低价位时段内的储能满足供电的功率要求 再生能源管理：使再生能源供电电源适用于峰值功率（重合峰值）期间的要求，并且可保持在恒定的水平 电源质量与可靠性：使供电系统具有能力防止电压尖峰、电压骤降以及电源停电时可坚持数个循环（低于 1s）到数分钟，让客户不会失掉数据，造成生产损失

表 30.2 指出 1～10MW 规模的电池储能，相当于 15min 到 4h 的存储能力可以满足主要应用需求。本研究列举了当时流行的三种电池技术——铅酸电池、钠/硫电池、锌/溴电池，可满足几乎所有公共需求。

机会分析报告中进一步展示基于不同状态和条件下电池响应情况。

30.3.1　快速备电

北美电力可靠性委员会（NERC）要求电力机构即使在某个发电机出现问题时也不允许停止对客户的供电服务。储备电源必须可以瞬间响应满足 NERC 政策的 10 项要求。满足这个要求需要花费很大的成本。

因为电厂冷却或加热需要时间，烧热涡轮以准备接受负载往往需要 0.5h。为保持电机处预热和旋转状态以提供电力，要求电厂燃烧涡轮在略低于满额容量下工作。储能技术可解决快速备电问题，降低或消除对燃烧涡轮的额外需求，并提高电厂的效率和经济性。储能系统设计上可以快速储备能量，在电机出现故障时可临时替代供电直到找到其他取代电源或待修好故障电机。

因为电厂的临时功率切换在 10～100MW 数量级，所以要求储能系统的储备可以提供同样级的功率。发电厂每年的不规律断电大约需要 20～50 次应急备电，因此储备电源必须能够满足每年随机 50 次的较大放电要求。

图 30.4(a) 说明在发电站出现重大故障的一个典型星期里，电力设施的发电能力。其中，圆圈处阐明了能力消失与利用恰当的资源使之复原的具体细节。图 30.4(b) 显示当需要保持电力设施对负载充足供应时，储能设施是如何响应的。

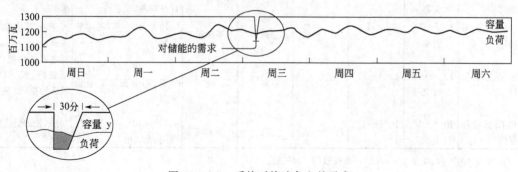

图 30.4(a)　系统对快速备电的需求

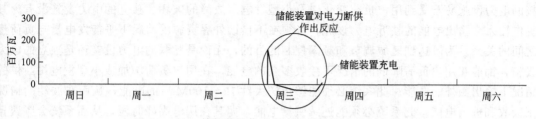

图 30.4(b)　储能装置作出反应而供给快速后备电能

30.3.2　区域控制与频率响应后备

NERC 要求临近的发电厂之间能按照已有的电能传送方案输入和输出电能。此要求源于电力负荷巨大的变化会影响电厂中发电设备的运行速度。发电设备所发出来电的频率随其运行速度而变化。在美国，电力设备设计的用电频率为 60 次/min（Hz）；当电频率严重偏离此值（60Hz）时，用户设备和电力设施的发电设备都将遭到毁坏。为了调节频率，电力设施可以安装储能系统；这样一来，当负荷上涨时放电，负荷回落时充电。通过这种方法，存储系统使发电设备免受负荷波动的影响，从而防止相应的频率波动。

表 30.2　应用要求汇总

应用	功率[1]	存储能量 /min	交流电压 /kV_RMS	占地面积（重要性）	便携性（重要性）	工作循环要求	特殊要求
快速备电	$10^1 \sim 10^2$ 实际	$10^1 \sim 10^2$	$10^1 \sim 10^2$	中等	低	10^1/年，随机的，只放电	无
区域控制与频率响应后备	$10^1 \sim 10^2$ 实际	充电-放电周期 $<10^1$	$10^1 \sim 10^2$	低	低	随机的，连续充放电循环集中在每日 2h 故障期	无
商品电存储	$10^1 \sim 10^2$ 实际	$10^2 \sim 10^3$	$10^1 \sim 10^3$	中等	可忽略	10^2/年，规律的，周期性的，平日（周一到周五）故障放电，高峰月份使用增加	谐波要求比在其他发电应用更加重要
输电系统稳定	$10^1 \sim 10^2$ 复杂	$10^{-3} \sim 10^{-1}$	$10^1 \sim 10^2$	中等	低	10^2/年，随机的，充放电循环	无
输电电压调节	$10^0 \sim 10^1$ 虚的（电抗性的）	$10^1 \sim 10^2$	$10^1 \sim 10^2$	中等	高	10^2/年，平日随机的充放电循环，区域的季节性，至少 6～7 个月	关注安全性很重要
输电设施升级延时	$10^{-1} \sim 10^1$ 复杂	10^2	$10^1 \sim 10^2$	高	高	10^2/年，更可能在平日高峰期，充放电	关注安全性很重要
配电设施升级延时	$10^{-1} \sim 10^0$ 实际	10^2	$10^0 \sim 10^1$	高	高	10^2/年，更可能在平日高峰期，充放电	关注安全性很重要
用户电能管理	$10^{-2} \sim 10^1$ 复杂	$10^1 \sim 10^2$	$10^{-1} \sim 10^1$	高	不确定	$10^2 \sim 10^3$/年，规律的周期	关注安全性很重要
可再生能源管理	$10^{-2} \sim 10^2$ 复杂	$10^{-3} \sim 10^3$	不定的	高	高	$10^2 \sim 10^3$/年，规律的周期，不可预知的能量来源	恶劣的环境，包括极冷、极热，以及多粉尘、腐蚀性的空气
电能质量和可靠性	$10^{-2} \sim 10^1$ 复杂	$10^{-3} \sim 10^0$	$10^{-1} \sim 10^1$	高	不确定	$10^2 \sim 10^3$/年，不规律周期，充放电	关注安全性很重要

① 实的（MW），虚的（MVAR），或复数的（MVA）。

独立的电力设施不会受临近电力设施的电力波动影响，但是这些不与大型稳定电网相连接的电力设施易于受到用户负荷变化以及小型发电厂故障的破坏。独立的电力设施没有为其提供输入或输出电能的临近电力设施，必须在不借助外界资源的情况下平衡发电量与负荷量之间的关系。为了达到区域调节和频率控制的目的，无论是互联的电力设施还是独立的电力设施，都能在用户负荷降低的情况下接收多余的电能，在用户负荷增加或小型发电站断供的情况下输出额外的电能。此系统必须能够传送大约 $10 \sim 100$MW 的电能，从而在波动的情况下吸收和输出电能。此系统必须能连续供给电能，尤其在用电高峰时段，从而系统会频繁且平缓充放电。对于大部分电力设施，负载峰在一年中的出现天数高达 250 个平日。在这期间，有着许多波动，但是总持续时间为 10min 以下。在低需求阶段，当传统设备提供频率和区域控制时，储能系统将会停止工作。

图 30.5(a) 展示了电网上的一个电力设施的功率输出与其相邻电力设施的功率水平之间的失衡关系。图 30.5(b) 说明了储能装置如何来保持计划内电力传输的正常进行。

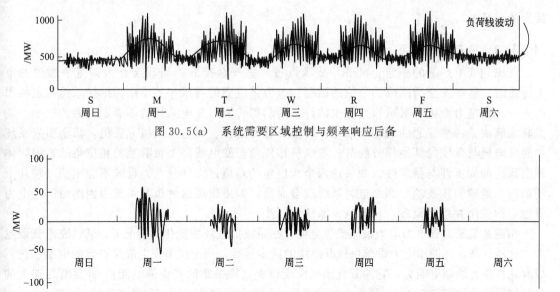

图 30.5(a) 系统需要区域控制与频率响应后备

图 30.5(b) 储能装置作出反应而提供区域控制与频率响应后备

30.3.3 商品电存储

在负荷高峰时段，电力设施往往需要以昂贵的成本来启动内燃-涡轮机来满足用户需求。有了储能装置，电力设施可以在用电非高峰期贮存由基本单元（不昂贵）发出的电，然后在用电高峰期将电能放出。通过这种方式来平衡负荷需求，可以让电力设施增加利润，这是因为可以把在用电非高峰时发的电以高峰时的高价卖出。虽然有关电力设施部门普遍认同用来储能的商品电存储（前面用"平衡负荷"这样的提法）是第一应用，但是用电高峰期与非高峰期发电所耗用的成本差别不大。因此，商品电存储在储能系统中获得的利润只是次要的，而将其应用于其他方面可获得更丰厚的经济利益。

商品电存储应用要求储能系统能贮存大约 1MW 到几百兆瓦的电能。储能系统必须有几个小时的贮存容量（2～8h）。对于那些没有季节性需求波动的电力设施，用于商品电存储的系统将在平日里运行（250 天/年）。对于那些存在季节性峰需求的电力设施，商品电储能系统可能运行没那么频繁。

图 30.6(a) 展示一个典型的电力设施负荷波形以及峰削减量（即作为此应用的储能系统所必须供给的）。图 30.6(b) 展示了储能装置如何满足电力需求（把低成本的电能转化为

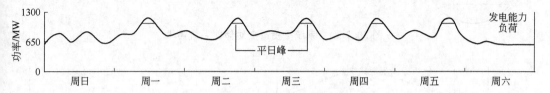

图 30.6(a) 用户集中时典型的负荷曲线图。当负荷量增加的情况下，峰值有接近发电能力的趋势

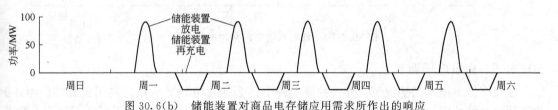

图 30.6(b) 储能装置对商品电存储应用需求所作出的响应

昂贵的商品电）。

30.3.4　变电系统稳定

　　考虑到变电系统的稳定，NERC 要求设置一些安全措施。当政府介入到竞争激烈的电力行业时，这些安全措施成为争论的话题。电力供应商们寻求一些不用为维护系统稳定买单的方法。在电力设施日常运行过程中的许多活动都将引起变电系统的不稳定，因此这个问题尤其难解决。一些普通的活动，如用户转换负载、雷击、发电机联机或脱机，都会引起系统中的发电机与系统的其他部分脱节。发电机相位角与变电线路上负载端的相位角的差值能体现出系统的同步性与稳定性。如果这两个相位角的差值过大并且电力设施不能很快（在几个周期内）地抑制该波动，那么电力系统就会崩溃。如果出现这种极其不想遇到的情况，电力设施必须关闭并重启设备，从而恢复系统的同步。

　　储能系统通过放电为电力设施提供电能，在系统负载环境变化的情况下，通过充电获取电能，这样一来，有助于电力设施保持其系统的同步运行。用于调节变电线路稳定的储能系统需要有几百兆瓦的储电能力，它拥有自动换向变流器（提供实的和虚的电能），并且有足够大的存储容量，从而能够在 1min 到几小时放出足额的电量。储能系统一般每年运行 100 次。

　　图 30.7(a) 图示了变电线路稳定性的两个实例。两个实例都证明发电机不能与系统同步运转，从而产生一个使系统崩溃的一个相位差。圆圈插图部分说明了第一个瞬变的一个放大的时间区域，并且发电机恢复稳定运转。图 30.7(b) 图示了储能系统向系统中吸收和放出几兆瓦的脉冲来消除不稳定。

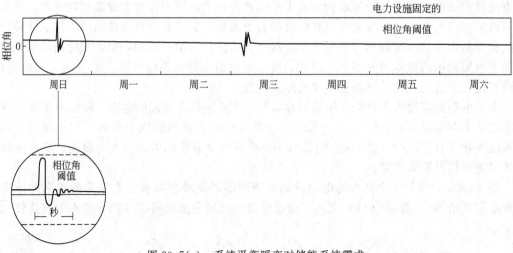

图 30.7(a)　系统平衡瞬变对储能系统需求

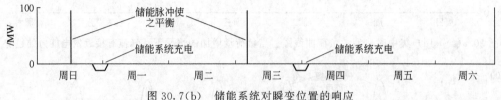

图 30.7(b)　储能系统对瞬变位置的响应

30.3.5　变电电压调节

　　在没有恰当措施的情况下，变电线路上的阻抗会使发电端的电压远高于负载端的电压。为了消除这种效应，电力设施引入电抗性电能来使线路上所有位置的电压保持一致。一般来说，固定电容器和开关电容器为调节电压提供必需的电抗性电能（VARs）。电力设施为了其他一些基础应用而安装的储能系统能够向系统供给 VARs，从而增强现有电容器，并计划在以后的安装中取代电容器。

储能系统在充电、放电或静止的状态下都能提供 VARs。因此，电力设施可以利用百万瓦特的储能系统来实现大约 1～10MVARs 的电压调节。用于电压调节的储能系统必须能在每日用电高峰期（250 次/年）供给 15min 到一个小时的 MVARs。在那些季节性的地区，高峰不会出现如此频繁。变电系统必须能自动变相来提供 VARs。

图 30.8(a) 图示在用电高峰期可能需要电压调节。图 30.8(b) 展示储能系统在充电、放电和不充放的状态下提供 VARs。与电压调节有关的圆形图表中展示了储能系统供给的实电能与电抗性电能。如该图所反映的，储能系统所提供的 VARs 与瓦特值的相对大小是相关的，并且当以满额实电能水平放电时，变电器必须足够大而能提供 VARs。

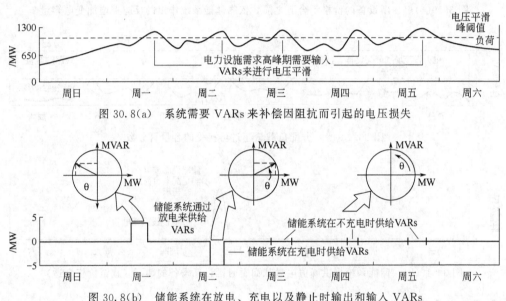

图 30.8(a)　系统需要 VARs 来补偿因阻抗而引起的电压损失

图 30.8(b)　储能系统在放电、充电以及静止时输出和输入 VARs

30.3.6　输电设施升级延迟

当不断增长的电力需求接近变电系统极限时，电力设施会增加另外的一些线路和变电装置。由于负荷量不断增加，新设备在安装时要比需要的更大一些。而在最初几年的运行中，电力设施并不充分利用它们。为了使线路或变电器升级延迟，在负荷需求量亟须新的变电器之前，电力设施可以使用储能系统。

电力设施有时把需要增加变电设施时的需求量定义为这样的负载量，即在此负载量下，倘若一个线路或变电器失效，变电系统还能全面运转。在图 30.9(a) 中，电力设施将这种估算技术应用于两个 100MW 的变电线路上。一个线路在低需求期间就能带动整个负载。但是，在高需求时段，单个线路并不能提供所需的电能。虽然变电能力并不能满足估算标准，但是已有的需求量不会充分利用到第三条线路。电力设施通过储能系统来满足负载需求，从而减缓昂贵设备的升级。

图 30.9(b) 说明了储能设施辅助单一变电线路满足峰需求。储能系统每年会运行几百次，大部分是在季节性高峰期（在这个期间，很有可能出现线路上的负载需求量过大的情况）。这种应用所需的电能大约为几百千瓦到几百兆瓦。能量存储系统需要进行 1～3h 的能量贮存，从而为受限制的变电设备提供一些支持。

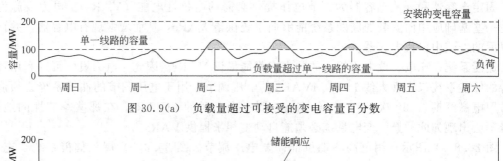

图 30.9(a) 负载量超过可接受的变电容量百分数

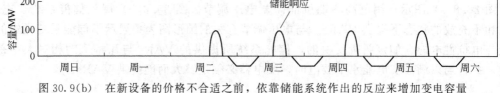

图 30.9(b) 在新设备的价格不合适之前，依靠储能系统作出的反应来增加变电容量

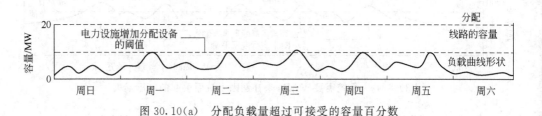

图 30.10(a) 分配负载量超过可接受的容量百分数

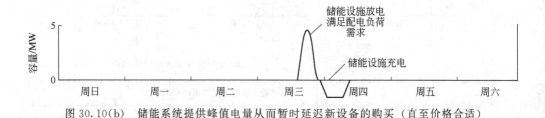

图 30.10(b) 储能系统提供峰值电量从而暂时延迟新设备的购买（直至价格合适）

30.3.7 配电设施升级延迟

当负载需求量接近于电力设施的极限时，电力设施则增加新的线路和变电器。图 30.10(a) 示出了一个峰值过分接近系统极限的分配负载量。由于需求量不断增加，所以电力设施安装的设备超过现有的负载需求。因此，电力设施在其运行的前几年并不会完全利用到昂贵的分配设备。有了储能系统，电力设施可以通过现有的分配设备来满足目前的负载需求量，并且可以使设备的购买及其安装延迟到亟须新设备时。

用于延缓新分配设备安装的储能系统需要的储能能力大约为几十千瓦到几兆瓦，并且能提供 1~3h 的储能。在典型的分配设施中，电池系统在每日高负载期（在季节性峰值期会出现）将运行得最频繁。图 30.10(b) 展示了储能系统利用放电来满足电力需求。

30.3.8 用户电能管理

电力设施依据某月的最高用电量来收取商业用户和工业用户的月费用（峰需求收费）。通过减小峰需求或通过"削峰"，用户可以大幅削减峰需求开支。图 30.11(a) 图示了用户典型的削减月峰需求的方法。在月初，储能系统削第一个峰，然后注明削减后的峰-电能水平。之后，储能系统一直保持静止，直至电能需求超过"削峰"时所注明的参考值时，才会运转。当负载量超过参考值时，系统会用电池放电来削这个峰，然后再确定一个电力设施供给用户的最大电量。这种过程会一直持续到月底系统重启时。

在图 30.11(a) 中，在第一个星期的账务结算期，对用户负载量削峰两次。能量管理系统削第一个月的峰值并记录下最大负载量值，然后等到超过存储值时再削一次峰。图 30.11(b) 说明了储能操作为削峰放电而在非高峰期充电。在此应用中，储能系统每月将充 7～8 次电（每年大约 100 次）。系统规模将在 10kW～1MW 的范围内。储能系统需要有 1～2h 的贮存能力。

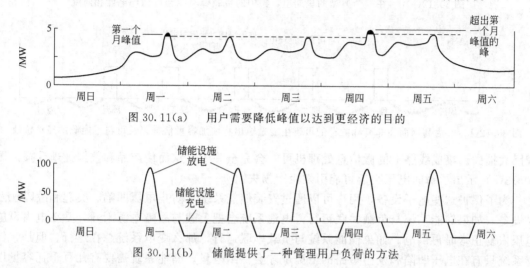

图 30.11(a)　用户需要降低峰值以达到更经济的目的

图 30.11(b)　储能提供了一种管理用户负荷的方法

30.3.9　可再生能源管理

储能系统对于可再生能源系统有几种潜在应用。在近期的一个应用中，在亟须传送可再生能源的情况下，储能系统可以有助于其传送。通过贮存可再生能源系统所产出的电能（这些电能产生时间不与电力设施的峰需求相匹配），拥有可再生能源的一方可以在峰需求期输出电量，并在电力设施需求与可再生能源供给之间制造一个"匹配峰"。由于在高峰期输送可再生能源，电力设施将要支付较高的费用，从而使在设施峰期传送的可再生能源有较大的经济利用价值。在当前可再生能源种类繁多的时期，可再生能源所产出的电的"价值"将会不断地促进国家绿色能源的发展。

对于储能系统在可再生能源系统的另外近期应用就是从不稳定电源汲取能量，而后输出可靠、所需的稳定电能。由于电力设施必须保证能及时获得的电能的量，这种电能"稳定地"使可再生能源种类更加不确定，从而增加其经济价值。

应用于这两方面的储能系统将能输出 10kW～100MW。储能系统需要有瞬间储能能力从而可以确定瞬时波动的位置，并且也要有 1～10h 的储能能力而为日常储能或匹配峰所用。对于匹配峰，储能系统在日常电力设施高峰时每年大约放电 250 次。为了保持电能稳定，储能系统将会随机充放电。

从长远意义上讲，可再生电能占巨大比例的电力设施必须能有几天到几个星期的储能能力，从而能跨过阴天或无风期。

图 30.12(a) 显示了具有日常峰（在下午和傍晚时）的电力设施负荷曲线形状。图 30.12(b) 显示了储能系统提供电量与峰需求匹配。

30.3.10　电源质量和可靠性

小型工业及商业用户一般会运行一些敏感的电子系统，这些系统不能承受电压凹陷、电压突起或断电。电压凹陷的持续时间可能只有一或两周（约 1/60s），但是这个效应却会造

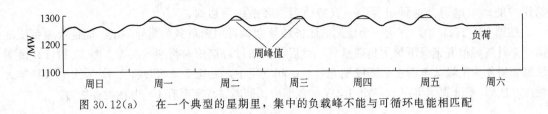

图 30.12（a）　在一个典型的星期里，集中的负载峰不能与可循环电能相匹配

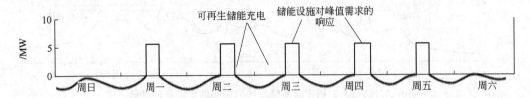

图 30.12（b）　为高峰而在非高峰贮存的可再生能量输出将增加容量信誉以及可再生能源的经济价值

成巨大损失。集成线路上的微信息处理机可能会完全关闭，从而使产品和数据处理受损。图 30.13（a）示出了瞬间电压突起可能引发生产损失。

为了保护这些电子设备，用户可以通过安装储能系统来防止电压凹陷、突起和故障触及其设备。如果储能系统与负载并联运行，电池系统会把负载与故障电源断开，并在电力设施电压恢复正常时再供电。如果储能系统与负载串联运行，那么变电系统总在运行。但是，储能系统只有在电压凹陷和发生短路的情况下才会供给电量。储能系统需要有几百千瓦容量以及 15min 的存储能力。

电压凹陷、电压突起或断电一般每年会发生 10 次，需要一只自动整流转换器来改良 60Hz 电压。

图 30.13（b）图示了储能系统与负载并联安装，这样一来，它会一直运行并在需要的情况下提供或吸收备用电能。

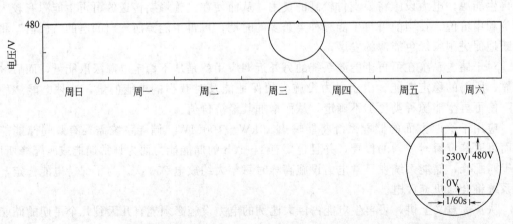

图 30.13（a）　在一条 480V 的线路上出现一个 50V 的（能引起发电设施断供）暂态尖峰

电池储能系统的一些应用例子在这些研究里是假设的，而自那时起，这些应用成功地在全国范围内用于电力设施，并且能更好理解电池系统有效支持电网的机理。早期使用的典型案例包括以下几点。

① 位于圣胡安（波多黎各首府）的 Sabana Llana 变电所的波多黎各权威电力电池系统；安装的目的在于为岛上的电网提供热备用和进行频率控制。

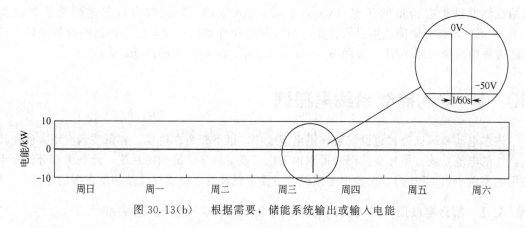

图 30.13(b)　根据需要，储能系统输出或输入电能

② 隶属于金谷电力协会的美国阿拉斯加州，Fairbanks 电池系统；安装的目的在于保持 Fairbanks 当地电网的变电线路稳定以及调节电网电压。

这两个设施的具体细节将在本章的后面进行描述。

这些研究还引入另外一个重要概念，这个概念有助于更好了解电网中储能设施的经济价值以及利用价值。这是一个各为"群集"或多重利益的概念，也就是同样的电池系统可以向电力设施网提供多种利益。因此，单独的电池系统可以在多种应用中获得多重利益，除此之外，这些利益可以通过单方面（电力设施或其用户）投资而获取。表 30.3 提出三组应用[2]，每个应用都由相互协调的一定尺寸和类型的电池系统构成。

在目前价格条款下确定的成本/利润计算显示：为了获得投资回报，必须把单个储能系统的多重应用结合起来。

20 世纪 80 年代中期到 20 世纪 90 年代后期，日本电池储能系统有显著发展。其中最显著的是"月光工程"，这个工程是由日本国际贸易与工业部（MITI）承包的，目的之一就是发展一套电池技术，其中包括铅酸电池、钠/硫电池。日本建设了两个大型铅酸电池示范工程，但发展重点很快就转移到采用钠/硫电池技术。

表 30.3　储能的互补、联合应用[2]

组别	应用	电能 /MW①	放电持续时间/h	放电深度	放电频率（在 24h 内）
I	旋转后备，区域/频率调节，负载均衡，发电能力升级延时	10~100	1~3	浅（区域/频率调节） 中等（负载平衡，发电能力升级延时） 深（旋转后备）	连续充放电,250 个平日 一个充放电周期,250 个平日 一个充放电周期,每年 20~50 天
II	配电设施升级延时,电压调节	1	1~3	浅（电压调节） 中等（分配设施升级延时） 深（分配设施升级延时）	VAR 输入最小贮存,250 个平日 一个充放电周期,每年少于 30 天 一个充放电周期,每年少于 30 天
III	可靠性(UPS)，电能质量,削峰	0.1~1	1~2	浅（电能的质量和可靠性） 中等（可靠性） 深（削峰）	一个充放电周期,每年少于 20 天 一个充放电周期,每年少于 20 天 一个或两个充放电周期,每年 250 天

① 这一系列值反映的是联合应用所需电能。

随着电力联盟公司的撤销和可再生能源的快速增长，电池储能技术快速发展。2000 年以来一些研究证明了在撤销电力联盟环境下电池储能的特殊作用[9~11]，详细资料请参阅电力储存机构（ESA）网站（www.electricitystorage.org）。美国圣地亚国家实验室储能系统网站也能提供更有价值的信息（www. sandia. gov/ess）。美国政府以先进研究能源机构（ARPA-E）名义对储能技术投入资金，2010年早期许多技术和验证工作已经开始实施。目前的进展情况请参照 ARPA-E 网站（arpa-e. energy. gov/FundedProjects. aspx）。

30.4 电池储能系统里程碑

许多电池系统已经被建设安装在供电系统中，以下介绍在规模、容量或新应用方面颇具代表性的电池系统。虽然在欧洲和远东地区也安装了许多电池储能系统，此处大部分仅介绍美国的案例[12]。下述内容反映电池系统的主要贡献及对电储能连续使用所发挥的作用。

30.4.1 新月电联盟（现为美国能源联合会），BESS，北卡罗来纳州[12,13]

应用：削峰。

工作期间：1987年～2002年5月。

功率：500kW。

能量：500kW·h。

电池类型：富液式铅酸电池。

电池规模：2080A·h（C/5率）；324个单体。

电池制造商：GNB工业电池，现为 Exide 电池。

电力转换系统制造商：Firing Circuits，线补偿，12-脉冲闸流转换器。

在美国电网中第一次引入电池储能技术的是新月电联盟，用于削峰。这种电池最早在1983年就安装在电池能量测试设施（BEST）。BEST建在电、煤气服务公司（PSE&G）区域内，是由EPRI与美国能源部共同投资，其目的就是建一家实验室用于测试大型固定式电池为公共电力服务。经过第一阶段几百次的充放电完整测试，1987年北卡罗来纳电力联盟（EMC）决定采购该电池储能设施并搬迁到北卡罗来纳州。

新奥尔良电联盟（EMC）是乡村电联盟，它从公爵能源公司购买主要电力再提供给本地区的终端用户。电池控制系统允许两种削峰模式：500kW恒功率放电1h以内，200kW放电3h。其放电模式取决于公爵能源公司负载状况。储能电池只是在公爵能源公司要求削峰时工作，主要集中在炎热的夏季或寒冷的冬季，并不是很频繁。

这组电池在1987年安装运行后至今工作正常，尽管远远超过了8年的保证寿命期，依然状态良好。同时，也显示非常好的循环可靠性，据说已超过2000次的设计循环寿命。1995年时电池已正常工作到设计寿命时间的95%，已为新奥尔良电联盟节约了223000美元。1999年进行容量测试时，电池容量超过2000A·h，仍然保持在初始容量水平。这组电池被设置在金属预制建筑内，靠环境空气流动通风冷却，在工作寿命期间内只进行最低限的日常维护。2002年5月，由于发生明显的电池充电器故障，造成电池组过充电受损，考虑到其工作年限、近期电池性能（容量开始显著衰降）、修理或更换PCS成本等因素，最终决定该电池系统退役。

30.4.2 南加利福尼亚爱迪生季诺电池存储工程

应用：几种示范方式，包括负载平衡、变电线路稳定、T&D缓役、局部VAR控制、暗室。

运行日期：1988～1997年。

功率：10MW。

能量：40MW·h。

电池类型：富液式铅酸电池。

电池：8256 个单体电池并联成为 8 组电池组（每组电池组包括 1032 个单体电池）。

电池容量：2600A·h。

电池生产商：Exide 电池组 GL-35 单电池。

电力转化系统：GE 双向，18-脉冲，阶梯式门极关断、基于半导体闸门管的转换器。

季诺电池存储工程的主设施为南加利福尼亚爱迪生（SCE）公司，它是由 EPRI、美国 DOE 以及国际铅锌研究组织（ILZRO）联合赞助的一个工程。正如前面表 30.3 所列出的，它是设备级电池储能系统多重应用的一个早期示例。在它竣工之时，成为了世界上最大的电池储能系统设施。但是，直到 PREPA 电池系统与 Fairbanks 电池系统分别于 1994 年和 1999 年运行以后，该工程才获此荣誉。

用于控制季诺电池以及将它连接到 SCE 电网的电力转换系统是由 GE 公司利用 GTO 半导体闸门管建成的。电池系统的单电池有自动的压缩空气鼓泡搅拌系统，这主要防止电解质、单电池的喷水系统、火焰捕捉器以及安装在单电池上的砷化氢/碲化氢过滤器的层化。人们通过精细的管理控制和数据获取系统（SCADA）来控制电池系统。它们中的一些装置都是实验性设计，安装在系统中观察将来在大电池系统中应用的性能。

这个系统在运行过程中出现一些小毛病，包括自动喷水系统运行故障、雨水（从屋顶漏下）引发的短路、单电池容器膨胀和引发的漏电、一些 PCS 运行故障。总体来说，系统按预想运行并且为电池储能系统的多重应用提供了一些有价值的参考。计算所得的总体系统效率（AC 到 AC）为 72%，其中包括所有损失。

30.4.3　波多黎各电力权威（PREPA）电池系统[15,16]

应用：频率控制和自旋存储。

运行日期：1994 年 11 月～1999 年 12 月。

功率：20MW。

能量：14MW·h。

电池类型：富液式铅酸电池。

最初的电池组：6000 个单体电池并联成为 6 组电池组（每组电池组包括 1000 个单体电池）。

电池生产商：C&D 电池。

电力转换系统：GE 双向，18-脉冲，阶梯式门极关断。

PREPA 电池系统是彻头彻尾的商业电池系统，需要每天为波多黎各的岛屿电网提供频率控制以及自旋存储。这个电网有持续的稳定性问题，并且通常有频率和电压偏离，如果不通过增加新发电装置来调节与稳定电网，那么这些偏离只能靠极端负荷脱落来控制。对于新的发电装置的选择包括快速运转的内燃涡轮机或电池储能。PREPA 电池系统的分析显示，由于储能系统对频率调节和自旋存储有更短的反应时间，从而能提供较好的运行利益。反应时间相对较长的内燃涡轮机需要较大的安装容量，然而反应时间短的电池系统则只需要很小的电池就能与大型号的内燃涡轮机发挥同样的作用。通常，电池系统在 1s 内方可达到全功率运行，而如内燃涡轮机的机械系统需要几秒到几分钟才能达到其全功率输出。貌似差别很小的反应时间会对电网稳定产生差别很大的后果，在电网中一些事件会引起在几个周期内供电中断。因而，在某些情况下，1min 的差别足以导致彻底断电。因此，可以得出相对于内燃涡轮机，电池系统是具有更高成本效率的选择。这是因为较小的电池系统胜于巨大的内燃涡轮机。这尤其适用于岛屿电网，对于岛屿电网，没有临近的电网与其连接，从而在出现意外事故时，并不能靠其他电网平衡短时间内的发电量不足。

PREPA 电池系统在应用与电池类型方面都效仿 BEWANG 电池系统（此系统建立在德国柏林）。在 PREPA 电池系统工程开始时，阀控铅酸电池已经商业化。但是 PREPA 选择贫液、平板单电池，这是由于有在 BEWANG 已经证实的记录。但是，自从设施于 1994 年开始运行以后，电池工作比预期要频繁得多，从而使电池的老化比想象中快得多；如此频繁使用使正极板生长，从而使电池/盖子破裂、漏电、短路，最终使电池使用寿命缩短。

在 2001 年，决定更换 PREPA 电池系统。选用了管式正极板和贫液电池，并于 2004 年中期安装新的电池系统。但是随后出现一些问题，之后不再应用这个电池系统。

30.4.4 金谷电器协会（GVEA）Fairbanks 电池系统[22,23]

应用：VAR 支持、空转后备、电能系统稳定。

运行日期：2003 年 9 月 19 日至今。

功率：27MW，15min。

能量：14.6kW·h。

电池类型：镉/镍电池 SBH920。

电池：4 组，每组 3440 个单体电池，一共 13760 个单体电池。

GVEA 电池储能系统是正在运行的最大电池系统之一，并且采用很少采用的镉/镍蓄电池。这个系统是由 ABB 公司和 SAFT 公司于 2003 年联合建设并安装的。它通过电压（VAR）支持、空转后备保证整个电网系统的稳定。这个系统耗资 3030 万美元，其不同寻常之处体现在能在 5kV DC 以上运行。自从运行以来，该系统已经为电网阻止 200 次以上断电。在运行的前 16 个月里，BESS 的有效性超过 98%。

30.5 固定式用途的先进电池技术

在储能领域，已提出并开发许多种电池技术，只有少数技术被实际采用。铅酸电池和镉/镍电池已被应用于储能领域，其技术细节请参照本手册的其他章节。其他技术，比如锂离子电池技术尚处于应用的初期阶段，目前的技术状态请参照本书册的第 26 章及第 27 章。以下仅关注各种电池的储能应用。

30.5.1 β-Al_2O_3 钠高温电池[25]

使用金属钠的可充电高温电池应用于大型、公共电力储能领域。其潜在应用如表 30.2 所示，包括负荷平滑、电力质量、削峰、可再生能源管理与并网以及输配电延迟。

近年来，已有多种钠基电池新方案，但仍以 β-Al_2O_3 钠电池为主。采用这种体系设计是基于两个共同而重要特性：其一是采用液态钠作为负极活性材料；其二是采用 β-Al_2O_3 陶瓷作为电解质。钠/硫电池技术是 20 世纪 70 年代中叶引进的[26]，当时看好该类电池的原因是由于其设计的多样性。表 30.4 归纳了钠/硫电池的优缺点。

10 年后，钠/金属氯化物体系开始起步[27]，该类电池比较容易解决钠/硫电池开发中的问题。表 30.5 比较两类电池的特性。

通过 20 世纪 90 年代中叶的技术发明和技术进步，上述两类电池作为引领者可以满足许多电池储能应用要求。一种最有吸引力的应用是电动车电源（EV）。但是，相关经济分析结果表明该类电池市场开发缓慢，目前已终止对大部分 β-Al_2O_3 钠电池开发项目的资金支持。

表 30.4 钠/硫电池技术的先进性与局限性

特 征	注 释
先进性	
相对于其他电池体系,其成本较低	原料廉价,结构密封,免维护设计
循环寿命长	使用液态电极
高能量和体积比功率	低密度活性材料,高电压
工作范围弹性大	电池可在各种条件下工作(例如,不同充放电率、放电深度和放电温度)
能量效率高	能量效率≥80%,因为高库仑效率以及适中电阻
对环境温度不敏感	封闭的高温体系
充电状态可以鉴别	满电时高阻抗,同时由于 100% 的库仑效率而可进行简单的电流计算确定荷电状态
局限性	
热的维持管理	维持能量效率和提供足够的待命时间
安全性	熔融状态活性材料的电化学反应必须可控
密封耐久性	腐蚀环境的电池密封问题
耐凝固-熔化性	因为采用陶瓷电解质,在高热应力条件下存在破裂风险

表 30.5 钠/氯化镍电池与钠/硫电池技术的特征比较

体 系	钠/氯化镍电池	钠/硫
开路电压	2.59V	2.076V
宽工作温度范围 (最佳工作温度)	220~450℃ (270~350℃)	290~390℃ (310~350℃)
安全的反应产物	与钠/硫体系相比,反应放热量低,从环境温度到 900℃ 反应物的蒸气压低	
反应产物腐蚀性	钠/氯化镍体系正极反应产物与钠/硫体系的熔融多硫化钠产物相比,对金属部件的侵蚀性较小	
电池组装	与钠/硫体系相比,由于钠/氯化镍体系正极放电产物可用,所以采用完全放电状态的产物而不用金属钠	
可靠性故障模式	如果电解质出现问题,钠将与第二电解质反应而造成短路	
耐凝固-熔化	无;热应力小,因为正极设置在电解质中;正极固化温度与环境温差小,主电解质与辅助电解质的热膨胀失配小	存在
易于回收	从经济角度看,使用过的电池中的镍需要回收(<2kg/kW·h),其电池结构设计易于回收,回收的镍可循环利用	否
体积比能量	20 世纪 90 年代早期,该体系电池体积比能量相对较低,这是因为采用管状结构的电解质,电池内阻较高,特别是在放电末期更明显;新设计的该体系电池通过采用十字形结构的电解质,并对正极材料中加入添加剂,解决体积比能量低的问题	较好
能量密度	稍低	一般

　　正像前面所描述的那样，在欧盟开发钠/金属氯化物电池技术的同时，日本针对固定式应用开发了钠/硫电池技术。表 30.6 列举了 β-Al_2O_3 钠电池的开发商及主要应用。

　　本手册中其他章节虽然也介绍该类电池，但不够全面。更详细的技术资料将在后面介绍。

表 30.6　1970 年以来开发的主要 β-Al$_2$O$_3$ 钠电池

公司	缩写	国家	主要应用	状态
钠/硫体系				
日本碍子-东京电力	NGK	日本	固定用	仍在进行
汤浅公司	YU	日本	固定用	已停止
日立公司	HIT	日本	固定用	已停止
Silent Power Ltd.	SPL	英国,美国	移动和固定用	已停止
Asea Brown Boveri	ABB	德国	移动用	已停止
Eagle-Picher Technologies	EPT	美国	固定用	暂停
钠/氯化镍体系				
MES-DEA SA	MES	瑞士	移动用	仍在进行

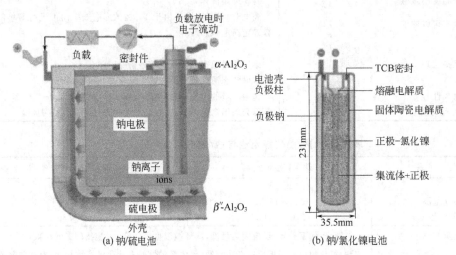

图 30.14　两种 β-Al$_2$O$_3$ 钠电池的工作示意

[图（b）由 MES-DEA SA 提供]

30.5.2　电化学体系描述

图 30.14 给出了两种 β-Al$_2$O$_3$ 钠电池的单体电池结构图。如上一节所述，两种 β-Al$_2$O$_3$ 钠电池都使用了固体钠离子导电的 β''-Al$_2$O$_3$ 电解质。电池必须在较高的温度下（270~350℃之间）工作，以保证全部（Na/S）或部分（Na/MeCl$_2$）的电极活性物质处于熔融状态，使 β''-Al$_2$O$_3$ 电解质有足够大的离子电导率。

30.5.3　钠/硫体系电化学

在放电过程中，金属钠（负极电极）在钠/β''-Al$_2$O$_3$ 界面被氧化成 Na$^+$，这些离子迁移穿过电解质在正极区与还原的硫结合生成 Na$_2$S$_5$。因为 Na$_2$S$_5$ 不会溶于剩余的硫中，因而形成两相液态混合物。当所有的硫反应被消耗掉后，Na$_2$S$_5$ 变成高硫含量的多硫化物 Na$_2$S$_{5-x}$。在充电过程中，这个反应逆转。以下式描述两个半电池和全电池反应。

$$负极\ 2Na \underset{充电}{\overset{放电}{\rightleftharpoons}} 2Na^+ + 2e$$

$$正极\ xS + 2e^- \underset{充电}{\overset{放电}{\rightleftharpoons}} S_x^{-2}$$

$$全电池\ 2Na + xS \underset{充电}{\overset{放电}{\rightleftharpoons}} Na_2S_x\ (x=5\sim3)\quad E_{OCV}=2.076\sim1.78V$$

尽管钠/硫电池的实际电性能依赖于设计，但总的电压特性取决于其体系热力学规律。

典型钠/硫电池特性如图 30.15 所示。图中显示在不同放电深度的平衡电位或开路电压、充放电过程中的工作电压。当放电深度在 $60\% \sim 75\%$ 时，硫与 Na_2S_5 两相混合共存，开路电压是常数（2.076V）。在 Na_2S_5 单相区至选择的放电终点处，电压开始线性下降。放电终点通常设置在 $1.78 \sim 1.79V$ 开路电压。而开路电压为 1.9V 时，多硫化钠的组成近似为 Na_2S_4（1.8V 时则近似对应 Na_2S_3）。许多开发商选择的放电终止电压值低于 100% 理论终止电压值（例如 1.9V）。有两个理由：其一是 Na_2S_x 的腐蚀性随 x 值降低而增大；其二是防止由于电池内部温度和放电深度的不均匀性而造成过放电。如果反应产物超过 Na_2S_3 连续放电，将形成含有固态 Na_2S_2 新的两相混合物。由于生成 Na_2S_2 可导致高电池内阻，使可充电能力差，会破坏电解质结构。

图 30.15 也显示钠/硫电池的其他重要特性。在高 SOC 区间，由于绝缘性纯硫生成导致充电工作电压急速升高（图中也显示了高电池内阻）。这种变化同样反映在放电初期的电压轻微降低现象上。当以 $C/3$ 率放电时电池的平均工作电压约为 1.9V。该电池的理论质量比能量是 $755W \cdot h/kg$（对应开路电压 1.76V）。尽管钠在初始充电时不能完全被还原，电池还能够在随后放出理论安时容量的 $85\% \sim 90\%$。由于该电池体系的反应物和产物均处于完全熔融状态而消除了传统结构电极的老化机理，具有长循环寿命特性。

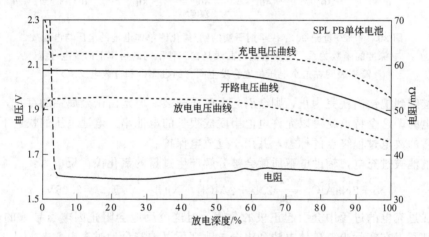

图 30.15 SPLPB 电池电压、内阻对单体电池放电深度的函数关系图

($C/3$ 率下放电；$C/5$ 率下充电)

30.5.4 钠/金属氯化物体系电化学

两种 $\beta\text{-}Al_2O_3$ 钠电池技术的主要电化学差异在于金属氯化物正极。钠/金属氯化物电池包含一种熔融的辅助电解质（$NaAlCl_4$）和不溶的电化学活性金属氯化物相 [如图 30.14(b) 所示]。加入辅助电解质的目的是为了提供介于主要电解质 $\beta''\text{-}Al_2O_3$ 和固态金属氯化物电极间的钠离子导体。正极使用两种过渡金属（镍和铁）氯化物的电池已被研制出来。选择镍和铁的氯化物的主要原因是它们在熔融的辅助电解质 $NaAlCl_4$ 中不溶解[27,28]。在放电过程中，固态金属氯化物转变成相应的金属和氯化钠晶体。它们的全电池反应为：

镍电池　$NiCl_2 + 2Na \underset{充电}{\overset{放电}{\rightleftharpoons}} Ni + 2NaCl$ 　$E_{ocv} = 2.58V$

铁电池　$FeCl_2 + 2Na \underset{充电}{\overset{放电}{\rightleftharpoons}} Fe + 2NaCl$ 　$E_{ocv} = 2.35V$

图 30.16 给出了 20 世纪 90 年代早期研制的钠/氯化镍电池的电压特性与放电率和放电深度的函数关系。图中不仅给出了全电池反应的热力学电位，而且也给出了只有在过充电和

过放电的状态下才能进行的另外两个电池反应的相应热力学电位。超过正常放电终点后氯化镍被耗尽时，电池的工作电压会快速下降。在这个转折点上，$NaAlCl_4$ 开始发生以下的金属还原反应：

$$3Na + NaAlCl_4 \xrightleftharpoons[\text{充电}]{\text{放电}} 4NaCl + Al \qquad E_{ocv} = 1.58V$$

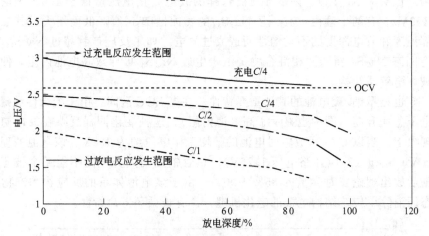

图 30.16　20 世纪 90 年代早期研制的钠/氯化镍单体电池的电压与电池放电深度的函数关系（三条较低的曲线是在三种不同的倍率下的放电过程，箭头表明在这个电压位置会发生固有的过充电和过放电反应）

　　如果继续到把钠消耗完为止，则会引起电解质破裂。但是由于金属铝的存在，电池此时仍然是导电的。这个特点就可以允许电池串联成很长的电池串。电池电压的快速下降可以作为一个可靠的放电过程终点的标志，并用于过放电保护。

　　如果电池被过充电，辅助电解质就会被分解产生过量的氯化镍，反应为：

$$Ni + 2NaAlCl_4 \xrightleftharpoons[\text{充电}]{\text{放电}} 2Na + 2AlCl_3 + NiCl_2 \qquad E_{ocv} = 3.05V$$

　　尽管在过充电的过程中会引起正极的分解，但这个反应会阻止因电压导致的 $\beta''\text{-}Al_2O_3$ 电解质的破裂。在实际中，单体电池和组合电池都可以被安全地过充电 50% 以上。

30.5.5　钠/硫电池技术

　　大多数钠/硫电池技术工作都是针对电动车和储能应用展开的，空间及国防应用（如卫星、潜艇、坦克）最初也是基于电动车的钠/硫电池设计。如前所述，目前只有日本开发的固定式用途的钠/硫电池尚在运行。

　　目前占有钠/硫电池技术开发与应用主导地位的是日本 NGK 和东京电力（TEPCO）的联合机构，该机构创始于 1984 年[29]，其目的是开发一种具有合适比能量的电池用于公共电网平衡及削峰，其要求是可放电 8h。该电池的关键技术是采用高精度的大直径 $\beta''\text{-}Al_2O_3$ 管。

　　其他日本开发公司如汤浅公司和日立公司开发钠/硫电池技术的初衷是针对公共事业的大规模电网平衡。汤浅公司的初始工作是承担一部分国家"月光计划"，设计和制备大量 300A·h 单体电池[30~32]。日立公司瞄准的是包括可再生能源储能等其他应用，从 1983 年开始设计开发一系列钠/硫电池[33,34]。

　　两家美国公司在中止其各自项目之前（20 世纪 80 年代中期），福特航空宇航通讯公司（FACC）和通用电气公司围绕公共电网负载平衡曾开发出以钠为中心的大型单体电池。SPL 公司针对电动车用途开发标称容量 30A·h 的单体电池（XPB）[35]。

30.5.6 钠/氯化镍电池技术

前面的图 30.14(b) 已经给出了钠/氯化镍单体电池的示意图；图 30.17 也给出了现在的钠/氯化镍单体电池的照片。在该标准电池结构中，金属钠位于 $\beta''\text{-}Al_2O_3$ 电解质的外面（外部钠结构），如果采用内部钠结构时就要使用昂贵的镍容器。外部钠结构电池的另一个优点就是电池的外壳可以采用横截面为方形结构。方形的电池可在电池组外壳的空间内获得最大的体积利用效率。使用外部钠结构单体电池的第三个优点就是电池在熔化-凝固循环期间电池的运转情况，此时，不会产生对电解质有害的张力，因此，也就有效地消除了这一潜在的失效模式。正极本身被包含在电解质管内。在完全充电的电池中，正极是被部分氯化为二氯化镍的多孔金属镍基体，基体中未被氯化的镍还起集流片的作用。大约会有 30% 的镍参加单体电池的化学反应。镍基体被浸渍在 $NaAlCl_4$ 熔融盐中。在钠/氯化镍电池中钠电极不像钠/硫电池中的钠电极那么复杂，因为在钠/氯化镍电池不必考虑安全性问题。解决单体电池的外壳体与电极的密封问题与钠/硫电池的解决方法一样。在放电过程中，正极的化学反应从固态镍结构的外表面发生，反应继续进行，逐渐增加还原镍的厚度。这种向核心收缩的过程使得电池的内阻在放电过程中增大，因为有效的参加反应的氯化镍面积在不断地减小。与钠/硫电池相比，钠/氯化镍电池放电过程中的化学反应有另外一个明显的优点，即电池可以安全地用放电产物（金属镍和镍盐）生产组装，然后再被充电。

同样，与钠/硫电池不同，钠/氯化镍电池已经在一个基本应用——电动车方面不断取得进展。主要的研发商是瑞士的 MES-DEA SA 公司。该公司从 AEG 盎格鲁电池控股公司（AABH）购买了钠/氯化镍电池技术，盎格鲁电池控股公司（Anglo Battery Holdings, AABH）是由德国的 AEG 公司与钠/氯化镍电池最初的研发者（Zebra Power System and Beta R&D Ltd., ZEBRA）合作成立的公司。根据这项技术的起源，钠/氯化镍电池技术通常也被称为 "ZEBRA"。首字母缩写词 "ZEBRA" 也代表 "零排放电池研究活动"。这项技术的开发几乎只针对高电压的镍基系列正极电池，采用铁作为掺杂剂。因此，本章对纯铁基体系不做进一步讨论。

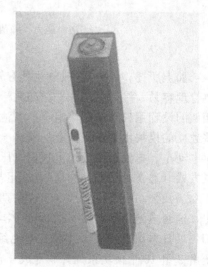

图 30.17 ML3 型 MES-DEA 钠/氯化镍电池照片
[MES ML3 电池尺寸为 36mm×36mm× 232mm（该照片由 MES-DEA SA 提供）]

钠/氯化镍电池的设计容量一般为 20~200A·h，脉冲放电能力（特别是在放电末期）和容量得到提高[36]。在放电深度为 80% 时，ML3 型电池的功率是 1992 年制造电池产品 SL09 的 2.5 倍。这一结果可以通过比较前面图 30.16 的结果与图 30.18 现在的钠/氯化镍电池的放电数据得出。现在的电池最重要改进包括：①采用带沟槽或十字形的电解质减小正极的厚度并增加 $\beta''\text{-}Al_2O_3$ 电解质的面积；②采用铁作为镍基正极的掺杂剂。设计优化及电池正极化学物质的优化也使容量提高了 20%~40%。20 世纪 90 年代的 ZEBRA 电池的可靠性也得到验证。最近在加拿大继续对固定式 ZEBRA 储能系统进行深入开发与测试[37]。在最近发表的论文中对现行 ZEBRA 技术也进行过描述，并对固定式应用表现出极大兴趣[38]。

30.5.7 钠/硫电池设计思路

组合钠/硫电池的零部件包括支撑单体电池的结构件，确保所有单体电池处于相对较高温度（例如对钠/硫体系在270～350℃之间）的热控制系统（包含保温系统），电连接系统（单体电池与单体电池间，单体电池与功能模块间，功能模块与电池组间的连接），预防单体电池可能失效的装置和与安全性相关的硬件（例如热熔断丝）等。电池组的装配是根据电压、能量和功率的要求对单体电池进行串联或串、并联组合来完成。内置的电加热器用于单体电池的初始加热，并在电池组工作期间如果有热损失时可用于热补偿以保持工作温度稳定；否则将处于待机状态。通常情况下，由于电池在标准的充放电期间产生欧姆电阻热和反应热而不需要供给额外的热量。

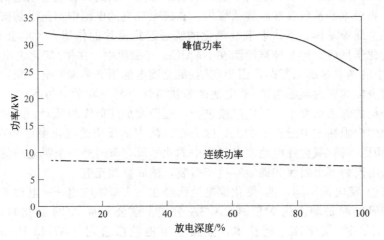

图 30.18　现在的钠/氯化镍电池（Z5C）的
功率能力（峰值和连续运行）与放电深度的相互关系
（MES-DEA SA 提供）

如上所述，因为钠/硫电池具有较小的占用空间（高能量密度）、常规运行时的高效率、热管理容易、维护要求少、循环灵活等基本特性而在固定式应用方面很有前途。研发商采用相似的设计用独立的模块组合成电池组，其功率为 10～50kW、能量为 50～400kW·h。这些独立的模块由带热保护套的单体电池串、并联构成，这些模块也同样可集成为电池组应用于电动车。电池组的设计可根据电压、能量、功率的不同要求来确定采用何种模块的串、并联方式（通常是相同结构）。电池组与电力系统相连后可用于公共端，也可用于用户端。

汤浅公司在 20 世纪 90 年代初期建设并运行第一套 1MW、8MW·h 的大型钠/硫电池组，这套电池组包含 26880 个单体电池[30～32]。如前所述，该项目部分源于"月光计划"，即一项日本国家研究项目[8]，电池组性能在公共团体的负载平衡应用中进行了验证。该系统由 2 组 10 个模块系列并联而成，模块功率为 50kW，能量为 400kW·h[31,32]。与其他日本研发商相同，汤浅公司又改进模块概念转而使用小功率模块（约 25kW）[33]。日立公司围绕可再生能源应用并开发钠/硫电池储能技术。上述混合动力用电系统中，需要用电池平衡风能和太阳能发电造成的电网波动。这些项目尚处于草案阶段计划就宣告终止。

NGK 钠/硫电池概念模块及运行照片如图 30.19 所示，图中显示一套 NGK 钠/硫电池模块及由 50kW 模块组成的集成系统。

30.5.8　β-Al$_2$O$_3$ 钠电池系统应用

β-Al$_2$O$_3$ 钠电池技术是针对相对大规模储能用途而开发的（如 10kW·h 级到 1000kW·h 级储能装置）。选择该项技术主要是由于其高能量密度、免维护、性能不受环境温度影响、100% 的库仑效率均衡、低成本潜力（相对于其他先进电池）以及相对于现行传统可充电

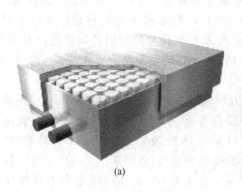
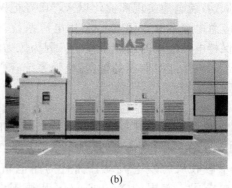

(a)　　　　　　　　　　　　　　　(b)

图 30.19　　NGK 固定式储能电池

(a) 50kW 模块；(b) 由 10 个模块集成的 500kW、4MW·h 演示验
证电池系统，这个系统 1998 年 6 月安装在 NGK 公司本部，到 2010 年
仍在运行使用 (本照片由东京电力公司和 NGK 提供)

池体系的操作灵活性。

许多储能用电装置包括发电站、变电站及紧急配电装置等在工作期间都需要电池储能，应用例子包括安装在发电站（即负荷均衡，运转备用，地区用电调整等），可再生能源发电站（例如太阳能电站、风力电站），变电站（例如线路稳定性，电压调整等）或者用户端的应用设施（例如需要对电压进行削峰、高品质电源等）等的电池。电池储能在上述领域的应用已在前面章节进行介绍[2,3]。

在美国固定式电池储能市场项目中，已经对储能进行详细评估，其结论是 β-Al_2O_3 钠电池在可再生能源储能、电压削峰、配电延迟等方面是很诱人的选择[35]。另一个重要发现是该项技术给美国消费者带来很有诱惑力的经济节省，也许需要更大的电池容量以满足两种以上不同需求。事实上最近其应用市场发生变化，表现在可用于防止短时间断电、进入更有价值的 UPS 市场。特别是在世界范围内的商业和工业都强烈依赖于计算机系统而导致的世界经济体系脆弱性。

NGK 的固定式钠/硫电池应用已经进入商业化阶段，其产品命名为 NAS。NGK 已建立高度自动化的生产线，而且制造并运行许多规模可观的集成电池系统（表 30.7）。

表 30.7　截至 2009 年 12 月的 NAS 电池项目统计 (NGK 提供)

开发商	国家	地点	功率/kW	运行开始时间及状态
东京电力(TEPCO)	日本	东京地区多处	约 200000	正在测试，累计截止到 2008 年 12 月达到 kW 级
北海道电力(HEPCO)	日本	北海道稚内	1500	2008 年 2 月
其他日本电力公司	日本	东京以外的许多地方	约 60000	正在测试，累计截止到 2008 年 12 月达到 kW 级
日本风力开发公司(JWD)	日本	青森县六所村	34000	2008 年 8 月
纽约电力管理局(NYPA)	美国	长岛,纽约	1000	2008 年 4 月
太平洋煤气与电力公司(PG&E)	美国	未确定	6000	2008 年出厂
Xcel	美国	Luveme,明尼苏达州	1000	2008 年 11 月
Younicos	德国	柏林	1000	2009 年 7 月
EDF	法国	Reunion 岛	1000	2009 年 12 月
ADWEA	阿联酋	Abu Dhabi	48000	部分运行

自从钠/硫电池实现商业化以来，已经把钠/硫电池安装于工厂或大型商业机构用于负载均衡：应急电源系统（EPS）、备用电源系统（SPS）曾经依赖于电池容量分配以满足负载均衡并保持电网断电时的能量供给。因为风力发电和光伏发电的输出是间歇性而且不稳定，最近用于可再生能源储能的钠/硫电池系统有所增加。钠/硫电池系统吸收这些波动并减轻它们对电网的冲击。

图 30.20 显示的是位于日本的六所村风力发电站的钠/硫电池储能系统。该系统由日本风力开发株式会社开发，2008 年 8 月开始商业运营，包括 51MW 的风力发电系统和 34MW 的钠/硫电池储能系统（含 17 个 2MW 单体电池）。这个项目中的钠/硫电池不仅用于吸收风力发电波动，而且为用电市场提供常规电力需求（图 30.21）。除了日本的风电公司，美国的 Xcel Energy 和德国的 Enercon GmBH 也在风力发电系统中引入钠/硫电池系统。

设在51MW风电厂的34MW钠硫电池

图 30.20　设置在日本六所村的 51MW 风力发电系统，与之相配的是
NGK 公司的 34MW 钠/硫电池系统

（NGK 提供）

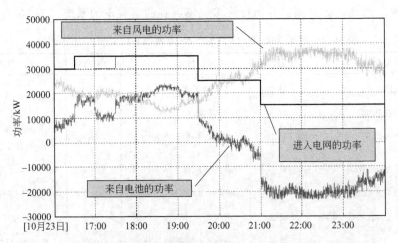

图 30.21　六所村项目的运行数据显示风电与 NGK 钠/硫电池系统联合
工作后进入电网的是一个恒定功率

（NGK 提供）

与5MW太阳电池相配的
1.5MW钠硫电池

图 30.22　安装在日本稚内的 1.5MWNGK 钠/硫电池系统，配套
的太阳能发电系统功率为 5MW
（NGK 提供）

而位于日本的稚内项目则是钠/硫电池系统用于光伏发电的例子（图 30.22）。该项目受 NEDO（新能源与工业技术开发组织）支持，由北海道电力公司开发，2008 年建成并开始工作。这个系统包括 5MW 的光伏发电系统和 1.5MW 的钠/硫电池系统，而钠/硫电池系统不仅用于吸收光伏发电波动，而且也用于调整用电高峰时间。除了北海道电力公司，德国 Younicos 也在光伏发电系统中引入钠/硫电池系统。

钠/氯化镍电池技术计划开始应用于通用电气公司的混合动力车、重型设备以及固定式储能等领域。2009 年中期，通用电气公司宣布在纽约州北部建设年产 1000 万只"钠/金属卤化物"电池工厂，相当于能够储能 900MW·h 和足够 1000 辆通用电气公司的混合动力机车电池使用。通用电气公司计划在 2010 年将该技术商业化用于混合动力车，其钠/氯化镍单体电池技术细节和系统设计尚未公开。通用电气公司也在考虑电动车采用两种电池系统运行的可行性，即钠/氯化镍电池与锂离子电池联合工作，其中钠/氯化镍电池提供能量，锂离子电池提供功率（请参阅 http：//greencarcongress. com/2009/05/ge-halide-20090512. html，2009 年 5 月 12 日）。

设置在西弗吉尼亚州查尔斯顿的美国电力公司 NAS 电池分布式储能系统如下[39]。

- 用途：变电站升级延期。
- 运行期间：2006 年至今。
- 功率：1.0MW。
- 能量：7.2MW·h。
- 电池类型：钠/硫电池体系。
- 电池组：20 个 50kW 的 NAS 电池模块。
- 系统制造商：NGK（电池）/S & C Electric 公司。

该实例包括输电（138kV）与配电（12kV）相结合装置，包括 20MV·A、46kV/12kV 配电变压器和 3 只 12kV 供电稳压器。在 2005 年夏天用电高峰期间（6 月～8 月）已经接近该变电站的极限，而且下一年度同期预示将超过额定极限。于是美国电力公司决定引入钠/

硫电池分布式储能系统（DESS）以在其后数年内缓解超过额定极限问题直到新变电站建成。该系统成功推迟了变电站升级（如图 30.23），到 2010 年 1 月该系统仍在运行。

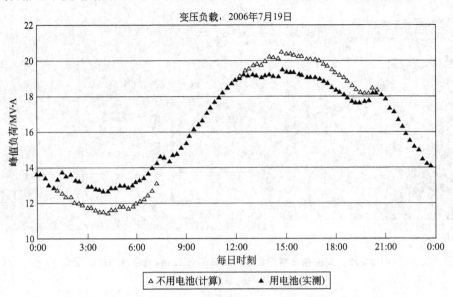

图 30.23　美国电力公司引入 DESS 电池系统后的负载变化效果

30.6　液流电池

液流电池是一种先进的水溶液电解质电池系统，具有能在室温运行的优点，但它也需要复杂的系统设计及电解质循环以满足预期性能。液流电池的开发工作始于 1968 年的水溶液锌/氯电池[40]系统。这个系统面向 EV 和电力储存应用[41]，在美国和日本分别于 20 世纪 70 年代早期到 80 年代晚期和 1980 年～1992 年开展的[42]。大部分锌/氯电池项目在上述期间已经停止，但最近又重新开始。现在主要有两类液流电池处于开发过程中：锌/溴电池和全钒电池。在出版的文献中已经对各种液流电池技术进行比较[43]，但由于早期版本的电池手册没有覆盖该项技术，以下将详细介绍。

30.6.1　锌/溴液流电池

锌/溴液流电池（或简称锌/溴电池）是针对固定式储能用途开发的。该电池体系具有高比能量、设计灵活，可以采用传统技术和低成本材料制备电堆等优点。溴以少量的第二相形式存在，放电过程中多溴络合物进行氧化还原循环。少量第二溴相的存在限制了电池待机期间的自放电。与纯溴相比，采用多溴络合物显著降低溴蒸气压从而提高电池安全性。

锌/溴液流电池技术的主要优缺点列于表 30.8。虽然基于锌/溴电对的电池概念在 100 多年前就已经申请专利[44]，但是两条固有特性妨碍其商业开发，其一是锌沉积时形成枝晶，其二是溴在水体系溴化锌电解质中的高溶解性。其中锌枝晶很容易导致电池短路，而溴溶解后可扩散到负极直接与锌反应造成电池自放电。20 世纪 70 年代中期到 80 年代早期，Exxon 和 Gould 为解决上述问题分别启动开发计划并实施[45]。其他能源公司对 Gould 技术进行了进一步开发，但未能保持高水准的研究活动[46~48]。20 世纪 80 年代中期，Exxon 把锌/溴电池技术转让给江森自控公司（Johnson Controls，Inc.，JCI，美国）、SEA（Studiengesell-schaft fur Energiespeicher und Antriebssysteme，欧盟）、丰田汽车公司和明电舍（日本），

Sherwood Industries（澳大利亚）。1994 年江森自控公司把溴电池技术卖给 ZBB 能源公司。

表 30.8 锌/溴电池技术的主要优缺点

优 点	缺 点
采用循环电解质,易于热管理和各单体电池反应物的均匀供给	需要辅助系统进行电解质循环和温度控制
质量比能量高	与其他所有电池相同,系统设计要保障安全性
能量转换效率高	充电状态电池在开路时的初始自放电率高
成本低,取材容易	需要提高功率性能
环境压力小,可循环,可再生	
可采用传统工艺制备	
系统设计灵活	
可在室温运行	
功率密度合适	
可快速充电	
100%放电时对电池不但无害反而有益	

30.6.2 电化学体系描述

锌/溴电池电化学储能及放出能量是在电池系统中完成的。该系统基本组成包括双极性电极、隔膜、水体系电解质及电解质存储器。图 30.24 显示一个三单体电池构成的锌/溴电池系统。电解质是溴化锌水溶液,靠泵循环通过电极表面。电极表面被多孔塑料膜依次隔开。所以,在正、负极存在两股电解质流。依据不同的部件设计,两股液流方向可以不同。

电化学反应如下。

$$\text{（25℃）} \qquad \text{（50℃）}$$

负极：$Zn^{2+} + 2e \underset{\text{充电}}{\overset{\text{放电}}{\rightleftharpoons}} Zn$ $E^{\ominus} = 0.763V \qquad 0.760V$

正极：$2Br^{-} \underset{\text{充电}}{\overset{\text{放电}}{\rightleftharpoons}} Br_2(aq) + 2e$ $E^{\ominus} = 1.087V \qquad 1.056V$

电池净反应：$\underset{\text{放电态}}{\overset{ZnBr_2(aq)}{}} \underset{\text{充电}}{\overset{\text{放电}}{\rightleftharpoons}} Zn + Br_2 \ (aq)$ $E^{\ominus}_{cell} = 1.85V$

充电时锌在负极上沉积,溴在正极上生成。放电时在各自电极上分别生成锌离子和溴离子。电极间的微孔隔膜阻止溴向沉积锌一侧的扩散,从而降低因直接化学反应造成的电池自放电。实际上电解质中的化学基团远比描述复杂。

在电解质中溴元素是以溴离子及多溴离子平衡形式存在,此处多溴离子可表示为 Br_n^{-},n 为 3,5,7[49];溶液中溴化锌电离后,锌离子以络合物或离子对形式存在。电解质中也加入一些络合剂与多溴离子形成低溶解度的液态第二相,这些络合物电解质中溴单质的含量降低到了原来的 $1/100\sim1/10$,再加上隔膜的阻挡作用而减少溴引起的电池自放电。这种络合物也提供了一种远离沉积锌电极侧的溴的贮存方法,其详细内容将在下面章节中叙述。溴代 N-甲基-N-乙基吗啉（MEMBr）是一种常用的络合剂。

电极具有双极性结构,典型组成为碳和塑料。在溴存在的环境下即使钛也会被腐蚀而不能使用金属材料[50]。在正极一侧加入具有高比表面积的碳层以增加反应面积。充电时循环电解质可移去生成的多溴化物,放电时多溴化物被输送到电极表面。循环电解质也抑制锌枝晶生长并简化电池热管理。反之,许多现行的先进电池需要进行热管理。

该系统采用的是单体电池串联、电解体并联的方式,电池充、放电和处于开路时交替采用相同的管路和流道。旁路电流导致外侧单体电池与中间单体电池间锌的不均匀分布而损失电池容量,因为锌分布不均匀的电堆放电到终止电压的时间要早于锌均匀分布的电堆。同

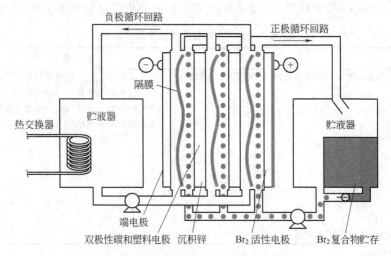

图 30.24　三单体电池锌/溴电池模块示意

时，不均匀的锌沉积甚至可能堵塞流道。通过单体的设计延长并缩小单体供液通道而增加电解质传导电阻从而降低旁路电流，但也因增加液流阻力而需要消耗更大的液泵能量。对于优良的电池设计将很好地平衡这些参数[51]。

30.6.3　性能

锌/溴电池通常在 $15\sim30\text{mA}/\text{cm}^2$ 电流密度下进行充、放电，图 30.25 显示的是 50 个单体电堆的充、放电曲线。充电量是基于锌 100% 利用率来设定的，其量总是低于电解质中的锌总量，这是因为充电终点受充电倍率、时间和效率影响。充电末期电压上升而造成过充电并引起水电解。放电终止电压设定在单体电压达到 1V，其后电压将迅速下降。

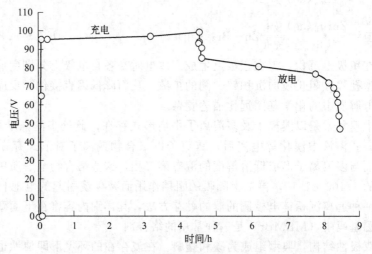

图 30.25　由 50 个单体构成的锌/溴电堆充、放电曲线

[电解质利用率 80%，30℃，Zn 载量 90mA·h/cm²，充电 20mA/cm² 或
$C/4.5$ 率，放电 20mA/cm² 或 $C/4$ 率（圣地亚国家实验室提供）]

电池容量与沉积锌量直接相关，其载量控制在 $60\sim150\text{mA}\cdot\text{h}/\text{cm}^2$ 范围。100% SOC 通常依据锌利用率定义，但也受电池影响而变化。提高沉积锌的质量和致密性是开发者的努力方向，其中很好地控制 pH 值可以避免苔藓状锌的形成。循环电解质抑制锌枝晶的生长。

研究表明锌的沉积质量也受电流密度、溴化锌浓度、添加剂、温度影响[47,52]。经过上述努力，锌沉积质量问题已可控或解决。

在电池系统中，一部分能量用于辅助系统的消耗如热管理、泵、阀门、控制器以及防止旁路电流。而辅助系统消耗的能量依赖于泵和电机效率、泵的运行时间及系统设计等。同时待机时也造成能量损失。锌/溴电池系统 8h 工作期间每小时约损失 1% 容量[53]。在该项测试中，电解质中不含溴络合物相并定期循环放热。电堆中溴缺乏时，自放电将停止。

锌/溴电池通常在 20～50℃ 的温度范围工作。如图 30.26 所示运行温度对能量效率稍微有些影响：低温时，电解质的阻抗增加而导致电压效率下降，但由于溴的传质变慢却提高库仑效率；高温时，电解质阻抗减小，但溴的传质加快而造成部分效果相互抵消。控制温度是通过热交换和电解质循环来完成，最佳工作温度则依赖于各自的电池设计及使用的电解质。

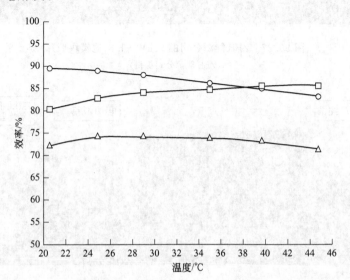

图 30.26　采用负载平衡用电解质的锌/溴电池效率与运行温度关系
○—库仑；□—电压；△—能量（江森自控提供）

对于需要大功率放电的设备，例如电动车，需在电解质里加入 KCl 或 NH_4Cl，以强化其离子电导率。这样，电池内部的欧姆电阻能量损失将会减少。

30.6.4　采用锌/溴电池的储能装置

采用锌/溴电池的储能装置运行情况已经被演示和验证。圣地亚国家实验室的研究工作表明，该电池在以下应用中表现不凡：可再生能源储能、输电系统备用电源、配电系统备用电源和智能电网。在美国，锌/溴电池在近期极有可能应用于电力贮存系统中。据预测，每年将销售容量为数百万台千瓦时的锌/溴电池，而贮存每千瓦时电量的成本则不超过 150 美元。

ZBB 能源公司早在 20 世纪 90 年代末就研制了一只 50kW·h 的锌/溴电池模块，作为大型设备的组成部件。每一个电池模块包含三个电池包（含 60 个单体电池）串联，以及一个阳极电解质池、一个阴极电解质池和一个电解液回路体系，如图 30.27 所示。这些模块十分便于组装成大容量电池，因为它们可以以各种串、并联方式排列。一只 200kW、400kW·h 的电池模块被设计并安装，它包含两个串联系列。其中每个系列由 4 个 50kW·h 的电池模块串联而成。如图 30.28 所示，整个装置被安装在一个拖车上以便于移动，满足实际需求。

2000～2001 年间，该系统在底特律爱迪生公司经过测试并成功运行，尽管电池外形并

图 30.27 ZBB 能源公司的 50kW·h 电池模块照片

（ZBB 能源公司提供）

图 30.28 ZBB 能源公司的可移动 200kW、400kW·h 锌/溴电池系统照片

没有进行尺寸优化。第一次测试是在密歇根州阿克伦市，与粮食干燥机联用保持恒压，消除局域电网因为大型电动机开关所造成的电压扰动。整个电池系统所提供的功率容量并不能完全消除电网上的电压扰动，但仍具有显著的积极效果。第二次测试则用于削峰功率质量改进，保证变电站应对夏天空调运行的负荷。整个体系像设计时一样运行，并经历几种不同功率水平测试。

随后，ZBB 能源公司在 2004 年争取到加利福尼亚州能源委员会（CEC）的订单，制造一只 2MW、2MW·h 锌/溴电池装置用于削峰、填谷。ZBB 能源公司设计一个 500kW、500kW·h 电池模块（定名为 Z-BESS），并安装在一台拖车上。这个模块作为整个设备的组成部件，被安装并测试于 DUIT 变电站。尽管该模块被大量测试，但由于热管理的限制，它并不能提供完全的功率输出[58]。不久后，由于测试的变电站进行常规升级，CEC 项目终止。

近来，ZBB 能源公司又研发出一种 ZESS 50 电池模块，计划应用在 2008 年北京夏季奥运会上。可惜，关于该计划的实施进展还没有进一步报道。而 Premium Power 公司研发了另一种锌/溴电池体系。Premium Power 公司同时开发一种小型电池装置（Zinc-Flow 45），用于 30kW、45kW·h 备用电源系统。

30.6.5 全钒液流电池

另一种使用水系电解质的电池体系是氧化还原液流电池。它共包括几个不同类型，但其中仅有全钒液流电池技术有较大发展。液流电池的研究工作起始于美国国家航空航天局（NASA）的资助。当时研究是以 $FeCl_3$ 作为氧化剂（正极），同时 $CrCl_2$ 作为还原剂（负极）。研究目标是希望发展一种氧化还原液流电池来满足能源贮存系统的需要。该类电池英文名称中的"氧化还原"一词，来自于英文单词"还原"和"氧化"的缩写。尽管氧化还原反应存在于所有的化学电池体系中，但"氧化还原电池"通常特指在溶液中的离子发生氧化还原反应的电化学体系，而电极本身不发生电化学反应。这意味电池中的活性物质绝大部分都贮存在电堆外部。尽管这类电池具有长循环寿命，但由于活性物质在溶剂中的溶解度受到限制，使其能量密度较低。

在日本，20 世纪 80 年代的"月光计划"就涉及发展铁/铬氧化还原液流电池技术，用于电力储能，研究成果主要包括寻找、设计几种新颖的电极材料，并降低泵的抽送功率。已有一种 60kW 的电池被测试，试图与 1MW 系统配套，但氧化还原液流技术没有被选择应用在该系统中。近来，铁/铬氧化还原电池的研究工作又在 ARPA-E 项目中重新启动。

其他氧化还原电极也被提出并开始研究，例如锌/铁氰化钠氧化还原电极。不过该电池体系中的离子交换膜阻抗太大、效率太低，所以一直没有取得显著进展。直到 20 世纪 80 年代后期，澳大利亚新南威尔士大学的全钒液流电池研究工作取得突破，使得上述研究工作终止。与此同时，日本大阪的住友电工（SEI）也开始了全钒液流电池的研发工作。而三菱化学株式会社旗下的 Kashima-Kita 公司于 20 世纪 90 年代中期才开始相关研发工作，但其开发的都是小功率电池。

在全钒液流电池中的正、负极室，分别贮存有不同价态钒离子的硫酸盐电解质。每个区域中都含有 2mol/L 钒盐，还有一定量的硫酸作为支持电解质。所有的电极反应都发生在电解质中。在放电时，有以下反应。

负极反应：$V^{2+} \longrightarrow V^{3+} + e$

正极反应：$V^{5+} + e \longrightarrow V^{4+}$

所有发生在碳毡电极上的反应都是可逆的。电池正、负极之间以离子交换膜分隔成彼此相互独立的两室。一旦两者中的钒离子互相渗透，会稀释活性物质在电解质中的浓度，导致整个电池系统能量不可逆损失。然而，其他离子（主要是 H^+）的迁移被允许，以便保持电解质内部的电荷平衡。因此，选取具有较好离子选择性的交换膜是一项十分重要的工作。

图 30.29 给出全钒液流电池体系的工作原理示意图。它的电池堆采用双极板结构。正、负极用电解质分别贮存在反应池两边的贮液罐中，当电池工作时被泵分别抽入正、负极室。整个电池系统的贮存电量取决于贮液罐的尺寸。由于贮存的电解质体积有限，使得这种电池的能量密度较低。

目前全钒液流电池技术的发展方兴未艾，研究工作主要集中在减少自放电损失，以提高电池的利用效率。另一项工作则是降低电极的制作成本。例如，对于自放电问题，过去都是根据设备的负载强度来抽取适量的电解质进入电堆，以减少能量损失。针对上述问题的研究工作还在进行当中。

30.6.6 采用全钒液流电池的储能设备

目前已有几种千瓦级电池系统被研制，并同时被全球多家研发机构测试。图 30.30 展示 SEI 在 2000 年制造的 100kW、8h 全钒液流电池系统。由于贮存电解质的贮液罐被安放在电堆底部，所以在图片中没能找到它们；但如引线所示，能看到 AC-DC-AC 变换器。

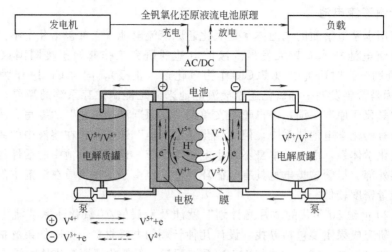

图 30.29 全钒氧化还原系统图

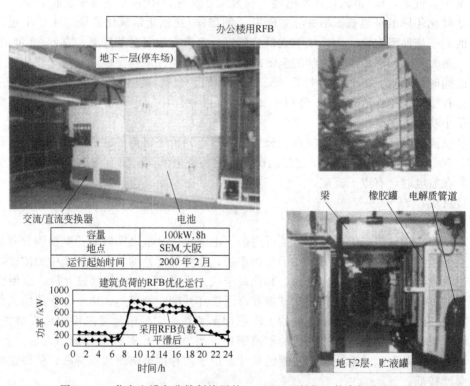

图 30.30 住友电设办公楼削峰用的 100kW，可用 8h 的全钒液流电池

图 30.31 是 SEI 于 2001 年在某液晶厂成功运行的钒电池系统。该系统既能在 3MW 负荷下恒压 1.5s，也能在 1.5MW 负荷下工作 1h。所以在 2005 年，SEI 又启动了 Subaru 项目，即尝试在 4MW 负荷下让电池运行 90min。该系统为一座 30.6MW 的风力发电厂配套。截至 2008 年，电池系统已正常充、放电循环 270000 周以上（见网站 www.pdenergy.com/applications-solutions/projiects installations/）。

SEI 研制的全钒液流电池也在南非研制成功，用于备用电源装置。这种 250kW、520kW·h 的电池系统在 2001 年被安装，计划测试运行 6～12 个月。初步的工作运行情况符合设计预期。这是该公司全钒液流电池第一次在日本国土以外进行测试。随后，还在澳大

图 30.31　鸟取三洋电子公司，液晶工厂用 3MW、1.5s VRB 系统[74]

利亚、美国和欧洲的几个地方进行全钒电池系统安装和运行。加拿大温哥华的 VRB Power 公司为美国和世界其他地方已建立多个全钒电池储能系统；其中最为引人注目的是在美国犹他州。

30.6.7　太平洋电力，犹他州城堡谷全钒液流电池（VRB）系统[81,82]

应用：削峰、填谷。

运行时间：2004 年 3 月～2009 年 3 月。

功率：250kW。

能量：2MW·h。

电池种类：全钒液流电池。

电池性能：50kW 电池模块（SEI 制），250kW，负荷 8h。

生产商：加拿大 VRB Power，2009 年，该公司被中国北京的普能公司收购。

上述整个电池系统的设计安装成本为 1300 万美元，而新的设备预计花费 5000 万美元以上，将于 2003 年末开始组装，并在 2004 年 3 月运行，如图 30.32 所示。这是全钒液流电池第一次在北美地区组装。而中国北京的普能公司在 2009 年早些时候购买了该公司技术，并继续研发该项技术。

图 30.32　犹他州城堡谷 2MW·h 全钒液流电池（VRB）系统的外观及内视图[81]

30.7　结论

随着电力贮存用电池技术不断发展，越来越多的人寄希望于在不久的将来，能极大改变当前电网的运行方式，从而提高可再生能源的利用率。这种需求在不断变大，逐渐显现出其实用价值。人们相信，随着技术的发展，成本将逐渐降低，而可靠性将逐渐增强。这一切都将加快储能电池发展，使之成为智能电网中不可或缺的组成部分。

致谢

本章作者对 NGK 公司的 Tak Eguchi 及时更新钠/硫电池的相关信息表示感谢。此外，我们也感谢能源联合会的 Joe Leach 在 Crescent BESS 更新信息。最后，我们对圣地亚国家实验室的 Nancy Clark 提出宝贵意见和资料表示感谢。

参 考 文 献

1. A. Akhil，H. Zaininger，J. Hurwitch，and J. Baden，*Battery Energy Storage：A Preliminary Assessment of National Benefits（The Gateway Benefits Study）*，Sandia National Laboratories，SAND93-3900，1993.

2. P. C. Butler，*Battery Energy Storage for Utility Applications：Phase I—Opportunities Analysis*，Sandia National Laboratories，SAND94-2605，1994.

3. P. Butler，J. L. Miller，and P. A. Taylor，*Energy Storage Opportunities Analysis Phase II Final Report*，A Study for the DOE Energy Storage Systems Program，Sandia National Laboratories，SAND2002-1314，2002.

4. S. M. Schoenung，*Characteristics and Technologies for Long- versus Short-Term Energy Storage*，Sandia National Laboratories，SAND2001-0765，March 2001.

5. J. J. Iannucci，J. M. Eyer，and W. Erdman，*Innovative Applications of Energy Storage in a Restructured Electricity Marketplace—Phase III Final Report*，Sandia National Laboratories，SAND2003-2546，April 2005.

6. J. M. Eyer，J. J. Iannucci，and G. P. Corey，*Energy Storage Benefits and Market Analysis Handbook*，A Study for the DOE Energy Storage Systems Program，Sandia National Laboratories，SAND2004-6177，December 2004.

7. P. Donalek and W. Hassenzahl，"Pumped Storage Hydroelectric," 2005 *Energy Storage Association Annual Meeting*，May 25-26，Toronto，Canada.

8. S. Furuta，"NEDO's Research and Development on Battery Energy Storage System," *Utility Battery Group Meeting*，Valley Forge，PA，November 1992.

9. J. J. Iannucci and S. M. Schoenung，*Energy Storage Concepts for a Restructured Electric Utility Industry*，Phase 1，Sandia National Laboratories，SAND2000-1550，June 1999.

10. J. J. Iannucci，J. M. Eyer，and P. C. Butler，*Innovative Business Cases for Energy Storage in a Restructured Electricity Marketplace*，Phase 2，Sandia National Laboratories，SAND2003-0362，February 2003.

11. S. M. Schoenung and W. M. Hassenzahl，*Long- versus Short-Term Energy Storage Technologies Analysis*，A Life-Cycle Cost Study，Sandia National Laboratories，SAND2003-2783，August 2003.

12. D. A. J. Rand，P. Moseley，J. Garche，and C. Parker，*Valve-Regulated Lead-Acid Batteries*，Elsevier，Amsterdam，2004.

13. R. B. Sloan，"Crescent Electric Membership Cooperative," *Proc. 10th Meeting of the Utility Battery Group*，Charlotte，NC，November 1995，pp. 145-147.

14. *EPRI-DOE Handbook of Energy Storage for Transmission and Distribution Applications*，EPRI Report #1001834，EPRI，Palo Alto，CA，December 2003. Available at www. epri. com/OrderableitemDesc. asp? product _ id=000000000001001834.

15. M. Farber-DeAnda，J. Boyes，and W. Torres，*Lessons Learned form the Puerto Rico Battery Energy Storage System*，Sandia National Laboratories，SAND99-2232，September 1999.

16. J. E. Pueyo Font，C. J. Castro Montalvo，and A. R. Fernandez，"Repowering the Sabana Llana BESS," 2005 *Energy Storage Association Annual Meeting*，May 25-26，Toronto，Canada.

17. J. Szymborski，G. Hunt，and R. Jungst，"Examination of the VRLA Battery Cells Sampled from the Metlakatla Battery Energy Storage System," *EESAT* 2000，September 18-20，Orlando，FL.

18. G. Hunt and J. Szymborski，"Achievements of an ABSOLY E® Valve-Regulated Lead-Acid Battery Operating in a Utility Battery Energy Storage (BESS) for 12 Years," *EESAT* 2009，October 4-7，Seattle，WA.

19. G. Corey，W. Nerbun，and D. Porter，*Final Report on the Development of a 250-kW Modular*，Factory-Assembled Battery Energy Storage System，Sandia National Laboratories，SAND97-1276，August 1998.

20. B. Norris and G. J. Ball，*Performance and Design Analysis of a 250-kW*，Grid-Connected Battery Energy Storage System，Sandia National Laboratories，SAND99-1483，June 1999.

21. M. Farber-DeAnda，L. L. Bush，J. Philip，and P. Taylor，*Data Management of Grid-Connected Systems：PQ2000 at*

Brockway Standard Lithography Plant, Final Report to Sandia National Laboratories, May 25, 2000.

22. T. DeVries, "Keeping the Lights on in Fairbanks, Alaska," 2005 *Energy Storage Association Annual Meeting*, May 25-26, Toronto, Canada.

23. J. McDowall, "The GVEA BESS," 2008 *Energy Storage Association Annual Meeting*, May 20-21, Orange, CA.

24. J. McDowell, "Lithium-Ion Technologies—Gaining Ground in Electricity Storage," 2008 *Energy Storage Association Annual Meeting*, May 20-21, Orange, CA.

25. D. Linden and T. Reddy, *Handbook of Batteries*, 3rd ed., McGraw-Hill, 2002.

26. J. Sudworth and R. Tilley, *The Sodium/Sulfur Battery*, Chapman and Hall, London, 1985.

27. J. Coetzer, "A New High-Energy-Density Battery System," *J. Power Sources*, 18: 377-380 (1986).

28. J. Prakash, L. Redy, P. Nelson, and D. Vissers, "High Temperature Sodium Nickel Chloride Battery for Electric Vehicles," *Electrochemical Society Proceedings*, 96: 14 (1996).

29. T. Oshima and H. Abe, "Development of Compact Sodium Sulfur Batteries," *Proc. 6th Int. Conf. on Batteries for Utility Energy Storage*, Wissenschaftspark Gelsenkirchen Energiepark Herne, Germany, September 1999.

30. A. Kita, "An Overview of Research and Development of a Sodium Sulfur Battery," *Proc. DOE/EPRI Beta Battery Workshop VI*, pp. 3.23-3.27, May 1985.

31. K. Takashima et al., "The Sodium Sulfur Battery for a 1MW/8MWh Load-Leveling System," *Proc. Int. Conf. on Batteries for Utility Energy Storage*, March 1991, pp. 333-349.

32. E. Nomura et al., "Final Report on the Development and Operation of a 1MW/8 MWh Na/S Battery Energy Storage Plant," *Proc. 27th IECEC Conf. 3*, pp. 3.63-3.69, 1992.

33. R. Okuyama and E. Nomura, "Relationship Between the Total Energy Efficiency of a Sodium-Sulfur Battery System and the Heat Dissipation of the Battery Case," *J. Power Sources*, 77: 164-169 (1999).

34. A. Araki and H. Suzuki, "Leveling of Power Fluctuations of Wind Power Generation Using Sodium Sulfur Battery," *Proc. 6th Int. Conf. on Batteries for Utility Energy Storage*, Wissenschaftspark Gelsenkirchen Energiepark Herne, Germany, September 1999.

35. A. Koenig, *Sodium/Sulfur Battery Engineering for Stationary Energy Storage*, *Final Report*, Sandia National Laboratories, SAND Rep. 96-1062, April 1996.

36. R. Galloway and S. Haslam, "The ZEBRA Electric Vehicle Battery: Power and Energy Improvements," *J. Power Sources*, 80: 164-170 (1999).

37. D, Guatto, "Electricity On-Demand: Load Shifting Using Sodium-Nickel Chloride Technology," 2007 *Energy Storage Association Annual Meeting*, May 23-24, Boston, MA.

38. R. Manzoni, M. Metzger, and G. Crugnola, "ZEBRA Electric Energy Storage System: From R&D to Market," *HTE hi. tech. expo*, November 25-28, 2008, Milan, IT.

39. A. Nourai, *Installation of the First Distributed Energy Storage System (DESS) at American Electric Power (AEP)*, *A Study for the DOE Energy Storage Systems Program*, Sandia National Laboratories, SAND2007-3580.

40. P. C. Symons, "Process for Electrical Energy Using Solid Halogen Hydrate," U. S. Patent 3,713,888,1973.

41. Energy Development Associates, "Development of the Zinc Chloride Battery for Utility Applications," Electric Power Research Institute, EPRI AP-5018, January 1987; C. C. Whittlesey, B. S. Singh, and T. H. Hacha, "The FLEX-POWER TM Zinc-Chloride Battery: 1986 Update," *Proc. 21st IECEC*, San Diego, CA, 1986, pp. 978-985.

42. T. Horie, H. Ogino, K. Fujiwara, Y. Watakabe, T. Hiramatsu, and S. Kondo, "Development of a 10kW (80kWh) Zinc-Chloride Battery for Electric Power Storage Using Solvent Absorption Chlorine Storage System (Solvent Method)," *Proc. 21st IECEC*, San Diego, CA, 1986, vol. 2, pp. 986-991; Y. Misawa, A. Suzuki, A. Shimizu, H. Sato, K. Ashizawa, T. Sumii, and M. Kondo, "Demonstration Test of a 60kW-Class Zinc/Chloride Battery as a Power Storage System," *Proc. 24th IECEC*, Washington, D. C., 1989, vol. 3, pp. 1325-1329; H. Horie, K. Fujiwara, Y. Watakabe, T. Yabumoto, K. Ashizawa, T. Hiramatsu, and S. Kondo, "Development of a Zinc/Chloride Battery for Electric Energy Storage Applications," *Proc. 22nd IECEC*, Philadelphia, 1987, vol. 2, pp. 1051-1055.

43. C. Lotspeich, "A Comparative Assessment of Flow Battery Technologies," *EESAT 2002*, April 15-17, San Francisco.

44. C. S. Bradley, U. S. Patent 312, 802, 1885.

45. R. A. Putt and A. Attia, "Development of Zinc Bromide Batteries for Stationary Energy Storage," Gould, Inc., for Electric Power Research Institute, Project 635-2, EM-2497, July 1982.

46. L. Richards, W. Van Schalwijk, G. Albert, M. Tarjanyi, A. Leo, and S. Lott, *Zinc-Bromine Battery Development*,

Final Report, Sandia Contract 48-8838, Energy Research Corporation, Sandia National Laboratories, SAND90-7016, May 1990.

47. A. Leo, "Zinc Bromide Battery Development," Energy Research Corporation for Electric Power Research Institute, Project 635-3, EM-4425, January 1986.

48. P. C. Butler, D. W. Miller, C. E. Robinson, and A. Leo, *Final Battery Evaluation Report: Energy Research Corporation Zinc/Bromine Battery*, Sandia National Laboratories, SAND84-0799, March 1984.

49. D. J. Eustace, "Bromine Complexation in Zinc-Bromine Circulating Batteries," *J. Electrochem. Soc.*, 528 (March 1980).

50. R. Bellows, H. Einstein, P. Grimes, E. Kantner, P. Malachesky, K. Newby, H. Tsien, and A. Young, *Development of a Circulating Zinc-Bromine Battery Phase II*, Final Report, Exxon Research and Engineering Company, Sandia National Laboratories, SAND83-7108, October 1983.

51. R. Bellows, H. Einstein, P. Grimes, E. Kantner, P. Malachesky, K. Newby, and H. Tsien, *Development of a Circulating Zinc-Bromine Battery Phase I*, Final Report, Exxon Research and Engineering Company, Sandia National Laboratories, SAND82-7022, January 1983.

52. J. Bolsted, P. Eidler, R. Miles, R. Petersen, K. Yaccarino, and S. Lott, *Proof-of-Concept Zinc/Bromine Electric Vehicle Battery*, Johnson Controls, Inc., Advanced Battery Engineering, Sandia National Laboratories, SAND91-7029, April 1991.

53. N. J. Magnani, P. C. Butler, A. A. Akhil, J. W. Braithwaite, N. H. Clark, and J. M. Freese, *Utility Battery Exploratory Technology Development Program Report for FY91*, Sandia National Laboratories, SAND91-2694, December 1991.

54. N. Clark, P. Eidler, and P. Lex, *Development of Zinc/Bromine Batteries for Load-Leveling Applications: Phase 2 Final Report*, Sandia National Laboratories, SAND99-2691, October 1999.

55. P. Lex and B. Jonshagen, "The Zinc/Bromine Battery System for Utility and Remote Area Applications," ZBB Energy Corporation, *Proc. of the Electrical Energy Storage Systems Applications & Technologies (EESAT) Conference*, Chester, UK, June 16-18, 1998. Also found in *Power Engineering Journal*, June 1999, pp. 142-148.

56. V. Scaini, P. J. Lex, T. W. Rhea, and N. H. Clark, "Battery Energy Storage for Grid Support Applications," *EESAT* 2002, April 15-17, San Francisco.

57. P. Lex, "Demonstration of a 2-MWh Peak Shaving Z-BESS," *EESAT* 2005, October 17-19, San Francisco.

58. B. Norris and R. Winter, "Test and Demonstration of a 2 MWh Zinc-Bromine Battery System," 2006 *ESA Annual Meeting*, May 16-18, 2006, Knoxville, TN.

59. "Future House USA: The Complete Package," 2008 *Energy Storage Association Annual Meeting*, May 20-21, 2008, Orange, CA.

60. E. Gardow, "Electricity Storage: The Utility Application," 2007 *ESA Annual Meeting*, May 23-25, Boston.

61. J. Capes, "Zinc-Bromide Regenerative Energy Storage," 2006 *ESA Annual Meeting*, May 16-18, Knoxville, TN.

62. L. H. Thaller, "Recent Advances in Redox Flow Cell Storage Systems," DOE/NASA/1002-79/4, NASA TM 79186, August 1979; N. Hagedorn, "NASA Redox Storage System Development Project," U. S. Dept. of Energy, DOE/NASA/12726-24, October 1984.

63. M. Bartolozzi, "Development of Redox Flow Batteries. A Historical Bibliography," *J. Power Sources*, 27: 219-234 (1989).

64. Z. Kamio, T. Hiramatsu, and S. Kondo, "Research and Development of 10-kW Redox Flow Battery," *Proc. 22nd IECEC*, Philadelphia, 1987, vol. 2, pp. 1056-1059.

65. T. Tanaka, T. Sakamoto, N. Mori, T. Shigematsu, and F. Sonoda, "Development of a 60-kW Class Redox Flow Battery System," *Proc. 3rd Int. Conf. on Batteries for Utility Energy Storage*, Kobe, Japan, 1991, pp. 411-423.

66. H. Izawa, T. Hiramatsu, and S. Kondo, "Research and Development of 10kW Class Redox Flow Battery," *Proc. 21st IECEC*, San Diego, 1986, vol. 2, pp. 1018-1021.

67. T. Hirabayashi, S. Furuta, and H. Satoh, "Status of the 'Moonlight Project' on Advanced Battery Energy Storage System," *Proc. 26th IECEC*, Boston, 1991, vol. 6, pp. 88-93.

68. R. P. Hollandsworth, "Zinc-Redox Battery, A Technology Update," *Electrochemical Society*, *Fall Meeting*, October, 1987.

69. M. Skyllas-Kazacos et al., AU Patent 575247 (1986).

70. N. Tokuda et al, "Vanadium Redox Flow Battery for Use in Office Buildings," *Proc. of Conference on Electric Energy Storage Applications and Technologies*, Orlando, FL, September 2000.

71. M. Schreiber, "Vanadium Redox Flow Battery Layout for Improved Efficiency," *EESAT* 2007, September 23-26, San Francisco.

72. M Schreurs and J. Timpert, "Third Generation Redox Flow Battery: A Development Update," *EESAT* 2009, October 4-7, Seattle, WA.

73. T. Shinzato et al., "Vanadium Redox-Flow Battery for Voltage Sag," *EESAT* 2002, April 15-17, San Francisco.

74. K. Emura et al., "Recent Tendency of VRB Technology and Experience," 2002 *ESA Annual Meeting*, October 10-11, Milwaukee, WI.

75. G. Koshimizu et al., "Subaru Project: Analysis of Field Test Results for Stabilization of 30. 6 MW Wind Farm with Energy Storage," *EESAT* 2007, September 23-26, San Francisco.

76. J. Hawkins and T. Robbins, "A Vanadium Energy Storage System Field Trial," *EESAT* 2002, April 15-17, San Francisco.

77. A. Whitehead, M. Harrer, and M. Schreiber, "Field Test Results for a 1kW, 50kWh Vanadium Redox Flow Battery," *EESAT* 2005, October 17-19, San Francisco.

78. M. Schreiber et al., "Vanadium Redox Flow Battery for Remote Area Power Supply," *EESAT* 2009, October 4-7, Seattle, WA.

79. T. Hennessy and J. Davis, "Permanent Load Shifting and UPS Functionality at a Telecommunications Site Using the VRB-ESS™—A Case Study," *EESAT* 2007, September 23-26, San Francisco.

80. B. Beck, "Vanadium-Redox Flow Cell Product," 2008 *Energy Storage Association Annual Meeting*, May 20-21, Orange, CA.

81. B. Williams, "Operational Update of a 2 MWh VRB Energy Storage System (VRB-ESS) at PacifiCorp," 2005 *Energy Storage Association Annual Meeting*, May 25-26, Toronto, Canada.

82. S. Lathrop, T. Hennessy, B. Steeley, and H. Kamath, "Progress with Flow Batteries: The Vanadium Redox Battery at Castle Valley," 2006 *ESA Annual Meeting*, May 16-18, Knoxville, TN.

第31章

生物医学用电池

Randolph A. Leising, Nancy R. Gleason, Barry C. Muffoletto, and Curtis F. Holmes

31.1 植入装置用电池和需求

为了满足在治疗不同疾病设备中的应用需求，各种生物医学用电池针对相应需求而各具特点。在过去50年中，这方面的研究大多集中于对材料、对电化学和针对不同应用需求电池设计方面研究，如在1972年，锂电池首次被用于植入式心脏起搏器，这也是一次锂电池首次成功的商业化应用之一。从此时起，生物医学设备及应用这些设备进行治疗的案例迅速发展起来并逐年持续增加，而植入式医疗装置电池就是电池在其中应用的典型例子。本节将介绍电池在植入式医疗装置中的应用。表31.1总结电池驱动的植入式医疗装置部分实例。

表31.1 电池驱动的植入式医疗装置部分实例

疾病类型	装置	电池类型和放电率
心动过缓	起搏器	低
心动过速	心脏复率除颤器（ICD）	低和高
充血性心力衰竭	植入式心脏同步化治疗除颤器（CRT-D）	低和高
昏厥	植入式心脏监护器	中
终末期心力衰竭	左心室辅助装置（LVAD） 完全型人工心脏（TAH）	高
慢性疼痛	神经刺激器	中
癫痫	神经刺激器	中
听力损失	神经刺激器	中

31.1.1 植入式心脏起搏器

心脏起搏器是第一种可植入式装置，心脏起搏器首次植入标志着植入式医疗装置工业诞生，到2008年刚好是50周年。在1958年10月8日，在斯德哥尔摩，心脏外科大夫Ake Senning在电气工程师Rune Elmquist的帮助下首次将心脏起搏器植入一位瑞典的工程师

Arne Larsson 身体中。第一只心脏起搏器只持续工作几个小时，并在仅仅几周后就被替换掉[1]。同一时间在美国，Wilson Greatbatch 也开发出一种植入式心脏起搏器。在 1958 年，这种 Chardack-Greatbatch 心脏起搏器被植入到动物体内，并在 1960 年植入到 10 位患者体内，这些起搏器有更长的使用寿命，但由于其使用锌/汞电池的性能很差而表现不佳，因此 Greatbatch 为心脏起搏器寻找更加强力的电源，这导致为其开发锂/碘电池[2~4]。目前，估计在世界范围内每年有超过 60 万人进行心脏起搏器植入治疗。

作为令人鼓舞的说明，Larsson（首位心脏起搏器植入者）在首次植入后又生活 43 年直到 86 岁。在这期间，他一共进行了 26 次心脏起搏器植入。

心脏起搏器用来治疗心动过缓，就是调节过于缓慢的心跳频率，其中的脉冲发生器（如图 31.1 和图 31.2 的部分解剖图）包含电池和发出起搏脉冲的电路，起搏引线与脉冲发生器连接并向心脏传递电脉冲。

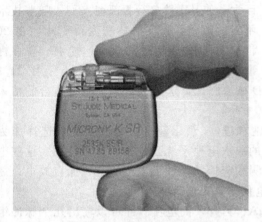

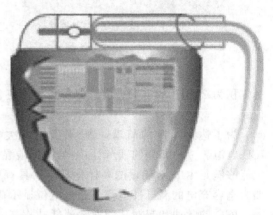

图 31.1　儿科病人的紧凑植入式心脏起搏器
（St Jude Medical 提供）

图 31.2　心脏起搏器剖面图
（ELA Medical 提供）

起搏器监测病人的心率并发出电脉冲来维持健康的心率。脉冲发生器的体积一般在 8~15cm³ 内。图 31.1 中的装置体积小于 6cm³，为儿科病人而设计。

电池寿命由很多因素决定，包括病人需要的起搏数量和装置设计中的电池体积。一只常规心脏起搏器的典型能量消耗大约在 10~30μW。由于其对能量需求较低，锂/碘电池已经很好满足心脏起搏器的需要。然而，越来越多的起搏器逐渐吸收无线传输的特点，这可大幅提升监测病人的功能，但也增加装置的能量消耗。在许多实例中，许多先进装置需要在工作周期内提供毫安级电流的中等放电速率驱动电池。

31.1.2　植入式心脏复率除颤器

植入式心脏复率除颤器（ICD）是 Michel Mirowski 在 1979 年发明的。Mirowski 是从外部除颤器（在 1940 年首次开发）得到的灵感而发明的对应植入式装置，这些装置成功地将心脏的心动过速转变为正常的速率。Mirowski 亲眼见证重复的昏厥最终导致一位心动过速同事的死亡。自此之后，Mirowski 与 Martin Mower 和 Stephen Heilman 合作开发出第一只 ICD，并使用两个 Mallory 氧化汞电池[5]。

ICD 用于治疗心室的心动过速，这种心动过速的心跳速度可以到达 160~240 次/min。相对普通心脏速率，这是潜在的致命破坏，能够引起心脏停止供血和心脏房颤。心脏房颤是一种心电活动转变为完全无序的病症，这种情况下心室快速、非同步收缩，心脏供给少量或不供给血液。ICD 能监测到这种情况并对心脏进行高压电击使心脏暂时停止，打断不齐的心

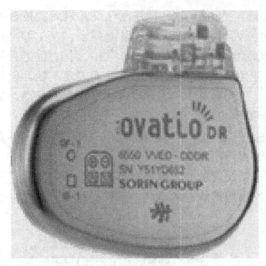

图 31.3　植入式复率除颤器
（ELA Medical 提供）

率。接着，心脏恢复跳动，并恢复到正常窦律。ICD 的效能已经在临床研究中被证明。在超过 1000 名病人的对比中，ICD 对病人生存率的提升全面超过抗心律不齐药物[6]。

电池作为一种低电压、高能量密度的电化学装置无法满足 ICD 心脏除颤对高电压、高功率的需求。ICD 中电池为电容充电，然后由电容提供高电压对心脏进行电击，这些额外的组件导致 ICD 比心脏起搏器体积更大。在 20 世纪 80 年代前期 ICD 最初应用时，体积大，超过 160mL。由于装置体积巨大，使其需要进行腹部植入[7]。随着技术不断的改进，ICD 的体积变得更小，在 20 世纪 90 年代中期达到 60cm³ 左右。现在标准 ICD 体积范围一般为 30~40cm³。图 31.3 是体积为 29cm³ 的 ICD。由于体积减小可使 ICD 植入胸部，这对 ICD 来说是更适合的植入位置。

为了达到 ICD 的需求，锂/钒酸银一次电池和锂/二氧化锰一次电池系统被选择作为 ICD 电池。一种新型的锂/钒酸银与氟化碳混合的一次电池系统已经在 ICD 中使用。这些电池能够满足 ICD 对能量的多样化需求：具有监测和起搏功能的低电流放电；低自放电；需要为电容充电的高脉冲电流；通过电位显示荷电状态；安全、可靠。

ICD 的脉冲和起搏功能通常消耗功率 $<20\mu A$；另外，高电流脉冲可以输出几个脉冲组成的一排脉冲波，电流输出可达 2~4A，持续 5~15s（脉冲数量根据病人恢复正常心跳频率的需要输出，在实际应用中一排脉冲波的脉冲数量通常远小于 20 个）。当电池需要替换时，一些装置发出警告提示音对病人进行提示。这种可选择替换指示器（ERI）标准设定在 ICD 装置寿命终止（EOL）前 3 个月给出移植提示[8]。

31.1.3　植入式心脏同步化治疗除颤器

现代的 ICD 除提供除颤治疗外也具有起搏器的功能，包括单室和双室起搏。单室起搏在右心房或右心室放置起搏电极，双室起搏需要在右心房和右心室都放置起搏电极[9]。双室除颤器的一个起搏电极在右心房，一个起搏/除颤电极在右心室。三室起搏系统使用的第三个起搏电极在左心室[9]。植入式心脏同步化治疗除颤器（CRT-D）（如图 31.4）使用心室同步治疗某些病人的充血性心力衰竭。充血性心力衰竭（CHF）是一种心脏不能为身体其他器官供给足够血液的疾病。通常消弱的心肌不能泵出流入心脏的全部血液而导致充血（流入肺中），这也是充血性心力衰竭术语的来源。CHF 是一系列因素影响的结果：冠状动脉病；心脏病发作形成的疤痕

图 31.4　植入式心脏复率治疗除颤器
（Boston Scientific 提供）

组织；高血压；心脏瓣膜疾病；心肌疾病（Cardiomyopathy）；先天心脏缺陷；心瓣和/或心肌感染。

尽管 CRT 对电池的需求与 ICD 需求类似，可提供高功率脉冲电流来进行心脏除颤、低功率起搏，但 CRT 的低功率需求明显高于单室和双室起搏的 ICD（高达 5 倍）。因此，CRT 装置需要的起搏电流在 $50\sim100\mu A$。

31.1.4 植入式心脏监护器

植入式心脏监护器（如图 31.5）是一种植入在胸腔上部皮下的植入装置。这些装置通过记录心电图（ECG）持续监测心跳速率。这些装置可以用来监测病人显露出昏厥、眩晕等症状。昏厥是由于暂时性供血下降导致的大脑缺氧引起的。然而，这可以由多种疾病引起（包括许多非心脏疾病引起），所以持续的心脏监测，特别是在昏厥期间的持续监测，对于正确诊断疾病是十分关键的。

图 31.5　植入心脏监护器
（Medtronic 提供）

这些装置尺寸很小，通常只有 $6\sim10cm^3$ 大小，所以需要小型电池供电。植入式装置可以与外部手持装置连接，由外部装置激活内部监护器；装置间的无线联系能要求电池定期根据需要提供毫安级电流输出。这种植入式装置的寿命必定是由电池寿命决定，一般标准为 3 年。

31.1.5 心脏辅助和完全型人工心脏装置

左心室辅助装置（LVAD）是一种将血液从左心室输送到大动脉的植入式泵，可以有效地辅助左心室向身体供给血液[10]。这些装置可以为需要心脏移植等待适合捐献者的病人提供一条"通向移植的桥梁"。有意思的是，根据过去发布的研究结果显示，在对病人心脏使用 LVAD 并移除后，病人心脏的恢复状况与植入前相比也得到事实上的改善[11]。图 31.6 是 LVAD 系统图，包括植入式泵和一个外部可充电池包。

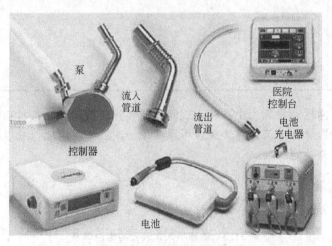

图 31.6　左心室辅助装置
（Terumo Heart 提供）

完全性人工心脏（TAH）也是移植前的辅助装置，可以通过移植替代晚期心力衰竭病人的疾病心脏。对晚期心力衰竭的病人，当心脏缓慢失去有效供血功能后导致其死亡。

TAH 应用著名的例子是 Jarvik-7，由 Robert Jarvik 设计，在 1982 年首次植入到 Barney Clark 体内。Clark 是一位退休牙医，患严重的充血性心力衰竭，对其进行实验的人工心脏手术移植成功并代替心脏工作 112 天，这也是 TAH 发展的第一步。尽管直到今天，人工心脏仍然没有大范围被使用，仍有几家公司和医疗中心在开发这类装置。人工心脏中一部分采用气动方式，而其他采用电动泵。

合适尺寸的一次电池不能满足驱动 LVAD 或 TAH 所需要的总能量，因而需要使用二次电池为其供电。某型号 TAH 系统包含了植入和外部两个电池包[12]。这种 TAH 内部电池提供约 30min 的工作能量，当与外部电池包切断连接期间，病人可以进行活动，如洗澡等。外部电池包可以提供约 4h 的工作能量，其尺寸可以远大于植入电池，但仍需要小到满足 TAH 装置方便佩戴的需求。驱动 LVAD 或 TAH 通常需要电池以高倍率循环，其电流范围在 0.5～3A，平均约 1A；同时其工作电位也很高，约 20～30V[13]。

31.1.6 神经刺激器

神经刺激器是一种提供电刺激，治疗各种身体机能紊乱的植入式装置。各种身体机能紊乱包括运动障碍、膀胱控制紊乱及疼痛控制紊乱。这种装置治疗领域不断扩展，能为人们提供外科治疗和药物治疗多种选择。有潜力采用神经刺激器治疗的疾病如表 31.2 所列。

表 31.2 神经刺激器可能应用治疗的疾病

刺激区域	治疗疾病
骨骼	骨折
耳蜗	深度听力损失
脑深部	帕金森病、特发性震颤、肌肉张力紊乱、阿尔茨海默病、强制性障碍
胃神经	肥胖症
股薄肌	大便失禁
中耳	轻度致重度听力损失
枕骨神经	慢性偏头痛
视神经	失明
膈神经	膈肌起搏恢复
骶神经	小便失禁
脊髓	慢性疼痛
胃部肌肉	胃轻瘫
迷走神经	癫痫、抑郁

植入式神经刺激器通常其大小在植入式起搏器和除颤器之间，其对功率的需求一般是中等功率，提供毫安级脉冲电流。这类装置可以使用一次或二次电池，可以根据装置的大小和对能量的整体需求来决定。

31.1.7 临床实验

各种电池体系被用在临床植入式医疗装置中[14]，如表 31.3。

表 31.3 临床植入式装置的电池体系

电池体系	应用装置
锌/汞	起搏器
锂/碘	起搏器
锂/硫化铜	起搏器

电池的化学体系	应用装置
镉/镍	起搏器、生理遥测仪、TICA(义耳)、中耳植入
Li/CFx	起搏器、神经刺激器
Li/SOCl$_2$	起搏器、心脏监护器
Li/V$_2$O$_5$	ICD
Li/SVO	神经刺激器、ICD
Li/Ag$_2$CrO$_4$	ICD
Li/MnO$_2$	中耳植入、ICD
锂离子	神经刺激器、心室辅助装置、人工心脏
锂聚合物	脊髓场振荡刺激器

31. 2　外部供电医疗装置电池的应用和需求

电池除了为植入式医疗装置供电外,许多不同的一次电池和二次电池被用来为外部便携或非植入式医疗装置供电。这些装置与植入式装置间的重要区别是电源替换时不需要将医疗装置从体内移植出来。如今正在应用的众多外部医疗装置中的部分实例如后文所述。

31. 2. 1　外部给药泵

采用胰岛素泵疗法治疗糖尿病。根据疾病控制和预防中心的数据,美国有 2400 万人患有糖尿病,5700 万人有先兆糖尿病。胰岛素泵是给身体持续输送胰岛素的装置,其保证血糖水平处于稳定状态。这个装置由体外佩戴,通过一根软管与嵌入皮下的套管连接,并通过管道输送胰岛素。使用胰岛素泵效果要优于注射胰岛素,这是因为与注射大剂量的长活性胰岛素相比,胰岛素泵能够持续供给少量的快速活性胰岛素[15]。在其他众多优点中,能够让患者在饮食上有更多的选择是决定性因素。

胰岛素泵的电池是普通的消费型电池,如氧化银扣式电池、碱性 AA 或 AAA 电池。这些电池通常可以保证胰岛素泵持续工作几个星期。

31. 2. 2　听觉辅助装置

听觉辅助装置包括如传统的助听器等,也包括植入式耳蜗装置。这种装置在身体外部通常使用小扣式电池。锌/空气电池是被用于传统助听器的主要电池。此外,可充镍氢电池和锂离子电池也被设计用于听力辅助装置。在这种装置中的镍氢电池可以用锂聚合物电池组成的移动卡片充电器为其充电[16]。

植入耳蜗与助听器相比其机理完全不同,助听器是通过为听力受损的耳朵放大声音,植入耳蜗则是在耳朵受损部分搭建旁路用来刺激听觉神经。一个植入耳蜗系统(如图 31.7 所示)包括[17]:①一个麦克风,其负责从环境中接受声音;②一个语音处理器;③一个转换器和接收器/刺激器,它从语音处理器接受信号并将其转换为电脉冲;④阵列电极,它刺激听觉神经。阵列电极部分是植入的,而麦克风、处理器和转换器则是外部佩戴的。

植入式耳蜗通常使用锌/空气电池,常见使用的电池型号是 675 扣式电池。这些电池大小约 0.6cm^3,1.8g,可以提供约 570mA·h 的容量,电压一般为 1.4V[16]。在以 27～18mA 持续高速放电测试中 (51Ω),锌/空气电池可以提供约 400mA·h 的容量[18]。锂离子电池也被用在植入式耳蜗装置中,如图 31.8 是一个外部佩戴的语音处理器及其使用的圆柱形 120mA·h 锂离子电池。

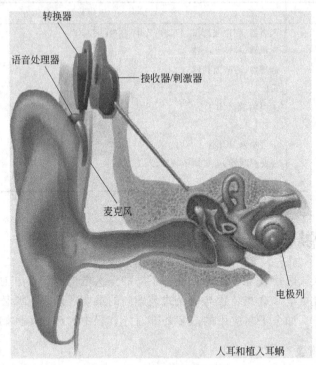

图 31.7　植入式耳蜗图[17]

31. 2. 3　自动外部除颤器

自动外部除颤器（AED）是一种便携设备，用于自动诊断和治疗患有致命性心率不齐的病人。该装置是全自动的，以方便仅受过少量训练的普通人使用。AED 检查患者心率并能在需要时自动输出电击。它通过语音命令和其他信息来引导救护人员使用，同时也可以帮助救护人员为病人进行心肺复苏。起初这些装置提供给警察和救护队使用，但随后在很多公众场所都有放置，如学校、教堂、飞机场、国际航班甚至在国际空间站。

尽管 AED 需要尺寸足够小以方便携带，但电池或电池包并不是限制它的问题。不同商业 AED 装置所使用的电池有很大差异，一部分装置使用一次电池，典型如锂系列电池，如 Li/MnO$_2$ 和 Li/SO$_2$；其他使用二次电池如锂离子电池或 Cd/Ni 电池。所有的电池均要求高速输出脉冲电流（电流达到安培级）提供电击足够的能量。自动外部除颤器一般能够输出两个连续的 120～200J 电击。图 31.9 是自动外部除颤器照片。

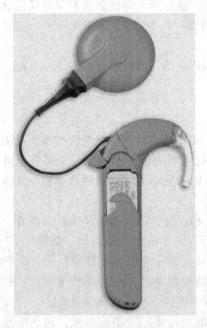

图 31.8　植入耳蜗的转换器和语音处理器及其使用的锂离子电池
（MED-EL 提供）

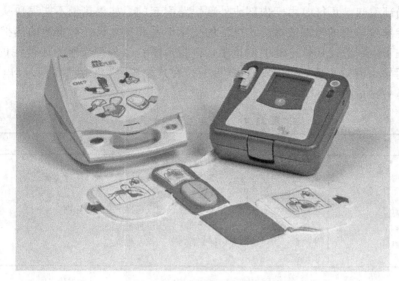

图 31.9　自动外部除颤器照片

（Zoll Medical 提供）

31. 3　安全因素

医疗装置用电池的安全性和可靠性极为重要。这一节基于这种考虑来设计和制造医疗装置使用的电池。应结合多种安全措施，采取如密封外壳、连续化生产和产品溯源制度等措施，并被用在植入式医疗装置电池的生产中。在过去的 30 多年里，锂原电池已经被广泛使用在各种植入装置中，在相关记录中，其安全性和可靠性一直良好。

针对医疗装置安全定义，世界健康组织列举了如下要素[19]：

① 保证绝对安全是不可能的；

② 安全是一个风险管理的问题；

③ 安全性与装置的效能/性能联系紧密；

④ 贯穿装置的整个使用寿命范围，都必须考虑到安全；

⑤ 安全性要求股东都承担责任。

作为医疗装置的一部分，电池这部分的风险必须被严格控制。在装置的正常寿命内，要必须考虑电池的安全性，同时还要使用所有必要的预防手段，确保其从生产到销售及到最终用户整个过程的安全性。

31. 3. 1　一次电池的安全性

医疗装置中使用的锂原电池大多数使用金属锂作为负极，这是因为锂电极的电池具有很高的能量密度。这些电池已经被安全使用了几十年，而金属锂的高反应活性使电池安全预防措施十分重要。锂的熔点是 180℃。如果含有金属锂的电池超过这个温度，那么熔融的金属锂会发生剧烈的反应，这将导致电池爆炸。这种情况下，使用含有金属锂电池的植入式装置的已故病人，在医疗装置移植出来前不能够进行火葬。在英国火葬场的调查显示，已经发生的爆炸中大约一半是由于使用电池的医疗装置没有在火葬前被从体内移植出来而导致的，爆炸可能导致建筑的损伤。被调查的大多数火葬场人员没有意识到植入式医疗装置的潜在爆炸可能性[20]。

锂电池局部发热，可能是由于内部或外部短路引起的。如果热量不能很快从发热点扩散出去，也可能导致电池的泄漏或爆炸。电池的化学体系和整体设计对电池的热扩散能力有重大影响。在关于生物医疗用锂电池的例子中，曾报道了自动外部除颤器因使用的 Li/SO_2 电池发生泄漏而导致消防队员受伤的安全事件[21]。在这个事件中，泄漏的 D 型电池释放了二氧化硫，这是一种危险气体。

表 31.4 关于电池安全的标准

标　准	描　述
IEC 60086-4	一次电池——第四部分:锂电池的安全性
IEC 61960	碱性或其他非酸性电解质二次电池——便携装置的二次锂电池
IEC 62281	运输过程中的一次和二次电池的安全性
ANSI C18.1 Part 2	水溶液电解质便携式一次电池美国国家标准——安全标准
ANSI C18.2 Part 2	便携二次电池的美国国家标准——安全标准
ANSI C18.3 Part 2	便携锂一次电池的美国国家标准——安全标准
UL 1642	锂电池

为了确定被设计用于生物医疗装置中每只电池的安全性，人们必须进行标准化测试。在不同的管理机构和实验室，对电池的安全标准存在很多争议。表 31.4 给出一些安全规则：UL1642 是保险公司实验室锂电池的安全规则；它覆盖一次和二次锂电池范围，也包含锂离子电池[22]。这些安全规则界定了电池的组成、构造、性能和测试方法。这些测试在电子、机械和环境子类里被进一步解释如下。

① 电性能测试　短路测试；异常充电测试；强制放电测试。

② 力学性能测试　碾压测试；冲击测试；电击测试；振动测试。

③ 环境性能测试　加热测试；温度循环测试；低气压测试。

④ 用户可替换锂电池　抛掷测试。

ANSI 标准 C18.3M 的第二部分是便携锂原电池的安全标准。该标准界定很多子类，包括预期使用模拟（海拔模拟、热冲击、振动、电击）和可能的不正当使用（外部短路、强制放电、不正确安装、自由落体和碾压）。在国际安全标准 IEC 60086-4 中，对于一次电池的安全部分，可能的不正当使用子类也包含冲击、异常充电、高温测试和过放电测试。

31.3.2　二次电池的安全性

二次电池除了要考虑类似一次电池的安全性问题外，还要考虑充电问题。在二次电池金属锂负极的研发过程中，由于锂二次电池含有金属锂，二次电池负极金属锂充电后生成的高比表面金属和枝晶导致电池发生短路问题，这一直是早期研究要解决的主要问题。在某些情况下，这些短路会导致电池泄漏或爆炸以及伴随的安全危害。在这个领域内，近来更多的研究工作集中在金属锂表面膜对防止充电过程中枝晶形成的影响[23,24]。

锂离子电池采用碳材料系列或锂合金系列负极，是一种安全的二次锂电池。负极采用嵌入式电极避免充电过程中形成锂枝晶。然而，锂离子电池过度充电是严重的安全问题，需要尽量避免[25]。充电控制电路必须能够避免锂离子电池的过充电。此外，提高正极、负极[26]、电解质[27]材料的安全性研究十分重要，同时需要研究这些组成部分之间的相互作用及其受温度的影响。这些安全性研究的目标是改进锂离子电池的技术以满足客户及电动车需求，但它也可以应用在医疗装置中。

目前已有数十亿只锂离子电池被安全地生产和使用，而其中有少量电池涉及备受关注的笔记本电脑起火事件，使得这种电池的潜在安全问题重新被重视起来。这些问题大多被归因于制造缺陷。由于高能量密度与易燃电解质相结合的特点，使这些高能电池需要被细心对待[28]。锂离子电池在飞机上的安全问题导致新包装要求的发布[29]。国家运输安全委员会（NTSB）研究了这些安全问题，并推荐美国管线和危险材料管理局调整含锂电池的运输规章[30]。

31.3.3　运输规则

锂和锂离子电池运输规则由不同部门制定，包括美国运输部（U.S.DOT）、国际空运联合会（IATA）、国际民间航空组织（ICAO）、国际海事组织（IMO）和联合国（UN）。

表 31.5　锂电池运输相关规则

组　织	规　则
IATA	国际空运危险品规则 (International Air Transport Association Dangerous Goods Regulations)
ICAO	国际民间航空组织技术规范 (International Civil Aviation Organization Technical Instructions)
IMO	国际海事危险品法规 (International Maritime Dangerous Goods Code)
U.S.DOT	美国危险物质联邦法规第 49 部分 (Part 49 of the Code of Federal Regulations of U.S. Hazardous Materials Regulations)
UN	联合国危险品运输规则 United Nations Recommendations on the Transport of Dangerous Goods

表 31.5 是关于锂和锂离子电池的运输规则。通常，这些电池在运输过程中被定为 9 级危险品，除非电池所包含的金属锂或锂离子电池中金属锂量低于规定质量。

需要注意的是锂电池的运输规则常常被更新，所以在运输这些材料之前应该先参考最新的文件。例如，2009 年发布的第 50 版 IATA 危险物品规则包含金属锂和锂离子电池运输的修订规则[29]。国际标准 IEC 62281 中，"运输过程中一次和二次电池的安全性"中列出从 T1 到 T8 运输和不当使用测试：（T1）海拔；（T2）热循环；（T3）振动；（T4）电击；（T5）外部短路；（T6）冲击；（T7）过度充电和（T8）强制放电。

31.4　可靠性

Levy 与共同作者已经写了很多论述一次电池可靠性的出版物，主要集中在锂负极电池体系的论述[31~34]。这些作者将可靠性分为三个部分：大量电池可靠性、单独电池可靠性和失效电池原因分析。这些分别与下列因素相关：电池制造过程的可靠性（大量电池可靠性）、电池设计（单独电池可靠性）和解剖失效电池分析失效原因。所有这些都与医疗装置中的电池体系非常紧密地联系在一起。常见评估可靠性和分析电池失效原因的方法总结如下。

31.4.1　失效模式和故障树分析

失效模式和效应分析与故障树分析已经被用于需要高可靠性的工业生产中，如原子能工业和航天工业。这些分析技术可以直接应用于医疗装置用电池的设计和制造。失效模式和效应分析（FMEA）在电池设计中的作用是在电池设计过程中辅助尽早确认潜在问题，以便改进以提高电池的可靠性[35]。FMEA 过程使用一个标准化的电池设计评估途径，这可以用来评估单独部件或系统失效风险分析；同时分配风险的优先数量。输出的数字化结构可以用来评估风险和分配优先度。FEMA 或 PFMEA 过程，也可以用来分析电池制造中的所有过程。

失效树分析是另外一种技术。这种技术用来评估电池设计，它是从失效电池反向寻找其失效原因[32]。这种工具利用事件标记和逻辑门来提供图形化的模型，可以显示出各种错误间的关系。以这种方式，所有可能在电池中发生的失效模式都可以在文件中描述和显示出来。

31.4.2 电池设计的质量鉴定

一旦高可靠性电池设计完成，它必须能够满足特定应用需求的质量鉴定。植入式装置用电池的质量鉴定程序可以根据其制造过程来设计，Visbiky 等人设计 ICD 用电池的简单鉴定程序[36]。

① 1min 从−40～70℃循环温度冲击。

② 90psi 和 120psi 高压测试。

③ 低压测试采用真空装置模拟海拔 4500m、12030m 和 15000m 的压力。

④ 高、低温测试。

⑤ 室温和 37℃短路测试。

⑥ $C/10$ 率强制放电。

⑦ 废弃电池作为新电池强制放电。

⑧ 1000g 加速冲击测试。

⑨ 5～5000Hz 频率范围振动测试，加速度峰值为 5g。

上述流程显示如图 31.10。

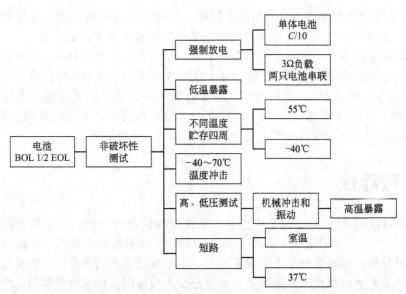

图 31.10 ICD 电池标准测试流程条款[36]

BOL＝Beginning of life（开始使用）；EOL＝End of life（寿命终止）

31.4.3 非破坏性测试

这里介绍几种非破坏性分析技术，可以用来评估电池系统的可靠性。衰退的树形图将非破坏性测试用于一种甄选性能不佳电池的工具。这种分析的一个例子是阻抗数据与微量量热法联系甄选 Li/SO_2 电池[37]。

微量量热法首次应用于电池自放电分析中是在 1970 年晚期[38～40]。图 31.11 为分析起搏器电池而设计的微量量热仪原理示意图，它是一种测量两个电池微分热流量的测试仪。这种测量仪能够测量的功率密度一般可以低至微瓦级吸收热，测量准确性从 1% 到 0.1%，这可以在 U. S. NIST 中查到[41]。对于打算植入到体内几年的电池来说，了解其电池化学体系和设计的自放电特性对确定其能够放出的电量十分重要。只要知道电池的化学体系，电池副反应导致的散热可以通过微量量热仪测量，它可以根据自放电百分率而与电池的总容量联系起来。这种技术也是一种用来评估失效电池很重要的非破坏性测试，从电池散热提高可以确定其内部出现"微短路"。电化学阻抗谱（EIS）也是一种非破坏评估方法，能够有效评估电池的健康状况[42]。这项技术被广泛地用来表征电池系统并确定正极、负极和隔膜/电解质的内部阻抗。

与其他非破坏性测试技术联合，电池的开路电压测量（OCV）和限制脉冲能可用来评估电池诸多可靠性。开路电压是一种快速简单的测量方式，它可以提供关于电池状态十分重要的信息。低开路电压可以表明电池内部短路和腐蚀反应，而高开路电压可能意味电池内存在额外的污染物[33]。小于或等于电池容量 1% 变化的脉冲电流是一种十分有价值的技术，这是由于其只消耗一次电池有限容量中的一小部分，就可以确定电池的不良内阻。基于这种方法，可对植入式医疗装置的电池进行 100% 样品检测。其他非破坏性测试技术包括尺寸和质量测量，也包括 X 射线和密闭电池的泄漏测试。

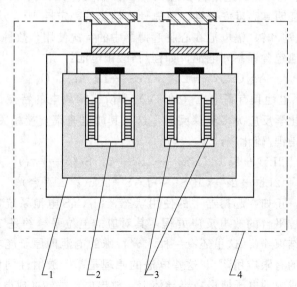

图 31.11　电池分析用双电池量热器设计示意[41]

1—量热槽；2—两只电池中的一个；3—热电传感器；4—稳定的温度环境

31.4.4　破坏性测试

破坏性物理分析（DPA）是为了分析电池组件而进行的电池解剖。这项技术被用来分析失效单体的失效部分或大量系统分析中的一部分。在这些技术中，一定比例的植入式装置用电池被加速放电并伴随破坏性分析。在 DPA 中，电池被切开，电池的所有部件被仔细监测作为电池缺陷的证据。这种破坏分析程序可能是电池出售前必须通过众多检测技术的一部分。

寿命测试是对电池样品进行放电，释放出电池所有容量的一种测试。这些测试一般需要大量样品电池，在实际使用近似环境下测试。这里有对起搏器锂/碘电池寿命进行测试的例子，它包含 37℃下、100kΩ 恒阻抗负载放电测试；每 2 个月进行一次电压和阻抗的测量，计算机程序将选择出所有电压下降到低于预定标准电压的电池，并打印其数据[16]。寿命测试程序有三个作用：首先，它核查对电池性能作出的实时加速预测；其次，提供电池间变化率和失效率监测；最后，对任何严重缺陷和电池非预期行为给出警示[43]。

31.5 生物医学装置用电池的特性

生物医学装置用电池一般根据医疗装置对放电速率的需要分为三种类型：低功率、中等功率和高功率。低功率装置的电流一般在 $100\mu A$ 左右或更低，而中等功率装置则通常是毫安范围，高功率装置则可以输出高达数安培的脉冲电流。锂/碘电池原型是一种低功率电池，其作为低功率装置电源已经有很长历史，如植入式心脏起搏器的电池。同样的，锂/钒酸银电池是典型的高功率电池，其被用于 ICD 电源。尽管植入式医疗装置几乎都使用这两种电池，但许多其他种类的电池也应用在生物医疗装置中；同时还被广泛应用于军事、商业等领域。这一节介绍这一领域内各种主流电池的特性，重点介绍电池设计和其适用的医疗装置。

31.5.1 锂/碘电池

1972 年，锂/碘电池驱动的起搏器在意大利被首次植入人体内[44]，从那时起，这种电池数百万次植入已被证明其高度安全性、可靠性和性能的稳定性[45]。从 20 世纪 70 年代起，伴随着第一只汞/锌电池和镍/镉电池在心脏起搏器中的首次使用，数种电池被用于植入式心脏起搏器中。这些电池包含锂系列电池，如锂/铬酸银电池：

$$Ag_2CrO_4 + xLi^+ + xe \longrightarrow Li_x Ag_2CrO_4$$

Li/Ag_2CrO_4 体系电池具有高电压（约 3V）和阶梯状放电的特点，其阶梯状放电主要是由于其电池内的电化学反应为多步骤反应，这与其放电速率直接相关[36]。另一种植入式起搏器的锂电池体系是锂/硫化铜：

$$2Li^+ + 2e + 2CuS \longrightarrow Li_2S + Cu_2S（第一平台）$$

$$2Li^+ + 2e + Cu_2S \longrightarrow Li_2S + 2Cu（第二平台）$$

在低放电速率下，正如在起搏器中的使用状态，Li/CuS 电池系统显示阶梯放电。前面是第一步和第二步电位平台的放电反应方程，其对应的电位平台约是 2.2V 和 1.7V，这可以用来指示它的寿命结束[47]。这里还有一种十分特殊的电池即原子能电池，可以看到这种电池在植入式起搏器的有限应用[48]。这些电池的原理是基于放射性同位素的衰减。一种原子能电池是利用 β 射线中的电子撞击在半导体上，放出电子并转换成电流。另外一种设计是将钚-238 发射粒子的动能转换为热能，再通过塞贝克效应转换为电能。在 20 世纪 70 年代，多家公司生产了原子能电池起搏器，而且数千个这种起搏器被植入到人体内。原子能电池具有很长的寿命，一般是数十年。其中一个例子，据报道在 1973 年为一位年轻病人植入的心脏起搏器，其使用的原子能电池在 34 年后仍在工作[49]。然而，应进行严格的安全测试和装置跟踪监测要求确保这些系统即使在极端情况下也不能发生放射性燃料泄漏，这些极端情况包括无意中进行火葬。这种测试要求起搏器在炉火中，在 1300℃ 保持 2h 不发生放射性燃料泄漏[48]。在 20 世纪 80 年代，锂/碘电池已取代这些其他技术的电池，成为植入式起搏器的最好选择。

锂/碘电池的化学反应原理如下：

$$Li + \frac{1}{2}I_2 \longrightarrow LiI$$

这些反应的热力学参数在表 31.6 中列出[50]。

表 31.6　碘化锂生成的热力学函数（300K）

参　　数	数　　值
$\Delta H/(\text{kcal/mol})$	-64.551
$T\Delta S/(\text{kcal/mol})$	-0.101
$\Delta G/(\text{kcal/mol})$	-64.450
OCV/V	2.795

反应的动力学提升需要通过改进碘和有机络合剂的电荷转移络合反应。1967 年，Gutman 等首次报道了碘络合反应。随后在 1972 年的一项专利中介绍了一种固态一次电池，其使用锂负极和碘正极，采用固体锂的卤化物电解质[3]。在 1973 年的专利中又出现碘与聚乙烯吡咯烷酮（PVP）热反应形成 I_2/PVP 正极材料[51]，并且直到现在，该材料仍被用于心脏起搏器锂/碘电池中。

反应产物碘化锂在电池放电时形成，它既作为电池隔膜又作为电池的固体电解质。电池放电时，处于正、负极之间的 LiI 厚度不断增加，这导致电池内阻逐渐增加。Li/I 电池放电电位-容量曲线随电池内阻曲线的变化在图 31.12 中被绘制出来。电阻对应容量的增加曲线是线性的。放电时，其电阻从 100Ω 变化到 8000Ω 也十分值得注意，这说明 LiI 生成的巨大影响。在 I_2/PVP 和锂电极间的固体电解质界面放电时也转化为一个自愈的隔膜系统；正极和负极间的内部短路在短路位置生成 LiI，形成固体电解质/隔膜。从这一角度上讲，电池消除短路。

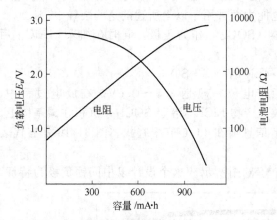

图 31.12　涂覆式阳极的锂/碘电池在 37℃、
$100\mu\text{A}$ 放电的负载电压和电池电阻

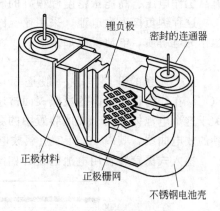

图 31.13　锂/碘电池典型
壳-正极设计解剖示意
（Greatbatch，Inc 提供）

图 31.13 是锂/碘电池解剖示意图。如该图所示，锂/碘电池的标准设计中部是锂负极，其表面制成波纹状以增加电极的表面积。电池中充满 I_2/PVP，它包围着锂电极并与不锈钢电池壳接触，构成这个壳-正极的设计。除了 PVP 与 I_2 的热反应之外，也在锂负极上涂覆一层 PVP 薄膜。负极涂覆 PVP 的技术是 1970 年开发出来的[52]，这可以大幅降低电池放电的内电阻，如图 31.14 所示。

锂/碘电池体系的自放电一般是由碘扩散通过碘化锂层，与锂直接接触发生反应而导致。碘能够扩散穿过隔膜层的总量是由隔膜层的厚度决定的，因此初期由于 LiI 薄膜很薄，电池中的自放电比更大。通过微量量热器测量开路状态下的散热数据，其与电池容量的函数曲线如图 31.15 所示。从该图中可以清晰看出大多数电池的自放电过程发生在放电前 25% 阶段的电池放电容量中。

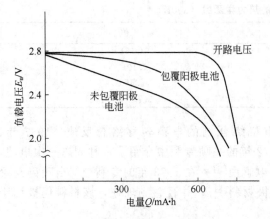

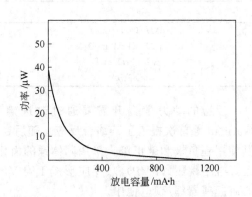

图 31.14　在 37℃，负极涂覆和未涂覆 PVP 层
的锂/碘电池以 6.7μA/cm² 放电的负
载电压-放电状态曲线

图 31.15　锂/碘电池的自放电耗散功（热）-
放电状态（热量计测量在开路状态下测量）
（Medtronic 提供）

31.5.2　锂/亚硫酰氯电池

医疗装置如神经刺激器、供药泵和心脏监护器，这些装置为监护病人和驱动装置内电路
需要持续提供微安电流，但为了定期传送治疗方案也需要其提供短的毫安脉冲电流[53]。植
入级的锂/亚硫酰氯电池作为一种中等功率的电池，在 20 世纪 80 年代开始研发。由于其具
有高工作电压、高能量密度和很好的脉冲供电能力而被用于以上所述的这些装置中[54]。

这种锂负极一次电池，采用亚硫酰氯液体（SOCl₂）作为正极，同时在加入 LiAlCl₄ 后
也作为电解质。电池反应如下：

$$4Li + 2SOCl_2 \longrightarrow 4LiCl \downarrow + S + SO_2$$

这个体系的开路电位一般是 3.65V，工作电位一般是 3.5～3.6V。在放电过程中，
SOCl₂ 在作为正极基体的炭黑表面被还原。放电产物 LiCl 不溶于 SOCl₂，沉积在碳基体上。
关于这个电池体系用于其他装置中的更多细节信息请在 14.6 节中查找。图 31.16 是有代表
性的放电曲线，其以 49.9kΩ 负载放电 4 年。

植入式医疗装置用电池的设计如图 31.17 解剖图所示。这个设计以中间锂负极为特征，

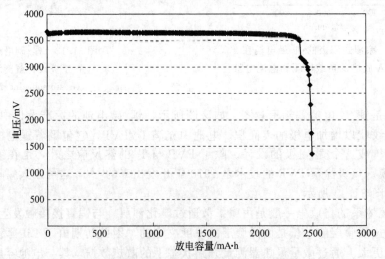

图 31.16　在 37℃，植入级 Li/SOCl₂ 电池
在 49.9kΩ 恒定电阻负载下的放电曲线

其两侧压入导电网并覆盖多孔隔膜材料；负极与连通钼针连接并导通到壳顶。两个正极集流体环绕正极，它是由高比表面碳和聚合物黏结剂混合压制在导电网上制成并与电池壳连接。当电池充满电解质时，锂负极和 $SOCl_2$ 液体正极反应，在锂表面形成固体电解质膜（SEI），初步形成 $LiCl$[55]。未放电的 $Li/SOCl_2$ 电池显示出一个 OCV 增加，这是由于 $SOCl_2$ 与锂反应生成 S_2Cl_2 和 SO_2，其中副产物 S_2Cl_2 比 $SOCl_2$ 具有更高的电位[56]。

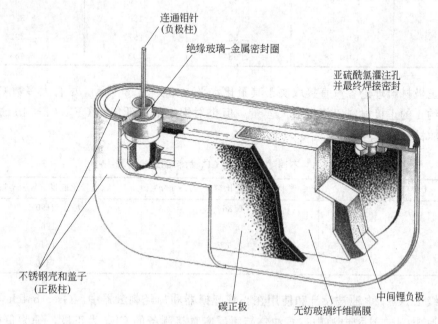

图 31.17　植入式医疗装置用 $Li/SOCl_2$ 电池解剖图
（Greatbatch，Inc 提供）

　　$Li/SOCl_2$ 电池驱动的神经刺激器用来记忆膈肌起搏以恢复呼吸和电刺激股薄肌治疗排泄失禁[57]。神经刺激器包含了植入级的 $Li/SOCl_2$ 电池。这个系统设计通过每个神经上的 4 个电极可以刺激两个骨骼肌。这种电池的工作寿命根据不同装置使用而有所区别，膈肌起搏装置 4.1～7.2 年，股薄肌刺激 6.4 年。该研究的作者评论了通过排除永久性外部部件平衡更换移植外科手术的缺点，以达到更好的生命质量[57]。

　　$Li/SOCl_2$ 电池有电压延迟问题，这是由于负极表面薄膜的形成，并在贮存过程中表现出了较其他中低功率电池体系更高的自放电率（如锂/碘电池和锂/氟化碳电池）。

31.5.3　锂/氟化碳电池

　　在商业化锂负极电池中，这种电池体系使用氟化碳正极材料。在 1970 年，三菱电器公司的 Watanabe 和 Fukuda 首次取得了 Li/CF_x 电池专利[58]。这种电池具有高能量密度，正极活性物质有接近 100% 的利用率，具有平滑的放电电压平台和长贮存寿命。Li/CF_x 电池放电反应如下所述，锂与氟化碳完全反应生成氟化锂和碳[59]：

$$nx\,Li + (CF_x)_n \longrightarrow nx\,LiF + nC$$

　　一氟化碳是灰色粉末，它可以通过高温下碳粉与氟气反应直接制得，其反应如下[59]：

$$x\,C(s) + x/2\,F_2(g) \longrightarrow (CF)_x(s)$$

　　碳材料用来制备 CF_x 可以选择不同的原料如表 31.7 所示，可以看到表中各种类型的碳原料影响了氟化碳产物的物理性能。

表 31.7　不同碳原料制备的 CF$_x$ 特性[59]

碳原料	原子比(C∶F)	真实密度 /(g/cm³)	比表面积 /(m²/g)	分解温度 /℃
碳纤维	1∶0.96	2.52	340	390
石油焦	1∶0.98	2.50	290	380
木炭	1∶0.91	2.35	176	333
碳质黏结剂	1∶0.92	2.34	180	320
炭黑	1∶0.97	2.52	297	392
天然石墨	1∶0.98	2.68	293	485

　　CF$_x$ 正极材料理论容量直接取决于其氟化水平，如表 31.8 所示。尽管大多数 CF$_x$ 锂电池采用 x 约 1 的正极材料以提供最大容量，但也对锂电池的低氟化 CF$_x$（$x < 1$）进行了研究，以增加材料固有容量[60]。

表 31.8　不同 C∶F 比的 CF$_x$ 材料的理论容量[59]

CF$_x$ 材料	CF$_x$ 材料的质量比容量/(A·h/g)	质量比能量/(W·h/kg)
CF$_{1.0}$	0.864	2190
CF$_{0.8}$	0.788	1960
CF$_{0.6}$	0.687	1740
CF$_{0.4}$	0.547	1430

　　植入级 Li/CF$_x$ 电池被设计和使用在心脏起搏器和神经刺激器中。Greatbatch 等人介绍了这种电池[61]。在这种电池中，石油焦与氟反应直接制备的 CF$_x$ 为正极，锂为负极，γ-丁内酯为电解质，电解质盐是四氟硼酸锂。整个电池系统装在钛外壳内，其种类比同等尺寸的锂/碘电池要轻 50%。图 31.18 是植入级 Li/CF$_x$ 电池在 2000～100000Ω 负载下的放电曲线，10 万欧姆负载的数据是在 37℃ 下进行了超过 10 年采集得到的。关于 Li/CF$_x$ 电池的其他信息请参照 14.9 节。

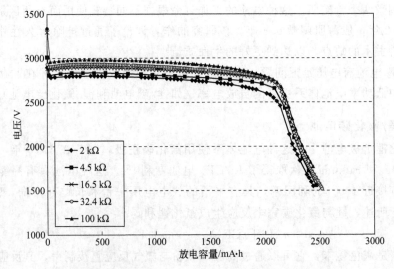

图 31.18　植入级 Li/CF$_x$ 电池 37℃ 电阻负载放电曲线

(2kΩ，4.5kΩ，16.5kΩ，32.4kΩ 和 100kΩ 负载)

(Greatbatch, Inc 提供)

31.5.4 锂/钒酸银电池

钒酸银（SVO）首次出现是作为高温商业化锂电池的正极材料[62]。锂/钒酸银电池（Li/SVO）直到植入式心脏除颤器出现后才被用于植入式医疗装置中。首个用于 ICD 中的锂钒类电池是 Honeywell 公司设计的锂/钒氧化物（Li/V_2O_5）[63]电池。直到 20 世纪 80 年代，这种电池才被用于 ICD 中。自从 1987 年 Li/SVO 电池首次被植入，大多数 ICD 开始使用这种电源，以保证 ICD 市场的增长。

Li/SVO 电池正极活性物质使用 $Ag_2V_4O_{11}$（ε 相）的固体材料。SVO 电极的结构是由共边扭曲八面体 V_4O_{11} 簇组成，随后形成成串的共角钒氧化物并呈层状结构[64]，银嵌入 V_4O_{11} 层间。当正极放电时，在取代反应中，锂离子取代钒氧化物层间的银[65]。银被取代，并被从 SVO 颗粒中挤压出来，如图 31.19 是放电后 SVO 正极材料的扫描电镜照片[66]。

Li/SVO 电池负极是金属锂，电解质是溶解锂盐的有机溶液（碳酸丙烯酯和乙二醇二甲醚）。电池反应如下。

负极反应：
$$Li \longrightarrow Li^+ + e$$

正极反应：
$$Ag_2V_4O_{11} + 7Li + 7e \longrightarrow Li_7Ag_2V_4O_{11}$$

电池总反应：
$$7Li + Ag_2V_4O_{11} \longrightarrow Li_7Ag_2V_4O_{11}$$

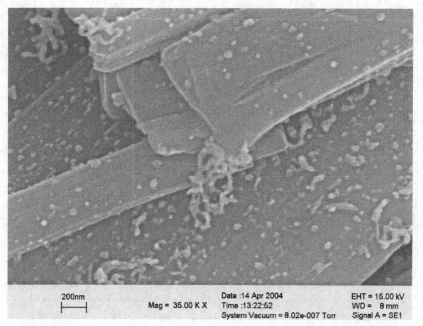

图 31.19　放电后的 SVO，嵌锂 $Li_{1.4}Ag_{0.6}V_4O_{11}$ 的扫描电镜图（SEM）

通过结合物理、化学和电化学理论，人们已经详细研究 Li/SVO 电池的放电反应机理[67~69]。SVO 第一步还原反应形成金属银（Ag^+ 还原成 Ag^0）。这些金属银大幅增加正极的电导率，保证 Li/SVO 电池能够提供很高的载流能力。然而，通过 NMR 测试及对放电后电池材料的验证，一些钒也在放电第一平台被还原出来[70]。由于放电反应的持续，五价钒被还原成为四价和三价钒。SVO 正极放电，由于钒存在多种氧化状态而给出一个阶梯状的放电曲线。如图 31.20 所示为 100kΩ 负载下 Li/SVO 电池的典型放电曲线。通过电位的阶梯状变化预测电池的放电状态，这对确定植入式装置的剩余寿命十分重要。

在其放电寿命中期，Li/SVO 电池的内阻一般会增加。在电池大电流放电时，其内阻的增加导致明显的电压滞后，这是由于锂负极表面形成薄膜所致[71]。图 31.21 是 Li/SVO 电池 7 年测试管理的放电曲线。电池以 80kΩ 负载放电，每 180 天进行脉冲输出。脉冲时间为 10s，每组脉冲电流密度为 24.5mA/cm² 。在 DOD 为 40%～50% 时，可以看到电压延迟（脉冲最小电压低于脉冲终止电压）。这种情况初期，负极膜很薄，并可以通过高脉冲电流除去。如果电池初期没有进行有效的脉冲，负极薄膜将不能被有效去除，而将形成永久性薄膜并增加电池电阻。人们研究通过电解质添加剂，改善锂负极表面形成的薄膜效果[71～73]。据报道，添加 CO_2 和其他物质如碳酸二丁酯（DBC）或苯甲基琥珀酰重胺基碳酸酯（BSC）可以起降低负极的钝化。人们相信，这些材料可以降低锂负极表面 SEI 膜的电阻。

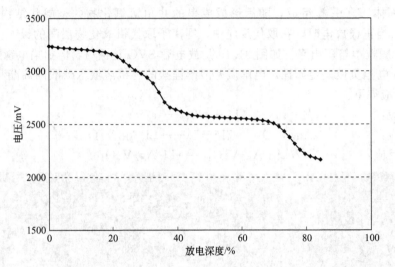

图 31.20 在 37℃，Li/SVO 电池 100kΩ 恒电阻负载放电，每 30 天脉冲放电
[放电测试周期为 4 年（Greatbatch. Inc 提供）]

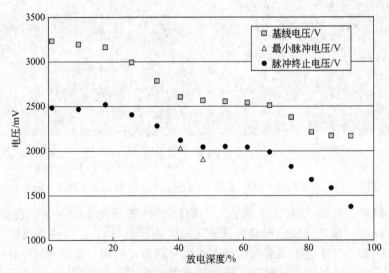

图 31.21 37℃下，Li/SVO 电池 7 年管理放电
[电池负载 80kΩ，每 180 脉冲放电（Greatbatch, Inc 提供）]

这种植入式的方形 Li/SVO 电池是为满足 ICD 高功率需求而设计的，其结构如图 31.22。电池壳和盖采用 304L 不锈钢制造，同时也作为电池负极。玻璃金属密封圈（GT-MS）使用 TA-23 玻璃和钼或铌针[74]。尽管在锂原电池中，GTMS 能够防止腐蚀，但还是

在密封圈下加入了弹性材料和绝缘帽为 GTMS 提供额外机械阻隔和保护。在电池盖下还加入了绝缘带以防止正极与电池盖接触。负极由两层锂箔组成，其压制在镍网上再热封在微孔的聚丙烯或聚乙烯隔膜中。正极是由 SVO、碳、石墨、黏结剂压制在钛网上制成，并密封在微孔隔膜中。负极卷绕在正极板上，如图 31.22 所示，并且负极极耳焊接在电池壳上。多正极片的叠层焊接在电极桥上，绝缘保护的极耳桥接到 GTMS 中的钼针上；接下来将电池壳和盖焊接在一起，通过注液孔给电池注满电解质，并在注液孔中加入一个不锈钢小球并将其激光焊接在注液孔中，保证密封。

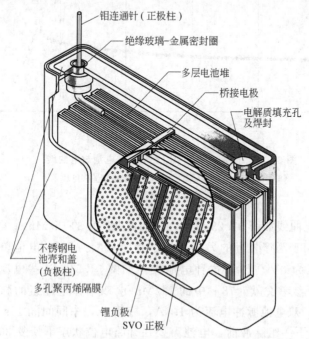

图 31.22　为 ICD 设计的 Li/SVO 电池结构图
(Greatbatch, Inc 提供)

　　为了满足 ICD 容量需求，其容量一般为 1～3A·h。在多年时间内，电池需要为监测和起搏功能提供 10～30μA 的持续电流；其还必须能够满足给除颤器电容充电的能量，这个能量一般为 2～4A 电流持续 10s。

31.5.5　锂/二氧化锰电池

　　锂/二氧化锰电池（Li/MnO$_2$）电池首次在 1975 年由三洋公司开发出来，开始时是为各种低功率装置设计的一种电池，如手表、计算器、内存备份电源[75]。此后，高功率 Li/MnO$_2$ 电池的开发转向商业化应用方向，而最初的实例是照相机用 2/3A 电池。锂/二氧化锰电池在其他领域的应用细节见 14.8 节。Li/MnO$_2$ 电池已经被用于需要高功率的医疗装置，如植入式心脏除颤器和自动外部除颤器。Li/MnO$_2$ 电池体系的优势是高电压（3V）和高能量密度，特别是放电、贮存稳定和安全性[75]。

　　用于锂电池的二氧化锰是热处理后的电解二氧化锰。锂/二氧化锰电池的电池反应如下：

$$Li + Mn^{4+}O_2 \longrightarrow LiMn^{3+}O_2$$

　　图 31.23 是植入式理疗装置（如除颤器）用 Li/MnO$_2$ 电池的放电曲线[76]。这种电池的容量一般约为 2A·h，电池体积为 8.6cm^3。如图 31.23 所示，电池输出 3A 的脉冲电流。电池正极具有很大的表面积，达到 180cm^2，相应的正极电流密度为 17mA/cm^2。

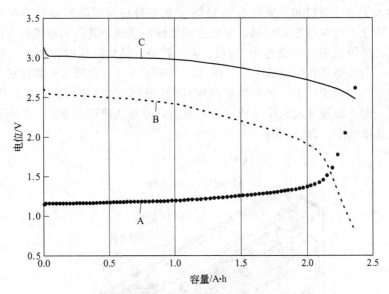

图 31.23 植入式 ICD 用 Li/MnO₂ 电池放电曲线

（曲线 A 是 ICD 充电时间，曲线 B 是脉冲平均电压，
曲线 C 是基础电压[76]）

Li/MnO₂ 电池放电曲线如图 31.23 所示，目前商业应用的 Li/MnO₂ 电池曲线均与此类似。Li/MnO₂ 电池被用于医疗装置的另一个例子是两只 Li/MnO₂ 电池单体组成一个电池组，两个单体串联电压为 6V[77,78]。这种电池设计如图 31.24。这些电池被开发用在 ICD 中，提供高脉冲电流。参考文献 [78] 中的 Li/MnO₂ 双单体电池组的脉冲放电曲线如图 31.25。在这个测试中，双电池脉冲电流为 1.4A，持续 9s，中间间隔 15s（开路停顿），每组共 4 个脉冲。在进行下一组脉冲前，电池需要在开路电位状态下恢复 30min。6V 电池的高电压使其能够在高脉冲电流输出后仍能维持装置运转，并且减少输出电容的充电时间。人

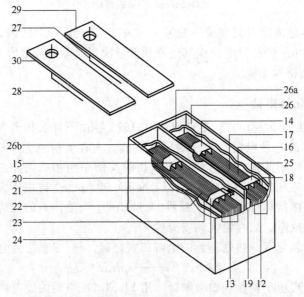

图 31.24 ICD 用植入式 6V 双单体 Li/MnO₂ 结构示意

（各部件名称见文献 [78]）

们希望减少充电时间，这样可以更快地为患者进行治疗。测试电流的充电被设计成模仿 ICD 输出状态，图 31.26 展示了参考文献［77］中的双单体 Li/MnO_2 电池组与一个 Li/MnO_2 电池单体对比图。

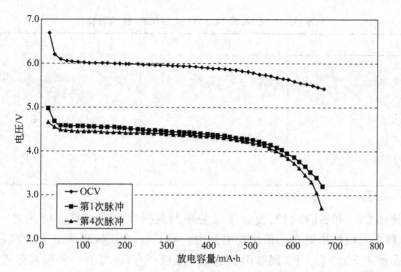

图 31.25　植入式双单体 Li/MnO_2 电池脉冲放电结果

（参考文献［77］）

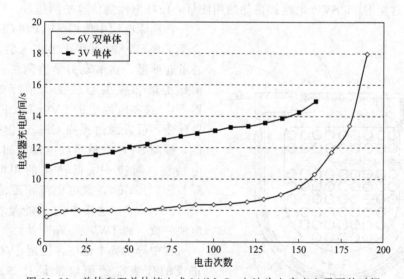

图 31.26　单体和双单体植入式 Li/MnO_2 电池为电容充电需要的时间

在二氧化锰正极中添加含铅的化合物（PbO，$PbCrO_4$ 和 $PbMoO_4$）可以为电池给出一个倾斜的电压曲线以便在电池寿命将尽时给出指示。

Li/MnO_2 电池应用于中等功率植入式医疗设备起搏器，如神经刺激器、微机械装置和给药泵[79]。这种电池使用不锈钢外壳并将壳体作为负极。该电池采用中间是负极，正极在两侧的设计：$3k\Omega$ 负载放电时，电池容量为 $2.5A \cdot h$，具有 $0.588W \cdot h/cm^3$ 或 $0.149W \cdot h/g$ 的能量密度，脉冲电流可以高达 $400mA$。

31.5.6　锂/钒酸银电池与锂/氟化碳电池

锂/钒酸银电池（Li/SVO）和锂/氟化碳电池（Li/CF_x）在近 20 多年中已经成功地被

用于植入式医疗装置中，其技术对比如表 31.9 所示[80]。如该表所示，Li/SVO 电池体系具有更高的放电电流和低内阻，而 Li/CF$_x$ 系统具有更高的体积比能量（约 300W·h/L，高于 Li/SVO）并非常稳定。

表 31.9　植入式 Li/SVO 和 Li/CF$_x$ 技术对比

种　类	Li/SVO	Li/CF$_x$
工作电压/V	2.7	2.9
体积比能量/(W·h/L)	730	1000
电流密度/(mA/cm^2)	35	1
内阻(BOL)/Ω	0.250	40
内阻随时间增加率/%	40%～60% DOD	—
自放电率(每年)/%	1	<1
阶梯放电	是	非

注：BOL=beginning of life，放电初始。

近来，使用 CF$_x$ 和 SVO 材料复合正极的新型高倍率和高容量的植入式电池被开发出来。SVO 材料为正极提供更高的倍率放电能力，而 CF$_x$ 为正极提供更大的容量。这种电池的一种形式是使用 SVO 和 CF$_x$ 混合形成混合型正极[81]，而另外一种形式是将分开的 SVO 层置于 CF$_x$ 层之上，集流体在两者之间[82]。在植入式装置中使用两种化学体系的电池曾在历史上出现过，这种双能源系统由高功率 Li/SVO 电池和低功率 Li/I 电池组成，使用在 ICD 中[83]。这里的 Li/SVO 电池提供除颤用能量，Li/I 电池提供监护用能量。

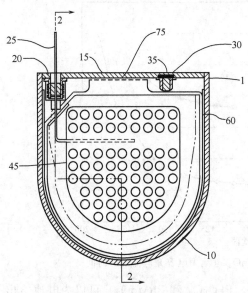

图 31.27　使用 SVO-CF$_x$ 混合正极的中等
功率电池代表性设计图[84]
（各部件名称见参考文献［84］）

在锂原电池中使用 SVO 和 CF$_x$ 混合的混合型正极已经被用在很多植入装置中，包括心脏起搏器、血液动力学监测仪、给药装置、治疗房颤和提供心脏复率治疗的脉搏发生器[83]。这些电池中的 SVO 和 CF$_x$ 的比例可以改变，可以通过提高 CF$_x$ 比例提高容量性能，提高 SVO 含量至放电能力和电池末端放电特性。对应中、低功率的用电装置使用 85%～90% CF$_x$，放电电流密度范围为 3.8～30.1mA/cm^2。这些电池的能量密度与 Li/I 电池一致，约 1W·h/cm^3[83]。

在中等功率电池中，使用 SVO/CF$_x$ 混合正极的代表性锂原电池设计如图 31.27 所示[84]。在该图中，电池壳（10）是由不锈钢和钛制作，导电针柱（25）通过玻璃金属密封圈（GTMS）与电池壳绝缘。图中，标号 45 是负极集流体，标号 60 是正极集流体。在这个设计中，正极材料被压制到 D 型正极集流体中，并由集流体包围，因此放电时正极膨胀不会导致阻抗变化。

Li/SVO-CF$_x$ 混合正极型电池已被进一步深入研究[85]。通过改变正极电池的正极厚度、面积和 SVO-CF$_x$ 混合比，这种类型电池展现出良好的性能数据。在这种电池研究中，模拟中等速率放电，其电流密度范围为 7.5～188μA/cm^2。

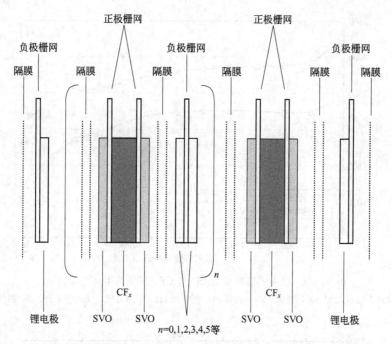

图 31.28 高功率 Li/SVO-CF$_x$ 三明治结构电池结构示意

(Greatbatch，Inc. 提供)

另外一种用于植入式医疗装置电池的正极是由 SVO 和 CF$_x$ 叠层组成的三明治结构电池，如图 31.28 所示。这种结构的高功率材料 SVO 位于正极外部，而低功率材料 CF$_x$ 材料位于三明治结构内部，两种材料通过集流体相接触[86]。通过维持 SVO 层与集流体的接触，这种结构保证正极的 SVO 材料供给高倍率放电，而通过与其复合的 CF$_x$ 增加能量密度和正极稳定性。

三明治正极设计可以通过调整 SVO：CF$_x$ 比例以灵活调整电池的寿命终点（图 31.29）。SVO/CF$_x$ 系统提供两个电池替换节点：一是在 CF$_x$ 平台和第二个 SVO 平台之间；另一个是在第二个 SVO 平台之后[80]。图 31.30 为植入级中等功率 Li/SVO-CF$_x$ 三明治电池放电曲线，其脉冲电流为 19mA。

31.5.7 锂离子电池

锂离子电池由于高能量密度、长循环寿命和无记忆效应而被广泛用于各种消费型电子装置。为了满足装置对电源的可充电需求，这些电池也被用于各种医疗装置中。电感耦合可以用来对植入装置进行充电。

第一个商业化锂离子电池使用 LiCoO$_2$ 作为正极材料，锂嵌脱的碳材料作为负极。在过去的几年间，锂离子电池使用的正极和负极材料已被进行无数研究，使这种电池有许多选择，从混合金属氧化物和聚磷酸盐正极材料，直到各种碳和锂合金负极。然而，植入式医疗装置使用的锂离子电池以 LiCoO$_2$/碳负极化学体系为主，这是因为这种系统具有很好的电化学特性且非常稳定[81]。这种电化学体系的反应过程如下描述。

充电反应：

$$LiCoO_2 \longrightarrow Li_{1-x}CoO_2 + xLi^+ + xe$$

$$C_6 + xLi^+ + xe \longrightarrow Li_xC_6$$

放电反应：

$$Li_{1-x}CoO_2 + xLi^+ + xe \longrightarrow LiCoO_2$$

$$Li_xC_6 \longrightarrow C_6 + xLi^+ + xe$$

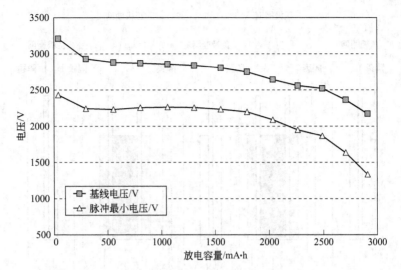

图 31.29 植入式高功率 Li/SVO-CF$_x$ 三明治电池放电曲线

[电池每 60 天输出 10s，持续 3000mA 脉冲，负载 20kΩ，温度 37℃ （Greatbatch，Inc 提供）]

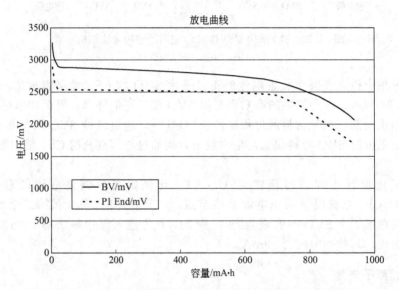

图 31.30 植入式中等功率 Li/SVO-CF$_x$ 三明治电池放电曲线

（电池每 28 天输出 900s 的 19mA 脉冲，负载 25kΩ，37℃；BV，即基础电压；P1 End，即脉冲 1 终止电压）

　　LiCoO$_2$ 电池的理论容量是 270mA·h/g，实际容量 x 约为 0.5 时为 150mA·h/g。石墨负极的理论容量为 372mA·h/g，实际容量 x 约为 0.9 时为 335mA·h/g。图 31.31 是 LiCoO$_2$/石墨锂离子电池在各种倍率下的典型放电曲线。相比于植入式一次电池，植入式锂离子电池的体积比能量更低。按照设计的反应进行一定数量循环后，整个系统输出的整体能量是非常高的。图 31.32 为植入级锂离子电池的循环寿命曲线。电池循环 1000 次后的容量至少达到初始容量 70%[87]。

　　在很多文献中报道了锂离子电池用于医疗装置的例子。锂离子电池被用于心室辅助和完全型人工心脏装置的植入式电池，巨大的能量消耗使这些装置需要经常进行充电（通常每天），因此排除这些装置使用一次电池的可能。由于这些装置对内部电池施加巨大负载，使用期间的升温也必须要考虑。电池和装置的过度放热将导致病人的组织损伤。

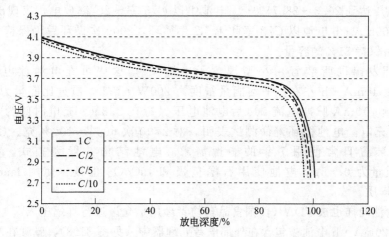

图 31.31　植入式锂离子电池以 $C/10$ 率到 $1C$ 率放电曲线
（Greatbatch，Inc 提供）

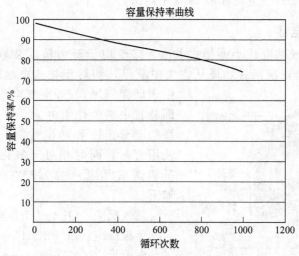

图 31.32　植入式锂离子电池循环寿命曲线[87]

在一份心室辅助装置用于锂离子电池发热研究的报道中，将一只 16.5cm³（1800mA·h）的锂离子电池与一只 7.5cm³（730mA·h）聚合物电池进行比较[88]。在 37℃ 环境温度下，电流 1A 放电。电池温度主要取决于由内部电阻导致的电阻放热、化学反应导致的化学放热以及电池放热速率。电池内阻作为电池荷电状态（SOC）的函数相对恒定，聚合物电池的内阻比锂离子电池更低。然而，聚合物电池的熵变（ΔS）略大于锂离子电池，这两者都取决于荷电状态。当 SOC<50% 时，ΔS 大幅增加。总体上，对于这两种电池，在 SOC 在 100% 和 50% 之间时，电池表面温度增加<2℃。当电池放电到 SOC 处于 10%～30% 时，电池温度上升 3～4℃。

在另外一些完全性人工心脏用二次电池的研究中，对锂离子电池、镍氢电池及镍/镉电池进行比较研究[89]。所有电池以 $1C$ 率充电，充满后进行全放电来模拟装置运转，研究人员发现锂离子电池可满足 1500 次循环寿命的要求，且锂离子电池的温度增高（3℃）远小于 Ni/MH 和 Ni/Cd 电池的温度增加（15～25℃）。

为植入式 LVAD 和 TAH 装置设计的电池组包含 7 只锂离子电池，每只 700mA·h，串联式电池组电压达到 20.3～28.7V[13]。电池组以 $C/5$ 率～$2C$ 率放电，表现出良好的倍率性能。单只 700mA·h 电池以 $C/2$ 率和 1.5C 率循环，2000 次循环后仍保持 75% 的容量，1000 次循环后保持 81% 的容量。

人们还开发出助听装置用小型锂离子电池[90]。这些可充电池放电电压平均为 3.6V，容量为 10mA·h 左右，平均能量密度为 200W·h/L，质量比能量为 75W·h/kg。电池输出持续 100mA 脉冲电流 10s 后电池电压保持在 2.8V。充电时间为 2h 或使用小于 3mA 电流充电。电池循环寿命测试表明，对 2700 次 60%～100% 充、放电循环，对应满足助听装置日常使用 7 年的能量需求。电池结构一般为扣式，电池尺寸为 0.18cm³，质量为 0.45g。电池使用石墨负极和 $LiCoO_2$ 正极，使用 1mol/L $LiAsF_6$-EC/DMC 电解质。

锂离子电池同样也被 FDA（美国食品药物管理局）允许进行耳蜗植入[91]。在植入式耳蜗中，一只 120mA·h 电池被包含在外部语音处理器中（见图 31.8），佩戴在耳后。这个系统中的锂离子电池为方形，工作电压为 3.7V。充电时间一般 <4h，电池可以工作超过 500 次循环。运行时间为 10h，每天充电一次；在其被新电池替换前，一只电池使用时间约为 2 年。锂离子电池技术的广泛应用在第 26 章中给出。

31.5.8　锌/空气电池

锌/空气电池一般装配成小型扣式电池，广泛用于听力辅助装置。这些电池具有优越的高比能量（由于正极活性物质从空气中获得）和对于扣式电池来说的高功率性能。

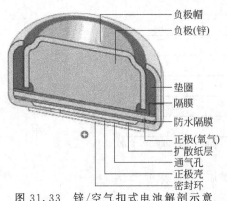

由于环保原因，锌/空气电池被用来代替听力辅助装置中的氧化汞电池，但锌/空气电池具有更高的能量密度和功率性能，这使其具有更长的使用寿命，同时相对于氧化汞电池更能提升助听的送音质量[92]。锌/空气电池的放电反应如下。

正极反应：$O_2 + 2H_2O + 4e \longrightarrow 4OH^-$
负极反应：$Zn + 2OH^- \longrightarrow ZnO + H_2O + 2e$
电池反应：$2Zn + O_2 \longrightarrow 2ZnO$

图 31.33　锌/空气扣式电池解剖示意
（日本电池协会提供）

锌/空气扣式电池设计如图 31.33 所示。正极包含很薄的催化活性炭电极，其用来催化 O_2 进行电池反应。电池壳必须有孔，以保证空气进入锌膏负极中。这些孔始终封闭，直到电池准备使用时才打开。

根据放电速率，锌/空气电池有一个放电平台，如图 31.34 所示，这是 675 扣式电池以不同速率的放电曲线。

由于助听装置一般要求电池放置在耳后或耳中的小型装置中，所以电池有被人体汗液污染的可能。这种情况下，在材料选择和电池设计上需要考虑电池部件的腐蚀电位[93]。此外，有四种可能机理导致锌/空气电池容量和性能的损失[94]。

① 产气　锌与电解质反应生成氧化锌和氢气。
② 透水　大气环境和电解质中实际气压差导致水蒸气透入和渗出。
③ 直接氧化　锌电极被大气中的氧气直接氧化。
④ 碳酸化　电解质中的 KOH 电解质与空气中的二氧化碳反应。
更多关于锌/空气扣式电池的细节信息请参考第 13 章。

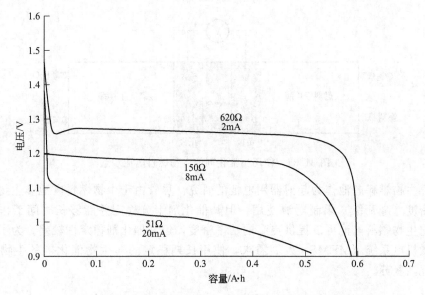

图 31.34　在 20℃，675 型锌/空气扣式电池三种负载放电曲线
（Duracell Inc 提供）

31.5.9　生物燃料电池

　　作为医疗装置能源之一，在目前实验装置中出现了生物燃料电池，它可以将生物物质转化为电能。在这个装置中，这些装置利用生物活性催化剂，催化生物材料进行氧化反应，与其配对的反应是氧气氧化生成水。这种材料具有在植入式装置中使用的潜在可能，如驱动植入式装置和传感器，或是利用生物电池本身作为传感器[95,96]。1962 年第一只葡萄糖生物燃料电池被报道，这种电池仍有很多未解决的问题，包括寿命短、功率密度低，其实际生物燃料氧化效率低。

　　生物燃料电池与其他燃料电池类似，包含正极、负极、隔膜，但是其还包含氧化还原酶用以完成正极和负极的氧化和还原反应。图 31.35 为生物燃料电池的结构示意图，用于氧化生物燃料的正极催化剂是生物催化剂，如葡萄糖氧化酶，甚至活体细菌。然而，在生物电池中，一种复杂的生物燃料（如葡萄糖）完全氧化成为 CO_2 和水是不可能的。在阴极一侧，氧气还原为水可以通过酶催化反应完成，如乳糖分解酶、胆红素或抗坏血酸氧化酶。阳极、阴极和电池的理论电池反应如下。

　　阳极：$C_6H_{12}O_6 + 24OH^- \longrightarrow 6CO_2 + 18H_2O + 24e$

　　阴极：$6O_2 + 12H_2O + 24e \longrightarrow 24OH^-$

　　总反应：$C_6H_{12}O_6 + 6O_2 \longrightarrow 6CO_2 + 6H_2O$

　　参考文献中给出的以上反应的吉布斯自由能为 $\Delta G^\ominus = -2.870 \times 10^6 J/mol$。葡萄糖氧化的热力学电位为 $-0.63V$（vs. Ag/AgCl），而氧还原电位为 $+0.59V$，相应的葡萄糖生物燃料电池的最大电位为 1.2V。实际上，采用适合酶的生物电池开路电位约为 $1.0V^{[97,98]}$。酶催化生物电池中的一个挑战是生物催化剂与电极之间电子转移的优化问题。人们常常采用导电载体连接电极和酶以提高系统的催化效率[99]。

　　生物电池的另一种模式是非生物催化燃料电池，这里使用非生物催化剂代替酶催化剂，如贵金属、活性炭[98]。这些生物燃料电池使用葡萄糖和氧气作为燃料，在 20 世纪 60 年代晚期，这种电池被开发来驱动心脏起搏器。然而，由于起搏器用锂/碘电池的开发和应用

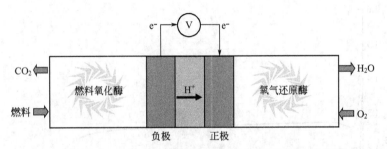

图 31.35　使用酶催化剂的生物燃料电池示意

使人们放弃生物燃料电池作为起搏器用电池的研究。尽管由于生物燃料电池非生物催化反应的低功率密度（毫瓦级）限制电池使用，但其催化剂十分稳定并能够长时间工作。比较来看，酶催化生物燃料电池可以提供更高的功率密度，但其催化剂稳定性较差。为了满足低功率植入式微机电系统（MEMS）发展需求，使用长期稳定的非生物催化剂的生物燃料电池研究正在逐渐复苏。

参 考 文 献

1. V. S. Mallela, V. Ilankumaran, and N. S. Rao, "Trends in Cardiac Pacemaker Batteries," *Indian Pacing Electro-Phys. J.* 4: 201 (2004).

2. F. Gutmann, A. M. Hermann, and A. Rembaum, "Solid-State Electrochemical Cells Based on Charge Transfer Complexes," *J. Electrochem. Soc.* 114: 323 (1967).

3. J. R. Moser, "Solid State Lithium-Iodine Primary Battery," U. S. Patent 3,660,163, May 2, 1972.

4. R. T. Mead, C. F. Holmes, and W. Greatbatch, "Design Evolution of the Lithium Iodine Pacemaker Battery," *Proc. Electrochem. Soc.* 79-1: 327 (1979).

5. H. F. Clemo and K. A Ellenbogen, Chapter 4 in *Implantable Cardiac Pacemakers and Defibrillators*, A. W. C. Chow and A. E. Buxton, Eds., Blackwell Publishing, Malden, MA, 2006.

6. D. P. Zipes, D. G. Wyse, P. L. Friedman, A. E. Epstein, A. P. Hallstrom, H. L. Greene, E. B. Schron, and M. Domanski, "A Comparison of Antiarrhythmic-Drug Therapy with Implantable Defibrillators in Patients Resuscitated from Near-Fatal Ventricular Arrhythmias" *N. Eng. J. Med.* 337: 1576 (1997).

7. R. S. Nelson, Chapter 12 in *Implantable Cardioverter Defibrillator Therapy: The Engineering-Clinical Interface*, M. W. Kroll and M. H. Lehmann, Eds., Kluwer Academic Publishers, Norwell, MA, 1996.

8. K. E. Ellison, Chapter 6 in *Implantable Cardiac Pacemakers and Defibrillators*, A. W. C. Chow and A. E. Buxton, Eds., Blackwell Publishing, Malden, MA, 2006.

9. M. Kirk, Chapter 1 in *Implantable Cardiac Pacemakers and Defibrillators*, A. W. C. Chow and A. E. Buxton, Eds., Blackwell Publishing, Malden, MA, 2006.

10. American Heart Association website, www.americanheart. org, accessed 3/17/09.

11. M. Dandel, Y. Weng, H. Siniawski, E. Potapov, T. Drews, H. B. Lehmkuhl, C. Knosalla, and R. Hetzer, "Prediction of Cardiac Stability after Weaning from Left Ventricular Assist Devices in Patients with Idiopathic Dilated Cardiomyopathy," *Circulation* 118: S94 (2008).

12. ABIOMED website, www.abiomed. com, accessed 3/17/09.

13. J. Dodd, C. Kishiyama, H. Mukainakano, M. Nagata, and H. Tsukamoto, "Performance and Management of Implantable Lithium Battery Systems for Left Ventricular Assist Devices and Total Artificial Hearts," *J. Power Sources* 146: 784 (2005).

14. F. Albano, M. D. Chung, D. Blaauw, D. M. Sylvester, K. D. Wise, and A. M. Sastry, "Design of an Implantable Power Supply for an Intraocular Sensor, Using POWER (Power Optimization for Wireless Energy Requirements)," *J. Power Sources* 170: 216 (2007).

15. Medtronic Minimed website, www.minimed. com, accessed 2/6/09.

16. PowerOne website, www.powerone-batteries. com, accessed 3/17/09.

17. National Institute on Deafness and Other Communication Disorders website, www. nidcd. nih. gov, accessed 3/17/09.

18. 675CP Zinc Air Cochlear datasheet S6600399, Rayovac website, www. rayovac. com, accessed 3/17/09.

19. World Health Organization, "Medical Device Regulations. Global Overview and Guiding Principles," Geneva (2003).

20. C. P. Gale and G. P. Mulley, "Pacemaker Explosions in Crematoria: Problems and Possible Solutions," *J. Royal Soc. Med.* 95: 353 (2002).

21. N. Lozare and D. J. Iannone, "Real Danger or Freak Incident," from www. firehouse. com, accessed 3/10/09, originally posted 11/5/99.

22. Underwriters Laboratories website, www. ul. com, accessed 3/16/09.

23. J. -I. Yamaki, S. -I. Tobishima, K. Hayashi, K. Saito, Y. Nemoto, and M. Arakawa, "A Consideration of the Morphology of Electrochemically Deposited Lithium in an Organic Electrolyte," *J. Power Sources* 74: 219 (1998).

24. D. Aurbach, E. Zinigrad, Y. Cohen, and H. Teller, "A Short Review of Failure Mechanisms of Lithium Metal and Lithiated Graphite Anodes in Liquid Electrolyte Solutions," *Solid State Ionics* 148: 405 (2002).

25. R. A. Leising, M. J. Palazzo, E. S. Takeuchi, and K. J. Takeuchi, "Abuse Testing of Lithium-Ion Batteries: Characterization of the Overcharge Reaction of $LiCoO_2$/Graphite Cells," *J. Electrochem. Soc.* 148: A838 (2001).

26. D. D. MacNeil, D. Larcher, and J. R. Dahn, "Comparison of the Reactivity of Various Carbon Electrode Materials with Electrolyte at Elevated Temperature," *J. Electrochem. Soc.* 146: 3596 (1999).

27. J. S. Gnanaraj, E. Zinigrad, L. Asraf, H. E. Gottlieb, M. Sprecher, D. Aurbach, and M. Schmidt, "The Use of Accelerating Rate Calorimetry (ARC) for the Study of the Thermal Reactions of Li-Ion Battery Electrolyte Solutions," *J. Power Sources* 119-121: 794 (2003).

28. S. R. Alavi-Soltani, T. S. Ravigururajan, and M. Rezac, "Thermal Issues in Lithium Ion Batteries," *Proceedings of the Materials Division, the ASME Non-Destructive Evaluation Division, and the ASME Pressure Vessels and Piping Division*, 383 (2006).

29. New Lithium Battery Packing Instructions, "Lithium Batteries - Significant Changes on the Way," www. iata. org, accessed 3/16/09.

30. NTSB press release, December 4, 2007, "NTSB Recommends Fire Suppression Systems on All Cargo Airplanes," www. ntsb. gov, accessed 3/16/09.

31. K. Fester and S. C. Levy, Chapter 4 in *Batteries for Implantable Biomedical Devices*, B. B. Owens, Ed., Plenum Press, New York, 1986.

32. S. C. Levy and P. Bro, "Reliability Analysis of Lithium Cells," *J. Power Sources* 26: 223 (1989).

33. P. Bro and S. C. Levy, *Quality and Reliability Methods for Primary Batteries*, John Wiley & Sons, New York, 1990.

34. S. C. Levy, "Safety and Reliability Considerations for Lithium Batteries," *J. Power Sources* 68: 75 (1997).

35. R. E. McDermott, R. J. Mikulak, and M. R. Beauregard, *The Basics of FMEA*, 2nd Ed., CRC Press, New York, 2009.

36. M. Visbisky, R. C. Stinebring, and C. F. Holmes, "An Approach to the Reliability of Implantable Lithium Batteries," *J. Power Sources* 26: 185 (1989).

37. E. V. Thomas, C. D. Jaeger, and S. C. Levy, "Improving Battery Reliability by Using Regression Trees," *Proc. 3rd Annual Battery Conference on Applications and Advances*, California State University, Long Beach, 1988.

38. L. D. Hansen and R. M. Hart, "The Characterization of Internal Power Losses in Pacemaker Batteries by Calorimetry," *J. Electrochem. Soc.* 125: 842 (1978).

39. D. F. Untereker, "The Use of a Microcalorimeter for Analysis of Load-Dependent Processes Occurring in a Primary Battery," *J. Electrochem. Soc.* 125: 1907 (1978).

40. W. Greatbatch, R. McLean, W. Holmes, and C. Holmes, "A Microcalorimeter for Nondestructive Analysis of Pacemakers and Pacemaker Batteries," *IEEE Trans. Biomed. Eng.* 26: 309 (1979).

41. R. M. Hart, E. A. Lewis, and L. D. Hansen, "Theory and Application of Battery Calorimetry," *Proc. 4th Annual Battery Conference on Applications and Advances*, California State University, Long Beach, 1989.

42. M. E. Orazem and B. Tribollet, *Electrochemical Impedance Spectroscopy*, Wiley, Hoboken, NJ, 2008.

43. M. Visbisky, R. C. Stinebring, and C. F. Holmes, "The Reliability Evaluation of Medical Implantable Batteries," *Proc. 3rd Annual Battery Conference on Applications and Advances*, California State University, Long Beach, 1988.

44. G. Antonioli, F. Baggioni, F. Consiglio, G. Grassi, R. LeBrun, and F. Sanardi, "Stimulatore Cardiaco Impiantabile con Nuova Battaria a Stato Solido al Litio," *Minerva Med.* 64: 2298 (1973).

45. C. F. Holmes, The Lithium/Iodine-Polyvinylpyridine Pacemaker Battery—35 Years of Successful Clinical Use, 211*th* *Meeting of the Electrochemical Society*, Chicago, May 6, 2007.

46. J. P. Rivault and M. Broussely, Chapter 10 in *Lithium Batteries*, J.-P. Gabano, Ed., Academic Press, London, 1983.

47. N. Margalit, Chapter 7 in *Lithium Batteries*, J.-P. Gabano, Ed., Academic Press, London, 1983.

48. D. L. Purdy, Chapter 11in *Batteries for Implantable Biomedical Devices*, B. B. Owens, Ed., Plenum Press, New York, 1986.

49. G. Emery, "Nuclear Pacemaker Still Energized After 34 Years," Dec. 19, 2007, www. reuters. com, accessed 4/7/09.

50. C. F. Holmes, Chapter 6 in *Batteries for Implantable Biomedical Devices*, B. B. Owens, Ed., Plenum Press, New York, 1986.

51. R. T. Mead, "Solid State Battery," U. S. Patent 3, 773, 557, Nov. 20, 1973.

52. R. T. Mead, W. Greatbatch, and F. W. Rudolph "Lithium-Iodine Battery Having Coated Anode," U. S. Patent 3, 957, 533, May 18, 1976.

53. P. M. Skarstad, Chapter 8 in *Batteries for Implantable Biomedical Devices*, B. B. Owens, Ed., Plenum Press, New York, 1986.

54. D. R. Berberick, R. C. Buchman, B. F. Heller, W. G. Howard, M. Jain, D. R. Merritt, P. S. Skarstad, and E. R. Scott, "A Twenty-Five Year Perspective on Lithium-Thionyl Chloride Batteries for Implantable Medical Applications," 211*th* *Meeting of the Electrochemical Society*, Chicago, May 6, 2007.

55. T. I. Evans, T. V. Nguyen, and R. E. White, "A Mathematical Model of a Lithium/Thionyl Chloride Primary Cell," *J. Electrochem. Soc.* 136: 328 (1989).

56. J. B. Bailey, "Investigation of Thionyl Chloride Decomposition and Open-Circuit Potential in Lithium-Thionyl Chloride Cells," *J. Electrochem. Soc.* 136: 2794 (1989).

57. H. Lanmuller, S. Sauermann, E. Unger, G. Schnetz, W. Mayr, M. Bijak, D. Rafolt, and W. Girsch, "Battery-Powered Implantable Nerve Stimulator for Chronic Activation of Two Skeletal Muscles Using Multichannel Techniques," *Artificial Organs* 23: 399 (1999).

58. N. Watanabe and M. Fukuda, "Primary Cell for Electric Batteries," U. S. Patent 3, 536, 532, Oct. 27, 1970.

59. M. Fukuda and T. Iijima, Chapter 9 in *Lithium Batteries*, J.-P. Gabano, Ed., Academic Press, London, 1983.

60. R. Yazami, Y. Ozawa, S. Miao, A. Harmwi, J. Whitacre, M. Smart, W. West, and R. Bugga, "The Kinetics of Sub-Fluorinated Carbon Fluoride Cathodes for Lithium Batteries," *ECS Trans.* 3: 199 (2006).

61. W. Greatbatch, C. F. Holmes, E. S. Takeuchi, and S. J. Ebel, "Lithium/Carbon Monofluoride (Li/CFx): A New Pacemaker Battery," *PACE* 19: 1836 (1996).

62. C. C. Liang, M. E. Bolster, and R. M. Murphy, "Metal Oxide Composite Cathode Material for High Energy Density Batteries," U. S. Patent 4, 391, 729, Jul. 5, 1983.

63. C. F. Holmes, Chapter 10 in *Implantable Cardioverter Defibrillator Therapy: The Engineering-Clinical Interface*, M. W. Kroll and M. H. Lehmann, Eds., Kluwer Academic Publishers, Norwell, MA, 1996.

64. M. Onoda and K. Kanbe, "Crystal Structure and Electronic Properties of the $Ag_2V_4O_{11}$ Insertion Electrode," *J. Phys.: Condens. Matter* 13: 6675 (2001).

65. M. Morcrette, P. Martin, P. Rozier, H. Vezin, F. Chevallier, L. Laffont, P. Poizot, and J.-M. Tarascon, "$Cu_{1.1}V_4O_{11}$: A New Positive Electrode Material for Rechargeable Li Batteries," *Chem. Mater.* 17: 418 (2005).

66. N. R. Gleason, R. A. Leising, M. Palazzo, E. S. Takeuchi, and K. J. Takeuchi, "Microscopic Study of the First Voltage Plateau in the Discharge of SVO and the Consequences on Electrical Conductivity," 208*th* *Meeting of the Electrochemical Society*, Los Angeles, Oct. 21, 2005.

67. R. A. Leising, W. C. Thiebolt, and E. S. Takeuchi, "Solid-State Characterization of Reduced Silver Vanadium Oxide from the Li/SVO Discharge Reaction," *Inorg. Chem.* 33: 5733 (1994).

68. P. M. Skarstad, "Lithium/Silver Vanadium Oxide Batteries for Implantable Cardioverter-Defibrillators," *Proceedings of the Twelfth Annual Battery Conference on Applications and Advances* (IEEE 97*th* 8226), pg. 151, IEEE (1997).

69. R. P. Ramasamy, C. Feger, T. Strange, and B. N. Popov, "Discharge Characteristics of Silver Vanadium Oxide Cathodes," *J. Appl. Electrochem.* 36: 487 (2006).

70. N. D. Leifer, A. Colon, K. Martocci, S. G. Greenbaum, F. M. Alamgir, T. B. Reddy, N. R. Gleason, R. A. Leising, and E. S. Takeuchi, "Nuclear Magnetic Resonance and X-Ray Absorption Spectroscopic Studies of Lithium Insertion in Silver Vanadium Oxide Cathodes," *J. Electrochem. Soc.* 154: A500 (2007).

71. H. Gan and E. S. Takeuchi, "Lithium Electrodes With and Without CO_2 Treatment: Electrochemical Behavior and Effect on High Rate Lithium Battery Performance," *J. Power Sources* 62: 45 (1996).

72. H. Gan and E. S. Takeuchi, "Correlation of Anode Surface Film Chemical Composition and Voltage Delay in Silver Vanadium Oxide Cell System," 198*th Meeting of the Electrochemical Society*, Phoenix, Oct. 22, 2000.

73. H. Gan and E. S. Takeuchi, U. S. Patent 5, 753, 389, 1998.

74. A. M. Crespi, F. J. Berkowitz, R. C. Buchman, M. B. Ebner, W. G. Howard, R. E. Kraska, and P. M. Skarstad, "The Design of Batteries for Implantable Cardioverter Defibrillators," Chapter 26 in *Power Sources* 15, A. Attewell and T. Keily, Eds., p. 349 (1995).

75. T. Nohma, S. Yoshimura, K. Nishio, and T. Saito, "Commercial Cells Based on MnO_2 and MnO_2-Related Cathodes," in *Lithium Batteries: New Materials, Developments and Perspectives*, G. Pistoia, Ed., p. 417 (1994).

76. M. J. O'Phelan, T. G. Victor, B. J. Haasl, L. D. Swanson, R. J. Kavanagh, A. G. Barr, and R. M. Dillon, "Batteries Including a Flat Plate Design," U. S. Patent 7, 479, 349 B2, Jan. 20, 2009.

77. J. Drews, R. Wolf, G. Fehrmann, and R. Staub, "High-Rate Lithium/Manganese Dioxide Batteries: the Double Cell Concept," *J. Power Sources* 65: 129 (1997).

78. R. Staub, G. Fehrmann, R. Wolf, T. Fischer, and H. Heimer, "Implantable Medical Device with End-of-Life Battery Detection Circuit," U. S. Patent 5, 713, 936, Feb. 3, 1998.

79. J. Drews, G. Fehrmann, R. Staub, and R. Wolf, "Primary Batteries for Implantable Pacemakers and Defibrillators," *J. Power Sources* 97-98: 747 (2001).

80. H. Gan, R. Rubino, and E. Takeuchi, "Dual-Chemistry Cathode System for High-Rate Pulse Applications," *J. Power Sources* 146: 101 (2005).

81. C. L. Schmidt and P. M. Skarstad, "The Future of Lithium and Lithium-Ion Batteries in Implantable Medical Devices," *J. Power Sources* 97-98: 742 (2001).

82. H. Gan and E. Takeuchi, "Novel Electrode Design for High Rate Implantable Medical Cell Application," Abst. 219, 204*th Meeting of the Electrochemical Society*, Oct. 12-16, 2003.

83. K. Chen, D. R. Merritt, W. G. Howard, C. L. Schmidt, and P. M. Skarstad, "Hybrid Cathode Lithium Batteries for Implantable Medical Applications," *J. Power Sources* 162: 837 (2006).

84. W. C. Sunderland, A. W. Rorvick, D. C. Merritt, C. L. Schmidt, and D. P. Haas, "Electrochemical Cell," U. S. Patent 5, 716, 729, Feb. 10, 1998.

85. P. M. Gomadam, D. R. Merritt, E. R. Scott, C. L. Schmidt, P. M. Skarstad, and J. W. Weidner, "Modeling Lithium/Hybrid-Cathode Batteries," *J. Power Sources* 174: 872 (2007).

86. H. Gan, "Sandwich Cathode Design for Alkali Metal Electrochemical Cell with High Discharge Rate Capability," U. S. Patent 6, 551, 747, Apr. 22, 2003.

87. Greatbatch website, www. greatbatch. com, accessed 3/18/09.

88. E. Okamoto, M. Nakamura, Y. Akasaka, Y. Inoue, Y. Abe, T. Chinzei, I. Saito, T. Isoyama, S. Mochizuki, K. Imachi, and Y. Mitamura, "Analysis of Heat Generation of Lithium Ion Rechargeable Batteries Used in Implantable Battery Systems for Driving Undulation Pump Ventricular Assist Device," *Artificial Organs* 31: 538 (2007).

89. E. Okamoto, K. Watanabe, K. Hashiba, T. Inoue, E. Iwazawa, M. Momoi, T. Hashimoto, and Y. Mitamura, "Optimum Selection of an Implantable Secondary Battery for an Artificial Heart by Examination of the Cycle Life Test," *ASAIO Journal* 48: 495 (2002).

90. S. Passerini and B. B. Owens, "Medical Batteries for External Medical Devices," *J. Power Sources* 97-98: 750 (2001).

91. MedEL website, www. medel. com, accessed 4/4/09.

92. C. Sparkes, "A Study of Mercuric Oxide and Zinc-Air Battery Life in Hearing Aids," *J. Laryngology &Otology* 111: 814 (1997).

93. M. Valente, J. H. Cadieux, L. Flowers, J. G. Newman, J. Scherer, and G. Gephart, "Differences in Rust in Hearing Aid Batteries Across Four Manufacturers, Four Battery Sizes, and Five Durations of Exposure," *J. Am. Acad. Audiology* 18: 846 (2007).

94. H. F. Gibbard, H. R. Espig, J. C. Hall, J. W. Cretzmeyer, and R. S. Melrose, "Mechanisms of Operation of the Zinc-Air Battery," *Proceed. Electrochem. Soc.* 79-1: 232 (1979).

95. A. Heller, "Potentially Implantable Miniature Batteries," *Anal. Bioanal. Chem.* 385: 469 (2006).

96. N. Kakehi, T. Yamazaki, W. Tsugawa, and K. Sode, "A Novel Wireless Glucose Sensor Employing Direct Electron Transfer Principle Based Enzyme Fuel Cell," *Biosensors and Bioelectronics* 22: 2250 (2007).

97. P. Atanassov, C. Apblett, S. Banta, S. Brozik, S. C. Barton, M. Cooney, B. Y. Liaw, S. Mukerjee, and S. D. Minteer, "Enzymatic Biofuel Cell," *Electrochem. Soc. Interface* X: 28 (2007).

98. S. Kerzenmacher, J. Ducree, R. Zengerle, and F. von Stetten, "Energy Harvesting by Implantable Abiotically Catalyzed Glucose Fuel Cells," *J. Power Sources* 182: 1 (2008).

99. E. Nazaruk, S. Smolinski, M. Swatko-Ossor, G. Ginalska, J. Fiedurek, J. Rogalski, and R. Bilewicz, "Enzymatic Biofuel Cell Based on Electrodes Modified with Lipid Liquid-Crystalline Cubic Phases," *J. Power Sources* 183: 533 (2008).

第 **32** 章
消费电子产品的电池选择

John A. Wozniak

32. 1　概述

　　近几年随着消费电子产品市场的增大，电池技术成为新产品设计时优先考虑的重点，运行时间、通话时间、待机时间和保存期限等词汇都成为评价消费电子产品最重要的术语。这些术语直接关系产品的销量，而这些术语的具体数值完全取决于电池。本章将探讨各类消费电子产品对电池的要求、常用的电池体系和关键的选择标准。

　　近几年电池行业的进展很快，包括新体系、更高能量密度、新结构、新涂布工艺、可靠性的提高等。但是，还没有一种完美的电池能符合任何电子产品、任何使用环境的应用需求。完美电池应该具有无尽的能量、功率和容量；在任何环境下都能很好运行，价格低廉，可以无限期保存，其绝对安全并得到消费者认可。每类电池可能具有上述的某几个特性，但是其他特性则难以兼顾。

　　电池组成材料的电化学性质差别很大，对设计者而言，不能无休止追求更高能量密度。为满足消费电子产品应用需求，人们不断寻找体积更小、能量更高的电池，也导致能量失控危险的出现概率越来越大。对特定的电子产品，选择合适的电池是一种合理的权衡。在权衡中，还必须意识到消费者对正确使用和保养电子产品的接受程度。

32. 2　电池选择的要素

　　为了更好满足电子产品的应用需求，在电池选择时必须考虑很多因素，可供选择电池的特性必须很好地配合电子产品的需求。电池直接影响电子设备的尺寸和质量，因而在设计电子产品前首先要考虑清楚；一个好的产品设计，需要从设计初始就权衡好这些因素，做出合理选择。电池选择的关键考虑有以下几点。

- 电池种类 一次电池（一次性应用）或二次电池（重复应用）。
- 电压 标称电压或开路电压，放电曲线，最高和最低允许电压。
- 物理尺寸 质量、形状、大小和对接口的要求。
- 容量 满足运行时间、通话时间、待机时间所需要的安时数或瓦时数。
- 负载电流的变化 恒功率、恒电流、恒电阻或其他；负载电流值或负载变化图；恒定负载、非定值负载或脉冲负载和运行循环要求。
- 温度 使用温度范围和贮存温度范围。
- 搁置寿命 贮存中荷电状态的变化；贮存时间和温度、湿度及其他环境因素间的关系；激活/备用/睡眠模式。
- 充电过程（二次电池） 浮充电或充电循环；循环寿命需求；简单可用的充电电源，充电效率。
- 安全性和可靠性 允许的变化和失效率；可能的危害和有毒物质；严苛、危险、滥用时的操作；失效模式（气体泄漏、渗漏、膨胀）。
- 成本 起始成本；运行成本或寿命周期成本；进口材料或稀缺材料造成的价格不稳定；二次电池的充电电路或充电器价格。
- 调整规范 相关产地和交货地；运送途径；再生需求和标记。
- 环境条件 振动和冲击；加速、其他机械需求或压力；大气环境（气压、湿度、海拔等）。

32.3 典型的便携式应用

便携式消费电子产品的需求在很大程度上推动化学电源（电池）的技术进步。电子产品对能量和环境要求需要相应的电池技术与之匹配。便携式消费电子产品是迅速膨胀的行业，各种便携产品不断涌现，有些是仅仅通过电池供电，有些则可以通过电池或交流电供电，如笔记本电脑。

一般来说，消费电子产品包括每天使用的电子设备。其中，通讯设备、娱乐设备和办公设备在消费电子产品中占主要地位。据消费电子协会（CEA）估计，2008年美国消费电子收入达到1800亿美元；消费电子产品包含个人电脑、手机、DVD/CD/视频播放器、MP3播放器、蓝牙耳机、GPS导航系统、电视、数码相机、便携式摄像机、电子玩具和计算器。即使最简单的设备如激光指示器和助听器也属于消费电子产品。消费电子行业的发展趋势是综合和多功能，即一台装置可以提供多项功能，如提供电子商务等具有办公、组织功能的PDAs（个人数字助理系统）几乎已经被淘汰，被合并到手机当中。表32.1列出通常便携式电子产品的耗电电流。这些设备的电流需求范围从毫安到安培。尽管这些设备的电流为特定值，但对电池而言，许多设备被视为非恒定负载。

表32.1 电池供电便携带电子产品的耗电电流　　　　　　　　　　　　单位：mA

设备	耗电电流	设备	耗电电流
CD播放器	100～350	收音机	20～50
手机(通话)	300～600	无线电操控玩具	600～1500
数码相机	500～1200	电视 TV(便携)	300～700
摄影机	500～1000	旅行剃须刀	300～500
笔记本电脑	200～2000	遥控器	10～50
内存备份	μA级	手表(LED)	10～40

表 32.2　一次电池和二次电池的应用对比

应　　用	一次电池或二次电池
便携工具	二次电池
笔记本电脑	
无绳电话	
摄影机	
视频播放器	
便携剃须刀	
手持吸尘器	
手机	
音频播放器	
数码相机	
玩具	
助听器	
遥控器	
手表	
烟雾报警器	
内存备份	一次电池

可以选择的消费电子产品电池方案包括一次电池和二次电池两种情况。一次电池一般用于较低和中等功率需求的设备中，而二次电池可以应用于其他所有设备中。下一节将讨论一次电池和二次电池的应用，并通过一些特定实例说明如何权衡后得到最终选择。表 32.2 列举一些常见电子设备及其适合使用一次电池还是二次电池的应用对比。中间部分出现明显的重合，最终需要根据设备要求和电池的关键因素决定合适的电池方案。

32.4　一次电池的种类和应用

当设备的功率要求较低时一次电池非常适合。对类似于车库门启动器和遥控器等设备仅在非常短的时间内使用或每天只使用很短时间的情况，应该选择一次电池。手表和数字挂钟是另一类设备，这类设备需要长期持续的低功率电流，应该选择使用时间超过一年而不必置换的一次电池。内存备份是一次电池的另一种典型应用。网络电话或笔记本电脑需要二次电池为其供电，但同时也需要一次电池以保持内存活跃（如 RTC 或实时时钟）。

一次电池的形状、大小变化范围很大，从扣式电池到大的圆柱形电池和方形电池。同时，一次电池包含很多化学体系，如锌/碳电池体系、碱性电池体系、锂金属电池体系等。

一次电池通常不是很贵，对于相同的能量需求，一次电池的物理尺寸比二次电池小。但是对环境来说，会产生更多的电池垃圾。许多以前使用一次电池的设备（数码相机、MP3 播放器）现在已经改变成也可以使用二次电池或直接用二次电池代替。

在消费电子产品中应用最多的一次电池有锌/空气电池、碱性（Zn/MnO_2）电池、锂/二氧化锰（Li/MnO_2）电池、锂/二硫化铁（Li/FeS_2）电池和锂/二氧化硫（Li/SO_2）电池。锂/二氧化硫电池广泛应用于军用电子产品，但在消费电子产品中还不是很多。还有其他几种如在第 14 章中提到的锂原电池体系，由于费用和安全问题，基本不应用在消费电子产品中。

锌/空气电池的详细描述可以在第 13 章和第 33 章中找到。这类电池具有较高的能量密度和稳定的电压曲线并且环境友好。但是它们对环境的湿度和空气中的氧含量非常敏感。暴露在空气中后，贮存期限有限并且间歇放电性能不好。这类电池最主要是应用于助听器中，在狭小的空间内以恒定的低功率供电。

碱性一次电池是目前应用最普遍的电池。简单的更换和较低的初始成本使它们在诸如玩具、钟表、收音机、遥控器等非贵重电子产品中具有很大的吸引力，同时放电倍率和负荷功率对这类电池的性能影响不大，并且碱性电池具有较宽的使用温度范围和各种各样的形状、大小，因此基本适用于大多数消费电子产品。当碱性一次电池应用于类似音频播放器和视频播放器等中等或较高耗电电流设备中时，需要定期更换电池。当然碱性电池的倾斜放电曲线，限制它们在恒定电压设备中的应用。

锂/二氧化锰电池通常以纽扣电池形式应用于手表、车库门启动器和内存备份中。因其较长的贮存期限、较好的脉冲容量和高能量密度，使之成为最常用的锂原电池。与 Li/SO_2 电池相比，较低的挥发性和较低的价格使其对消费电子产品非常具有吸引力。但是，也受到与其他锂原电池的同样限制。

锂/二硫化铁电池常被制成 AAA 型或 AA 型电池。这类电池的电压较低（1.5V），但是能量密度和锂/二氧化锰电池相近，放电性能也类似。较低的电压使其成为碱性电池的优秀替代品。这类电池比较适合于需要较高脉冲能量的设备中，如带有闪光灯的数码相机，它们可以满足多种应用模式、基本用途和高级应用。

锂/二氧化硫电池具有较高的能量密度、较好的低温性能、优异的倍率性能和较长的搁置寿命。但是成本、安全性和环境问题制约其应用，一般只应用在价格昂贵的安全系统和一些电信系统中。这类电池更适合军事、航空和一些生物医学设备使用。

一次电池性能的对比如下所述。表 1.2 列出了基于理论容量的常见一次电池性能，同时也列出这些电池在接近真实操作条件下的性能。必须注意以下几点。

① 电池的实际使用容量远低于其活性材料的理论容量。

② 电池的实际容量也低于实验电池的理论容量。因为实际使用的电池包含不能提供能量的组成部分，这些辅助部分增加电池的体积和质量。

③ 电池的容量可能和表 1.2 中的值差别很大。表中的数值是在基于电池的优化条件下得到的，和电池的真实使用条件有很大差别。因此，在最后选择前，必须进行真实使用条件下的电池测试。

下面的几幅图还能对比上面提到的几种一次电池的关键性能。更详细的对比可以在本手册的其他章节找到。通过这些数据和本节中的一般数据相比，可以更好地评价各种电池的性能。

图 32.1 是一次电池基于体积的性能对比，图 32.2 基于质量的性能对比。锂原电池具有比碱性电池更好的性能。

图 32.3 和图 32.4 分别给出各类一次电池在不同温度下基于体积比能量（W·h/L）和基于质量比能量（W·h/kg）的性能对比。这些数据都是 20h 倍率下的测试结果，可以看出一次电池的低温性能很差。与锌电池相比，锂一次电池具有更好的低温性能。

32.5 二次电池的种类和应用

消费电子产品中的二次电池生产产值已经达到每年数百亿美元，并且每年还继续以两位数字的速度持续增长。电池可以经年累月地重复利用是二次电池的关键卖点。尽管

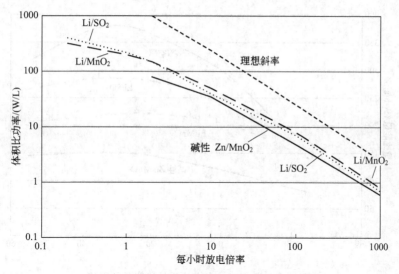

图 32.1　20℃下，一次电池的体积比功率性能曲线

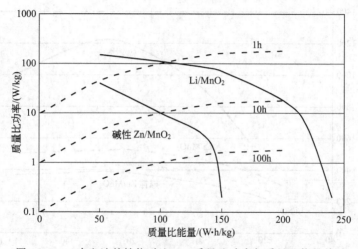

图 32.2　一次电池的性能对比——质量比功率与质量比能量关系

相同能量的二次电池体积比一次电池大很多，但消费者可以不需要定期更换电池。二次电池设计中必须包含充电器，因而在产品设计的早期就必须决定采用嵌入式充电器或独立式充电器，或两者同时存在。二次电池会造成购买者初始费用的升高，但是在贮存期限内的附加费用较低。

手机、笔记本电脑、音乐播放器和视频播放器、记录器、无绳电话、导航设备等电子产品都使用二次电池，这些设备每天使用几个小时，甚至可以使用几年时间。二次电池几乎可以应用到所有消费电子产品中。具有环境友好意识的消费者，甚至在诸如遥控器、玩具等简单设备中也开始使用二次电池代替一次电池。

消费电子产品常用的二次电池包括镉/镍蓄电池（Ni/Cd）、金属氢化物/镍（Ni/MH）蓄电池和各种锂离子电池。锂离子电池包括氧化钴锂（$LiCoO_2$）、尖晶石锰酸锂（$LiMn_2O_4$）、磷酸铁锂（$LiFePO_4$）和一系列混合氧化物锂电池，如 Li/NiO_2 电池、Li/CoO_2 电池、Li/MnO_2 电池。在混合氧化物锂电池中，锰、镍和/或钴取代 $LiCoO_2$ 中钴的位置。几乎所有的锂离子电池都使用碳/石墨作为负极，因此锂离子电池的差别主要在正极

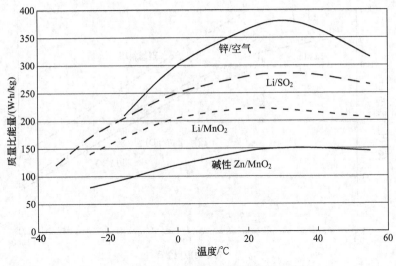

图 32.3 温度对一次电池质量比能量的影响

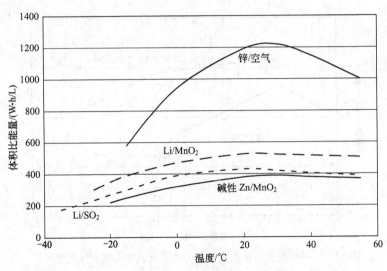

图 32.4 温度对一次电池体积比能量的影响

材料。

因为镉带来的环境问题使镉/镍电池迅速被 Ni/MH 电池代替。Ni/Cd 电池成本较低，但是受制度的限定和回收费用的限制，许多国家已经不再使用，虽然 Ni/Cd 电池的高温性能比 Ni/MH 电池优异。两类电池都适用于高耗电设备。Ni/Cd 电池一般用于低价消费电子设备如无绳电话。很多应用 Ni/Cd 电池的电子设备可以改为使用 Ni/MH 电池，Ni/MH 电池可以在相同的空间内提供更多能量。一些低价的摄影机、音频播放器和录音机中仍然还在使用 Ni/MH 电池，但是锂离子电池更适合于这类设备。Ni/Cd 电池和 Ni/MH 电池都有从扣式到 F 型圆柱形电池的不同大小尺寸。

锂离子电池具有较高的电压、高能量密度、良好的循环性能和合理的运行温度范围，成为便携式消费电子产品的主要电源。大多电子设备都得益于锂离子电池无可比拟的优势。价格是妨碍锂离子电池应用到低价电子设备中的主要因素。使用锂离子电池造成的高成本不仅仅是电池本身造成的，也包括电池保护设备和复杂的充电器。笔记本电脑、手机、视频和音频记录器和播放器、GPS 系统因使用锂离子电池而变得更加容易携带，其应用也随之更为普及。锂离子电池一般有圆柱形、方形和软包装等形式。

聚合物电池经常和软包装电池相互混淆。这两种都是锂离子电池，通常很薄，密封在软包装中而非金属壳内。这种薄电池通常使用胶体聚合物电解质，因此被称为聚合物电池。但是有许多软包装电池使用与圆柱形或方形电池相同的液体电解质。在软包装电池中，只有很少的游离电解质，因此经常被称为贫液电池。软包装的形式允许极薄电池有很大的 X-Y 方向变化。由于软包装形式更利于电极膨胀，因此和金属壳电池相比，具有更好的循环寿命。但是这种膨胀，也是软包装电池在应用中必须考虑的。

第 26 章详细介绍了锂离子电池的化学体系，下一节中将对一些二次电池的关键性能进行对比。二次电池性能对比如下所述。

传统二次电池的理论性能在表 1.2 中已列出，同时该表还给出实际电池的性能。需要注意的几点问题和 32.4.1 小节中的一次电池问题相同。

表 32.3　消费电子产品中常用二次电池的对比

特性	Ni/Cd	Ni/MH	锂离子
电压	1.2	1.2	3.6~3.7
80%DOD 循环寿命	＞1000	＞500	400~500
温度范围/℃	−40~70	−40~50	−20~60
记忆效应	有	有	无
高倍率放电	＞10C	达到 5C	达到 2C
快充时间/h	＜1	2	2
25℃下贮存一年后容量/%	＜30	＜20	80
10h 放电倍率质量比能量/(W·h/kg)	60	90	230

表 32.3 对比几种常见二次电池的关键特性。这些数据是本书出版时能得到的常用商业数据，不包括特殊数据。例如，某些锂离子电池体系快速充电只造成轻微的能量密度降低。图 32.5 是常用二次电池的拉贡曲线。可以看出，用锂离子电池代替镍电池可以减轻质量。减轻质量常常对消费电子产品的市场销量有重要影响。

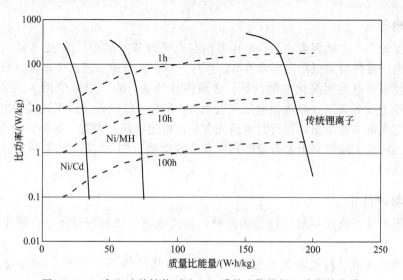

图 32.5　二次电池的性能对比——质量比能量与比功率的关系

现在市场上可用的锂离子电池关键特性对比在表 32.4 中给出。$LiFePO_4$ 电池的工作电压较低，但是功率性能较好。同时，$LiFePO_4$ 电池对安全保护电路要求较低，对热失控表现出较好的抵抗性。

表 32.4　常用二次锂离子电池的对比

性质	$LiCoO_2$	$LiMn_2O_4$	Li/NiO_2、Li/CoO_2、Li/MnO_2	$LiFePO_4$
电压	>3.6	3.6	3.5～3.8	3.2
循环寿命	400～500	400～500	400～500	1000+
温度范围/℃	−20～60	−20～60	−20～50	−20～60
放电倍率	最大 2C	最大 5C	最大 1.5C	>10C
充电倍率/h	2	1～2	2～3	<1
$C/5$ 率放电的质量比能量/(W·h/kg)	200	150	230	120

下一小节将从选择一次电池，还是二次电池开始讨论电池选择的详细标准。

32.6　电池选择的详细标准

32.6.1　一次电池和二次电池的对比

一次电池更合适还是二次电池更合适？这好像是个简单问题，但其答案非常复杂。一次电池通常应用于低功率或中等功率的设备中，而二次电池基本上可以应用于所有消费电子产品。其中，Li/FeS_2 电池比较特殊，可以提供较高的功率输出能力，价格比碱性锰电池贵。使用一次电池的消费电子产品需要提供简便的更换模式而不需要充电。但是，在中等功率和高功率设备中使用一次电池会造成运行费用的不断增加。这是选择电池时必须考虑的商业准则。免维护的标准规格（AAA，AA，C）二次电池的发展使低价和中等价位电子产品设计者不必再考虑这个问题。既然 Ni/Cd 电池和 Ni/MH 电池可以提供和碱性一次电池相同的电压，选择一次电池还是二次电池的问题不再重要。消费者可以决定选择较低初始成本的一次电池，或选择较高初始成本的二次电池及合适的充电器，这就表示设计时必须考虑最终用户的偏爱。最后，其他因素可能改变这个决定。

32.6.2　电压

电池选择的一个关键因素是工作电压范围与电子设备的匹配。图 32.6 给出电池的电压特性。许多电子器件的最低电压要求在 3V 左右。锂一次电池和锂离子电池具有较高的运行电压，可以使用单电池而简化电池设计。必须注意的是，为了更好使用 Ni/Cd 电池和 Ni/MH 电池，电子设备必须在单电池电压接近 1.0V 左右可以运行，而不是碱性电池的 1.2V。一般来说，二次电池体系正常运行时电压处在一次电池电压的低端。另外，对电池电压变化范围而言，实际放电曲线对电池容量的利用率非常重要。图 32.7 给出常用二次电池较为平缓的放电曲线。

32.6.3　物理尺寸

根据外形尺寸，电池一般可以分为四种：扣式电池、圆柱形电池、方形电池和软包装电池。

扣式电池的零件号码通常表示电池的直径和电化学体系。例如，BR2032 扣式电池表示：BR 表示电化学体系/电池制造商；20 表示直径 20mm；32 表示厚度/10，为 3.2mm。

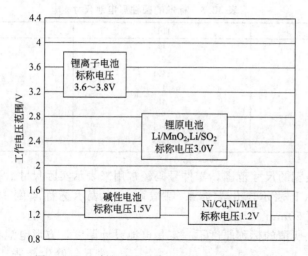

图 32.6 一次电池和二次电池的电压特性对比

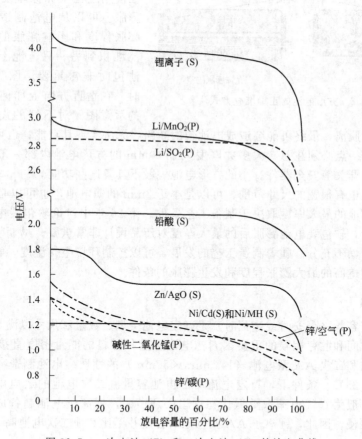

图 32.7 一次电池 (P) 和二次电池 (S) 的放电曲线

有些扣式电池带有插口，有些带有焊接拉环，有的带有连线。应注意核对制造商的说明书。

圆柱形电池一般遵照表 32.5 中列出的 ANSI 指南，但也经常使用分数标准 (4/3A，1/2AA，2/3D)。Ni/MH 电池的最初标准是 17670 电池 (直径 17mm，长 67mm)。锂离子电池的尺寸和 Ni/MH 电池不同，因为锂离子电池必须带有附加的防止过充电的配置。

表 32.5 标准的圆柱形电池尺寸 单位：mm

整数尺寸	直径	长度
N	12	30
AAA	10.5	44.5
AA	14.5	50
A	17	50
Af(大 A)	18	67
SC(小 C)	23	43
C	25.8	50
D	33	61

方形电池也有很宽的尺寸范围，零件号码经常用来表示实际尺寸。例如，ICP103450 方形电池可解释为：ICP 表示电化学体系/制造商；10 表示标称厚度 10mm；34 表示宽度 34mm；50 表示长度 50mm。

必须注意的是，所谓的标称厚度不一定是电池设计厚度，方形电池在循环过程和高温条件下会发生膨胀。电池设计允许电池在使用过程中标称厚度方向有 10% 的膨胀。可以从电池制造商处得到最大膨胀程度和影响膨胀的因素。这在电池堆积到另一只电池上面并焊接成电池包时非常重要。图 32.8 给出焊接时，在垂直方向上如何正确固定电池的示意图。对不好的设计，电池膨胀

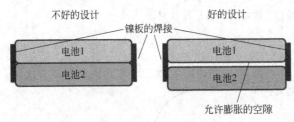

图 32.8 方形电池的正确堆叠方式

可能造成镍板的脱离，最终可能会造成电池包的断路，无法实现其功能；也可能造成电池包内部短路。还有一点必须注意，大多数厚度大于 10mm 的方形电池内部一般带有类似于热熔断器或双金属开关等安全器件。小的方形电池一般不具备这些功能。

软包装电池也有很宽的尺寸范围，可以是小于 2mm 的薄电池，也可以是 7~8mm 的厚电池。软包装电池的最大厚度取决于制备工艺条件。第 26 章中讨论软包装电池可以采用的电极设计。同样，软包装电池膨胀后的最大厚度对产品设计非常重要。早期软包装电池很容易膨胀是由于干燥不充分。随着制造工艺的发展，可以控制环境空气湿度，解决电池过度膨胀。必须确认制造商的最大膨胀程度和发生膨胀的条件。

32.6.4 容量

电池的额定容量（毫安时或毫瓦时）是确定电池类型、数量和尺寸以满足电子产品的运行时间、通话时间和贮存期限的重要因素。电池容量和材料的能量密度直接相关。表 32.6 对比了各种一次和二次 AA 型电池（14.5mm×50mm）的性质。电池制造商给出的容量是基于室温（20~25℃）条件下，特定电流时的电池容量。二次电池的放电电流一般为 $C/5$ 率，一次电池一般为 $C/100$ 率或更低。在这里必须声明，锂离子电池制备成 AA 型电池的工艺条件发展缓慢。因此，锂离子 AA 型电池的容量并不比其他二次电池高。

表 32.6 AA 型电池的容量对比表

电池体系	电压	容量/mA·h	耗电电流/mA	能量/mW·h
一次电池				
碱性电池	1.2	2850	25	3420
Li/FeS$_2$	1.5	3000	500	4500
Li/SO$_2$	3.0	2450	2	7350
Li/MnO$_2$	3.0	2000	10	6000

续表

电池体系	电压	容量/mA·h	耗电电流/mA	能量/mW·h
二次电池				
Ni/Cd	1.2	700	140	840
Ni/MH	1.2	2100	420	2520
锂离子	3.6	800	160	2880

32.6.5　负载电流和曲线

表 32.6 中的数据是在恒定耗电电流下的测试结果。在不同负载情况下，电池体系的性能也不同。这表明，在恒定耗电电流条件下性能较好的电池，在应用负载增大的情况下可能表现出较差的性能。

图 32.9 对比几种一次和二次 AA 型电池的放电性能，展示其在一定的放电电流范围内电池的实际容量。一般来说，一次电池在小电流时表现出较好的性能。但是当电流增大时，一次电池丧失其优势。同样，AA 型锂离子电池的数据也不具有可比性。18650 型锂离子电池的容量一般可以达到 2400mA·h，但其体积只有 AA 型电池的 2 倍。因此，AA 型锂离子电池的容量应该可以达到 1200mA·h。

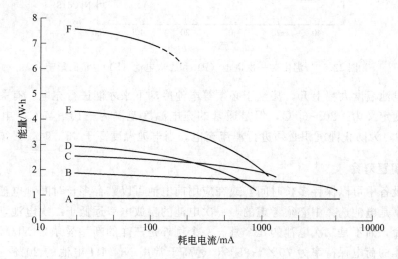

图 32.9　20℃下，AA 型电池（或等同于 AA 型电池）在不同放电电流时的性能
A—Ni/Cd；B—Ni/MH；C—锂离子；D—锌/碱性电池；E—Li/MnO$_2$（2/3A）；
F—锌/空气纽扣电池；A～C 是二次电池，D～F 是一次电池

32.6.6　温度需求

便携设备的工作温度需求是电池选择中的另一个重要因素。一些消费电子产品主要在户内使用，需要恒定的温度。有些必须在户外环境下使用，有时处在极端条件，这对电池是很大问题。图 32.3 和图 32.4 中显示温度对一次电池质量比能量和体积比能量的影响。从图 32.10 中可以看出，温度对二次电池的影响较小，但是二次电池的总体操作要求更为严格。

必须重视温度对二次电池充电过程的影响。Ni/Cd 电池和 Ni/MH 电池可以用电池的温度判断电池的充电终点。较高环境温度下的运行可能混淆终点的判断，造成提前结束充电。

锂离子电池还有另外一种问题。一般来说，锂离子电池在较窄的温度窗口（20～45℃）内可以进行大倍率充电。当高于或低于该温度窗口时，必须使用更小的电流、更低的电压进行充电。这会造成在某些温度环境下需要非常长的充电时间。实际上，高倍率放电过程的自

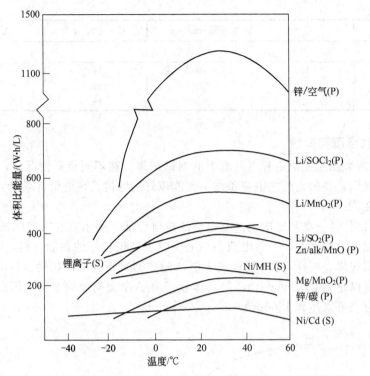

图 32.10 温度对一次电池（P）和二次电池（S）容量的影响

放热可以使电池温度大幅上升，甚至于必须等电池冷却下来才能进行充电。有关说明书中的电池运行温度定义为 $-20 \sim 60℃$，但是通常的充电温度范围为 $-10 \sim 45℃$。电池温度低于 $5℃$ 或 $10℃$ 时，为防止锂沉积必须进行涓流充电。当电池温度高于 $45℃$ 时，必须限定电压。

32.6.7 搁置寿命

电池在设备中可以保存多长时间？或在应用前电池可以贮存多长时间？电池的自放电率和荷电保持率是电池选择中必须考虑的。一次电池的自放电率远低于二次电池，因此具有几年的搁置寿命，而不是二次电池的几个月。一个例外是三洋的新型爱乐普 Ni/MH 电池，其室温搁置一年的荷电保持率为 $70\% \sim 85\%$，远高于常用 Ni/MH 电池的 $20\% \sim 30\%$。温度对电池的搁置寿命有很大影响，一个通用规则是温度每上升 $10℃$，电池的自放电率增加 1 倍。这意味着所有电池的搁置寿命都可以在低温下延至最长，如图 32.11 所示。

32.6.8 充电

从持续几天的简单浮充电到 1h 内的快速充电，二次电池的充电过程具有很大的变化范围。虽然有些电子设备具有快速充电的需求，一般而言，消费电子产品的要求介于浮充电和快速充电之间。充电倍率直接影响电池的循环寿命。对锂离子电池而言，较大的充电电流导致充电效率降低、电池温度上升并且容量损失加速。对于 Ni/Cd 电池和 Ni/MH 电池，高充电倍率导致充电终点的提前，造成容量损失。有些二次电池刻意设计为满足高功率应用，可以承受很高的倍率而对电池性能没有影响，但是这些电池一般具有较低的能量密度。

图 32.12 给出常用的 CC-CV 模式下充电倍率对锂离子电池容量的影响。

充电倍率对循环寿命的影响会随着温度的升高或降低而加剧，这与使用的电解质添加剂有关。在电池循环时应尽可能遵循电池制造商推荐的充电制度。

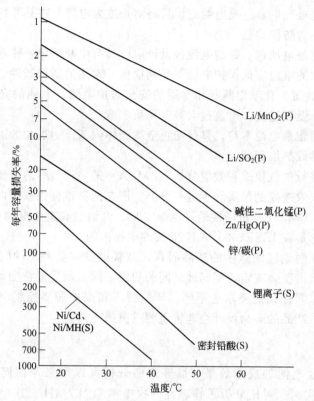

图 32.11　不同类型的一次电池（P）和二次电
池（S）的搁置寿命（荷电保持率）

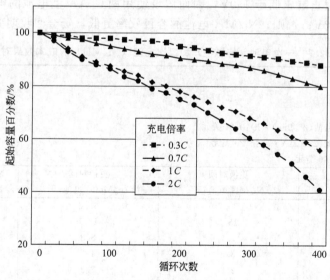

图 32.12　循环过程中充电倍率对锂离子电池容量的影响

32.6.9　安全和监管

　　电池是能量供给装置，在很小的空间内贮存大量能量。如果乱操作、滥用或在不适合的环境下应用，可能在很短时间内快速释放所有能量。二次电池在充电时与供电电源相连，增加事故可能。为防止消费者的滥用，二次电池需要采取多层次安全保护措施。

第一层防护措施是充电器。充电器应该具有防止过大电流，在某些特定环境条件下（如高温）不能进行充电的防护功能。

第二层防护措施是电池包。好的电池包设计应该具有中断短路，跌落时保护电池不被破坏的功能。电池包内的电路应该保护电池不受到损伤。常用的防护器件包括正温度系数元件（PTCs）、温度调节装置、化学熔断器和专用的安全防护电路。电池的安全防护包括防止电压过高、电压过低、温度过高、电流过大等（见第 5 章）。

最后一层防护措施是电池本身，具备防止金属壳体内部压力过大的泄气阀。有些电池具有内部电流中断器件或热熔断器。

在电池设计前进行失效模式和效应分析（FMEA）是一种很好的习惯。研究电池可能的失效模式，并根据失效造成的严重程度进行分类。潜在的灾难性失效可以通过独立、冗余的安全器件进行缓解。FMEA 分析需要通过电池本身、电池包和整个电池系统/宿主设备综合分析进行。这一概念是在 IEEE1625 和 1725 文件中提出的。

尤其是对需要在两地区间运输的产品而言，监管也是需要考虑的问题。运输规则对包装、标签和文件等给出明确规定，不同地区间的规定不同，而且经常变动。政府机构需要特定的标识，不同国家间标识的要求也不同。环境管理和保护需要控制电池的循环利用或回收。另外，消费电子产品的寿命设计也非常重要（见第 4 章）。

32.6.10 成本

一次电池和二次电池的成本效果与循环寿命分析可以用来评估何种选择更合适。表 32.7 给出一个分析实例，对比分析了锌碱性一次电池和 Ni/MH 二次电池中哪类电池更适合应用于低功率便携电子产品。较低的使用率使一次电池呈现更好的成本效果并且因为不需要定期充电而更加方便。投资回收期计算中假设 Ni/MH 电池的容量基本不衰减，并且由于 Ni/MH 电池放电截止电压低于 1.0V，因而假设使用两只 AA 型电池的电子设备运行电压必须能从 3V 降至 2V；否则，Ni/MH 电池的容量效率更低，资金回收期变长。

表 32.7 一次电池（锌碱性）和二次电池（Ni/MH）的成本效果对比

假设

标称电压：3V

耗电电流：150mA

2 只 AA 型 Zn/MnO_2 电池（2500mA·h）：0.64 美元

2 只 AA 型 Ni/MH 电池（2300mA·h）：6.20 美元

Ni/MH 电池充电器：4.00 美元

使用率/(h/天)	更换时间 Ni/MH 电池/天	更换时间 Zn/MnO_2 电池/天	Ni/MH 电池投资回收 周期/天
0.5	30.7	33.3	530
1.0	15.3	16.7	266
2.0	7.7	8.3	133
4.0	3.8	4.2	66
6.0	2.6	2.8	44
8.0	1.9	2.1	33

表 32.8 给出设备用电功率较大时的实例分析。某些数码摄像机和带有电机的远程控制玩具等在电子设备中负载电流约为 1A。在这个例子中，对高功率的锂原电池和 Ni/MH 二次电池进行对比。常用的碱性一次电池不能承受这么高的功率负载。可以明显看出，即使中等或较低的使用率，二次电池的投资回收周期也相对较短。这是由于锂原电池的费用较高造

成的。

表 32.8　一次电池（锂/二硫化铁）和二次电池（Ni/MH）的成本效果对比

假设

标称电压：3V

耗电电流：1000mA

2 只 AA 型 Li/FeS₂ 电池（3000mA·h）：4.10 美元

2 只 AA 型 Ni/MH 电池（2300mA·h）：6.20 美元

Ni/MH 电池充电器：4.00 美元

使用率/(h/周)	更换时间 Ni/MH 电池/天	更换时间 Li/FeS$_2$ 电池/天	Ni/MH 电池投资回收周期/天
1.0	14	21	53
3.0	4.7	7	17.5
7.0	2	3	7.5
14.0	1	1.5	4
21.0	0.7		2.5

　　如果选择使用二次电池，在质量、尺寸非常重要的情况下，必须考虑锂离子电池的费用。与方形电池、软包装电池相比，圆柱形锂离子电池的每瓦时费用最低，这是由于圆柱形电池生产过程中具有较高的自动化程度和电池体积较大：低容量（2200mA·h）18650 型电池的费用为 0.90 美元/W·h，优质电池（2600mA·h）大约需要 2 倍的费用。不同厂家给出的电池价格差别很大，日本和韩国电池的价格一般高于中国。当然，电池质量也必须考虑。电池厂家经过详细评估，通过使用多种渠道保证电池的优异性能和价格竞争力是一种明智的选择。

　　软包装锂离子电池的成本是相同容量圆柱形电池的 1.2~1.5 倍。软包装电池的制造过程较慢，具有较低的成本效果。较低的收益率使软包装锂离子电池的价格高于其他形式电池。

　　与 Ni/Cd 电池或 Ni/MH 电池相比，锂离子电池需要更复杂的充电电路和保护电路，一套完整的保护电路费用为 1.25 美元。另外，锂离子电池充电器的价格是 Ni/Cd 电池或 Ni/MH 电池充电器的两倍。尽管有通用型锂离子充电器，但是针对特定应用条件设计匹配的充电器还是必要的。当设计具有更好电压、电流的实用性充电器的决定时可能因为费用较高而被迫放弃。

　　电池选择总成本的预估，不能仅仅考虑，电池本身的成本，保护电路成本、充电电路成本、监控确认成本、回收成本、责任以及运输成本都必须加以考虑。另外，任何特定的装配工艺也会增加电池的成本。

32.7　决定和权衡

　　消费电子产品的电池选择包括减少可能的选项、权衡重要的标准和形成最佳的选择。注意，也许最佳的选择并不存在。考虑以下五个因素可以减少可能的选项：功能/应用、性能、成本、完整性和安全性。在考虑这些因素时需要回答以下问题。

32.7.1　减少可能的选项

　　首先必须清楚是否需要充放电？这个前提问题清楚以后，其他问题会随之出现。

　　① 一次电池还是二次电池？

② 嵌入式充电器还是外接式?

③ 电池荷电状态是一个重要的因素。购买时是否需要处于荷电状态,是否需要定期充电?

④ 电池和应用需求的匹配如何?

⑤ 总尺寸多少能被接受,如何连接?

⑥ 电池置于产品内部还是可以替换电池?

⑦ 需要什么样的保护电路(如果需要)?

一旦电池的基本外形尺寸确定,就必须考虑电池的性能特征。很多因素已经在 32.6 节中讨论过,通过分类可排除不合适的化学体系,并减少可能的选择项。以下部分还包含电池性能特征讨论。进一步权衡和决定将在后半部分讨论。

① 能量密度。

② 电压范围,放电深度,放电曲线。

③ 放电速率,持续能力,脉冲。

④ 温度,使用和贮存要求。

⑤ 可靠性,环境因素。

⑥ 自放电,搁置寿命。

⑦ 充放电性能,循环寿命,容量衰减,充电倍率,间歇充电,防护。

当然,成本是消费电子产品必须考虑的一个关键因素,但是某些产品对电池成本的关注度较小,笔记本电脑中电池占了 10% 成本,但是 MP3 中电池成本占到 50%。成本因素包括如下。

① 电池初始成本,与其他组成部件的对比,预算限制。

② 电池使用成本,即每次循环费用(一次电池对比二次电池)。

③ 和宿主设备相关的费用,保护装置费用,充电器费用,特殊装配费用。

④ 回收费用和责任。

电池选择所涉及的整体性考虑常常被忽视,电池选择的整体性包括设计、市场、生产制备。以下几个要点将被考虑。

(1) 声誉　电池供应商与电池包装配商

(2) 来源

① 需要多种来源?

② 是否存在有竞争性的可替代技术(燃料电池等)?

(3) 接受度

① 消费者对产品的感觉如何?

② 产品在市场的竞争力如何?

③ 政府/规则。

④ 安全性。

⑤ 运输　在运输过程中对以锂电池为基础的产品具有严格规定。

⑥ 回收再利用的要求。

最后必须考虑的因素是安全问题。安全问题不仅仅是是否需要特殊电路,还包括设备及电池如何使用以及在什么地方使用。预测用户最终将如何使用非常关键。是否会被放在很热的汽车中?是否会掉到地上?是否会被暴露在高湿度的地方或浸到水中?这些都是在设计时需要考虑到的不规范使用。当然,也存在一些设计解决不了的滥用情况,但是只要考虑到潜在的滥用行为,就可以降低其危险行为。以下问题需要对电池的安全进行思考。

① 机械滥用。需要承受多大的撞击/振动。

② 热滥用。在操作、贮存、充电过程中的温度最高限。

③ 电路风险。电池挤压或者短路危险。

④ 处理环境问题。

⑤ 毒性。特殊危险以及预防。

32.7.2　性能标准的权衡

对特定的设备而言，不是所有的特征都同等重要。当运行时间成为市场评价对象时，容量成为电子产品中的最关键参数。为了提高电池容量，人们可以从哪些方面做一些牺牲呢？使用较大电池是提高容量最简单的方法。但是，对于电子产品来说，是否可以接受电池尺寸、质量的增加还是一个问题。也可以通过牺牲一些其他性能来提高容量，如循环寿命、充电倍率、高温或者低温性能。在所有情况中，安全是始终不能妥协的因素。

站在消费者的立场上考虑便携电子产品是非常必要的。表 32.9 列出一些常用电子产品及其必须考虑的参数。每种电器都给出相对重要的特征参数。有必要指出，对于那些小电流电子产品而言，由于电池只占设备的一小部分，从容量、尺寸、质量、成本、价格的角度来考虑，电池所占比例都非常小。

表 32.9　电子产品的主要特征对比

特性	笔记本电脑	手机	MP3 播放器	内存备份
最小使用电压/V	6	3	3	3
最大电流	3~4A	800mA	60mA	100μA
运行时间/h	2~3	2~4 通话，24+待机	6~8	24
质量	一般重要	非常重要	非常重要	不重要
尺寸	非常重要	非常重要	非常重要	不重要
成本	一般重要	一般重要	非常重要	不重要

上述观点还可以用于一些特殊电子产品，像笔记本电脑。这些电脑具有各种尺寸，同时面向各种不同类型的用户。从作为台式电脑替代品的 17 英寸电脑，到作为上网浏览器的 10 英寸电脑都属于这类产品。对于几种不同规格便携式电脑，表 32.10 列出一些对电池选择而言相对重要的特性。

表 32.10　便携电脑的电池标准

项目	尺寸/in	成本	能量	运行时间	质量、尺寸
便携工作站	15~17		+++		
可移动台式电脑	15~20	++	++	+	
主流电脑	14~16	+++	+	++	+
轻薄电脑	13~14		++	+++	++
便携电脑	10~12			+++	+++
笔记本电脑	≤10	+++	++	+++	+++

注："+"的数量表示优异性程度。

电池选择策略归纳如下。

① 工作站类型具有高耗能的显示器和 CPU、芯片，通常价位较高并极少切断交流电电源，功率要求很高。

② 成本敏感，（主流电脑，笔记本电脑，可移动台式电脑）产品一般配备满足最低运行时间要求的容量。

③ 更多的移动装备（轻薄电脑、便携电脑、笔记本电脑）对质量和外形尺寸要求敏感。

性能也非常重要，因此出现多种电池来满足市场需求。

④ 笔记本电脑需要低成本，这就需要牺牲尺寸和轻重。尺寸问题就变成工业设计问题。超薄笔记本电脑是市场的一个亮点，如果超薄比成本更有意义，或许必须使用软包装电池。在电池选择中存在很多性能权衡。

32.8 规避电池选择中的常见失策

考虑完设备需求后，应对比不同的电池选择，分析电池特征以及质量等具有重要关系的各种标准。决定所选择的电池时，还忘记了什么呢？最后部分列出一些常见失策来避免选择错误。

① 不要忽略有效期限，有些电池譬如锂离子电池，在充、放电过程中会有不可恢复的容量损失。如果一款产品贮存在仓库中或存货几个月就可能必须考虑这些参数。

② 给电池留足够的空间。所有电池都有尺寸公差规范，设计一款使用 18.1mm 直径电池的空间应有冗余以消除最大直径 18.3mm 或 18.5mm 电池的潜在来源；方形电池和软包装电池的膨胀规格必须考虑。

③ 不能忽视温度。电池有工作温度范围，电池超出其使用温度会导致电池性能降低并损失容量。

④ 考虑电池来源。很多电池制造商生产标准尺寸电池，因此统一其电池来源也是很必要的。一旦锁定某个统一的尺寸，你就要容忍供应商要求的价格和交付的货物。

⑤ 不要忽略设备的能量需求，全面考虑电池放电电压曲线在期望的负载下，能满足的工作时间需求。

⑥ 任何时候使用实测数据去做决定，电池说明书从来都不准确。考虑电池的标称容量和最低容量以确信电池性能。

⑦ 不要忽略循环寿命。不同的电池体系寿命不同；除非电池的使用年限较短，必须权衡电池寿命和电池容量间的关系。

⑧ 全面了解放电电流对容量和循环寿命的影响。电子设备可能需要快速充电，但快速充电通常会加速容量衰减，缩短循环寿命。

⑨ 不要低估附件设备的耗电。有些用电装置有电压记忆。当用电装置关闭时，电池仍然处于供电状态。许多"智能"电池需要保持和宿主设备的通信，造成一部分电池能量消耗，注意！一些保护电路也存在较小耗电。

⑩ 考虑非正常状态下电池行为。当负荷增加或者温度降低时，电池电压下降。初始阶段存在瞬间大电流，尤其是在低温。可能会导致电压低于设备的终止电压。

最后一点：把电池设计到消费电子产品系统中，越早越好！

第33章

金属/空气电池

Terrill B. Atwater and Arthur Dobley

33.1 概述

金属/空气电池由具有反应活性的负极和空气电极经电化学反应偶合而成，它的正极反应物用之不尽。在某些情况下，金属/空气电池具有很高的质量比能量和体积比能量。这一体系的极限容量取决于负极的安时容量和反应产物的贮存与处理技术。鉴于金属/空气电池的性能潜力，人们对它的开发进行重大努力[1,2]。表33.1总结金属/空气电池体系的主要优点和缺点。

已经研究和开发过的金属/空气电池有原电池、贮备电池、可充电电池和机械再充式电池等。在机械充电电池设计（即更换放完电的金属负极）中，电池在本质上相当于原电池，它的空气电极为相对简单的"单功能"电极，只需要在放电模式下工作。常规可充电金属/空气电池需要一个第三电极（用来维持充电时放出氧气）或者一个"双功能"电极（一个既可以还原氧又可以析氧的电极）。

表33.2列举了被认为可以用于金属/空气电池的金属以及它们的一些电学特性。在金属/空气电池中，锌最受人们关注。这是因为在水溶液和碱性电解质中比较稳定且在添加适当的抑制剂后不发生显著腐蚀的金属中，以锌的电位最高。

锌在商品化的锌/空气原电池中已经应用多年。最初，这些产品是使用碱作为电解质的大型电池，应用于铁路信号灯、远距离通信和需要长时间、低倍率放电的海上导航装置。随着薄层电极技术的开发，应用于助听器、寻呼机和类似用途的小型（扣式）、高容量原电池都采用了此项技术（参见第13章）。

因为锌在碱性电解质中相对稳定，而且它还是能够从电解质水溶液中电沉积的最活泼的金属，所以对可充电金属/空气电池体系而言，锌也具有吸引力。开发循环寿命长且实用的可充电锌/空气电池，将为许多便携式应用场合（计算机、通信设备）和电动车用大尺寸电池提供有前景的高容量电源。枝晶形成、锌溶解和沉积不一致、反应产物溶解度小和空气电极性能差强人意等问题，已经延缓开发商品化可充电电池的进展。但是，鉴于锌/空气电池的潜力，对实用电池体系的研究仍在继续。

锂/空气电池具有最高的理论电压和电化学当量（3800A·h/kg），电池放电过程中消耗锂及空气中的氧、水，生成 LiOH。该体系电池可以在负极锂表面形成保护膜后阻止快速腐蚀反应从而可以给出较高的库仑效率；但在开路和低倍率放电时由于锂的腐蚀反应而引起快速自放电。所以，为实现锂的高利用率必须控制自放电反应，同时在电池处于待用状态时有必要把电解质从电池中移出。

锂/空气电池理论优势在于它的高电压，这关系到体系的高功率及高比能量。但基于可行性、成本及安全性考虑，以前金属/空气电池的开发集中在锌、铝体系。

人们对金属/空气电池用其他金属电极材料也进行过研究，钙、镁和铝都具有诱人的体积比能量。锂/空气[3,4]、钙/空气和镁/空气[5,6]电池都已经有过这方面研究，但到目前为止，诸如负极的极化或不稳定、伴生腐蚀、非均匀溶解、安全性、实际操作等问题和成本阻碍商业产品的开发。铁/空气电池的电压和比能量较低，而且与其他金属/空气电池相比其价格高。但铁电极寿命长且更适宜于充电，因此这类电池的开发集中在充电电池体系（见第 18 章）。

铝的地质储量丰富（地壳中储量第三的元素），具有低成本潜力，而且加工比较容易[7~9]，因而铝也是有吸引力。但是，铝/空气电池充电电压太高，甚至于不能在水溶液体系（水优先电解）中充电。所以，人们把精力集中于贮备电池和机械充电式电池。

表 33.3 概括了不同类型和设计的金属/空气电池主要优点和缺点。

表 33.1 金属/空气电池的主要优点和缺点

优 点	缺 点
高体积比能量	依赖于环境条件
放电电压平稳	一旦暴露在空气中,电解质干涸
极板寿命长(干态贮存)	缩短极板寿命
无生态问题	电极被淹会减小输出功率
低成本(以所使用的金属为基础)	功率输出有限
操作范围内,容量与载荷和温度无关	操作温度范围窄
	负极腐蚀产生氢
	碱性电解质碳酸盐化

表 33.2 金属/空气电池的特性

金属负极	金属电化学当量 /(A·h/g)	热力学电池电位/V[①]	价态变化	金属理论质量比能量/(kW·h/kg)	实际工作电位/V
Li	3.86	3.4	1	13.0	2.4
Ca	1.34	3.4	2	4.6	2.0
Mg	2.20	3.1	2	6.8	1.2~1.4
Al	2.98	2.7	3	8.1	1.1~1.4
Zn	0.82	1.6	2	1.3	1.0~1.2
Fe	0.96	1.3	2	1.2	1.0

① 氧气正极电池电压。

表 33.3　金属/空气电池

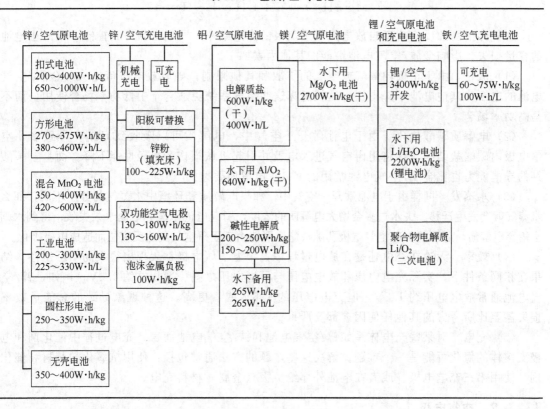

33.2　化学原理

33.2.1　原理简介

正在开发中的金属/空气电池采用中性或者碱性电解质，放电过程的氧还原半电池反应可写成：

$$O_2 + 2H_2O + 4e \Longrightarrow 4OH^- \qquad E^\ominus = +0.401V$$

当氧电极和不同金属负极配对时，电池的理论电压、金属的电化学当量和理论质量比能量等如表 33.2 所示。在实际倍率放电，正极和负极极化使表中所示电压下降。人们注意到，因为负极是电池唯一必须携带的反应物，金属/空气电池理论质量比能量只以负极（放电过程的负极或燃料电极）为基准。放电过程中，另一反应物——氧从周围空气中引入电池。

负极或金属电极（放电时为负极）的放电反应取决于所用的特定金属、电解质和电池内的其他因素。负极电化学反应可归纳为：

$$M \longrightarrow M^{n+} + ne$$

总放电反应的通式可写为：

$$4M + nO_2 + 2nH_2O \longrightarrow 4M(OH)_n$$

这里 M 表示金属，n 的值取决于金属氧化反应的价态变化，如表 33.2 所列。

在电解质水溶液中大多数金属是热力学不稳定的，可与电解质发生腐蚀反应，或者发生如下的金属氧化析氢反应：

$$M + nH_2O \longrightarrow M(OH)_n + \frac{n}{2}H_2$$

这种伴生腐蚀反应或者自放电降低了负极的库仑效率，所以必须得到控制，以减小电池的容量损失。影响金属/空气电池性能的其他因素如下。

(1) 极化　由于正极内氧气或空气的扩散和其他限制，随着放电电流增大，金属/空气电池的电压比其他电池下降得快。这就意味这些空气系统更适合于中低功率场合使用，而不是高功率场合。

(2) 电解质碳酸盐化　由于电池敞开于空气中，电解质可以吸收到 CO_2，导致多孔空气电极内碳酸盐结晶，这将阻碍空气进入电极并引起机械损伤和电极性能下降。而且，碳酸钾的导电能力也比金属/空气电池常用的 KOH 电解质要差。

(3) 水蒸发　同样由于电池敞开于空气中，如果电解质和环境中水蒸气的分压不同，那么水蒸气就会发生迁移。失水过多会增大电解质的浓度，引起电池干涸和电池永久失效；得到水则会稀释电解质，还可能引起空气电极孔隙被淹，可能由于阻碍空气到达反应应位而造成电极极化。

(4) 效率　无论在充电还是在放电过程中，中温下氧电极都表现出很大的不可逆性。结果在相同条件下，实际充电电压和放电电压与可逆电压之间一般相差约 0.2V。例如，锌/空气电池通常放电电压约 1.2V，但充电电压约 1.6V 或者更高。这种现象导致的总能量效率损失甚至比所考虑的其他任何因素都要严重。

(5) 充电　对某些充电体系如锌/空气电池和铁/空气电池而言，充电过程中催化剂和电极支撑体的氧化可能是一个难题。解决这些难题的方法通常包括：使用抗氧化的基材和催化剂，使用第三充电电极，或者在电池外部给负极（金属）材料充电。

33.2.2　空气电极

金属/空气电池的成功运行依赖于有效的空气电极。由于过去 40 年对气体燃料电池和金属/空气电池方面产生了兴趣，人们以改良高放电率的薄层空气电极为目的，进行了具有重要意义的工作。这些努力包括为气体扩散电极开发更为优越的催化剂、更长寿命的物理结构和低成本制造方法。

另一个方法是使用性能更为适中的低成本空气正极，但这使得每个单电池需要更大的正极面积。图 33.1 是一种使用低成本材料连续生产的电极[10~12]。此电极由两层活性层组成，活性层粘接在集流丝网两侧，电极面向空气一侧粘有一层微孔聚四氟乙烯（Teflon）层。活性层的连续化制备工艺是，将碳纤维无纺布［如图 33.1 (b)］依次通过含催化剂的浆料、分散剂和胶黏剂，再进行干燥和压紧。然后将活性层、丝网和 Teflon 层连续地粘接在一起。这些电极可应用于铝/空气贮备式电池，见 33.4.2 节。

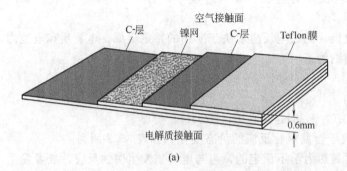
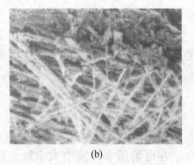

图 33.1　(a) 多层空气电极；(b) 碳纤维基材

33.3　锌/空气电池

33.3.1　简介

商品化的锌/空气电池有扣式原电池（见第 13 章）和 20 世纪 90 年代后期的 5～30A·h 的方形电池以及更大型的工业用原电池。可充电电池被认为既可供便携使用又可供电动车使用，但锌的充电（替换）控制和有效的高倍率双功能空气电极的开发仍然是一个挑战。在一些设计中，使用第三氧气逸出电极给电池充电或者在电池外进行充电，从而不需要使用双功能空气电极。避开再充电难题的另一个方法是机械式充电，即取出耗完的锌电极和（或者）放电产物，替换上新的电极。

锌/空气原电池的开发过程可以分为以下四代。

第一代锌/空气电池（GEN1）首次出现在 20 世纪 30 年代，结构类似于 SLI 电池，其被用于偏远地点的电源，如航标灯、铁路信号灯（见 33.3.3 节）。

第二代锌/空气电池（GEN2）是扣式电池，在 20 世纪 70 年代作为助听器电池而被商业化（见第 13 章）。电池质量比能量超过 400W·h/kg，纽扣电池的典型功率一般限制在 10mW，寿命为 1 个月。

第三代锌/空气电池（GEN3）采用注塑一体成型外壳，环氧型黏结剂密封（见 33.3.2）。在 2003 年，首次制造出由 30A·h 第三代锌/空气电池单体组成的 12/24V、750W·h 电池组。电池设计输出中等功率（达到 50W），工作寿命为几个月。这种电池在典型负载条件下为军用战术电台提供超过一星期的电力供应。

第四代锌/空气电池（GEN4）在 20 世纪 90 年代末到 21 世纪初开始研发（关于 GEN4 电池的详细信息见 33.3.2 节）。

在碱性电解质中，锌/空气电池放电的负极总反应可表示为：

$$Zn + \frac{1}{2}O_2 + H_2O + 2(OH)^- \longrightarrow Zn(OH)_4^{2-} \qquad E^\ominus = 1.62V$$

锌电极初始放电反应可简化成：

$$Zn + 4(OH)^- \Longleftrightarrow Zn(OH)_4^{2-} + 2e$$

这个反应随着锌酸盐阴离子在电解质中溶解而进行，直至锌酸盐到达饱和点。由于溶液过饱和的程度与时间有关，因此锌酸盐并没有明确的溶解度。电池部分放电后，锌酸盐的溶解度超过溶解平衡，随后发生氧化锌的沉淀，如下式所示：

$$Zn(OH)_4^{2-} \longrightarrow ZnO + H_2O + 2(OH)^-$$

电池总反应变为：

$$Zn + 1/2O_2 \Longleftrightarrow ZnO$$

锌酸盐的这种瞬间溶解性是难以成功制备可充电锌/空气电池的主要原因之一。由于反应产物沉淀位置不可控，甚至于在后继充电时，电池的不同电极区域上沉积的锌的数量不同。

33.3.2　便携式锌/空气原电池

第 13 章对扣式锌/空气原电池进行过描述。这种结构对小尺寸包装锌/空气电池体系是一种有效方式，但尺寸放大可能会导致性能和泄漏问题，而方形设计可以克服这些问题。图 33.2 是方形锌/空气电池的基本示意。典型的方形电池采用金属或者塑料托盘来盛装金属负极/电解质混合物，隔膜和正极则粘接于托盘的边缘。锌/空气电池的负极/电解质混合物与锌/碱原电池中使用的负极混合物类似，都在凝胶化的氢氧化钾电解质中含有锌粉。电池的正极是一个薄层的气体扩散电极，包含活性层和防水层两层。与电解质相接触的正极活性层采用高比表面积碳和金属氧化物催化剂，并用 Teflon 粘接在一起。高比表面碳是氧还原所需，金属氧化物（MnO_2）为过氧化氢分解所需。防水层与空气相接触，由 Teflon 粘接的碳组成。高浓度 Teflon 阻止电解质从电池中渗出。方形锌/空气电池已经实现中等放电倍率和高容量设计。电池厚度决定了负极的容量，而端面面积决定最大放电倍率[13,14]。

锌/空气电池除方形之外，还有圆柱形（图 33.3）[15~17]。

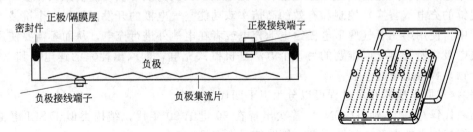

图 33.2 方形锌/空气原电池设计图

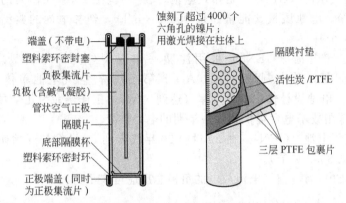

图 33.3 圆柱形锌/空气原电池设计图

对场合许多便携式电子设备应用场合，锌/空气原电池比能量高、成本低而且安全，是不错的选择。由于锌/空气电池能实现高比能量和体积比能量，受环境（干涸、淹没和碳酸化）的影响小，因此在需要使用电源 1～14 天的场合，它特别具有优势。25℃下锌/空气电池的典型放电曲线如图 33.4 所示，在整个放电过程的大部分时段，电池的电压较为平坦。当电池容量很小时，每个电池也都超过 0.9V。图 33.5 和图 33.6 是方形锌/空气电池的质量比能量与失水速率之间的关系曲线。图 33.5 是 5A·h 锌/空气电池在随身听和蜂窝电话的典型工作电流范围内的质量比能量。图 33.6 是 30A·h 锌/空气电池在便携立体声系统和便携摄像机的典型工作电流范围内的质量比能量。表 33.4 总结了有代表性的方形锌/空气电池的放电特性。

表 33.4 方形锌/空气电池的规格

变量	蜂窝电话电池	野外充电电池
外形尺寸（长×宽）/cm	4.6×2.7	7.6×7.6
高度/cm	0.43	0.6
质量/g	15	87
容量/A·h	3.6	30
质量比能量/(W·h/kg)	300	500
体积比能量/(W·h/L)	800	1250

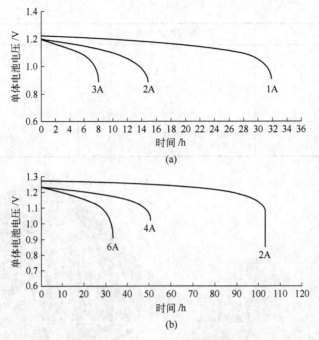

图 33.4　25℃下方形锌/空气原电池

放电曲线，其中（a）为高倍率单体电池；（b）为大容量单体电池[10]

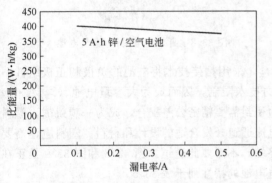

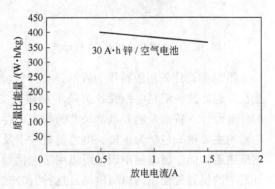

图 33.5　5A·h 锌/空气电池放电速率
与质量比能量关系

图 33.6　30A·h 锌/空气电池放电电流
与质量比能量关系

　　便携式方形锌/空气电池（GEN3）有三种结构设计。第一种是金属盒式方电池。这种设计基本上是采用了扣式电池的技术。电池的正极组件安装于镀镍的钢罐内，负极组件安装在用铜衬里的镀镍不锈钢罐内，正极组件的卷边焊接在负极组件上。一个模压成型的塑料绝缘密封件将负极和正极隔离开。对小尺寸电池（5A·h 或者更小）而言，这种设计具有良好的性能。图 33.7 是为蜂窝电话设计的便携式锌/空气电池，其特性列于表 33.5。

表 33.5　方形锌/空气电池的特性

变量	蜂窝电话电池	野外充电电池
电池数量	4	24
电压（额定）/V	4.8	28
容量/A·h	3.6	30

变量	蜂窝电话电池	野外充电电池
尺寸/cm		
长	10.4	31
宽	4.5	18.5
高	1.5	6
质量/g	78	2400
体积/cm³	70	3500
体积比能量/(W·h/L)	250	200

图 33.7 蜂窝电话用锌/空气电池   图 33.8 野外充电用锌/空气电池

　　第二种设计采用塑料作为方形锌/空气电池盒，采用粘接技术将电池的负极和正极组件粘接在一起。这种塑料电池设计突破了金属电池的技术限制，因而成为大容量电池（>5A·h）的首选设计。特别是随着电池尺寸的增大，卷边密封需要精密公差配合，成为一项挑战。塑料电池的主要挑战包括为正极、电池密封件以及电流通道开发合适的设计和材料。塑料电池需要电流通道，而金属电池中罐体可以用于电接触终端，不需要此通道。图 33.8 和图 33.9 是正在开发中的供远程使用的原型电池。这种野外充电电池的特性列于表 33.5。

图 33.9 供野外充电使用的锌/空气电池（BA-8180）

图 33.10　第四代锌/空气电池

第三种设计的方形锌/空气电池包括第四代（GEN4）。该电池的开发始于 20 世纪 90 年代末和 21 世纪初期。该设计直接使用空气电极封装，把锌电极装入空气电极值之间、边缘进行一体化密封。图 33.10 显示这种第四代锌/空气电池。这种无壳设计的第四代锌/空气电池可提高功率密度和比功率，这种提高也带来电池副反应的增加。

方形电池也被设计成含多个单电池的电池堆，供各种各样的便携式电子设备使用。电池堆需要诸如定位板的装置让空气到达正极以及需要一个风扇强制空气流动。如果定位板太薄，电池将逐渐缺乏氧气，但如果定位板太厚，电池的质量和体积将无谓地增加。图 33.11 展示一个典型的锌/空气电池堆。处理氧气扩散的另一种方法是将风扇和空气流道设计在电池内，给正极带来正的空气压力（如图 33.12）。

圆柱形锌/空气电池（图 33.3）最初设计成 AA 型。这种电池可用于直接替代碱性锌/氧化镁电池。为了给电池留出空间来容纳负极/电解质混合物，锌/空气电池使用非常薄的正极。AA 型电池有较高的表面积，可以高

图 33.11　典型的锌/空气电池堆，由第四代锌/空气单体电池叠层而成

倍率放电。由一系列这些电池构成的电池组没有强制空气进行流动，但电池组内的温度梯度提供空气对流的动力。

图 33.13 是两组 12V 锌/空气电池组的典型放电曲线：12 节 30A·h 方形锌/空气电池组；48 节 AA 型锌/空气电池，每 12 节电池为一组并列组成 4 串。图 33.14 显示 4 个便携式电池设备使用的锌/空气单体电池的放电特性。

从图 30.14 可以看出锌/空气电池的进步，图中再现各个时期电池的质量比能量-质量比功率特征。第二代扣式锌/空气电池具有 400W·h/kg 以上的最高质量比能量；经过优化的第四代电池具有 100W/kg 以上的质量比功率。但与第三代电池相比，第四代电池的质量比能量有所下降。第三代电池在低质量比功率（<10W/kg）时，质量比能量接近扣式电池，

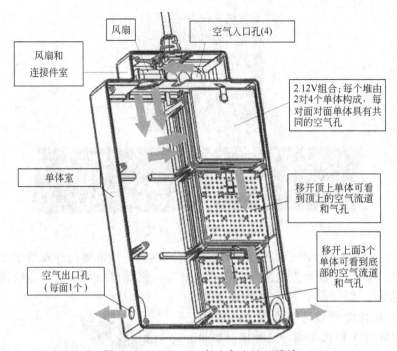

图 33.12 BA-8180 锌空气电池组设计

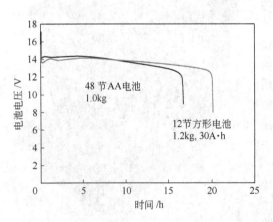

图 33.13 在 18W 固定功率下 12V 锌/空气电池组的连续放电曲线

但随着放电倍率的提高,质量比能量迅速下降。这是因为阳极非常厚(5mm 以上,至少是第四代电池的 2 倍)。作为参考,采用 30A·h 的第三代电池 BA-8180 可供无线电话工作数天到一周,而且成本低。

33.3.3 工业锌/空气电池

大型锌/空气电池已经使用许多年,它被用来为铁路信号、地震遥感探测、海上导航浮标和远程通信等场合提供低倍率、长寿命的电源。它们有水激活(含干态氢氧化钾)或者预先激活两种形式[19]。预先激活形式的电池也可以使用凝胶电解质来减小可能发生的电解质渗漏。最近,锌电极中仍加入少量汞,来减少电池活化后的自放电。新型电池使用添加剂和合金来淘汰汞,以及减少产生的氢气和腐蚀。

(1) 预先激活和水激活电池 典型的预先激活工业锌/空气电池,即 Edison Carbonaire 电池,容量 1100A·h,有两单体电池和三单体电池两种结构,如图 33.15 所示。电池箱和盖子由有色透明的丙烯酸塑料模压而成。这种构造的特征如图 33.16 所示。从图中可以看出浸蜡碳正极块、固体锌负极和充满石灰的贮液器。电池通常有一个石灰床,用来吸收二氧化碳、从溶液除去可溶性锌化合物,并将它们沉淀为锌酸钙。电池采用透明的箱体,便于目视监测电解质的高度和荷电状态。电池的荷电状态可以通过观察锌板和石灰床的情况来监测。当石灰转化为锌酸盐后,石灰床变暗。

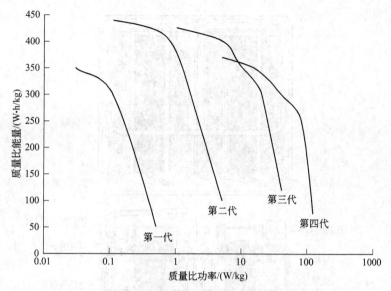

图 33.14　便携电子设备用第四代锌/空气单体电池的放电特性

水激活单体和电池组以密封态供应给使用者。碱性电解质（氢氧化钾）和石灰呈干态。电池通过去除密封，加水溶解氢氧化钾来激活，所需要维护的只是定期检查和加水。

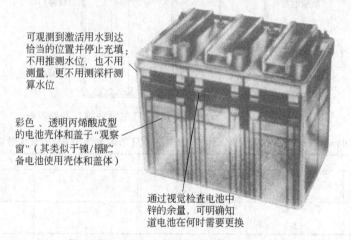

可观测到激活用水到达恰当的位置并停止充填；不用推测水位，也不用测量，更不用测深杆测算水位

彩色、透明丙烯酸成型的电池壳体和盖子"观察窗"（其类似于镍/镉贮备电池使用壳体和盖体）

通过视觉检查电池中锌的余量，可明确知道电池在何时需要更换

图 33.15　Edison Carbonaire 锌/空气电池

这些电池被制成 1100A·h 的尺寸大小，并可以将多个单体电池串联或者并联得到多单体电池的电池组。电池组在 25℃ 下的最大连续放电电流为 0.75A。一种有 3 只单体电池的预先激活 1100A·h 电池组的质量约 2kg，质量比能量约 180W·h/kg。电池组的物理和电特性列于表 33.6 和表 33.7。

表 33.6　**Edison Carbonaire 锌/空气电池**

类型	尺寸/cm			质量（充满）/kg	连接	额定电压/V	额定容量/A·h
	长	宽	高				
两单体电池：ST-22-1100	21.9	20.0	28.9	14	串联	2.5	1100
ST-22-2200					并联	1.25	2200
三单体电池：ST-33-1100	32.4	20.0	28.9	21	串联	3.75	1100
ST-33-3300					并联	1.25	3300

注：数据来源于 SAFT 美国公司。

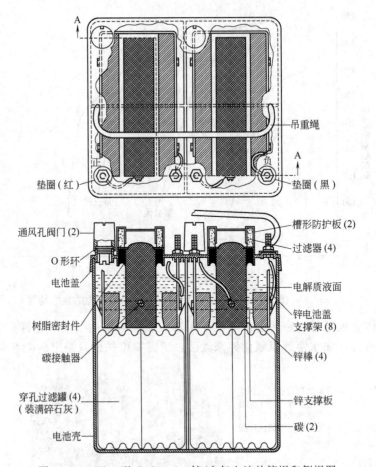

图 33.16　ST-2 型 Carbonaire 锌/空气电池的俯视和侧视图

表 33.7　Edison Carbonaire 锌/空气电池的放电至每只单体电池 1.0V 的最大放电电流（A）

温度	负载循环			
	10% (0.5s)	20% (2.0s)	50% (1s)	100% （连续）
20℃	3.5	2.8	2.3	1.25
−5℃	2.4	1.9	1.6	0.75

注：数据来源于 SAFT 美国公司。

图 33.17 的电压-时间曲线表示电池在不同倍率放电时的性能。电流在 0.15～1.25A 范围内，电池的容量相当一致。连续放电时，即使在更高的倍率下，电压随温度的变化也是必须考虑的。如果需要严格控制电压，可能需要将一系列电池组并联起来，以减小每个单体电池流出的电流，从而减小电压随温度的波动。

（2）凝胶电解质型电池　另一种方式是使用凝胶电解质，来排除电池操作过程中电解质发生泄漏的可能性。锌电极由混有胶凝剂和电解质的锌粉构成，反应产物是氧化锌而不是锌酸钙。电池在制造时就充满电解质。图 33.18 显示的是电池的截面。Gelaire 电池被制成由单体电池串联或并联而成的 1200A·h 大小的电池组。电池组的物理与电特性列于表 33.8。

图 33.19 显示 1200A·h 电池在几个不同载荷下的放电特性。由于使用多孔锌电极，直接生成反应产物氧化锌，这种类型电池的质量比能量高于水激活型。在低放电倍率下，前者是 285W·h/kg。

表 33.8　Gelaire 电池的物理和电特性

项　目	NT 1000X （单体电池）	2NT 1000X （二电池组）	3NT 1000X （大电池组）[①]
尺寸/mm			
长	108	216	324
宽	200	200	200
高	213	213	213
质量/kg	5.4	10.9	16.4
额定电压（每个电池）/V	1.3	1.3	1.3
额定容量（每个电池）/A·h	1200	1200	1200

① 此单元可以采用串联或者并联方式连接。

注：数据来源于 SAFT 美国公司。

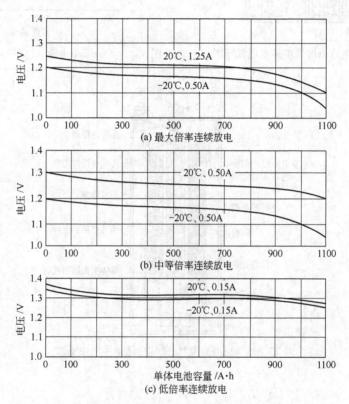

图 33.17　1100A·h 的 Carbonaire 锌/空气电池的典型放电特征

33.3.4　混合空气/二氧化锰原电池

锌/空气电池的另一条技术途径是使用含大量二氧化锰的混合正极。在低放电率操作过程中，电池像锌/空气电池体系一样运行：高放电率下，当氧耗尽后正极放电功能由氧化锰取代。这就意味着此电池在低放率放电时基本上具有锌/空气电池的容量，而且还具备二氧化锰电池的脉冲放电能力。在高电流脉冲后，二氧化锰经空气氧化获得部分再生，从而恢复脉冲电流能力。

图 33.20 是一种平板式电池的侧面图。图 33.21 比较 6V 四电池混合"灯笼"电池，具有与类似碱性锌/二氧化锰电池和锌/二氧化锰电池在中等倍率放电时的性能。此电池的质量比能量约 350W·h/kg。单体电池和多电池组的容量可以达到 40～4800A·h。

33.3.5　锌/空气充电电池

锌/空气充电电池使用双功能氧电极，使充电和放电过程都可以在电池内部进行。

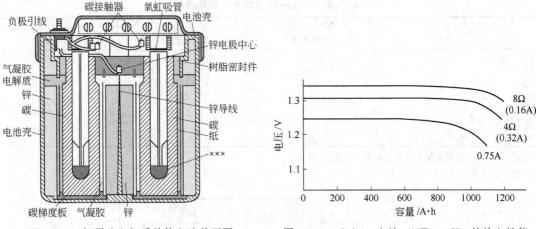

图 33.18　气凝胶电解质单体电池截面图　　　图 33.19　Gelaire 电池（NT1000X）的放电性能

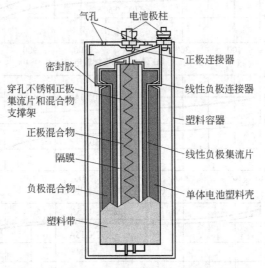

图 33.20　混合锌/空气-二氧化锰单体电池示意

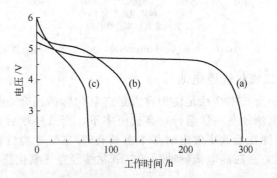

图 33.21　混合"灯笼"电池与碱性锌/二氧化锰电池和锌/二氧化锰电池性能对比

（a）碱性锌/空气电池；（b）碱性锌/二氧化锰电池；（c）重负载锌/二氧化锰电池

使用双功能氧电极的锌/空气充电电池的基本反应示意于图 33.22。锌/空气充电电池的进展集中在双功能空气电极上[21~23]。基于 La、Sr、Mn 和 Ni 钙钛矿的电极表现出良好的循环寿命。图 33.23 是研发计划第一阶段到第二阶段中，双功能空气正极所达到的循环寿命。

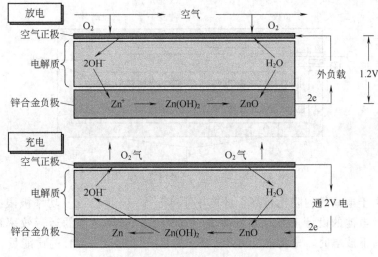

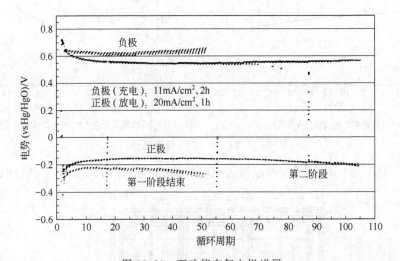

图 33.22　锌/空气充电电池的基本原理

图 33.23　双功能空气电极进展

（LSNC 钙钛矿加上 Shawinigan 炭黑，面积 25cm²，8mol/L KOH，室温）

（1）便携式充电电池　为计算机和其他电子通信设备使用而设计的、带有双功能氧电极的锌/空气充电电池如图 33.24 所示。电池采用方形或者薄的长方形设计。负极使用高孔隙率的锌，可以在循环过程中保持完整性和形态。空气电极是含有大量小孔和催化剂的抗腐蚀碳结构，它由低电阻集流体支撑，呈憎水性，可以透过氧气。平板锌负极和空气电极彼此相对，中间由一个低电阻、能吸收和保持氢氧化钾电解质的高孔隙率隔离层隔开。电池箱由聚丙烯注射-模塑成型，箱体开口供放电时流入氧气和排出充电时产生的氧气。

电池和电池组设计中关键因素是控制空气流入和流出电池的方式，而且电池必须与使用要求相匹配。空气量过多会引起电池干涸，空气太少（缺乏氧气）将导致性能下降。电池所需空气的化学计量是每安培电流 18.1cm³/min。使用空气管理器来控制空气流动，放电时打开空气进入正极的通路；不使用电池时将电池与空气隔离，减小自放电。由电池驱动的风扇也常被用来帮助空气流动。

图 33.25 是 20A·h 锌/空气电池的充放电曲线图。电池典型放电率在 C/20 率或者更低，至电压约 0.9V。放电电压是一条尾部急剧下降的平坦曲线。深度放电至电压为零可能

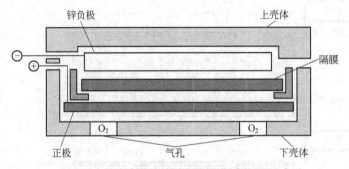

图 33.24　锌/空气充电电池的剖面图

对电池有害。由于电池的内阻比较高，放电率不高于 $C/10$ 率。这一功率极限决定电池的最小尺寸和质量。电池的设计工作时间不能少于 $8\sim10\mathrm{h}$，否则电池的运行效率不高。当电池在可接受的载荷下放电时，电池能达到 $150\mathrm{W\cdot h/kg}$ 和 $160\mathrm{W\cdot h/L}$ 的比能量。

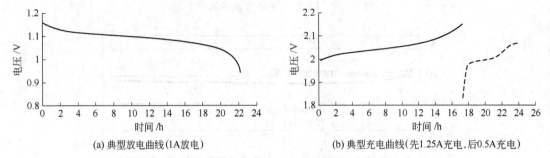

(a) 典型放电曲线(1A放电)　　　　　　　(b) 典型充电曲线(先1.25A充电,后0.5A充电)

图 33.25　锌/空气充电电池

图 33.25 (b) 是电池采用两步恒流法充电的曲线，从开始到充满约 85% 时采用中等倍

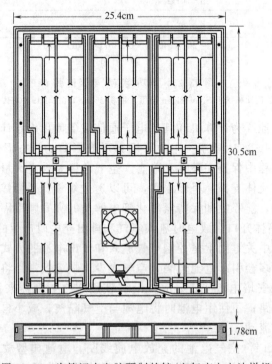

图 33.26　为笔记本电脑研制的锌/空气充电电池样机

率，而后采用低倍率至充电结束。充满一只完全放电的电池大约要花 24h。充电率和过充电都必须给予控制。过充电将导致负极产生氢气，损坏电池，以及由于空气正极发生腐蚀而缩短寿命。因为放电电压与充电电压之间存在较大的差额，电池的能量效率约为 50%。电池的总寿命与循环次数无关。这种电池已经演示运行过约 400h，但因为循环寿命不佳，已经中止进一步开发。

图 33.26 是供笔记本电脑使用的电池设计图。电池安装在笔记本电脑盒底部。电池组有 5 只单体电池，标定为 5V 和 20A·h。表 33.9 给出该电池组的物理和电特性[24]。

表 33.9　锌/空气充电电池的物理和电特性

开路电压/V	1.45
额定操作电压/V	1.2～0.9(采用 1V 设计)
中止电压/V	0.9
容量/A·h	20(1A)
容量保持	室温下密封保存时,每月容量损失少于 2%
最大电流/A	
连续	2
脉冲	3
质量比能量/(W·h/kg)	130
体积比能量/(W·h/L)	160
循环寿命/h	400
充电特性	750mA 下,每只单体电池 2.0V
过充电敏感度	过充电缩短电池寿命
充电中止	dV/dT 和最高电压
正极空气流量	1A 时每只单体电池 100cm³/min
质量/g	155
尺寸/cm	
长	13.5
宽	7.6
高	1.22
温度/℃	
使用温度	5～35
贮存温度	－20～55
相对湿度/%	
使用时	20～80
贮存时	5～95

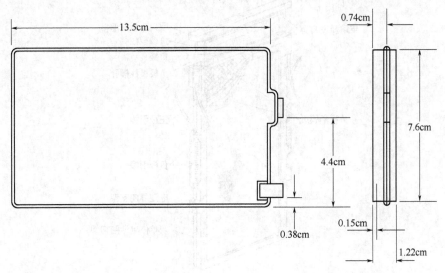

数据来源：AER 能源公司。

（2）电动车用充电体系　人们正在为电动车开发一种室温下工作的类似锌/空气充电电池。电池采用平板双极板结构。负极含有膏状锌粒，类似于碱性氧化镁电池中使用的电极。双功能空气电极由碳膜和含有适当催化剂的塑料组成。电解质是带有胶凝剂和纤维状吸收材料的氢氧化钾。有代表性的电池平均工作电压1.2V，容量100A·h。

电池以5～10h率放电，质量比能量达到180W·h/kg，寿命约1500h；其技术障碍是体积比功率不高和隔膜寿命较短。为了去除二氧化碳、对电池进行湿度和热管理，必须对空气进行控制。表33.10给出这种不再开发的电池的一些特性[25,26]。

表33.10　锌/空气牵引电池的特性

物理特征	
电池尺寸/cm	$33 \times 35 \times 0.75$
电池质量/kg	1.0（典型值）
电池电压/V	
开路电压	1.5
平均值	1.2
高负荷	1.0
充电电压	1.9
结构	
总目标	120W·h/kg（峰值120W/kg）
高能量	180W·h/kg（10W/kg时）
高功率	100W·h/kg（峰值200W/kg）

注：数据来源于Dreisbach Electromotive公司。

33.3.6　机械式充电锌/空气电池

机械式充电或者补充燃料的电池设计为丢弃和替换放过电的负极或者放电产物的方式。放过电的负极或者放电产物可以被充电或者在电池外面回收。这样可以不需要双功能空气电极，避免锌电极由于现场充放电循环引起的形变问题。

（1）机械补充燃料体系——替换负极　在20世纪60年代后期，为了给便携式军用电子设备提供电力，可机械替换的锌/空气电池的质量比能量高且补充燃料容易，因而受到重视。

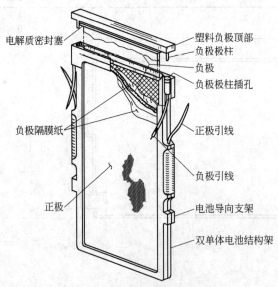

图33.27　双单体锌/空气电池

这种电池含有许多串联的双单体电池来提供所需要的电压。如图 33.27 所示，每只双单体电池有两个并联的空气电极并由塑料框架支撑。它们一起形成一个容纳锌负极的封套。负极是具有多孔结构的锌，它包裹于具有吸收能力的隔膜中，插在两个正极之间。电解质 KOH 以干态存在于锌负极中，只需要加水即可激活电池。"充电"是通过去除使用过的负极、洗涤电池和装上新的负极来实现。由于这些电池的活性寿命短、间歇操作性能差，加上开发出容量更大、野外使用更方便的新型高性能锂原电池[27,28]，因此它们从来都没有被使用过。

电动车已经考虑采用与便携式机械充电锌/空气电池相似的设计。电池在车队服务点或者公共服务站去除和更换使用过的负极盒，进行"自动地"燃料补充。放完电的燃料在服务地区配送网点的中心工厂内，采用改进的电解锌工艺，进行电化学再生[29]。

这种锌/空气电池组由电池堆模块构成，每个模块含有一串独立的双单体电池。每个双单体电池由夹在空气正极之间的负极盒和隔膜组成，负极盒内有锌基电解质浆料。浆料保存在固定床中，不需要循环。此外，电池组还含有供给空气和热管理的子系统，而且电池组也进行改进，便于快速更换电池盒。

一种质量为 650kg 而满容量为 264V、110kW·h 的电池组在一改装为电驱动的厢式货车中进行过技术评估。该电池的比能量为 230W·h/kg 和 230W·h/L，质量比功率100W/kg。

使用机械充电锌/空气电池驱动电动车的另一条途径是采用锌/空气电池和可充电电池如高功率铅酸电池混合结构[30]。这种方法用高比功率锌/空气电池作为能量来源，用高比功率充电电池来满足最高功率的需要，使每种电池的性能都得到优化。功率电池组也可以调整所希望的最高载荷和循环使命。在运行过程中载荷轻时，锌/空气电池组满足负载并通过调压器给充电电池充电。在最高载荷情况下，负载由这两种电池组共同分担。锌/空气电池完全放电后，除去并替换放电产物氧化锌，进行再生。氧化锌在指定的工厂内实现经济而有效的再生。图 33.28 对混合电池组和单个电池组的性能进行比较，该图显示这种混合设计的优点。在这个例子中，混合铅酸电池组是为获得高放电率性能而特殊设计的。

(2) 机械补充燃料体系——更换锌粉[31~33] 图 33.29 是一种使用锌粉填充床的 80cm²

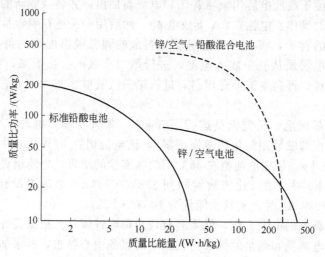

图 33.28 锌/空气-铅酸混合电池组
与锌/空气电池和标准铅酸电池的性能对比
(铅酸电池采用特殊的高倍率放电设计)

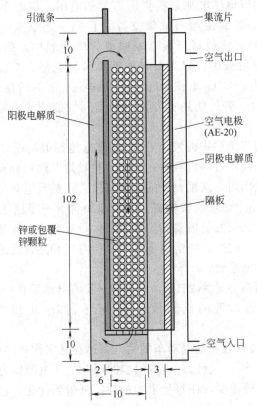

图 33.29　机械补充燃料的
实验室级 $80cm^2$ 锌/空气电池示意

实验室级电池，锌粉耗完后可以更换。电解质靠自然对流进行循环。电池工作时，电解质由上而下流过锌床，再由石墨或者铜集流板背面向上流动。图 33.30 是恒流放电时每块集流板上的电压特性曲线。

　　该电池的设计便于在放电后用泵将锌床和电解质抽出，并替换成新的锌和电解质，用来模拟它在电动车上的操作。电池在 2A 下放电 4h，然后用一头连在喷水抽气装置上，另一头通过电池顶部孔洞的管子，将大部分电解质和剩余的颗粒吸出电池的负极侧。无需经过洗涤，将新的锌粒和电解质从孔中放入电池，进行第二次放电。接下米，粗略地除去大约有 90% 的放电产物颗粒，再向电池补充燃料，进行第三次放电。图 33.31 的数据显示三次放电基本相同。

　　在这些实验的基础上，研究人员进行了 55kW（最大功率）电动车电池组的概念性设计。依据《联邦城市驾驶计划简化法案修正案》，该电池组在 97W/kg 质量比功率下的质量比能量为 110W·h/kg。根据电池组在 45℃下放电实验的结果，电池组设计为最佳容量；质量比功率为 100W/kg 时，质量比能量增加到 228W·h/kg。电池组设计为最佳输出功率。当质量比功率为 150W/kg 时，质量比能量为 100W·h/kg。

　　要获得实用、高效的电池系统，就需要有效地再生锌颗粒。根据设计，对实用的电池系统而言，使用过的电解质和剩余的锌粒将在当地的服务中心除去，再添加再生过的锌粉和电解质，使车辆快速补充燃料。正在开发的系统能在电池的电压降低至一个实用值时就终止电池组的放电，而不是等电压降到零。这种情况下，电池内没有沉淀物出现，电解质是澄清的。除去电池产物的工艺则是将锌再沉积到颗粒上的简单过程。

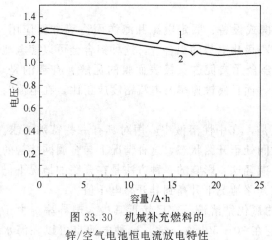

图 33.30　机械补充燃料的
锌/空气电池恒电流放电特性

（分别使用石墨引流条和铜引流条，其中曲线 1 使用
1.5mm 厚的铜引流条，曲线 2 使用 4.0mm 厚的石墨引流
条；负极电解质/正极电解质为 45％KOH；负极为 30 目
的锌粉，正极为 AE-20 空气电极；电流 2A；面积 78cm²）

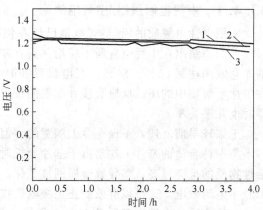

图 33.31　自动补充燃料的锌/空气电池
在连续充电时电压-时间曲线

（负极电解质/正极电解质为 45％KOH；负极为 20
目的锌粉；正极为 AE-20 空气电极；电流 2A；面积
76cm²；曲线 1：首次充电；曲线 2：把负极电解质/包覆
颗粒全部吸出，不留残渣，并重新注入新的；曲线 3：把
负极电解质/包覆颗粒吸出 90％，并重新注入新的）

33.4　铝/空气电池

　　铝作为电池负极具有较高的理论安时容量、电压以及比能量，因而一直受到人们的关注。由于铝和空气电极过电势的存在，以及放电反应中水的消耗，这些值在实际情况中均有下降，但其实际体积比能量仍高于大多数电池系统。铝负极在水溶液电解质中会析出氢气，所以电池被设计成在使用前加注电解质，或者在每次放电结束后重新更换铝负极进行"机械式"充电。可充电的铝/空气电池不能使用水溶液体系的电解质。

　　铝/空气电池放电反应方程式如下。

负极：$\qquad Al \longrightarrow Al^{3+} + 3e$

正极：$\qquad O_2 + 2H_2O + 4e \longrightarrow 4OH^-$

总反应：$\qquad 4Al + 3O_2 + 6H_2O \longrightarrow 4Al(OH)_3$

伴生的析氢反应方程式为：

$$Al + 3H_2O \longrightarrow Al(OH)_3 + 3/2H_2$$

　　铝可以在中性（盐）溶液以及苛性碱溶液中放电，但采用中性电解质更具有吸引力，这是因为其开路腐蚀速率较低。与高浓度苛性碱电解质相比，它所带来的危害较小。满足低功率应用的中性电解质电池系统正在开发中，例如，海洋浮标以及便携式电源，其"干"电池的质量比能量可高达 800W·h/kg。水下运输工具推动和其他场合应用的海水电池，使用海水中的溶解氧气而不是空气。其输出能量高，也引起人们的兴趣。

　　碱性体系与中性体系比较其优点在于：碱性电解质的电导率更高，反应产物氢氧化铝的溶解度较高。因此，在高功率应用方面碱性铝/空气电池是不错的选择，例如备用电池、水下无人交通器的推进动力以及电动车辆推进动力，其质量比能量可达 400W·h/kg。铝/空气电池（以及锌/空气电池）因其较高的体积比能量也可以作为低能量可充电电池的充电电源，应用于电网不能到达的偏远地区。

33.4.1　中性电解质铝/空气电池

采用中性电解质的铝/空气电池已经在便携式设备、固定电源和海洋用途等方面应用。目前人们研制出在中性电解质下应用并具有较小极化电势的铝合金，这种铝合金可以使电池的库仑效率达到50％～80％。当电流存在时合金元素促进负极表面膜的瓦解。有趣的是，在中性电解质中的腐蚀反应直接导致氢的析出，而且腐蚀速率与电流密度成正比，在电流为零时也几乎为零[34]。

正如较早前所述，正极是令人满意的。但是，在中性溶液中应用对其有一些特殊要求。镍不是一种合适的基片，这是由于基片会长时间处于开路状态，这种情况下与金属网接触的活性物质的电势过高，将导致金属网被氧化。减轻这一影响的一种方法是在开路的情况下仍以较小电流放电，这可以有效防止正极电位在开路情况下升高到其开路电压值。

一种合适的中性电解质是12％（质量）的氯化钠溶液，它已接近其最大电导率。由于电解质电导率的限制，电池的电流密度被限定在30～50mA/cm²。这种电池也可以在海水中使用，其电流密度明显受海水电导率制约。

由于反应产物氢氧化铝的影响，必须对电解质进行管理。在电解质中，氢氧化铝具有较高的暂态溶解度，并且在开始出现沉淀时易形成凝胶状。在没有搅拌体系中，当总放电容量超过0.1A·h/cm³时，电解质将变得较难流动，此时电解质与反应产物可以倾倒出电池并重新注入更多的电解质来继续放电，直到负极铝被完全消耗掉；如果不排空电解质而继续放电，电池也可以完好地放电到总容量约0.2A·h/cm³，此时电池内部将几乎变成固体状。

人们对减小电池电解质用量的方法进行了研究[35]。一种方法是以往复式搅拌电解质，这样可以减少凝胶产物的形成并使产物很好地分散在电解质中。采用20％KCl电解质往复循环时，电解质总容量可以达到0.42A·h/cm³。另一种方法是通过在每只电池底部通入脉冲空气流，也达到相近结果。后一种方法还具备的优点是，可以将电池内部产生的氢气吹出，使氢气浓度低于可燃极限。在电解质很容易排出的电池体系中，电解质的利用率达到了0.2A·h/cm³。

（1）便携式铝/空气电池　目前已经设计许多采用中性电解质的电池。一般而言，它们被制备成贮备电池并且通过注入电解质来激活。

如图33.32是设计用来给镍/镉或铅酸电池进行野外充电的一种盐水电池。图33.33是2A·h、24V密封式镍/镉电池充电器的充放电曲线，电池在4h内充电完毕。在铝被耗尽之前，铝/空气电池可以给镍/镉电池充电7次。若金属负极以及电解质盐充足时完全放电，干态电池质量比能量约为600W·h/kg。

（2）海洋能源供应　与其他电池相比，利用海水中溶解氧的铝/空气电池具有明显的优点，就是除负极材料以外的所有反应物全部来源于海水。这种电池的正极位于负极周围，并敞开于海洋中，因此其反应产物能够直接排入海洋[37]。由于海水中没有足够的氧，所以电极面积也相应较大。此外，由于海水的电导率较低，电池组的设计通常不

图33.32　600W·h、6V的铝/空气野外补充充电器

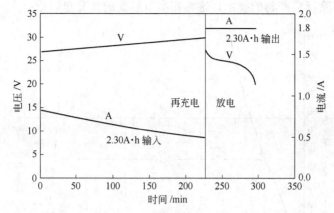

图 33.33 镉/镍电池野外充电器充放电曲线

采用串联方式,而采用 DC-DC 转换器获得较高的电压。

许多应用于海洋的设备和器件不得不长时间运行。对于那些需要几个月或几年时间长期放电的电池,铝是可选的负极材料。

图 33.34 是平板式铝/海水溶解氧电池[38]。这个电池大约 1.5m 高,其干态质量比能量为 500W·h/kg,最大体积比功率为 1W/m²。如图 33.34 所示,电池可以安装在浮标下方并使用 DC-DC 转换器给铅酸蓄电池充电。

33.4.2 碱性电解质中的铝/空气电池

具有高能量以及高比功率的铝/空气电池的运行原理在 20 世纪 70 年代初就已明确,但成功的商业化是在突破一些技术障碍之后。技术困难包括铝合金在碱性电解质中较高的开路腐蚀速率、难以制得薄层大面积空气电极以及处理和去除电池反应产物困难(沉淀的氢氧化铝)等。

减小铝合金在碱性电解质中腐蚀速率的研究已取得重大进展[39,40]。在开路情况下含有锰和锡的铝合金腐蚀电流较之前降低大约 2 个数量级,并且在较宽的电流密度范围内其库仑效率超过 98%。即使是在开路情况下,合金自放电速率仍比较低。在开发这一合金之前,电池在开路状态下产生大量氢气和热量,甚至于需要排空电解质来防止电解质沸腾。

图 33.34 平板式铝/溶解氧电池
(安装于伍兹霍尔海洋研究所
的海洋观测浮标下方)

使铝能够以片状或小球状连续地添加进电池的技术也已开发成功[41]。有一种方法是采用 1~5mm 的铝小球[42]。电极是口袋状的,其壁由拉伸的镀镉钢网构成。电池通过专门的系统进料,这种使用铝微颗粒的系统使电池维持在最佳的状态。图 33.35 是 50℃ 下,使用 8mol/L 含锡酸盐的 KOH 电解质时电池的性能。电池的电极面积为 360cm²,每隔 20min 自动添加铝负极,它能在 1.35V、56A 的电流下放电 110h。

为了从电解质中去除反应产物,有必要对电解质进行管理,因为随着反应产物浓度的增加,电解质电导率下降。如图 33.36 所示,如果不移除反应产物,电池的电压下降。研究者已经开发出多种移除反应产物的技术，这将在本节后面的部分里讨论。

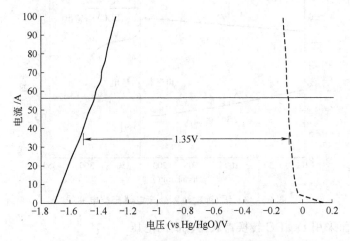

图 33.35 颗粒装填式铝/空气电池极化曲线

（---正极；——负极）

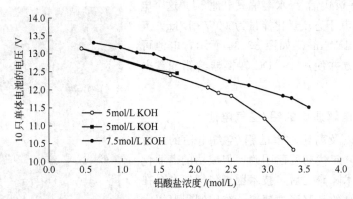

图 33.36 电压与铝酸盐浓度关系曲线

碱性铝/空气电池已经应用于许多方面，包括紧急备用动力供应、偏远地区的便携式电源和水下交通工具。大部分被设计成使用前进行激活的备用电源，或者通过更换已消耗尽的铝负极进行机械式充电的模式。

（1）备用电源装置，备用电池[43,44] 这种备用电池与传统的铅酸蓄电池联用，使备用电源具有长久的工作寿命。含有相同电量的铝/空气电池大约是铅酸蓄电池质量的 1/10，是其体积的 1/7，基本设计如图 33.37。

铝/空气电池包括上部的电池堆和下部的电解质池（不使用时电解质不进入电池堆内），以及泵送、电解质冷却和电池内空气循环的辅助系统。电解质是含有锡酸盐添加剂的 8mol/L KOH 溶液。在电池放电期间，电解质中铝酸钾逐渐饱和，接着达到过饱和，最后电解质电导率降低，导致电池无法使负载正常工作，基于总电解质体积的电池容量便到了终点。此时更换电解质，电池又可以继续放电直至铝负极耗尽。图 33.38 显示标称 1200W 的铝/空气电池在两种模式下放电的性能。在电解质容量模式下，电池总放电时间 36h，而在更换一次电解质且负极耗尽模式下，电池总放电时间是 48h，体积比能量和质量比能量分别超过 150W·h/L 和 250W·h/kg。

这个电池的控制系统在需要输出功率时先让铅酸蓄电池供电 1～3h，在铅酸蓄电池电压

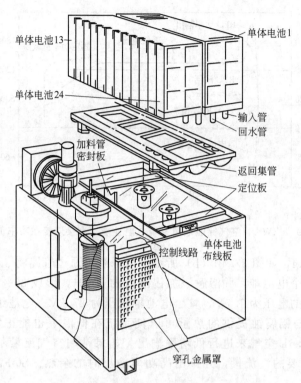

单体电池13
单体电池1
单体电池24
输入管
回水管
加料管
密封板
返回集管
定位板
控制线路
单体电池
布线板
穿孔金属罩

图 33.37　铝/空气储能电源系统（备用电池组）

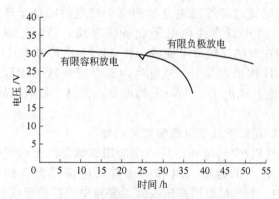

图 33.38　铝/空气储能电源系统分别以
有限容积放电和有限负极放电时的性能对比

下降后，再把电池内的电解质泵入干的电池堆内，将铝/空气电池激活。一旦铝/空气电池达到全功率输出（大约要 15min），在满足所有负载的功率要求的同时也对铅酸电池进行充电。如图 33.39 是此电池系统的电特性。铝/空气电池的再启动能力较弱，但可以通过更换干电池堆和电解质来恢复再启动能力。

（2）战场电源器件　这种电源被称为 SOFAL 电池[45]，也是一种专为支持特殊军事通信用途而开发的备用电源系统。SOFAL 电池激活后质量大约 7.3kg 重，可以提供 12V 和 24V 的直流电，峰值电流为 10A，持续放电电流为 4A，总容量为 120A·h。为了减小质量，电池以干态携带，可以以任何水源来激活。

SOFAL 电池组包括 16 只串联的单电池如图 33.40（a），单体电池与印刷电路板相连

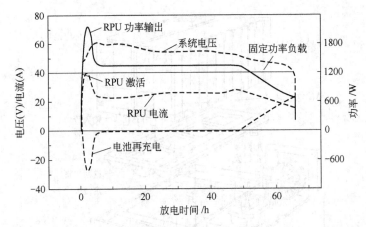

图 33.39　6kW 铝/空气储能电源系统放电性能（直接连接在功率负载上）

接。电池堆干重 3.5kg，如图 33.40（b）所示。电源系统通过管路将 2.5L 的水注入到各个单体电池从而激活整个电池堆，并溶解添加锡酸盐的 KOH，形成 30%（质量）的电解质。激活后每一个单电池的电压为 1.7V，整个电池堆电压为 27.2V。电池组的电化学过程如前文所述。KOH 溶解与铝腐蚀提供的热量可以使系统在低温下也能正常工作。按照设计，电池组每分钟需要 1.6L 空气来进行低功率输出。如果常用空气流量不足，系统会激活一个小风扇来提供所需要的气流量，并排出高功率输出时的余热。SOFAL 电池组激活后最高可以工作 2 周。

　　图 33.40（c）是一个内含电子元件的电子模块包（EMP），它为安装可充电电池和风扇提供空间。电子包有保证内部可充电电池的完全充电的能量管理电路，能提供 24V 与调整的 12V 输出电压，并可以直接向电子设备供电或者给其他电池充电。图 33.41 是 SOFAL 电池在 24V、2A 时的连续放电曲线。图 33.42 是其中 2 只单体电池的放电曲线：1 号电池用 8mol/L KOH 溶液激活，2 号电池内部存有片状 KOH，并用水来激活。2 只单体电池均以 0.5A 放电并放出了 135A·h 的电量，但是 1 号电池的电压稍高，尤其是在放电末端。

　　放电后，电池堆可以用新的战场电源装置来代替。

　　（3）水下推进　碱性铝/空气电池的另一个应用领域是用于水下交通工具如无人潜艇、扫雷装置、长程鱼雷、潜水员运输工具和潜艇辅助电源等方面的自支持、长时间的电源[46,47]。在这些应用中，氧气可以用高压或低温容器中贮存携带或者通过过氧化氢分解或氧烛来获得。因为铝/氧气电池的工作电压为 1.2～1.4V，几乎是燃料电池的 2 倍，因此每千克氧可提供的能量几乎是氢氧燃料电池的 2 倍。图 33.44 是一种为水下交通工具配备的铝/氧气电池，其特性列于表 33.11。

　　此电池采用"自主管理"电解质系统，即电解质的循环以及产物沉积发生在电池室内部，而不需要泵来推动。这样的好处是不需要电解质循环泵。每个单体电池都是独立的，因而不存在分路电流，而且单电池间不存在电解质通道。此外，电池可以设计成各种形状以适应系统需要。图 33.44 是系统设计图，单电池直径为 19in（48.25cm），每个单体电池大约 0.5in（1.25cm）厚，电池内部的热量和浓度梯度及其产生的对流使得反应产物沉积到电池底部。采用这种设计，电解质容量有可能达到 0.8A·h/cm³。图 33.45 给出图 33.44 所示的半个电池的放电曲线。电池以 50mA/cm² 的电流密度稳定提供 18W 的功率，图中还显示在大部分放电区间放电电压平台相当平缓，维持在 1.4～1.5V 之间。

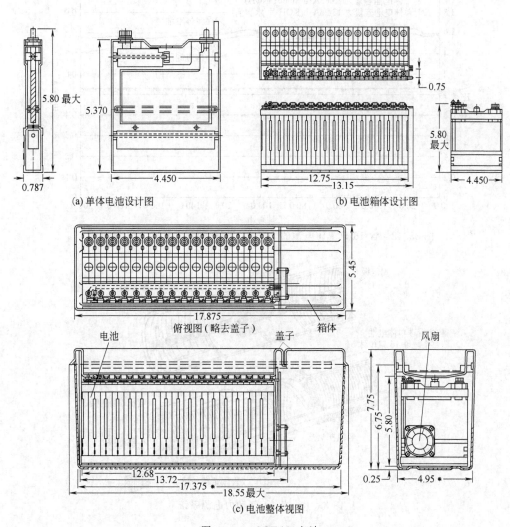

(a) 单体电池设计图　　　　　　　　　　　　(b) 电池箱体设计图

俯视图（略去盖子）

(c) 电池整体视图

图 33.40　SOFAL 电池

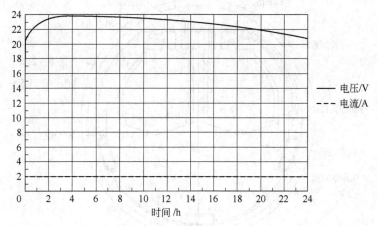

图 33.41　含 16 只单体电池的 SOFAL 电池组以 2.0A 恒电流放电

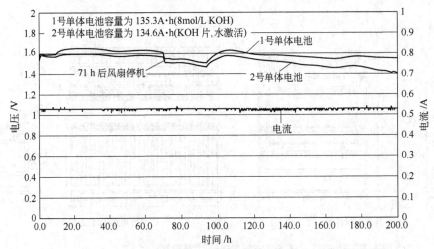

图 33.42 含 16 只单体电池的 SOFAL 测试电池以 0.5A 恒电流放电

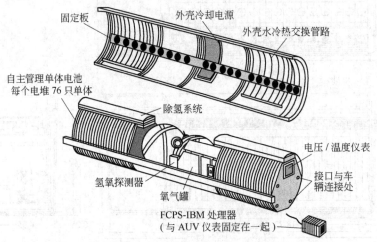

图 33.43 铝/氧气动力电源系统

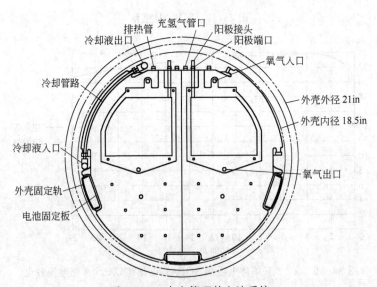

图 33.44 自主管理的电池系统

表 33.11　铝/氧气电池特性

性能	
功率/kW	2.5
容量/kW·h	100
电压/V	额定 120
放电时间/h	满负荷 40
燃料	25kg 铝
氧化剂	22kg 氧,4000L/in²
浮力	中等,含铝壳部分
补充燃料时间/h	3
尺寸大小	
质量/kg	360
电池直径/mm	470
外壳直径/mm	533
系统长度/mm	2235
性能	
体积比能量/(W·h/L)	265
质量比能量/(W·h/kg)	265

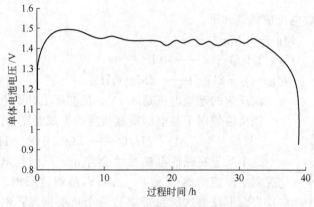

图 33.45　自主管理电池的放电曲线

　　为了使电池容量达到最大,铝负极和电解质的用量要相互匹配。这样电池在放电结束时,铝全部消耗,电解质内也充满反应产物。这时电池模块可以丢弃,也可以以机械式充电。另一种模式是采用高浓度的电解质,电池在反应产物出现沉淀之前就结束放电。这种模式下,电池内铝的量足够放电多次,每次放电之间只需要更换电解质。

　　水下能源系统还需要氢的排除系统来安全去除负极腐蚀产生的氢气。在对系统的体积和能量效率有严格要求时,用催化复合的方法来去除氢气特别具有吸引力[48]。图 33.43 所示电源便使用一套排除氢的系统,但是由于负极使用低腐蚀速率的铝合金,因而产生的氢气量也不太多。

　　另一种除去反应产物的方法是使用过滤器或者沉降器[48],如图 33.46 所示。铝酸盐的浓度由电解质抽出电池堆和通过过滤装置的速率来控制。过滤器促进氢氧化铝的生成和氢氧化钾的再生:

$$KAl(OH)_4 \longrightarrow KOH + Al(OH)_3$$

　　随着滤饼逐渐增厚,过滤装置两边的压差也在增大。当压差达到预先设定的值时,滤饼被反冲流冲出过滤器,并收集在沉淀箱的底部。

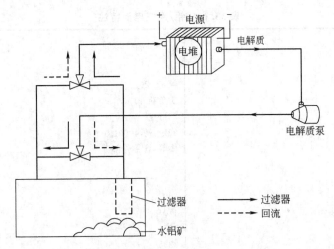

图 33.46 与铝/氧气电池集成在一起的过滤器/沉淀剂系统概念图

33.5 镁/空气电池

镁/空气电池的放电反应机理如下。

负极：　　　　　$Mg \longrightarrow Mg^{2+} + 2e$

正极：　　　　　$O_2 + 2H_2O + 4e \longrightarrow 4OH^-$

总反应：　　　　$2Mg + O_2 + 2H_2O \longrightarrow 2Mg(OH)_2$

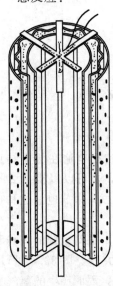

图 33.47 圆柱形
海水电池示意图
（柱体的外层由涂覆防污
剂的多孔玻璃纤维制成；
图中波纹状结构的是空
气正极，位于镁负
极的外面；整个结构对
海水电解质是开放的）

该反应的理论电压是 3.1V，但实际上开路电压只有 1.6V。

镁负极倾向于与电解质直接反应生成氢氧化镁和氢气：

$$Mg + 2H_2O \longrightarrow Mg(OH)_2 + H_2$$

这个反应在碱性电解质中会停止。原因是电极表面形成一层钝化膜阻止反应的继续发生。酸可以溶解这层膜。镁电极（亦见第9章）表面形成的这层膜带来另一个重要问题：电池对外部负载增大会滞后响应。这是由于功率的增加必须破坏这层钝化膜，使镁电极形成能参与反应的新鲜表面。"纯"镁负极的性能通常并不理想，现已开发出多种镁合金负极以满足所需要的特性。

镁/空气电池目前还没有成功地实现商业化。人们正努力将镁/空气电池应用于水下系统，该系统使用海水中的溶解氧作为反应物。这种电池采用镁合金负极、催化膜正极，并以海水来激活。这种系统的优点主要是除镁以外所有的反应物均由海水提供，所以其理论质量比能量可高达 700W·h/kg。

海水中氧的含量只有 $0.3mol/m^3$，也就是 28A·h/t，因此正极必须采用开放式结构来保证与海水充分接触。此外，由于海水的电导率较高，镁/空气电池只能采用单体电池结构，用 DC-DC 转换器来提高电池的输出电压。

图 33.47 是水下任务所需的电池的设计图，电池功率为 3~4W，放电时间为 1 年或更长，总质量为 32kg。在这个设计中，正极在一圆柱体表面，总面积为 $3m^2$；负极为 19kg 的圆柱体放置于正极内

部；正极质量大约为 1.8kg；其他质量为支撑结构以及其他必需的硬件质量。单体电池在干态即未激活状态时具有很长的贮存寿命，当其浸入海水时立即激活。图 33.48 是此电池的放电曲线，当负载增加时电压曲线呈现周期性向下的尖刺状[49]。

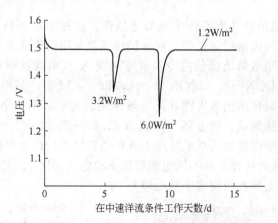

图 33.48　在 20℃、80μA 条件下海水电池放电曲线
（图中尖峰代表在给小型银/铁电池充电；
周期性加入盐酸以维持 pH 值中性）

33.6　锂/空气电池

33.6.1　背景

锂/空气电池是由锂阳极及环境空气中的氧电对构成的电池体系。锂/空气电池也归类于锂/氧电池，其相关体系还有后面章节中将要讨论的锂/水电池。锂/空气电池中的氧气是通过空气阴极进入到电池中，其来源是无限的。理论上讲，以氧气作为阴极反应物，电池容量受到锂负极限制。锂/氧气体系的理论质量比能量达 13.0kW·h/kg，是金属/空气电池中最高的；并且锂/空气电池放电电压平稳、环境友好、贮存寿命长。其缺点依赖于电池设计，包括环境依赖性、干涸、低放电倍率、安全性等。过去锂/空气电池使用碱性电解质水溶液[50]，由于腐蚀副反应而导致金属锂负极和电池故障。采用有机电解质和/或保护金属锂电极可避免锂腐蚀，这种非水锂/空气电池设计解决安全性问题。最近几年的技术进步均集中在非水体系锂/空气原电池和二次电池。

非水体系锂/空气电池的反应如下。

放电：$4Li \longrightarrow 4Li^+ + 4e$　　　（锂电极，阳极）

$O_2 + 4e \longrightarrow 2O^{2-}$　　　（气体电极，阴极）

$4Li + O_2 \longrightarrow 2Li_2O$　　　（电池）　　　　　$E^{\ominus} = 2.91V$

$2Li + O_2 \longrightarrow Li_2O_2$　　　（电池）　　　　　$E^{\ominus} = 3.10V$

这个体系是可以再充电的，充电后生成金属锂和氧气，反应如下：

充电：$4Li^+ + 4e \longrightarrow 4Li$　　　（锂电极，阴极，还原）

$2O^{2-} \longrightarrow O_2 + 4e$　　　（气体电极，阳极，氧化）

$2Li_2O \longrightarrow 4Li + O_2$　　　（电池）

$Li_2O_2 \longrightarrow 2Li + O_2$　　　（电池）

　　锂/空气电池质量比能量高，元件质量轻，可充电，有低成本潜力。但上述计算未考虑电池内部反应产物的质量。

33.6.2　阳极

　　锂/空气电池的典型阳极是集流体承载的金属锂。这种阳极制备简单，工作性能良好。更进一步的设计基本相同但采用保护层，而保护层经常采用陶瓷或玻璃锂离子导体。第一个关于金属锂的陶瓷或玻璃电解质保护层专利开辟了锂/空气电池发展新领域（如图 33.49）。其他后续工作包括 LiSiCON[51]、LiPON[52]、LATP[52]、LiGC 等固体电解质[53]。许多防护锂电极采用特殊的集成技术把金属锂和离子导体组装起来。第一个保护锂电极包含 LMP（固体离子导电层）、特殊集成、锂金属（参照图 33.49～图 33.51）[54]。这种保护金属锂电极在水溶液和非水溶液中都很稳定并成功用于各种类型电池。这种保护金属锂电极成功用于水溶液锂/空气电池，并成功在三种不同电流密度下放电（如图 33.52）。保护锂电极可以用于锂/空气电池、锂/水电池甚至锂离子电池体系。

图 33.49　保护金属锂电极纵切面示意
[金属锂/过渡层/固体电解质：
美国专利 7282295，7282296，7282302，
7390591 及 7491458（PolyPlus 电池公司提供）]

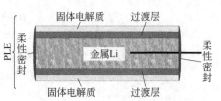

图 33.50　具有柔性密封的
保护金属锂电极纵切面示意
[专利保护（PolyPlus 电池公司提供）]

图 33.51　全功能保护金属锂电极
[锂电极在包括水溶液等质子、非质子
溶剂中是稳定的，采用 2.8V 阴极，质量比能量
为 2400W·h/kg（PolyPlus 电池公司提供）]

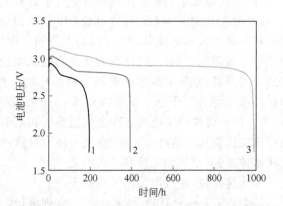

图 33.52　采用保护锂电极的锂/空气电池在
水溶液中以三种电流密度放电的电压时间曲线
[(1)1.0mA/cm²，(2)0.5mA/cm²，
(3)0.2mA/cm²；质量比能量约为 800W·h/kg
（Yardney Technical Products 提供）]

33.6.3　电解质和隔膜

　　锂/空气电池最近的主要研究集中在提高非水电解质性能，首先是有机电解质和聚合物电解质膜用锂盐的研究[55]。表 33.12 列举最普遍的锂盐和溶剂，与锂离子电池用锂盐及溶

剂相同（参见第 7 章和第 26 章）。另外，电解质的最新研究工作也包括水溶液体系[54,56,57]和离子液体[58,59]。

锂/空气电池所用隔膜主要为 Setela® 和 Celgard® 的聚烯烃隔膜，也采用玻璃纤维和固体离子导电膜。

表 33.12　锂/空气电池最常用的盐和溶剂

电解质盐	溶 剂
$LiPF_6$	碳酸丙烯酯(PC)
$LiBF_4$	二甲醚(DME)
$LiCF_3SO_3$	碳酸乙烯酯(EC)
$LiN(SO_2CF_3)_2$	碳酸二乙酯(DEC)
$LiClO_4$	碳酸二甲酯(DMC)

33.6.4　阴极

几乎在所有金属/空气电池中的空气阴极是限制因素（也包括熟知的氧电极）[55]。化学反应较慢主要是由于氧气从空气电极扩散到电池内部较慢引起。锂/空气电池性能也受限于空气阴极。

空气电极的典型制备方法是把碳、黏结剂、催化剂通过涂膜、浸渍或压制等方法承载在集流体上。在此基础上也可用衬底来提高表面积，或在阴极表面放上透气膜防止环境对电池产生影响。这样生产的空气阴极适用于实验室测试及实际应用。

商品化的空气电极是碳基双面电极[60~62]。它是在集流体两面包碳的三明治结构，外表面覆盖有 PTFE 膜。碳层中包含高比表面积的碳和金属催化剂。碳电极中引入催化剂提高氧还原的动力学活性并提高阴极比容量，其重要性可参照图 33.53。几种阴极由不同的催化剂组成如银、铂和钌。锰、钴和锰钴复合氧化物也能提供催化活性，见图 33.53。PTFE 膜可阻止环境中的水分进入电池，提高电池安全性和电性能。

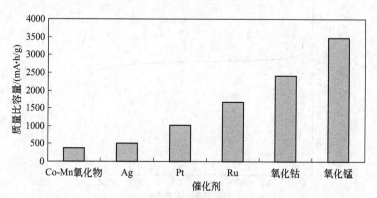

图 33.53　采用各种催化剂的锂/空气电池的质量比容量

[质量比容量根据空气电极中的碳质量计算，放电电流为 1.0mA（相当于 0.1 mA/cm²）]

33.6.5　电池设计及性能

Abraham 和 Jiang 最早报道采用一种聚合物电解质非水锂/空气电池[55]。它由金属锂箔负极、复合碳电极，以及夹在它们中间一层的锂离子导电聚合物膜构成。电池放电时，正极活性物质——氧在复合碳电极上被还原。图 33.54 是该电池的结构示意图，整个电池密封在金属-塑料盒内，正极表面留有供氧气进入的气孔，电池激活前需要用胶带封闭此通道。正极涂覆在 Ni 或者 Al 的集流网上，它通常含有 20%（质量）的乙炔黑（或石墨粉末）和 80%（质量）的经酞菁钴催化的聚合物电解质。电解质是由 12% 的聚丙烯腈（PAN）、40% 的碳酸乙二酯、40% 的碳酸丙二酯以及 8% 的 $LiPF_6$（质量）组成的厚度为 $75 \sim 100 \mu m$ 的膜。锂电极的厚度为 $50 \mu m$。采用处于常压氧气流中的乙炔黑为正极，电流密度为 $0.1 mA/cm^2$ 时，Li/PAN 基聚合物电解质/氧电池的间歇放电曲线如图 33.55 所示，电池的容量与碳的含量成正比。电池放电前开路电压为 2.85V。间歇放电期间开路电压保持稳定，说明电极表面保持两相平衡。拉曼光谱显示电极表面吸附的反应产物为 Li_2O_2，因此放电过程中存在如下反应：

$$2Li + O_2 \longrightarrow Li_2O_2 \quad E = 3.10V$$

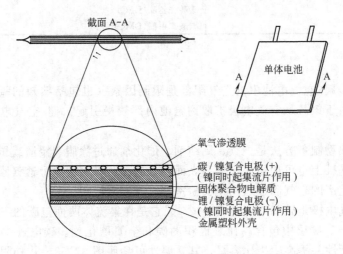

图 33.54 密封在固体聚合物电解质和金属塑料盒内的锂/氧电池

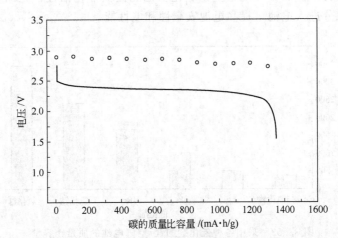

图 33.55 Li/PAN 基聚合物电解质/氧电池在室温、
大气环境中以 $0.1 mA/cm^2$ 电流密度周期性间隙放电时的电压与开路电压
（正极中含有 Chevron 乙炔黑；图中圆圈代表开路电压；实线代表加载电压）

　　同时也证实催化电极表面吸附的 Li_2O_2 能被继续氧化生成氧气。图 33.56 是第一次充放电后，第二次放电的曲线。尽管这个系统在技术上引起相当大兴趣，但其有活性寿命受氧气扩散通过 PAN 电解质（氧在此与锂发生反应）的限制。目前还没有进一步研究。
　　锂/空气电池的结构有多种形式，包括 Swagelok® 装配型[63]、软包装型[64]、硬币

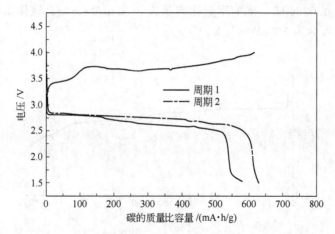

图 33.56　Li/PAN 基聚合物电解质/氧气电池在室温、大气环境中的循环特性

[正极中含有 20%（质量）的 Chevron 乙炔黑和 80%（质量）的聚合物电解质；

电池以 0.1mA/cm² 电流密度放电；以 0.05mA/cm² 电流密度充电]

型[65]和塑料壳型[61,64]。最普遍的结构是采用软包装结构，因为它设计灵活，易于制备，这种设计的锂/空气电池适合在各种环境下测试。单体由各部件层叠而成并密封在塑料壳内。锂电极、隔膜、电解质及碳空气电极密封在金属塑料复合包装壳内。图 33.57 显示软包装测试电池，阳极是压在带有镍极耳的镍集流体上的锂箔，面积略大于 10cm²；隔膜是 Setela® 制备的聚烯烃微孔膜；电解质是 1mol/L LiPF₆ 的 EC/DEC/DMC（1∶1∶1）溶液；空气阴极是承载在集流体上的碳、金属催化剂和黏结剂的复合物，黏结剂采用 PTFE。阴极的外表面有 PTFE 薄膜，既可以阻止水分进入到电池内，又可以提供氧气扩散通道。电池在室温、1atm、氧气氛下运行。如图 33.58 所示，该软包装锂/空气电池的容量为 91mA·h，放电曲线相对平滑，放电到 1.5V 的容量达 100mA·h，相应能量输出为 246mW·h。空气阴极集

图 33.57　软包装锂/空气电池照片

[窗口在空气电极的上部，允许氧气进到电池内；电池的各边长约为 3in

（Yardney Technical Products 提供）]

流体饱和负载量为 0.028g 碳，碳的质量比容量为 3137mA·h/g。该体系锂/空气电池的完整电池质量比能量目标为 3000W·h/kg[66]。

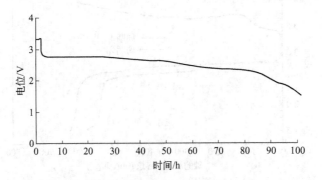

图 33.58 氧化锰催化阴极的软包装锂/空气电池的放电曲线

（放电电流为 0.1 mA/cm²，放电前在开路状态放置 2h）

为了测试非水锂/空气电池的组装和制造流程，制造大型锂/空气电池[64]。大型电池的原型由两个塑料板组成，如图 33.59 所示。外壳为每面 5in 的方形，并在各侧面均开有空气窗口，阳极的两面均有与之叠层的空气阴极，外壳为特殊设计。这种设计适用于很多种电池，包括锂/空气原电池和二次电池。

图 33.59 大型锂/空气电池单体设计

（该单体允许用于一次电池或二次电池，两面的空气阴极均有窗口）

许多研究小组报告锂/空气电池的可充电性[54,55,67,68]。各小组采用不同的空气阴极，采用不同的催化剂使电池再充电。各电池的化学组成几乎相同，但可充电性差别很大，这是由于各个电池空气电极性能、催化剂和电池设计不同引起的。所有小组的电池均进行循环。由于放电时间长，可能达到几天，所以大部分研究小组的锂/空气电池循环寿命只有几次。最近的这些研究结果表明可以建立高比容量和长循环寿命的锂/空气电池。

33.6.6 电池组设计

目前仅有一项公开报道锂/空气电池组[64]。这是一个采用大尺寸单体设计的 12V 电池组，单体集成电堆如图 33.60 所示。最重要的设计是空气管理，空气需要与各单体电池内的空气阴极相接触。而空气管理是通过在单体间设置高度差来实现的。电池组被设计成与单体具有相似的性能并具有高电压。

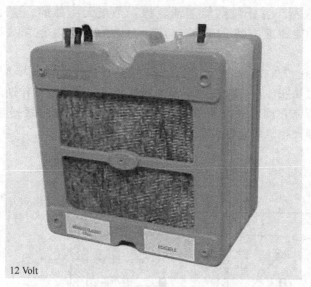

12 Volt

图 33.60 采用大单体设计的 12V 锂/空气电池组
(单体叠片成立方形，每边长约 5in，该电池组放电成功)

33.6.7 锂/水电池

利用锂与水的反应，锂的高体积比能量对水下用途的贮备电池是很有吸引力的[50]。一般来说，由于反应热较高，锂与水的反应是相当危险的，然而在碱性条件下当氢氧根离子的浓度超过 1.5mol/L 时，锂表面形成一层动态的保护膜。这层膜是半绝缘的，它允许正极直接与负极接触而不导致短路，从而可以减小电阻极化以及浓差极化损失并得到高的输出电流。

在水溶液中利用锂的主要困难是：在电流密度小于 $0.2\sim0.4kA/m^2$ 时，电池放电效率不高，而且电池内有电解质存在时不能处于开路状态。另外，在一定的条件下，金属锂还有可能发生钝化。这一特性可以用于临时中止充满电解质电池的电极反应，转入待命状态。

锂/水电池系统的原理非常简单，但实际在电解质管理子系统和电池内部都具有非常先进的设计和与燃料电池一样复杂的特性，它需要有容器、泵、热交换器和控制器，以及流动的电解质。电极并列安装，而且常被压紧在一起。锂上的保护膜防止电极短路，同时允许较高的透过通量。电池的放电速率与电解质浓度成反比。调整负极上产生的 LiOH 物质的量浓度可以单独控制电池的输出。电池电压主要受正极特性的影响。

锂/水电池放电反应方程式如下。

负极： $$Li \longrightarrow Li^+ + e$$

正极：$\qquad$ $H_2O+e \longrightarrow OH^- +1/2H_2$

总反应：$\qquad$ $Li+H_2O \longrightarrow LiOH+1/2H_2$

伴生的腐蚀反应：$\qquad$ $Li+H_2O \longrightarrow LiOH+1/2H_2$

沉淀的 LiOH 以一水合物的形式存在：

$$LiOH+H_2O \longrightarrow LiOH \cdot H_2O$$

总反应的热力学电势为 2.21V。以锂为基准，电池的理论质量比能量为 8530W·h/kg。锂是必须给电池提供的唯一反应物。因为锂有足够高的电压使水还原成氢，所以不需要用水中的溶解氧来使正极去极化。

伴生的腐蚀反应不产生任何电能却消耗锂，是毫无用处的。这一高放热的反应[约 53.3kcal/(g·mol)]能加速有害的腐蚀反应。高效的微型电池需要将腐蚀反应降低到最小。

锂/水电池的原理如图 33.61 所示[69]，氯丁橡胶膜盒确保电池内部与周围海洋的压力平衡，膜盒还可以通过膨胀或压缩来适应电池的体积变化。在电池工作期间，泵将水打入电池来满足电池对水的需求；同时在水泵的作用下，部分氢氧化锂被缓慢带入周围海水中。但是，电池反应在不断产生氢氧化锂，而且其损失率要小于生成率。

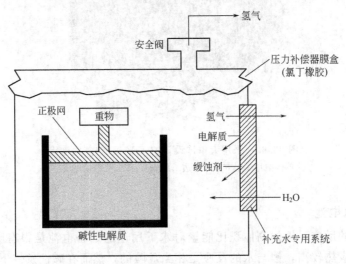

图 33.61　低倍率放电的锂/水电池概念图[69]

原型锂/水电池在 2 个月测试期间的放电特性如图 33.62 所示，放电电流为 2.0mA/cm²

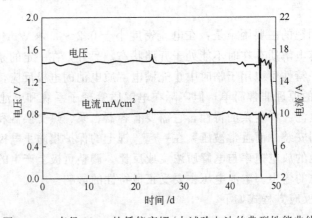

图 33.62　直径 28cm 的低倍率锂/水试验电池的典型性能曲线

（等效全尺寸电池以 2W 放电），电压为 1.4～1.43V。

典型的锂/水电池采用 30cm、直径 30cm 厚的固态圆柱体锂负极，质量约 11.5kg。这种电池的设计电压 1.4V、功率 2W、放电 1 年，其质量比能量为 1800～2400W·h/kg。

对于水下应用，海水可用于阴极物质[70]。电池是浸在无尽的阴极物质供给的环境下（水），节约质量和体积，可以显著提高系统的比能量和能量密度。

锂/水电池的最大挑战是高倍率放电和伴随腐蚀过程的放热。锂/水电池的水体系电池用高效锂金属阳极开发始于 1970 年。早期工作是探索浓碱水溶液，如 KOH 或 NaOH[71]。在合适的工作条件下，LiOH 沉积在阳极表面，形成一个多孔钝化膜。膜的厚度和孔隙率影响阳极的腐蚀速度和倍率特性。氢氧根浓度、锂离子生成速度（电流密度）、电解质温度及电解质流动速率等工作参数控制阳极膜的性质。锂的高库仑效率是通过如何维护工作条件、精细控制参数变化来实现的。

如果阳极膜太薄，则腐蚀速度快，易导致热失控；如果太厚，则放电电流难以维持甚至于放电停止。极端的放电条件下，膜特性和工作电流是该体系的问题所在。高倍率[72]和低倍率[73]运行的碱式锂/水电池正在被进行示范评估。

最近，开发出一种玻璃陶瓷（GCEs）用于锂金属电极保护层（见 33.6.1 节）。这种膜可以把锂电极与水物理隔离并能够离子导电。这种玻璃陶瓷膜的电导率（10^{-4} S/cm）限制电池的倍率性能；但该保护膜可以防止水的渗透，避免锂腐蚀。玻璃陶瓷电解质的电子电导率很低（$< 10^{-11}$ S/cm），可防止电池激活后自放电。开发的锂/水电池的锂电极被防透气密封在软包装袋中[54,74]。玻璃陶瓷提供一个与水溶液活性材料间的离子传导窗口。图 33.63 描述锂/海水电池的概念示意。粘接在玻璃陶瓷上的铝塑膜把金属锂密封于袋子中，使金属阳极与水隔离。在锂电极和玻璃陶瓷间用锂离子导电隔膜隔开以防止它们之间的反应[75]。放电过程中在阴极产生气体和氢氧根离子。从原理上看，该体系工作机制简单而高效。在考虑其关键的长工作时间和贮存寿命时，应注意锂电极的高库仑效率是与密封袋的低漏率密切相关。Li/GCE 电极相对于标准氢电极的开路电位是 3.04V，表明它不是一个混合电位，所以没有发生与水的反应。根据文献报告，该 Li/GCE 电极的库仑效率超过 96%。

在海水中，充分利用溶解氧和镁具有很多益处，但也富于挑战性。氧气的直接还原比水具有电压优势。

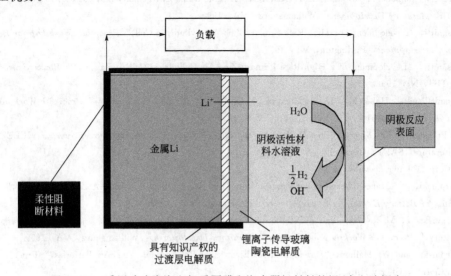

图 33.63　采用玻璃陶瓷电解质隔膜和海水阴极材料的锂/水电池概念

$$O_2 + H_2O \longrightarrow HO_2^- + OH^- \qquad\qquad E^\ominus = -0.08V$$

海水中溶解氧的浓度很低（为 6mL/L 海水）并与位置有关，因为海表面氧浓度高于深海。所以，溶解氧对锂/海水电池电压的贡献与电池设置位置、电流密度及海水传质相关。海水中高浓度的 Mg^{2+}（$1.3 \times 10^{-3}\,mol/L$）及低溶解度的 $Mg(OH)_2$（$K_{sp} = 2 \times 10^{-11}$）足以保证高电流密度下沉淀的形成。

参 考 文 献

1. D. A. J. Rand, "Battery Systems for Electric Vehicles: State of Art Review," *J. Power Sources* 4: 101 (1979).

2. K. F. Blurton and A. F. Sammells, "Metal/Air Batteries: Their Status and Potential—A Review," *J. Power Sources* 4: 263 (1979).

3. H. F. Bauman and G. B. Adams, "Lithium-Water-Air Battery for Automotive Propulsion," Lockheed Palo Alto Research Laboratory, Final Rep., COO/1262-1, Oct. 1977.

4. W. P. Moyer and E. L. Littauer, "Development of a Lithium-Water-Air Primary Battery," *Proc. IECEC*, Seattle, WA, Aug. 1980.

5. W. N. Carson and C. E. Kent, "The Magnesium-Air Cell," in D. H. Collins (ed.), *Power Sources*, 1966.

6. R. P. Hamlen, E. C. Jerabek, J. C. Ruzzo, and E. G. Siwek, "Anodes for Refuelable Magnesium-Air Batteries," *J. Electrochem. Soc.* 116: 1588 (1969).

7. J. F. Cooper, "Estimates of the Cost and Energy Consumption of Aluminum-Air Electric Vehicles," *ECS Fall Meeting*, Hollywood, FL, Oct. 1980; Lawrence Livermore, UCRL-84445, June 1980; update UCRL-94445 rev. 1, Aug. 1981.

8. R. P. Hamlen, G. M. Scamans, W. B. O'Callaghan, J. H. Stannard, and N. P. Fitzpatrick. "Progress in Metal-Air Battery Systems," *International Conference on New Materials for Automotive Applications*, Oct. 10-11, 1990.

9. A. S. Homa and E. J. Rudd, "The Development of Aluminum-Air Batteries for Electric Vehicles," *Proc. 24th IECEC*, vol. 3, 1989, pp. 1331-1334.

10. W. H. Hoge, "Air Cathodes and Materials Therefore," U. S. Patent 4, 885, 217, 1989.

11. W. H. Hoge, "Electrochemical Cathode and Materials Therefore," U. S. Patent 4, 906, 535, 1990.

12. W. H. Hoge, R. P. Hamlen, J. H. Stannard, N. P. Fitzpatrick, and W. B. O' Callaghan, "Progress in Metal-Air Systems," *Electrochem. Soc.*, Seattle, WA, Oct. 14-19, 1990.

13. T. Atwater, R. Putt, D. Bouland, and B. Bragg, "High-Energy Density Primary Zinc/Air Battery Characterization," *Proc. 36th Power Sources Conf.*, Cherry Hill, NJ, 1994.

14. R. Putt, N. Naimer, B. Koretz, and T. Atwater, "Advanced Zinc-Air Primary Batteries," *Proc. 6th Workshop for Battery Exploratory Development*, Williamsburg, VA, 1999.

15. J. Passanitti, "Development of a High Rate Primary Zinc-Air Cylindrical Cell," *Proc. 5th Workshop for Battery Exploratory Development*, Burlington, VT, 1997.

16. J. Passanitti, "Development of a High Rate Primary Zinc-Air Cylindrical Cell," *Proc. 38th Power Sources Conf.*, Cherry Hill, NJ, 1998.

17. J. Passanitti and T. Haberski, "Development of a High Rate Primary Zinc-Air Battery," *Proc. 6th Workshop for Battery Exploratory Development*, Williamsburg, VA, 1999.

18. R. A. Putt and G. W. Merry, "Zinc-Air Primary Batteries," *Proc. 35th Power Sources Symp.*, IEEE, 1992.

19. Sales literature, SAFT, Greenville, NC.

20. Celair Corp., Lawrenceville, GA.

21. A. Karpinski, "Advanced Development Program for a Lightweight Rechargeable AA Zinc-Air Battery," *Proc. 5th Workshop for Battery Exploratory Development*, Burlington, VT, 1997.

22. A. Karpinski, B. Makovetski, and W. Halliop, "Progress on the Development of a Lightweight Rechargeable Zinc-Air Battery," *Proc. 6th Workshop for Battery Exploratory Development*, Williamsburg, VA, 1999.

23. A. Karpinski, and W. Halliop, "Development of Electrically Rechargeable Zinc/Air Batteries," *Proc. 38th Power Sources Conf.*, Cherry Hill, NJ, 1998.

24. AER Energy Resources, Inc., Atlanta, GA.

25. L. G. Danczyk, R. L. Scheffler, and R. S. Hobbs, "A High Performance Zinc-Air Powered Electric Vehicle," *SAE Future Transportation Technology Conference and Exposition*, Portland, OR, Aug. 5-7, 1991, paper 911633.

26. M. C. Cheiky, L. G. Danczyk, and M. C. Wehrey, "Second Generation Zinc-Air Powered Electric Minivans," *SAE International Congress and Exposition*, Detroit, MI, Feb. 24-28, 1992, paper 920448.

27. S. M. Chodosh et al., "Metal-Air Primary Batteries, Replaceable Zinc Anode Radio Battery," *Proc. 21st Annual Power Sources Conf.*, Electrochemical Society, Pennington, NJ, 1967.

28. D. Linden and H. R. Knapp, "Metal-Air Primary Batteries, Metal-Air Standard Family," *Proc. 21st Annual Power Sources Conf.*, Electrochemical Society, Pennington, NJ, 1967.

29. Electric Fuel, Ltd. Jerusalem, Israel.

30. R. A. Putt, " Zinc-Air Batteries for Electric Vehicles," *Zinc/Air Battery Workshop*, Albuquerque, NM, Dec. 1993.

31. H. B. Sierra Alcazar, P. D. Nguyen, G. E. Mason, and A. A. Pinoli, "The Secondary Slurry-Zinc/Air Battery," LBL Rep. 27466, July 1989.

32. G. Savaskan, T. Huh, and J. W. Evans, "Further Studies of a Zinc-Air Cell Intended for Electric Vehicle Applications, Part Ⅰ: Discharge," *J. Appl. Electrochem.* (Aug. 1991).

33. T. Huh, G. Savaskan, and J. W. Evans, "Further Studies of a Zinc-Air Cell Intended for Electric Vehicle Applications, Part Ⅱ: Regeneration of Zinc Particles and Electrolyte by Fluidized Bed Electrodeposition," *J. Appl. Electrochem.* (Aug. 1991).

34. A. R. Despic, "The Use of Aluminum in Energy Conversion and Storage," *First European East-West Workshop on Energy Conversion and Storage*, Sintra, Portugal, Mar. 1990.

35. N. P. Fitzpatrick and D. S. Strong, "An Aluminum-Air Battery Hybrid System," *Elec. Vehicle Develop.* 8: 79-81 (July 1989).

36. T. Dougerty, A. Karpinski, J. Stannard, W. Halliop, V. Alminauskas, and J. Billingsley, "Aluminum-Air Battery for Communications Equipment," *Proc. 37th Power Sources Conf.*, Cherry Hill, NJ, 1996.

37. C. L. Opitz, "Salt Water Galvanic Cell With Steel Wool Cathode," U. S. Patent 3, 401, 063, 1968.

38. D. S. Hosom, R. A. Weller, A. A. Hinton, and B. M. L. Rao, "Seawater Battery for Long-Lived Upper Ocean Systems," *IEEE Ocean Proc.*, vol. 3, Oct. 1-3, 1991.

39. J. A. Hunter, G. M. Scamans, and J. Sykes, "Anode Development for High Energy Density Aluminium Batteries," *Power Sources*, vol. 13 (Bournemouth, England, Apr. 1991).

40. R. P. Hamlen, W. H. Hoge, J. A. Hunter, and W. B. O'Callaghan, "Applications of Aluminum-Air Batteries," *IEEE Aerospace Electron. Mag.* 6: 11-14 (Oct. 1991).

41. S. Zaromb, C. N. Cochran, and R. M. Mazgaj, "Aluminum-Consuming Fluidized Bed Anodes," *J. Electrochem. Soc.* 137: 1851-1856 (June 1990).

42. G. Bronoel, A. Millott, R. Rouget, and N. Tassin, "Aluminum Battery with Automatic Feeding of Aluminium," *Power Sources*, vol. 13 (Bournemouth, England, Apr. 1991); also French Patents 88. 15703, 1988; 90. 07031, 1990; 90. 14797, 1990.

43. W. B. O'Callaghan, N. Fitzpatrick, and K. Peters, "The Aluminum-Air Reserve Battery—A Power Supply for Prolonged Emergencies," *Proc. 11th Int. Telecommunications Energy Conf.*, Florence, Italy, Oct. 15-18, 1989.

44. J. A. O'Conner, "A New Dual Reserve Power System for Small Telephone Exchanges," *Proc. 11th Int. Telecommunications Energy Conf.*, Florence, Italy, Oct. 15-18, 1989.

45. A. P. Karpinski, J. Billingsley, J. H. Stannard, and W. Halliop, *Proc. 33rd IECEC*, 1998.

46. K. Collins et al., "An Aluminum-Oxygen Fuel Cell Power System for Underwater Vehicles," Applied Remote Technology, San Diego, 1992.

47. D. W. Gibbons and E. J. Rudd, "The Development of Aluminum/Air Batteries for Propulsion Applications," *Proc. 28th IECEC*, 1993.

48. D. W. Gibbons and K. J. Gregg, "Closed Cycle Aluminum/Oxygen Fuel Cell with Increased Mission Duration," *Proc. 35th Power Sources Symp.*, IEEE, 1992.

49. J. S. Lauer, J. F. Jackovitz, and E. S. Buzzelli, "Seawater Activated Power Source for Long-Term Missions," *Proc. 35th Power Sources Symp.*, IEEE, 1992.

50. E. L. Littauer and K. C. Tsai, "Anodic Behavior of Lithium in Aqueous Electrolytes, ii. Mechanical Passivation," *J.*

Electrochem. Soc. 123: 964 (1976); "Corrosion of Lithium in Aqueous Electrolytes," *ibid*. 124: 850 (1977); "Anodic Behavior of Lithium in Aqueous Electrolytes, iii. Influence of Flow Velocity, Contact Pressure and Concentration," *ibid*. 125: 845 (1978).

51. D. L. Foster, J. R. Read, M. Shichtman, S. Balagopal, J. Watkins, and J. Gordon, "High Energy Lithium-Air Batteries for Soldier Power," http: //oai. dtic. mil/oai/oai? verb = getRecord& metadataPrefix = html& identifier = ADA481576. Accessed Oct. 2009. Paper from unspecified conference.

52. N. Imanishi, S. Hasegawa, T. Zhang, A. Hirano, Y. Takeda, and O. Yamamoto, "Lithium Anode for Lithium-Air Secondary Batteries," *J. Power Sources* 185: 1392 (2008).

53. I. Kowalczk, J. Read, and M. Salomon, "Li-Air Batteries: A Classic Example of Limitations Owing to Solubilities," *Pure Appl. Chem.* 79 (5): 851 (2007).

54. S. J. Visco, E. Nimon, B. Katz, L. D. Jonghe, and M. -Y. Chu, "The Development of High Energy Density Lithium/Air and Lithium/Water Batteries with No Self-Discharge," 210*th Meeting of the Electrochemical Society*, Cancun, Mexico, 2006.

55. K. M. Abraham and Z. Jiang, *J. Electrochem.* Soc. 143: 1 (1996).

56. T. Zhang, N. Imanishi, S. Hasegawa, A. Hirano, J. Xie, Y. Takeda, O. Yamamoto, and N. Sammes, "Water-Stable Lithium Anode with the Three-Layer Construction for Aqueous Lithium-Air Secondary Batteries," *Electrochemical and Solid-State Letters* 12 (7): A132 (2009).

57. M. B. Marx and J. A. Read, "Performance of Carbon/Polyetraflouroethylene (PTFE) Air Cathodes from pH 0 to 14 for Li-Air Batteries," Army Research Laboratory Summary Report ARL-TR-4334 (2007).

58. H. Ye, J. Huang, J. J. Xu, A. Khalfan, and S. G. Greenbaum, "Li Ion Conducting Polymer Gel Electrolytes Based on Ionic Liquid/PVDF-HFP Blends," *J. Electrochem.* Soc. 154 (11): A1048 (2007).

59. T. Kuboki, T. Okuyama, T. Ohsaki, and N. Takami, "Lithium/Air Batteries Using Hydrophobic Room Temperature Ionic Liquid Electrolyte," *J. Power Sources* 146: 766 (2005).

60. A. Dobley, R. Rodriguez, and K. M. Abraham, "High Capacity Cathodes for Lithium-Air Batteries," *Electrochemical Society Conference*, Honolulu, HI, Oct. 2004.

61. A. Dobley, C. Morein, and R. Roark, "Lithium Air Cells with High Capacity Cathodes" *Electrochemical Society* 210*th Meeting Proceedings*, Cancun, Mexico, 2006.

62. A. Dobley, J. DiCarlo, and K. M. Abraham, "Non-aqueous Lithium-Air Batteries with an Advanced Cathode Structure," 41*st Power Sources Conference*, Philadelphia, June 2004.

63. S. D. Beattie, D. M. Manolescu, and S. L. Blair, "High-Capacity Lithium-Air Cathodes," *J. Electrochem. Soc.* 156 (1): A44 (2009).

64. A. Dobley, C. Morein, and R. Roark, "Design Options for Emerging Lithium-Air Technology," 212*th Electrochemical Society Conference*, Washington, DC, Oct. 2007.

65. J. Ostroha, "Lithium-Air System Development," 11*th Electrochemical Power Sources R&D Symposium*, Baltimore, MD, July 2009.

66. The value of 3000 W h/kg is the weight of the cell components and its packaging.

67. J. Read, "Characterization of the Lithium/Oxygen Organic Electrolyte Battery," *J. Electrochemical Society* 149 (9): A1190 (2002).

68. T. Ogasawara, A. Debart, M. Holzapfel, P. Novak, and P. G. Bruce, "Rechargeable $Li_2 O_2$ Electrode for Lithium Batteries" *J. Am. Chem. Soc.* 128 (4) 1390 (2006).

69. N. Shuster, "Lithium-Water Power Source for Low Power Long Duration Undersea Applications," *Proc.* 35*th Power Sources Symp.* , IEEE, 1992.

70. The majority of the information and text for the lithium/water section was provided by C. J. Patrissi, Naval Undersea Warfare Center, Newport, RI.

71. E. L. Littauer and K. C. Tsai, *J. Electrochem. Soc.* 845 (1978); E. L. Littauer and K. C. Tsai, *J. Electrochem. Soc.* , 964 (1976); E. L. Littauer and K. C. Tsai, *J. Electrochem. Soc.* , 771 (1976); P. Darby and M. Schmier, "Lithium-Aqueous Electrolyte Battery: Preliminary Studies," TM No. SB322-4326-72, Naval Underwater Systems Center, August 4, 1972.

72. Conceptual Design of a 164-kW Lithium Seawater Power System, U. S. Navy Contract No. N00017-73-C-4311, Lock-

heed Missiles & Space Company.

73. N. Shuster, *Proc. 34th International Power Sources Symposium*, p. 118, Cherry Hill, NJ, 1990.

74. C. J. Patrissi, C. R. Schumacher, S. P. Tucker, J. H. Fontaine, D. W. Atwater, T. M. Fratus, and C. M. Deschenes, "Electrochemical Performance of Pressure Tolerant Anodes for a Li-Seawater Battery," 215*th Meeting of the Electrochemical Society*, San Francisco, 2009.

75. S. J. Visco, B. D. Katz, Y. S. Nimon, and L. C. D. Jonghe, "Protected Active Metal Electrode and Battery Cell Structures with Non-aqueous Interlayer Architecture," U. S. Patent, 7, 282, 295 B2, Oct. 16, 2007.

第 34 章

水激活镁电池及锌/银贮备电池

R. David Lucero and Alexander P. Karpinski

34.1 水激活镁电池

34.1.1 概述

为了满足对高体积比能量、长贮存寿命电池的需要，水激活电池最初发展于 20 世纪 40 年代。这种电池具有良好的低温性能，多用于军事用途。

水激活电池在干燥状态下组装，干态贮存，使用时通过充入水或含水的电解质激活电池。大部分水激活电池采用镁作为负极材料。几种正极材料已成功应用于不同类型的设计和应用中。

镁/氯化银海水激活电池是由贝尔电话实验室研制的，用于电动鱼雷的电源[1]。这项研究导致小型高体积比能量电池的研究逐渐展开，这种电池适合用于声呐、电动鱼雷、探空气球、空-海救援设备、引爆装置、海上浮标和应急灯的电源。

镁/氯化亚铜体系从 1949 年逐渐实现商业化[2,3]。与镁/氯化银电池相比，这一体系的体积比能量低，倍率性能差，高湿条件下不耐贮存，但是其成本特别低。虽然镁/氯化亚铜体系与镁/氯化银电池的用途相同，但是它主要应用于探空气象设备中，在这项用途上，没有理由使用昂贵的氯化银体系。氯化亚铜体系不具备用于电动鱼雷电源所需要的物理和电子特性。近来，镁/氯化亚铜已被用于航空和海上救生衣照明电源（见 34.5.4 节）。

由于银的高成本和使用后的不易回收性，其他非银水激活电池成为研究对象，主要作为反潜武器（ASW）装备的电源。

那些已经研制并成功应用的体系有：镁/氯化铅[4]、镁/碘化亚铜-含硫添加物[5~7]、镁/硫氰酸亚铜-含硫添加物[8] 和利用一种含水的高氯酸镁电解质[9~11] 的镁/二氧化锰体系。除成本外，这些体系的所有性能几乎无法与镁/氯化银体系相比。

镁海水激活电池利用溶解在海水中的氧气作为正极反应物，其应用领域已经扩展到浮标、通信和水下推进。这些电池以及采用其他金属作为负极的水激活电池，相关内容详见第 33 章。

正处于研究阶段的另一种低倍率、长寿命的海水电池体系是用于水下推进器的，其组成包括镁负极、钯和铱催化的碳薄膜正极和一种由海水、酸和过氧化氢构成的溶液相电解质。镁/过氧化氢体系的电压为 2.12V，质量比能量超过 500W·h/kg，可以用于大型水下推进器动力电源[12]。

各种水激活镁电池的优点和缺点在表 34.1 中列出。关于非贮备式镁负极原电池及蓄电池在第 10 章给出相关介绍。

表 34.1　银和非银正极电池的比较

优点	缺点
氯化银正极	
可靠 安全 高比功率 高体积比能量 对脉冲负载响应迅速 瞬时激活 非激活贮存寿命长 免维护	原材料成本高 激活后高速自放电
非银正极	
资源丰富 原材料成本低 瞬时激活 可靠、安全 非激活贮存寿命长 免维护	需要导电栅极支持 在低电流密度下工作 与氯化银正极相比，体积比能量低 激活后高速自放电

34.1.2　化学原理

水激活镁电池的基本原理和反应如下。

（1）镁/氯化银

负极　　　　$Mg - 2e \longrightarrow Mg^{2+}$

正极　　　　$2AgCl + 2e \longrightarrow 2Ag + 2Cl^-$

总反应　　　$Mg + 2AgCl \longrightarrow MgCl_2 + 2Ag$

（2）镁/氯化亚铜

负极　　　　$Mg - 2e \longrightarrow Mg^{2+}$

正极　　　　$2CuCl + 2e \longrightarrow 2Cu + 2Cl^-$

总反应　　　$Mg + 2CuCl \longrightarrow MgCl_2 + 2Cu$

（3）镁/氯化铅

负极　　　　$Mg - 2e \longrightarrow Mg^{2+}$

正极　　　　$2PbCl_2 + 2e \longrightarrow Pb + 2Cl^-$

总反应　　　$Mg + 2PbCl_2 \longrightarrow MgCl_2 + Pb$

（4）镁/碘化亚铜，含硫添加物

负极　　　　$Mg - 2e \longrightarrow Mg^{2+}$

正极　　　　$Cu_2I_2 + 2e \longrightarrow 2Cu + 2I^-$

总反应　　　$Mg + Cu_2I_2 \longrightarrow MgI_2 + 2Cu$

(5) 镁/硫氰酸亚铜，含硫添加物

负极　　　　　　$Mg-2e \longrightarrow Mg^{2+}$

正极　　　　　　$2CuSCN+2e \longrightarrow 2Cu+2SCN^-$

总反应　　　　　$Mg+2CuSCN \longrightarrow Mg(SCN)_2+2Cu$

(6) 镁/二氧化锰

负极　　　　　　$Mg-2e \longrightarrow Mg^{2+}$

正极　　　　　　$2MnO_2+H_2O+2e \longrightarrow Mn_2O_3+2OH^-$

总反应　　　　　$Mg+2MnO_2+H_2O \longrightarrow Mn_2O_3+Mg(OH)_2$

在镁负极和含水电解质之间还发生一个副反应，导致生成氢氧化镁和氢气并产生热量。

$$Mg+2H_2O \longrightarrow Mg(OH)_2+H_2$$

在浸没型电池中，逐渐生成的氢气产生一种泵式效应，将不溶的氢氧化镁排除出电池。氢氧化镁留在电池内部会填充在电极之间，使电解质缺乏，阻碍离子迁移，并引起单体电池和电池组过早失效。

产生的热量提高浸没型电池的性能，它使得浸润型电池能够在低温条件下工作，使得控流型电池能够在大电流密度下工作。

与那些只含有去极化剂的正极相比，含有硫的正极显示对镁更高的电势。在放电过程中，当去极化剂减少时，硫可能与极活泼的铜反应生成硫化铜，这就解释放电终止时没有铜产生的事实。这一反应也可能阻止铜沉积在镁上，从而防止过早的电压下降。当电池放电通过某一点时，在这点上全部去极化剂消耗掉而只剩下镁，在这种情况下可以生成硫化氢。如果电池短路也可以生成硫化氢。

34.1.3　水激活电池类型

水激活电池分为以下几种基本类型。

(1) 浸没型电池　浸没型电池是通过将电池浸没在电解质中而激活。它们的外形尺寸不一，放电电流可以高达 50A，能够产生 1.0V 至几百伏的电压。放电时间可以从几秒钟到几天之间。一种典型的浸没型水激活电池如图 34.1。

(2) 控流型电池　控流型电池被设计用于电动鱼雷的电源。当鱼雷被发射进入水中时，海水通过循环泵进入电池，电池的名称由此而来。由于在放电过程中产生热量以及电解质循环，正极的电流密度可以达到 $500mA/cm^2$ 以上。电池组由 118～460 个单体电池组成，输出功率可以达到 25～460kW。放电时间大约为 10～15min。图 34.2 给出一个鱼雷电池的图解示例和带有再循环电压控制的鱼雷电池。

(3) 浸润型电池　浸润型电池的电极之间是有吸湿能力的隔层，通过灌注电解质来激活电池，电解质被隔层吸收。这种类型的电池当电流大约为 10A 以上时，产生从 1.5～130V 的电压。放电时间在大约 0.5～15h 之间变化。图 34.3 是用于无线电探空仪的镁/氯化亚铜电池的示意，这里采用堆式结构。镁板被一个多孔的隔板与氯化亚铜正极隔离开，隔板同时也用来保持电解质。正极是涂浆型，粉末状氯化亚铜和液态胶合剂的膏状物涂布于铜栅板或铜网上。这样的集合体捆扎在一起制成电池，这样的电池也可以采用螺旋式或卷绕式的设计（图 34.22 为该电池的图示）。

34.1.4　结构

水激活单体电池由负极、正极、隔膜、极柱和某一形状的外壳组成。电池组是由多个单

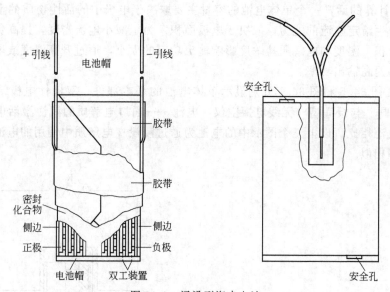

图 34.1　浸没型海水电池

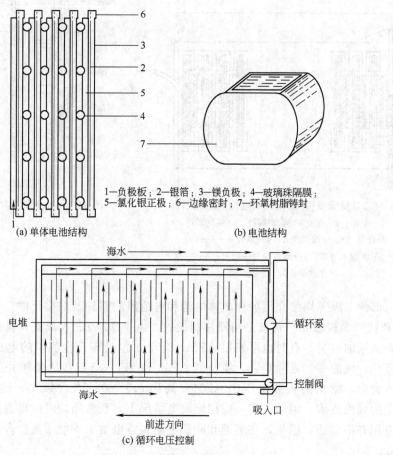

1—负极板；2—银箔；3—镁负极；4—玻璃珠隔膜；
5—氯化银正极；6—边缘密封；7—环氧树脂铸封

(a) 单体电池结构　　(b) 电池结构

(c) 循环电压控制

图 34.2　鱼雷电池结构图

体电池通过串联、并联组成。这样的装配需要将电池按需要的形状连接并控制漏电流。电池的电压主要取决于其内部的电化学体系。为了提高电压，必须将大量单体电池进行串联。如果以 A·h 来计算的话，一个单体电池的容量主要取决于电极中的活性物质的量。电池在有效电压下，产生给定电流的能力，取决于电极面积。为了减小电流密度，提高负载电压，必须增大电极面积。温度和电解质盐浓度影响输出功率的大小，通过升高温度或增加电解质的盐浓度，可以提高输出功率。

图 34.4、图 34.5 和图 34.1 分别显示单体电池的基本部件、双极性电极结构以及组装好的电池[12~16]。与浸润型（无线电探空仪）电池——通过电解质的灌注激活电池，或控流型电动鱼雷电池相比，以上三个图示中的电池为通过浸没在电解质中使用的电池。这些电池基本结构原理相似。

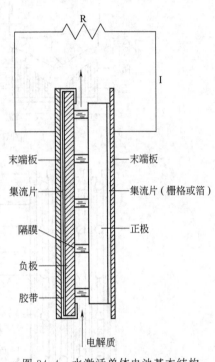

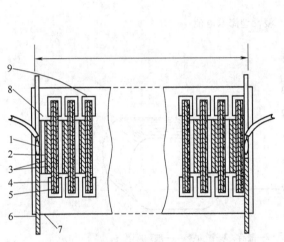

图 34.3　浸润型镁/氯化亚铜电池的图解示例
1—铜箔；2—氯化亚铜和棉网；3—棉制联结
纤维网（Kendall Mills）；4—纸隔板；5—镁；
6—酚醛胶木外壳；7—清漆涂层的纸板；8—空隙
（存电解质）；9—胶带

图 34.4　水激活单体电池基本结构

（1）部件　以下详细介绍各种单体电池和电池组的部件及结构元件。

① 负极（负极板）　负极是用镁片制成的。由于镁 AZ61A 成渣和极化倾向小，所以它作为优先选用的材料。有时也可使用 AZ31B 合金，但是该合金提供的电压略低，大电流密度下易极化，残渣多。近些年来，镁合金 AP65 和 MTA75 已投入使用并得到肯定。它们均为高电压合金，给出的负载电压比 AZ61A 高出 0.1~0.3V。MTA75 比 AP65 电压更高。这些合金的残渣更多。但是，在一些控流放电情况下，残渣问题可以得到控制。这些合金在美国的应用并不广泛，但是，在英国和欧洲电动鱼雷电池上均使用这些合金。这些合金的成分见表 34.2。

② 正极（正极板）　正极包括去极化剂和集流体。去极化剂是不导电的粉末。为了使去极化剂发生作用，应添加碳以增加电导率；添加黏结剂来增加黏结力。金属网作为集流体和正极的基体，方便内部单体电池的连接和电池的端接。正极的有效组成见表 34.3[1,3~5,8]。

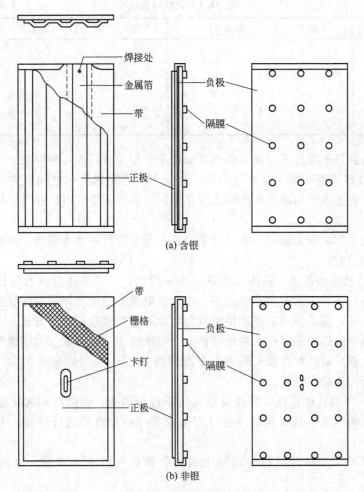

图 34.5　双极性电极结构

表 34.2　电池组合金的成分分布情况

元素	AZ31		AZ61		AP65		MELMEG75	
	最小值/%	最大值/%	最小值/%	最大值/%	最小值/%	最大值/%	最小值/%	最大值/%
Al	2.5	3.5	5.8	7.2	6.0	6.7	4.6	5.6
Zn	0.6	1.4	0.4	1.5	0.4	1.5	—	0.3
Pb	—	—	—	—	4.4	5.0	—	—
Tl	—	—	—	—	—	—	6.6	7.6
Mn	0.15	0.7	0.15	0.25	0.15	0.30	—	0.25
Si	—	0.1	—	0.05	—	0.3	—	0.3
Ca	—	0.04	—	0.3	—	0.3	0.3	—
Cu	—	0.05	0.05	0.05	0.05	—	—	—
Ni	—	0.005	—	0.005	—	0.005	—	0.005
Fe	—	0.006	—	0.006	—	0.010	—	0.006

　　氯化银是一个特例。氯化银可以被熔融，浇铸成锭，再碾压厚度大约为 0.08mm 以上的薄板。由于该材料是有延展性和易拉伸的，所以它能够在任何形状下使用。氯化银是不导电的，但是如果浸入还原性溶液中对表面进行处理，将其还原为银，那么它就可以导电。对于氯化银，没有必要使用集流网。

表 34.3 正极的组成 单位：%（质量）

项 目	氯化银[1]	碘化亚铜[5,6]	硫氰酸亚铜[8]	氯化铅[4]	氯化亚铜
去极剂	100	73	75～80	80.7～82.5	95～100
硫	—	20	10～12	—	—
添加剂	—	—	0～4	2.3～4.4	—
碳	—	7	7～10	9.6～9.8	—
黏结剂	—	—	0～2	1.5～1.6	0～5
蜡	—	—	—	3.8	—

非银正极通常是平板方形。氯化银通常采用扁平且带波纹的各种形状。

③ 隔膜 在浸没型和控流型电池组中，置于电极之间的不导电隔离物是隔膜，它的存在为电解质的自由进入和腐蚀产物的排出提供空间。隔膜的形式可以是盘、棒、玻璃小珠或机织织物[13,14]。

浸润型电池组则采用无纺布、有吸收能力、不导电的材料作为隔膜，从而达到分隔电极和吸收电解质的目的。

④ 内部单体电池的连接 在内部串联的电池组中，一个单体电池的负极是与相邻单体电池的正极连接在一起。为避免产生短路，在无银电池的电极之间采用绝缘胶带或绝缘薄膜绝缘。对于银电池，则采用单独使用银箔或与绝缘胶带粘接在一起的方式。

非银单体电池的连接是通过某些绝缘体，与电极钉在一起完成。对于银单体电池，氯化银（表面还原为银）被热封在预先焊于负极上的银箔上[15]。如果表面积大，银和银箔之间就可以只通过压力连接在一起。

⑤ 极柱 对于氯化银正极，导线直接与银箔进行焊接，银箔已和氯化银的一面热封在一起。非银正极的集流体直接与导线进行焊接或者与一片铜箔进行焊接，铜箔已和集流体钉牢。

负极的连接可采用将导线焊在银箔上或直接焊在负极上的方法，银箔已先被焊在负极上。

⑥ 外壳 电池的外壳必须有效地加固电池并在相对位置末端开孔，以便于电解质和腐蚀产物自由进出。

电池的外缘必须密封，使单体电池只能通过电池顶部和底部的开孔与外面的电解质接触。外壳可采用预压制板材、敛缝料、环氧树脂、绝缘片或热熔树脂制作[13～16]。对于单一电池则不需要这些预防方法。

（2）漏电流 所有的浸没型和控流型电池的单体电池都在共同的电解质中反应。由于电解质是导电的，而且在单体电池之间是连续的，所以导电通路存在于从电池内的每一点到其他任意一点。不同的点位点之间存在电流通过。这个电流被称为"漏电流"，是流过负载电流之外的额外电流。必须通过设计电极来补偿这些漏电流。

通过增加从单体电池到共同电解质之间的电阻，或增加相邻单体电池之间共同电解质的电阻，可以减少少量单体电池的漏电流。通过增加单体电池外部共同电解质的电阻，能够减少大量单体电池的漏电流。

从单体电池到单体电池之间的导电路径应尽可能长一些。在许多实例中，电池的负极或正极连接到一个外部的金属表面。漏电流从电池中流到这个表面。通过在电池开口处放置一个带沟槽的盖，可以控制这些漏电流。如果一个接线端连到外部导电表面，那么只在电池的那一侧，盖上的沟槽对电解质开放。如果两个接线端都不连到外部导电表面，那么任何一端的盖子都是开口的；然而只有电池的一侧才应开口。

盖子上沟槽的电阻（欧姆）可以通过下面的公式进行计算：

$$R = \rho \frac{l}{a}$$

式中　R——电阻，Ω；

　　　l——沟槽的长度，cm；

　　　a——沟槽的横截面积，cm^2；

　　　ρ——电池工作时的电解质电阻率，$\Omega \cdot cm$。

对于浸润型电池，当电解质被隔膜吸收后，电池之间电解质是不连续的。过量的电解质被倒掉或通过施加在电池上的外力去掉。

（3）电解质　海水激活电池是在无限多的电解质中工作，也就是说海水都可用于电解质。但是，出于设计、改进和质量控制方面的考虑，使用海水并不实际。因此，在整个工业界普遍使用模拟海水。一种由所需全部成分的混合物组成的商业产品，已被简化模拟海水测试溶液的生产。

当温度在冰点以上时，可以将水或海水作为电解质注入浸润型电池来激活，电解质被隔膜吸收。如果温度低于冰点，将采用其他特殊的电解质。采用导电的含水电解质将使电压上升得更快。但是，由于电解质中盐的存在，将增加自放电率。

34.1.5　工作特性

（1）一般特性　表 34.4 列出目前使用的主要水激活电池的工作特性。

表 34.4　水激活电池的工作特性

正极	氯化银	氯化铅	碘化亚铜	硫氰酸亚铜	氯化亚铜[①]
负极	镁				
电解质	饮用水、海水或其他的导电含水溶液				
开路电压/V	1.6～17	1.1～1.2	1.5～1.6	1.5～1.6	1.5～1.6
每个单体电池电压/(5mA/cm²)[②]	1.42～1.52	0.90～1.06	1.33～1.49	1.24～1.43	1.2～1.4
激活时间/s					
35℃[③]	<1	<1	<1	<1	
室温[④]	—	—	—	—	1～10
0℃[⑤]	45～90	45～90	45～90	45～90	
内阻/Ω[⑥]	0.1～2	1～4	1～4	1～4	2
可用容量(A·h/g)，正极理论[⑦]	0.187	0.193	0.141	0.220	0.271
可用容量，理论百分比	60～75	60～75	60～75	60～75	60～75
质量比能量/(W·h/kg)	100～150	50～80	50～80	50～80	50～80
体积比能量/(W·h/L)	180～300	50～120	50～120	50～120	50～80
工作温度/℃[⑧]			−60～65		20～200

① 除氯化亚铜外全部为浸没型，氯化亚铜是浸润型。

② 见电压与电流密度曲线。

③ 电池在 55℃预处理，然后浸没在 3.6%（质量）的模拟海水中。

④ 电解质在室温条件下灌入电池中，然后被隔层吸收。

⑤ 电池在−20℃预处理，然后浸没在 1.5%（质量）的模拟海水中。

⑥ 取决于电池的设计。

⑦ 100%活性材料。

⑧ 室温条件下激活后。

① 电压对电流密度　图 34.6 和图 34.7 分别是几种水激活电池体系在 35℃和 0℃时的电压对电流密度的曲线图，采用模拟海水作为电解质。

② 放电曲线　图 34.8～图 34.15 是镁/氯化银、镁/硫氰酸亚铜——含硫添加物、镁/碘

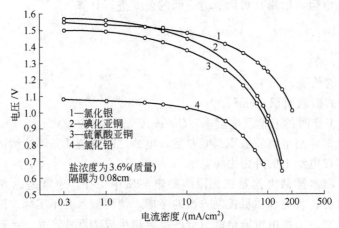

图 34.6 在 35℃时单体电池电压与电流密度的关系

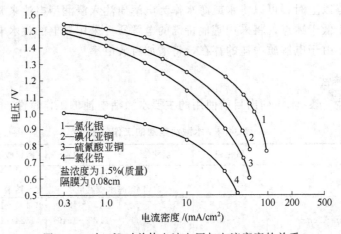

图 34.7 在 0℃时单体电池电压与电流密度的关系

化亚铜——含硫添加物与镁/氯化铅电化学体系的放电曲线。它们是在不同温度和盐浓度的模拟海水中，通过不同电阻连续放电。这些数据显示氯化银体系的优越性能。

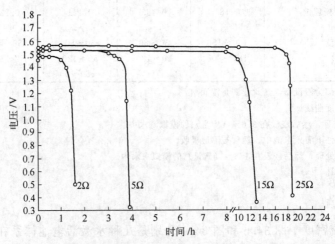

图 34.8 35℃时镁/氯化银海水激活电池在模拟海洋环境下连续放电曲线

[盐浓度：3.6％（质量）]

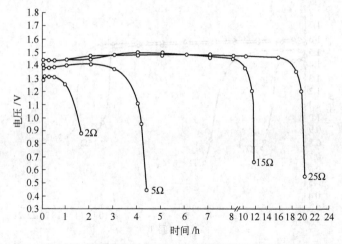

图 34.9　0℃时镁/氯化银海水激活电池在模拟海洋环境下连续放电曲线
[盐浓度：1.5%（质量）]

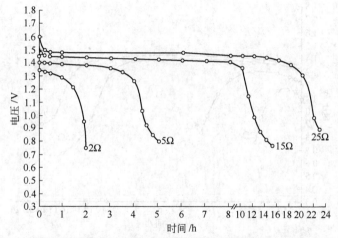

图 34.10　35℃时镁/硫氰酸亚铜海水激活电池在模拟海洋环境下连续放电曲线
[盐浓度：3.6%（质量）]

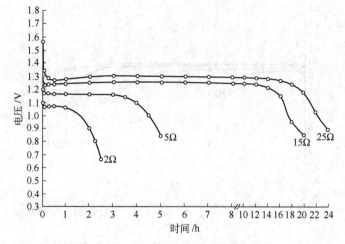

图 34.11　0℃时镁/硫氰酸亚铜海水激活电池在模拟海洋环境下连续放电曲线
[盐浓度：1.5%（质量）]

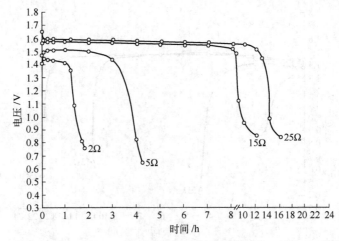

图 34.12 35℃时镁/碘化亚铜海水激活电池在模拟海洋环境下连续放电曲线
[盐浓度：3.6%（质量）]

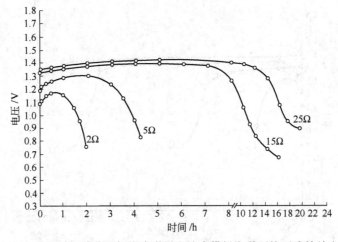

图 34.13 0℃时镁/碘化亚铜海水激活电池在模拟海洋环境下连续放电曲线
[盐浓度：1.5%（质量）]

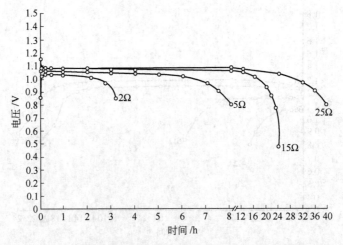

图 34.14 35℃时镁/氯化铅海水激活电池在模拟海洋环境下连续放电曲线
[盐浓度：3.6%（质量）]

③ 工作寿命　图 34.16 和图 34.17 是这些相同的电化学体系在不同温度和盐浓度中，质量比能量与平均输出功率的关系。

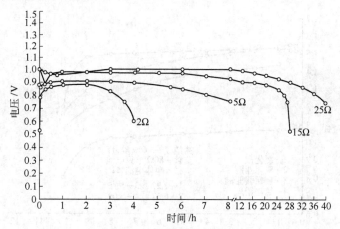

图 34.15　0℃时镁/氯化铅海水激活电池在模拟海洋环境下连续放电曲线
[盐浓度：1.5%（质量）]

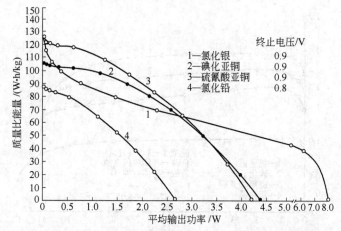

图 34.16　35℃时海水激活电池在模拟海洋环境下连续放电时容量与输出功率关系曲线
[盐浓度：3.6%（质量）]

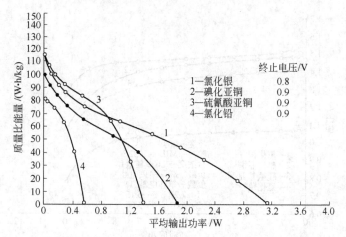

图 34.17　0℃时海水激活电池在模拟海洋环境下连续放电时容量与输出功率关系曲线
[盐浓度：1.5%（质量）]

（2）浸没型电池　这些相同体系的电池，设计成浸没型以满足表 34.5 所列的物理、电性能和环境要求，图 34.18～图 34.20 中给出了其主要性能。表 34.6 综合列出其工作特性。

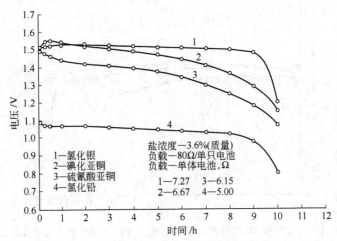

图 34.18　在 35℃时海水激活电池放电曲线

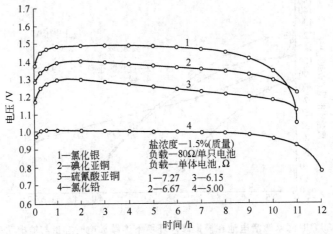

图 34.19　在 0℃时海水激活电池放电曲线

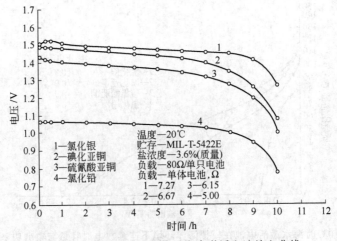

图 34.20　经过 10 天湿热后海水激活电池放电曲线

表 34.5　海水激活电池的工作特性

负载/Ω	80±2	
寿命/h	9	
电压/V	15.0V(90s～9h)	
	19.0(最大)	
激活①	60s 时达到 13.5V	
	90s 时达到 15.0V	
电池尺寸	银	非银
高度/cm	7.7(最大)	10.6(最大)
宽度/cm	5.7(最大)	7.6(最大)
厚度/cm	4.2(最大)	5.7(最大)
质量/g	255±14	482±85
环境		
贮存	从－60～＋70℃ 5 年②	
	温度－50～＋40℃,相对湿度 90％,90 天	
	10d/MIL-T-5422E	
振动频率/Hz	5～500	
低温	(0±1)℃的 1.5％盐浓度(质量)的海水	
高温	(34±1)℃的 3.6％盐浓度(质量)的海水	

① 电池浸入 (0±1)℃的 1.5％盐浓度（质量）的海水前，对电池进行－20℃的预处理。

② 在密封的塑料容器内放置，容器内添加适量的干燥剂。

表 34.6　海水激活电池的性能概要

项　目	氯化银	碘化亚铜	硫氰酸亚铜	氯化铅
电池数量	11	12	13	16
电池外形尺寸/cm				
高度	7.5	9.8	10.2	10.5
宽度	5.5	7.6	7.4	7.5
厚度	3.9	4.4	5.7	4.5
质量/g	252	516	478	458
激活时间/s				
低温				
达到 13.5V	<15	<15	<15	<15
达到 15.0V	60	60	60	15
高温				
达到 15.0V	<1	<1	<1	<1
寿命/h				
高温	9.67	9.4	9.3	9.5
低温	9.80	10.3	10.3	10.7
负载电阻(单只电池)/Ω①	7.27	6.67	6.15	5.0
终止电压(单只电池)/V①	1.364	1.25	1.154	0.9375
平均电流/A	0.206	0.220	0.236	0.219
单只电池平均电压/V①	1.497	1.463	1.378	1.048
体积比能量/(W·h/L)	204	110	90	100
质量比能量/(W·h/kg)	130	70	79	75

① 由于每个电池组体系包含不同数量的电池，因此电池负载电阻和电池电压对每一电池组是不同的。

（3）控流型电池　随着循环系统的完善，新电解质的流入量可以被控制并由此保持电解质的温度和电导率，电动鱼雷电池的性能将有显著提高。为了控制循环和流量，将一台循环泵（见图 34.2）和电压感应装置添加到电池系统中。通过这种方法，电池的温度和海水电解质的电导率提高。由于温度和电导率直接导致电池电压的升高，所以利用电压感应装置，通过控制电解质的流入，使控制电池的输出成为可能。

图 34.21[17] 显示的是有循环电压控制和无循环电压控制的某种型号鱼雷电池的性能。封闭区域代表：一只带有循环和流量控制的电动鱼雷电池在 3 条单独曲线的任何条件下放电所完成的极限。与电池开始和终止有关的全部电压都通过 3 条单独曲线显示出来。

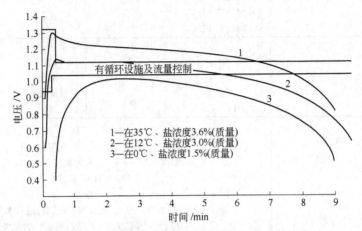

图 34.21　循环和流量控制对鱼雷电池放电的影响

（4）浸润型电池

① 镁/氯化亚铜电池　镁/氯化亚铜电池广泛应用于需要低温性能的领域，如无线电探空仪。当质量和体积要求不高的情况下，镁/氯化亚铜体系取代较为昂贵的镁/氯化银体系。图 34.22 是一只典型的镁/氯化亚铜电池，采用图 34.23 显示的堆式结构。

图 34.22　无线电探空仪用镁/氯化亚铜电池

（尺寸：10.2cm×11.7cm×1.9cm；质量：450g；
容量：A_1 部分—1.5V，0.3A·h；A_2 部分—6.0V，
0.4A·h；B 部分—115V，0.08A·h）

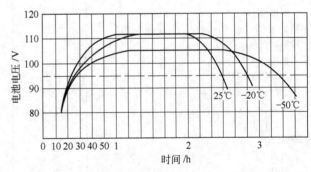

图 34.23　无线电探空仪用镁/氯化亚铜
电池放电曲线

（115V 部分，放电负载 3050Ω）

电池通过充入水激活，在 1～10min 内电池达到满电压。电池在室温条件下激活后，最适合于在温度−50～60℃之间，大约 1～3h 率放电。过热和干结将发生在大电流放电下，同时自放电将缩短激活后的寿命。为了达到最佳效果，这些电池应在激活后不久即被投入使用。当电池在低温下工作时，放电过程中产生的热量有助于电池工作。因此，降低温度对能量输出只产生很小的变化。图 34.23 显示这类电池在不同温度下的放电曲线。图 34.24 给出这种类型的电池在相似设计、不同放电负载下的一些典型放电曲线。

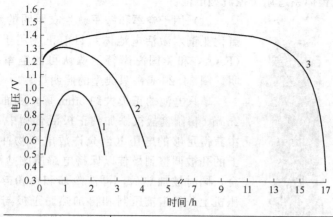

电池号	负载/Ω	尺寸/cm			
		体积	长度	高度	厚度
1	2.5	10.2	8.2	2.5	0.5
2	8.0	2.5	2.2	3.8	0.3
3	12.5	1.3	2.0	2.0	0.3

图 34.24　在 20℃时镁/氯化亚铜海水激活电池放电曲线
（电解质为自来水）

②　镁/二氧化锰电池　这类贮备电池是由一个镁负极和一个二氧化锰正极构成[10,18]。它是通过向电池组内的单体电池中注入含水的高氯酸镁电解质激活电池，电解质是被隔膜吸收的。在 0℃或以上的条件下，电解质可以在几秒钟内完全吸收。但是在 -40℃的条件下，电解质的黏度增大，需要 3min 或更长的时间。

温度范围在 -40～45℃以上，放电 10～20h 率，电池质量比能量能够达到 80～100W·h/kg。电池 20℃激活 7 天或 45℃贮存 4 天后，可得到电池最初容量的 75% 以上。图 34.25 显示含 5 只单体电池 10A·h 电池组的典型放电曲线，质量大约 1kg，体积 655cm³。

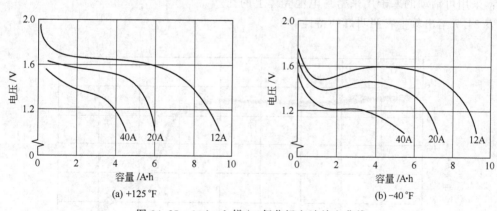

图 34.25　10A·h 镁/二氧化锰电池放电曲线

34.1.6　电池用途

水激活电池能够作为许多型号设备的独立候选电源，优先选择使用经济性好的电池体系。通过适当设计，各种体系的电池性能接近。而需要大电流密度的地方，成本则是次要的；镁/氯化银体系成为最佳选择。所有体系都可以设计成浸没型或浸润型电池。然而，在高温、高湿条件下，除镁/氯化亚铜体系外的所有体系都能够经受长时间贮存。以目前工艺水平，只有镁/氯化银体系适用于控流型电池。

图 34.26 救生衣照明灯，
采用镁/氯化亚铜水激活电池[20]

（1）用于空军和海军救生衣照明的水激活电池 镁/氯化亚铜水激活电池体系目前正应用于美国联邦航空局（FAA）和美国海岸警卫队认可的空军和海军救生衣照明。图 34.26 是一只典型的照明灯。

单只电池的正极大约 5mm 厚，底面积大约 7.25mm×2mm。精制食盐被添加到正极混合物中[19]，从而在淡水中获得足够的电压（当允许放电产物冲洗时，电池壳体上的孔被调整到最佳以保持电解质的盐浓度）。粉末被混合，同时被加热后，再被冷却和再粉碎。在一台自动液压机上，粉末被压制和再加热。正极与钛丝电流集流体一起被压制，生产前用钢丝刷清理电流集流体上的氧化物。

电池由两个负极构成，每个负极与正极有相同的底面积，它们被置于正极的两侧平行连接。负极是 AZ61 电化学镁板。

典型电池在盐水中以 220～240mA（C/12 率）放电（与一只小型白炽灯泡相比），电压从 1.77V 开始逐渐下降至 1.65V 左右。在这之后存在一个标志着放电结束的电压陡降。在淡水中放电电压大约降低 0.1V，总容量大约 3000mA·h。

用于国际海军的一个电池组由两只单体电池串联连接，采用 AT61 板来达到更高电压。在盐水中，单体电池以 340mA（C/8 率）放电（与一只高效充气的小型灯泡相比），放电早期电压高达 1.87V，8h 后下降至 1.8V 左右。同样，淡水中每个单体电池的电压低 100mV 左右。图 34.27 显示这一放电曲线。

因为盐被添加到正极上，使得正极比没有添加盐时更加吸水，比较可取的贮存电池的方法是：采用可活动的塞子用来密封电池壳体上的孔。

表 34.7 给出救生衣照明灯的特性。

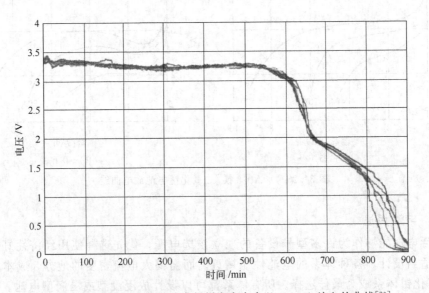

图 34.27 6WAB-MX8 电池在新鲜自来水中以 330mA 放电的曲线[20]

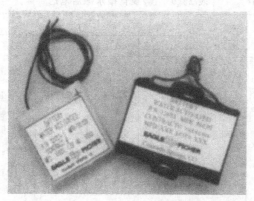

图 34.28　12023-1 和 12073 镁/氯化银电池

　　（2）镁/氯化银电池　图 34.28 显示目前生产的两种镁/氯化银电池。这些电池被应用于以下几种型号：商业航线上的救生艇急救装置；声呐浮标；无线电和照明灯信标；水下武器；无线电探空仪装置——气球运输设备，高空的低温工作。

表 34.7　救生衣照明灯的特性

电源型号	额定电压/V	额定尺寸/cm			额定放电容量		
		长度	宽度	高度	时间/h	容量/W·h	正常使用方式
WAB-H12	1.7	2.9	1.6	9.3	12	4.4	空军/海军救生衣照明灯
WAB-H18	1.7	2.9	1.6	9.3	>8	3.3	空军救生衣照明灯
WAB-MX8	3.6	3.1	3.3	9.5	>8	10.7	海军救生衣照明灯

　　注：来源于 Electric Fuel Ltd[20]。

34.1.7　电池型号和尺寸

　　虽然水激活电池的"标准线"已经建立，但是目前设计和生产的大部分电池已用于特殊用途。表 34.8 和表 34.9 列出了一些生产的标准和特殊用途镁/氯化亚铜和镁/氯化银电池。在这些电池中，只有图 34.28 列出的两种电池是最近生产的。

表 34.8　镁/氯化亚铜水激活电池

E-P 号码	其他设计	额定电压/V	额定尺寸/cm			额定放电容量		正常使用方式
			长度	宽度	高度	时间/min	容量/W·h	
MAP-12037	PIBAL	3.0	1.3	3.2	5.1	30	0.8	空中的照明型号
MAP-12051	—	18.0	6.8	3.8	5.7	120	2.16	空中的无线电探空仪
MAP-12053	BA-259	A-1.5	11.7	10.2	6.0	A-90	0.34	空中的无线电探空仪
		B-6.0				B-90	1.89	
		C-115.0				C-90	650.4	
MAP-12060	—	18.0	5.1	5.4	5.1	120	5.4	空中的无线电探空仪
MAP-12061	—	22.5	5.1	7.0	5.1	90	7.59	空中的无线电探空仪
MAP-12064	BA-253	6.0	10.2	3.8	3.8	45	2.25	空中的照明型号
MAP-12071	—	20.0	6.3	7.6	16.0	8.1h	53.46	水下的浮标系统

　　注：来源于 Eagle-Picher Technologies, LLC[21]。

表 34.9 镁/氯化银水激活电池

E-P 号码	其他 设计	额定电压 /V	额定尺寸/cm			额定放电容量		
			长度	宽度	高度	时间	能量/W·h	容量/A·h
MAP-2023-1	引线点火 起爆电池	5.5	5.1	2.5	5.4	1min	0.315	0.0572
MAP-12062	—	48	12.1	直径	33	20min	400	8.33
MAP-12065	—	4.5	6.3	6.7	13.9	50h	157.5	35
MAP-12066	—	7.5	5.1	5.1	16.5	14h	138	18.4
MAP-12067	MK-72 引线点火 起爆电池	0.75	2.8	直径	2.5	13s	0.0010	0.0014
MAP-12069	—	10	7.6	2.5	8.9	6h	1.5	0.15
MAP-12070	—	12	5.1	2.6	10	9h	53.2	4.44
MAP-12073	—	14.5	7.6	2.8	5.1	15h	14.55	1
MAP-12074	—	10.5	4.1	5.1	25	48h	95.35	9

注：来源于 Eagle-Picher Technologies, LLC[21]。

34.2 锌/氧化银贮备电池

34.2.1 概述

锌/氧化银电化学体系是一类重要的贮备电池，特别是应用在导弹和航空领域，其显著特点是高倍率放电能力和高比能量。电池设计时采用薄极板和大表面积电极，可增加其高倍率放电和低温放电能力且放电电压平稳。然而这种设计降低电池激活后的贮存寿命或湿贮存寿命，因此必须应用能满足贮存要求的贮备电池的设计方法。

Volta 利用锌/氧化银电化学体系，证明了在一个"堆型"的多单元结构里采用不同金属以获得有实际价值的电压的可能性。第二次世界大战早期，Andre 教授将该体系设计成实用的二次电池，而在此之前该体系只是以实验装置的形式存在。

在随后的第二次世界大战中，由于干荷式一次电池具有非常高的质量及体积比能量输出特性和高倍率放电能力，美国军方对其产生兴趣，并将其应用于航空电子设备和导弹中。这种兴趣导致的最终结果是应用于航空业（军事和民用）的轻型电池得到发展。锌/氧化银贮备电池作为整个载人空间项目的关键部分，为各种飞行器提供能源。

锌/氧化银贮备电池分两类：人工激活式和遥控激活式。总体而言，人工激活电池应用于空间系统和可接近的地面设施，通常装配成传统结构。遥控或自动激活电池主要应用于武器和导弹系统，这种应用需要电池长期处于待命状态（贮存），有快速遥控激活的手段并在高放电率下有效放电，典型的放电时间是 10s～4h。人工激活的电池的性能为质量比能量 60～220W·h/kg、体积比能量 120～550W·h/L。遥控激活电池由于自带激活装置，其质量比能量和体积比能量分别下降至约 11～88W·h/kg 和 24～320W·h/L。

34.2.2 化学原理

一次锌/氧化银电池放电时的电化学反应通常认为按下式进行：

$$Zn+2AgO+H_2O \longrightarrow Zn(OH)_2+Ag_2O \qquad E^{\ominus}=1.815V$$

$$Zn+Ag_2O+H_2O \longrightarrow Zn(OH)_2+2Ag \qquad E^{\ominus}=1.589V$$

25℃下，使用 31%KOH 电解质的电池反应为：

$$Zn+AgO+H_2O \longrightarrow Zn(OH)_2+Ag \qquad E^{\ominus}=1.852V$$

阴极（或正极）是氧化银，其组成是 Ag_2O 或 AgO 或 Ag_2O 与 AgO 的混合物。阳极（或负极）是金属锌，电解质是氢氧化钾溶液，化学反应和相应的标准电位如前部分所示。

34.2.3　结构

人工激活的锌/氧化银贮备电池的典型结构如图 34.29。这些电池在使用之前才充满电解质。传统的电池设计是带有正、负极柱和注液/出气口的方形容器。电池是由组装在一个单元容器内的多个单体串联而成。用在空间项目上的电池采用薄的不锈钢、钛、锰或合金材料来制备电池壳体，使电池的质量降至最小。

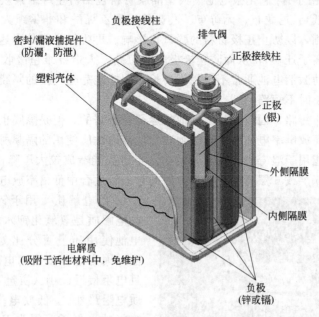

图 34.29　锌/氧化银贮备原电池典型结构

（1）电池组成　锌/氧化银贮备电池由正极板、负极板和隔膜组成。每片负极板与相邻的正极板之间用隔膜隔开，然后组装到电池壳体内。极板可以是干式荷电的，也可以是干式非荷电的。

电池堆作为一种替换结构设计已在多项应用中成功使用。使用双极性单体电池组成电池堆的结构是为了取消单体电池间的连接片、其他大电流承载元件和单体电池槽等部件。此种结构设计大大减轻电池质量，增加电池组的比能量和比功率。而双极性电极的缺点在于只在电极表面发生电化学反应，且存在电池间电解质漏液的潜在危险，造成单体电池间的反电流。

该种电池设计通常由双极性或双矩阵结构组成，正、负电极附在同一个集流体上，所有电极码放成堆结构，隔膜位于双极性电极中间，从而构成高电压、多单体组成的电池组。每个单体电池由一个双极性电极的正极面、下一个双极性电极的负极面、隔膜和塑料架组成。共同的集流体有两个主要功能，它将每片双极性电极的正、负部分分开，同时作为单体电池间的连接片和电解质隔离。

① 正极板　正极板是将银粉或氧化银粉涂于金属骨架上制成。铜、镍和银均可用于骨架材料，由于银的电化学稳定性和导电性较好，所以银骨架用得最多。将银粉压制或烧结到骨架上，制成极板后，将极板在碱溶液中进行化成，然后彻底清洗，再在适宜温度（20～50℃）下自然干燥。化成中形成的少量二价氧化银在室温下比较稳定，但随着温度升高和时

间延长，二价银趋向于放出氧气和分解为一价银。将二价银持续暴露在高温（70℃）下，能导致其在几个月内还原为一价银。

② 负极板 负极板是将锌粉或氧化锌涂到或压制到骨架上制成，或在碱槽中将锌电沉积到骨架上形成活性非常高的海绵状锌沉积物而制成。

正、负极实用的最小厚度为0.12mm，而正极最大厚度为2.5mm，负极最大厚度为3.5mm。极薄的极板用于短寿命、高放电率的自动激活电池。厚极板用于在非常小的电流下连续放电几个月的人工激活电池。

③ 隔膜材料 用于锌/氧化银电池的典型隔膜材料包括再生纤维素膜（玻璃纸，增强纤维或银处理的玻璃纸）、尼龙布、无纺布、人造丝、聚乙烯醇和非编织人造纤维毡。合成纤维毡通常放在正极侧，以防止正极材料的强氧化影响。再生纤维素是半透膜，能阻止电极间粒子累积（但允许离子迁移），从而防止极板间的短路。人造纤维毡吸收电解质并将它们分布在极板表面。自动激活电池通常不采用需要长时间才能完全润湿的隔膜。开口的毡隔膜能保护极板，使其几小时不短路。

由于隔膜能防止短路，因此它对于电池的运行是必需的，但是隔膜也产生电阻，引起电池内部电压降低。高放电率电池的内阻必须非常低，因此所使用的隔膜材料必须最少。因而这种类型的电池仅能用于湿寿命非常短的用途。半透膜能造成较大压降，但也能防止短路。长寿命电池可能含5层或6层再生纤维素，因此它们较适合中低倍率放电。

(a)

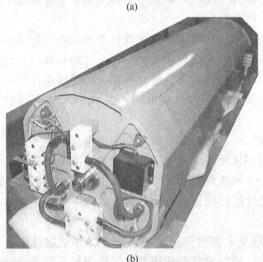

(b)

图34.30 （a）自动激活的锌/氧化银贮备电池；
（b）自动激活锌/氧化银鱼雷电池

④ 电解质 用于锌/氧化银贮备电池的电解质是氢氧化钾水溶液。中高放电率电池使用质量百分比为31％的电解质溶液，因为这种浓度的电解质冰点最低，并且电阻接近最小（质量百分比28％的电解质电阻最小）。低放电率电池采用40％～45％的电解质，因为KOH浓度越高，纤维素隔膜的水解速率越低。

（2）高倍率和低倍率电池设计 一号电池若用5～60min率放电，就要进行高倍率设计。这种电池能提供高电流输出并需要大的极板表面积，因此电池含有很多非常薄的极板且隔膜的阻抗也要尽可能低。也就是说，再生纤维素膜层数为1层或2层，而低倍率电池的膜层数为5层或6层。由于质量百分比31％氢氧化钾溶液的电导率较高，因此应用在高倍率的电池中。

低倍率电池是指放电时间为10～1000h，重点强调的是高质量比能量和高体积比能量的一类电池。这类电池的极板较厚（2mm），使用阻抗比较高的隔膜并使用能允许较大安时容量的高浓度电解液（40％）。这种设计结构也从实质上提高电池的激活后搁置或湿搁置能力。

（3）自动激活电池 自动激活型电池

是指在经过安装后的一段不确定时期后，能迅速准备使用的一类贮备电池。一次锌/氧化银体系的能量输出非常高，并采用电解质注入整体设计系统，上述两方面相结合为长时间处于准备状态的武器和其他系统提供有效的动力能源。图 34.30（a）是典型的军用自动激活电池，图 34.30（b）是典型的鱼雷用自动激活电池。

该类型的电池有四种激活系统，电池激活电解质从贮液器中转移到电池中。所有系统都依靠气体压力来推动电解质，传统的气体源是气体发生器。

气体发生器是一个小型火药筒，里面含有助燃剂和电点火器或电子"火柴"。图 34.31 展示了四种类型的电池设计。

管式贮液器［见图 34.31（a）］可以做成很多形式。通常管式贮液器是卷绕在电池周围，如图 34.32（带有管形贮液器的电池）所示。但是它也可以弯曲 180°做成扁平形，或者为适合一些非标准的体积（导弹电池经常安放在其中）做成各种形状。管式贮液器的两端装有箔形薄膜，激活时，一端的气体发生器电点燃，气体使薄膜破裂，电解质被压入分配道内，然后分配到各个单体电池中。活塞式激活器［见图 34.31（b）］通过点燃贮液器后面的气体发生器，将电解质推出圆柱形贮液器。箱式激活器［见图 34.31（c）］的电解质贮存在几何形状可改变的箱内，气体发生器位于激活器的顶部。当气体从顶部进入时，电解质从底部孔处压出。这种系统要求位置非常精确，并且只有相对于组件处于垂直位置时才能正确工作。泡囊-箱式激活器［见图 34.31（d）］使用球形或椭圆球形箱体，泡囊与箱体内部主要周边接触。当点燃气体发生器时，泡囊向相反的一边移动，使电解质通过贮液器边上的孔流出。

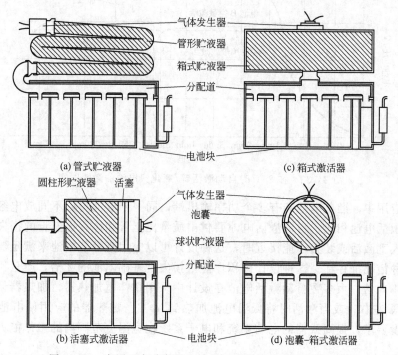

图 34.31　应用于自动激活电池的四种类型的激活系统示意

四种系统中，管形系统是最通用的，但是在简单形状电池中其稍重。活塞式和泡囊式系统中有活动部分，因此可靠性较低，并且它们也不太适合特殊形状。箱式系统是非常有效的，但是要求位置非常精确。

自动激活电池的操作程序包括：①给出点火电流；②气体发生器燃烧，产生气体；③膜破裂；④电解质从贮液器中进入分配道；⑤电解质进入电池。在典型操作中，整个运行程序小于1s。在很多应用中，电子负载与电池直接连接，因此电池是在带载的情况下激活的。图34.33给出带载（A）和不带载（B）条件下电压的上升时间，不带载的电池在6h以后才使用。延迟使用的电池有隔膜，上升时间长，表明电池润湿慢。

图34.32　使用管式缠绕贮液器的自动激活锌/氧化银一次电池的装配图

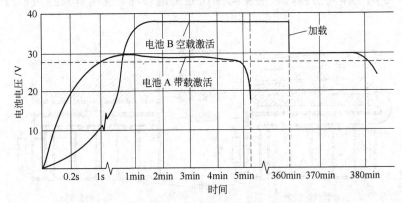

图34.33　在25℃时自动激活锌/氧化银电池的激活时间

在有些应用中，贮备电池装有多个功率输出端，同一个电池可以不同放电容量工作。

与人工激活电池相比，自动激活电池要付出质量比能量和体积比能量的损失。但是在没有时间进行人工激活或装置不能接近时，这种设计可以应用高性能电池来满足要求。在很多应用中，两种情况都存在。这种设计体积比能量损失是基础电池的2倍，质量比能量损失是基础电池的1.6倍。大多数自动激活电池在设计中采用整体电加热器，加热器使电解质的温度保持在40℃左右；或当激活时将低温电池加热到40℃。加热器的应用使电池的设计能满足电压高精度要求，提高武器的电动系统和电子系统在宽温度范围内的工作能力。

34.2.4 工作特性

锌/氧化银贮备电池在一定程度上说是一类特殊电池，它们几乎全部用于特定用途。这些应用要求电池能提供平滑的电压曲线和高的质量比能量和体积比能量，并且每一项要求都需要特殊设计。如果电池在低温环境中工作，需要用加热器。如果电池的放电电流范围很宽，而电压变化很小，需要用薄极板。低放电率高容量电池要用厚极板和浓度大的电解质。

因为没有典型应用，所以电池没有标准的设计和尺寸。这些应用总是要求电池以最小体积和质量，设计出最大容量和稳定电压。很多电池通常组装成一个单元，来提供不同的负载电流和容量。

（1）电压　锌/氧化银电池的单体开路电压从 1.6~1.85V，标称负载电压是 1.5V。对低倍率电池而言，典型的终止电压是 1.4V，对高倍率电池是 1.2V。高倍率放电时，如 5~10min 的放电率，单体输出电压约为 1.3~1.4V。而以 2h 率放电时，电压略微大于 1.5V。图 34.34 给出四种不同放电电流密度下的一组放电曲线，电压平台与放电电流密度（按活性极板的面积计算）成反比。因此，若正极极板面积是 100cm²，放电电流是 10A 时，放电电流密度为 0.1A/cm²。如果放电率加倍，以 0.2A/cm² 放电，电压平台将下降；如果放电电流密度下降至 0.05A/cm² 放电，电压平台将上升。

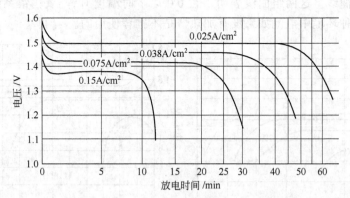

图 34.34　25℃时电流密度对电池电压的影响

在电池设计中，电池的安时容量由氧化银活性物质的量决定（锌活性物质是过量的，这是由于相对于银，其价格较低），但是电压由电流密度决定。在固定体积中，可以采用薄电极，这样可以获得高的放电率；而电池的电压并没有下降（这样对每个电池来说提供更多极板，降低电流密度），但是用薄极板会降低电池的容量。电池工作的放电电流密度越低，改变放电率时电压稳定性越好。

（2）放电曲线　图 34.35 给出一组高倍率电池的放电曲线。图 34.36 给出低倍率电池的放电曲线。两种类型电池的设计是非常不同的，主要不同在于极板厚度。薄极板用在高倍率电池中，以提供更多的表面积来降低电流密度，从而能更好控制电压和更有效利用活性物质。如图 34.36，低倍率放电时，由于电流密度较低，放电电压较高，活性物质利用率非常高。可以看到，在低倍率放电曲线上有一段时间电压高于 1.6V，这是由于二价氧化银的影响造成。这种对电压的影响只有在低倍率放电时才有。在高倍率放电时，可以放出二价银容量的大部分，但是放电电压则由于电流密度较高而下降。

（3）温度的影响　图 34.37 的一组放电曲线表明高倍率电池在不同温度下放电时性能。可以看到，由温度引起的电压变化与由电流密度引起的电压变化是紧密相关的。因此，低温的不利影响可以通过降低电池的电流密度得到改善。而高放电电流密度下，电池的放电电压和容量可以通过提高工作温度得到提高。图 34.38 是低倍率电池在不同温

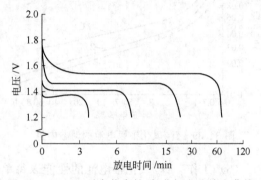

图 34.35　25℃时高倍率锌/氧化银电池放电曲线

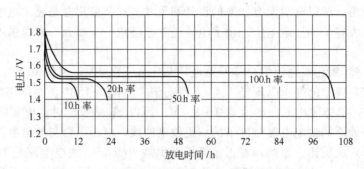

图34.36　25℃时低倍率锌/氧化银电池放电曲线

度下的一组放电曲线。这两组曲线表明，在0℃以下时温度对锌/氧化银系统的影响是相当大。因此，在这种环境中电池如果没有加热器是不推荐使用的。

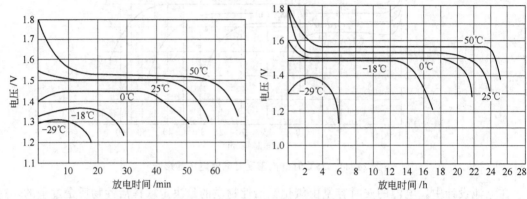

图34.37　1h率下温度对高倍率锌/氧化银　　　图34.38　24h率下温度对低倍率锌/氧化银
　　　　　贮备电池放电性能的影响　　　　　　　　　　　贮备电池放电性能的影响

（4）内阻　图34.39给出高倍率电池在各种温度和放电阶段的动态内阻（DIR）。这些曲线给出一个直到放电终止时$\Delta V/\Delta I$的下降率，放电终止时动态内阻迅速上升。动态阻抗的下降是由放电过程中正极板的电导率上升和温度升高引起。这种特性可发生显著变化，这取决于电池设计、放电环境温度和放电速率改变后电压变化发生时的点。

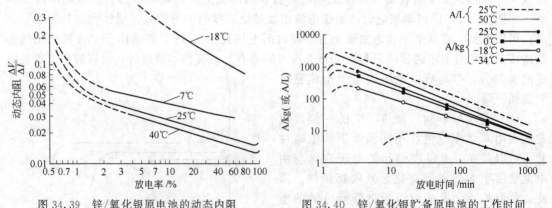

图34.39　锌/氧化银原电池的动态内阻　　　图34.40　锌/氧化银贮备原电池的工作时间

（5）工作　锌/氧化银电池的性能以每单位质量和体积的安培数（A/kg或A/L）对工作时间的曲线来表示，如图34.40。同样可以看到这种电池体系在0℃以下时对温度特别敏感，这些数据在一定范围内可适用于高倍率和低倍率的电池设计。

（6）贮存寿命　图 34.41 给出锌/氧化银电池的干贮存寿命，给出电池在 25℃、50℃ 和 74℃ 下贮存 2 年过程中的容量变化数据。该图中容量的损失是由于正极活性物质是二价氧化银的消耗，它在 20℃ 以上会慢慢地分解为一价氧化银。负极板的分解是非常小的。据估计，当贮存温度为 50℃ 时，一价氧化银的水平可保持大约 30 个月。经验表明，当电池贮存在平均温度为 25℃ 或 25℃ 以下的环境中时，其容量可保持在一价氧化银水平或以上水平长达 25 年或更长。

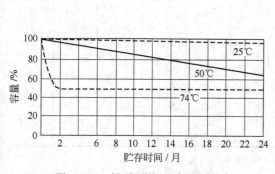

图 34.41　锌/氧化银贮备电池的
干贮存寿命

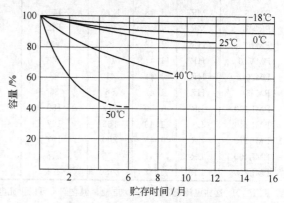

图 34.42　锌/氧化银贮备电池的
湿（激活后的）贮存寿命

锌/氧化银电池的湿贮存寿命随设计和制造方法不同而有很大变化。图 34.42 为大多数设计的预期性能提供指南。电池湿寿命的下降主要是由负极板容量的损失（海绵状锌在电解质中的溶解）和通过纤维素隔膜的短路引起的。

34.2.5　单体和电池组型号和尺寸

单体锌/氧化银贮备电池的型号在容量上范围从最小 1～775A·h 都有。表 34.10（a）和表 34.10（b）分别给出了范围从 1～250A·h 的一系列高倍率电池技术指标和范围从 2～2680A·h 的一系列低倍率电池技术指标。这些电池均是人工激活电池。

表 34.10（a）　人工激活锌/氧化银电池

高倍率电池(15min 率)					低倍率电池(20h 率)					外形尺寸/cm		
电池型号	容量/A·h	质量比能量/(W·h/kg)	体积比能量/(W·h/L)	质量/g	电池型号	容量/A·h	质量比能量/(W·h/kg)	体积比能量/(W·h/L)	质量/g	长	宽	高
SZH1.0	1.0	57	104	25	SZL1.7	1.7	84	171	30	1.09	2.69	5.16
SZH1.6	1.6	66	110	35	SZL2.8	2.8	88	201	50	1.25	3.07	5.72
SZH2.4	2.4	66	116	55	SZL4.5	4.5	92	220	75	1.42	3.50	6.32
SZH4.0	4.0	66	128	90	SZL7.5	7.5	97	250	120	1.63	4.00	7.09
SZH7.0	7.0	66	134	160	SZL16.8	16.8	106	305	240	2.00	4.95	8.48
SZH16.0	16.0	66	140	370	SZL43.2	43.2	125	397	520	2.54	6.27	10.39
SZH68.0	68.0	80	196	1290	SZL160.0	160.0	187	470	13330	3.73	9.27	15.09
SZH250.0	250.0	154	410	2450	—	—	—	—	—	4.32	9.45	22.43
—	—	—	—	—	SZL410.0	410.0	210	560	3000	4.22	13.84	19.35
—	—	—	—	—	SZL775.0	775.0	276	957	4380	6.96	8.36	21.70

表 34.10 (b)　　人工活锌/氧化银一次电池

电池型号	类型	电压/V	容量/A·h	质量比能量/(W·h/kg)	体积比能量/(W·h/L)	质量/g	外形尺寸/cm			体积/L
							长	宽	高	
PM1	HR	1.42	2.0	92	147	31	5.13	2.74	1.37	0.019
PMV2	HR	1.48	5.3	103	184	76	6.42	4.37	1.52	0.043
PM3	HR	1.41	6.4	106	187	85	7.26	4.37	1.52	0.048
PML4	HR	1.42	8.3	113	208	104	8.53	4.37	1.52	0.057
PM5	MR	1.49	9.9	119	187	124	7.36	5.28	2.03	0.079
PMC5	MR	1.48	12.3	141	231	129	7.36	5.28	2.03	0.079
PMC10	MR	1.48	28	152	312	272	12.00	5.89	1.88	0.133
PM15	HR	1.42	19	92	180	292	12.55	5.89	2.03	0.150
PMV16	HR	1.47	18	72	141	365	15.57	5.84	2.06	0.187
PM30	HR	1.44	41	98	169	600	16.64	8.28	2.54	0.350
PM58	HR	1.42	56	85	162	938	18.42	8.26	3.23	0.491
PML100	LR	1.50	118	180	376	982	13.74	9.70	3.53	0.470
PML140	LR	1.49	165	197	439	1250	16.36	9.70	3.53	0.560
PML170	LR	1.48	200	197	469	1500	18.44	9.70	3.53	0.631
PML400	LR	1.47	375	218	566	2525	16.10	15.27	3.96	0.974
PML2500	LR	1.48	2680	221	721	17960	47.90	10.72	10.72	5.505

注：1. 这些电池通常用于一次电池，但它们都可以再充电（典型的电池可充 3～10 周期）。

2. HR=高倍率，MR=中倍率，LR=低倍率；HR=15min 率，MR=1h 率，LR=5h 率。

表 34.11　自动激活锌/氧化银电池

部分代码[①]	应用	质量/kg	体积/L	电压/V	电流/A	容量/A·h	比能量	
							W·h/kg	W·h/L
EPI4331	AIM-7	1.0	0.45	26	10.0	0.8	21	46
EPI4568	停火执行者（Peace keeper）	3.3	1.89	30	2.0	3.8	35	60
EPI4500	爱国者（Patriot）	3.6	1.61	51	18.0	1.5	21	48
YTP15148	三叉戟式飞机 Trident Ⅰ	5.0	1.20	28	6.0	12.0	65	284
EPI4567	停火执行者（Peace keeper）	6.2	3.46	30	11.0	16.0	77	139
EPI4470	标枪式导弹（Harpoon）	8.6	3.5	28	27,40	8,12	65	160
EPI4445	鱼雷（Torpedo）	9.3	4.8	28	30	20	60	117
YTP15066	三叉戟式飞机（Trident Ⅰ）	14.5	3.8	30,31	15,23	4,10	30	112
YTP5659985	三叉戟式飞机（Trident Ⅱ）	30.0	31.2	34,32	113,10	15,7	21.7	20.83
YTP P-530	民兵导弹（Minuteman）	0.77	0.36	30	10.0	0.46	17.9	38.3
YTP P-515	麻雀（Sparrow）	0.99	0.45	24	11.0	0.45	10.9	24.0
YTP P-512	NMD	0.86	0.30	30	13.0	0.30	10.5	30.0
YTP P-468	AGM130	7.03	2.70	28	30	12.08	45.0	117.0
YTP P-471	停火执行者（Peace keeper）	19.5	12.1	76,31	16.7,40	5.46,40.90	86.3	139.3
YTP P329[②]	鹰（Hawk）	3.18	1.64	59 ,25,19,12, −13,−59	2.2,0.8	0.5	5.7	11.0
YTP 17511	MK37 鱼雷	120	96.6	85,76	900,450	79,22	67.5	83.9
YTP 19580	SST-4 鱼雷	408	467	210,115	480,525	29,110	54.3	47.4
YTP[③]	虎鱼	583	367	45/60	1200/750	240	54.3,47.6	75.61

① EPI-Eagle-Picher Industries；YTP——Yardney Technical Products。

② 6V 分接。

③ 头、尾各一组电池。

表 34.11 列出一系列自动激活的电池。这些电池是为满足不同特殊用途而设计，其中大

部分是高倍率、短寿命电池。这些类型电池的质量和体积不仅是电压和容量的函数，而且是负载需要和提供的气室空间函数。

34.2.6　特殊性能及维护

人工激活和自动激活锌/氧化银电池是为满足高性能和高可靠性的需求而研发的。使用前的贮存时间和贮存温度是非常重要的。使用记录应完备，以保证电池在允许的期限内使用。必须特别注意以保证适量规定类型的电解质加入到每个人工激活的电池中，并保证电池激活后在合适温度下、在贮存寿命期限内放电，一些电池壳体有泄压阀或加热器，或两者都有。对这两者必须要进行仔细维护和监测。

需要对自动激活电池的气体发生器点火线路、加热线路以及排气装置进行特殊的预安装检验。对于长时间安装而言，必须注意监视环境的温度，以防止电池长时间暴露在高温下而发生性能衰降。对电池也应当进行周期性检查，以确认点火线路是完好无损的，因为有些电路对电磁场是敏感的。如果激活后的电池没有在特定的时间内进行放电的话，则电池必须替换掉。

保证此类电池最佳电性能必须是在室温或比室温稍高一点的温度条件下进行工作。温度在 15℃ 以下会对高倍率电池电压有不利影响。在 0℃ 以下时还会对两种型号的电池都造成相当大的容量损失。

34.2.7　成本

高性能一次锌/银电池的成本与技术指标和数量有关。无论在什么地方，人工激活电池的成本每瓦时为 5～15 美元；遥控激活电池每瓦时为 15～20 美元。当银的价格较高时，材料成本将会成为该电池的主要劣势之一。但是，在很多应用中，还没有其他技术能够具备锌/银一次电池体系的高体积比能量。

参　考　文　献

1. National Defense Research Committee, *Final Report on Seawater Batteries*, Bell Telephone Laboratories, New York, 1945.

2. L. Pucher, "Cuprous Chloride-Magnesium Reserve Battery," *J. Electrochem. Soc.* 99：203C (1952).

3. B. N. Adams, "Batteries," U.S. Patent 2，322，210，1943.

4. H. N. Honer, F. P. Malaspina, and W. J. Martini, "Lead Chloride Electrode for Seawater Batteries," U.S. Patent 3，943，004，1976.

5. H. N. Honor, "Deferred Action Battery," U.S. Patent 3，205，896，1965.

6. N. Margalit, "Cathodes for Seawater Activated Cells," *J. Electrochem. Soc.* 122：1005 (1975).

7. J. Root, "Method of Producing Semi-Conductive Electronegative Element of a Battery," U.S. Patent 3，450，570，1969.

8. R. F. Koontz and L. E. Klein, "Deferred Action Battery Having an Improved Depolarizer," U.S. Patent 4，192，913，1980.

9. E. P. Cupp, "Magnesium Perchlorate Batteries for Low Temperature Operation," *Proc. 23d Annual Power Sources Conf.*, Electrochemical Society, Pennington, N.J., 1969, p. 90.

10. N. T. Wilburn, "Magnesium Perchlorate Reserve Battery," *Proc. 21st Annual Power Sources Conf.*, Electrochemical Society, Pennington, N.J., 1967, p. 113.

11. W. A. West-Freeman and J. A. Barnes, "Snake Battery; Power Source Selection Alternatives," NAVSWX TR 90-366, Naval Surface Warfare Center, Carderock Div. 1990.

12. M. G. Medeiros and R. R. Bessette, "Magnesium-Solution Phase Catholyte Seawater Electrochemical System," *Proc. 39th Power Sources Conf.*, Cherry Hill, N.J., June 2000, p. 453.

13. M. E. Wilkie and T. H. Loverude, "Reserve Electric Battery with Combined Electrode and Separator Member," U.S.

Patent 3,061, 659, 1962.

14. K. R. Jones, J. L. Burant, and D. R. Wolter, "Deferred Action Battery," U. S. Patent 3, 451, 855, 1969.

15. H. N. Honor, "Seawater Battery," U. S. Patent 3,966,497, 1976.

16. H. N. Honer, "Multicell Seawater Battery," U. S. Patent 2, 953, 238, 1976.

17. J. F. Donahue and S. D. Pierce, "A Discussion of Silver Chloride Seawater Batteries," Winter Meeting, American Institute of Electrical Engineers, New York, 1963.

18. H. R. Knapp and A. L. Almerini, "Perchlorate Reserve Batteries," *Proc. 17th Annual Power Sources Conf.*, Electrochemical Society, Pennington, N. J., 1963, p. 125.

19. U. S. Patent 5, 424, 147.

20. Electric Fuel, Ltd., Beit Shemesh, Israel.

21. Eagle-Picher Technologies, LLC.

Bauer, P.: *Batteries for Space Power Systems*, U. S. Government Printing Office, Washington, D. C., 1968.

Cahoon, N. C., and G. W. Heise: *The Primary Battery*, Wiley, New York, 1969.

Chubb, M. F., and J. M. Dines: "Electric Battery," U. S. Patent 3, 022, 364.

Eagle-Picher Technologies, Joplin, MO, website: www. eagle-picher. com.

Fleiseher, A., and J. J. Lander: *Zinc Silver Oxide Batteries*, Wiley, New York, 1971.

Hollman, F. G., et al.: "Silver Peroxide Battery and Method of Making," U. S. Patent 2,727,083.

Jasinski, R.: *High Energy Batteries*, Plenum, New York, 1967.

Yardney Technical Products, Pawcatuck, CT, website: www. yardney. com.

第 35 章

军用贮备电池

David L. Chua，Benjamin M. Meyer，William J. Epply，Jeffrey A. Swank，and Michael Ding

35.1 常温锂负极贮备电池　　　　35.2 旋转贮备电池

35.1 常温锂负极贮备电池

35.1.1 概述

金属锂具有极高的电化学当量（3.86A·h/g），因此采用金属锂作为贮备电池的阳极可以提供比传统贮备电池更高的能量，而锂贮备电池的工作电压接近传统水性电池的两倍。由于锂在水性电解质中的反应，除了特殊的锂/水电池和锂/空气电池外（见33.6节），锂电池必须使用与金属锂不反应的非水电解质。

非贮备式锂电池在第14章中已介绍。在金属锂电池体系中具有更高的质量比能量和比功率的电池有锂/二氧化硫电池、锂/五氧化二钒电池、锂/亚硫酰氯电池、锂/氧化钴锂电池，这些电池的放电特性如图35.1，它们是在贮备电池中占有重要位置的电化学体系。

在贮备结构中，电解质在电池激活前装在贮液罐中与电极活性物质分隔开，直到电池使用时才与电极接触。这一设计特点使电池在贮存一定时间后的输出能量不会减少，贮存时间超过20年。但是同非贮备式锂一次电池相比，由于激活装置和贮液罐的存在，这种结构会导致质量比能量损失近50%。

在选择贮备电池中的锂负极电化学体系时，除了要考虑电解质溶液的物理性质及其性能随放电条件的变化等一些重要因素，还要特别注意电解质的稳定性以及它和贮备电池中电极材料的相容性等因素。在电池生产过程中，使用环境友好的体系非常重要，因此基于有机电解质开发新的电池体系已成为研究热点。

35.1.2 化学原理

（1）锂/五氧化二钒电池　这种体系的基本电池结构由锂负极、聚丙烯微孔隔膜和按质量90%五氧化二钒和10%石墨构成的正极组成。当该体系作为贮备电池时，电解质通常采用2mol/L $LiAsF_6$+0.4mol/L $LiBF_4$溶于甲酸甲酯中，因为这种体系在长期贮存条件下能够显示出优良的稳定性。

图 35.1 说明锂/五氧化二钒体系有两个放电平台。第一个放电平台是锂在五氧化二钒中的嵌入反应，电池反应是：

$$Li + V_2O_5 \longrightarrow LiV_2O_5$$

第一个放电平台范围是 3.4～3.3V，当第一放电平台大约放出 50％容量时电压降到 3.3～3.2V，从这点开始电压又逐渐下降到 3.2～3.1V。这种现象是由第一个放电平台的平衡过程导致。第一个平台结束后，锂/五氧化二钒体系出现一个快速的电压变化，到达2.4～2.3V 附近的第二个放电电压平台。这一步骤包括五氧化二钒的减少，但机理尚不清楚[1]。第二个平台对温度和放电倍率较敏感。因此，绝大部分锂/五氧化二钒电池（包括贮备式和非贮备式）仅设计在第一个放电平台水平工作[2]。

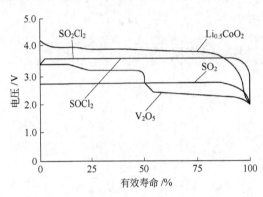

图 35.1　在 20℃时锂电池性能比较

$SOCl_2$ 为 3.6V；V_2O_5 为 3.4V；SO_2 为 2.9V；Li_xCoO_2（$x=0.4\sim0.5$）为 4.0V，SO_2Cl_2 为 3.8V

贮备式锂/五氧化二钒电池的长期贮存性能主要取决于电解质的稳定性。六氟砷酸锂在甲酸甲酯溶液中是不稳定的，会发生包括甲酸甲酯的水解及其水解产物脱水的分解反应[3]，这些反应可能导致装电解质的安瓿瓶的破裂。但通过保持溶剂中性或碱性能够使得六氟砷酸锂在甲酸甲酯溶液中处于稳定状态。可以通过在甲酸甲酯中使用两种电解质六氟砷酸锂和四氟硼酸锂来保持电解质的稳定，同时添加金属锂去除安瓿瓶中的水。$LiBF_4$ 基电解质是一种新技术，可取代 $LiAsF_6$/MF 基电解质技术[4]。

（2）锂/亚硫酰氯电池　这种体系的基本电池结构由锂负极、无纺玻璃纤维隔膜和 Teflon® 黏结的碳电极组成，碳电极仅作为反应场所。这一体系的独特特点是亚硫酰氯有两种作用：既作为溶剂溶解高氯铝酸锂，又是负极活性物质。

图 35.1 显示锂/亚硫酰氯电池优良的放电性能。该体系电池反应式为：

$$4Li + 2SOCl_2 \longrightarrow 4LiCl + S + SO_2$$

在放电过程中生成的绝大部分二氧化硫溶解在电解质中，基本没有气压[5]。根据不同的放电倍率和温度，锂/亚硫酰氯电池体系一般工作电压范围在 3.0～3.6V 之间，放电电压平稳。该体系电池具有贮备电池所需高电位和放电电压平稳这些优良的放电特性，特别是在放电电流密度高时。而在非贮备式锂/亚硫酰氯电池中锂负极被一层钝化氯化锂膜覆盖，在贮存和高温搁置的情况下钝化膜将限制负极的电流输出能力，并且增加达到工作电压所需要的时间[5]。

常规溶于 $SOCl_2$ 的 $LiAlCl_4$ 电解质被证明是非常稳定的。装电解质的玻璃安瓿瓶放在 74℃ 条件下搁置超过 12 年外观没有明显变化。因为这一点和其他优越性能，锂/亚硫酰氯贮备式电池成为高能贮备式电池的选择。

最近，由于在常规溶于 $SOCl_2$ 的 $LiAlCl_4$ 电解质中额外添加 $AlCl_3$，锂/亚硫酰氯电池体系放电特性得到提高[6,7]。然而应该指出的是，这种高倍率电解质固有的稳定性还需要证实，以确定其在贮备式电池中的应用。

（3）锂/二氧化硫电池　锂/二氧化硫电池体系基本结构包括金属锂负极、隔膜、

Teflon® 黏结的碳电极，与锂/亚硫酰氯电池体系的相似的是正极作为反应场所。电解质一般用溴化锂（LiBr）、乙腈（AN）和二氧化硫（SO_2）的混合物，二氧化硫也作为正极活性物质。

将溴化锂溶于乙腈和二氧化硫的电解质用于贮备电池，有一个严重问题是其在贮存中的不稳定性。这种电解质一般用在非贮备式电池中，不适合用于贮备电池，因为在与电池其他部件隔离的情况下贮存，它会分解形成一种高活性固体产物。如果用 $LiAsF_6$ 取代 LiBr，则电解质具有很好的稳定性。在中低倍率条件下 $LiAsF_6$ 电解质的基本功能性能相当于或优于 LiBr[8~10]。

贮备式锂/二氧化硫电池使用稳定的电解质（$LiAsF_6$ 溶在 AN-SO_2 中），电池反应式与非贮备式电池一样，如下：

$$2Li + 2SO_2 \longrightarrow Li_2S_2O_4$$

然而应该指出的是 $LiAsF_6$ 溶在 AN-SO_2 中的电解质因为电解质导电性差仅限于中低倍率放电。因此，贮备式锂/二氧化硫电池体系应被性能更高的锂/亚硫酰氯电池体系取代。

（4）锂/预充电的 Li_xCoO_2（$0.5 \leqslant x < 1$）电池 为了提高单体电池电压，Lin 和 Burgress[11] 研究多种高电压正极材料体系，并已广泛应用于锂离子电池技术。例如，$LiCoO_2$、$LiFePO_4$ 和具有各种组成的钴基混合氧化物，其中 $LiCoO_2$ 基正极材料是唯一有可能作为贮备电池应用的材料体系。

采用预充电的 Li_xCoO_2 是获得贮备电池中高压、高能正极的一种新手段。关键是如何获得这种用于贮备电池的正极原材料。对于 Li_xCoO_2 正极，可以通过电化学的方法从 $x \geqslant 0.5$ 的材料中脱出锂，接着就可以作为一次非激活电池的正极来使用。这种锂/预充电的 Li_xCoO_2（$0.5 \leqslant x < 1$）电池在结构上和锂/五氧化二钒电池非常相似。除了正极材料不同，其他结构特性完全一样。

锂/五氧化二钒电池和锂/预充电的 Li_xCoO_2（$0.5 \leqslant x < 1$）电池都具有独特的设计特性，它们在特殊的应用要求下均可以进行充电，这部分将在 35.3.2 节中讲述。

35.1.3 结构

（1）常规设计 金属锂负极贮备电池基本由三大部分组成：激活与电解质输送系统；电解质贮存罐；单体和（或）电池单元。

表 35.1 典型锂贮备电池的特性

工作温度范围−55~70℃	机械环境承受性能：
10~20 年的干贮存寿命	20000g 的冲击加速
严格密封	20000r/min 的高速旋转
高体积比能量	运输和配置过程中的振动水平
良好的可靠性	几秒至 1 年的使用寿命
较低的电噪声	
平坦的放电电压曲线	
激活后电压快速提升	

当然，根据不同的应用目的，实际设计可以相差很大。电池可以设计为一个简单、小型的单体系统，利用安瓿瓶来人工激活；也可以是庞大、复杂的多单体系统，通过自动电子触发机构将电解质从贮存罐通过分配道输送到电堆中。电池体系中的电极和部件组成与一般电池相同，但必须考虑到电解质的贮存和电池激活时电解质的输运问题。另外，电极部分和其他部件必须采用牢固的免维护设计，这样才能满足严格的环境和性能要求，尤其是在军事和

一些特殊场合中的应用上。表35.1列出典型锂贮备电池的要求，也说明这种电池具有独特的结构和设计的原因。

锂贮备电池的设计中有一些是普通的电池结构设计。外壳通常采用300系列的不锈钢，因为这种材料可以长期抵抗来自电池体系内部和电池外部环境的腐蚀作用。不同的焊接技术，比如激光焊、氩弧焊（TIG）、电阻焊和电子束焊等技术都可以应用于300系列的不锈钢。所以，该外壳有20年的可靠使用性，可以保证金属锂电池的严格密封。电路的接线采用常用的玻璃-金属方式，这也保证电池长期贮存对密封的要求。

（2）金属锂贮备电池的类型　目前生产的金属锂贮备电池基本有三种：电解质贮存在玻璃安瓿瓶中的单体电池；利用电解质贮液罐的多单体电池；利用玻璃安瓿或贮液罐贮备电解质的双极性多单体电池。

① 安瓿型　利用安瓿贮备电解质的单个单体电池，因其简单的结构且没有多单体电池存在的电池内部漏电问题而成为可靠性最好的贮备型电池。该电池中的一部分是按照美国国家标准（ANSI）来确定尺寸，而另一部分则由于特殊的使用目的而没有按照ANSI标准来确定尺寸。但总的来说，这两种类型在结构上都十分相似。

图35.2给出一只约1A·h的A型结构Li/SOCl$_2$体系锂贮备电池的截面图[7]。该电池是圆柱形电池，锂负极紧贴圆柱形不锈钢壳体的内壁，无纺玻璃纤维隔膜紧挨锂负极放置，而用聚四氟乙烯（Teflon®）粘接的碳正极塞入隔膜中间。圆柱形的镍集流体保证正极物质和极耳间的电子导通，同时还保护密封的玻璃安瓿。安瓿由上方和下方的绝缘支撑体牢牢固定住，以防止在激活电池时容器底部传递的直接冲力过早破坏安瓿。电池单体严格密封以保证在非激活状态下的存放寿命。电池的激活是通过在电池底部施加急剧的冲力以打破安瓿来实现。此时电解质会被多孔正极和玻璃纤维隔膜吸收从而激活电池。

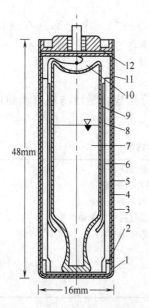

图35.2　A型贮备Li/SOCl$_2$电池截面图
1—绝缘材料；2—电池底部隔膜；3—电池壳；
4—负极锂；5—隔膜；6—正极碳；
7—电解质；8—集流片；9—安瓿瓶；
10—正极极柱接头；11—顶部隔板；12—电池盖

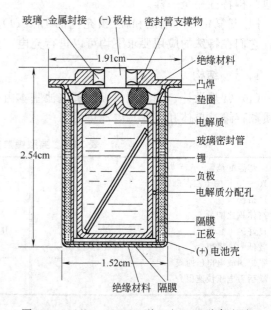

图35.3　Alliant G2659型Li/V$_2$O$_5$贮备电池

（图35.3标注）玻璃-金属封接　（-）极柱　密封管支撑物　1.91cm　绝缘材料　凸焊　垫圈　电解质　玻璃密封管　锂　负极　电解质分配孔　隔膜　正极　(+)电池壳　2.54cm　1.52cm　绝缘材料　隔膜

针对于矿山和导火索方面的应用设计出利用 Li/V_2O_5 或 $Li/SOCl_2$ 体系的另一种电池形式，容量范围在 $100\sim500mA\cdot h$[12]。图 35.3 和图 35.4 分别是这两种电池的截面图，两种电池具有相似的外部和内部组件排列。电池的壳体和盖帽在电池的边缘凸焊在一起。盖帽作为电池的盖子，并通过玻璃-金属封接方法和 52 号镍铁合金制备的中心接线连接起来。接线柱是负极（两种电池都是），而电池底部和壳体是正极。为了长期贮存而采用的严格密封部件可以使电池能够贮存超过 20 年之久。

电池内部组件的设计包括环状放置的电极及其包围的用于存放电解质的玻璃安瓿。另外，在电池的上部和下部还有一些绝缘件以防止电池内部短路。

但这两种电池在设计上也有一些不同之处。在 $Li/SOCl_2$ 贮备电池中，安瓿中不仅有电解质，还装有正极活性物质 $SOCl_2$；而 Li/V_2O_5 的正极活性物质是装在正极板中的。$Li/SOCl_2$ 电池中与电池壳接触的是聚四氟乙烯黏结的碳粉正极片，而 Li/V_2O_5 电池中的正极是将 V_2O_5 和石墨干态混合模压得到的。$Li/SOCl_2$ 电池中聚四氟乙烯黏结的碳粉正极用来还原 $SOCl_2$，它是先制备成片状，然后和金属集流体一起辊压成形，然后塞入到电池壳中紧挨着内壁。两种电池的另一项不同之处是电极连接的方式。V_2O_5 电极的导电是通过对成形电极的施加直接压力产生接触，而 $SOCl_2$ 体系的正极极耳在焊接盖帽时直接焊接到电池壳体。

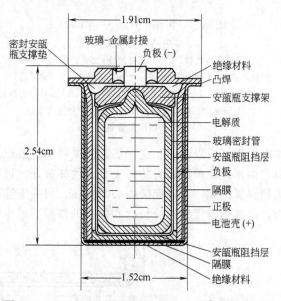

图 35.4　Alliant G2659B1 型 $Li/SOCl_2$ 贮备电池截面图

锂负极中的金属锂是压到 316L 不锈钢集流体拉网上。极耳点焊到拉网的一侧，并与玻璃-金属封接中央极柱相连。负极在辊压成柱状后塞入到电池中紧挨隔膜。两种电池都要有安瓿固定器以防止特殊的振动环境对电池的影响。$Li/SOCl_2$ 电池中，由于乙烯-四氟乙烯共聚物和玻璃材料的化学稳定性而被作为绝缘件、隔膜和固定件等。Li/V_2O_5 电池中具有较大灵活性，许多橡胶和塑料都能够使用。

② 多单体电池型　一些场合中需要比单体电池更高的电压，以致一只电池必须根据需要而包含两个或更多的电池单体。典型的电压是 $12\sim28V$，根据金属锂电池单体的工作电压是 $2.7\sim3.3V$，所以这样的电池至少需要 $4\sim10$ 个单体。这一类电池十分特殊，它具有特别的激活方式。它将电解质贮存在贮液罐中，却能够使多个单体都能够获得电解质。这种类型的电池在双极性电池中很受重视，它能够获得更高的电池容量，并可以通过控制电池内部单体的漏电而使放电时间达到或超过 1 年。漏电电流可以进行限制，一般限定在放电电流的百分之几以内。然而，这种电池设计限制了电池小型化，而许多其他类型的双极性电池一般都可以采用小型化设计。

这种电池设计的一个实例是 Li/SO_2 贮备电池，如图 35.5 所示。这类电池是圆柱形，主要包括三大部分：电解质贮存部分；电解质分配和激活系统；单体电池部分。电池的内部空间几乎有一半是用来放置电解质贮存罐。电解质贮存罐主要包含一个可收缩式箱体，电解质就存放在这只箱中。在箱体周围也就是箱体和电池外壳之间的空间内存放一定量的气体或液体。所说的气体其蒸气压要高于电解质，这样在激活电池时才能提供足够的推力将电解质

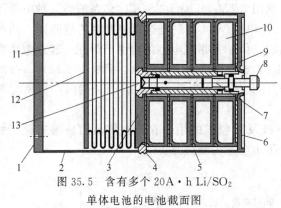

图 35.5　含有多个 20A·h Li/SO₂
单体电池的电池截面图

1—电池顶部挡板；2—上部电池壳；3—挡板；4—中部
挡板环；5—下部电池壳；6—电池底部挡板；7—激活总管；
8—激活螺栓；9—电池间绝缘材料；10—20A·h 单体电池；
11—氟利昂装填空间；12—电解质贮存波纹管；
13—激活总管隔膜

推进单体电池中。

电池剩下的一半体积中，在一个直径 1.588cm 的管中向心放置电解质输送和激活系统。另外，还有 4 只电池围绕输送/激活系统。

输送系统和电池单体依靠中间隔水壁和电解质贮存器隔离。在隔水壁中心放置一层薄挡板，这层挡板可以被输送系统中的切割器打通。在组装电池时，这个隔板作为输送管的一部分焊接在中间隔板上。图 35.6 是更为详细的电解质输送系统和激活系统的横截面视图，该图中标出主要部件。

在激活系统中有一个切割器，可以通过人工移动到薄隔板处将其切开，这样电解质就可以流通。这个切割器的移动是通过旋转电池底部的螺栓实现。切割部分和螺栓机构由密封在两者之间的一个小金属杯分开，可以防止外部电解质泄漏。输送部分是由一系列塑料管组成，一端连接中心的柱体，另一端连接各只电池单体。电解质存在于输送部件中时，这些塑料管较长的长度和很小的横截面减小电池的漏电损失。

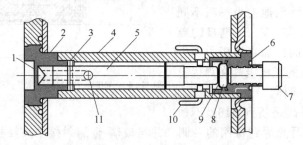

图 35.6　电解液总管和激活器系统截面图

1—激活总管隔膜；2—顶部套管；3—安全销；4—中心管；
5—刀具；6—底部套管；7—激活器销钉；8—驱动片；
9—毁坏杯；10—电解质供给管；11—电解质输入流

在这个例子中，需要 4 只单体电池来满足对电压的要求（单体电池数目的改变是希望在最小的调整下满足尽可能广泛的要求）。每只电池单体包括相互平行且分别接线的圆形负极和正极，这样每只单体电池都能够独自满足所要求的电池容量和放电平台容量。在电池组装时，包括隔板的各部件依次围绕中心管放置，然后安装平行连接件。每只电池单体分别焊接内部管和外部环以形成密闭单元，从而为电池中的连续排放做好准备。同时，每只单体的接线都连至电池底部的接线端。

图 35.7 是电池组装前的各部分组件。这些组件主要是由 321 型不锈钢制成，采用的是氩弧（TIG）焊接。虽然给出的部件是专门为锂/二氧化硫电池设计的，然而它只需要很小修改就可以使用于其他液体或固体氧化剂体系。这种电池也可以使用电子激活来替代人工激活。

图 35.8 (a) 给出的是锂/亚硫酰氯体系的贮备电池。这种由美国海军设计的 BA-6511 SLQ 型高能电池是用来为某一类型海上救生艇提供电力[13]。此处，选择贮备电池的标准是要避免激活电池的自放电和钝化现象。但同时，为了安全也要保证电解质在激活前要和电

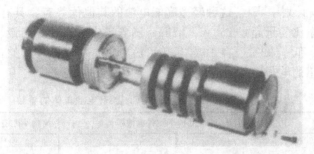

图 35.7　含有多个 20A·h Li/SO$_2$ 单体电池的电池图

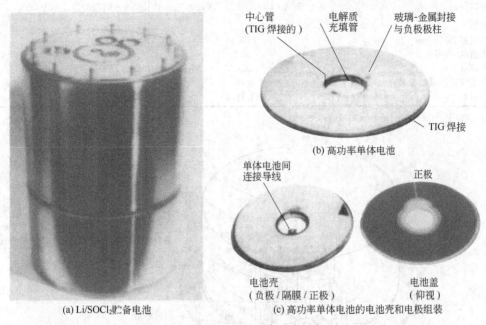

(a) Li/SOCl$_2$贮备电池

(b) 高功率单体电池

(c) 高功率单体电池的电池壳和电极组装

图 35.8　BA-6511/SLQ 高功率贮备电池

分隔。

电池总质量大约 145lb，存于直径 29.2cm、长 43.2cm 的密封装置中。这种电池包括 21 只单体，其中 18 只单体组成一个 56V 的部分，在额定容量 65A·h 时可输出 4kW 功率；另 3 只电池组成一个 10V 的部分，在额定容量 57A·h 时可输出 7A 电流。贮液罐中的电解质通过输送系统分布到 21 只电池单体中去。通过小型气体发生器触发激活，由存于贮液器中的能量系统提供推力。这种电池的单体，设计成环状圆片，中心处有孔以实现电路和管道连接，如图 35.8（b）。两类电池单体在结构上近似，不同的是极板厚度和容量，这是由于其中一组只有较少的单体数。高压、高倍率部分的电池单体有 5 只负极片和 6 只正极片。负极是单面的，由金属锂压合到拉伸的镍网上。正极是冲切的 Teflonated® 黏结在镍网上的碳电极，如图 35.8（c）所示。隔膜是无纺玻璃纤维隔膜。表 35.2 列出两种电池单体的规格。

另一种贮备电池利用预充电的 Li$_x$CO$_2$ 材料（$0.5 \leqslant x < 1$）[14]，如图 35.9。这种贮备电池包括三个密封焊接的电池单体，中间是一个电解质贮存罐。这些部件都放在不锈钢的电池容器中。这种电池是用来给"手动装填广域军火"（HWAM）提供动力。

图 35.10 是其他应用于轻型导弹上的多单体电池[15]。它是在锂/卤化物电池技术的基础上，利用先进的薄电极技术，提高电极材料利用率并降低电池内阻。同时采用了混合隔膜，具有更好的电解质吸收性和力学性能。这种高能电池将应用于地基拦截战车的"高纬度战区

防御（THAAD）"计划中[15]。这种轻型高能电池的其他优势有：具有比热电池或银/锌电池更小的质量；质量比能量超过 250W·h/kg；随着工作时间或是容量、功率比的增加，具有更大的质量优势；低于 32℃贮存 10 年后仍可放出很高功率；较低的工作温度允许电池放置在一些对温度敏感的电子设备附近。

表 35.2 G3070A2 型的 Li/SOCl₂ 贮备电池单体的参数

项　目	低倍率贮备电池单体	高倍率贮备电池单体
性能		
开路电压(激活态)/V	3.67	3.67
负载电压	3.40V,7A,20℃	3.10V,72A,20℃
倍率容量	57A·h,7A 至 2.67V,20℃	65A·h,72A 至 2.63V,20℃
物理参数		
最大直径,外径/cm	28.5	28.5
最大直径,内径/cm	6.7	6.7
最大高度/cm	0.89	1.04
包含电解质的电池总量/g	1310	1485
壳体材料	不锈钢	不锈钢

注：来源于 Alliant Techsystems，Inc.。

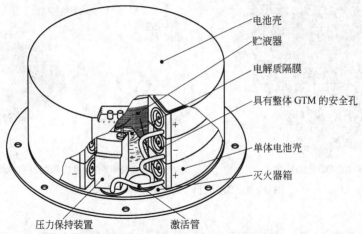

图 35.9　为手动装填广域军火（HWAM）研发的贮备 Li/Li$_x$CoO$_2$ 电池

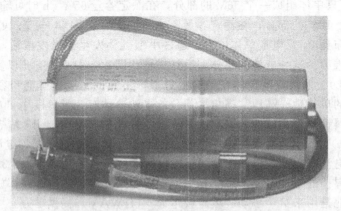

图 35.10　1kW 高功率锂/氯氧化物贮备电池

　　③ 单电解质贮存罐的多单体双极性电池　金属锂贮备电池从数量上来说，一般较少采用双极性结构，除非是为了一些特殊用途而设计的电池。双极性结构是指电池中的集流体部

件既作为一个电池单体的负极集流体，又作为另一个紧挨的电池单体正极集流体。这种结构不只在金属锂贮备电池中采用。这样结构的金属锂贮备电池仅是其他种类双极性电池的技术改进。双极性电池具有许多优点：对于高压电池具有非常高的比能量和比功率；坚固的结构可以经受武器发射时的旋转力或后坐力；易于调整电堆电压；易于适应不同的能量和功率要求。

图 35.11 是采用双极性结构的锂/亚硫酰氯贮备电池的结构图。这只电池质量接近 5.4kg，体积为 2000cm³。

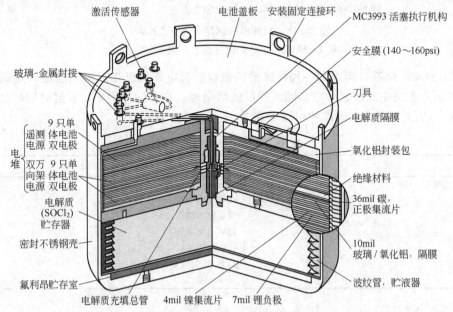

图 35.11　圣地亚国家实验室 MC3945 Li/SOCl₂ 贮备电池

这种电池的激活是通过触发电子引线或激励器或其他类型的方式，以给电池电脉冲来实现。这种贮备电池主要应用在火炮炮弹中作为电子导火索的电源，或是用在导弹中提供电能。从而在武器点火或发射前能够获得电子脉冲。不过当这种电池作为炮弹引信电源使用时，常常是通过发射时的加速（后坐力）或旋转力来激活。炮弹的加速力释放出点火栓撞击并点燃雷管，然后雷管就点燃气体发生器或是打破金属隔离膜直接放出贮备气。

一旦电池像所述一样激活，高压气体（比如来自气体发生器，或是贮备的气体/液体或是 CO_2）就会推动电解质通过输送系统（电解质输送网络）进入每一个电池单体。

这种电解质贮存容器通常采用一种可折叠的杯状、箱形或是弯曲的管状结构，这样就可以在较长的非激活期保存电解质，而在激活时又能够作为输送系统使用。每一个贮液器都有某种隔离膜，隔离膜可以通过高压力或机械方法破坏，这样电解质就可以进入电池的单体电堆部分。

双极性电堆以及处于中心位置的电解质输送系统构成电池工作区。当电解质进入中心的输送系统，就可以通过环绕电池的孔洞或通道进入每一个电池单体。电解质输送系统的设计是控制电池内部漏电的关键。对于双极性电池，工作寿命相对较短（几秒至几小时），因此流场相对简单。但当要求电池具有较长工作时间时，电池内部不可避免的漏电电流就取决于漏电路径的长度和面积。

另一种电池结构是为了"延伸范围制导导弹（ERGM）"[16] 计划而设计。从根本上来说，这种设计是和图 35.10 中显示的结构相似。不过改进后的最终结构如图 35.12 所示。这种电

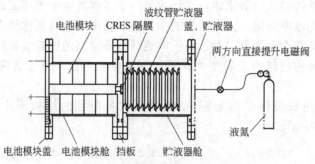

图 35.12 延伸范围制导导弹（ERGM）
用 Li/SOCl$_2$ 电池实验室激活测试固定装置

池采用 Li/SOCl$_2$ 体系，但采用一种特殊的四氯镓酸锂电解质以提高电池性能。测试的装置利用气体压力来压缩贮液器并破坏隔离膜以激活电池。在实际应用中，发射时的后坐力就可以实现这一功能。ERGM 电池的规格见表 35.3。

表 35.3 ERGM 电池的规格

说 明	规 格
12V 部分的规定	负载电压范围:9.5～16.0V
	60W 连续使用
28V 部分的规定	负载电压范围:24～40V
	15W 连续使用
	125 脉冲,8A,持续 0.1s,
	持续,均匀分布
工作寿命	最小 480s

35.1.4 工作特性

(1) 安瓿瓶电池 "激活时间"是贮备式电池特有的特性，也是重要指标之一。这一点对于军用电器来说更是尤为重要，因为这些电器使用的贮备式电池必须设计成能在 1s 甚至 0.5s 内达到工作电压。而对于非军事用途来说，达到所需工作电压的激活时间就没有那么苛刻。但是，对于给定电池设计和电化学体系的贮备式电池来说，激活时间受放电率和温度影响。

一般来说，Li/SOCl$_2$ 和 Li/V$_2$O$_5$ 体系的电压抬升时间特性基本相同。图 35.13 显示的

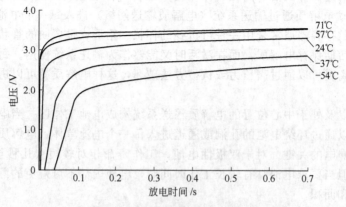

图 35.13 Li/SOCl$_2$ 贮备电池激活时间特性
(Alliant G2659B1 模块；负载 4.35kΩ)

是 Li/SOCl$_2$ 电池（如图 35.4 所示）在 5 种不同温度下以 0.1mA/cm^2 的电流密度（大约 1/500C 率）放电的电压抬升时间特性。在室温（24℃）或更高的温度下，电压抬升时间一般为 20ms，但在低温条件下则增加到 500ms。电池激活的能力主要取决于电池设计，即当安瓿瓶被打破时，电解质能迅速扩散并渗透到电极和隔膜的多孔结构中。

Li/SOCl$_2$ 和 Li/V$_2$O$_5$ 电池体系（如图 35.3 和图 35.4 所示）进入稳定放电状态时的电压平台如图 35.14 所示。这两个体系在低温条件下，在电压 3.3～3.0V 的范围内以及电流密度小于 1mA/cm^2 的条件下，它们的电压值非常接近。在高温、室温或高于 74℃ 的条件下，Li/SOCl$_2$ 电池的工作电压大于 3.5V，而 Li/V$_2$O$_5$ 电池一般只在 3.2～3.4V 之间。更高的电压以及更大的容量说明 SOCl$_2$ 电池比 V$_2$O$_5$ 电池具有更高的比能量。如图 35.14 所示，V$_2$O$_5$ 体系在很宽的温度范围内容量变化很小，但是在以 0.1mA/cm^2 相同的电流密度下放电时，V$_2$O$_5$ 体系的容量还是比 SOCl$_2$ 体系要小。虽然 Li/SOCl$_2$ 电池在低温条件下容量和电压都比较低，但是仍然要比其他电池体系高，而且该体系的电压特性表现为一个稳定且唯一的电压平台。高温曲线同样也非常平坦，并且在电流密度为 0.1mA/cm^2 的条件下，其放电电压一般在 3.6V 以上。在相同的放电率下，SOCl$_2$ 体系在室温条件下的电压特性与在高温条件下基本相似，但比高温条件下略低，约为 3.5V。表 35.4 是两个体系对相同的负载进行放电时测得的输出参数，它说明 Li/SOCl$_2$ 电池出众的性能。这两个体系的电压很相似，这就使得用电器可以在它们之间进行一对一的替换。

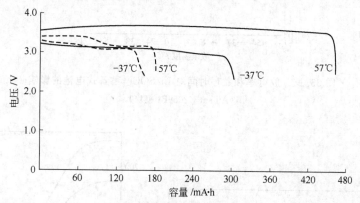

图 35.14　Li/V$_2$O$_5$（----）贮备电池和 Li/SOCl$_2$（——）电池放电性能对比

（电流密度为 0.1mA/cm^2）

图 35.15 是非激活态的 Li/SOCl$_2$ 电池在 71℃ 条件下贮存 12 个月后，在 −54～71℃ 的范围内放电曲线。贮存对电池特性没有明显影响。无论是放电过程中电压的略微下降，还是非贮备式电池在首次加入负载时造成的电压滞后，该贮备式电池都没有出现。图 35.15 还对未经贮存的电池在各种负载和温度下放电的特性进行对比。

表 35.4　Li/SOCl$_2$ 和 Li/V$_2$O$_5$ 电池体系性能比较

体系	温度/℃	单体电压/V	容量/mA·h	单体体积/cm^3	单体质量/g	质量比能量/(W·h/kg)	体积比能量/(W·h/L)
Li/V$_2$O$_5$[①]	−37	3.15	160	5.1	10	50.4	98.8
	57	3.30	180	5.1	10	59.4	116.5
Li/SOCl$_2$[②]	−37	3.05	300	5.1	10.5	87.1	179.4
	57	3.60	450	5.1	10.5	154.3	317.6

① Alliant model G2659。

② Alliant model G2659B1。

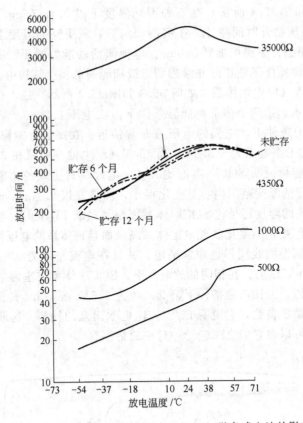

图 35.15 放电率和贮存时间对 Li/SOCl₂ 贮备式电池的影响

（Alliant G2659B1 模块）

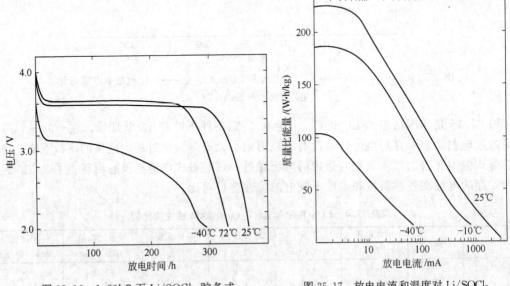

图 35.16 1.25kΩ 下 Li/SOCl₂ 贮备式
A 型电池的典型放电曲线

（Tadiran TL-5160 模块）

图 35.17 放电电流和温度对 Li/SOCl₂
贮备式电池质量比能量的影响

（Tadiran TL-5160 模块）

　　图 35.16 是 Li/SOCl₂ 贮备式 A 型电池（如图 35.2 所示）的放电曲线。该体系的安时容量明显要比同型号的非贮备式一次电池大。图 35.16 还显示该电池在 1.25kΩ（约 3mA）或 0.15mA/cm² 的电流密度下放电的电压特性。在 −10℃ 条件下，以大于 1.5A 的电流（电流密度为 100mA/cm²）放电，电压高于 2.0V 可以持续几分钟。这种电压终止到 2.0V 的电池质量比能量与放电电流在各种温度下的关系如图 35.17 所示，高温条件下与 25℃ 条件下相似。

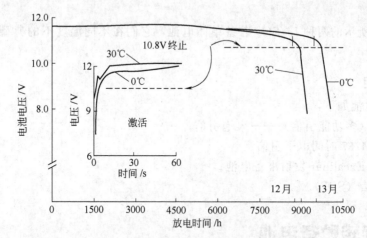

图 35.18　12V、100A·h Li/SO₂ 电池的激活和放电曲线
（LiAsF₆ 的 AN-SO₂ 电解质）

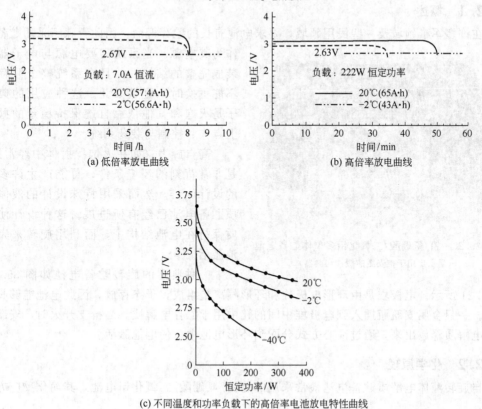

(a) 低倍率放电曲线　　　　　　(b) 高倍率放电曲线

(c) 不同温度和功率负载下的高倍率电池放电特性曲线

图 35.19　Li/SOCl₂ 贮备电池的放电特性
（Alliant G3070A2 模块）

（2）多单体电池设计 采用单个激活设计的 Li/SO_2 电池组的放电特性如图 35.18 所示。该图表示一只 12V、100A·h，使用 $LiAsF_6$ 溶于 AN-SO_2 电解质的电池的放电特性。因为电池是人工激活，所以电压抬升时间加长，这主要是由于位于电池中间隔离膜旁的激活螺钉需要旋转好几圈，才能将隔离膜刺穿造成。如果使用电激活或化学方法控制的活塞或小型点火器来刺穿隔离膜，那么电池就很容易被激活，从而缩短激活时间。虽然电池的工作寿命非常短，但是数据表明，如果使用稳定的电解质，那么它仍然可以在低倍率下维持长时间放电。

如图 35.8 所示的两种 Li/SO_2 贮备单体电池，它们在不同温度下的典型放电曲线如图 35.19 所示。

35.1.5 应用

相关产品电池如下：

① MOFA（多功能引信）——火炮引信；

② M762/M767 时间电子引信；

③ 155mm Excalibur 发射准备电池；

④ 自毁引信（SDF）。

35.2 旋转贮备电池

35.2.1 概述

在许多军事领域及一些民用领域，要求电池有长的贮存寿命，因此青睐于采用贮备电池作为其电源。当系统需要电源与电子器件组装成完整的结构，并且在系统整个贮存期内不能更换时，更是如此。这种应用的典型例子是火炮和其他依靠自旋保持稳定的抛射体上点火、控制与装药系统。

高自旋力（如在火炮抛射体中经常遇到）是非常苛刻的环境条件，可能产生许多电池的设计困难。然而采用特殊设计的液体电解质贮备电池已经有所进展。这种设计使电解质保持在电池结构中，而利用旋转来完成电池激活。

一种典型的旋转贮备电池如图 35.20 和

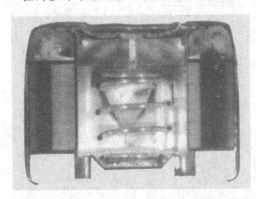

图 35.20 铅/氟硼酸/二氧化铅多单体贮备电池
（显示出用于铜安瓿的缓冲切割器）

图 35.21 所示。电极堆是由环形电极片和环形隔离垫组成，干态存放，因此电池能够长时间贮存。一只金属安瓿瓶插入到电极堆中间的孔中用于贮存电解质。当枪支开火时，安瓿瓶打开，电解质释放出来，通过离心方式分配到环形电池中，使电池激活。

35.2.2 化学原理

自旋转液体电解质贮备电池最常采用的是铅/氟硼酸/二氧化铅电池，其简化反应方程式如下：

$$Pb + PbO_2 + 4HBF_4 \longrightarrow 2Pb(BF_4)_2 + 2H_2O$$

由于氟硼酸的低温性能较好，因此作为军事应用时，采用氟硼酸替代常用硫酸作为电解

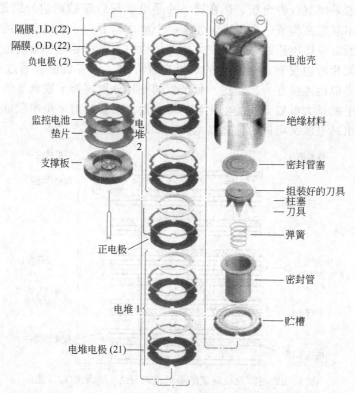

图 35.21　PS416 电源系统用的铅/氟硼酸/二氧化铅贮备电池零部件

质。其良好的低温特性部分归因于该贮备电池放电过程中的反应产物是可溶的。在 20 世纪 90 年代初，生产这类电池电极材料的最后两条生产线退役。由于经济性原因，这类电池已经被取代。然而，该体系电池依然存在于美国军方引信电源的供货目录中。

最近，采用锂负极的自旋转液体电解质电池已经研制成功。这种体系的前景非常好，其中亚硫酰氯起双重作用，既作为电解质的输送者，又作为活性正极去极剂。（参见第 35 章前半部分）。对该体系的电池反应是：

$$4Li + 2SOCl_2 \longrightarrow 4LiCl + S + SO_2$$

锌/氢氧化钾/氧化银系列曾经也应用于自旋转电池中，但这种贮备电池体系通常更多地用于非旋转的使用场合，如用于导弹。这种体系的电解质通过气体发生器或其他激活方式注入电池（参见第 34 章）。这种体系在一些场合下代替金属锂体系电池，此种情况下往往担心锂体系潜在的危险会带来安全性问题。锌/氧化银电对的化学反应特征可由下面两个反应中的一个表示，这取决于氧化银的氧化价态。

$$2AgO + Zn \longrightarrow Ag_2O + ZnO$$
$$Ag_2O + Zn \longrightarrow 2Ag + ZnO$$

在 20 世纪 70 年代早期已经开发 Ca/LiCl-KCl-CaCrO$_4$/Fe 高速旋转（300r/s）体系电池，并在圣地亚国家实验室成功进行演示验证。20 世纪 90 年代早期进一步发展成现在的高旋转电池技术。当今大部分热电池采用标准的锂（合金）/二硫化铁电对，高旋转电池也以该体系为基础（第 36 章对其化学性质进行详细讨论）。

35.2.3　设计依据

（1）电极对装配　电极对可以用两种方法装配，一种适合高电压输出；另一种适合大电流输出。前者一般采用双极性电极，即在同一片导电金属骨架的两边分别是正、负极材料。这种双极性电极串联起来构成一个电堆，使上一个单体与下一个单体自然接触，而整个电堆的输出电压就是所有单体电压的总和。在大电流结构中，采用导电骨架两边都覆有负极材料的极板与导电骨架片两边覆有正极材料的极板交替堆放，所有负极板通过连接片并联在一起，所有正极板类似地连接在一起，正、负极板的导耳分别连接形成电池的极柱。这种电极并联的电堆实际上就是大电极面积的电化学单体电池。必要时对多个串联电堆可实施并联连接，因此既可输出高电压又可同时输出高电流（如图 35.22）。

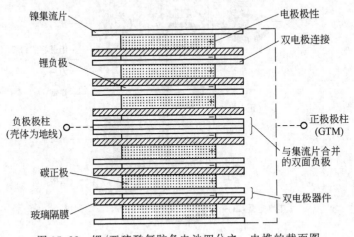

图 35.22 锂/亚硫酰氯贮备电池四分之一电堆的截面图

（2）电解质用量的优化 安瓿瓶里的电解质液量必须与电池组里所有单体电池相匹配。并联结构的电池能适度地忍受电解质过量或不足，这是因为它是单个电池。然而对于串联结构的电池，电解质则不能过量，因为过量电解质充满通道或分配道，从而造成电池之间的内部短路。相反如果电解质量不足，可使一个或多个电池中没有电解质，从而在整个电池堆中不能形成电路通路。

由于温度极端变化对液体电解质的膨胀和收缩的影响要比对电池体积的影响大，在低温下能保证电池正好注满电解质量，在高温下就要过量。在电池设计时，通过采用一个贮液槽来容纳过量的电解质。在一些短寿命电池中，高温时电解质可以注满电池，低温时电解质将注不满。为保证电解质进入每个电池（以便能保持连续性），单体电池间都需要留有一个小孔。尽管为降低电池间不可避免的短路，使这些孔尽可能小，但这些孔还是会造成电池容量的损失。

（3）电池密封 由于自旋液体电解质贮备电池的单体电池通常是圆形，并且要承受离心力，所以电池的周围必须密封以防止电解质泄漏。这种密封一般是通过在电极-垫圈构成电堆的外部形成一层塑料隔离层实现。对于铅/氟硼酸/二氧化铅电池，这种隔离层是由涂在青壳纸（一种密实、不透水的纸）上的聚乙烯形成，在一定温度下聚乙烯会熔化（与用在牛奶盒上的膜类似）。电池垫圈是由涂覆的青壳纸冲制出来，并放在电极中间。将电堆夹紧放到炉子中加热到足够高温度使聚乙烯熔化，聚乙烯就起到电极间黏结剂和密封剂的作用。单体电池的密封非常重要，因为电解质的泄漏会导致内部短路，引起容量的快速损失。

用于先进雷达接近式火炮引信的中能量锂/亚硫酰氯电池对电池密封性要求并不非常严格。图 35.23 显示一款最近开发成功的多单体锂/亚硫酰氯电池组。这类电池的电极、隔膜等部件设计成环形而易于装配，生产可以自动化完成。由于电堆与外环间安装不紧密而造成单体电池间短路的问题，可通过导电性较差的阴极电解质抵消掉（与采用氟硼酸有关）。对于导弹用高能量和高功率电池来说（第 35 章前半部分），电池的密封性和绝缘性仍然是非常重要的。

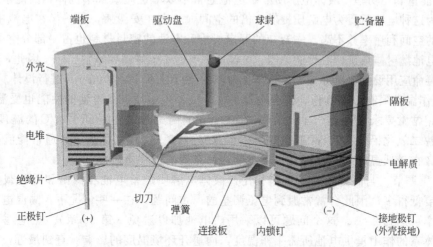

图 35.23　多单体锂/亚硫酰氯贮备电池的截面

（4）安瓿瓶　早期液体电解质贮备电池的设计采用玻璃安瓿瓶来贮存电解质，而且当今有一些电池仍采用这样的安瓿瓶。这些瓶子通常受炮火的加速力、雷管或引爆管的爆炸性所击碎。尽管这些冲击力对击碎玻璃瓶是绰绰有余的，但是也存在失误操作或者跌落在一个坚硬的表面上的可能性，从而不慎引起安瓿瓶破裂，使电解质过早泄漏到单体电池中，对电池造成损坏。

电池坚固性的重要进步是采用带内部切割机构的金属瓶设计，通常这种金属是铜。其中一种结构中采用的切割器（如图 35.24）要靠炮弹发火提供的自旋和加速力产生动作。另一种结构则依赖于减振切割器机构（如图 35.20、图 35.21 和图 35.23）。这种机构需要持续的加速度（随炮火经历的几毫秒）。当电池跌落到坚硬的表面时，冲击脉冲非常短（不到 1ms）。在这种情况下，该结构不产生动作。"智能"安瓿瓶的使用，能够区分炮火作用力和失误操作，从而使电池可靠性和安全性有实质性提高。

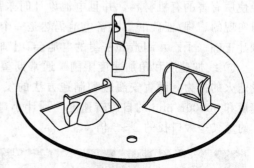

图 35.24　依靠自旋和加速度动作的带有三片刀刃切割器的铜安瓿贮液瓶

（5）锂基电池的安全性　在至少过去 20 年中，采用不同锂基电化学体系的贮备单体电池已应用在许多引信电源中。这些电池通常采用负极-隔膜-正极的组装方式，螺旋卷绕在位于中心的玻璃电解质瓶的周围。通过炮火或以火药或弹簧驱动装置撞击电池壳底部的方式，破坏电解质瓶。由于这些装置都是针对单体电池，因此不会产生电池间短路及相应的安全问题。

然而，在多单体堆式贮备电池中，在共用电解质分配道中电池间短路的可能性是相当大的。电池间的短路不仅损耗电池容量，也造成枝晶的生长，枝晶能够导致电池短路，从而造成灾难性的后果。经验表明，如果电池内部所有的金属表面都有非导电涂层（通常是以聚四氟乙烯为主），枝晶的生长会降低到最小或得到消除。

35.2.4 工作特性

（1）概述

① 比能量和比功率 液体电解质贮备电池通常不以单位质量或单位体积的能量或功率来衡量。因为这种电池需要为电解质提供2倍的空间（一半在安瓿瓶，另一半在电池中），因此这种电池的空间利用率并不高。安瓿瓶的开启机构和电池的密封材料也占一部分空间。而且，由于装载电池抛射体自旋偏心性的原因，电池面积有时不能暴露在电解质中。因此，这类电池通常为短寿命应用设计，例如按相应炮弹抛射体的飞行时间（大约3min）进行设计。

② 工作温度限制 如其他大部分电池一样，液体电解质贮备电池的性能也受温度影响。但军事应用常常要求电池在-40～60℃的温度范围内工作，在-55～70℃的温度内贮存。铅/氟硼酸/二氧化铅体系和锂/亚硫酰氯体系及锌/氢氧化钾/氧化银体系通常能满足这些要求，后两者在最低温度下工作时有一定难度，在激活前需将电解质加热。

③ 电压调节 与高温条件下工作相比，液体电解质贮备电池在低温和重负载条件下的输出电压要低得多，因此会常常遇到电压调整的严重问题。在一些情况下，高温电压对低温电压的比率可达到2:1。这个问题可以采用热电池加以避免（第36章）。热电池可以通过自身火药体系的作用提供电池所需工作温度，而避开环境温度的影响。直到最近，热电池在高旋转速度下不能正常工作，但是在该领域已取得进展，并且现在能够得到可承受300r/s旋转速度的热电池。

④ 贮存寿命 液体电解质贮备电池的贮存寿命极大地依赖贮存温度，高温对电池是有害的。由于高温下氧化银的还原和锌电极钝化，锌/氧化银电池是常用体系中最差的。除非电池设计的安全系数很大，否则很难达到10年的预期贮存寿命。铅/氟硼酸/二氧化铅电池也随着时间的推移而产生衰降，容量产生损失，激活时间加长。然而，如果在电池结构中避免使用有害的有机材料，并且电池设计时采用一些安全系数，20～25年的贮存寿命也是可以实现的。锂/亚硫酰氯贮备电池仍然是一个新的体系，还没有贮存历史的记录，然而可以预计正确（干态）制造和密封的电池会有长时间贮存能力。

⑤ 线加速度和角加速度限制 通常期望自旋激活的电池用于枪炮中，因此它必须能承受炮火的推力。随着安瓿瓶和制造方法的发展，这种电池能承受20000～30000g的线性加速度和30000r/min的自旋转速度。预计小口径（20～40mm）抛射体能承受的线性加速度g的量级是大口径的2～5倍。

为帮助承受这些力，电池部件有时封装在塑料支撑体内。通常设计是用一个铸模的塑料杯来装电堆和安瓿的部件，并采用环氧树脂将它们加以固定。最近，采用高嵌入聚氨酯泡沫塑料，将电极堆和安瓿部件用RIM（碰撞反应模塑法）工艺现场封装，这种工艺几分钟就可以完成脱模。这两种类型的支撑体如图35.25所示。

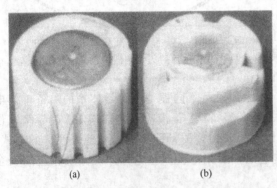

(a)　　　　　(b)

图35.25 通过往铸模壳体内灌环氧（a）和采用模塑聚氨基泡沫碰撞反应原位封装的方式（b）为铅/氟硼酸/二氧化铅贮备电池的电极堆和安瓿部件提供支撑

⑥ 激活时间 从电池启动开始，到在规定的电子负载条件下电池能够提供和维持所需的电压，这两者之间的时间就是激活时间。对于液体电解质自旋贮备电

池，激活时间包括安瓿瓶打开的时间、电解质分配时间、消除分配道内电解质短路的时间、消除电极钝化的时间和消除任何形式极化的时间。通常在低温下激活时间最长，这是由于低温时电解质黏度的增大和离子移动性降低引起。

在贮备电池的技术要求中通常都规定允许的最长激活时间，并且经常设计为在要求的时间内达到峰值电压的 75% 或 80%。大炮发射用引信电池是典型的用途，要求电池激活时间非常短，可能小于 100ms。由于电池是用来启动计时器，因此，到达要求的电压时间过长或不确定性能导致严重的计时错误以及相应的炮火失效。在某些情况下，计时错误会对安全性产生不利影响，在要求不太严格的情况下，0.5~1.0s 的激活时间是允许的。

（2）特定电化学体系的性能　几种典型的自旋贮备电池的物理特性和电性能如表 35.5。

表 35.5　典型自旋贮备电池

图例	电化学体系	高/cm	直径/cm	质量/g	额定电压/V	额定能量/W·h
图 35.20	$Pb/HBF_4/PbO_2$	4.1	5.7	280	35	0.5
图 35.23	$Li/SOCl_2$	1.67	3.8	70	9	0.37
	$Zn/KOH/AgO$	1.3	5.1	80	1.4	0.65

① 铅/氟硼酸/二氧化铅电池　用于驱动炮弹引信的典型铅/氟硼酸/二氧化铅液体电解质贮备电池放电曲线如图 35.26 所示。低温放电曲线的略微上升是由于室温自旋测试器温度逐渐上升引起的。同样与真正等温条件相比，高温放电曲线下降更快。

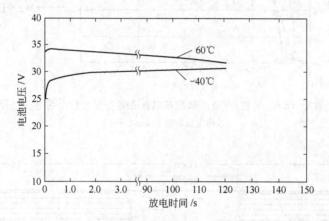

图 35.26　在不同温度下，铅/氟硼酸/二氧化铅贮备电池放电曲线
（电流密度为 100mA/cm²）

② 锂/亚硫酰氯电池　多单体液体电解质贮备式锂/亚硫酰氯电池（图 35.23）的放电曲线如图 35.27、图 35.28 所示。显示出工作环境温度对电池组输出电压、容量及上升时间的影响。

锂/亚硫酰氯电池在取代铅/氟硼酸/二氧化铅电池时，还具有使用操作方面的优点。老体系自旋式电池工作时间短，且必须在自旋装置的作用下工作（保持电解质在电池内部）。而新的应用提高对电池的使用要求，电池需经受住火炮点火、短时间自旋，以及接下来无自旋模式下的一系列操作时间：如火炮布雷、无干扰发射台、撞击地面后工作的装置或是当降落伞降速后开始工作的抛射体和弹药。

锂/亚硫酰氯贮备电池可以满足不同组合功能需求。图 35.29 显示一款液态电解质锂/亚硫酰氯贮备电池的结构设计示意。该设计采用玻璃毡吸附隔膜、高阻抗电解质充填路径。电

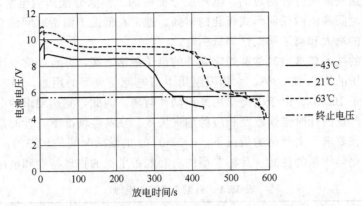

图 35.27 自旋（80r/s）锂/亚硫酰氯贮备电池在各种温度的放电曲线
（电流密度 2mA/cm²，放电 10s 后以 35mA/cm² 放电）

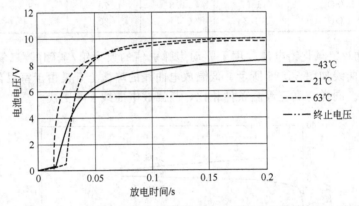

图 35.28 自旋（80r/s）锂/亚硫酰氯贮备电池在各种温度放电的电压上升时间曲线
（放电电流密度为 2mA/cm²）

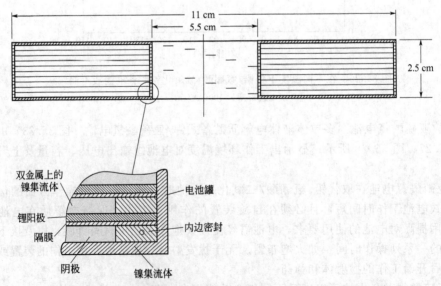

图 35.29 液态电解质锂/亚硫酰氯贮备电池的锂阳极/碳阴极叠层结构

池在旋转条件下激活后，吸附材料吸附通道中的电解质而在旋转停止后仍保持电解质在单体内。这种设计保证锂/亚硫酰氯电池长时间湿搁置能力，同时满足激活时间很短的要求。图 35.30 显示液态电解质多单体贮备电池长时间湿搁置后的放电特性（可参考本章部分内容）。

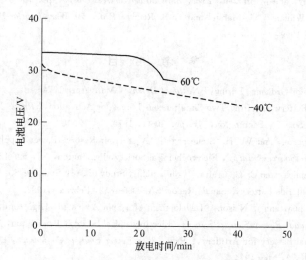

图 35.30　锂/亚硫酰氯系列贮备电池的放电曲线

（电流密度为 50mA/cm²）

③ 旋转热电池　由于热电池具有对环境温度较低的敏感性和较长的贮存寿命（没有衰降）等特点，人们长时间以来一直希望将其作为液体电解质贮备电池的替代产品。在电池工作温度下由于熔融导电物质的泄漏，在电堆边缘引起电池间的短路乃是热电池在高旋转速度环境下的主要失效模式。采用新结构设计、较高电解质胶黏剂含量的电化学体系和防止负极物质迁移的锂合金负极已经使旋转热电池具备实用性。

参 考 文 献

1. A. N. Dey, "Lithium Anode Film and Organic and Inorganic Electrolyte Batteries," in *Thin Solid Films*, vol. 43, Elsevier Sequoia, Lausanne, Switzerland, p. 131, 1997.

2. R. J. Horning, "Small Lithium/Vanadium Pentoxide Reserve Cells," *Proc. 10th Intersoc. Energy Convers. Eng. Conf.*, 1975.

3. W. B. Ebner and C. R. Walk, "Stability of $LiAsF_6$-Methyl Formate Electrolyte Solutions," *Proc. 27th Power Sources Conf.*, 1976.

4. "Organic-Based M762 Reserve Battery," ARL Sponsored Program, 2009.

5. B. Ravid, *A Reserve-Type Lithium-Thionyl Chloride Battery*, Tadiran Israel Electronics Industries, 1979.

6. M. J. Domenicomi and F. G. Murphy, "High Discharge Rate Reserve Cell and Electrolyte," U. S. Patent 4, 150, 198, Apr. 17, 1979.

7. M. Babai, U. Meishar, and B. Ravid, "Modified $Li/SOCl_2$ Reserve Cells with Improved Performance," *Proc. 29th Power Sources Conf.*, June 1980.

8. P. M. Shah, "A Stable Electrolyte for Li/SO_2 Reserve Cells," *Proc. 27th Power Sources Symp.*, 1976.

9. P. M. Shah and W. J. Eppley, "Stability of the $LiAsF_6$: AN: SO_2 Electrolyte," *Proc. 28th Power Sources Symp.*, 1978.

10. R. J. Horning and K. F. Garoutte, "Li/SO_2 Multicell Reserve Structure," *Proc. 27th Power Sources Symp.*, 1976.

11. Hsiu-Ping Lin and K. Burgess, "Synthesis of Charged Li_xCoO_2 $(0 < x < 1)$ for Primary and Secondary Batteries," U. S. Patent 5, 667, 660 (1997).

12. W. J. Eppley and R. J. Horning, "Lithium/Thionyl Chloride Reserve Cell Development," *Proc. 28th Power Sources Symp.*, 1978.

13. J. Nolting and N. A. Remer，"Development and Manufacture of a Large Multicell Lithium-Thionyl Chloride Reserve Battery," *Proc. 35th International Power Sources Symp.*，1992.

14. C. Kelly，"Development of HWAM $Li_x CoO_2$ Reserve Battery," Report No. NSWCCD-TR-98/005，April 1997.

15. S. McKay, M. Peabody, and J. Brazzell, *Proc. 39th Power Sources Conf.*，pp. 73-76，2000.

16. P. G. Russell, D. C. Williams, C. Marsh, and T. B. Reddy, *Proc. 6th Workshop for Battery Exploratory Development*，pp. 277-281，1999.

参 考 书 目

Benderly, A. A.："Power for Ordnance Fuzing," *National Defense*，Mar.-Apr. 1974.

Biggar, A. M.："Reserve Battery Requiring Two Simultaneous Forces for Activation," *Proc. 24th Annual Power Sources Symp.*，Electrochemical Society，Pennington，NJ，pp. 39-41，1970.

Biggar, A. M.，R. C. Proestel, and W. H. Steuernagel："A 48-Hour Reserve Power Supply for a Scatterable Mine," *Proc. 26th Annual Power Sources Symp.*，Electrochemical Society，Pennington，NJ，pp. 126-129，1974.

Cieslak, W. R.，F. M. Delnick, and C. C. Crafts："Compatibility Study of 316L Stainless Steel Bellows for XMC3690 Reserve Lithium/Thionyl Chloride Battery," Sandia Report SAND85-1852, February 1986.

Doddapaneni, N.，D. L. Chua, and J. Nelson："Development of a Spin Activated, High Rate, $Li/SOCl_2$ Bipolar Reserve Battery," *Proc. 30th Annual Power Sources Symp.*，Electrochemical Society，Pennington，NJ，pp. 201-204，1982.

Grothaus, K. R.："Thermal Battery for Artillery," *Proc. 26th Power Sources Conference*，U. S. Army CECOM/ARL, pp. 141-144，Apr. 29-May 2, May 1974.

Morganstein, M.，and A. B. Goldberg："Reaction Impingement Molding (RIM) Encapsulation of a Fuze Power Supply," *Proc. of the 4th International SAMPE Electronics Conference*，Society for the Advancement of Material and Process Engineering, Covina, CA, pp. 753-764，1990.

Schisselbauer, P. F.，and D. P. Roller，"Reserve g-Activated, $Li/SOCl_2$ Primary Battery for Artillery Applications," *Proc. 37th Annual Power Sources Conference*，U. S. Army CECOM/ARL, Cherry Hill, NJ, pp. 357-360，1996.

Turrill, F. G.，and W. C. Kirchberger："A One-Dollar Power Supply for Proximity Fuzes," *Proc. 24th Annual Power Sources Symp.*，Electrochemical Society，Pennington，NJ，pp. 36-39，1970.

第 **36** 章

热电池

Charles M. Lamb

36.1 概述

热电池是用无机盐作为电解质的一次贮备电池。在室温下，无机盐电解质是不导电的固体。按要求配制能提供足量热能以使电解质融化的焰火加热材料是热电池整体的一部分。呈熔融状态的无机盐电解质具有高导电性，此时，单体电池就可以大电流输出了。

激活后，热电池的工作寿命取决于单体电池的电化学体系、电池结构等因素。热电池一旦被激活，只要电解质保持熔融状态，就可以源源不断地输出电能，直到参加反应的活性物质被耗尽为止。另外，即使活性物质是过量的，但由于热电池内部热量的散失使电解质重新凝固，热电池也会停止输出电能。因此，在激活后，热电池正常工作的两个基本条件如下：

① 电池活性物质的组成和数量（例如负极和正极）；

② 其他结构因素，包括整个电池形状，以及其中所用的隔热材料类型与数量。

某些热电池在激活后只需要提供几秒钟电能，而另外一些就需要提供 1h 以上的电能，这些特殊的使用要求决定电池的最终设计。

热电池的激活通常是由外设信号源向装在电池内部的激活装置提供能量脉冲来实现。典型的激活装置如电点火头、电起爆器和机械撞击火帽等都可以引燃电堆里的焰火材料。激活时间是从输入激活信号开始到电池达到一定电压并可以维持一定的电流输出时所需要的时间段，它是电池尺寸、电池设计以及电化学体系的函数。对大的电池来讲，几百毫秒的激活时间并不罕见；已经实现高可靠性设计的小电池可以在 10~20ms 内达到工作状态。

在未激活的状态下，依设计不同，热电池的贮存寿命通常可以达到 10~25 年。热电池一旦被激活放电后就再也不能使用或者充电。

目前，随着技术的发展，热电池激活后的工作寿命得到延长，这已经拓宽热电池在新的军用领域以及工业和民用领域的应用范围。

在 20 世纪 40 年代，热电池在德国被发明，主要用在武器系统中[1~3]。在 1947 年[4]，含有多个单体电池，并与电池电堆形成整体的带有焰火加热材料的热电池开始生产。由于热电池具有高可靠性以及较长的贮存寿命，因此其特别适用于军火系统。目前，热电池已经被广泛地应用在导弹、炸弹、地雷、诱饵弹、干扰机、鱼雷、空间探测系统、紧急逃生装置等方面。图 36.1 给出几种典型热电池的外形图。

图 36.1　几种典型的热电池外形图

热电池的优点主要有以下几点。

① 在没有性能衰降的"临战"状态下，有非常长的贮存寿命（达 25 年）。

② 几乎是"瞬间"激活；可以在百分之几秒内提供电能输出。

③ 峰值功率密度可以超过 $11W/cm^2$。

④ 经过长时间宽温度范围的贮存与严酷的力学环境试验后仍具有非常高的经过验证的可靠性和耐用性。

⑤ 免维护，热电池可以永久地安装在装备里。

⑥ 自放电可以忽略不计，未激活的热电池没有电流输出。

⑦ 具有宽广的工作温度范围。

⑧ 无气体放出，热电池是严格密封。

⑨ 可根据用户规定的电压、激活时间、电流及电池的形状等专门设计。

热电池的缺点主要有以下几点。

① 总的来说，激活后的工作时间较短（通常不超过 10min），但已能够设计工作时间超过 2h 的热电池。

② 中等偏低的体积比能量与质量比能量。

③ 一般电池表面温度可以达到 230℃，甚至更高。

④ 电压是非线性输出并随电池工作时间增加而降低。

⑤ 一次性使用。热电池一旦被激活，就不能被关掉或者重新使用（或者充电）。

36. 2　热电池电化学体系

热电池已经应用多个电化学体系。随着材料与技术的发展，热电池的技术发展水平与性能都已经得到提升，陈旧的设计已经在逐渐消失。以前用较老技术设计的电池，目前仍在继续生产。在某些情况下，继续生产这些"陈旧"体系的电池是由经济利益驱动的。用新的技术对已有电池进行再设计并重新鉴定，在经济上是不可接受的。表 36.1 列出过去几年已经得到应用的常用电化学体系。

所有热电池单体都由碱金属或碱土金属负极、可熔融盐电解质和金属盐正极组成。焰火加热材料通常插在串联电堆的每一个单体电池中间。

36.2.1 负极材料

在 20 世纪 80 年代以前，绝大多数热电池都应用金属钙负极，通常是把钙箔附在铁，不锈钢，或者镍箔等的金属集流片或基片上。"双金属"负极是把金属钙蒸镀在基片材料上，因此，钙负极的厚度通常是在 0.03～0.25mm。在其他一些设计中，钙箔既可以被压在多孔"擦奶酪板"式的基片上，也可以被点焊在基片上。金属镁是另外一种被广泛应用的负极材料，既可以做成"双金属"负极，又可以被压在或者点焊在基片上。

在 20 世纪 70 年代中期，锂逐渐被广泛用于热电池负极材料。锂用于负极主要有两种形态：锂合金与纯金属锂。使用最广泛的锂合金是含 20%（质量）锂的锂铝合金，以及含 44%（质量）锂的锂硅合金。尽管锂硼合金已经通过评估，但由于成本过高，还未被广泛地使用。

表 36.1　热电池类型

电化学体系： 负极/电解质/正极	工作电压/V	特征/应用
$Ca/LiCl-KCl/K_2Cr_2O_7$	2.8～3.3	激活时间非常快；工作时间短；适合于"脉冲"工作
$Ca/LiCl-KCl/WO_3$	2.4～2.6	中短工作寿命；电噪声低；用于物理环境条件不严苛的情况
$Ca/LiCl-KCl/CaCrO_4$	2.2～2.6	中等工作寿命；用于严苛的力学环境条件
$Mg/LiCl-KCl/V_2O_5$	2.2～2.7	中短工作寿命；用于物理环境条件严苛的情况
$Ca/LiCl-KCl/PbCrO_4$	2.0～2.7	快速激活；工作寿命短
$Ca/KBr-LiBr/K_2CrO_4$	2.0～2.5	工作寿命短；用于高电压、小电流输出的情况
$Li(合金)/LiF-LiCl-LiBr/FeS_2$	1.6～2.1	中短工作寿命；能大电流放电；用于物理环境条件严苛的情况
$Li(金属)/LiCl-KCl/FeS_2$	1.6～2.2	长的工作寿命；能大电流放电；用于物理环境条件严苛的情况
$Li(合金)/LiF-KBr-LiBr/CoS_2$	1.6～2.1	长的工作寿命（超过1h）；能大电流放电；用于物理环境条件严苛的情况

LiAl 和 Li（Si）合金都是粉末，这些粉末经过冷压成型成负极片，通常其厚度在 0.75～2.0mm。在单体电池中，锂合金负极的一边是和铁、不锈钢或者镍集流片连接。在激活的热电池中，锂合金负极是以固态负极的形式出现，因此负极的温度必须低于熔点或者只使其部分熔化。含 44%（质量）锂的锂硅合金在 709℃时会部分熔化；而 α，β-LiAl 在 600℃时就会部分熔化。一旦超过这些熔点，熔融的负极就会直接与正极材料相接触，导致产生大量热量的化学反应直接发生，使得单体短路。

在激活的热电池中，纯金属锂负极工作在高于其熔点 181℃的温度下。为了防止熔融的金属锂到处流动造成电池短路，必须使用具有高比表面积的金属粉末黏结材料或者金属海绵来吸附锂。这种吸附主要是靠黏结材料的表面张力。

金属锂负极的制备方法，是先把黏合材料和熔融的金属锂混合，然后把固化的混合物压延成箔片，通常厚度为 0.07～0.65mm。随后，这种箔材被冲切成与单体尺寸一样的负极零部件。冲切好的负极用铁箔制成的杯子包住，这杯子既防止锂的流出（它会造成电池短路），又可作为集流片使用。这样的金属锂负极在温度超过 700℃的情况下使用，电性能也无明显下降[5]。每一个热电池的设计者或者制造厂商都已经研制出多种热电池用的负极，可以根据不同电池的性能要求选择最适用的负极。

36.2.2 电解质

过去，多数热电池都采用氯化锂与氯化钾共晶盐（45∶55，LiCl∶KCl，质量比，熔点

352℃）作为电解质。一般含锂的卤盐混合物，由于它们具有较高的离子导电性，而且它们与负极材料及正极材料有很好的相容性，所以已成为首选的电解质。同许多低熔点的含氧盐相比，卤盐混合物不易因热分解或其他副反应产生气体。最近，在许多新研究出来的电解质中都含有溴化物，这可以获得低熔点电解质（这就可以延长热电池的工作时间），也可以降低电池内阻（可以提高电池的电流负载能力）。含溴化物的电解质有：LiF-KBr-LiBr（熔点320℃）、LiCl-KBr-LiBr（熔点321℃）和全锂电解质 LiF-LiCl-LiBr（熔点430℃）[6]。含有混合阳离子的电解质（即含有 Li^+ 和 K^+，而非全部是 Li^+，）在放电的过程中容易产生 Li^+ 的浓度梯度。尤其在热电池大电流输出时[7]，这种 Li^+ 的浓度梯度容易使共晶盐的成分偏析，导致电解质共晶盐局部过早固化。

在热电池的工作温度下，熔融盐电解质的黏性很小。为了使熔融盐电解质不流动，就需要在其中加入胶黏剂。早期，在 $Ca/CaCrO_4$ 和 $LiAl/FeS_2$ 体系中使用了黏土，例如高岭土和气化硅土。但是这些硅酸盐物质都会和 Li（Si）合金及金属锂负极发生反应。而具有高比表面积的 MgO 对易反应的负极则呈明显的惰性。目前，大多数体系都选择 MgO 作为熔融盐电解质胶黏剂。

36. 2. 3　正极材料

热电池已经采用很多种正极材料。这些材料包括：铬酸钙（$CaCrO_4$）、重铬酸钾（$K_2Cr_2O_7$）、铬酸钾（K_2CrO_4）、铬酸铅（$PbCrO_4$）、金属氧化物（V_2O_5，WO_3）以及硫化物（CuS，FeS_2 和 CoS_2）等。比较适用的正极材料标准有：与合适的负极配对后具有高的电压，与熔融的卤盐具有较好的相容性并且热分解温度要接近于 600℃。钙与铬酸钙负极的配对（$Ca/CaCrO_4$）是最常用的电化学体系，因为它们有高的电位（在 500℃ 时，单体电压可达 2.7V）。其热稳定温度也在 600℃ 左右。FeS_2 和 CoS_2（尤其是最近几年）常和含锂的负极配对使用，FeS_2 的热稳定温度在 550℃，CoS_2 的热稳定温度在 650℃。

36. 2. 4　焰火加热材料

在热电池中已经采用的加热源两种基本形态分别是加热纸和加热片。加热纸是由在一块无机纤维垫上粘接 Zr 粉和 $BaCrO_4$ 的一种类似纸的材料。加热片是由成分为 Fe 粉和 $KClO_4$ 形成的混合材料压制成片状的加热材料。

Zr-$BaCrO_4$ 加热纸是由焰火级 Zr 粉和 $BaCrO_4$ 制备而得，这两种物质的粒度都在 $10\mu m$ 以下。无机纤维，例如陶瓷和玻璃纤维，经常被用于加热纸垫的结构材料[8]。Zr 粉、$BaCrO_4$ 和无机纤维在加入水后通过湿法造纸技术就变成类似纸的材料；可用单个模具，也可以用造纸法连续生产。经过造纸法得到的这种类似纸的材料被冲切成零部件并被干燥。一旦被烘干，就要特别小心处理这些加热零部件材料，因为如果有静电或者摩擦，它们极易被点燃。加热纸的燃速通常在 $10\sim300cm/s$，燃烧热约为 $1675J/g$。加热纸燃烧后成为电阻比较大的无机灰分。如果把加热纸插在单体与单体之间，那么就要通过高电导率的集流片把两个单体连接起来。在一些电池设计中，用加热纸片燃烧后产生的灰分作为单体间的电绝缘材料。在这种情况下，可能还会有另外一种陶瓷纤维材料作为“基底”，以提高电绝缘性能。目前，在最先进的片型热电池中，加热纸只被用于点火条或者引燃条。在这种应用情况下，引燃条被点火头点燃，然后引燃条再依次把加热片点燃，而加热片就是热电池的主加热源。

加热片是由细 Fe 粉（$1\sim10\mu m$）和 $KClO_4$ 组成的混合材料经冷压成型后制得。Fe 粉的质量分数为 80%～88%，远超过与 $KClO_4$ 组成的化学计量比。过量的 Fe 粉大大增加加热片燃烧后的导电能力，代替单体间起隔离作用的集流片（省却单体间连接用集流片）。

Fe-KClO₄ 加热片的燃烧热从 88%Fe 粉的 920J/g 变化到 82%Fe 粉的 1420J/g；Fe-KClO₄ 加热片的燃速比 Zr-BaCrO₄ 加热纸的燃速要慢；点燃 Fe-KClO₄ 加热片所需能量也比点燃 Zr-BaCrO₄ 加热纸所需能量要高。因此，在电池生产过程中，Fe-KClO₄ 加热片不像 Zr-BaCrO₄ 加热纸那样极易被引燃。Fe-KClO₄ 加热片，尤其是还未被压制成片的粉末材料，必须被谨慎地处理与保存，要与可能的引燃物隔离。

Fe-KClO₄ 加热片燃烧后依然可以导电，这就简化单体间的连接与电池设计。燃烧后能保持原来形状，在动力学环境中也非常稳定（例如，冲击振动和旋转）。由于 Fe-KClO₄ 加热片的这些优点，大大增强热电池的耐用性。使用 Fe-KClO₄ 加热片的另外一个好处在于 Fe-KClO₄ 加热片的反应热比 Zr-BaCrO₄ 加热纸灰要高得多。因此，Fe-KClO₄ 加热片是贮热器，在燃烧后可保持相当多的燃烧热，这就可以有效延长热电池的工作寿命。

36.2.5 激活方法

热电池的激活是通过向装在电池内部的激活装置输出一个外加信号来实现。目前有四种基本的激活方法：加电信号激活电点火头；加机械脉冲激活撞击火帽；机械冲击激活惯性激活装置；光能信号（如激光）激活焰火装置。

电点火装置通常有一个或多个桥丝并含有热敏焰火材料。一旦给点火头通以点火电流，电桥就会点燃焰火材料，然后焰火材料又会引燃热电池中的加热源。通常，电点火装置分为两类：电爆管和电点火头。典型的电爆管是被封装在一个金属或者陶瓷的密封装置里，并只有一个或两个桥丝。通常使用的电爆管所需最小激活电流是 3.5A，并且最大的安全电流极限是 1A 或者 1W（随便哪一种都比较大）。电点火头不带有封装装置，并且只有一个桥丝。电点火头所需的激活电流为 500mA～5A，可测试的安全电流极限不超过 20mA。电爆管的价格通常是电点火头的 4～10 倍，但在有电磁辐射的环境中使用的热电池必须使用电爆管。

撞击火帽是靠机械撞击装置点燃焰火材料的火工品。通常，使用球半径 0.6～1.1mm 的撞针激活火帽所需要的冲击能量为 2016～2880gf·cm。火帽被固定在电池外壳的火帽台上。

惯性激活装置是由迫击炮或大炮发射时产生的巨大冲击或加速度激活的装置，它被设计成能对某个已知的冲击力及其作用时间的综合效果作出反应。特殊的惯性激活装置要被牢牢固定在电池的内部结构件上以保证其可以经受严苛的动力学条件。

光能（如激光）激活装置是用激光束通过装在电池外壳上的光学窗口来点燃电池内部的焰火材料以实现热电池激活。这种激活方法特别适用于有强烈的电磁干扰时会严重干扰电点火方式的情况。

热电池可以装配不止一种激活装置。根据电池的应用情况，装配在一个热电池上既可以是相同类型的多个激活装置，也可以选择多种激活装置的任意组合。

36.2.6 绝缘、隔热材料

热电池在整个服役期间都保持严格密封，即使在其内部温度达到或超过 600℃时也如此。用来减缓电堆热损失及降低电池表面温度的隔热材料必须无水，而且必须具有较高的热稳定性。陶瓷纤维、玻璃纤维、某些耐高温聚合物以及它们的组合已经都被用于热电池的隔热材料。在某些老的电池设计中仍在用石棉作为隔热材料。在 20 世纪 80 年代以前，石棉曾被广泛地用于热电池的隔热材料。

通常，在热电池中，用于导流线、极柱、点火装置及其他导电零部件的电绝缘材料是云母、玻璃或陶瓷纤维布以及耐高温聚合物。

隔热材料被围在电堆的外围以及上下端。在某些电池设计中，还使用耐高温环氧树脂制作的绝缘、隔热结构件，并且这些结构件还为激活装置与盖子上的极柱提供安全保护空间。长寿命热电池（工作时间超过20min）一般都使用高效隔热材料，例如Min-K（Johns Manville Co.）和Micro-Therm（Constantine Wingate, Ltd.）。如果要继续延长热电池的寿命（如1h，甚至更长），就需要使用真空毯，以及具有双层壳壁的真空整体壳来减少热损失。特殊的高热容片和额外的"假单体"也被装在电堆的两头，以此来减少热损失，延长被激活电池的工作寿命[9]。图36.2给出典型的热电池绝缘、隔热材料的组装及已安装电激活装置（电爆管）的封装盖子。

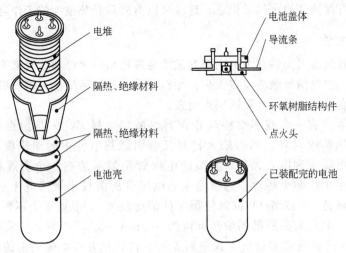

图36.2　热电池的典型装配

为延长激活热电池工作寿命，降低热量对靠近电池的热敏零部件的影响而采取的有效办法就是使用外用保温毯。如果热散失是以电池外表面散失为主，那么使用外用保温毯的保温效果要比单纯在电池内部使用隔热材料的保温效果要好，基本原因在于电池内部产生的高温气体不可能穿透电池壳外保温材料。外用保温材料、材料的固定方法以及使用的周围环境都对电池的热损失有很大影响；而且所有这些关系都必须考虑在热电池设计中。

36.3　单体电池化学原理

在热电池中已经开发和应用多种电化学体系。当前，使用最广泛的是锂/二硫化铁（Li/FeS$_2$）体系，远居其后处于第二位的应用体系是钙/铬酸钙（Ca/CaCrO$_4$）系列。对于一些特殊应用情况，只会用到某种电化学体系的某种特殊长处。例如，对工作时间相对较短，但要求快速激活的电池，这时就会用到钙/氯化锂-氯化钾/重铬酸钾（Ca/LiCl-KCl/K$_2$Cr$_2$O$_7$）体系或钙/氯化锂-氯化钾/铬酸铅（Ca/LiCl-KCl/PbCrO$_4$）体系。表36.2概括了采用不同电化学体系设计的一些热电池特性参数。

36.3.1　锂/二硫化铁体系

常用的锂负极共有三种形态：LiSi合金、LiAl合金及带有金属基体材料的锂负极Li(M)，它通常是用铁粉作为基体材料。这几种负极的区别在于，激活后，锂合金负极是固态，而在Li(Fe)混合物中的金属锂是熔融状态的，但这三种负极在单体中的化学反应都是相似的。LiSi 合金、LiAl 合金及锂负极 Li（M）都可以和 FeS_2 配对使用，而且都可以配相同的电解质；所使用的电解质既可以是传统的 LiCl-KCl 共晶盐电解质，也可以是具有高离子电导率的 LiF-LiCl-LiBr 全锂电解质，或者使用低熔点的 LiF-KBr-LiBr 电解质以延长电池激活后的工作时间。由于 FeS_2 是良好的电子导体，所以电解质层是必须要有的，以防止正极和负极的直接接触及单体短路。夹在负极和正极间的电解质，在熔融后，就被惰性的胶黏剂的毛细管作用吸附，用得最广泛的胶黏剂是 MgO[10]。

表 36.2　不同热电池的特性参数

单体类型	体积 /cm^3	质量 /g	标称电压 /V	电流 /A	峰值功率 /W	平均工作寿命 /s	质量比能量 /(W·h/kg)	体积比能量 /(W·h/L)
杯式/WO_3	450	850	7	5.8	41	70	2.3	4.3
开放/带式/WO_3	100	385	50	0.36	15	70	1.3	5.0
开放/带式/$K_2Cr_2O_7$	44	148	18	26.0	462	1.2	1.0	3.5
开放/带式/$K_2Cr_2O_7$	1	5.5	10	5.0	50	0.15	0.4	2.1
开放/带式/溴化物	81	225	203	0.02	4	45	0.2	0.7
片式/$CaCrO_4$/加热纸	123	310	42	2.9	125	25	2.8	6.8
片式/$CaCrO_4$/加热片	105	307	28	1.2	34	150	4.6	13.4
片式/$CaCrO_4$/加热片	105	307	28	2.5	75	60	3.8	11.1
片式/Li M*/FeS_2	92.3	320	25	15.0	420	35	11.4	39.0
片式/Li M*/FeS_2	170	505	28	12.0	378	140	26.2	82.0
片式/Li M*/FeS_2	208	544	138	1.0	138	250	32.2	84.1
片式/Li M*/FeS_2	3120	6620	315	10.0	3600	250	33.1	77.0
片式/Li M*/FeS_2	334	907	65	7.95	541	320	43.0	116.0
片式/Li M*/FeS_2	552	1400	27	12.0	372	600	38.7	111.8
片式/Li M*/FeS_2	1177	3270	27	17.0	459	900	35.1	97.5

注：Li M* 既可以是锂合金，也可以是金属锂。

由于没有任何伴生副反应发生，Li/FeS_2 电化学体系已成为最优先采用的也是最广泛的电化学体系。热电池自放电的程度取决于所用电解质类型及电池的温度[11]。正极的主放电过程为：

$$3Li + 2FeS_2 \longrightarrow Li_3Fe_2S_4 (2.1V)$$

$$Li_3Fe_2S_4 + Li \longrightarrow 2Li_2FeS_2 (1.9V)$$

$$Li_2FeS_2 + 2Li \longrightarrow Fe + 2Li_2S (1.6V)$$

大多数电池设计只使用第一个反应过程，有时会用到第二个反应过程，以避免单体电池电压的变化。

依使用的负极不同，负极所发生的相转变也不一样。对 LiAl 合金有：

$$\beta\text{-LiAl}[20\%（质量）Li] \longrightarrow \alpha\text{-Al}（固溶相）$$

当金属锂的含量低于 18.4%（质量）（全部形成 β-LiAl 相的最低锂含量）而高于 10.0%（质量）（全部是 α-Al 固溶相的最高锂含量）时，LiAl 合金就形成 α，β-LiAl 两相混合物。当 LiAl 合金的成分处于 α，β-LiAl 两相混合物时，它的电压出现平台。LiAl 合金的这个电压平台比纯锂的电压平台低 300mV 左右。

Li（Si）合金，其相变过程为：

$$Li_{22}Si_5 \longrightarrow Li_{13}Si_4 \longrightarrow Li_7Si_3 \longrightarrow Li_{12}Si_7$$

一个负极电压平台显示每对相邻合金之间多组分的产生。例如，其第一个电压平台就出现在由 $Li_{22}Si_5$ 相向 $Li_{13}Si_4$ 相转变的过程中。含 44%（质量）Li 的 Li（Si）合金就在此生成，而它的起始放电电压比纯锂低 150mV 左右。

使用 FeS_2 作为正极时会引起较大电压瞬变现象，也即每个单体会出现 0.2V 甚至更高的"峰"电压，这种现象在电池激活后瞬间明显，可以持续几毫秒甚至几秒钟。与这种现象有关的因素是：瞬间的温度冲击；正极原材料中的电化学活性杂质（如氧化铁与硫酸盐）的量；FeS_2 分解出的单质硫；以及正极中活性锂还未被固定等。在要求输出电压很规律的情况下，这种"峰压"是不能接受的。这种电压瞬变现象可以通过"多相锂化"法[12]，在正极中（FeS_2 和电解质的混合物）加入少量的 Li_2O 或 Li_2S（典型配比为 0.16mol Li：1mol FeS_2）来完全消除。通过对 FeS_2 进行洗涤和真空处理以去除酸溶性的杂质和单质硫，也能降低"峰压"但不能完全消除。

Li/FeS_2 电化学体系相比其他电化学体系，包括 $Ca/CaCrO_4$，有许多重要的优点，这些优点有：对放电条件的兼容性较广，可开路搁置，也可以大电流密度放电；对大电流负载能力，负载能力是 $Ca/CaCrO_4$ 体系的 3～5 倍；对电性能有较高的可预测性；结构简单；处理工艺多样化；在特别严苛的动力学环境下稳定性较好。

由于 Li/FeS_2 电化学体系具备这些优点，在众多要求高可靠性的军事应用与空间应用领域，Li/FeS_2 电化学体系成为首选的热电池体系。

36.3.2 锂/二硫化钴体系

在熔融盐电解质中，二硫化钴与锂配对使用时，其电压明显低于二硫化铁。然而在有关硫损失方面，CoS_2 的热稳定性比 FeS_2 高。随着温度升高，CoS_2 的分解过程如下：

$$3CoS_2 \longrightarrow Co_3S_4 + S_2(g)$$
$$3Co_3S_4 \longrightarrow Co_9S_8 + 2S_2(g)$$

而 FeS_2 的分解过程为：

$$2FeS_2 \longrightarrow 2FeS + S_2(g)$$

作为热稳定性的大致情况是，当温度达到 700℃ 时，由 FeS_2 分解产生的硫的蒸气压可达到 1atm；而由 CoS_2 分解产生的硫的蒸气压达到 1atm 时的温度为 800℃。毫无疑问，用 CoS_2 替代 FeS_2 后，可以生产出热稳定性更高的单体电池，也因此可以有效地把热电池的激活工作寿命提高到 1h 以上[13]。在激活的热电池中，温度大约在 550℃ 时 FeS_2 分解为 FeS 和单质硫的倾向很明显。自由硫可以直接和负极结合，发生放热量极高的化学反应。这不但降低负极可利用容量，而且放出的过量的热量更加速 FeS_2 的分解。由于 CoS_2 的热稳定温度超过 650℃，这可以使得电堆的初始热设计较高，而不会导致正极有较明显的热分解。在热电池激活工作的后期，CoS_2 内阻低于 FeS_2 正极，也可证明上述观点。

36.3.3 钙/铬酸钙体系

为使钙/铬酸钙（$Ca/CaCrO_4$）热电池能正常工作，在电池激活期间发生的化学反应必须均衡。激活后 Ca 负极立即和 LiCl-KCl 共晶盐电解质中的锂离子发生反应，并形成 CaLi 合金液珠。随后这些 CaLi 合金就成为发生电化学反应的真正工作负极。负极的半电池反应为：

$$CaLi_x \longrightarrow CaLi_{x-y} + yLi^+ + ye^-$$

CaLi 合金液珠同样也会与溶解的 $CaCrO_4$ 发生反应，形成一层 $Ca_5(CrO_4)_3Cl$[15,16] 膜。这种 Cr^{5+} 的化合物与正极半电池反应中形成的反应产物是同一种产物：

$$3CrO_4^{-2} + 5Ca^{+2} + Cl^- + 3e^- \longrightarrow Ca_5(CrO_4)_3Cl$$

这种反应产物 $Ca_5(CrO_4)_3Cl$ 在正极和负极间起到隔膜或物质迁移阻挡层的作用，从而阻止电化学自放电的进行。一旦反应产物 $Ca_5(CrO_4)_3Cl$ 膜的完整性被破坏，会造成活性电化学物质的化学反应并伴生大量热，导致热电池出现"热失控"的现象。同时，如果反应生成的 CaLi 合金过量，而过量的 CaLi 合金又不能及时被负极半电池反应消耗掉，过量合金能引起电池间歇性的短路，这种"合金噪声"时常出现在低温放电的电池中。

在 Ca/CaCrO$_4$ 体系中的化学反应与电化学反应的平衡主要取决于所用原材料，特别是 CaCrO$_4$ 的来源、工艺差别、压制电极片的密度、单体电池的工作温度、输出电流密度的大小及其他条件的变化等[17]。因此，Ca/CaCrO$_4$ 体系逐渐被较稳定并具有高质量比能量的 Li/FeS$_2$ 体系取代。

36.4　单体电池结构

许多因素，包括热电池所选用的电化学体系、电池工作环境及设计者的爱好等都决定单体电池的设计。基本上，所有单体电池设计不外乎三大类：杯式单体电池、开放式单体电池和片式单体电池。为满足规定的性能要求，一些电池的设计可能不止应用一种单体结构。图 36.3 给出采用不同单体结构设计时的单体厚度变化范围。

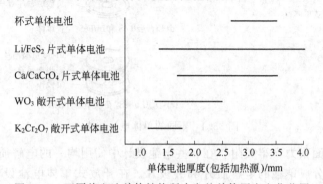

图 36.3　不同热电池单体结构所决定的单体厚度变化范围

36.4.1　杯式单体电池

杯式单体电池的主要特征是有一个双层的负极（Ca 或 Mg），即负极活性物质放在一个中心集流片的两边。在负极的每一边都有浸渍电解质共晶盐的玻璃纤维带制成的电解质片；紧接着每一层电解质是去极剂片。去极剂片由正极材料（CaCrO$_4$ 或 WO$_3$）和无机纤维基体（或无机纤维纸）组成；然后被封装在镍箔做成的带有微小褶皱的杯和盖子里面［如图 36.4 (a) 所示］。在一些电池设计中，用镍"孔"配以无机纤维密封垫等来防止单体电池激活后熔融电解质发生泄漏。Zr-BaCrO$_4$ 加热纸片放在杯式单体电池的两边给单体电池提供热量。

杯式单体电池的优点在于反应面积很大（单体为两面或双电极结构），并含有较多的反应活性物质。杯式单体电池的缺点在于难做到不使电解质发生泄漏；同时，其热容也比较低。Ca/CaCrO$_4$ 体系也易于"合金化"（产生过量熔融的 Ca-Li 合金），容易导致单体电池短路。为了缩短激活时间，一般杯式单体电池在装配到电堆之前还要"预熔"一下，单体与单体之间是通过输出导线之间点焊连接，这种连接方式存在潜在的可靠性问题。

当前，杯式电池的应用有限，只能在一些早期设计的电池中找到这种结构。

36.4.2　开放式单体电池

除了不被杯和盖子封装在里面外，开放式单体电池的结构与杯式单体电池的结构相似［见图 36.4 (b) 所示］。去掉封装的设计是可行的，这是因为减少电解质的量，使其可以被

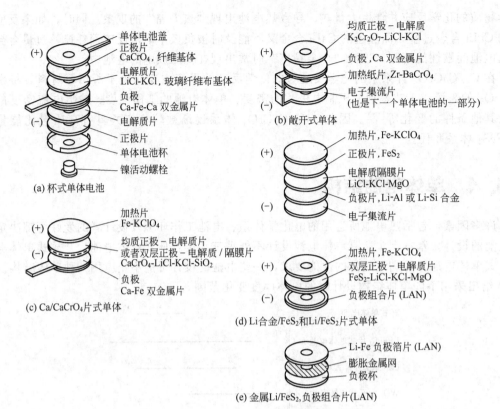

图 36.4 不同的单体电池结构

玻璃纤维布基体表面张力牢牢吸附。在一些电池设计中使用均一的电解质-去极剂片。另外，一些电池设计中则分成单独的电解质片和去极片。在开放式单体电池设计中特别使用"哑铃"式负极集流片。在这种"哑铃"式结构的负极集流片的一片上真空蒸镀一层负极材料（这在其中一个单体电池里作为负极），而另外一片就直接作为相邻串联单体电池的集流片。"哑铃"式负极集流片的中间通过一段较窄的桥式导流条连接（可通过一次冲切成型）。桥式导流条起连接单体的作用，免去单体间点焊连接的过程。加热单体电池的 Zr-BaCrO₄ 加热纸被折叠起来的"哑铃"式负极集流片夹在中间。

开放式单体电池结构被用在激活后工作寿命相对较短，并有脉冲输出的热电池中。开放式单体电池的各个电极片可以被做得很薄，能够获得较高的热传导及较快的激活时间。

36.4.3 片式单体电池

在片式单体电池中，电解质、正极和加热源都是圆片式。负极形态各异，这取决于所选用的电化学体系。在片式单体电极片的生产过程中，各种电极材料被加工成粉末，然后这些粉末被单轴压机压成电极片。在工作温度下会熔化的电解质中加入惰性胶黏剂，靠毛细作用或表面张力，或两者的共同作用来吸附熔融的电解质。

图 36.4 (c) 是典型的片式 Ca/CaCrO₄ 的单体电池，其组成部分包括：

① 一片 Ca 负极，既可以是 Ca 箔（可使用镍箔或铁箔集流片），也可以是 Ca 双金属片（把 Ca 蒸镀在镍或铁集流片上）；

② 片式电解质片，由 LiCl-KCl 共晶盐和 SiO₂ 或高岭土胶黏剂组成；

③ 片式正极片，由 CaCrO₄、LiCl-KCl 共晶盐、SiO₂ 或高岭土胶黏剂组成；

④ 片式加热源，由 Fe 粉和 KClO₄ 组成（另外，加热源也可以使用开放式单体电池中

所使用的由 "哑铃" 式负极集流片折叠起来把 Zr-BaCrO₄ 加热纸夹在中间的非片式加热源)。

这种单体设计的变化主要有：采用独立的电解质层和正极层的两层一体片；使用含有电解质、正极材料及黏结剂的均质电极片（即去极剂-电解质-黏结剂片，或 DEB 片）[18]。

图 36.4（d）是典型的片式 Li/FeS₂ 的单体电池，其组成部分包括：

① Li 负极，既可以是片式合金粉，也可以是锂金属组合片；

② 片式电解质片由电解质共晶盐和 MgO 胶黏剂组成，电解质共晶盐可以是 LiCl-KCl、LiF-KBr-LiBr 或 LiCl-KBr-LiBr；

③ 片式正极片，由 FeS₂ 和添加 MgO 或 SiO₂ 胶黏剂的电解质组成；

④ 片式加热片，由焰火级 Fe 粉和 KClO₄ 组成；

⑤ 集流片，可以是铁或不锈钢箔，位于加热片和锂合金负极之间。集流片通常不和带有整体金属杯的金属锂负极连用。在一些情况下，特别是在长寿命热电池中，有时候也会在 FeS₂ 正极和加热片之间加入另外一个 "集流片"，以缓冲或减小热冲击对正极的影响。

电池各种电极片的成型压力是关键参数。在 Ca/CaCrO₄ 体系设计中所应用的成型压力以及该压力下所压制电解质片和正极片的密度，都对单体电池反应有重大影响。对 Li/FeS₂ 体系，除了加热片外，其他电极零部件对压制密度变化不是很敏感。加热片的点火灵敏度和燃速都明显受到压制密度的影响，在密度较高的情况下会降低加热片的点火敏感度和燃速。表 36.3 给出有代表性的 Li/FeS₂ 单体设计参数[19]。

表 36.3　3400A·s 的 Li-Si/FeS₂ 热电池体单体各零部件极片设计应用参数[19]

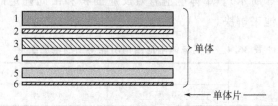

零部件号	零部件名称	化学成分	质量百分比 /%①	密度 /(g/cm³)②	成型压力 /×10³ kgf	厚度 /cm	质量 /g
1	加热片	Fe-KClO₄	88/12	3.40	60	0.14	22±0.1
2	正极集流片	SST-304	—	7.75	—	0.013	4.6±0.1
3	正极片	FeS₂/(LiCl-KCl/SiO₂)	64/16/20	2.9	200	0.06	8.5±0.1
4	电解质隔膜片	LiCl-KCl-Li₂O/MgO	65/35	1.75	90	0.06	4.5±0.1
5	负极片	LiSi	44/56	1.0	115	0.1	4.5±0.1
6	负极集流片	SST-304	—	7.75	—	0.013	4.6±0.1

① 公差±1%。

② 公差±0.05g/cm³。

使用片式单体结构后明显提高热电池的性能，特别是在激活工作寿命长、输出大电流的热电池应用过程中有很大优势。片式结构单体电池强度好，能在较宽广的温度范围内可靠工作，而且生产成本低。但是，在一些需要短激活时间和高电压脉冲输出的应用中，比较适用的仍是 Ca/LiCl-KCl/K₂Cr₂O₇ 和 Ca/LiCl-KCl/PbCrO₄ 电化学体系等，及使用加热纸的开放式单体电池结构。

36.5　电堆结构设计

所有热电池都是为满足一系列具体性能要求而设计的，其中会包括输出电压、输出电流和激活后的工作时间等。在具体的电池设计中，输出电压的大小决定串联单体的个数。由于每一个单体电池的最高电压是固定的（依电化学体系不同，单体电池的开路电压从 1.6～3.3V 不等），因此电池的输出电压是多个独立单体电池电压之和。由 180 个单体串联、输出电压将近 400V 的电池已生产成功。一般电池有 14～80 个单体，输出电压则为 28～140V。图 36.5 给出两种不同单体电池的电堆结构，其中一个是杯式单体电池的，另外一个是片式单体电池。

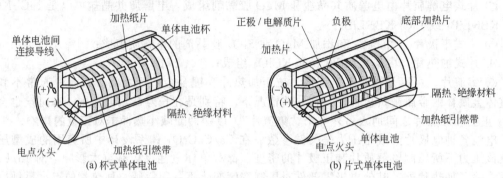

图 36.5 典型热电池的总装结构图

单体电池的电流负载能力决定单体电池的反应面积，最直接相关的就是单体的尺寸（直径）。单体电池电压和可用最大电流密度（单位面积上的电流）随电化学体系的不同差异很大（见表 36.4 和表 36.5 所示）。单体电池有效反应面积和由此确定的电池负载能力可以用并联一定数量的单体电池来解决。

表 36.4 不同单体电池结构所能得到的电流密度

单体电池结构	电流密度/(mA/cm²)		
	10s 率	100s 率	1000s 率
杯式单体电池	620	35	—
开放式单体电池/$K_2Cr_2O_7$	54	—	—
片式单体电池/双层 Ca/CaCrO₄	790	46	—
片式单体/DEB Ca/CaCrO₄	930	122	—
片式单体/Li/FeS₂	>2500	610	150

表 36.5 Li/FeS₂ 热电池的功率密度和体积比能量

电池体积/cm³	功率密度/(W/cm²)	体积比能量/(W·h/L)	激活工作寿命/s
20	11.25	46.87	15
29	1.44	34.20	85
70	2.59	35.97	50
108	0.65	32.41	180
170	1.98	109.80	200
171	10.64	118.26	40
183	2.29	63.75	100
306	0.51	39.65	280
311	2.25	75.03	700
552	0.15	67.63	1600
1176	0.40	101.19	900
1312	0.17	85.37	1800
3120	1.11	83.30	270

热电池通过串联所需要数量的单体电池后就可以实现多路电压输出，既可以从特定数量的单体输出多路电压，也可以提供一组电压，由一组单独的单体电池提供而不与其他电压组共享单体。在同一系统中，独立的电压组的电路不能与其他电压组的电路相互干扰。在同一个电池中，电堆的不同部分可以使用不同的电化学体系。这样，在同一产品中会出现两种电化学体系的不同特性。这种设计的典型例子就是在一个电池中，为能够快速激活的电化学体系组成的电堆提供快速激活时间；而为另外一种可以长时

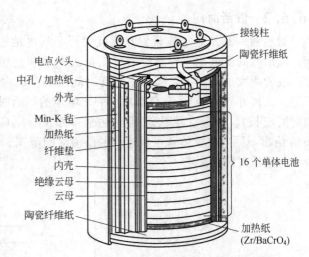

图 36.6　使用了电池内壳的典型热电池结构

间大电流输出的电化学体系组成的电堆提供激活后的电流输出。在应用这种设计的电池输出中，必须用二极管来连接两个由不同电化学体系形成的电堆电路，以防止其中一个电堆对另外一个电堆充电。在一些热电池的设计中，把两个或更多个单独电池组合到一起形成热电池组以提供多组相互独立、有多种电流负载能力的电压输出。

通常，电堆被电池壳与电池盖焊接后所形成的压力固定住。而在另外一些电池设计中使用电池内壳以提供电堆固定的装配压力，且为外壳和电池盖提供严格密封。图 36.6 给出使用电池内壳的热电池结构。

36.6　热电池性能特征

热电池是根据用户需求，为满足特定性能而专门设计的。这些特定的性能不仅包括输出电压、输出电流、工作寿命、激活时间等；还包括贮存环境条件、工作环境条件、固定方法、表面温度、激活方式和激活能量等。正因为如此，在电池的设计和研制阶段，用户或系统设计者和电池设计者之间建立良好的技术沟通是非常重要的。

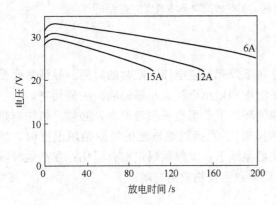

图 36.7　在三种不同输出负载下 Li/FeS$_2$ 热
电池电压特征曲线

36.6.1　电压变化范围

热电池的输出电压不是线性的。通常在激活后 1s 左右，输出电压达到最高值，随后电压就开始逐渐降低，直到低于最低可用电压。电压变化范围指的是最低可用电压与最高可用电压之间的电压。通常，最低电压极限是峰值电压的 75%。电池输出曲线（包括激活时间，峰值电压和电压衰减率）特征取决于电池所用电化学体系，并受电池工作温度和所加载负载大小显著影响。图 36.7 给出放电负载大小对热电池输出曲线特征的影响。

36.6.2 激活时间

激活时间是从施加能量到点火装置开始到电池输出电压达到规定的最低电压时所需时间。激活时间受电池工作温度、所加负载大小和选用电化学体系的影响。降低电池工作温度，或者增大加载的负载都会使激活时间延长。通常，Li/FeS_2 的激活时间为 $0.35\sim1.00s$ 不等。大尺寸（直径）、高负载输出的热电池的激活时间可以长达 3s（大直径加热片所需燃烧时间较长）。另外，像快激活电化学体系 $Ca/K_2Cr_2O_7$ 的激活时间可以短至 12ms。图 36.8 给出不同电化学体系可以达到的激活时间范围。图 36.9 给出环境温度对热电池的激活寿命与激活时间的影响。

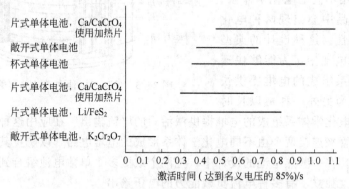

图 36.8 不同单体电池结构所能达到的激活时间范围

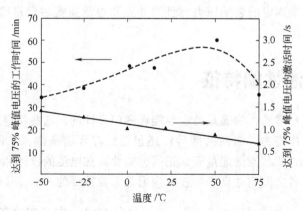

图 36.9 Li/FeS_2 热电池的激活时间、工作时间与环境温度的关系[20]

36.6.3 激活寿命

激活寿命是从施加激活能量开始到电池电压下降到规定电压下限时的时间。激活寿命受单体电池所选用的电化学体系、电池工作环境温度和输出电流大小等影响。一般而言，为了使热电池在低温工作环境温度下或者接近室温的环境下获得更长激活寿命，必须严格控制热电池的热量平衡（所有单体质量与输入热量的比值）。在接近热电池的极限使用温度时，激活寿命都会比较短。这是因为，在低温极限使用温度下，电解质很快就会固化；在高温极限使用温度下，会引起 FeS_2 的快速热分解，从而导致活性物质的耗竭。

36.6.4 涉及热电池应用应注意的问题

在系统设计中如果涉及应用热电池时，必须注意以下几个热电池的特征。

① 未激活的热电池内阻极高（MΩ 级）。一旦激活，依单体设计的不同，其单个单体的内阻在 0.003～0.02Ω 之间。电池组的内阻就等于所有串联的单体电池内阻之和。

② 有的电化学体系，如 Li/FeS$_2$，可容许在放完电后由外接电源进行充电；而另外的电化学体系，如 Ca/CaCrO$_4$，完全不容许由外接电源进行充电。

③ 在电池激活过程中，没有被烧断的电动执行机构的电桥，有可能成为外接激活回路的附加负载。

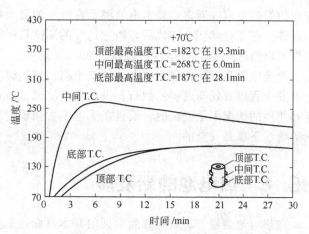

图 36.10　长寿命热电池的电池表面温度曲线图[19]

④ 在热电池激活后，有可能在"带电"零部件与电池壳或者激活器回路之间产生漏电现象。在系统设计中必须对诸如电池壳接地、电堆共用输出端和激活器回路接地做出明确规定，以便在电池设计中引入特别的电绝缘预防措施。

⑤ 激活热电池的表面温度有可能达到 400℃。因此，必须考虑到电池的固定方式和在该固定方式下热传导的特性、高温对周围零部件的影响，以及对邻近的易燃材料等影响。通过使用额外的隔热材料（或高效隔热材料）可以明显降低电池表面温度，但这会使电池体积增加，也使电池成本增加。图 36.10 和图 36.11 给出典型热电池的电池表面温度。

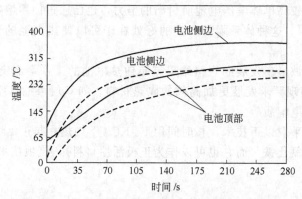

图 36.11　中等寿命热电池的电池表面温度曲线图
实线数据是电池在 71℃下放电的；虚线数据是电池在 −53℃下放电的

36.7　热电池检测和监督

自从热电池被发明以来，安全性与可靠性是一直在被研究的重大课题。为检测出有缺陷的电池，所有电池在生产过程中都对如密封性、极性、绝缘电阻和激活回路电阻等项目进行百分之百的检验。大多数电池还得接受 X 射线照射检测。在开始批量生产以前，要对样本量为 10 只，甚至达 500 只的一组电池进行鉴定检验。这一系列检验包括最严苛的环境条件测试和放电条件测试，所有这些测试条件都与电池工作的实际条件相同。几乎所有的热电池都是按均一的组或者批生产，因此要从每一批电池中抽取样本电池并进行放电以证明其满足规定的性能要求。通常，样本电池都是在规定的最大负载条件下放电，并且经常施加环境力学条件。在 20 世纪 50 年代后，通过这样的测试程序后所累积的一系列数据表明：电池的可靠性可以超过 99％，安全性可以高于 99.9％。

为美国海军设计的锂系热电池的安全测试按照海军技术手册 S9310-AQ-SAF《海军用锂电池安全程序责任与过程》执行。设计这些测试试验是为了确保所设计的电池不仅在正确贮存和使用的情况下是安全的，而且在无意中被错误使用或者由于意外而发生充电、短路和失火的情况下也是安全的。

36.8 热电池的新发展

在热电池领域，新研究和新发展的基本目标还是提高实用热电池的体积比能量和质量比能量。接近这一目标的两个可行的办法是：减小电池的总体积和总质量；提高单位体积和单位质量单体的电压或者电流负载能力。

在降低电池质量方面，已经在开展用较轻材料制作电池壳来取代当前使用的不锈钢电池壳，还对钛、铝、复合材料及其他一些材料进行研究，并取得不同程度成功。钛壳和盖已经被成功研制使用，但其成本较高。

通过等离子喷涂把薄的 FeS_2 膜沉积在不锈钢基底上的努力已取得有希望的成果[21]。这种尝试已经成功用于 FeS_2 正极[21]和 Li（Si）负极[22]。凭借等离子喷涂，可以使得活性物质的密度增大，从而能够降低热电池的体积和质量。最近，一些机构的研究证明涂膜法[23~25]和传统喷涂法[24]可以得到薄层部件。

可以开发出具有较高单体电压电池所付出的努力，也已通过使用熔融硝酸盐电解质和锂负极方式得到证实[26]。这种体系附带产生的好处在于可以使热电池的工作温度降低 200℃以上。

最近在热电池领域最新发展的直接结果就是使热电池的工作寿命突破了 2h，从而达到了 4h。这项成果的出现要求发展更加高效的隔热材料，如双层可抽真空的封装壳、多层复合隔热毡以及低熔点电解质等。

最近，有些机构采取以下技术：长时间用 Fe-KClO$_4$ 加热片与正极结合在一起，作为加热药的铁粉被氧化成氧化铁（而它也可以作为正极活性材料），该项技术早在 1981 年即被催化剂研究公司采用[28]。

参 考 文 献

1. G. O. Erb, "Theory and Practice of Thermal Cells," *Publication BIOS/Gp 2/HEC 182 Part II*, Halstead Exploiting Centre, June 6, 1945.
2. O. G. Bennett et al., U. S. Patent 3, 575, 714, Apr. 20, 1971.
3. B. H. van Domelen, and R. D. Wehrle, "A Review of Thermal Battery Technology," *Intersoc. Energy Convers. Conf.*, 1974.
4. F. Tepper, "A Survey of Thermal Battery Designs and Their Performance Characteristics," *Intersoc. Energy Convers. Conf.*, 1974.
5. G. C. Bowser, D. E. Harney, and F. Tepper, "A High Energy Density Molten Anode Thermal Battery," *Power Sources* 6 (1976).
6. R. A. Guidotti, and F. W. Reinhardt, "Evaluation of Alternate Electrolytes for Use in Li（Si）/FeS$_2$ Thermal Batteries," *Proc. 33rd Power Sources Symp.*, 1988, pp. 369-376.
7. L. Redey, J. A. Smaga, J. E. Battles, and R. Guidotti, "Investigation of Primary Li-Si/FeS$_2$ Cells," *ANL-87-6*, Ar-

gonne National Laboratory, Argonne, IL, June 1987.

8. W. H. Collins, U. S. Patent 4, 053, 337, Oct. 11, 1977.

9. C. S. Winchester, "The LAN/FeS$_2$ Thermal Battery System," *Power Sources* 13 (1982).

10. Z. Tomczuk, T. Tani, N. C. Otto, M. F. Roche, and D. R. Vissers, *J. Electrochem. Soc.* 129 (5): 925-932 (1992).

11. R. A. Guidotti, R. M. Reinhardt, and J. A. Smaga, "Self-Discharge Study of Li-Alloy/FeS$_2$ Thermal Cells," *Proc. 34th Int. Power Sources Symp.*, 1990, pp. 132-135.

12. R. A. Guidotti, "Methods of Achieving the Equilibrium Number of Phases in Mixtures Suitable for Use in Battery Electrodes, e. g., for Lithiating FeS$_2$," U. S. Patent 4, 731, 307, Mar. 15, 1988.

13. R. A. Guidotti, and F. W. Reinhardt, "The Relative Performance of FeS$_2$ and CoS$_2$ in Long-Life Thermal-Battery Applications," *Proc. 9th Int. Symp. Molten Salts*, 1994.

14. R. A. Guidotti, and F. W. Reinhardt, "Characterization of the Li (Si) /CoS$_2$ Couple for a High-Voltage, High-Power Thermal Battery," *SAND*2000-0396, 2000.

15. R. A. Guidotti, and F. W. Reinhardt, "Anodic Reactions in the Ca/CaCrO$_4$ Thermal Battery," *SAND83-2271*, 1985.

16. R. A. Guidotti, and W. N. Cathey, "Characterization of Cathodic Reaction Products in the Ca/CaCrO$_4$ Thermal Battery," *SAND*84-1098, 1985.

17. R. A. Guidotti, F. W. Reinhardt, D. R. Tallant, and K. L. Higgins, "Dissolution of CaCrO$_4$ in Molten LiCl-KCl Eutectic," *SAND 83-2272*, 1984.

18. D. M. Bush et al., U. S. Patent 3, 898, 101, Aug. 3, 1975.

19. H. K. Street, "Characteristics and Development Report of the MC3573 Thermal Battery," *SAND82-0695*, 1983.

20. R. K. Quinn, and A. R. Baldwin, "Performance Data for Lithium-Silicon/Iron Disulfide Long Life Primary Thermal Battery," *Proc. 29th Power Sources Symp.*, 1980.

21. H. Ye et al, "Novel Design and Fabrication of Thermal Battery Cathodes Using Thermal Spray," Spring Meeting of the Materials Research Society, San Francisco, CA, April 5-9, 1999.

22. C. J. Crowley et al., "Development of Fabricating Processes for Plasma-Sprayed Li-Si Anodes," *Proc. 40th Power Sources Conference*, 2002, pp. 303-306.

23. J. K. Pugh et al., "Tape Cast Technology as Applied to Thermal Batteries," *Proc. 43rd Power Sources Conference*, 2008, pp. 369-372.

24. S. B. Preston et al., "Development of Coating Process for Production of Low-Cost Thermal Batteries," *Proc. 43rd Power Sources Conference*, 2008, pp. 373-376.

25. J. Edington et al., "Development of Thin Components for Thermal Batteries," *Proc. 43rd Power Sources Conference*, 2008, pp. 177-180.

26. M. H. Miles, "Lithium Batteries Using Molten Nitrate Electrolytes," *Proc. 14th Annual Battery Conf.*, Long Beach, 1999.

27. D. R. Dekel and D. Laser, U. S. Patent Appl. 2007/0292748.

28. C. S. Winchester, NSWC Carderock, personal communication.

参 考 书 目

Askew, B. A. , and R. Holland: "A High Rate Primary Lithium-Sulfur Battery," *Power Sources* 4 (1972) .

Baird, M. D. , A. J. Clark, C. R. Feltham, and L. H. Pearce: "Recent Advances in High Temperature Primary Lithium Batteries," *Power Sources* 7 (1978) .

Birt, D. , C. Feltham, G. Hazzard, and L. Pearce: "The Electrochemical Characteristics of Iron Sulfide and Immobilized Salt Electrolytes," *Power Sources* 7 (1978) .

Bowser, G. C. , et al. : U. S. Patent 3,891, 460, June 24, 1975.

Bowser, G. C. , et al. : U. S. Patent 3,930,888, Jan. 1976.

Bush, D. M. , and D. A. Nissen: "Thermal Cells and Batteries Using the Mg/FeS$_2$ and LiAl/FeS$_2$ Systems," *Proc. 28th Power Sources Symp.*, 1978.

Collins, W. H. : U. S. Patent 1, 482, 738, Aug. 10, 1977.

De Gruson, J. A. : "Improved Thermal Battery Performance," *AFAPL-TR-79-2042*, Eagle-Picher Industries, 1979.

Delnick, F. M. , R. A. Guidotti, and D. K. McCarthy: "Chromium (V) Compounds as Cathode Materials in Electrochemical Power Sources," U. S. Patent 4, 508, 796, Apr. 2, 1985.

Guidotti, R. A., and F. W. Reinhardt: "Lithiation of FeS₂ for Use in Thermal Batteries," *Proc. 2nd Annual Battery Conf. on Applications and Advances*, 1987, paper 87DS-3.

Guidotti, R. A., F. M. Reinhardt, and W. F. Hammeter: "Screening Study of Lithiated Catholyte Mix for a Long-Life Li (Si) /FeS₂ Thermal Battery," *SAND 85-1737*, 1988.

Hansen, M.: *Constitution of Binary Alloys*, McGraw-Hill, New York, 1958.

Harney, D. E.: U. S. Patent 4, 221, 849, Sept. 9, 1980.

Kuper, W. E.: "A Brief History of Thermal Batteries," *Proc. 36th Power Sources Conf.*, Cherry Hill, N. J., June 1994.

Quinn, R. K., et al.: "Development of a Lithium Alloy/Iron Disulfide 60-Minute Primary Thermal Battery," *SAND79-0814*, 1979.

Schneider, A. A., et al.: U. S. Patent 4, 119, 796, Oct. 10, 1978.

Searcey, J. Q., et al.: "Improvements in Li(Si)/FeS₂ Thermal Battery Technology," *SAND82-0565*, 1982.

Szwarc, R.: "Study of Li-β Alloy in LiCl-KCI Eutectic Thermal Cells Utilizing Chromate and Iron Disulfide Depolarizer," Gepp-TM-426, General Electric Co., Neut. Dev. Dept., 1979.

第 31 章

燃料电池导论

David Linden and H. Frank Crompard

第·5·部·分

燃料电池与
电化学电容器

第**37**章

燃料电池导论

David Linden and H. Frank Gibbard

37.1 概述

  燃料电池是一种将燃料（和氧化剂）的化学能连续地转换为电能的装置[1,2]。与蓄电池一样，燃料电池以电化学方式实现能量转换，不受热发动机卡诺循环的限制，因此具有较高的转换效率。燃料电池和蓄电池最本质的区别在于反应物供应方式不同。对于燃料电池，燃料和氧化剂可以根据需要从外部连续不断地供应，只要有活性物质供应给电极，燃料电池就会产生电能。对于蓄电池，燃料和氧化剂（金属/空气电池和氧化还原液流电池除外）是电池内部的一部分，因此当有限的反应物消耗完时，蓄电池就会停止产生电能，必须进行更换或再充电。

  当燃料电池发生反应时，电极材料由于是惰性物质而不被消耗掉，但是它由于具有催化特性，因此可以加快反应物（活性物质）的电化学还原或电化学氧化。

  燃料电池的阳极活性物质通常是气体或液体燃料（与大多数蓄电池通常使用的金属阳极相比），如氢气、甲醇、碳氢化合物、天然气，这些燃料供应到燃料电池的阳极。因为以上这些物质很像热发动机中使用的传统燃料，因此一般用"燃料电池"术语来描述以上发电装置。氧气是主要的氧化剂，大多数用空气，供应到燃料电池的阴极。燃料电池可以分为以下两大类[3]。

  ① 直接系统 燃料如氢气、甲醇、肼，可以直接在燃料电池中进行反应（参见38.5节）。

  ② 间接系统 燃料如天然气或其他化石燃料，首先需经过重整转换成富氢气体，然后再送入燃料电池内进行反应（参见38.6.4节和38.6.5节）。

  根据燃料和氧化剂的复合形式、电解质类型、工作温度、应用场合等，燃料电池系统可以分为多种类型[4]。表37.1列出按电解质和工作温度区分的各种类型燃料电池。由于只有PEMFC（质子交换膜燃料电池）和DMFC（直接甲醇燃料电池）可以在常温附近工作，因此它们目前在便携式和小型燃料电池中占主导地位❶。

---

  ❶ 大型燃料电池超出了本书范围，但可以参见附录F"文献"中的资料。

表 37.1　燃料电池类型

固体氧化物燃料电池(SOFC):SOFC 采用氧离子导电的固体金属氧化物为电解质,工作温度大约为 1000℃,效率高达 60%。SOFC 启动慢,但是一旦运行后,将提供高质量的废热,可以用于热供应,一般应用于工业和大规模电站。SOFC 具有高效、低成本的潜力,因此自从 2005 年开始,该技术就得到美国政府"固体能源转换联合体"(SECA)的大力支持

熔融碳酸盐燃料电池(MCFC):MCFC 采用混合的碱-碳酸盐熔融盐为电解质,工作温度大约为 650℃,燃料可使用煤或船舶用柴油。目前正在开发连续工作设备用 MCFC

磷酸盐燃料电池(PAFC):PAFC 采用浓磷酸为电解质,工作温度大约为 230℃,效率较高,如果实现热电联供则发电效率可高达 85%(40% 为电能,45% 为放出的热能)。PAFC 最主要用于商业化固定场合,如医院、旅馆和办公大楼

碱性燃料电池(AFC):美国 NASA 的载人飞船采用 AFC,其工作温度大约为 70℃,电解质采用碱性氢氧化钾,发电效率高达 60%。AFC 系统的缺点是受燃料和氧化剂的限制,系统中不能含有或产生二氧化碳

质子交换膜燃料电池(PEMFC):PEMFC 采用全氟离子聚合物膜为电解质,允许质子从阳极穿过膜以达阴极。PEMFC 的工作温度相对比较低(70~85℃),而且特别值得注意的是,PEMFC 快速启动。目前正在开发用于交通运输用、小型低功率固定式用途以及便携式和小型燃料电池。为了达到更高的工作温度,人们开发在孔中含有磷酸的多孔 PBI 膜。与较低工作温度的 PEMFC 系统相比,这种 PBI 膜能在高达 220℃ 的温度下工作,并且具有更高的效率,可以减少系统冷却以及降低对 CO 的敏感性

直接甲醇燃料电池(DMFC):DMFC 能将液态甲醇水溶液直接转换成电能,甲醇在阳极进行氧化。与 PEMFC 一样,DMFC 也采用膜作为电解质,工作温度与 PEMFC 相近。DMFC 在过去的十年中受到极大关注,并且目前千瓦以下功率的 DMFC 已开始小规模应用

再生式燃料电池(RFC):RFC 是一种"封闭式"发电机,主要包括电解器和燃料电池,电解器分解水产生氢气和氧气,供燃料电池发电用,并产生废物(水);生成的水循环到电解器,重新开始下一次循环。RFC 通常和太阳能、风能一起组成能源贮存系统,但是由于其总效率较低,因此应用受到限制

注:资料来源于 Fuel Cell 2000。

实用化燃料电池电站一般包括以下四个基本子系统。

(1)电源部分　包括一个或多个燃料电池电堆——每个电池堆一般由多个燃料电池单体连接组成,以满足从几伏到几百伏的(直流)电堆电压输出。电源部分将燃料和氧化剂转换成直流电源。

(2)燃料子系统　将燃料供应到电源部分。该系统可以从简单的流量控制到复杂的燃料处理设备。燃料子系统可以将燃料处理成燃料电池所需各种形式。

(3)功率调节器　将电源部分的输出转换成实际应用所需的各种形式的电源和功率大小。该子系统可以是简单的电压控制,也可以是能将直流电源输出转化为交流电源输出的复杂设备。此外,根据体积尺寸、类型、复杂程度的不同,燃料电池电站可能还需要有氧化剂子系统、热和流体管理子系统以及其他辅助子系统。

(4)控制子系统　除简单的燃料电池系统之外,需要一个控制子系统进行温度、流量、电源调节等工作参数控制,并对其他子系统运行集成管控。

人们对燃料电池感兴趣已有 170 多年历史,因为与传统热发动机相比,燃料电池在将氢气、含碳或化石燃料转换成电能时,具有潜在的更高效率和更少污染排放物的优势。燃料电池明显的应用是:40 多年来,NASA 将低温燃料的氢/氧燃料电池用在太空飞船上,包括目前的航天飞机。空气自呼吸式燃料电池的研制已有一段时间,但是进展缓慢,这种电池主要用在地面上,如公用事业电源和电动汽车。目前取得的研制进展使人们对燃料电池在以上和其他新的应用领域重新产生兴趣。

在过去的 10 年中,人们对小型自呼吸式燃料电池的兴趣主要集中在以下方面:分散式或现场发电机、远程设备和其他类似场合用功率小于 1000W 的燃料电池,用以取代传统发电机和体积较大的蓄电池。在低于 1~50W 的较低功率范围,蓄电池历来一直占主要地位;但是燃料电池预计可达到比蓄电池更高的质量比能量。大于 50W 的燃料电池系统已经取得

进展，特别是在超长时间使用方面（参见第 38 章）。尽管如此，研制体积尺寸和性能比蓄电池有竞争力的更小型便携式燃料电池（可以再"充电"，例如更换小型燃料盒）仍然是个挑战（参见 38.3）。

37.2　燃料电池的工作

37.2.1　反应机理

图 37.1（a）描述简单的燃料电池反应机理：两个带催化剂的电极插入到电解质（本处是酸）中，并由气体分隔层隔开。燃料，本处指氢气通过鼓泡到达一个电极表面；氧化剂，本处指来自大气的氧气，通过鼓泡到达另一电极的表面。当两电极通过外部负载进行电连接后，发生如下反应。

① 氢气在燃料电极的催化剂表面分解，形成氢离子和电子。

② 氢离子通过电解质（和气体分隔层）迁移到氧电极的催化剂表面。

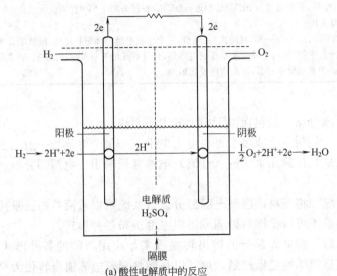

(a) 酸性电解质中的反应

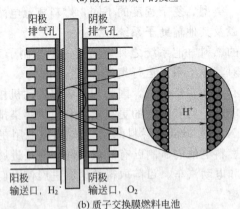

(b) 质子交换膜燃料电池

图 37.1　燃料电池工作原理图

（摘自 Chemical and Engineering Areas，American Chemical Society，

Washington D. C.，June 14，1999）

③ 同时，电子通过外电路，做有用功，到达相同的氧电极催化剂表面。

④ 氧气、氢离子和电子在氧电极的催化剂表面结合，反应生成水。

表 37.2 列出燃料电池在酸性和碱性电解质中的反应机理，二者在电化学方面主要的区别在于：离子导电体在酸性电解质中是 H^+（或更准确地说为水合氢离子，H_3O^+），在碱性电解质中为 OH^-（羟基）离子。氢/氧燃料电池唯一的副产物是水，酸性电解质燃料电池的水在阴极侧生成，碱性电解质燃料电池的水在阳极侧生成。

氢气和氧气的净反应结果是生成水和产生电能。与蓄电池一样，电化学当量的燃料反应理论上将在一定电压下输出 26.8A·h 直流电，其中电压是燃料-氧化剂反应自由能的函数。氢-氧燃料电池在室温条件下的理论电压是 1.23V（DC）。

表 37.2　H_2/O_2 燃料电池反应原理

项　目	酸性电解质	碱性电解质
阳　极	$H_2 \longrightarrow 2H^+ + 2e$	$H_2 + 2OH \longrightarrow 2H_2O + 2e$
阴　极	$\dfrac{1}{2}O_2 + 2H^+ + 2e \longrightarrow H_2O$	$1/2O_2 + 2e + H_2O \longrightarrow 2OH^-$
总反应	$H_2 + \dfrac{1}{2}O_2 \longrightarrow H_2O$	$H_2 + 1/2O_2 \longrightarrow H_2O$

图 37.1（b）是质子交换膜燃料电池（PEMFC）的示意图，目前是小型便携式燃料电池的最佳候选者。氢气穿过气体扩散层，在阳极催化剂处反应，产生的质子和电子均到达阴极，质子通过膜迁移；而电子通过外电路流动。质子与阴极提供的氧气发生反应生成水，产物和未反应的反应物通过气体出口排出。

37.2.2　燃料电池的主要组件

燃料电池单体的重要组件包括以下方面。

① 阳极（燃料电极）必须提供燃料和电解质的共存界面，使燃料发生催化氧化反应，并将电子从反应处传导到外电路中（或者首先到集流板上，集流板然后再将电子传导到外电路中）。

② 阴极（氧电极）必须提供一个氧气和电解质的共存界面，使氧气发生催化还原反应，并将电子从外电路传导到氧电极反应处。

③ 电解质必须传递燃料电极或氧电极反应中的一种离子，但是不能对电子导电（电解质中电子导电会造成短路）。此外，在实用化的燃料电池中，通常由电解质系统来承担气体分隔层。在水溶液电解质系统中，如 PAFC 中的磷酸和 AFC 中的氢氧化钾，该功能借助基体孔中保持的电解质来实现，孔中电解质的毛细张力使基体即使在一定压差下也能将气体分隔开。目前，便携式室温燃料电池的电解质是 Nafion® 膜。

37.2.3　一般特性

燃料电池的性能一般由电压-电流或电流密度曲线来表示（参见图 37.2）。该曲线可以描述为下式：

$$E = E^{\ominus} - \eta_{c,act} - \eta_{a,act} - \eta_{c,conc} - \eta_{a,conc} - iR_{int}$$

式中　$\eta_{c,conc}$，$\eta_{a,conc}$——阴极和阳极的浓差过电位，V；

$\eta_{c,act}$，$\eta_{a,act}$——阴极和阳极的活化过电位，V；

i——电流密度，A/cm^2；

R_{int}——电池内阻，$\Omega \cdot cm^2$；

$E^{\ominus}$——电池可逆电位，V。

尽管氢/氧燃料电池单体在室温下的理论电压是 1.23V（如图 37.2 中的点划线所示），但是燃料电池的实际输出电压比理论电压低一些，并且随放电深度（电流密度）的增加而降低。电压低于理论电压一般是由于图 37.2 中所示的"极化"造成（也可参见第 2 章）。电压降包括以下内容。

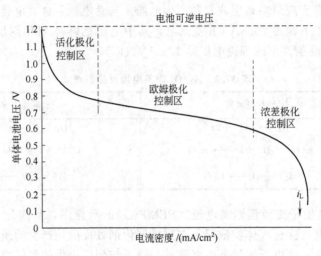

图 37.2　燃料电池极化曲线

（1）活化极化表示与电极反应有关的能量损失。大多数化学反应都涉及反应进行必须克服的能垒。对于电化学反应来说，克服能垒的活化极化电位可以用下式表示：

$$\eta_{act} = a + b \ln i$$

式中，a，b 为常数，η_{act} 为活化极化电位，$\eta_{act} = \eta_{a,act} + \eta_{c,act}$，V。

（2）欧姆极化表示电池内总的欧姆压降，包括电极、集流体内进行电子传导时的电阻和接触电阻，以及电解质离子传导时产生的离子阻抗。这部分压降遵守欧姆定律：

$$\eta_{ohm} = iR$$

（3）浓差极化表示与物质传递效应相关的能量损失。例如，电极反应的性能可能因为反应物不能扩散到反应点或产物不能从反应点扩散而下降。实际上，在某个电流完全受扩散过程限制时，将达到极限电流密度 i_L 状态（如图 37.2）。浓差极化电位可以表示为：

$$\eta_{conc} = \frac{RT}{nF} \ln\left(1 - \frac{i}{i_L}\right)$$

式中　η_{conc}——浓差极化电位，$\eta_{c\,conc} + \eta_{a\,conc}$；

R——气体常数，$J/(mol \cdot K)$；

T——温度，K；

n——反应电子数；

i_L——极限电流密度，A/cm^2。

燃料电池由于发生以上极化，因此一般实际工作电压为 0.5～0.9V。提高电池温度和反应气体分压，可以提高燃料电池的性能。然而，小型或便携式燃料电池通常需要在接近室温条件下工作，特别是当燃料电池准备用来取代蓄电池时。

37.3　千瓦以下燃料电池

输出功率小于 1000W 的燃料电池由于具有许多吸引人的特征，因此人们对它用于小型和/或便携式电源的兴趣越来越浓。但是同时，由于便携式设备的独特要求，目前燃料电池技术存在一些限制，燃料电池的应用，特别是用来替代蓄电池、小于 20W 的燃料电池技术将面临挑战。

主要包括以下几方面。

37.3.1　氢和富氢燃料

与蓄电池中通常用的活性物质相比，氢和富氢燃料具有更高的体积比能量。表 37.3 列出部分燃料的理论比能量和体积比能量，其值明显高于蓄电池，这些燃料已经在便携式燃料电池中实际使用。在以上燃料中氢比较突出，因为氢不仅质量比能量高，而且对于室温下工作的燃料电池，它能直接转换成电能。天然气、丙烷、汽油以及其他化石燃料由于除了在很高温度下，不能直接转换，因此不被考虑。对于替换蓄电池的小型便携式设备来说，配备燃料处理单元是不可行的。在这种情况下，甲醇是唯一一种有希望在适当的温度下能直接转换的液体燃料（参见 38.3 节）。

表 37.3　便携式燃料电池用燃料的特征

项目	理论值[1]		目前水平[2]	
	质量比能量 /(W·h/kg)	体积比能量 /(W·h/L)	质量比能量 /(W·h/kg)	体积比能量 /(W·h/L)
氢气				
氢气(气体)	32705	—		
低温氢气(液态)	32705	2310		
高压氢气瓶(70MPa)	3925			
金属氢化物				
MH(2%H₂)	655		164	426
MH(7%H₂)	2290	3400		
化学氢化物				
LiH+H₂O	2539	—	592[3]	
NaBH₄+2H₂O	3590	—		
30% NaBH₄ 溶液	2375	2080		
甲醇(MeOH)				
100% MeOH	6088	4810	289~805[4]	141~385[4]
MeOH 水溶液(摩尔当量)	约 3900	约 3350		

① 基于 1.23V 氢/氧燃料电池。
② 基于以特定氢气源工作的燃料电池的实际瓦时输出。
③ 包括容器/包装物和所需要的水。
④ 取决于功率及运行时间，见图 37.5。

必须以实用和安全的方法维持和供应氢到燃料电池，但是很大程度上降低其实际质量比能量。目前有很多制氢技术，包括高压气瓶、氢化物以及化学制氢等。每种技术都需要特定的方法来产生氢气和控制氢气的产生（参见 38.6.1 节、38.6.2 节）。表 37.3 也列出不同供应氢气方法的比能量理论值以及目前的技术水平。以上这些值虽然比氢气低，但仍然比大多数蓄电池系统高。尽管人们经常将燃料的比能量与蓄电池系统相比，但是这种比较并不完全正确，因为它只是将燃料电池的燃料供应与整个蓄电池系统进行比较（忽略燃料电池电堆和

图 37.3　UltraCell XX25TM
燃料电池系统

其他燃料电池组件）。下面将讨论一种更合理的方法并在图 37.5 中表示出来。

37.3.2　电化学转换

在小型和大型燃料电池组中，即使燃料电池以部分输出功率工作，燃料电池都是在高的转换效率（30%～60%，具体取决于电压输出）下，以电化学方式将化学能转换为电能。然而，当燃料电池功率降到更小时，转换效率不受影响。但是，电源部分和辅助装置的质量和体积尺寸并不会按比例减少。

37.3.3　工作温度

从实用角度出发，便携式燃料电池应该在室温下工作。按照表 37.1 中总结的目前现有技术，这就限制便携式燃料电池，只能选择质子交换膜燃料电池（PEMFC）和直接甲醇燃料电池（DMFC）。在接近常温温度下工作将使燃料的转换效率多少有所降低。另外，质子交换膜的电导率取决于其水含量。这也限制它在结冰点以下工作。尽管聚合物电解质膜可以接受其内部的水冻结，但 PEMFC 的启动会非常慢，因此可能需要额外的热源，如蓄电池或燃料的废热。

小型电源用直接燃料电池中值得注意的例外是千瓦以下的重整甲醇燃料电池，该电池系统功率为 25W，质量 1.24kg（图 37.3）。如图 37.4 所示，这个系统采用小型化燃料处理单元从甲醇与水的混合物中制氢供给 PEMFC 发电。

37.3.4　组件特性

燃料电池的组件特性以及能源转换和燃料贮存装置的特性，将有助于设计燃料电池系统

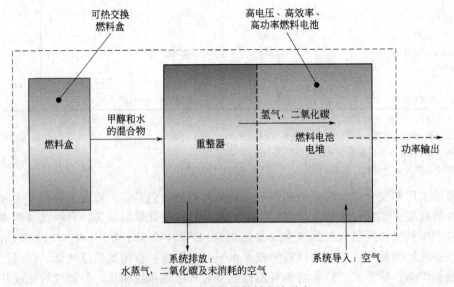

图 37.4　重整甲醇燃料电池示意

以满足应用的需求和设备的使用。能量转换装置（燃料电池电堆）可以满足不同功率要求。燃料容器可以贮存足够的燃料来满足所需的使用时间。

图 37.5 是几种一次电池、可充电电池和燃料电池的性能比较，它表明设计输出 20W 功率时，每种系统的总质量与工作时间的关系。二次蓄电池系统即使在最高的放电率下也能输出额定容量，因此它们的性能曲线是直的斜线。正如该图中所示，直线的斜率为质量比能量。蓄电池的质量基本随着工作时间的缩短而成比例下降。在短时间工作时，燃料电池的曲线整体上是水平的，这反映系统的非活性部分的质量。换言之，燃料电池电堆和其他辅助件的质量占主要，燃料的质量对于系统来说基本没影响。在较长时间工作时，燃料电池电堆的质量不是主要问题，整个系统的质量随燃料质量比能量的增加而降低。当工作时间小于 10h 时，一次电池系统在高倍率下的性能一般也不好，表现在其曲线斜率也减小，即质量比能量也降低。

图 37.5 形象说明蓄电池和燃料电池各自优点。在短时间使用时，蓄电池占优势，燃料电池由于电堆单元的质量问题而处于不利位置；但是在较长时间使用时，燃料电池占优势，因为燃料电池可以替换燃料，其质量比能量高于许多蓄电池系统。如果对以上电化学体系进行体积和工作时间的比较，也存在相似关系。

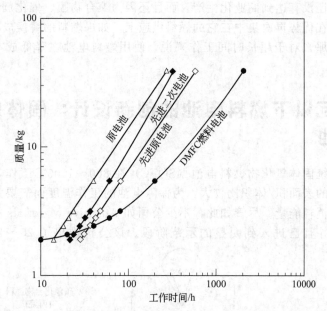

图 37.5　各电化学体系质量与工作时间特性对比（基于 20W 功率输出和规定的质量比能量：
原电池，145W·h/kg；先进原电池，300W·h/kg；先进二次电池，225W·h/kg）

图 37.5 同时还指出研究方向：即燃料电池的开发必须考虑低功率范围时，在相当短的工作时间内（比如说，小于 10h），与蓄电池系统相比要完全占优势。电堆单元的质量和体积尺寸必须大幅度降低，因为便携式设备设计的重点是向着更小的体积尺寸、更轻的质量方向发展，即使牺牲使用时间。否则，燃料电池的优势以及更轻质量燃料被替换的作用将不明显。人们注意到缺乏小型燃料电池必需的廉价、高效、小型化组件，比如尺寸和容量满足要求的气体和液体泵。这些需要的组件如果能获得的话，会将小型燃料电池推向大型燃料电池市场。

人们考虑可以在设计燃料电池组件和燃料源时进行折中处理。例如，在直接甲醇燃料电池（DMFC）条件下，需要添加水来维持甲醇的反应。如果燃料电池中采取合理的水管理或回收，那么反应产生的水可以循环使用。但是，这会增加燃料电池的尺寸、质量以及复杂性和一次性成本；或者将水直接加到甲醇燃料中，但这将以降低燃料源的质量比能量为代价。

37.3.5 空气自呼吸系统

许多地面上用燃料电池都是采取空气自呼吸系统。燃料电池不必贮存和携带氧化剂，这样可以使系统的体积和质量降到最低。根据功率不同，空气流动可能不充分，这就需要用风扇或其他方法对空气进行强制对流，以满足电化学反应、冷却和水平衡的需要。

37.3.6 环境友好

燃料电池对环境非常友好，但是在设计方面，大型燃料电池类似一座化工厂，比较复杂；而小型和便携式燃料电池相对简单。燃料电池的以上特征优于引擎发动机和其他热机，因此可以取代它们；但是与蓄电池相比不占优势。此外，燃料供应方法和燃料供应基础设施使得燃料电池更为复杂，而以上这些对于蓄电池来说是不需要的，其反应物含在蓄电池自身内部。

37.3.7 成本

对于人们可以接受、取代蓄电池的燃料电池来说，成本是一个主要因素。燃料电池的成本主要由以下两部分决定：燃料电池和辅助系统以及燃料源。目前，燃料电池的成本高于蓄电池，不仅是因为还没有达到商业化生产，而且还因为聚合物膜、催化剂和其他组件都比较贵。燃料电池的潜在优势再次集中在它的燃料供应上。如果燃料的替换成本降低，以致低于所取代的蓄电池，那么对于超长时间工作来说，使用燃料电池在降低成本方面将是有效的方法。

37.4 千瓦以下燃料电池的创新设计：固体氧化物燃料电池

初看上去，传统固体氧化物燃料电池（SOFC）在 800～1000℃ 工作，好像不适合小型化应用，小型系统的表面积/体积比较大，为保障电池的工作温度而需要太多的绝热措施以防止热损失，同时消耗能量。尽管如此，不少公司如 Adaptive Materials 等仍然在继续进行 SOFC 系统研究，并且已进入到明显的示范阶段。该公司推出了 25～250W 功率范围的

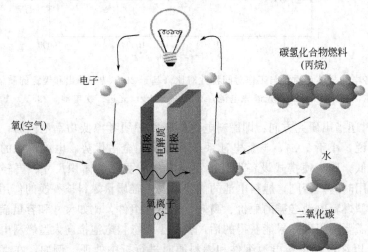

图 37.6 固体氧化物燃料电池工作原理图

（源自：Adaptive Materials Inc.）

SOFC 系统。该系统采用微管设计，单体直径只有数毫米，采用氧离子导电的陶瓷电解质可保障该 SOFC 系统在 600～800℃ 温度区间工作，还可以在数秒热冲击条件下正常工作。图37.6 显示平板式 SOFC 单体的工作概念示意。该 SOFC 系统非常适合使用丙烷、丁烷等碳氢化合物，因为它们在系统的高工作温度下只需要进行极少的燃料处理。

图 37.7 展示 25W 的 SOFC 电堆，其质量为 1.5kg（不含燃料）、体积为 2.0L，质量比能量高达 661W·h/kg，该质量比能量值的计算包括燃料和容器的质量。

图 37.7　25W 便携式 SOFC
（源自：Adaptive Materials Inc.）

与其他开发中的燃料电池系统一样，SOFC 最初的市场是军用，包括无人飞行器、野战充电器、小型机器人以及电子设备及传感器等。这些应用要求 SOFC 坚固、耐苛刻条件，寿命为数百或几千小时，初始阶段也可容许价格高一些；军事应用上的成功也打开了较大的工业和消费市场。对于消费应用来说，SOFC 所需的 0.5～10kg 丙烷、丁烷气罐在全世界都随处可得，基础设施不成问题；反之氢气则很缺乏。

参 考 文 献

1. K. Kordesch and G. Simader, *Fuel Cells and Their Applications*, VCH Publishers, NY, 1996.
2. B. V. Tilak, R. S. Yeo, and S. Srinivasan, "Electrochemical Energy Conversion—Principles," in *Comprehensive. Treatise of Electrochemistry*, Vol. 3, J. O' M. Bockris, B. E. Conway, E. Yeager, and R. E. White, eds., Plenum Press, New York, 1981, pp. 39-122.
3. S. R. Narayan and T. I. Valdez, "High-Energy Portable Fuel Cell Power Sources," the Electrochemical Society, *Interface*, pp. 40-44, Winter, 2008.
4. S. Srinivasan, *Fuel Cells: From Fundamentals to Applications*, Springer, New York, 2006.

第 38 章

小型燃料电池

Arthur Kaufman and H. Frank Gibbard

38.1 概述

功率小于 1000W 的小型燃料电池正被广泛应用在许多场合，表 38.1 列出以上应用的典型实例。第 38.8 节将介绍各种燃料电池的硬件开发和商业化努力情况。根据需求的性质，这些正在应用或即将应用的电源系统可以是单独的燃料电池、燃料电池/电池混合、燃料电池/太阳电池/蓄电池混合系统等。

表 38.1 小型燃料电池的应用

应 用	应 用
野外电源,包括蓄电池充电器	手机电源
便携式电源,包括士兵可穿戴电源	移动数码装备电源
移动电源,包括车用等辅助电源	备用电源
无人交通工具及机器人电源	通用目的电源

人们对小型燃料电池的兴趣源自它们由于具有高的质量比能量或能量密度，有可能取代蓄电池；以及它们是更便携、更高效、更环保的能量转换系统小型发电机。

燃料电池系统的能量贮存和发电组件是分开的实体，分别是燃料贮存器、燃料电池电堆部分（包括辅助系统）。而蓄电池的能量贮存和发电组件是同一个实体。因此，燃料电池系统能设计成较为理想的工作模式——燃料电池电堆满足功率需求，燃料贮存满足能量需求。这对于能量需求高、功率需求低，即长寿命的应用场合来说特别有利。在以上应用场合中，燃料电池电堆与辅助系统的质量对于整个系统来说，已经不重要；系统的体积比能量和质量比能量取决于燃料供应子系统本身。在使用期间，燃料电池由于可以根据具体应用需求提供更小和/或者更轻的系统，因此比蓄电池更有利。

由于工况特点，一些应用场合非常适合使用燃料电池/蓄电池混合系统，特别是对那些平均负荷峰值功率大、峰值负荷时间相对短的场合很有吸引力。在以上混合系统中，燃料电池以平均功率供电即可，用较小的蓄电池进行补充，提供所需的额外能量；并且当额定负荷工作时，由燃料电池来为蓄电池充电。混合系统充分利用了蓄电池和燃料电池的优点——前者有较宽的功率范围，后者有较高的质量或体积比能量。

太阳能电池/蓄电池能源系统也能与燃料电池一起利用其各自优点，组合成系统应用于各种场合。燃料电池的利用，可以使太阳能电池不必再配备体积和质量过大的蓄电池，以避免蓄电池超长时间使用以及不再担心太阳能电池出现不能预测的供电中断。在一些应用场合，预计小型燃料电池也可以替代小型发动机，此时燃料电池系统在系统寿命、可靠性、效率（燃料消耗）、噪声以及排放物等方面占有优势。然而当以相同的燃料工作时，大型发动机在体积尺寸和质量上比燃料电池系统占有优势；当系统的功率变小时，这些优势预计就会减少。在低功率应用方面，本章所讲的小型燃料电池具有很强的竞争力。但对其而言，主要挑战的将会是成本问题。

38. 2　燃料电池技术分类

目前正在使用或研制的燃料电池有不同类型，通常按照电解质进行分类，各类燃料电池有不同的工作温度。

(1) 磷酸燃料电池（PAFC）　电解质为高浓度的磷酸溶液，工作温度范围为 160～200℃。其电极特点为防水碳纤维基体上涂覆树脂粘接的碳载 Pt 基催化剂层。

(2) 熔融碳酸盐燃料电池（MCFC）　电解质为混合的碱-碳酸熔融盐，工作温度为600℃左右。电极为非贵金属。

(3) 固体氧化物燃料电池（SOFC）　电解质为固体氧离子导电金属氧化物，工作温度为 600～1000℃，其电极为非贵金属。

(4) 碱性燃料电池（AFC）　典型电解质为循环的氢氧化钾溶液，工作温度为室温～80℃。有时贵金属用于阳极，但其电极一般采用非贵金属网结构。

(5) 质子交换膜燃料电池（PEMFC）　电解质为固体聚合物质子导电膜，工作温度为室温～80℃。目前燃料电池（包括传统的氢气燃料质子交换膜燃料电池和直接甲醇燃料电池 DMFC）主要采用全氟磺酸膜，如杜邦公司的 Nafion® 膜。而 PBI 等高温膜也用于该类燃料电池。尽管从字面上看这种电解质不能通过膜传导质子（其中的磷酸能提供此功能），但是采用这种膜的燃料电池一般也被归于质子交换膜燃料电池类。它的工作温度可在 100～180℃[1]。这类燃料电池被称为高温质子交换膜燃料电池（HTPEMFC）。典型传统和高温的 PEMFC 电极为防水碳纤维基体上涂覆树脂粘接的碳载 Pt 基催化剂层。

如果小型燃料电池能够待机、室温运行（可快速启动）、可使用环境空气、负载变化时可快速响应并且具有无迁移的（固体）电解质以及相当高的体积比能量和质量比能量，那么它就能得到最有效使用。而能满足以上条件的燃料电池明显是质子交换膜燃料电池。尽管它存在以下不足之处：当温度下降到结冰点以下时，由于固体聚合物电解质中含的水会冻结，从而降低质子导电性能。然而如果能充分利用自身产生的热，质子交换膜燃料电池就能经受住冰冻条件并且也能正常工作；有时也可以使用外部的方法，利用蓄电池或电网供电来帮助燃料电池进行冰点以下的启动或者防止结冰。

直接甲醇燃料电池（DMFC）和高温质子交换膜燃料电池（HTPEMFC）也属于 PEM-

FC类型。与传统的 PEMFC（除了结冰问题）相比，这两种电池多少有点不满足前面提到的条件，但是在某些应用场合它们有自身的优点。DMFC 主要的优势是直接使用具有吸引力的液体燃料，没有额外的燃料处理负担。但它的不足是电压-电流性能低于氢气燃料质子交换膜燃料电池，电流效率低，甲醇穿透电解质膜导致阴极极化增大（通常相当于 $100\text{mA}/\text{cm}^2$ 以上的电流密度，但是可以通过阻醇膜等的改善得到抑制）[2]，因此需要提高贵金属载量，特别是阳极。尽管 HTPEMFC 电化学活性低于采用传统膜的 PEMFC，但它干态运行时不存在通常 PEMFC 的缺点，而且抗 CO 活性远优于传统 PEMFC（见 38.6.5 节）

质子交换膜燃料电池在小型燃料电池的开发和应用方面占据主要地位。尽管如此，考虑到高温运行，小型 SOFC 电源方面的革新为消费者打开另外一扇门[3]。

38.3 燃料电池电化学行为

质子交换膜燃料电池采用离子交换膜，电解质膜通过质子从膜的阳极表面迁移到阴极表面，从而产生电流，如图 38.1 所示。

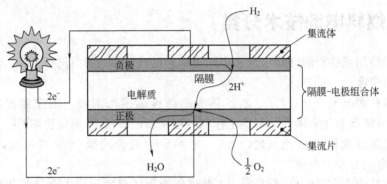

图 38.1 质子交换膜燃料电池单体

阳极扩散过来的氢气在阳极-电解质界面处产生氢离子，在此过程中产生的电子通过阳极的电子导电相迁移到阳极邻近的集流体上。到达阴极-电解质界面处的氢离子，与来自外部负荷的电子以及阴极扩散来的氧气（来自空气）发生反应，产生水。产生的水为气相和液相的混合物，或者在高温时全为气相。

PEMFC 电池反应如下。

阳极： $$H_2 \longrightarrow 2H^+ + 2e^-$$

阴极： $$\frac{1}{2}O_2 + 2H^+ + 2e^- \longrightarrow H_2O$$

电池总反应： $$H_2 + \frac{1}{2}O_2 \longrightarrow H_2O$$

DMFC 也使用质子交换膜，甲醇和水在阳极反应生成质子和电子，质子通过膜迁移到阴极，电子进入外电路；氧气（来自空气）与质子反应，电子返回到阴极，生成过剩的水。此过程如图 38.2 所示。

DMFC

阳极： $$CH_3OH + H_2O \longrightarrow CO_2 + 6H^+ + 6e^-$$

阴极： $$\frac{3}{2}O_2 + 6H^+ + 6e^- \longrightarrow 3H_2O$$

电池总反应： $$CH_3OH + \frac{3}{2}O_2 \longrightarrow CO_2 + 2H_2O$$

SOFC 是氧离子传导，氧离子从阴极通过固态金属氧化物电解质到达阴极，这些离子在阳极与氢气反应产生水蒸气并产生电子流向外电路；氧气（来自空气）在阴极与电子反应生成氧离子。此过程如图 38.3 所示。

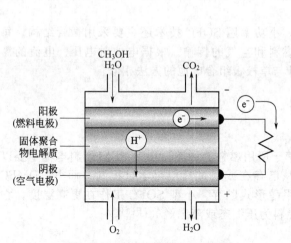

图 38.2 DMFC 燃料电池示意

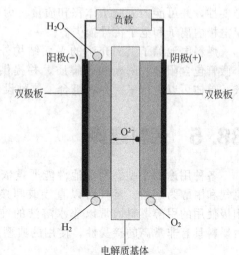

图 38.3 SOFC 单体示意

SOFC 电池反应如下。

阳极：$\qquad H_2 + O^{2-} \longrightarrow H_2O + 2e^-$

阴极：$\qquad \dfrac{1}{2}O_2 + 2e^- \longrightarrow O^{2-}$

电池总反应：$\quad H_2 + \dfrac{1}{2}O_2 \longrightarrow H_2O$

38.4 电池堆结构

由于以上单体电池的电压通常为 0.6～0.8V（对于 DMFC 来说大约为 0.4～0.6V），因此需要多个单体电池串联组合来达到实际需要的电压。图 38.4 是通常 PEMFC 电堆的结构示意图，图 38.1、图 38.2 和图 38.4 中的电化学活性组件一般是指膜电极组件（MEA），膜电极组件分别间隔放于双极板之间。双极板具有以下多重功能：单体与单体之间电流的传导；活性物质氢气和氧气通过流道在相反的两表面上的分布，防止氢气与氧气的混合以及在许多情况下，对燃料电池工作时产生的热提供散热途径。如图 38.4 所示电堆的电压或电流，可以通过分别增加单体电池数目、活性面积来提高。

一种称为单极板结构被尝试替代双

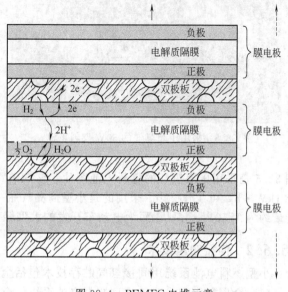

图 38.4 PEMFC 电堆示意

极板。这种 MEA 相互独立，在侧面相互连接，一个电极在边上集流后再传导到对面的相邻 MEA 电极上[4]。组合电堆的电压随相连 MEA 数的增加而提高，该类 MEA 的连接方式一般为串联。电流随单体的活性面积或并联单体数的增加而增加。这种连接方式免除双极板的必要性，并可能大大减小体积和质量。为提高效率，设计上必须减小电流的不均匀分布以及膜电极内离子和电子传导损失。

燃料电池除了上面介绍的平面结构外，小功率用 SOFC 技术还主要采用微管结构。每个微管包含阳极、阴极和电解质，并提供燃料和空气的传输。根据电池对电压、电流的需求，单体可以进行串、并联组合。这种设计与单极板组合电池的方法相似。

38.5 燃料选择

各种用途的小型燃料电池性能严重依赖于所用燃料的种类。小型 PEM 燃料电池主要以氢气和甲醇为燃料。氢气可以直接或间接从已存在或通过其他化学过程制备而得。DMFC 阳极使用的甲醇燃料通常以非水溶液的纯甲醇形式贮存。小型 SOFC 工作在更高温度，它对燃料具有非常高的接受性，使用的典型燃料为压缩态或液态烃气体[3]。

38.6 燃料处理与贮存技术

由于小型燃料电池的优点取决于燃料处理与贮存特性，所以对燃料电池系统相关技术的评估选择非常重要。

38.6.1 压缩氢气贮存

燃料电池系统燃料贮存和使用的最简单形式是高压氢气。除了工作时间极短、长时间处于备用模式的应用场合之外，高压氢气对于较大功率的燃料电池不实用。因为与普通燃料相比，高压氢气的成本较高、运输较不方便。然而，对于小型燃料电池来说，高压氢气有时是可以接受的贮存方法，特别是功率非常低、短时间运行、作为备用电源的场合。此时，采用氢气的系统相对简化，比普通燃料有优势。

由于活性物质的量可以忽略不计，因此优先考虑使用质量轻的高压贮氢气器。这需要使用轻质的高压容器和压力调节阀，同时必须考虑相关的成本因素。

图 38.5 采用压缩氢气的 50W 燃料电池

图 38.5 是采用压缩氢气的燃料电池图片，该 50W 系统于 20 世纪 90 年代后期开发成功，储能 1kW·h，可工作 20h。采用的是小型商品气瓶（1.5L，1.3kg），贮氢压力为 5000psi 时，能量约为 1750W·h[5]。而为电动车开发的大型轻型贮氢罐的工作压力可超过 10000psi[6]。

38.6.2 间接贮氢技术

小型燃料电池系统用间接氢气贮存技术包括金属氢化物制氢和化学氢化物制氢两种。

（1）金属氢化物 对于小型燃料电池系统，金属合金氢化物是一种有吸引力、能量贮存方便的贮氢形式，因为金属氢化物使用简便、体积小，并且这些优点在小型燃料电池系统中特别容易体现。它们的体积比能量可以达到 $500\sim1000W\cdot h/L$，比高压氢气高出许多。在室温下就能释放出所需压力氢气的合金（以 AB_2 型为代表，例如 A 是 Zr 或 Zr 和 Ti 的混合物，B 是过渡金属的混合物）中，典型的最高氢气质量百分比含量为 2%（Mg 基合金的氢气质量百分比含量可以达到 5% 左右；但是它释放氢气时的分解温度为 300℃，这需要牺牲一定量的氢气，燃烧以产生热量）。

（2）化学氢化物　人们正在研制用于小型燃料电池系统、各种类型的氢化物系统，这些化学系统是不可逆并且能根据需要产生氢气。活性物质一般为碱性金属氢化物（有时是混合物形式），它们与水发生反应生成氢气、金属氧化物（或混合的金属氧化物）。人们同时也在研究其他类似的化学氢化物系统。

与可逆金属氢化物相比，化学氢化物有更高的质量百分比含氢量，因此该系统具有高比能量的潜在优势。另一方面，由于反应物的密度相当低，因此系统的体积比能量（W·h/L）不具有吸引力。表 38.2 列出几种典型化学氢化物的制氢化学反应式、理论含氢量和理论质量比能量（注：计算化学氢化物的含氢量和质量比能量时包括反应所需水的量）。如果燃料电池产生的水能在化学氢化物的反应中被回收使用，那么化学氢化物的优势就会更明显。因为在这种情况下，系统可以简单地通过添加备用的反应物粉末或颗粒来补充燃料。

表 38.2　典型化学氢化物的反应式、理论含氢量和理论质量比能量

反应式	理论含氢量/%	理论质量比能量/(W·h/kg)
$LiH + H_2O \longrightarrow LiOH + H_2$	7.8	2540
$CaH_2 + 2H_2O \longrightarrow Ca(OH)_2 + 2H_2$	5.2	1700
$NaBH_4 + 2H_2O \longrightarrow NaBO_2 + 4H_2$	10.9	3590

注：理论值的计算是针对氢气/空气燃料电池、1.23V/单体，包括氢化物和水的质量。

化学氢化物面临的挑战包括各种反应物的接触要求，以便反应速率能满足燃料电池所需的氢气量。同时，由于反应产物需要进行处理，不能再生，因此评估系统的经济性时，必须考虑补充的化学反应物成本。在小型燃料电池中使用化学氢化物最大的可能性是高性能的军用燃料电池系统。

38.6.3　燃料处理

如果系统使用传统燃料且体积小巧、紧凑，那么小型燃料电池的应用将大幅度提高。在大多数情况下，燃料处理器将燃料转换成供给燃料电池的富氢气体，这种方法的挑战在于使燃料处理器体积足够小、成本很低。

小型燃料电池有可能考虑使用以下各种普通燃料和化合物。

（1）氨　氨通常用于工业和农业，一般是在适当的压力下，以液态形式贮存。液态氨具有高质量比能量和高体积比能量的特点，热催化制氢分解反应相当简单，反应式为：

$$2NH_3 \rightleftharpoons 3H_2 + N_2$$

氨的含氢量为 17%（质量），相当于 $3kW\cdot h/kg$ 和 $2kW\cdot h/L$。然而，产生的一部分氢气需要消耗掉，产生热量以维持吸热分解反应的进行。与氨相比，LPG（液化石油气）是更好的燃料，因为 LPG 具有更广泛的分布基础设施、更高的体积比能量以及更低的成本；并且氨还是有毒化学物质。尽管如此，由于氨制氢过程非常简单，因此在小型燃料电池应用方面仍将起到积极的作用。

（2）甲醇　甲醇是一种可以广泛获得的化学物质，使用比较方便并且在常压下以液态形式贮存。甲醇也可以通过处理转换成富氢气体，并且它的处理是所有含碳燃料中最简单的。

由于在一定的温度（大约 $200\sim250℃$）下时，用常规的甲醇蒸气重整催化剂不能形成甲烷，因此可进行如下吸热反应：

$$CH_3OH+H_2O \Longrightarrow CO_2+3H_2$$

在以上温度下，由于生成的一氧化碳非常少，因此后续处理过程也就很少。正因为它的处理非常容易，因此甲醇对小型燃料电池很有吸引力，尽管 LPG 在体积比能量和成本方面占优势。目前一些公司可以向广大用户提供采用处理甲醇的小型燃料电池系统。

（3）乙醇　乙醇在使用和贮存方面，与甲醇相似。它与水蒸气的反应式如下：

$$C_2H_5OH+H_2O \Longrightarrow 2CO+4H_2$$

与甲醇不同的是，乙醇无毒；作为燃料使用时，它的可获得性与成本没有规律可循。更重要的是，在甲醇蒸气重整较低的温度下，乙醇不能进行处理；需要进行后续处理。至少对于低温 PEMFC 来说需要，因此作为小型燃料电池系统燃料的吸引力就大幅度减少。

（4）液化石油气（LPG）　如上所述，LPG（在美国主要为丙烷，但是在日本有时为丁烷）对于分散的燃料电池系统来说，是一种比较好的燃料。与氨和甲醇相比，LPG 具有非常高的体积比能量以及较低的单元能量成本。实际上，当没有管道天然气时，LPG 是固定式燃料电池的燃料选择。但是，小型燃料电池通常有不同的评价标准。在某种程度上，也许燃料成本并不重要，而紧凑的体积、系统的简单性和硬件成本才更重要（需要进行高温燃料处理，对于天然气和运输型燃料也是如此）。然而，这种情况不能普遍使用，例如长时间的排放物可能就是例外。这种燃料对于 SOFC 很有吸引力，因为它的处理过程可以和燃料电池的高温、耐副产物结合起来。

（5）天然气　对于固定式并且容易接入天然气管道的小型燃料电池，将主要利用天然气作为燃料，天然气的主要成分通常为甲烷。除了能减少燃料贮存的负担外，管道天然气与 LPG 相比有更低的单元能量成本，并且在燃料电池的燃料处理器中，甲烷比丙烷有产生更高的产氢率。然而，在某些如便携式或移动式小型燃料电池系统中，以上这些可能都不是主要问题，而是需要有现场贮存的燃料，此时 LPG 在体积紧凑和燃料供给方面更占优势。

（6）航空燃料或柴油燃料　对于军用场合，一般倾向于用航空和柴油燃料（如 JP-8），因为这两种燃料最容易获得并且最安全（非常低的蒸气压力）。柴油（通常广泛用在大型车辆中，很少用在汽车中，并且在一些不发达地区，还经常是多用途燃料）对于小型燃料电池来说不太合适，这主要是因为它的较大分子难于断裂，以及含硫量太高。低硫（15×10^{-6}）柴油燃料目前正在美国使用。实际上，这些因素也对航空燃料的处理提出有难度的挑战。但它们可以被考虑作为小型 SOFC 系统的潜在燃料。相对而言，汽油燃料具有更小的分子量，易于蒸发和反应，而且几乎不含硫而具有作为燃料电池燃料的魅力。但汽油存在操作困难、高可燃的危险性，它并不是燃料的理想选择。

38.6.4　燃料处理技术

从含碳燃料（甲醇除外）中制备氢气需要高温（通常在催化条件下）过程，主要包括以下三种方法：第一种方法是蒸气重整（SR），燃料与蒸气发生催化反应；第二种方法是部分氧化重整（POX），燃料与空气中的氧气发生部分氧化反应；第三种方法为自热重整（ATR），燃料与蒸气和氧气发生催化反应。蒸气重整是吸热反应，反应温度一般为 650℃，或更高；部分氧化重整是放热过程，反应温度更高（可达 1000℃）；自热重整基本上处于热平衡，与外界不进行热交换，反应温度比蒸气重整的稍高一些。以甲烷为例，以上三种过程的典型反应式如下：

$$SR：CH_4 + H_2O \Longrightarrow CO + 3H_2$$
$$POX：CH_4 + 0.5O_2 \Longrightarrow CO + 2H_2$$
$$ATR：CH_4 + 0.25O_2 + 0.5H_2O \Longrightarrow CO + 2.5H_2$$

简单地说，蒸气重整的氢含量最高，效率也最高，但由于它是吸热反应，因此热管理最复杂，体积也最大。相反，部分氧化重整效率最低，但结构最简单。自热重整则介于蒸气重整和部分氧化重整之间。

燃料处理器类型的选择很大程度上取决于应用场合的需求，例如，以天然气为燃料、连续运行的传统固定式燃料电池系统可能最适合蒸气重整处理器，以将成本降到最低。而需要快速启动的小型移动系统，则最适合用部分氧化重整或自热重整系统。

38.6.5　气体处理

以上高温过程产生的重整气体中一氧化碳量较高（一般大于 10%），为了最大程度提高含氢量（以及在低温燃料电池条件下，如 PEM 燃料电池，且阳极催化剂载量最低时，需降低 CO 含量以避免 CO 中毒现象的发生），重整气体接下来还需在较低的温度下发生如下的水煤气转换催化反应（有时是两个阶段，第二阶段温度较低）：

$$CO + H_2O \Longrightarrow CO_2 + H_2$$

再次指出，在甲醇蒸气重整过程中，需要通过特定的转换催化剂来阻止甲烷的生成。对于 PEM 燃料电池，必须进一步降低 CO 浓度（从大约 0.5% 降到 100×10^{-6} 以下）。这通过 CO 在有氢气的情况下，添加一定流速的空气进行催化优选氧化反应来实现，空气流速是 CO 进行完全氧化的化学计量的几倍。而 HTPEMFC 可以在大约 $170℃$ 下工作，可以阻止 2% 以上浓度的 CO，不需要特别的氧化剂。

很明显蒸气或水蒸气在燃料处理器中是必不可少的组成，无论是在重整反应自身阶段，还是随后的水-气转换阶段。水源必须进行贮存、补充或冷凝以及从燃料电池系统的回收。在任何情况下，系统必须考虑到水管理的设计和输送系统，并且选择的模式必须反映特定应用场合的要求。

含碳燃料的整个燃料处理系统的复杂性表明与小型燃料电池系统用传统燃料电池相关的挑战。整个系统的设计和优化还需要许多努力，以便达到上述应用场合所需的体积最小化和低成本。最理想的体系是 SOFC，该体系具有采用宽泛燃料并具有用于小功率电源的潜力。

38.7　系统集成要求

不同用途对小型燃料电池的要求也不同。最重要的要求是对于一定额定功率下电堆尺寸、质量、初始成本、燃料成本、燃料供应基础设施、能量贮存能力、耐久性、工作环境温度范围及启动特性。

38.7.1　燃料供应

到目前为止，小型燃料电池系统的燃料大部分是采用氢燃料形式。考虑到简单性、燃料节约性以及安全性，氢气以合适的压力（一般标准的压力范围为 $10 \sim 50 kPa$）供应到阳极并形成闭路形式。阳极消耗一定量的氢气，以维持给定功率下的电化学反应。为了使阳极部分积累的杂质和水排放掉，在氢气出口处按规定时间间隔进行瞬时"净化"。

如果使用通过燃料处理产生的富氢气体，则阳极使用的氢气要多些以保持燃料消耗、处理器温度及电池性能的平衡。其比例范围根据系统的不同，可为 $60\% \sim 90\%$ 的范围，未用燃料将在燃料处理器部分燃烧发热以满足反应器维持温度的需求。

DMFC 以甲醇的水溶液形式供给阳极（尽管甲醇通常是以纯甲醇的形式贮存，需要时，形成循环的甲醇水溶液），产生的二氧化碳必须从循环气中分离。

38.7.2　空气供应

小型燃料电池电堆可以在扩散或强制传质的空气下工作。扩散空气的电堆由于空气供应速率问题以及对电堆结构的影响，从而限制其应用，在这种结构的电堆中，空气侧必须开放并且易受大气环境条件的影响。因此，扩散空气（静态）燃料电池一般只适用于某些功率特别低的场合，不超过 25W[7]，此时需要的是简单性。

强制空气传质燃料电池电堆适用于所有功率范围的小型燃料电池。反应物空气以所需的压力传递到燃料电池电堆，以克服电堆和相关管路的压降。压力范围一般为 1～20kPa（大气压的一小部分），这取决于电堆设计特性。空气传输装置通常为小型空气泵，如旋转型或涡轮型。反应物空气中氧气的利用率随电堆工作条件的不同而变化，但是一般大约为 50%，剩余的空气排放到大气中；而 DMFC 可以补充部分水蒸气到电堆中以充抵阳极上的水消耗。

38.7.3　水管理

小型质子交换膜燃料电池（以及其他质子交换膜燃料电池）设计的关键问题之一是燃料电池电堆的水管理。目前燃料电池主要采用全氟磺酸膜如 Du Pont 公司的 Nafion® 膜为电解质膜。为了质子能有效地导电以及质子在膜的迁移过程中，水分子有效地作为质子的载体，全氟磺酸电解质膜要求有一定的含水量。因此，系统设计时，必须在反应物通道上提供较高的相对湿度（与膜一样）。

反应物湿度的要求对电堆工作方式有明显限制。为了达到小型电源通常所追求的简单性和紧凑性，小型燃料电池更适合直接使用大气（无加湿）。然而，直接使用大气则需要设计时采取措施，避免膜的干涸。空气的流速必须限制，以减少干燥的影响。此外，电池的设计必须与充分利用生成的水相结合。当环境温度增加以及电堆电流密度增加从而导致电堆温度升高时，干涸的危害变得更明显。

水管理的目的不仅限于防止膜的干涸，电池需要以较高的氧气利用率（相当低的空气流速）工作，因此也就增加电池内部阴极侧生成水，形成水滴的可能性。这将造成电极基体内部或表面及阴极流场空气分布沟槽中水的积累，导致空气不能有效地进入到电催化剂反应区，从而引起电池性能的明显下降。因此，电池的设计必须防止水滴的积累。

高温质子交换膜燃料电池（HTPEMFC）比传统的 PEMFC 电化学活性低。HTPEMFC 耐干燥条件运行能力较强，并可以在不带水管理的条件下高温运行（约 100～180℃），高温运行可以减少催化剂的一氧化碳中毒。这类高温燃料电池更容易与采用甲醇或其他燃料的燃料处理器结合在一起使用。

DMFC 采用与传统 PEMFC 相同的质子交换膜，但水管理要求不同。因为 DMFC 阳极采用的是甲醇水溶液，阴极反应产生的水又可以返回阳极，所以它不存在干涸问题。但该体系设计必须考虑阴极水积累的潜在影响。SOFC 工作在非常高的温度，当然不存在水管理问题。

38.7.4　热管理

传统的质子交换膜燃料电池的热管理要求与水管理直接相关。如上所述，电解质膜必须保持一定的含水量，以防止膜的干涸以及质子导电性能的下降，因此电堆温度必须相应受到限制。必须对电堆每个单体电池进行冷却,以确保电堆温度适中并且均匀一致。

较大功率质子交换膜燃料电池堆的冷却一般是采用液体冷却剂,通常为水。由于液体有较高的热导率和体积热容,因此这种方法非常有效。但是小型燃料电池应用场合要求系统简单、紧凑,而带外部热损耗的液体循环回路与以上要求不匹配。对于小型燃料电池电堆来说,更好的冷却方法是通过风扇将大气直接传送到每个单体电池的外表面。一般通过延伸双极板来增加电池的外部表面积,从而提高风冷方法的有效性。液体冷却的潜在优点显著,简化的水冷系统已经在小型电源上采用[8]。一些典型的设计是电池内部采用水冷循环,出口水蒸气用空气冷却。

HTPEMFC 的热管理要求较低,因为它可以耐受干燥条件下的运行;同时由于温度梯度大而可以向环境辐射热量。SOFC 电堆采用简单的空气冷却系统;DMFC 热管理也比较容易,因为可以通过循环的甲醇-水蒸气来管理电池温度。

38.7.5 控制

为了促进燃料电池的稳定运行,系统必须有一定的控制组件。这对于传统的 PEM 燃料电池来说非常复杂,但是常见的控制方法如下。

① 根据负荷大小控制反应物空气的流速,确保既不出现过量的水堆积(较低流速下),也不出现电池的干涸(较高流速下)。这就需要测量电堆的电流,并对空气流动装置的速度进行相应调节。

② 为了防止电堆在干涸(太热)条件下工作,必须控制电堆的温度。这就要求电堆冷却风扇对电堆温度传感器的高温信号作出响应,启动或者以更高速度运转。

③ 由于氢气燃料系统是闭路形式,这就要求出口管路中有带计时器(或库仑计)、通-断循环的电磁阀,定期对阳极侧积累的杂质和水进行净化。

④ 其他根据具体应用场合采取的合适控制方法。

38.8 硬件及特性

过去数年间,小型燃料电池的商业化或准商业化活动迅速增加,世界上许多公司参与到燃料电池的开发,一些燃料电池系统技术介绍如下。

38.8.1 PEM 燃料电池

各种形式的 PEMFC 小型燃料电池已经商业化或接近商业化。以下介绍各种类型的 PEMFC 例子。

(1)直接氢气燃料 PEMFC 技术 各种小型燃料电池采用了压缩氢气燃料。如图 38.5 的例子,1990 年晚期开发的燃料电池系统满足短期应用(20h),它采用 10 年前的燃料电池堆和氢气瓶技术。该系统质量比能量接近 200W·h/kg(系统质量 5.22kg,1000W·h 的能量以 50W 功率输出)。压缩氢气被设计或开发用于各种能源系统,如 Protonex 技术公司开发无人机用第三代电源[8]。如图 38.6,图 38.7 所示,该系统采用压缩氢气贮罐。这进一步表明小型燃料电池在短时间工作时可以直接采用氢气作为燃料。

(2)间接氢气燃料电池(PEMFC)技术

① 化学氢化物 无人机(UAV)用小型燃料电池采用化学氢化物。Protonex UAV 系统工作基于硼氢化钠化学氢化物体系。如图 38.8 所示[8],该系统连续额定功率为 250W,并与蓄电池组成混合系统满足峰值功率需求,系统提供总能量为 1500W·h。系统总质量

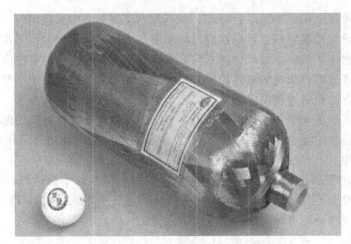

图 38.6 Protonex 公司开发的高压氢罐

图 38.7 Protonex 公司开发的采用压缩氢气燃料的 500W PEMFC 电源

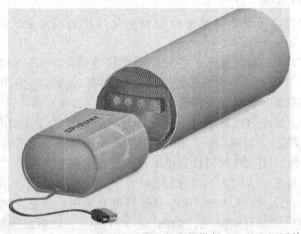

图 38.8 Protonex 无人机用化学氢化物燃料 250W 电源系统

3.0kg，其中化学氢化物盒质量 1.8kg，质量比能量为 500W・h/kg。

化学氢化物燃料电池预计还有更广泛的应用。Horizon 燃料电池为消费和通信市场提供了一种采用水激活化学氢化物燃料的 60W 连续功率电源系统，能量为 200W・h，系统质量 3.5kg（其中氢化物质量 1.0kg），质量比能量为 57W・h/kg[9]。

② 金属氢化物燃料　Angstrom Power 公司推出一款手机用小型燃料电池，采用金属氢化物氢源。该系统用于现在的摩托罗拉手机上，燃料耗尽后需要更换新的燃料盒[10]。

图 38.9 显示的是 Horizon 燃料电池开发的金属氢化物燃料电池（5.0V，0.4A 输出）用于便携/或移动电子产品的充电器或外接电源，系统总质量为 155g。燃料盒贮存能量为 12W・h。该燃料盒可以更换或通过电解水产氢的家用加氢装置再生[9]。

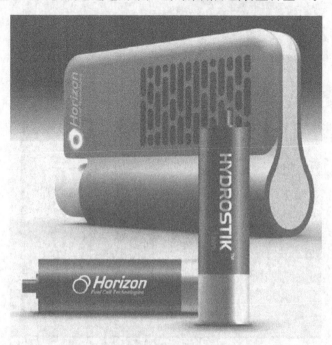

图 38.9　Horizon 公司的以金属氢化物为燃料，便携电子产品手持 USB 充电器

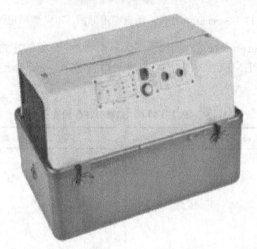

图 38.10　Protonex 公司的用于蓄电池充电
250W 重整甲醇燃料电池系统

③ 重整甲醇燃料 UltraCell 公司的甲醇重整燃料电池系统（XX25™）提供 25W 的最大连续功率。该系统为军用和商业化便携式设备设计，战士可随身携带到野外。把甲醇与水的混合物装入燃料处理器[11]。以 20W 净功率输出工作 45h 时能量为 900W·h，系统总质量为 2.44kg（系统质量 1.24kg；燃料质量 1.2kg），质量比能量达到 370W·h/kg。

图 38.10 为采用甲醇/水混合燃料的 Protonex 燃料电池系统（M250-CX），连续输出功率 250W，用于电池充电器及辅助电源。该系统对于军用很坚固耐用，系统总质量 18kg，包括 1L 燃料及其容器。可以从外部向燃料盒中补加燃料，以 250W 功率工作时燃料消耗速度为 0.4L/h[8]。

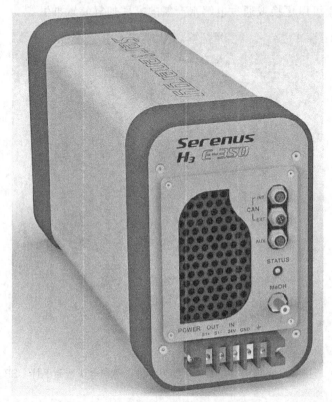

图 38.11 Serenergy 公司采用重整甲醇的 350W 燃料电池模块

如图 38.11 所示，Serenergy 公司开发一款采用 60％甲醇的甲醇与水混合物的 350W 高温 PEM 燃料电池（HTPEMFC），用于提供辅助电源需要。该单元质量 11kg，主要性能指标列于表 38.3。

表 38.3 H3 E-350 型 HTPEMFC 的主要性能

参　　　数	数　　据
标称功率（$P_{标准}$）/W	350
峰值功率/W	450
标称电压（V_{DC}）	23.5
电压范围（V_{DC}）	21.5～33（尖峰 45）
供电电压（V_{DC}）	（24±10）％
最大启动供电电流/A	22
标称运行供电电流/A	2
最大运行供电电流/A	3

④ 直接甲醇燃料电池（DMFC）　SFC 智能燃料电池公司推出 DMFC 系统，重点用于各种军事和商业化系统。便携式军用电源系统（Jenny 600S）提供 25W 的额定功率输出，满足相关电子设备需求。这个装置质量 1.7kg（不包括燃料供给系统），可以随身携带。纯甲醇贮存在燃料盒中（0.37kg 甲醇），每盒甲醇可产出 400W·h 能量。用 2 个燃料盒可工作 32h，系统质量比能量 318W·h/kg；用 4 个燃料盒可工作 64h，系统质量比能量 503W·h/kg。该系统如图 38.12 所示[2]。

如图 38.13 所示，SFC 开发的另一种 DMFC 系统（Emily 2200）是一种坚固耐用的移动电源系统，可以用于车的启动或停止，功率输出为 90W[2]。它一般与铅酸电池集成使用。燃料电池系统质量 12.5kg（不包括燃料），燃料（纯甲醇）可以以不同大小的燃料盒形式提供，可以输出 5.5kW·h、11.2kW·h 或 31.1kW·h 的能量。系统携带 4.3kg 燃料可在额定功率工作 61h。该系统质量比能量为 327W·h/kg。

东芝公司于 2009 年 10 月开发出一种新型 DMFC 产品，用于移动或便携式数码消费品的外接电源。该装置电压为直流 5V、工作电流 400mA，与锂离子电池混合使用。该电池结构设计特点是被动式俘获阴极生成的水并传输到阳极甲醇/水流道。该装置以高浓度的甲醇为

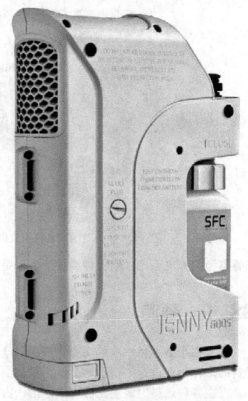

图 38.12　Jenny 600S 型 25W DMFC 便携电源系统

燃料，质量约 280g（不包括燃料）。自备燃料盒容积约 14mL，填充用燃料盒质量约 92g，容积为 50mL。该系统如图 38.14 所示，

38.8.2　固体氧化物燃料电池

固体氧化物燃料电池 SOFC 还没有进入到小型燃料电池如 PEMFC 的应用领域，其原因主要是开发时间还比较短，同时部分原因在于它需要在高温运行。无论如何，现在小型 SOFC 已经开发出来并提供给客户评估。需要继续关注的是启动时间问题和采用通用燃料的工作特性。

Adaptive Materials 公司开发出小型 SOFC，用于无人地面车辆和无人机[3]。这个燃料电池系统的连续工作功率为 150W 并适合与电池联合使用。燃料采用罐装丙烷。Protonex 设定技术目标：用 SOFC 作为将

图 38.13　蓄电池充电用
90W DMFC 系统
（Emily 2200 型）

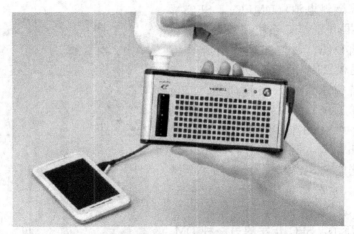

图 38.14　东芝公司的便携数码产品用 DMFC/蓄电池混合电源系统

来蓄电池的充电系统，燃料种类预计可以是丙烷等各种液体燃料[8]。

38.9　预测

近年来小型燃料电池的商业化步伐和准商业化活动显著加速，技术进步和潜在优势以及燃料的多样化促进这一技术向商业化推进。

现在各种燃料电池正在被广泛评估，占主导地位的是 PEM 燃料电池。但由于 SOFC 系统具有可以使用普通燃料的优势，因此 SOFC 加入后已后来居上。

前一段时期，人们希望对小型燃料电池应用系统进行深入评估并且推向商业化。燃料电池商业化成功的程度受许多因素影响，包括成本、可靠性、燃料输送系统以及市场的大小等。

参 考 文 献

1. Serenergy website：www. serenergy. dk；Serenergy A/S data sheet v1. 0-1109.

2. www. sfc. com/en/.

3. A daptive Materials，Inc. website：www. adaptivematerials. com.

4. S. Calabrese Barton，T. Patterson，E. Wang，T. F. Fuller，and A. C. West，*J. Power Sources*，96，pp. 329-336，2001.

5. www. luxfercylinders. com.

6. Quantum Technologies website：www. qtww. com.

7. M. Daugherty，D. Haberman，N. Stetson，S. Ibrahim，O. Lokken，D. Dunn，M. Cherniack，and C. Salter，*Proc. of Conference on Portable Fuel Cells*，Lucerne，Switzerland，pp. 69-78，June 21-24，1999.

8. J. L. Martin and P. Osenar，"Portable Military Fuel Cell Systems," Abstract No. 813，the 216th Electrochemical Society Meeting，Vienna，Austria，Oct. 4-9，2009.

9. Horizon Fuel Cell website：www. horizonfuelcell. com. 10. A ngstrom Power website：www. angstrompower. com.

10. UltraCell website：www. ultracellpower. com.

11. www. toshiba. com/taec/news/press _ releases/2009/dmfc _ 09 _ 580. jsp.

第 **39** 章

电化学电容器

Andrew F. Burke

39.1 概述

39.1.1 电化学电容器与电池的比较

许多应用需要电能贮存，如手机、寻呼机、后备电源系统，以及电动或混合动力车等。各种能量贮存装置的指标包括贮存的能量（W·h）以及最大功率（W）及尺寸、质量、初始成本和寿命。对于一些特殊应用，储能装置必须满足所有要求。多数应用对功率要求更多，通常可以考虑用一次电源单元（电池）周期性地给脉冲功率装置（电容）充电，从而实现能量和功率要求的分离。然而对于一些强烈要求脉冲功率和能量兼顾的应用，用于电路的传统电容器显然不能在有限的体积和质量下满足能量贮存的要求。因此，针对上述应用，全球许多研究小组正在从事高能量密度电容器的开发（超级电容器或电化学电容器）。本章将详细考虑为什么开发这些电容器？其特性如何？还将考虑现在的技术状态以及今后的技术发展趋势。

因为电池在相对较小的体积和质量条件下贮存大量能量并提供合适的功率输出，所以电池作为最普通的电能贮存装置被广泛选择、应用。虽然大部分类型的电池均存在搁置寿命和循环寿命问题，但是人们已经学会容忍这个短处，因为缺少合适的替代品。最近，许多用途对功率的要求快速增加，并已经超过标准设计电池的能力。人们开发出的电化学电容器就是用于取代脉冲用电池。作为具有吸引力的取代品，电容器必须具有比电池更高的功率和更长的搁置寿命和循环寿命（至少高一个数量级）。电化学电容器比能量相比电池低许多，而比能量又是许多应用的重要参数，因而电化学电容器的应用限定在高功率应用的特殊场合。

对于电化学电容器，从设计角度考虑，如何处理能量密度与 RC 时间常数的关系非常重要。通常对于特定的材料体系，设计时要求牺牲能量密度而大大降低时间常数以求增加高功率放电能力。表 39.1 给出多种电化学电容器及脉冲电池的特性。该表指出峰值功率密度的两种近似计算方法。第一种计算方法是根据用于放电的能量和用于发热的能量各占一半时的阻抗进行计算。该点为最大功率点，计算式如下：

$$P_{mi} = V_{oc}^2/(4R_b)$$

式中，V_{oc} 为开路电压；R_b 为它的电阻（该点的放电效率为 50%）。电池的放电-充电功率与效率的关系如下：

$$P_{ef} = EF \times (1-EF) \times V_{oc}^2/R_b$$

式中的 EF 是高功率脉冲的效率。当 EF 为 0.95 时，$P_{ef}/P_{mi} = 0.19$。电池制造商经常引用 P_{mi}，实际上电池可用功率远小于这个值。对于电化学电容器，其在 V_o 和 $V_o/2$ 电压间的最大脉冲功率可以用下式表示：

$$P_{uc} = 9/16 \times (1-EF) \times V_o^2/R_{uc}$$

上式中的 V_o 为电容器的额定电压，R_{uc} 是电化学电容器内阻。表 39.1 汇总比较电池和电容器基于不同算法的质量比功率。很显然，电化学电容器的功率无论如何计算，均比电池比功率更高。但经常有人错误地把根据内阻计算的电容器比功率与电池功率比较。储能装置的高功率放电能力评价的关键是脉冲时内阻的测量。

表 39.1　电化学电容器与电池的能量、功率特性比较

装　置	标准单体电压/V	质量比能量/(W·h/kg)	根据内阻计算质量比功率/(kW/kg)	根据90%效率计算质量比功率/(W/kg)
碳/碳超级电容器	2.7	5	10~25	2500~5000
碳混合超级电容器	3.8	12	8~10	1635
锂离子电池				
磷酸铁锂	3.25	90~115	2~4	700~1200
钛酸锂	2.4	35~70	2~6	700~2260
Li(NiCoMn)O_2	3.7	95	5	1700
Li(NiCoMn)O_2	3.7	140	1.4	500
Li(NiCoMn)O_2	3.7	170	1.1	400
Ni/MH,HEV	1.2	46	1.1	400
铅酸电池,HEV	2.0	26	0.4	150
锌/空气电池	1.3	450	0.6~1.2	200~400

此外，关注电化学电容器的原因还在于它的优良贮存特性及循环寿命，特别是采用活性炭电极的纯电容器。大部分蓄电池几个月放置不用的话，将迅速衰降并由于自放电而基本上不能用。电化学电容器也将自放电到低电压，但仍保持它的电容值并可以再充电到原来水平。经验表明即使几年不用，电化学电容器仍然可以保持初始性能。电化学电容器室温下可以高倍率（放电时间为秒级）深度循环 50 万~100 万次，其性能衰降也很小（10%~20%容量和电阻衰降）。但电化学电容器在高温条件下寿命将显著降低（>50℃）。

作为功率脉冲装置，电化学电容器与电池相比，具有高功率密度、高效率、贮存时间长和循环寿命长等优点。电化学电容器与电池相比，主要不足是能量密度比较低，而只限于较小能量需求的应用。但如果可以在高功率水平提供能量的情况下，电化学电容器与电池相比，可以在一个很短的时间内实现再充电（数秒甚至数分之一秒）。

39.1.2　电化学电容器的能量贮存

最普通的电能贮存装置是电容器和电池，电容器储能靠电荷分离。最简单的电容器是在承载于金属板上的电介质薄层中储能，贮存的能量可以表示为 $1/2CV^2$，此处 C 是它的电容（法拉第），V 是两个金属板间的电压。电容器的最高电压取决于电介质材料的击穿特性。贮存在电容器中的电量 Q（库仑）由 CV 给出。电介质电容器的电容取决于介电常数（K）、

电介质厚度（th）和它的几何面积（A）。

$$C = KA/(th)$$

对于电池，其能量是贮存在电极中活性物质的化学能，能量是通过连接于电池端子的负载以电的形式放出，在电池内浸渍在电解质中的电极材料发生电化学反应。贮存于电池中的可用能量用 VQ 表示，V 是电池电压、Q 是化学反应过程中通过负载的电量（I_t）。电压取决于电池中的活性材料（化学电对），接近这些材料的开路电压（V_{oc}）。

电化学电容器有时被称为超级电容器，它是一种储能装置，结构更像电池（请见图 39.1），含两个浸渍在电解质中的电极，两极间由隔膜隔开。电极是由具有高比表面积、孔径在纳米范围的多孔材料制成。电化学电容器电极材料的比表面积比电池材料大得多，在 $500 \sim 2000 \mathrm{m^2/g}$ 范围。电荷贮存在固体电极和电解质的界面层中，贮存的电量和能量与上述简单电介质电容器的计算式相同。但电化学电容器的电容值计算很困难，它依赖电极微孔中发生的复杂过程。

为便于讨论电化学电容器的储能机理，现把双电层电容和赝电容过程分开讨论。文献中已详细解释电化学电容器的物理与化学过程，下面仅简要讨论电极材料性质和电解质作用机理。

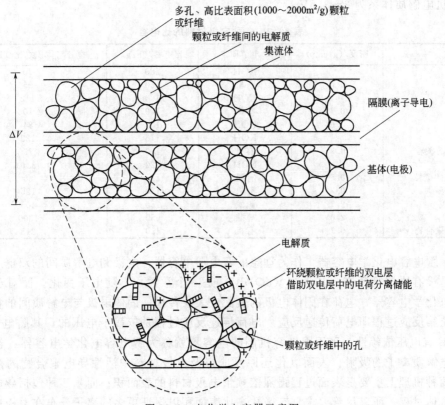

图 39.1　电化学电容器示意图

（1）双电层电容器　能量贮存于双电层中，即借助在固体电极和电极微孔中的电解质界面形成的双电层中的电荷分离储能。图 39.1 显示一种超级电容器的示意图。细孔内双电层中的离子在电极和电解质间传递。贮存于电化学电容器中的能量和电荷可以分别用 $1/2CV^2$ 和 CV 来表示。电容值主要取决于电极材料（表面积和孔径分布）。电极材料的比电容可以用下式表示。

$$C/g = (F/cm^2)_{act} \times (cm^2/g)_{act}$$

式中的表面积是指形成双电层的孔的活性面积。

单位活性面积的电容值可简化成下式：

$$(F/cm^2)_{act} = (K/双电层的厚度)_{eff}$$

正如参考文献 [1] 中所讨论的那样，确定电解质的有效介电常数 K_{eff} 和界面双电层的厚度是复杂和不很清楚的。双电层非常薄（在液体电解质中为几分之一纳米），而导致非常高的比电容 $15 \sim 30 \mu F/cm^2$。如果电极材料的比表面积为 $1000 m^2/g$，则它的潜在容量可以达到 $150 \sim 300 F/g$。如表 39.2 所示，所测得的超级电容器用碳材料在水溶液中与有机电解质中的比电容，分别在 $75 \sim 175 F/g$ 和 $40 \sim 100 F/g$ 范围，大部分比潜在容量低。这是因为大部分表面是在微孔中，这些表面不能充分与电解质中的离子相互作用。特别是在有机电解质中更明显，因为其离子尺寸远大于水溶液中的离子。超级电容器用多孔碳的孔径最好大部分在 $1 \sim 5 nm$ 范围，如果孔径过小（$< 1 nm$），特别是对于有机电解质体系在放电电流高于 $100 mA/cm^2$ 时将放不出容量，而对于大孔径多孔材料即使在 $500 mA/cm^2$ 以上大电流放电，电容衰降也很小。

超级电容器的电压依赖于所用的电解质体系，水溶液体系超级电容器单体的电压大约为 $1V$，有机电解质体系为 $3 \sim 3.5V$。

表 39.2　各种电极材料的比电容

材　料	密度/(g/cm^3)	电解质	比电容/(F/g)	电容与体积之比/(F/cm^3)
碳布	0.35	KOH	200	70
		有机	100	35
活性炭	0.7	KOH	160	112
		有机	100	70
气溶胶碳	0.6	KOH	140	84
源于 SiC 的碳粒	0.7	KOH	175	122
		有机	100	70
源于 TiC 的碳粒	0.5	KOH	220	110
		有机	120	60
改进型石墨碳	0.7	有机	180	126
非水 RuO_2	2.7	硫酸	150	405
水和 RuO_2	2.0	硫酸	650	1300
掺杂导电聚合物	0.7	有机	450	315

（2）赝电容电化学电容器　作为理想的双电层电容器，电极和电解质间的双电层中的电荷传递是没有法拉第反应，其电容（dQ/dV）是一个常数，不随电压变化。而对于采用赝电容的电化学电容器，电荷在固体电极的表面或表层传递，固体电极与电解质间的相互作用包含法拉第反应过程即电荷传递反应。电荷传递反应过程是依赖于电压的，其赝电容（dQ/dV）也具有电压依赖性。采用赝电容机制的电容器就称为赝电容电化学电容器：包括电极表面对电解质离子的吸附、表面氧化还原反应以及电极材料中活性导电聚合物的掺杂与脱出。前两种机理上主要是表面过程强烈依赖于电极材料的表面积；而第三种包括导电聚合物材料是本体过程，所以尽管要求具有微孔高比表面积以保证更多的离子分布在电极中，但比电容对表面积的依赖性很小。无论如何所有材料均要求必须具有高电子导电性以保障电流收集。电荷传递机理可以通过循环伏安法测试，从 $C(V)$ 推测出。

为评估电容器的特性，常常简便地使用平均电容（C_{av}），用下式计算：

$$C_{av} = Q_{tot}/V_{tot}$$

式中，Q_{tot} 和 V_{tot} 为电极充电或放电的总电量和总电压变化。各种材料在目标电解质中的比电容（C_{av}/g）可以用这种方法来确定。如表 39.2 所示，赝电容材料的比电容比碳材料高得多，也因此可以通过采用赝电容材料提高电容器能量密度。

（3）混合电容器　如图 39.2 所示，电化学电容器可以通过一侧采用双电层电容器材料（碳），另一侧采用赝电容材料来制备，这种电容器称为混合电容器。大部分混合电容器正极采用金属氧化物（例如铅或镍的氧化物）赝电容材料。这种电容器的能量密度显著高于双电层电容器，但如图 39.3 所示，它的充放电特性（V 对 Q）不理想。混合电容器也可采用两种不尽相同的氧化物混合材料或掺杂导电聚合物材料来制备。

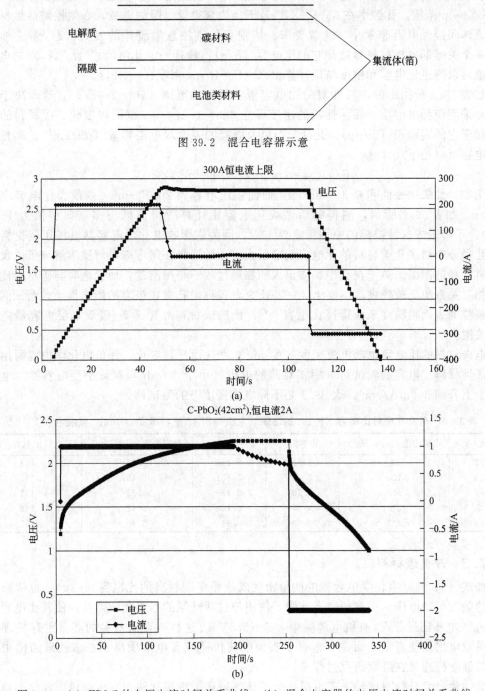

图 39.2　混合电容器示意

图 39.3　(a) EDLC 的电压电流时间关系曲线；(b) 混合电容器的电压电流时间关系曲线

39. 2 化学与材料特性

39. 2. 1 活性炭

电化学电容器的电极通常是涂在集流体上的薄层。其制备过程是首先把活性材料与黏结剂混合制成浆料，然后按一定厚度涂膜，经辊压和干燥可形成多孔电极。电极的厚度一般在 $100\sim300\mu m$ 范围，孔隙率在 $65\%\sim80\%$ 范围。为获得低电阻的电极，必须控制活性材料层与集流体间接触电阻非常小。这就要求涂膜前要特别注意集流体的表面状态[4,5]。如前所述，一个关键的电极材料参数是它的比电容 （F/g）。具有一定几何尺寸 （t，A_x）的电极的电容值可以通过比电容和密度精确计算出来（$C=$F/g$\times$密度$\times t\times A_x$）。

如表 39.2 所指出的，活性炭的比电容覆盖很宽的范围（$50\sim220$F/g），这取决于制作方法和采用何种电解质。而活性炭的密度可在 $0.3\sim0.8$g/cm^3 范围内变化。碳材料的比电容依赖于它的表面积 （m^2/g）、孔径分布以及固有的表面双电层容量 （μF/cm^2）。碳粒的最大比电容可以用下式计算：

$$(F/g)_{max}=(m^2/g)\times(\mu F/cm^2)\times10^{-2}$$

例如，如果比表面积是 1500m^2/g，而面积比电容为 20μF/cm^2，则最大比电容应该是 300F/g。如表 39.2 所示，测得的活性炭比电容比计算所得值低得多 （典型值为 $15\%\sim35\%$）。了解造成这种差异的原因很重要[6~8]，因为它影响电化学电容器电极用碳材料的选择。孔径分布对多孔碳材料的比电容影响巨大，碳的选择必须考虑电解质溶解离子的尺寸与碳材料孔径的匹配。离子在孔中扩散出入的物理过程不是很清楚，而比电容与碳材料比表面积的相互关系也比较模糊。事实上，一些研究者宣称微孔对比电容的影响很小，而试图通过增加碳粒的表面粗糙度来获得高比电容[8,9]。优选碳材料对提高碳/碳双电层电容器能量密度是关键。

电极材料的比电容也随电流密度 （A/cm^2） 变化而显著变化。评价电化学电容器用材料时，活性材料比电容的测试将采用相对薄的电极 （小于 $200\mu m$） 制成小型电容器，电流密度至少上升到 300mA/cm^2。表 39.3 是不同电流密度下的测试结果。

表 39.3 电流密度对比电容 （F/g） 的影响（电极面积 3cm^2，厚度 200μm、硫酸电解质）[10]

电流/A	电流密度/（mA/cm^2）	电容/F	内阻/Ω	每层电阻率/$\Omega\cdot$cm^2	干电极比电容/（F/g）
0.2	66	5.72	0.123	0.37	163
0.3	100	5.58	0.151	0.45	159
0.5	167	5.30	0.120	0.36	151
0.75	250	4.96	0.144	0.43	142
1.0	333	4.80	0.164	0.49	153

39. 2. 2 改良碳材料

如式 （39.1），电化学电容器的能量密度既依赖于碳材料的比电容 （F/g），也依赖于电容器的最大可用电压。一些研究者着眼于使用超过活性炭的石墨化碳微粒，使其比电容达到 200F/g、电压超过 3V （有机电解质中 $3.3\sim3.5$V）。这种改良碳材料的能量贮存机理似乎比简单双电层储能复杂，而像是包含了表面电荷传递或者电解质离子在多孔碳结构中的嵌入，其储能机理尚在继续研究过程中。

另一种研究是针对碳纳米管电极，近年该领域研究进展很快。它可以借助催化剂使烃类气体在集流体上生长碳纳米管[14,15]，这种材料很适合用于电化学电容器。关键问题是碳纳米管材料固有的比电容并不是很高，其能量密度与传统低成本碳材料相比，没有明显提高。无论如何，该领域的深入研究仍在继续。

39.2.3 金属氧化物

赝电容材料的良好例子是钌和锰氧化物（RuO_2，MnO_2）等金属氧化物。这类材料的电荷和能量贮存是源于氧化还原反应、金属氧化物颗粒表面的电荷传递反应。虽然采用金属氧化物作为正、负极制备电化学电容器[17~20]，但是为保护专利而很少披露相关材料信息。这些材料通常加入导电碳制成多孔电极[20]。这种材料的电容器分别制成水溶液体系和有机电解质体系，电压在 1~3.5V 范围。金属氧化物的比电容可高达 500F/g~1000F/g，但与碳制成混合电极后比电容要低得多，只有 200~300F/g（见表 39.2）。最近的研究表明，采用金属氧化物可显著提高碳纳米管的比电容。采用赝电容材料的关键问题是循环稳定性，它必然影响电容器的循环寿命。至少一个金属氧化物电极的电容器的质量比能量显著高于纯碳电容器，一些已被测试过的高功率电容器的质量比能量达到 10~15W·h/kg[17~19]。为开发高能电化学电容器，该领域的材料研究很有魅力。

这些材料也可以用于混合电容器，一侧电极采用双电层或赝电容材料，另一侧采用类电池材料的法拉第材料[22~25]。这种混合电容器具有高于铅酸电池的比能量，同时具有高功率和数百到数千次的循环寿命的优越性能。这类电容器的研究仍在继续，并高度依赖于电极和集流体材料的进步。

39.2.4 集流体材料

几乎所有的储能装置均需要把活性材料薄层涂覆在高导电性的集流体上。集流体的关键是近于零的涂层接触电阻以及材料（金属或导电塑料）或涂层在电容器环境下（电压和电解质）的长期稳定性。这些问题非常重要，因为电化学电容器电阻非常小、循环寿命达数百数千次、日历寿命达 10~15 年。作为解决上述问题的方法，一些有意义的研究是对集流体进行清洗和预涂膜[4,5,26]，采用导电塑料薄片[27]制备双极性电容器和电池。

39.2.5 电解质

电化学电容器的电容主要依赖于电极材料的比电容（F/g），但电容器的电压和内阻主要决定于所用的电解质。有三种电解质已用于电化学电容器：硫酸水溶液和 KOH 水溶液、有机电解质（碳酸丙烯酯和乙腈）、离子液体（最近）。盐加入到有机溶剂中提供离子进出碳微孔形成双电层。各种电解质的特性列于表 39.4，有关电解质溶剂的各种组合及盐的详细讨论请参考文献 [28~30]。

表 39.4 各种电解质特性

电解质	密度/(g/cm³)	电阻率/Ω·cm	电压/V
KOH 水溶液	1.29	1.9	1.0
硫酸水溶液	1.2	1.35	1.0
碳酸丙烯酯(PC)	1.2	52	2.5~3.0
乙腈(AN)	0.78	18	2.5~3.0
离子液体	1.3~1.5	125(25℃)	4.0
		28(100℃)	3.25

不同电解质的电阻率、单体电压（电化学窗口）差别很大，这些差别导致不同的电容行为。因为比能量与电容器电压的平方成正比，所以提高电化学电容器电压是一个重要方向。采用水溶液和有机电解质的活性炭电容器的单体电压分别在 0.8~1.0V 和 2.3~2.7V 范围。

电容器的电压也依赖于所用的碳材料，有报告称采用结构化石墨碳可提高电容器单体电压到3.5V[11~13]。电解质的电阻率对电容器内阻和功率特性影响显著，PC电解质的电阻率是AN电解质的3倍，而使得采用AN电解质的电化学电容器具有最好的特性（最高比能量和功率放电能力）。但反对者认为必须关注乙腈的安全性[31,32]，特别对于车用时更要考虑乙腈的毒性和可燃性。许多研究致力于开发一种低电阻率、无毒电解质以取代乙腈，但至今尚未成功。

一些研究工作致力于开发采用离子液体的电化学电容器[33~35]，原因如下：首先离子液体即使在300℃的高温也是热力学稳定、蒸气压接近零、不燃和极低毒性。其次是离子液体的稳定电化学窗口非常大，采用一些碳电极的电容器单体电压可高达4V。离子液体的缺点是在室温电阻率高和高成本。离子液体对温度的依赖性强。如果温度提高到125℃，其电导率可与乙腈相比拟。把离子液体与乙腈混合使用[34]可大大降低电解质的可燃性，而室温电导率和电压窗口变化很小。但不含乙腈的离子液体混合物不燃且无毒，电阻率大幅上升，电压窗口减少0.5~1.0V。

39.3　电容器行为特征

39.3.1　小型碳/碳电容器（容量小于10F）

大部分小型电化学电容器商品通常是具有4~8V电压的2~3个单体串联而成的模块，模块电容小于10F、时间常数为1~10ms。水溶液体系和有机体系均可，有机体系比能量高于水溶液体系。小型电化学电容器模块可制成纽扣式（薄形圆片）、方形薄片式（类似信用卡）。大部分小型电化学电容器与电池联用，应用于寻呼机、手机、计算机等消费电子的功率辅助或电池备份。小型电化学电容器模块的价格比较低，约为50美分，但仍然比传统陶瓷电容器贵得多。对这些电容器的要求包括容量、时间常数RC、体积或者厚度（方形电容器）。对于电容器，具有一定时间放电能力的比能量特性往往是第二重要的参数，用户最关心的是数毫秒级的脉冲放电能力。为提高电容器的短脉冲性能，时间常数将小于50ms。

表 39.5　小型双电层电容器的物理参数及电性能特征

电压/V	电容/F	内阻/mΩ	质量/g	体积/cm³	时间常数RC/ms	体积比能量/(W·h/L)	质量比能量/(W·h/kg)	功率密度[①]（阻抗）/(kW/L)	功率密度[①]（95%效率）/(kW/L)
2.4	0.18	45	0.6	0.44	8.1	0.25	0.18	73	8.2
2.4	0.3	34	0.9	0.60	10.2	0.3	0.2	70.5	7.9
2.4	0.65	18	—	0.93	11.7	0.42	—	86	9.7
2.4	1.1	26	—	0.80	28.6	0.825	—	69	7.8
2.4	2.3	28	1.2	1.02	64	1.35	1.15	50.5	5.7
2.4	4.0	22	1.5	1.40	88	1.7	1.6	47	5.3
2.7[②]	10.5	25	2.5	1.50	262	4.8	—	29.2	3.3
2.7[②]	15	30	4.15	2.83	438	3.6	2.5	14.6	1.65
7[③]	0.047	120	—	2.20	5.6	0.11	—	46.4	5.2
4.2[③]	0.022	200	—	1.10	4.4	0.04	—	20.0	2.5

① 基于脉冲阻抗计算的功率$V_0^2/4R$，基于$(9/16)(1-EF)V_0^2/R$、$EF=0.95$计算。
② 圆形电容器，其他为信用卡式电容器（参考文献[35~38]）。
③ 采用水溶液体系的多单体电容器；其他单体电容器为有机电解质体系。

如表39.5所示，一些制造商开发的小型电容器的时间常数RC在10~200ms范围[35~38]，测试表明[39]：小型电容器单元能以时间常数RC的1/50的脉冲宽度进行脉冲充放电而不会显著影响其电容；当以时间常数 RC 的 5～10 倍的时间脉冲充放电时，电容器相应接近理想状态（电容和内阻恒定）。从表 39.5 种同样可以发现小型电容器具有非常高的功率密度（大于 $10kW/L$），但质量比能量（$W \cdot h/kg$）相对比较低，根据电容器的大小及使用电解质的不同，质量比能量通常在 $0.1～1.0W \cdot h/kg$ 范围。不过如前所述，质量比能量是第二重要，而高功率短脉冲能力是最需要。

39.3.2　大型碳/碳电容器（容量大于 100F）

数家公司可以提供碳/碳电化学电容器单体和模块（麦克斯韦尔、松下、Ness、Nippon Chem-Con、Power System）。这些公司商业化的大型电容器容量在 1000～5000 F。碳/碳电容器因为具有高功率和长循环寿命特性而最适合车用，各制造商生产的电容器性能列于表 39.6。表中的质量比能量对应的是从 $V_0～1/2V_0$ 恒功率放电时的可用能量，峰值功率是基于内阻和 95％脉冲效率进行计算的。对于大部分超级电容器的应用，高效功率密度是其功率能力的合适测试方法。大部分电容器的可用质量比能量在 3.5～4.5W·h/kg 范围，95％效率比功率在 800～1200W/kg 范围。最近，采用乙腈电解液的碳/碳（双电层）电容器的质量比能量显著提高，单体电压提高到 2.7V；而如表 39.6 所示，采用碳酸丙烯酯电解质的电容器质量比能量和功率性能相对低些。

表 39.6　超级电容器特性汇总

制造商	标称电压 /V	电容 /F	电阻 /mΩ	时间常数 RC /s	质量比能量[1] /(W·h/kg)	比功率[2] (95％效率) /(W/kg)	比功率 (阻抗) /(W/kg)	质量 /kg	体积 /L
麦克斯韦尔[3]	2.7	2885	0.375	1.08	4.2	994	8836	0.55	0.414
麦克斯韦尔	2.7	605	0.90	0.55	2.35	1139	9597	0.20	0.211
Skeleton 技术	2.8	1600	1.1	1.8	5.85	930	8278	0.223	0.13
APower Cap[4]	2.7	55	4	0.22	5.5	5695	50625	0.009	—
APower Cap[4]	2.7	450	1.4	0.58	5.89	2574	24595	0.057	0.045
Ness	2.7	1800	0.55	1.00	3.6	975	8674	0.38	0.277
Ness	2.7	3640	0.30	1.10	4.2	928	8010	0.65	0.514
Ness（圆柱）	2.7	3160	0.4	1.26	4.4	982	8728	0.522	0.38
旭硝子（PC）	2.7	1375	2.5	3.4	4.9	390	3471	0.210（推算）	0.151
松下（PC）	2.5	1200	1.0	1.2	2.3	514	4596	0.34	0.245
LS Cable	2.8	3200	0.25	0.80	3.7	1400	12400	0.63	0.47
BatScap	2.7	2680	0.20	0.54	4.2	2050	18225	0.50	0.572
Power Sys.（活性炭,PC）[4]	2.7	1350	1.5	2.0	4.9	650	5785	0.21	0.151
Power Sys.（石墨碳,PC）[4]	3.3	1800	3.0	5.4	8.0	486	4320	0.21	0.15
	3.3	1500	1.7	2.5	6.0	776	6903	0.23	0.15
富士重工（混合,AC/石墨碳）	3.8	1800	1.5	2.6	9.2	1025	10375	0.232	0.143
JSR Micro（AC/石墨碳）[4]	3.8	1000	4	4	11.2	900	7987	0.113	0.073
		2000	1.9	3.8	12.1	1038	9223	0.206	0.132

①　质量比能量在标称电压 $V～1/2V$ 范围，400W/kg 恒功率条件下测试。

②　基于 $P=9/16(1-EF)V^2/R$ 计算的功率，EF 为放电效率。

③　除了特别说明，此处的所有电容器均采用乙腈电解质。

④　除了 * 标记以外的所有电容器采用金属壳体，* 标记为软包装。

注：AC 为活性炭。

车用电容器往往将单体串联以得到具有高电压的模块，模块电压根据需要从 16V 变化到约 60V，各公司的模块特性列于表 39.7。模块的电性能（电容和内阻）与单体直接相关。

模块的体积和质量远大于单体的总和，装配系数为 0.6～0.7。所用模块装有平衡电路防止每个单体过充并缩小循环过程中单体性能的离散。因此，模块的储能和功率能力最好基于单体的体积和质量计算，而装车模块的体积和质量要考虑装配系数。模块特性和单体平衡问题将在 39.6.3 节中详细讨论。

表 39.7　超级电容器特性汇总

模　块	质量(kg) /体积(L)	电压 /V	能量(W·h)/ 质量比能量 (W·h/kg)	功率(90%效率) /kW	质量装 配系数	体积装 配系数
Ness(100F)	9.1/7.22	48	22.5/2.47	10.8	0.769	0.692
麦克斯韦尔(145F)	13.5/13.4	48	36/2.7	14.5	0.627	0.484
麦克斯韦尔(430F)	5.0/4.85	16	11.8/2.36	4.8	0.564	0.445
Power System	4.4/4.8	32	11/2.5	2.5	0.573	0.375
Power System	7.2/8	59	20/2.78	4.7	0.642	0.413

39.3.3　采用先进材料的电容器特性及装置设计

表 39.7 列举的大部分活性炭/活性炭电容器已被商业化。而追求具有更高比能量和/或更高功率能力电化学电容器的开发在持续进行。表 39.8 列举一些先进电容器装置的特性。混合电容器具有比活性炭电容器更高的比能量，但一般功率性能会明显降低。

表 39.8　各种先进电化学电容器性能

技术类型	开发商	状态	标称电压 /V	电容 /F	时间常数 RC/s	质量比能量[1] /(W·h/kg)	比功率[2] (95%效率) /(W/kg)
碳化物基碳	Skeleton 技术	样机	2.8	1600	1.8	5.8	1024
碳/碳	APowerCap	样机[3]	2.7	55	0.22	5.5	5695
碳/碳	APowerCap	样机[3]	2.7	450	0.58	5.8	2574
新型石墨碳	Power System	样机	3.3	1800	5.4	8.0	825
新型碳(嵌入)	富士重工	样机	3.8	1800	2.6	9.2	1025
碳/PbO_2,混合	UC 戴维斯	实验室[3]	2.2	13	2.8	9.7	1300
金属氧化物,混合	IRMA	实验室[3]	2.35	56	6.2	13	530
活性炭/钛酸锂,混合	Rutgers/Telcor dia	实验室[3]	2.8	500	5.5	10.4	460

[1] 可用质量比能量。

[2] 功率密度 $P = 9/16 \times (1-EFF) \times V^2/R$ 计算的，$EFF=0.95$。

[3] 未封装，基于所有活性材料计算。

39.4　电化学电容器模型

本章关注各种电化学电容器模型。一些模型是半经验模型（请参考 39.4.1 节），一些更偏向于数学模型。但不管哪一种模型均依赖于对电容器中电极材料的理解。

39.4.1　交流阻抗的等效电路

如前面章节讨论的那样，电化学电容器是由活性炭等微孔材料构成的多孔电极制备而成。贮存的电容和电能发生在碳微孔中的双电层，其复杂过程被简化成如图 39.4 所示的等效电路。多个梯次连接的 RC 元件表现的是离子向沿着微孔长度（深度）方向形成的双电层的传递过程。

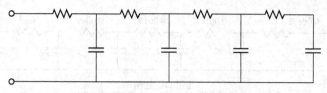

图 39.4　多个 RC 元件串联的等效电路

　　用一个 RC 元件构成的最简单电路所表现的电化学电容器，其充电和放电响应可以用下式表示：

$$充电：V/V_0 = 1 - \exp(t/RC)$$
$$放电：V/V_0 = \exp(t/RC)$$

此处的 V_0 是额定电压，RC 是电容器时间常数。

　　在这个简单的 RC 电路中，电压变化 36.8% 所用时间等于一个时间常数；而 98% 的电压变化时间约为 4 倍的时间常数。

　　实验结果表明对于功率需求变化时间在几个时间常数水平时，这个简单的 RC 等效电路模型预测精度比较合适[40,41]；而对于包括快速功率变化等其他应用则需要多个 RC 元件构成的等效电路模型来表现电容器行为。响应分析则需要应用交流电路理论的复杂交流阻抗概念。阻抗 $Z(\omega)$ 定义如下：

$$Z(\omega) = V(\omega)/I(\omega) = Z'(\omega) + jZ''(\omega), |Z| = (Z'^2 + Z''^2)^{1/2}$$

此处，$V(\omega) = v'(\omega) + jv''(\omega), i(\omega) = i'(\omega) + ji''(\omega) \cdot j = (-1)^{1/2}$

　　阻抗在直流电路中可以简化成电阻。

$$元件串联时：Z = Z_1 + Z_2$$
$$元件并联时：1/Z = 1/Z_1 + 1/Z_2$$

图 39.4 为电容和电阻构成的电路，对应的阻抗关系响应为：

$$Z_c = -j/\omega C$$
$$Z_R = R$$

电容和电阻串联时的阻抗表示为：

$$Z_{RC} = R - j/\omega C，当 \omega \ggg 1 时，Z = R$$

并联时：

$$1/Z = 1/R + 1/(-j/\omega C)$$
$$Z_p = (R - jR^2 C\omega)/(1 + R^2 C^2 \omega^2)$$

　　图 39.4 中的由多个 RC 梯次构成的电路总阻抗 $Z_{laddder}$ 可以结合 Z_{RC} 和 Z_P 来表示，因为：

$$Z_{laddder}(\omega) = F(\omega, R_1, R_2, \cdots, C_1, C_2, \cdots)$$

　　如果电容器可以用简单的 RC 电路模型表示，则 R、C 值可以恒电流测试确定（请看 39.5.2 节）；如果电容器用多个 RC 梯式电路表示，则每个 R、C 值可以用交流阻抗测试来确定[42,43]，即把交流电压加到电容器上测试阻抗的角频率 ω 的函数。其结果表现为 Z'' 对 Z'、C 对 ω 以及 R 对 ω 的函数。图 39.5 再现一个 100F 碳/碳双电层电容器的典型交流阻抗测试数据[44]。一些软件可以直接从交流阻抗数据确定梯式电路中的各 R、C 值[45]。图 39.5 指出大部分电化学电容器可以用梯式 RC 等效电路来表现。

　　进一步把高频交流阻抗结果与电化学/超级电容器联系起来。许多情况下高频响应显现出直流特征。其一是借助 $t_{放电} = 1/(4f)$ 建立起频率 $f(\omega = 2\pi f)$ 与放电时间的关系，因为每个交流循环包含 4 个充放电子循环。$t_{放电} = 1s$ 时对应的 $f = 0.25Hz$；$t_{放电} = 30s$ 时对应的 $f = 0.0083Hz$，所以许多电化学电容器测试主要频率范围在 $0.01 \sim 1Hz$ 之间。C、R 值可以

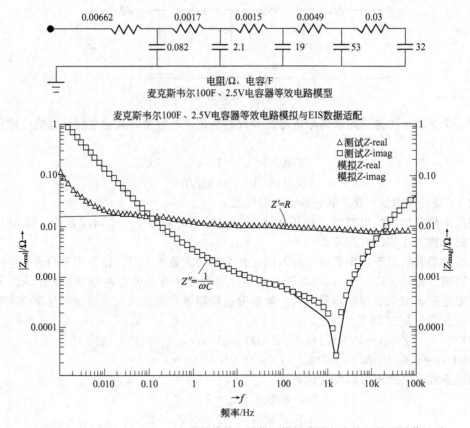

图 39.5   麦克斯韦尔 100F 电容器的等效电路模型模拟曲线与交流阻抗测试值比对

从上述频率范围的 Z'' 对 Z' 的关系曲线（如图 39.5）读取。然后这些数据可以用下式来确定电容器的能量和功率。

$$t_{放电} = 1/2 \, CV_0{}^2 / P[(1-k_1)^2 - (V/V_0)^2] + RC \ln [V/V_0/(1-K_1)] \tag{39.1}$$

$$K_1 = PR/V_0{}^2 = I_0 R/V_0 , V/V_0 = 0.5（典型放电）$$

此算式由 39.4.2 节的式（39.10）得到。

贮存的能量是 $Pt_{放电}$，对应的比能量和比功率可以分别表示为 $Pt_{放电}/w$ 和 P/w，此处 w 为电容器质量。现以麦克斯韦尔 100F 电容器为例，厂商提供的数据为 $C=100F$、$R=15\text{m}\Omega$、$w=25\text{g}$。从图 39.5 中可知：在频率为 0.05Hz 时，$t_{放电}=25\text{s}$，$C=80F$、$R=17\text{m}\Omega$。25s 对应的恒功率放电的放电功率 $P=7.5\text{W}$（300W/kg），根据式（39.10）计算的放电时间是 23s（0.05Hz），两者一致性很好。这表明用交流阻抗数据可以建立与电化学电容器直流特性的关系，进一步比较请参阅文献 [46、47，78]。

交流阻抗测试也适合用于碳微孔中双电层的时间依赖特性评估。图 39.6 是采用碳化硅基碳材料 10F 电容器的交流阻抗数据[48,49]。这种微孔中的电荷传递过程依赖于孔径和孔深，文献 [50，51] 对这个现象进行分析，发现细孔过程的阻抗响应如式（39.2）：

$$Z_p = [(1-j)/(2\pi n(r_p{}^3 k\omega C_{dl})^{1/2}] \coth [l_p(\omega C_{dl}/r_p k)^{1/2}(1+j)] \tag{39.2}$$

式中，n 为每立方厘米的孔数，r_p 和 l_p 分别是孔半径和孔长度，C_{dl} 是孔每平方厘米的比电容，k 是电解质的离子电导率，ω 是角频率。$\coth x = (\mathrm{e}^x + \mathrm{e}^{-x})/(\mathrm{e}^x - \mathrm{e}^{-x})$；$x \gg 1$，当 x 非常大时 $\coth x$ 趋于 1；x 非常小时 $\coth x$ 趋于 $1/x$。因此，在极限频率式（39.2）变成：

$$\omega \gg 1（高频）Z_p = (1-j)/[2\pi n(r_p{}^3 k\omega C_{dl})^{1/2}]$$

$$\omega \lll 1(\text{低频})Z_\mathrm{p} = -j/(2\pi n l_\mathrm{p} r_\mathrm{p} \omega C_\mathrm{dl}) = -j/\omega C_\text{总}$$

$C_\text{总} = 2\pi n l_\mathrm{p} r_\mathrm{p} C_\mathrm{dl}$ 是电极总孔电容。

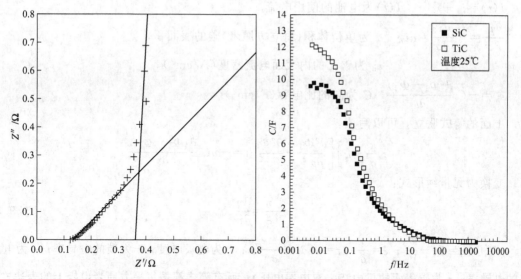

图 39.6　采用碳化硅基碳材料 10F 电容器的交流阻抗谱

在高频区，Z'' 与 Z' 关系图是 45℃角直线；低频区是垂直于 Z' 轴的直线。图 39.6 结果与式（39.2）是吻合的。这个结果验证了文献［50］的细孔充电模型，其前提是细孔充电时是均一的（C_dl 是常数）。而实际过程比这个简单模型更复杂。

因为 $Z' = R$，高频区 45℃线与实轴的截距就是电容器的欧姆电阻，此时孔电阻为零。孔电阻 R_p 与两条线的交点 Z' 值不同，最小值为 R_0。10F 电容器的 R_0 是 0.12Ω，而孔电阻 R_p 是 0.22Ω。交点处的频率 $\omega = 1/Z''C$，从图 39.6 的 C-f 曲线可得到 $C = 7.3\mathrm{F}$，$f = 0.1\mathrm{Hz}$。

相应的充放电时间是 $2.5\mathrm{s}$（$1/4f$）。10F 电容器的 RC 时间常数是 $7.3 \times 0.34 = 2.5\mathrm{s}$，从交流阻抗响应可以认为包括孔电阻的电容器总阻抗响应时间是一个时间常数，这与 39.5.2 节中讨论的直流数据是一致的。

39.4.2　数学模型

电化学电容器模型可以在简化碳电极材料特性和离子在电解质和电极间的移动过程等假设条件下的基本方程入手，详细的电化学电容器数学模型请参阅文献［52～55］。这些模型是一维（x：电极电流的法线方向）并且是时间（t）的函数。电容器参数的分析求解是通过直流恒电流放电和交流电压正弦波微扰的电流响应而进行。数学求解有助于理解电容器，特别是碳/碳双电层电容器的设计平衡和测试数据的解释。如图 39.1 所示，电容器是由固体混合物、多孔碳和液态电解质构成，电流（电子）是通过碳颗粒汇聚到集流体而形成；电解质中的离子由于具有离子电导能力而扩散到碳微孔并由正、负离子形成双电层电容；隔膜允许离子在正、负极间扩散、但可阻断电子导电、迫使电子流向外电路。人们可以用一个方程来描述碳和电解质的上述过程。如果孔内离子的出入可以忽略并只形成碳材料的比电容，则方程式将相对简单。方程的求解可根据电子和离子电流的欧姆定律以及电极上所有点的电荷守恒来进行。方程组如下。

欧姆定律：

$$i_1 = -\sigma \partial \Phi_1 / \partial x \quad i_1 \text{是碳中电子电流密度。}$$

i_2 是电解质中的离子电流密度。

$$i_2 = -\sigma \partial \Phi_2 / \partial x \quad \Phi_1 \text{ 和 } \Phi_2 \text{ 分别为碳和电解液的电位。}$$

电荷守恒

$$I(t) = i_1 + i_2 \qquad I(t) \text{ 为电池的使用电流。}$$

$$\frac{\partial i_1}{\partial x} = -\frac{\partial i_2}{\partial x} = ai_n \quad a \text{ 为单位体积（每立方厘米）碳的表面积，}$$

$$i_n \text{ 为碳孔的内表面电流密度（A/cm}^2\text{）。}$$

$$i_n = -C\frac{\partial(\Phi_1 - \Phi_2)}{\partial t} \quad C \text{ 为碳的比电容（F/cm}^2\text{）}$$

上面的等式联立，可以写成：

$$\left(\sigma\frac{\kappa}{\sigma} + \kappa\right)\left[\frac{\partial^2 \Phi_1}{\partial x^2} - \frac{\partial^2 \Phi_2}{\partial x^2}\right] = -aC\frac{\partial(\Phi_1 - \Phi_2)}{\partial t}$$

变换为无量纲形式：

$$\frac{\partial^2 \eta}{\partial^2 \xi} = \frac{\partial \eta}{\partial \tau} \tag{39.3}$$

式中，$\eta = \Phi_1 - \dfrac{\Phi_2}{V_0}$；$\xi = \dfrac{x}{\delta}$；$\tau = aC\delta^2\dfrac{(\sigma + \kappa)}{\sigma}\kappa$；$\delta$ 为电极厚度；σ 为碳的电导率；κ 为电解液的电导率；η 为碳表面的过电势（双电层电压），所有等式都是每平方厘米电极上的表达式。

所有的电流密度为 A/cm^2。

电极充电时，边界条件如下：

$x = 0$（金属集流体表面）$\quad i_2 = I(t), \ i_1 = 0 \qquad \eta = 0$

$x = \delta$（隔膜表面）$\qquad\qquad i_2 = 0, \qquad i_1 = I(t)$

上述等式适用于单个电极。假设电池内所有电极完全相同，因此电极的能量贮存和电阻也完全相同，将各电极的解决方案相整合形成整个电池的解决方案。

解决类似于式（39.3）的等式最著名的办法就是不稳定的一维热传导分析。碳/碳电化学电容器中恒定 DC 电流和 AC 正弦曲线电流的解决方法在参考文献［52～54］中给出。

（1）恒电流放电　电池恒电流放电时，式（39.3）可以表示成：

$$V = V_0 - IR_0 - 2\frac{It}{\delta}aC - I\sum_n \frac{\{4[\kappa + (-1)^n\sigma]^2\delta\}}{[\sigma\kappa(\sigma + \kappa)n^2\pi^2]}\left[1 - \exp\left(\frac{-n^2\pi^2 t}{\tau}\right)\right] \tag{39.4}$$

式中 R_0（$\Omega \cdot \text{cm}^2$）$= 2\dfrac{\delta}{\sigma + \kappa} + \dfrac{\delta_{\text{sep}}}{\kappa_{\text{sep}}} + R_{\text{contact}}$

电池电阻（$\Omega \cdot \text{cm}^2$）是时间的函数，由下面表达式给出：

$$R = R_0 + \sum_n \frac{\{4[\kappa + (-1)^n\sigma]^2\delta\}}{[\sigma\kappa(\sigma + \kappa)n^2\pi^2]}\left[1 - \exp\left(\frac{-n^2\pi^2 t}{\tau}\right)\right]$$

在 $t = 0$ 时，电阻为 R_0。式（39.4）给出的关于电池性能的解表示电池是一个电阻随时间改变的简单的 RC 电路。

在大多数情况下，碳的电导率远大于电解质的电导率，因此电池的电阻可以变成：

$$R = 2\frac{\delta}{\sigma} + \frac{\delta_{\text{sep}}}{\kappa_{\text{sep}}} + R_{\text{contact}} + 4\frac{\delta}{\kappa}\sum_n\left(\frac{1}{\pi^2 n^2}\right)\left[1 - \exp\left(\frac{-n^2\pi^2 t}{\tau}\right)\right] \tag{39.5}$$

$$\tau = aC\frac{\delta^2}{\kappa}$$

电池的电容和电阻分别为 $C_{\text{cell}} = \dfrac{1}{2}A_x\delta aC$ 和 $R_{\text{cell}} = 2\dfrac{\delta}{\kappa A_x}$，可以得到如下近似：

$$\tau = (RC)_{\text{cell}}$$

对于较大的 $\frac{t}{\tau}$ 值，最后总和近似为 $\frac{\pi^2}{6}$，R 的稳态值为：

$$R = 2\frac{\delta}{\sigma} + \frac{\delta_{sep}}{\kappa_{sep}} + R_{contact} + \frac{2}{3} \times \frac{\delta}{\kappa}$$

式（39.5）中的指数项是 $\frac{n^2\pi^2 t}{(RC)_{cell}}$。即使在 $t = (RC)_{cell}$ 和 $n = 1$ 时，该项对总电阻的影响仍然很小，忽略碳微孔内离子的传递的简单求解表明，除了放电时间被作为电池 RC 时间常数的小部分外，电池电阻本质上是稳态值。但是，如同 39.5.2 所讨论的，恒电流放电的实验数据表明，直到 RC 时间常数的 1～2 倍，电池电阻才能达到稳定值，这表明在较短的时间内微孔内的离子传递非常重要。

因此计算中所用的电解液离子电导率 κ 值必须考虑碳的孔隙率效应，即：

$$\kappa = \kappa_0 \varepsilon^{1.5}$$

式中，κ_0 是电解液的体相电导率；ε 是碳的孔隙率。

（2）恒功率放电　前面都是关于恒电流放电的分析。如果电池的电容和电阻假设为恒定值，可以直接写出恒功率放电的电压表达式，电池放电过程遵守如下等式：

$$V_0 - V = IR + \int_{V_0'}^{V} \frac{\mathrm{d}q}{C}, \ \mathrm{d}q = I\mathrm{d}t \tag{39.6}$$

式中，V_0' 是放电开始后的瞬间电压。

恒功率放电时电流可以表示为：

$$I = \frac{P}{V}$$

因此，式（39.6）可以改写为：

$$1 - V/V_0 = PR/V_0^2/V/V_0 + P/V_0^2/C\left\{V_0'/V_0 \int_{V_0'}^{V} \mathrm{d}t / V/V_0\right\} \tag{39.7}$$

定义 $z = \dfrac{V}{V_0}$，$K_1 = \dfrac{PR}{V_0^2}$，$K_2 = \dfrac{P}{CV_0^2}$，式（39.7）变为：

$$1 - z = \frac{K_1}{z} + K_2 \int_{z_0'}^{z} \frac{\mathrm{d}t}{z} \tag{39.8}$$

式中，$z_0' = 1 - \dfrac{(IR)_0}{V_0} = 1 - \dfrac{PR}{V_0^2} = 1 - K_1$

式（39.8）积分变为紧凑形式可以得到：

$$K_1[\ln z - \ln z_0'] - 1/2(z^2 - z_0'^2) = K_2 t \tag{39.9}$$

输入定义变量，式（39.7）变形为：

$$t/RC = [\ln V/V_0 - \ln(1 - K_1)] - (1/2)K_2[(V/V_0)^2 - (1 - K_1)^2] \tag{39.10}$$

式（39.10）可以改写成：

$$t = 1/2CV_0^2/P[(1 - K_1)^2 - (V/V_0)^2] + RC\ln[V/V_0/(1 - K_1)]$$

$K_1 = PR/V_0^2 = I_0 R/V_0$ 是第一个电流脉冲效率的指标值。因此，恒功率放电的能量密度可以表示为：

$$\mathrm{W \cdot h/kg} = t_{disch}P/\text{电池质量（以 kg 为单位）}$$

如下例：

$C = 2900\mathrm{F}$，$R = 0.375\mathrm{m\Omega}$，质量 $0.55\mathrm{kg}$，$RC = 1.09\mathrm{s}$，$P = 500\mathrm{W}$，$909\mathrm{W/kg}$

计算值 $t = 14.1s$，$3.6W \cdot h/kg$，$V_{final}/V_0 = 1/2$；测试值 $t = 15.1s$，$3.8W \cdot h/kg$

39.4.3　混合电容器设计分析

图 39.2 给出混合电容器的示意。所有设计需要考虑至少一个电极中碳的使用情况。混合设计中，电极间的电荷转移通过碳电极电荷容量和电压差决定。为了提高电池的预期使用寿命，电池在充放电操作的使用范围内，电容器的充放电深度较小，一般为理论值的 $5\% \sim 10\%$。在混合设计中，碳电极操作电压范围和类电池电极在电解质中的标准电势总和决定电池电压。下面给出的方法，忽略所有的界面电阻，并且假设碳的比电容和倍率无关，计算得到的性能是混合电容器的理想性能。另外，该方法假设混合电容器的电阻主要由多孔电极的大孔电阻决定，忽略碳的微孔电阻。

首先必须知道所有关于组成混合电容器中材料性质的物理量纲。碳电极的关键输入量包括：电极厚度、碳材料的比电容（F/g）、密度（g/cm³）和孔隙率（%）。类电池电极的主要性质包括：电极材料的充电容量（A·s/g）、密度（g/cm³）和孔隙率（%）。集流体的性质包括：材料（铅、铜、镍或铝）、电极材料的覆盖厚度；电解质中混合物（硫酸、KOH、乙腈附加盐）的详细清单、密度（g/cm³）和电阻率（$\Omega \cdot cm$）；隔膜的厚度和孔隙率。可以通过电池的横截面积或在单位面积（1cm²）基础上计算。

步骤 1：计算碳电极的质量（W_{carb}）并得到电极的电容（C_{carb}）。根据设定的电极电压曲线（ΔV_{carb}）和电容，可以计算得到充放电过程中电极的电荷转移量：

$$C \cdot h \cdot g = C_{carb} \times (\Delta V_{carb})$$

步骤 2：电池设计的控制因素是类电池电极的电荷转移量必须和碳电极的电荷转移量相等。因为类电池电极只提供放电深度变化在 $5\% \sim 10\%$ 的范围内的电荷转移量，所以必须设计好类电池电极的尺寸。充电状态的改变用符号 SOC_{bl} 表示。所需要的类电池电极质量可以通过下式计算得到。

$$W_{bl} = Chg / [\Delta(SOC_{bl}) \times (A \cdot s/g \cdot m)_{bl}]$$

因而，类电池电极的厚度为：

$$(th_{bl}) = W_{bl} / (dens_{bl} \times A_{cell})$$

步骤 3：通过电解质在材料大孔中的占有率，计算电极和隔膜中电解质的质量。每层中电解质的质量为：

$$W_{elypor} = th \times A_{cell} \times porosity \times (dens)_{ely}$$

电池中电解质的总质量是混合电容器中各组成层中电解质的质量的总和。

步骤 4：集流体的质量为：

$$W_{curcl} = th_{curcl} \times A_{cell} \times (dens)_{curcl}$$

步骤 5：电池的质量是各组成部分质量的总和

$$W_{cell} = W_{curcl} + W_{carb} + W_{bl} + W_{ely}$$

步骤 6：电池的总贮存能量是碳电极贮存能量和类电池电极贮存能量的总和。碳电极中的贮存能量为：

$$E_{carb} = 1/2 \times C_{carb} \times (\Delta V_{carb})^2$$

类电池电极中的贮存能量为：

$$E_{bl} = Chg \times V_{av,bl}$$

式中：$V_{av,bl} = V_{bl\,stp} + 1/2 \times (\Delta V_{carb})$

$V_{bl\,stp}$ 是类电池电极的标准电势。

因此，总能量贮存为：

$$E_{total} = E_{carb} + E_{bl}$$

电池的质量比能量为：

$$(W \cdot h/kg)_{cell} = E_{total}/W_{cell}$$

电池质量比能量包含电池所有活性材料和集流体的质量，但是没有包含组装质量。

步骤 7：电池电阻可以通过电解质的体相电阻（R_{ely}）和电极的孔隙率计算得到：

$$R_{elypor} = R_{ely} \times (孔隙率)^{-1.8}$$

每层的电阻率（$\Omega \cdot cm^2$）可以通过如下公式得出：

$$\Omega \cdot cm^2 = R_{elypor} \times th$$

电池电阻是碳电极电阻、类电池电极电阻和隔膜电阻的总和。这种设计近似忽略电极的孔电阻、碳电极和类电池电极的电子电阻、电池各层间的界面电阻。电池电阻可以表示为：

$$R_{cell} = (\Omega \cdot cm^2)_{cell}/A_{cell}$$

计算得到的电阻是理想电池的电阻，实际电池电阻要更大些。

步骤 8：电池的功率性能可以通过电池的电压和电阻计算得到：

$$P_{max} = 9/16 \times (1 - EF) \times V_{cell}^2/R_{cell}$$

EF 是放电效率

电池电压最小为：

$$V_{cell} = \Delta(V_{carb}) + V_{blstp}$$

$V_{bl\,max}$ 是类电池电极的最大电压。

电池的操作电压在 V_{cell} 和 V_{cell}-Δ（V_{carb}）之间。所设计混合电容器的比功率为：

$$(W/kg)_{max} = P_{max}/W_{cell}$$

这种分析方法可以用来预测不同先进材料组成的电化学电容器的性能（质量比能量和比功率性能等）。计算结果在表 39.9 中给出。

表 39.9　各种电化学电容器的计算质量比能量、体积比能量、比功率特性

类　型	容量/(F/g 或 mA·h/g)	电压/V	质量比能量[①]/(W·h/kg)	体积比能量[①]/(W·h/L)	每层电阻率/Ω·cm²	时间常数 RC/s	比功率（95%效率）/(kW/kg)
活性炭/活性炭/硫酸	150F/g	1.0～0.5	1.7	2.2	0.17	0.29	1.2
活性炭/活性炭/乙腈	100F/g	2.7～1.35	5.7	7.6	0.78	0.18	6.4
活性炭/活性炭/乙腈	120F/g	2.7～1.35	6.8	9.1	0.78	0.22	6.4
活性炭/PbO₂/硫酸	150F/g,220mA·h/g	2.25～1.0	16	39	0.12	0.36	8.9
活性炭/NiOOH/KOH	150F/g,290mA·h/g	1.6～0.6	14	31	0.16	0.71	4.0
活性炭/石墨/乙腈	100F/g,60mA·h/g	3.3～2.0	21	34	2.5	2.6	2.3
活性炭/石墨/乙腈	120F/g,72mA·h/g	3.3～2.0	25	41	2.5	3.1	2.3
钛酸锂/活性炭/乙腈	160mA·h/g,100F/g	2.8～1.8	22	37	3.4	4.1	1.5
钛酸锂/石墨/乙腈	160mA·h/g,60F/g	3.7～2.5	53	96	1.7	3.8	7.8

① 可用能量——指定电压范围内的能量。

39.5　电化学电容器测试

有许多关于电化学电容器的研究是关于材料、小型试验室型和样品级电容器以及商业化

产品，而许多材料的测试和小型样机装置的评估采用循环伏安法和交流阻抗法[1,42,43]。这些研究的绝大部分是采用小电流、有限的电压范围及交流频率以确定材料及电容器电极的电化学特性。大型样机及商品电容器的测试往往采用与电池测试类似的直流测试过程。本节讨论何种直流测试方法可以评估工业用或车用电容器。

39.5.1 测试过程概述

电化学电容器和电池的测试过程有些类似也有些不同[57,58]。两种储能装置在习惯上均进行恒电流和恒功率测试。从恒电流测试中可确定电容（F）和安时（A·h）、内阻（Ω）；从恒功率测试中可确定装置的能量贮存特征（W·h/kg，对应 Ragone 曲线）。所用测试电流和功率与装置的充放电能力相匹配。对于电容器，放电时间一般控制在 5～60s 的范围；对于电池，即使是高功率型电池放电时间一般控制在数分钟到数分之一小时。不同储能装置的再充电时间也有较大差异，例如电容器可以很容易在 5～10s 内充满电，而对于高功率电池即使初始充电电流很大，充满电至少需要 10～20min。在电容器和电池恒电流和恒功率测试基础之上，进行 5～15s 的充放电脉冲测试。以上这些电容器和高功率电池的测试条件类似。而根据一些特殊需求，对电容器和电池进行一系列充放电脉冲（特定时间的比功率）循环测试[57,58]，测试结果汇总在表 39.10 和表 39.11 中。

39.5.2 碳/碳电容器的测试

本节将讨论各种上述测试方法在碳/碳电容器中的应用，以确定其电容、内阻、比能量以及功率能力。这些电容器采用活性炭作为正负极材料，几乎都采用有机电解质。这些电容器的储能机理主要基于电荷分离（双电层电容）。

表 39.10　电化学电容器的特征参数

1. 质量比能量(W·h/kg 与 W/kg)	5. 内阻和电容的温度依赖性,特别是在低温(-20℃)
2. 单体电压(V)和电容(F)	6. 满充电的循环寿命
3. 串、并联阻抗(Ω 与 Ω·cm²)	7. 在各种电压和温度条件下的自放电
4. 充放电效率为 95%时的比功率(W/kg)	8. 满充电和高温条件下(40～60℃)的日历寿命(h)

表 39.11　电化学电容器的测试

1. 恒电流充放电	• 比功率(W/kg)测试到放电时间小于 5s;充电通常以
• 电容和内阻测试时间分别为 60s 和 5s	恒电流方式,充电时间至少 30s
2. 脉冲测试确定内阻	4. 连续充放电阶跃循环
3. 恒功率充放电	• 最大比功率阶跃 500W/kg 的 PSFUDS(脉冲的简化
• 确定 Ragone 曲线,在电压 $V_{标称}$～$1/2V_{标称}$ 范围内,比	FUDS)测试循环
功率范围为 100W/kg～1000W/kg	• 从测试数据确定充放电往返效率
	5. 由 15～20 单体串联的模块测试

电容：电容器的电容可以直接从恒电流放电数据测试来确定。碳/碳双电层电容器的典型电压时间轨迹如图 39.3 所示，电容定义为：

$$C=I/dV/dt \text{ 或 } C=I(t_2-t_1)/(V_1-V_2), V=V(t)$$

因为电压轨迹实际上不是直线，所以 C 值的计算依赖于所用的 V_1 和 V_2 值。而电压范围曾选在 V_0～$V_0/2$ 和 V_0～0 之间，V_0' 包括了有效电压值 V_1 和 IR 降。表 39.12 的结果表明测试过程影响电容值。

表 39.12　电压范围及测试电流对电容的影响

装置(开发商)	$V_0 \sim 0V$	$V_0 \sim 1.35V$
3000 F(麦克斯韦尔)	100A,2880F；200A,2893F	100A,3160F；200A,3223F
3000 F(Nesscap)	50A,3190F；200A,3149F	50A,3214F；200A,3238F
450 F(APowerCap)	20A,450F；40A,453F	20A,466F；40A,469F
	3.8V~2.2V	3.8V~2.6V
2000 F(JSR Micro)	80A,1897F；200A,1817F	80A,1914F；200A,1938F

电容器和电池的内阻可以用各种方法确定。

① 用恒电流放电的初始 IR 降。

② 在制定充电状态进行电流脉冲（5～30s）。

③ 在某电流下充电或放电后的电压恢复。

④ 在 1kHz 频率进行交流阻抗测试。

采用的恒电流放电测试方法中通常包含了 IR 降和初始电压变化分析。借助电压降来确定电容器内阻是比较复杂的。因为电压降是由内阻和电容共同引起的，而且在电极内的电流分布完全建立之前，初期电容器的内阻和电容是随时间变化的。这个问题的数学分析请参照 39.4.2 节，分析结果表明：初始内阻值（R_0）可低到稳态电阻（R_{ss}）的一半。稳态电阻的求解可以像图 39.7 那样通过线性外推电压时间曲线至 $t=0$ 得到 IR 值再计算出内阻 R。在许多超级电容器的应用中，R_{ss} 值很好反映电容器的功率能力、电损耗、发热值等，而不是

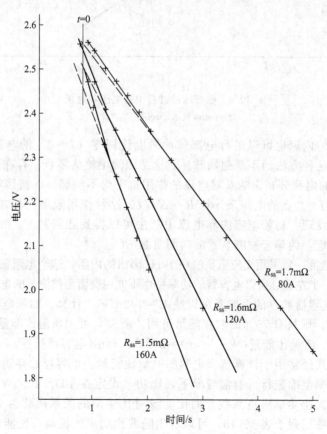

图 39.7　一种用外推电压时间曲线至 $t=0$ 确定稳态
电阻的方法（APower Cap 450F 单体）

比较小的 R_0 值。所以确认报告的是哪一种电阻值非常重要。

另一种确定电容器直流内阻的可靠方法是电流脉冲法。该方法是对储能装置施加 5～10s 的短脉冲来确定内阻。事实上，对于大部分电池这是唯一一种可靠的确定内阻的方法。测试时脉冲既可以是充电脉冲，也可以是放电脉冲。有效电阻（$R = \Delta V / I$）随脉冲时间变化，它依赖于测试仪器的响应时间和储能装置的弛豫机制。当然理想状态是仪器响应可以忽略而主要起源于后者。遗憾的是实际测试响应并不理想。如图 39.8 的 1600F 电容器的测试结果显示 R_0 到 R_{ss} 的阻抗变化明显。

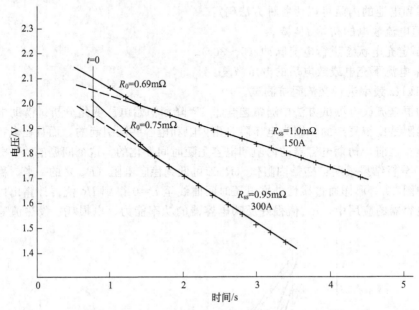

图 39.8 电流脉冲过程中的电压和电阻
(Skeleton 技术，1600F 电容器)

电容器和电池的内阻也可以进行电流脉冲后电流回零（$I = 0$）的电压恢复推算出。一些研究者比较喜欢这种方法而不是初始脉冲，这是因为电流为零且不存在装置电容对电压的影响[59]。$I = 0$ 时的电荷分布影响及对电压的作用机理尚不明确。电流回零的时间不是很明确，但人们还是以 $I = 0$ 点的电压来计算 $R = \Delta V / I$。这种作用效果反映在图 39.9 中。比较图 39.8 和图 39.9 发现：初始电流法和电流中断法可以得到相同的 V_0 和 V_{ss} 值，但后者电压恢复时间相对较短，约等于被测装置的时间常数 RC。

超级电容器制造商一致采用交流阻抗法在 1kHz 测出的内阻，这个电阻值显著低于直流方法的测试值，通常是一半左右。所以电容器的功率特性不能用交流阻抗测试的电阻来计算。

碳/碳双电层电容器贮存的总能量可以按 $E = 1/2\ CV_0^2$ 计算。如果电容器的电压限制在 V_0～$1/2V_0$ 范围内，则只有 75% 的贮存能量可用。所以，可用质量比能量由下式计算：

$$质量比能量(W \cdot h/kg) = 3/8 CV_0^2/m(电容器质量)$$

这个简单关系式经常用于计算超级电容的质量比能量。电容器贮存能量的可靠测试大部分是在一定恒比功率范围进行。通常情况下，比功率设定在 100～1000W/kg 之间，对于高功率电容器的测试其比功率将更高些。而比能量对比功率的关系图称为 Ragone 图。3000F 商品电容器的典型数据列于表 39.13，可以看出随着比功率的提高，比能量迅速减小。所有超级电容器均如此。制造商所报告的比能量经常是用 $1/2CV_0^2$ 式基于标称电压和比电容计算的，这个计算值太高，并不是可用比能量；而且对应的比功率低（100W/kg 或更低）。如

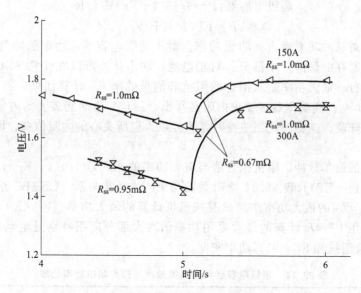

图 39.9　采用电流中断后的电压恢复方法确定电阻
（Skeleton 技术，1600F 电容器）

表 39.13 所示，电容器的有效电容 C_{eff} 随功率的提高显著降低，而厂商声称的电容值只与低功率水平的有效电容值一致。结合可用能量系数（0.75）和有效电容降系数（从表 39.13 可知为 0.9）得知：由 $1/2 CV_0^2$ 得到的简单计算值至少超出了电容器实际值的 1/3。

表 39.13　**Nesscap 制的圆柱形 3000F 电容器的测试数据**

恒电流放电数据：2.7～0V			
电流/A	时间/s	电容/F	电阻/mΩ
50	171	3190	—
100	84.3	3181	0.44(1)
200	41.3	3157	0.42
300	27	3140	0.37
400	20	3150	0.40

恒功率放电数据：2.7～1.35V					
功率/W	比功率/(W/kg)①	时间/s	能量/W·h	质量比能量/(W·h/kg)	有效容量 C_{eff}/F
100	192	84.8	2.36	4.52	3107
200	383	41.8	2.32	4.44	3055
300	575	27.1	2.26	4.33	2976
400	766	19.7	2.19	4.20	2884
500	958	15.4	2.14	4.10	2818
700	1341	10.9	2.12	4.06	2792

① 电容器质量 0.522kg；直径 6cm，长 13.4cm。

注：$C_{\text{eff}} = 2Ws/0.75\,(2.7)^2$。

（1）功率输出能力　在一些文献中，有关超级电容器和电池的功率输出能力信息比较混乱而不可靠。这种现象源于用简单式子 $P = V_0^2/4R$ 计算电化学储能装置的最大功率。这个最大功率计算式是基于 1/2 能量用于电、1/2 能量用于热的阻抗点。该点对应能量效率是50%，实际应用基本不可行。对于超级电容和电池在一定脉冲效率（EF）情况下的功率输出能力更为合理的描述如下式：

$$超级电容器:P = 9/16(1-EF)V_0^2/R$$
$$电池:P = EF(1-EF)V_{OC}^2/R$$

上述关系是对脉冲功率而言而非恒功率。对于超级电容器,功率脉冲是在 $3/4V_0$ 电压进行而且仅用其贮存能量的一小部分。对于电池,功率脉冲可以在任意 SOC(开路电压和内阻)条件下进行。最大功率是从拟合的阻抗和能量效率 EF 计算而来,与 V^2/R 成正比,关键参数是 R 和 V_0。高功率装置要求内阻必须小,一旦知道储能装置的内阻,其功率输出能力就可以立即知晓。遗憾的是制造商时常不提供人们所关心的内阻信息,因此用心测试内阻非常重要。

对于电容器的简单脉冲,阻抗拟合值与有效功率的比率是 $4/9(1-EF)$;对于电池,其系数是 $1/4/[EF(1-EF)]$,表 39.14 给出系数与 EF 的函数关系。USABC 给出的超级电容器效率是 95%,可用的最大功率结果只有按阻抗计算的最大功率 $(V^2/4R)$ 的 1/10。对于电容器而言,采用 $V^2/4R$ 计算的最大可用功率值对大部分应用特别是电动车是不可靠的。表 39.7 给出拟合阻抗和 EF=95% 功率密度。

表 39.14　超级电容器和电池的效率与拟合阻抗功率比率

效率 EF	超级电容器	电池
0.5	1.1	1.0
0.6	0.9	0.96
0.7	0.68	0.84
0.8	0.45	0.64
0.9	0.22	0.36
0.95	0.11	0.19

(2)脉冲循环测试　因为超级电容器的许多应用都是特别短暂放电,所以其性能应包括脉冲循环测试内容。脉冲循环是在特定电流(A)或功率(W)条件下进行秒级的简单连续充放电测试。如文献 [62] 所定义的 PSFUDS 模式被广泛应用于超级电容器和高功率电池的测试。表 39.15 给出 PSFUDS 循环测试的指定比功率-时间阶梯模式。

表 39.15　PSFUDS 循环测试的指定比功率-时间阶梯模式

步骤	时间间隔/s	充电 C/放电 D	P/P_{max} ($P_{max} = 500W/kg$)
1	8	D	0.20
2	12	D	0.40
3	12	D	0.10
4	50	C	0.10
5	12	D	0.20
6	12	D	1.0
7	8	D	0.40
8	50	C	0.30
9	12	D	0.20
10	12	D	0.40
11	18	D	0.10
12	50	C	0.20
13	8	D	0.20
14	12	D	1.0
15	12	D	0.10
16	50	C	0.30
17	8	D	0.20
18	12	D	1.0
19	38	C	0.25
20	12	D	0.40
21	12	D	0.20
22	≥50	充电到 V_0	0.30

续表

循环[1]	输入能量/W·h	输出能量/W·h	效率/%
	NESS 45V 模块的 PSFUDS 循环周期效率		
1	102.84	97.94	95.2
2	101.92	97.94	96.1
3	101.67	97.94	96.3

[1] 基于最大质量比功率 500W/kg 和单体总质量的 PSFUDS 功率模式。

通过校正比功率和最大功率步骤的时间，这个模式可以用于所有尺寸和性能的储能装置测试。这些测试结果中最有价值的数据是周期效率，典型测试结果如图 39.10 所示。

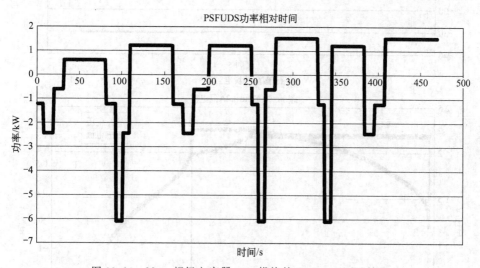

图 39.10 Ness 超级电容器 45V 模块的 PSFUDS 测试结果

39.5.3 混合电容器和赝电容电容器的测试

如前所述，正、负极均采用活性炭的双电层储能碳/碳电化学电容器是可以测试的。本节讨论混合电容器，其至少一侧的电极采用嵌入碳材料或其他类电池材料（赝电容）。混合电容器的测试显示与碳/碳电容器的不同，此处将特别要讨论测试过程的影响及数据解释。碳/碳超级电容器的电容是通过恒电流放电测试数据确定的。但如图 39.11 所示混合电容器的电压-时间特性与碳/碳超级电容器显著不同。混合电容器的电压-时间曲线特别是在额定电压附近的充电过程是非线性的，而远离额定电压的电容比较小。所测电压-时间曲线只是针对某一种特定混合电容器。对于碳混合电容器 [图 39.11 (a)]，其电压将限制在每个单体额定电压（3.8V）和肩电压（2.2V）之间。表 39.12（JSR 微型装置）的数据也证明电压限选择将严重影响计算的电容值。最佳方案是从额定电压到肩电压的全范围计算电容，但要考虑 IR 降修正起始电压 V_1。对于混合电容器，应先观察电压-时间曲线，然后再选用合适的容量计算方法。

可以采用与碳/碳电容器相同的方法确定混合电容器的稳态电阻（R_{ss}）。如图 39.12 所示，混合电容器的恒电流放电的电压-时间曲线在数秒内变成一条直线，其 IR 降可以通过反向延长放电曲线至 $t=0$ 来通过截距确定。$R_{ss}=(\Delta V)_{t=0}/I$。当测试任何一个新型混合电容器时，要检查放电的初始电压-时间曲线是否为线性，再确定简易直线外推法是否可用。如表 39.16 所示，JSR 微型装置的 2000F 电容器的脉冲测试结果与直线外推计算的内阻取得很

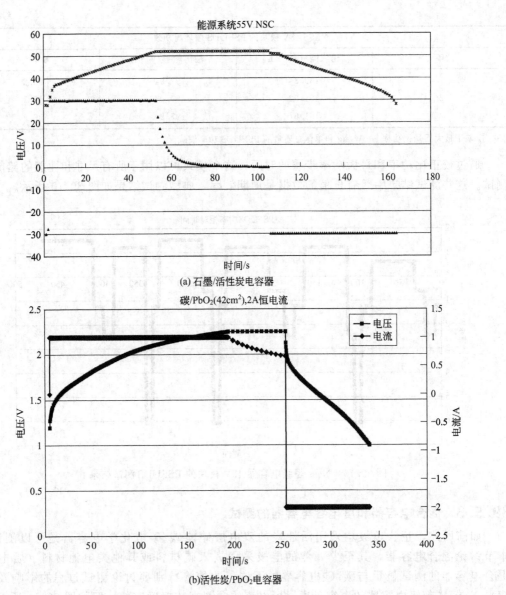

(a) 石墨/活性炭电容器

(b)活性炭/PbO₂电容器

图 39.11　混合电容器恒电流放电的电压-时间曲线

好一致。

表 39.16　JSR 微型装置 2000F 单体的特性

3.8～2.2V 恒电流放电			
电流/A	时间/s	电容/F	电阻/mΩ①
30	102.2	2004	—
50	58.1	1950	—
80	34.1	1908	—
130	19.1	1835	2.0
200	11.1	1850	1.9
250	8.2	1694	1.84

① 电阻是从线性电压-时间放电曲线得到的稳态值。

续表

3.8~2.2V 恒功率放电

功率 /W	比功率 /(W/kg)	时间 /s	能量 /W·h	质量比能量[①] /(W·h/kg)	有效电容 C_{eff}/F	体积比能量[①] /(W·h/L)
102	495	88.3	2.5	12.1	1698	18.9
151	733	56	2.35	11.4	1596	17.8
200	971	40	2.22	10.8	1508	16.9
300	1456	24.6	2.05	10.0	1392	15.7
400	1942	17	1.89	9.2	1283	14.4
500	2427	12.5	1.74	8.5	1181	13.3

① 基于电容器活性物质的质量和体积计算。
注:电容器 206g,132cm³;$C_{eff}=2Ws/(3.8^2-2.2^2)$。

脉冲电阻测试结果

电流/A	电阻/mΩ	
	脉冲测试(5s)	时间常数 RC/s
100	2	3.8
200	1.9	3.5

注:95%能量效率的脉冲功率峰值 $R=1.9$mΩ;$P=9/16×0.05×(3.8)^2/0.0019=214$W,1038W/kg。

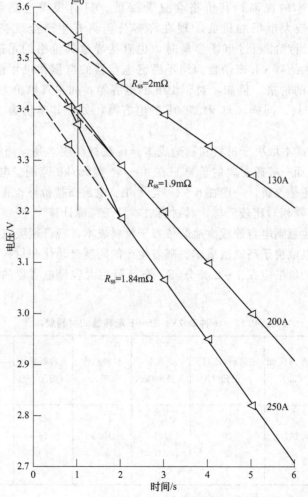

图 39.12 混合电容器稳态电阻的确定方法
(JSR 微型装置 2000F 单体)

假设有效电容 C_{eff} 为常数，混合电容器贮存的能量可以简单计算如下：

$$E = 1/2 C_{eff}(V_{额定}^2 - V_{最小}^2)$$

对于碳/碳超级电容器，$V_{最小} = 1/2 V_{额定}$；对于混合电容器，$V_{最小}$ 是大量贮存电荷的最低点电压。碳/碳超级电容器和混合电容器的 C_{eff} 计算结果分别列于表 39.13 和表 39.16。

混合电容器功率输出能力及脉冲循环测试与碳/碳超级电容器相同。混合电容器的内阻脉冲测试及 PSFUDS 模式周期效率同样必不可少。如果额定电压和内阻已知，混合电容器的功率输出能力可以按碳/碳超级电容器相同的方程式计算。

39.6 电容器和电池的成本及系统

39.6.1 电化学电容器和电池的成本

为了在未来市场占有更多份额，降低现行电化学电容器或超级电容器特别是中、大型电容器的成本与价格是关键。尽管近年超级电容器的价格大幅下降，但由于还是太贵，现在许多应用尚未认真考虑。任何产品制造成本均与生产规模密切相关，随着规模的扩大和生产效率的提高，其价格会显著降低。只有规模达到数百万套的情况下，其成本才具有获得较大市场的机会。现在许多公司具有生产全规格电容器的半自动生产设施。实际上，当产能超过市场容量时，也直接导致其价格的迅速下降。电容器的价格是按美分/F 或美元/W·h 来销售。当不考虑电容器的电压和可用能量时，很容易基于美分/F 算出电容器的价格。例如，对于 10F 的电容器，如果其单价为 10 美分/F，则可算出其成本为 1 美元/只。同样，对于 2500F 的电容器，如果其单价为 1 美分/F，则其成本为 25 美元。

碳/碳电容器的成本取决于材料和制造成本。现在材料成本高，超级电容器用碳材料成本为 100 美元/kg，而一般碳材料的价格只在 30~50 美元/kg 范围。电解质溶剂成本也高，无论是碳酸丙烯酯还是乙腈，一般在 5~10 美元/L。电解质盐价格也很高，一般在 50~100 美元/kg。超级电容器相对比较简单，其材料成本易于精确计算[63,64]。表 39.17 显示的是典型成本试算结果，注意到电容器成本显著依赖于材料成本。现行超级电容器价格高，既源于高成本的原材料，也取决于高制造成本。随着生产的高度自动化和材料成本下降，预计规模生产的小型电容器的价格应在 1~2 美分/F，车辆等用大容量电容器的价格应在 0.25~0.5 美分/F。

表 39.17 一种 2.7V，3500F 电容器的材料成本①

碳比电容 /(F/g)	碳总量 /g	单价/(美元 /kg)	电解质(乙腈) /(美元/L)	盐成本 /(美元/kg)	材料总价 /美元	电容器单价 /(美元/kg)	成本		
							美元 /W·h	美元 /kW	美分/F
75	187	50	10	125	17.0	29	6.4	29	0.48
120	117	100	10	125	15.5	26	6	26	0.44
75	187	5	2	50	3.6	6.0	1.3	6	0.10
120	117	10	2	50	2.5	4.2	0.93	4.2	0.070

① 电容器：4.5W·h/kg，1000W/kg，95%效率。

超级电容器在单位能量成本方面无法与电池竞争，但它可以在单位功率成本及单元成本方面可与电池竞争以满足部分车用需求。任何储能技术必须提供同样的功率、循环寿命和合适能量以满足应用需求。超级电容器只适合需求能量较小的用途，而对于其他应用则会采用更小、更轻的电池。超级电容器的质量是根据需求的最小贮存能量计算的。而电容器很容易满足功率和寿命需求。尽管电容器的比能量低于电池的 1/10，但是可以通过优化设计来满足许多应用需求。

例如，对于普锐斯等混合动力车电源而言，如果电容器的储能能量是 125W·h，电池是 1500W·h，则电容器和电池单元的成本关系式如下：

$$(美元/W·h)_{电容器} = 0.012(美元/kW·h)_{电池}$$

对应的电容器成本为：

$$(美分/F)_{电容器} = 0.125 \times 10^{-3} \times (美元/kW·h)_{电池} \times V^2_{电容器}$$

$$(美元/kW·h)_{电容器} = 9.6 \times 10^4 (美分/F)_{电容器}/V^2_r$$

表 39.18 为电池成本的范围。

表 39.18　电容器与电池的成本关系

电池成本 /(美元/kW·h)	电池成本[①] /(美元/kW)	超级电容成本 (V=2.6V) /(美分/F)	超级电容成本 (V=3.0V) /(美分/F)	超级电容成本[②] (V=3.0V) /(美元/kW·h)	超级电容成本 (V=3.0V) /(美元/kW)
300	30	0.25	0.34	3626	7.3
400	40	0.34	0.45	4800	9.6
500	50	0.42	0.56	5973	11.9
700	70	0.59	0.78	8320	16.6
900	90	0.76	1.0	10667	21.3
1000	100	0.84	1.12	11947	23.9

① 电池：100W·h/kg，1000W/kg。
② 电容器：5W·h/kg，2500W/kg。

从表 39.18 可以知道，对于混合动力车能量消耗而言，0.5～1.0 美分/F 的超级电容器与 500～700 美元/kW·h 的电池成本相比是具有竞争力的。同时，电容器的功率成本（美元/kW）只是电池的 1/4。

39.6.2　电容器与电池相结合

许多应用尤其是电动车在充放电过程中要承受大电流脉冲的压力，因此人们想把超级电容与电池联合使用以显著降低电池的压力，并进一步通过界面电子控制电池的电流输出而实现系统的最优化。一些研究小组开始测试这种组合技术[65,66]，但很少直接面向电动车应用。尽管使用超级电容器具有很多优点，但是通常只要电池可以满足电动车设计的能量和功率要求，则应单独使用电池。换句话说，除非设计者认为采用电容器与电池组合具有非常明确的优势一般不会选用这种组合方式，而更愿意考虑在纯电动车和插电电动车上应用质量比能量超过 200W·h/kg 的先进电池[67]。电池的规模将取决于电驱动距离，其质量和体积直接取决于它的比能量（W·h/kg，W·h/L）。这意味着高能电池技术将具有很强的吸引力。无论如何，电池也必须满足插电电动车和纯电动车对功率的需求。遗憾的是如表 39.19 所示绝大多数电池设计是为获得最大能量而忽略功率能力，其后果是由于电动车用电池设计必须满足功率要求而非能量，造成所用的高能电池比高功率电池尺寸大而昂贵。表 39.20 显示采用不同比能量电池满足插电电动车的电驱动距离为 10～40 英里的设计参数。表 39.21 显示电机功率大小（50kW，70kW）对所要求比功率水平的影响。对于短距离电驱动，电池质量

比能量为 $200W \cdot h/kg$ 的情况下则如表 39.19 所示功率需求超出电池的能力范围，考虑电池与超级电容器的组合很有必要。如表 39.21 所示，$200W \cdot h/kg$ 的电池和碳/碳超级电容器组合可以给所有类型的插电电动车包括 50kW 电机提供最小的能量贮存单元质量。组合的质量优势对于质量比能量超过 $200W \cdot h/kg$ 的电池更明显。这些结果说明对于高能先进电池来说，电池与超级电容组合的优势将会更大。

表 39.19　各种电池的特性

化学体系	容量/质量 /(A·h/kg)	内阻 R /mΩ	质量比能量 /(W·h/kg)	比功率/(W/kg)		功率与能量之比(P/E)	
				90%	80%	90%	80%
LiFePO$_4$							
EIG	15/0.424	2.5	115	897	1585	7.8	13.8
A123	2.1/0.07	12	88	1132	2000	12.9	22.8
K2	2.5/0.082	17	86	682	1205	7.9	14.0
Li$_4$Ti$_5$O$_{12}$							
阿尔泰诺	12/0.34	2.2	70	693	1225	9.9	17.5
阿尔泰诺	3.8/0.26	1.1	35	2260	4020	64.5	115
EIG	11/0.44	1.9	43	620	1100	14.4	23.8
Li(NiCo)O$_2$							
EIG	18/0.45	3.0	140	913	1613	6.5	11.6
GAIA	42/1.53	0.48	94	1677	2965	17.8	31.5
Quallion	1.7/0.047	70	170	374	661	2.2	3.9
Quallion	1.3/0.043	59	144	486	860	3.4	6.0
镍氢电池							
松下 HEV	6.5/1.04	11.4	46	393	695	8.5	15.1
松下 EV	65/11.5	8.7	68	87	154	1.3	2.3
铅酸电池							
松下 HEV	25/11.5	7.8	26	146	258	5.6	9.9
松下 EV	60/21.1	6.9	34	89	157	2.6	4.6
锌/空气电池							
Revolt 技术	—	—	450	200	—	0.5～1.0	1～2

注：1. $P_{max} = Eff(1-Eff_s)(V_{oc})^2/R_s$。

2. $P/E = (W/kg)/(W \cdot h/kg)$。

表 39.20　各种电动机功率及电驱动距离的电池尺寸及功率密度

电池			200W·h/kg			100W·h/kg			70W·h/kg		
距离 /英里	所需能量[1] /kW·h	贮存能量[2] /kW·h	质量[2] /kg	50kW 比功率 /(kW/kg)	70kW 比功率 /(kW/kg)	质量 /kg	50kW 比功率 /(kW/kg)	70kW 比功率 /(kW/kg)	质量 /kg	50kW 比功率 /(kW/kg)	70kW 比功率 /(kW/kg)
10	2.52	3.6	18	2.78	3.89	36	1.39	1.94	51	0.98	1.37
15	3.78	5.4	27	1.85	2.59	54	0.92	1.30	77	0.65	0.91
20	5.04	7.2	36	1.39	1.94	72	0.69	0.97	103	0.49	0.68
30	7.56	10.8	54	0.93	1.30	108	0.46	0.65	154	0.32	0.46
40	10.1	14.4	72	0.69	0.97	144	0.35	0.49	206	0.24	0.34

[1] 车对电池的能量消耗：250W·h/英里。

[2] 电池的可用充电状态：70%；显示的只是电池质量。

表 39.21 功率为 70kW 的各种纯电驱动距离所需电池和超级电容器组合储能单元的质量

质量比能量 /(W·h/kg)	5	200		100		70	
距离 (英里)	超级电容器 /kg[①]	电池 /kg[②]	组合 /kg	电池 /kg	组合 /kg	电池 /kg	组合 /kg
10	20	18	38	36	56	51	71
15	20	27	47	54	74	77	97
20	20	36	56	72	92	103	123
30	20	54	74	108	128	154	174
40	20	72	92	144	164	206	226

① 碳/碳超级电容器贮存 100W·h 可用能量。
② 质量只包括单体,不包含模块组合结构质量。

39.6.3 模块和寿命

电化学电容器的单体电压较低,所以一般组成模块使用。通过串联可得到 $200\sim600\text{V}$ 电压的电源系统。对模块进行冷却及电压-温度管理时,由于电容器电阻小(高效率),其冷却[68,69]比电池稍微困难。如表 39.22 所示,一些电容器开发商制备模块电压范围为 $12\sim60\text{V}$。电容器的模块装配系数比较小,模块的质量和体积远大于单体总和,其质量和体积的装配系数分别为 $0.5\sim0.7$ 或 $0.4\sim0.6$。电化学电容器模块的系统比能量远低于单体。

表 39.22 超级电容器模块的特性

模块	质量/体积 /(kg/L)	电压 /V	能量(W·h) /质量比能量(W·h/kg)	功率(90%效率) /kW	质量装配系数	体积装配系数
Ness(194F)	18.5/20.9	48	43/2.1	19.1	0.655	0.36
Ness(100F)	9.1/7.22	48	22.5/2.47	10.8	0.769	0.692
麦克斯韦尔(145F)	13.5/13.4	48	36/2.7	14.5	0.627	0.484
麦克斯韦尔(430F)	5.0/4.85	16	11.8/2.36	4.8	0.564	0.445
旭硝子 280F	3.75/2.95	16	7.65/2.04	2.1	0.528	0.422
动力系统	4.4/4.8	32	11/2.5	2.5	0.573	0.375
动力系统	7.2/8	59	20/2.78	4.7	0.642	0.413
EPCOS	29/24	56	49/1.7	16	0.5	0.48

电化学电容器与电池相比优点之一就是具有相对长的循环寿命,它在室温和额定电压内甚至可以循环 100 万次。但遗憾的是实际上确定电容器寿命(年)比室温循环寿命更为复杂:主要原因是为满足系统电压(如汽车)需要多个单体串联在一起,组合内单体间的温度分布即使在具有冷却系统的条件下是不尽相同的,而且即使具有均衡控制系统,电压取得一致也需要时间。所以,这些因素使电容器系统的寿命显著降低。

电容器单体和组合的寿命预测在文献 [70,71] 中进行详细分析。这个分析是在假设单体寿命统计服从维泊尔分布进行的。

$$F(t)=1-\exp[-(t/\alpha)^{\beta}],\ F=单体故障率$$

式中,t 为时间;α 为本征寿命;β 为曲率。

电容器寿命测试必须在同样的老化机制和应用条件下完成。电化学电容器测试既可以在规定的功率水平、电压范围和温度条件下进行,也可以在一定的温度和电压下进行浮充来完成。车用电容器的寿命数据以浮充测试方式更为合适[70]。通过测试曲线的拟合得到单体的 α、β 值,而测得的参数在比较宽的范围内依赖于测试电压和温度。活性炭电容器在室温和 2.3V 的条件下特征寿命可达 10000h 以上,曲率约为 4;而在 60℃、2.8V 的条件下则特征寿命小于 500h、曲率约为 15。低曲率 β 意味着电容器缓慢衰降,大 β 值表示所有单体短时间内快速衰降。

电化学电容器包的寿命特性强烈依赖于串联单体数量（M）。假设电容器包的故障概率符合维泊尔分布，则它的故障函数 F_{pack} 可以表示如下：

$$F_{pack} = 1 - \exp[-(t/\alpha_c)^\beta]^M$$

$$R_{pack} = \exp[-(t/\alpha_c)^\beta]^M, R_{pack} = 正常单体份额$$

定义电容器包的本征寿命时间 α_p 计算如下：

$$[(t/\alpha_c)^\beta]^M = (t/\alpha_p)^\beta$$

$$进一步求解：\alpha_p = \alpha_c/M^{1/\beta}$$

因此，电容器包的本征寿命时间远远小于单体。例如：200 串的电容器包，如果 β 是 4，则寿命因子降至 3.76；如果 β 是 15，则寿命因子降至 1.42。大部分电容器包的本征寿命将降至单体寿命的 1/3～1/2。

另一个影响电容器包寿命的因素是单体间的电压和温度分布不均匀性。即使采用冷却系统和平衡电路，上述不均性也是存在的。这种现象尤其对动态高功率时应用，如汽车更为严重，文献 [71，72] 分析这种不均匀性的影响。分析工作是基于温度和电压不均与造成单只单体电容器故障的假设进行的：对于温度的影响，可以说温度降 10℃，寿命延长一倍；对于电压的影响，每降低 0.1V 电压，寿命延长一倍。温度（T，K）和电压（V）对单体本征寿命时间 t 的影响可以表述如下：

$$t = a\exp(b/T), t/t_0 = \exp[-6155(T-T_0)/T_0^2]$$

$$t = A\exp(-BV), t/t_0 = \exp[-6.93(V-V_0)]$$

从式中可以得出温度每变化 5℃ 或电压变化 0.05V，则寿命将降低 $1/2^{1/2}$。这个结果表明：平均温度为 30℃ 时，最大温差为 10℃ 的寿命衰降与平均温差 5℃ 相当。同样，最大压差 0.1V 与平均压差 0.05V 衰降相当。

应用上述关系到具体应用中，还需要了解单体工作条件和衰降速率。在把电容器包用于混合动力车上时，5 年的可靠度是 98%、12 年是 80%，分别对应 5 万英里和 12 万英里。如果平均速度是 25 英里/h，对应的电容器包的工作时间是 2000h 和 4800h。电容器包是由 125 个单体串联，输出电压是 300V。如果它的故障率斜率是 10，那么对单体的本征寿命时间（h）要求应该是多少呢。故障比例（P）、故障时间（t_F）与故障分布因子（α_{pack}，β）间的相互关系如下式：

$$t_F = \alpha_{pack}[-\ln(1-P)]1/\beta$$

2000h 和 4800h 的无故障时间对应的 α_{pack} 值是 2954h 和 5581h。取最大值 5581h，则对于 $M = 125$、β 为 10 时单体的 α_c 是 9041h。假设电容器包的温度和单体电压分别为 30℃ 和 2.5V 时，其单体平均温度差为 5℃、电压差为 0.05V，则 $\alpha_c = 18082$，$\beta = 10$，对应的浮充时间为 2 年。

39.6.4 单体平衡

（1）许多应用需要超级电容器组合给出高电压（60～500V）并在充放电时提供高功率。电容器与电池包同样可以通过许多单体（20～200）串联构成电容器装置。如果每只电容器单体都具有相同的电容、串联电阻和并联电阻，则所有单体在全部工作时间内将具有相同的电压并等于平均电压（V/M）。不必担心工作时一些单体电压超出厂家限定的最大值。这个最大电压经常被作为单体工作电压的极限。如果工作时电压超过限制值几秒钟，也可使单体寿命显著降低。虽然没有安全问题，但电压超出会影响寿命、最大可用能量以及高功率循环效率。单体平衡就是为了减小单体间的差别、不超出最大工作电压。平衡电路可以监控单体电压并保持在一定范围。为确保长循环寿命（10 年以上），监控单体的电压和温度是完全必要的。

　　平衡电路的复杂性取决于单体特性（电容和内阻）的差异大小，而单体的一致性取决于所用材料的均匀性和单体制备过程控制：±（15%～20%）的电容和内阻偏差是常见的，明显大于串联高电压电容器的可接受范围。经验显示（文献［73］），大型单体的电容值偏差较小，极差在 1%～1.5%、而标准偏差在 0.5%左右。而低内阻（数分之一毫欧）电容器的内阻偏差较大，接近内阻测试仪的精度（0.01mΩ）。1h 自放电的最大电压偏差在 5mV 以内、标准偏差小于 1mV。与几年前相比，现在电容器的制备技术有所提高，而且平衡电路以简单为好。

　　把电容器单体电压差异特性与复杂的充放电循环联系起来不是一件简单的事情[74,75]。人们最感兴趣的是单体间高电压最大差异，特别是在不借助平衡电路或均等化手段的情况下经过长期循环后的电压差变化。一些数据[76,77]表明循环过程中单体间电压差没有增加，即使没有平衡电路也比较稳定。

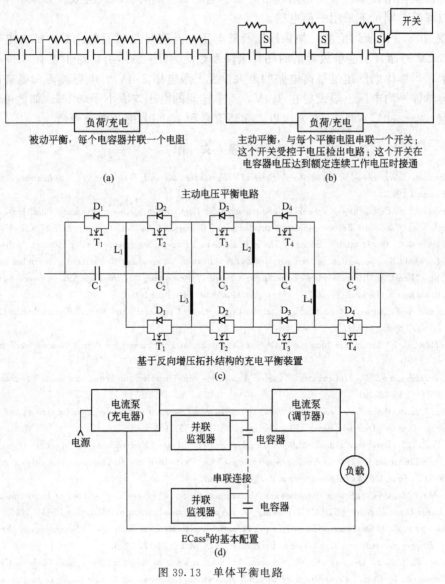

被动平衡，每个电容器并联一个电阻
(a)

主动平衡，与每个平衡电阻串联一个开关；
这个开关受控于电压检出电路；这个开关在
电容器电压达到额定连续工作电压时接通
(b)

主动电压平衡电路

基于反向增压拓扑结构的充电平衡装置
(c)

ECass^{R}的基本配置
(d)

图 39.13　单体平衡电路

单体间的电容差将导致比较大的电压差，但这种差异由于充放电脉冲过程中的电容器自补偿作用而不会随着循环而增加。单体间的内阻（串联和并联）差异导致较小的单体间电压差，这种差异也可以自补偿。如果没有平衡电路，则自放电（并联电阻）的不同可以在间歇期间带来明显的单体间电压差，当充放电再开时单体间的电压差很大。车用电容器单体间的电压不均匀性可以通过短时间循环测试来确定，测试时间需要足够长以使电容器达到热力学平衡。

（2）单体平衡 所有电容器制造商均开发平衡电路用于多串电容器，电容器模块均装有平衡电路。如图 39.13 所示有多种方法保障单体平衡。平衡方法分为主动平衡和被动平衡。对于单体差异较小（几个百分点）的电容器包可采用最简单的被动平衡方法，即在每个电容器单体上并联一个电阻，每个电容器分别充放电可降低单体间的电压差异。如果由于制造过程质量控制较差、温度梯度大、老化不完善而造成一致性很差的情况下，可以采用更为复杂的主动平衡方法，采用较小的外部电流（1A 以下）去平衡。但电容器大功率脉冲充放电时，电压平衡作用较小。平衡作用通常对于小电流工作或间歇时很有效。如果单体间电压一致性可以忍受，则可不采用平衡电路。

如在 39.6.3 节所讨论的，如果根据经验电压上升明显是时间的函数，那么电容器电压每增加 0.1V 寿命（至显著故障的时间）衰降系数约为 2。总体上，对于现有（2009 年）电容器技术，当单体电压超过平衡电路的最大设置上限电压 2.4V 时电容器寿命显著降低。这表明电容单体平均电压上限设置在 2.4V，而单体间的电压差应小于 0.1V。如此可导致电容器在室温（25~30℃）具有 50 万次以上循环寿命和 15000h 的长浮充寿命。

参 考 文 献

1. B. E. Conway, *Electrochemical Capacitors: Scientific Fundamentals and Technological Applications*, Kluwer Academic/Plenum, 1999.

2. P. Chandrasekhar, *Conducting Polymers, Fundamentals and Applications*, Kluwer Academic Publishers, 1999.

3. "Electrochemical Capacitors Empowering the 21st Century," Electrochemical Society, *Interface* 17 (1) (Spring 2008).

4. P. L. Taberna, C. Portet, and P. Simon, "The Role of the Interfaces on Supercapacitor Performance," *Proceedings of the 2nd European Symposium on Supercapacitors and Applications*, Lausanne, Switzerland, November 2006.

5. Y. Maletin, "EnerCap Ultracapacitors of the Highest Power," *Proceedings of the First International Symposium on Large Ultracapacitor Technology and Applications*, Honolulu, HI, June 2005.

6. P. Simon and A. F. Burke, "Nanostructure Carbon: Double-Layer Capacitance and More," Electrochemical Society, *Interface* 17 (1) (Spring 2008).

7. J. Chimiola et al., "Anomalous Increase in Carbon Capacitance at Pore Sizes Less than 1 Nanometer," *Science* 313: 1760-1763 (2006).

8. A. G. Pandolfo and A. F. Hollenkamp, "Carbon Properties and Their Role in Supercapacitors," *Journal of Power Sources* 157: 11-27 (2006).

9. R. Istvan, "Nanocarbons," *Proceedings of the 17th International Seminar on Double-Layer Capacitors and Hybrid Energy Storage Devices*, Deerfield Beach, FL, December 2007, pp. 87-109.

10. A. F. Burke, T. Kershaw, and M. Miller, "Development of Advanced Electrochemical Capacitors Using Carbon and Lead-Oxide Electrodes for Hybrid Vehicle Applications," UC Davis Institute of Transportation Studies report, UCD-ITS-RR-03-2, June 2003 (available at www. its. ucdavis. edu).

11. M. Yoshio, "Megalo-Capacitance Capacitor and Management System," *Proceedings of the 2nd International Symposium on Large Ultracapacitor (EDLC) Technology and Applications*, Baltimore, MD, May 16-17, 2006.

12. M. Okamura et al., "The Nanogate Capacitor: A Potential Replacement for Batteries," *Proceedings of the 22nd International Battery Seminar and Exhibit*, Ft. Lauderdale, FL, March 14-17, 2005.

13. T. Fujino, B. Lee, S. Oyama, and M. Noguchi, "Characterization of Advanced Mesophase Carbons Using a Novel Mass Production Method," *Proceedings of the 15th International Seminar on Double-Layer Capacitors and Hybrid*

Energy Storage Devices, Deerfield Beach, FL, December 2005.

14. K. Tamamitsu et al., "Electrochemical Capacitors for Next Generation Utilizing Nanostructured Electrode Materials," *Proceedings of the 17th International Seminar on Double-Layer Capacitors and Hybrid Energy Storage Devices*, Deerfield Beach, FL, December 2007, pp. 122-133.

15. R. Signorelli et al., "Fabrication and Electrochemical Testing of First Generation Carbon-Nanotube Based Ultracapacitor Cells," *Proceedings of the 17th International Seminar on Double-Layer Capacitors and Hybrid Energy Storage Devices*, Deerfield Beach, FL, December 2007, pp. 70-78.

16. P. Ruch, W. Kotz, and A. Wokaun, "Electrochemical Characterization of Single-Wall Carbon Nanotubes for Electrochemical Double-Layer Capacitors Using Non-aqueous Electrolyte," *Electrochemica Acta* 54: 4451-4458 (2009).

17. J. P. Zheng and T. R. Jow, "High Power and High Energy Density Capacitors with Composite Hydrous Ruthenium Oxide Electrodes," *Proceedings of the 5th International Seminar on Double-Layer Capacitors and Similar Energy Storage Devices*, Deerfield Beach, FL, December 1995.

18. D. Bélanger, T. Brousse, and J. W. Long, "Manganese Oxides: Battery Materials Make the Leap to Electrochemical Capacitors," Electrochemical Society, *Interface* 17 (1) (Spring 2008).

19. K. Naoi, "Recent Advances in Supercapacitors and Hybrid Capacitor Systems," *Proceedings of the 4th International Symposium-Large Ultracapacitor Technology and Applications*, Tampa, FL, May 12-14, 2008.

20. A. L. Reddy and S. Ramaprabhu, "Nanocrystalline Metal Oxides Dispersed Multiwalled Carbon Nanotubes as Supercapacitor Electrodes," *Journal of Physical Chemistry C* 111 (21): 7727-7734 (May 2007).

21. D. Bélanger, "Nanostructured Metal Oxides for Hybrid Electrochemical Supercapacitors," *Proceedings of the EuroCapacitors Conference*, Cologne, Germany, November 7-8, 2007.

22. A. F. Burke, T. Kershaw, and M. Miller, "Development of Advanced Electrochemical Capacitors Using Carbon and Lead-Oxide Electrodes for Hybrid Vehicle Applications," UC Davis Institute of Transportation Studies Report, UCD-ITS-RR-03-2, June 2003.

23. S. M. Butler and J. R. Miller, "Asymmetric $PbO_2/H_2SO_4/C$ Electrochemical Capacitor," paper presented at the *203rd Meeting of the Electrochemical Society*, Paris, France, April 2003.

24. N. Doddapaneni, "Development of Electrochemical Pulse Power Systems (IMRA)," *Proceedings of the 9th International Seminar on Double-Layer Capacitors and Similar Energy Storage Devices*, Deerfield Beach, FL, December 1999.

25. G. G. Amatucci et al., "The Non-Aqueous Asymmetric Hybrid Technology: Materials, Electrochemical Properties and Performance in Plastic Cells," *Proceedings of the 11th International Seminar on Double-Layer Capacitors*, Deerfield Beach, FL, December 2001.

26. S. M. Lipka, D. E. Reisner, J. Dai, and R. Cepulis, "Asymmetric-Type Electrochemical Supercapacitor Development Under the ATP—An Update," *Proceedings of the 11th International Seminar on Double-Layer Capacitors* (Florida Atlantic University), Deerfield Beach, FL, December 2001.

27. T. Dougherty, "Conducting Plastic Current Collector Materials," private communication, contact at: tomd@monolithengines.com.

28. Y. Maletin, P. Novak, and E. Shembel, "New Approach to Organic Electrolytes and Carbon Electrode Materials," *Proceedings of the Advanced Capacitor World Summit 2004*, Washington, DC, July 2004.

29. K. Naoi and M. Morita, "Advanced Polymers as Active Materials and Electrolytes for Electrochemical Capacitors and Hybrid Capacitor Systems," Electrochemical Society, *Interface* 17 (1): 44-48 (Spring 2008).

30. E. Frackowiak, "Supercapacitors Based on Carbon and Ionic Liquids," *Journal of the Brazilian Chemical Society* 17 (6) (October 2006).

31. K. Schoch and C. J. Weber, "Safety Management of Ultracapacitors Under Abusive Conditions," *Proceedings of the Advanced Capacitor World Summit 2005*, San Diego, CA, July 2005.

32. T. Furukawa, "The Reliability, Performance, and Safety of DLCAP," *Proceedings of the 2nd International Symposium on Large Ultracapacitor Technology and Applications*, Baltimore, MD, May 2006.

33. V. R. Koch, "Recent Advances in Electrolytes for Electrochemical Double-Layer Capacitors," *Proceedings of the First International Symposium on Large Ultracapacitor Technology and Applications*, Honolulu, HI, June 13-14, 2005.

34. K. Tada et al., "High Purity Ionic Liquids for Capacitors," *Proceedings of the 17th International Seminar on Double-Layer Capacitors and Hybrid Energy Storage Devices*, Deerfield Beach, FL, December 2007.

35. "Global Capacitor Markets: 2005-2010," prepared by and available from Paumanok Publications, September 2005.

36. "Ultracapacitors: A Global Industry and Market Analysis," prepared by and available from Innovative Research and Products, Inc. , Stamford, CT, August 2006.

37. CAP-XX website: www. cap-xx. com/products/products. htm

38. N EC-TOKIN website: www. nec-tokin. com/english/product/supercapacitor/

39. A. F. Burke, "Ultracapacitor Technology: Present and Future," *Proceedings of the Advanced Capacitor World Summit 2003*, Washington, DC, August 11-13, 2003.

40. R. A. Dougal, L. Gao, and S. Liu, "Ultracapacitor Model with Automatic Order Selection and Capacity Scaling for Dynamic System Simulation," *Journal of Power Sources* 126 (1-2): 250-257 (2004).

41. J. M. Miller et al. , "Carbon-Carbon Ultracapacitor Equivalent Circuit Model, Parameter Extraction, and Application," Ansoft First Pass Workshop, (Maxwell Technologies Presentation), October 2007.

42. " Basics of Electrochemical Impedance Spectroscopy (EIS), Applications Note AC-1," Princeton Applied Research, 2008.

43. A. Hammar et al. , "Electrical Characterization and Modeling of Round Spiral Supercapacitors for High Power Applications (AC Impedance Testing)," paper presented at *ESSCAP 2006*, Lausanne, Switzerland.

44. J. R. Miller and S. M. Butler, "Development of Battery and Electrochemical Capacitor Equivalent Circuit Models for Power System Optimization," paper presented at the *202nd Electrochemical Society Meeting*, Salt Lake City, UT, October 2002.

45. EIS300 Electrochemical Impedance Spectroscopy software, Gamry Instruments, www. gamry. com.

46. A. Chu and P. Braatz, "Comparisons of Commercial Supercapacitors and High-Power Lithium Batteries for Power-Assist Applications in Hybrid Electric Vehicles: Initial Characterization," *Journal of Power Sources* 112 (1): 236-246 (October 2002).

47. M. Carlen, T. Christen, and C. Ohler, "Energy-Power Relations for Supercaps from Impedance Spectroscopy Data," *Proceedings of the 9th International Seminar on Double-Layer Capacitors and Similar Energy Storage Devices*, Deerfield Beach, FL, December 1999.

48. M. Arulepp et al. , "The Advanced Carbide-Derived Carbon Based Supercapacitor," *Journal of Power Sources* 162 (2): 1460-1466 (November 2006).

49. Y. Gogotsi et al. , "Nanoporous Carbide-Derived Carbon with Tunable Pore Size," *Nature Materials* 2: 591-594 (August 2003).

50. R. DeLevie, "Electrochemical Response of Porous and Rough Electrodes," in P. Delhay, ed. , *Advances in Electrochemistry and Electrochemical Engineering*, Vol. 6, Interscience Publishers, 1967.

51. F. M. Delnick, C. D. Jaeger, and S. C. Levy, "AC Impedance Study of Porous Carbon Collectors for Li/SO_2 Primary Batteries," *Chemical Engineering Communications* 35: 23-28 (1985).

52. C. J. Farahmandi, "Analytical Solution to an Impedance Model for Electrochemical Capacitors," *Proceedings of the Advanced Capacitor World Summit 2007*, San Diego, CA, June 2007; also *Electrochemical Society Proceedings* PV96-25, 1996.

53. V. Srinivasan and J. W. Weidner, "Mathematical Modeling of Electrochemical Capacitors," *Journal of the Electrochemical Society* 146: 1650-1658 (1999).

54. D. Dunn and J. Newman, "Predictions of Specific Energies and Specific Powers of Double-Layer Capacitors Using a Simplified Model," *Journal of the Electrochemical Society* 147 (3) (2000).

55. H. S. Carslaw and J C. Jaeger, *Conduction of Heat in Solids*, Oxford Press, 1947.

56. J. S. Newman, *Electrochemical Systems*, Prentice Hall Publishers, 1991.

57. IEC, "Electric Double-Layer Capacitors for Use in Hybrid Electric Vehicles—Test Methods for Electrical Characteristics," finalized April 2008.

58. A. F. Burke, "Testing of Supercapacitors: Capacitance, Resistance, and Energy Density and Power Capacity," presentation and report UCD-ITS-RR-09-19, July 2009.

59. V. Srinivasan, G. Q. Wang, and C. Y. Wang, "Mathematical Modeling of Current-Interrupt and Pulse Operation of Valve-Regulated Lead-Acid Batteries," *Journal of the Electrochemical Society* 150 (3): A316-A325 (2003).

60. "FreedomCar Ultracapacitor Test Manual," Idaho National Engineering Laboratory Report DOE/NE-ID-11173, September 21, 2004.

61. "Battery Test Manual for Plug-In Hybrid Electric Vehicles," U. S. Department of Energy, INL/EXT-07-12536, March 2008.

62. J. R. Miller and A. F. Burke, "Electric Vehicle Capacitor Test Procedures Manual," Idaho National Engineering Laboratory Report DOE/ID-10491, October 1994.

63. M. Anderman, "Could Ultracapacitors Become the Preferred Energy Storage Device for Future Vehicles?" *Proceedings of the 5th International Advanced Automotive Battery Conference*, Honolulu, HI, June 15-17, 2005.

64. A. F. Burke and M. Miller, "Ultracapacitor Update: Cell and Module Performance and Cost Projections," *Proceedings of the 15th International Seminar on Double-Layer Capacitors and Hybrid Energy Storage Devices*, Deerfield Beach, FL, December 5-7, 2005.

65. A. F. Burke and M. Miller, "Electrochemical Capacitors as Energy Storage in Hybrid-Electric Vehicles: Present Status and Future Prospects," *EVS-24*, Stavanger, Norway, May 2009.

66. A. F. Burke and M. Miller, "Supercapacitors for Hybrid-Electric Vehicles: Recent Test Data and Future Projections," *Proceedings of the Advanced Capacitor World Summit 2008*, San Diego, CA, July 14-16, 2008.

67. A. F. Burke and M. Miller, "Performance Characteristics of Lithium-Ion Batteries of Various Chemistries for Plug-In Hybrid Vehicles," *EVS-24*, Stavanger, Norway, May 2009 (paper on the CD of the meeting).

68. J. Lustbader, C. King, J. Gonder, M. Keyser, and A. Pesaran, "Thermal Evaluation of a High-Voltage Ultracapacitor Module for Vehicle Applications," *Proceedings of the Advanced Capacitor World Summit 2008*, San Diego, CA, July 2008.

69. A. Pesaran, J. Gonder, and M. Keyser, "Ultracapacitor Applications and Evaluations for Hybrid Electric Vehicles," *Proceedings of the Advanced Capacitor World Summit 2009*, San Diego, CA, July 2009.

70. J. R. Miller, "Reliability Assessment and Engineering of Electrochemical Capacitors," tutorial (JME) at the *Advanced Capacitor World Summit 2007*, San Diego, CA, July 2007.

71. J. R. Miller, S. M. Butler, and I. Goltser, "Electrochemical Capacitor Life Predictions Using Accelerated Test Methods," *Proceedings of the 42nd Power Sources Conference*, Philadelphia, June *2006*, paper 24. 6, p. 581.

72. J. R. Miller and S. M. Butler, "Capacitor System Life Reduction Caused by Cell Temperature Variation," *Proceedings of the Advanced Capacitor World Summit 2006*, San Diego, CA, July 2006.

73. A. F. Burke, "Characterization of a 25 Wh Ultracapacitor Module for High-Power, Mild Hybrid Applications," *Proceedings of the 1st International Symposium on Large Ultracapacitor Technology and Applications*, Honolulu, HI, June 13-14, 2005.

74. D. Y. Jung, "Shield Ultracapacitor Strings from Overvoltage Yet Maintain Efficiency," *Electronic Design* (May 27, 2002).

75. Y. Kim, "Ultracapacitor Technology Powers Electronic Circuits," *Power Electronics Technology* (October 2003).

76. R. Kotz, J. C. Sauter, P. Ruch, et al. , "Voltage Balancing of a 250 V Supercapacitor Module for a Hybrid Fuel Cell Vehicle," *Proceedings of the 16th International Seminar on Double-Layer Capacitors and Hybrid Energy Storage Devices*, Deerfield Beach, FL, December 2007.

77. A. F. Burke and M. Miller, "Cell Balancing Considerations for Long Series Strings of Ultracapacitors in Vehicle Applications," *Proceedings of the Advanced Capacitor World Summit 2005*, San Diego, CA, July 11-13, 2005.

78. F. Rafik, H. Gualous, R. Callay, A. Crausaz, and A. Berthon, "Supercapacitors Characterization for Hybrid Vehicle Applications," paper presented at *ESSCAP 2006*, Lausanne, Switzerland. (Available on the web.)

第·6·部·分

附　录

附录 A

术语定义（英汉对照）

Accumulator 蓄电池：参见 Secondary Battery（二次电池）。

Activated Stand Life 活化态贮存寿命：电池以荷电状态在规定温度下的贮存时间期限，这期间贮存后的电池放电容量仍然不低于规定的要求。

Activation 活化：通过引入电解质、将电池浸入电解质或其他手段使贮备电池具备工作能力的过程。

Activation Polarization 活化极化：由电极反应的电荷迁移步骤引起的极化，参见 Polarization（活化）。

Active Cell or Battery 活化电池或电池组：已包含有所有组成的电池或电池组处于荷电随即可以放电的状态（和贮备电池或贮备电池组不同）。

Active Material 活性物质：在电池电极中参与充电或放电过程电化学反应的材料。

Adsorption 吸附：通过化学或分子作用使一种物质或介质摄取或存留在另一种物质上。

Aging 老化：由于重复使用或经历长的时间引起了容量的永久性损失。

Ambient Temperature 环境温度：周围的平均温度。

Ampere-Hour Capacity 安时容量：电池或电池组在指定条件下放电时，测量到的以安时（A·h）表示的容量。

Ampere-Hour Efficiency 安时效率：蓄电池或蓄电池组在制定条件下放电与充电时，测量到的以安时（A·h）表示的输出（放电）与输入值（充电）的比值（也称库仑效率）。

Anion 阴离子：在电解质中带负电的离子。

Anode 阳极：在电化学电池中发生氧化的电极。放电期间，电池的负极即是阳极；而充电期间，电池的正极成为阳极。

Anolyte 阳极电解质区：在电化学电池中临近阳极的电解质部分，如果有隔膜存在，则是指隔膜侧阳极面上的电解质部分。

Aprotic Solvent 质子惰性溶剂：一种可能含有氢原子的分子结构，但不含有任何具有反应性的质子的非水溶剂。

Available Capacity 有效容量：在规定的放电率和其他规定放电或工作条件下，电池或电池组所放出的全部容量（A·h）。

Battery 电池组：一个或多个电化学电池以串联、并联或串并联组合在一起，以提供所需要的工作电压和电流水平；同时如果需要还包括监视、控制和其他辅助件（熔断丝、二极管、壳体、极柱和标志等）。

Bipolar Plate 双极性极板：正、负极活性物质处于一个电子导电板的相反两面所构成的电极结构形式。

Bobbin 碳包：一个圆柱形电池（通常指正极）是由活性物质、导电材料比如炭黑、电解质以及黏结剂与位于中央的一个导电棒或其他集流体方式压制而成。

Boost Charge 提升充电：给贮存中的电池充电，以维持其容量，并抵消自放电影响。

Boundary Layer 边界层：直接临近电极表面受到电极过程的影响而发生浓度变化的电解质溶液体积。

C rate C（倍）率：以安培（A）为单位的电池放电电流或充电电流，表示为额定容量安时（A·h）数的倍数：

$$I = M \times C_n$$

式中 I——电流，A；

C——电池容量额定值，用安时表示，A·h；

n——放出额定容量的小时数；

M——C 的倍数或其分数。

例如，$0.2C$ 或 $C/5$ 下获得额定容量为 5A·h 的电池以 $0.05C$ 或 $C/20$ 的放电电流为 250mA。

$$I = MC_{0.2} = (0.05)(5) = 0.250A$$

相反地，一个在 $0.5C$ 或 $C/2$ 下获得额定容量为 300mA·h 的电池，以 30mA 放电，放电率为 $0.1C$ 或 $C/10$，计算如下：

$$M = I/C_{0.5} = 0.030/0.300 = 0.1 \text{ 或 } C/10$$

Capacitance Current 电容电流：电池电流消耗在双电层充电上的份额。

Capacity 容量：在规定放电条件下电池或电池组可以放出的总安时数（A·h），也可参见 Available Capacity，Rated Capacity（有效容量，额定容量）。

Capacity Fade 容量衰减：蓄电池随循环容量的逐渐损失。

Capacity Retention 容量保持：电池经过一定时间贮存后在规定放电条件下放出的容量占有效容量的份额。

Cathode 阴极：在电化学电池中发生还原反应的电极。在放电时，电池的正极是阴极；充电时，情况相反，电池负极是阴极。

Catholyte 阴极溶液区：在电化学电池中临近阴极的电解质部分，如果有隔膜存在，则是指隔膜侧阴极面上的电解质部分。

Cation 阳离子：在电解质中带正电荷的离子。

Cell 电池：通过直接化学能转换提供电能的基本电化学单元，它是由正、负电极、隔膜、电解质、容器和极柱装配而成。

Charge 充电：通过外部电源提供的电流将电能转换为电池或电池组中的化学能。

Charge Acceptance 充电接受：电池接受充电的能力，它可能受到温度、充电率和充电态的影响。

Charge Control 充电控制：有效地终止蓄电池充电的技术。

Charge Efficiency 充电效率：参见 Efficiency（效率）。

Charge Rate 充电率：加到蓄电池或蓄电池组上使其重新贮存它的容量的电流，该充电率通常表示为电池或电池组的额定容量的倍数。例如，500A·h 电池或电池组（以 $0.2C$ 获得）的 $C/10$ 充电率表示为：

$$C_{0.2}/10 = 500A \cdot h/10 = 50A。$$

Charge Retention 荷电保持：参见 Capacity Retention（容量保持）。

Closed-Circuit Voltage（CCV） 闭路电压：在规定负载下，电池或电池组放电时的电压。

Concentration Polarization 浓差极化：由于离子在电极表面处的电解质中消耗引起的极化，

也参见 Polarization（极化）。

Conditioning　调整：对电池进行充电与放电循环，使电池得到全化成或满充电，通常这是当电池首次投入使用或长时间贮存后重新使用时的情况，参见 Formation（化成）。

Constant Current Charge　恒电流充电：采用几乎不变的电流对电池充电的方法。

Constant Voltage Charge　恒电压充电：在电池上施加一个固定的电压，允许电流变化的充电方法。

Continues Test　连续试验：电池不停顿地放电至预设的终止电压的试验。

Coulometer　电量计：能够用于充电控制或测量充电输入或放电输出电流时间积分的电化学或电子装置，结果通常以安时（A·h）报告。

Counter Electromotive Force　反电动势：与外加电压相反的电化学电池的电压，也可参考 EFM。

Couple　电对：参加电化学反应的阴极与阳极材料的组合，可以在反应确定的电压下提供电流。

Creepage　爬液：电解质运动到原先与其无接触的电极表面或者电池的其他元件上。

Current Collector　集流体：在放电与充电期间，从电极或向电极传导电流的高电导惰性成分。

Current Density　电流密度：电极表面上单位活性面积上的电流。

Cutoff Voltage　终止电压：放电终止时的电压，也称 end voltage。

Cycle　循环：蓄电池放电后接着充电，以恢复到原来的状态。

Cycle life　循环寿命：蓄电池在规定条件下，其性能跌落至不能满足要求前进行的循环次数。

Cycle Service　循环使用：由反复或通常的深度放电-充电顺序表征的循环制度，例如，作为移动动力电源的应用情况。

Deep Discharge　深放电：电池至少放出其额定容量的80%。

Density　密度：在规定温度下，材料的质量与其体积的比率。

Depolarization　去极化：减少电极的极化。

Depolarizer　去极化剂：可以防止极化增加的物质或手段。去极剂通常是用于描述一个原电池的正极或阴极。

Depth of Discharge（DOD）　放电深度：放电时电池放出的电量（通常以 A·h 计）与其额定容量的比值。

Desorption　脱附：与吸附相反，保持在媒介上的物质被释放出来。

Diaphragm　隔膜：一种用于将电化学电池的正、负极室隔开的多孔或可渗透的材料，它能防止阴极溶液区与阳极溶液区间的混合。

Diffusion　扩散：粒子在浓度梯度的作用下的移动。

Discharge　放电：电池或电池组实现化学能向电能的转换，并使电能提供到负载上。

Discharge Rate　放电率：通常以安培表示的由电池或电池组引出的电流大小。

Double Layer　双层：电极与电解质交界面临近的区域，此处移动离子粒子的浓度在交界面两端电位差作用下发生改变，与溶液本体浓度平衡值是不同的。

Double-Layer Capacitance　双电层电容：在电极与电解质交界面上的双层电容。

Dry Cell　干电池：一种具有不流动电解质的电池，所谓"干电池"通常是指氯化铵型糨糊式锌/二氧化锰电池（又称勒克朗谢电池）。

Dry Charged Battery 干荷电电池：电池中的电极是荷电状态的，一旦注入电解质就可使用。

Duplex Electrode or Plate 双元电极板：参见 Bipolar Plate（双极性电极）。

Duty Cycle 循环制度：电池或电池组的工作制度，包括了充电与放电率、放电深度、循环持久性以及备用模式下的时间长短等因素。

E Rate 恒功率倍率：以瓦特（W）为单位的放电或充电功率，表示为以瓦时表示的额定容量的倍数：

$$P = ME_n$$

式中 P——功率，W；

E——电池的标称能量值，W·h；

n——获得标称能量时的放电时间；

M——E 的倍数或分数。

例如，在 $0.05E$ 或 $E/20$ 下，标称 5h 的电池，其 $0.2E$ 或 $E/5$ 放电功率是 250mW。

$$P = ME_{0.2} = (0.05)(5) = 0.250W$$

相反地，一只在 $0.5E$ 或 $E/2$ 下获得额定容量为 300mW·h 的电池，以 30mW 放电，放电率为 $0.1E$ 或 $E/10$，计算如下：

$$M = I/E_{0.5} = 0.030/0.300 = 0.1$$

Efficiency 效率：在规定条件下，蓄电池放电的输出与充电时起恢复到初始状态的输入比值率参见 Amperehour Efficiency，Energy Efficiency，Voltage Efficiency 和 Atthour Efficiency（安时效率、能量效率、电压效率和瓦时效率）。

Energy Efficiency 能量效率：参见瓦时效率。

Electrical Double Layer 电双层：参见（Double Layer）双层。

Electrocapillarity 电毛细现象：在液体汞和电解质溶液的表面张力可以通过表面两端电位差加以修饰，这种效应称为电毛细现象。

Electrochemical Cell 电化学电池：一个电池中的电化学反应由提供电能而引起，或者该电池依靠电化学反应能提供电能；对于只有第一种情况时，该电池是一个电解池；而对于只有第二种情况时，该电池是一个原电池。

Electrochemical Couple 电化学电对：参见 Couple（电对）。

Electrochemical Equivalent 电化学当量：1 当量电解物质的质量是其克原子量或克分子量除以电极反应中的电子数，参见 Faraday（法拉第）。

Electrochemical Series 电化学序列：根据特定电化学反应的标准电位值对元素进行的一种分类。

Electrode 电极：电化学反应过程进行的位置、面积或区域。

Electrode Potential 电极电位：由单个极板，无论是正极或负极相对标准参考电极（典型的是氢电极）建立的电压。任何两个电极的电位值的代数差即等于电池电压。

Electroformation 电化成：能够使正极与负极都转换到它们的相应活性物质状态的手段，也可以参考 Formation（化成）。

Electrolyte 电解质：在电池正极与负极之间提供离子迁移机构的介质。

Electromotive Force（EMF） 电动势：特定电化学活性的标准电位。

Electromotive Series 电活性序列：参见 Electrochemical Series（电化学序列）。

Electron 电子：原子中具有负电荷的基本粒子。

Element 单体电池：由正极、负极和隔膜在一起构成的一个单体电池，它几乎只用于描述铅酸电池和电池组。

End Voltage 终止电压：完成电池放电所规定的电压（或者充电完成的规定电压），也参见 Cutoff Voltage（终止电压）。

Energy Density 体积比能量（或能量密度）：电池的有效能量与其体积的比值（W·h/L），参见 Specific Energy（比能量）。

Energy Efficiency 能量效率：参见 Watthour Efficiency（瓦特效率）。

Equalization 均衡：使电池组中的电池恢复到相同充电状态的过程。

Equilibrium Electrode Potential 平衡电极电位：当决定电极电位的电极反应处于平衡状态时的电极与电解质溶液间的电位差。

Equivalent Circuit 等效电路：一种用以建模说明一个器件（如电池）或回路基本性质的电路。

Exchange Current 交换电流：在开路条件，电化学过程的正、反向电流是数值相等而方向相反的；该平衡电流就定义为交换电流。

Faraday 法拉第：在电池的每个电极上化学作用1克当量质量的物质就相应于96494C，或在电解质中通过了1法拉第（Faraday）电量。

Fast charge 快速充电：一般指能在1h内通过充电使电池恢复其全部容量的充电速度。

Faure Plate 富尔极板：参见 Pasted Plate（涂膏极板）。

Flash Current 参见 Short-circuit Current（短路电流）。

Flat-Plate Cell 平板电池：采用方形平板电极制造的电池（也称方形电池）。

Float Charge 浮充电：通过连续长时间恒电压充电维持电池的荷电状态的方法，该充电条件能够充分补偿电池的自放电。

Flooded Cell 富液式电池：含有过量电解质溶液设计的电池。

Forced Discharge 强迫放电：使电池或电池组放电至电压为零以下一直到反极。

Formation 化成：对电池极板或电极进行电化学处理，使其转变到它们的可使用形式。

Fuel Cell 燃料电池：在转换化学能为电能的过程中，活性物质连续由外部提供给电池，同时反应产物连续从电池中移出的电化学电池。

Galvanic Cell 伽伐尼电池：一种通过电化学反应将化学能转换为电能的电化学电池。

Gas Recombination 气体复合：蓄电池充电时电池内产生的氢气与接近满充电时负极上析出的氧气进行复合的方法。

Gassing 析气：电池的电极上发生一种或多种气体的析出，一般析气是由局部反应（自放电）或充电时电解质的电解引起。

Grid 板栅：在极板或电极中用来支持或保留活性物质并作为集流体的骨架。

Group 电极组：装入电池的正极与负极组合。

Half-Cell 半电池：浸在适当电解质溶液的一个电极（正极或负极之一）。

Hourly Rate 小时放电率：一种以安培（A）为单位的放电率，电池以该电流放电时，能够在放电至规定的终止电压时，达到所要求的工作时间。

Hydrogen Electrode 氢电极：由纯氢气氛环绕的镀有铂黑的铂浸入已知酸浓度（pH值）的电解质中形成的电极。

Hydrogen Overvoltage 氢过电位：氢在电极上放电时的活化过电位。

Initial（Closed-Circuit）Voltage 起始（闭路）电压：放电起始时负载上的电压。

Inner Helmholtz Plane 内赫姆霍兹平面：最接近溶液中离子的一个平面，它相应于含有吸附离子和水分子最内层的平面。

Intermittent Test　间歇试验：按照规定的放电制度，电池可以实施放电与休息周期性交替的一种试验。

Internal Impedance　电池阻抗：电池或电池组对具有一定频率的交流电流表现出的阻抗。

Internal Resistance　电池内阻：电池或电池组内部流过电流时表现的电阻，它是电池各组分电子和离子电阻的总和。

Ion　离子：溶液中带有正电荷或负电荷的粒子。

IR Drop　欧姆电压降：由电池或电池组电阻（R）与电流（I）乘积构成的电压，其值是由以 Ω 为单位的电阻与以 A 为单位的电流的乘积。

Life　寿命：蓄电池能够满足性能要求的期限，测量的寿命数据可用年（浮充电寿命）为单位或以充放电循环数（循环寿命）为单位。

Load　负载：用以表示电池通过电流大小的术语。

Local Action　局部反应：一个电池内部的化学反应，它使活性物质转换至放电态，但却未通过电池极柱提供能量（自放电）。

Luggin Capillary　鲁金毛细管：一个连接外部参比电极与电池电解质溶液的桥，通常它包含一个毛细管末端。这个毛细管一般尽量靠近工作电极，以使 IR 降达到最低；称之为鲁金毛细管。

Maintenance-Free Battery　免维护电池：不需要周期性地补水（或补液）维持电解液体积的蓄电池。

Maximum-power Discharge Current，I_{mp}　最大功率放电电流，I_{mp}：在外部负载上输出最大功率时的放电率。如果放电相应一个纯电阻模式，那么它就相应于当放电电压近似等于开路电压一半时的放电率。

Mean Diffusion Current　平均扩散电流：在极谱中，滴汞电极上的汞周期性下滴与分离会传出一个振荡到测量电流上，由此该电流的平均值称为平均扩散电流。

Mechanical Recharging　机械再充电：通过用一个新鲜电极更换用完或放过电的电极来恢复电池的容量。

Memory Effect　记忆效应：电池接着以同样的放电深度循环（低于全部放电）时，表现出放电电压的下降和在额定电压水平下的其余容量暂时损失的现象（参见第 21、第 22 章）。

Midpoint Voltage　中点电压：电池处于满荷电和终止电压之间中点的电压。

Migration　迁移：荷电粒子在电位梯度影响下的移动。

Motive Power Battery　移动动力电池：参见 Traction Battery（牵引电池）。

Negative Electrode　负极：电池或电池组放电时作为阳极的电极。

Negative-Limited　负极限制：电池的工作特征（特性）受到负极的限制。

Nominal Voltage　标称电压：一个电池的特征工作电压或额定电压，与 Midpoint Voltage，Working Voltage（中点电压和工作电压）等不同。

Off-Load Voltage　断开负载电压：参见开路电压。

Ohmic Overvoltage　欧姆过电压：由电解质中的欧姆电阻引起的电压降。

On-Load Voltage　负载电压：电池放电时在电池或电池组的两个极柱之间的电压差。

Open-Circuit Voltage（OCV）　开路电压：当电路断开时（无负载条件）电池两个极柱之间

的电压差。

Outer Helmholtz Plane 外赫姆霍兹平面：没有接触吸附但有溶剂化的水分子外壳包围且靠近电极的那些离子的一个平面。

Overcharge 过充电：当电池中的活性物质已完全转变为荷电态后，强制使电流继续通过电池。换句话说，在达到 100% 充电状态后继续对电池进行充电。

Overdischarge 过放电：在电池达到全部容量放出点后，继续进行放电。

Overvoltage 过电位：在电极平衡电位与其通过极化电流后的电位之间的差值。

Oxygen Recombination 氧复合：正极在充电时产生的氧气在负极上反应的过程。

Paper-Lined Cell 纸板电池：采用一层用电解质吸湿的纸作为隔膜的电池构型。

Parallel 并联：该术语用于描述电池或电池组中所有同极性的极柱相互连接在一起，并联可以增加所获得的使用容量，如下：

$$C_p = nC_n$$

式中 C_p——并联电池总容量；

  n——并联的电池或电池组数目；

  C_n——未连接前的电池或电池组的容量。

Passivation 钝化：一种电极虽然热力学上不稳定，但由于表面条件缘故而保持不发生作用的现象。

Paste 涂膏：涂到铅酸电池的正极与负极板栅的不同化合物的混合物，这些膏状物然后转化为正极与负极活性物质（也参见化成）。

Paste-Lined Cell 糊糊状电池：氯化铵型锌二氧化锰电池的典型结构，即采用一层黏稠性糊状物作为隔膜。

Pasted Plate 涂膏极板：将活性物质以膏状形式涂覆到网栅或支撑条上制成极板。

Plante Plate 普朗特极板：在铅酸电池中通过电化学处理，在铅基体上直接形成活性物质的极板。

Plate 极板：含有活性物质的一种结构，一般是将活性物质紧密保持在网栅或导体上。

Pocket Plate 袋式极板：一种蓄电池的极板，它是活性物质保持在穿孔的金属袋（盒）中。

Polarity 极性：表示出是正极电位或者是负极电位。

Polarization 极化：电流通过时引起的电池电压或电极电位相对平衡值的偏离。

  Activation Polarization 活化极化：由电极反应的电荷迁移步骤引起的电池或电极的极化。

  Concentration Polarization 浓差极化：由电流通过造成电池反应物或产物的浓度梯度而引起的电极或电池的极化。

  Ohmic Polarization 欧姆极化：由电流通过电解质中的欧姆电阻引起的电极或电池的极化。

Positive Electrode 正极：电池或电池组放电时作为阴极的电极。

Positive-limited 正极限制：电池的工作特征（性能）受到正极的限制。

Power Density 功率密度：电池的有效功率与其体积的比值（W/L），参见 Specific Power（比功率）。

Primary Cell or Battery 原电池或原电池组：电池或电池组放出所有的电能后，不再试图充电并且将其废弃的电池或电池组。

Prismatic Cell 方形电池：参见 Flat Plate Cell（平板电池）。

Rate Constant 速度常数：在平衡时，电极过程的正反向反应电流是相等的，并称之为交换电流；该交换电流可以采用速度常数来加以定义，它通常是被称为电极过程的标准异相速度常数。

Rated Capacity　额定容量：电池在特定条件下（放电倍率、终止电压、温度等）可以放出的安时数（A·h）；该值通常由制造商规定。

Recharge　再充电：参见 Charge（充电）。

Rechargeable Battery　可充电电池：参见 Secondary Battery（蓄电池）。

Recombination　复合：用在一种密封电池结构中的术语，在这种电池中可以使氧气与负极反应来消除电池的内部压力。

Recovery　恢复：参见 Recuperation（复原）。

Recuperation　复原：电池在搁置（休息）期间极化减低。

Redox Cell　氧化还原电池：由隔膜分开的两种可溶性离子型反应物形成活性物质的蓄电池。

Reference Electrode　参比电极：一种经过特殊选择具有可重复性电位的电极，相对该电极可以测得其他电极的电位。

Reserve Cell or Battery　贮备电池或贮备电池组：可以采用惰性状态贮存的电池或电池组，使用时通过加入电解质、另一种电池组分或者在热电池的情况使固体电解质熔融即可工作。

Reversal　反极：一个电池或电池组的正常极性发生改变。

Secondary Battery　二次电池：即蓄电池，放电后可以通过相反方向的电流使其恢复到荷电状态的电化学电池。

Self-Discharge　自放电：由于内部化学反应（局部反应）引起的电池或电池组的容量损失。

Semi-Permeable Membrane　半透膜：可以对离子选择性透过的膜。

Separator　隔膜：一种允许离子穿过的电子非传导性隔离物或材料，它可以阻止同一电池中的两个相反极性电极之间的电子连通。

Series　串联：电池或电池组的相互连接方式为第一只电池的正极极柱与第二只电池的负极极柱相连，并接下去照此办理。串联方式可以增加所得到的电压，如下：

$$V_s = nV_n$$

式中　V_s——串联电池总容量；

　　　n——串联的电池或电池组数目；

　　　V_n——未连接前的电池或电池组的电压。

Service Life　使用寿命：在达到设定的终止电压时原电池的使用时间。

Shallow Discharge　浅放电：蓄电池放出的容量只相当于其总容量的一小部分。

Shape Change　形变：由于充放电期间活性物质的迁移而引起电极形状的变化。

Shedding　脱落：充放电循环期间极板上活性物质的损失。

Shelf Life　贮存寿命：电池或电池组在规定条件下的贮存期限，在该期限内电池可以保持其提供规定性能的能力。

Short-Circuit Current　短路电流：在外电路电阻接近零时电池输出的起始电流值。

Sintered Electrode　烧结电极：活性物质沉积在由金属粉末烧结成的多孔金属体内的间隙中。

SLI battery　启动、照明与点火电池：设计用于汽车内燃机的启动和当引擎不工作时为车用电系统供电的电池（启动、照明和点火）。

Specific Energy　比能量：全称为质量比能量，即电池或电池组的有效能量与其质量的比值

（W·h/kg），也可参见 Energy Density（能量密度）。

Specific Gravity　相对密度：溶液的相对密度是溶液的质量与在规定温度下同体积水的质量的比值。

Specific Power　比功率：全称为质量比功率，即电池或电池组的输出功率与其质量的比值（W/kg），也可参见 Power Density（功率密度）。

Spirally Wound Cell　卷绕式电池：采用将电极与隔膜一起卷绕成"胶卷式"结构的圆柱形电池（参见第 14 章）。

Standard Electrode Potential　标准电极电位：电极电位的平衡值，其间所有参与电极反应的组分都处于标准状态下。

Standby Battery　备用电池：设计用于当主电源失效时，作为应急使用的电池。

Starved Electrolyte Cell　干枯型电解质电池：几乎或完全不含游离电解质的电池，这能保证充电时的气体达到电极表面，从而促进气体复合。

State-of-Charge（SOC）　荷电状态（SOC）：以额定容量百分数表示的电池有效容量。

Stationary Battery　固定型电池：设计用于固定场合的蓄电池。

Storage Battery　蓄电池：参见 Second Battery（二次电池）。

Storage Life　贮存寿命：参见 Shelf Life（贮存寿命）。

Sulfation　硫酸化：在长时期贮存和允许自放电的铅酸电池中发生的过程，由于硫酸铅大晶体的生长，影响到活性物质的功能。

Taper Charge　渐进式充电：一种充电制度，即当电池处于低荷电状态时采用显著高倍率的充电电流，而当电池充电后逐步将充电电流降至较低的倍率。

Thermal Runaway　热失控：电池可能遇到的一种情况，即当充电或放电时会过热和由于处于高度过充电电流、高度过放电电流或其他滥用条件下，导致的内部热量产生致使电池本身破坏。

Traction Battery　牵引电池：设计以深度循环制度模式工作，用于驱动电动车辆或用电工作的移动装备的蓄电池。

Transfer Coefficient　迁移系数：在平衡电位偏移中能够提供确定电化学转换速度的系统能量比率即是迁移系数（参见第 2 章）。

Transport Number　迁移数：阳离子携带的电流在总电流中的份额称为阳离子迁移数；类似地，阴离子携带的电流占总电流的份额则称为阴离子迁移数，也称为迁移数。

Transition Time　过渡时间：电极过程在恒电流过程的起始至相应电极电位突然变化的时刻意味着一个新的电极反应过程控制了电位。

Trickle Charge　涓流充电：采用低倍率充电以平衡局部反应和/或周期放电的容量损失，实现保持电池总是处于满荷电状态。

Tubular Plate　管式极板：采用穿孔金属或聚合物管填充和保持活性物质的一种电池极板。

Unactivated Shelf Life　未活化贮存寿命：一个未活化或贮备电池在特定温度和环境条件下可以贮存的期限，这期间电池依然能够输出规定的容量。

Vent　排气结构：一种标准密封结构，它可以控制电池内的气体的逃逸。

Vented Cell　开口电池：一种带有释放过大压力的排气机构的电池设计，它使电池在工作或处于滥用时所产生的气体可以排出。

Voltage Delay　电压滞后：电池接通负载时，达到其要求的工作电压的时间滞后。

Voltage Depression　电压低谷：电池放电期间出现比预期电压异常低的电压。

Voltage Efficiency 电压效率：在规定的充电与放电条件下，放电平均电压与充电平均电压的比值。

Watthour Capacity 瓦时容量：也称能量容量，即在规定的条件下，电池或电池组能够输出的能量，通常用瓦时（W·h）表示。

Watthour Efficiency 瓦时效率：也称能量效率，即在规定的充电与放电条件下，蓄电池放电的输出能量与恢复到原先充电状态所需输入能量的比值。

Wet Shelf Life 湿贮存寿命：电池以充电状态或活化状态贮存的时间期限，这期间电池能够提供规定的容量。

Working Voltage 工作电压：放电期间电池的典型电压或电压范围。

附录 B

标准还原电位

表 B.1　25℃下，电极反应的标准还原电位

电　极　反　应	$E^{\ominus}/V$	电　极　反　应	$E^{\ominus}/V$
$Li^+ + e \Longleftrightarrow Li$	-3.01	$Ni^{2+} + 2e \Longleftrightarrow Ni$	-0.23
$Rb^+ + e \Longleftrightarrow Rb$	-2.98	$Sn^{2+} + 2e \Longleftrightarrow Sn$	-0.14
$Cs^+ + e \Longleftrightarrow Cs$	-2.92	$Pb^{2+} + 2e \Longleftrightarrow Pb$	-0.13
$K^+ + e \Longleftrightarrow K$	-2.92	$O_2 + H_2O + 2e \Longleftrightarrow HO_2^- + OH^-$	-0.08
$Ba^{2+} + 2e \Longleftrightarrow Ba$	-2.92	$D^+ + e \Longleftrightarrow \frac{1}{2}D_2$	-0.003
$Li^+ + 6C + e \Longleftrightarrow LiC_6$	-2.9	$H^+ + e \Longleftrightarrow \frac{1}{2}H_2$	0.000
$Sr^{2+} + 2e \Longleftrightarrow Sr$	-2.89	$HgO + H_2O + 2e \Longleftrightarrow Hg + 2OH^-$	0.10
$Ca^{2+} + 2e \Longleftrightarrow Ca$	-2.84	$CuCl + e \Longleftrightarrow Cu + Cl^-$	0.14
$Na^+ + e \Longleftrightarrow Na$	-2.71	$AgCl + e \Longleftrightarrow Ag + Cl^-$	0.22
$Mg(OH)_2 + 2e \Longleftrightarrow Mg + 2OH^-$	-2.67	$\gamma\text{-}MnO_2 + H_2O + e \Longleftrightarrow \alpha\text{-}MnOOH + OH^-$	0.30
$Mg^{2+} + 2e \Longleftrightarrow Mg$	-2.38	$Cu^{2+} + 2e \Longleftrightarrow Cu$	0.34
$Al(OH)_3 + 3e \Longleftrightarrow Al + 3OH^-$	-2.34	$Ag_2O + H_2O + 2e \Longleftrightarrow 2Ag + 2OH^-$	0.35
$Ti^{2+} + 2e \Longleftrightarrow Ti$	-1.75	$\gamma\text{-}MnO_2 + H_2O + e \Longleftrightarrow \lambda\text{-}MnOOH + OH^-$	0.36
$Be^{2+} + 2e \Longleftrightarrow Be$	-1.70	$\frac{1}{2}O_2 + H_2O + 2e \Longleftrightarrow 2OH^-$	0.40
$Al^{3+} + 3e \Longleftrightarrow Al$	-1.66	$NiOOH + H_2O + e \Longleftrightarrow Ni(OH)_2 + OH^-$	0.45
$Zn(OH)_2 + 2e \Longleftrightarrow Zn + 2OH^-$	-1.25	$Cu^+ + e \Longleftrightarrow Cu$	0.52
$Mn^{2+} + 2e \Longleftrightarrow Mn$	-1.05	$I_2 + 2e \Longleftrightarrow 2I^-$	0.54
$Fe(OH)_2 + 2e \Longleftrightarrow Fe + 2OH^-$	-0.88	$2AgO + H_2O + 2e \Longleftrightarrow Ag_2O + 2OH^-$	0.57
$2H_2O + 2e \Longleftrightarrow H_2 + 2OH^-$	-0.83	$LiCoO_2 + 0.5e \Longleftrightarrow Li_{0.5}CoO_2 + 0.5Li^+$	约 0.70
$H^+ + M + e \Longleftrightarrow MH$	-0.83	$Hg^{2+} + 2e \Longleftrightarrow 2Hg$	0.80
$Cd(OH)_2 + 2e \Longleftrightarrow Cd + 2OH^-$	-0.81	$Ag^+ + e \Longleftrightarrow Ag$	0.80
$Zn^{2+} + 2e \Longleftrightarrow Zn$	-0.76	$O_2 + 4H^+(10^{-7}\text{mol/L}) + 4e \Longleftrightarrow 2H_2O$	0.82
$Ni(OH)_2 + 2e \Longleftrightarrow Ni + 2OH^-$	-0.72	$Pd^{2+} + 2e \Longleftrightarrow Pd$	0.83
$Ga^{3+} + 3e \Longleftrightarrow Ga$	-0.52	$Ir^{3+} + 3e \Longleftrightarrow Ir$	1.00
$S + 2e \Longleftrightarrow S^{2-}$	-0.48	$Br_2 + 2e \Longleftrightarrow 2Br^-$	1.08
$Fe^{2+} + 2e \Longleftrightarrow Fe$	-0.44	$O_2 + 4H^+ + 4e \Longleftrightarrow 2H_2O$	1.23
$Cd^{2+} + 2e \Longleftrightarrow Cd$	-0.40	$MnO_2 + 4H^+ + 2e \Longleftrightarrow Mn^{2+} + 2H_2O$	1.23
$PbSO_4 + 2e \Longleftrightarrow Pb + SO_4^{2-}$	-0.36	$Cl_2 + 2e \Longleftrightarrow 2Cl^-$	1.36
$In^{3+} + 3e \Longleftrightarrow In$	-0.34	$PbO_2 + 4H^+ + 2e \Longleftrightarrow Pb^{2+} + 2H_2O$	1.46
$Tl^+ + e \Longleftrightarrow Tl$	-0.34	$PbO_2 + SO_4^{2-} + 4H^+ + 2e \Longleftrightarrow PbSO_4 + 2H_2O$	1.69
$Co^{2+} + 2e \Longleftrightarrow Co$	-0.27	$F_2 + 2e \Longleftrightarrow 2F^-$	2.87

电池材料的电化学当量

表 C.1 电池材料的电化学当量

材料	符号	原子序数	原子量/g	密度/(g/cm³)	价态	电 化 学 当 量		
						A·h/g	g/(A·h)	A·h/cm³
元素								
铝	Al	13	26.98	2.699	3	2.98	0.335	8.05
锑	Sb	51	121.75	6.62	3	0.66	1.514	4.37
砷	As	33	74.92	5.73	3	1.79	0.559	10.26
钡	Ba	56	137.34	3.78	2	0.39	2.56	1.47
铍	Be	4	9.01	—	2	5.94	0.168	
铋	Bi	83	208.98	9.80	3	0.385	2.59	3.77
硼	B	5	10.81	2.54	3	7.43	0.135	18.87
溴	Br	35	79.90	—	1	0.335	2.98	—
镉	Cd	48	112.40	8.65	2	0.477	2.10	4.15
铯	Cs	55	132.91	1.87	3	0.574	1.74	1.07
钙	Ca	20	40.08	1.54	2	1.34	0.748	2.06
碳	C	6	12.01	2.25	4	8.93	0.112	20.09
氯	Cl	17	35.45	—	1	0.756	1.32	—
铬	Cr	24	52.00	6.92	3	1.55	0.647	10.72
钴	Co	27	58.93	8.71	2	0.910	1.10	7.93
铜	Cu	29	63.55	8.89	2	0.843	1.19	7.49
					1	0.422	2.37	3.75
氟	F	9	19.00	—	1	1.41	0.709	—
金	Au	79	197.00	19.3	1	0.136	7.36	2.62
氢	H	1	1.008	—	1	26.59	0.0376	—
铟	In	49	114.82	7.28	3	0.701	1.43	5.10
碘	I	53	126.90	4.94	1	0.211	4.73	1.04
铁	Fe	26	55.85	7.85	2	0.96	1.04	7.54
					3	1.44	0.694	11.30
铅	Pb	82	207.2	11.34	2	0.259	3.87	2.94
锂	Li	3	6.94	0.534	1	3.86	0.259	2.06
镁	Mg	12	24.31	1.74	2	2.20	0.454	3.83
锰	Mn	25	54.94	7.42	2	0.976	1.02	7.24
汞	Hg	80	200.59	13.60	2	0.267	3.74	3.63
钼	Mo	42	95.94	10.2	6	1.67	0.597	17.03
镍	Ni	28	58.71	8.6	2	0.913	1.09	7.85
氮	N	7	14.01	—	3	5.74	0.174	—
氧	O	8	16.00	—	2	3.35	0.298	—
铂	Pt	78	195.09	21.37	4	0.549	1.82	11.73
钾	K	19	39.10	0.87	1	0.685	1.46	0.59
银	Ag	17	107.87	10.5	1	0.248	4.02	2.60
钠	Na	11	22.99	0.971	1	1.17	0.858	1.14
硫	S	16	32.06	2.0	2	1.67	0.598	3.34
锡	Sn	50	118.69	7.30	4	0.903	1.11	6.59
钒	V	23	50.95	5.96	5	2.63	0.380	15.67
锌	Zn	30	65.38	7.1	2	0.820	1.22	5.82
锆	Zr	40	91.22	6.44	4	1.18	0.851	7.60

续表

材料	符号	分子量	密度/(g/cm³)	价态	电化学当量		
					A·h/g	g/(A·h)	A·h/cm³
化合物							
三氧化二铋	Bi_2O_3	466	8.5	6	0.345	2.90	2.97
三氟化铋	BiF_3	265.9	—	3	0.302	3.31	—
铬酸钙	$CaCrO_4$	156.1	—	2	0.34	2.90	—
氟化碳	CF_x	31	2.7	1	0.862	1.16	2.32
氟化钴	CoF_2	96.9	—	2	0.553	1.81	—
氯化亚铜	$CuCl$	99	3.5	1	0.27	3.69	0.95
氯化铜	$CuCl_2$	134.5	3.1	2	0.40	2.50	1.22
氟化铜	CuF_2	101.6	2.9	2	0.528	1.89	1.52
氧化铜	CuO	79.6	6.4	2	0.67	1.49	4.26
硫酸铜	$CuSO_4$	159.6	3.6	—	—	—	—
硫化铜	CuS	95.6	4.6	2	0.56	1.79	2.57
硫化亚铁	FeS	87.9	4.84	2	0.61	1.64	2.95
二硫化铁	FeS_2	119.9	4.87	4	0.89	1.12	4.35
氟化铁	FeF_3	112.8	—	3	0.712	1.40	
铋酸铅	$Bi_2Pb_2O_5$	912	9.0	10	0.29	3.41	2.64
氯化铅	$PbCl_2$	278.1	5.8	2	0.19	5.18	1.12
二氧化铅	PbO_2	239.2	9.3	2	0.22	4.45	2.11
碘化铅	PbI_2	461	6.2	2	0.12	8.60	0.72
四氧化三铅	Pb_3O_4	685	9.1	8	0.31	3.22	2.85
硫化铅	PbS	239.3	7.5	2	0.22	4.46	1.68
碳化锂	LiC_6	79.0	—	1	0.372[①]	2.69[①]	—
氧化钴锂	$LiCoO_2$	98	5.05	0.55	0.150	6.67	0.757
磷酸铁锂	$LiFePO_4$	117.7	3.60	1	0.160	6.25	0.576
氧化锰锂(尖晶石)	$Li_{1.1}Mn_{1.9}O_2$	144.0	4.18	1	0.120	8.33	0.502
氧化镍锰钴锂(NMC)	$Li(Ni_{1/3}Mn_{1/3}Co_{1/3})O_2$	96.4	4.77	0.59	0.163	6.13	0.777
二氧化锰	MnO_2	86.9	5.0	1	0.31	3.22	1.54
三氟化锰	MnF_3	111.9	—	3	0.719	1.39	—
氧化汞	HgO	216.6	11.1	2	0.247	4.05	2.74
三氧化钼	MoO_3	143	4.5	1	0.19	5.26	0.84
氟化镍	NiF_2	96.7	—	2	0.554	1.80	—
羟基氧化镍	$NiOOH$	91.7	7.4	1	0.29	3.42	2.16
二硫化三镍	Ni_3S_2	240	—	4	0.47	2.12	—
氯化银	$AgCl$	143.3	5.56	1	0.19	5.26	1.04
铬酸银	Ag_2CrO_4	331.8	5.6	2	0.16	6.25	0.90
氧化银(Ⅰ)	Ag_2O	231.8	7.1	2	0.23	4.33	1.64
氧化银(Ⅱ)	AgO	123.9	7.4	2	0.43	2.31	3.20
二氧化硫	SO_2	64	1.37	1	0.419	2.39	
硫酰氯	SO_2Cl_2	135	1.66	2	0.397	2.52	
亚硫酰氯	$SOCl_2$	119	1.63	2	0.450	2.22	—
五氧化二钒	V_2O_5	181.9	3.6	1	0.15	6.66	0.53

① 仅基于碳的质量。

附录 D

标准符号和常数

表 D.1　国际单位制基本单位

量	单　位	符　号	量	单　位	符　号
长度	米	m	热力学温度①	开尔文	K
质量	千克	kg	物质的量	摩尔	mol
时间	秒	s	发光强度	坎德拉	cd
电流	安培	A			

① 摄氏温度通常表示为摄氏度（℃）。

注：来源于 D.G. Fink 和 W. Beaty（eds.）《工程师标准手册》，第 12 版，McGraw-Hill，N.Y.，1987；经许可，摘自 IEEE 标准 168—1982。

表 D.2　国际单位制十进制系数前缀

系　数	前　缀	符　号	系　数	前　缀	符　号
10^{18}	exa	E	10^{-1}	deci	d
10^{15}	peta	P	10^{-2}	centi	c
10^{12}	tera	T	10^{-3}	milli	m
10^{9}	giga	G	10^{-6}	micro	μ
10^{6}	mega	M	10^{-9}	nano	n
10^{3}	kilo	k	10^{-12}	pico	p
10^{2}	hecto	h	10^{-15}	femto	f
10^{1}	deka	da	10^{-18}	atto	a

注：来源于 D.G. Fink 和 W. Beaty（eds.）《工程师标准手册》，第 12 版，McGraw-Hill，N.Y.，1987；经许可，摘自 IEEE 标准 168—1982。

表 D.3　希腊字母

希腊字母		希腊语名称	英语对应	希腊字母		希腊语名称	英语对应
A	α	Alpha	a	N	ν	Nu	n
B	β	Beta	b	Ξ	ξ	Xi	x
Γ	γ	Gamma	g	O	o	Omicron	ŏ
Δ	δ	Delta	d	Π	π	Pi	p
E	ϵ	Epsilon	ě	P	ρ	Rho	r
Z	ζ	Zeta	z	Σ	σ	Sigma	s
H	η	Eta	ē	T	τ	Tau	t
Θ	θ	Theta	th	Υ	υ	Upsilon	u
I	ι	Iota	i	Φ	ϕ	Phi	ph
K	κ	Kappa	k	X	χ	Chi	ch
Λ	λ	Lambda	l	Ψ	ψ	Psi	ps
M	μ	Mu	m	Ω	ω	Omega	ō

表 D.4 单位标准符号

单　位	符　号	注　释
安培	A	国际单位制中电流单位
安时	A·h	
埃	Å	$1Å=10^{-10}m$
大气压,标准	atm	$1atm=101325N/m^2$ 或 Pa
大气压,技术	at	$1at=1kgf/cm^2$
原子量单位(标准的)	u	标准原子量单位定义为 ^{12}C 原子核质量的十二分之一。参考氧定义的旧的原子量单位(amu)不再使用
阿托	a	国际单位制中表示 10^{-18}
巴	bar	$1bar=100000N/m^2$
靶(恩)	b	$1b=10^{-28}m^2$
桶	bbl	$1bbl=9702in^3=0.15899m^3$ 这是用于石油等的标准桶。一个不同的标准桶用于水果、蔬菜以及干货
英制热量单位	Btu	
卡(国际热量表)	cal$_{IT}$	$1cal_{IT}=4.1868J$ 第九届 Conference Generale des Poids et Mesures 采用焦耳作为热量单位。建议使用焦耳
卡(热化学卡)	cal	$1cal=4.1840J$(参见国际热量表注释)
厘	c	国际单位制中表示 10^{-2}
厘米	cm	
库仑	C	国际单位制中电荷单位
立方厘米	cm^3	
周期	c	
周期每秒	Hz,c/s	见赫兹。在国际上接受名称"赫兹"用于该单位;符号 Hz 建议使用 c/s
天	d	
分	d	国际单位制中表示 10^{-1}
分贝	dB	
度(温度)		
摄氏度	℃	在符号°和字母之间无空格。在 1948 年的 Conference Generale des Poids et Mesures 上废止了使用单词"centrigrade"来表示摄氏度的做法
华氏度	°F	
热力学温度	K	见开尔文
兰金度数	°R	
十	da	国际单位制中表示 10
达因	dyn	
电子	e	本手册用该符号表示一个电子。更传统的表示为 e^-
电子伏特	eV	
尔格	erg	
法拉第	F	国际单位制中电容单位
飞母托	f	国际单位制中表示 10^{-15}
高斯	G	高斯是磁通量密度的电磁学厘米克秒单位,建议使用国际单位特斯拉
吉(千兆)	G	国际单位制中表示 10^9
吉伯	Gb	吉伯是起磁力的电磁学厘米克秒单位,建议使用国际单位安培(或安匝)
克	g	
克每立方厘米	g/cm^3	
百	h	国际单位制中表示 10^2
亨利	H	国际单位制电感单位
赫兹	Hz	国际单位制频率单位
小时	h	
焦耳	J	国际单位制能量单位
焦耳每开尔文	J/K	国际单位制热容和熵单位

单　　位	符　号	注　　释
开尔文	K	在 1967 年 CGPM 将国际单位制中的以前成为"开尔文度"的温度单位命名为开尔文,并指定其符号为 K(不带符号°)
千	k	国际单位制中表示 10^3
千克	kg	国际单位制质量单位
千克力	kgf	在某些国家使用力的单位 kilopond(kp)
千欧	kΩ	
千米	km	
千米每小时	km/h	
千伏	kV	
千瓦	kW	
千瓦时	kW·h	
升	L	$1L = 10^{-3} m^3$
升每秒	L/s	
流明	lm	国际单位制光通量单位 国际单位制照度单位
麦克斯韦尔	Mx	麦克斯韦尔是磁通量的电磁学厘米克秒单位,建议使用国际单位韦伯
兆	M	国际单位制中表示 10^6
兆欧	MΩ	
米	m	国际单位制长度单位
姆欧	mho	CGPM 采用名称"西门子"作为这一单位
微	μ	国际单位制中表示 10^{-6}
微安	μA	
微克	μg	
微米	μm	
微米(micron)	μm	见微米。"micron"这一名称在 1967 年的 Conference Generale des Poids et Mesures 上被废止
微秒	μs	
微瓦	μW	
毫	m	国际单位制中表示 10^{-3}
毫安	mA	
毫克	mg	
毫升	mL	
毫米	mm	
传统毫米汞柱	mmHg	$1mmHg = 133.322 N/m^2$
毫微米	nm	不赞成用 millimicron 表示纳米
毫秒	ms	
毫伏	mV	
毫瓦	mW	
分(时间)	min	时间也可以用上标的方式表示。如在美国:$9^h46^m20^s$
摩尔	mol	国际单位制中物质的量单位
纳	n	国际单位制中表示 10^{-9}
纳安	nA	
纳米	nm	

单 位	符 号	注 释
纳秒	ns	
牛顿	N	国际单位制中力单位
牛米	N·m	
牛顿每平方米	N/m²	国际单位制中压力或应力单位;见帕斯卡
牛顿秒每平方米	N·s/m²	国际单位制中动态黏度单位
奥斯特	Oe	奥斯特是磁场强度的电磁学厘米克秒单位,建议使用国际单位安培每米
欧姆	Ω	国际单位制中电阻单位
帕斯卡	Pa	$Pa=N/m^2$ 国际单位制中压力或应力单位。这一名称在第14届 Conference Generale des Poids et Mesures 上通过
皮	P	国际单位制中表示 10^{-12}
皮瓦	pW	
转每秒	r/s	
秒(时间)	s	国际单位制中时间单位
西门子	S	$S=Ω^{-1}$ 国际单位制中电导单位。这一名称在第14届 Conference Generale des Poids et Mesures 上通过。"姆欧"这一名称在美国仍在使用
平方米	m²	
太(拉)	T	国际单位制中表示 10^{12}
特斯拉	T	国际单位制中磁通量密度单位
吨	t	$1t=1000kg$(在美国称为米制吨)
原子量单位(标准的)	u	标准原子量单位定义为核素 ^{12}C 核质量的十二分之一。参考氧定义的旧的原子量单位(amu)不再使用
伏特	V	国际单位制中电压单位
伏特每米	V/m	国际单位制中电场强度单位
伏安	V·A	国际单位制中表观功率的 IEC 名称和符号
瓦特	W	国际单位制中功率单位
瓦特每米开尔文	W/(m·K)	国际单位制中热导单位
瓦时	Wh	

注:来源于 D. G. Fink 和 W. Beaty (eds.)《工程师标准手册》,第12版,McGraw-Hill, N. Y. , 1987;经许可,摘自 ANSI/IEEE 标准 260—1982。

附录 E

换算系数

表 E.1 长度换算系数①

A. 相对于 1 米的十进制长度单位

项目	米(m)	千米(km)	分米(dm)	厘米(cm)	毫米(mm)	微米(μm)	纳米(nm)	埃(Å)
1米=	1	0.001	10	100	1000	1000000	10^9	10^{10}
1千米=	1000	1	10000	100000	1000000	10^9	10^{12}	10^{13}
1分米=	0.1	0.0001	1	10	100	100000	10^8	10^9
1厘米=	0.01	0.00001	0.1	1	10	10000	10^7	10^8
1毫米=	0.001	10^{-6}	0.01	0.1	1	1000	1000000	10^7
1微米=	10^{-6}	10^{-9}	0.00001	0.0001	0.001	1	1000	10000
1纳米=	10^{-9}	10^{-12}	10^{-8}	10^{-7}	10^{-6}	0.001	1	10
1埃=	10^{-10}	10^{-13}	10^{-9}	10^{-8}	10^{-7}	0.0001	0.1	1

B. 小于 1 米的非公制长度单位

项目	米(m)	码(yd)	英尺(ft)	英寸(in)	密耳(mil)	微英寸(μin)
1米=	1	1.09361330	3.28083939	39.3700787	$3.93700787×10^4$	$3.93700787×10^7$
1码=	0.9144	1	3	36	36000	$3.6×10^7$
1英尺=	0.3048	1/3=0.3333	1	12	12000	$1.2×10^7$
1英寸=	0.0254	1/36=0.0277	1/12=0.0833	1	1000	1000000
1密耳=	$2.54×10^{-5}$	$2.777×10^{-5}$	$8.333×10^{-5}$	0.001	1	1000
1微英寸=	$2.54×10^{-8}$	$2.777×10^{-8}$	$8.333×10^{-8}$	10^{-6}	0.001	1

C. 大于 1 米的非公制长度单位（相当于英尺）

项目	米(m)	杆(rd)	法定英里(mi)	海里(nmi)	天文单位(AU)	秒差距(pc)	英尺(ft)
1米=	1	0.19883878	$6.21371192×10^{-4}$	$5.39956904×10^{-4}$	$6.68449198×10^{-12}$	$3.24073317×10^{-17}$	3.28083989
1杆=	5.0292	1	0.003125	$2.71555076×10^{-3}$	$3.36176471×10^{-11}$	$1.62982953×10^{-16}$	16.5
1法定英里=	1609.344	320	1	0.86897624	$1.07576471×10^{-8}$	$5.21545450×10^{-14}$	5280
1海里=	1852	368.249423	1.15077945	1	$1.23796791×10^{-8}$	$6.00183780×10^{-14}$	6076.11548
1天文单位②=	$1.496×10^{11}$	$2.97462817×10^{10}$	92957130.3	80777537.8	1	$4.84813682×10^{-6}$	$4.90813648×10^{11}$
1秒差距=	$3.08572150×10^{16}$	$6.13561102×10^{15}$	$1.91737844×10^{13}$	$1.66615632×10^{13}$	206264806	1	$1.01237582×10^{17}$
1英尺=	0.3048	0.060606	$1.893939×10^{-4}$	$1.64578833×10^{-4}$	$2.03743316×10^{-12}$	$9.87775472×10^{-18}$	1

续表

D. 其他长度单位

1链=720英尺=219.456米	1手=4英寸=0.1016米	1毫微米=1纳米=10^{-9}米
1链(英国)=608英尺=185.3184米	1里格(国际航海)=3海里=5556米	1万米=10000米
1测链(工程师)=100英尺=30.48米	1里格(法定)=3法定海里=4828.032米	1海里(英国)=1853.184米
1测链(测量员)=66英尺=20.1168米	1里格(英国航海)=5559.552米	1pale=1杆=5.0292米
1寻=6英尺=1.8288米	1光年=$9.4608952×10^{5}$米=真空中光经一恒星年传播的距离	1杆(perch)(线形的)=1杆=5.0292米
1费米=1飞母托米=10^{-15}米	1令(工程师)=1英尺=0.3048米	1pica=1/6英尺(近似)=$4.217518×10^{-3}$米
1英尺(美国测量)=0.3048006米	1令(测量员)=7.92英寸=0.201168米	1点=1/72英寸(近似)=$3.514598×10^{-4}$米
1浪=660英尺=201.168米	1微米=10^{-6}米	1指距=9英寸=0.2286米

① 精确换算以黑体字显示。循环小数标以下划线。国际单位制长度单位为米。

② 1964年，国际天文学联合会定义。

注：来源于 D. G. Fink 和 W. Beaty (eds.)《电气工程师标准手册》，第 12 版，McGraw-Hill, N. Y., 1987。

表 E.2 面积换算系数①

A. 相当于 1 平方米的十进制面积单位

项目	平方米(m²)	平方千米(km²)	公顷(hm²)	平方厘米(cm²)	平方毫米(mm²)	平方微米(μm²)	靶(b)
1平方米=	1	10^{-6}	0.001	10000	1000000	10^{12}	10^{28}
1平方千米=	1000000	1	100	10^{10}	10^{12}	10^{18}	10^{34}
1公顷=	10000	0.01	1	10^{8}	10^{10}	10^{16}	10^{32}
1平方厘米=	0.001	10^{-10}	10^{-8}	1	100	10^{8}	10^{24}
1平方毫米=	10^{-4}	10^{-12}	10^{-10}	0.01	1	10^{6}	10^{22}
1平方微米=	10^{-12}	10^{-18}	10^{-16}	10^{-8}	10^{-6}	1	10^{16}
1靶=	10^{-28}	10^{-34}	10^{-32}	10^{-24}	10^{-22}	10^{-16}	1

B. 非公制面积单位（相当于平方米）

项目	平方米(m²)	平方法定英里	英亩	平方杆	平方码	平方英尺	平方英寸	圆密耳
1平方米=	1	$3.86102159×10^{-7}$	$2.47105382×10^{-4}$	3.95368610	1.19599005	10.7639104	1550.00310	$1.97342524×10^{9}$
1平方法定英里=	2589988.1	1	640	102400	3097600	27878400	$4.01448960×10^{9}$	$5.11140691×10^{15}$
1英亩=	4046.85641	1/640=0.0015625	1	160	4840	43560	6272640	$7.98657330×10^{12}$
1平方杆=	25.2928526	$9.765625×10^{-6}$	1/160=0.00625	1	30.25	272.25	39204	$4.99160831×10^{10}$
1平方码=	0.83612736	$3.22830579×10^{-7}$	$2.06611570×10^{-4}$	$3.30578512×10^{-2}$	1	9	1296	$1.65011845×10^{9}$
1平方英尺=	0.09290304	$3.58700643×10^{-8}$	$2.29568411×10^{-5}$	$3.67309458×10^{-3}$	1/9=0.111111	1	144	$1.83346495×10^{8}$
1平方英寸=	$6.4516×10^{-4}$	$2.49097669×10^{-10}$	$1.59422508×10^{-7}$	$2.55076013×10^{-5}$	$7.71604938×10^{-4}$	1/144=$\underline{0.00694444}$	1	$1.27323955×10^{6}$
1圆密耳=	$5.06707479×10^{-10}$	$1.95640851×10^{-16}$	$1.25210145×10^{-13}$	$2.00336232×10^{-12}$	$6.06017101×10^{-10}$	$5.45415391×10^{-7}$	$7.85398163×10^{-7}$	1

精确换算为：

1英亩=4046.8564224 平方米

1平方英里=2589988.110336 平方米

续表

C. 其他面积单位

1 公亩=**100** 平方米

1 厘亩=**1** 平方米

1 杆(perch)(面积)=**1** 平方杆=25.2928526 平方米

1 路德=**40** 平方杆=1011.71411 平方米

1 section=**1** 平方法定英里=2589988.1 平方米

1 township=**36** 平方法定英里=93239572 平方米

① 精确换算以粗体字显示。循环小数标以下划线。国际单位制面积单位为平方米。

注：来源于 D. G. Fink 和 W. Beaty (eds.)，《电气工程师标准手册》，第 12 版，McGraw-Hill，纽约 (Yew York)，1987。

表 E.3　力换算系数①

项目	牛顿(N)	千磅力(kip)	斯勒格力(slug)	千克力(kgf)	常衡制磅力(lbf,avdp)	常衡制盎司力(ozf,avdp)	磅达(pdl)	达因(dyn)
1 牛顿=	**1**	2.2480943×10^{-4}	6.9872752×10^{-3}	0.10197162	0.22480894	3.59694309	7.2330142	**100000**
1 千磅=	4448.22162	**1**	31.080949	453.592370	**1000**	**16000**	32174.05	444822162
1 斯勒格力=	143.117305	0.03217405	**1**	14.593903	32.17405	514.78480	1035.1695	14311730
1 千克力=	**9.806650**	2.2046226×10^{-3}	6.8521763×10^{-2}	**1**	2.20462262	35.2739619	70.9316384	**980665**
1 常衡制磅=	4.44822162	**0.001**	$3.10809488 \times 10^{-2}$	0.45359237	**1**	**16**	32.17405	444822.162
1 常衡制盎司力=	0.27801385	**1/16000=0.0000625**	$1.94255930 \times 10^{-3}$	2.834952×10^{-2}	**1/16=0.0625**	**1**	2.01087803	27801.385
1 磅达=	0.13825495	3.1080949×10^{-5}	9.6602539×10^{-4}	0.14098081	0.03108095	0.49729518	**1**	13825.495
1 达因=	**0.00001**	2.2480943×10^{-9}	$6.98727524 \times 10^{-8}$	1.0197162×10^{-6}	2.2480943×10^{-6}	3.5969431×10^{-5}	7.2330142×10^{-5}	**1**

精确换算为：1 常衡制磅力=4.4482216152605 牛顿

① 精确换算以粗体字显示。循环小数标以下划线。国际单位制力单位为平方米。

注：来源于 D. G. Fink 和 W. Beaty (eds.)，《电气工程师标准手册》，第 12 版，McGraw-Hill，纽约 (New York)，1987。

表 E.4　体积和容积换算系数*

A. 相对于 1 立方米的十进制体积单位

项目	立方米(m³)	立方分米(dm³)	立方厘米(cm³)	升(L)	厘升(cL)	毫升(mL)	微升(μL)
1 立方米=	**1**	**1000**	**1000000**	**1000**	**100000**	**1000000**	10^{9}
1 立方分米=	**0.001**	**1**	**1000**	**1**	**100**	**1000**	**1000000**
1 立方厘米=	**0.000001**	**0.001**	**1**	**0.001**	**0.1**	**1**	**1000**
1 升=	**0.001**	**1**	**1000**	**1**	**100**	**1000**	**1000000**
1 厘升=	**0.00001**	**0.01**	**10**	**0.01**	**1**	**10**	**10000**
1 毫升=	**0.000001**	**0.001**	**1**	**0.001**	**0.1**	**1**	**1000**
1 微升=	10^{-9}	**0.000001**	**0.001**	**0.000001**	**0.001**	**0.001**	**1**

续表

B. 非公制体积单位（相当于立方米和升）

项目	立方米(m³)	升(L)	立方英寸(in³)	立方英尺(ft³)	立方码(yd³)	桶(美国)(bbl)	英亩英尺(acre-ft)	立方英里(mile³)
1 立方米 =	1	1000	6.10237441×10^{4}	35.314666	1.30795062	6.28981097	8.10713194×10^{-4}	2.39912759×10^{-10}
1 升 =	0.001	1	61.0237441	0.03531466	1.30795062×10^{-3}	6.28981097×10^{-3}	8.10713193×10^{-7}	2.39912759×10^{-13}
1 立方英寸 =	1.6387064×10^{-5}	1.6387064×10^{-2}	1	$1/1728=$	$1/46656=$ 2.14334705×10^{-5}	1.03071532×10^{-4}	1.32852090×10^{-8}	3.93146573×10^{-15}
1 立方英尺 =	2.8316846×10^{-2}	28.3168466	1728	1	$1/27=0.037037$	0.17810761	$1/43560=$ 2.29568411×10^{-5}	6.79357278×10^{-12}
1 立方码 =	0.76455486	764.554858	46656	27	1	4.80890538	6.19834711×10^{-4}	1.83426465×10^{-10}
1 桶(美国) =	0.15898729	158.987294	9702	5.61458333	0.20794753	1	1.28893098×10^{-4}	3.81430805×10^{-11}
1 英亩英尺 =	1233.48184	1.23348184×10^{6}	7.52716800×10^{7}	43560	1613.33333	7758.36734	1	2.95928030×10^{-7}
1 立方英里 =	4.1681183×10^{9}	4.1681183×10^{12}	2.54358061×10^{14}	1.47197952×10^{11}	5.451776×10^{9}	26.2170749×10^{9}	3379200	1

精确转换：1 立方英尺 = 28.316846592 升

C. 美制液体积量度（相当于升）

项目	升(L)	加仑(U.S.gal)	夸脱(U.S.qt)	品脱(U.S.pt)	及耳(U.S.gi)	液量盎司(U.S.floz)	液量打兰(U.S.fldr)	量滴(U.S.minim)
1 升 =	1	0.26417205	1.056688	2.113376	8.453506	33.814023	270.51218	16230.73
1 加仑(美国) =	3.7854118	1	4	8	32	128	1024	61440
1 夸脱 =	0.9463529	$1/4=0.25$	1	2	8	32	256	15360
1 品脱 =	0.4731765	$1/8=0.125$	$1/2=0.5$	1	4	16	128	7680
1 及耳 =	0.1182941	$1/32=0.03125$	$1/8=0.125$	$1/4=0.25$	1	4	32	1920
1 液量盎司 =	2.957353×10^{-2}	$1/128=0.0078125$	$1/32=0.03125$	$1/16=0.0625$	$1/4=0.25$	1	8	480
1 液量打兰 =	3.6966912×10^{-3}	$1/1024=9.765625\times10^{-4}$	$1/256=3.90625\times10^{-3}$	$1/128=0.0078125$	$1/32=0.03125$	$1/8=0.125$	1	60
1 量滴(美国) =	6.161152×10^{-5}	$1/61440=1.62760416\times10^{-5}$	$1/15360=6.51041666\times10^{-5}$	$1/7680=1.30208333\times10^{-4}$	$1/1920=5.208333\times10^{-4}$	$1/480=2.083333\times10^{-3}$	$1/60=0.0166666$	1

精确换算：1 液体夸脱(美国) = 0.946352946 升

D. 英制液体积量度（相当于升）

项目	升(L)	加仑(U.K.gal)	夸脱(U.K.qt)	品脱(U.K.pt)	及耳(U.K.gi)	液量盎司(U.K.floz)	液量打兰(U.K.fldr)	量滴(U.K.minim)
1 升 =	1	0.2199692	0.8798766	1.759753	7.039018	35.19506	281.5605	16893.63
1 加仑 =	4.546092	1	4	8	32	160	1280	76800
1 夸脱 =	1.136523	$1/4=0.25$	1	2	8	40	320	19200
1 品脱 =	0.5682615	$1/8=0.125$	$1/2=0.5$	1	4	20	160	9600
1 及耳 =	0.1420654	$1/32=0.03125$	$1/8=0.125$	$1/4=0.25$	1	5	40	2400
1 液量盎司 =	2.841307×10^{-2}	$1/160=0.00625$	$1/40=0.025$	$1/20=0.05$	$1/5=0.2$	1	8	480
1 液量打兰 =	3.551634×10^{-3}	$1/1280=7.8125\times10^{-4}$	$1/320=0.003125$	$1/160=0.00625$	$1/40=0.025$	$1/8=0.125$	1	60
1 量滴(美国) =	5.919391×10^{-5}	$1/76800=1.30208333\times10^{-5}$	$1/19200=5.2083333\times10^{-5}$	$1/9600=1.04166666\times10^{-4}$	$1/2400=4.16666666\times10^{-4}$	$1/480=2.08333333\times10^{-3}$	$1/60=0.0166666$	1

续表

E. 美制和英制固体体积量度（相当于升）

项目	升(L)	美制固体测量				英制固体测量			
		蒲式耳(U.S. bu)	配克(U.S. peck)	夸脱(U.S. qt)	品脱(U.S. pt)	蒲式耳(U.K. bu)	配克(U.S. peck)	夸脱(U.K. qt)	品脱(U.K. pt)
1升=	1	0.02837759	0.11351037	0.90808299	1.81816598	0.0274961	0.1099846	0.8798766	1.7597534
1蒲式耳（美国）=	35.239070	1	4	32	64	0.9689387	3.8757549	31.00604	62.01208
1配克（美国）=	8.8097675	**1/4=0.25**	1	8	16	0.2422347	0.9689387	7.751509	15.50302
1夸脱（美国）=	1.1012209	**1/32=0.03125**	**1/8=0.125**	1	2	0.03027934	0.1211173	0.9689387	1.937878
1品脱（美国）=	0.5506105	**1/64=0.015625**	**1/16=0.0625**	**1/2=0.5**	1	0.01513967	0.06055867	0.4844693	0.9689387
1蒲式耳（英国）=	36.36873	1.032057	4.128228	33.02582	66.95165	1	4	32	64
1配克（英国）=	9.092182	0.2580143	1.032057	8.256456	16.51291	**1/4=0.25**	1	8	16
1夸脱（英国）=	1.136523	0.03225178	0.1290071	1.032057	2.064142	**1/32=0.03125**	**1/8=0.125**	1	2
1品脱（英国）=	0.5682614	0.01612589	0.0645036	0.5160184	1.032057	**1/64=0.015625**	**1/16=0.0625**	**1/2=0.5**	1

精确换算：1 固体品脱（美国）=33.6003125 立方英寸

F. 其他体积和容积单位

1桶（美国，用于石油等）=**42** 加仑=**0.158987296** 立方米

1桶（"旧桶"）=**31.5** 加仑=0.119240 立方米

1板英尺=**144** 立方英寸=2.359737×10⁻³ 立方米

1考得=**128** 立方英尺=3.624556 立方米

1考得英尺=**16** 立方英尺=0.4530695 立方米

1满杯=**8** 液量盎司（美国）=2.365882×10⁻⁴ 立方米

1加仑（加拿大大液量）=4.546090×10⁻³ 立方米

1杆（体积）=24.75 立方英尺=0.700842 立方米

1立方公尺=1 立方米

1大汤匙=0.5 液量盎司（美国）=1.478677×10⁻⁵ 立方米

1茶匙=1/6 液量盎司（美国）=4.928922×10⁻⁶ 立方米

1吨（注册吨位）=100 立方英尺=2.83168466 立方米

注：精确换算以粗体字相字显示。循环小数标以下划线。国际单位制体积单位为立方米。来源于 D. G. Fink 和 W. Beaty (eds.)《电气工程师标准手册》，第 12 版，McGraw-Hill, N.Y., 1987。

表 E.5 质量换算系数①

A. 相对于千克的十进制质量单位

项目	千克(kg)	吨（公吨）(t)	克(g)	分克(dg)	厘克(cg)	毫克(mg)	微克(μg)
1千克=	1	0.01	1000	10000	100000	1000000	10⁹
1吨=	1000	1	1000000	10⁷	10⁸	10⁹	10¹²
1克=	0.001	0.000001	1	10	100	1000	1000000
1分克=	0.0001	10⁻⁷	0.1	1	10	100	100000
1厘克=	0.00001	10⁻⁸	0.01	0.1	1	10	10000
1毫克=	0.000001	10⁻⁹	0.001	0.01	0.1	1	1000
1微克=	10⁻⁹	10⁻¹²	0.000001	0.00001	0.0001	0.001	1

续表

B. 小于1磅 质量的非公制单位（相对千克）

项目	克(g)	常衡制盎司(oz_m, avdp)	金衡制盎司(oz_m, avdp)	常衡制打兰(dr avdp)	药衡制打兰(dr apoth)	本尼威特(dwt)	格令(grain)	吩(scruple)
1克=	1	0.035273962	0.032150747	0.5643839	0.25720597	0.64301493	15.4323584	0.77161792
1常衡制盎司=	38.3495231	1	0.91145833	16	7.29166666	18.2271667	437.5	21.875
1金衡制盎司=	31.1031768	1.09714286	1	17.5542857	8	20	480	24
1常衡制打兰=	1.771184520	**1/16=0.0625**	0.05696615	1	0.45572917	1.13932292	27.34375	1.3671875
1药衡制打兰=	3.88793458	0.137142857	**1/8=0.125**	2.19428570	1	**2.5**	60	3
1本尼威特=	1.55517383	0.054863162	**1/20=0.05**	0.87771428	**1/2.5=0.4**	1	24	1.2
1格令=	0.06479891	1/437.5 = 2.28571429×10^{-3}	0.00208333	3.65714285×10^{-2}	1/60=0.01666666	1/24=0.0416666	1	0.05
1吩=	1.29597820	4.57142858×10^{-2}	1/24=0.0416666	0.73142857	**1/3=0.33333333**	**5/6=0.83333333**	20	1

C. 相当于1磅 质量的非公制单位（相对千克）

项目	千克(kg)	长吨(long ton)	短吨(short ton)	长英担(long cwt)	短英担(short cwt)	斯勒格(slug)	常衡制磅(lb_m, avdp)	金衡制磅(lb_m, troy)
1千克=	1	9.842065×10^{-4}	1.10231131×10^{-3}	1.96841131×10^{-2}	2.20462262×10^{-2}	0.06852177	2.20462262	2.67922889
1长吨=	1016.0469	1	**1.12**	20	**22.4**	69.621329	**2240**	2722.22222
1短吨=	907.18474	**200/224=0.89285714**	1	**400/224=17.8571429**	20	62.161901	**2000**	2430.55555
1长担=	50.8023454	**0.05**	**0.056**	1	**1.12**	3.4810664	**112**	136.111111
1短担=	45.359237	**10/224=0.04464286**	**0.05**	**100/112=0.89285714**	1	3.1080950	**100**	121.527777
1斯勒格=	14.593903	0.01436341	0.01608702	0.2872683	0.3217405	1	32.174405	39.100406
1常衡制磅=	0.45359237	**1/2240=4.4642857×10^{-4}**	**0.0005**	**1/112=8.9285714×10^{-3}**	**0.01**	3.1080950×10^{-2}	1	0.82285714
1金衡制磅=	0.37324172	3.67346937×10^{-4}	4.11428570×10^{-4}	7.34693879×10^{-3}	8.22857145×10^{-3}	0.02557518	0.82285714	1

精确换算：1长吨＝1016.0469088千克

1金衡制磅-质量＝0.3732417216千克

D. 其他质量单位

1化验吨=29.166667克

1克拉（公制）=**200**毫克

1克拉（金衡制）=**31/6**格令=205.19655毫克

1mynagram=**10**千克

1公担=**100**千克

1英石=**14**磅，常衡制=6.35029328千克

① 精确换算以粗体字显示。循环小数标以下划线。国际单位制质量单位为千克。

注：来源于 D. G. Fink 和 W. Beaty (eds.)《电气工程师标准手册》，第12版，McGraw-Hill，(New York)，1987。

表 E.6 压力/应力换算系数①

A. 相对于 1 帕斯卡的十进制压力单位

项目	帕斯卡 (Pa)	巴 (bar)	分巴 (dbar)	毫巴 (mbar)	达因每平方厘米 (dyn/cm²)
1帕斯卡=	**1**	0.00001	0.0001	0.01	10
1巴=	**100000**	**1**	10	1000	1000000
1分巴=	**10000**	0.1	**1**	100	100000
1毫巴=	**100**	0.001	0.01	**1**	1000
1达因每平方厘米=	0.1	0.000001	0.00001	0.001	**1**

B. 相对于 1 千克力每平方米的十进制压力单位(相当于帕斯卡)

项目	千克力每平方米 (kg/m²)	千克力每平方厘米 (kg/cm²)	千克力每平方毫米 (kg/mm²)	克力每平方厘米 (g/cm²)	帕斯卡 (Pa)
1千克力每平方米=	**1**	0.0001	0.000001	0.1	9.80665
1千克力每平方厘米=	**10000**	**1**	0.01	1000	98066.5
1千克力每平方毫米=	**1000000**	**100**	**1**	100000	9806650
1克力每平方厘米=	10	0.001	0.00001	**1**	98.0665
1帕斯卡=	0.10197162	1.0197162×10^{-5}	1.0197162×10^{-7}	1.0197162×10^{-2}	**1**

注:1大气压(技术)=1千克力每平方厘米=98066.5帕斯卡。

C. 以液体高度表达的压力单位(相当于帕斯卡)

项目	0℃时毫米汞柱 (mmHg,0℃)	60℃时厘米汞柱 (cmHg,60℃)	32℉时英寸汞柱 (inHg,32℉)	60℉时英寸汞柱 (inHg,60℉)	4℃时厘米水柱 (cmH₂O,4℃)	60℉时英寸水柱 (inH₂O,60℉)	39.2℉时英尺水柱 (ftH₂O,39.2℉)	帕斯卡 (Pa)
1毫米汞柱,0℃=	**1**	0.100282	0.0393701	0.0394813	1.359548	0.5357756	0.0446046	133.3224
1厘米汞柱,60℃=	9.971830	**1**	0.3925919	0.3937008	13.55718	5.342664	0.4447895	1329.468
1英寸汞柱,32℉=	**25.4**	2.547175	**1**	1.0028248	34.53252	13.60870	1.132957	3386.389
1英寸汞柱,60℉=	25.32845	**2.54**	0.9971831	**1**	35.43525	13.57037	1.129765	3376.85
1厘米水柱,4℃=	0.735539	0.073762	0.028958	0.0290400	**1**	0.3940838	0.0328084	98.0638
1英寸水柱,60℉=	1.866453	0.187173	0.073482	0.0736900	2.537531	**1**	0.0832524	248.840
1英尺水柱,39.2℉=	22.4192	2.248254	0.882646	0.885139	30.47998	12.01167	**1**	2988.98
1帕斯卡=	7.500615×10^{-3}	7.521806×10^{-4}	2.952998×10^{-4}	2.96134×10^{-4}	1.01974×10^{-2}	4.01865×10^{-3}	3.34562×10^{-4}	**1**

注:1托=1毫米汞柱(0℃)=133.3224帕斯卡。

D. 非公制压力单位

项目	大气压 (atm)	常衡制磅力每平方英寸 (psi)	常衡制磅力每平方英尺 (lb/ft²,avdp)	磅达每平方英尺 (pd/ft²)	帕斯卡 (Pa)
1大气压=	**1**	14.69595	2116.217	68087.24	**101325**
1重量制磅力每平方英寸=	6.80460×10^{-2}	**1**	**144**	4633.063	6894.757
1重量制磅力每平方英尺=	4.725414×10^{-4}	**1/144**=0.006944	**1**	32.17405	47.88026
1磅达每平方英尺=	1.468704×10^{-3}	2.158399×10^{-4}	0.0310809	**1**	1.488165
1帕斯卡=	9.869233×10^{-6}	1.450377×10^{-4}	0.0208854	0.6719689	**1**

注:1大气压=760托=**101325** 帕斯卡。

① 精确换算以粗体字显示。循环小数标以下划线。国际单位制压力/应力单位为帕斯卡(Pa)。

注:来源于 D. G. Fink 和 W. Beaty (eds.)《电气工程师标准手册》,第 12 版, McGraw-Hill, N. Y. , 1987。

表 E.7 能量/功率换算系数①

A. 相对于1焦耳的十进制能量/功率单位

项目	焦耳(J)	兆焦(MJ)	千焦(kJ)	毫焦(mJ)	微焦(μJ)	尔格(ergs)
1焦耳=	**1**	0.000001	0.001	1000	1000000	10^7
1兆焦=	1000000	**1**	1000	10^9	10^{12}	10^{13}
1千焦=	1000	0.001	**1**	1000000	10^9	10^{10}
1毫焦=	0.001	10^{-9}	0.000001	**1**	1000	10000
1微焦=	0.000001	10^{-12}	10^{-9}	0.001	**1**	10
1尔格=	10^{-7}	10^{-13}	10^{-10}	0.0001	0.1	**1**

注:1瓦·秒=1焦耳。

B. 小于10焦耳的能量/功率单位(相当于焦耳)

项目	焦耳(J)	英尺·磅达(ft·pdl)	英尺·磅力(ft·lbf)	卡(国际表)(cal,IT)	卡(热化学)(cal,thermo)	电子伏特(eV)
1焦耳=	**1**	23.73036	0.7375621	0.2388459	0.2390057	6.24146×10^{18}
1英尺·磅达=	4.2104011×10^{-2}	**1**	3.108095×10^{-2}	1.006499×10^{-2}	1.007173×10^{-2}	2.63016×10^{17}
1英尺·磅力=	1.355818	32.17405	**1**	0.3233816	0.3240483	8.46228×10^{18}
1卡(国际表)=	**4.1868**	99.35427	3.088025	**1**	1.000669	2.61317×10^{19}
1卡(热化学)=	**4.184**	99.28783	3.085960	0.9993312	**1**	2.61143×10^{19}
1电子伏特=	1.60219×10^{-19}	3.80205×10^{-18}	1.18171×10^{-19}	3.82677×10^{-20}	3.82933×10^{-20}	**1**

C. 大于10焦耳的能量/功率单位(相当于千焦耳)

项目	焦耳(J)	英国热量单位,国际表(Btu,IT)	英国热量单位,热化学(Btu,thermo)	千瓦时(kW·h)	马力小时,电力(hp·h,ele)	千卡,国际表(kcal,IT)	千卡,热化学(kcal,thermo)
1焦耳=	**1**	9.478170×10^{-4}	9.4845165×10^{-4}	**1/3.6×10⁶**$=2.777\times10^{-7}$	3.723562×10^{-7}	2.388459×10^{-4}	2.3900574×10^{-4}
1英国热量单位,国际表=	1055.056	**1**	1.000669	2.9307111×10^{-4}	3.928667×10^{-4}	0.2519958	0.2521644
1英国热量单位,热化学=	1054.35	0.999331	**1**	2.928745×10^{-4}	3.925938×10^{-4}	0.2518272	0.2519957
1千瓦时=	**3600000**	3412.141	3414.426	**1**	**1/0.746**=1.3404826	859.8452	860.4207
1马力小时,电力=	2685600	2545.457	2547.162	**0.746**	**1**	641.4445	641.8738
1千卡,国际表=	**4186.8**	3.968320	3.970977	0.001163	1.558981×10^{-3}	**1**	1.000669
1千卡,热化学=	**4184**	3.965666	3.968322	0.0011622	1.5579386×10^{-3}	0.999331	**1**

精确换算:1英国热量单位,国际表=1055.05585262焦耳。

① 精确换算以粗体字显示。循环小数标以下划线。国际单位制能量/功率单位为焦耳。

注:来源于 D. G. Fink 和 W. Beaty (eds.)《电气工程师标准手册》,第12版,McGraw-Hill, N. Y., 1987。

表 E.8 功率换算系数①

A. 相对于千瓦的十进制功率单位

项 目	瓦(W)	兆瓦(MW)	千瓦(kW)	毫瓦(mW)	微瓦(μW)	皮瓦(pW)	尔格每秒(erg/s)
1瓦=	1	0.000001	0.001	1000	1000000	10^9	10^7
1兆瓦=	1000000	1	1000	10^9	10^{12}	10^{15}	10^{13}
1千瓦=	1000	0.001	1	1000000	10^9	10^{12}	10^{10}
1毫瓦=	0.001	10^{-9}	0.000001	1	1000	1000000	10000
1微瓦=	0.000001	10^{-12}	10^{-9}	0.001	1	1000	10
1皮瓦=	10^{-9}	10^{-15}	10^{-12}	0.000001	0.001	1	0.01
1尔格每秒=	10^{-7}	10^{-13}	10^{-10}	0.0001	0.1	100	1

注:1瓦=1焦耳/秒(J/s)。

B. 非公制功率单位(相当千瓦)

项 目	英国热量单位(国际表)每小时(Btu/h,IT)	英国热量单位(热化学)每分钟(Btu/min,thermo)	常衡制 英尺-英磅每秒(ft lbf/s, avdp)	千卡每分钟(热化学)(kcal/min,thermo)	千卡每秒(国际表)(kcal/s,IT)	马力(电力)(hp,ele)	马力(机械)(hp,mech)	瓦(W)
1英国热量单位(国际表)每小时=	1	0.0166778	0.2161581	4.2027405×10^{-3}	6.9999831×10^{-5}	3.9285670×10^{-4}	3.930148×10^{-4}	0.2930711
1英国热量单位(热化学)每分=	59.959853	1	12.960810	0.2519957	4.1971195×10^{-3}	0.0235556	0.0235651	17.57250
1英尺-英磅力每秒=	4.6262426	0.0771557	51.432665	0.0194429	3.2383157×10^{-4}	1.8174504×10^{-3}	**1/550** 1.8181818×10^{-3}	1.355818
1千卡每分钟(热化学)=	237.93998	3.9683217	51.432665	1	0.0166555	0.0934763	0.0935139	69.733333
1千卡每秒(国际表)=	14285.953	238.25864	3088.0251	60.040153	1	5.6123324	5.6145911	**4186.800**
1马力(电力)=	2545.4574	42.452696	550.22134	10.697898	0.1781790	1	1.0004024	**746**
1马力(机械)=	2544.4334	42.435618	**550**	10.693593	0.1781074	0.9995977	1	745.6999
1瓦=	3.412141	0.0569071	0.7375621	0.0143403	2.3884590×10^{-4}	**1/746** 1.3404826×10^{-3}	1.3410220×10^{-3}	1

注:1. 马力(机械)定义等于550英尺-英磅力每秒的功率。
2. 其他马力单位为:1马力(锅炉)=9809.40瓦,1马力(公制)=735.499瓦,1马力(水)=746.043瓦,1马力(英国)=745.70瓦;1吨(制冷)=3516.8瓦。

① 精确换算以粗体字显示。循环小数以下划线标示。国际单位制功率单位为瓦(W)。

注:来源于 D. G. Fink 和 W. Beaty (eds.)《电气工程师标准手册》,第12版,McGraw-Hill, N.Y., 1987。

表 E.9 温度换算[1]

摄氏度(℃) ℃=5(℉−32)/9	华氏度(℉) ℉=[9(℃)/5]+32	热力学温度(K) K=℃+273.15	摄氏度(℃) ℃=5(℉−32)/9	华氏度(℉) ℉=[9(℃)/5]+32	热力学温度(K) K=℃+273.15
−273.15	−459.67	**0**	60	140	333.15
−200	−328	73.15	65	149	338.15
−180	−292	93.15	70	158	343.15
−160	−256	113.15	75	167	348.15
−140	−220	133.15	80	176	353.15
−120	−184	153.15	85	185	358.15
−100	−148	173.15	90	194	363.15
−80	−112	193.15	95	203	368.15
−60	−76	213.15	100	212	373.15
−40	−40	233.15	105	221	378.15
−30	−22	243.15	110	230	383.15
−20	−4	253.15	115	239	388.15
−17.77	**0**	255.372	120	248	393.15
−10	14	263.15	140	284	413.15
−6.66	20	266.483	160	320	433.15
0	32	273.15	180	356	453.15
5	41	278.15	200	392	473.15
10	50	283.15	250	482	523.15
15	59	288.15	300	572	573.15
20	68	293.15	350	662	623.15
25	77	298.15	400	752	673.15
30	86	303.15	450	842	723.15
35	95	308.15	500	932	773.15
40	104	313.15	1000	1832	1273.15
45	113	318.15	5000	9032	5273.15
50	122	323.15	10000	18032	10273.15
55	131	328.15			

[1] 精确换算以粗体字显示。循环小数标以下划线。开氏温度等于兰金温度除以1.8 [K=℉/1.8]。

注：来源于 D.G. Fink 和 W. Beaty（eds.）《电气工程师标准手册》，第12版，McGraw-Hill，N.Y.，1987。

附录 F

文 献

图书

Aurbach, D. : *Nonaqueous Electrochemistry*, Marcel Dekker, New York, 1999.

Bagotsky, V. S. : *Fundamentals of Electrochemistry*, 2nd ed. , Wiley, New York, 2002.

——: *Fuel Cells: Problems and Solutions*, Wiley, New York, 2009.

Balbuena, P. B. , and Y. Wang: *Lithium-Ion Batteries: Solid Electrolyte Interphase*, Imperial College Press, London, 2004.

Barbir, F. : *PEM Fuel Cells: Theory and Practice*, Elsevier, San Diego, 2005.

Bergeveld, H. J. , W. S. Kruijt, and P. H. L. Notten: *Battery Management Systems: Design by Modeling* (*Philips Research Book Series*), Kluwer Academic Publishers, New York, 2002.

Berndt, D. : *Maintenance-Free Batteries*, 2nd ed. , SAE, Warrendale, PA, 1997.

Bockris, J. O. , and A. K. N. Reddy: *Modern Electrochemistry*, vols. Ⅰ and Ⅱ, Plenum Publishing Corp. , New York, 1970; Plenum/Rosetta Ed. , 1973.

Bode, H. : *Lead-Acid Batteries* (translated from German by R. J. Brodd and K. V. Kordesch), Wiley, New York, 1977.

Bro, P. , and S. C. Levy: *Quality and Reliability Methods for Primary Batteries*, Electrochemical Society Monograph Series, Wiley, New York, 1990.

Broadhead, J. , and B. Scrosati: *Lithium Polymer Batteries*, vol. 96-17, The Electrochemical Society, Pennington, NJ, 1997.

Broussely, M. , and G. Pistoia: *Industrial Applications of Batteries: From Cars to Aerospace and Energy Storage*, Elsevier, Amsterdam, 2007.

Conway, B. E. : *Theory and Principles of Electrode Processes*, Ronald, New York, 1965.

Falk, S. U. , and A. J. Salkind: *Alkaline Batteries*, Wiley, New York, 1969.

Fleisher, A. , and J. J. Lander (eds.): *Zinc-Silver Oxide Batteries*, Wiley, New York, 1971.

Gabano, J. P. : *Lithium Batteries*, Academic Press, Ltd. , London, 1983.

Gou, B. , W. K. Na, and B. Diong: *Fuel Cells: Modeling, Control, and Applications*, CRC Press, Boca Raton, FL, 2009.

Gray, F. M. : *Polymer Electrolytes*, Royal Academy of Chemistry, London, 1997.

Heise, G. W. , and N. C. Cahoon (eds.): *The Primary Battery*, vols. I and II, Wiley, New York, 1971 and 1976.

Himy, A. : *Silver-Zinc Battery: Phenomena and Design Principles*, Vantage Press, New York, 1986.

——: *Silver-Zinc Battery: Best Practices, Facts and Reflections*, Vantage Press, New York, 1995.

Huggins, R. A. : *Advanced Batteries: Materials Science Aspects*, Springer, New York, 2008.

Izutsu, K. : *Electrochemistry in Nonaqueous Solutions*, 2nd ed. , Wiley-VCH, Weinheim, Germany, 2009.

Jackish, H. D. : *Batterie-Lexikon*, Pflaum Verlag, Munich, 1993.

Kakaç, S. , A. Pramuanjaroenkij, and L. Vasiliev: *Mini-Micro Fuel Cells: Fundamentals and Applications*, Springer, Dordrecht, Netherlands, 2008.

Kordesch, K. , and G. Simander: *Fuel Cells and Their Applications*, VCH Publishers, New York, 1996.

Levy, S. C. , and P. Bro: *Battery Hazards and Accident Prevention*, Plenum Press, New York, 1994.

Minami, T. , et al. (eds): *Solid State Ionics for Batteries*, Springer-Verlag, Tokyo, 2005.

Nazri, G. A. , and G. Pistoia (eds.): *Lithium Batteries: Science and Technology*, Kluwer Academic Publishers, New

York，2004.

Ohno，H.（ed.）：*Electrochemical Aspects of Ionic Liquids*，Wiley，New York，2005.

Osaka，T.，and M. Datta：*Energy Storage Systems for Electronics*，Gordon and Breach Science Publishing，London，1999.

Ozawa，K.：*Lithium Ion Rechargeable Batteries：Materials，Technology，and New Applications*，Wiley-VCH，Weinheim，Germany，2009.

Pistoia，G.：*Batteries for Portable Devices*，Elsevier，San Diego，2005.

Rand，D. A. J.，and P. T. Moseley：*Valve-Regulated Lead-Acid Batteries*，Elsevier，San Diego，2004.

Rand，D. A. J.，R. Woods，and R. M. Dell：*Batteries for Electric Vehicles*，SAE，Warrendale，PA，1998.

Schlesinger，H.：*The Battery：How Portable Power Sparked a Technological Revolution*，HarperCollins，New York，2010.（This is a popular history of battery discovery and development.）

Smith，J. J.，and K. J. Stevensen："Reference Electrodes," Chap. 4 in *Handbook of Electrochemistry*，C. G. Zoski，ed.，Elesevier，Oxford，U. K.，2007.

Srinivasan，S.：*Fuel Cells：From Fundamentals to Applications*，Springer，New York，2006.

Sudworth，J.，and R. Tilley：*The Sodium/Sulfur Battery*，Chapman and Hall，London，1985.

Tuck，C. D. S.：*Modern Battery Technology*，Ellis Horwood，Ltd.，Chichester，West Sussex，England，1991.

Van Schalkwijk，W. A.，and B. Scrosati：*Advances in Lithium-Ion Batteries*，Kluwer Academic Publishers，New York，2002.

Venkatasetty，H. V.：*Lithium Battery Technology*，Wiley，New York，1984.

Vinal，G. W.：*Primary Batteries*，Wiley，New York，1950.

——：*Storage Batteries*，Wiley，New York，1955.

Yoshio，M.，R. Brodd，and A. Kozawa：*Lithium-Ion Batteries：Science and Technologies*，Springer，New York，2007.

Zimmerman，A. H.：*Nickel-Hydrogen Batteries：Principles and Practice*，Aerospace Press，Los Angeles，2009.（See also Bibliography in Chap. 2，p. 2.36.）

期刊

ECS Transactions（semiannual），The Electrochemical Society，Pennington，NJ，08534.

Interface，The Electrochemical Society，Pennington，NJ，08534.

Journal of the Electrochemical Society，Pennington，NJ，08534.

Journal of Power Sources，Elsevier Sequoia，S. A.，Lausanne，Switzerland.

每年/每两年的会议论文

Annual European Lead Battery Conference，www. ila-lead. org. Proceedings available on CD-ROM.

Annual Fuel Cell Seminar，www. fuelcellseminar. com/past-conferences. aspx.

Proceedings of the Annual International Battery Seminar and Exhibit，Florida Educational Seminars，Boca Raton，FL. Available on CD-ROM.

Proceedings of the Biennial Workshop for Battery Exploratory Development，sponsored by the Office of Naval Research and Naval Surface Warfare Center Carderock Division，West Bethesda，MD.

Proceedings of the International Meetings on Lithium Batteries，The Electrochemical Society，Pennington，NJ 08534，www. imlb. org.

Proceedings of the NASA Aerospace Battery Workshop，Marshall Space Flight Center，AL.

Proceedings of the Power Sources Conference，Army Power Division，U. S. Army RDEC，Ft.

Monmouth，NJ，and Aberdeen Proving Ground，ND. Available from National Technical Information Service，Springfield，VA 22161-0001.

其他资料来源；手册和参考文件

Advanced Batteries for Electric Vehicles：An Assessment of Performance and Availability of Batteries for Electric Vehicles：A Report of the Battery Technical Advisory Panel，prepared for the California Air Resource Board（CARB），F. R. Kalhammer et al.，El Monte，CA（June 22，2000）.

Cost of Lithium-Ion Batteries for Vehicles，L. Gaines and R. Cuenca，Argonne National Laboratory，Argonne，IL 60439，Report No. ANL/ESD-42（May 2000）.

Encyclopedia of Electrochemical Power Sources，C. K. Dyer et al.（eds.），Elsevier，San Diego（2009）.

EPRI-DOE Handbook of Energy Storage for Transmission and Distribution Applications，EPRI Report No. 1001834，
　　Electric Power Research Institute，Palo Alto，CA（2009）.

Fuel Cell Handbook，EG&G Technical Services，U. S. Dept. of Energy-NETL，P. O. Box 880，Morgantown，WV
　　26507（2004）. Available for download or from NTIS，Springfield，VA 22161-0001.

Handbook for Handling and Storage of Nickel-Cadmium Batteries：Lessons Learned，NASA Ref. Publ. 1326（Feb.
　　1994）.

Handbook of Battery Materials，J. O. Besenhard（ed.），Wiley-VCH（1999）.

Handbook of Fuel Cells：Fundamentals，Technology and Applications（six volumes），W. Vielstich，A. Lamm，H.
　　Gasteiger，and H. Yokokawa（eds.），Wiley（2003-2009）.

Handbook of Solid State Electrochemistry，Vol. 1，*Fundamentals，Materials and Their Applications*，V. V. Kharton，
　　ed.，Wiley-VCH（2009）.

NASA Handbook of Nickel-Hydrogen Batteries，NASA Ref. Pub. 1314（Sept. 1993）.

*NAVSEA Batteries Document：State of the Art，Research and Development，Projections，Environmental Issues，
　　Safety Issues，Degree of Maturity*，Department of the Navy Publ. NAVSEA-AH-300（July 1993）.

Navy Primary and Secondary Batteries—Design and Manufacturing Guidelines，Department of the Navy Publ. NAVSO
　　P-3676（Sept. 1991）.

Rechargeable Batteries：Application Handbook，Newnes（Butterworth-Heinemann），Woburn，MA，1997.

Battery manufacturers' websites are also excellent sources for technical information and performance data. The websites and
　　physical addresses of these manufacturers are listed in Appendix G.

标准

参见第 4 章

附录 G

电池失效分析方法学

Quinn Hom, Troy, Hayes, Daren Slee, Kevin White,
John Harmon, Ramesh Godithi, Ming Wu,
Marcus Megerle, Surendra Singh, Celina Mikolajczak

概述

电池技术的迅速发展促进了电池在消费电子、玩具、电动车和混合动力车及医疗设备等领域的应用和发展；同时，也使分析电池失效和防止电池失效的方法越来越被关注。电池失效的种类很多，包括容量/倍率容量的损失、短路、破坏性损害和热失控等。通常某些特定的本质原因失效会导致电池失效行为的发生。例如，一般情况下，电池中电极杂质必然引起电池容量衰减，造成电池性能的降低；在某些特殊情况下，电极杂质也可能引起电池的热失控反应。电池失效的严重程度由电池的化学性质、电池的大小/容量、电池的物理结构和电池应用危险程度决定。电池组分的易燃性、化学稳定性和热稳定性随电池化学组成的改变而改变；可能释放的热量随电池的大小而变化（如汽车电池短路很可能比 AAA 碱性电池短路安全性更严重）；对电池失效程度的接受度随电池应用状况的改变而改变（如电池容量损失对电话是很轻微的失效，而对医疗设备则是很危险的失效）。

电池系统的失效分析需要多学科努力，一般包涵以下几点：

- 电池的基本化学性质；
- 电池的物理设计和结构；
- 电子保护系统；
- 电池、电池组和电池包的制造过程。

例如，在某些情况下，锂离子电池的失效可能是由于外部力量引起的，如严重的机械破坏或置于火中。然而，也有可能是由于充放电过程中的问题或电池保护电路设计与执行的问题引起。在某些特定情况下，由极少或敏感的制造问题形成的电池内部缺陷可能引起电池局部的失效。因为电池制造过失造成的电池失效，在极少数情况下会出现不可控的现象。近两次大的笔记本电池召回事件，使公众很快地知道电池的安全性问题[1~4]。

讨论所有电池失效的可能性，甚至仅仅讨论化学性质引起的失效可能，超出了该附录的范围。但是任何的电池失效可以用全面的科学方法进行有效研究，包括收集观察资料和证据，提出假设和验证。该摘要描述许多可能用于研究电池失效的技术，特别侧重于如何获得观察资料和形成失效模型假设。在某些情况下，电池失效的再现实验可以很快判断假设的合理性。但是，电池失效实验的完全再现很难实现，失效模型的假设只能以观察材料和有限的实验结果为基础。该附录中列出的技术和结论可能在如何进行电池失效分析方面有指导作用。大多数电池失效研究不需要用到附录中的所有技术。而且，每一种电池失效都是一个特殊案例，需要特定的研究策略和适合该研究策略的技术组合。因为失效分析目前主要关注的是锂离子电池，因此该附录中许多实例来自于锂离子电池失效分析。更进一步的锂离子电池组的失效分析还可以在参考文献中寻找[5~18]。

背景信息的收集

当发生电池失效时，对研究有用的信息通常可以从最终客户和事件发生地点收集。在理想情况下，用户可以提供有关设备背景、使用历史、失效征兆或失效事故描述等资料。有用的信息可能包括：

- 电池的使用时间；
- 典型的使用环境（高温、低温、湿度、振动）和任何重要的偏离；
- 次要因素，如液体的溢出、跌落、机械振动（急剧加速/减速）、快速放电、热冲击和近期维修；
- 导致事故发生的系统行为（如标称/非典型系统性能）；
- 事故发生时系统的状态（是否有插头插入、多长时间、开还是关）；
- 事故发生时和事故之后的失效征兆和观察资料；
- 对失效或事故采取的行动；
- 对事故引起的任何伤害及其严重性描述；
- 现场照片。

当然，这些用户说明只能作为参考，不一定完全准确；但是，结合事故证据分析和用户的说明可能对事故本质提供有用的信息。事故发生地点的系统检查和物理证据（如对于周围环境的详细描述）也提供了搜集各种信息的机会。任何可观察到的破坏模式（热、机械、电、化学）都可以用于判断产品和所描述事故是否一致。

NEPA 921 中"火灾和爆炸研究指南"内容也为起火、爆炸地点和现场有关目标的研究提供公认的准则[19]。这篇指南中的基本技术大部分可以用来研究电池失效，包括没有发生火灾和爆炸的情况。尽管按 NEPA 921 的方法实行研究是首要选择，但是经常不可能实现，因为在研究开始时，现场可能已经被清除或改变。用户提供的照片和其他研究结果，需要经过详细地调查才能作为可能造成电池失效的证据使用。

物证和样品恢复

被作为在确定电池失效原因中起重要作用的物证，可能或者最终变成法律诉讼的证据，必须得到处理。ASTM E1188 提供有关证据搜集、处理、保存的指南[20]。有关证据和相关文件的标准指南在 ASTM E1459 中给出[21]。如果是有关能量释放的电池失效，因为事故本身或失效后的燃烧和清理工作，电池各部分会分离。研究人员应该努力找回所有电池、印刷电路板、事故电池相关的零件，以及其他所有可能有关的事项（如热源、功率、燃料和其他所有可能在事故中被破坏的东西）。有时候，集成电路和电池保护电路的其他组成部分会被喷射出电池包，因此仔细检查现场所有可能遗失的东西非常重要。

失效后电池的解剖实验或其他任何实验可能对操作者造成安全和健康危害，鉴别和减轻这些危害需要专业的运作控制过程，选择适当的人身保护装备。例如，电池开裂可能导致电解质或活性物质的渗漏，这会对人的皮肤、眼睛和呼吸系统产生刺激。像笔记本电脑和电动工具这种由多个电池构成的电池组失效时，有些电池已经被破坏并可能引起某些电池反应，而这些电池仍处在满电状态，非常容易短路。应全面讨论所有关于电池化学性质和电池种类对人身伤害的清单。在参与、运送和进行任何电池或相关系统的解剖实验前，研究者应该提出一个安全计划。材料安全数据单（MSDS）和管理规范的代理网点（EPA，NIOSH，OSHA 等）都可以提供拟定安全计划所需要的数据。

失效系统和电池包不符合国际相关组织（如 IATA，ICAO，IMO）和美国运输部门对正常电池包的运送豁免规定。因此，失效系统和电池包只能作为危险品来运送。在某些情况下，因为失效样品不可能运送，必须进行现场实验。在美国，申报、贴标注、包装、运送危险物品都需要有经过 U. S. DOT 危险品运输认证。类似实验前后的电池也需要作为危险品存放。例如，被破坏的电池需要存放在相对应的化学品柜、可燃品柜、通风柜或生物危害品袋中，符合国家和地方的规章要求。最后，通过国家和地方规章要求和研究后的被破坏电池需要作为危险物品进行处理。

宿主设备或系统的检查

无损的可视检查　进行与电池有关的失效研究时，应该检查相应的宿主设备或系统（电话、笔记本电脑、玩具、电动工具等）。如果可用，在任何改动前应该进行彻底检查，包括通过利用所有侧面和透视图片，确定宿主设备或系统的原样条件。需要很仔细地检查可以看见的破坏或反常态的区域如机械变形、外壳裂痕、沉积物、局部烧焦、熔化、电池膨胀、电解质渗漏、区域电活性（包含电弧放电）以及所处环境的影响，如液体或异类污染物的浸入。这些样本可以帮助研究者确定事故发生时，宿主设备或系统的位置和状态。例如，对电源线和电源插头的检查可以表明事故发生时设备插头是否插入。如果检查，可以开关的设备，如电话、笔记本等，应该打开电池事故单元。显示器和其他内部组成（键盘、鼠标等）都需要检查拍照。热破坏和烟痕可以表明事故时该单元是开还是关。在解释这些证据前应该警惕，用户可能会在事故发生过程中改变设备状态。例如，用户可能在看到热失控事故的初级阶段关闭笔记本电脑并移至不同地点。为了以后对制造者进行跟踪，应该记录设备和电池包的序列号，这在发生严重破坏时，非常难做到。但是当事故的根本原因与制造缺陷有关时，这是至关重要的。

恢复　如果事故电池或宿主设备在失效分析开始时不完整或不能完全组装，研究者应该努力进行系统恢复。如果可能，在不产生任何附加破坏或改变证物状态的前提下，可以尽可能地把它们放在适当的原始位置（如图 G.1）。这样，通过和样本设备对比，可以更好理解破坏的蔓延分布。在电池组失效过程中，在分析造成一个或多个电池从系统中分离的案例时必须要这样做。这种重建包括通过和样本对比和连接处的详细分析。然而，在这个过程中一定要非常小心，因为在事故中某些连接处可能已经移位（如在事故中 18650 锂离子电池的盖子可能发生旋转，冷却后固定在新的位置）。

系统和电池的 X 射线分析　如果可能，在可视检查和恢复后，电池和系统应该通过 X 射线成像分析研究。电池和系统的 X 射线检查可以对相关位置点组成和破坏蔓延情况进行穿透性检查。X 射线图像还可以给出电路破坏的分布和范围。如果可以，事故系统和电池应该在完全组装的状态下进行 X 射线检查（如笔记本电脑、MP3 播放器、DVD 播放器等较小

图 G.1 失效后 18650 锂离子电池包的局部照片
（Exponent 公司提供）

设备）。X 射线图像应该从不同角度检查，以得到组装电池和系统的全貌。X 射线检查应该靠近电池和电池保护系统的破坏点或其他异常处。虽然这些组成部分会在接下来的观察中进行更详细检查，但是对被破坏电池及其周围部分的破坏样貌和关系进行全面检查后，通常可以提供有关失效起始点和随后的事故蔓延方面的重要线索。有关热失控在多电池系统中的蔓延状况在图 G.2 中给出。这张图给出电池排气口（从电池盖）喷出来的物质对邻近电池的影响。进一步，X 射线检测可以指导如何在不危害关键内部组成的情况下分解电池和宿主设备以及如何进行进一步检查。

图 G.2 锂离子电池局部的 X 射线图像，可以观察到从电池盖上的
排气口喷出来的物质对邻近电池的影响，如箭头所标明
（Exponent 公司提供）

　　状况和功能测验　如果电池失效没有能量释放，宿主系统一般没有损伤，可以通过样本电池包或其他供电设备对其进行测试。某些类型的电池失效（如容量衰减）也可以对电池本身进行测试。甚至在某些能量释放的电池失效中，宿主系统尽管出现损伤但仍保持基本功

能。当宿主系统丧失功能时，对仍保持功能的部分进行测试也是可能的，这些系统或功能部分可以提供宿主状态和事故相关信息，也可以有选择进行某些测试。宿主设备特定的操作参数和电池状态有重要联系，如电池性能、可靠性、安全性，包括充放电电压和电流截止点、过电压、低电压、过电流和高温、低温截止点。对多电池的串联应用还需要关注模块❶电压感知点，与电池或模块内阻和再平衡设计，以及多温度感知点的位置。进一步，保险丝和其他印刷电路板也可能和电池失效模型有关。

根据测试需要，在给宿主设备或系统的任何部分加压前，研究者必须熟悉其操作特性。研究者可以通过阅读、回顾产品和部件的有关文献资料，包括电路图，或者通过对样本宿主系统或设备操作参数的检查和辨别进行熟悉。考虑到对宿主设备加压可能会改变某些部件的状态和损害，在加压前应该尽可能收集所有可能的数据。例如，只读存储器上的挥发性记录物质可能在加压时发生改变，之后所得到的数据也许不能反映事故发生时的状况。

电池和电池组的检查

为了确定电池失效的原因，必须打开被破坏的电池包，取出并检查电池残骸、印刷电路板保护系统以及保险和其他热切断设备。这些检查是带有破坏性的。因此，为了尽量减小对事故研究中关键部件的破坏，应该只能在对所有相关部件的连接、整体包装检查、X 射线检测、样本单元检测后才能进行。

解剖过程要求谨慎而有条理，记录和留意任何反常东西。例如，在某事故单元的解剖过程中，研究者找到了该单元曾经被拆开且无法完全恢复的证据，这一证据和外部火焰引起的热和烧焦状态相结合，表明该事故是使用者在恢复过程中引起的电池失效。

为了更深入鉴定，一旦去除电池包外壳露出电池，应该记录电池的呈现状态并进行特殊标注。为了在接下来的分析中可以明确地确定电池的相对位置，标注的细节应该足够充分。在多单体组成的电池包中，为了确定每个单体终端的不同状态，确定电池的电路结构也很重要。如果可能，也应该测量所有的电池模块的电压和电阻；还需要密切关注从外包装壳连接到电池的电路系统；关注电池和金属线或电池极片和连接点间任何可能的短路点，这可能引起电池包的失效。

研究者必须判断所有观察到的破坏和反常究竟是电池失效的根本原因，还是失效后的连锁事件。例如，软包装锂离子聚合物电池出现电解质渗漏，引起保护电路的短路。在这个例子中，电池渗漏——可能来自于错误的封装、组装时包装袋的机械损伤、电池制备中包装袋不正确的绝缘隔离造成的腐蚀等，这些都是电池失效的根本原因，而不是观察到的保护印刷电路板短路造成的。

经过内电路检查，可以把电池和保护印刷电路板及其他部分分离。移动电池时要非常小心，尽量避免电池容器和电极的任何损伤。如果在电池抽出过程出现任何损伤，该损伤必须记录，因此，在给出电池失效模型假设时不考虑该损伤。在处理多单体锂离子电池系统解剖时，为了防止可能出现的保险打开或电池和保护印刷电路板其他损伤等情况，必须按照从高压到低压的顺序切断连接线或金属片。这也是在处理处在充电状态电池时最常用的安全途径。在事故中，电池和连接线上的绝缘体可能被破坏，因此，为了尽可能地减小电池处理过程中引发外短路的危险（如切断工具），需要加倍小心。

---

❶ 模块是电池的并联排布，通常多模块组成串联。

一旦开始解剖电池，应该进行检查和拍照记录。寻找并记录电池的序列号特别重要。电池的序列号一般包含电池的制造生产日期（有时根据序列号可以找到特定的生产批次或生产线）。电池生产厂家可以根据这些信息得到该批次所有电池的产品记录数据，用以确定相同批次样本电池的后继检测。这些信息可以帮助厂家确定，电池失效是由制造系统问题引起的还是一个独立的偶然事件。当进一步确定是否需要进行电池召回时，电池序列号可以帮助厂家确定召回电池的范围。

研究者应该检查电池壳或包装袋上的机械变形迹象。这类检查一般需要使用放大镜和光学显微镜。电池壳上的凹痕可能造成瞬间或延后的短路，引起电池容量的降低和随后的热失控。在软包装聚合物锂离子电池中，就曾观察到电池包组装过程产生的凹痕最终导致电池失效的状况。但是，必须注意的是，发生剧烈能量释放的电池上的凹槽常常是在事故后的处理过程造成（例如灭火过程、残骸的收集和运送过程）。并且，因为多数电池很结实，可以抵抗一定程度的变形，所以不是所有事先存在的凹槽都会引起电池失效。在得出事先存在的机械破坏造成电池失效这一结论前，必须找到该机械破坏造成卷绕电池芯短路的证据。一般来说，可以通过电池的 X 射线和 CT 扫描检测，或者打开电池直接检查卷绕电池芯寻找证据。

单体电池的电压、质量和内阻都应该在 1kHz 条件下测量。这些测量有助于确定电解质是否减少、内保护系统是否有用、隔膜有没有被热损坏以及失效时电池的荷电状态。然后可以进行电池的无损检测，如 X 射线检测和 CT 扫描。作为失效分析的一部分，事故电池和样本电池可以利用各种电化学技术进行诊断，包括电池循环和电化学阻抗谱，随后还可以对使用和未使用过的电池进行破坏性物理分析，包括参比电极测试（只限使用的电池）、电池气体的取样和分析，电池分解、电池横切。

电池的 X 射线分析

如果电池已经被破坏或者怀疑存在内部缺陷，必须对电池进行详细的 X 射线（以及下面要讨论的 CT 扫描）检查。通常根据电池的类型，尤其是卷绕电池芯的混乱区域，需要在两个或更多的平面，或从不同角度对电池进行检查（记录 X 射线图像）。通过电池的透视（电池包平放时从上往下看）X 射线图可以观察相邻单体电池间的相互影响。详细的 X 射线分析经常在确定热失控顺序（多层锂离子电池包）、热失控的起始电池、推断起始电池失效原理方面起决定性作用。

例如，在电池包中引发电池失效的 18650 锂离子电池的卷绕电池芯在 X 射线检测中只显示轻微破坏，而被引发电池的电池芯却显示出很严重的破坏，电池中出现重新凝固的小球。电池中轻微的熔融主要是因为发生短路时电池处在正常的操作温度，大部分电池能量导致更大面积的短路和电池及周围环境温度的提高。当隔膜熔断时，电池能量所剩很少，不能引起明显的附加短路。起始电池的反应热量提高周围电池的温度，这些电池的隔膜被外界能量熔断，而电池本身仍处在原来的带电状态。这就引起整个电池的短路，造成电池更严重的全面破坏。在电池严重失效引起的快速热失控事故中（外来物体对电池组某单体电池的穿刺、电池包的外部加热、电池过充）起始电池可能是被破坏最严重的。起始电池出现最大破坏是因为短路和随后的热失控发生速度太快，引起电池芯整体或部分被喷射出。周围的电池在热失控前逐步升温，不会发生和起始电池相同程度的破坏。

另外，所有内部导线的侧面图像和卷绕电池芯的排列 X 射线图像通常也很重要。导线的变形和卷绕电池芯的位移会导致内部的电池失效。组装电池所用的设备可能引起这种制造缺陷。如果这样，相同时间段内制造的电池中可能会重复出现相似的不同严重程度的缺陷。因此，即使这些缺陷没有在召回电池中被发现（可能在电池排气中被熔融或被破坏），通过检查相同时间段内的未失效电池也有助于判断是否存在制造问题。

电子计算机 X 射线断层扫描技术

在电子计算机 X 射线断层扫描技术（CT）中，X 射线沿直线方向被直接接受。通过对接收到的被观察物体的相同平面不同角度的多路 X 射线数据进行数学组合，可以构建反映观察物某截面的图像。通过一系列截面图像可以得到电池内部的三维呈现，而不是像传统平面 X 射线检测那样只能得到 X 射线反射源和探测器之间包含的所有材料和组分信息的平均图像。在 CT 扫描图像中，高密度区域呈亮色，而低密度区域呈黑色（和传统 X 射线图像相反）。例如，在典型的 18650 锂离子电池中，铜集流体呈现为很细的亮线，氧化钴正极材料呈现为较宽的灰带，碳材料呈现为黑线，夹在铜集流体和氧化钴正极之间（图 G.3）。18650 锂离子电池的高分辨 CT 扫描大概由 1000 个截面组成。各截面间的间距大概为 $70\mu m$，平面分辨率大概为 $20\mu m \times 20\mu m$。CT 扫描数据收集后通过数学处理可以生成一个沿观察物体的任何平面的横截面图像。图 G.4 给出了一个因挤压实验引起电池热失控的 18650 锂离子电池的纵向截面的 CT 扫描图像（该电池同样按图 G.3 中方式进行扫描）。

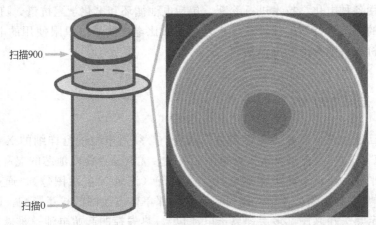

图 G.3　商业 18650 锂离子电池的 CT 扫描横截面图像
（Exponent 公司提供）

CT 扫描技术在检测失效电池的化学性能和结构方面的应用主要受以下条件限制：样品成像室的大小、X 射线源的强度、电池几何结构和电池材料。CT 扫描是一个动态过程，需要在样品室内移动样品，较大的样品就需要较大的样品室。大尺寸电池和较高密度材料组成的电池需要更强的 X 射线光源。如果 X 射线的光强不够，会得到边缘清楚而内部模糊的电池图像。基于图像构建的算法系统，具有对称结构的电池（如圆柱形电池）可以得到最好的 CT 扫描图像。当电池结构不对称时，CT 扫描图像会出现模糊点和严重的阴影点。图像中模糊点和阴影点的数量和位置与被扫描物体的不对称程度相关。当成像材料的密度相差很大（如锂和钢相连），轻金属可能无法在图像中呈现。为了降低电池扫描部分的不对称，提高整个电池的扫描分辨率，可能需要对方形和其他类似几何结构的截面沿不同轴进行多次扫描。例如，一只 50mm 宽的电池可以通过两个并列轴进行扫描，如同 2 只 25mm 宽的电池。

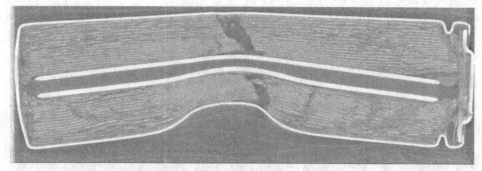

图 G.4 由挤压实验引起热失控反应的 18650 锂离子圆柱形电池的 CT 扫描纵向截面图像
(Exponent 公司提供)

CT 扫描技术作为评价电池内部结构的一种强有力的无损诊断技术是平面 X 射线检测技术的补充。平面 X 射线检测可以很快拍摄一个图像展示出某些缺陷，如金属片形状/位置和整体电极的位移。但是，由于平面 X 射线技术的本质及图像平均处理所引起的掩盖效应，即使对电池进行大量平面 X 射线扫描也无法拍摄到局域缺陷。一般来说，CT 扫描在识别污染物颗粒和其他会在平均到整个电池中丢失的点缺陷判断方面更为有效。随着污染物原子序数的增大和污染物原子序数与周围材料原子序数差别的增大，CT 扫描技术对污染物的探测能力提高。CT 扫描还可以判断内部卷芯是否有位移、破坏、戳破、熔融，判断电极分层和裂纹的位置、判断多余或丢失材料的面积、电池外壳是否被腐蚀、锂离子电池是否有严重过放（铜溶解），并可以展示许多平面 X 射线未发现的意外的内部缺陷。

检查经过热失控的锂离子电池包时，传统的平面 X 射线技术可以在检查的起始阶段使用。如果失效是由电池内部缺陷引起的。平面 X 射线技术可以用来判断热反应的起始电池。起始电池被确定后，在电池分解前应该通过 CT 扫描进行深度无损检测。对经过热失控和电池喷出等严重破坏而无法拆开卷绕芯的圆柱形锂离子电池，CT 扫描检查更为有用。

实例：原电池的 CT 扫描 原电池的失效分析和综合检查具有很大的挑战性，尤其是锂原电池，如果需要检测锂金属，或具有腐蚀性挥发性的正极材料时，必须在手套箱的惰性气氛中打开。该过程需要适当的专业操作和人身防护设备。通过解剖可以展示表面的组分特征，但不能展示表面下组成的缺乏和裂痕。CT 扫描可以对电池内部的各部分组成和特征进行检测，如铜集流体、活性材料的内表面、电池导线、空白空间、裂痕。还可以检测电极的排列和位置，探测内部凹陷和腐蚀以显现密封表面的一致性和形状及评定整个电池的结构品质。为了演示 CT 扫描在原电池上的应用，对处在不同放电状态的电池的不同结构点进行 CT 扫描。图 G.5 和图 G.6 分别呈现锂/二氧化锰 CR2050 扣式原电池在充电状态和放电状态时的 CT 扫描图像。电池的整体结构非常清楚，包括不锈钢外貌、密封表面、正极片和金属锂负极。钢外壳对应于图像中较亮的部分。二氧化锰正极对应电池内的灰色区域。在 CT 扫描图像中显示出二氧化锰区域深度渐变，这是由于顶部较大体积分数的钢外壳影响而形成的典型图像。低 X 射线吸收系数材料，如锂金属负极和空白空间，在 CT 扫描图像中呈黑色。例如，在图 G.5 和图 G.6 中锂金属负极是位于正极正下面的黑色区域。

正极材料和负极材料间的界面非常清楚，界面的位置随着电池的放电状态移动。图 G.6 给出了同一只电池的自然放电状态 CT 扫描图。与预测的一致，金属锂几乎完全被消耗，这可以从电池内部黑色区域的减少看出。随着正极区域因锂离子的插入而增大，在正极材料增大过程引起的破裂（贯穿正极材料的黑线）也在图 G.6 中呈现。电池放电时，类似的正极材料破裂也在其他电池的放电状态中被发现，不一定代表电池的设计或制造缺陷，也不一定

图 G.5　锂/二氧化锰 CR2050 扣式原电池的过中心点横切面的 CT 扫描图像（约 100%SOC）

（Exponent 公司提供）

图 G.6　放电态锂/二氧化锰 CR2050 扣式原电池的过中心点横切面的 CT 扫描图像（约 0% SOC）

（Exponent 公司提供）

影响电池的性能和安全。

图 G.7 是半电状态（50%SOC）的锂/二氧化锰 CR1/3N 原电池内部结构 CT 扫描图。电池是以金属网为集流体的螺旋缠绕式结构。金属部分如不锈钢壳、金属网电极、中间栓，在图像中为亮色区域。正极材料为灰色区域。锂金属为紧接正极材料的黑色区域。从图中可以看到密封表面显示为相对一致的垫圈压缩，没有被腐蚀的迹象。在放电过程中锂金属消耗不均衡。通过该图像很容易看到锂金属和正极间出现的不均衡界面。空隙和裂痕遍及整个电池。空隙和集流体金属网相一致。正极活性材料上的裂痕呈现从正极材料和集流体间界面上的空隙开始向外蔓延的趋势。这个观察结果和邻近集流体的空隙更容易先形成空隙，然后在放电过程中随着锂离子向二氧化锰材料的插入，正极材料基体产生破裂的说法一致。

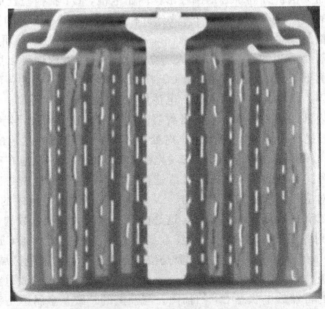

图 G.7　锂/二氧化锰 CR1/3N 原电池的

过中心点纵切面的 CT 扫描图像（50% SOC）

（Exponent 公司提供）

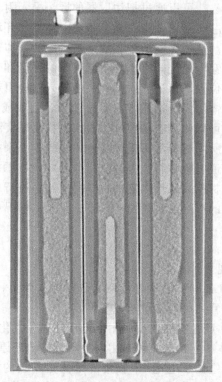

图 G.8 9V 锌/二氧化锰碱性原电池沿通
过 3 只单体电池方向切面的 CT 扫描图像
(100% SOC)

图 G.8 给出 9V 锌/二氧化锰碱性电池的 CT 扫描图，由 6 只单体电池形成交互系列组成电池包（该截面显示了三只单电池）。从图像中可以明显看到锌粉颗粒，也显示锌粉在整个电池中分布不一致。由于隔膜的折叠和皱褶造成正负极界面的不规则。该图中还展示电池的其他特征包括负极栓的排列、电池壁的一致性/完整性、正负极材料的分布状态。

电池气体的取样与分析

多数电池中的化学活性材料可以使浓缩相材料更容易转化为气体。在某些情况下，产生气体是电极对正常工作的一部分。在铅酸电池充电的最后阶段，电解质中水电解是正常工作产生气体的实例。在其他情况下，气体的产生是电池发生其他化学/电化学反应的直接证据。例如，在锂离子电池正常工作时，由于电解质和活性物质的动力学阻碍会产生烃类气体。但是，大量生成的气体副产物导致电池膨胀和喷气是电池组分衰减的标志。因此，锂离子电池的气体分析经常是推断副反应的有力工具，随后可以提出该电池可能的特殊失效机理。

气相色谱/质谱是最常用来分析失效电池产生气体分析的技术手段。气相色谱/质谱可以对气体样品组分进行分离和定量分析，为分析气体产生的原因提供必需的信息。气相色谱/质谱有非常高的灵敏度，所以气体的收集和贮存非常重要以收集气体需要维持气体样品的完整性并防止由于污染造成的错误数据。配备惰性密封材料的注射器和把气体保存在注射器管中的阀门装置是非常有用的气体收集和贮存工具。

从失效电池中取出气体时，电池的形状和结构决定气体的收集方法。从肿胀的软袋包装电池中取出气体样品非常容易，可以通过把注射器的针头推入附着在电池外面的隔膜的办法收集气体。如果用的是不取芯注射器针头，为了防止电池外部环境中气体的进入，隔膜的厚度应该大于针头的倾斜长度。从硬壳电池中收集未被污染的气体样品更具有挑战性。研究者不仅仅需要提出一种可以刺穿电池壳同时不会引起气体的外泄和环境污染物的进入的气体取样方法，还必须确定电芯的位置，保证注射器针头的插入不会引起电极卷芯的短路，确保气体样品没有被短路产生的气体污染。这通常需要先进行 X 射线或 CT 扫描检测确定针头进入电池的合适位置，然后制作可以比较容易使针头进入的样品采集装置。

电池产生的气体由电池所用材料和污染物决定，也受到外来材料的反应活性影响。正确地解释气体分析结果需要知道电极材料、电解质组成和电解质添加剂；并且，在对产生气体全面分析时，还需要对活性材料衰减最可能的化学反应路径进行理解。

在锂离子电池中，气体的产生经常是由于以下三种常见情况中的某一种造成的：

- 活性材料的过充电；
- 活性材料的过放电；
- 电池内污染物的出现。

Kumai[22] 等人在对碳/LiCoO$_2$ 电池进行系统研究的基础上，对过充电和过放电过程中产生气体组分进行指导性解释。一般来说有以下两点。

- 在过充电过程，气体产生机制主要是由电池活性组分氧化衰减的化学反应路径决定。
- 在过放电过程，气体产生机制主要是由电池活性组分还原衰减的化学反应路径决定。

例如，过充电的 18650 锂离子电池❶中收集的气体是复杂的混合物，主要成分为 CO$_2$。CO$_2$ 是碳的氧化产物，很可能是由于正极材料衰减中逐渐生成的氧气，促进正极表面电解质氧化形成[23]。下面的化学反应方程描述正极材料的衰减过程和随后的电解质氧化形成 CO$_2$ 的过程：

$$LiCoO_2 \longrightarrow Li_{0.5}CoO_2 + \frac{1}{2}Li^+ + \frac{1}{2}e^- \qquad （正常充电反应）$$

$$Li_{0.5}CoO_2 \longrightarrow CoO_2 + \frac{1}{2}Li^+ + \frac{1}{2}e^- \qquad （过充电反应）$$

$$3CoO_2 \longrightarrow Co_3O_4 + O_2（气体） \qquad （正极材料衰减和氧气的生成）$$

$$电解质 + 3O_2（气体） \longrightarrow 3CO_2（气体） + H_2O \qquad （电解质氧化）$$

然而，Kumai 等人并没有报道失效锂离子电池中存在的氢气可以作为电池过充电的指示剂，氢气是电池活性材料的还原产物。在过充电中，锂金属在负极表面沉积。高还原性的金属锂和电解质反应生成氢气和其他多种电解质还原产物[23]。由于在没有金属锂的情况下不可能产生氢气，所以检测到氢气可以作为过充电过程的一个重要标志。

电池分解

根据检测目的不同，电池分解可以通过很多方法实现。当电池壳被取走而电芯没有解开（卷绕电池）或分离（方形电池）时，最常用的方法是把电池的卷绕芯铺开或把叠片芯拆开。在反应电池中鉴定特定失效点或在样本电池中鉴定制造缺陷，这是非常重要的一步。通常电池卷芯铺开或叠片芯拆开后可以对所有幸存的电极和隔膜表面进行检查，包括检查各种金属

---

❶ 该电池系统由 LiCoO$_2$ 正极材料，碳负极材料，电解质为 1mol/L LiPF$_6$ 的甲基乙基碳酸酯（EMC）、二乙基碳酸酯（DEC）、二甲基碳酸酯（DMC）和碳酸乙烯酯（EC）混合的溶液。

片、焊接点、绝缘体、内部保护装置、电池壳或电池袋的状态，通过高分辨数码摄像机，借助于扫描电子显微镜（SEM），在电池分解过程中可以对电池进行检查和取证。必须注意的是：对电池分解过程中出现的任何损坏都必须进行取证。

打开任何电池，尤其是部分充电（如 3V 的锂离子电池）或满电（如锂原电池）状态的电池，可能会出现安全事故，因此只有在研究者对电池的设计和化学性质充分理解并提出安全解剖计划时，才可以尝试打开电池，电池的安全解剖计划包括合适的工具控制（通风橱、手套箱）、合适的人员保护措施（手套、护目镜、围裙、呼吸器）、万一电池分解过程发生短路并开始自放热而采取的措施（遏制措施、灭火器、淹没短路电池的沙桶）、贮存和处置电池组件的办法。研究者应该考虑到相关电池组分潜在的危害，包括毒性、可燃性（基于烃类材料的电解质、锂金属等）。在计划打开电池外壳时，应参考电池的 X 射线、CT 扫描结果和制造图纸，使用非导体或绝缘工具。但是即使是使用非导体工具，如果在试验中把相反的两电极连接到一起也会引起短路。

对于高能量电池，如锂/亚硫酰氯电池，应该先经过液氮冷冻，再部分解冻进行解剖。

实例：锂离子电池 对于没有经过热失控的锂离子电池，铺开其卷绕芯（图 G.9）或拆开叠片芯可以暴露电极和隔膜表面的污染物、微短路（图 G.10）、析出锂（图 G.11）。同时也可以检测出异常的内部导线、焊接点、绝缘体、带状区域（图 G.12 和图 G.13）。

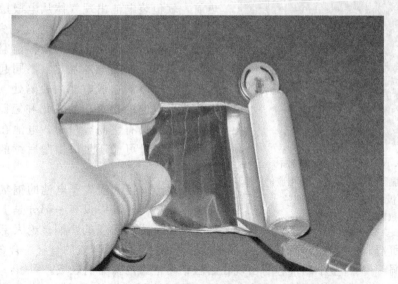

图 G.9 18650 锂离子电池电极和隔膜检查初始阶段的照片
（Exponent 公司提供）

对于发生过热失控的锂离子电池，被破坏的不仅仅是隔膜，很可能发生铝集流体的熔融。在这种情况下，在失效分析过程中要仔细检查剩余的负极材料，尤其是一般可以保存完整的铜集流体。这种检查经常可以看到铜集流体上的不同位置和不同特征的小洞。图 G.14给出热失控过后铜集流体的简单示意图，描述几种不同小洞的典型位置。

在铜熔融和重新凝固位置的周围可以看到一个或一小簇的小洞。这种类型的小洞经常和铜集流体上的其他小洞隔离。一般出现在铜和铝集流体都被活性材料覆盖的卷绕芯上，而不是裸露的铜集流体。其周围经常发现不明显的剩余活性材料覆盖物。它们的边缘有明显的比较平滑的皱褶或边缘（图 G.15）。而且，经常可以看到延伸到洞中的小结核。另外，这些小洞都呈现圆形边缘的特征，比原先的铜集流体厚。这说明铜集流体经历通过降低比表面积减

图 G.10 锂离子电池解剖中，
发现隔膜微短路（上）和相应的
负极材料点（下）的照片
（Exponent 公司提供）

少表面能的形变过程，这只能在熔融过程出现。因此，这证明铜集流体被熔融后在原地重新凝固。这种区域没有铝合金的出现，可以通过扫描电子显微镜和能谱分析（SEM/EDS）确认。

尽管在经过热失控过后仍存在的集流体上可以观察到很多特征，但是有着铜重新凝固边缘的小洞具有特殊的意义。在热失控过程中，测得的电池表面温度不可能达到铜的熔点（1357K）。由容量低于 2200mA·h 的电池组成的电池包在非过充电情况下发生的热失控事故中很难在多于一只单体电池上看到铜重新凝固边缘的小洞。这说明同时造成大面积隔膜熔断的电池外部加热，不可能形成铜的区域熔融。非常有限区域的铜熔融暗示与缺陷有关的能量快速定域传递。这种缺陷只能在大多数隔膜没有熔断坍塌时，存在和铜集流体相连的导电性足够好的途径（如在电解质加热前，软包装电池出现气体从电极层产生分离）。这种特征意味着该点/区域是电池热失控事故的起始处。但是，在给出这样的解释前需要小心，因为其他原因引起的电池加热（不同起始点或外部热袭击）也可能造成电池内缺陷处（污染物，方形或扁平电池的拐角）的软化和短路。并且，当电池过充或具有更高容量时，电池在起始内短路后的剩余能量可能还足以引起后续的其他更多位置的短路。

经过热失控的锂离子电池的铜集流体上存在许多类型小洞，其中只有一部分是上面所讨论的具有铜重新凝固边缘的小洞。绝大部分小洞是形成铜铝合金所造成。当液相的铝接触金属铜时会形成一种很低熔点的合金，合金熔融或氧化就会形成小洞[24]。合金小洞很容易出现在熔融铝易汇聚的裸露铜区域。例如：

- 和裸露的铝集流体邻近的，没有被活性物质涂覆的铜片区域，如负极导线或卷芯的末端；
- 热失控事故过程中可以汇聚熔融铝的卷绕芯的边缘；
- 炙热的气体和气体中存在的氧，可能对涂覆在铜上的活性材料造成破坏（在电池泄气口附近区域）。注意：电池的形状、结构和周围宿主设备的形状以及热失控事故的动力学过程决定炙热气体的路径。

热失控过程存在液态铝，并且证据显示液态铝可以在整个电池内被传送——在热失控事故电池的泄气口或电极边缘经常会出现重新凝固的小铝珠（图 G.16）——绝大多数活性材料涂覆的铜集流体区域没有出现铜铝合金。这可能是由于液态铝没有浸润负极材料（炭），不能渗透负极涂覆层，或者由于液态铝通过毛细作用被吸附到正负极活性材料中，从而和铜集流体隔离。商业电池的压汞孔隙率测试结果表明涂覆活性材料的孔隙率为 25%～30%。经验表明，铝集流体的厚度和正极涂覆材料的厚度（单面）比为 1:4。因此铝集流体两侧

图 G.11 已放电的锂离子电池中，负极表面析出锂的照片，
在水蒸气的存在下，由于氢氧化锂和氢气的产生，
析出锂的位置会形成白色泡沫
（Exponent 公司提供）

图 G.12 18650 锂离子电池壳底部内表面被腐蚀的照片
（Exponent 公司提供）

的正极活性材料可以完全吸附熔融的液态铝，从而阻止液态铝和铜集流体的接触。事实上，打开热失控电池并展开其卷绕芯可以看到光滑的负极活性材料层，可以证明产生的液态铝并没有渗透负极活性材料。因此，与气体排放路径和裸露铜无关的区域出现铜铝合金可能是涂覆活性材料在热失控前破坏或剥落的证据。

合金小洞的边缘一般是易碎金属氧化物质（铜铝合金的氧化产物）的灰色带，未熔融或未氧化的合金物质的黑色环，或者是合金已从铜箔上脱落而形成的明显锐利的铜表面（像穿

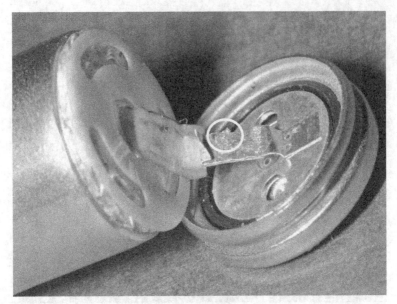

图 G.13 正极导线边缘出现金属毛刺的 18650 锂离子电池盖的照片
（被圈出部分）

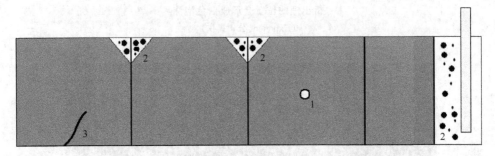

图 G.14 描述被损坏的方形电池中热失控后铜集流体上的几种典型破坏位置的简单示意图
（1）出现在活性材料区域的具有重新凝固铜边缘的小洞；（2）负极导线极片和
排气口附近的铜铝合金区域；（3）铜集流体的破缝
（Exponent 公司提供）

刺洞）。通过反向电子散射 SEM 可以很清楚地看到铜铝合金区域。在反向电子散射 SEM 中，高原子量材料，如铜显示为亮色；低原子量物质如铝显示为黑色❶。在反向电子散射 SEM 图像中，对比铜集流体的亮色，合金洞往往有黑的环状边缘，这块黑色区域就是铜铝合金。

在电池包和电池的解剖过程中，很难避免卷绕芯的机械裂缝或破坏。如果负极电极在热失控后被撕裂，在破坏区域周围会出现相对干净的表面。热失控前出现的负极电极裂缝会受到加热、气体和可能的铜铝合金影响。因此，这种裂缝可能出现加热图案和其他温度上升的标记。有时候，负极裂缝会和边缘有铜熔融重新凝固证据的小洞相关联。

有时在经过热失控的铜集流体上可以找到污染物的存在。经过热失控后仍然可以探测的污染物一定含有正负极电极中不存在的物质。通过打开电池后的检测，污染物通常被分离或在负极和铜形成合金，而没有被毁灭或取代。因此，尽管不是污染物本身，尤其是金属污染

---

❶ 观察到的亮度可以由观察者设定，只能用于出现在相同图像中的不同物质间的定性对比。

图 G. 15 铜集流体上铜的重新凝固形成的具有明显的比较平滑皱褶或边缘
（箭头指向部分）小洞的立体显微镜照片
（Exponent 公司提供）

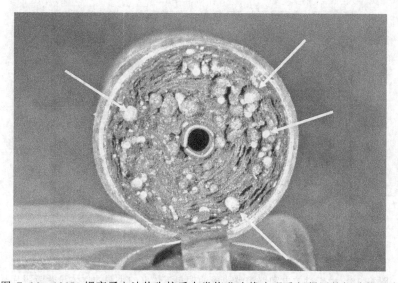

图 G. 16 18650 锂离子电池热失控后在卷绕芯边缘出现重新凝固的铝珠的照片
（Exponent 公司提供）

物，外来污染还是可以检测到。但是一般不能直接检测到塑料、铝或铜污染物。实际上，在
检查铜集流体的熔融洞时，很少发现任何污染物存在的证据。

电池过放可能导致铜的溶解形成铜集流体上的许多小洞。图 G. 17 是经过严重过放（但
没有发生热失控）的 18650 锂离子电池横截面的 CT 扫描图。在该图中，铜集流体显示为细
的亮线，涂覆氧化钴的铝集流体显示为粗的灰线。在整个电池中，铜集流体不是连续的——
被许多小洞断开，直径和集流体厚度相近。这种类型的小洞是铜集流体溶解的结果。图
G. 18 给出这种小洞在处于卷绕状态的没有经过热失控电池上的图像。该小洞的直径和负极

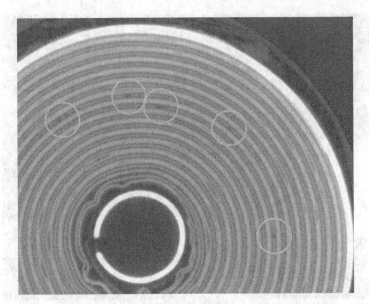

图 G.17　经历严重过放电导致铜溶解在铜集流体上形成细微小洞的 18650
锂离子电池的 CT 扫描图像，尤其是圆圈标注出的区域（没有发生热失控）
（Exponent 公司提供）

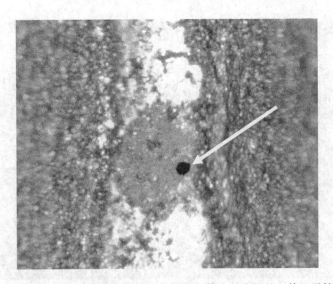

图 G.18　由于过放电和铜溶解造成的铜集流体上的小洞的立体显微镜照片
（Exponent 公司提供）

层厚度相近。

　　经过过放电的电池再充电时，铜在负极材料上沉积，造成负极材料的衰降，导致负极表面锂金属的出现，可能引发电池的热失控。如果打开过放电并热失控的电池，展开其卷绕芯，仔细观察铜集流体可以发现大量小洞（移走残余的负极材料，把集流体放在发光的桌子上是最好的观察方法）或如图 G.19 所示的铜集流体表面的凹陷。对卷绕芯界面的检查表明铜分散在所有负极、负极表面和所有正极中。图 G.20 给出了电池界面的 SEM 图像（通过周围电池在热失控中变脆的电池芯的层积断裂得到）和显示铜分布的 X 射线元素分布图。该图

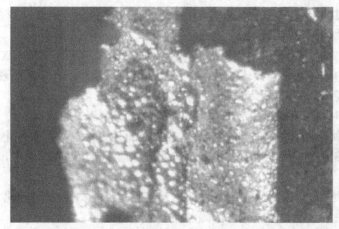

图 G.19　由于反复剧烈过放电造成的铜集流体表面凹陷的立体显微镜照片
（Exponent 公司提供）

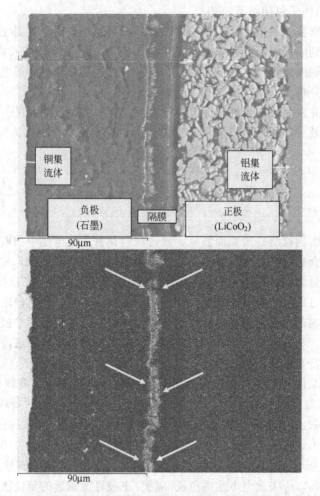

图 G.20　D 型锂离子电池截面的反向电子散射 SEM 图像（上）和同一
区域内的铜元素分布图（下），说明铜的枝状结晶从负极穿过隔膜向正极
生长（箭头中间），电池横断面测量在下一部分讨论
（Exponent 公司提供）

中的电池经历过过放电，然后部分烧毁。观察到的铜的重新分布只能发生在电池热失控前，因而可以证明电池的严重过放电。

在早期的锂/二氧化硫原电池被施加反向电压时也观察到这种作用。这类原电池具有卷绕在锂金属负极中的网状铜集流体（见第14章）。造成猛烈短路（如铜熔融）事故电池的短路和热失控可能经过以下机理和过程。

① 横穿电极对的导电通路引起的最初短路事故把铜集流体加热到熔点1357K。

② 残余热量使短路点周围的隔膜熔断，造成正负极活性材料间较大电阻的短路。大电阻的短路继续加热电池，但是熔断隔膜可能妨碍或降低最初短路点的强度，使熔融的铜重新凝固。

③ 由于隔膜熔断造成的正、负极之间的大电阻短路把电池加热到化学反应自发进行（热失控），在热失控过程中，电池内部的大部分达到铝熔点933K。

④ 热失控的最后阶段，熔融的铝和裸露的铜形成合金。

需要注意的是：不是任何情况下都可以铺开卷绕芯或打开叠片。很难进行这种破坏性物理分析（DPAs）的例子包括如下。

高温时电池暴露在湿气中，因为铜卷绕芯的高温腐蚀导致铜严重退化和脆化（如用水灭火）的电池被加热到隔膜熔断温度以上并发生泄气事故，但是没有进入热失控状态，因此，干涸的电解质和熔融的隔膜把电极极片粘接在一起（通过后来的烘烤可能去除隔膜，进行下一步的破坏性物理分析）。

电池快速产气并发生泄气，因此造成卷绕芯的撕裂和各位置的混乱。

这些电池的失效分析更加依赖于电子系统分析和电池无损检测（X射线检测、CT扫描等）的数据结果。

横截面测量

另外一种电池解剖检测是横截面测量，该过程包括首先从电池中抽取电解质和电解质溶剂组分，然后用聚合物树脂充满电池。随后进行电池剖面的物理截取，并通过无水打磨技术制备成可以用光学显微镜、扫描电子显微镜（SEM）和能谱分析（EDS）观察微观结构的样品。横截面测量可以鉴定电极的衰降、穿过隔膜的枝晶生长、制造缺陷以及其他方法很难检测到的活性材料内部污染。和其他技术不同，横截面测量需要保存电极结构和电极中不同成分间的空间关系。与安全性、可靠性和电池性能有关的内部缺陷和衰降机理可以通过这种横截面测量技术进行直接观察和辨别。

对许多电池体系而言，通过横截面测量是理解其衰降机理非常有效的手段，如铅酸电池[25~32]、镍/金属氢化物电池[33,34]、标准碱性（Zn/MnO_2）电池[35]和锂离子电池[36~42]。例如，Zn/MnO_2碱性电池的研究结果表明：对横截面的测量分析可以提供多孔电极中锌氧化反应产物的枝晶形成和分布。这些信息可以用来判断碱性电池是否经历过重新充电，如图G.21中的SEM图所示。这些图像是通过观察三只AAA Zn/MnO_2碱性电池的负极横截面得到的。图G.21（a）为未放电电池的负极/隔膜/正极界面附近的负极图像。图中亮灰色的半圆区域为金属锌粉末颗粒。图G.21（b）为300mA放电至0.8V电池到相同位置的图像。锌颗粒明显变小并被放电产物ZnO包裹（深灰色）。图G.21（c）为放电完毕后重新充电电池的相同位置的图像。可以看到更小的金属锌颗粒装饰在隔膜界面上。这些更小的金属锌颗粒是在重新充电过程中出现的锌堆积，在随后循环中和其他负极材料隔离。

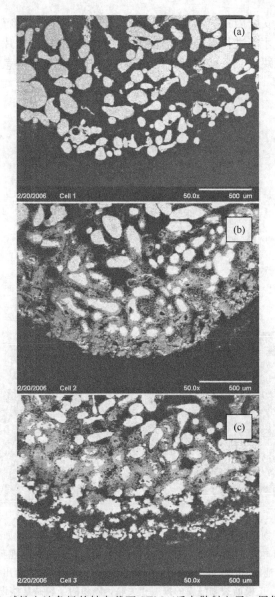

图 G.21　AAA 碱性电池负极的轴向截面 SEM（反向散射电子）图像，亮色区域是
金属锌颗粒，深灰色区域 ［只存在图（b）和图（c）中］ 是放电产物 ZnO

（a）新的，未放电电池；（b）300mA 放电至 0.8V；（c）300mA 从 1.65V～0.8V 循环 3 次；
循环中金属锌向隔膜方向分离的证据在图（c）中

（Exponent 公司提供）

　　图 G.22 给出了一个横截面测量和其他技术相辅助的例子，如 CT 扫描。在该例子中，
一组 AA 型 Ni/MH 电池在充电过程中被发现出现有较高的自放电速率和过热。通过 CT 扫
描，在正极电极上发现裂缝，如 CT 切片所示。相同平面上的电池横截面的 SEM 图像在图
G.22（b）中给出。物理截面检测可以证实正极电极存在的裂缝，高放大倍率的图像 ［图
G.22（c）］ 展示了在正极破裂处形成空白的空间区域；负极向该空白区域挤压，造成该区
域隔膜的撕裂。隔膜的撕裂造成若干内短路位置，使这些电池出现较高的自放电速率和
过热。

　　横截面测量技术也可以用于锂离子电池，但是在横截面制备过程中，要非常小心处理潜

在的、与热失控有关的安全因素。对锂离子电池，首先必须确认电解质完全被抽走，电池处在完全干燥的情况下，才能进行聚合物树脂的注入和电池的物理切片。一个恰当的锂离子电池截面可以给出与制造缺陷、衰减机理、滥用、误用有关的重要信息。

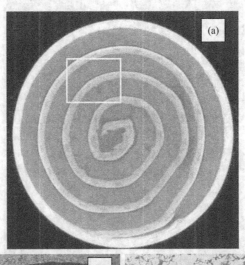

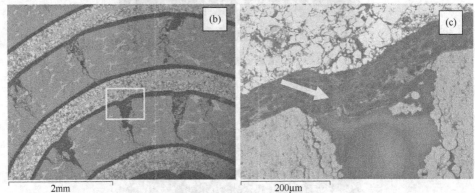

图 G.22 物理横截面测量可以采取其他辅助无损测量技术，如 CT 扫描；
AA Ni/MH 电池的轴向 CT 切面在图(a)中给出，正极材料出现明显的断裂；
相同电池的 SEM(反向散射电子)图像在图(b)和图(c)中给出；从中
可以看出，正极断裂和隔膜的撕裂相关联，隔膜的撕裂是某些设备中电池
快速自放电和过热的根本原因
(Exponent 公司提供)

图 G.23 给出过充电对 18650 锂离子电池微观结构造成的影响。在该图中，顶端给出两个同样电池的 SEM 图像。左侧图像(a)来自于经过 3.0～4.2V 循环的电池，而右侧图像(b)来自于经过 3.0～4.6V 循环的电池，可以看出过充电到 4.6V 的电池负极电极比充电到 4.2V 的负极电极厚。在 SEM 图像下面的碳元素分布图[图(c)和图(d)]中可以看出过充电电池中碳颗粒和隔膜间出现一个缝隙。最底端的磷元素分布图[图(e)和图(f)]显示过充电电池中碳/隔膜界面出现较厚的富磷层。电池过充电时金属锂在碳表面析出，与电解质反应，形成富磷层还原产物。

横截面测量技术还可以用来确定锂离子内部的微短路。图 G.24 给出关于具有较高自放电速率的高功率 18650 锂离子电池的例子。在这些电池中，正极电极导线上的聚酰亚胺胶带和脱锂的 Li_xCoO_2 相接触。胶黏剂和脱锂正极材料的不相容性造成了钴的分离并在负极表

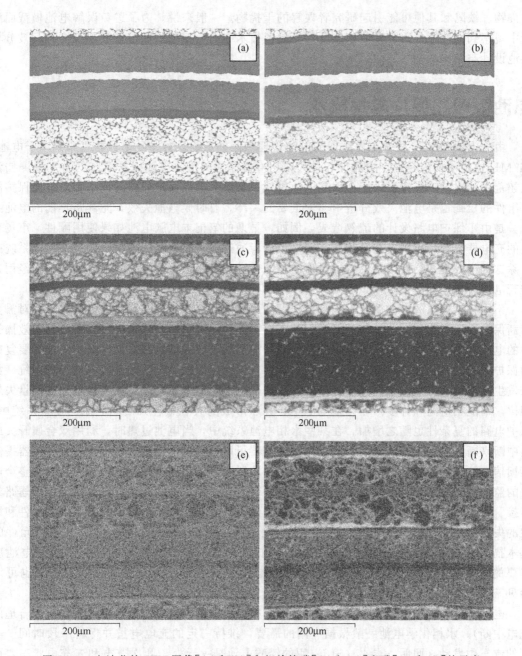

图 G.23　电池芯的 SEM 图像[(a)和(b)]和相关的碳[(c)和(d)]和磷[(e)和(f)]的元素
分布图。左侧来自 18650 锂离子电池的轴向截面，而右侧的图像来过充到 4.6V 的对比电池；
在负极和隔膜的界面上可以看到过充电导致富磷层的出现；富磷层是电解质的
还原产物，是由于金属锂和电解质间的反应形成的
（Exponent 公司提供）

面沉积形成富钴化合物。该物质穿过隔膜形成电池内部的高内阻短路通道。在图 G.24（b）
中可以明显看到隔膜内的沉积物，图 G.24 中的元素分布图证明该沉积物是富钴的。

　　因此，电池横截面测量技术是电池失效分析的有力工具，尤其是与其他失效分析技术相
辅助则更有效。但是和其他用于电池解剖的技术一样，在样品制备过程，必须注意防止引入

污染物、缺陷和其他可能引起研究者误解的干扰物。一般来说，为了避免误解电池横截面测量中观察到的特征，研究者应该熟悉样品制备技术中的金相结构和材料微观结构及其被分析电池设计与结构的基本层面。

电池管理和保护电路检测

由充电器和 PCB 保护电路组成的电池管理和保护系统，对保证化学电池如锂离子电池、Ni/MH 电池等的安全性、可靠性和最大使用寿命非常关键。电池保护系统的自动检测错误或超范围状况的响应错误可能会引起电池失效。对整个电池保护通路的评估和对电池保护电路组件的检查也是电池失效分析中非常重要的一环。有时候电池失效，尤其是早期的电池系统，是由于保护电路设计的疏忽造成。例如，早期的笔记本电脑电池如果使用配件，市场普通的充电器很容易出现过充电状况，后来设计者通过装备充电器和电池辨认反馈检测系统来排除这种失效模式。使用系统记录对诊断电池保护通路是否存在缺陷非常有用（如曾经用过的充电器、快速充电器）。

不同化学体系的电池需要不同复杂程度的保护电路。因此，在特定失效模式下，对需要诊断保护电路引起电池的任何可能作用一直有不同程度的理解。保护电路需要检测实效操作中的电压、电流、温度和压力。水相电池经常需要简单的保护电路，而锂离子电池需要复杂的保护系统。例如，在许多家用产品和玩具中普遍使用的碱性电池并没有电池保护系统。如果发生电池失效（如由于一只或多只电池反向嵌入引起的失效）和更高容量电池的能量失效相比，情况相对温和许多。在许多电池串、并联形成的大容量、大倍率电池的复杂系统中，保护电路的复杂性也随之增加。在某些水相电池系统中，当电池过热时，利用双金属开关或热中断来断开电池。在某些系统中，电热调节器可以根据电池温度调整状态，为充电器提供反馈信息。在更大的电池中，存在多个热控制装置和多个自动电压检测装置。遍布于整个电池的监测控制装置，可提供足够的监控和热管理来保护整个电池。这些传感器与保护通路的连接、保护和控制电路本身的失效也会导致电池失效。介绍所有可能的保护电子元器件和潜在的失效机理超过本附录所讨论的范围。但是本书中提供有关普通保护和管理系统元件的基本描述，尤其是应用于锂离子电池系统的描述。分析者应该熟悉不同化学组分电池所需要的基本保护和管理功能，以及这些功能在计划检测的电池中是如何实现的（也可以参见 5.6 节）。

电池管理和保护电路的重要功能是管理和控制电池的充电（控制充电速率和实施合理的充电中断）。水相化学电池一般根据应用的需要，维持一定的充电电量并保持一段时间。典型的汽车中发动、照明、点火（SLI）用的铅酸电池是一天处于几次充电和未充电状态，而不需要长时间确定电量充电。不间断供电系统（UPS）在使用后需要维持电量，并在长时间备用状态中提供脱硫充电循环（相对铅酸电池而言）；原电池需要配备免充电的保护；二极管是常用的防止原电池充电的器件。许多系统通过双二极管实现超稳定性，因为单二极管系统曾被发现其周期性二极管失效引起的系统充电失效。

电池管理系统和保护电路的另一个重要作用是放电管理。许多电池需要高倍率放电能力。这些电池的外短路会提供相当大的电流，可以引起组件、电路、电池本身的放电失效。因此，高倍率电池一般需要防短路保护。这种保护可能是简单的保险丝、双金属开关，在过大电流加热时会打开；或者更先进的保护系统，检测放电电流的控制电路在检测到短路电流时会迅速打开开关。低倍率电池可以通过本身的电阻安全限制短路电流，可能不需要短路保

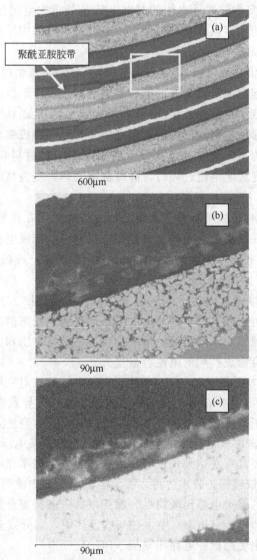

图 G.24 [(a)和(b)]扫描电子显微镜(反向散射电子)
显示了高功率 18650 锂离子电池中隔膜内沉积物从负极到正极的生长；
图(a)中白框内的部分在图(b)中以更高放大倍率展示；图(c)中的钴元素
分析表明沉积层是富钴物质；钴从 Li_xCoO_2 中的分离是由于正极电极
导线上的聚酰亚胺带使用错误的黏结剂引起的
(Exponent 公司提供)

护。有些电池当电压降低到一定阈值后，需要放电中断保护。例如，锂离子电池高倍率放电到大约 3V 以下可能造成毁坏。这些电池可以通过电子器件打开开关、移开用电位置实现某特定电压下的中断放电。许多电池动力设备在电压低于阈值时自动关闭，因此不需要提供独立的放电中断电路。锂离子电池需要相对复杂的保护电路以防止电池进入以下状态。

• **充电到过高电压** 多数锂离子电池充电到 4.2V，但是最高充电电压随特定的电池化学成分和使用环境而改变。根据电子器件监测到的每个电池、每个串联组成（块）的电压，防止任何电池超过电压限制的过电压保护是非常重要的。另外，大多数电子保护系统包含多个终止充电的独立电路，因此，即使某一个点的电路失效，仍具有过充电保护功能。

- 过电流充电　大多数锂离子电池的充电电流是其最大电池充电速率的几分之一。安全极限通常根据电池的使用年限确定。另外，过电流会对电池内外连接点加热，出现不良影响，有可能对电池造成损害。

- 过电流放电　高倍率放电会导致电池温度升高，在某些情况下会造成电池内部组成，如隔膜的破坏，可能引起电池的热失控。例如，聚合物正温度系数元件（PTC）技术，也称为可复位电热调节技术或"自恢复性保险丝"，是商业电池（如 18650 锂离子电池的组合顶端）或商业电池包（方形电池组成的电池包电路中）常见的组成部分。这种功能是通过温度高于某个阈值温度后变为高阻抗的导电高分子层实现。PTC 材料在特定电流和温度条件下保持导电性。但是，当充放电电流过大时，高聚物被加热，变为高电阻材料，迅速减小电池电流。PTC 材料冷却时，重新恢复导电性。

- 温度偏移　在低温下对锂离子电池充电，由于锂离子在负极电极中较小的扩散速率会造成金属锂的析出。在高温下对锂离子电池充电或放电会造成电池内部气体的产生，导致电池膨胀，破坏压力触发保护装置（如 CID 充电中断装置）或破坏卷绕芯或叠片引起热失控。

- 不均衡保护　串联电路中防止电池荷电状态偏移的保护。不均衡保护可以使严重不均衡电池永久失效，也可以通过较小的放电电流平衡高荷电状态的电池，尽量弥补电池间的不均衡。电池可能没有独立的不均衡保护系统，仅仅依赖过电压和过低电压保护电池。这在严重的不均衡发生时，会造成初期的电池容量损失。

- 过放电保护　当电压低于 3V 时，多数锂离子电池已放电完毕。进一步的放电，尤其是低于 1V 时，会造成集流体的破坏，最终造成电极的破坏，导致电池性能降低和热失控危险的增加。因而，在低于某电压后保护电路阻止继续放电，本身进入低功率睡眠模式。

- 加压充电电路　深度放电状态的锂离子电池，在达到某电压阈值前需要小电流充电。保护电路或充电电路需要具有在达到预设电压前进行在较低倍率充电功能。

- 附加的被动的热依赖保护技术　可以被整合到电池堆中使用，防止电池热失控。

　　单电池锂离子电池的保护电路比较简单。保护电路一般被整合到可以达到多数或全部上述保护功能的保护电路印刷板（PCB）中。在某些设计中，部分或全部保护功能被移至宿主设备中，而不是在电池中使用保护电路印刷板（PCB）。

　　锂离子电池的热失控可以引起最近的保护电路印刷板（PCB）的明显破坏。但是，被电池失效产生的大量烟灰覆盖的保护电路印刷板（PCB）在烟灰被清理后，经常仍可以实现保护功能。另外，多数串联锂离子电池的保护电路印刷板（PCB）有非易失性内存。该内存通常在电池失效后保持完整（甚至在保护电路印刷板被严重烧焦时），可以提供有关电池的使用模式和环境、引起失效的根本原因等方面的重要线索。

　　锂离子电池的保护电路印刷板（PCB）应该先在原位置进行 X 射线检测，然后再从电池中移开进行单独评价。一旦保护电路印刷板（PCB）从电池中移开，需要进行视觉检查、X 射线检测，然后进行清洁处理。X 射线检测可以检查铜熔融的痕迹，这通常和保护电路印刷板（PCB）的失效相关。保护电路印刷板（PCB）的失效会对周围的组分和电池进行加热，可能引起电池泄漏或导致电池热失控。X 射线图像也可以检查保险丝的状态。直接暴露在邻近电池泄漏热气中会造成保险丝的破坏，或在保护电路印刷板（PCB）上出现明显的过电流失效。关于保护电路印刷板（PCB）的失效和保护电路印刷板（PCB）的评价全面讨论请参见参考文献［43］。

　　锂离子电池保护电路也是得到电池发生事故前有关信息的来源。上述事故中，某些保护电路印刷板（PCB）中配备有 EEPROM（电可擦可编程只读存储器）整合电路，该存储器可以贮存如循环次数、剩余电量、电池曾达到的最高温度等数据，以及其他和电路的复杂性相关的数据。这些数据对分析电池失效分析非常有用。如果可能，这些数据应该从保护电路印刷板（PCB）得到，破坏较小时可以通过直接连接保护电路印刷板（PCB）取得，或者通过把 EEPROM 迁移到样本保护电路印刷板（PCB）上获得数据。

对原设备制造商和电池生产商提供数据的研究

对电池包组装进行研究、对电池生产商也进行研究可以更好确定失效原因，并更好确定某特定时间序列产品存在问题的可能性。电池生产商应该检查失效电池产品时间序列前后的产品数据，报告任何不正常的报废率、制造工艺变化、供应商变化、产品等级混乱等。在锂离子电池失效分析中，主要的研究点集中在高电压失效速率和开路电压测试以及测试中失效电池研究方面。

制造商一般会保留每批次电池的样本或某段时间内的精选品。因此，他们可能存有和失效电池时间一致的电池，可以作为研究中的样本电池。随着失效机理的建立，制造商可以描述相关制造过程，因此，可以进一步解释某类型的失效是如何发生以及其他电池发生失效的可能性。

对于任何非能量电池失效（如电池只是停止工作或过早的容量降低等），制造商有接受消费者退回电池的义务。对事故批次电池（或类似批次电池）的检查是非常珍贵的，即使被检查电池没有明显的失效征兆。灾难性的电池失效通常是多种失效结合形成的状况。与事故电池处在相同时间序列内的被退回电池可能具有类似但不严重的制造缺陷。对这些电池的检查可以得到其中一种或几种失效模型的理解。这些失效模型可能是发生灾难性失效事故的必需过程。对这种退回电池的检查也可以通过结合上述检测技术，包括 CT 扫描、循环、电化学测试、电池解剖和电池横截面测量。

对于多串联锂离子电池，某些电池退回是由于保护电路设备使电池永久终止。保护电路使电池永久终止有很多原因，包括串联单元（区块不均衡）间的电压差异、模块过充、过高倍率充电、过高倍率放电等。如果某给定产品批次的某些电池组块出现与能量有关的失效，那么相同批次的其他电池组块在被保护电路永久终止后，也可能出现相对温和的失效。因此，对怀疑批次的永久终止电池组块的检查特别有助于提出该批次电池任何能量失效模型的假设。

电池组块失效速率的统计分析可以帮助判断已发生的电池事故是不是暗示着该批次电池具有加速失效现象。如果可以确定某批次或连续批次电池具有加速失效现象，可以召回该批次电池并且用具有较慢失效速率的电池❶进行代替。考虑召回决定时除考虑目前的预测失效速率外，还依赖于其他几个因素，如电池失效的类型和严重性、对人类潜在的危害、造成的资产损坏。统计模型可以帮助确定观察到的失效是不是"初期死亡率失效"，或者随着时间推移是否出现基础失效速率。在与电池制造商讨论期间可以确定有关影响因素，对比这些不同的因素确定它们是否和电池失效速率有明显的统计关联，这样做可以去除某些对实际事故有影响、但对召回总体影响有限的因素。统计分析可以预测在未来特定的时间间隔内可能发

---

❶ 新的电池批次具有不可知的失效速率，因此召回的决定必须大于替换电池可能具有更快失效速率的危险。例如，某组失效电池是部分"初期死亡率组"电池和其他使用足够长时间批次的电池。在该情况下，保留未失效单元比用未知失效速率的单元替换更为安全。

生的电池失效次数。因此，即使决定不必召回，也可以知道可能存在的危险性。

结论

利用以下科学方法可以有效研究电池失效：收集观察资料和证据；提出失效假设；验证失效假设。

该附录介绍了许多应用于失效研究过程的技术手段。介绍到的许多方法在锂离子电池、锂原电池、Ni/MH 电池，以及其他化学电池的失效分析检查中是非常有效的。该附录并没有详细描述所有用于电池失效分析的技术手段，并且许多电化学家、机械工程师、电子工程师和化学工程师常用的技术手段也可以用于处理电池失效。另外，该附录中的技术手段和结论只为电池的失效分析提供指导。电池失效分析研究可能不需要应用所有的技术手段。必须注意的是，每种电池失效都是独特的情况，需要组合独特的研究策略和技术手段以适用特定的研究内容。

致谢

作者愿意感谢 Exponent 的同事，多年来他们在有关电池的工作中提供了重要的指导和帮助。尤其是，我们愿意感谢 John Loud 及其 Exponent 电池威力任务（Battery Task Force）小组成员，Stig Nilsson、Jan Swart、Ashish Arora 和 Xiaoyun Hu（胡晓云），他们从 1995 年来在锂离子电池研究方法论的开创和形成的贡献。我们愿意感谢许多消费者，他们非常友好地允许我们使用和他们利益有关的图像。

参 考 文 献

1. Darlin, D., "Dell Recalls Batteries Because of Fire Threat," *New York Times*, August 14, 2006.
2. Kelley, R., "Apple Recalls 1.8 Million Laptop Batteries," CNNMoney. com, August 24, 2006.
3. U. S. Consumer Products Safety Commission, Release #06-231, "Dell Announces Recall of Notebook Computer Batteries Due to Fire Hazard," August 15, 2006.
4. U. S. Consumer Products Safety Commission, Release #06-245, "Apple Announces recall of Batteries Used in Previous iBook and powerBook Computers Due to fire Hazard," August 24, 2006.
5. Mikolajczak, C., Hayes, T., Megerle, M. V., Wu, M., "A Scientific methodology for Investigation of a Lithium Ion Battery Failure" IEEE Portable 2007 International Conference on Portable Information Devices, IEEE No. 1-4244-1039-8/07, Orlando, FL, March 2007.
6. Mikolajczak, C., Harmon, J., Hayes, T., Megerle, M., White, K., Horm, Q., Wu, M., "Li-Ion Battery Cell Failure Analysis: The Significance of Surviving Features on Copper Current Collectors in Cells that Have Experienced Thermal Runaway," *Proceedings 25th International Battery Seminar & Exhibit for Primary & Secondary Batteries, Small Fuel Cells, and Other Technologies*, Fort Lauderdale, FL, March 17-20, 2008.
7. Mikolajczak, C., Stewart, S., Harmon, J., Horn, Q., White, K., Wu, M., "Mechanisms of Latent Internal Cell Fault Formation," *Proceedings, 9th BATTERIES Exhibition and Conference*, Nice, France, October 8-10, 2008.
8. Hayes, T., Mikolajczak, C., Megerle, M., Wu, M., Gupta, S., Halleck, P., "Use of CT Scanning for Defect Detection in Lithium Ion Batteries", *Proceedings, 26th International Battery Seminar & Exhibit for Primary & Secondary Batteries, Small Fuel Cells, and Other Technologies*, Fort Lauderdale, FL, March 16-19, 2009.
9. Harmon, J., Godithi, R., Mikolajczak, C., Wu, M., "Computed Tomography Imaging as Applied to Primary Cell Evaluation," *Battery Power Products and technology* 13 (5): 15.
10. Mikolajczak, C., Harmon, J., Wu, M., "Lithium Plating in Commercial Lithium-Ion Cells: Observations and

Analysis of Causes", *Proceedings*, *Batteries 2009*, *The International Power Supply Conference and Exhibition*, French Riviera, Sept. 30-Oct. 2, 2009.

11. Loud, J. D., hu, X., "Failure Analysis Methodology for Li-ion Incidents", *Proceedings*, *33rd International Symposium for Testing and Failure Analysis*, pp. 242-251, San Jose, CA, November 6-7, 2007.

12. Horn, Q. C., White, K. C., "Characterizing Performance and Determining Reliability for Batteries in Medical Device Applications," *ASM Materials and Processes for Medical Devices*, Minneapolis, MN, August 13, 2009.

13. Hayes, T., Horn, Q. C., "Methodologies of Identifying Root Cause of Failures in Li-Ion Battery Packs," *Invited Presentation*, *24th International Battery Seminar and Exhibit*, Fort Lauderdale, FL, March 2007.

14. Horn, Q. C., "Battery Involvement in Fires: Cause or Effect?" *Invited Seminar*, *International Association of Arson Investigators*, Massachusetts Chapter, Auburn, MA, March 19, 2009.

15. Horn, Q. C., White, K. C., "Advances in Characterization Techniques for Understanding Degradation and Failure Modes in Lithium-Ion Cells: Imaging of Internal Microshorts," *Invited Presentation*, *international Meeting on Lithium Batteries 14*, Tianjin, China, June 27, 2008.

16. Horn, Q. C., White, K. C., "Novel Imaging Techniques for Understanding Degradation Mechanisms in Lithium-Ion Batteries," *Presented at Advanced Automotive Battery Conference*, Tampa, FL, May 13, 2008.

17. Horn, Q. C., "Application of Microscopic Characterization Techniques for Failure Analysis of Battery System," *Invited Presentation*, *San Francisco Section of Electrochemical Society*, March 27, 2008.

18. Horn, Q. C., White, K. C., "Understanding Lithium-Ion Degradation and Failure Mechanisms by Cross-Section Analysis," *presented at the 211th Electrochemical Society Meeting*, Chicago, Spring 2007.

19. NFPA 921, "Guide for Fire and Explosion Investigations," *2004 Edition*, *National Fire Protection Association*, Quincy, MA, 2004.

20. ASTM E1188-05, "Standard Practice for Collection and Preservation of Information and Physical Items by a Technical Investigator," *ASTM International*, 2005.

21. ASTM E1459-92, "Standard Guide for Physical Evidence Labeling and Related Documentation," *ASTM International*, 1992.

22. Kumai, K., Miyashiro, H., Kobayshi, Y., Takei, K., Ishikawa, R., *Journal of Power Sources* 81: 715 (1999).

23. Aurbach, D., "The Role of Surface Films on Electrodes in Li-Ion Batteries," Chapter 1 in *Advances in Lithium-Ion Batteries*, W. A. Van Schalkwijk and B. Scrosati (eds.), Kluwer Academic/Plenum Publishers, New York, 2002.

24. *Metals handbook: Metallography, Structures, and Phase Diagrams*, American Society for Metals, 8th ed. Vol 6.

25. Prengaman, R. D., *Journal of Power Sources*, 158: 1110-1116 (2006).

26. Torcheux, L., Villaronm, A., Bellmunt, M., Lailler, P., *Journal of Power Sources* 85: 157-163 (2000).

27. Lam, L. T., Haigh, n. P., Rand, D. A. J., Manders, J. E., *Journal of Power Sources* 88: 2-10 (2000).

28. Ball, R. J., Evans, R., Deven, M., Stevens, R., *Journal of Power Sources* 103: 207-212 (2002).

29. Ball, R. J., Kurian, R., Evans, R., Stevens, R., *Journal of Power Sources* 109: 189-202 (2002).

30. Ball, R. J., Stevens, R., *Journal of Power Sources* 113: 228-232 (2003).

31. Lam, L. T., Haigh, N. P., Phyland, C. G., Urban, A. J., *Journal of Power Sources* 133: 126-134 (2004).

32. Rocca, E., Bourguognon, G., Steinmetz, J., *Journal of Power Sources* 161: 666-675 (2006).

33. Li, L., Wu, F., Yang, K., *Journal of Rare Earths* 21 : 341-346 (June 2003).

34. Smith, M., Garcia, R. E., Horn, Q. C., "The Effect of Microstructure on the Galvanostatic Discharge of Graphite Anode Electrodes in $LiCoO_2$-Based Rocking-Chair Rechargeable Batteries," *Journal of the Electrochemical Society* 156 (11): A896-A904 (November 2009).

35. Horn, Q. C., Shao-Horn, Y., *Journal of the Electrochemical Society* 150: A652-A658 (May, 2003).

36. Hron, Q. C., White, K. C., "Characterizing Performance and Determining Reliability for Batteries in Medical Device Applications," *ASM Materials and Processes for medical Devices*, Minneapolis, MN, August 13, 2009.

37. Horn, Q. C., "Battery Involvement in Fires: Cause or Effect?" *Invited Seminar*, *International Association of Arson Investigators*, Massachusetts Chapter, Auburn, MA, March 19, 2009.

38. Horn, Q. C., White, K. C., "Advances in Characterization Techniques for Understanding Degradation and Failure Modes in Lithium-Ion Cells : Imaging of Internal Microshorts," *Invited Presentation*, *international Meeting on Lithium Batteries 14*, Tianjin, China, June 27, 2008.

39. Horn，Q. C.，White，K. C.，"Novel Imaging Techniques for Understanding Degradation Mechanisms in Lithium-Ion Batteries," *Presented at Advanced Automotive Battery Conference*，Tampa，FL，May 13，2008.

40. Horn，Q. C.，"Application of Microscopic Characterization Techniques for Failure Analysis of Battery System," *Invited Presentation*，*San Francisco Section of Electrochemical Society*，March 27，2008.

41. Horn，Q. C.，White，K. C.，"Understanding Lithium-Ion Degradation and Failure Mechanisms by Cross-Section Analysis," *presented at the 211th Electrochemical Society Meeting*，Chicago，Spring 2007.

42. Hayes，T.，Horn，Q. C.，" Methodologies of Identifying Root Cause of Failures in Li-Ion Battery Packs," *Invited Presentation*，*24th International Battery Seminar and Exhibit*，Fort Lauderdale，FL，March 2007.

43. Slee，D.，"Printed Circuit Board Propagating Faults," *Proceedings*，30*th International Symposium for Testing and Failrue Analysis*（ISTFA），November 2004.